# LES MERVEILLES
# DE LA SCIENCE

SUPPLÉMENT

CORBEIL. — IMPRIMERIE CRÉTÉ.

# LES MERVEILLES
# DE LA SCIENCE

OU

## DESCRIPTION DES INVENTIONS SCIENTIFIQUES DEPUIS 1870

PAR

## LOUIS FIGUIER

### SUPPLÉMENT

A LA MACHINE A VAPEUR — AUX BATEAUX A VAPEUR
A LA LOCOMOTIVE ET AUX CHEMINS DE FER — AUX LOCOMOBILES — AU PARATONNERRE
A LA PILE DE VOLTA — A L'ÉLECTRO-MAGNÉTISME ET AUX MACHINES A COURANT D'INDUCTION
AU MOTEUR ÉLECTRIQUE — A LA GALVANOPLASTIE ET AUX DÉPOTS ÉLECTRO-CHIMIQUES
AU TÉLÉGRAPHE AÉRIEN (TÉLÉGRAPHIE OPTIQUE
ET TÉLÉGRAPHIE PNEUMATIQUE) — AU TÉLÉGRAPHE ÉLECTRIQUE
A LA TÉLÉGRAPHIE SOUS-MARINE ET AU CABLE ATLANTIQUE — AUX AÉROSTATS

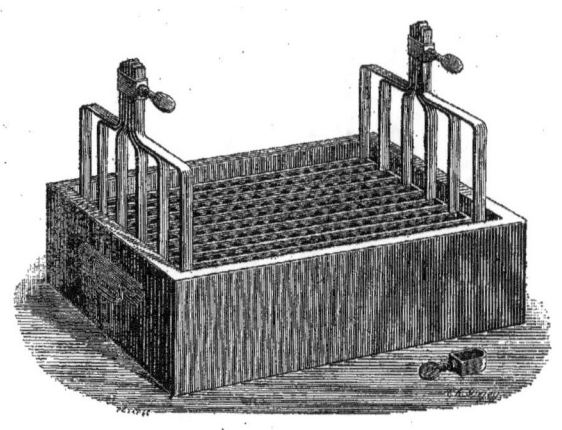

PARIS

**LIBRAIRIE FURNE**

JOUVET ET C$^{\text{IE}}$, ÉDITEURS

5, RUE PALATINE, 5

Droits de traduction réservés.

# SUPPLÉMENT

A LA

# MACHINE A VAPEUR

Dans la Notice sur la *Machine à vapeur*, qui forme le début des *Merveilles de la science*, nous avons étudié, sous le rapport historique et technique, cette machine admirable qui transforma, au siècle dernier, toute l'industrie des nations de l'Europe, et qui a été, dans notre siècle, l'agent le plus puissant du progrès économique et social dans les deux mondes.

Dans la partie historique de cette Notice, nous avons raconté les débuts, la création définitive et les perfectionnements de la machine à vapeur, depuis l'antiquité jusqu'à nos jours. Nous avons exposé, à cette occasion, les travaux de Denis Papin, de Newcomen, de Savery, de James Watt, d'Olivier Evans, de Marc Seguin, de Georges Stephenson, etc.

Dans la partie technique, nous avons décrit les deux types de machines à vapeur anciennement admis, c'est-à-dire les *machines à haute pression* et à *basse pression*, et expliqué le jeu des organes divers qui composent l'ensemble de ces puissants appareils.

Nos descriptions se sont arrêtées à l'année 1870, époque de la publication des derniers volumes de cet ouvrage. Dans le supplément à cette Notice, nous avons à faire connaître les progrès qu'a faits, depuis l'année 1870 jusqu'à ce jour, l'emploi de la vapeur dans les machines fixes.

Et ces progrès, disons-le tout de suite, sont considérables.

Alors que les machines à vapeur employées dans les manufactures et les usines, vers 1870, brûlaient environ 4 kilogrammes de charbon, pour produire, pendant une heure, la force d'un cheval-vapeur, les machines actuelles ne consomment que 750 grammes de charbon, pour produire le même travail, pendant le même temps.

Cette économie énorme dans la production de la vapeur explique, en partie, la révolution qui s'est faite, depuis 1870, dans les conditions et les résultats du travail industriel de tous les peuples producteurs, en Europe et en Amérique. Les prodigieux développements qu'a pris la fabrication manufacturière, l'excès notable et constant de la production sur la consommation, une expansion coloniale, pour créer un débouché nouveau aux innombrables produits de leurs manufactures.

La généralisation de l'emploi des machines et des machines-outils dans les ateliers, grands et petits, pour la fabrication des objets de toute sorte, — la disproportion permanente entre la vente et la production, — l'élévation des salaires, résultant de l'augmentation du prix de toutes choses, — les crises ouvrières qui en résultent, et qui éclatent en tous pays, — toutes ces victoires du travail, mêlées de déceptions sociales, tous ces triomphes de la science et de l'art, semés de craintes pour l'avenir, peuvent être attribués aux progrès réalisés par la machine à vapeur, depuis l'année 1870 jusqu'à l'heure actuelle.

Comment nos ingénieurs et nos constructeurs sont-ils parvenus à ce résultat extraordinaire, de produire, avec 750 grammes de houille, le même travail qu'on obtenait autrefois avec 4 kilogrammes du même combustible, dans les machines à vapeur? C'est ce que nous allons étudier avec le lecteur.

Il est un principe, de démonstration récente, et qui peut être comparé, sous le rapport de son importance et de sa portée, aux plus grandes découvertes que l'histoire des sciences ait jamais enregistrées : nous voulons parler du principe de la *conservation de l'énergie,* mis en lumière par les travaux des Mayer, des Joule, des Hirn, etc., etc.

En vertu de ce principe, la lumière, l'électricité, la chaleur, la force, ne sont que des manifestations différentes de l'*énergie.* Si l'on considère plus particulièrement la chaleur et la force, on démontre facilement aujourd'hui qu'il y a équivalence entre la chaleur absorbée dans une machine à vapeur ou une machine thermique en général, et le travail mécanique produit par cette machine. En d'autres termes, une *calorie* donne toujours naissance à un travail mécanique égal à 425 *kilogrammètres*, et réciproquement, ce travail de 425 *kilogrammètres* peut régénérer une quantité de chaleur égale à une *calorie*.

L'idéal de la *machine thermique,* c'est-à-dire de la machine qui emprunte son effet à la chaleur seule, serait celle qui permettrait de recueillir ce travail de 425 *kilogrammètres* pour une *calorie* produite dans le foyer de la chaudière. Pouvons-nous espérer ce merveilleux résultat? Hélas! non, il s'en faut de beaucoup; car nos machines à vapeur les plus perfectionnées ne peuvent utiliser plus de la sixième partie de la chaleur développée par la combustion du charbon dans le foyer.

Il ne faut pas, cependant, désespérer des ressources de la science et de l'art; car nous venons de voir quelle économie énorme de charbon on fait actuellement dans les machines mues par la vapeur.

Examinons par quels moyens on est arrivé à se rapprocher du type idéal dont nous parlions tout à l'heure.

Pour avoir une machine à vapeur industriellement parfaite, il faut satisfaire à deux conditions :

1° Produire la plus grande quantité de vapeur possible avec un poids de charbon brûlé;

2° Utiliser cette vapeur en lui faisant rendre tout le travail mécanique qu'elle peut donner.

Il faut, pour cela, posséder, d'une part, un moyen aussi avantageux que possible, de produire la vapeur, c'est-à-dire une *chaudière irréprochable;* d'autre part, un *mécanisme moteur parfait.* Ce qui nous conduit à étudier successivement : 1° la *chaudière à vapeur,* 2° la *machine motrice.*

# CHAPITRE PREMIER

LES ANCIENNES CHAUDIÈRES A BOUILLEURS, LEURS INCONVÉNIENTS. — LES NOUVELLES CHAUDIÈRES MULTITUBULAIRES. — LA CHAUDIÈRE INEXPLOSIBLE BELLEVILLE. — LA CHAUDIÈRE COLLET. — LA CHAUDIÈRE DE NAEYER. — LA CHAUDIÈRE BABCOCK ET WILCOX.

Pendant très longtemps, on a employé uniquement, pour produire la vapeur destinée à actionner les machines motrices à vapeur, les *chaudières à bouilleurs*, que nous avons décrites dans les *Merveilles de la science* (1), avec tous leurs accessoires : soupape de sûreté, manomètre, sifflet d'alarme, indicateur du niveau d'eau, flotteur, etc.

Ces chaudières donnaient un assez bon rendement : environ 70 pour 100 de la chaleur dégagée par le combustible étaient utilisés. Mais, outre leur inconvénient d'être très encombrantes, et d'exiger de très gros massifs de maçonnerie, avec de solides fondations, elles présentaient l'énorme défaut de donner lieu à des explosions excessivement dangereuses.

Si une explosion vient à se produire, par défaut d'alimentation d'eau, ou par toute autre cause accidentelle, sa gravité doit être proportionnelle au volume de l'eau que contient la chaudière ; car au moment où l'accident se produit, toute cette masse d'eau surchauffée se transforme instantanément en vapeur, ce qui amène les désastres effroyables que l'on connaît.

Les conséquences des explosions de chaudières à vapeur sont telles qu'il suffit, pour les apprécier, de laisser la parole aux chiffres.

Un savant anglais, M. Edward Marten, ingénieur en chef de la *Midland Company*, pour l'inspection des chaudières à vapeur, cite, dans un ouvrage paru en 1866, 1,046 explosions de chaudières à vapeur qui ont tué, dit-il, « 4,076 personnes et en ont blessé 2,603 ».

Une deuxième statistique du même auteur, faisant suite à la précédente, et relative aux explosions survenues en Angleterre de 1866 à 1876, donne le résultat de 622 explosions de chaudières à bouilleurs, ayant tué 776 personnes, et en ayant blessé 1,303.

Nous n'avons pas sous les yeux de statistiques anglaises plus récentes. Nous relevons, toutefois, dans l'*Enginneering* du 21 mars 1880, le récit d'une explosion de chaudière aux forges de Walsall (Angleterre), qui tua sur le coup 25 ouvriers, et en blessa grièvement trente autres.

En France, d'après les statistiques publiées au *Journal officiel*, les explosions survenues de 1868 à 1880 sont au nombre de 269, ayant occasionné 319 tués et 378 blessés. En 1883, il y a eu 17 explosions, qui ont occasionné la mort de 40 personnes et en ont blessé 20.

C'est pour éviter ces tristes conséquences que l'on a été conduit à abandonner, dans un grand nombre d'usines, les chaudières à bouilleurs, et à reprendre l'idée des chaudières *multitubulaires*, dont un constructeur anglais, Perkins, avait doté l'industrie, vers 1820, et que Marc Seguin imita ou, pour parler plus exactement, renversa, lorsqu'il construisit cette admirable chaudière tubulaire qui amena toute une révolution dans l'industrie, en permettant la création de la locomotive.

Dans la *chaudière Perkins*, l'eau remplit les tubes, et le feu est à l'extérieur. Au contraire, dans la chaudière tubulaire que Marc Seguin appliqua aux locomotives, alors en voie de création, l'eau est à l'extérieur des tubes, et les tubes livrent passage au gaz et à la fumée du foyer. Ces deux systèmes sont donc le contre-pied, l'opposé l'un de l'autre ; ce qui n'empêche pas qu'ils ne soient excellents tous les

(1) Tome I, pages 114-125.

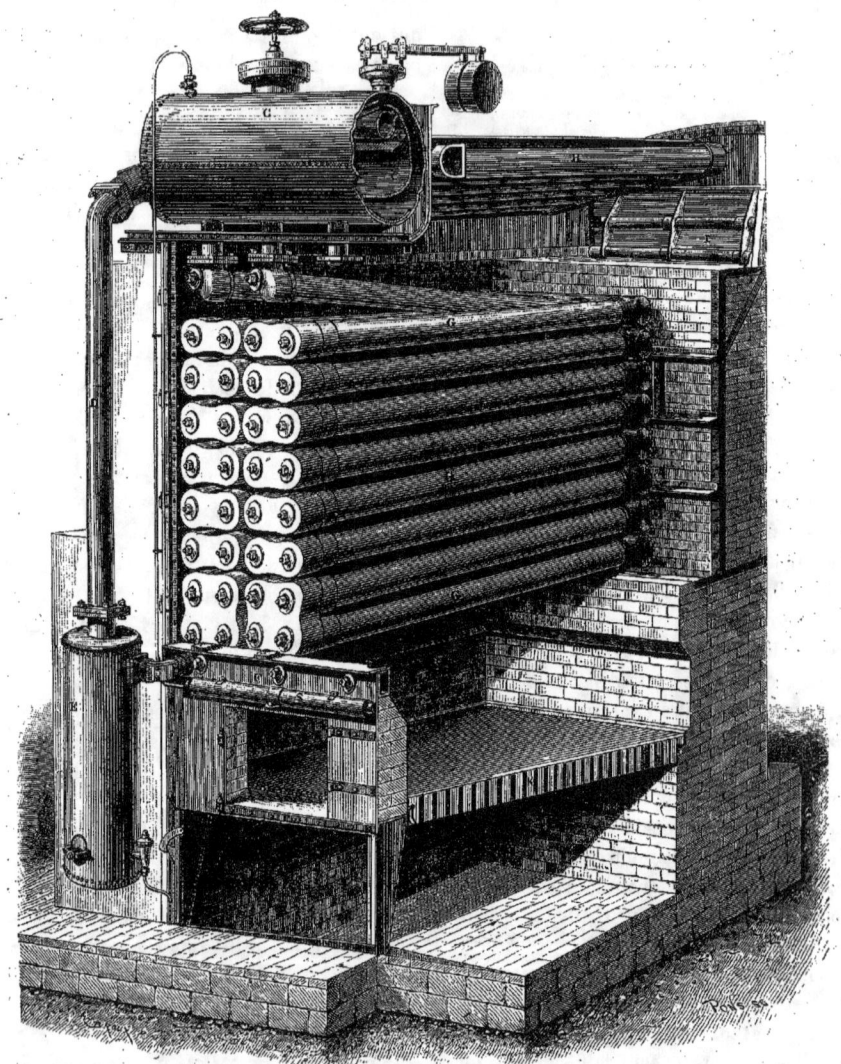

Fig. 1. — Chaudière inexplosible Belleville.

C, Collecteur-épurateur de vapeur et d'eau d'alimentation. — D, Tuyau de retour d'eau de l'épurateur, C, au déjecteur, E. — E, Récipient déjecteur des dépôts calcaires. — F, Tube collecteur d'alimentation des éléments, G. — G, Éléments amovibles communiquant avec le collecteur d'alimentation, F, et l'épurateur de vapeur, C. — H, Sécheur de vapeur. — I, Registre-valve de la cheminée commandé par le régulateur automatique de combustion et de pression, J. — K, Grille en fer à barreaux ondulés. — S, soufflerie.

deux, car ils reviennent, l'un et l'autre, à augmenter, dans des proportions considérables, la surface offerte à l'action du feu, et par conséquent, la quantité de vapeur produite par la chaudière, dans un temps donné.

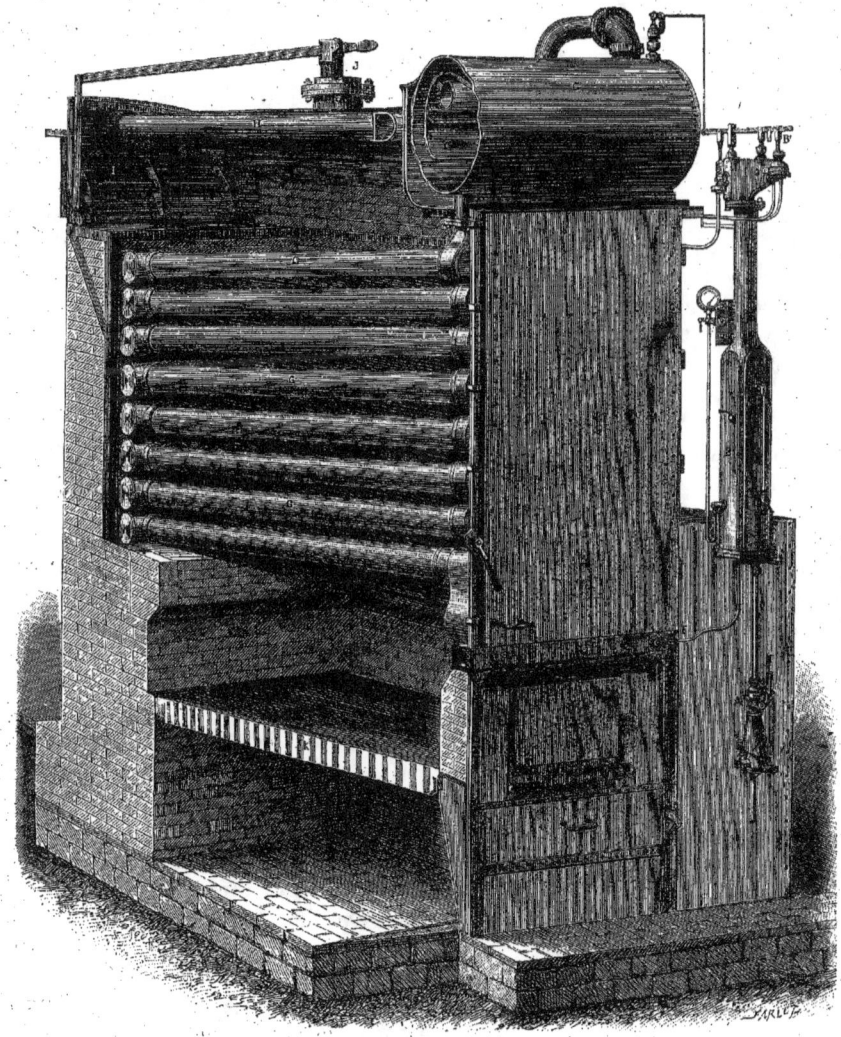

Fig. 2. — Chaudière inexplosible Belleville.

A, Robinet gradué d'alimentation. — B, Colonne de niveau d'eau, surmontée de l'automoteur d'alimentation, B'. — C, Collecteur-épurateur de vapeur et d'eau d'alimentation. — G, Éléments amovibles communiquant avec le collecteur d'alimentation, F, et l'épurateur de vapeur, C. — H, Sécheur de vapeur. — I, Registre-valve de la cheminée commandé par le régulateur automatique de combustion et de pression, J. — K, Grille en fer à barreaux ondulés.

Le constructeur Perkins, qui, d'ailleurs, remarquons-le, avait été précédé, pour cette création, par le Français Charles Dallery, comme on peut le voir dans l'histoire que nous avons donnée des travaux de cet inventeur, dans notre Notice sur les *Bateaux* à vapeur (1), avait donc créé, vers 1820, la chaudière multitubulaire à circulation d'eau dans les tubes; et Philippe de Girard, l'inventeur de la filature mécanique du lin, avait également construit, en 1818, des chaudières multitubulaires qu'il appliquait à faire mouvoir des bateaux à vapeur naviguant sur le Danube. Mais ce système était entièrement délaissé et oublié, lorsque les dangers de la chaudière à bouilleurs et son peu d'économie amenèrent nos constructeurs à reprendre, vers 1850, les chaudières du système Perkins.

### CHAUDIÈRE BELLEVILLE.

L'une des premières en date et la plus remarquable des chaudières multitubulaires est celle de M. Belleville, constructeur de Paris. M. Belleville créa son premier modèle de chaudière à tubes en 1850, et depuis cette époque, il l'a perfectionné sans cesse, avec une persévérance peu commune. Il est ainsi arrivé à son générateur du type dit *de 1877*, qui est plein d'ingénieuses combinaisons. Nous donnons dans les figures 1 et 2 une vue d'ensemble de la *chaudière inexplosible* de cet inventeur.

Dans ces deux figures, où l'on suppose la chaudière partagée en deux, comme on partagerait une orange, le lecteur remarquera les organes suivants :

1° Un système de grille en fer, K, composé de barreaux ondulés et de barreaux droits intercalés. Cette disposition donne à l'ensemble de la grille une parfaite solidité, en ce que tous les barreaux se contre-butent les uns les autres en des points très rapprochés. Les espaces vides réservés entre eux pour le passage de l'air forment comme de petits triangles très allongés. L'air nécessaire à la combustion se trouve ainsi divisé en lames minces, réparties très également sur toute la surface de la grille. Cette dernière condition donne lieu à un refroidissement assez notable pour que le *mâchefer* n'y adhère jamais.

2° Une soufflerie, S, envoyant un courant de vapeur sur la grille, K, et qui a pour but de réaliser une meilleure combustion des gaz. En effet, quelque bien réglée que soit l'épaisseur du combustible, il y a toujours de l'oxyde de carbone produit. Il importe de *brasser* les gaz pendant qu'ils sont encore très chauds, afin que l'oxygène de l'air puisse réagir sur l'oxyde de carbone et le transformer en gaz acide carbonique. On évite ainsi une perte considérable de chaleur.

3° Le *récepteur de chaleur*, ou *générateur de vapeur proprement dit*, G. C'est dans ce *récepteur* que doit se faire la transmission de la chaleur des gaz de la combustion à l'eau contenue dans l'appareil.

Le *récepteur de chaleur*, G, se compose d'*éléments générateurs*, ainsi construits. Chaque élément est formé d'un certain nombre de tubes assemblés en spirale à l'aide de boîtes de raccordement. Chacun de ces éléments est amovible, indépendant des autres, et constitue, en quelque sorte, une unité distincte; ce qui donne une très grande facilité pour le transport, le montage et les réparations.

4° Un conduit rectangulaire, F, pour l'alimentation d'eau, disposé transversalement au-dessus des portes du foyer, et qui, tout en servant de point d'appui à la partie antérieure des *éléments* générateurs de vapeur, communique avec chacun d'eux à l'aide d'un raccordement à joints.

5° Un *collecteur-épurateur*, C, *de vapeur et d'eau d'alimentation*, disposé transversalement au-dessus du générateur de vapeur, et à l'abri des effets de la température et de l'action corrosive des gaz provenant de la combustion. Cet organe communique avec la partie supérieure de chaque *élément générateur* à l'aide d'un raccordement à joint conique

---

(1) *Merveilles de la science*, t. I, p. 239.

Le *collecteur-épurateur* précipite les dépôts calcaires par le réchauffement rapide de l'eau d'alimentation, et il sépare complètement la vapeur des vésicules d'eau et des corps étrangers qu'elle peut entraîner au sortir des éléments.

6° Un *récipient déjecteur*, E, des dépôts calcaires, qui communique avec le tuyau d'alimentation et le collecteur-épurateur, au moyen d'un tube, D. Ce *déjecteur* opère la séparation méthodique et la retenue des dépôts ou résidus quelconques d'une densité plus grande que celle de l'eau, et qui sont entraînés par l'eau se rendant de l'épurateur aux éléments générateurs. Ces dépôts, ou résidus, peuvent être extraits du *déjecteur*, pendant la marche, aussi souvent qu'on le juge utile, à l'aide du robinet placé à sa base.

7° Un *sécheur de vapeur*, H, disposé sous la couverture du générateur. Ce sécheur est composé d'une série de tubes formant une seule circulation, que parcourt la vapeur venant du collecteur-épurateur, et qui se sèche avant de se rendre dans la conduite générale de vapeur.

8° Un *régulateur automatique d'alimentation et de niveau d'eau*, B B' (fig. 2, page 5) et dont nous donnons ci-contre (fig. 3 et 4), une élévation et une coupe.

Ce dernier appareil procure une régularité parfaite d'alimentation et de hauteur de niveau d'eau dans les divers éléments d'un même générateur, quels que soient l'allure de marche et le volume d'eau à vaporiser.

A cet effet, un réservoir en fonte, A (fig. 3), est mis en communication, par sa partie inférieure, avec le collecteur d'alimentation d'eau, et par sa partie supérieure avec le collecteur de vapeur. En vertu du principe des vases communicants, le niveau de l'eau y est le même que dans la chaudière. Voici comment fonctionne ce petit système mécanique. Un flotteur, C,

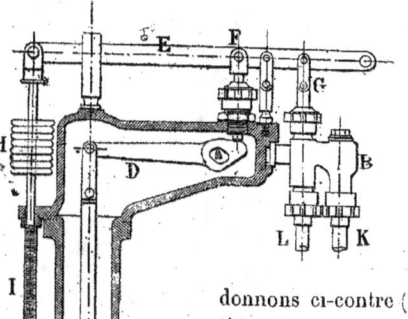

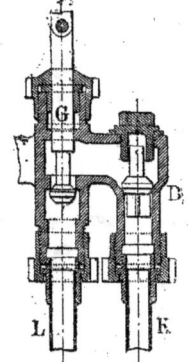

Fig. 3.—Chaudière Belleville. Régulateur-automatique d'alimentation d'eau (coupe).

Fig. 4. — Chaudière Belleville. Soupape du régulateur-automoteur d'alimentation d'eau (coupe).

plonge dans le réservoir en fonte, A, et l'extrémité de la tige qui le termine actionne un levier, D, contenu dans la même boîte en fonte. L'autre extrémité du levier, D, actionne une tige F, qui sort, par un presse-étoupe, de la boîte, et commande un levier extérieur, F, lequel fait mouvoir la soupape, G, de l'automoteur d'alimentation.

L'eau monte-t-elle dans la chaudière ? la soupape, G, se ferme (fig. 4). L'eau descend-elle ? la soupape s'ouvre, et règle ainsi le débit de l'eau d'alimentation, qui arrive par le conduit K, et se rend, par le conduit L, dans le collecteur-épurateur de vapeur.

Un sifflet d'alarme avertit le chauffeur si l'eau descend au-dessous d'un certain niveau. Celui-ci peut alors ouvrir tout grand le robinet A (fig. 2, p. 5), et envoyer assez rapidement une grande masse d'eau dans la chaudière.

9° Un *régulateur automatique de combustion et de pression*.

Cet appareil commande un registre-valve, I (voir fig. 1 et 2). La cuvette, A, de ce régulateur, que représente en coupe la figure 5, est en communication avec la pression du générateur, par l'intermédiaire du robinet, J. Cette pression, en agissant sur

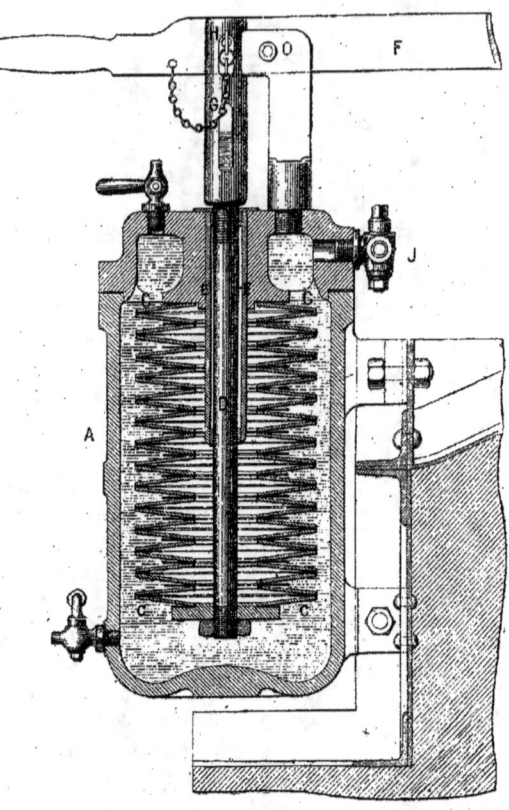

Fig. 5. — Chaudière Belleville. Régulateur de tirage et de combustion (coupe).

une série de minces ressorts en acier, C, C, fait ouvrir ou fermer la valve, I (fig. 1 et 2), grâce au levier horizontal, F, qui oscille autour de l'axe O, sous l'impulsion de la tige verticale, GH.

Nous venons de décrire, d'une manière très détaillée, les nombreux organes qui entrent dans la composition de la chaudière multitubulaire Belleville. Examinons maintenant comment ces organes fonctionnent successivement, pour produire de la vapeur sèche, utilisable dans les cylindres d'une machine motrice à vapeur.

Et d'abord, comment se fait l'alimentation d'eau? On se sert, dans la chaudière Belleville, d'une pompe alimentaire dont l'examen particulier nous entraînerait dans trop de détails. Bornons-nous à dire que cette pompe envoie l'eau au générateur par le clapet B (fig. 3 et 4, page 7), qui règle son débit et qui pénètre dans le *collecteur-épurateur* C (fig. 2, page 5), que nous avons déjà mentionné, mais dont nous donnons une coupe particulière dans les figures 6 et 7.

L'eau pénètre dans ce *collecteur-épurateur*

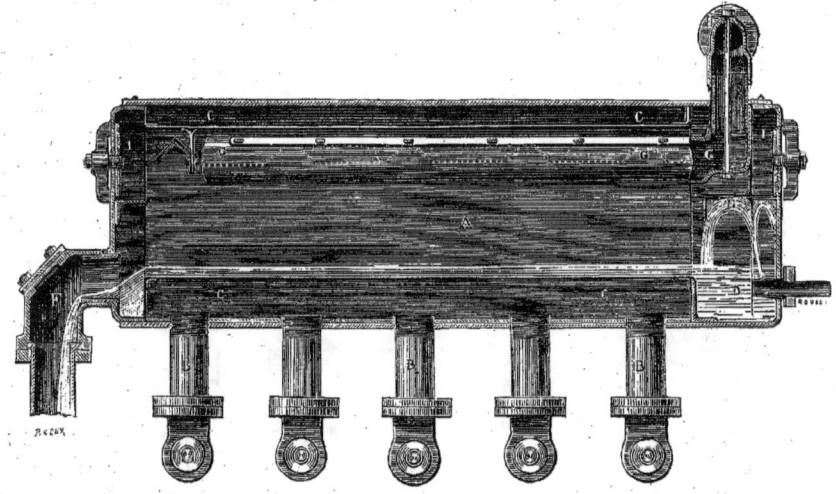

Fig. 6. — Chaudière Belleville. Collecteur-épurateur de vapeur (coupe longitudinale).

par l'extrémité de droite. Elle est injectée par la tuyère, D; de telle sorte que la rapide élévation de sa température au contact de la vapeur détermine la précipitation instantanée des sels calcaires à l'état pulvérulent. L'eau d'alimentation ayant ainsi atteint une température qui est sensiblement celle de la vapeur traverse le *collecteur-épurateur*, dans toute sa longueur, pour se rendre par le tuyau de retour, F, au *récipient-déjecteur*, E (fig. 1, page 4), où elle abandonne les dépôts calcaires précipités, ainsi que les autres corps étrangers qu'elle a pu entraîner avec elle.

L'eau se rend ensuite dans le tube collecteur d'alimentation, F (fig. 1, page 4), d'où elle se répartit entre les *éléments générateurs*, G, en passant par la tubulure à joint conique qui relie chacun d'eux avec le tube collecteur. Elle pénètre ainsi dans chaque élément, en raison du besoin de la vaporisation, de manière à maintenir dans chacun d'eux la même hauteur de niveau normale déterminée pour le meilleur travail et réglée par l'*automoteur d'alimentation*, B, B' (fig. 2, page 5).

Au sortir de chaque élément, la vapeur d'eau pénètre dans le *cylindre collecteur épurateur*, C (fig. 6 et 7), en passant par une tubulure à joint conique. Cette tubulure dirige le courant contre une cloison circulaire disposée de manière à développer une action centrifuge qui détermine

Fig. 7. — Chaudière Belleville. Collecteur-épurateur de vapeur (coupe transversale).

la séparation de la vapeur d'avec l'eau et les autres corps étrangers qu'elle entraîne.

La quantité d'eau ainsi retenue dans l'épurateur est, en moyenne, quatre ou huit fois plus grande que celle de l'eau d'ali-

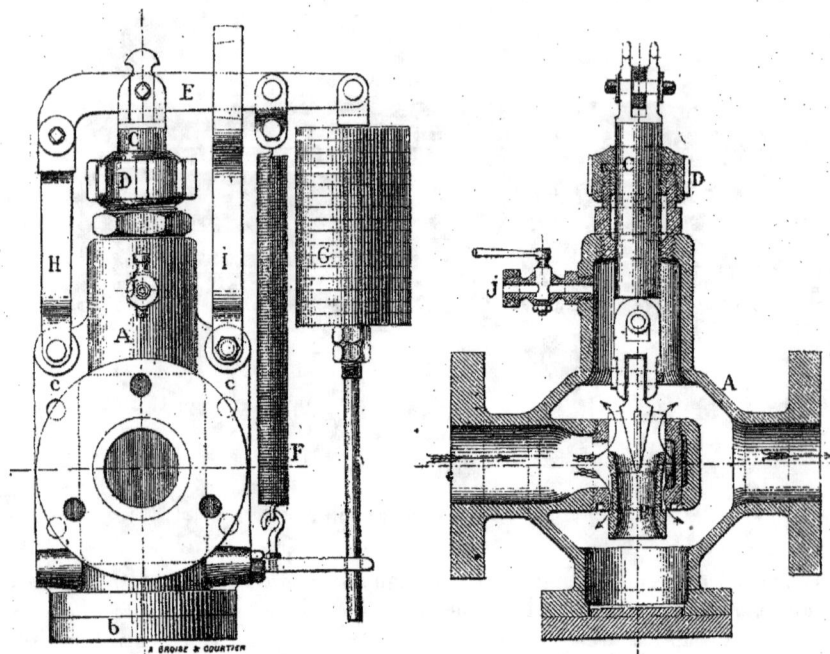

Fig. 8. — Régulateur-détendeur de vapeur de la chaudière Belleville (vu de côté).

Fig. 9. — Régulateur-détendeur de vapeur de la chaudière Belleville (coupe)

mentation, à laquelle elle se mêle, pour faire retour aux éléments générateurs. Après avoir abandonné ses dépôts et autres impuretés dans le *récipient-déjecteur*, E, la vapeur essorée, à sa sortie de l'épurateur, circule dans le *sécheur*, S, pour se rendre ensuite à la conduite générale de vapeur.

Les générateurs Belleville produisent généralement la vapeur à très haute pression : ils sont habituellement timbrés à 12 kilos par centimètre carré (11 atmosphères).

Pour le service des machines motrices, il convient de limiter et de régulariser la pression de la vapeur. On emploie pour cet usage le *régulateur-détendeur de vapeur*, que représentent les figures 8 et 9.

Cet appareil se compose d'une cuvette, A, dans laquelle est disposée une soupape équilibrée, B, commandée par un piston, C, qui se meut en traversant un presse-étoupes, D, garni de pâte semi-métallique. Le piston est relié à un levier extérieur, E, chargé par un poids G et par la tension d'un ressort à boudin F, qui fait équilibre, dans la mesure voulue, à la pression de la vapeur détendue agissant sur le piston.

Tel est le mode de fonctionnement de la chaudière Belleville, qui est vraiment inexplosible, car si l'un des tubes vient à se disjoindre, la vapeur qu'il renferme s'échappe dans le foyer, et produit tout au plus une extinction du combustible.

### CHAUDIÈRE COLLET

Dans la chaudière Belleville, chaque *élément*, formé de deux files verticales voisines

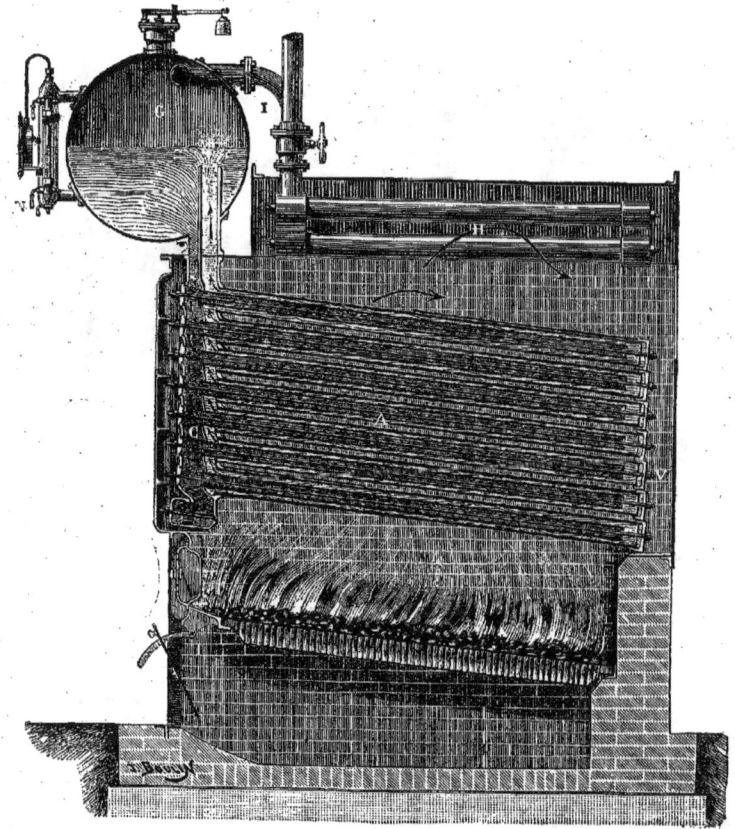

Fig. 10. — Chaudière Collet (coupe longitudinale).

de tubes superposés, constitue un serpentin. La vapeur qui se forme dans les diverses parties de la longueur de cet appareil doit parcourir un long chemin, pour se rendre au *collecteur épurateur de vapeur*. La longueur de ce serpentin peut atteindre jusqu'à 40 mètres. Ce long circuit, à faible section transversale, produit une notable résistance au dégagement de la vapeur, et amène un entraînement d'eau considérable.

C'est pour atténuer ces inconvénients que M. Belleville a imaginé son *collecteur épurateur de vapeur*, et son *régulateur automatique d'alimentation d'eau*.

Pour éviter les inconvénients qui résultent de l'entraînement d'eau, M. Collet, constructeur de Paris, a adopté un système plus simple. Nous donnons dans la figure 10 une coupe de ce générateur.

L'appareil évaporatoire est composé d'*éléments*, indépendants les uns des autres, et formés, chacun, de deux files verticales de sept tubes vaporisateurs, A. Le faisceau tubulaire est placé au-dessus de la grille, sous une inclinaison d'environ 9 pour 100 vers l'arrière. Les tubes pénètrent, à l'avant, dans un collecteur commun, vertical, C, de section rectangulaire, en fonte malléable, et chacun d'eux s'emmanche à

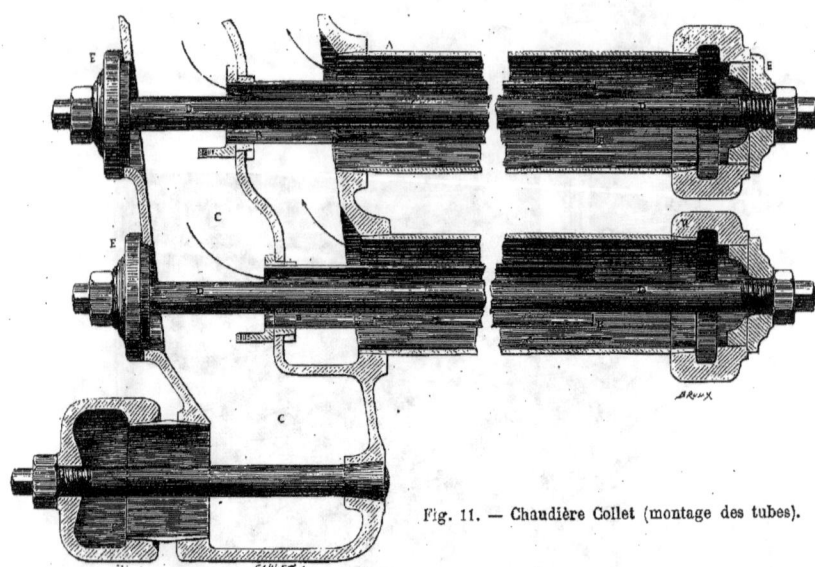

Fig. 11. — Chaudière Collet (montage des tubes).

l'arrière dans une boîte, V, carrée à l'extérieur, également en fonte malléable. Ces pièces en fonte moulée doivent être fabriquées avec le plus grand soin, vérifiées et éprouvées avec la dernière rigueur.

Un boulon, D, D (fig. 11), presse contre leurs sièges les bouchons, E, de l'avant et de l'arrière, en même temps qu'il assure les deux joints des extrémités du tube. On emploie pour les joints des bouchons une rondelle d'amiante trempée dans l'huile au moment du montage.

Le collecteur représenté dans la figure 11, par les lettres C, C, est divisé en deux parties par une cloison verticale, dans laquelle s'engagent des tubes, B,B, en tôle mince agrafée, concentriques aux tubes vaporisateurs, A, et un peu moins longs que ces derniers.

Revenons à la figure 10, qui donne une coupe du générateur Collet. Les quatre collecteurs communiquent avec un réservoir cylindrique, G, placé au-dessus. L'alimentation d'eau se fait dans ce réservoir à l'aide d'une pompe, ou d'un injecteur,

de manière à y entretenir le niveau de l'eau à la hauteur de l'axe. Tout le faisceau tubulaire baigné par les gaz chauds venant du foyer est ainsi rempli d'eau, ce qui n'a pas lieu dans le générateur Belleville. Le réservoir (fig. 10) porte un niveau d'eau, N, une soupape de sûreté, M, et un manomètre, L. Du réservoir, l'eau descend dans les collecteurs en avant de la cloison, et entre dans les tubes intérieurs, pour gagner le fond des tubes vaporisateurs, A.

La vapeur engendrée chemine dans l'espace annulaire compris entre les deux tubes, débouche en arrière de la cloison, dans les collecteurs, et monte dans le réservoir. Comme on le voit dans la figure 12, il se forme deux courants inverses, séparés par une cloison, et qui ne peuvent ainsi se gêner mutuellement. Cette circulation est activée par l'échauffement plus intense de la partie extérieure.

Du réservoir, G (fig. 10), la vapeur descend par le tuyau, I, dans un groupe, H, de 16 tubes horizontaux, placés à la partie su-

Fig. 12. — Chaudière Collet (vue perspective).

périeure du fourneau La vapeur circule dans ces tubes, où elle se sèche et se rend au robinet K, de prise de vapeur. Les boîtes N, de l'arrière des tubes, reposent simplement les unes sur les autres et forment ainsi une cloison sur toute la hauteur du faisceau tubulaire.

On voit que le générateur Collet ne comporte pas les nombreux accessoires combinés par M. Belleville : collecteur-épurateur de vapeur, régulateur automatique d'alimentation, régulateur automatique de combustion. Le but de ces dispositifs, dans les chaudières Belleville, est de combattre les inconvénients provenant de la très faible quantité d'eau qu'elle contient, et de la très petite surface offerte au dégagement de la vapeur. Dans la chaudière Collet, la quantité d'eau et la surface du dégagement de la vapeur sont, grâce au réservoir, beaucoup plus importantes.

Mais si l'adjonction d'un réservoir d'eau et de vapeur permet toutes ces simplifications, elle entraîne une conséquence, dont il faut tenir compte.

Une chaudière qui contient un assez grand volume d'eau chaude et de vapeur, sous pression, ne peut pas être, théoriquement, considérée comme absolument inexplosible. Le réservoir n'étant pas exposé au feu ne présente pas, sans doute, de grandes chances d'accident; mais en cas d'explosion, celle-ci serait plus dangereuse qu'avec un appareil exclusivement tubulaire.

Cette remarque s'applique, d'ailleurs, à toutes les chaudières multitubulaires

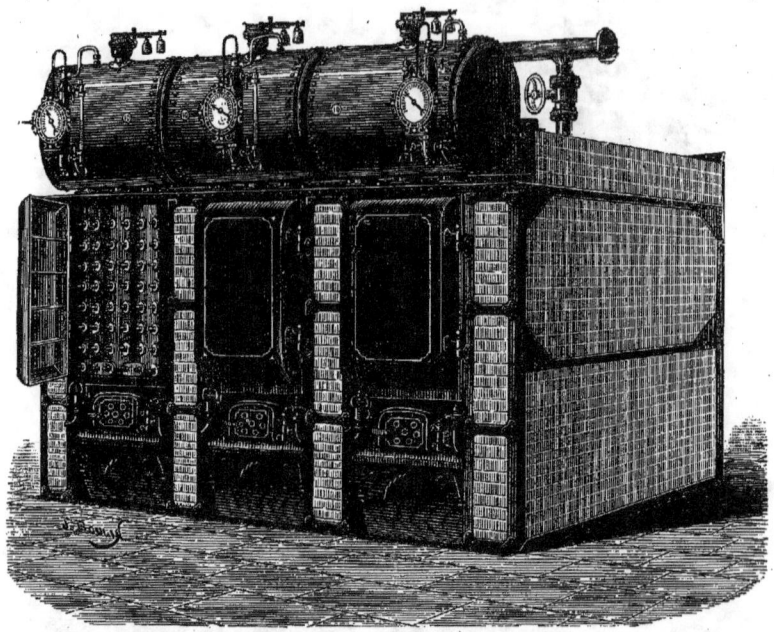

Fig. 13. — Groupe de chaudières Collet.

que nous allons décrire, et qui sont, toutes, pourvues d'un réservoir d'eau et de vapeur.

Nous représentons, dans la figure ci-dessus, l'installation de trois générateurs Collet d'une production de 7,500 kilos de vapeur à l'heure.

### CHAUDIÈRE DE NAEYER

La chaudière de Naeyer, comme la chaudière Collet, supprime, par sa construction, les entraînements d'eau qui ont lieu dans la chaudière Belleville. Elle contient une masse de liquide assez considérable, et par suite, elle réunit aux avantages des chaudières multitubulaires ceux des chaudières à bouilleurs. Nous donnons une perspective de cette chaudière dans la figure 14.

Le lecteur remarquera ici les mêmes organes que dans les chaudières précédentes.

Et d'abord, des tubes générateurs, A, disposés au-dessus d'une grille, G. Les gaz de la combustion, au lieu de s'échapper par la partie supérieure de la chaudière, sont obligés, par une *chicane*, C, de suivre le chemin indiqué par la flèche, et ils s'écoulent par un carneau souterrain, dont on voit l'entrée en F. De petites portes, $p, p$, permettent d'agiter, avec un *ringard*, le combustible sur la grille. De grandes portes, P, P, forment le devant de la chaudière. En s'ouvrant, elles permettent de voir d'un coup d'œil tout l'intérieur du générateur, et d'en nettoyer les diverses parties.

On remarquera encore un réservoir d'eau et de vapeur, M. Le *tube collecteur d'alimentation d'eau*, B, est relié à ce réservoir par un tuyau vertical. Le réservoir, M, porte un dôme de prise de vapeur, D, ainsi que deux

Fig. 14. — Chaudière de Naeyer (vue perspective).

soupapes de sûreté, S, S'. Il est mis en communication avec un manomètre métallique *m*, et avec la partie supérieure d'un niveau d'eau, E, qui est relié, par sa partie inférieure, avec le tube collecteur d'alimentation d'eau B.

Il convient de signaler encore le mur en briques réfractaires, *a*, appelé *autel*, le cendrier, K, plein d'eau, et ses deux portes *t*, *t*. De petites voûtes séparent le réservoir, M, de la fumée et des gaz de la combustion.

Ce qui donne son cachet à ce système de chaudière tubulaire, c'est la disposition spéciale des tubes. Nous en donnons un dessin de détail dans la figure 15. Ce dessin est une coupe des tubes à leur extrémité antérieure et des boîtes de raccord qui les relient.

Ces tubes, comme le montre la coupe suivant AB, sont disposés en quinconce. Ils sont reliés deux à deux, horizontalement, par des boîtes, *b*, *b'*, *b''*, etc., et verticalement, par des boîtes B, B', B'', etc. Il est facile de reconnaître que la vapeur qui se sera formée dans le tube *t'* montera dans le réservoir supérieur, en suivant le chemin 1'1, 2 2', 3' 3, etc., en passant successivement dans les boîtes *b*, B, *b'*, B', *b''*, B'', etc. Les boîtes *b* et B sont reliées entre elles au moyen de bagues en fer, à emboîtement conique et à

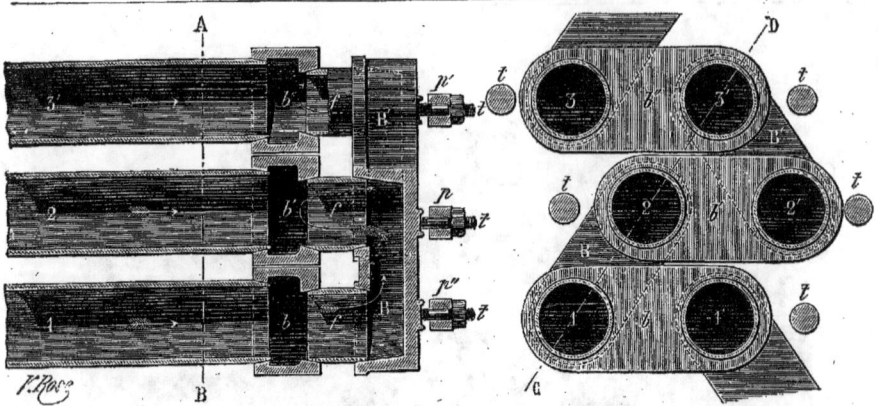

Fig. 15. — Chaudière de Naeyer (montage des tubes).

joint précis. Ce joint est parfaitement étanche à sec, sans interposition de caoutchouc, de mastic, ni d'aucune matière quelconque. Chacune des boîtes de communication est maintenue au moyen de deux boulons à marteau, $t$, $t'$, etc.

L'ensemble des tubes 1, 1'; 2, 2'; 3, 3'; etc., forme une *série*. Chaque chaudière se compose d'un nombre plus ou moins grand de *séries* juxtaposées, communiquant chacune, à leur extrémité inférieure, avec un collecteur d'alimentation, B, placé au bas et à l'arrière de la chaudière (fig. 14). Ce collecteur sert à la répartition de l'eau dans les différentes séries de tubes, ainsi qu'à la purge de la chaudière. Les tubes sont inclinés de l'avant à l'arrière, dans le but de favoriser la circulation, et de faciliter le dégagement rapide de la vapeur, laquelle, au fur et à mesure de sa production, se rend directement par les boîtes $b$ B, $b'$ B', au réservoir supérieur M (fig. 14).

Nous donnons, dans la figure 16, une coupe longitudinale de la chaudière de Naeyer. Le lecteur y remarquera un appareil additionnel qui n'était pas représenté sur la figure 14, et qui s'appelle le *réchauffeur d'eau d'alimentation*.

Cet appareil se compose d'un certain nombre de tubes disposés en quinconce, comme ceux du générateur, et dans lesquels l'eau d'alimentation circule en serpentant de bas en haut, c'est-à-dire en sens inverse de la marche des gaz chauds, qui suivent alors le chemin indiqué par les flèches. Cette disposition permet de dépouiller les gaz de la plus grande partie de leur chaleur, et de ne les laisser échapper dans le tuyau de la cheminée qu'à 100° environ, seulement elle exige un très fort tirage, c'est-à-dire une cheminée très élevée.

Nous pouvons, à l'aide de la figure 16, décrire le fonctionnement de l'appareil dit *réchauffeur d'eau d'alimentation*.

Voyons, pour commencer, de quelle manière se fait l'alimentation d'eau.

Comme dans la chaudière Belleville, le système adopté débarrasse presque complètement l'eau des sels calcaires qu'elle renferme.

L'eau venant de l'appareil d'alimentation (pompe, injecteur, etc.) arrive en T, dans un tube horizontal. De ce tube, elle passe dans le serpentin, R, chauffé par les chaleurs perdues des gaz provenant de la combustion du charbon, et elle y acquiert une température de + 80° à + 90°. Elle sort du serpentin par le tube J, et se rend dans le réservoir supérieur, M, où elle est injectée dans le courant de vapeur. L'eau, portée alors brusquement à une température de + 140° à + 150°, laisse précipiter, à l'état pulvérulent, les sels calcaires qu'elle contient.

L'eau, ainsi purifiée, se rend au *collecteur*

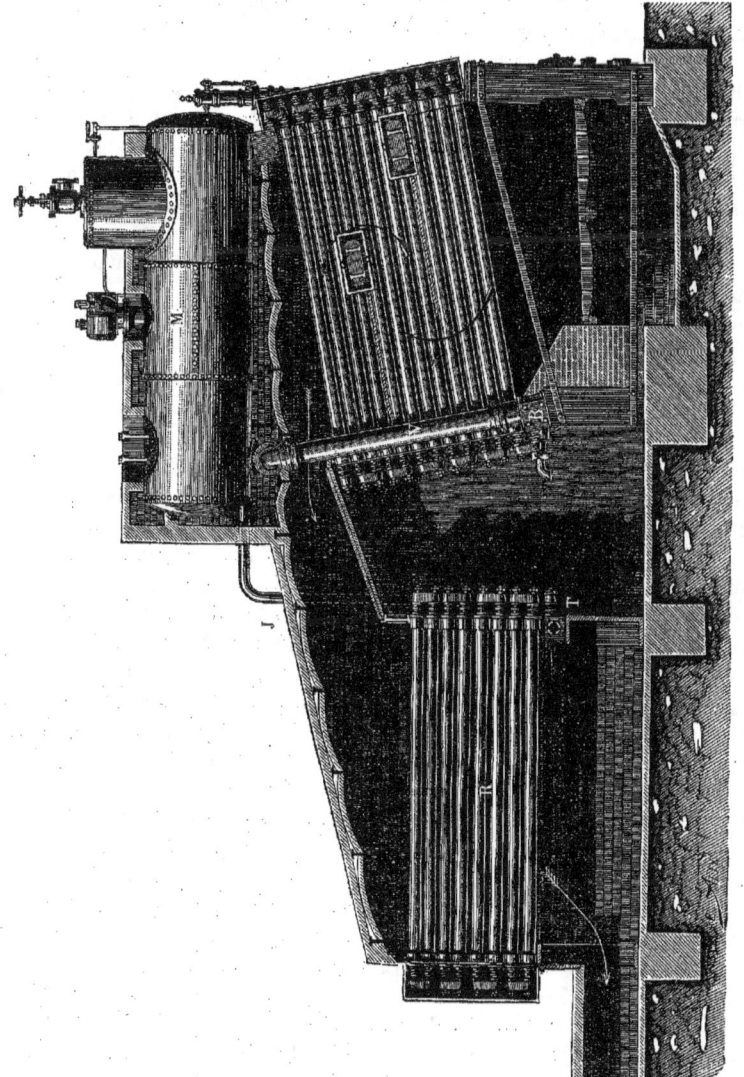

Fig. 16. — Chaudière de Naeyer (coupe longitudinale du réchauffeur d'eau d'alimentation).

*d'alimentation*, B, par l'intermédiaire d'un tuyau de trop-plein, V, placé à l'arrière du réservoir.

Quant aux dépôts calcaires, comme le mouvement du liquide dans le réservoir est très lent, leur décantation s'opère presque complètement. Ils se réunissent, sous forme de boue, dans un décanteur spécial, d'où l'on peut facilement les retirer, à l'aide d'un robinet de purge, sans être obligé d'arrêter le générateur.

Du collecteur d'alimentation, l'eau se répartit dans le faisceau tubulaire, en montant dans les boîtes, de l'arrière des tubes.

Le problème de la production de la vapeur sèche est résolu, dans les chaudières de Naeyer; car aussitôt que la vapeur se produit dans les tubes bouilleurs, elle se dégage immédiatement à l'extrémité antérieure de chacun d'eux, et gagne, par les boîtes, le réservoir supérieur.

Il n'y a donc pas entraînement d'eau. De plus, dans le collecteur de vapeur, M, des dispositions intérieures forcent la vapeur à faire un long parcours, et l'amènent toujours parfaitement sèche au dôme, où se fait la prise de vapeur.

Des regards, munis de portes, sont pratiqués dans les parois latérales de la chaudière, et permettent le nettoyage de différentes parties. On voit ces portes dans les dessins pittoresques que nous donnons des installations diverses des chaudières de Naeyer. Ces portes servent également à introduire entre les tuyaux une lance à vapeur, qui chasse la suie en très peu de temps. Cette opération peut se faire pendant la marche.

Les chaudières peuvent être construites avec ou sans *réchauffeur d'eau d'alimentation*. Sans réchauffeur, les chaudières laissent échapper les gaz à + 200 ou + 225°. Cette chaleur peut être utilisée de manière à augmenter le rendement en vapeur, par le *réchauffeur d'eau d'alimentation*, qui dépouille les gaz de la combustion de la presque totalité de leur chaleur, et ne les laisse échapper qu'à + 100°; on obtient alors une vaporisation de 10 litres d'eau par kilogramme de charbon brûlé.

Il existe une belle installation des générateurs de Naeyer dans les caves de l'Hôtel de ville de Paris. Cette installation qui a été faite en 1884, par MM. Geneste et Herscher, sert à fournir la vapeur nécessaire pour le chauffage, et pour les machines à vapeur actionnant les machines dynamo-électriques, les ventilateurs, etc.

Mais pour comprendre les multiples emplois de la vapeur engendrée dans les sous-sols de l'Hôtel de ville, il est nécessaire d'entrer dans quelques explications sur le système, assez compliqué, qui produit le chauffage et la ventilation simultanés, dans le vaste monument de la municipalité parisienne.

L'installation de l'aération et du chauffage, à l'Hôtel de ville de Paris, est basée sur le principe de la ventilation mécanique, opérée au moyen de machines à vapeur placées dans le sous-sol. La force mécanique de la vapeur est transmise par des câbles électriques aux ventilateurs.

La place des ventilateurs n'est pas arbitraire, elle dépend de la situation des pièces, couloirs, escaliers, salles, grandes ou petites, dans lesquelles il faut envoyer de l'air. La transmission de la force par l'électricité qui permet de distribuer à distance le mouvement aux ventilateurs disposés dans les divers étages a rendu ici un grand service.

L'insufflation de l'air se fait dans les bureaux du rez-de-chaussée, les bureaux du service financier, les salles du Conseil municipal, le cabinet du Préfet et de son service, les salons et les grandes salles de fêtes.

Pour les locaux du sous-sol, la ventilation se fait par aspiration. Dans les étages supérieurs, les bureaux sont ventilés par appel.

L'Hôtel de ville est chauffé à la vapeur, au moyen de générateurs multitubulaires et inexplosibles, placés dans les sous-sols. La vapeur est conduite directement dans les combles; elle est ramenée alors à une pression insensible, par des appareils de descente

Fig. 17. — Le nouvel Hôtel de ville de Paris.

spéciaux, et distribuée en circulant toujours par l'effet de la gravité.

Pour assurer la parfaite indépendance du fonctionnement des surfaces de chauffe, on a établi, à la sortie de chacune d'elles, un *purgeur d'eau condensée et d'air*. De même, à l'entrée de chaque surface de chauffe, on a placé un robinet, pour en régler ou en arrêter la marche. A la sortie du purgeur, les eaux de condensation vont se réunir dans un collecteur commun, et sont conduites dans un réservoir placé dans la chambre des générateurs de vapeur.

Les surfaces rayonnantes, placées dans les locaux mêmes à chauffer, sont situées près du sol, au bas des parois refroidissantes et notamment des parties vitrées.

Le chauffage et la ventilation étant indépendants l'un de l'autre, il y a deux séries de surfaces de chauffe : les unes envoient de l'air chaud, les autres de l'air à une température modérée pour la respiration.

Une disposition très économique permet de réduire le chauffage au minimum, en rappelant l'air des salles, lorsque ces locaux ne sont pas occupés ou qu'on ne les ventile pas.

Pour réaliser cette grandiose installation, il a fallu établir 10 générateurs de vapeur, représentant une surface de chauffe de 800 mètres carrés; 2 moteurs à vapeur; 3 machines électriques primaires, et 40 moteurs électriques, actionnant directement les ventilateurs.

Cette organisation, si minutieuse et si compliquée, échappe à l'œil du visiteur. On peut la comparer au réseau artériel et au réseau veineux du corps humain, le premier représentant l'arrivée de l'air pur, le second l'appel de l'air vicié : le tout caché dans la profondeur de nos organes et inaccessible aux regards.

Mais nous, curieux par nature et par profession, nous avons pris une connaissance exacte de cet intéressant ensemble, et si chacun de nos lecteurs veut suivre notre exemple, l'usine souterraine de l'Hôtel de ville n'aura plus de mystères pour lui.

Si donc le lecteur veut bien, ainsi que nous l'avons fait, demander au secrétariat des travaux publics de l'Hôtel de ville, situé au deuxième étage, une *carte-permission* pour visiter les caves renfermant les salles des machines et chaudières, il aura la satisfaction de connaître un des plus curieux établissements mécaniques de la capitale.

Avec la carte délivrée au secrétariat, et sous la conduite d'un employé de la ville, en casquette et livrée bleues, traversons la deuxième cour, et prenons, à droite, un petit escalier, à marches de pierre qui, bien qu'étroit et tournant, est parfaitement praticable, et nous arriverons à la grande salle que représente très exactement la figure 18. Comme on le voit, c'est une longue pièce voûtée, qui ne ressemble guère aux chantiers ordinaires de l'industrie mécaniques, noirs, enfumés et boueux, car elle est aussi bien tenue qu'un salon, et de larges baies latérales y projettent un très beau jour.

Comme le représente notre dessin, il y a deux groupes de cinq chaudières chacun, ayant un réservoir de vapeur commun, d'où la vapeur s'échappe, pour aller remplir, en plusieurs directions, ses différents offices.

Les chaudières portant les numéros 1, 2, 3, 8, 9 et 10, servent à produire la vapeur qui chauffe les galeries, salons, bureaux, etc., de l'Hôtel de ville. C'est, en effet, comme nous l'avons dit, un courant de vapeur d'eau qui est l'unique moyen de chauffage de ce vaste édifice.

L'eau de condensation de la vapeur, qui a parcouru les nombreux tuyaux servant au chauffage, descend par un conduit commun dans un réservoir, dont on peut voir une partie sur notre dessin, près de la porte d'entrée, au fond de la salle. Cette eau encore chaude, reprise par une pompe, retourne aux chaudières.

La vapeur fournie par les chaudières numéros 4 et 7 sert : 1° à actionner les petites machines à vapeur qui font agir les pompes destinées à refouler l'eau de la ville dans les mêmes chaudières ; 2° à actionner les machines à vapeur qui produisent la ventilation des différentes salles et galeries de l'Hôtel de ville.

Arrêtons-nous sur cette dernière partie de l'installation mécanique qui nous occupe, car nous allons y trouver une particularité du plus grand intérêt scientifique.

Les ventilateurs disposés dans chaque salle, pièce ou galerie de l'Hôtel de ville, se composent d'ailettes portées sur un axe mobile, qui tourne par une transmission de la force à distance, produite par l'électricité. C'est une très curieuse application pratique du principe du transport électrique de la force.

On voit sur notre dessin et près des baies éclairantes le volant de deux machines à vapeur, du système *compound*, de la force de 7 à 8 chevaux-vapeur, faisant tourner une machine dynamo-électrique Gramme, qui produit un courant électrique. Un fil isolé recueille ce courant, et en se ramifiant, il va distribuer l'électricité aux petits appareils dynamo-électriques qui font corps avec les ventilateurs.

Chaque ventilateur proprement dit est, en effet, une petite machine dynamo-électrique *réceptrice*, animée, grâce à un fil conducteur, par la machine *productrice* placée

# SUPPLÉMENT A LA MACHINE A VAPEUR.

dans la salle inférieure, et qui engendre, comme nous l'avons expliqué, le courant primitif.

Dans un petit cabinet attenant à la grande salle, et auquel on accède par quelques marches, une série de *résistances rhéostatiques*

Fig. 18. — Les générateurs de Naeyer à l'Hôtel de ville de Paris. (Installation de MM. Geneste et Herscher.)

sert à modérer et à activer l'intensité du courant, selon les besoins. Un simple levier parcourant un cadran, semblable aux anciens cadrans des télégraphes électriques, permet de modifier à volonté la force du courant. L'ingénieur placé dans ce petit cabinet est averti, par un appareil spécial, de l'état du courant, et il le modère ou l'accroît, selon le cas.

Voilà, assurément, une des plus intéressantes applications du transport de la force par l'électricité.

Les chaudières numéros 5 et 6, dont nous n'avons encore rien dit, servent à actionner les machines à vapeur qui produisent le courant électrique destiné à alimenter les lampes électriques à incandescence. le seul moyen d'éclairage qui existe à l'Hôtel de ville.

Si, en effet, vous quittez la salle des chaudières, et que vous gravissiez, au milieu de cette salle, un escalier de quelques marches, vous vous trouverez dans une belle pièce voûtée, à l'aspect architectural, mais quelque peu sombre, qui renferme les machines à vapeur et les machines dynamo-électriques productrices du courant destiné à fournir l'éclairage.

Il y a deux machines à vapeur, du système *compound*, construites par MM. Weyher et Richemond, de Pantin, et du type de celles que nous décrirons dans un des chapitres suivants, en traitant des *nouvelles machines à vapeur à grande détente*.

Les deux machines à vapeur, système *compound*, sont chacune de la force de 60 chevaux-vapeur. Elles actionnent un appareil dynamo-électrique Edison, de 500 lampes, que nous aurons à décrire, quand nous traiterons des machines dynamo-électriques, dans le *Supplément à l'Électro-magnétisme*.

Le courant électrique fourni par les deux appareils dynamo-électriques Edison est recueilli par un gros fil conducteur, qui va le distribuer aux lampes à incandescence.

Tels sont les multiples emplois de la vapeur produite par les cinq groupes de générateurs réunis dans la salle des chaudières.

Cette belle installation est due à MM. Geneste et Herscher, les ingénieurs-constructeurs de Paris, bien connus par leurs nombreuses entreprises de chauffage et de ventilation, et elle leur fait le plus grand honneur.

C'est également à MM. Geneste et Herscher qu'est due l'installation des chaudières de Naeyer et les différents emplois de la vapeur, à l'École centrale des arts et manufactures de Paris.

L'installation de l'École centrale est pareille à celle de l'Hôtel de ville, mais de moindre importance.

La figure 19 représente les deux chaudières de Naeyer de l'École centrale, la première étant vue en coupe, pour montrer les rapports du foyer et du réservoir d'eau et de vapeur.

Les chaudières de Naeyer servent, comme celles de l'Hôtel de ville, au chauffage des différentes pièces de l'École, à leur ventilation et à l'éclairage électrique.

Les deux générateurs fournissent de la vapeur à deux machines de MM. Weyher et Richemond, qui actionnent des dynamos Gramme et Edison, pour le service des lampes à incandescence, destinées à éclairer les amphithéâtres des cours. Ces machines dynamos servent également à transmettre la force à distance, et à actionner, sous les combles de l'École, de petites machines dynamo-électriques réceptrices, qui mettent en mouvement des ventilateurs.

La vapeur produite par les chaudières est, en outre, utilisée pour le chauffage des différentes parties de l'édifice, et pour le service des laboratoires. Ces générateurs sont placés en dehors de l'École, dans une cour vitrée placée en contre-bas de l'entrée des élèves ; de sorte qu'en cas d'explosion d'un tube, la vapeur lancée n'amènerait aucun accident.

La figure 20 représente une installation de chaudières de Naeyer faite à Anvers,

Fig. 19. — Générateurs de Naeyer. (Installation de l'Ecole Centrale, par MM. Geneste et Herscher.)

pour le service des machines hydrauliques des nouveaux quais.

Les détails dans lesquels nous sommes entrés, à propos des chaudières de Naeyer, pour l'Hôtel de ville de Paris et l'École Centrale de la même ville, nous dispensent de décrire l'installation de l'usine hydraulique d'Anvers.

Fig. 20. — Générateurs de Naeyer. (Installation de l'usine hydraulique du quai Wallon, à Anvers, faite par MM. Geneste et Hirscher.)

Nous avons fait connaître, avec les chaudières Belleville et Collet, les chaudières inexplosibles ou multitubulaires construites en France, et avec les générateurs de Naeyer, les chaudières belges. Nous ferons connaître les chaudières inexplosibles américaines, en décrivant celles de MM. Babcock et Wilcox, de Pittsburg (Pennsylvanie).

Fig. 21. — Coupe de la chaudière Babcock et Wilcox, ou chaudière américaine.

La figure ci-dessus donne une coupe de la chaudière de MM. Babcock et Wilcox.

Cette chaudière se compose d'un faisceau tubulaire incliné, communiquant, au moyen de passages verticaux, avec un réservoir cylindrique supérieur, contenant de l'eau et de la vapeur, et à l'arrière, au point le plus bas de la chaudière, avec un *collec-*

*teur*. Les communications ou passages sont des boîtes en fonte, d'une seule pièce, pour chaque série verticale de tubes, dans lesquelles ces derniers sont emmanchés par une de leurs extrémités.

Le faisceau tubulaire est constitué par l'assemblage d'un certain nombre de ces séries verticales, ou *éléments*, et grâce à la forme en serpentin des boîtes de communication, les tubes représentent un quinconce, dans l'assemblage général, c'est-à-dire que chaque série horizontale de tubes se trouve au-dessus des espaces vides de la série précédente.

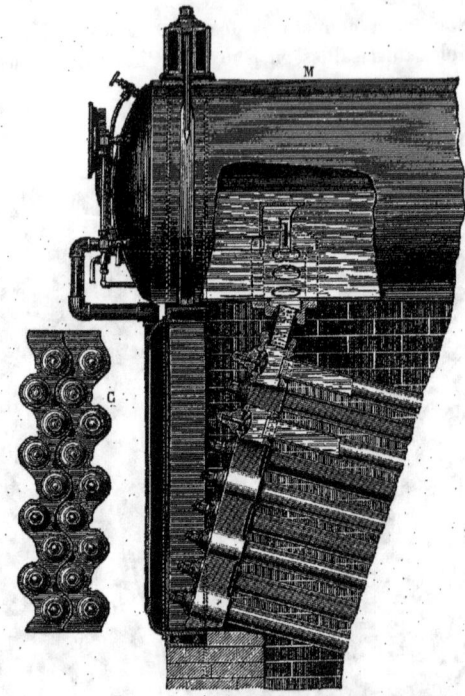

Fig. 22. — Coupe d'un élément de la chaudière Babcock et Wilcox.

C'est ce que montre la figure ci-dessus, qui donne la coupe d'un *élément*.

Ces *éléments* sont en communication avec le réservoir d'eau supérieur, et avec le collecteur inférieur, au moyen de tubulures courtes, de manière à éviter l'emploi de boulons, et à laisser un passage libre entre les différentes pièces.

La fonction du collecteur est de recevoir les dépôts calcaires précipités pendant l'évaporation, lesquels sont extraits, au repos, ou en marche, au moyen d'un robinet disposé à cet effet.

Le foyer est placé au-dessous de la partie inclinée du faisceau tubulaire; la flamme et les produits de la combustion sont obligés, par des *chicanes*, de s'élever à travers une partie de la longueur du faisceau tubulaire, jusqu'à une chambre de combustion triangulaire, qui existe au-dessous du réservoir cylindrique, puis de descendre à travers la deuxième partie de cette longueur, et enfin de remonter à travers la troisième partie, avant de passer définitivement à la cheminée.

L'eau chauffée dans les tubes a une tendance à s'élever vers leur extrémité supérieure; et d'autre part, le mélange d'eau et de vapeur, étant d'une densité moindre que l'eau du réservoir supérieur, monte par les boîtes, dans ce réservoir, où la vapeur se dégage. L'eau, refoulée à l'arrière, redescend aux tubes, en produisant ainsi une circulation continue.

La prise de vapeur se trouve à la partie la plus élevée du réservoir cylindrique supérieur, vers l'arrière de la chaudière, afin que la vapeur se soit bien séparée de l'eau, avant d'être utilisée.

D'après les constructeurs, la chaudière qui vient d'être décrite fournit 9 à 10 kilogrammes de vapeur d'eau pour 1 kilogramme de houille brûlée.

Nous pourrions faire connaître beaucoup d'autres systèmes de chaudières mutitubulaires, construites en différents pays; mais ces générateurs ne diffèrent que par des particularités secondaires de ceux que nous avons décrits, et les expliquer en détail serait nous exposer à des redites. Contentons-nous d'établir que les chaudières inexplosibles constituent un progrès fondamental dans l'emploi de la vapeur, progrès qu'il était essentiel de mettre en relief dans ce *Supplément*.

## CHAPITRE II

RÉSUMÉ DES AVANTAGES GÉNÉRAUX DES CHAUDIÈRES MULTITUBULAIRES, ET COMPARAISON AVEC LES AUTRES SYSTÈMES DE CHAUDIÈRES ACTUELLEMENT EN USAGE.

La plus grande partie des explosions de chaudières à bouilleurs provient de l'abaissement du niveau de l'eau, non soupçonné par le chauffeur. C'est seulement par une surveillance constante que ce dernier peut maintenir l'eau de son générateur au niveau désiré. Quelquefois, il suffit de l'abaissement de quelques centimètres du niveau de l'eau, pour occasionner une brûlure du métal, et provoquer une explosion, quand l'eau arrivera subitement à cette portion altérée du générateur.

Mais cette cause d'accident n'est pas la seule. Il arrive souvent que les variations de pression que subit le métal préparent une explosion. Lorsque l'on fait monter rapidement la pression, une partie des parois de la chaudière est à une température très élevée, tandis que d'autres parties sont, relativement, froides. Il se produit alors un déplacement des molécules du métal, et par suite, un affaiblissement sensible des parois. Ces phénomènes se répétant à chaque élévation de pression, la ligne du point de plus grand affaiblissement arrivera un jour à se rompre. Cette rupture peut avoir peu d'étendue, mais elle peut aussi prendre de plus grandes proportions, et produire des explosions désastreuses.

Les chaudières multitubulaires étant composées d'un grand nombre de tubes en fer, d'un diamètre relativement faible, et reliés entre eux par des boîtes en fer, sans le secours de joints artificiels, offrent une très grande résistance, quelle que soit la pression. La circulation rapide de l'eau dans tous ces tubes assure une température égale dans toutes les parties ; les affaiblissements du métal, dus aux dilatations inégales, ne peuvent donc avoir lieu. La circulation de l'eau dans ces chaudières est si facile que, quand même le niveau de l'eau vient à baisser, le courant continue régulièrement dans les tubes. Si les tubes venaient à se vider complètement, ils brûleraient, sans occasionner d'explosion.

Le réservoir de vapeur situé à la partie supérieure étant placé en dehors du passage des gaz chauds, les tôles sont tout à fait à l'abri des coups de feu.

Si, par suite d'une négligence impardonnable, un tube venait à se rompre, la chaudière se viderait, sans amener d'explosion.

Les chaudières multitubulaires présentent de grandes facilités pour la visite et les réparations. Il suffit d'ouvrir une porte, pour vérifier, d'un coup d'œil, le bon état de tout l'appareil. Il n'en était pas de même dans les chaudières à bouilleurs. Comme la moindre érosion du métal de la chaudière pouvait amener les plus terribles accidents, la responsabilité des industriels était tellement grande, que c'était ordinairement l'ingénieur lui-même qui faisait la visite de la chaudière. Nous nous rappellerons toujours l'effet que cette visite produisait à un de nos amis, ingénieur d'une grande raffinerie. Quand approchait l'époque où il devait visiter la chaudière, il en était malade, et ne dormait pas, plusieurs nuits à l'avance. Le jour venu pour l'examen du générateur, il s'enveloppait de linges mouillés ; puis il s'engageait, en rampant, dans d'étroits carneaux (généralement les conduits de fumée n'ont que 0$^m$,30 de côté). Mais les maçonneries, encore chaudes, maintenaient une température étouffante ; si bien que lorsque le malheureux sortait, couvert de suie, il s'évanouissait de fatigue.

C'est en raison de la sécurité qu'assurent les chaudières multitubulaires, qu'une loi a imposé l'usage exclusif des générateurs inexplosibles dans les villes et les maisons habitées.

Un décret du 30 avril 1880 a modifié sur plusieurs points essentiels la réglementation des chaudières à vapeur, notamment en ce qui touche leur classification par catégories et leurs conditions d'installation. Les chaudières à bouilleurs sont exclues de toute maison d'habitation, et de tout atelier surmonté d'étages. Les chaudières tubulaires, dites *inexplosibles*, sont seules autorisées, à l'intérieur des habitations. C'est ce qui a déterminé, dans ces derniers temps, la grande extension qu'ont prise la construction et l'emploi du nouveau genre de générateurs que nous venons de décrire.

Il ne faudrait pas croire, pourtant, que les chaudières multitubulaires soient les seules employées aujourd'hui. Les chaudières à bouilleurs et les chaudières à tubes de fumée, analogues aux générateurs de locomotive, sont encore fort en usage. En effet, les chaudières à bouilleurs, si elles ont les inconvénients que nous avons dû signaler, ont de nombreux avantages, qui sont, principalement, la facilité de conduite du feu et du nettoyage, et surtout, la qualité, si précieuse, de la stabilité dans la production de la vapeur. Le chauffeur peut négliger quelque temps la conduite du feu, sans que la pression de sa chaudière s'en ressente immédiatement ; ce qui est dû à la grande masse d'eau qui s'y trouve, et qui forme, comme le disent les mécaniciens, un *volant de chaleur*. On conçoit facilement que plus la masse d'eau sera considérable dans une chaudière, et plus il faudra de temps pour que sa pression varie. Par contre, il faut, avec une chaudière à bouilleurs, beaucoup plus de temps pour monter en pression. C'est ainsi qu'il faut une heure et demie à deux heures et souvent davantage, avec une chaudière à bouilleurs, pour arriver à la pression voulue, après l'allumage, tandis qu'il suffit de 7 à 8 minutes, avec une chaudière Belleville.

Mais une fois la masse d'eau parvenue à la pression et à la température de marche, dans la chaudière à bouilleurs, cette température et cette pression se maintiennent un temps fort long, quelles que soient les intermittences ou la négligence que puisse mettre le chauffeur à entretenir le feu sur la grille. De là, une grande facilité pour la conduite de la chaudière.

Dans beaucoup de cas, la chaudière à bouilleurs conserve donc ses avantages. La simplicité de sa construction, le grand volume d'eau qu'elle renferme, et qui forme, avec la masse des maçonneries, un régulateur de chaleur, permet d'apporter peu d'attention à la conduite du feu. Seulement, son rendement est déplorable. Alors qu'une chaudière multitubulaire produit, par heure, 500 kilogrammes de vapeur, par exemple, une chaudière à bouilleurs, à égalité de surface de chauffe, n'en donne que 400 kilogrammes.

C'est ce qui s'explique sans peine, d'ailleurs. Pour utiliser convenablement le calorique produit par le combustible, il faut des générateurs capables de dépouiller rapidement de la plus grande partie de leur chaleur les gaz produits par la combustion du charbon. Lorsque la surface d'absorption du calorique n'est pas assez considérable, ou n'est pas convenablement disposée, une grande partie de la chaleur se perd par la cheminée. Les chaudières cylindriques, en général, ne sont pas économiques, par la raison bien simple que, pour avoir une surface de chauffe suffisante, il faut, même pour de petites forces, des appareils très grands, ce qui entraîne à de grandes dépenses.

Les chaudières à tubes de fumée, ou à foyer intérieur, du genre des générateurs de locomotive, ont, comme les chaudières inexplosibles, l'avantage d'une très grande puissance de production de vapeur, sous un faible volume (1) ; et en raison de la grande masse d'eau qu'elles renferment, elles assurent toute stabilité dans la production de la vapeur. Comme les chaudières à bouilleurs elles peuvent être, pendant quelque temps, abandonnées sans surveillance. La masse d'eau qu'elles renferment constitue un réservoir de chaleur, qui maintient toute la masse à une même température pendant assez longtemps.

Les chaudières du genre des locomotives, c'est-à-dire à tubes de fumée et à foyer intérieur, présentent, malheureusement, cet inconvénient, très grave, qu'il est à peu près impossible de nettoyer les tubes, pour enlever les incrustations. Il faut, avant d'introduire l'eau, la débarrasser de toute matière pouvant fournir des dépôts calcaires ou autres, c'est-à-dire la traiter par la chaux, ou par le tannin, ce qui ne laisse pas que de devenir dispendieux.

Disons aussi que tandis que la chaudière à bouilleurs ou à tubes de fumée est, comme on vient de le dire, d'une conduite très facile pour le chauffeur, les *chaudières inexplosibles* sont beaucoup plus délicates à diriger ; il suffit de la moindre négligence de la part du chauffeur, pour faire tomber la pression.

On voit, en résumé, que chaque type de chaudière a ses inconvénients et ses avantages. Aussi, tous les types de générateurs trouvent-ils aujourd'hui leur emploi, suivant les circonstances particulières dans lesquelles se trouve l'industriel. Nous nous réservons, dès lors, toutes les fois que cela nous paraîtra intéressant, de décrire, à propos d'une machine à vapeur, le type de chaudière qui l'alimente.

## CHAPITRE III

LES NOUVELLES MACHINES MOTRICES A VAPEUR (MACHINES FIXES). — LA MACHINE WEYHER ET RICHEMOND. — LE TIROIR FARCOT. — LA MACHINE CORLISS. — LES MACHINES WHEELOCK, CAIL, FARCOT. — LA MACHINE CORLISS, DU CREUSOT.

On a vu, dans les deux premiers chapitres de cette Notice, comment les constructeurs sont arrivés, depuis l'année 1870, à produire économiquement de la vapeur, avec des chaudières perfectionnées. Nous avons à étudier maintenant les organes à l'aide desquels on transforme la force vive de cette vapeur en travail mécanique, c'est-à-dire les nouvelles machines à vapeur, dites à *grande détente*.

Pour bien expliquer le mécanisme et les avantages des nouvelles machines à vapeur, il faut invoquer des principes de physique assez délicats. D'un autre côté, les organes qui les composent sont compliqués. Nous sommes donc obligé de demander au lecteur toute son attention, pour les descriptions qui vont suivre. Il est bien entendu que l'on devra se reporter, pour la connaissance générale des organes de la machine à vapeur, à la Notice des *Merveilles de la science,* consacrée à ce sujet (1).

Il résulte des lois de la *thermodynamique,* que le rendement calorifique d'une machine à vapeur est d'autant meilleur que la pression de la vapeur, à son entrée dans le cylindre, est plus considérable, et que la *détente,* c'est-à-dire son expansion dans le vide, est plus grande.

On est, malheureusement, limité dans

---

(1) Ce sont les plus légères et les moins volumineuses, pour une puissance donnée.

(1) *La Machine à vapeur*, t. I, p. 133 et suivantes.

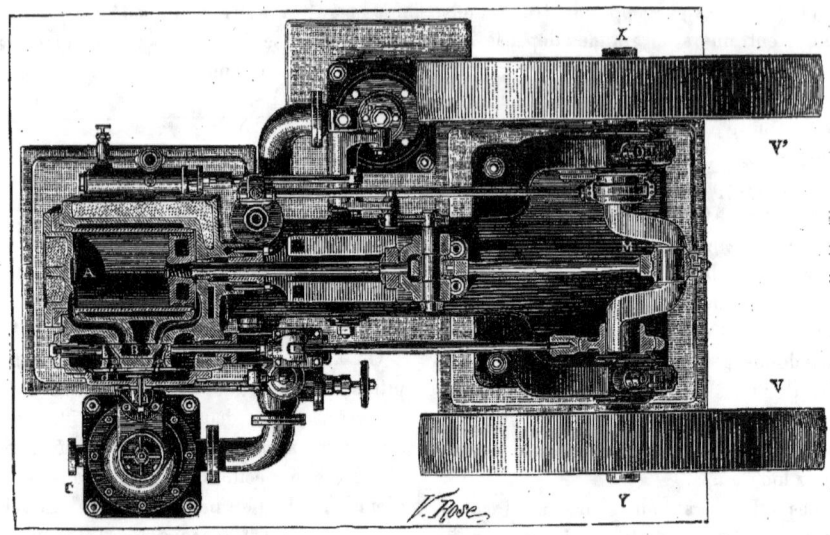

Fig. 23. — Machine Weyher et Richemond. Coupe horizontale par le cylindre.

l'emploi de la pression et de la détente.

D'abord, on ne saurait accroître indéfiniment la pression de la vapeur. Non qu'on ne puisse construire des chaudières et des machines capables de résister à de très fortes pressions, mais parce que la température de la vapeur s'élevant, en même temps que la pression, les corps gras employés pour la lubrification des organes sont brûlés, décomposés ; ce qui rend le fonctionnement impossible.

Les grandes détentes de la vapeur, c'est-à-dire son expansion à vingt-cinq et trente fois son volume, sont également désavantageuses, dans les machines à un seul cylindre, à cause des condensations de vapeur qui se font sur les parois des cylindres.

On démontre, dans les Traités spéciaux, que le moyen de réaliser le maximum d'économie, dans les machines à un seul cylindre, consiste à introduire la vapeur à une pression de 6 kilogrammes, et à la faire se détendre de neuf à neuf fois et demie son volume.

Une détente aussi considérable ne pouvait être réalisée avec les anciens *tiroirs* des machines à vapeur. Il a donc fallu modifier profondément leur mécanisme, pour parvenir à pousser la détente de la vapeur à son degré extrême.

On avait fait, jusqu'à l'année 1870, beaucoup de tentatives pour réaliser en pratique les grandes détentes de la vapeur, et les résultats obtenus étaient encourageants.

C'est ainsi que MM. Weyher et Richemond, les savants ingénieurs de l'usine de Pantin, avaient construit des machines à détente parfaitement combinées, et qui procurent une grande économie de vapeur.

La machine de MM. Weyher et Richemond, qui est encore en usage dans nombre d'usines, mérite, pour cette raison, d'être décrite d'une façon particulière. Elle donne d'excellents résultats, avec une distribution très simple, et nous servira d'introduction à l'étude des machines à grande détente.

La figure 23 donne une coupe horizon-

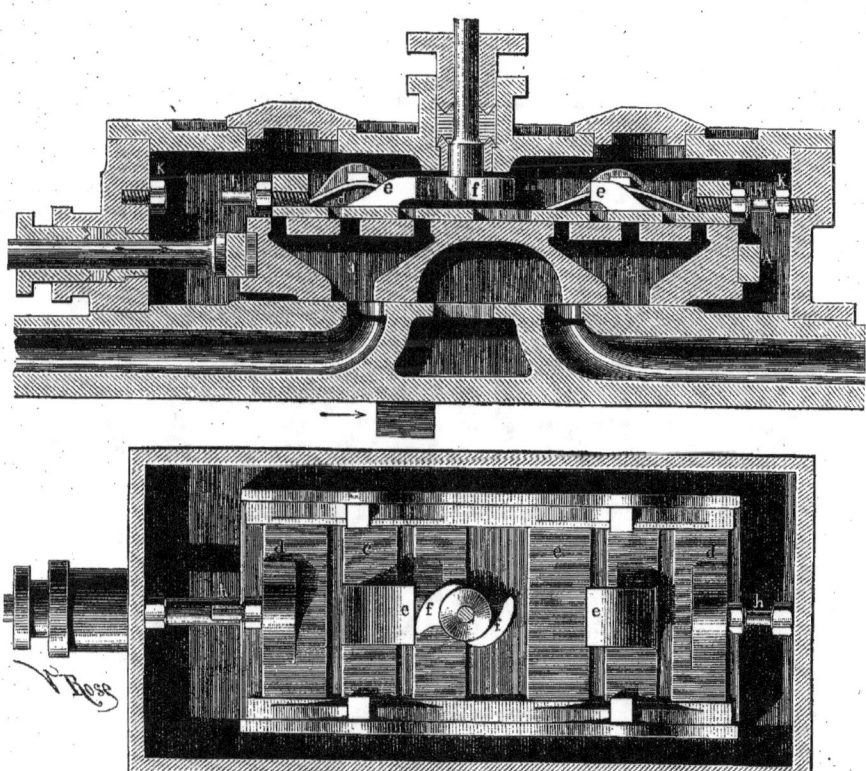

Fig. 24. — Coupe du tiroir Farcot.

tale de cette machine par l'axe du cylindre et du tiroir. A est le cylindre à vapeur, B, le tiroir conduit par un excentrique, suivant le mode ordinaire et portant sa plaque de détente; C est le condenseur, et *p*, la pompe à air. La tige du piston conduit une bielle qui attaque l'arbre, XY, au moyen de la manivelle, M. L'arbre de couche reçoit deux poulies-volants, VV'.

Toutes ces pièces sont semblables aux pièces correspondantes de la machine de Watt et de la machine horizontale, que nous avons décrites dans les *Merveilles de la science* (1).

(1) Tome I$^{er}$, pages 128, 129.

Un perfectionnement important fut apporté au mode de distribution de la vapeur par la création du tiroir dit *tiroir Farcot*, du nom de son inventeur, l'éminent ingénieur de l'usine de Saint-Ouen.

La figure 24 représente ce tiroir, qui est destiné à remplacer l'ancien tiroir à coquille, dont il diffère considérablement.

Les canaux d'admission de la vapeur, *aa*, ont pris un élargissement considérable vers la face supérieure du tiroir, où ils débouchent par plusieurs orifices. Deux plaques mobiles, percées d'ouvertures, qui peuvent coïncider exactement avec celles du tiroir, sont appliquées sur cette face, et y sont maintenues par la pression de la vapeur et par quatre ressorts. Quand les orifices de la plaque coïncident avec ceux du tiroir, la vapeur pénètre dans le canal d'admission. Si, par un moyen quelconque, on place la glissière de manière que ses parties ne viennent plus correspondre aux ouvertures du tiroir, l'admission cesse.

Ces plaques mobiles sont simplement posées sur le tiroir, qui les entraîne dans son mouvement. Elles sont indépendantes l'une de l'autre, et portent chacune deux butoirs, $e$ et $h$.

Le butoir $e$ venant frapper contre la came, $f$, produit l'arrêt de la plaque, et par suite, la fermeture des orifices, tandis que le tiroir continue encore sa course.

Dans sa marche rétrograde le deuxième butoir, $h$, vient rencontrer l'arrêt, $k$, et ramène la plaque dans sa position primitive. Les orifices sont ouverts à nouveau.

La came, $f$, est montée sur un axe qui peut être mu par le régulateur. Les plaques sont à plusieurs orifices, de manière à avoir une course réduite.

Il faut déterminer la position pour laquelle les plaques doivent fermer les orifices pour une détente déterminée, ce qui revient à déterminer la longueur des butoirs, mais il est préférable de faire varier la longueur de la came.

Dans la détente Farcot, le tiroir proprement dit a un recouvrement très faible, juste ce qui est nécessaire pour éviter les fuites qui se produiraient, et par suite la communication entre les deux côtés du piston.

Dans ces conditions, l'angle de calage est peu différent de 90°, et l'introduction se fait pendant 0,90 ou 0,95 de la course.

On arrive à démontrer par l'épure de distribution de vapeur, que la détente maximum est de 0,5. Le tiroir même doit être établi pour la plus grande détente possible ; elle est de 3,5.

En combinant ces deux détentes, cet appareil donne de très bons résultats pour des machines fonctionnant à des allures de 50 à 60 tours et à des détentes de 10.

Le *tiroir Farcot* donnait donc de bons résultats pour la production des grandes détentes de la vapeur. Cependant il ne fournissait pas l'entière solution du problème. C'est un constructeur américain, M. Corliss, qui est arrivé à produire, de la manière la plus remarquable, les grandes détentes de la vapeur, et la machine qu'il a créée est aujourd'hui répandue dans les deux mondes.

Comment le constructeur américain est-il parvenu à produire, avec une grande économie et une grande sûreté, une détente excessive de la vapeur? En réussissant à obtenir une fermeture brusque des orifices d'admission de la vapeur, au moment même où l'on veut commencer à faire agir la détente. Cette fermeture, M. Corliss l'obtient au moyen d'un système de *déclic* et d'un *ressort métallique*.

La machine créée par M. Corliss (dont nous donnons une vue d'ensemble dans la figure 25) présente des dispositions caractéristiques que nous allons décrire, et que nous retrouverons plus tard dans tous les systèmes dérivés de ce bel appareil.

Cette machine, ainsi qu'on le voit, est horizontale. Elle se compose, comme les machines à vapeur horizontales, déjà décrites dans les *Merveilles de la science*, des organes suivants :

1° Un cylindre, X, dans lequel se meut un piston. La vapeur arrivant de la chaudière par le tuyau supérieur, T, passe à travers une valve, V. Une manette commande le registre de cette valve, et permet de régler l'arrivée de la vapeur.

La vapeur se répand alors dans une boîte, $bb$, d'où des robinets la font passer dans le cylindre, pour la faire travailler sur chacune des faces du piston.

La vapeur, après s'être détendue, sort du cylindre par les robinets Q et Q' (fig. 26), et se rend au condenseur, qui est placé au-dessous du cylindre, et qu'on ne voit pas dans la figure 25, parce qu'il est installé dans le sous-sol, au-dessous de la machine. A chaque extrémité du cylindre X, se trou-

Fig. 25. — Vue d'ensemble d'une machine Corliss (type de 1867).

vent deux orifices, l'un pour l'admission VV' (fig. 26), comme nous l'avons dit, l'autre QQ', pour l'échappement de la vapeur. Le même conduit n'est donc pas alternativement chauffé et refroidi par le passage de la vapeur avant et après son action, défaut qui, dans les anciennes machines, déterminait alternativement une perte de chaleur et un surcroît de contre-pression, et cela d'une façon d'autant plus marquée que la condensation était mieux opérée.

Les robinets distributeurs d'admission de vapeur, VV' (fig. 26), sont manœuvrés par *déclic*. Chacun, au lieu de recevoir, comme les distributeurs d'échappement, QQ', un mouvement continu, de la part de l'arbre du volant, P (fig. 25), est constamment soumis à l'action d'une force extérieure, qui est ici un ressort en acier, H (fig. 25 et 26). Ce ressort tend à pousser le robinet vers sa position de fermeture complète. Il n'est écarté de cette position, pour ainsi dire normale, que lorsque certaines pièces, commandées par l'arbre du volant, rencontrent, dans leur parcours, d'autres pièces reliées au distributeur, et les entraînent avec elles. La rencontre a lieu au commencement de chaque période d'admission.

La transmission du mouvement du piston à l'arbre moteur se fait comme dans les anciennes machines horizontales. Le piston porte une tige qu'actionne une bielle, *b* (fig. 25), et cette bielle fait tourner une manivelle fixée à l'arbre, P. Cet arbre, P, porte un excentrique *e*, qui imprime un mouvement d'oscillation à un plateau, A.

C'est ce plateau qui commande la distribution de la vapeur. Il est relié directement par des bielles, aux robinets d'échappement, QQ' (fig. 26), et par l'intermédiaire de ressorts H, H', et du *sabre* E, aux robinets d'admission VV'.

Nous allons maintenant montrer en détail comment s'opère la détente de la machine Corliss, c'est-à-dire décrire la distribution de la vapeur.

La *distribution* comporte quatre tiroirs, deux d'admission, VV', et deux d'échappement, QQ', placés contre les cylindres, de manière à réduire le plus possible ce que l'on nomme l'*espace mort*. La valeur de l'espace mort n'atteint ordinairement pas 2 p. 100 du volume du cylindre.

Au lieu d'avoir une surface plane de contact, les tiroirs étant animés d'un mouvement circulaire alternatif glissent sur une surface cylindrique. C'est ce qui leur donne l'apparence de robinets. Toutefois, dans les robinets, le contact est conique et maintenu par des écrous et des vis de rappel, tandis qu'ici c'est la pression de la vapeur qui applique le tiroir contre la surface métallique. De petits ressorts placés entre le fond et l'axe assurent le contact initial.

Voici comment fonctionnent ces tiroirs. La tige *l* de l'excentrique est attelée au point A du plateau oscillant autour du point central, O. L'amplitude de l'oscillation de ce plateau est égale à la course de l'excentrique. Tous les points du plateau auront, d'après un théorème de géométrie, la même oscillation angulaire.

Aux points B, C, B', C' correspondent les *distributeurs*. La transmission au tiroir d'échappement est fort simple. Deux bielles CN, C'N actionnent directement les manivelles QN, Q'N', qui font osciller les tiroirs.

Quant à la transmission au tiroir d'admission, elle est plus compliquée. Etudions d'abord la transmission ABK. Elle se compose d'un balancier, DF, qui oscille autour du point D (cette pièce, à cause de sa forme, est appelée *sabre*). Le balancier actionne, par un butoir articulé, une tige IH, laquelle est reliée, par la bielle IK, avec la manivelle du tiroir. La bielle et la tige sont reliées à un ressort appliqué derrière une nervure.

Sur la tige IH est fixé un piston qui se meut dans un petit cylindre. Ce cylindre est percé d'un petit trou qu'on peut fermer par un régulateur à vis. Quand le tiroir fonctionne pour ouvrir, le piston s'écarte du fond du cylindre, et l'air pénètre au-dessous.

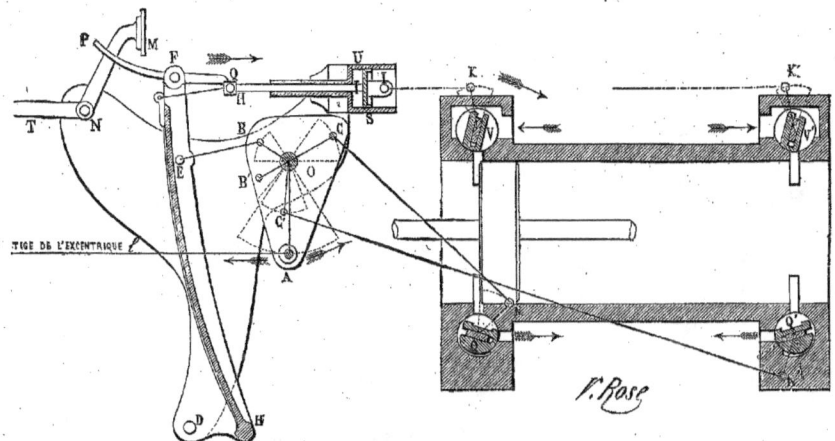

Fig. 26. — Schéma de la distribution de la vapeur dans la machine Corliss.

Lors du rappel par le ressort, cet air est comprimé et expulsé. Mais son écoulement exige un certain temps, ce qui supprime le choc. Pour obtenir la détente à tel point que l'on veut, on n'a qu'à faire basculer la pièce PFQ que l'on appelle le *doigt de détente*. Le mouvement peut être donné à la main en réglant la position du couteau M, à l'aide de vis de pression. La position du couteau une fois réglée, son mouvement lui est alors donné par le régulateur qui règle ainsi la détente.

En effet, on conçoit que lorsque le *doigt de détente*, PFQ, rencontre le couteau M, celui-ci fait basculer le doigt de détente; le contact des pièces Q et H n'a plus lieu et le ressort ramène brusquement en arrière la tige HI; par suite, le tiroir V est fermé brusquement.

Un régulateur à boules, m, m' (fig. 25), est mis en mouvement au moyen d'un engrenage d'angle, d'une poulie à gorge et d'une courroie de transmission, par l'arbre même de la machine. Suivant que la vitesse de la machine augmente ou diminue, les boules m, m' s'élèvent ou s'abaissent, les tiges t, t' suivent leur mouvement, et font varier, par suite, la position des couteaux; la position de ces couteaux règle la détente.

Le régulateur en usage dans les machines Corliss est, on le voit, avec peu de changements, le *régulateur de Watt*, que nous avons longuement décrit dans notre Notice des *Merveilles de la science*.

Les avantages de la distribution de vapeur dans la machine Corliss sont :

1° De permettre la fermeture rapide des orifices d'admission, et d'éviter ainsi le laminage de la vapeur; car cette fermeture ne dépend que de l'énergie du ressort et de la grandeur de l'orifice d'évacuation d'air dans le cylindre V;

2° D'annuler presque complètement les *espaces morts*;

3° La détente est rendue variable par le régulateur. En effet, la puissance développée par la machine doit pouvoir varier dans de très grandes limites. Autrefois on agissait sur la valve d'arrivée de vapeur par le régulateur à boules, et on faisait ainsi varier la pression. Aujourd'hui on a abandonné ce procédé, qui ne pouvait, d'ailleurs, maintenir l'allure parfaitement constante. Au contraire, le pendule conique, en agissant sur la détente, maintient le

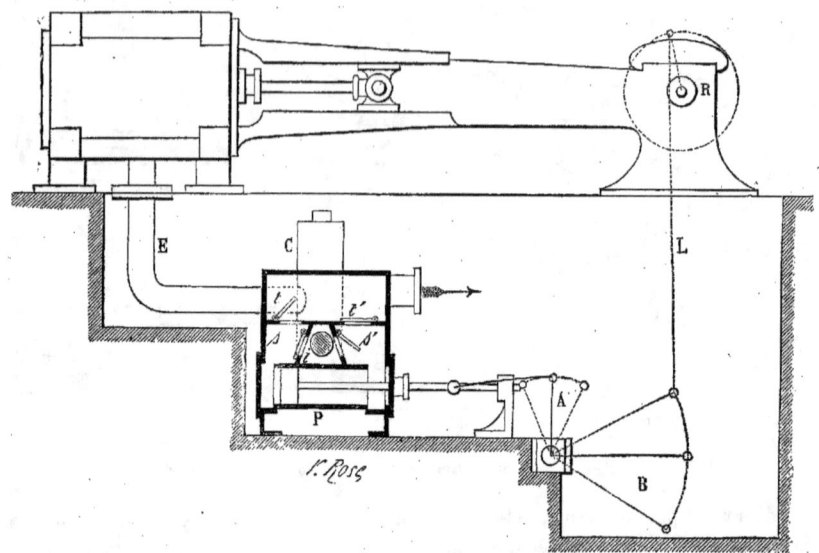

Fig. 27. — Coupe du condenseur de la machine Corliss.

nombre de tours constant, car s'il y a une réduction dans la résistance, la machine s'accélère et soulève le pendule, lequel agit sur la détente et l'augmente. Au moment où l'allure est redevenue normale, le régulateur cesse d'agir sur la détente.

La forme des bâtis des machines Corliss est aussi caractéristique que la détente. Cette forme a servi de modèle à toutes les autres machines conçues sur le même principe. Le bâti est une poutre métallique, venue de fonte avec le palier de l'arbre, et assemblée au cylindre de la machine par des boulons. Les avantages de cette disposition sont de donner plus de légèreté et plus de rigidité au bâti, de rendre le montage plus facile et de transmettre les efforts sans fatigue pour les maçonneries.

Nous avons maintenant à décrire la deuxième partie de la machine Corliss, c'est-à-dire le *condenseur*.

Nous renvoyons le lecteur, pour la description détaillée du condenseur des machines à vapeur, en général, à la Notice des *Merveilles de la science*. En décrivant la machine de Watt, nous nous sommes étendu longuement sur le rôle du condenseur et sur les organes qui le composent (1). Nous ne reviendrons pas sur cette description.

La figure 27 donne le dessin simplifié du condenseur de la machine Corliss, qui est placé au-dessous de la machine. La vapeur d'échappement s'y rend directement, à sa sortie du cylindre, par un tuyau, E. Elle se répand dans une capacité, C, à l'intérieur de laquelle un robinet verse continuellement une nappe d'eau froide. La vapeur se condense dans cet espace. Le mélange d'eau condensée et d'air sort par l'ouverture $i$. Aspirés, à travers les soupapes $ss'$, par la pompe à air, P, l'air et l'eau sont refoulés, à travers les clapets $tt'$, dans une bâche, d'où ils s'écoulent à l'extérieur, par un tuyau de trop-plein.

La transmission de mouvement est donnée à la pompe à air, P, au moyen d'un levier

(1) Voir tome Ier, page 128, figure 68, pompe à air, etc.

coudé, AB, dont une branche actionne la tige du piston de la pompe, et dont l'autre reçoit le mouvement d'une bielle, L, reliée elle-même à la manivelle, R, de la machine.

La machine Corliss que nous venons de décrire, inventée en Amérique vers 1862, se répandit très promptement dans son pays d'origine. Accueillie d'abord avec méfiance en Europe, à cause de la complication de son mécanisme, elle a fini par conquérir la première place, grâce à la perfection avec laquelle elle est construite. Elle est très économique, car dans le service courant elle ne consomme pas plus de 750 grammes de charbon, par cheval et par heure de travail.

La machine du constructeur américain, dont plusieurs constructeurs français, entre autres M. V. Brasseur, à Lille, et MM. Lecouteux et Garnier, à Paris, ont acquis le privilège, a été modifiée en Europe de bien des manières.

Les perfectionnements portent surtout sur l'emploi des ressorts. Les ressorts métalliques dont M. Corliss fait usage finissent par se détendre; leur fermeture est irrégulière, et s'ils ne sont pas bien surveillés, cette fermeture peut même être incomplète.

On n'a pas cet inconvénient en employant un ressort de vapeur, c'est-à-dire un piston, sur lequel agit la vapeur de la chaudière.

Telle est la meilleure méthode à suivre; mais c'est la plus coûteuse, car la perte de vapeur qui en résulte est assez appréciable.

### MACHINE WHEELOCK.

Une autre modification importante a été apportée à la machine Corliss par un constructeur anglais, M. Wheelock.

La *machine Wheelock* fit sa première apparition en France, à l'Exposition de 1878. Elle y fit grand bruit, à cause de la simplicité de son mécanisme, qui a l'avantage de commander en même temps l'ad-

Fig. 28. — Machine Wheelock.

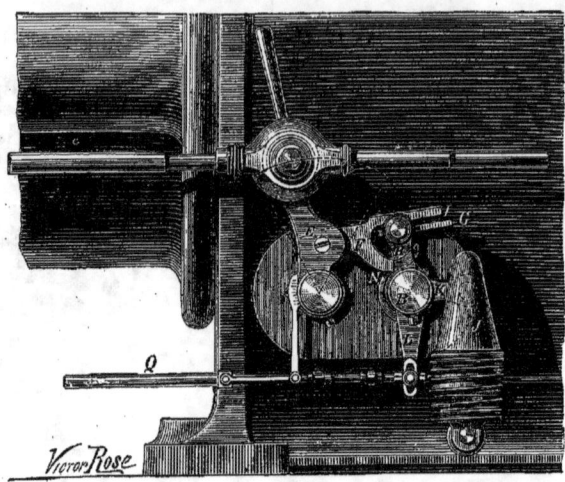

Fig. 29. — Distribution de la vapeur dans la machine Wheelock.

mission et l'échappement de la vapeur.

A chacun des orifices du cylindre, qui sont au nombre de deux, correspondent deux distributeurs, l'un servant à l'admission et à l'échappement de la vapeur, l'autre à la détente.

Nous représentons, fig. 28, l'ensemble de la machine Wheelock, avec son condenseur.

Le système de déclenchement adopté par M. Wheelock se rattache au type Corliss, avec cette différence que la fourchette de déclic est retournée sens dessus dessous, l'ergot, ou *came*, qui règle la détente, étant placé en dehors de la fourchette.

Les figures 29 et 30 représentent l'installation du déclic à l'extrémité gauche de la machine et une coupe correspondante du distributeur, A, et de la valve de détente, B.

Sur l'axe (fig. 29) du distributeur A est clavelé un levier, E, qui reçoit un mouvement d'oscillation de la barre d'excentrique; c'est ce levier qui conduit le distributeur d'admission.

En dehors de la ligne médiane dudit levier se trouve vissé, en E, un tourillon, qui sert d'axe de rotation à la fourchette du déclic F, et au petit guide G, qui est aplati du côté de l'axe, afin qu'il puisse se mouvoir dans une ouverture étroite pratiquée en F, dans l'épaisseur de la branche courbe de la fourchette. Au delà, le guide est cylindrique, glissant à frottement doux dans un dé d'acier placé derrière et formant douille; ce guidage maintient constamment le dé dans la direction convenable pour que le déclic fonctionne régulièrement.

Le dé porte un tourillon mobile dans l'œil du levier H. Le bras supérieur de la fourchette est rectiligne, et il est armé d'une touche saillante, I, en acier, qui dans la position figurée se trouve en prise derrière l'arête du dé. Le contact des deux pièces est assuré par l'effet d'un contrepoids J, agissant au moyen du bras de levier K, faisant corps avec le levier H. C'est ce contrepoids qui produit la fermeture de la valve de détente B. Sur l'axe B de cette valve de détente est placé un levier L, mobile autour de l'axe; la position de ce levier L est déterminée par le régulateur, au moyen d'une tringle, suivant le travail que la machine se trouve avoir à développer.

Le moyeu du levier L porte un ergot N, contre lequel vient buter, à chaque période de retour, la branche recourbée de la fourchette; celle-ci est alors soulevée, et la touche I cessant d'être en prise avec le dé, la liaison entre les leviers E et H est interrompue; le contrepoids agit alors, et ferme instantanément la lumière de détente.

On voit sur la figure 30 la coupe transversale du distributeur A qui présente la plus grande analogie avec le tiroir plan ordinaire, dit à *coquille*, et la coupe transversale de la valve de détente B. Ils fonctionnent absolument comme les tiroirs ordinaires des machines qui sont munies de deux distributeurs (système Saulnier, Meyer, etc.). En s'élevant, le distributeur A met en communication les deux lumières O, P, afin de produire l'échappement.

La valve B n'est, en réalité, qu'un tiroir de détente, analogue à la glissière des systèmes de détente par plaque mobile que nous venons de rappeler. Elle n'agit sur la marche de la machine qu'en arrêtant la vapeur pour produire la détente. Elle est construite selon le type ordinaire des distributeurs Corliss, sauf une petite différence : sa glace présente un évidement, qui sert à effectuer l'admission des deux côtés à la fois, comme l'indiquent les flèches (fig. 30). La vapeur arrive donc par un double orifice, ce qui permet de donner moins d'amplitude à l'oscillation de cette valve; et le fonctionnement y gagne en rapidité. Au moment de l'admission de la vapeur au cylindre, cette valve de détente se trouve déjà en partie ouverte, comme l'indique la fig. 30.

En Q, sur la tringle du régulateur (fig. 29), se trouve un ressort, dont la tension peut se modifier à la main, par un simple écrou; ce qui permet de régler d'une manière très simple la vitesse de la machine.

La machine Corliss modifiée par M. Wheelock, c'est-à-dire la *machine Wheelock*, donne de très bons résultats. Sa construction est très simple. Comme la machine n'a qu'une seule lumière très courte à chaque extrémité du cylindre, l'espace nuisible n'est que la moitié de celui des autres machines à déclic qui en ont deux. Les obturateurs, ou tiroirs, sont légèrement coniques, pour pouvoir en régler la pression contre la table des lumières. Ils sont équilibrés,

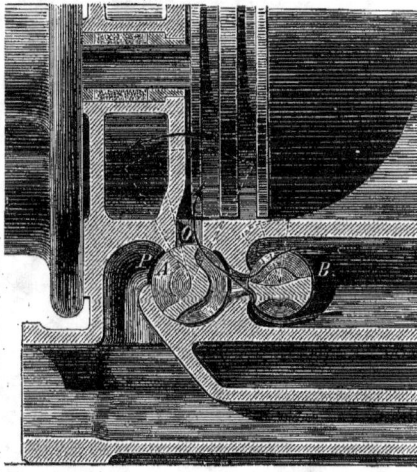

Fig. 30. — Coupe transversale du distributeur de la vapeur et de la valve de détente dans la machine Wheelock.

pendant la course presque entière, c'est-à-dire que la vapeur ne les presse pas contre les tables des lumières. Il en résulte que, par suite, une grande partie de la force employée pour les mouvoir est économisée, et que leur usure est très faible.

L'établissement de M. A. de Quillacq, à Anzin (Nord), construit spécialement la machine type Wheelock, par suite d'un traité passé avec l'inventeur, en 1883. L'établissement d'Anzin a construit de puissantes machines Wheelock pour l'arsenal de Lyon, pour la ville de Paris et pour les grandes industries du Nord. Il construit aussi le dernier système de M. Wheelock, *à tiroirs-plans équilibrés* mus par le même mouvement de distribution que nous venons de décrire.

### MACHINE CAIL.

La société des anciens Établissements

Fig. 31. — Machine Cail à quatre distributeurs.

Cail, à Paris, construit des machines Corliss qui présentent dans la commande de la distribution de la vapeur des modifications importantes, que nous allons décrire.

Nous représentons, dans la figure 31, la machine Cail à *quatre distributeurs*. La

Fig. 32. — Machine Cail à quatre distributeurs (distribution de la vapeur).

figure 32 donne le détail de la distribution de la vapeur.

Le lecteur reconnaîtra immédiatement, dans le dessin de cette machine, les mêmes organes que dans la machine Corliss, en particulier les quatre distributeurs VV′, QQ′ (fig. 32). Dans la transmission du mouvement au mécanisme de distribution de la vapeur, l'excentrique communique son mouvement par un jeu de bielles $ll'$K, à un levier coudé $boa$ (fig. 32, 33 et 34) fixé sur l'axe du tiroir. Sur cet axe est calé un secteur, $s$, portant une touche en acier, $t$, et relié en $q$ au moyen d'une tige $pp'$ à un ressort de rappel. Sur la seconde branche du levier coudé, $boa$, est articulé, en $a$, un *doigt courbe*, $ac$, dont l'extrémité est terminée par un cran $k$. Un ressort, $r$, maintient ce doigt constamment appuyé sur le secteur. Un petit levier, $d\,e$, est articulé au pivot $d$, et se termine par un butoir, $w$.

L'extrémité du doigt étant fixe, dans le mouvement du point $a$ de droite à gauche, le balancier entraînera le secteur, par l'intermédiaire du doigt, et l'admission se produira. Mais, pendant ce moment, le levier $d\,e$ oscille autour du point $d$, et le butoir, $w$, venant appuyer sur le secteur $s$, dégage le déclic. Le ressort de rappel ramène alors instantanément le tiroir dans sa position primitive. Puisque la détente dépend de la

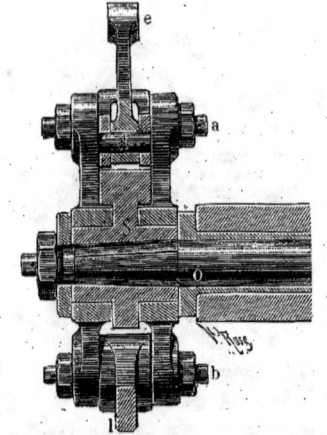

Fig. 33. — Machine Cail (ressort de rappel).

position relative du butoir et du secteur, il suffira de faire varier la position du point *e*

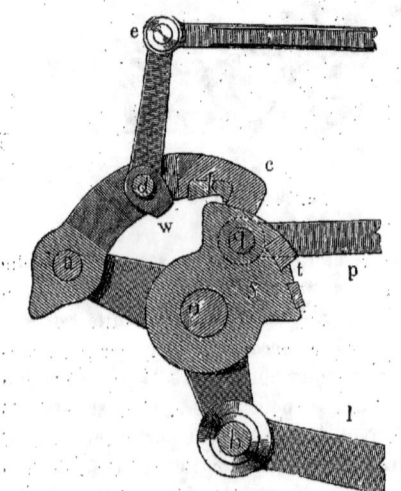

Fig. 34. — Machine Cail (renvoi de mouvement du ressort de rappel).

pour modifier la détente. Ce déplacement est produit par le régulateur qui actionne ce point par l'intermédiaire de la bielle *ef*

et des renvois de mouvement *f g h* commandés par la tige M, laquelle reçoit le mouvement du régulateur, par l'intermédiaire d'un renvoi d'équerre. Les obturateurs d'échappement QQ' sont commandés par des leviers O'B' qui reçoivent le mouvement des bielles L'.

L'évacuation de la vapeur se fait dans le condenseur qui se trouve placé au-dessous de la machine.

Nous appellerons l'attention du lecteur sur le ressort de rappel (fig. 34). Cet appareil est composé d'un piston étanche, susceptible de se mouvoir dans un cylindre fermé à une de ses extrémités. Quand le piston est entraîné par la tige PP' il fait le vide derrière lui ; dès que le déclenchement s'opère, il est livré à lui-même, et sollicité très énergiquement par la pression atmosphérique, il revient brusquement à sa position primitive.

Ce système est donc d'un fonctionnement des plus simples. De plus, le mouvement s'opère avec une promptitude que ne donnent jamais les ressorts métalliques, lesquels finissent par se détremper à la longue, et ne fonctionnent dès lors que d'une manière imparfaite.

Dans le cas où une rentrée d'air se produirait dans le cylindre, le fonctionnement du piston est assuré par un ressort à boudin, qui presse sur sa face antérieure.

Ce dispositif, plus ou moins modifié, est appliqué à d'autres machines ; nous aurons, du reste, l'occasion de le signaler.

### MACHINE FARCOT A QUATRE DISTRIBUTEURS.

La machine Corliss à quatre tiroirs, que nous représentons fig. 35, est du dernier modèle construit par M. Farcot. Elle a été exécutée un grand nombre de fois, et toujours ses résultats ont été extrêmement remarqués. Nous allons indiquer comment M. Farcot est arrivé à prolonger au besoin

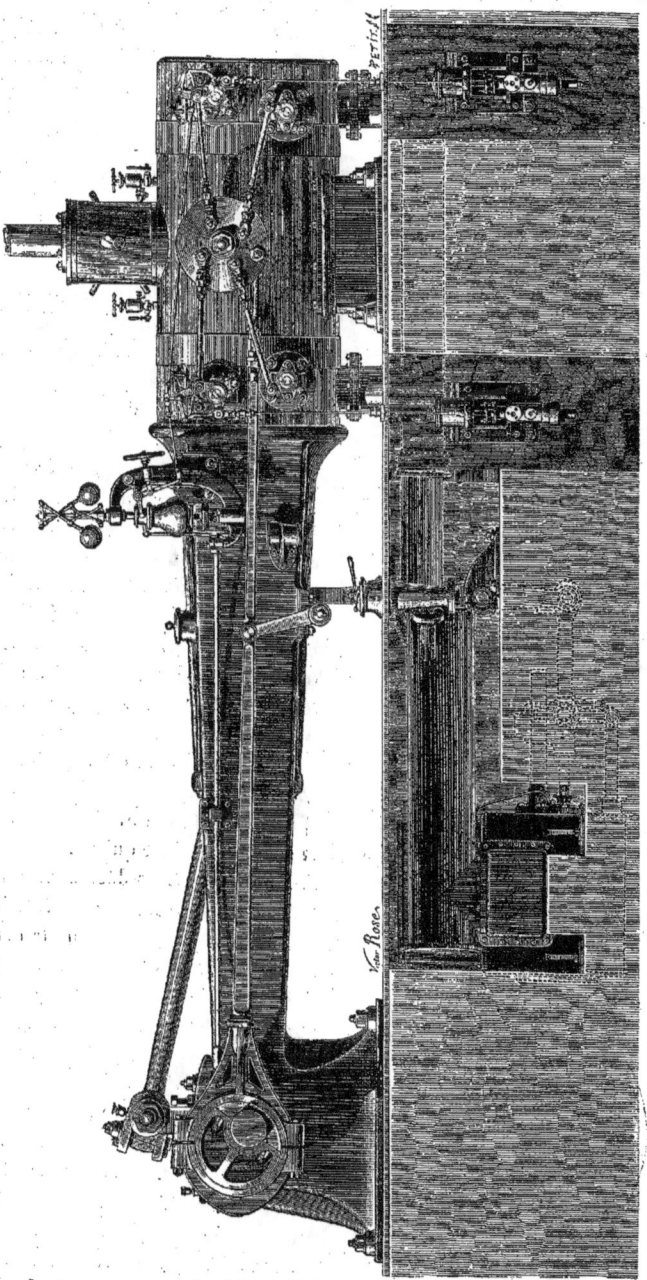

Fig. 35. — Machine Farcot à quatre distributeurs.

l'admission de la vapeur pendant les 8/10 de la course du piston; faculté que l'on n'a pas dans les machines Corliss ordinaires. Ce résultat remarquable est obtenu en

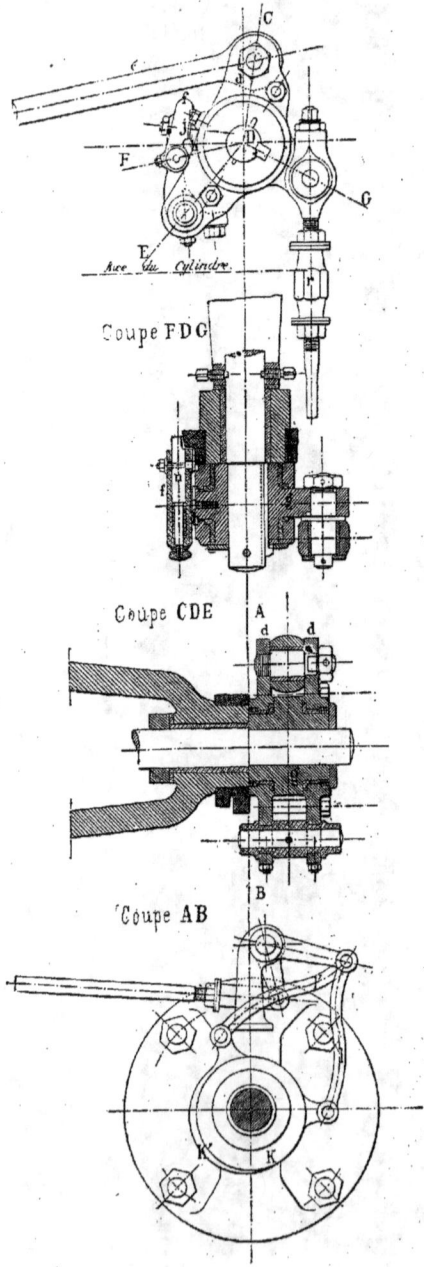

Fig. 36. — Détails de la machine Farcot à quatre distributeurs.

utilisant, pour le déclenchement le retour ainsi que l'aller du tiroir. Le mouvement d'enclenchement, dans la nouvelle disposition, est entièrement concentrique à l'axe du tiroir.

Le mouvement continu d'oscillation imprimé par la barre d'excentrique $a$ au plateau $b$ (fig. 35) est transmis par la bielle $c$ au levier $d$ (voir les détails de la distribution à la figure 36). Le levier $d$ est formé de deux flasques entretoisées entre elles et folles sur l'extrémité de l'axe du tiroir d'admission; il porte, à sa partie inférieure, la pédale d'enclenchement, $f$, constamment poussée vers l'axe du tiroir au moyen d'un ressort extérieur.

Sur le même axe du tiroir est calée une manivelle, $g$, sur laquelle agit le ressort à vapeur de fermeture, et dont le moyeu présente, entre les flasques $d$, un grain d'acier $h$, correspondant au grain $j$ de la pédale $f$. On comprend aisément que le tiroir se trouvera entraîné ou non dans le mouvement d'oscillation des flasques $d$, suivant que les grains d'acier $h$ et $j$ seront en prise ou non l'un avec l'autre.

Pour faire cesser cet entraînement, à un moment donné, il suffit de forcer la pédale $f$ à s'écarter de l'axe du tiroir, en supprimant le ressort intérieur qui tend constamment à l'en rapprocher. Ce déclenchement est produit par deux cames en acier, $K K'$, placées à l'extrémité du support de la distribution, et susceptibles de prendre diverses positions par les bielles $l\,l'$ (coupe AB), dépendant du régulateur. Les bosses excentrées de ces cames marchant l'une vers l'autre viennent se présenter plus ou moins tôt sous l'extrémité d'un appendice latéral au doigt, $m$, pour écarter cette pédale de l'axe du tiroir. La came K agit directement sur le doigt $m$, pour amener le déclenchement pendant l'aller du tiroir, c'est-à-dire pour les petites introductions jusque vers les trois dixièmes de la course du piston et la came $k'$ produit au contraire le déclenchement pendant le

Fig. 37. — Chaudière Farcot (coupe longitudinale).

retour du tiroir depuis trois dixièmes environ jusqu'à huit dixièmes de la course du piston, en agissant sur le doigt mobile intérieur $n$.

Lors de l'aller du tiroir, ce doigt mobile intérieur, $n$, disparaît dans l'excavation, $m$, poussé par un plan incliné latéral de la came K' des grandes introductions; il évite ainsi la bosse de cette came, qui empêcherait l'action de la première came K. Au retour, au contraire, si le déclenchement ne s'est pas produit sur la came K par suite de la position à elle imposée par le régulateur, c'est le doigt intérieur $n$ qui, repoussé brusquement de son logement par un ressort, vient se présenter derrière la bosse de la came K, pour déclencher à son tour, plus ou moins tôt, aux grandes introductions.

Les deux doigts $m$ et $n$ sont en acier, comme les cames elles-mêmes.

La disposition spéciale de l'une des cames empêche tout emportement de la machine, en cas d'accident arrivé au régulateur. Car, en admettant que, pour une cause quelconque, le régulateur s'arrête et tombe en bas de sa course, la machine, au lieu de s'emporter, s'arrête, par la suppression d'introduction de vapeur, et prévient ainsi son conducteur.

Ajoutons que la machine Farcot présente des espaces morts extrêmement faibles grâce à la disposition des orifices d'admission et d'échappement qui sont pratiqués dans les couvercles du cylindre.

Pour fournir la vapeur à ses machines,

M. Farcot fait usage de chaudières d'une disposition particulière, très avantageuse sous le double rapport de l'économie du combustible et de la facilité de conduite.

Nous représentons cette chaudière, en coupe, dans la figure 37. On voit que M. Farcot a réuni dans ce générateur le système à tubes de fumée et le système à bouilleurs. Le foyer est à retour de flamme; il y a des réservoirs d'eau superposés et un faisceau tubulaire.

## MACHINE CORLISS DU CREUSOT.

Les machines que construit l'usine du Creusot sont du dernier type de M. Corliss. Ces machines comportent, par conséquent, tous les perfectionnements qui ont fait l'objet des derniers brevets accordés à M. Corliss.

Nous commencerons par donner un aperçu rapide des dispositions générales de la machine, représentée par les figures 38 et 39; nous indiquerons ensuite les détails de construction.

La machine est à quatre distributeurs. Les obturateurs d'admission sont disposés à la partie supérieure, et ceux d'émission à la partie inférieure, de façon à réaliser la séparation des organes d'entrée et de sortie de la vapeur, et à assurer le drainage régulier de l'eau amenée par la vapeur ou condensée dans le cylindre.

Un seul excentrique entraîne toute la distribution. Les nouvelles dispositions cinématiques, très simples, adoptées pour la commande des obturateurs, produisent une ouverture excessivement rapide des orifices d'admis-

Fig. 38. — Machine Corliss du Creusot, avec son condenseur.

sion de vapeur ou d'échappement, et évitent ainsi tout laminage de la vapeur pendant les périodes d'admission, et toute contre-pression pendant les périodes d'échappement.

La fermeture des orifices d'admission s'opère presque instantanément, sous l'action d'un déclic et d'un appareil de rappel, composé simplement d'un piston pneumatique; ce piston, entraîné par l'excentrique pendant l'ouverture de l'orifice, est ramené brusquement à sa position inférieure par la pression atmosphérique au moment où s'effectue le déclenchement.

La durée des périodes d'admission de vapeur, variable dans de très grandes limites, est déterminée par la position d'un régulateur à force centrifuge. Celui-ci agit, sans aucun effort, par l'intermédiaire d'une came double, de profil spécial, sur le mécanisme de déclenchement, et assure une vitesse constante à la machine, malgré toutes les variations du travail résistant.

La forme des cames actionnant le déclic permet d'obtenir de très grandes variations de la puissance des machines avec de très petits déplacements des boules du régulateur. Dans ces conditions il n'y avait plus à chercher, au moyen de dispositions compliquées, à réaliser l'isochronisme du régulateur, mais il devenait nécessaire de s'opposer à une trop grande rapidité d'action de cet organe. C'est ce qui a été obtenu à l'aide d'un frein à huile, réglable à la main.

En cas d'arrêt accidentel du régulateur, produit par exemple par la chute ou la rupture de la courroie qui le commande, celui-ci descend immédiatement à sa position inférieure $d$; par une disposition particulière de la came de commande des déclics, la machine, au lieu de s'emporter, comme cela se produit dans presque tous

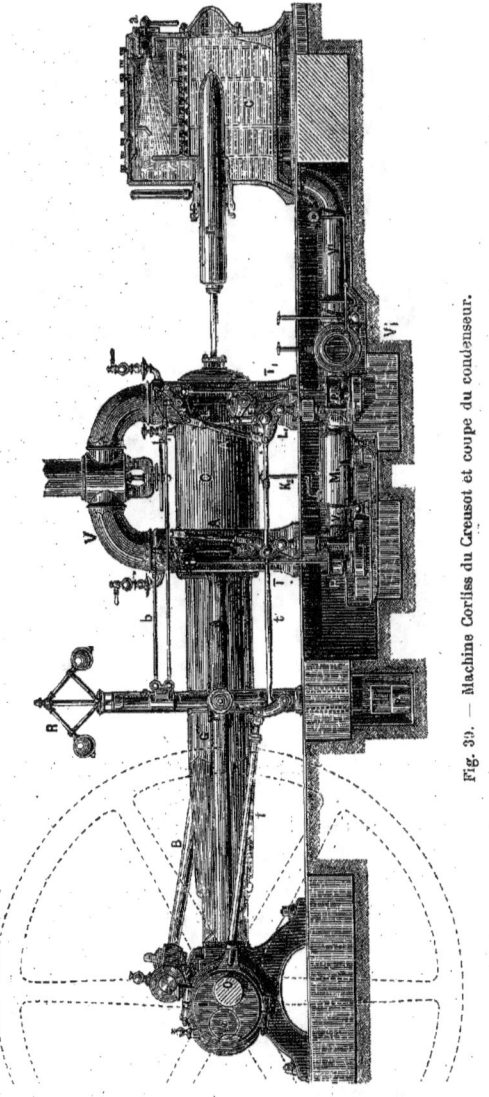

Fig. 39. — Machine Corliss du Creusot et coupe du condenseur.

Fig. 40. — Machine Corliss du Creusot (coupe du cylindre).

les autres moteurs, est rapidement arrêtée, par la cessation complète de l'admission de la vapeur dans le cylindre ; de cette façon tous les accidents possibles sont évités, aussi bien à la machine elle-même qu'aux engins qu'elle conduit, et aux personnes travaillant dans le voisinage.

Le cylindre est muni d'une enveloppe de vapeur, avec purgeur automatique, et d'une garniture de tôle à l'extérieur.

L'excentrique de commande de la distribution peut être débrayé, le mécanisme étant alors aisément manœuvré à la main, il est possible de marcher en avant et en arrière et d'aider ainsi à la mise en marche de la machine.

Le condenseur est placé à l'arrière du cylindre à vapeur, et sur le même plan horizontal ; la pompe à air, à piston plongeur et à simple effet, est commandée directement par le prolongement de la tige du piston à vapeur. Cette disposition a pour but de rendre le travail absorbé par la pompe le plus petit possible, et de faciliter l'entretien. Les clapets d'aspiration et de refoulement sont logés à la partie supérieure du condenseur. Formés de rondelles minces en cuivre phosphoreux battant sur des sièges en bronze, ils sont guidés, sans aucun frottement pendant leur levée, par des ressorts hélicoïdaux, également en cuivre phosphoreux, servant aussi à les rappeler brusquement sur leurs sièges.

Ces clapets réalisent un très grand perfectionnement sur les clapets en caoutchouc; leur grande durée simplifie considérablement l'entretien; par leur nature, ils permettent d'opérer la condensation à une température élevée, ce qui n'est pas possible avec les clapets en caoutchouc, et ce qui est pourtant important pour le cas où l'on est limité dans la dépense de l'eau d'injection : enfin, avec ces clapets, dont la masse en mouvement est très faible, et la disposition du condenseur, la pompe à air peut fonctionner sans chocs à une très grande vitesse.

Des plateaux ménagés à la partie supérieure du condenseur permettent une visite facile des clapets. Tous les conduits d'arrivée de vapeur, d'eau d'injection et d'évacuation, sont logés à l'intérieur du condenseur et venus de fonte avec lui.

Le condenseur est muni d'un robinet spécial, avec cadran indicateur, qui permet de proportionner exactement la quantité d'eau d'injection au poids de vapeur consommé dans le cylindre, en se basant, pour cela, sur les indications d'un baromètre et d'un thermomètre, qui donnent constamment la pression dans le condenseur et la température de l'eau d'évacuation. Des tubulures sont ménagées à la partie inférieure, pour le remplissage et la vidange du condenseur.

La figure 40 représente une coupe de la machine par l'axe du cylindre.

La vapeur est amenée des chaudières, par le tuyau en fonte, I, qui aboutit à la boîte S. Celle-ci renferme une soupape à lanterne, en bronze, qui établit la communication avec les tubulures d'admission, par l'intermédiaire des coudes V. La tige de la soupape se termine par un volant à main, elle est filetée sur une partie de sa longueur et l'écrou qui lui correspond est maintenu dans une arcade, fixée elle-même sous la boîte S.

Les conduits d'introduction sont garantis contre les refroidissements extérieurs, par une double enveloppe en fonte, Y', de 6 millimètres d'épaisseur et emprisonnant une couche d'air qui ne peut se renouveler.

Le cylindre (fig. 40) est doublé d'une

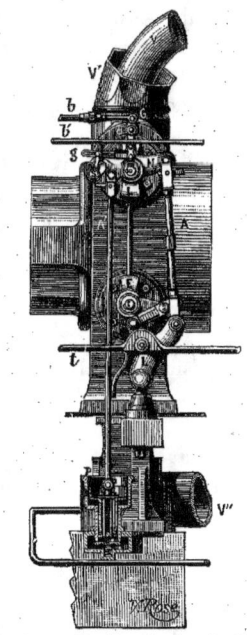

Fig. 41. — Machine Corliss du Creusot
(détail de la distribution de vapeur).

enveloppe concentrique, de 25 millimètres d'épaisseur, laissant entre elle et le cylindre un intervalle de 20 millimètres en communication avec l'une des tubulures d'introduction de vapeur par une soupape à volant S'. Les fonds creux sont également remplis de vapeur, dont la purge s'effectue par les tuyaux K et K' qui aboutissent, ainsi que le tuyau $K_2$, à un purgeur automatique. Enfin une dernière enveloppe, en tôle, a pour but, en emprisonnant une couche d'air, de réduire encore la déperdition de la chaleur par les parois du cylindre.

Les *obturateurs* (fig. 40 et 41) sont en fonte, ils ont une longueur totale de 565 millimètres. Ceux d'admission $a$ et $a'$ ont en section transversale la forme d'un rail, dont le patin, au lieu d'être plat, serait arrondi suivant un arc de cercle de 140 millimètres, ils sont terminés par deux disques circulaires, dont une partie de la circonférence aurait été enlevée et remplacée par une partie semblable $a^2$ en bronze ; chacun de ces tasseaux, que l'on peut remplacer facilement lorsqu'ils sont usés, porte une queue ou douille glissant dans un évidement $a^3$ de l'obturateur, que l'on voit sur la figure 40 ; un ressort à boudin logé dans cette douille a pour effet de repousser le tasseau et d'appliquer exactement l'obturateur sur son siège. La lubrification se fait au moyen de graisseurs G rapportés sur les tubulures d'introduction.

Les obturateurs d'échappement $e$, $e'$ présentent des dispositions analogues, seulement leur section est celle d'un demi-cylindre creux.

Chacun de ces quatre obturateurs a son extrémité emmanchée dans une mortaise appartenant à l'axe de commande correspondant, lequel reçoit un mouvement de rotation alternatif comme nous l'expliquerons plus loin. Cette disposition assure la fixité des axes avant et arrière des distributeurs, tout en laissant à ceux-ci la faculté de suivre le jeu résultant de l'usure.

Les axes de commande des obturateurs traversent des garnitures métalliques qui remplacent les presse-étoupes et dont l'étanchéité est parfaite. Ce qui fait l'intérêt de cette machine, c'est surtout le mode de fermeture des obturateurs d'admission.

Reportons-nous à la figure 41 qui représente l'ensemble de la commande des obturateurs d'avant.

La tige $t$ commandée par l'excentrique actionne le levier L qui transmet son mouvement au levier à deux branches N, par l'intermédiaire de la bielle A ; ce levier est monté fou sur l'axe du distributeur : à l'une des extrémités de ce levier, en S, est articulée une *touche* d'acier qui entraîne un couteau fixé à l'extrémité d'une came clavetée sur l'axe de l'obturateur ; cette touche est réunie à une fourchette dont les deux branches sont reliées par un axe en acier susceptible de se déplacer dans une coulisse $g$ articulée elle-même à la partie inférieure d'un levier D. Cette coulisse est munie d'un arrêt qui, à une certaine période du mouvement d'oscillation du levier, N, force la touche à abandonner le couteau contre lequel un ressort presse la fourchette.

La came à couteau qui est, comme nous l'avons dit, clavetée sur l'axe de l'obturateur, est rappelée constamment par le ressort atmosphérique, P, par l'intermédiaire de la bielle A'.

Le levier $d$, qui oscille autour d'un axe fixé sur le cylindre de la machine, est réuni en G, à la tringle $b$ commandée par le régulateur.

Dans la position de la figure 41, la bielle de connexion A se trouve au point mort supérieur et la touche vient s'engager sous le couteau. Lorsque la bielle descendra, le balancier N oscillera, la touche se relèvera entraînant avec elle la came à couteau, ce qui détermine l'ouverture de l'orifice d'admission. Pendant toute la période d'entraînement, la touche est maintenue par le couteau contre le ressort. L'axe de la fourchette participe au mouvement de rotation, mais il arrive un instant où, la rotation continuant, cet axe vient buter contre l'arrêt de la coulisse, et fait déclencher le couteau. Le balancier de la commande N est alors ramené à la position initiale par la bielle de rappel A.

On voit que la durée d'ouverture du distributeur d'admission dépend de la distance qui existe entre l'axe de la fourchette et l'arrêt correspondant, au moment de l'enclenchement. La tige $b$, commandée par le régulateur, a pour effet de rapprocher ou d'éloigner le taquet de l'axe de la fourchette. Le déclenchement aura donc lieu plus tôt ou plus tard, et par conséquent la durée d'ouverture du distributeur d'admission sera augmentée ou diminuée.

## CHAPITRE IV

LES MACHINES A VAPEUR A SOUPAPES, OU MACHINES SULZER. — COMPARAISON ENTRE LES MACHINES A QUATRE DISTRIBUTEURS DE VAPEUR.

Le type primitif des machines à vapeur à soupapes est la machine combinée par les constructeurs suisses, Sulzer frères. Cette machine, complètement inspirée de la machine Corliss, en ce qui est de la forme extérieure, a pour distribution des soupapes du système dit *à manchon*. Le cylindre est enveloppé de vapeur et toutes les précautions sont prises contre le refroidissement et les condensations.

Nous donnons une coupe de cette intéressante machine dans la figure 42.

Le cylindre est entouré d'une première enveloppe, en matière non conductrice, d'une deuxième enveloppe en bois, et du côté du fond, d'une enveloppe en tôle mince.

Le système de distribution de vapeur comporte deux types. Nous décrirons d'abord le type primitif.

Il comporte quatre soupapes, deux en haut pour l'admission, deux en bas pour l'échappement. Ces soupapes sont appuyées sur leurs sièges par des ressorts énergiques. Du côté de l'admission la fermeture s'opère brusquement. Le choc est évité au moyen d'un piston à coussin d'air. Un arbre parallèle à l'axe du cylindre sert à la commande des distributeurs; il prend son mouvement sur l'arbre de la machine, au moyen de deux roues d'angle d'égal diamètre. Pour l'échappement, la transmission est invariable, une came agit sur une bielle UQ maintenue à sa partie supérieure par une bielle articulée T$n$ et articulée à la partie inférieure sur un levier coudé SRQ qui commande la soupape.

Pour l'admission le mouvement est pris sur l'arbre auxiliaire au moyen d'un excentrique calé à 90° de la manivelle. Le levier DEF est articulé à une tige GH portant à la partie inférieure un étrier N, l'extrémité est soutenue en H par une bielle KH, articulée sur le centre fixe K; la bielle d'excentrique BC est composée de deux flasques parallèles réunies à leur sommet par une pièce C coulissant sur la tige GH.

Cette pièce est articulée à tourillons sur les flasques de la bielle. Pour ouvrir la soupape, il faut communiquer le mouvement descendant des deux flasques à la tringle GH. Pour cela le levier se termine par une touche N en acier très dur, et les flasques portent entre elles un butoir M également en acier. Ce butoir en forme de touche décrit une courbe ovoïde qui vient pénétrer plus ou moins dans l'étrier.

La position de M est telle que lorsque l'excentrique se trouve à mi-course et que la bielle se meut en descendant, le contact entre les touches $m$ et $n$ se produit. Alors la bielle BC entraîne l'étrier, par suite le levier coudé DEF et ouvre la soupape. En même temps la trajectoire curviligne se déplace par rapport à l'arête de la touche N, et il arrivera un moment où les deux touches cessent d'être en contact. Le mécanisme de rappel ferme alors instantanément la soupape.

La durée de l'ouverture est proportionnelle à la quantité dont la touche N pénètre la trajectoire de l'arête M. Pour faire varier la détente, il suffit donc de faire varier la position du centre K. K se trouve fixé à l'extrémité du petit levier mobile autour d'un axe E. Ce déplacement est obtenu par le régulateur.

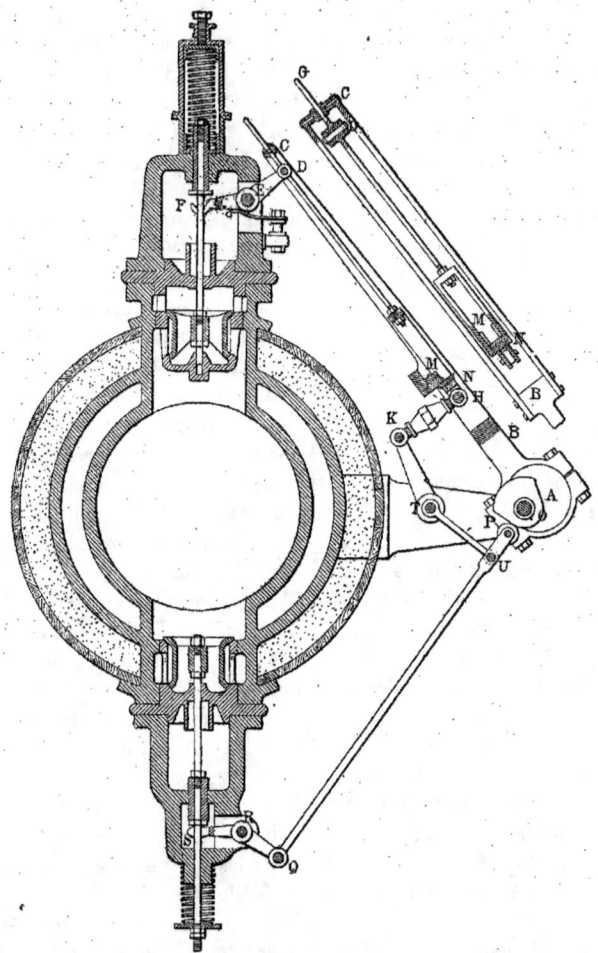

Fig. 42. — Coupe de la machine Sulzer.

Pour un bon fonctionnement, il faut employer des ressorts très énergiques. Ces ressorts amèneraient rapidement la destruction des soupapes, si leur action n'était amortie par le matelas d'air. C'est le réglage de la retombée qui constitue la partie délicate de ces machines et à laquelle on doit faire grande attention.

Nous donnons figure 43 un dessin, en élévation, de la machine Sulzer.

D'autres constructeurs ont cherché à réaliser des types plus simples.

La *détente de Claparède* a été surtout appliquée aux machines à deux cylindres. Dans ce système de distribution de la vapeur, les soupapes sont placées sur le fond du cylindre. Le mécanisme de la distribution présente beaucoup d'analogie avec la distribution Cail.

Sur le cylindre se trouvent deux points

# SUPPLÉMENT A LA MACHINE A VAPEUR.

d'articulation. Le point inférieur sert d'axe à un levier qui commande directement la soupape au moyen d'une bielle. Il est prolongé sous la forme d'un secteur ayant un *grain de détente* en acier. Sur ce même axe, un autre levier porte à son extrémité la virgule de détente, qui oscille autour de ce levier. Cette virgule viendra prendre le grain placé sur le secteur, et lorsque l'excentrique agira, il y aura abaissement du secteur et soulèvement de la soupape. Mais dans le mouvement de rotation autour de l'axe inférieur, l'extrémité de la virgule de détente s'élève et viendra rencontrer une came; par cette rencontre, il y aura oscillation du doigt de détente, et la fermeture immédiate se produira.

Nous terminerons ce chapitre par la comparaison entre les différentes machines à quatre distributeurs.

Ces machines, comme on l'a vu, comprennent deux dispositions bien différentes. Les unes sont à tiroir, ce sont les appareils Corliss, Farcot, Cail et Wheelock; les autres sont à soupapes, et dérivées toutes de la machine Sulzer.

Dans les machines à quatre distributeurs, un trait caractéristique est la brusque fermeture des appareils d'admission.

Dans les machines à tiroir, il y a : 1° un ressort métallique, 2° un ressort de vapeur. Dans le dernier cas, ou bien la vapeur est prise sur la conduite même de la machine et absolument indépendante de la pression dans la boîte de distribution (machines Wheelock et Farcot), ou bien elle agit dans la boîte de distribution, sur le cadre même du tiroir, et est absolument dépendante de la pression dans la boîte de distribution.

De ces trois méthodes, la plus avantageuse est l'emploi d'un ressort de vapeur indépendant, mais c'est la plus coûteuse, car il y a là une perte de vapeur appréciable.

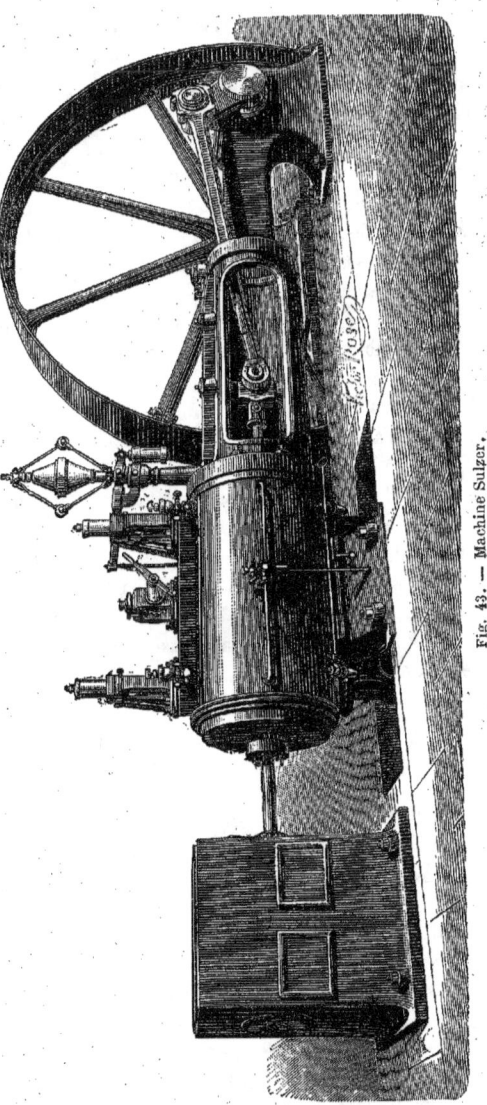

Fig. 43. — Machine Sulzer.

Les ressorts métalliques se détendent, la fermeture est irrégulière, et s'ils ne sont pas très bien surveillés, la fermeture peut être incomplète.

Il arrive quelquefois qu'à la mise en route la pression est insuffisante. Il est prudent de ne l'employer qu'avec réserve, et de le munir toujours d'une fermeture métallique, qui viendra compléter l'effet du ressort de vapeur. Pour les machines à soupapes, les ressorts sont métalliques.

Les machines à quatre distributeurs ont deux avantages très marqués lorsqu'on vient à les comparer aux machines à détente par plaque glissante sur le dos du tiroir, c'est-à-dire les anciennes machines Farcot. Ces avantages sont :

1° Absence de laminage de la vapeur, c'est ce qu'a recherché Corliss. Dans la machine à plaque glissante sur le dos du tiroir, quand on arrive aux grandes détentes, la vitesse de fermeture est très faible; elle va en diminuant très rapidement, tandis que la vitesse du piston s'accélère, de sorte que la fermeture s'opère avant que le piston ait quitté le point mort. La pression de vapeur diminue et au moment où la détente se produit, on a une pression très inférieure, et une perte de travail considérable. Au contraire, dans la machine à quatre distributeurs, la pression est sensiblement la même dans l'intérieur du cylindre et de la boîte à vapeur. La détente commence avec la pression maximum.

2° Ces machines n'ayant que des espaces morts très restreints, la détente effectuée a une valeur très rapprochée de la détente nominale; c'est une condition favorable pour une consommation de vapeur restreinte. Cette machine est donc économique parce que la pression initiale est maximum et par suite de la réduction des *espaces morts*.

## CHAPITRE V

LES MACHINES COMPOUND. — DESCRIPTION DE LA MACHINE DE WOOLF, QUI A SERVI DE POINT DE DÉPART AUX MACHINES COMPOUND.

Les machines Corliss et Sulzer présentent les plus remarquables avantages, au point de vue de l'économie dans la dépense de la vapeur et du charbon brûlé; mais leur mécanisme est d'une complication extrême. Il faut des ouvriers spéciaux pour le réglage et la surveillance; et si la surveillance n'est pas journalière, la consommation de charbon augmente assez rapidement.

Les inconvénients des machines à un seul cylindre, c'est-à-dire des machines Corliss et Sulzer que nous venons de décrire, peuvent être ainsi résumés :

1° Les pièces nécessaires à la transformation du mouvement (tiges de piston, bielles, manivelles, arbres) doivent être calculées pour l'effort maximum qu'elles supportent. Or, cet effort est très différent de l'effort moyen, puisqu'on admet la vapeur à pleine pression sur la face du piston, et qu'on la laisse ensuite se détendre jusqu'à neuf fois son volume. On voit que l'effort initial sera neuf fois plus considérable que l'effort final. On est donc obligé de donner au piston et au cylindre des dimensions très considérables; par suite, il y a là une dépense de première installation, qui peut être très importante.

2° L'effort de la vapeur sur le piston étant très variable pendant la course, pour obtenir la régularité de mouvement qui est indispensable dans une usine, comme une filature, en est obligé d'avoir recours à des volants très lourds.

3° Les *espaces morts* jouant un rôle très important dans la consommation de vapeur, on arrive à une économie très grande, si la disposition adoptée permet de supprimer l'influence des espaces morts. C'est précisément le résultat qu'on obtient dans les machines *compound* à réservoir intermédiaire.

4° Les fuites de vapeur qui peuvent se produire aux tiroirs, robinets, soupapes, et pistons, donnent une perte complète, dans les machines Corliss, puisque la vapeur qui passe ainsi se rend directement au condenseur. Dans les machines à deux cylindres (Wolf et *compound*) la vapeur qui passe à travers les fuites du petit cylindre se rend dans le grand cylindre, où elle donne son travail en se détendant. C'est là un avantage considérable.

Nous allons maintenant essayer de montrer qu'avec les machines se composant de deux cylindres, dans lesquels la vapeur se détend successivement, on peut obtenir une détente beaucoup plus grande que dans les machines à un seul cylindre.

Dans les machines à un seul cylindre la détente ne saurait être prolongée indéfiniment, à cause des condensations de la vapeur sur les parois du cylindre. Ces condensations de vapeur sont évidemment proportionnelles aux différences de température entre la vapeur et les parois du cylindre. Les parois du cylindre prennent une température qui se rapproche de celle du condenseur, si la détente est très grande. Plus la pression, et par suite la température de la vapeur, à son arrivée dans le cylindre, sera considérable, plus la condensation sera grande. Par conséquent les condensations de vapeur à l'admission, qui forment les principales pertes dans les machines de construction soignée, augmenteront avec la détente.

Si le cylindre est à enveloppe de vapeur, il en sera de même, car la vapeur se condensera dans l'enveloppe, au lieu de se condenser dans le cylindre. On n'en a pas moins une dépense de vapeur considérable.

En résumé, dans les machines à un seul cylindre, plus la détente augmente et plus l'influence du poids de vapeur condensée est considérable, et de ces deux effets résulte un minimum de dépense, compris dans l'emploi de détentes variant de 9 à 10 volumes.

C'est pour éviter les divers inconvénients que nous venons de signaler, c'est-à-dire la nécessité d'une surveillance active, les difficultés de réglage, l'augmentation de la vapeur condensée avec l'accroissement de la pression, que l'on fait usage des machines à deux cylindres qui ont reçu le nom de machines *compound*, c'est-à-dire machines *composées*, d'après le mot anglais *compand*.

Le principal avantage théorique et pratique des machines *compound* se trouve dans la facilité de produire des détentes considérables, sans provoquer de condensation de vapeur, ou en amenant moins de condensation que dans les machines Corliss.

Dans le premier cylindre d'une machine *compound*, la température des parois du cylindre est bien plus élevée que celle du condenseur, et cette température est toujours plus élevée que pour les machines à un cylindre, puisqu'elle représente la température de la vapeur du réservoir intermédiaire, où la tension et par suite la température de la vapeur dépendent du degré d'introduction au petit cylindre et de la pression aux chaudières.

Les mêmes phénomènes se reproduisent pour le second cylindre, car si la température de la vapeur est basse, la température de la vapeur qui y entre est également peu élevée ; par suite, l'écart de température et les condensations sont faibles.

Pour montrer combien sont variables les condensations que peut entraîner une légère différence entre les écarts de température, dans un même cylindre, nous allons donner quelques chiffres.

Supposons de la vapeur à $8^{ks}$ de pression, dont la température est de $+169°$ et de la vapeur à $4^{ks}$, à la température de $+143°$. Supposons une détente de 9 volumes. Les pressions finales seront, pour les deux cas

Fig. 44. — Machine de Wolf à balancier, de M. Thomas Powel, de Rouen.

considérés, de $0^k,8$ (93°) et de $0^k,4$ (76°). La chute de température pendant la détente sera donc, dans le premier cas, de 76° et dans le second de 67°. La différence entre ces deux chiffres est assez faible. Cependant les condensations initiales avec une pression de $8^{ks}$ seront environ deux fois plus grandes qu'avec une pression de $4^{ks}$.

On peut donc admettre que la somme des condensations produites dans les deux cylindres d'une machine *compound*, par suite des écarts de la température, est plus faible que ne le serait la condensation résultant d'une chute de température égale à la somme des deux écarts dans le grand et le petit cylindre.

Ces principes préliminaires posés, nous pourrons aborder la description des machines à vapeur du système *compound*. Mais avant d'arriver à cette description, il sera nécessaire de parler de la machine, de date déjà ancienne, qui a servi de point de départ à la machine actuelle, dite *compound*.

La machine dont nous voulons parler, et qui a été l'origine du système *compound*, c'est la machine dite de *Wolf*. Dans les *Merveilles de la science,* nous avons parlé de l'emploi particulier de la vapeur dans la machine de Wolf, et décrit son double cylindre. Nous avons dit qu'elle a été imaginée pour utiliser, avec le plus d'avantage possible, la détente de la vapeur (1). Aujourd'hui que l'on construit des machines à grande détente avec un seul cylindre, c'est-à-dire les machines Corliss, il semble que l'ancienne machine de Wolf aurait dû être abandonnée. Il n'en est rien ; cette machine fonctionne, au contraire, dans la plupart des filatures du nord de la France, de l'Angleterre et de la Belgique, en raison de la douceur de ses mouvements et de son économie. Elle rivalise avec les machines Corliss sous ce double rapport, et s'emploie en concurrence avec ce nouveau système. Il est donc nécessaire de décrire ici avec attention la machine de Wolf.

Nous prendrons pour sujet de la description de cette machine le type perfectionné que construit aujourd'hui M. Thomas Povell, à Rouen.

La disposition extérieure de cette machine présente les plus grandes analogies avec la machine de Watt, que nous avons décrite dans les *Merveilles de la science* (pages 126, 128, fig. 67 et 68). Nous avons, d'ailleurs, affecté aux mêmes organes les mêmes lettres dans les deux descriptions.

La figure 44 représente une machine de Wolf à balancier. A est le grand cylindre, A' le petit cylindre. Les tiges des pistons de ces cylindres transmettent leur mouvement au balancier, DEF, à l'aide de deux parallélogrammes de Watt. Au point F du balancier est articulée la bielle G, qui anime d'un mouvement de rotation le volant V, au moyen d'une manivelle.

P est une tringle qui commande la pompe à air du condenseur, B ; la tige, R, actionne la pompe alimentaire. Un régulateur à boules, $mm$, actionne une tige qui fait tourner un papillon qui régularise l'arrivée de la vapeur. La vapeur arrivant de la chaudière, par le conduit $a$, se rend dans le petit cylindre, sort du petit cylindre et se rend dans le grand, par le conduit $e$ ; après avoir travaillé dans le grand cylindre, elle se rend au condenseur.

Une manette permet d'agir sur un robinet qui règle l'arrivée de l'eau dans le condenseur.

Sur l'arbre du volant est calé un engrenage d'angle, qui actionne un pignon conique qui donne le mouvement à l'arbre $ll'$. Cet arbre porte à son extrémité un excentrique triangulaire qui donne un mouvement de va-et-vient à un cadre composé de

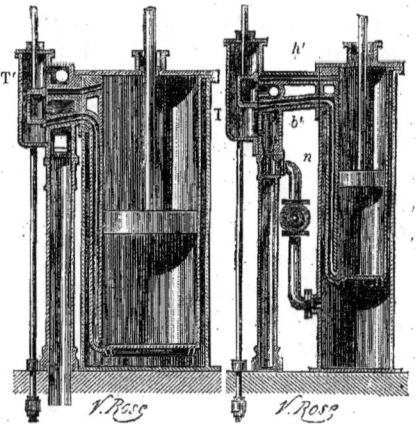

Fig. 45 et 46. — Machine de Wolf (coupe des tiroirs du grand et du petit cylindre).

2 tringles verticales. Cette traverse actionne les tiges des tiroirs de distribution. Un contre-poids, M, équilibre l'ensemble des tiges et des tiroirs.

Nous donnons, dans les figures 45 et 46, la coupe des tiroirs du grand et du petit cylindre. Ce sont des tiroirs ordinaires à coquille, sans recouvrements. La vapeur venant de la chaudière se répand à l'intérieur de la boîte du tiroir, T, du petit cylindre. Suivant ensuite l'ouverture du tiroir, elle pénètre, par le canal $h'$, à la partie supérieure du cylindre, ou, par le canal $b'$, à sa partie inférieure. Elle peut

(1) Tome I$^{er}$, pages 100-103.
S. T. I.

également se rendre par ces canaux, à l'échappement. La vapeur se rend alors par un conduit dans la boîte du tiroir du grand cylindre, qui est exactement pareille à celle du petit cylindre. Mais ici l'échappement se fait au condenseur.

Dans cette machine l'admission de la vapeur dans le petit cylindre se fait pendant toute la durée de la course; le grand cylindre ayant un volume de quatre à six fois le volume de vapeur admis à chaque coup de piston. Mais ces détentes ne sont pas assez économiques, et l'on a été amené à faire commencer la détente à l'intérieur même du petit cylindre. Pour cela, on fit d'abord usage d'un simple tiroir à recouvrement, sans aucun appareil supplémentaire, fixe ou variable.

Mais ces machines, tout en donnant d'excellents résultats, au point de vue de la consommation, présentaient encore des inconvénients.

Le réglage par *papillon* ne permettait pas de donner aux machines une parfaite régularité de vitesse, sous toutes charges, surtout avec des machines peu chargées.

L'impossibilité d'admettre moins de cinq dixièmes de la course du petit piston avec un simple tiroir à recouvrement avait pour résultat d'amener un étranglement considérable de la vapeur par le *papillon*. Quand la charge à enlever ne nécessitait pas une admission de cette importance, il en résultait naturellement une consommation moins économique.

Ces considérations amenèrent MM. Powell à essayer l'application d'une détente variable par le régulateur, pour l'admission de la vapeur au petit cylindre. Ils adoptèrent le système de déclic inventé par M. Correy, leur ingénieur.

Les premières applications de ce système furent faites sur des machines existantes; les résultats obtenus ayant été excellents, tant au point de vue de l'économie de consommation qu'à celui de la régularité de vitesse, l'appareil fut depuis appliqué à toutes les machines de Wolf nécessitant une vitesse très régulière, ou soumises à des efforts variables.

Voici la disposition de ce dernier appareil. La forme ordinaire des boîtes à vapeur est conservée; la vapeur arrive directement des chaudières à l'enveloppe entourant les deux cylindres et passe de là, par une valve de mise en route, à la boîte à vapeur du petit cylindre.

Le mouvement est donné au tiroir par un excentrique triangulaire comme dans la machine précédente, les tiroirs sont réglés de la même manière.

Le but de l'appareil de détente est de faire cesser l'admission de vapeur à une période quelconque de la course du petit piston, depuis 0 fermeture complète jusqu'à 0,9 de la course.

La figure 47 représente l'ensemble de la machine. Les figures 48, 49, 50 et 51 redonnent des détails de la distribution.

Le petit tiroir A, de forme plane (fig. 48 et 49), présente deux faces parallèles dressées; la face intérieure, qui frotte sur la glace du cylindre, est disposée comme celle d'un tiroir ordinaire. Le réglage peut se faire pour permettre une admission de six à neuf dixièmes de la course du petit piston, suivant la charge maximum sous laquelle la machine doit fonctionner. La face extérieure présente deux orifices rectangulaires, dont les dimensions correspondent à la section d'orifice découverte par les bords de la face intérieure.

Deux palettes BB' sont maintenues appuyées sur la face extérieure du tiroir par la pression de la vapeur, et peuvent en fermer complètement les deux orifices, de manière à intercepter toute communication entre la vapeur de la boîte et le cylindre.

Les palettes sont fixées à deux tiges, C', C qui sortent de la boîte de vapeur par des presse-

Fig. 47. — Machine de Wolf à détente perfectionnée, construite par M. Powel, de Rouen.

étoupe doubles DD′, afin d'empêcher toute perte de vapeur condensée le long de ces tiges.

Le diamètre des tiges est calculé pour que la pression de vapeur qui s'exerce sur leur extrémité supérieure, augmentée du poids des pièces, soit plus élevée que l'effort provenant de la résistance due au serrage des garnitures de chanvre dans les presse-étoupe et du frottement des palettes sur les faces du tiroir. Cette disposition, qui fait retomber les tiges et leurs palettes dès qu'elles se sont rendues indépendantes du mouvement qui élève, évite l'emploi des ressorts ou contre-poids employés pour remplir le même office.

Chaque tige porte, au-dessous des presse-étoupe, un renflement, M, formant piston, dans un petit cylindre à air $EE_1$. L'échappement de l'air sous les pistons se règle à volonté, au moyen de petites soupapes dont la tige est filetée, et lorsque les tiges des palettes retombent brusquement, l'air se comprime sous leur extrémité de manière à supprimer complètement le choc.

Le mouvement est donné à chacune des tiges $CC_1$ par deux excentriques circulaires $FF_1$ calés sur un petit arbre spécial commandé par l'arbre de la machine.

Les excentriques sont articulés à deux tiges cylindriques $GG_1$ qui passent dans un guide fixé sur la colonne, elles se meuvent à frottement doux dans deux pièces en fer $HH_1$ qui portent le déclic, et qui sont clavetées à l'extrémité inférieure des tiges des palettes.

La partie supérieure des tiges $GG_1$ n'est pas cylindrique; sur une certaine longueur,

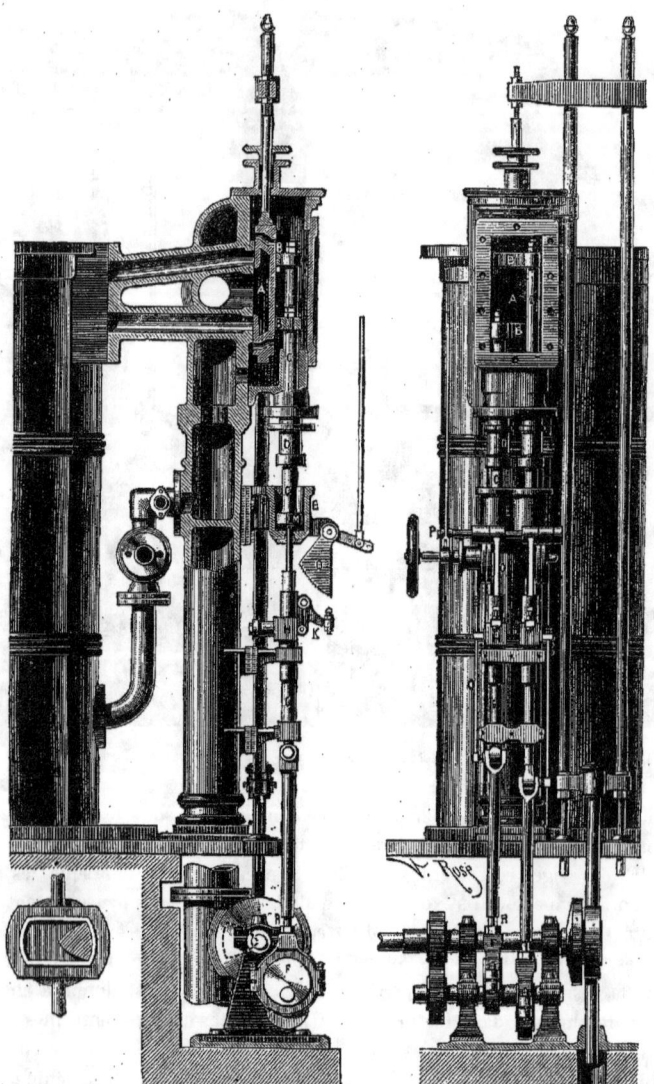

Fig. 48 et 49. — Machine de Wolf (Powel). Détente Correy.

elle est faite sur le tour en déplaçant l'axe du cylindre parallèlement à lui-même (fig. 50, 51 et 52) et forme un épaulement ayant la forme d'un croissant. Cette partie des tiges est en acier trempé. Une autre pièce, $i$, en acier trempé s'engage dans l'ouverture carrée des pièces $HH_1$ et peut se déplacer horizontalement d'une quantité égale à l'épaulement $j$, quand le levier coudé et articulé K lui communique son mouvement.

La pièce en acier, $i$, a une ouverture intérieure, dont la forme circulaire vient s'ap-

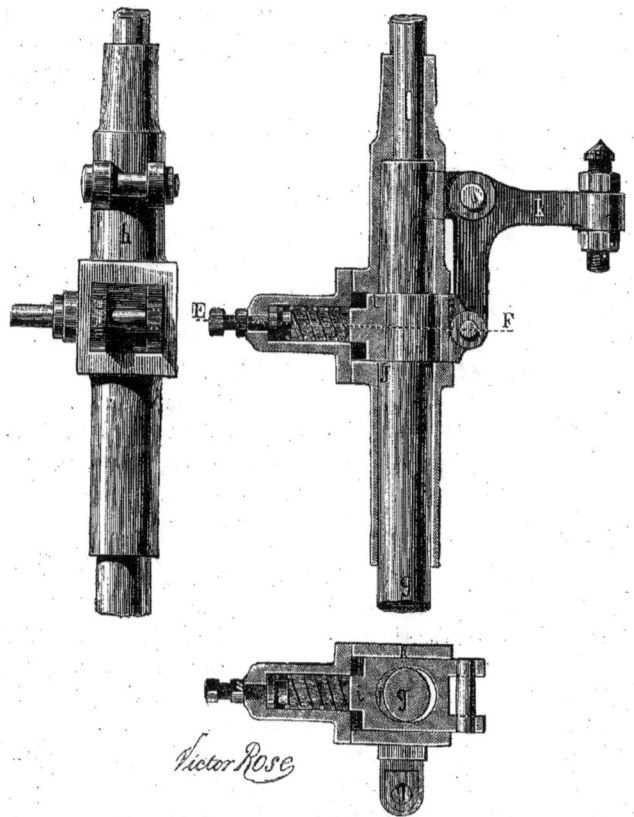

Fig. 50, 51 et 52. — Détente Correy (détails).

pliquer exactement sur une demi-circonférence de la surface latérale de la tige qui la traverse, et elle est maintenue appuyée contre cette tige par un petit ressort à boudin.

Quand l'un des excentriques est à sa fin de course inférieure, la tige qu'il commande, et qui porte une palette, repose sur la rondelle en caoutchouc qui garnit le fond du cylindre à air, la palette ferme complètement l'orifice et l'épaulement $j$ de la tige G est descendu de quelques millimètres au-dessous du verrou $i$. Ce jeu de trois à quatre millimètres est destiné à permettre au verrou de bien se placer sur l'épaulement de la tige. Le ressort à boudin applique le verrou sur la partie excentrée de la tige, ainsi que le représentent les figures 48 et 49.

Si l'on commence le mouvement, l'excentrique poussera d'abord l'épaulement de la tige contre le verrou, aussitôt la palette obéira et, en s'élevant, découvrira l'orifice.

Le levier coudé et articulé K s'élève avec tout le système, il porte dans la partie cylindrique inférieure et maintenue par deux écrous qui en permettent le réglage.

A un moment quelconque de la course du petit piston, le couteau viendra rencontrer une des pièces en forme de came $OO_1$; l'excentrique continuant son mouvement, l'extrémité inférieure du levier décrira un petit arc de cercle autour de son articulation, jusqu'à ce que le verrou $i$ sorte de l'épaulement de la tige en comprimant le ressort à boudin.

La palette et la tige sont alors indépendantes, la pression de la vapeur les fera retomber brusquement et la palette masquera l'orifice.

Les pièces en fonte $OO_1$ sont calées sur un petit arbre, que fait mouvoir un système de leviers ordinaires qui le relient au manchon du régulateur, la forme à donner à ces pièces est déterminée par l'épure de réglementation.

L'effort de butée des couteaux sur les cames est très faible, puisqu'il n'a d'autre office que de faire sortir le verrou de son épaulement. Quoi qu'il en soit d'ailleurs, cet effort à toutes les positions des cames n'a qu'une composante verticale qui passe par le centre de l'arbre à cames, de sorte qu'il ne peut avoir aucune influence sur le mouvement du régulateur. Celui-ci, n'ayant plus alors aucune résistance à vaincre, devient d'une sensibilité extrême, la plus petite variation de vitesse se traduit par des oscillations immédiates, trop considérables et trop rapides des bras du pendule. Pour obvier à cet excès de sensibilité, on a dû ajouter une résistance très faible et constante, au moyen d'un petit piston, suspendu à la tringle du manchon inutile et fonctionnant avec jeu dans un cylindre rempli d'huile.

Les petites tringles $GG_1$ ont pour but de forcer les palettes à redescendre en suivant le mouvement des excentriques, quand, à l'arrêt de la machine, la vapeur n'est plus dans la boîte pour les faire retomber.

Nous n'avons pas besoin de donner une description détaillée de la figure 47 (page 59) qui représente la machine de Wolf pourvue de la détente Corrrey. Le lecteur y reconnaîtra aisément les mêmes organes que dans la figure 44, avec le mécanisme de la détente Corrrey.

Telle est le machine de Wolf en usage aujourd'hui dans les filatures du nord de la France, de la Belgique et de l'Angleterre, et qui a servi de point de départ et de modèle aux machines *compound*, dans la description desquelles il convient d'entrer maintenant.

## CHAPITRE VI

LES MACHINES COMPOUND. — MACHINE HORIZONTALE A RÉSERVOIR INTERMÉDIAIRE DE MM. WEYHER ET RICHEMOND.

Les machines dites *compound* en usage dans les deux mondes présentent diverses parties nouvelles dans leurs organes accessoires. Le lecteur s'en rendra compte d'après la description que nous allons donner des différents types de ces appareils que l'on construit aujourd'hui en France.

Ces types sont principalement :

1° La *machine compound horizontale et à réservoir intermédiaire*, que construisent MM. Weyher et Richemond, dans l'usine de Pantin, près de Paris.

2° La *machine compound* de MM. Chaligny et Guyot-Sionnest, de Paris.

3° La *machine compound* de M. J. Boulet, de Paris.

4° La *machine compound* de *l'usine du Creusot*, dont le type le plus remarquable et le plus connu, dans le monde des ingénieurs, est celui qui a été établi dans les magasins du Printemps, à Paris, pour l'installation de la force motrice qui met en action les machines dynamo-électriques, servant à l'éclairage de ce vaste établissement.

5° La *machine compound verticale et horizontale* que construit, à Saint-Étienne, M. Bietrix, et qui présente plusieurs dispositions intéressantes et originales.

Nous commencerons par la machine horizontale, dite *à réservoir intermédiaire*, de MM. Weyher et Richemond, qui est d'un grand emploi dans les manufactures françaises.

La machine *compound* construite par MM. Weyher et Richemond est représentée en coupe par les figures 53 et 54, et en plan par la figure 55.

Fig. 53. — Élévation longitudinale de la machine *compound* de MM. Weyher et Richemond, avec la coupe du condenseur.

Cette machine se compose d'un bâti sur lequel sont fixés deux cylindres : un petit cylindre, A, recevant la vapeur à pleine pression, et un grand cylindre, B, où se fait la détente (fig. 54). Ces cylindres sont munis d'une enveloppe de vapeur, et sont protégés contre le refroidissement par une seconde enveloppe en tôle, contenant des matières

Fig. 54. — Machine *compound* de MM. Wehyer et Richemond (Coupe transversale).

isolantes. Les fonds d'arrière sont amovibles ; ceux d'avant sont venus de fonte avec le cylindre. Ces fonds n'ont pas de circulation de vapeur ; les enveloppes de vapeur se trouvent constamment en communication avec la chaudière.

De l'enveloppe du petit cylindre, A, la vapeur passe, en la contournant, à la boîte de distribution de ce cylindre, au moyen d'une valve à clapet, commandée par un volant.

La distribution de la vapeur dans le petit cylindre s'opère par un système de tiroir double, dérivé du système Farcot et qui permet l'introduction de la vapeur de 0 à 7/10. Le lecteur est prié de se reporter à la description du *tiroir Farcot* (pages 31 et 32, fig. 23 et 24) qui lui donnera une idée suffisante du mode de détente variable employé ici.

La vapeur d'échappement du petit cylindre contourne l'enveloppe, à sa partie supérieure, s'y réchauffe, et se rend à la boîte de distribution du grand cylindre, B.

La distribution du grand cylindre se compose d'un tiroir à coquille ordinaire commandé par un excentrique circulaire.

De ce cylindre la vapeur se rend au condenseur.

# SUPPLÉMENT A LA MACHINE A VAPEUR.

Le condenseur, dont on voit la coupe longitudinale dans la figure 53, est formé d'une colonne verticale, C, de dimensions relativement fortes, eu égard au volume du cylindre.

L'eau d'injection y arrive par une soupape, S, placée dans le bas. Deux pompes à air, P et P', commandées par un levier, en T, actionné par une courte bielle, reliée à la

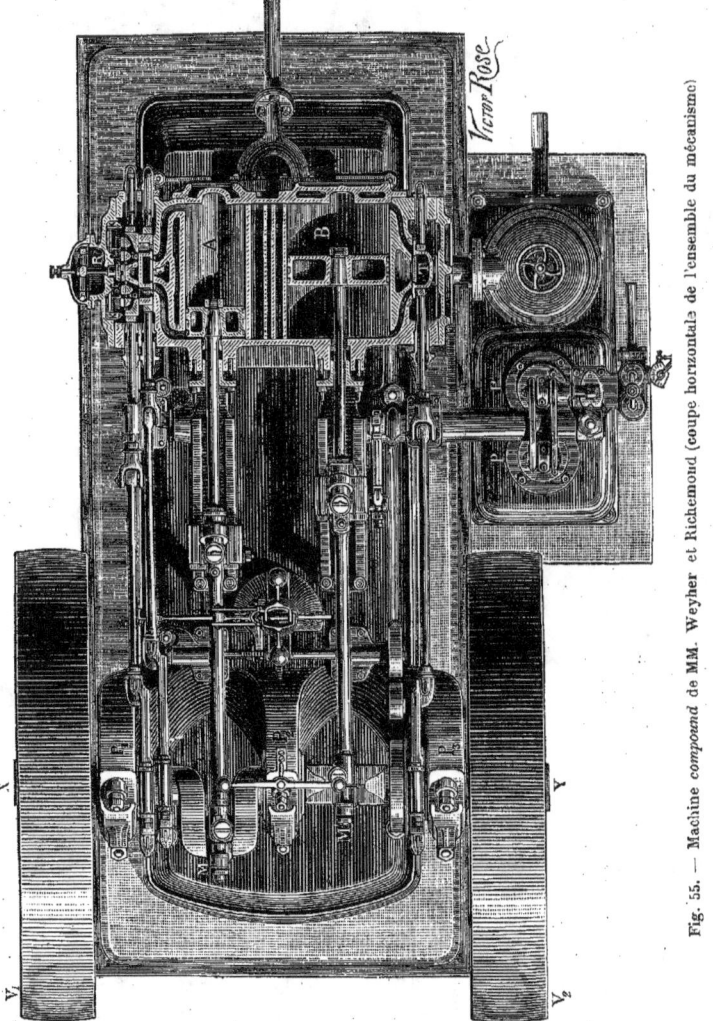

Fig. 55. — Machine compound de MM. Weyher et Richemond (coupe horizontale de l'ensemble du mécanisme)

tige du piston du grand cylindre, et noyées dans une bâche B, aspirent l'eau d'injection et rejettent l'eau chaude dans le haut de la bâche, d'où elle s'écoule à l'égout. La

pompe alimentaire $a$ est attelée à l'un des bras du levier commandant la pompe à air.

L'arbre du volant, V (fig. 53 et 55), est coudé et porte deux manivelles, MM', cor-

S. T. I.

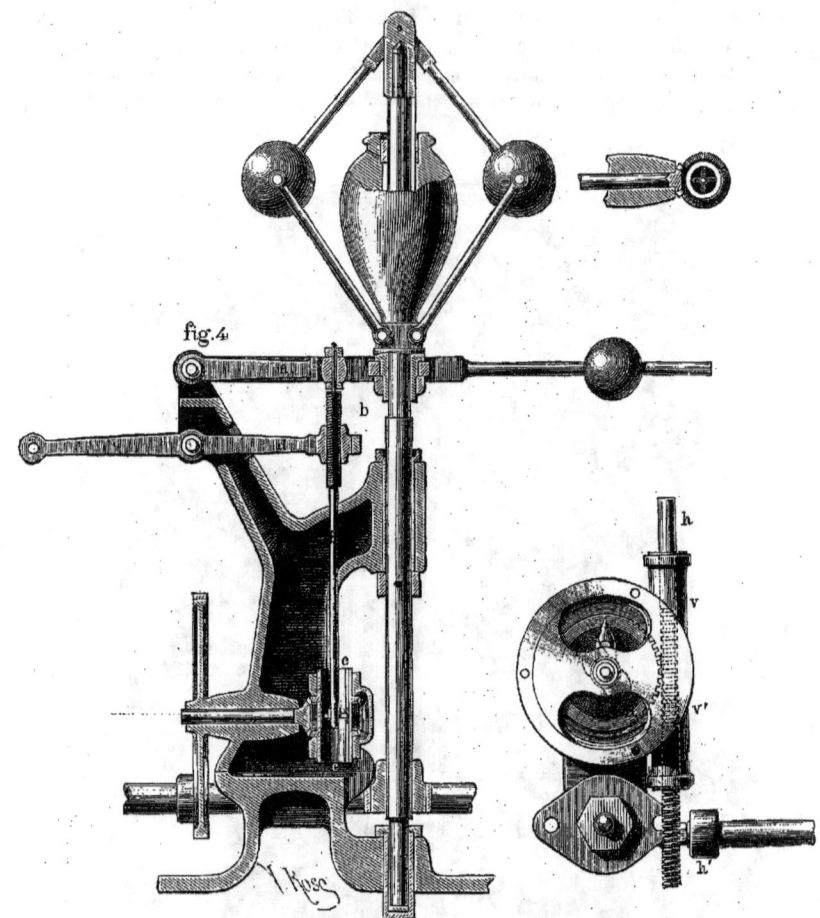

Fig. 56 et 57. — Régulateur à force centrifuge (système Denis).

respondant à chacun des cylindres et placées sous un angle voisin de 90°. Trois paliers, inclinés à 45°, supportent cet arbre, deux de chaque côté en dehors des manivelles et le troisième au milieu, entre les deux. Deux poulies-volants $V_1$ $V_2$, en porte-à-faux, transmettent le mouvement à l'arbre de couche de l'établissement.

La vitesse de cette machine à vapeur dépend d'un *régulateur*, dit *régulateur* de Porter, agissant sur la came de détente par l'intermédiaire du *compensateur Denis*, appareil que MM. Weyher et Richemond appliquent à presque toutes leurs machines, et qui donne d'excellents résultats.

La figure 56-57 représente ce régulateur.

Le levier *a* actionne une tringle *b*, filetée dans le haut, et munie dans le bas d'ailettes glissant dans deux douilles, *ee*, venues de fonte avec les roues d'angle et portant des clavettes à l'intérieur. La tringle *b* peut tourner dans son attache au levier *a*.

Fig. 58. — Machine *compound* de MM. Weyher et Richemond (vue d'ensemble).

La partie filetée passe dans l'écrou d'un deuxième levier, *d*, qui transmet le mouvement à la came de détente, par une tringle filetée suivant le système de M. Farcot, que nous avons décrit. Les douilles, *ee*, tournent constamment en sens contraire, au

Fig. 59. — Machine *compound* à condenseur, de MM. Chaligny et Guyot-Sionnest.

moyen d'un pignon conique, engrenant avec la roue, venue de fonte avec chacune d'elles et recevant sa commande de l'arbre du volant. Si donc la tringle *b*, par l'action du régulateur, monte ou descend, les ailettes seront saisies par les clefs de l'une ou de l'autre douille, et la tringle *b* tournera dans un sens ou dans l'autre, entraînant le levier *d*, qui agit sur la came. Le régulateur peut toujours revenir à sa position normale caractérisée par l'horizontalité du levier *a*, sans influencer celle de la came, qui conserve la sienne jusqu'à une nouvelle variation de la résistance.

Nous avons donné dans la figure 53 une vue de la machine *compound* de MM. Weyher et Richemond, avec la coupe verticale du condenseur, pour montrer la marche de la vapeur. Nous donnons dans la figure 58 l'ensemble et la vue extérieure de la même machine.

## CHAPITRE VII

MACHINE COMPOUND DE MM. CHALIGNY ET GUYOT-SIONNEST.
MACHINE DE M. J. BOULET.

A Paris, MM. Chaligny et Guyot-Sionnest construisent des machines *compound* d'un très bon usage, que nous allons décrire et figurer.

Les constructeurs se sont posé ce problème : établir un moteur simple de construction, d'un entretien facile et d'un emploi économique. Ils y sont parvenus par le moyen suivant.

Leurs machines sont montées sur un bâti unique, portant les glissières et les paliers.

Le bâti est supporté à ses extrémités par deux socles en fonte, qui reposent eux-mêmes sur les massifs de fondations.

Les avantages de ce dispositif sont faciles à saisir. Le bâti, ne comportant qu'une seule pièce, n'emprunte pas sa rigidité aux fondations, qui peuvent être simplifiées. De

Fig. 60. — Machine *compound* sans condenseur de MM. Chaligny et Guyot-Sionnest.

plus, les deux socles suppriment l'emploi d'une pierre de taille, et par ce fait, rendent les fondations plus économiques.

Puisque nous parlons du bâti, nous signalerons les glissières cylindriques, dont l'emploi s'est très répandu depuis quelques années, et qui, étant alésées, présentent des garanties très grandes pour le centrage de la tige de piston, en même temps qu'elles sont d'une construction plus économique que les glissières planes.

Les deux cylindres à vapeur, de dimensions différentes, sont réchauffés par une enveloppe de vapeur. La distribution, très simple, est opérée par des tiroirs ordinaires à coquille, sans aucune complication de détente variable.

La vapeur, après avoir travaillé dans le petit cylindre, passe dans le réservoir intermédiaire qui entoure le petit cylindre, et se rend à la boîte de distribution du grand cylindre, où elle travaille à nouveau, en complétant sa détente; ensuite elle se rend au condenseur, ou s'échappe directement à l'air libre.

L'arbre moteur porte deux vilebrequins croisés à 90°, ce qui annule les points morts; il reçoit en outre la poulie-volant.

Un *régulateur isochrone de Farcot*, à bras croisés, agit sur un papillon placé dans le tuyau d'arrivée de vapeur, et assure l'uniformité de la marche.

Lorsque la machine fonctionne avec condensation, le condenseur, porté par un bâti unique, est placé à la suite du grand cylindre. Il se compose de la chambre à vide, d'une pompe à air et de sa boîte à clapet.

La pompe à air est commandée par le prolongement de la tige du grand piston, ce qui supprime tout renvoi de mouvement et simplifie les organes de la machine.

La figure 59 représente la machine de MM. Chaligny et Guyot-Sionnest avec son condenseur, et la figure 60 la même machine sans condenseur.

M. J. Boulet construit également une

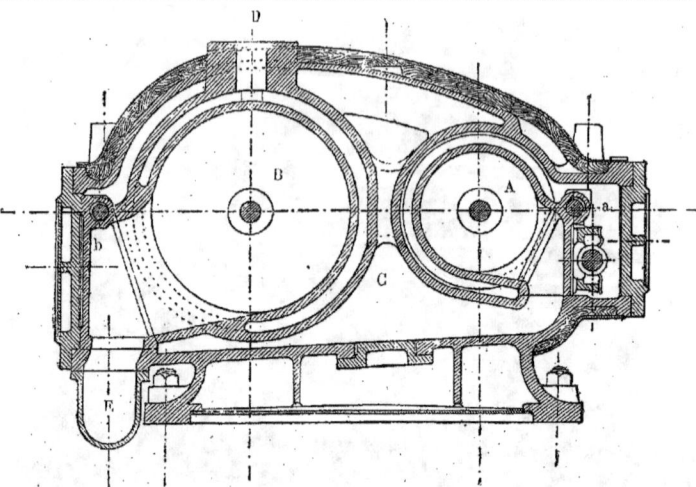

Fig. 61. — Machine *compound* de M. J. Boulet (coupe transversale des cylindres).

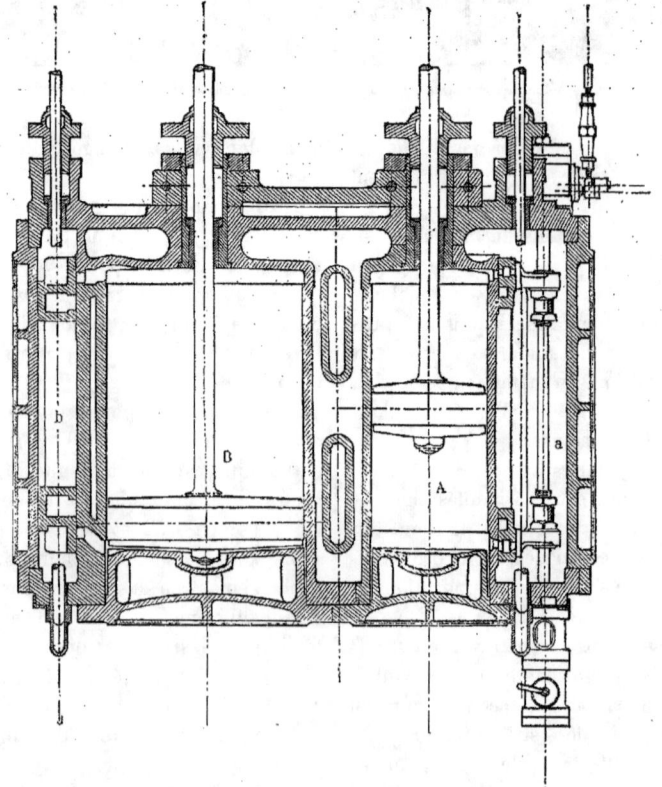

Fig. 62. — Machine *compound* de M. J. Boulet (coupe horizontale des cylindres).

# SUPPLÉMENT A LA MACHINE A VAPEUR.

Fig. 63. — Machine *compound* de M. J. Boulot.

machine *compound* horizontale, qui donne des résultats très satisfaisants.

La figure 61 est une coupe transversale des cylindres de cette machine, la figure 62 en donne une coupe horizontale. L'ensemble de la machine se voit dans la figure 63.

La vapeur venant de la chaudière arrive en D, circule d'abord autour des cylindres, ainsi que dans les fonds, puis elle arrive à la boîte de distribution $a$, du petit cylindre A, où elle travaille avec détente.

En sortant du petit cylindre la vapeur passe dans le réservoir intermédiaire, C, ménagé dans l'enveloppe des cylindres; puis elle se rend à la boîte de distribution $b$, du grand cylindre B, où elle complète son travail.

Après ce parcours, elle s'échappe par le tuyau E, soit au condenseur, soit à l'air libre.

La distribution de vapeur s'effectue dans les deux cylindres, au moyen de tiroirs à coins doubles, auxquels les constructeurs ont donné la longueur des cylindres, pour éviter les espaces nuisibles. Le tiroir de distribution du petit cylindre porte un dispositif de détente variable, soit à la main soit par le régulateur.

Au-dessus de 50 chevaux, M. J. Boulet adapte sur le tiroir du grand cylindre un appareil de détente, variable à la main.

On remarquera que les tiroirs sont placés en contre-bas des cylindres. Il en résulte que la purge se fait naturellement à chaque coup de piston.

La machine est pourvue d'un régulateur isochrone, du système Andrade, dont M. J. Boulet fait la plus large application. Cet appareil assure à la machine une vitesse régulière sous toute charge, avantage précieux pour les industries qui exigent une grande régularité d'allure.

Le condenseur et la pompe à air sont placés à volonté sous l'arbre du volant, qui imprime directement le mouvement à la pompe, soit dans le prolongement du grand cylindre. Dans ce dernier cas la pompe est commandée par un levier coudé attelé sur la tige prolongée du grand piston.

La pompe alimentaire prend l'eau chaude du trop-plein du condenseur.

---

## CHAPITRE VIII

LA MACHINE COMPOUND DE L'USINE DU CREUSOT.

Nous passons à la machine *compound* que construit l'usine du Creusot. Le modèle le plus remarquable et le plus connu de ce type de machine a été établi par l'usine du Creusot, pour l'installation de la force motrice aux magasins du Printemps, à Paris.

Ce moteur, du type pilon, qui est de la force de 20 chevaux-vapeur, reproduit, avec quelques perfectionnements, les dispositions principales des machines *compound* qui furent exposées par l'usine du Creusot à Paris, en 1878. Il se compose de deux cylindres à vapeur, de diamètres différents, munis chacun d'une enveloppe de vapeur, avec purgeur automatique. La course des deux pistons est la même.

La distribution de la vapeur est obtenue dans le grand cylindre, par un seul tiroir, et dans le petit cylindre, au moyen d'un tiroir et de deux plaques de détente, du système Meyer, réglables à la main. Un régulateur à grande vitesse, du système Porter, agit sur deux soupapes à lanterne équilibrées, placées sur chacune des boîtes à tiroir.

Comme on le voit, le régulateur n'agit pas sur la détente, que l'on règle seulement à la main. On a considéré, en effet et avec raison, que pour un moteur d'une aussi faible puissance, l'adoption de la commande de détente par le régulateur eût nécessité des organes de dimensions un peu réduites, par suite trop délicats, et eût entraîné une certaine complication de la machine.

Les deux cylindres sont supportés par quatre bâtis en fonte, formant glissières et

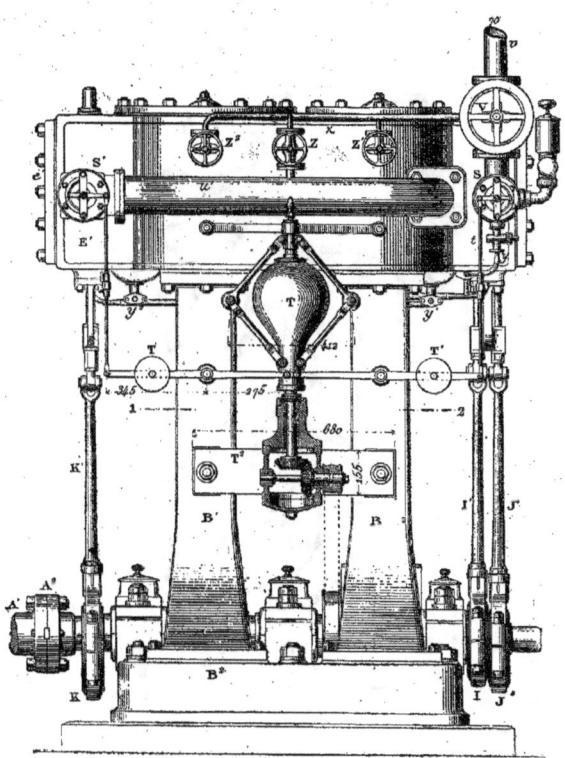

Fig. 64. — Machine *compound* du Creusot (vue de face).

boulonnés sur une plaque de fondation unique qui porte les trois paliers de l'arbre moteur.

Cet arbre, coudé à deux manivelles faisant entre elles un angle de 90°, est construit en acier doux, ainsi que les bielles, tiges de piston et les autres pièces de la distribution.

Une soupape Z (fig. 64, 65), placée entre les deux cylindres, permet d'envoyer, à l'occasion, la vapeur des générateurs sur le grand piston, et d'aider ainsi à la mise en marche de la machine.

L'extrémité de l'arbre coudé, du côté du grand cylindre, est munie d'un manchon, $A^2$, sur lequel vient s'assembler un arbre extérieur, A', portant un volant-poulie, en fonte,

à jante tournée. La courroie, placée sur ce volant, attaque un tambour, sur l'arbre duquel sont fixées les poulies de commande des appareils dynamo-électriques, quand la machine est appliquée à la production de la lumière électrique.

Le moteur est représenté, en élévation longitudinale et transversale, par les figures 64 et 65. La figure 66 est une coupe verticale passant par les axes des deux cylindres; la figure 67, une coupe horizontale de cylindres, par l'axe des orifices d'échappement de vapeur.

La chemise du petit cylindre s'ajuste à l'intérieur d'une double enveloppe en fonte, D' (fig. 66), à laquelle se rattachent : 1° les conduits et la boîte de distribution, E;

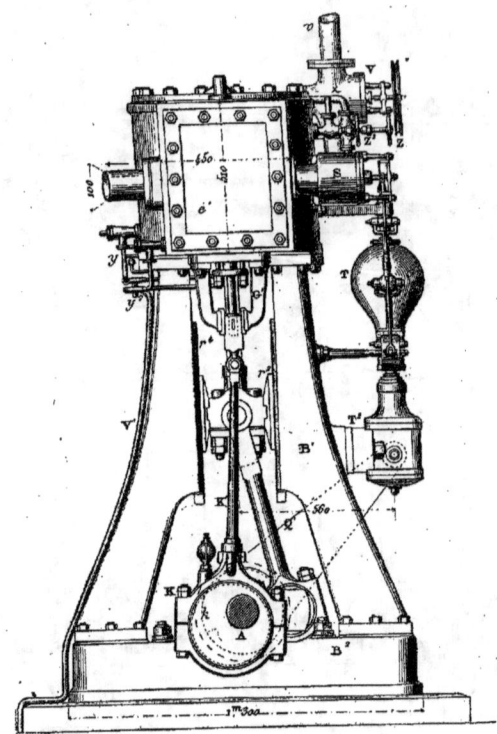

Fig. 65. — Machine *compound* du Creusot (vue en bout).

2° le fond inférieur, F, du cylindre C, par l'intermédiaire duquel ce cylindre repose sur le bâti B.

Le piston, P (fig. 66), porte, à sa circonférence, des segments en fonte, et se trouve rivé entre un fort écrou et une embase appartenant à la tige en acier. Son mouvement est transmis à l'arbre coudé A, par la bielle, Q, également en acier.

La crosse R est réunie à la tige du piston $p$, par une goupille plate, R. Elle reçoit les coussinets en bronze dans lesquels tourillonne l'axe d'articulation $q$. Elle porte, en outre, deux patins $r_2$ (fig. 65) par l'intermédiaire desquels elle est parfaitement guidée entre les glissières $r_4$ supportées sur les montants du bâti $B_2$.

Quant à la bielle Q (fig. 66), sa tête inférieure reçoit des coussinets garnis de métal antifriction, et dont l'usure peut être compensée, au moyen de cales interposées entre son extrémité inférieure et le chapeau.

Un conduit est ménagé dans la tête de bielle Q, ainsi que dans la crosse R, pour la lubrification continue des articulations. L'huile provenant d'un réservoir supérieur y est amenée par les petits tuyaux $h$ et $h_2$, d'où elle tombe goutte à goutte.

L'arbre A est en acier fondu ; il porte deux coudes-manivelles, placés à 90° l'un par rapport à l'autre. Cet arbre tourne à la vitesse de 100 tours par minute, dans des paliers appartenant au socle général $B_3$, et dont les coussinets en fonte sont encore garnis de métal antifriction. Il porte, à son extrémité de droite, deux excentriques

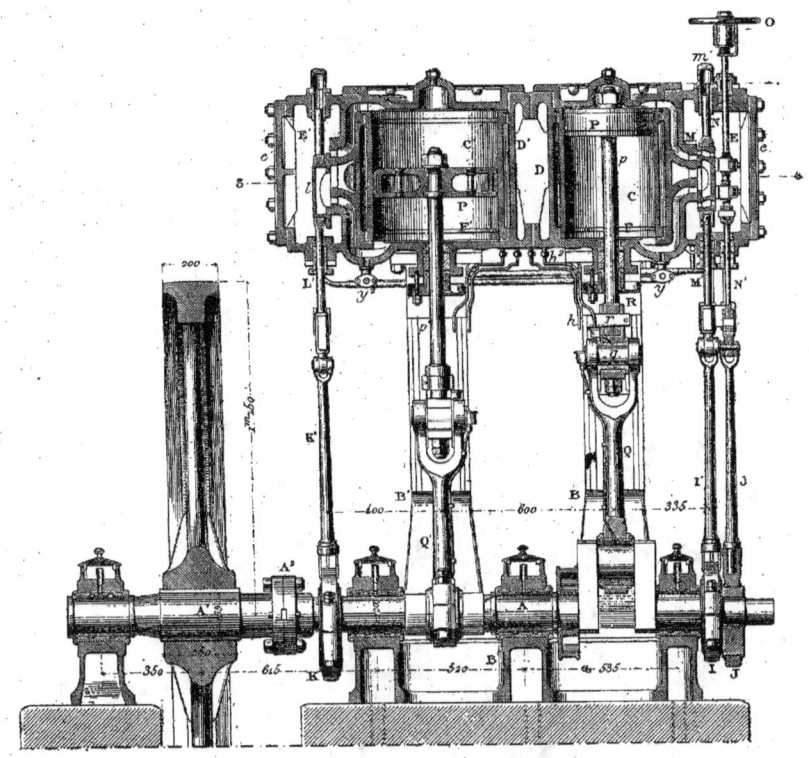

Fig. 66. — Machine *compound* du Creusot (coupe verticale par l'axe des cylindres).

I et J, de même diamètre, calés, le premier à 129° du coude-manivelle et le second à 180°.

Ces excentriques sont montés dans des colliers, en deux pièces, garnis de métal antifriction et clavetés à l'extrémité inférieure des tiges I' et J', qui, elles-mêmes, sont assemblées à articulation avec les tiges M' et N' des tiroirs de distribution et de détente, comme l'indique en détail la figure 68, I (page 77). Cet assemblage s'effectue, pour la tige N', par l'intermédiaire d'une articulation à lanterne j' dans laquelle est maintenue une bague en acier $J_2$ goupillée à l'extrémité de la tige N'. Pour la tige M' (fig. 66), la lanterne est remplacée par une simple douille i dans laquelle est fixée, par une goupille plate, l'extrémité inférieure de cette tige. La lanterne et la douille sont en outre guidées par des glissières en bronze rapportées sur les supports G, lesquels sont boulonnés au-dessous de la boîte de distribution (fig. 68, I, page 77).

La distribution de vapeur est représentée sur la figure 68, II (page 77). Elle est du système Meyer et comporte :

1° Un tiroir de distribution, m, dont les deux faces sont cémentées. Dans celui-ci sont ménagés les deux conduits d'admission. Ce tiroir est maintenu dans un cadre en fer, goupillé sur la tige; il est guidé par une queue cylindrique glissant dans le fourreau en bronze m' (fig. 68, III).

2° Deux plaques glissantes, n (fig. 68, II).

Chacune d'elles est maintenue par deux bossages rectangulaires, dans une plaque en bronze montée sur une tige filetée N, laquelle est réunie à la tige *nn'*. Le pas de vis est de sens inverse pour chacune des deux plaques, de telle sorte qu'on peut rapprocher ou éloigner celles-ci l'une de l'autre, en faisant tourner en sens convenable la tige N. Pour cela il suffit d'agir sur le volant à main, O, monté, comme l'indique la figure 68, III, sur une douille en bronze, *o*, qui entraîne la tige N, sans l'empêcher de glisser suivant son axe : on voit en effet que cette tige se termine par une partie carrée. C'est afin de permettre à la tige *n'* de tourner qu'on ne l'a pas fixée directement sur la crosse *j'*, et qu'on a adopté le dispositif à lanterne que nous avons décrit précédemment.

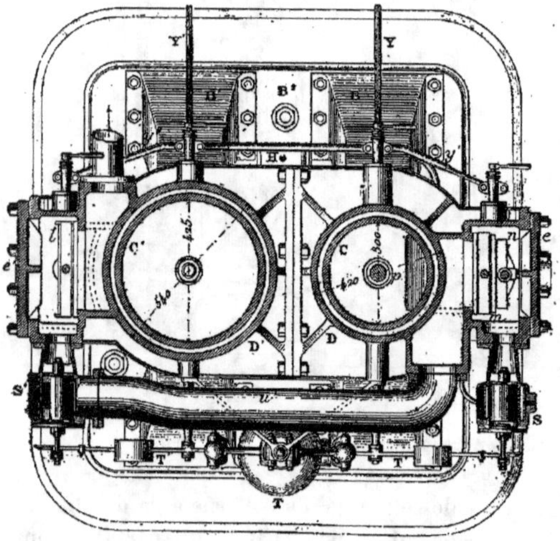

Pour accuser à l'extérieur la position des plaques, c'est-à-dire le degré de détente qui est déterminé par leur écartement, on a ménagé, à l'intérieur de la douille *o*, un taraudage, auquel correspond une douille filetée *o'* dont le pas de vis est le même que celui de la tige N ; cette bague, ne pouvant tourner à cause de l'index $O_2$ qu'elle porte et qui glisse entre deux réglettes de bronze, suivra exactement les déplacements verticaux des plaques glissantes dont l'index accusera ainsi les positions.

Les glissières, au lieu d'être entraînées par le tiroir, peuvent être disposées de manière à avoir un mouvement qui leur soit propre, et qui leur est communiqué par un excentrique distinct de celui du tiroir. Les glissières de ce système fonctionnent soit par leurs arêtes externes, soit par leurs arêtes internes. Dans les deux cas la transmission de mouvement est la même, mais les calages sont différents.

Il faut que l'excentrique de la glissière soit en avance sur celui du tiroir ; cela est nécessaire pour que l'admission du tiroir soit toujours découverte par la glissière quand l'orifice du cylindre commence à ouvrir.

En effet, si le calage des deux excentriques était le même, le tiroir et la glissière conserveraient la même position relative. L'orifice du tiroir resterait donc constamment fermé s'il l'était à l'origine. Pour faire varier la détente, il suffira de modifier le calage de l'excentrique de la glissière par rapport à celui du tiroir.

En partant d'une admission fixe aux 75 centièmes de la course, l'épure de distribution montre que l'angle d'avance de l'excentrique de la glissière sur l'excentrique du tiroir peut varier de 120 à 0°, et que l'introduction théorique correspondante varierait depuis 0 jusqu'à 0,25 de la course.

Si, au contraire, les plaques agissent par leurs arêtes extérieures, l'excentrique de la glissière doit être calé en retard sur celui du tiroir, pour que l'orifice de ce dernier soit déjà découvert par la glissière quand

Fig. 67. — Machine *compound* du Creusot (coupe horizontale par l'échappement de vapeur).

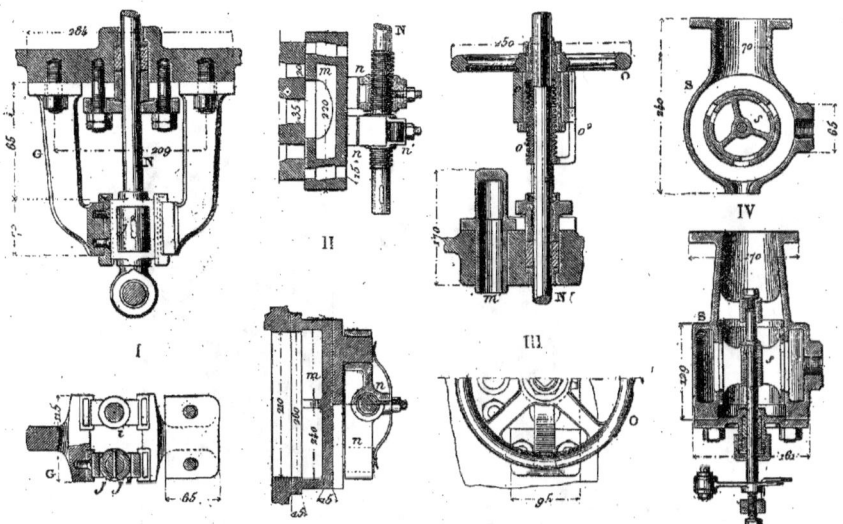

Fig. 68. — Détails de la distribution de vapeur de la machine *compound* du Creusot
(Élévations et plans : I, tiges des tiroirs. II, tiroir. III, commande de la détente. IV, valve de régulation).

l'orifice du cylindre commence à s'ouvrir.

Voici maintenant le chemin suivi par la vapeur.

La vapeur arrive par le tuyau $v$ (fig. 64, page 73), dans un boisseau en fonte, V, renfermant la soupape de mise en marche. Ce premier boisseau communique avec un second, S, dont on voit la coupe verticale et la coupe horizontale sur la figure 68, IV. Ce boisseau, S, entièrement en bronze, est fondu à l'intérieur avec une chemise cylindrique percée de trois orifices rectangulaires, et servant de siège à la soupape $s$, à la circonférence de laquelle sont également réservés trois orifices semblables. En amenant plus ou moins en regard les orifices correspondants, on augmente ou on diminue l'admission de la vapeur, qui se rend dans la boîte de distribution par la tubulure latérale. C'est le régulateur T (fig. 65, page 74) qui est chargé de cette fonction. Le déplacement vertical de son manchon a pour effet de faire tourner la tige de la soupape à laquelle il est relié par le levier à contrepoids T′ T′ (fig. 64), et la tringle $T_2$.

Le régulateur T est du système Porter, que nous avons suffisamment décrit (fig. 56 et 57, page 66) pour n'avoir pas besoin de revenir ici sur son mécanisme.

L'ensemble que nous venons de décrire constitue, pour ainsi dire, la première partie de la machine ; la seconde partie est formée par le *grand cylindre* et les organes qui s'y rapportent. L'analogie est complète entre ces deux parties, qui ne diffèrent que par quelques dimensions, ainsi que par le mode de distribution de la vapeur.

La distribution se fait par un tiroir à coquille ordinaire, $l$ (fig. 66 et 67). Ce tiroir est commandé au moyen des tiges K′ et L′ (fig. 66), par un excentrique K, calé sur l'arbre A de façon à faire un angle de 136° avec le coude-manivelle correspondant $a'$.

A sa sortie du petit cylindre, la vapeur est amenée par le gros tuyau, $u'$ (fig. 67), dans la boîte de distribution, $e'$, du grand cylindre, en passant par une soupape, S′, analogue à la soupape, S. Sur ce tuyau $u'$

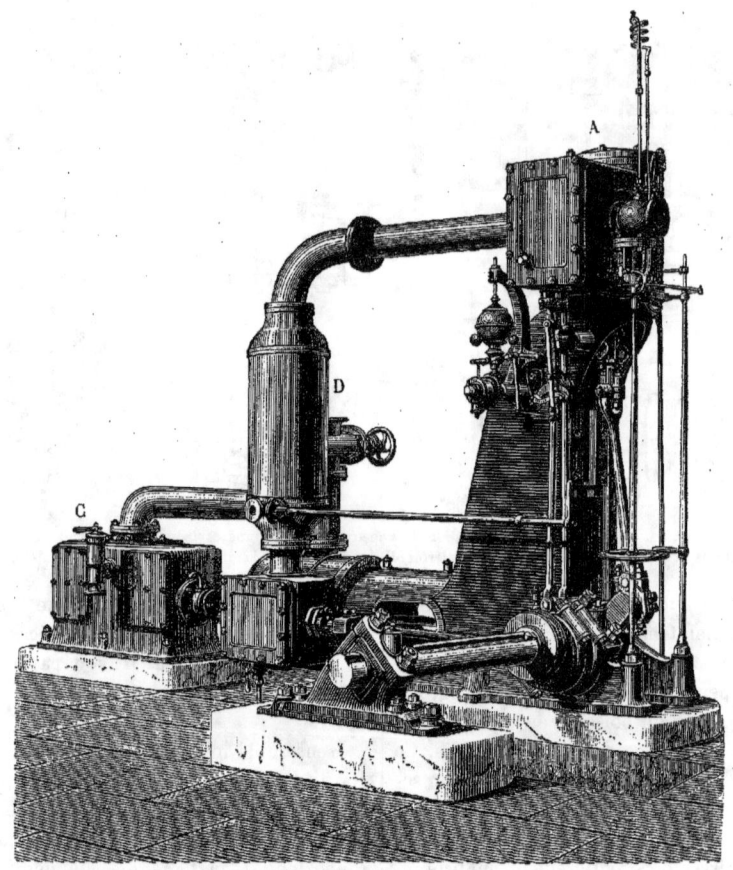

Fig. 69. — Machine *compound* verticale-horizontale de M. Bietrix.

est établie une prise de vapeur, avec robinet à volant, Z, en communication avec le tuyau $z$ (fig. 65) sur lequel sont branchés deux autres petits tuyaux $Z'$ et $Z_2$, conduisant la vapeur dans les enveloppes des deux cylindres.

La *purge* de la soupape d'admission des boîtes de distribution, des cylindres et de leurs enveloppes, s'effectue par les tuyaux $y$, $y$ et $y_2$ (fig. 64 et 65) qui se continuent par deux tuyaux descendant le long des montants des bâtis, pour aboutir à un purgeur automatique, placé dans les fondations.

LA MACHINE COMPOUND VERTICALE-HORIZONTALE DE M. BIETRIX, DE SAINT-ÉTIENNE.

Nous terminerons la description des types principaux de la machine *compound*, en parlant d'une machine nouvelle construite à Saint-Etienne, par M. L. Bietrix, et dont la disposition est intéressante et originale.

Nous représentons dans les figures 69 et 72 les deux formes de la machine de M. Bietrix.

La figure 69 représente une machine de la force de 50 chevaux.

Le petit cylindre, A, est vertical, le grand

# SUPPLÉMENT A LA MACHINE A VAPEUR.

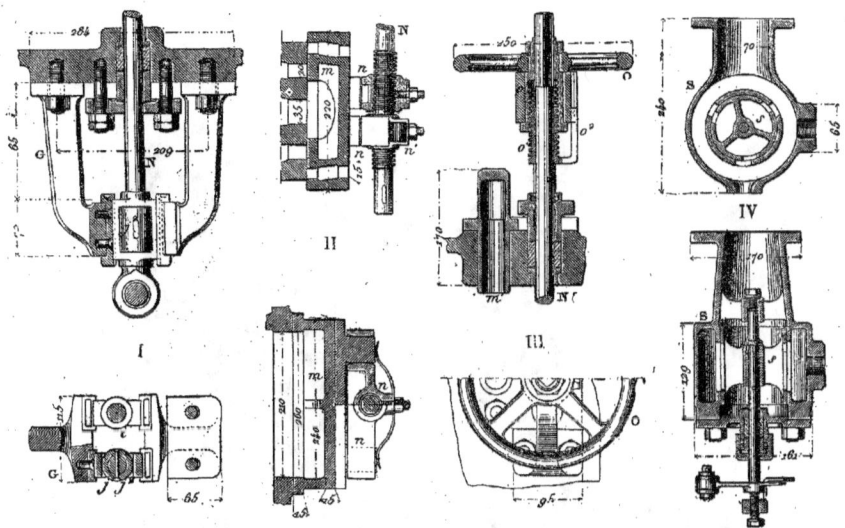

Fig. 68. — Détails de la distribution de vapeur de la machine *compound* du Creusot
(Élévations et plans : I, tiges des tiroirs. II, tiroir. III, commande de la détente. IV, valve de régulation).

l'orifice du cylindre commence à s'ouvrir.

Voici maintenant le chemin suivi par la vapeur.

La vapeur arrive par le tuyau $v$ (fig. 64, page 73), dans un boisseau en fonte, V, renfermant la soupape de mise en marche. Ce premier boisseau communique avec un second, S, dont on voit la coupe verticale et la coupe horizontale sur la figure 68, IV. Ce boisseau, S, entièrement en bronze, est fondu à l'intérieur avec une chemise cylindrique percée de trois orifices rectangulaires, et servant de siège à la soupape $s$, à la circonférence de laquelle sont également réservés trois orifices semblables. En amenant plus ou moins en regard les orifices correspondants, on augmente ou on diminue l'admission de la vapeur, qui se rend dans la boîte de distribution par la tubulure latérale. C'est le régulateur T (fig. 65, page 74) qui est chargé de cette fonction. Le déplacement vertical de son manchon a pour effet de faire tourner la tige de la soupape à laquelle il est relié par le levier à contrepoids T′ T″ (fig. 64), et la tringle $T_3$.

Le régulateur T est du système Porter, que nous avons suffisamment décrit (fig. 56 et 57, page 66) pour n'avoir pas besoin de revenir ici sur son mécanisme.

L'ensemble que nous venons de décrire constitue, pour ainsi dire, la première partie de la machine; la seconde partie est formée par le *grand cylindre* et les organes qui s'y rapportent. L'analogie est complète entre ces deux parties, qui ne diffèrent que par quelques dimensions, ainsi que par le mode de distribution de la vapeur.

La distribution se fait par un tiroir à coquille ordinaire, $l$ (fig. 66 et 67). Ce tiroir est commandé au moyen des tiges K′ et L′ (fig. 66), par un excentrique K, calé sur l'arbre A de façon à faire un angle de 136° avec le coude-manivelle correspondant $a'$.

A sa sortie du petit cylindre, la vapeur est amenée par le gros tuyau, $u'$ (fig. 67), dans la boîte de distribution, $e'$, du grand cylindre, en passant par une soupape, S′, analogue à la soupape, S. Sur ce tuyau $u'$

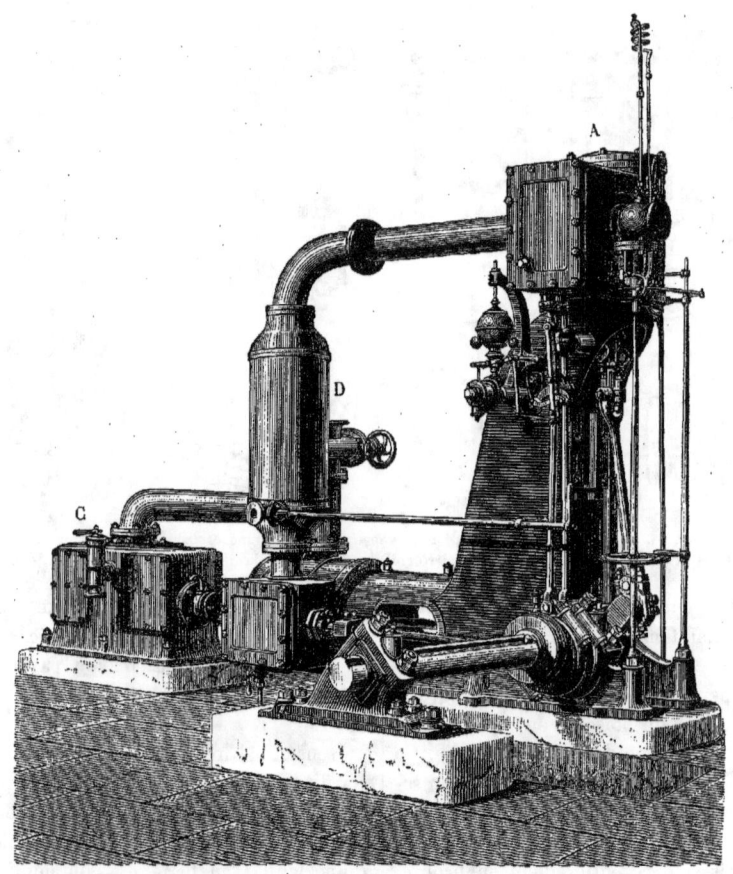

Fig. 69. — Machine *compound* verticale-horizontale de M. Bietrix.

est établie une prise de vapeur, avec robinet à volant, Z, en communication avec le tuyau $z$ (fig. 65) sur lequel sont branchés deux autres petits tuyaux Z' et $Z_2$, conduisant la vapeur dans les enveloppes des deux cylindres.

La *purge* de la soupape d'admission des boîtes de distribution, des cylindres et de leurs enveloppes, s'effectue par les tuyaux $y$, $y$ et $y_2$ (fig. 64 et 65) qui se continuent par deux tuyaux descendant le long des montants des bâtis, pour aboutir à un purgeur automatique, placé dans les fondations.

## LA MACHINE COMPOUND VERTICALE-HORIZONTALE DE M. BIETRIX, DE SAINT-ÉTIENNE.

Nous terminerons la description des types principaux de la machine *compound*, en parlant d'une machine nouvelle construite à Saint-Etienne, par M. L. Bietrix, et dont la disposition est intéressante et originale.

Nous représentons dans les figures 69 et 72 les deux formes de la machine de M. Bietrix.

La figure 69 représente une machine de la force de 50 chevaux.

Le petit cylindre, A, est vertical, le grand

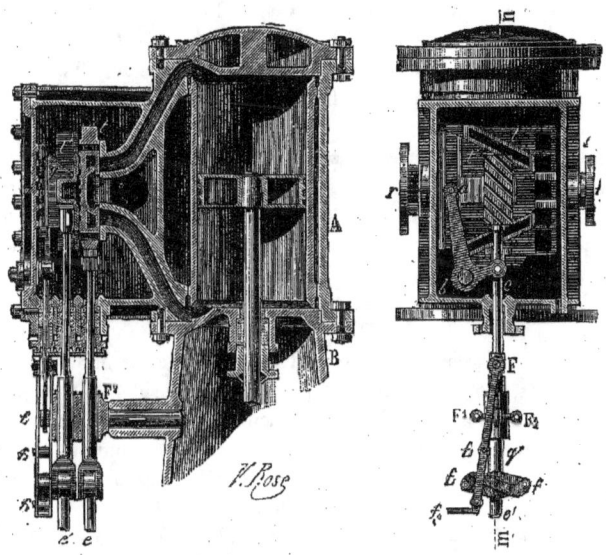

Fig. 70 et 71. — Distribution de vapeur de la machine *compound* de M. Bietrix.

cylindre, B′, est horizontal; un bâti robuste les relie et porte, en même temps, les glissières et le palier moteur.

La bielle verticale est attelée sur la tête de la bielle horizontale; cette disposition a pour avantage de supprimer l'arbre coudé, et les inconvénients qu'il entraîne, surtout dans les grosses machines.

Le condenseur, C, est placé à la suite du grand cylindre, et commandé par la tige prolongée de son piston.

Un réchauffeur tubulaire, D, est placé à la suite du petit cylindre; il réchauffe la vapeur déjà détendue, et empêche ainsi sa condensation dans le grand cylindre.

On voit que l'espace occupé par cette machine n'est pas supérieur à celui que prendrait une machine simple horizontale.

La détente se fait dans le petit cylindre, au moyen d'une disposition très originale, se rapprochant un peu du mécanisme de détente de la machine *compound* du Creusot; mais ici la détente est rendue variable par le régulateur.

La figure 70 représente l'intérieur de la boîte à tiroir, la plaque de fermeture étant enlevée, et la figure 71 une coupe verticale.

Les conduits d'admission du tiroir $t$ sont formés de rectangles parallèles, du côté du cylindre, et de deux parallélogrammes obliques, du côté du dos du tiroir.

La glissière de détente, $t'$, a, en plan, la forme d'un trapèze, dont les deux arêtes égales sont parallèles aux lumières inclinées du tiroir. Une sorte de griffe, $q$, commandée par le deuxième excentrique, communique son mouvement de va-et-vient à la glissière, sans l'empêcher toutefois de se déplacer dans le sens transversal. Cette action produira donc un changement de recouvrement.

Le mouvement transversal est donné à cette glissière par le régulateur, qui fait osciller une équerre, *abc*, autour de son axe, *b*, à l'aide d'une transmission spéciale. La longue branche, *ab*, de cette équerre porte un galet, qui s'engage dans une rainure ménagée dans la glissière. Si la petite branche de l'équerre s'abaisse, la glissière s'avancera vers la droite, et inversement si l'oscillation de l'équerre se fait en sens contraire. Pour équilibrer une partie de la pression, le dos du tiroir est à griffes, et porte des rainures obliques donnant passage à la vapeur.

Pour faire varier la détente, la tête de la bielle porte une came de forme particulière, $ff_1$. Elle est prise entre les deux branches d'une bielle double $f_3$ qui vient s'articuler sur la tige F.

La bielle double porte entre ses deux branches deux petits galets, $F_1 F_2$. La bielle $f_4$ est reliée avec le régulateur qui peut ainsi déplacer la bielle $f_3$ dans un sens ou dans l'autre.

En marche normale, la bielle $f_3$ est verticale, et la came va et vient entre les deux galets sans les toucher, si la vitesse augmente le manchon du régulateur monte et la bielle $f_2$ est déviée vers la droite. La partie convexe de la came vient alors rencontrer le galet inférieur qui en descendant produit l'oscillation de l'équerre et, par suite, l'avancement de la glissière.

La figure 72 représente la machine verticale-horizontale du deuxième type du même constructeur. La description détaillée que nous venons de donner du premier type nous dispense d'autres explications pour cette nouvelle machine.

## CHAPITRE IX

LES NOUVELLES MACHINES A VAPEUR A GRANDE VITESSE. — MACHINE LECOUTEUX ET GARNIER. — MACHINE WEYHER ET RICHEMOND. — MACHINES BROTHEROOD, WESTINGHOUSE, LECOGE ET ROCHART.

Les machines à vapeur que nous avons étudiées jusqu'ici marchent à des allures relativement lentes, c'est-à-dire à 50 ou 60 tours de l'arbre moteur par minute : c'est la vitesse la plus convenable pour la transmission du mouvement aux arbres de couche des usines, ainsi qu'aux machines-outils. De plus, les organes de la machine n'éprouvent, à cette allure, qu'un frottement peu considérable, qui n'amène ni leur échauffement, ni la destruction des corps lubrifiants.

Mais une telle vitesse n'est plus suffisante pour la transmission du mouvement à certains appareils en usage aujourd'hui, tels que les machines dynamo-électriques, les ventilateurs, les pompes centrifuges et les scies circulaires, qui exigent une vitesse considérable, allant de 200 à 500 tours de l'arbre moteur par minute.

Si nous considérons, en particulier, les machines dynamo-électriques, qui servent à produire la lumière électrique, on a besoin, pour obtenir la fixité de la lumière, d'une vitesse de rotation de l'arbre moteur absolument égale. La faible vitesse des machines à vapeur ordinaires, qui nécessitent de nombreux renvois de mouvement, serait une cause de perturbation et d'oscillation dans la lumière.

Il fallait donc construire, pour répondre aux besoins nouveaux de l'industrie, des machines à vapeur ayant une vitesse de rotation considérable. Ce problème a été résolu par la création de divers types que nous allons décrire.

MACHINE A GRANDE VITESSE DE MM. LECOUTEUX ET GARNIER.

Cette machine, que nous représentons dans la figure 73 (page 83), est verticale, le cylindre en haut (genre pilon). Tout l'ensemble est solidaire et repose sur le même socle. La boîte à tiroir se compose d'une partie cylindrique, A, dans laquelle débouchent les orifices des canaux de vapeur, BB', venant du cylindre.

Le tiroir est formé de deux pistons, C'C', entourés chacun d'un segment unique, DD', ayant la hauteur nécessaire pour fournir les recouvrements déterminés par l'épure de distribution.

# SUPPLÉMENT A LA MACHINE A VAPEUR.

Fig. 72. — Machine Compound verticale-horizontale de M. Bietrix.

Afin d'assurer un parfait fonctionnement aux segments du tiroir, des barettes, E, E', E″, E‴, existent d'un bord à l'autre des orifices BB', qui guident ces segments pendant toute leur course. De cette façon, lorsque le tiroir fonctionne, quoique les segments de ces pistons quittent la partie cylindrique dans laquelle ils travaillent, ils ne peuvent buter, lors de leur marche rétrograde, sur les arêtes des orifices. D'autre part, il ne

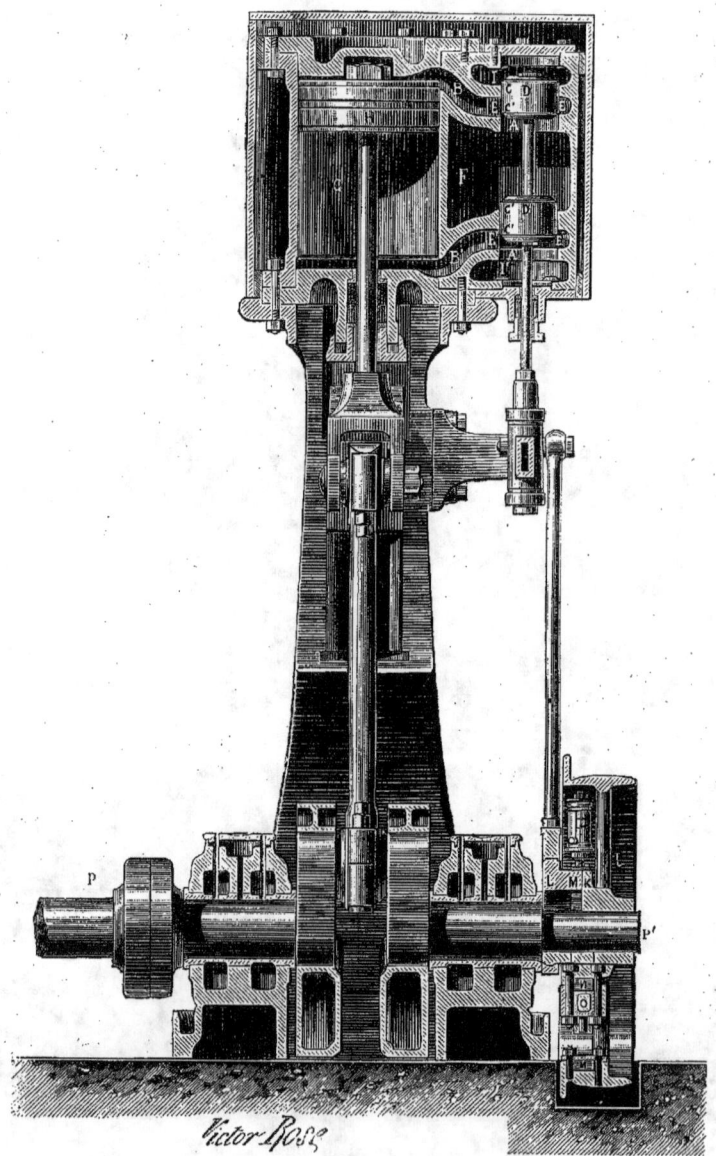

Fig. 73. — Machine à grande vitesse de MM. Lecouteux et Garnier (coupe verticale).

peut y avoir aucune fuite de vapeur entre les pistons C, C', et la paroi de la partie cylindrique A, parce que les segments D, D' étant tournés à un diamètre plus grand que cette partie cylindrique font ressort sur la paroi, et s'y appliquent exactement, ainsi que le font, dans les cylindres de machines à vapeur, les segments des pistons.

L'entrée de la vapeur a lieu par la capacité F; de là, cette vapeur passe alternativement dans les canaux B, B', pour s'échapper par les conduits I' situés à chaque extrémité du cylindre.

L'appareil de distribution, de détente, et de régulation forme un ensemble composé d'un petit nombre de pièces, disposées comme le montre la figure 73 :

Le bout de l'arbre P, P' reçoit une poulie fixe *l*, calée dans une position déterminée pour le sens dans lequel on veut marcher.

Le moyeu de cette poulie porte, du côté de la machine, un plateau à rainure dans laquelle peut glisser la règle ou la saillie M, de l'excentrique L. Dans le prolongement au-dessus de la rainure R et sous la jante de la poulie, est fixé un ressort à lames, dit *à pincettes*, tenant d'une part à la jante de la poulie, et boulonné de l'autre part à l'excentrique mobile L.

A l'intérieur de ce ressort (fig. 74), mais du côté de l'excentrique, est placé un poids O, d'une valeur déterminée, ce poids étant relié d'une façon invariable au ressort N.

La machine étant mise en marche acquerra une certaine vitesse, qui ira constamment en augmentant jusqu'à ce que la force centrifuge à laquelle sera soumis le poids O fasse équilibre à la tension du ressort N.

A ce moment, la vitesse ne pourra plus augmenter sans que la force centrifuge augmente, ainsi que la tension du ressort, par suite du déplacement du poids O, et sans que l'excentrique se déplace le long de la coulisse R.

Or, en se déplaçant sous l'action de la force centrifuge du poids O, cet excentrique diminue la longueur de la course du tiroir, et par suite, la durée de l'introduction, en même temps qu'il augmente la durée de la compression de la vapeur dans les espaces nuisibles.

Toutefois, les choses sont disposées pour que l'angle de calage varie, par le fait même que la course varie, et que l'avance à l'introduction soit constante.

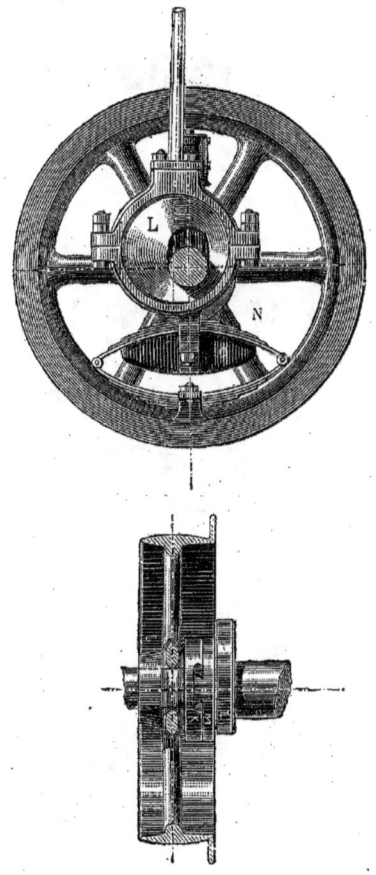

Fig. 74. — Machine à grande vitesse de MM. Lecouteux et Garnier (détails de l'appareil de détente).

De cette façon, il est possible de passer de la pleine introduction à la plus petite pour une différence de tours aussi petite que l'on veut, et calculée d'avance.

L'action du poids O sur l'excentrique L s'exerce sans l'intermédiaire d'aucun organe, et l'on conçoit qu'elle peut être très énergique, puisqu'elle ne dépend que de la valeur du poids O et des dimensions du ressort N; ce poids et la tension du ressort étant d'ailleurs en relation directe et se faisant mutuellement équilibre, suivant les vitesses de marche de la machine.

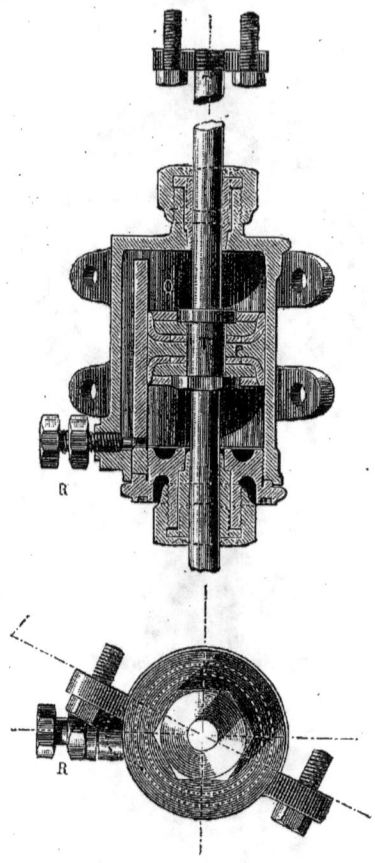

Fig. 75. — Frein du régulateur.

Supposons par exemple que cette machine à vapeur conduise une machine dynamo-électrique; si l'on interrompait tout d'un coup le courant électrique, ou si on le rétablissait avec toute son intensité, au lieu de le faire progressivement, la machine serait déchargée brusquement, ou éprouverait une résistance subite. Il en résulterait que le régulateur, qui est très puissant, agirait instantanément et quelquefois avec tant de force que l'admission de vapeur se trouverait brusquement augmentée ou diminuée sans passer progressivement et graduellement par toutes les introductions intermédiaires. Il serait donc à craindre par ce fait, et pendant un certain temps, que la machine ait une marche irrégulière jusqu'à ce que la vitesse nécessaire soit atteinte et maintenue.

Pour régler la puissance du régulateur, on lui a adjoint un frein hydraulique, composé d'un piston qui se meut dans un cylindre rempli d'un liquide quelconque, et disposé de telle sorte que lorsque le piston se meut dans ce cylindre, le liquide qui est devant lui passe dans le vide qu'il crée à l'arrière, non pas instantanément, mais d'une façon lente, en opposant à ce piston une résistance artificielle, variable à volonté, et qui peut être diminuée par tâtonnements, pour chacune de ces machines, suivant le travail qu'elles auront à effectuer.

On conçoit donc qu'en opposant un frein relatif à l'action instantanée du régulateur, on puisse arriver à le faire fonctionner avec une vitesse de déplacement de l'excentrique déterminée à l'avance, dans un temps donné, pour éviter que l'introduction de vapeur ne passe tout d'un coup du minimum au maximum et réciproquement, et que cette admission soit obligée de se faire suivant une progression passant par tous les points intermédiaires.

La figure 75 donne une coupe, suivant l'axe du cylindre, et un plan du frein hydraulique.

L'excentrique porte une tige T, du côté opposé au ressort et au contrepoids constituant le régulateur, et cette tige est munie elle-même d'un piston P, pouvant se mouvoir dans un petit cylindre fixé après le volant.

Le cylindre est rempli entièrement de liquide, de sorte que lorsque le piston doit se mouvoir, il faut que le liquide qui est chassé devant lui passe dans le vide laissé derrière. On conçoit donc que, si on oppose une résistance à l'écoulement de ce liquide, le piston ne se mettra en mouvement qu'avec une vitesse d'autant plus petite que la résistance sera plus grande. Il suffit, pour obtenir ce résultat, de faire varier la section d'écoulement du liquide au moyen de la vis R, selon la nature du travail que la machine doit effectuer.

MACHINE COMPOUND A GRANDE VITESSE, DE MM. WEYHER ET RICHEMOND.

La machine précédente est une machine à simple effet. Dans une machine à grande vitesse, la course du piston doit être très réduite, car la vitesse du piston ne saurait être augmentée au delà d'une certaine limite, à partir de laquelle des avaries se produiraient sur le piston et sur la chemise du cylindre, par suite de l'échauffement. Et comme le piston doit parcourir sa course pendant un tour de l'arbre de la machine, plus le nombre de tours de cet arbre sera grand, plus la durée d'une révolution sera faible, plus, par suite, la durée de la course du piston sera petite. Cette durée étant extrêmement petite, pour que la vitesse du piston ne soit pas exagérée, il convient de rendre la course du piston aussi petite que possible.

Mais nous avons dit, dans le chapitre des machines fixes, et il est d'ailleurs évident, qu'aux grandes détentes correspondent les longues courses; la course du piston étant restreinte dans les machines à grande vitesse, la détente se trouve donc très limitée.

Il en résulte que les machines à grande vitesse monocylindriques auront des détentes très faibles, et consommeront, par suite, beaucoup de vapeur.

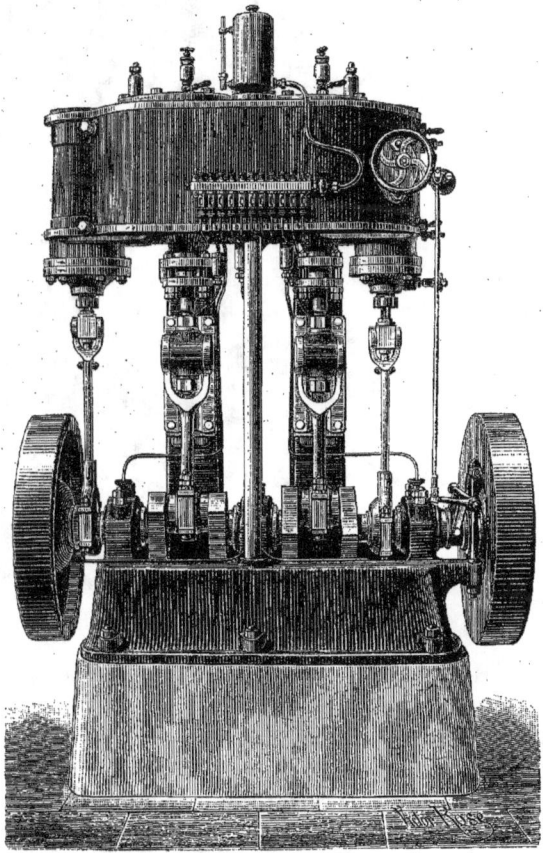

Fig. 76. — Machine Compound à grande vitesse de MM. Weyher et Richemond.

Comment remédier à cet inconvénient? Comment augmenter la détente? En construisant des machines à grande vitesse Compound. C'est le parti qu'ont adopté MM. Weyher et Richemond.

Nous donnons (fig. 76) la vue d'une machine Compound verticale, à grande vitesse, construite par l'usine de Pantin. La figure 77 représente une coupe verticale

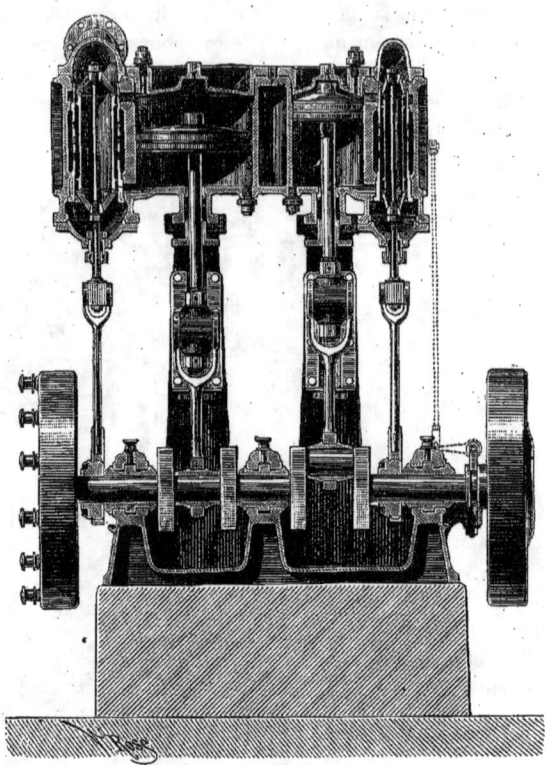

Fig. 77. — Machine Compound à grande vitesse de MM. Weyher et Richemond (coupe verticale par l'axe des cylindres).

de cette machine par l'axe des cylindres.

Le lecteur reconnaîtra immédiatement les organes principaux d'une machine Compound : le grand et le petit cylindre, avec leurs pistons et leurs bielles agissant sur les vilebrequins, ou manivelles, d'un arbre coudé.

Comme dans la machine de MM. Lecouteux et Garnier, les organes de distribution sont des tiroirs circulaires. En effet, ces tiroirs, parfaitement équilibrés et guidés sur toute leur longueur, conviennent très bien pour de faibles courses avec des vitesses considérables. Une construction soignée évite le danger des fuites.

Ici la détente n'est pas variable par le régulateur. Un appareil à force centrifuge, analogue à celui de la machine de MM. Lecouteux et Garnier, agit sur une soupape équilibrée, pour régler l'entrée de la vapeur dans la boîte à tiroir.

### MACHINE BROTHERHOOD.

Il convient de dire quelques mots d'une machine assez répandue aujourd'hui, et dont on fait usage dans les cas exceptionnels où l'on a besoin d'une vitesse excessive, et où l'on tient peu de compte de la dépense de vapeur : c'est le *moteur Brotherhood*.

C'est une machine à 3 cylindres et à distributeur rotatif (véritable robinet à 3 voies). Ces 3 cylindres sont fondus d'une seule pièce et sont à simple effet ; les 3 bielles viennent s'appliquer sur une même manivelle.

Certaines de ces machines peuvent tourner à la vitesse énorme de 1,500 *tours* par minute, mais avec une dépense de vapeur de 30 kilogrammes par cheval et par heure.

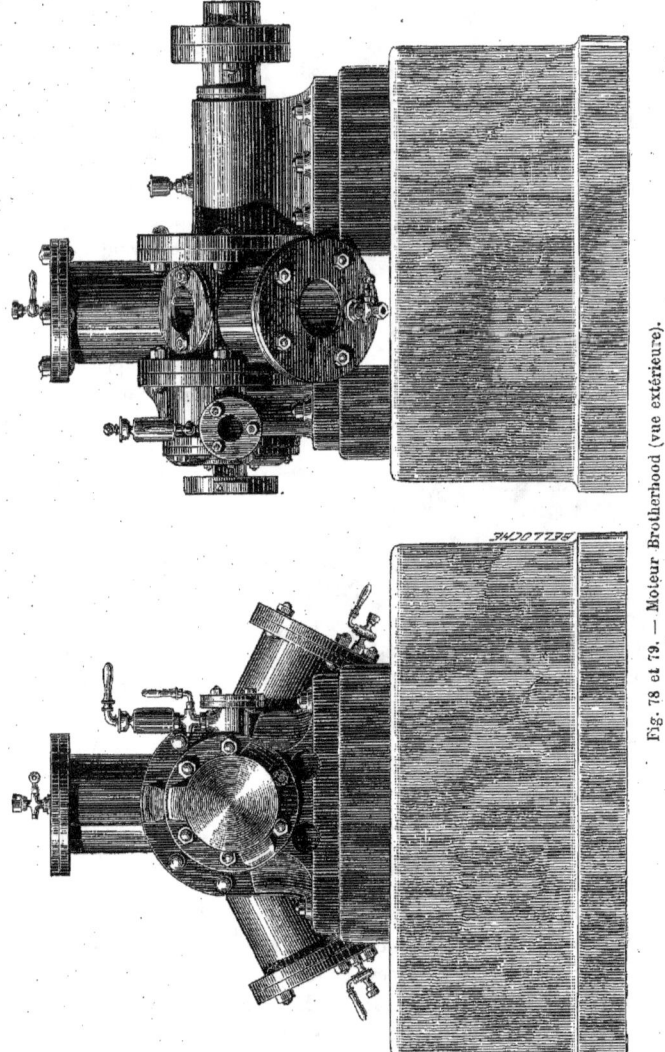

Fig. 78 et 79. — Moteur Brotherhood (vue extérieure).

Rappelons que les machines Corliss ne consomment que 8 kilogr. de vapeur par cheval et par heure.

Les figures 78 et 79 représentent deux vues extérieures du moteur Brotherhood. La figure 80 est une coupe verticale par le plan médian du moteur.

On voit qu'il se compose de trois cylindres

à vapeur à simple effet, dont les bielles agissent en poussant sur le bouton de la manivelle, et l'attaquant à 120° l'une de l'autre.

Dans chacun des cylindres se meut un piston, muni de la garniture de segments des pistons ordinaires. Les bielles, attachées d'un côté au fond du piston, sont articulées, à l'autre extrémité, sur le bouton-manivelle.

La distribution se fait au moyen d'un tiroir circulaire, exactement équilibré. Ce tiroir jouit du mouvement de rotation de l'arbre moteur par la manivelle qui termine son

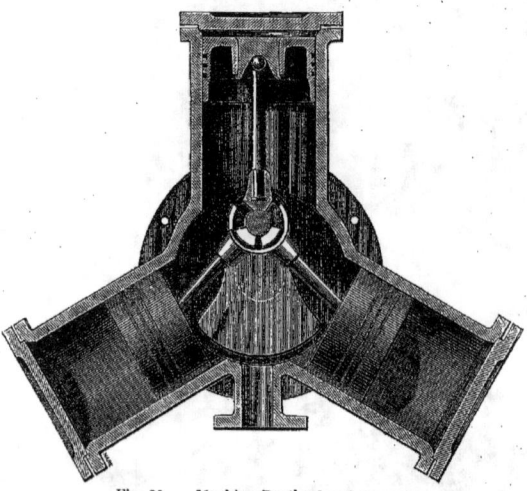

Fig. 80. — Machine Brotherhood (coupe).

axe. Il est percé de deux orifices, l'un d'introduction, l'autre d'échappement.

On comprend aisément le jeu du système : la vapeur arrivée dans la boîte du tiroir passe par l'orifice d'admission de ce tiroir dans le conduit qui le mène sur l'un des trois pistons. L'introduction de la vapeur dure tant que l'orifice d'admission du tiroir est en regard de l'orifice du cylindre. Le tiroir continuant sa rotation, l'orifice d'échappement vient se placer devant l'orifice du cylindre, et la vapeur qui a travaillé dans le cylindre passe par cet orifice, se dégage dans la boîte centrale des cylindres d'où

elle s'échappe dans l'atmosphère. Le même jeu se reproduit pour chacun des 3 cylindres. On voit donc que les pistons travaillent à simple effet, et toujours par *compression*.

Ces machines sont munies d'un régulateur à force centrifuge, agissant sur une valve équilibrée. Le déplacement des masses du régulateur est transmis à la valve par l'intermédiaire d'un ressort, dont on règle à volonté la tension, de telle sorte que l'on peut donner exactement à la machine la vitesse que l'on désire.

Les avantages de la machine Brotherhood sont les suivants :

1° Fonctionnement à grande vitesse et sans vibrations ;

2° Emplacement réduit au minimum ;

3° Poids très restreint pour une force déterminée.

Cette machine est particulièrement employée pour faire fonctionner des machines dynamo-électriques et des pompes centrifuges.

MOTEUR ARMINGTON.

La société Edison emploie, à Paris, pour actionner ses machines dynamo-électriques, le moteur à grande vitesse Armington. Cette machine, de construction américaine, n'est autre chose qu'une machine de Lecouteux et Garnier horizontale.

MACHINE LOCOGE ET ROCHART.

Nous donnons (fig. 81) un dessin de la machine horizontale à grande vitesse de MM. Locoge et Rochart. C'est une machine Compound à simple effet, c'est-à-dire que la vapeur n'agit dans le petit et le grand cylindre que sur une seule face du piston.

On reconnaît, à la seule inspection de la vue extérieure de cette machine, les organes ordinaires des machines Compound que nous

# SUPPLÉMENT A LA MACHINE A VAPEUR.

Fig. 81. — Machine Compound à grande vitesse de M M. Looge et Rotchar.

Fig. 82. — Machine Westinghouse à grande vitesse (vue de face).

avons décrites : les deux cylindres, la détente successive de la vapeur, la commande de l'introduction successive de la vapeur ; la transmission du mouvement à l'arbre moteur, le volant, le régulateur, etc., le tout reposant sur un bâti et une fondation de la plus grande solidité.

### MACHINE WESTINGHOUSE.

Les figures 82 et 83 donnent les vues d'un moteur de 160 chevaux système Westinghouse. Nous décrivons ce moteur à grande vitesse au moyen des figures 84, 85, 86.

Les cylindres A, A (fig. 84), et la chambre des tiroirs B, sont fondus d'une seule pièce, et boulonnés sur le logement, ou boîte à manivelle, C.

Les couvercles $a$, $a$, ferment les extrémités supérieures des cylindres seulement ; les parties inférieures sont découvertes et ouvrent directement dans la chambre de la boîte à manivelle.

Les pistons, D, D, sont en forme de manchon à double fond dans le haut, pour empêcher la condensation ; ils sont ouverts dans le bas, et munis de goujons en acier cémenté. Ils sont garnis de quatre segments.

Les bielles motrices, F, F, sont creuses, avec nervures, et ne travaillent qu'à la compression ; les manivelles G, G, équilibrées par des contrepoids $x$, $x$, le goujon de la manivelle, P, et l'arbre de la manivelle, H, H, sont en acier et peuvent être changés en enlevant le couvercle de la boîte à manivelle.

Fig. 83. — Machine Westinghouse à grande vitesse (vue par derrière).

Les coussinets de l'arbre de la manivelle, $d, d$, ont la disposition de fourreaux mobiles garnis de métal blanc anti-friction. Une chambre est ménagée dans la bride du fourreau, $d$, entourée par le couvercle $d'$. Dans cette chambre, et tournant avec l'arbre, se trouve l'essuyeur, $v, v$, qui recueille l'huile quand elle passe sur les coussinets et la renvoie par le tuyau, $e$, dans la boîte à manivelle, C. Cette disposition rend inutile toute autre lubrification et maintient la machine en parfait état de propreté. Les colliers $t, t$, en bronze, forment les coussinets de l'extrémité des manivelles. Des colliers de plomb empêchent les manchons coniques d'être trop élevés, ce qui ferait gripper. Un coussinet central, K, relie les deux côtés de la boîte à manivelle. Le couvercle, $h$, s'enlève pour permettre l'accès des manivelles.

Le tiroir V V, représenté à une grande échelle fig. 87, est d'une construction particulière. Il se compose d'une entretoise $i, i$, des têtes $j, j$, en fonte malléable et des segments, $k, k$, le tout assemblé par la tige et l'écrou $l$.

Le guide du tiroir, J, remplace un presseétoupe prévenant l'échappement de la vapeur contenue dans les passages au-dessus. Le guide du tiroir, ainsi que le tiroir et les deux pistons, sont garnis avec des segments simples en fonte.

La tige du tiroir, $m$, est clavetée sur le guide, et tient le tiroir sans serrer entre l'écrou de l'extrémité supérieure et le collier de l'extrémité inférieure, ainsi qu'il est indiqué.

La boîte à manivelle est alimentée d'eau par le tuyau R, R. L'eau ne peut pas s'élever

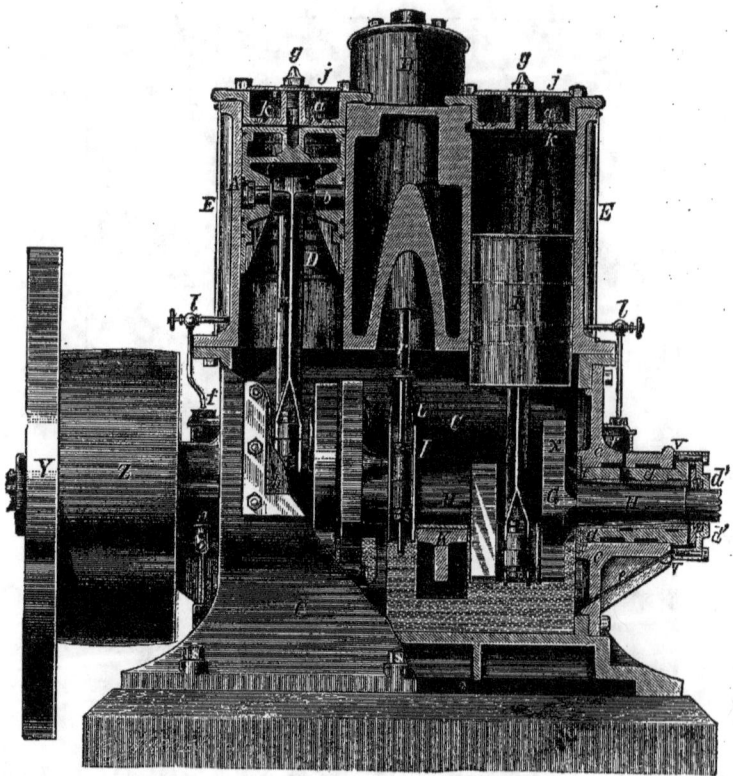

Fig. 84. — Machine Westinghouse (section suivant l'arbre).

trop haut, mais on devra avoir soin qu'elle ne s'abaisse jamais jusqu'à disparaître dans l'entonnoir. Comme quelques-unes de ces machines ont une tendance à laisser échapper lentement l'eau de la boîte à manivelle, on a ajouté une conduite de vidange et une soupape $u$ qui est laissée entr'ouverte, pour drainer les ouvertures d'échappement dans la boîte à manivelle, et maintenir ainsi l'approvisionnement.

Cette soupape ne devra pas être assez ouverte pour permettre à l'échappement de vapeur de passer au travers.

L'huile destinée à la lubrification de toutes les parties internes peut aussi être introduite par la conduite R, mais il est préférable de maintenir une alimentation constante par les graisseurs $f, f$, sur les coussinets principaux, assurant ainsi tout d'abord leur graissage, et l'huile est ensuite renvoyée dans la chambre par les essuyeurs, au profit du bouton de la manivelle et de tous les autres coussinets.

Il n'est pas besoin d'autre graissage que celui obtenu par ces graisseurs. Le devant de l'enveloppe cache le réservoir à huile, O (fig. 65), qui remplit tout l'espace entre les cylindres et alimente les graisseurs, $f, f$, par les tuyaux cachés et par les robinets, $l, l$. Une fois le réservoir rempli jusqu'à $q$, il durera longtemps, et toute la lubrification de la machine (excepté les tiroirs et les cylindres qui sont, comme à l'ordinaire, graissés par la prise de va-

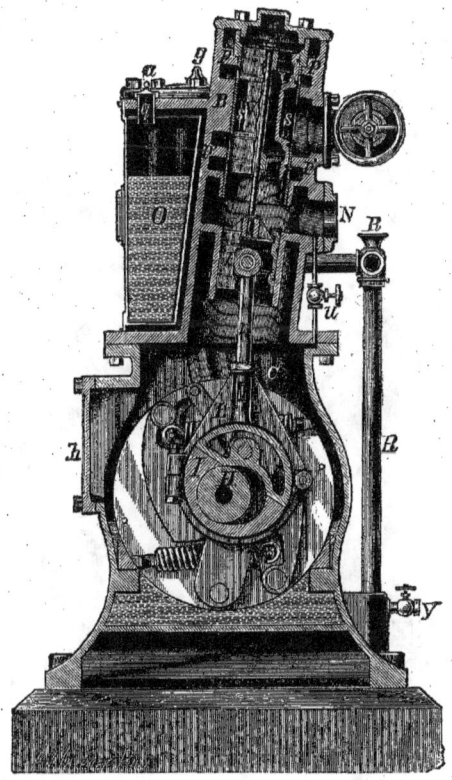

Fig. 85. — Machine Westinghouse (section en profil).

peur) est ainsi introduite par un seul endroit. Les robinets $l$, $l$ devront rester ouverts pour assurer un écoulement constant, mais lent, de l'huile dans le graisseur.

M et N sont les conduits d'échappement et de prise de vapeur.

Le régulateur automatique I se voit dans les sections, fig. 84 et 85. Il est placé sur l'arbre H entre les manivelles, et actionne directement le tiroir. Les figures 88 et 89 (page 95) feront comprendre sa construction.

Le disque, A, est fondu avec l'une des manivelles. L'excentrique libre C est suspendu par le bras $c$ du goujon $d$, autour duquel il a un certain jeu pour l'ajustage;

B, B, sont les poids du régulateur, reposant à pivot sur les goujons $b$, $b$; un des poids est relié à l'excentrique par la bielle $f$, et les deux poids sont réunis pour agir à l'unisson avec la bielle $e$.

Les ressorts à spirales D, D, produisent la force centripète ou de rappel. L'excentrique entoure l'arbre S, l'ouverture étant élargie pour permettre le mouvement voulu.

Les arrêts $s$, $s$, limitent le mouvement des poids.

Dans la figure 88, on voit les poids du régulateur au repos; dans cette situation, l'excentrique est projeté dans la position de la plus grande excentricité, donnant au tiroir un maximum de glissement, corres-

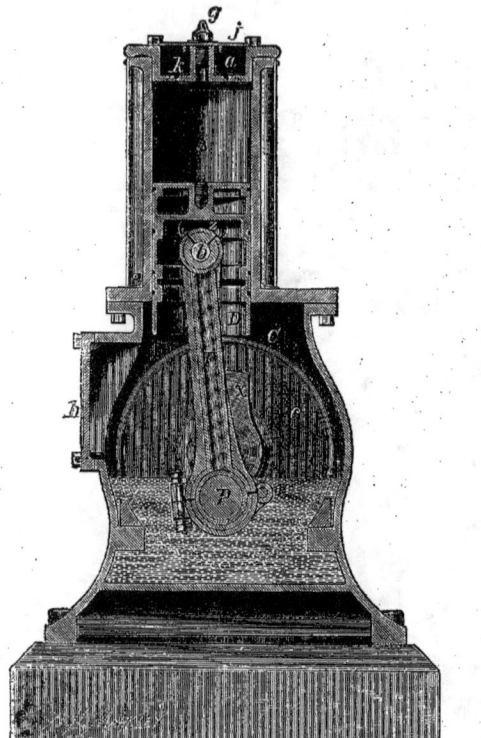
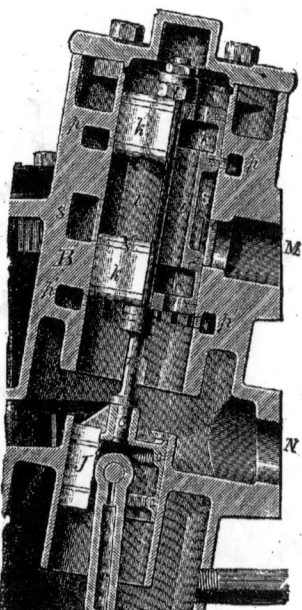

Machine Westinghouse.

Fig. 86. — Coupe du cylindre.   Fig. 87. — Coupe du tiroir.

pondant à une détente d'environ cinq huitièmes de course. Les pièces du régulateur restent dans cette position jusqu'à ce que la machine arrive à sa plus grande vitesse, à quelques révolutions près. La force centrifuge des poids contre-balance alors la tension des ressorts et les poids agissent plus en dehors, réduisant la course de l'excentrique et du tiroir, et conséquemment diminuant le point de détente.

La position extrême, vers le dehors, des poids est indiquée fig. 89, dans laquelle on suppose la vapeur tellement réduite qu'elle ne fait que maintenir la machine en mouvement quand elle marche à vide. Lorsque la machine est chargée pour donner une détente de un cinquième à un quart de course, elle développe sa puissance nominale, les pièces sont alors à moitié entre les positions indiquées.

Voici comment travaille la vapeur. Chaque cylindre est à simple effet descendant. L'admission de vapeur annulaire, $p$ (fig. 87), communique avec le haut d'un cylindre, et $p'$ avec le haut de l'autre. La vapeur entrant en M et entrant par le tiroir, dans la chambre S, S, est admise alternativement dans le haut de chaque cylindre, attendu que les bords internes du tiroir découvrent les orifices $p$, $p'$, et la compression est réglée par les bords externes du tiroir selon le mode usuel. L'échappement de vapeur dans le haut de la chambre du

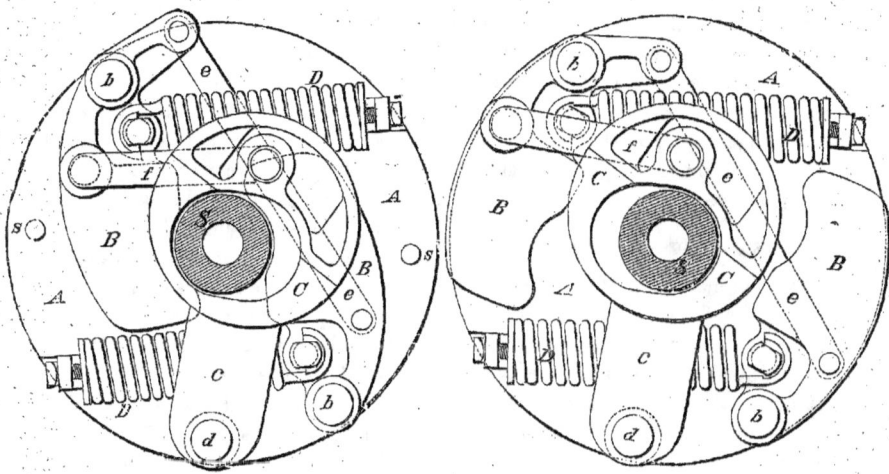

Machine Westinghouse.
Fig. 88. — Régulateur (Détente minimum).     Fig. 89. — Régulateur (Détente maximum).

tiroir passe dans le tuyau d'échappement à travers la tige creuse du tiroir.

Les dispositions spéciales de la machine Westinghouse ont pour principal objectif d'assurer la grande vitesse nécessaire pour certains cas spéciaux, comme l'éclairage électrique, la ventilation, et de concilier ces avantages avec une économie de vapeur convenable. Dans cette machine, il n'y a pas de godets graisseurs; ainsi qu'il vient d'être dit, les coussinets de l'arbre et les articulations se lubrifient constamment d'eux-mêmes.

Les tiroirs et les pistons sont lubrifiés, comme cela se pratique maintenant par un graisseur automatique se déchargeant dans la prise de vapeur. Toutes les autres articulations sont contenues dans la chambre hermétique de la manivelle. Cette chambre est remplie d'eau, et par-dessus, surnage une certaine quantité d'huile dans laquelle, à chaque révolution, trempent les manivelles et l'excentrique. On comprend aisément que lorsqu'on marche à pleine vitesse, la chambre de la boîte à manivelle et les cylindres sont remplis d'une écume d'huile et d'eau qui atteint toutes les parties. En outre, les coussinets sont abondamment graissés par l'huile qui filtre au travers. Toute huile en excès est ramassée par les essuyeurs centrifuges et renvoyée dans la boîte à manivelle.

## CHAPITRE X

APPAREILS ACCESSOIRES DES MACHINES A VAPEUR. — ACCESSOIRES DES CHAUDIÈRES. — INDICATEUR DE NIVEAU D'EAU. — SIFFLET D'ALARME. — APPAREILS D'ALIMENTATION. — INJECTEURS. — POMPES D'ALIMENTATION. — MANOMÈTRES. — SOUPAPES DE SURETÉ. — ÉTABLISSEMENT DES CONDUITES DE VAPEUR. — TUYAUX. — ROBINET-VALVES. — DÉTENDEUR DE VAPEUR. — PURGEURS AUTOMATIQUES. — COMPENSATEURS DE DILATATION. — ACCESSOIRES DES MACHINES. — GRAISSEURS DE VAPEUR. — INDICATEURS DE PRESSION. — RÉGULATEURS DE VITESSE. — FREIN DE PRONY. — ÉTABLISSEMENT DU RENDEMENT D'UNE MACHINE.

Nous avons consacré, dans les *Merveilles de la science*, un long chapitre aux appareils et organes accessoires de la machine à vapeur (1). Nous nous proposons, dans ce

(1) Tome I, pages 129 et suivantes.

chapitre supplémentaire, de faire connaître les perfectionnements qu'ont reçus ces appareils et organes accessoires depuis quelques années.

Nous distinguerons, pour la clarté de cet exposé, les accessoires des chaudières et ceux des machines.

### ACCESSOIRES DES CHAUDIÈRES

*Indicateur du niveau de l'eau.* — Dans les chaudières à bouilleurs et les chaudières à tubes de fumée et retour de flamme, il convient de maintenir le niveau de l'eau constant, et surtout de ne pas laisser ce niveau s'abaisser au-dessous d'une certaine limite; sans cela une explosion est à redouter.

Pour se rendre compte de la hauteur de l'eau, on se sert de l'appareil dit *indicateur du niveau de l'eau.*

L'indicateur du niveau de l'eau se com-

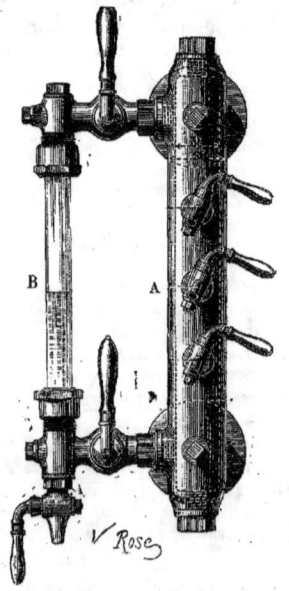

Fig. 90. — Niveau d'eau.

pose (fig. 90) d'un réservoir en fonte vertical, A, appelé *bouteille*, qui est en communication, par sa partie supérieure, avec la chaudière et la vapeur, et par sa partie inférieure avec l'eau. En vertu du principe des vases communicants, le niveau de l'eau dans ce vase doit être le même que dans la chaudière. On comprend que cette bouteille ne communiquant avec la chaudière que par des tubes étroits, l'eau y est beaucoup plus calme que dans la chaudière. Les bouillonnements, les vagues qui se produisent dans cette dernière, se transmettent difficilement à la bouteille, et l'eau y prend un niveau moyen, qui serait celui de l'eau de la chaudière si elle était calme.

Cette bouteille porte d'abord trois robinets également distants; celui du milieu est à la hauteur du niveau d'eau normal, le robinet supérieur indique *trop d'eau*, le robinet inférieur indique un *manque d'eau*.

Ces trois robinets donnent donc un premier moyen de s'assurer du niveau de l'eau. Mais, en outre, la bouteille porte un tube de niveau d'eau, B. C'est un tube en cristal placé verticalement, et mis en communication, par sa partie supérieure, avec le haut de la bouteille, et par sa partie inférieure avec le bas. Le niveau de l'eau y est le même que dans la bouteille et par suite que dans la chaudière.

On peut contrôler le niveau de l'eau dans la chaudière, par un indicateur à flotteur.

Cet appareil connu sous le nom de *flotteur Chaudré* se compose d'un tube métallique, soudé par sa partie extérieure dans un bouchon vissé sur une tubulure fixée sur la chaudière. Une tige en acier soudée dans l'intérieur du tube vient fermer ce dernier et fait corps avec lui; aucune fuite de vapeur ne peut donc avoir lieu.

Un flotteur suit les variations du niveau de l'eau, dans laquelle il est en partie plongé, et transmet ses oscillations à une tige qui entraîne, en le faisant fléchir, un tube métallique servant d'obturateur. Cette oscillation se reproduit à l'extrémité supérieure de la tige, qui la transmet à son tour à une ai-guille.

une soupape et la vapeur s'échappe par

Fig. 91. — Sifflet d'alarme.

Cet appareil porte un sifflet d'alarme, qui fonctionne lorsque l'eau descend au-dessous d'un certain niveau; la tige ouvre

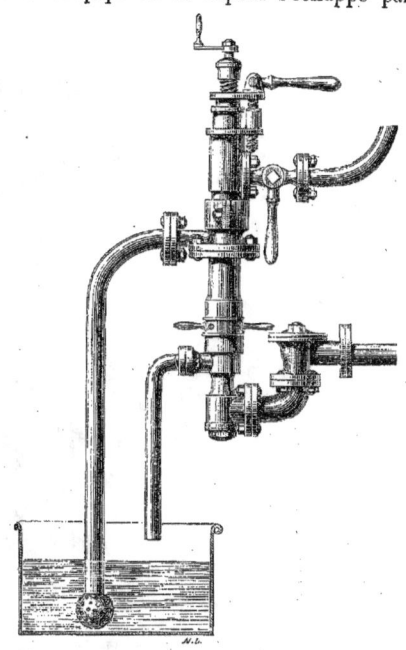

Fig. 93. — Injecteur Giffard (forme verticale).

le sifflet. Le chauffeur est ainsi averti

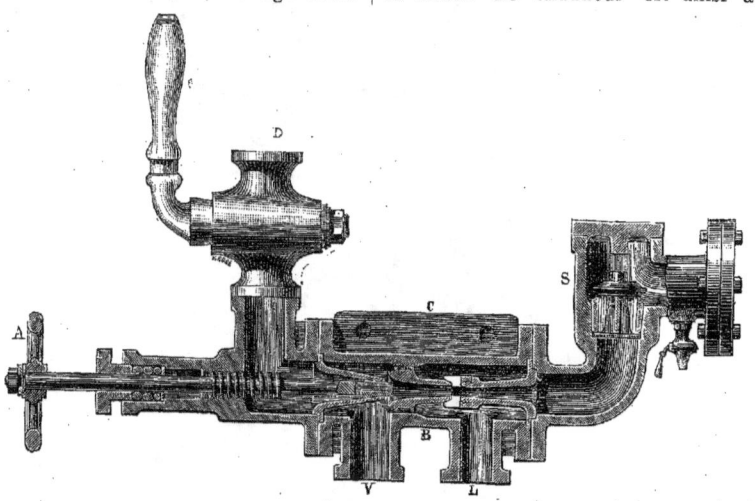

Fig. 92. — Injecteur Giffard (forme horizontale).

du manque d'eau dans sa chaudière. | Du reste, le *sifflet d'alarme* est un organe

98 MERVEILLES DE LA SCIENCE.

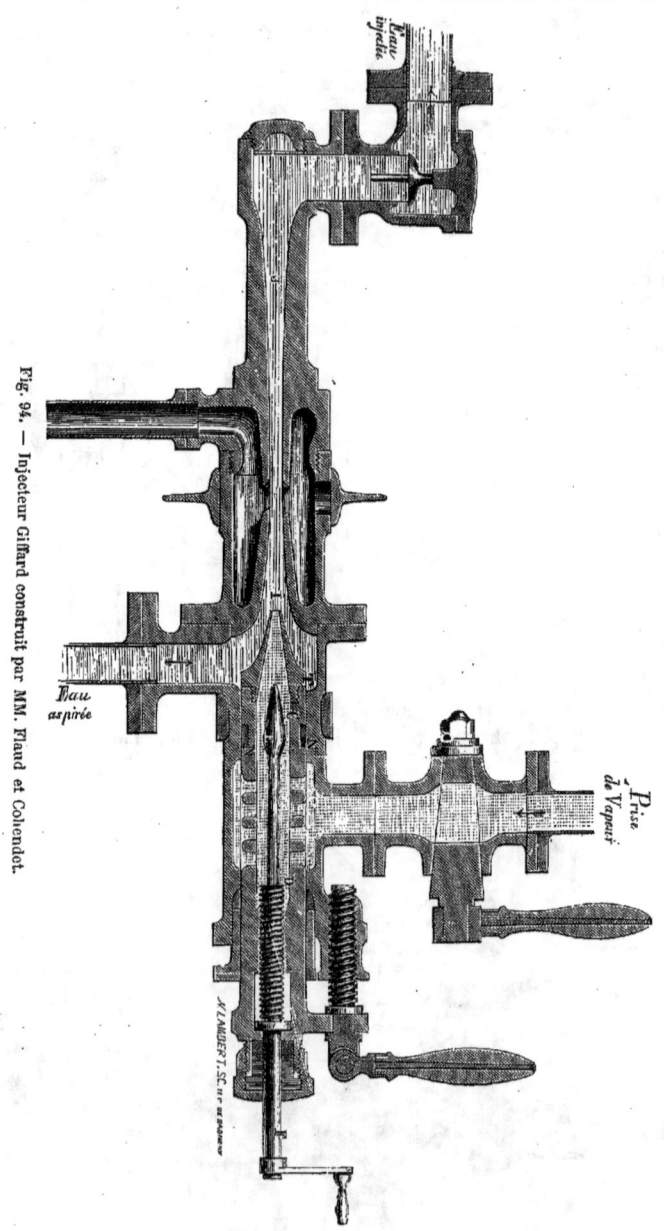

Fig. 94. — Injecteur Giffard construit par MM. Flaud et Cohendet.

jugé indispensable à toutes les chaudières à vapeur. La figure 91 représente le *sifflet d'alarme* ordinaire, qui fonctionne par le courant de vapeur venant frapper la tranche d'une cloche métallique très sonore et dont il doit être fait usage en cas d'accident, ou lors de la mise en marche ou de l'arrêt du moteur d'une usine.

Nous avons maintenant à examiner comment on maintient constant le niveau de l'eau dans la chaudière. On se sert, pour cet usage, de deux appareils distincts :
1° Injecteurs d'eau ;
2° Pompes d'alimentation ;

*Injecteurs.* — L'injecteur est l'appareil si ingénieux imaginé par P. Giffard, et qui fit époque dans l'histoire de la machine à vapeur. Nous représentons en coupe cet appareil dans la figure 92 (page 97). Il se compose, comme on le voit :

1° D'un volant A, servant à manœuvrer une tige de bronze à vis, terminée par un cône à son extrémité ;
2° D'une capacité cylindrique en bronze, C ;
3° D'un robinet d'arrivée de vapeur, D, d'un tuyau d'aspiration de l'eau, V, d'un tuyau de purge ou de trop-plein, L, enfin d'une boîte à clapet, S, qui empêche l'eau de sortir du générateur, quand l'appareil est au repos.

Voici comment fonctionne l'appareil, pour produire l'alimentation constante de la chaudière d'une machine à vapeur. On commence par tourner le volant A, de manière à ce que le cône de bronze porte bien sur son siège. On ouvre alors le robinet de vapeur, D. Puis on ramène, au moyen du volant A, la tige en arrière, jusqu'à ce qu'il ne sorte plus d'eau par le conduit L. Il arrive alors un moment où la force vive du mélange d'eau et de vapeur est telle qu'elle soulève le clapet S, et rentre dans la chaudière.

On voit que le principe de l'injecteur Giffard, c'est de communiquer à un mélange d'eau et de vapeur une force vive telle que ce mélange, agissant de dehors en dedans, puisse exercer, sur un clapet fixé à la chaudière, une pression plus grande que celle qu'exerce la vapeur contenue dans cette chaudière de dedans en dehors.

La figure 94 représente le type primitif de l'injecteur Giffard, que construisent encore aujourd'hui MM. Flaud et Cohendet, à Paris. Il est horizontal, comme chacun le sait.

On donne quelquefois à cet appareil une forme verticale. Nous représentons (fig. 93, page 97) l'injecteur Giffard vertical. On reconnaît à la seule inspection de cette figure le même appareil, mais disposé dans le sens vertical.

Depuis son invention, qui remonte à l'année 1860, l'injecteur Giffard a reçu divers perfectionnements, pour éviter certains inconvénients qui étaient inhérents à son emploi. Ces inconvénients sont : 1° d'exiger un réservoir où l'eau soit en charge pour alimenter, c'est-à-dire de ne pas pouvoir aspirer l'eau sans aucune pression ; 2° de ne pouvoir injecter l'eau d'alimentation à une température dépassant + 40° centigrades.

Les plus employés des nouveaux injecteurs construits depuis Giffard sont : l'injecteur Kœrting et les injecteurs de vapeur d'échappement, qui sont en même temps de véritables condenseurs.

*Pompes d'alimentation.* — Les pompes alimentaires sont de deux sortes : les unes sont mues par la machine elle-même, et sont généralement placées à côté du condenseur (voir le dessin de la coupe de la machine de Watt dans les *Merveilles de la science*) (1).

La deuxième espèce de pompes alimentaires comprend les pompes mues par un moteur spécial : elles sont désignées dans l'industrie sous le nom générique de *petits-chevaux*. Elles ont l'avantage, sur les pompes mues par la machine motrice, de pouvoir alimenter la chaudière quand même la machine est arrêtée.

Les plus répandues de ces petites pompes sont les modèles créés par MM. Belleville, Tangye, Thirion, etc.

(1) Tome I, page 128 (fig. 68).

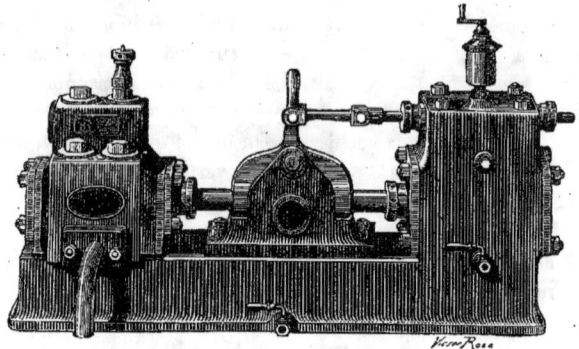

Fig. 95. — Pompe Belleville.

La pompe Belleville est représentée dans la figure ci-dessus.

*Manomètres.* — Il importe de s'assurer constamment que la pression à l'intérieur du générateur ne dépasse pas celle pour laquelle il a été construit. On se sert, pour cet usage, de manomètres. Les manomètres métalliques sont aujourd'hui exclusivement employés.

Nous donnons (fig. 96) le dessin d'un manomètre. Cet instrument se compose d'un

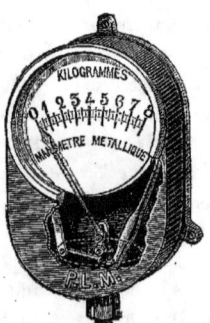

Fig. 96. — Manomètre métallique.

tube élastique dans lequel agit la pression de la vapeur. L'une des extrémités du tube est fixe, l'autre est reliée à une aiguille dont la pointe se meut sur un cadran gradué. Les chiffres du cadran expriment la pression en kilogrammes par centimètre carré.

*Manomètres enregistreurs.* — Ces instruments ont pour but de permettre de contrôler le travail du chauffeur en inscrivant à chaque instant la pression de la vapeur.

Nous donnons (fig. 97) le dessin d'un manomètre enregistreur à cadran construit par MM. Broquin, Muller et Roger.

Cet appareil se compose des différentes pièces, tube, aiguille, cadran divisé, d'un

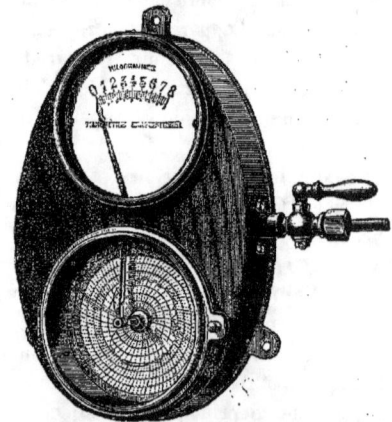

Fig. 97. — Manomètre enregistreur.

manomètre ordinaire, dans la boîte duquel se trouve placé un mouvement d'horlogerie, entraînant dans sa rotation un cadran horaire sur lequel une pointe traçante vient décrire une courbe. La courbe ainsi tracée permet de contrôler les différentes pressions

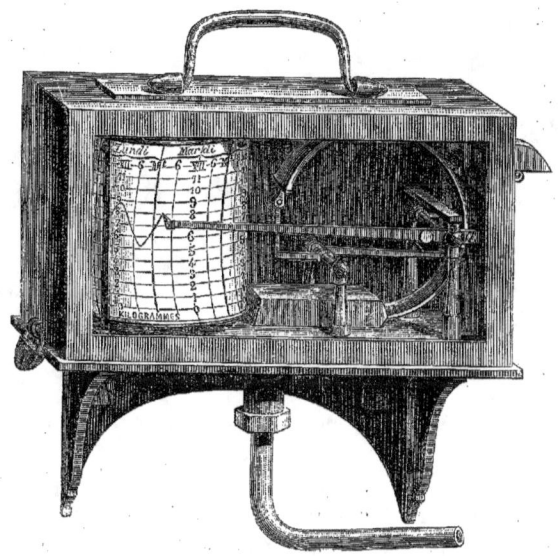

Fig. 98. — Manomètre enregistreur.

indiquées par le manomètre et de connaître les instants où les variations se sont produites.

Sur le cadran horaire se trouvent imprimés à l'avance : 1° des circonférences concentriques qui représentent les pressions 0, 1, 2... correspondant à celles du manomètre ;

2° Une série d'arcs de cercle perpendiculaires aux circonférences et qui figurent les différentes heures du jour et de la nuit avec leurs divisions.

L'aiguille indicatrice et le traceur étant fixés sur le même axe, tous leurs mouvements sont solidaires, et par suite, les pressions indiquées sur le cadran seront exactement transcrites. On a donc un contrôle exact ; d'autant plus que toutes les pièces étant renfermées dans une enveloppe fermée par un cadenas, il n'est pas possible au chauffeur ou au conducteur de la machine de fausser les indications du contrôleur.

La figure 98 représente un autre manomètre enregistreur, traçant les diagrammes des pressions pendant une semaine.

*Soupapes de sûreté.* — Pour s'assurer que la pression dans la chaudière ne montera jamais au-dessus d'une certaine limite, on emploie les soupapes de sûreté.

Nous donnons (fig. 99) le dessin d'une soupape de sûreté système Dulac construite par MM. Broquin, Muller et Roger, qui présente quelques avantages sur les soupapes anciennement employées.

Cette soupape se compose des organes de la soupape ordinaire, décrits dans les *Merveilles de la science*, et d'un compensateur, formé d'un tronc de cône, A, dont la petite base forme la soupape et dont la grande émerge au-dessus d'un ajustage conique divergent, B. Voici comment cette soupape fonctionne :

Quand la pression atteint, dans le générateur, la limite voisine de celle indiquée par le timbre, la soupape se soulève légèrement ; puis, si cette pression augmente, le soulèvement s'accentue progressivement, jusqu'à

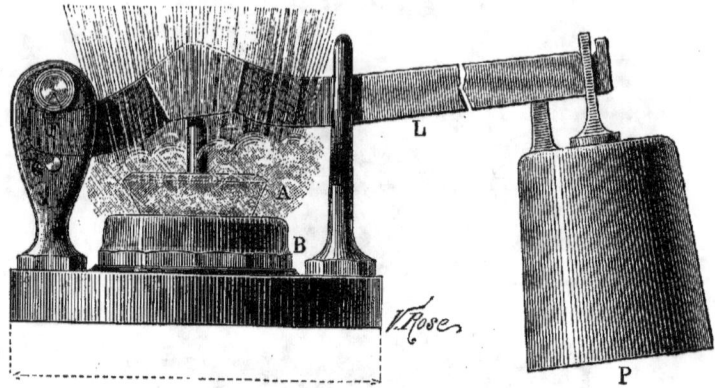

Fig. 99. — Soupape de sûreté système Dulac.

provoquer une ouverture suffisante pour limiter la pression. Si rien ne modifie le régime du générateur, la soupape reste soulevée de la quantité strictement nécessaire pour évacuer le volume de vapeur en excès.

Si la consommation de vapeur augmente ou si la production diminue, la soupape se ferme graduellement, et la pression se trouve ramenée à la limite qui a précédé le soulèvement.

*Conducteur de vapeur.* — On transmet la vapeur de la chaudière à la machine à l'aide d'une conduite. Cette conduite se compose d'une suite de tuyaux en fonte, en fer, ou en cuivre enveloppés de corps isolants, afin d'empêcher la déperdition de la chaleur et la condensation de la vapeur. On emploie à cet effet différents procédés d'isolement. Le plus simple consiste à entourer les conduites de plaquettes en bois ou en liège. Mais ces corps se carbonisent assez rapidement. On emploie également de la paille, qu'on enveloppe avec des torchons. Mais la paille présente le même inconvénient que le bois et le liège.

On emploie beaucoup, dans le même but, des mastics dits *calorifuges*, composés de paille hachée et de terre glaise. Mais la meilleure manière d'empêcher le refroidissement des conduites consiste à entourer la conduite de vapeur de tuyaux en tôle ou en fonte. La couche d'air ainsi emprisonnée conduit très mal la chaleur, et empêche tout refroidissement.

*Prise de vapeur.* — Sur le haut de la chaudière existe une prise de vapeur. Cette prise de vapeur est fermée par une valve, car les

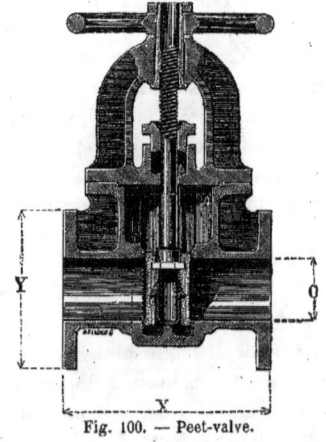

Fig. 100. — Peet-valve.

robinets ne conviennent plus pour des conduites dont le diamètre est considérable. Nous donnons (fig. 100, 101) le dessin

## SUPPLÉMENT A LA MACHINE A VAPEUR.

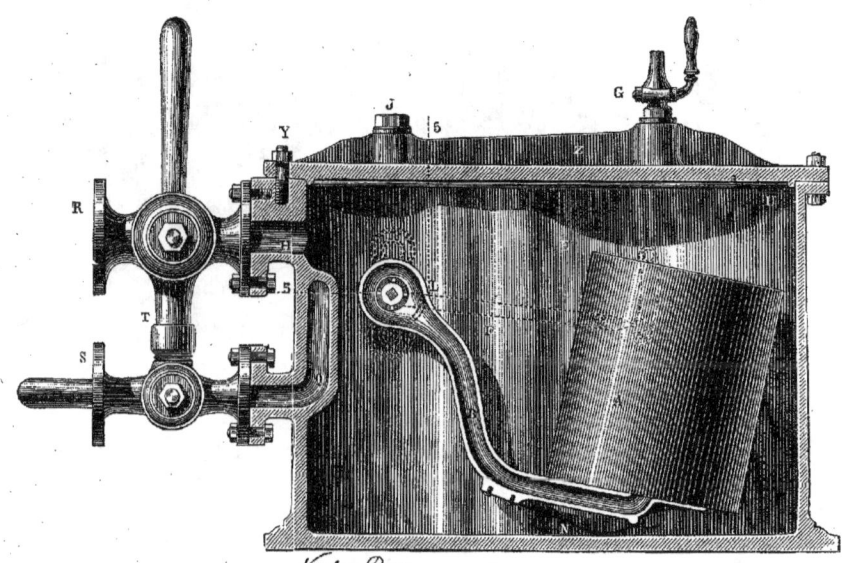

Fig. 102. — Purgeur Legat.

d'une valve très employée aujourd'hui, et connue sous le nom de *Peet-valve*.

Dans cet appareil, la fermeture s'opère au moyen de deux disques plans parallèles, et d'un coin qui se trouve entre eux, et les oblige toujours à s'appliquer sur les deux faces tournées, leur servant de sièges.

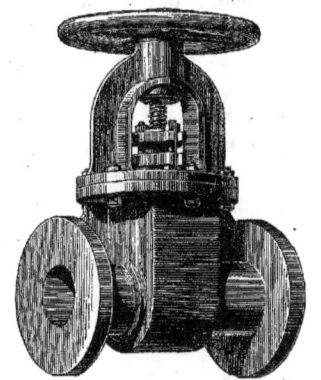

Fig. 101. — Peet-valve.

Les disques sont guidés par des rainures latérales, disposées de façon à éviter tout frottement, pendant la manœuvre de la valve entre ces disques et leurs sièges.

L'étanchéité parfaite est assurée, et la vapeur rencontre devant elle un passage droit, ce qui évite les pertes de pression

*Compensateur de dilatation.* — Pour compenser la dilatation qui se produit par suite du passage de la vapeur dans des conduites qui peuvent être très longues, on emploie des *compensateurs de dilatation*. Le système le plus simple et le plus pratique consiste à replier le tuyau en forme d'S.

*Purgeurs.* — Malgré toutes les précautions que l'on prend, une partie de la vapeur se condense pendant le trajet. Il faut se débarrasser de cette eau de condensation. On *purge* la conduite à l'aide d'appareils automatiques.

Nous donnons (fig. 102, 103) le dessin d'un purgeur automatique à soupape, du système Legat, construit, à Paris, par MM. Broquin, Muller et Roger.

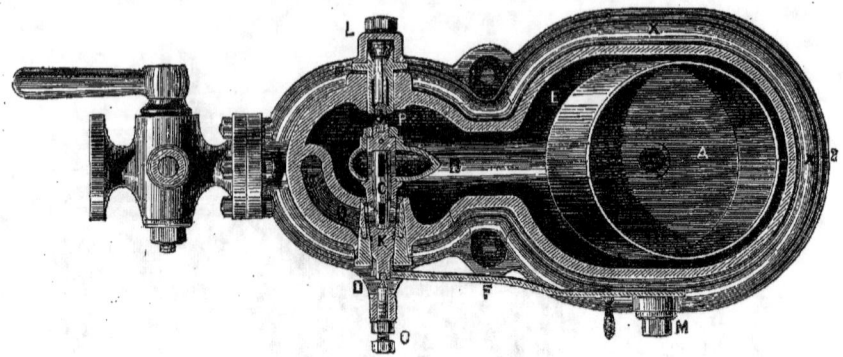

Fig. 103. — Purgeur Legat (plan).

Il se compose :

1° D'un robinet R, et d'une conduite A, amenant la vapeur et l'eau de condensation ;

2° D'une conduite B, pour la sortie de l'eau condensée ;

3° D'une grille, C en tôle perforée, servant à retenir les impuretés qui peuvent être entraînées par la vapeur.

D est un tampon pour le nettoyage et la visite de l'appareil. Un flotteur en tôle d'acier, F, actionne la soupape équilibrée S. Un bouchon H permet de surveiller et de roder cette soupape sur son siège. Un levier L relie le flotteur à la soupape.

Voici, maintenant, comment fonctionne l'appareil. La vapeur et l'eau de condensation arrivant par la tubulure A pénètrent dans l'appareil, après avoir traversé la grille en tôle perforée, C. L'eau s'élève alors dans la cuve en fonte, et il arrive un moment où, le flotteur se trouvant soulevé, la soupape équilibrée S s'ouvre et l'eau de condensation s'écoule par la tubulure de sortie B. La soupape S étant constamment noyée, il ne peut y avoir aucune fuite de vapeur.

*Détendeur de vapeur.* — On peut avoir besoin de produire, pour certaines raisons, la vapeur dans la chaudière à une pression supérieure à celle à laquelle on l'emploie dans la machine. On emploie alors un *détendeur* de vapeur.

Nous avons donné la description du détendeur Belleville, dans le chapitre consacré aux chaudières inexplosibles. Nous donnons (fig. 104 et 105) le dessin d'un détendeur, système Legat.

Il se compose d'une capacité sphérique O, constituant le corps du détendeur. La vapeur arrive par la tubulure E, et sort par la tubulure S. Une membrane métallique extensible M joue le rôle de piston sensibilisateur de la pression et aussi le rôle de presse-étoupe, dont elle évite le frottement et les fuites. D est une soupape équilibrée, jouant le rôle d'obturateur ; elle est reliée à la membrane M, qui lui communique le mouvement, par l'effet de la pression de la vapeur détendue.

F est une tige centrale reliant l'obturateur à la membrane. H est un chapeau recouvrant la membrane, et servant à la fixer au corps du robinet O. Des ressorts-balances G, G', équilibrent l'action de la pression extérieure sur la membrane. Ces ressorts agissent par l'intermédiaire des leviers entretoises B, B'. On règle la tension des ressorts à l'aide d'un volant A', suivant la pression à laquelle on veut obtenir la vapeur détendue.

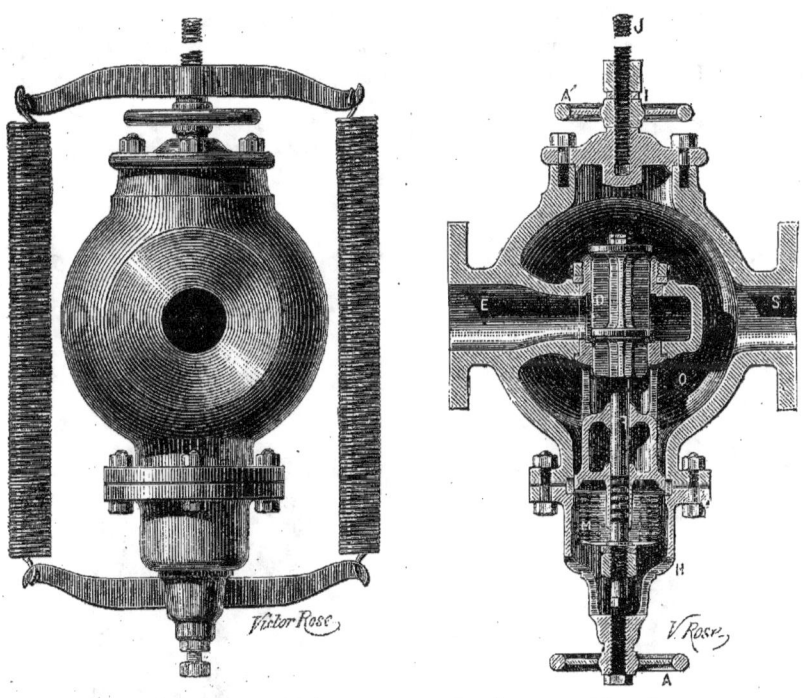

Fig. 104.  Détendeur à vapeur, système Legat.  Fig. 105.

Voici comment fonctionne l'appareil. La vapeur arrive par l'orifice E, pénètre dans le corps du robinet O, où elle se détend, et agissant alors sur la membrane M, elle tend à faire fermer la soupape D, maintenue ouverte par la tension de deux ressorts. Si la pression augmente en E, et par suite en O; ou si le débit de la vapeur diminue en S, ce qui entraîne, par suite, une augmentation de pression, l'action sur la membrane M augmente, la tension des ressorts est vaincue, et la soupape tend à se fermer, diminuant ainsi l'arrivée de la vapeur et rétablissant l'équilibre. Il se produit donc une série de mouvements analogues à ceux d'une balance, et la vapeur détendue se maintient constamment, en S, à la pression pour laquelle les ressorts ont été réglés, au moyen du volant A'.

Le même effet se produit d'une façon inverse, si la pression diminue en E, ou si le débit augmente en S; dans ce cas, la soupape D tend à se rouvrir, pour rétablir l'équilibre.

ACCESSOIRES DES MACHINES A VAPEUR

Si nous étudions maintenant les accessoires des machines, nous trouverons, en première ligne, les appareils employés pour lubréfier leurs divers organes.

*Graisseurs*. — Pour lubréfier le cylindre et les tiroirs, on emploie aujourd'hui des *graisseurs*, dits *automatiques*, qui introduisent dans le cylindre, à chaque coup de piston, une même quantité d'huile.

Nous donnons (fig. 106) la coupe d'un graisseur automatique dit *graisseur américain*.

On voit que cet appareil se compose d'une capacité cylindrique, servant de réservoir d'huile, fermée à sa partie inférieure par un robinet, et à sa partie supérieure par une vis de pression. Deux ouvertures sont prati-

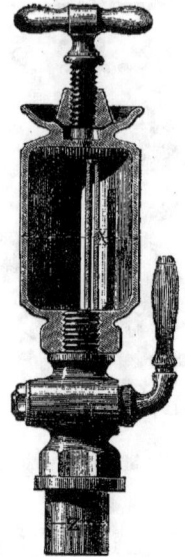

Fig. 106. — Graisseur Pick.

quées dans le robinet inférieur : l'une communique directement avec le fond du réservoir, l'autre avec un tube vertical X, qui s'élève jusqu'à la partie supérieure du réservoir, et donne passage à la vapeur.

Le fonctionnement de ce graisseur est des plus simples. Le robinet étant fermé et la vis supérieure soulevée, on verse l'huile dans ce réservoir; il suffit ensuite de fermer la vis, puis d'ouvrir le robinet, pour que le graisseur fonctionne.

En effet, à chaque coup de piston, la vapeur pénètre dans le réservoir, vient s'y condenser et dépose, par conséquent, un même volume d'huile, qui s'écoule dans le cylindre, et vient le graisser. On obtient de la sorte un graissage continu.

Voici (fig. 107) le dessin d'un autre *graisseur automatique*, le *graisseur Pearson*.

Ce graisseur se compose d'un vase-réservoir C, contenant l'huile, d'une tige A portant un petit volant à son extrémité supérieure et une soupape à sa partie inférieure; d'un godet B, et d'une soupape H,

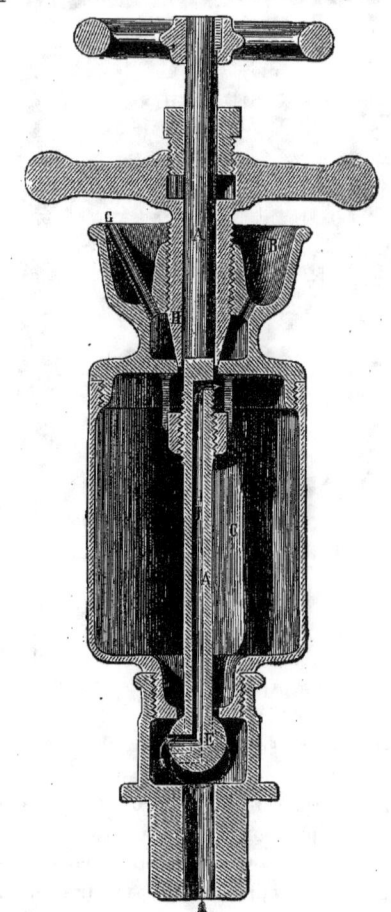

Fig. 107. — Graisseur automatique Pearson (coupe).

fermant toute communication du graisseur avec l'extérieur.

Pour faire fonctionner l'appareil, il suffit de faire descendre la soupape E sur son siège, ce qui ferme toute communication du cylindre avec le graisseur, comme la figure l'indique en pointillé; puis de soulever la soupape H, et de verser la matière lubrifiante dans le vase C, par l'intermédiaire du godet GB. Quand le vase C est plein de graisse, si l'on ferme la soupape H, et que l'on mette le graisseur en communication avec le cylindre ou la partie à lubrifier, en soulevant la soupape E, à chaque admission de vapeur dans le cylindre, la vapeur pénétrera, par le conduit J, dans le vase C, et cette vapeur, se condensant, tombera au fond du vase à l'état d'eau.

Il est évident alors qu'un même volume d'huile entrera dans le cylindre, au moment du retour du piston, et graissera le cylindre d'une manière continue.

Les *graisseurs automatiques* tendent à être remplacés de plus en plus par les appareils de graissage par la vapeur, qui con-

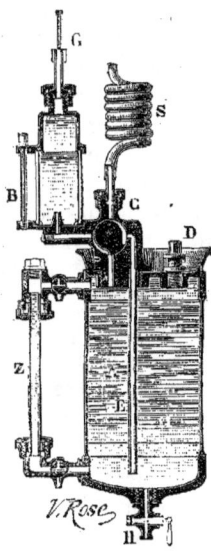

Fig. 108. — Graisseur automatique Ragosine (coupe).

sistent à introduire de la vapeur grasse, c'est-à-dire contenant des corps gras vaporisés. Cette vapeur graisse tous les organes qu'elle rencontre sur son passage, et assure ainsi un frottement parfait de la machine.

Le graisseur construit par la société Ragosine, et dont nous donnons un dessin dans la figure 108, se compose :

D'un vase A, contenant de l'eau à sa partie inférieure, et de l'huile à sa partie supérieure ;

D'un bouchon à vis, D, à l'aide duquel on introduit l'eau ou l'huile dans le vase A ;

D'un robinet à deux voies, C, qui met le vase A en communication avec la vapeur condensée dans le serpentin S, et avec le tuyau de graissage ;

D'un tuyau E d'arrivée de l'eau provenant du condenseur réfrigérant ;

D'un robinet de purge, H ;

D'un tube en verre, B, rempli d'eau, que la goutte d'huile doit traverser, de sorte qu'elle soit visible.

Z est un tube de niveau d'eau et d'huile.

Voici comment fonctionne l'appareil. Si dans le vase A, rempli préalablement d'huile, on fait pénétrer une goutte d'eau, un même volume d'huile sera poussé dans le conduit A ; et comme la densité de l'huile est moindre que celle de l'eau, la goutte d'huile traversera la colonne d'eau B, et y restera visible.

La pression de la vapeur au point de départ étant la même qu'au point d'arrivée de l'huile venant du vase A, la poussée de l'huile sera due à la pression exercée par la colonne d'eau qui devra être de $0^m,50$ à 1 mètre. C'est la pression de cette colonne d'eau qui détermine la poussée de l'huile du vase A dans le tube en verre B et dans la conduite G.

*Indicateur de pression.* — On mesure le travail exercé par la vapeur sur le piston, dans une machine à vapeur, au moyen des *indicateurs de pression*.

Le plus simple de ces indicateurs est l'indicateur de Watt, qui est encore en usage.

Imaginons que sur le cylindre de la machine à vapeur on visse un petit cylindre en bronze, muni d'un robinet à sa partie inférieure. Un piston se meut dans ce cylindre; il est appliqué contre celui-ci, et tend un ressort, lequel est réglé de telle manière que les déplacements du piston soient proportionnels à la pression de la vapeur.

Supposons maintenant que le piston soit muni d'un crayon, et qu'une bande de papier se déroule horizontalement devant la pointe de ce crayon, avec une vitesse égale à celle du piston de la machine. Quand la machine fonctionnera, la pointe de ce crayon tracera une ligne horizontale, qui représentera le chemin parcouru par le piston.

Si on ouvre alors le robinet de l'indicateur, et que l'on introduise la vapeur sous le petit piston, celui-ci va se mettre en mouvement. Si le papier était immobile, la pointe du crayon tracerait une ligne verticale représentant la pression dans le cylindre.

En composant ces deux mouvements, on obtient une ligne courbe fermée; la surface limitée par cette ligne courbe représente la somme de produits de pressions de la vapeur sur le piston par les chemins parcourus par ce dernier. C'est-à-dire que cette surface représente précisément d'après les définitions de la mécanique le *travail de la vapeur*. C'est ce qu'on appelle un diagramme.

L'*indicateur de pression* que l'on construit généralement aujourd'hui, pour remplacer l'*indicateur* de *Watt*, c'est l'indicateur Thomson.

---

## CHAPITRE XI

UN MOT SUR LES MACHINES OSCILLANTES ET LES MACHINES ROTATIVES. — INSUCCÈS ET ABANDON DES MACHINES A VAPEUR SURCHAUFFÉE ET DES MACHINES A AIR CHAUD.

Nous venons de faire connaître les nombreux perfectionnements apportés, depuis l'année 1870 jusqu'à ce jour, aux machines fixes à vapeur. Pour résumer ces modifications fondamentales, nous dirons que les machines à vapeur ont été transformées dans deux parties très distinctes :

1° Dans le mécanisme de la distribution de la vapeur par les tiroirs, lesquels, se manœuvrant aujourd'hui avec une précision mathématique, permettent d'utiliser dans la plus grande mesure possible la détente de la vapeur. De là la machine Corliss et ses dérivés, c'est-à-dire les machines *genre Corliss*.

2° Par la réalisation absolue des avantages de la détente de la vapeur au moyen de deux cylindres à vapeur d'inégal volume, et qui sont combinés avec un système de tiroirs et de régulateurs nouveaux. De là les machines dites Compound, avec les nombreuses variantes que leur donnent aujourd'hui les constructeurs des divers pays. Nous n'avons parlé encore que des machines Compound à deux cylindres; mais en traitant, dans la Notice supplémentaire suivante, des *Bateaux à vapeur*, nous aurons à décrire des machines dans lesquelles la détente de la vapeur s'opère dans trois et même dans quatre cylindres successifs (machine à triple et quadruple expansion).

C'est ainsi que la machine à vapeur s'est singulièrement perfectionnée depuis l'année 1870, et que l'on réalise aujourd'hui, dans son emploi, une économie inattendue pour la production de la force motrice. Dans les ateliers mécaniques, au lieu de brûler 7 à 8 kilogrammes de houille, comme autrefois, pour obtenir pendant une heure la force d'un cheval-vapeur, on n'en dépense aujourd'hui que 700 grammes en moyenne, à moins que l'on ne veuille produire de très grandes vitesses, ce qui sort des conditions ordinaires de l'industrie.

Pour obtenir cette réduction remarquable dans la dépense du combustible, il a fallu, comme on l'a vu, modifier considérablement les formes de la machine à vapeur; de sorte que l'aspect des machines actuelles diffère sensiblement de celui qu'on leur voyait à l'époque où nous avons publié, dans les *Merveilles de la science*, notre Notice sur la Machine à vapeur. Et si nous avons multiplié, dans cette Notice supplémentaire, les dessins des machines à vapeur et de leurs accessoires, ainsi que des chaudières, c'est afin de pouvoir donner une idée exacte de l'outillage industriel actuel, en ce qui concerne les machines fixes à vapeur.

Il est deux ordres de machines dont l'ordre de notre exposition ne nous a pas permis de parler, et au sujet desquelles le lecteur a le désir sans doute d'être renseigné. Nous voulons parler des *machines à vapeur oscillantes* et des *machines rotatives*. C'est par leur appréciation que nous terminerons cette Notice supplémentaire aux machines à vapeur fixes.

Les *machines oscillantes* et les *machines rotatives* semblaient condamnées à disparaître, en présence des perfectionnements apportés, tant aux tiroirs, dans les machines Corliss, qu'aux cylindres de détente, dans les machines Compound. Cependant ces deux types de machines sont loin aujourd'hui d'être mis à l'écart. Nous verrons les *machines oscillantes* conservées encore à bord de plusieurs navires à vapeur; et nous les retrouverons dans les *Locomobiles*, fonctionnant pour certains appareils de *levage par la vapeur*. L'ingénieux mécanisme des cylindres oscillants que nous avons décrit dans les *Merveilles de la science* (1) a été conservé, sans modifications.

Quant aux *machines rotatives*, ce type si remarquable en ce qu'il dispense de tout renvoi de mouvement, l'arbre moteur lui-même étant mis en action par la force de la vapeur, elles sont encore en usage, non pour la production des grandes puissances motrices, non pour distribuer la force dans des ateliers importants, mais pour actionner des machines d'ordre secondaire, empruntant leur effet moteur à la vapeur. Des pompes élévatoires pour l'eau et les liquides, des monte-charge et d'autres appareils du même genre, font usage de *machines rotatives*, c'est-à-dire de ces disques creux portés sur l'arbre même, et dans lesquels la vapeur venant se jouer, pour ainsi dire, à l'intérieur de ce disque, dans des cavités convenablement ménagées, actionne directement cet arbre de couche. Bien entendu que l'on tire parti, dans ce dernier appareil, des nombreux procédés aujourd'hui consacrés pour la meilleure utilisation de la détente de la vapeur. Beaucoup de pompes à eau fonctionnent par le secours de petites machines à vapeur rotatives dont les constructeurs varient les formes et les dispositions selon leurs idées particulières.

Dans les *Merveilles de la science*, nous avons consacré un long chapitre (1) à l'étude des machines *à air chaud*, c'est-à-dire dans lesquelles l'air successivement surchauffé et refroidi pousse un piston dans un cylindre, ce qui remplace l'effet mécanique du piston du cylindre à vapeur.

Les *machines à air chaud* inspiraient beaucoup de confiance à l'époque où nous avons écrit notre Notice sur les *machines fixes à vapeur*. Mais en présence des progrès immenses qu'a faits plus tard la machine à vapeur, ces appareils ont été absolument délaissés. Après une foule d'essais pour créer, dans des conditions pratiques, la *machine à air chaud*, essais auxquels l'américain Edison s'est lui-même consacré, sans aucun succès, ce genre d'appareils est tombé dans un discrédit complet. La machine à vapeur, modifiée suivant les principes et les découvertes résumés dans ce *Supplément*, reste donc la maîtresse souveraine du champ de

---

(1) Page 134.

(1) Page 141 et suivantes.

l'industrie. Tout au plus le *moteur à gaz*, dans quelques conditions spéciales, et alors que la question d'économie est secondaire, vient-il se mesurer avec la machine à vapeur, pour la production de petites forces.

On peut en dire autant de la puissance mécanique de l'air comprimé, et de la pression de hautes colonnes d'eau, utilisées dans quelques grandes villes, pour certains cas particuliers, où il s'agit de distribuer commodément de petits efforts mécaniques. Mais, sauf ces cas isolés et exceptionnels, on peut dire que la machine à vapeur, grâce aux perfectionnements qu'elle a reçus, règne seule aujourd'hui dans les usines, les manufactures, les ateliers, et les bâtiments de tout tonnage, ainsi qu'on va le voir dans les pages suivantes.

FIN DU SUPPLÉMENT AUX MACHINES A VAPEUR.

# SUPPLÉMENT

AUX

# BATEAUX A VAPEUR

La Notice sur les *Bateaux à vapeur* des *Merveilles de la science* s'arrête à l'année 1870, date de la publication des derniers volumes de cet ouvrage. Depuis cette époque, l'industrie des constructions navales a marché à pas de géant. Une transformation complète s'est opérée dans la construction des bateaux à vapeur. On est parvenu, tout à la fois, à augmenter sensiblement la vitesse de la marche et à diminuer la consommation du charbon. Les flottes de commerce, les paquebots et la marine militaire, ont également profité de ces perfectionnements fondamentaux.

Comment s'est opérée la remarquable transformation que nous venons de signaler ?

1° Par la substitution générale de l'hélice propulsive aux roues à aubes;

2° Par la transformation qu'ont reçue les machines motrices à vapeur, grâce à l'emploi général de la détente à double et triple expansion, c'est-à-dire par l'introduction, à bord des vaisseaux, de ces admirables *machines Compound*, dont nous avons longuement exposé les principes, dans la Notice qui précède ;

3° Par la transformation des chaudières, et la substitution aux anciennes chaudières à carneaux, des nouveaux générateurs tubulaires ;

4° Par les progrès qui ont été réalisés, dans les chantiers de constructions navales, sur les anciens procédés, particulièrement par la substitution du fer au bois, de l'acier au fer, et par différents perfectionnements apportés à l'armement et aux aménagements des navires.

Tels sont les moyens principaux qui ont transformé, de nos jours, la navigation par la vapeur. Nous allons étudier, dans autant de chapitres spéciaux, chacun de ces perfectionnements, en les considérant d'une manière générale. Ensuite, et dans d'autres chapitres, nous ferons l'application de ces principes généraux, en décrivant :

1° Les paquebots actuels à grande vitesse ;

2° Les navires de commerce proprement dits ;

3° Les divers bâtiments à vapeur d'importance secondaire, tels que remorqueurs, bateaux de rivières et de canaux ;

4° La navigation de plaisance à vapeur.

# CHAPITRE PREMIER

SUBSTITUTION DE L'HÉLICE, COMME AGENT PROPULSEUR, AUX ROUES A AUBES. — AVANTAGES DE CETTE SUBSTITUTION. — EXCEPTIONS ET RÉSERVES.

La première et la plus importante des modifications qu'ont reçues, dans ces derniers temps, les navires à vapeur, est sans contredit l'abandon des roues à aubes, comme propulseur, et leur remplacement par l'hélice.

La substitution générale de l'hélice aux roues est pleinement justifiée par les considérations suivantes :

1° Les roues ont le grave défaut d'absorber, par le recul, une grande quantité de la force motrice. Cette perte de force peut s'élever à 30 pour 100 de la puissance transmise aux roues, et elle n'est jamais inférieure à 15 pour 100.

2° Les roues, avec les vastes tambours qui les protègent, sont exposées aux coups de mer, et courent le risque, par les gros temps, de graves et fréquentes avaries. Elles offrent au vent une prise considérable, et nuisent à la marche, particulièrement quand le vent est *debout*. Sur les navires de guerre, les roues sont à la merci de l'artillerie ennemie, qui peut, en quelques coups de canon, les réduire à l'impuissance.

3° Les efforts de torsion sur l'arbre moteur sont inégalement répartis, lorsque, par suite du roulis, une des roues vient à émerger, souvent entièrement, alors que l'autre est noyée jusqu'au moyeu.

4° Les machines à vapeur qui actionnent les roues motrices sont lourdes et encombrantes, en raison des grandes dimensions que la faible vitesse du propulseur oblige à leur donner. Le poids des premières machines à vapeur à balancier s'élevait jusqu'à 240 kilogrammes par cheval-vapeur. Cette lenteur de mouvements, en empêchant d'appliquer les grandes détentes, rendait les machines à vapeur dispendieuses ; elle forçait à employer de vastes chaudières, et à embarquer une provision considérable de charbon.

Ajoutons que le poids propre du propulseur et des tambours, pour de grands navires, devenait énorme ; car l'utilisation de la force développée par la machine n'est satisfaisante qu'à la condition que le diamètre des roues et la largeur des aubes soient aussi grands que possible.

On comprend, d'après cet exposé, que les roues aient fini par être abandonnées, et que nos ingénieurs de marine adoptent unanimement aujourd'hui l'hélice pour tous les grands navires.

Avec l'hélice, en effet, tous les défauts qui viennent d'être énumérés n'existent pas, ou sont, tout au moins, fort atténués.

L'hélice, étant complètement immergée, est soustraite aux coups de mer et aux boulets, en même temps qu'elle est préservée des effets du roulis. Elle ne souffre pas, comme les roues, d'un excès d'immersion. Les machines à vapeur qui l'actionnent sont plus légères et moins encombrantes ; elles ne dépassent guère le poids de 120 kilogrammes par cheval-vapeur. Enfin, les grandes détentes de la vapeur sont applicables à ces machines ; d'où résulte une économie sur le poids des chaudières, qui se font plus petites, et sur le charbon, qui est consommé en très faible quantité.

L'hélice ne gêne pas la marche à la voile, comme le font les roues, et elle rend le gouvernail plus sensible.

L'adoption du *condenseur à surface* dans la machine à vapeur marine ayant permis de faire usage d'eau douce, pour l'alimentation de la chaudière, et par suite de marcher à très haute pression, a également contribué à diminuer les dimensions de l'appareil moteur, et à réduire la consommation du charbon.

Tous ces perfectionnements ont permis

à égalité de poids et d'encombrement, de doubler la puissance des appareils moteurs. Dès lors, la vitesse des bâtiments s'est accrue, en même temps que leur capacité augmentait, avantage précieux pour les navires de commerce, qui ont pu embarquer de très grandes quantités de marchandises, et doubler le nombre de leurs traversées, dans le même temps.

Les paquebots ont particulièrement profité des nombreux progrès réalisés dans les constructions navales. Dans l'état actuel du commerce international, la préférence est assurée au navire qui arrive le premier au port. C'est ce qui explique l'activité fébrile avec laquelle les diverses Compagnies maritimes des deux mondes se sont appliquées à augmenter la vitesse et les dimensions de leurs paquebots.

De cette lutte est sorti le paquebot actuel à grande vitesse, véritable chef-d'œuvre de l'industrie humaine, sorte de cité flottante, où le voyageur trouve tout le confort des villes, et n'est pas plus dépaysé à bord que dans les plus somptueux hôtels des grandes capitales.

Dans la marine militaire la faculté de diminuer le poids des navires, en même temps que d'accroître leur capacité, a conduit à des résultats tout aussi importants que dans la marine de commerce, et les avantages de l'adoption de l'hélice s'y sont fait tout aussi vivement sentir. Grâce à l'allégement du poids des chaudières et des machines à vapeur, les ingénieurs de la marine ont pu créer l'armement formidable que l'on donne aujourd'hui aux navires de guerre, et augmenter l'épaisseur des cuirasses; ce qui devenait de plus en plus nécessaire, en présence des progrès continuels de l'artillerie. On a pu lancer ces nouveaux et grands *croiseurs*, destinés à faire la chasse aux paquebots. Enfin, on a construit ces redoutables *torpilleurs*, de dimensions minuscules, mais dont la vitesse prodigieuse atteint celle de nos trains de chemins de fer.

En traitant de l'hélice dans les *Merveilles de la science*, nous avons dit (1) par quelles phases a passé la forme de ce propulseur appliqué à la navigation. On a constaté qu'en supprimant les parties avant et arrière, on diminuait sensiblement ses vibrations; de sorte que le nombre des branches de l'hélice, qui de 2 était passé à 4 et à 6, est revenu aujourd'hui à 4 et à 3.

On appelle *pas de l'hélice* la quantité dont elle avancerait en un tour, si elle tournait dans un milieu solide. Il s'en faut de beaucoup, en pratique, que ce résultat soit obtenu, étant donnée la mobilité des molécules liquides. La quantité de force perdue par cette cause s'appelle le *recul*. Pour les grands bâtiments, le *recul* varie de 3 à 12 pour 100 de la force transmise à l'hélice; il s'élève jusqu'à 20 pour 100, pour les petits bâtiments.

On a beaucoup cherché à diminuer le recul de l'hélice, en lui donnant des formes basées sur des principes plus ou moins empiriques; mais jusqu'à ce jour on n'a pas trouvé de résultat absolu.

On construit généralement l'hélice en bronze.

Depuis quelques années, on ne fait plus les hélices d'une seule pièce, du moins pour les propulseurs des grands navires. C'est qu'il était difficile de fondre d'un seul jet des pièces aussi grandes; et par l'encombrement qu'occasionnait une hélice de rechange faite d'une seule pièce, il était très difficile de la loger à bord. En définitive, on fond aujourd'hui un moyeu, sur lequel on rapporte, à l'aide de clavettes ou de goujons, les ailes de l'hélice.

Nous disons que l'hélice est aujourd'hui uniquement adoptée dans la navigation maritime. Il faut pourtant noter quelques

(1) Tome I, pages 245 et suivantes.

Fig. 109. — Machine marine à balancier (vue extérieure).

exceptions à cette règle. Dans le cas où un très faible tirant d'eau est nécessaire, les constructeurs sont forcés de conserver les roues à aubes. Telle est la condition où se trouvent les paquebots qui font la traversée de la Manche, et ceux qui font le service de la malle d'Irlande, entre Kingstown et Holyhead. Pour naviguer sur les rivières du Tonkin, la marine française a fait également construire des canonnières à roues intérieures. Mais ce ne sont là que des cas particuliers, limités à des parcours restreints, et qui n'infirment en rien le principe général que nous avons fait ressortir dans ce chapitre.

Les roues à pales fixes sont encore employées ; cependant on leur substitue généralement les roues à pales mobiles, dont nous avons donné la description dans les *Merveilles de la science* (1). Elles l'emportent sur les roues à pales fixes, sous le rapport du rendement, parce qu'elles attaquent l'eau toujours perpendiculairement à la direction des veines liquides. Pour arriver à ce résultat, les pales sont montées sur la carcasse, au moyen de deux tourillons autour desquels elles oscillent. Elles sont reliées par des bielles en fer, à point fixe, excentré par rapport à l'axe des roues. Malgré son poids plus grand, ce dernier système est aujourd'hui unanimement suivi.

Le recul des roues à aubes fixes varie de 25 à 30 pour 100 ; celui des roues à aubes mobiles oscille entre 16 et 25 pour 100.

(1) Tome I, page 284.

Fig. 110. — Machine marine à balancier (coupe longitudinale).

## CHAPITRE II

LES NOUVELLES MACHINES A VAPEUR MARINES. — LES ANCIENNES MACHINES DE BATEAUX A ROUES ET A HÉLICE, LEURS DÉFAUTS. — ABANDON DE L'ADMISSION DIRECTE DE LA VAPEUR DANS LES CYLINDRES. — APPLICATION A LA MARINE DES SYSTÈMES DE MACHINES A VAPEUR DE WOOLF ET DU SYSTÈME COMPOUND. — LES NOUVELLES MACHINES MARINES A TRIPLE ET A QUADRUPLE EXPANSION.

Les premiers bateaux à vapeur construits en France furent munis de machines à balancier, ou machines de Watt, que nous avons décrites dans la Notice sur les *Machines à vapeur* des *Merveilles de la science*. Elles ne différaient de la machine de Watt en usage dans les usines et manufactures que par la position du balancier, B (fig. 109 et 110), lequel, au lieu d'être disposé au-dessus du cylindre à vapeur, A, était placé au-dessous; ce qui obligeait à le commander par des bielles pendantes C, partant d'une traverse *b*, calée sur la tige *a* du piston D. Cette disposition était nécessitée par la trop grande hauteur qu'eût atteinte la machine, si l'on eût disposé le balancier en dessus. La grande bielle C agit de bas en haut, et son pied s'articule sur une traverse G, qui réunit l'extrémité de chaque balancier.

Sur la figure 110, A' est la boîte à tiroir, E la manivelle, F l'arbre moteur, H le condenseur, et sa pompe à air I; J est l'excentrique conduisant le tiroir.

La machine dont nous donnons les deux vues a été construite en 1840, par Fawcett et Preston, pour la frégate *le Gomer*.

Dans toutes les machines marines, on

accouple généralement deux cylindres sur un même arbre, au moyen de manivelles calées à 90 degrés l'une de l'autre, afin d'éviter les *points morts*.

La *machine à balancier* que nous venons de décrire est restée pendant près d'un demi-siècle en faveur dans la marine française, malgré l'encombrement qu'elle occasionnait. La douceur de sa marche et la solidité de ses différentes parties étaient des avantages qu'on ne pouvait dédaigner.

Cependant, la place considérable qu'occupe le balancier était un grand inconvénient. C'est pour cela qu'on s'appliqua à le remplacer par le système *de connexion directe*, c'est-à-dire celui dans lequel la tige du piston actionne directement la grande bielle de l'arbre moteur.

Le premier système adopté pour supprimer le balancier fut celui des *machines verticales à bielles directes*, plus simples et moins encombrantes que les machines à balancier; mais dans bien des cas on ne pouvait donner aux bielles une longueur suffisante, ce qui nuisait à la douceur du mouvement.

Cette difficulté fut tournée par l'adoption de la *machine à clocher*, ainsi nommée en raison de la forme des bâtis. La tige du piston porte un cadre en forme de triangle, au sommet duquel est articulé le pied de la bielle. La tête de celle-ci saisit la manivelle qui est entourée par le cadre.

Enfin on adopta les *machines inclinées à bielle directe*, qui sont d'une bonne construction, et que l'on emploie encore, en leur appliquant de grandes détentes de la vapeur.

Les *machines oscillantes*, que le constructeur anglais Penn appliqua le premier à la grande navigation, détrônèrent presque partout les autres systèmes. Elles ont eu, pour la grande navigation, autant de durée que les machines à balancier. Le peu de volume du mécanisme à vapeur faisait passer sur leurs défauts. Les machines oscillantes sont encore employées aujourd'hui dans la marine, pour les bateaux à roues, tels que ceux de la Manche. Comme nous les avons décrites dans les *Merveilles de la science* (1), nous ne reviendrons pas sur leurs dispositions.

Dans les premiers temps de l'adoption de l'hélice (1847), les constructeurs voulurent actionner le propulseur par les mêmes machines à vapeur qu'ils appliquaient aux roues. Ils furent ainsi amenés à commander l'hélice par un engrenage, ou une simple courroie. C'est ce que l'on vit sur le navire anglais le *Great Britain*. Cependant ce n'était là qu'un moyen transitoire, et l'on chercha d'autres manières de faire tourner l'hélice motrice.

C'est alors qu'apparaissent les *machines horizontales, à bielle directe*. Ces machines sont composées de quatre cylindres à vapeur se faisant face deux à deux, avec les condenseurs communs à deux cylindres et placés entre eux. Telles furent les machines de la *Bretagne* (1854), et du *Laplace*, construites par le Creusot.

Ces appareils à vapeur avaient l'inconvénient d'exiger un trop grand nombre de pièces et d'avoir des bielles trop courtes. Aussi l'on ne tarda pas à les remplacer par deux types très remarquables : la *machine à fourreau* et la *machine à bielle en retour*.

La *machine à fourreau*, encore très en usage en Angleterre, a été créée par le célèbre constructeur Penn. Nous décrirons comme exemple la machine à vapeur du transport *la Meurthe*, que nous représentons dans les figures 111 et 112.

Les cylindres A sont placés le long d'un bord, et les condenseurs B le long du bord

(1) Tome I, page 134.

Fig. 111. — Machine à fourreau de la *Meurthe* (1/2 vue en plan extérieur).

opposé. Les tiges des pistons sont formées d'un cylindre creux en fonte, C, qui reçoit à l'intérieur une traverse sur laquelle s'articule la bielle D. Les boîtes à vapeur, E, sont placées suivant le mode ordinaire, et les tiroirs sont commandés par des *coulisses de Stephenson*, pourvues de leurs deux excentriques. Il n'existe pas de glissières; des

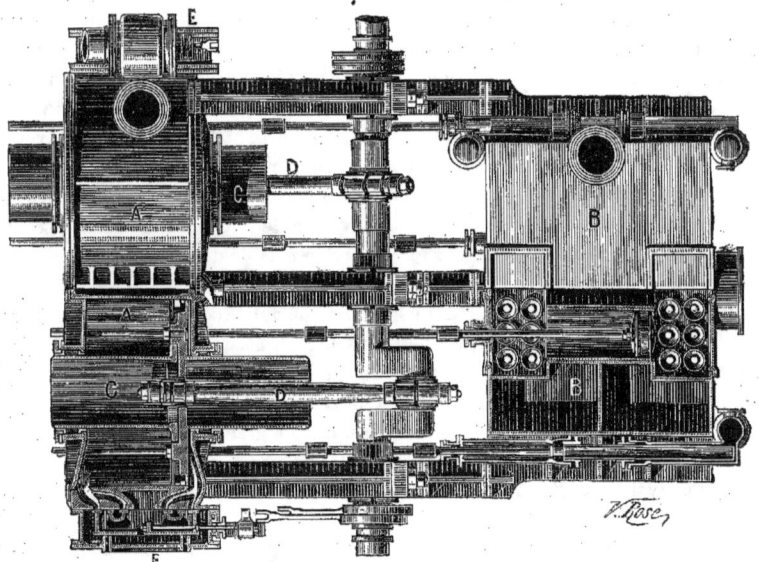

Fig. 112. — Machine à fourreau de la *Meurthe* (1/2 vue en coupe horizontale).

presse-étoupes seuls guident le mouvement.

Ce mécanisme est simple, et la longueur de la bielle peut atteindre facilement six fois le rayon de la manivelle, ce qui est très satisfaisant.

Cependant le *fourreau* C constitue une surface refroidissante considérable; les presse-étoupes sont difficilement étanches, et les cylindres atteignent un très grand diamètre. Pour ces raisons, la *machine à fourreau* ne s'est pas répandue en France. On lui a préféré la *machine à bielle en retour*, due à Mazeline, du Havre, et à Dupuy de Lôme.

Fig. 113. — Coupe longitudinale de la machine à bielle en retour du *Bélier*.

Les figures 113 et 114 donnent l'ensemble de la machine du *Bélier*, construite par Mazeline. Les cylindres A et les condenseurs H sont placés respectivement comme il est dit pour la machine précédente, c'est-à-dire chacune aux deux bords opposés du navire.

Chaque piston reçoit deux tiges C, C', réunies par une traverse oblique, et placées de telle sorte qu'elles laissent libre le mouvement de l'arbre G. La traverse porte un tourillon L, sur lequel s'articule le pied de la bielle F. Cette traverse est guidée par deux patins $f, f$, qui marchent dans une glissière logée sous la pompe à air du condenseur H. L'autre extrémité D de la bielle conduit la manivelle de l'arbre moteur.

Les tiroirs, placés au-dessus des cylindres, sont commandés par un arbre spécial $i$, actionné, au moyen d'engrenages, par l'arbre moteur.

Les pompes à air P, P reçoivent leur mouvement par un bras $l$, pris sur les tiges du piston.

V est le tuyau général d'arrivée de la vapeur; E, celui qui amène au condenseur la vapeur sortant des cylindres.

La figure 114 donne la coupe des deux machines du *Bélier*, accolées l'une à l'autre et recevant leur vapeur d'un conduit commun V. L'une de ces coupes montre l'intérieur du condenseur H, H; l'autre le mécanisme de la bielle en retour G, avec son arbre moteur.

La mise en train dite *Mazeline* permet de renverser le mouvement sans nécessiter l'arrêt préalable de la machine.

Les défauts communs à ces divers systèmes consistent surtout en ce que la machine étant trop ramassée, les différentes pièces sont d'un accès difficile, d'où résultent de grandes difficultés pour la conduite et l'entretien. De plus, les cylindres étant horizontaux tendent à *s'ovaliser* sous le poids des pistons.

Cependant la marine de guerre, qui voit dans l'horizontalité de la machine le moyen de placer le moteur très au-dessous de la flottaison, et par suite de l'abriter des coups de l'artillerie ennemie, emploie encore ces deux derniers types de machine en leur appliquant, bien entendu, les grandes détentes de la vapeur.

Mais sur les paquebots, où l'on n'a pas les mêmes motifs de crainte que sur les na-

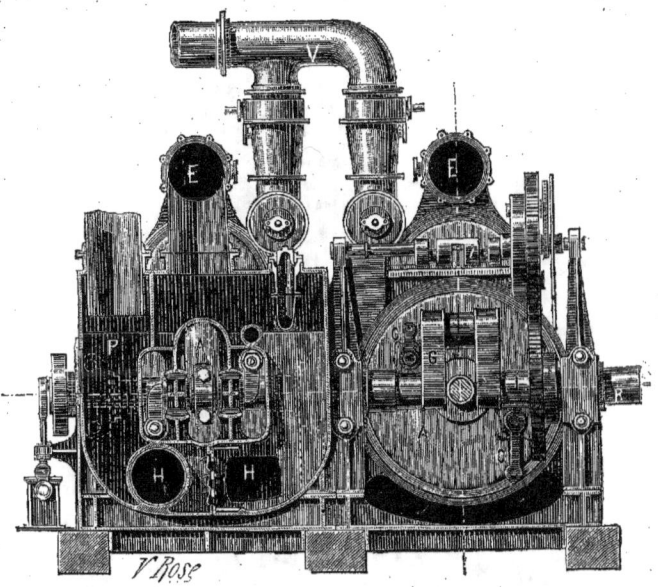

Fig. 114. — Machine à bielle en retour du *Bélier* (coupe transversale).

vires de guerre, on adopta promptement la *machine verticale*, dite à *pilon* (1). Ce dispositif est devenu classique, et la marine militaire elle-même l'a adopté chaque fois qu'elle a pu abriter suffisamment la machine.

La figure 115 donne une coupe transversale de la machine du *Caraïbe*, de la Compagnie générale transatlantique, et la figure 116 une coupe longitudinale de la même machine.

La machine du *Caraïbe* a ses cylindres A, A supportés par deux grands bâtis B, B qui fournissent, par leurs faces intérieures, les guides $b,b$ (fig. 116), assurant le mouvement rectiligne de la traverse que conduit la tige du piston. Cette disposition permet, en outre, de donner une grande longueur à la bielle, et d'éviter ainsi, dans la mesure du possible, l'ovalisation du cylindre.

(1) Ce nom vient de ce que les cylindres, directement placés au-dessus des coudes de l'arbre, se présentent de façon à rappeler la disposition des *marteaux-pilons* à vapeur.

L'arbre de couche C est coudé directement au-dessous des cylindres et repose sur des paliers D, fixés sur la plaque de fondation de la machine.

Les tiroirs T, T (fig. 116) peuvent être placés entre les cylindres, comme l'indique la gravure, ou l'un à l'avant et l'autre à l'arrière. Dans le premier cas, on réduit l'encombrement longitudinal de l'appareil; mais la seconde disposition a l'avantage de faciliter les visites et les démontages.

La pompe alimentaire, la pompe de cale et celle du condenseur ont leurs tiges montées sur une même traverse. Elles reçoivent toutes trois leur mouvement de la façon la plus simple, à l'aide d'un balancier G, dont l'autre extrémité est conduite par des bielles articulées sur la traverse du piston à vapeur. Ces pompes peuvent être réglées ainsi à des vitesses modérées.

La pièce H (fig. 115) est le levier de changement de marche; il sert, ainsi que son nom l'indique, à changer la marche de

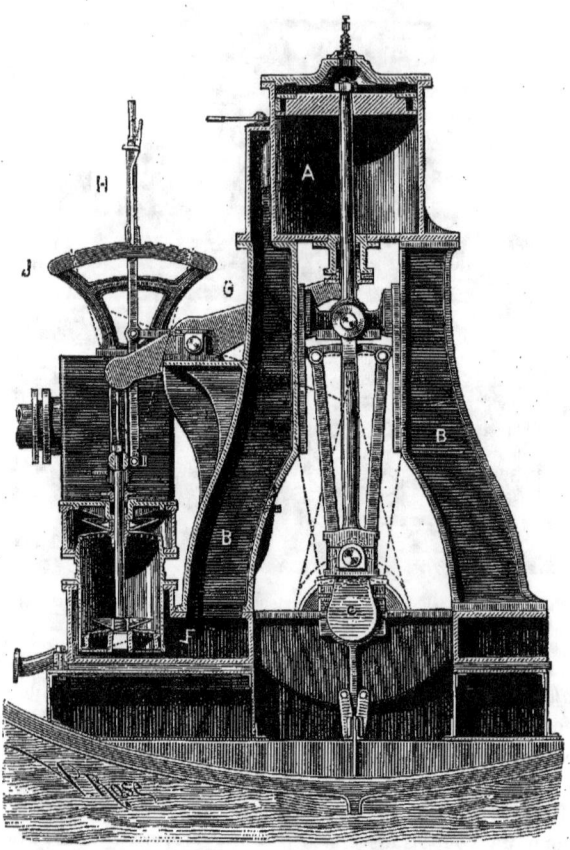

Fig. 115. — Machine à pilon du *Caraïbe* (coupe transversale).

la machine, d'avant en arrière, ou *vice versâ*, suivant sa position relative sur le secteur denté J.

Le condenseur F (fig. 115) fait corps avec l'un des bâtis supportant les cylindres. Dans d'autres cas, on le place en abord et on le réunit au cylindre par un tuyau d'évacuation; ce qui constitue un dispositif préférable.

Ce genre de machine est, évidemment, d'un agencement commode. L'ensemble est bien groupé sous l'œil du mécanicien; ce qui rend très facile l'accès des pièces, ainsi que l'entretien et la surveillance. Il est tout à fait préférable pour la navigation à la machine horizontale.

Cependant il n'est adopté dans la construction des navires de guerre que depuis peu d'années, et seulement lorsqu'il n'y a pas nécessité absolue d'assurer à l'appareil la protection du logement sous l'eau. Dans les navires cuirassés, où les ponts, suffisamment protégés, permettent d'étendre la machine en hauteur, *la machine à pilon* doit toujours être préférée.

Le dernier progrès réalisé dans la mécanique à vapeur appliquée aux navires a

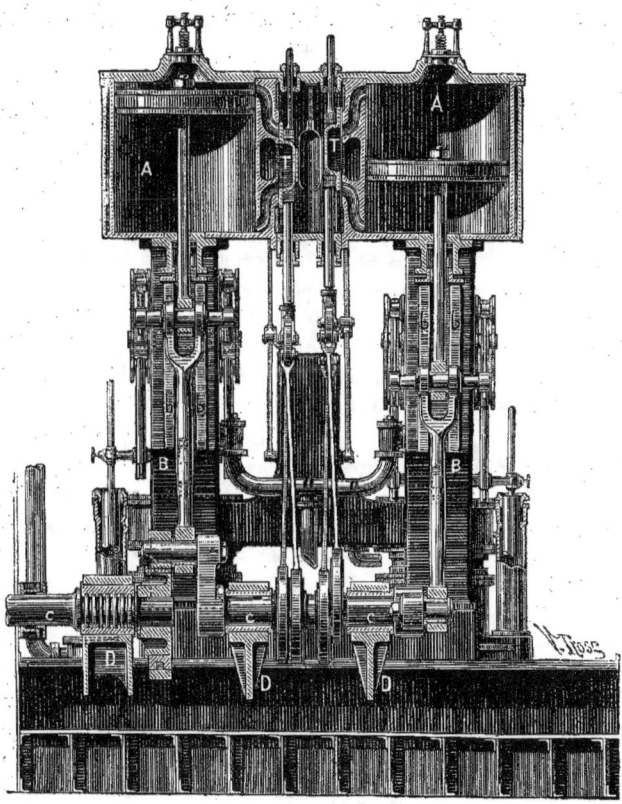

Fig. 116. — Machine à pilon du *Caraïbe* (coupe longitudinale).

été l'adoption des nouvelles machines à vapeur à grande détente et du *condenseur à surface* qui permet l'emploi de pressions relativement élevées. Et de même que dans les ateliers et manufactures, les grandes détentes de la vapeur furent mises en œuvre d'abord dans les machines de Wolf, ensuite dans les machines dites Compound, la navigation par la vapeur a fait usage d'abord de machines de Wolf, ensuite de machines Compound.

Nous n'avons pas besoin de revenir sur la description de la machine à vapeur de Wolf, que nous avons étudiée avec détails, dans la Notice qui précède, ni sur les avantages que cette machine présente, sous le rapport de l'économie et de la douceur des mouvements. Nous nous bornerons à examiner les dispositions qui ont été adoptées pour appliquer ce système à la marine.

Le dispositif le plus fréquemment suivi pour les machines de Wolf installées à bord des vaisseaux est celui dit *tandem*, où les cylindres sont superposés (1). C'est le constructeur anglais Ellis Allen, qui, le premier, en 1855, fit usage de ce dispositif.

(1) Ce mot *tandem* est emprunté au sport hippique. On appelle *attelage tandem* celui dans lequel les chevaux sont attelés les uns à la suite des autres, et par unité. Une machine à vapeur *tandem* est une machine Compound dans laquelle les cylindres à vapeur se trouvent à la file, deux à deux, en ligne droite.

Le plus remarquable exemple de ce système nous est offert par la machine du paquebot de la *Compagnie générale transatlantique*, la *Normandie*. Cette machine (fig. 117), due aux études des ingénieurs de la Compagnie, a été exécutée en Angleterre, en 1882, par la *Barrow shipbuildings Company*, de Barrow (comté de Lancastre).

Elle est composée de trois couples *tandem*, actionnant un arbre à trois manivelles, calées à 180° les unes des autres. Elle comporte donc six cylindres. Les petits cylindres A sont placés au-dessus des grands A', avec tiges de piston B, et de tiroir T, communes. Le seul inconvénient que présente cette disposition est d'obliger à retirer le petit cylindre, lorsqu'une visite du grand cylindre est nécesaire.

Les petits cylindres A n'ont pas d'enveloppes de vapeur; ils sont recouverts de matière isolante et d'une chemise en tôle. Les grands cylindres, au contraire, ont une enveloppe de vapeur, avec chemise intérieure rapportée.

Le tiroir des petits cylindres a reçu un dispositif de détente variable, du système Meyer, conduit par un excentrique spécial. La tige commune des tiroirs est conduite par deux excentriques D, D, et une coulisse Stephenson, E. Un même arbre de relevage F permet de mouvoir les trois coulisses ensemble; il est actionné par un appareil à vapeur G, système Brown.

La vapeur s'échappant du petit cylindre se rend dans la boîte à tiroir du grand cylindre, par un tuyau H.

Le diamètre intérieur des petits cylindres est de $0^m,90$, celui des grands cylindres de $1^m,90$, et la course commune est de $1^m,70$. Le nombre de tours de l'arbre moteur s'élève à 60 par minute.

Chaque groupe possède un condenseur à surface, I. L'eau de circulation est envoyée par une pompe à vapeur spéciale. La vapeur l'échappement des grands cylindres pénètre dans le condenseur I, par un gros tuyau J. Elle se condense au contact des tubes constamment refroidis, tombe au fond et est enlevée par la pompe à air, K, commandée par la machine.

L'arbre de couche, L, est en trois pièces, réunies par des plateaux, M, M venus de forge, et portant chacun une manivelle coudée N. Chaque tronçon de cet arbre pèse 14 tonnes, ce qui donne un poids total de 42 tonnes; le diamètre est de $0^m,60$.

Les tronçons sont absolument semblables, de manière à pouvoir être substitués l'un à l'autre.

A l'extrémité de l'arbre moteur, du côté de l'hélice, se trouve clavetée une roue à vis sans fin, O, qui sert à faire tourner la machine pendant les arrêts. Cet appareil s'appelle le *vireur*. Dans les petites machines, cette manœuvre se fait à bras; ici c'est une machine à vapeur qui en est chargée.

Chacune des trois machines de la *Normandie* a son condenseur à surface, avec pompe de circulation centrifuge, conduite par un moteur séparé. Mais pour éviter qu'une avarie survenant à l'un des trois moteurs ne désempare la machine correspondante, on a fait déboucher le refoulement des trois pompes dans un collecteur unique, qui distribue l'eau aux trois condenseurs, et qui peut être isolé de la pompe avariée à l'aide de vannes convenablement disposées.

Il y a 3 pompes à air, 3 pompes alimentaires et 3 pompes de cale; elles sont placées derrière les bâtis et mues par des balanciers attelés aux tourillons des pieds de bielles.

La butée est à 10 collets, s'appuyant sur 10 semelles antifrictionnées, indépendantes, avec écrous de serrage séparés.

C'est entre la butée et la machine que se trouve la roue du *vireur*, avec son moteur à vapeur.

L'hélice est à 4 ailes en bronze mangané-

# SUPPLÉMENT AUX BATEAUX A VAPEUR.

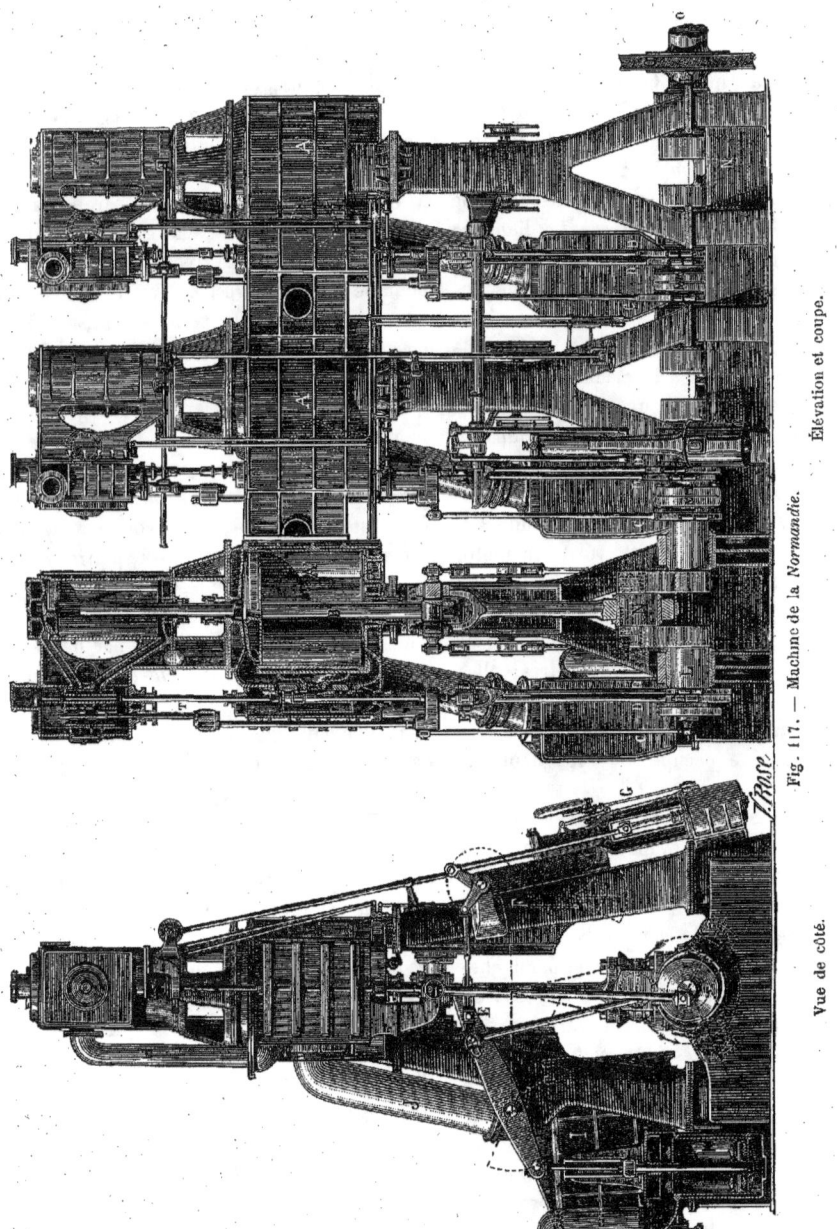

Fig. 117. — Machine de la *Normandie*. Élévation et coupe. Vue de côté.

sique, fixées sur un moyeu en acier fondu et forgé.

Pour alimenter chaque machine, 8 chaudières cylindriques, timbrées à 6 kilogrammes, réparties en 2 groupes semblables, séparés par une cloison étanche, lui envoient la vapeur. Chaque groupe comprend 2 chaudières doubles à 6 foyers et 2 chaudières simples à 3 foyers. Le nombre total des foyers est donc de 36; leur diamètre est de 1$^m$,07 et la surface totale de leurs grilles 72 mètres carrés. Le diamètre des chaudières est de 4$^m$,20, la longueur des corps doubles est de 5$^m$,65, celle des simples 2$^m$,90.

Six coffres rassemblent la vapeur produite et l'envoient à la machine par deux tuyaux collecteurs — un par chaufferie — aboutissant à une boîte à deux soupapes distinctes, de manière à assurer l'indépendance complète de la machine et de chacun des deux groupes de chaudières.

Deux cheminées de 2$^m$,40 de diamètre rejettent au dehors les produits de la combustion.

Les chaudières occupent dans le bâtiment une longueur totale de 29 mètres; elles sont isolées des cales et des murailles du navire par les soutes à charbon.

La machine occupe une longueur de 13 mètres.

Au total les compartiments affectés à l'appareil moteur et évaporatoire ainsi qu'au charbon ont une longueur de plus de 50 mètres.

La machine de la *Normandie* développa, aux essais, une force de près de 6,000 chevaux-vapeur, à l'allure de 60 tours environ par minute. Cependant elle ne fournit, en service courant, que les 4/5 de cette puissance. Elle donne au navire une vitesse de 14 nœuds et demi, en consommant par jour 110 tonnes de charbon.

Outre son appareil moteur, la *Normandie* possède de nombreux appareils à vapeur : guindeaux, treuils à marchandises, appareil à gouverner, machines à air froid, pompes d'épuisement de cales et de water-ballast, petits-chevaux, treuils à escarbilles,
enfin deux machines, de 40 chevaux chacune, destinées à mener les machines dynamo-électriques qui alimentent les lampes à incandescence des logements et les lampes à arc de la machine des cales, feux de position, etc.

Un certain nombre de ces appareils empruntent leur vapeur aux grandes chaudières; les autres la reçoivent de deux chaudières auxiliaires, à deux foyers chacune, placées sur le pont, et présentant ensemble une surface de grilles de 3$^m$,25.

C'est dans les chaudières de la *Normandie* que l'on put bien apprécier les avantages immenses de l'emploi du *condenseur à surface*. C'est ce système de condensation de la vapeur, coïncidant avec une série d'autres perfectionnements, qui a presque complètement transformé la machine à vapeur marine, et a permis de réduire presque immédiatement la consommation de charbon à moins d'un kilogramme par cheval et par heure.

Dans le *condenseur à surface*, la vapeur condensée ne se mélange pas à l'eau de mer. Pendant que la vapeur passe, soit dans les tubes minces en laiton, soit plus généralement autour de ces tubes, l'eau de mer, poussée par des pompes, circule de l'autre côté de la paroi, et l'échange de température se fait à travers le métal des tubes. L'eau douce, toujours la même, à part une petite quantité d'eau salée destinée à réparer les pertes, est renvoyée aux chaudières. La pression à laquelle on peut produire la vapeur n'est donc plus limitée que par la dimension à donner aux matériaux des appareils évaporatoires.

Grâce à l'emploi de l'eau douce dans l'alimentation des chaudières, on a supprimé l'*extraction*, c'est-à-dire le rejet à la mer de l'eau de la chaudière chargée de sels, opération autrefois indispensable, et que nous avons décrite dans les *Merveilles de la science*. On a économisé, de ce chef, environ 15 pour 100 de combustible.

Après avoir donné à la pression une force de 2 kilogrammes, puis de 4 kilogrammes par centimètre carré, on a fini par la porter à 6 kilogrammes, en augmentant, bien entendu, l'épaisseur des tôles de la chaudière dans une proportion correspondante.

L'emploi de la machine de Wolf, combiné avec le condenseur à surface, opéra une transformation complète de la machine à vapeur marine, et lui donna une physionomie toute nouvelle.

La marine militaire française fit exécuter, pendant la construction de la *Normandie*, des machines à vapeur horizontales du système de Wolf, munies d'un cylindre disposé en *tandem*. Telles sont les machines du *Vauban*, dont le type a été ensuite plusieurs fois reproduit.

La machine de Wolf ne convenait pas pour les petits bâtiments où il n'y avait pas possibilité d'établir plus d'un groupe *tandem* ; car alors, dans bien des cas, le démarrage de la machine était impossible. Pour d'autres raisons, telles que sa grande hauteur, la machine de Wolf était également inadmissible à bord de certains bâtiments. C'est alors que John Elder, à Glasgow, et Benjamin Normand, au Havre, adoptèrent les premiers le système Compound.

La première application du système Compound à la navigation par la vapeur remonte à 1856, mais son adoption générale ne se fit qu'avec lenteur. Ce n'est que depuis 1870 environ que presque tous les navires ont été pourvus de machines Compound, ou de leurs dérivées.

Nous avons décrit, dans la Notice précédente (*Supplément à la machine à vapeur*), divers types de machines Compound fixes, qui sont à deux cylindres. Dans la marine, deux types sont admis: la machine à deux cylindres, pour les puissances ne dépassant pas 1,000 chevaux-vapeur, et la machine à trois cylindres, pour les puissances de 1,000 chevaux-vapeur et au-dessus.

Presque toujours les machines sont du type à *pilon;* cependant dans certains cas spéciaux la marine de guerre emploie encore des machines horizontales à bielle en retour, ou à bielle directe.

Les avantages des machines à vapeur du système Compound, appliqué aux machines marines, sont les suivants :

1° On diminue le volume de vapeur sacrifiée sans avoir servi, en diminuant les *espaces morts*.

En effet, comme la vapeur sortant de la chaudière est introduite dans le petit cylindre seulement, on ne perd que le volume correspondant aux *espaces morts* de ce cylindre. Pour réaliser le même travail avec une machine de l'ancien système à introduction directe, il aurait fallu deux cylindres plus grands que le petit dont il vient d'être question, représentant, par conséquent, une somme d'*espaces morts* plus que double.

2° En répartissant le travail de détente entre les deux cylindres successifs, on diminue la différence des températures dans le même cylindre, et on réduit beaucoup la perte due aux condensations. Dans l'ancienne machine, c'est-à-dire la machine de Wolf, au commencement de l'admission, la vapeur se précipitait dans un cylindre refroidi par sa récente communication avec le condenseur, et une certaine proportion de cette vapeur se condensait, en élevant la température des parois. Puis, quand le tiroir ouvrait de nouveau la communication avec le condenseur, par suite du grand abaissement de pression, une grande partie de la vapeur précédemment condensée se vaporisait de nouveau, en produisant une contre-pression nuisible, abaissant de nouveau la température intérieure du cylindre, et préparant une nouvelle condensation ultérieure.

Dans la machine Compound, les condensations qui se produisent dans le petit cylindre, où l'écart des pressions extrêmes est le plus grand, sont sans inconvénient; la contre-pression du petit cylindre est la pression du grand, elle a donc son utilité. Quant au grand cylindre, le différence de pression d'un côté à l'autre du piston est d'ordinaire égale à une atmosphère ; les phénomènes indiqués s'y produisent donc d'une façon plus restreinte.

3° La différence de pression entre les deux côtés du piston d'un même cylindre se trouvant bien moindre que si tout le travail de la vapeur s'y effectuait, on a beaucoup moins de pertes de vapeur par manque de contact exact entre les tiroirs et leurs glaces et entre les bagues de piston et les parois des cylindres.

Les avantages de la disposition des cylindres dans le système dit *pilon*, c'est-à-dire, ainsi que nous l'avons déjà expliqué, celui dans lequel les cylindres étant placés verticalement, comme dans les *marteaux-pilons* des usines, leurs axes sont dans le plan diamétral à l'aplomb de l'arbre de couche, sont les suivants:

1° La plus grande partie de l'espace situé au dehors de la machine, quelle que soit la profondeur du navire, doit toujours rester libre, pour faciliter l'accès du jour et de l'air, et permettre d'effectuer commodément le démontage de l'appareil. Avec la disposition à *pilon*, on peut augmenter à volonté la hauteur de la machine. La place qu'elle occupait autrefois, quand le cylindre était horizontal, se trouve disponible, ce qui permet de loger le charbon et les cales.

2° Toutes les parties frottantes se trouvant verticales, la pression est diminuée du poids des pièces ; on évite notamment l'ovalisation des cylindres produite presque inévitablement par le frottement des pistons, malgré l'emploi des contre-tiges. Le graissage des cylindres et des tiroirs peut être réduit dans une grande proportion, presque supprimé quand il n'y a pas de roulis.

3° On ne craint pas de donner aux bielles la longueur nécessaire et on est obligé de moins resserrer les pièces que dans les machines horizontales, ce qui rend les démontages plus faciles.

4° La machine étant dressée verticalement, on peut tourner tout autour, atteindre et toucher directement toutes les pièces, graisser facilement à toutes hauteurs, au moyen de parquets aussi multipliés qu'il est nécessaire, tandis que les machines horizontales forcément très ramassées, parce que la place manquait à bord des navires, formaient un tout compacte, enchevêtré. On ne pouvait, du bord, voir ni atteindre les pièces du milieu ; il fallait passer sur des parquets situés au-dessus, mais d'où l'on ne pouvait que difficilement tâter les pièces.

Les avantages de la machine à pilon, au point de vue de l'accessibilité, sont tels qu'on l'emploie aujourd'hui dans beaucoup d'ateliers et de manufactures où la place horizontale ne manque pas.

La figure 118 donne deux coupes d'une machine Compound à pilon et à deux cylindres, de la force de 500 chevaux, construite par M. Voruz, de Nantes, pour le bateau *la Ville de Nantes*.

La disposition générale de cette machine rappelle presque absolument celle de la machine Compound fixe, construite par les usines du Creusot, et que nous avons décrite dans la Notice précédente.

Les deux cylindres A et B, à enveloppes de vapeur, sont fondus séparément, et assemblés par une bride ; la boîte à vapeur $b$, du grand cylindre B, est placée entre celui-ci et le petit. Le petit cylindre A a sa chemise intérieure rapportée, et fixée à l'enveloppe par des goujons, qui se vissent sur le fond inférieur et par un joint étanche à la partie supérieure. Les fonds inférieurs des cylindres sont venus de fonte, avec les enveloppes ; les presse-étoupes sont seuls rapportés. Les tiroirs sont à simple coquille, mais à orifices multiples. Ce dispositif, très employé dans la marine, a l'avantage de laisser de grands passages à la vapeur,

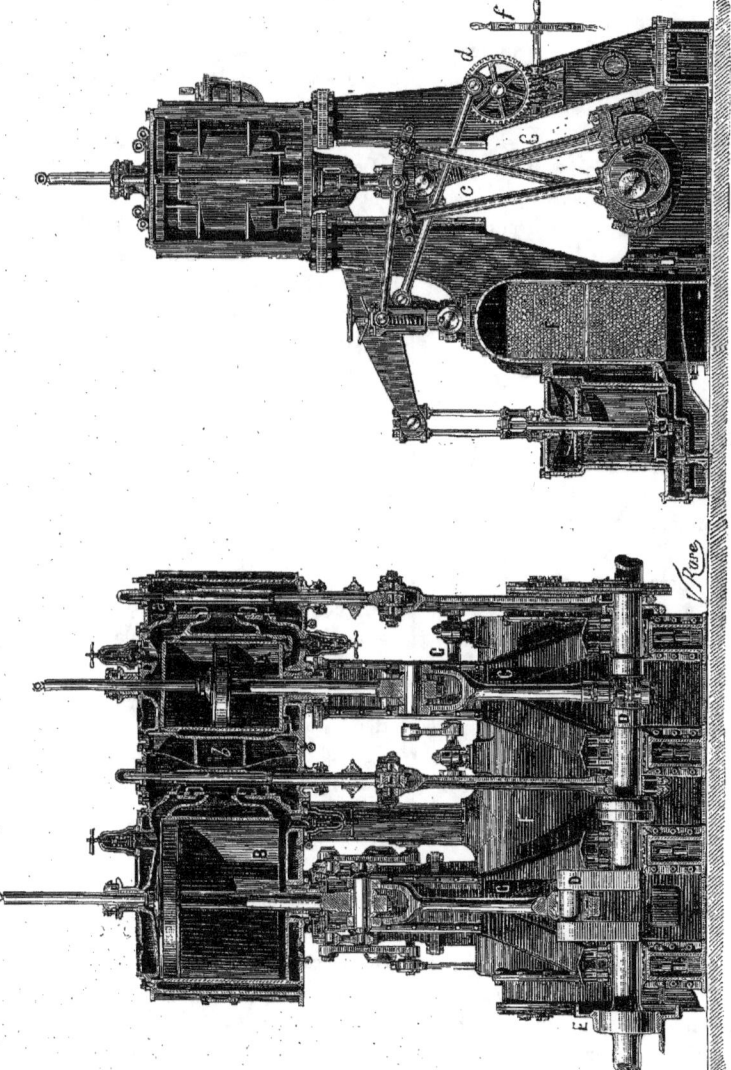

Fig. 118. — Machine de la *Ville de Nantes*. Coupe longitudinale. Coupe transversale.

avec une faible course des excentriques. Les tiges des tiroirs sont conduites chacune par deux excentriques et une coulisse Stephenson. Les deux coulisses sont actionnées par un même arbre de relevage C commandé par une roue héliçoïdale $d$ et une vis sans fin $e$ portant un volant à main $f$.

Les bielles C, C, agissent sur deux manivelles D, D, calées à 90° l'une de l'autre. L'arbre est en deux pièces, et porte un *vireur* E.

La vapeur, après avoir agi sur le petit piston, passe, au moyen d'un conduit circulaire, dans la boîte à vapeur du grand cylindre, et après avoir travaillé dans celui-ci, elle se rend au condenseur à surface, F, par un tuyau.

Le condenseur à surface est analogue à ceux de la machine de la *Normandie*, mais la pompe de circulation est entraînée par la machine générale, au lieu d'être mue par une machine spéciale : ce système est toujours appliqué aux machines de petite et de moyenne puissance.

Les machines à vapeur Compound installées dans les navires de commerce qui ne dépassent qu'exceptionnellement la force de 1500 chevaux se composent ordinairement de deux cylindres, un petit et un grand, qui sont établis parallèlement.

La vapeur, après avoir agi dans le premier, se rend au second, en traversant une capacité assez considérable, qui sert d'enveloppe et constitue un réservoir intermédiaire. Ce réservoir est utile pour régulariser la pression dans le grand cylindre et la rendre indépendante de l'ouverture et de la fermeture du petit tiroir.

Les bielles agissent sur deux manivelles calées à angle droit; mais, au point de vue de la mise en train, l'on se trouve dans le même cas que celui d'une machine à un seul cylindre et il y a beaucoup de positions de la machine où elle ne peut pas partir quand on ouvre la valve. On obvie à cet inconvénient en plaçant un robinet qui permet d'envoyer la vapeur des chaudières directement au grand cylindre, si cela est nécessaire pour la mise en marche.

L'expérience a prouvé qu'il y a inconvénient à dépasser pour les cylindres le diamètre de 2 mètres environ; les ruptures sont assez fréquentes, par l'effet des dilatations qui ne peuvent toujours se faire librement.

Quand la puissance de la machine dépasse un certain chiffre, on est donc conduit à employer des machines à 3 cylindres. La vapeur est introduite dans un petit cylindre, d'où elle se rend dans deux autres plus grands où elle se détend; on peut recourir aussi à la disposition dite machine *tandem*.

Dans ces machines, les petits cylindres sont superposés aux grands avec tiges de piston et de tiroir communes, c'est-à-dire avec même distribution aux deux cylindres; l'ensemble de chaque double cylindre constitue une véritable machine de Wolf. Sur les grands paquebots actuels de la *Compagnie Transatlantique*, les machines qui ont développé la force de 3300 chevaux aux essais se composent de deux machines de Wolf placées l'une derrière l'autre (en tout 4 cylindres). La machine de la *Normandie*, ainsi que nous l'avons dit, est formée de 3 machines de Wolf juxtaposées; elle a en tout 6 cylindres.

On comprend que l'on arrive ainsi à occuper la plus petite surface en plan horizontal, à la fois en longueur et en largeur; ce qui a de grands avantages quand la machine atteint de si grandes dimensions et serait sans cela extrêmement encombrante; les mécanismes sont également simplifiés.

Les machines Compound, à deux cylindres seulement, présentaient donc de notables inconvénients pour les navires ayant à développer une puissance considérable. Dans ce cas, le grand cylindre atteignait des dimensions énormes et, par suite, devenait d'une construction difficile; en outre, la régularité de la marche n'était pas absolue, car le volant manquait. On fut donc conduit à modifier la machine Compound.

En 1863, Dupuy de Lôme, sur le transport *le Loiret*, faisait établir une machine horizontale Compound à trois cylindres et

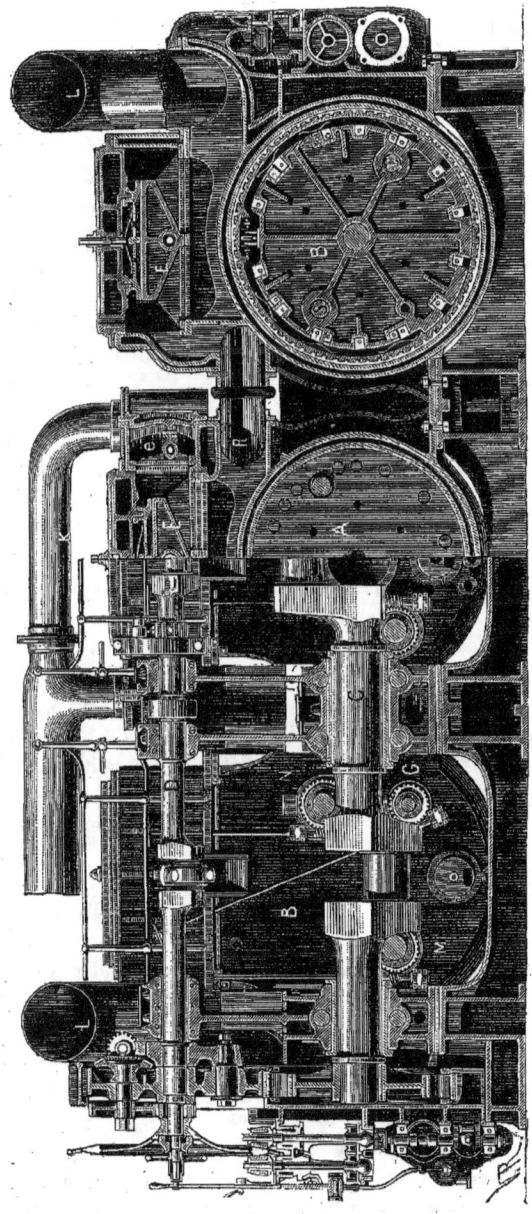

Fig. 119. — Machine du *D'Estaing* et du *Forfait* (Élévation et coupe transversale).

à bielle renversée. Depuis, ce type est resté en service pour la marine militaire, mais on applique souvent la disposition à trois cylindres à des machines à *pilon*.

Nous donnons dans les figures 119, 120 et 121, la coupe transversale, la coupe longitudinale et le plan d'une machine Compound à 3 cylindres horizontaux, construite en 1880, par la *Société des forges et chantiers de la Méditerranée*, pour le navire cuirassé *le D'Estaing*. Ce même type a été appliqué à la machine du *Forfait*, par les mêmes constructeurs.

Les trois cylindres A, B et B (fig. 119) sont placés côte à côte et les courses des trois pistons sont égales. La vapeur qui vient de la chaudière arrive par le tuyau K, dans le cylindre du milieu, qui est le cylindre d'admission, et où elle se détend déjà en partie ; puis elle passe simultanément par la conduite R (fig. 119), dans les deux cylindres latéraux B, B, où elle achève de se détendre. Au sortir de ces cylindres, elle se rend enfin, par les tuyaux L, L (fig. 119 et 120), dans les deux condenseurs F (fig. 120), qui sont chacun munis des pompes habituelles. Les larges conduits R (fig. 119) par où s'effectue l'évacuation du cylindre d'admission dans les cylindres de détente forment, avec les boîtes de distribution, un réservoir intermédiaire, de capacité suffisante.

Le cylindre du milieu A, ou de haute pression, a un diamètre ($1^m,440$) inférieur à celui des cylindres de détente ($1^m,670$). Ces derniers ont chacun une enveloppe de vapeur.

L'axe des cylindres étant perpendiculaire à celui du navire, il a fallu, pour loger la machine dans la largeur de la coque, la ramasser sur elle-même, et effectuer la transmission de mouvement par des bielles en retour.

Chaque piston porte deux tiges, S et T (fig. 121), fixées à égale distance du centre, sur la diagonale du carré qui serait inscrit dans le piston. Elles permettent ainsi le mouvement de va-et-vient de la bielle J (fig. 120 et 121), qui se fait dans le plan diamétral du piston et le passage de l'arbre moteur C, C, l'une des bielles, S, se trouvant au-dessus de cet arbre, l'autre, T, au-dessous. Elles sont réunies, à leur extrémité, aux bras d'une traverse, qui porte en son milieu un tourillon, H (fig. 120), sur lequel vient s'articuler la bielle. Le mouvement rectiligne de la traverse est maintenu par des glissières *m*, que porte celle-ci, et qui reposent sur des guides plans fournis par les parois du condenseur.

Chaque bielle, placée entre ses deux tiges, vient actionner un des trois coudes de l'arbre moteur C, placés à 120° l'un de l'autre. Vu sa petite longueur et le rapprochement des coudes, l'arbre moteur est en une seule pièce.

Les boîtes de distribution sont placées au-dessus des cylindres ; les tiroirs de distribution, E (fig. 121), reçoivent leur mouvement par l'intermédiaire d'une bielle, d'un arbre auxiliaire, D (fig. 119 et 120), placé au-dessus de l'arbre moteur, lequel lui imprime le mouvement au moyen d'une paire d'engrenages. La bielle est disposée de façon que la manœuvre de changement de marche se fait sans coulisses Stephenson. Ce dispositif toutefois est aujourd'hui abandonné.

Sur les faces latérales de la boîte de distribution du petit cylindre, deux tiroirs de détente *e* (fig. 119) reçoivent également leur mouvement de l'arbre auxiliaire D.

Vis-à-vis des cylindres et symétriquement par rapport à l'axe du navire, se trouvent placés, sur une même plaque de fondation, les deux condenseurs, F (fig. 120 et 121), un pour chaque cylindre de détente, les pompes à air et les boîtes à clapets. Les pompes à air reçoivent leur mouvement des pistons moteurs. A cet effet, chacun des pistons des cylindres de détente porte une troisième tige, G (fig. 120 et 121), placée dans le même plan vertical que l'une des tiges motrices, et qui traverse le fond du cylindre par un presse-étoupe.

Les plaques de fondation des cylindres et des condenseurs sont entretoisées et réunies par les quatre paliers de l'arbre moteur. L'ensemble présente ainsi une solidarité qui assure le bon fonctionnement de toutes les parties.

La machine du *D'Estaing* développe 2.100 chevaux de force.

En définitive la machine du *D'Estaing* et du *Forfait* à trois cylindres est une machine

Fig. 120. — Machine du *D'Estaing* et du *Forfait* (Coupe longitudinale).

Compound ordinaire, dans laquelle le grand cylindre a été dédoublé en deux, placés de chaque côté.

Ce type de machine offre deux infériorités sur le type Compound ordinaire. Il est plus compliqué et plus lourd, puisqu'il y a trois cylindres au lieu de deux. En outre, les parois des deux cylindres extrêmes forment, à volume égal, un ensemble de surfaces refroidissantes plus considérable que les parois d'un grand cylindre unique. Mais le calage à 120° des trois bielles a l'immense avantage de répartir plus uniformément les efforts sur l'arbre moteur, et d'assurer une grande régularité et une grande douceur de mouvement. Enfin cette machine est parfaitement équilibrée; ses différentes parties forment un ensemble ramassé et bien groupé, par conséquent facile à surveiller.

L'arbre de couche qui occupe l'axe de l'ensemble est bien situé pour concourir à la stabilité générale.

Malheureusement, l'enchevêtrement des organes qui en résulte empêche quelques-uns d'entre eux d'être facilement abordables.

L'usine nationale d'Indret a construit, en 1877, pour le *Villars*, une machine de ce modèle.

Les machines du *Lapérouse*, construites par les usines du Creusot, ne diffèrent de ce type qu'en ce que les cylindres sont plus écartés et que les boîtes à vapeur sont placées latéralement aux excentriques et aux coulisses Stephenson. L'arbre est en trois pièces.

Les figures 122, 123 et 124 représentent l'élévation transversale, l'élévation longitudinale et le plan d'une des machines du *Bayard*.

Cette machine, comme la précédente, est du type Compound, à trois cylindres, mais à pilon.

Les trois cylindres sont supportés par trois grands bâtis verticaux, semblables à ceux du type pilon ordinaire, et qui fournissent, par leurs faces intérieures, les guides assurant le mouvement rectiligne de la traverse du piston. Le cylindre du milieu, A, est, comme dans la machine précédente, un petit cylindre d'admission. La conduite K (fig. 122), qui amène la vapeur de la chaudière, se bifurque en deux, et alimente la boîte de distribution *a* (fig. 124), sur ses deux faces. Du cylindre du milieu, la vapeur se rend, par les conduits P, P, qui constituent le réservoir intermédiaire, dans les deux cylindres latéraux B, B, qui ont un plus grand diamètre, et qui sont les cylindres de détente. Dans chacun d'eux s'effectue la détente de la moitié du volume de vapeur, qui a travaillé dans le petit cylindre. La vapeur se rend enfin aux condenseurs F, par les deux conduites, L, L.

Les trois pistons ont une course égale, et actionnent, par trois bielles directes et de grande longueur, les trois coudes de l'arbre moteur, C, C (fig. 123), placés à 120° l'un de l'autre.

Les trois cylindres sont franchement séparés, et cet isolement, qui a l'inconvénient d'accroître leur refroidissement, a du moins l'avantage de les rendre abordables sur toutes leurs faces.

Il en résulte une grande longueur pour l'arbre de couche, ce qui permet de le faire en trois parties, et ce qui facilite sa fabrication. Les trois parties de l'arbre sont réunies au moyen de plateaux *e*, *e*.

Les boîtes de distribution des trois cylindres *a*, *b* et *b* (fig. 124), sont placées sur leurs côtés extérieurs. Les tiroirs de distribution sont mis en mouvement par un arbre auxiliaire D, D (fig. 123), situé dans le même plan horizontal que l'arbre moteur et parallèlement à ce dernier. Une paire d'engrenages R (fig. 123), de même diamètre, établit la transmission entre ces deux arbres. Le changement de marche s'obtient par des coulisses Stephenson.

Sur les faces latérales de la boîte du petit cylindre A se trouvent enfin deux tiroirs de détente, *c*, *c*, commandés par le même arbre, D, D.

A chaque cylindre de détente correspond un condenseur à surface, F, situé vis-à-vis et du côté opposé à l'arbre des excentriques.

Cette machine qui rappelle beaucoup, comme disposition générale, celle du *Ca-*

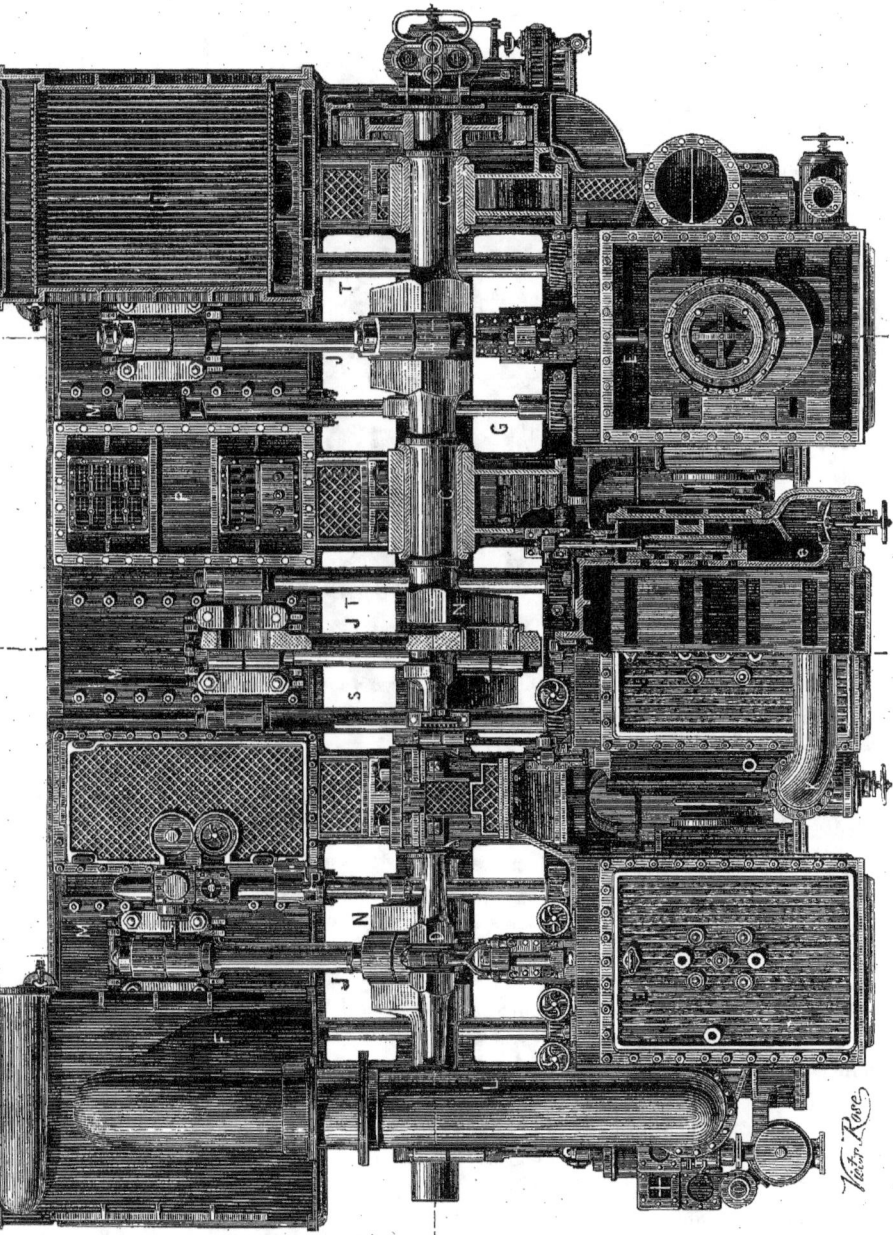

Fig. 121. — Machine du *D'Estaing* et du *Forfait* (Vue en plan).

*raïbe*, que nous avons précédemment décrite, en diffère, outre le nombre des cylindres, par une modification profonde : c'est l'éloignement des condenseurs, qui ne sont

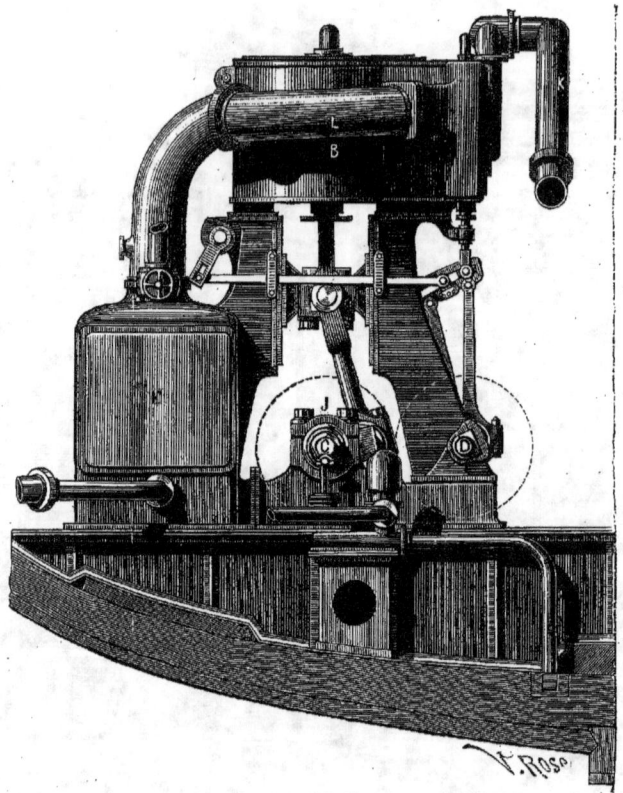

Fig. 122. — Machine du *Bayard* (Élévation transversale).

plus fixés sur la plaque de fondation des cylindres, mais sur le côté opposé de la machine. On soustrait ainsi les cylindres à vapeur à l'influence refroidissante des condenseurs.

Entre les deux condenseurs se trouve la pompe à air unique E (fig. 124), et les deux pompes alimentaires *p*, *p*, commandées toutes les trois par un balancier, que conduit la traverse du piston central. Les pompes de circulation ont leur moteur séparé, et forment un groupe indépendant de la machine principale.

Le *Bayard* possède 2 machines semblables, disposées symétriquement par rapport à l'axe du navire, les condenseurs étant placés près des parois du navire, et les cylindres vers l'axe du bâtiment.

Chaque arbre conduit une hélice. Ce dispositif à deux hélices est très employé actuellement pour les navires de guerre, auxquels il donne une grande facilité d'évolution.

Depuis quelques années, les constructeurs de navires ont introduit à bord des bâtiments un genre nouveau de machines Compound : *les machines à triple expansion*.

On ne saurait attribuer l'invention des machines à *triple expansion* à tel ou tel ingénieur. Elles sont nées du besoin de rendre plus économiques les machines

Fig. 123 et 124. — Machine du *Bayard* (Élévation longitudinale et vue en plan).

Compound ordinaires. On doit cependant reconnaître la grande influence exercée, pour l'exécution de ces machines, par les travaux de M. Benjamin Normand, du Havre.

Parmi les premières machines à triple expansion qui ont été mises en service, nous citerons l'appareil moteur de la *Gabrielle*, conçu par M. Benjamin Normand, et construit, en 1873, par MM. Jollet et Babin, de Nantes ; puis, et en même temps, les machines du *Propontis*, dues au constructeur anglais John Elder.

En 1876, MM. Jollet et Babin construisaient le *J.-B.-Say;* en 1878 et 1879, l'*Atlantique,* la *Corinne,* le *Rapide,* tous pourvus de machines à vapeur à cascades.

A cette époque, en Angleterre, MM. Hawks et Crawshay mettaient en service l'*Anthracite,* et MM. Douglas et Grant, l'*Isa.*

En 1881, le bateau-omnibus de la Seine n° 30 recevait également une machine Compound à triple expansion.

A partir de 1882, les Anglais prirent les devants pour la construction des machines à cascades. MM. Napier et fils construisent trois machines de 5,000 chevaux-vapeur pour la *Compagnie transatlantique mexicaine*, et deux machines de 3,000 chevaux pour la marine russe. En 1885, M. John Elder prend la commande de trois appareils de 8,000 chevaux pour le *North German Lloyd.*

Les Allemands se lancèrent, à leur tour, dans le mouvement. M. Schichau, constructeur à Elbing, commença les machines du *Falkenburg* et de l'*Ottokar*, ainsi que vingt-neuf machines de torpilleurs.

En France, la *Compagnie générale transatlantique* construisit, dans ses chantiers du Penhoët, deux paquebots, la *Champagne* et la *Bretagne*, et en fit construire à la Seyne (Toulon) deux autres, la *Bourgogne* et la *Gascogne*, par les *Forges et chantiers de la Méditerranée*. Ces quatre paquebots furent pourvus de machines à vapeur à triple expansion, de 9,000 chevaux-vapeur chacun.

En même temps, la *Société des ateliers et chantiers de la Loire* commençait à exécuter deux machines de 12,200 et de 8,000 chevaux-vapeur.

Les *Forges et chantiers de la Méditerranée* ont exécuté un appareil à triple expansion, destiné au paquebot *le Portugal,* des Messageries maritimes, qui a été lancé en 1887.

Quels sont les motifs qui ont déterminé l'adoption et ensuite le rapide développement des machines à vapeur à détentes successives ?

Les avantages pratiques des machines à triple expansion se résument ainsi : répartition régulière des efforts sur les arbres, — diminution des chances de ruptures, — diminution des frottements.

Il faut ajouter à ces avantages des facilités d'un autre ordre. La conductibilité des cylindres pour la chaleur, malgré l'augmentation de la surface refroidissante, est moindre que dans les machines à un seul cylindre ou les machines Compound, par suite de la moindre différence des températures extrêmes.

Ensuite, la *vapeur condensée dans le petit cylindre agit, après sa réévaporation, sur les pistons des cylindres d'expansion, pendant toute la course et avec une détente qui lui est propre*. Ce fait, qui ne se produit pas dans une machine à un seul cylindre, et qui est moins sensible dans une machine Compound, avait jusqu'à présent échappé à la plupart des ingénieurs ; et c'est à cela que les machines à cascades doivent leurs avantages économiques.

Disons enfin que la consommation du charbon, dans une machine à triple expansion, se trouve réduite, en service courant, de 15 à 18 pour 100 environ. L'*Ottokar*, par exemple, ne brûle que 0 kilogr. 579 par heure et par force de cheval.

Examinons maintenant les dispositifs adoptés pour appliquer aux machines à vapeur marines le procédé de la triple expansion de la vapeur.

La figure 125 donne l'idée, d'une manière simplifiée, du principe des machines à triple expansion.

Le type A est celui qui fut tout d'abord adopté. Le cylindre d'admission (I) est superposé au cylindre de première détente (II). La vapeur qui s'échappe de celui-ci passe

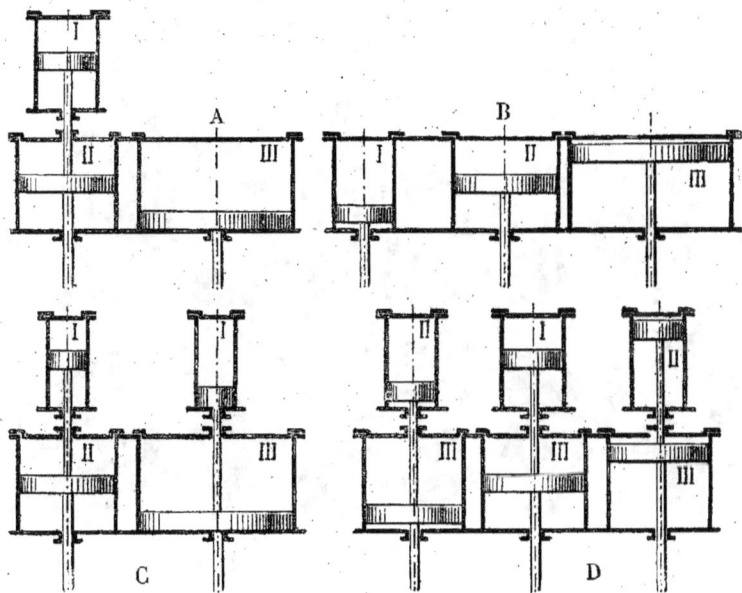

Fig. 125. — Théorie des machines à triple expansion.

dans le cylindre de détente finale (III).

Ce dispositif est né de la transformation des machines Compound simples en machines à triple expansion. En effet, en plaçant sur un des cylindres d'une machine Compound un autre cylindre, de diamètre plus faible que celui d'admission, on transforme facilement l'appareil. Le petit cylindre ajouté reçoit la vapeur de la chaudière, la renvoie au premier cylindre de la machine Compound, qui devient ainsi cylindre intermédiaire, et de là elle passe au cylindre de détente finale.

Quelquefois, le cylindre d'admission est placé au-dessus du troisième cylindre.

Ce dernier type a été appliqué par M. Normand sur le *J.-B.-Say*; par M. Perkins sur l'*Anthracite*; et par la *Wallsend Slipway Company* sur le steamer *Isle of Dursey*.

Le type B est celui qui se présente tout naturellement à l'esprit. Les trois cylindres, de diamètres différents, sont placés à la suite les uns des autres : c'est le dispositif adopté sur l'*Aberdeen*, l'*Australasian* et les trois paquebots *Oaxaca*, *Mexico* et *Tamaulias*, comme sur le *Portugal*.

Le type C comporte deux cylindres d'admission, un cylindre intermédiaire et un cylindre de détente : c'est le type adopté par M. Normand sur le bateau à roues *le Rapide*.

Le type D a été employé par la *Compagnie générale transatlantique*, sur ses quatre derniers paquebots. Il se compose de trois groupes *tandem*. Le cylindre d'admission est placé au milieu et au-dessus. Les deux cylindres intermédiaires sont en avant et en arrière de celui-ci.

Les trois cylindres de détente finale sont placés sous chacun des trois précédents.

Chaque groupe *tandem* forme, en quelque sorte, une machine spéciale, avec son bâti et son condenseur; le dispositif général est

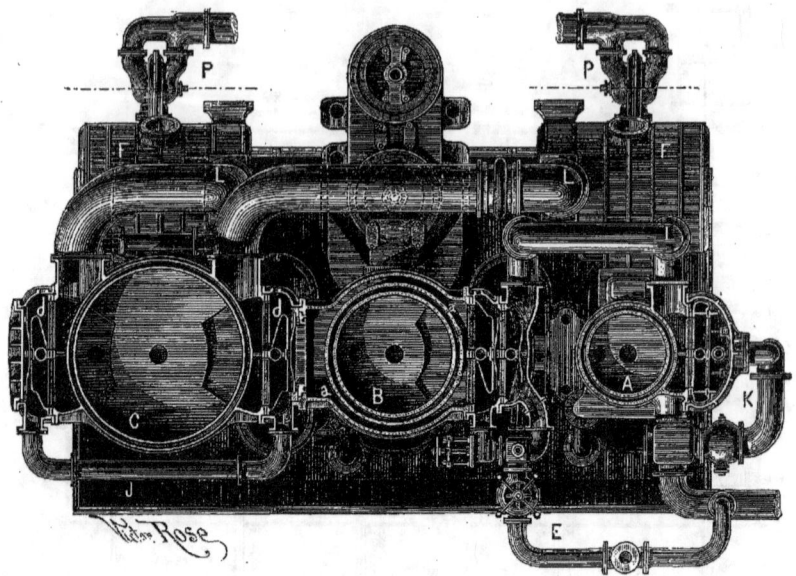

Fig. 126. — Machine à triple détente du *Portugal* (Vue en plan).

à peu de chose près celui de la *Normandie*.

Après cet exposé théorique, nous décrirons avec quelques détails les machines marines appartenant aux types que nous venons d'énumérer.

La machine du *Portugal*, paquebot des *Messageries maritimes* françaises, l'*Eastwood* et le *Sobralense* des marines anglaises nous donneront des exemples des types B et C.

Nous décrirons enfin et représenterons une machine d'un paquebot récemment construit en Angleterre par MM. Shanks and sons.

Les figures 126 et 127 représentent le plan et la coupe longitudinale de la machine du *Portugal*, construite en 1887 par la Compagnie des *Messageries maritimes*, et qui appartient, ainsi qu'il vient d'être dit, à ce que nous avons appelé le type B, c'est-à-dire celui dans lequel les trois cylindres, de diamètres différents, sont placés les uns à la suite des autres.

Les cylindres de cette machine sont portés d'un côté par les bâtis ordinaires des machines-pilons, et de l'autre côté, par des colonnes qui rendent le mécanisme plus aisément abordable.

Les trois manivelles sont calées à 90, 90, et 135 degrés, sur un arbre en trois pièces. Les tiroirs sont placés dans le plan de l'arbre moteur, et commandés par des excentriques calés sur cet arbre même.

La vapeur de la chaudière arrive, par le tuyau K (fig. 127), dans le cylindre d'admission A. Ce cylindre a une détente à course variable; son tiroir est indépendant de la mise en train générale, et selon une pratique très souvent suivie aux *Messageries maritimes*, on fait fonctionner la machine comme machine à deux cylindres pour la manœuvre et la marche en arrière.

Le cylindre du milieu, B, a une détente et un tiroir. Sa boîte à tiroir peut recevoir directement la vapeur de la chaudière par la conduite E (fig. 126); mais, en marche

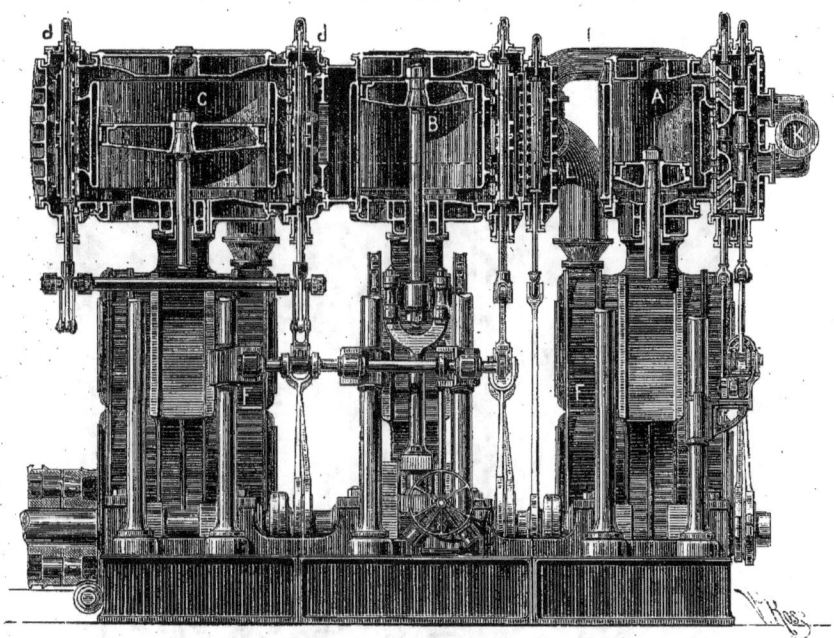

Fig. 127. — Machine à triple détente du *Portugal* (Élévation).

ordinaire, elle est alimentée par l'échappement du cylindre A.

Du cylindre du milieu B (fig. 126), la vapeur passe, par le chemin circulaire *a*, jusqu'au cylindre arrière C, qui a deux boîtes à tiroirs *d,d*, communiquant entre elles par le tuyau J.

Enfin, l'échappement de la vapeur aux condenseurs se fait par deux gros tuyaux L,L, qui conduisent la vapeur des deux boîtes à tiroirs *d,d*, à deux condenseurs, F,F, placés l'un en face du cylindre d'avant, l'autre en face du cylindre d'arrière.

Les pompes à air des deux condenseurs et les pompes d'alimentation sont conduites par un balancier que met en mouvement la tige du piston du cylindre du milieu.

Les pompes de circulation, P,P, accolées aux condenseurs, sont menées chacune par un petit moteur séparé.

Les figures 128 et 129 représentent l'élévation longitudinale et l'élévation transversale d'une machine du deuxième type, construite en Angleterre par M. Earle, de Hull, pour le *cargo-boat l'Eastwood*. Voici les dimensions des trois cylindres :

Petit cylindre : diamètre...... 0$^m$,4954
Moyen cylindre : — ...... 0$^m$,762
Grand cylindre : — ...... 1$^m$,3208
Course commune : ...... 0$^m$,8382

La vapeur de la chaudière arrive, par le petit conduit, *e*, dans le cylindre A, puis elle se détend successivement dans les cylindres B et C; elle s'échappe enfin, par le tuyau E, au *condenseur à surface* F, qui règne sur toute la longueur de la machine et fait corps avec la partie inférieure des bâtis des trois cylindres. La surface réfrigérante est de 107 mètres carrés.

La boîte à tiroirs, *a*, du petit cylindre A,

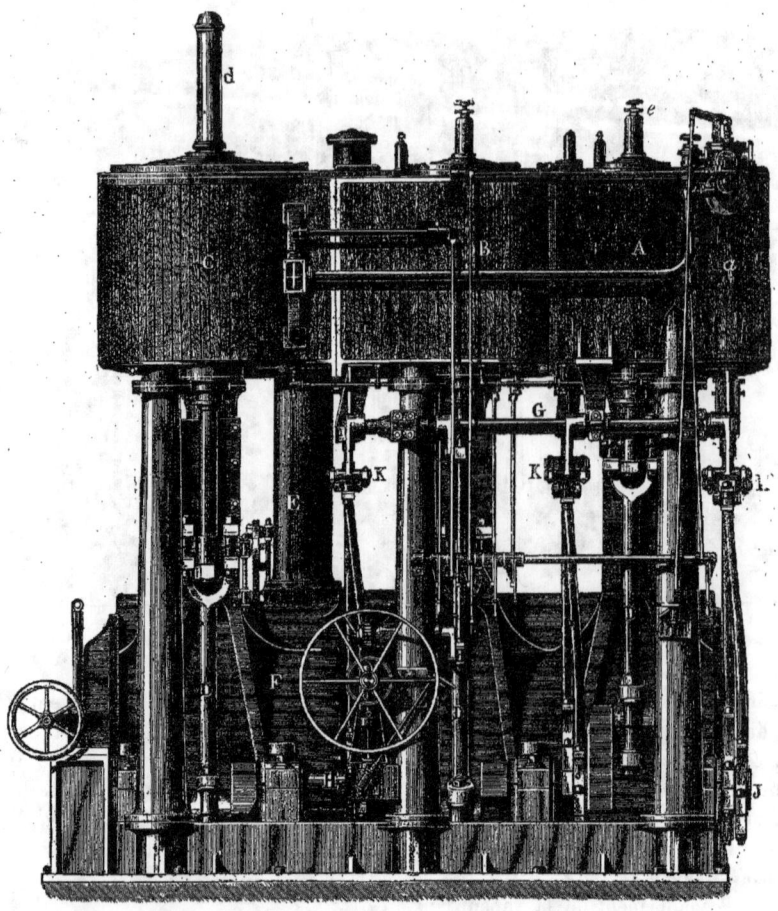

Fig. 128. — Machine à triple expansion de l'*Eastwood* (Vue de côté).

est cylindrique, la distribution est faite par tiroirs à pistons. Le piston du grand cylindre, C, porte une contre-tige, qui assure le guidage et se meut dans un fourreau *d*. Les trois bielles, D, actionnent trois manivelles calées à 120° l'une de l'autre, sur l'arbre moteur H.

Les boîtes de distribution des cylindres B et C sont placées entre les trois cylindres, qui se trouvent ainsi former un tout solidaire, revêtu d'une même enveloppe isolante. Les distributeurs sont mis en mouvement au moyen de six excentriques J, calés deux à deux sur l'arbre moteur lui-même, et auxquels correspondent trois coulisses Stephenson, K, rendues solidaires par un même arbre de relevage, G. Les pompes à air et d'alimentation sont mues par un levier à deux flasques, L, articulé sur la tête de la bielle du grand cylindre C.

La vapeur est fournie, à une pression de 10 kilogrammes, par une chaudière simple,

Fig. 129. — Machine à triple expansion de l'*Eastwood* (Vue de face).

de 4$^m$,19 de diamètre et 3$^m$,20 de longueur, dont la surface de chauffe est de 161 mètres carrés.

Cette machine a développé aux essais une force de 751 chevaux.

Parmi les nouveaux types de machines à trois cylindres construites en Angleterre, celui de MM. A. Shanks and sons, représenté dans la figure 130, mérite une mention particulière. Nous faisons ressortir ci-après, sous la forme de légende descriptive, les particularités de ses éléments constitutifs

*Cylindres.* — Les cylindres sont au nombre de trois, l'un à haute pression, l'autre à moyenne pression, le troisième à basse pression. Le premier a un diamètre de 230 millimètres, le second un diamètre de 375 millimètres, le troisième un diamètre de 608 millimètres, tous les trois avec une course utile de 452 millimètres. Le métal employé est de la fonte grise dure, parfaitement homogène, sans soufflures, et exactement alésé. En haut et en bas, des soupapes d'échappement sont établies pour prévenir tout accident. Ces soupapes et les autres tiroirs de distribution sont placés à l'extérieur de l'enveloppe, pour faciliter la surveillance et le nettoyage. Des robinets de purge sont montés sur tous les cylindres, avec tuyaux pour conduire les eaux de condensation dans la cale ou dans le condenseur. Chaque cylindre porte, en outre, un indicateur de pression. L'ensemble est protégé par une enveloppe de feutre de poil avec revêtement en acajou poli.

*Pistons.* — Ils sont de même métal que les cylindres, coulés creux avec des renforts, et comportent deux anneaux métalliques.

*Couvercles des cylindres.* — Ils sont en fonte pleine, avec renforts sur la face extérieure. Les creux sont garnis de feutres avec revêtement d'acajou.

*Tiroirs de distribution.* — Les tiroirs des cylindres à haute et à moyenne pression sont à passage conique; celui du cylindre à basse pression est à double passage.

*Plaque de fondation.* — Elle porte quatre paliers.

*Condenseur à surface.* — Il forme une partie du bâti, à l'arrière de la machine, et renferme des tubes horizontaux en laiton, de 18 millimètres de diamètre extérieur; l'eau circule dans leur intérieur, tandis que la vapeur se condense à l'extérieur. Les plaques tubulaires sont en métal Muntz, de 18 millimètres d'épaisseur. Les tubes sont fixés par des garnitures en bois, et présentent une surface totale de refroidissement de 33 mètres carrés environ.

*Pompe à air.* — Elle est à simple action, commandée par des leviers articulés sur la tête de bielle du piston du milieu. Le corps de la pompe est en bronze à canon de 18 millimètres d'épaisseur, diamètre 304 millimètres, course 225 millimètres. Tous les organes en contact avec l'eau sont en bronze, ainsi que la tige de la pompe.

*Pompe de circulation.* — Elle est à double action et commandée comme la pompe à air. Le corps de la pompe est en bronze, de 8 millimètres d'épaisseur, diamètre 200 millimètres, course 225 millimètres. Tous les organes sont en laiton.

*Pompe d'alimentation.* — Il y en a une, à simple action, d'un diamètre de 72 millimètres, commandée par la tête de bielle de la pompe à air. Les plongeurs, soupapes et sièges de soupapes sont en laiton, avec soupape de sûreté et réservoir d'air.

*Pompe de cale.* — Il en existe une, semblable à la précédente.

*Bâti.* — Le bâti d'arrière qui porte les cylindres, est venu de fonte avec le condenseur. A l'avant se trouvent quatre colonnes en fer forgé; des guides ménagés de fonte sur les montants du bâti, reçoivent les glissières des têtes de bielle.

*Coussinets.* — Tous les coussinets sont en bronze.

*Tiges des pistons.* — Elles sont en fer martelé, de 65 millimètres de diamètre, fixées aux pistons par des extrémités filetées, avec écrous sur la face supérieure des pistons. Les têtes de bielle sont forgées avec les tiges, et munies de glissières en bronze, de 304 millimètres de long sur 162 millimètres de large.

*Bielles.* — Elles sont en fer martelé de $1^m,125$ de long de centre en centre pour un diamètre minimum de 62 millimètres. Les fourches sont fixées par des broches en acier et les extrémités inférieures sont garnies de coussinets en bronze.

*Commandes des organes.* — Les tiroirs sont commandés par des excentriques en fonte, avec bagues en bronze, barres en fer forgé et tiges de tiroirs en acier; ces dernières guidées à la partie supérieure. Le changement de marche est commandé par une roue et une vis à double pas.

*Arbre à manivelles.* — Il est en fer martelé de première qualité ou en acier : dia-

Fig. 130. — Machine à triple expansion de MM. Shanks and sons.

mètre dans les coussinets, 118 millimètres. Cet arbre est forgé tout d'une pièce et parfaitement ajusté. Les trois manivelles sont calées à 120 degrés l'une de l'autre.

C'est la *Revue industrielle,* publiée sous la direction du savant ingénieur M. Hippolyte Fontaine, qui nous a fourni les renseignements techniques qui précèdent sur la machine marine à triple expansion de MM. Shanks et fils. La même *Revue* accompagne cette description de réflexions que nous reproduisons, pour donner une idée exacte de l'utilité des machines à triple expansion dans la marine militaire d'une part, d'autre part et surtout dans la marine commerciale.

« Malgré les appréhensions et les difficultés éprouvées au début de l'application des machines à triple expansion, on s'accorde, dit la *Revue industrielle*, à reconnaître aujourd'hui qu'elles sont absolument pratiques, et qu'il n'est pas plus difficile de travailler à 10 ou 11 kilogrammes qu'à 5 ou 6 kilogrammes de pression, comme dans les machines *Compound* ordinaires. Les essais comparatifs exécutés en Angleterre, sur des navires de même type marchant les uns en *Compound* et les autres à triple expansion, prouvent, en effet, qu'on peut réaliser couramment avec ces derniers une économie de charbon d'au moins 20 0/0, et même dans certains cas de 30 0/0. Au lieu de brûler 1 kilogramme de charbon par cheval, on ne dépasserait pas 700 grammes, grâce à la détente qui peut être poussée à 14 fois, avec une admission moyenne de cinq sixièmes.

« Ces avantages sont particulièrement précieux pour les paquebots à grande vitesse, qui ont intérêt à effectuer une traversée dans le plus court délai possible, et par conséquent, à faire travailler les machines à pleine puissance.

« Il n'en est pas ainsi pour les grands navires de guerre, où la marche à triple expansion n'est réellement économique qu'en temps de guerre. Lorsque ces bâtiments font des croisières, ils n'utilisent guère plus du sixième de leur puissance maximum, de sorte que les machines travaillent, pendant la plus grande partie de leur existence, dans des conditions économiques défavorables. La marine française n'a donné jusqu'ici la commande que d'un seul croiseur, le *Tage*, où la machine sera à triple expansion. Ce bâtiment est construit à Saint-Nazaire sur les Chantiers de la Loire. Les trois cylindres du moteur sont horizontaux et disposés de manière à permettre de désembrayer le grand cylindre et à marcher en *Compound*.

« Les contrats passés depuis par la marine avec les constructeurs stipulent l'emploi des machines *Compound*. L'application de la triple expansion à bord des navires de l'État semble donc écartée à nouveau. Elle se développe très rapidement, au contraire, sur les paquebots à grande vitesse, et on peut affirmer que d'ici à peu d'années, les armateurs seront obligés soit de transformer leurs machines, soit d'en installer de nouvelles à triple détente. »

Voici, d'après M. Hall (1), quels sont les avantages principaux que les machines à triple détente présentent sur le type *Compound*, pour les applications à la marine :

1° A égalité d'espace, on peut obtenir une puissance plus grande, sans accroître l'encombrement ;

2° L'augmentation de force est souvent obtenue sans augmenter le poids total. M. Hall a constaté, à maintes reprises, que le poids des machines *Compound*, chaudières comprises, est de 217 kilogrammes par cheval indiqué ; il n'est que de 205 à 210 kilogrammes, avec la triple expansion ;

3° L'usure et la fatigue des organes sont réduites en raison du meilleur équilibre des forces agissant sur la manivelle ;

4° Quant à l'emploi des chaudières à haute pression, leur durée ne semble pas, étant donnés les progrès accomplis dans leur construction et la substitution de l'acier au fer, devoir être moindre que celle des chaudières travaillant à 6 kilogrammes ;

5° Enfin, le service des machines n'ajoute aucune difficulté.

(1) Mémoire de M. Hall à la *North-East Coast Institution of Engineers and shipbuilders*.

Fig. 131. — Machine à triple expansion du *Sobralense* (Vue d'avant).

Une considération qui n'est pas à négliger, c'est qu'en donnant une vitesse plus considérable, en même temps qu'une moindre consommation de charbon, l'emploi de la triple expansion permet de diminuer le nombre des escales, dans les longues traversées, et contribue ainsi à réduire les droits de ports et autres frais. »

Les figures 131 et 132 donnent deux vues en perspective d'une machine du troisième type, théorique (C), construite par la *Barrow Shipbuilding Company*, pour le steamer *Sobralense*. C'est une machine à quatre cylindres, dont voici les dimensions :

| | |
|---|---|
| Petits cylindres............... | 0ᵐ,431 |
| Moyen cylindre............... | 0ᵐ,965 |
| Grand cylindre............... | 1ᵐ,524 |
| Course commune............... | 1ᵐ,062 |

Fig. 132. — Machine a triple expansion du *Sobralense* (Vue d'arrière).

Sur deux grands bâtis, RR, de machine-pilon, sont montés les moyens et grands cylindres, B et C. Les deux cylindres à haute pression, A, A, sont montés en *tandem*, sur ces deux premiers cylindres. Des passerelles en fer, fixées à mi-hauteur des bâtis et dans le milieu des grands cylindres, forment deux étages de circulation, dans le haut de l'appareil, et permettent l'accès de tous les organes.

La vapeur qui arrive de la chaudière, par le tuyau *e*, se rend dans les deux cylindres A', A. Au sortir de ces deux cylindres, elle est conduite, par le tuyau *e'*, dans le premier cylindre détendeur, B; puis elle passe de là dans le cylindre C, et enfin dans le

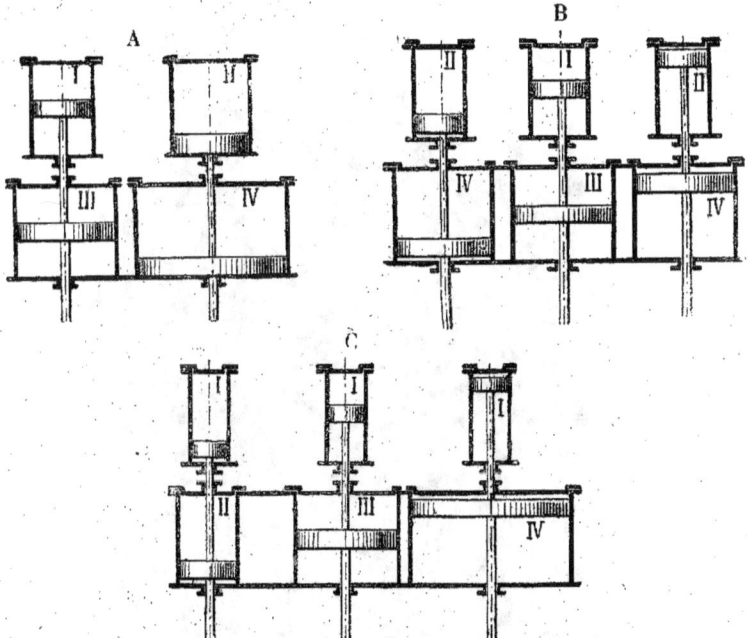

Fig. 133. — Type théorique des machines à quadruple expansion.

condenseur à surface, F, qui règne sur toute la longueur de la machine et dont la surface réfrigérante est de 155 mètres carrés.

Le mode de connexion des cylindres montés en *tandem* est spécial. Au petit piston est fixée une tige unique $a$ (fig. 131), qui porte à sa partie supérieure une traverse T. Sur cette traverse s'attellent deux tiges descendantes, $t$, $t$, qui viennent s'assembler au grand piston. Celui-ci porte à la partie inférieure une tige unique qui vient actionner la bielle. Cette disposition a l'avantage de rendre les presse-étoupes plus accessibles.

Les deux manivelles sont calées à 90° l'une de l'autre. La distribution de vapeur est faite au moyen de deux paires d'excentriques calés sur l'arbre, et de deux coulisses Stephenson, solidaires d'un arbre de relevage, G. Les tiges, S mettant en mouvement les tiroirs des grands cylindres, se prolongent par les tiges $s$, sur lesquelles sont montés les tiroirs des petits cylindres.

Les pompes à air et de circulation sont actionnées par un balancier à flasques, L, qui est articulé sur la traverse de la tige du piston du cylindre, C.

Cette machine développe la force de 1580 chevaux. La vapeur est fournie par deux chaudières doubles, ayant chacune quatre foyers. La pression de marche est de 10 kilogrammes, 15 par centimètre carré.

L'emploi des pressions très élevées a conduit les constructeurs à étendre encore le nombre de détentes successives. On est ainsi arrivé à construire des machines à *quadruple expansion*.

Ce que nous avons dit précédemment des machines à triple expansion s'applique aux machines à quadruple expansion. Dans la figure 133, nous donnons les dispositifs

Fig. 134. — Machine du *Rionnag-na-Mara* (Vue du côté du changement de marche).

le plus souvent adoptés par la quadruple expansion de la vapeur.

Le dispositif A est le plus simple, il est le plus employé dans les machines de faible puissance. Le type B s'applique aux machines d'une certaine force. C'est celui adopté par MM. Rankin et Blackmore, de Greenock, pour le yacht *Rionnag-na-Mara*.

La machine établie sur ce bateau donne des résultats remarquables à ce point de vue. Aussi en dirons-nous quelques mots.

Les figures 134 et 135 donnent deux vues en perspective de cette machine. C'est une machine *tandem* à six cylindres. Les trois cylindres de haute pression, A, A' A″, sont montés, au moyen de fourreaux coniques en fonte évidés, $a$, au-dessus des trois cylindres B, C, et D, dans lesquels la vapeur se détend successivement, pour être enfin éva-

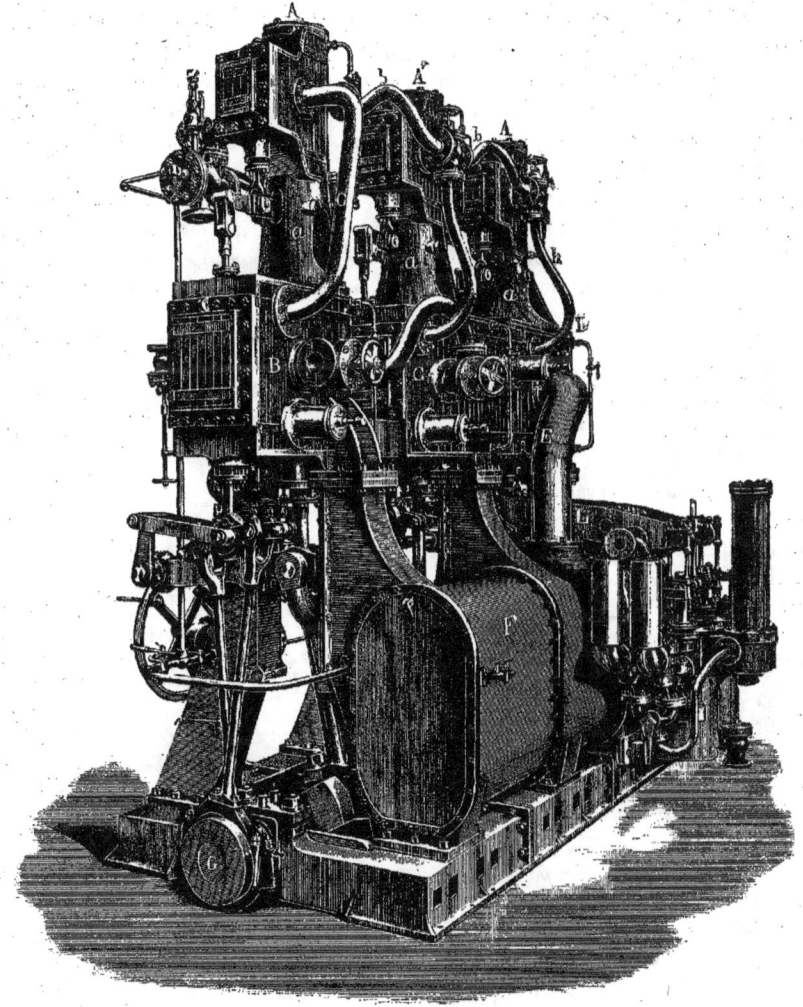

Fig. 135. — Machine du *Rionnag-na-Mara* (Vue du côté du condenseur).

cuée au condenseur F, par la conduite E. Comme dans les machines précédentes, les boîtes de distribution des six cylindres sont placées sur le côté, dans le plan diamétral de la machine, et les tiroirs peuvent être ainsi mis en mouvement directement par l'arbre moteur lui-même, au moyen de trois paires d'excentriques, G. Les trois manivelles sont calées à 120° l'une de l'autre. Les pompes à double circulation sont actionnées par un levier à deux flasques, L, articulé sur la tête de la tige du piston du dernier cylindre D.

La pression de la vapeur est de 12 kilogrammes, 65 par centimètre carré.

La puissance développée a été de 518 chevaux, et la consommation de charbon aux essais s'est abaissée à 510 grammes par cheval et par heure.

Les machines à quadruple expansion sont encore fort peu répandues, mais la très forte économie réalisée sur le combustible, ainsi que nous venons de le voir, peut faire croire que ces machines seront avant peu appelées à remplacer, sur les grands paquebots, les machines à triple expansion.

Une machine à quadruple expansion et à six cylindres, comme celles du *Rionnag-na-Mara*, a, en outre, l'avantage de se prêter à neuf combinaisons différentes de fonctionnement, à savoir :

1° *Comme machine à quadruple expansion et à 6 cylindres actionnant 3 manivelles.* — La vapeur est admise dans les 3 cylindres à haute pression, au moyen des tuyaux *e, e*, et elle est évacuée au moyen des tuyaux *b, b* et *c*, qui la conduisent au premier cylindre détendeur, B; enfin elle passe par le tuyau *f* successivement aux cylindres C et D.

2° *Comme machine à quadruple expansion et à 5 cylindres actionnant 3 manivelles.* — Il suffit pour cela de fermer l'admission de la vapeur d'eau dans un des cylindres supérieurs.

3° *Comme machine à quadruple expansion et à 4 cylindres actionnant 3 manivelles.* — Deux des petits cylindres sont supprimés.

4° *Comme machine à triple expansion, sans condensation, à 4 cylindres actionnant 2 manivelles.* — La vapeur n'est admise que dans les deux petits cylindres A′, A″, d'où elle passe dans le cylindre B, puis dans le cylindre C, pour être ensuite évacuée à l'air libre.

5° *Comme machine à triple expansion, avec condensation, à 4 cylindres actionnant deux manivelles.* — La vapeur est admise dans les deux cylindres A, A′, passe de là dans les tuyaux *b* et *g*, dans le cylindre C, puis dans le cylindre D, et s'écoule enfin au condenseur, par la conduite E.

6° *Comme machine à triple expansion, avec condensation, à 3 cylindres, actionnant 3 manivelles.* — La vapeur se rend directement dans le cylindre B, puis se détend dans les cylindres C et D.

7° et 8° *Comme machine Compound à deux cylindres superposés et sans condensation.* — Dans ce cas, un des trois groupes qui composent l'ensemble, celui de l'avant (A″ B) ou celui du milieu (A′C), fonctionne seul, il y a échappement à l'air libre.

9° *Comme machine Compound à deux cylindres superposés et à condensation.* — C'est le groupe de l'arrière, A, B, par l'intermédiaire du tuyau de communication *h*, qui fonctionne seul.

On voit donc qu'une pareille machine se prête à une grande variété d'allures.

---

## CHAPITRE III

LA MACHINE À VAPEUR MARINE AU POINT DE VUE DE SA CONSTRUCTION. — LES PISTONS. — L'ARBRE DES PISTONS. — LES CYLINDRES ET LES TIROIRS. — LE CONDENSEUR A SURFACE. — LA POMPE DU CONDENSEUR. — L'HÉLICE ET LA *LIGNE D'ARBRES*. — LE PALIER DE BUTÉE.

Pour terminer ces descriptions, nous donnerons quelques détails sur la machine à vapeur marine, au point de vue de sa construction.

Toutes les machines actuelles sont à *connexion directe*, c'est-à-dire que le mouvement des pistons est transmis à l'arbre par les bielles, sans l'intermédiaire d'un balancier. La plupart sont à *bielle directe*, ou pour mieux dire, la bielle est placée entre l'arbre et le cylindre. Cependant, comme nous le faisions remarquer plus haut, on trouve encore dans la marine militaire des appareils à bielles renversées.

L'arbre qui reçoit le mouvement des pistons s'appelle l'*arbre à manivelle*. Il est pourvu de vilebrequins, solidement établis, sur lesquels s'attellent les bielles motrices. Il a 2 ou 3 coudes, et ordinairement, lorsqu'il atteint de grandes dimensions, on le fait en plusieurs pièces, comportant chacune

une manivelle, et assemblées par des plateaux venus de fonte et des boulons.

L'arbre à manivelle est supporté par des paliers garnis de coussinets en bronze ou en métal blanc, et qui font partie de la plaque de fondation.

La plaque de fondation est une robuste pièce en fonte, qui repose sur les carlingues du bâtiment, et supporte tout le poids de l'appareil. Sur la plaque viennent s'assembler les bâtis en fonte, supportant les cylindres, ainsi que les tiroirs, et portant les glissières entre lesquelles se meut la tête de la tige du piston. Souvent l'enveloppe du condenseur est fondue avec les bâtis. D'autres fois, les bâtis n'existent que d'un seul côté, avec glissière unique; et dans ce cas, les cylindres sont supportés de l'autre côté par des colonnes en fonte, en fer ou en acier.

Le mouvement de va-et-vient du piston est transmis aux manivelles de l'arbre, par des bielles, généralement en acier, s'articulant par leur *tête* sur la manivelle, et par leur *pied* sur la tête de tige du piston, appelée *crosse*, et qui porte les coulisseaux de glissière. Les bielles sont pourvues de *coussinets* en bronze, garnis de métal blanc.

Les pistons qui, sont en fonte et creux, sont entourés de plusieurs *segments* en fonte, logés dans des rainures circulaires. Ces *segments*, sortes de bagues fendues, s'appliquent sur la paroi du cylindre, par leur propre élasticité, ou par l'effet de ressorts placés derrière, qui empêchent la vapeur de passer d'un côté à l'autre du piston. La tige du piston, qui est en acier, s'assemble avec celui-ci par un cône, et est serrée par un écrou. La tête de cette tige reçoit les *coulisseaux* de glissière qui assurent le mouvement rectiligne de la tige et s'opposent à toute flexion.

Pour éviter les inconvénients résultant de l'inertie, dans les machines des torpilleurs, qui atteignent une vitesse de 300 à 400 tours par minute, on a foré les bielles et les tiges de piston, et on a fabriqué le piston en acier, pour réduire ses dimensions. Par ce moyen, on a considérablement diminué le poids de ces pièces.

Dans ces mêmes machines, les bâtis en acier forgé ont atteint le minimum de dimensions et de poids. Le poids par cheval effectif est réduit, sur certaines machines de torpilleurs, à 35 kilogrammes.

Les cylindres sont coulés en fonte, généralement à enveloppe de vapeur, et à chemise intérieure rapportée. Souvent le couvercle inférieur est fondu avec le cylindre.

Les tiroirs sont placés sur le côté des cylindres, dans les boîtes à vapeur. Ils sont conduits généralement par une coulisse de Stephenson, munie de ses deux excentriques, analogues à ceux qui sont employés dans les locomotives.

Cependant divers autres systèmes sont en usage. Nous citerons les distributions Marshall et Joy. Les tiroirs sont en fonte, souvent garnis de bronze, et pourvus d'un *compensateur*, qui équilibre la pression de la vapeur.

Le condenseur est toujours à surface. Il se compose d'une enveloppe en fonte, dans laquelle un tuyau spécial amène la vapeur d'échappement. Les extrémités du condenseur sont fermées par des plaques en bronze, percées de trous, se correspondant d'une plaque à l'autre, et dans lesquels passent, à frottement, des tubes minces, en cuivre étamé. En dehors, chacune de ces plaques reçoit une coquille en fonte, qui la recouvre. Dans cette coquille arrive l'eau de mer, envoyée par une pompe spéciale. L'eau traverse les tubes, qu'elle refroidit; la vapeur se condense au contact des tubes froids, et l'eau provenant de cette condensation, tombe au fond du condenseur.

La figure 136 met en évidence les parties intérieures du condenseur à surface des ma-

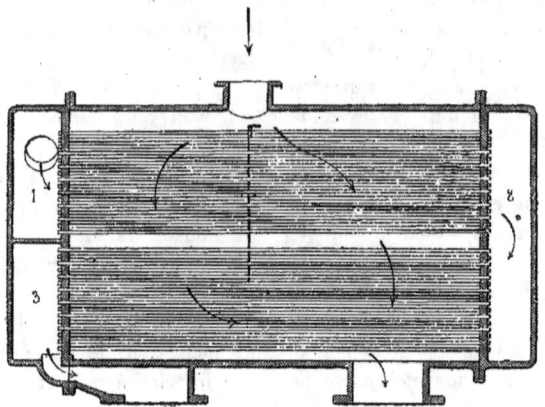

Fig. 136. — Coupe d'un condenseur à surface.

chines de navires. La direction des flèches, ainsi que les numéros, montrent le sens de la marche de l'eau froide dans les tubes.

La circulation de l'eau dans le condenseur est provoquée, soit par une pompe attelée à la machine, soit par une pompe centrifuge, mue par un moteur indépendant. Ce dernier système est adopté pour les grands appareils. Il a l'avantage de maintenir le condenseur froid pendant les arrêts.

Nous représentons dans la figure ci-dessous l'une des pompes en usage dans la marine anglaise, construite par MM. Tangyes, de Birmingham. Dans cette figure, A est le moteur à vapeur, accouplé par son arbre avec la pompe B, laquelle aspire l'eau par l'orifice C, et la refoule en D.

La figure 138 montre l'installation d'une pompe construite par MM. Gwynne, de Londres, sur un condenseur pour le navire *l'Invincible*. Dans cette disposition, la pompe à air, A, au lieu d'être conduite par la machine principale, est conduite, au moyen d'un excentrique, par la machine, P des pompes. Elle aspire l'eau au condenseur, par le tuyau F, et envoie à la mer l'eau de condensation, par le tuyau de trop-plein, L.

E est une pompe centrifuge, disposée soit pour pomper à la cale par le tuyau F et refouler dans ce cas l'eau par le tuyau J, soit pour faire office de pompe de circulation, et alors elle aspire l'eau de mer par la prise C, et elle la refoule au condenseur par le tuyau H.

La prise de vapeur de la machine a lieu en M. L'échappement se fait soit au condenseur par le tuyau O, soit à l'air libre par le tuyau N.

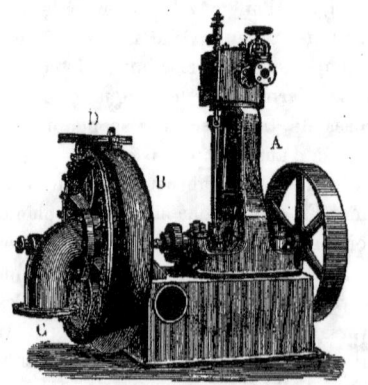

Fig. 137. — Pompe de circulation du condenseur, le couvercle enlevé.

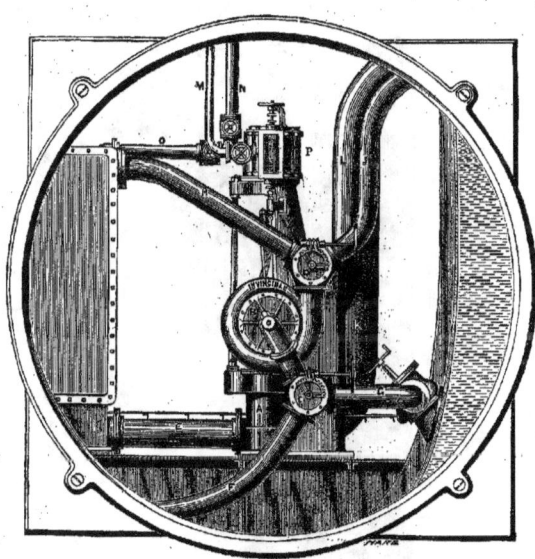

Fig. 138. — Installation d'une pompe de circulation sur un condenseur.

La figure 139 nous fait voir une pompe centrifuge de condenseur, de MM. Gwynne, dont le couvercle de visite est enlevé.

On voit les ailettes hélicoïdales H, qui, par

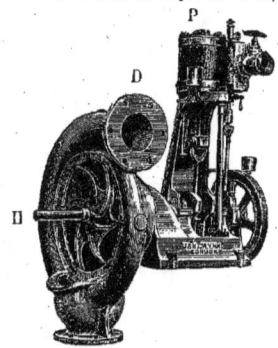

Fig. 139. — Pompe de condenseur, à circulation centrifuge.

leur giration rapide, déterminent l'aspiration par l'orifice C. L'eau entraînée s'échappe par la tangente, après avoir parcouru le tuyau circulaire qui enveloppe la pompe, s'échappe en D, d'où elle est envoyée par un tuyau au condenseur.

L'eau de condensation de la vapeur est enlevée du condenseur, avec l'air entraîné, par la *pompe à air*. Cette pompe, qui est conduite généralement par la machine, est souvent à simple effet. Elle refoule l'eau de condensation dans une bâche où puisent les pompes alimentaires. Un trop-plein conduit l'excès d'eau à la mer.

La machine conduit également des pompes appelées *pompes de cale*, destinées à enlever l'eau qui s'accumule toujours dans le fond des navires.

Quelques mots sur le mode de transmission du mouvement de la machine au navire, pour produire l'effet de propulsion.

Le mouvement de la machine est transmis à l'hélice, par l'intermédiaire d'une *ligne d'arbres*, assemblés bout à bout par des plateaux boulonnés et supportés par des paliers. D'un bout, la ligne d'arbres s'assemble à l'arbre moteur par un accouplement fixe, ou à débrayage ; elle s'assemble de l'autre bout à l'hélice.

C'est ce que représentent les figures 140 | d'arbres du paquebot de la Compagnie transatlantique *la Champagne*. La première est une vue en élévation, la seconde une vue en plan. L'hélice H est mise en action par l'arbre moteur A. Les cloisons étanches sont représentées par les lettres C, C, C... L'arbre d'hélice sort du bâtiment par un *œil* pratiqué dans l'*étambot*, et garni de coussinets en bois de gaïac, fixés dans un cylindre appelé *tube d'étambot*, qui porte, à l'intérieur du navire, un presse-étoupe, qui empêche l'eau de pénétrer. L'arbre d'hélice, dans son passage dans le *tube d'étambot*, est enveloppé de feuilles en cuivre, qui le préservent de l'action corrosive de l'eau de mer.

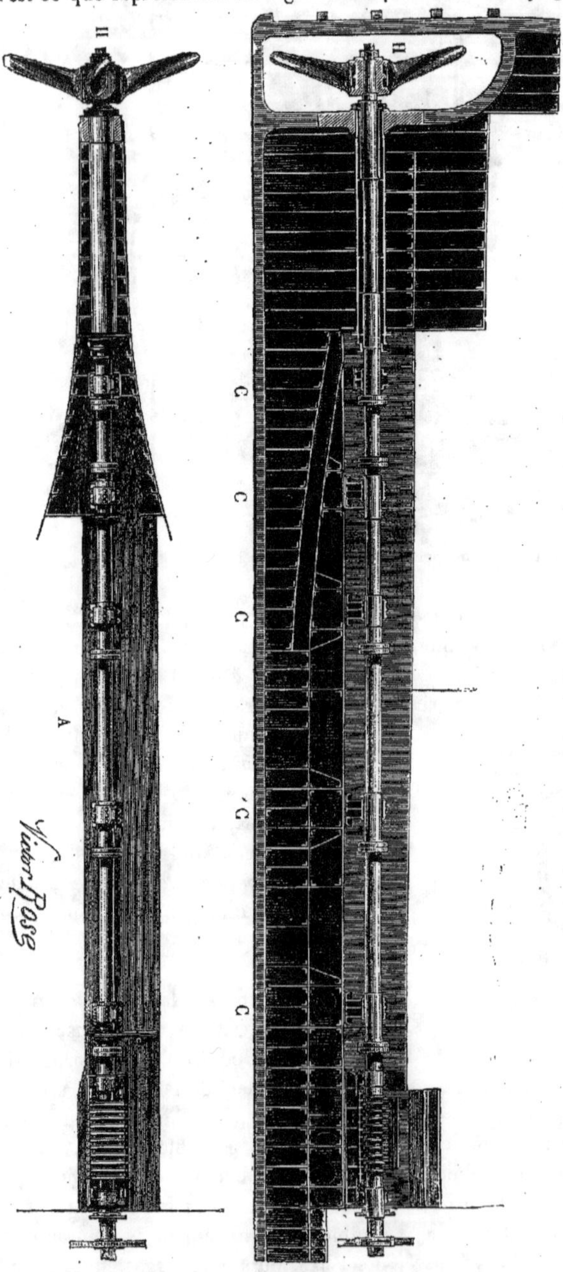

La propulsion du navire est produite, comme on le sait, par la poussée de l'hélice réagissant sur l'eau. Pour résister à cette poussée qui s'exerce suivant l'axe de l'arbre, et qui aurait pour effet de le faire glisser dans ses paliers, l'arbre moteur a besoin de trouver un point d'appui invariablement fixé à la coque du navire, de façon à ce que ce déplacement

Fig. 140 et 141. — *Ligne d'arbres du paquebot la Champagne vue en coupe et en plan.*

et 141, qui donnent une coupe de la *ligne* | relatif se transmette au navire et le fasse avancer. Ce point d'appui est obtenu au moyen d'un *palier* spécial, appelé *palier de butée*, dont le nom indique la fonction et que nous représentons dans les fig. 142, 143 et 144.

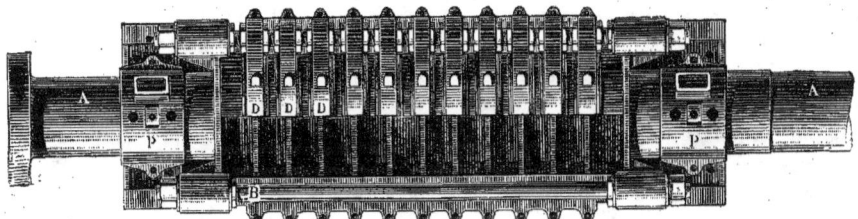

Fig. 142. — Vue en plan d'un *palier de butée*.

Entre la machine et l'hélice, mais plus près de cette dernière, l'arbre A repose sur deux paliers PP, boulonnés sur une même plaque de fondation R, R, et mu-

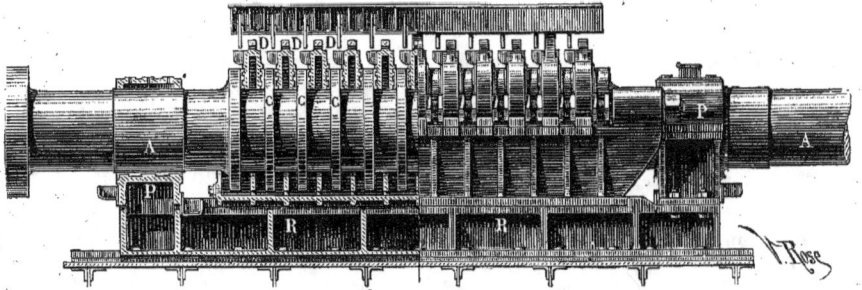

Fig. 143. — Coupe longitudinale d'un *palier de butée*.

nis de coussinets ordinaires. Entre ces deux paliers, l'arbre porte une série de collets, C, C, C, entre lesquels on vient placer des coussinets verticaux D, D, D, ayant la

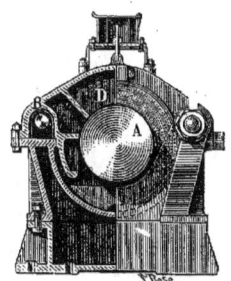 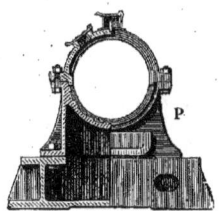

Fig. 144. — Coupe transversale du palier de butée.

forme d'un demi-cercle et réunis entre eux, dans le plan de leur diamètre, par deux boulons longitudinaux, B, qui établissent la solidarité avec les paliers P, P.

La réaction s'exerce entre les faces antérieures des collets et les faces postérieures des coussinets. L'arbre moteur joue, dans cette partie, le rôle d'une vis sans fin et à filets parallèles, tournant sans avancer, dans un demi-écrou à filets, également parallèles.

Le *palier de butée* que nous représentons comporte onze collets. On multiplie, suivant les cas, le nombre de ces collets, de manière que la pression totale soit répartie sur une surface assez grande pour que la pression par centimètre carré ne dépasse pas une certaine limite, au delà de laquelle il pourrait y avoir grippement et détérioration des pièces.

Lorsque le tirant d'eau d'un bâtiment est faible, ou que son déplacement est trop considérable, il n'est souvent pas possible de lui donner une hélice suffisamment grande. On établit alors, à droite et à gauche de l'*étambot*, deux hélices jumelles, mais qui, bien que commandées par une même machine, sont complètement indépendantes. Ce procédé est fréquemment adopté, car il permet de donner une grande facilité d'évolution au bâtiment, en faisant varier la marche respective des hélices

## CHAPITRE IV

TRANSFORMATION DES CHAUDIÈRES DE NAVIRES. — L'ANCIENNE CHAUDIÈRE A CARNEAUX. — ADOPTION DE LA CHAUDIÈRE TUBULAIRE, A RETOUR DE FLAMME. — DESCRIPTION DE LA CHAUDIÈRE MARINE ACTUELLEMENT EN USAGE. — SON INSTALLATION A BORD DES NAVIRES. — ESSAI DE L'EMPLOI, A BORD DES NAVIRES, DES CHAUDIÈRES INEXPLOSIBLES OU MULTITUBULAIRES.

Nous allons voir maintenant par quelles modifications a passé la chaudière des bateaux à vapeur.

Les anciennes chaudières se rapprochaient beaucoup de la chaudière des machines fixes, ou *chaudière en tombeau*, de Watt. Elles se composaient d'un parallélipipède en tôle de fer, ou en cuivre, à l'intérieur duquel étaient établis des foyers, à faces planes, se terminant par des carneaux, qui avaient, en section verticale, la forme d'un rectangle très allongé dans le sens de la hauteur, et en plan horizontal, la forme d'un serpentin. Ces carneaux aboutissaient à la cheminée.

La surface de chauffe, dans ces premières chaudières, était fort restreinte, malgré leurs grandes dimensions ; et comme le volume d'eau qu'elles contenaient était considérable, il en résultait que le poids des chaudières d'un navire était énorme.

Les ingénieurs s'appliquèrent, de bonne heure, à obtenir des appareils évaporatoires à grande surface de chauffe, avec un volume et un poids d'eau le plus faible possible. Après bien des essais et des tâtonnements, on finit par adopter la *chaudière tubulaire à retour de flamme*, qui est basée sur le principe des chaudières des locomotives, mais qui en diffère par quelques dispositions.

Nous donnons figures 145, 146 et 147 l'élévation, la coupe transversale et la coupe longitudinale, d'un corps de chaudière à retour de flamme et à faces planes.

La chaudière est composée de deux parties symétriques, que l'on voit, l'une à gauche, en élévation, l'autre, à droite, en coupe, dans la figure 145, et qui ont un tuyau de fumée commun.

Chacune de ces parties est un prisme rectangulaire, et comporte trois foyers, F, F', F", trois grilles G. G', G" et trois portes de chargement E, E', E". Les grilles sont inclinées d'avant en arrière. Les flammes et les gaz de la combustion lèchent la paroi supérieure de chaque foyer, se réunissent, et se mélangent dans une *boîte à feu* commune, A, reviennent en avant, en traversant un faisceau tubulaire, C, dont les tubes

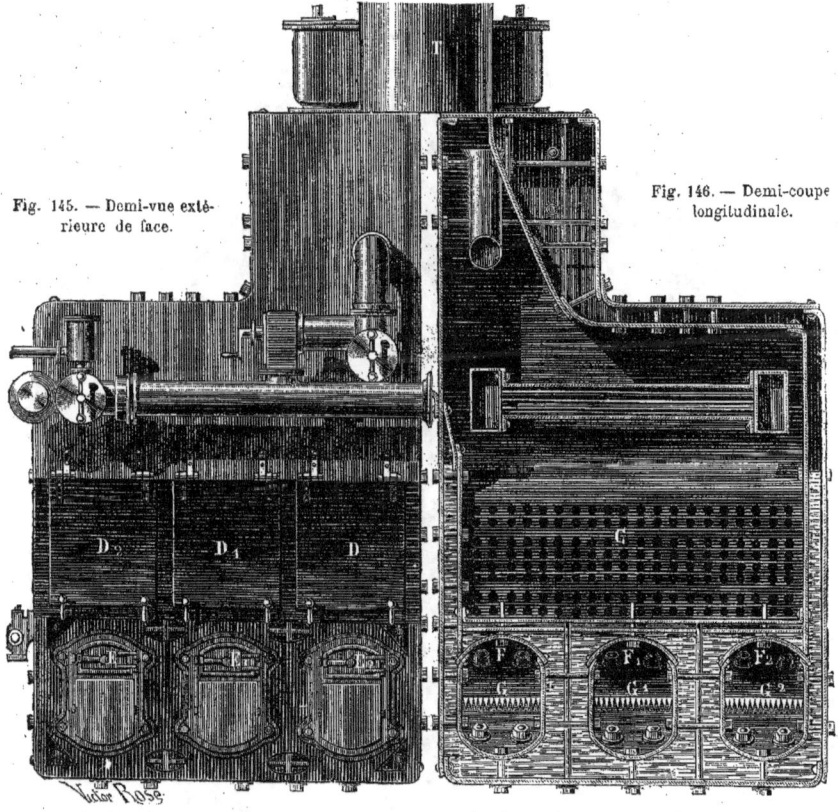

Fig. 145. — Demi-vue extérieure de face.

Fig. 146. — Demi-coupe longitudinale.

Fig. 145 et 146. — Chaudière marine à faces planes et à retour de flamme.

en fer ou en cuivre ont 7 à 8 centimètres de diamètre, et débouchent enfin dans la *boîte à fumée*, B, placée en avant de la chaudière, pour s'échapper par le tuyau T, commun aux deux moitiés.

Trois portes D, D', D", situées sur la face antérieure, en regard du faisceau tubulaire, permettent de nettoyer les tubes de circulation.

Les foyers, les boîtes à feu et à fumée sont enveloppés d'eau de toutes parts. Les tôles formant les parois, tant intérieures qu'extérieures, de la chaudière, sont fortement entretoisées, et réunies par de solides boulons, destinés à leur permettre de résister à la pression intérieure de la vapeur, et à empêcher les déformations que leur forme plane rend plus difficile à éviter.

La face postérieure de la chaudière présente un pan coupé, destiné à lui permettre de se loger plus facilement près de la paroi du navire.

Telles sont les *chaudières tubulaires à retour de flamme*, qui sont restées si longtemps en usage dans la marine. Elles donnaient un bon rendement, et seraient encore en usage si l'adoption des grandes détentes de la vapeur n'eût pas obligé à augmenter

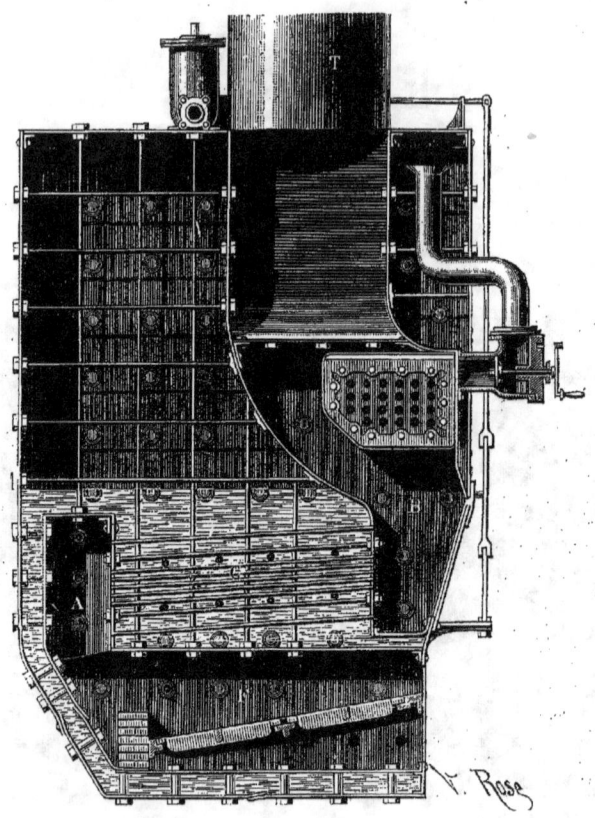

Fig. 147. — Coupe longitudinale d'une chaudière marine à faces planes et à retour de flamme.

la pression, ce qui devenait possible avec le condenseur à surface.

Mais les faces planes des chaudières, si bien entretoisées qu'elles fussent, ne pouvaient résister à des pressions supérieures à 4 et 5 kilogrammes. Les ingénieurs, tout en conservant la disposition du retour de flamme, donnèrent aux chaudières la forme cylindrique.

La figure 148 représente la coupe transversale, et la figure 149 la coupe longitudinale d'une chaudière de la *Normandie*.

Le corps de la chaudière est cylindrique ; les foyers A, A, A, sont cylindriques. Seules, les faces d'avant et d'arrière sont planes, mais solidement entretoisées. Il y a trois *boîtes à feu*, B, indépendantes, et séparées par des cloisons d'eau à faces planes. Les *boîtes à fumée*, qui sont tout à fait extérieures, ne sont pas indiquées sur la figure ; elles sont en tôle mince. Les réservoirs de vapeur sont constitués par des cylindres horizontaux, C, à parois entièrement courbes, et ils sont réunis, par des tubulures D D, à la partie supérieure de la chaudière.

Les chaudières reposent sur les va-

SUPPLÉMENT AUX BATEAUX A VAPEUR.

rangues, par des supports en fer, appelés *bers,* qui épousent en partie leur forme, et les maintiennent solidement en place.

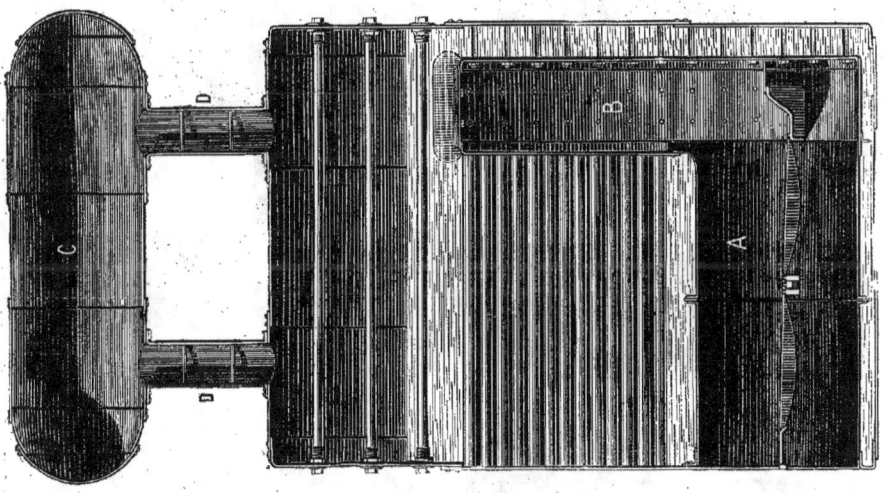

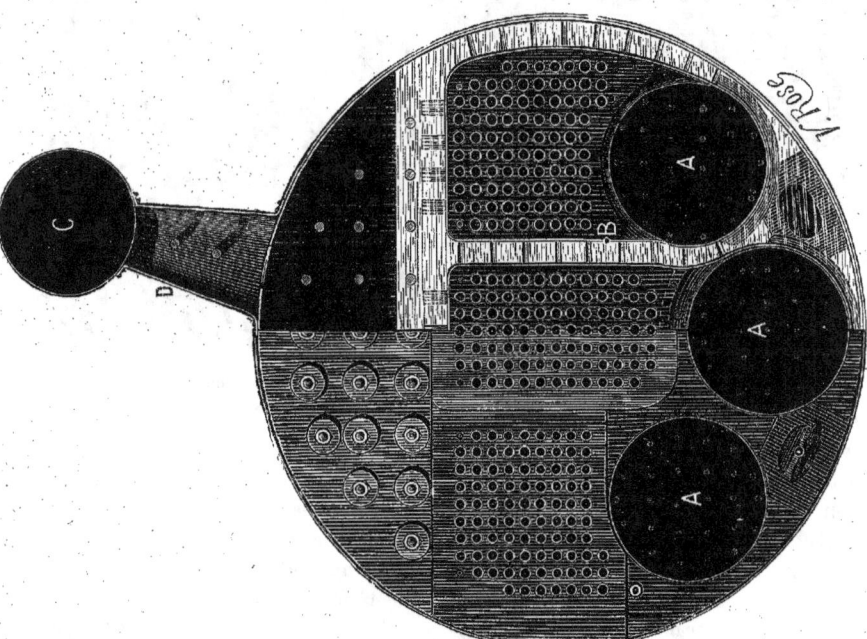

Fig. 148 et 149. — Chaudière de la *Normandie* à trois foyers.

La cheminée n'est, en quelque sorte, que le prolongement de la *boîte à fumée.* Généralement cylindrique, la cheminée est entourée, dans son passage à travers les

Fig. 150. — Chaudière marine double à six foyers, avec réservoir de vapeur unique de la *Normandie*.

ponts, et même au-dessus du pont supérieur, par une chemise, qui fait appel d'air pour la chaufferie, et préserve le bâtiment de la chaleur du tuyau de la cheminée.

La ventilation de la chambre de chauffe s'opère au moyen des *manches à vent* en usage sur les vaisseaux, et qui sont, comme on le sait, de gros tuyaux débouchant sur le pont par des pavillons, que l'on tourne dans la direction du vent.

En général, il y a à bord des navires un peu importants plusieurs corps de chaudières, groupées deux à deux, ou trois à trois. C'est pour ne pas donner au métal des chaudières un diamètre trop considérable que l'on en emploie plusieurs. En effet, l'épaisseur des tôles croît avec leur diamètre, et pour des pressions qui atteignent 10 et 12 kilogrammes, dans les machines à triple expansion, les dimensions ordinaires ($4^m.50$) exi-

# SUPPLÉMENT AUX BATEAUX A VAPEUR.

Fig. 151. — Installation d'une batterie de chaudières à bord d'un paquebot de la C<sup>ie</sup> Transatlantique.

geraient des épaisseurs de métal de 30 à 32 millimètres, bien que l'acier soit exclusivement employé. Or, des tôles d'acier de cette force sont d'un travail extrêmement difficile, et il faut des précautions incroyables pour ne pas les rendre, en les travaillant, aigres et cassantes, malgré les moyens puissants dont dispose l'industrie.

La figure 150 (page 160) représente une chaudière double à 6 foyers avec réservoir unique de vapeur du paquebot *la Normandie*.

La figure 151 donne une vue de l'installation générale d'une batterie de chaudières à bord d'un paquebot de la Cie Transatlantique.

A bord des torpilleurs et des petits navires à vitesse excessive, on adopte, sans modification, la chaudière ordinaire des locomotives. Seulement, le foyer est plus vaste, le diamètre du corps cylindrique plus fort, et les tubes sont plus petits et plus courts.

Nous venons de dire que, dans les chaudières marchant à haute pression, il faut employer des tôles fort épaisses, qui sont d'un travail difficile, et que le volume d'eau est considérable. Les chaudières sont donc fort lourdes, et il faut beaucoup de temps pour les mettre en pression.

De plus, si une explosion venait à se produire, la masse d'eau bouillante qui se répandrait dans la chaufferie, et les débris qui seraient projetés dans toutes les directions, provoqueraient une inévitable catastrophe, dont on a eu, d'ailleurs, un triste exemple à bord du *Richelieu*, en 1886, et antérieurement, à bord du cuirassé anglais *le Thunderer*. Pour éviter ces divers défauts, les ingénieurs ont essayé d'appliquer à la navigation les chaudières *inexplosibles*, ou *multitubulaires*, que nous avons longuement décrites dans la première Notice de ce volume (*Supplément à la Machine à vapeur*).

La marine française avait déjà appliqué la chaudière Belleville aux chaloupes à vapeur de notre flotte militaire; et en 1880, M. Perkins installait sur le yacht *Anthracite* une chaudière multitubulaire de son système, marchant à la pression de 22 kilogrammes 50. En 1885, une chaudière du même ingénieur, timbrée à la pression effrayante de 35 kilogrammes, était établie sur un autre bâtiment anglais.

Ces pressions formidables qui donnent de bons résultats, quant à la puissance motrice de la vapeur, présentent de grands inconvénients pour la conduite et l'entretien, tant pour rendre la marche régulière que pour l'exécution des joints et garnitures, qui restent difficilement étanches.

Sans avoir recours à ces pressions exagérées, il est permis de croire que les pressions de 12 à 15 kilogrammes deviendront courantes dans la marine. Alors la chaudière inexplosible deviendra une nécessité.

Divers essais de chaudières inexplosibles ont été faits par la marine militaire française, entre autres à bord de l'aviso de première classe *le Milan*, lancé en 1886 et qui est pourvu d'une batterie de chaudières Belleville. Les résultats n'ont rien laissé à désirer. Cependant les chaudières multitubulaires ne sont encore admises qu'à titre d'exception dans la marine militaire ou commerciale.

## CHAPITRE V

LES ACCESSOIRES DES MACHINES A VAPEUR MARINES.

Nous passons à la description des appareils accessoires des chaudières de marine. Ces appareils diffèrent peu, en général, des appareils similaires employés dans les chaudières fixes.

Une chaudière de bateau à vapeur est généralement munie de deux niveaux d'eau, à tube en verre, de robinets d'épreuves, de deux soupapes de sûreté, d'un ou deux manomètres, et d'appareils auxiliaires d'alimentation.

Nous examinerons seulement les soupapes de sûreté et les appareils d'alimentation, parce qu'ils diffèrent de ce même genre d'organes en usage dans les machines fixes.

Les soupapes de sûreté employées dans la

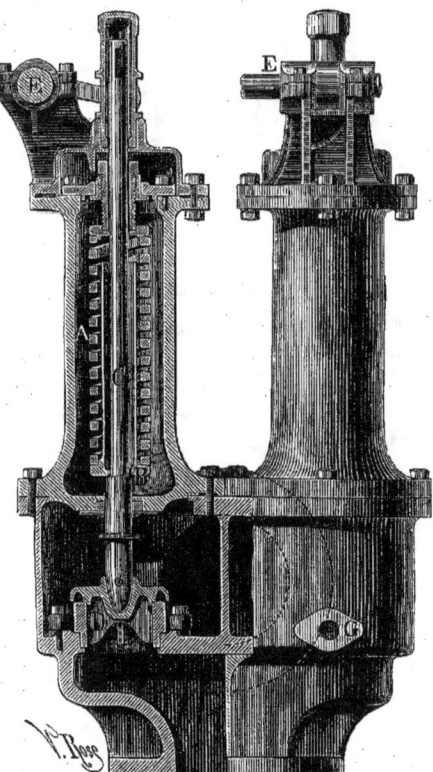

Fig. 152. — Soupape de sûreté de Thomas Adams (Coupe et élévation).

marine sont presque exclusivement du système de M. Thomas Adams, de Manchester. Dans cet appareil que nous représentons dans la figure ci-dessus, le levier et le contrepoids des chaudières des machines fixes sont supprimés ; la force destinée à équilibrer la pression de la chaudière est fournie par un ressort en spirale, A, agissant sur la soupape D, par l'intermédiaire d'une douille B, laquelle repose sur une *portée* ménagée sur la tige C, de la soupape D.

Une particularité de ce système consiste en ce que, contrairement à ce qui arrive avec les soupapes ordinaires, le débit de l'appareil est suffisant pour obliger la pression à ne pas dépasser le timbre de la chaudière, tout en ne laissant écouler que le moins de vapeur possible. Ce résultat est obtenu par un dispositif spécial de l'obturateur, qui a pour effet d'obliger la vapeur qui s'échappe à frapper sur un rebord conique, faisant partie de l'obturateur. On utilise ainsi la force vive de la vapeur, pour contrebalancer l'effet du ressort, et empêcher la soupape de se refermer, dès que, par suite de son soulèvement, elle se trouve moins pressée par la vapeur.

La soupape est pourvue, à sa partie supérieure, d'un levier à main, E, qui permet de la lever à volonté.

Tout l'appareil est enfermé dans une boîte en fonte, et l'échappement de la vapeur se fait latéralement, par une tubulure G, à laquelle on adapte un tuyau, qui conduit la vapeur à l'extérieur.

Les appareils d'alimentation sont de deux sortes : les *injecteurs*, qui dérivent plus ou moins de l'appareil Giffard, et les *petits chevaux alimentaires*.

Nous connaissons suffisamment l'injecteur Giffard ; aussi ne reviendrons-nous pas sur sa description. Quant à ce que l'on nomme, dans la marine à vapeur, les *petits chevaux*, ou *chevaux alimentaires*, ce sont des pompes à vapeur, avec cylindre et tiroir.

La figure 153 représente le *petit-cheval* réglementaire de la marine française. Nos lecteurs sont maintenant assez familiarisés avec les machines à vapeur pour qu'il ne soit pas nécessaire de donner une description de cet appareil d'alimentation.

Nous représentons dans la figure 154 un *petit cheval alimentaire* construit par MM. Tangye. Cet appareil, qui est en usage

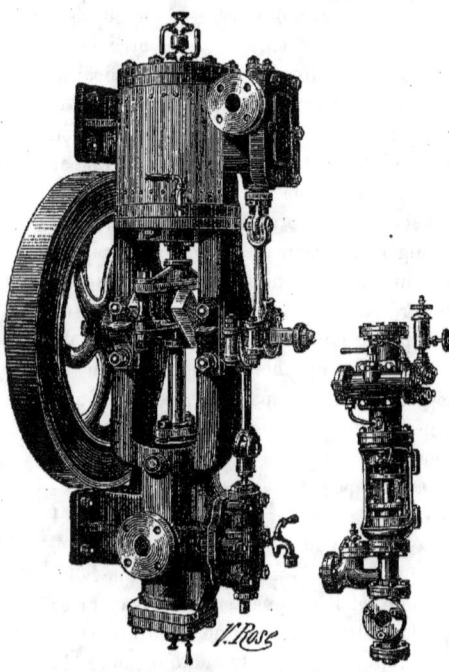

Fig. 153. — Petit cheval alimentaire de la marine française.

Fig. 154. — Petit cheval alimentaire de la marine anglaise.

dans la marine anglaise, est à action directe.

Indépendamment de ces types, divers *petits chevaux* sont en service dans les marines française ou étrangère. Telles sont les pompes Belleville et Worthington. Ces appareils sont, comme les précédents, à action directe, c'est-à-dire dépourvus d'arbre manivelle et de volant.

# CHAPITRE VI

TRANSFORMATIONS OPÉRÉES DANS LES CONSTRUCTIONS NAVALES. — CONSTITUTION D'UNE COQUE DE NAVIRE. — ABANDON DU BOIS. — EMPLOI DU FER ET DE L'ACIER. — SYSTÈME COMPOSITE. — DOUBLAGE EN CUIVRE. — DISPOSITIONS ADOPTÉES SUR LES NOUVEAUX NAVIRES.

Nous allons passer en revue les modifications apportées de nos jours au système général des constructions navales; mais il est indispensable de présenter, préalablement, un rapide exposé de la structure d'un navire, tel qu'on l'entend aujourd'hui.

La coque d'un navire est constituée essentiellement par le *bordé de carène*, c'est-à-dire par l'enveloppe étanche qui lui assure la faculté de flotter, et qui forme trois côtés d'une poutre creuse, en partie ouverte sur sa face supérieure.

Le *bordé* seul ne résisterait pas à l'aplatissement. Aussi est-il armé, à l'intérieur, de membrures verticales, appelées *couples*, qui sont réunies par les *barrots*, c'est-à-dire par des poutres transversales, qui font avec les *couples* un solide indéformable.

La résistance à la flexion longitudinale est constituée par la quille, qui réunit les *couples* et le *bordé du pont*, et assure la liaison des *barrots*.

Indépendamment de la quille et parallèlement à elle, règnent d'autres poutres longitudinales, que l'on nomme *carlingues*, qui résistent également à la flexion longitudinale.

La pression que l'eau exerce sur les fonds du navire est combattue par les *varangues*, qui réunissent la partie inférieure des *couples* à une certaine hauteur au-dessus de la quille, et par les *barrots*, qui sont réunis aux *varangues*, soit par une cloison verticale, soit par des pièces verticales, que l'on nomme *épontilles*.

La membrure, la quille, qui se relève, à l'avant, par une pièce verticale, appelée *étrave*, et à l'arrière, par une autre pièce également verticale, que l'on nomme *étambot*, forment, avec les *barrots*, les *carlingues* et les *varangues*, l'ossature du bâtiment. Ils constituent son squelette, pendant la construction, et servent de point d'appui au *bordé* et à toutes les autres pièces du navire.

Jusqu'à l'introduction de la vapeur comme agent moteur, le mode de construction des navires avait peu varié. Le bois était seul employé, et un bâtiment se composait essentiellement : 1° de *couples*, formés de deux plans de bois croisant leurs jonctions, appelées *écarts*, et chevillés l'un sur l'autre ; 2° d'un *bordé*, ordinairement en bois de chêne, chevillé sur les couples ; et 3° de *barrots*, recevant les ponts et reliés aux couples par des courbes en bois.

Certes, ces procédés ont fourni de magnifiques spécimens d'architecture navale ; mais ils avaient contre eux deux ennemis invincibles : la déliaison des pièces et la pourriture du bois.

Sans doute, une pièce de bois est, comme on l'a prouvé depuis longtemps, plus résistante, à poids égal, qu'une pièce de fer, mais elle a le défaut grave de ne pouvoir se réunir à d'autres, d'une façon invariable. Le chevillage ne résiste pas au cisaillement, et il est inefficace pour empêcher les pièces de tourner. Les trous de chevilles s'agrandissent, sous l'influence du mouvement des pièces ; et au bout de quelque temps, tout l'ensemble ne présente plus une cohésion suffisante pour résister aux efforts de la mer et aux fractures qu'il a subies.

Le bois de chêne, qui résiste si bien à l'action de l'air ou de l'eau, s'altère par l'effet de l'air humide et confiné, lequel existe dans les caissons appelés *mailles*, formés par les couples et le *vaigrage* ou enveloppe intérieure, et où l'air ne peut se renouveler suffisamment.

Il a donc fallu chercher un mode de construction des navires qui offrît plus de résistance que le bois. Le fer est venu fournir la matière première des constructions navales.

Les coques de navire entièrement en fer datent de l'année 1845 environ. Elles se répandirent en France, grâce à l'initiative de Dupuy de Lôme, alors simple sous-ingénieur de la marine à Toulon, et qui avait été chargé d'aller étudier en Angleterre les procédés de construction des navires en fer, en usage dès cette époque dans les chantiers de Liverpool et de Glasgow.

Une coque en fer, grâce à la solidité des assemblages de toutes ses parties, ne redoute pas la déliaison ; elle n'a à craindre que la mauvaise qualité du fer, ou l'imperfection de la mise en œuvre.

Le fer a permis d'entreprendre la construction de bâtiments qu'il eût été impossible de faire autrement.

Les premiers navires de fer furent construits selon les dispositions suivies pour les coques en bois. Le *bordé*, sur un navire en fer, est une enveloppe extérieure unique ; les *couples* sont formés par deux cornières adossées, dont la section donne un Z. Il n'y a pas de *varangue*, mais seulement des lambris, au droit des logements, pour les défendre des variations de température. Ce procédé est encore le plus employé pour la construction des navires de dimension moyenne.

Sur les très grands navires, on adopte le *système longitudinal*, c'est-à-dire que sur les bordages du fond on applique, à l'intérieur, des *lisses* en fer, appelées *carlingues intercostales*, dont le plat est horizontal, et constitue une série de *carlingues latérales*, interrompant la membrure. A l'intérieur, toutes ces pièces sont recouvertes d'un second *bordé* ; ce qui les ramène au simple rôle d'entretoises, les deux *bordés* travaillant ensemble.

Ce système fut appliqué pour la première fois dans la construction du *Great Eastern*.

Dans un navire de fer, la quille est constituée par un fer plat placé de champ, et se relevant à l'avant, pour former l'étrave. A l'arrière, elle s'assemble avec l'*étambot*, pièce de forge énorme, qui forme la *cage* de l'hélice, et dont les différentes parties portent les noms suivants : *l'étambot-avant* portant l'œil où passe le tube d'étambot qui contient l'arbre d'hélice, et l'*étambot-arrière* ou *contre-étambot* portant les *femelots* du gouvernail, sortes d'œils dans lesquels s'engagent les *mâles*, ou *aiguillots*, sortes de gonds qui constituent la charnière autour de laquelle pivote le gouvernail.

La figure 155 représente l'*étambot* du paquebot de la C¹ᵉ Transatlantique, *la Champagne*, portant la carcasse de son gouvernail.

Les coques en fer ne sont pas, toutefois, sans présenter certains inconvénients, que nous ne devons pas manquer de signaler.

D'abord, par suite d'un effet électrique encore mal expliqué, et sur lequel le chimiste Humphry Davy fut, autrefois, inutilement consulté, les coques de fer se recouvrent, pendant les traversées, de coquillages de toutes sortes ; ce qui ralentit leur marche. Ensuite, dans les navires de guerre, l'artillerie produit sur les tôles des ravages terribles, qu'il est impossible de combattre.

Il n'y a d'autre moyen de se débarrasser de dépôts de coquillages que des nettoyages sur cale sèche, tous les six ou huit mois. C'est à quoi se résignent les paquebots ; mais les navires de guerre, surtout les croiseurs, astreints à des campagnes prolongées et lointaines, ne peuvent user de ce procédé. Il reste, d'ailleurs, pour les navires de guerre, le second danger, c'est-à-dire les ruptures et destructions de la coque, résultant des projectiles ennemis, et qui sont bien plus graves sur une coque en fer que sur les navires de bois.

C'est dans le but de réunir les avantages des coques en bois à ceux des coques en fer, que l'on a créé le système de construction navale dit *composite*.

Dans ce système, la coque du navire se compose d'une membrure en fer, avec *bordé* en bois (généralement du bois de *teack*, qui n'attaque pas le fer), et on le recouvre, à l'extérieur, d'un second *bordé* en bois, à coutures chevauchées et d'un doublage en cuivre. Ce système, qui a paru excellent dans les essais, n'a pas encore été appliqué à de très grands navires.

Lorsqu'on veut doubler en cuivre une coque en fer, on la recouvre d'un *soufflage* en bois, fixé au *bordé* par des boulons, et recouvert d'un second soufflage, fixé sur le premier (par dessus) et qui reçoit le doublage.

Sur les navires en fer de grande dimension, on borde ordinairement en tôle un des ponts, pour augmenter la résistance, et on le recouvre d'un *bordé* en bois bien calfaté.

Les nouveaux bâtiments sont tous ainsi construits : le pont supérieur est entouré, dans le prolongement du *bordé*, par un garde-corps en tôle mince appelé *pavois*, portant une main courante en bois, appelée *lisse d'appui*.

Beaucoup de navires récemment lancés portent un *spardeck*. Dans ce cas, les membrures se rapprochent de la partie supérieure, et reçoivent un pont léger, appelé *pont spardeck* ou *spardeck*. Le pont principal est alors au-dessous du *spardeck*. Les *pavois* sont alors supprimés, et remplacés par un garde-corps, formé de tringles en fer rond, passées dans des supports verticaux et portant la lisse d'appui.

Les fonds de la plupart des nouveaux bâtiments forment ce que l'on nomme des *water-ballast*, c'est-à-dire des caisses étanches, dont la partie supérieure forme le plancher de la cale, et que l'on remplit d'eau, pour servir de lest. On vide ces caisses, en tout ou partie, lorsque le navire est chargé,

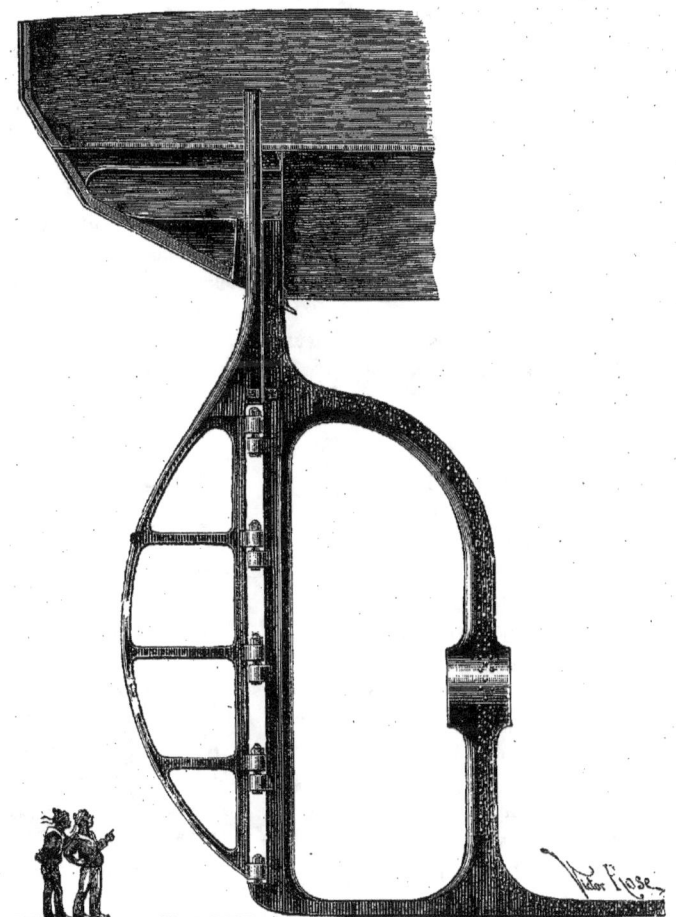

Fig. 155. — Etambot de la *Champagne*, portant la carcasse du gouvernail.

et on les remplit lorsqu'il flotte à vide. A l'avant et à l'arrière sont d'autres caisses à eau, plus hautes que les *water-ballast*, que l'on appelle *peaks*, et qui servent à faire plonger ou émerger plus ou moins ces dernières parties du navire, suivant les besoins de la navigation.

Pour éviter les dangers que peut faire courir à un navire une voie d'eau, on établit, transversalement, d'autres cloisons étanches, qui divisent le navire en plusieurs compartiments. Ces cloisons ont pour but d'empêcher l'eau d'envahir la totalité du navire, si, par suite d'un choc, le *bordé* vient à se rompre ; la communication entre ces compartiments est établie alors par des *vannes*, que l'on ferme au moment de l'accident.

Sur le pont des navires, et principalement des paquebots, s'élèvent diverses constructions qui ont chacune leur dénomination. On les appelle *roofs*, si elles n'occupent pas toute la largeur du navire ; — *dunettes*, lorsqu'elles sont situées à l'arrière et s'étendent jusqu'au *bordé*; — *gaillards*, si elles sont placées à l'avant; — *châteaux*, quand, placées au milieu, elles occupent toute la largeur du bâtiment, et que leurs faces latérales sont formées par le prolongement du *bordé*.

Dans ces superstructures sont logés l'équipage, les officiers et une partie des passagers. Elles garantissent le haut des machines, ainsi que des chaudières.

Souvent leur partie supérieure est formée par un pont léger, qui sert de promenade aux passagers.

Les *soutes* sont disposées en travers, le long des machines et des chaudières.

On embarque le combustible dans les *soutes*, au moyen d'ouvertures qui débouchent sur le pont, et qui sont fermées par des tampons en fonte.

Dans la chaufferie sont des portes à coulisse, qui permettent d'extraire le charbon pour les besoins du service.

L'arbre de l'hélice est séparé de la cargaison par une voûte en tôle, appelée *tunnel*, qui permet de circuler à tout instant autour de cet arbre.

Les marchandises sont introduites à bord par des ouvertures rectangulaires (*écoutilles*): elles sont garnies d'un rebord (*hiloire*) qui empêche l'eau de mer de défoncer les panneaux de fermeture.

---

## CHAPITRE VII

LES ACCESSOIRES DE LA COQUE DES NAVIRES, OU L'ARMEMENT. — LE GRÉEMENT, OU MATURE. — LES GOUVERNAILS. — LES APPAREILS DE LEVAGE. — BOUSSOLES. — POMPES ET VENTILATEURS. — L'ÉCLAIRAGE ÉLECTRIQUE A BORD DES NAVIRES, APPAREILS SERVANT A LE PRODUIRE.

Nous allons dire maintenant quels sont les accessoires de la coque, c'est-à-dire les ancres et leurs chaînes, les cabestans, les guindeaux, la mâture, le gréement, les embarcations, etc., etc. L'ensemble de tous ces accessoires s'appelle l'*armement*.

Nous n'examinerons ici que l'*armement* des bâtiments de commerce, celui des navires de guerre étant tout spécial et devant être étudié dans une autre Notice.

Nous commencerons par les ancres.

Le lecteur sait que les ancres ont pour objet d'immobiliser le bâtiment partout ailleurs que dans un bassin. Une ancre comprend plusieurs parties : la *tige* A, et la

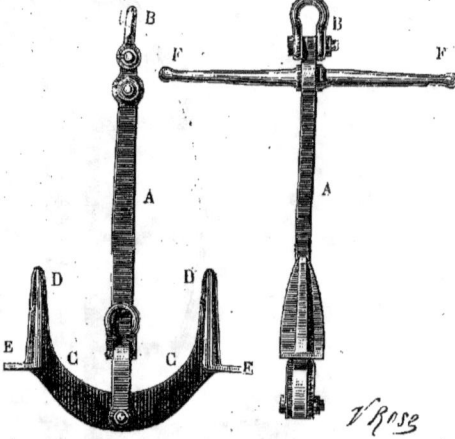

Fig. 156. — Ancre Trottmann.

*cigale* B, qui sert à recevoir la chaîne, les *pattes* C, les *oreilles* D, et le *bec* E. La tige reçoit, près de la *cigale*, une barre transversale F, appelée le *jas*, qui a pour effet d'obliger l'ancre à placer ses pattes perpendiculairement au fond, lorsqu'on la mouille.

La figure 156 représente l'*ancre Trottmann*, d'un usage courant aujourd'hui. Les pattes sont mobiles autour d'un axe, ce qui facilite beaucoup leur accrochage sur le fond, ainsi que leur arrimage à bord du navire.

Sur un grand navire, les ancres sont de trois catégories : les *ancres de bossoirs*, les *ancres de veille* et les *ancres à jet*. Les pre-

Fig. 157. — Treuil guindeau à bras.

mières sont celles d'un usage courant, qui sont toujours suspendues à l'avant, sous les *bossoirs*. Les secondes sont semblables aux premières, comme dimension, et servent à les remplacer ; elles sont placées à portée, près du *gaillard* d'avant. Les troisièmes, beaucoup plus légères, sont destinées à être portées par un canot, qui les mouille au point voulu.

Les *ancres de bossoirs* reçoivent les chaînes, qui sont composées d'anneaux étançonnés, appelés *mailles*. Les chaînes sont ordinairement réunies par bouts de 30 mètres, au moyen de *maillons*. Elles sont fixées sur la carlingue centrale, par une *étalingure*, sorte de forte attache. Elles traversent la muraille du bâtiment, à l'avant, près de l'étrave, par les *écubiers*, œils en fonte fixés solidement au *bordé*. Il existe un *écubier* de chaque côté de l'étrave. Lorsque les ancres sont à bord, les chaînes sont repliées dans un compartiment spécial placé à l'avant, et que l'on nomme *puits aux chaînes*.

Les ancres prêtes à *mouiller*, c'est-à-dire à tomber à la mer, sont retenues à bord par un petit mécanisme fort simple, appelé *mouilleur*, qui se compose d'une tringle de fer passée dans deux pitons, dans lesquels elle tourne aisément. A chaque extrémité de la tringle, sont deux crochets, ou *doigts*, qui prennent dans les anneaux des chaînes, et les empêchent de filer. Un levier suffisamment long, fixé au milieu de la tringle, empêche celle-ci de tourner au moyen d'une cordelette ou aiguillette qui l'attache. Il suffit de couper l'aiguillette, pour que le poids des chaînes agissant sur les *doigts*, qui font bras de levier, fasse tourner la tringle, et dégage les *doigts*. Les chaînes, débarrassées de toute entrave et obéissant au poids des ancres, filent par les écubiers.

Un autre appareil, nommé *stoppeur*, est destiné à empêcher la chaîne de s'échapper brusquement par l'*écubier*, lorsque l'ancre a convenablement mordu au fond. C'est simplement une cavité ayant la forme d'une

Fig. 158. — Treuil guindeau à vapeur (Type vertical).

maille de chaîne, pratiquée dans un conduit en fonte, dans lequel passe la chaîne. Pendant que la chaîne file, une pièce en fer, nommée *pied-de-biche*, et manœuvrée par des leviers, obstrue l'ouverture du stoppeur. Au commandement de l'officier chargé du mouillage de l'ancre, un matelot abaisse le *pied-de-biche*, et une maille de la chaîne tombant dans la cavité arrête brusquement le mouvement. La chaîne est ensuite solidement amarrée. La portion de chaîne qui sort de l'écubier, au mouillage, est appelée *touée*. Elle est toujours bien plus grande que la profondeur du fond pour permettre au navire d'agir obliquement sur son ancre et de la forcer à se crocher au fond.

On remonte les chaînes à bord au moyen d'un treuil spécial, appelé *guindeau*, généralement mû par la vapeur, sur les grands bâtiments, mais qui peut aussi être mu à bras sur les navires de faibles dimensions.

La figure 157 représente un guindeau à bras. Sur un arbre horizontal AA, sont fixés deux disques en fonte, B, B, munis d'empreintes ayant la forme des mailles de la chaîne, et appelés *noix*, ou *barbotins*. Les chaînes passent sur ces barbotins et s'engagent dans les empreintes. Cet appareil est directement placé au-dessus du puits à chaînes ; les chaînes en sortent par les deux ouvertures, E, E.

L'arbre des manivelles, C, communique le mouvement à l'arbre, AA, des barbotins, au moyen de deux engrenages coniques, R, R'. Un système de débrayage permet de ne faire tourner que l'un ou l'autre des barbotins suivant qu'on veut remonter l'ancre de bâbord ou celle de tribord.

Mais sur les grands navires de guerre et les grands paquebots modernes, en raison du poids considérable des ancres, on emploie des guindeaux mus par la vapeur.

La figure 158 représente un guindeau à vapeur dans lequel deux cylindres verticaux, C, C, mettent en mouvement, par l'intermédiaire de bielles et de plateaux-manivelles, P, un premier arbre horizontal, D, qui fait tourner au moyen d'engrenages l'arbre, A, sur lequel sont montés les barbotins B.

On peut débrayer l'un ou l'autre des barbotins, suivant la chaîne que l'on veut relever. Des leviers appelés *brimballes* servent à manœuvrer directement le guindeau à bras quand les feux des chaudières sont éteints.

Fig. 159. — Treuil guindeau à vapeur (Type horizontal).

La figure ci-dessus représente un autre guindeau, également à vapeur, mais dans lequel les deux cylindres sont horizontaux et placés sous l'arbre A, aux extrémités duquel sont montés les deux barbotins, B, B. Un balancier à double marche, E, permet de manœuvrer à bras au moyen de brimballes.

Les chaînes relevées par le *guindeau* ne remontent l'ancre que jusqu'à l'*écubier*. Pour l'élever à la hauteur du gaillard, et la mettre à bord, on a recours aux *bossoirs*, sorte de grues, qui surplombent la muraille à l'extrême-avant. A ces bossoirs sont fixés de forts palans, appelés *palans de caponnière*, et dont la moufle inférieure porte un crochet. On saisit l'anneau de l'ancre par le crochet, et on garnit le garant du palan sur un cabestan à vapeur. L'ancre est alors amenée à bord, et rendue fixe, pour toute la traversée.

Dans nombre de nouveaux bâtiments, les bossoirs sont remplacés par une seule grue tournante, qui peut desservir les deux écubiers.

Dans les ports, les navires sont amarrés à quai par des cordages, appelés *grelins* et *haussières*, qui sont attachés à bord, sur des bornes en fonte, appelées *bittes*, et solidement fixées au pont.

Parlons maintenant de la *mâture et du gréement* des navires à vapeur.

A bord des steamers modernes, la mâture et le gréement sont loin d'avoir l'importance qu'on leur donnait autrefois. Cependant, indépendamment du *coup d'œil marin* qu'ils donnent aux bâtiments, ces accessoires de la coque sont encore une sauvegarde, en cas d'avarie de la machine, et souvent un auxiliaire à celle-ci, lorsque le vent est favorable. Par une grosse mer, les voiles *appuient* le navire, c'est-à-dire lui font prendre une position plus fixe sous le vent, et diminuent l'amplitude du roulis.

Le nombre des mâts varie suivant l'importance des navires. En général, les bâtiments ayant moins de 90 à 100 mètres de longueur n'ont que deux mâts, et portent une simple voilure de goëlette latine, si ce sont des caboteurs. Les *longs-courriers* portent, en outre, des voiles carrées au mât de misaine.

Au-dessus de 100 mètres de longueur, le nombre des mâts est de trois et même de quatre. Les deux premiers mâts sont garnis de voiles carrées, et quelquefois les trois premiers, si le navire a quatre mâts.

Le mât d'artimon (le plus à l'arrière) est

toujours gréé d'une brigantine, et quelquefois d'une flèche.

Les mâts sont généralement construits en tôle de fer ou d'acier, au moins à leur partie inférieure, et sont ordinairement *à pible*, c'est-à-dire d'une seule venue, de l'emplanture et à pomme. Ils sont creux, et constituent une sorte de tube conique en métal. Les vergues sont également métalliques, et d'une construction analogue. Le gréement fixe, ou les *dormants*, tels que les haubans, galhaubans et étais, sont en fil d'acier.

Dans les grands steamers, presque toujours la manœuvre des voiles s'effectue du pont, et par l'intermédiaire des treuils à vapeur, qui deviennent indispensables, en raison du petit nombre d'hommes que comporte l'équipage.

Nous dirons un mot des *ventilateurs*, bien que l'usage de ces engins commence à tomber en discrédit.

Outre les *manches à vent*, ce moyen antique et irréprochable de renouveler l'air dans les cales et les entreponts, on fait usage quelquefois, sur les navires, de *ventilateurs* mus par la vapeur.

Fig. 160. — Ventilateur à la vapeur.

La figure ci-dessus représente un de ces appareils. A est la petite machine à vapeur qui reçoit un courant de vapeur spécial, de l'une des chaudières. C, est l'arbre que fait tourner cette machine, V, le volant, et B, le ventilateur, sorte de large roue, de dimensions considérables, qui pousse l'air dans le sens de son axe, et le dirige dans des conduits aboutissant aux locaux à ventiler.

Passons aux appareils de levage.

A bord des bâtiments de commerce de tout ordre, le chargement et le déchargement des marchandises se fait au moyen de treuils à vapeur, et de grues, dont nous allons dire quelques mots.

Les *écoutilles* sont disposées de telle sorte qu'elles se trouvent auprès d'un mât, dans l'axe du bâtiment. Pour embarquer ou débarquer le fret, on articule au mât le plus proche, par une crapaudine fixée par un fort collier, une *corne de charge*, portant un pivot, qui peut osciller dans la crapaudine. Cette corne est constituée par une pièce de bois, ou *volée*, inclinée et maintenue à son extrémité par une chaîne, solidaire du mât. La longueur de la corne est calculée pour que son extrémité tombe au milieu de l'écoutille, et sorte de quelques mètres hors du bâtiment, lorsqu'elle est tournée de côté. A cette extrémité est fixée une poulie, dans laquelle passe la chaîne, portant le croc de déchargement. Cette chaîne passe dans une seconde poulie fixée près du pivot et vient s'enrouler sur le tambour d'un treuil à vapeur fixé à proximité.

La figure 161 représente un treuil ordinaire à vapeur, pouvant être employé dans ce cas particulier.

Deux cylindres inclinés, C,C, actionnent l'arbre du tambour, T, du treuil, au moyen d'un arbre intermédiaire, A, et d'une paire d'engrenages.

La figure 162 représente un treuil à vapeur spécialement construit pour cet usage particulier.

Les deux cylindres C sont horizontaux.

L'entraînement se fait de l'arbre A à l'arbre B, par frictions cannelées.

La manœuvre s'opère au moyen d'un seul

Fig. 161. — Treuil à vapeur à tambour (Type vertical à engrenages).

levier L, à mouvement latéral articulé, permettant d'obtenir l'arrivée de vapeur, l'embrayage des frictions, la fermeture de la valve et enfin la descente, en s'appuyant sur le frein fixe.

Les arbres des tambours portent des poupées P, en fonte, qui servent à l'enroulement des cordages.

Nous ajouterons que dans des navires récemment construits, les treuils, et souvent les différents engins de manœuvre, sont actionnés par des appareils hydrauliques, c'est-à-dire fonctionnent par l'eau, sous pression. Nous citerons, comme exemple, l'installation faite à bord du *Quetta*. On supprime ainsi les trépidations, et les manœuvres sont plus rapides.

Parmi les appareils accessoires des navires, les plus importants sont incontestablement ceux qui servent à mouvoir le gouvernail. En effet, que deviendrait un navire désemparé de l'organe qui le dirige? Il ne tarderait pas, sous l'action des vents et des courants, à être écarté de sa route, et il ne saurait résister à une tempête.

C'est pour ces raisons que les constructeurs se sont attachés à perfectionner les appareils qui font mouvoir le gouvernail, et à les multiplier à bord.

Un gouvernail est une surface plane, de dimensions et de forme variables, formée d'une charpente en fer forgé, recouverte par des tôles rivées, et susceptible de tourner, au moyen d'un arbre puissant, appelé *mèche*, autour de pivots, appelés *mâles* ou *aiguillots*. Ces aiguillots sont passés dans les *femelots*, venus de forge, avec l'étambot.

Le gouvernail est, comme chacun le sait, placé à l'arrière, et sa mèche pénètre dans le navire, par un presse-étoupe étanche. Pour le manœuvrer, on fixe sur la mèche un secteur en fer, qui reçoit deux chaînes bien tendues, appelées *drosses*. Les *drosses* courent à bâbord et à tribord, le long de la muraille, et viennent s'enrouler sur le tambour d'un treuil, qui se manœuvre par l'intermédiaire d'engrenages, au moyen d'une roue en bois, munie de poignées, sur laquelle agit le timonier. Lorsqu'on fait tourner le treuil, une des *drosses* s'enroule et l'autre se déroule. Il en résulte que le gouvernail est sollicité du côté de celle qui s'enroule. La longueur des drosses peut être quelconque,

Fig. 162. — Treuil à vapeur à tambour (Type horizontal à friction).

ce qui permet de placer la roue du gouvernail et son treuil au point le plus commode.

D'autres fois, cet appareil est remplacé par un appareil à vis sans fin ; un secteur denté fixé à la mèche reçoit le mouvement d'une vis mue par des engrenages et des roues à bras. C'est ce dispositif qui est adopté par la *Compagnie générale transatlantique.*

Dans les steamers dépassant la longueur de 40 à 50 mètres, la manœuvre du gouvernail a lieu par la vapeur, au moyen d'un *servo-moteur.* Ces appareils, très répandus aujourd'hui, et dont les formes sont très variées, ont été inventés par le savant constructeur, M. Joseph Farcot.

L'appareil dit *servo-moteur*, imaginé par M. Joseph Farcot, consiste dans l'asservissement complet d'un moteur quelconque au gouvernement absolu du commandant d'un navire et d'un timonier, qui fait cheminer la main de celui-ci avec l'organe sur lequel agit le moteur, de telle sorte que tous deux marchent, s'arrêtent, reculent, reviennent ensemble, et que le moteur suive pas à pas le doigt indicateur du conducteur, dont il imite servilement tous les gestes.

Le *servo-moteur* a permis d'augmenter considérablement la puissance des gouvernails, tout en rendant leur manœuvre aussi facile et prompte que celle d'un gouvernail de canot. Le timonier peut, d'un point quelconque du navire, en exerçant un faible effort sur son volant de manœuvre, mettre la barre toute d'un bord, en quelques secondes. Il peut également l'amener sûrement et sans aucune hésitation à un angle intermédiaire déterminé, puisqu'il voit se reproduire constamment devant lui, sur un cadran, tous les mouvements que subit le gouvernail.

La marine de guerre française, ainsi que les grands paquebots modernes, ont adopté, pour la manœuvre des gouvernails, le *servo-moteur* de M. Farcot ou ses dérivés.

Cet appareil, que nous représentons dans la figure 163, se compose de deux cylindres à vapeur, A, A, dont les axes sont à 90° et actionnent un arbre à manivelles.

Les deux tiroirs de distribution de vapeur, B, B, fixés sur le dos des cylindres, sont manœuvrés par deux excentriques de distribution. Les deux colliers des excentriques sont fous, sur un moyeu qui lui-même est fou, sur un coude diamétralement opposé à la manivelle sur laquelle sont attelées les manivelles motrices.

Un doigt pénètre dans ce moyeu et le

Fig. 163. — Servo-moteur Farcot.

fait tourner autour du coude de l'arbre à manivelles, ce qui le déplace plus ou moins, et donne au tiroir une plus ou moins grande introduction.

Quand le centre du moyeu se trouve dans l'axe de l'arbre à manivelles, ce moyeu se trouvant centré, par rapport à cet arbre, il en résulte que l'arbre, en tournant, ne déplace plus les tiroirs de distribution, qui sont au *stop*, avec orifices recouverts.

Le doigt, qui pénètre dans le moyeu, est fixé sur un manchon C, qui peut glisser longitudinalement sur l'arbre manivelle, en se déplaçant angulairement d'une faible quantité, suivant une rainure héliçoïdale qui constitue son clavetage sur l'arbre.

Le déplacement longitudinal de ce manchon est obtenu au moyen d'un pignon D, formant écrou, lequel, tournant sur l'extrémité de l'arbre manivelle qui est fileté, fait avancer le manchon et le doigt dans un sens ou dans l'autre.

Ce *pignon-écrou* est mis en mouvement par le timonier, au moyen d'une roue à manettes E, qui actionne une roue dentée F, s'engrenant avec le pignon. On comprend alors facilement que le timonier, tournant son volant de manœuvre dans un sens ou dans l'autre, fait glisser le doigt, le long de l'arbre-manivelle, en décalant le moyeu des excentriques de distribution, pour la marche avant ou arrière, suivant que ce décalage s'opère à droite ou à gauche de la ligne moyenne. Le moteur se mettant en mouvement, par le fait de l'ouverture des tiroirs de distribution, l'arbre-manivelle, sur l'extrémité filetée à laquelle se trouve l'écrou, manœuvré par le conducteur, tourne dans le même sens que l'écrou, et leur position relative ne change pas, tant que leurs vitesses sont égales. Si au contraire le moteur marchait plus vite ou plus doucement que le conducteur, il produirait un mouvement relatif, entre l'écrou et la vis de l'extrémité de l'arbre, ce qui diminuerait ou augmenterait l'angle de décalage et ralentirait ou accélérerait le moteur jusqu'à ce qu'il ait exactement une vitesse égale à celle du conducteur. Si le conducteur s'arrêtait, le pignon-écrou ne tournant plus serait immédiatement déplacé par la vis, et ramènerait instantanément le moyeu des excentriques à la position moyenne, en fermant les tiroirs.

Dans le cas où le moteur, ayant une certaine puissance vive, ne s'arrêterait pas instantanément, les tiroirs à vapeur étant fermés, le moyeu des excentriques continuant son mouvement renverserait la marche, et utiliserait ainsi toute la puissance du moteur, pour le réduire à l'obéissance.

L'asservissement du moteur étant ainsi clairement exposé, il ne nous reste plus qu'à décrire le mode de transmission de cet appareil au gouvernail.

Sur l'arbre manivelle se trouve calé un pignon engrenant avec une roue dentée, clavetée sur l'arbre d'un tambour G, sur lequel s'enroule la drosse allant actionner la barre du gouvernail. Une double poulie, H, servant de retour aux drosses, et courant sur une vis, est placée au-dessus du tambour, afin de guider les drosses, pour qu'elles s'enroulent, toujours normalement sur le tambour, sans crainte de se chevaucher.

Enfin, un volant à main, I, placé à l'arrière de l'arbre du tambour des *drosses*, permet d'embrayer ce tambour, soit avec la roue motrice du servo-moteur, soit avec un pignon, fou sur cet arbre, et permettant de manœuvrer la barre par le moyen des roues à bras ordinaires.

Un *axiomètre* placé à l'avant du servo-moteur indique, en tout temps, la position exacte de la barre du gouvernail.

L'appareil servo-moteur, est relié à différents postes de manœuvre, placés en des points quelconques du navire, au moyen d'une transmission légère, qui vient aboutir à un pignon à chaîne galle, claveté sur l'arbre du volant de manœuvre.

MM. Stapfer, Duclos, de Marseille, construisent un *servo-moteur*, qui diffère de celui qui vient d'être décrit et qui est couramment appliqué par la C$^{ie}$ Transatlantique.

La fig. 164 représente un autre servo-moteur, celui de Davis, qui est d'un très bon usage.

Ce modèle de machine est spécialement applicable aux petits navires, aux steam-yachts et aux bateaux torpilleurs, à bord desquels l'espace est si limité. Cet appareil à vapeur à gouverner est le plus petit comme dimension que l'on puisse trouver, eu égard à sa puissance effective. Il existe des appareils pour navires de 200 tonneaux n'ayant que 0$^m$,46 dans le sens longitudinal du navire, sur 0$^m$,66 dans le sens transversal. On en a installé un sur un steam-yacht de 65 tonneaux de jauge seulement.

La machine est silencieuse et d'une grande solidité : elle fonctionne, ainsi que la roue, au moyen de vis sans fin, ce qui évite les secousses données par les engrenages ordinaires, et les tiroirs sont disposés de façon à n'avoir pas de fuites. L'opération du désembrayage, pour transformer l'appareil à bras en appareil à vapeur, se fait au moyen d'un simple levier, dans le genre de ceux que l'on emploie sur les treuils à vapeur pour le changement de marche. La machine est absolument automatique.

Sur un navire de 2,000 tonneaux, la timonerie était si petite qu'on ne savait comment s'y prendre pour y faire entrer une barre à vapeur. M. Davis, ayant été chargé de la fourniture de l'appareil, a pu arriver, tout en lui donnant la puissance néces-

Fig. 164. — Servo-moteur Davis.

saire, à en construire un n'ayant que 0$^m$,77 dans le sens longitudinal et 1$^m$,06 dans le sens transversal du navire.

Il existe deux modèles différents de ce servo-moteur. Le premier, pour les grands navires, a les cylindres horizontaux disposés dans le sens longitudinal, et reposant sur un bâti creux en fonte. Le deuxième, dont nous donnons le dessin, a ses cylindres verticaux de façon à gagner un peu de place. Plus de 100 steamers de 250 à 3,000 tonnes sont pourvus de ce dernier système.

A bord des grands paquebots, la *Champagne* par exemple, il existe plusieurs appareils à gouverner. Sur ce dernier bâtiment, le gouvernail est commandé : 1° par un *servo-moteur* à l'avant, doublé d'une commande à bras; 2° par un appareil à vis sans fin, à l'arrière; 3° par un système de palan actionnant une poulie de grand diamètre, fixée sur la mèche.

Généralement, le *servo-moteur* est actionné de la passerelle, dans laquelle il est placé. La transmission des ordres aux timoniers et à la machine se fait, de la passerelle, par des télégraphes à cadran, portant les ordres en toutes lettres. Une aiguille qui se déplace, et peut s'arrêter devant ces ordres, est mue par un système de poulies

Dans ses quatre derniers paquebots, la *Compagnie transatlantique* a organisé le téléphone à bord, pour la transmission des ordres; les résultats ont été des plus satisfaisants.

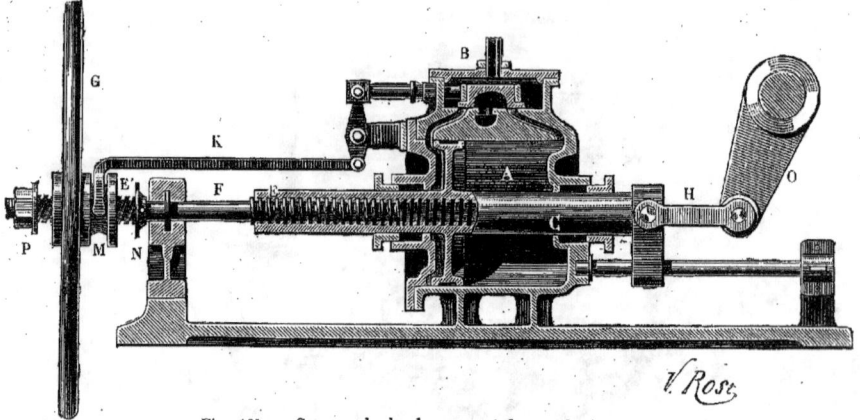

Fig. 165. — Commande du changement de marche à vapeur.

Dans les machines marines de grande puissance, comme celles qui sont à bord des paquebots modernes, la commande du changement de marche ne peut plus se faire à la main. Elle s'effectue à la vapeur, soit à l'aide d'un *servo-moteur* analogue à ceux que nous avons décrits précédemment, soit à l'aide d'un appareil spécial, que nous représentons sur la figure 165.

Dans un cylindre A se meut un piston, qui peut recevoir la vapeur sur l'une quelconque de ses faces, au moyen d'un petit tiroir B, qui est mis en mouvement par une tringle K, à griffe, et un manchon à rainure M, solidaire du volant de manœuvre G.

La tige C du piston commande, à l'une de ses extrémités, l'arbre de rappel de la coulisse de changement de marche, au moyen d'une bielle H, et d'une manivelle O.

A l'autre extrémité, la tige du piston est creuse et filetée intérieurement. L'arbre F porte, à l'extrémité droite, une vis E, à pas lent, qui tourne dans la tige du piston et peut la faire avancer. A l'extrémité gauche, il porte une autre vis E, à pas rapide, sur laquelle peut tourner, entre les deux butoirs N et P, le volant de manœuvre G, avec son manchon M.

La quantité dont avance le manchon d'un butoir à l'autre est égale à la course du tiroir B, et l'on peut ainsi introduire la vapeur sur la face avant ou sur la face arrière du piston. Néanmoins celui-ci ne se déplace pas tant qu'on ne met pas en mouvement la vis E.

Mais dans ses deux positions antérieures, quand le volant est venu se serrer contre son butoir, si on continue à tourner, il actionne la vis dans un sens ou dans l'autre, et permet au piston de se déplacer par l'action de la vapeur, mais sous le contrôle du mécanicien, et avec autant de douceur dans le mouvement que celui-ci le désire.

Sur tous les bâtiments est placée, au moins, une boussole, ou *compas de route*. Ces compas sont fixés dans des boîtes en cuivre, appelées *habitacles*, montées sur des pieds, et fixées au pont par des vis.

Il y a généralement trois compas à bord, un à l'arrière, à l'appareil à gouverner à bras, un au *servo-moteur*, et un troisième sur la passerelle. En outre, il existe souvent un *compas étalon*, destiné à corriger les erreurs de l'aiguille aimantée des autres

Fig. 166. — La pompe Greindl et son moteur.

compas, que la grande masse de fer composant le navire a l'inconvénient de faire varier. Le *compas* est placé sur le pont, au haut d'une colonne en bois, et on y accède par une échelle.

Nous ne décrirons pas tous les moyens employés pour corriger les perturbations de l'aiguille aimantée à bord des bâtiments en fer. Nous nous contenterons de rappeler la boussole de Sir William Thomson, universellement connue, ainsi que les *compas liquides*.

La position du navire est signalée, la nuit, par trois fanaux, dits *feux de position*, qui se composent : d'un feu blanc au mât de misaine, d'un feu rouge à babord, et d'un feu vert à tribord. Lorsqu'on voit un navire de côté, on n'aperçoit jamais que le feu du bord où l'on se trouve ; des écrans empêchant de voir les autres.

Des *appareils avertisseurs* servent aussi à signaler la présence du navire. Ce sont les sifflets, trompes d'alarme, sirènes et les cloches.

La figure 167 représente la trompe en usage sur les navires. Cet appareil se compose essentiellement d'une cloche en bronze, C, percée de deux orifices rectangulaires, D, dont le bord supérieur est en biseau. La vapeur arrive en A, traverse la valve à ressort E, mue par le levier B. Elle échappe par l'orifice D, mais en rencontrant le bord

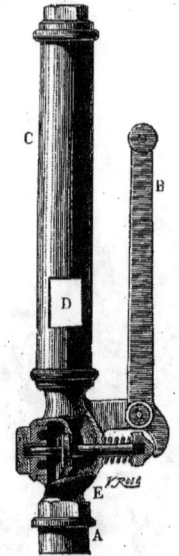

Fig. 167. — Trompe à vapeur.

supérieur, elle détermine une vibration de la cloche, qui produit un son, d'autant plus grave que les dimensions de la cloche sont plus considérables.

Ce son rauque et retentissant a une telle puissance qu'il s'entend à une distance énorme, et à ceux qui ne le connaissent pas il produit, pour la première fois, un effet incroyable.

Nous passons aux pompes à eau et leurs accessoires.

En outre des pompes de cale, mues par la machine, et des *petits-chevaux*, un bâtiment est pourvu d'une série de pompes à bras et à vapeur, pour vider la cale, ou les *water-ballast*, pour laver le pont, éteindre les commencements d'incendie, etc., etc.

Les pompes à vapeur employées à bord des navires sont généralement des pompes centrifuges ou rotatives. Parmi ces dernières, nous citerons la *pompe Behrens*, aujourd'hui peu employée, et la *pompe Greindl*.

La figure 166 montre l'ensemble d'une *pompe Greindl* d'épuisement, avec le moteur qui l'actionne. La figure 168 est une coupe

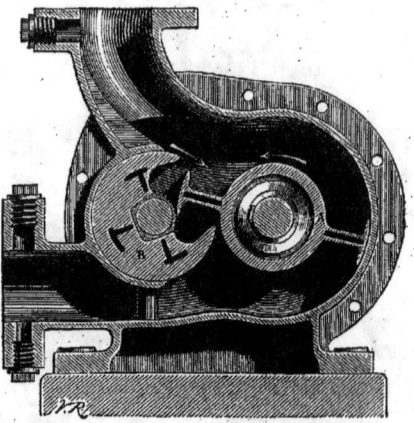

Fig. 168. — Pompe Greindl (coupe).

transversale de cette même pompe, dont nous allons décrire le fonctionnement.

Cet appareil se compose, comme organes principaux, d'une caisse ouverte latéralement sur ses deux faces, et dans laquelle se meuvent deux rouleaux cylindriques tangents A et B, dont l'un porte deux palettes.

La pompe ne peut, bien entendu, tourner utilement que dans un seul sens, la palette inférieure s'éloignant de la tubulure horizontale d'aspiration. Ce sont, en définitive, les deux palettes du rouleau de droite qui font office de pistons, et qui, dans leur mouvement de rotation continue, entrent alternativement *avec jeu* dans une échancrure de forme épicycloïdale, ménagée sur toute la longueur du rouleau de gauche.

Deux engrenages, reliant les axes des deux rouleaux, donnent au rouleau de gauche une vitesse de rotation double de la vitesse

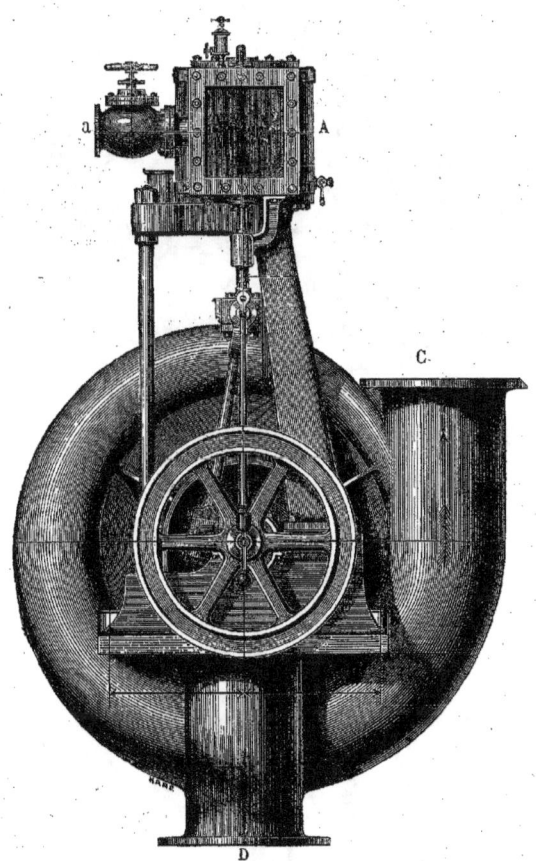

Fig. 169. — Pompe centrifuge de cale.

du rouleau de droite, ce qui assure le passage successif des deux palettes par l'échancrure unique. Ces engrenages sont à chevrons et alternés, parce que des engrenages ordinaires, comportant nécessairement un certain jeu entre les dents en contact, ne pourraient se prêter sans bruit ni choc au fonctionnement de la pompe.

Cette pompe, on le voit, diffère considérablement de celles que nous avons décrites en parlant des accessoires des machines à vapeur (fig. 153, 154, pages 163, 164). Elle est rotative ; mais la force centrifuge n'entre pour rien dans l'aspiration et le refoulement de l'eau. Elle a sur les pompes centrifuges l'avantage d'un rendement plus fort, et la faculté de refouler l'eau à toute hauteur, ce qui fait qu'elle est souvent appliquée comme pompe à incendie.

Les figures 169 et 170 représentent, en élévation et en plan, une pompe centrifuge de cale à moteur direct, construite en Angleterre, par MM. J. et H. Gwynne, et qui est appliquée sur de nombreux navires.

A est la machine à vapeur à *pilon*, dont il

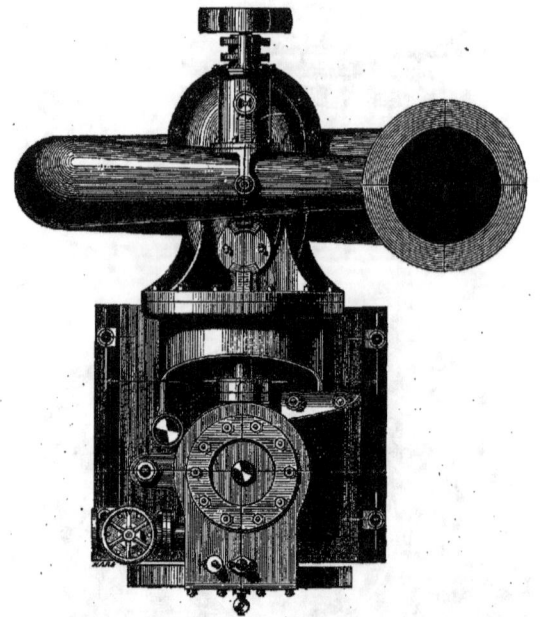

Fig. 170. — Pompe centrifuge de cale (coupe).

est facile de reconnaître les divers organes et qui prend sa vapeur par la valve *a*. B, C, D est la pompe centrifuge, du même système que celle que nous avons précédemment décrite à propos des pompes de circulation du condenseur. L'aspiration se fait par l'orifice D, et le refoulement par C.

Les accessoires des machines marines comportent encore les appareils à glace, les machines dynamo-électriques et leurs moteurs.

Les grands navires sont aujourd'hui éclairés par l'électricité, tant pour les *feux de position*, dont nous parlions plus haut, et qui sont destinés à signaler leur présence aux autres bâtiments, que pour l'éclairage intérieur.

Nous représentons (fig. 171) la machine dyanamo-électrique Edison, employée à bord de la plupart des navires, pour la production du courant électrique. Elle est accompagnée de son moteur, qui est une machine à vapeur à grande vitesse.

La machine dynamo-électrique Edison se compose de deux grands électro-aimants verticaux, A, B, et d'une bobine C, qui tourne au devant des deux électro-aimants, pour produire le courant d'induction, qui doit fournir l'arc voltaïque éclairant, ou alimenter des lampes à incandescence. D est la machine à vapeur qui fait tourner la bobine C.

La machine à vapeur qui remplit ce dernier office est une machine à grande vitesse, construite par MM. Gwynne, de Londres. Nous la représentons à part, dans la figure 172 (page 184). Les organes qui la composent se comprennent aisément, d'après la description que nous avons donnée des machines à grande vitesse, dans la Notice sur les machines à vapeur fixes. Sur cette figure, A représente le cylindre à vapeur, B

# SUPPLÉMENT AUX BATEAUX A VAPEUR.

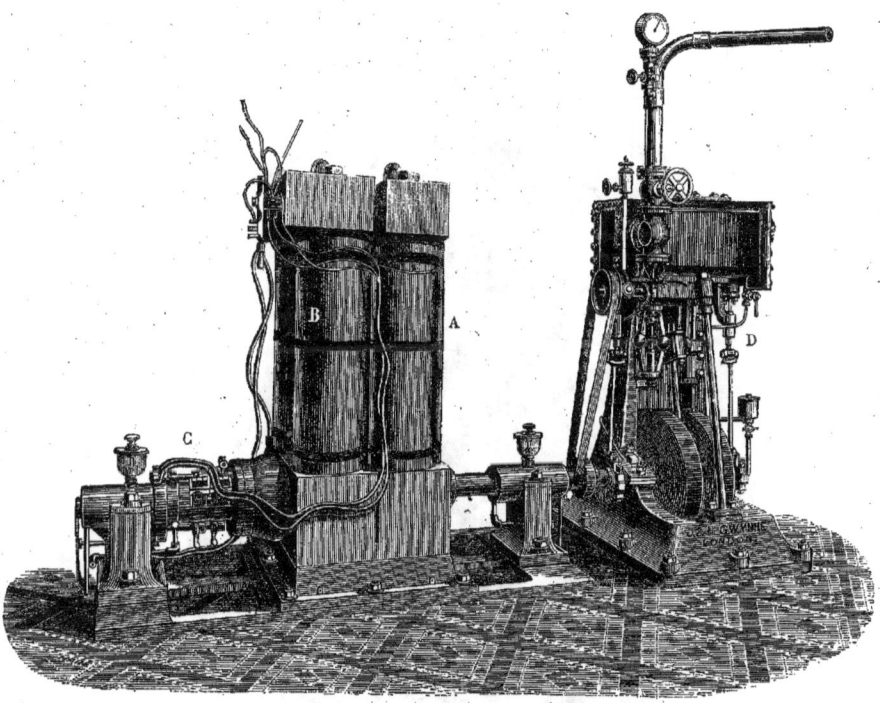

Fig. 171. — Machine dynamo-électrique pour l'éclairage des navires.

la boîte à tiroir, C la prise de vapeur, D le régulateur, V le volant.

## CHAPITRE VIII

LES PAQUEBOTS MODERNES. — COMPAGNIES FRANÇAISES ET ÉTRANGÈRES CONSTRUISANT DES PAQUEBOTS. — LA COMPAGNIE TRANSATLANTIQUE; SES DERNIERS PAQUEBOTS : LA *Normandie*, LA *Champagne*, LA *Bourgogne*, LA *Bretagne* ET LA *Gascogne*. — LES *Messageries maritimes*. — SERVICE DE L'EXTRÊME-ORIENT ET DE LA MÉDITERRANÉE. — LES CHARGEURS RÉUNIS. — LA *Société des transports maritimes*. — LES COMPAGNIES MARITIMES ÉTRANGÈRES. — PAQUEBOTS DE LA COMPAGNIE *Cunard*, DE L'*Inman* ET DE L'*Anchor-Line*. — *La Compagnie de navigation italienne*. — LES COMPAGNIES ALLEMANDES.

Après avoir fait connaître les perfectionnements qui ont été apportés, de nos jours, aux machines et chaudières à vapeur marines, ainsi qu'aux procédés de construction des navires, et signalé les transformations qu'ont subies leur armement et leur aménagement, nous décrirons les grands paquebots actuels. Les détails contenus dans les deux chapitres précédents, sur l'armement des navires, nous permettront d'abréger leur description.

Nous examinerons d'abord les paquebots construits en France, comme étant ceux qui nous intéressent le plus, en commençant par la flotte de la *Compagnie générale transatlantique*, la plus importante de tout le commerce français.

Nous avons donné, dans les *Merveilles de la science* (1), l'histoire de la création de la *Compagnie de navigation transatlantique*.

(1) Tome I<sup>er</sup>, page 228 et suivantes.

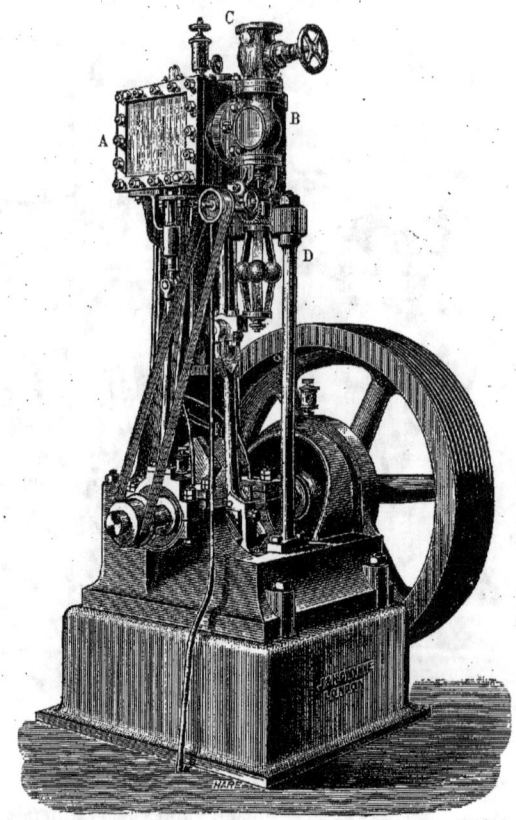

Fig. 172. — Machine à vapeur Gwynne, à grande vitesse, pour l'éclairage électrique des navires.

Nous avons dit que c'est en 1862, à la suite d'une tentative infructueuse, faite par d'autres entreprises, que commencèrent les premiers voyages des paquebots transatlantiques de la Compagnie Pereire, et nous avons insisté sur l'importance de cette création de notre génie maritime.

Il faut ajouter, pourtant, que ses débuts ne furent pas aussi heureux qu'on était en droit de l'espérer.

La *Compagnie transatlantique*, en procédant à la constitution de sa flotte, s'était basée sur la préférence que les voyageurs accordaient alors aux navires à roues. Elle avait appliqué ce système à tous ses navires, et cela au moment même où les roues allaient disparaître de la navigation à vapeur. Et non seulement elle avait adopté les roues, mais encore elle en était revenue aux machines à vapeur à balancier, à basse pression et à condenseur par mélange. C'était marcher absolument en arrière du progrès. Les conséquences de cette erreur ne tardèrent pas à se produire; et sans les deux paquebots *le Pereire* et *la Ville de Paris*, que nous avons décrits dans les *Merveilles de la science*, et qui étaient armés de l'hélice, la Compagnie aurait eu à subir des pertes considérables.

Les grands paquebots à roues, *Saint-*

# SUPPLÉMENT AUX BATEAUX A VAPEUR.

*Laurent, Washington, Lafayette, Ville du Havre, Europe, Amérique, France, Labrador* et *Panama*, avaient 105 mètres de longueur. Avec une telle longueur la roue était un propulseur insuffisant. La Compagnie se décida à transformer tous ses navires à roues en navires à hélice.

Le *Saint-Laurent* fut allongé de 8$^m$,50, et transformé, sur cale, en navire à hélice. On le munit d'une machine à vapeur à deux cylindres et à pleine pression.

Le *Washington* et le *Lafayette*, après quelques années de service, reçurent également l'hélice et des machines à vapeur à pleine pression.

Le paquebot le *Napoléon III*, que nous avons décrit dans les *Merveilles de la science* (1), fut allongé de 15 mètres, et reçut une machine Compound. Il prit le nom de la *Ville du Havre*. Mais il ne fournit relativement qu'une faible carrière, car il périssait en mer en 1873.

Il faut en dire autant des deux paquebots l'*Europe* et l'*Amérique*, qui, allongés et munis de machines de Wolf, firent naufrage, et furent abandonnés sur l'Océan. Seule, l'*Amérique* fut ramenée dans un port.

La *France*, le *Labrador* et le *Canada*, furent transformés en navires à hélice, et munis de machines de Wolf.

Tous les paquebots que la *Compagnie transatlantique* a construits depuis cette époque ont été établis avec les perfectionne-

Fig. 173. — La *Normandie*, paquebot de la Compagnie transatlantique.

(1) Tome I$^{er}$, p. 230.

Fig. 174. — La *Normandie*, grand salon salle à manger (Côté du buffet).

ments les plus récents que nous avons fait connaître.

En 1883, pour lutter contre les *Crack ships* des Compagnies anglaises, la Compagnie transatlantique fit construire la *Normandie*, et c'est avec ce paquebot que furent inaugurées les grandes vitesses dans la marine commerciale française.

La *Normandie* a été construite dans les chantiers de Barrow in-Furness (Comté de Lancastre). C'est un beau navire en fer, qui mesure 140 mètres de longueur, $15^m,20$ de large et $11^m,40$ de creux.

Le tirant moyen d'eau en charge est de $7^m,50$. Le tonnage est de 10,050 tonneaux. La machine à vapeur, dont nous avons donné la description et les dessins dans un des chapitres précédents (1), a développé, aux essais, une force de 6,500 chevaux-vapeur,

(1) Page 123, figure 117.

et la vitesse du navire est allée jusqu'à 16 nœuds, 6 dixièmes.

La *Normandie* peut embarquer 157 passagers de première classe, 68 de deuxième et 866 de troisième. L'installation est des plus confortables.

Nous donnons, dans la figure 173, la vue de la *Normandie*.

Cette immense carène, à l'avant effilé en lame de hache, est partagée, dans le sens vertical, en dix compartiments, par de solides cloisons de fer, dites *cloisons étanches*, parce qu'elles doivent, en cas de voie d'eau, circonscrire l'envahissement de l'eau. Suivant la hauteur, elle se divise en quatre étages : le pont supérieur et trois entreponts.

Les machines qui font mouvoir la *Normandie* sont, comme nous l'avons dit dans leur description technique, au nombre de trois, réalisant une force effective de 6,600

Fig. 175. — La *Normandie*, grand salon salle à manger (Côté du foyer).

chevaux-vapeur. Elles agissent sur une hélice, pour imprimer au bâtiment une vitesse, à l'heure, de 29 à 30 kilomètres, soit la vitesse d'un train semi-direct de chemin de fer.

A bord de la *Normandie*, la vapeur est maîtresse souveraine. Non seulement elle pousse le bâtiment en avant, mais, par l'intermédiaire de machines spéciales, distribuées sur différents points, elle fait mouvoir les pompes d'épuisement, les appareils de manœuvre, de chargement et de déchargement, etc.

La *Normandie* porte quatre mâts en fer : les deux mâts d'avant à voiles carrées sur vergues basses en acier, les deux autres à voilure moins complète.

Nous avons dit que ce paquebot sort des chantiers de Barrow, plage déserte, il y a vingt ans, aujourd'hui cité de 45,000 âmes, grâce aux établissements de constructions navales et à une filature où l'on emploie des femmes et des filles d'ouvriers constructeurs.

La *Normandie* est le dernier paquebot postal qui ait été demandé à l'Angleterre, par la *Compagnie transatlantique*. Désormais, les bâtiments destinés à sa flotte seront construits sur chantiers français.

Un paquebot est un hôtel qui marche. Tout le luxe, tout le confort qui règnent dans nos hôtelleries modernes, se retrouve à bord des paquebots transatlantiques.

Le pont de la *Normandie* est réservé au service général, au logement des officiers et des mécaniciens, aux treuils de manœuvre, à une longue construction, ou *roof,* qui abrite les fumoirs, les salons de conversation et les vestibules des premières et des secondes classes de passagers, les ouvertures d'éclairage, d'aérage des chambres de chauffe et des machines, le poste des timoniers, divers magasins de vivres, les cuisines, etc. Au-dessus du pont, à la hauteur de la toiture du *roof*, règne un pont léger, servant de promenade aux passagers, et dominé par la passerelle de commandement. Les ordres se donnent par tube acoustique, et par un appareil télégraphique. Au besoin, le commandant gouverne lui-même, au moyen d'une simple pression du doigt sur les organes du *servo-moteur*, appareil à vapeur d'une docilité extrême qui agit sur le gouvernail, ainsi qu'il a été dit dans la description de cet appareil.

Les locaux destinés aux voyageurs sont aménagés dans les entre-ponts. Les passagers de première classe, contrairement à l'ancienne disposition, qui leur réservait l'arrière du navire, sont installés au centre, vers l'avant du premier entre-pont. Là sont moins sensibles les oscillations de bout en bout, ou de tangage, et les trépidations de l'hélice. Le grand salon salle à manger (fig. 174 et 175) s'étend de bord à bord, dans le sens de la largeur du navire. Il mesure 15 mètres de largeur, 11 de longueur, 2 m. 60 de hauteur, et est éclairé par des hublots percés dans des encadrements d'onyx.

Autour du salon se distribuent, pour 157 voyageurs, les cabines à deux couchettes, quelques-unes à une seule, ou pouvant se réunir à d'autres, pour former logement de famille. Un petit salon pour les dames, une salle de bains, les chambres des gens de service, se groupent à portée de cet ensemble.

Les dispositions sont identiques, sauf le luxe de décoration et d'ameublement, pour les salons, fumoirs et cabines de secondes classes aménagées à l'arrière, et qui peuvent recevoir 68 passagers.

Les émigrants, ou passagers de troisième classe, sont réunis dans le second entre-pont, où peuvent s'installer 866 couchettes superposées.

La partie hôtel du navire est chauffée, l'hiver, par des appareils à circulation de vapeur. La nuit, le bâtiment est éclairé par la lumière électrique, celle-ci émanant de deux machines, de 40 chevaux-vapeur chacune. Treize grandes lampes électriques à arc lumineux facilitent le service général. Les feux réglementaires sont fournis par des lampes électriques de première puissance.

A l'intérieur, salons et cabines sont éclairés par 400 lampes électriques de Swan, à incandescence. On sait qu'à bord des paquebots on ne peut, après le couvre-feu, conserver de la lumière dans les chambres. Comme les lampes électriques ne présentent aucun danger d'incendie, les voyageurs n'ont qu'à toucher un bouton, pour rallumer leur lampe, et jouir de la lumière toute la nuit, s'ils le veulent.

La *Normandie* était à peine terminée que la *Compagnie transatlantique*, décidée à ne pas se laisser distancer par les Compagnies anglaises, mettait en chantier quatre nouveaux bâtiments, qui sont les plus rapides que possède aujourd'hui la marine commerciale française. Nous voulons parler de la *Champagne*, de la *Bretagne*, de la *Bourgogne* et de la *Gascogne*, quatre noms divers, qui s'appliquent au même type de construction.

Les deux premiers de ces superbes navires ont été construits pour la *Compagnie transatlantique*, dans les chantiers de Penhoët, près Saint-Nazaire; les deux autres ont été confiés à la *Société des forges et chantiers de la Méditerranée*, qui les a exécutés dans ses chantiers de la Seyne, près Toulon.

Nous allons décrire en détail un de ces bâtiments, et comme ils sont, nous le répétons, tous pareils, cela nous évitera des redites.

La figure 176 représente, d'après une photographie, la *Champagne* vue à la mer.

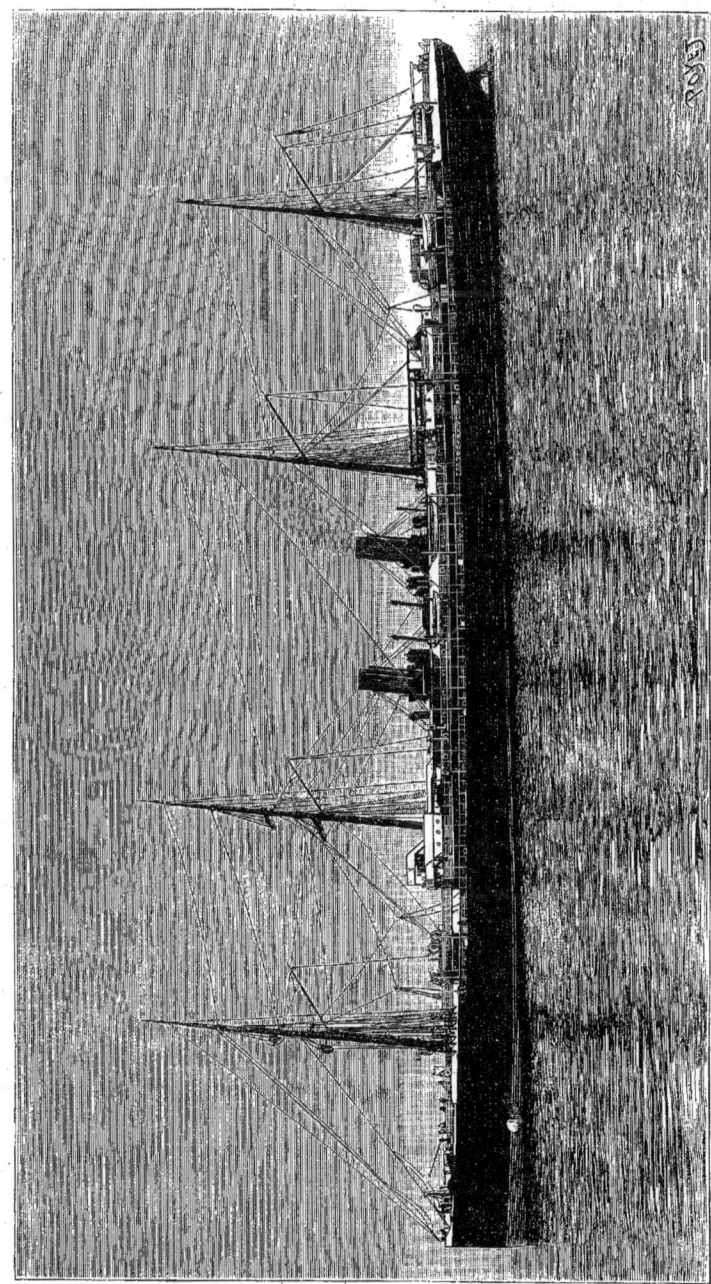

Fig. 176. — La *Champagne*, paquebot de la Compagnie transatlantique.

La *Champagne*, comme la *Bretagne*, la *Bourgogne*, et la *Gascogne*, a 155 mètres de long, 16 mètres de large et 12 mètres de creux. Le tonnage brut est de 6800 tonnes, le déplacement de 9930 tonnes, le tirant d'eau en charge, de $7^m,30$. Ces navires sont à avant droit, avec 4 ponts, entièrement bordés en acier, recouverts de teack (bois des îles). Ils sont munis d'une quille saillante, de $0^m,30$ de hauteur. Le *bordé* est à *clins*, et formé de virures en acier, d'une épaisseur moyenne de 20 millimètres. Une série de fortes carlingues, dont la principale placée dans l'axe atteint $1^m,40$ de hauteur, assurent la solidité des fonds.

En outre des quatre ponts bordés en acier, il existe deux autres ponts, le *pont-promenade*, et celui des émigrants, qui ne sont bordés qu'en bois (*teack* et *pitch-pine*). Onze *cloisons étanches* divisent le bâtiment. Huit de ces cloisons montent jusqu'au pont supérieur; elles sont munies de vannes, ou portes étanches.

Ces cloisons étanches rendirent de grands services, dans le fâcheux accident de mer survenu le 9 mai 1887, à la *Champagne*. Ce paquebot, quittant le Havre, porteur de 800 émigrants et de 100 passagers, fut abordé, par suite du brouillard, par un navire de la compagnie des Chargeurs-Réunis, la *Ville de Rio-Janeiro*. La *Ville de Rio-Janeiro* fut coulée par ce redoutable choc, mais ce ne fut pas sans faire subir de graves avaries à la *Champagne*. Une énorme ouverture fut pratiquée à sa coque, à 2 mètres au-dessous de la flottaison. L'eau s'engouffrait dans le navire, et sans les cloisons dont nous parlons, la *Champagne* aurait coulé, comme la *Ville de Rio*. Elle fut préservée par les cloisons vides qui, en se remplissant d'eau, donnèrent le temps au capitaine de jeter le navire sur la côte, près d'Arromanches, et de l'échouer, sauvant ainsi le navire et l'équipage. Plusieurs émigrants, toutefois, périrent, par suite de leur imprudent affolement, qui les porta à s'emparer de vive force d'une chaloupe, et à s'y précipiter. Mais ces malheureux trouvèrent la mort, au lieu du salut qu'ils cherchaient. Quelques jours après la *Champagne* rentrait au Havre, où elle était, en peu de jours, mise en état de reprendre la mer.

Revenons à la description de ce navire.

Les *water-balast* W, c'est-à-dire les réservoirs d'eau servant de lest, peuvent contenir 800 tonnes d'eau. Ceux qui sont placés à l'avant et à l'arrière, plus haut que le plancher de la cale, servent à faire varier la différence entre le tirant d'eau à l'avant et celui de l'arrière. Cette dernière manœuvre est indispensable pour permettre au navire d'entrer dans les passes du Havre et d'en sortir, comme aussi de franchir certains hauts fonds de la rade de New-York.

Le pont est préservé des coups de mer venant de l'avant, par une *teugue* A, recouverte d'un *dos de tortue*, en acier.

La mâture est celle d'une goëlette à quatre mâts, avec les deux premiers mâts gréés de voiles carrées. Les mâts sont à *pible*. Il n'existe pas de hunes, et les huniers, du système Cunningham, se manœuvrent du pont. La voilure développe une surface de 1,880 mètres carrés.

Les *bossoirs* sont remplacés par une grue, de 6 tonnes, placée à l'avant.

Chaque ancre, qui est du système Trottmann, pèse 3,600 kilogrammes. La manœuvre des ancres au démouillage se fait par un *guindeau* à *vapeur*, et par deux cabestans, mus, soit à bras, soit à la vapeur.

Le gouvernail est commandé par un *servo-moteur*, placé sous la dunette B, et contrôlé de la passerelle. Il existe, en outre, un appareil directeur à 4 roues, également abrité sous la dunette.

La ventilation, parfaitement étudiée, se fait au moyen d'appels d'air, produits par des manches à vent, et des puits placés par le travers des chaufferies. On a renoncé aux anciens ventilateurs, qui créent des courants d'air redoutables.

Ces paquebots peuvent embarquer 226 passagers de première classe, 74 de deuxième et 900 de troisième, c'est-à-dire 1200 personnes, en dehors de l'équipage.

De tout temps, dans la marine militaire, l'arrière a été réservé, ainsi qu'il est dit plus haut, au logement des officiers; par imitation, on plaçait aussi, à l'arrière, dans l'ancienne marine marchande, les quelques passagers qu'on avait alors, et on agissait de même, sur les grands paquebots, pour les passagers de première classe. Cela était logique du temps de la marine à voiles. Sur les navires à hélice, le bruit et les vibrations du propulseur sont souvent désagréables pour les passagers; de plus, la partie arrière du pont, qui sert alors de promenade, est exposée à la chute des escarbilles et des cendres qui s'échappent de la cheminée. La partie centrale du navire est beaucoup plus agréable à habiter, d'autant plus qu'on y souffre moins des mouvements de tangage. Aussi s'est-on décidé, depuis quelques années, sur les grands paquebots, à y placer les passagers de première classe, et c'est ce qu'a fait la Compagnie transatlantique.

Par le travers et sur l'avant de la machine se trouvent donc les passagers de première classe. Ils disposent de 2 cabines de luxe $c$, vastes, élégamment meublées, avec de larges couchettes, de 8 cabines de famille et de 76 cabines ordinaires $b$. Une vaste salle à manger $a$, de 15 mètres sur 15 mètres, occupe toute une tranche transversale. Les fauteuils, placés devant les tables, sont pivotants, de façon à permettre à chaque passager de quitter la table, ou de s'y placer, sans déranger ses voisins.

Dans la partie arrière sont disposées 12 chambres $e$, pouvant contenir 75 passagers de seconde classe, avec salle à manger, salon des dames, office, water-closets, etc.

Cette distribution constitue une supériorité sur le système anglais, qui ne comporte pas d'intermédiaire entre la première et la troisième classe.

On a aménagé le pont supérieur pour en faire une magnifique promenade, à l'usage des passagers de première classe, qui peuvent circuler sans obstacle d'un bout à l'autre du navire. Les passerelles en sont mobiles, et se relèvent, quand on procède au chargement et au déchargement des marchandises.

Sur le pont supérieur, entre la *teugue* et la dunette, s'élèvent 3 *roofs* séparés. Le premier en partant de l'avant, D, contient le logement et le carré des officiers. Le second, C, beaucoup plus vaste, renferme le salon de conversation H, le fumoir de première classe F, la descente des premières, les bureaux du docteur et du commissaire, les boulangeries, les salles de lavage des chaufferies, les puits d'aérage, la partie supérieure des machines, les cuisines, les chambres des mécaniciens, le poste des premiers chauffeurs, le carré des mécaniciens, plusieurs waters-closets, enfin les chaudières auxiliaires et la deuxième descente des premières.

Dans le *roof* arrière E, sont placés la descente et le fumoir de deuxième classe, la boucherie, la lampisterie et le garde-manger.

Sous la dunette, sont des bancs pour les émigrants, des glacières avec un appareil frigorifique actionné par la vapeur, enfin le *servo-moteur* du gouvernail et les roues à bras.

Sous le gaillard se trouvent une forge, une lampisterie, le poste des cuisiniers, des cambusiers et des boulangers, l'hôpital, enfin le guindeau à vapeur et ses accessoires.

Nous donnons dans la figure 177 la coupe longitudinale de la *Champagne*. La figure 178 donne le plan du premier entrepont et la figure 179 celui des cales et soutes à charbon.

Les cabines de première et de deuxième

192   MERVEILLES DE LA SCIENCE.

Fig. 177. — La *Champagne*

A, Gaillard d'avant. — B, Dunette. — C, Grand roof. — D, Petit roof d'avant. — E, Petit roof d'arrière. — F, Fumoir. — H, Salon de premières. — *g*, Logement des passagers de 3ᵐᵉ classe. — *h*, Soutes

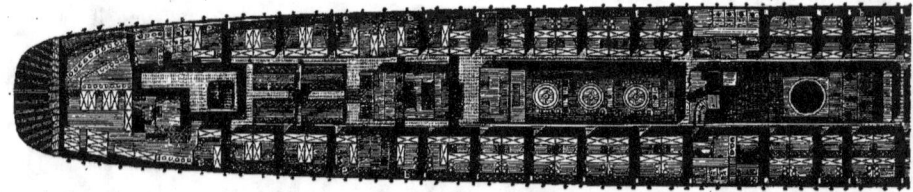

Fig. 178. — La *Champagne*

*a*, Salle à manger et salon des premières. — *b*, Cabines de 1ʳᵉ classe. —

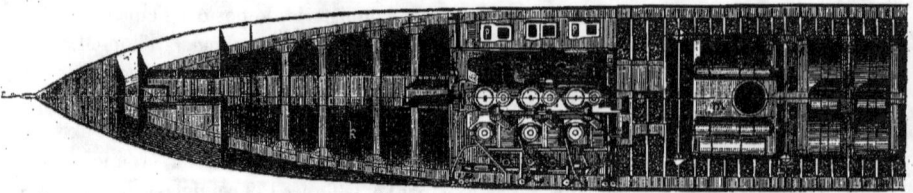

Fig. 179. — La *Champagne*

*k*, Marchandises. — *l*, Machines. — *m*, Chaudières. —

## SUPPLÉMENT AUX BATEAUX A VAPEUR. 193

(Coupe longitudinale).

onversation. — K, Cuisines et services annexes. — W, Water-ballast. — O, Roof du capitaine. — a, Salle à manger et salon des bagages des passagers. — i, Machines. — j, Chaudières

(Plan du premier entrepont).

Cabines de luxe. — d, Salon pour les dames. — e, Cabines de 2ᵐᵉ classe.

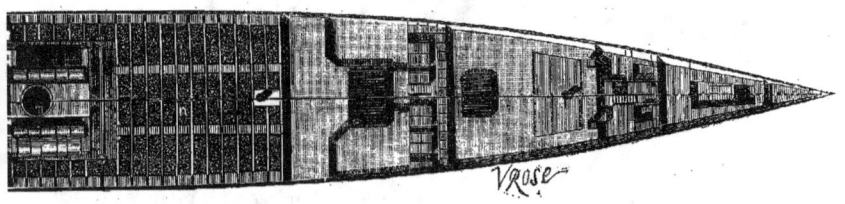

(Plan des cales et soutes).

Charbon. — p, Appareils pour l'éclairage électrique.

S. T. I.

Fig. 180. — Coupe transversale de la *Champagne* par la chambre des machines.
*a*, petit cylindre. — *b*, grand cylindre. — *c*, arbre moteur. — *d*, coude de l'arbre. — *e*, bielle. — *f*, tige du piston. — *g*, condenseur. — *i*, appareil de manœuvre du changement de marche.

classe occupent l'entre-pont supérieur, les premières à l'avant, les secondes à l'arrière. Dans cet entre-pont sont encore réservées des cabines de luxe, des lavabos, des chambres de commissaires et de maîtres, le poste de l'équipage, et tout à fait à l'avant, l'hôpital des émigrants.

Le salon de première classe, qui sert

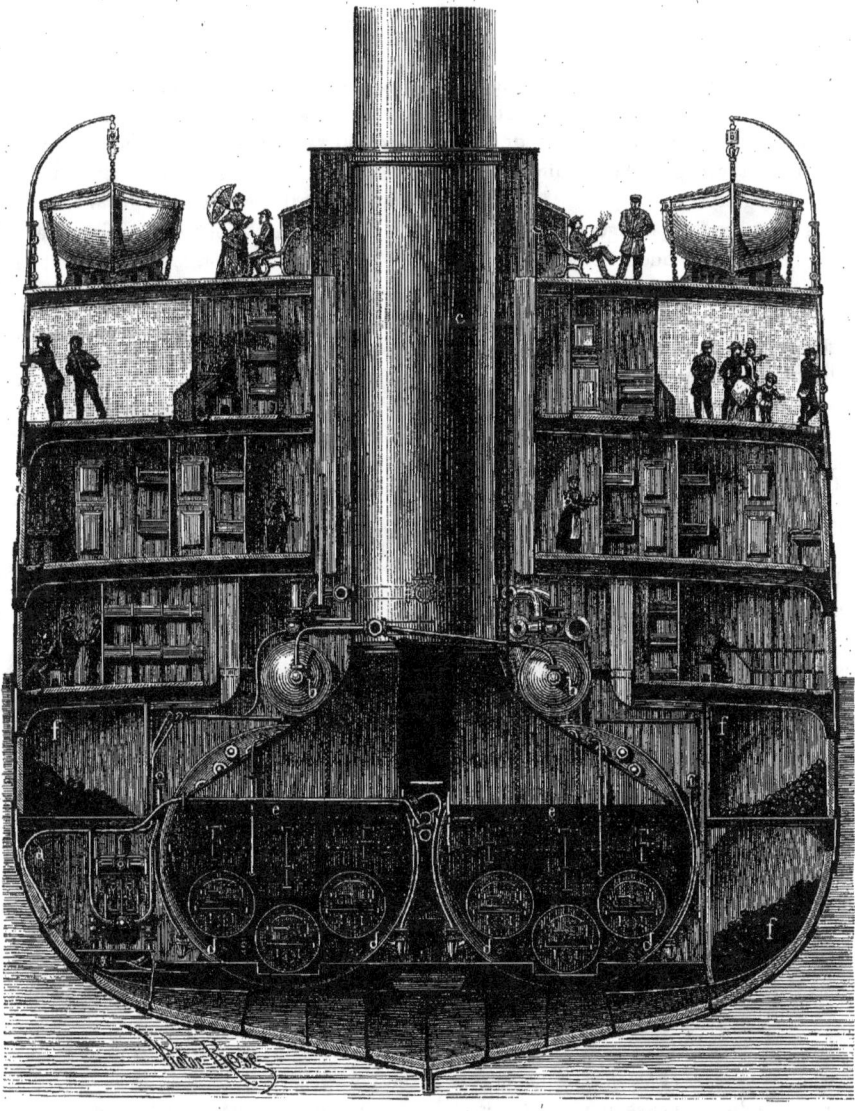

Fig. 180 bis. — Coupe transversale de la *Champagne* par la chambre des chaudières.

a, petit cheval alimentaire. — b b, réservoirs de vapeur. — c, cheminée. — d d, foyers. — e e, boîtes à fumée. — f f, soutes à charbon.

aussi de salle à manger, a 14 mètres de longueur, sur 14$^m$,40 de largeur. Il renferme 13 tables, pouvant permettre à 142 personnes de prendre place. Il est décoré avec luxe et goût.

Le chauffage est fait à la vapeur, comme

d'ailleurs celui de tous les autres aménagements.

Au-dessus du grand salon se trouve le salon de conversation, au milieu duquel est une grande ouverture, donnant du jour et de l'air au salon principal. Ce petit salon contient des canapés, des jardinières, un piano, des glaces, etc.

Les chambres de passagers contiennent, d'un côté, deux couchettes superposées, garnies de sommiers élastiques ; sur un autre côté, un canapé, qui peut, en cas de besoin, se transformer en lit ; puis un lavabo à deux cuvettes, avec une psyché. Des patères et un filet, analogue à celui des wagons de chemin de fer, permettent de déposer les vêtements et les menus bagages d'un usage journalier. Des rideaux masquent les couchettes. L'éclairage est assuré par des *hublots*, pour les cabines placées en abord, et pour celles placées vers le milieu du pont, par des jours pris sur les coursives. Des lampes électriques à incandescence et que le voyageur allume et éteint à volonté, en tournant un bouton, fournissent l'éclairage de nuit. Des sonnettes électriques le mettent en communication avec le personnel de service. Les chambres sont généralement réunies par quatre, et ces groupes sont séparés les uns des autres par des *coursives* (couloirs) qui servent d'accès et facilitent les communications.

Les émigrants sont relégués dans le second entre-pont, qu'ils occupent en entier, sauf à l'avant, où se trouvent la grande cambuse et le poste de l'équipage.

Le fond des cales comprend les soutes à charbon, à bagages et à dépêches, les dépôts de marchandises, la cave au vin et les caisses à eau.

Sur le *pont-promenade*, dont nous avons parlé plus haut, et vers l'avant, est un petit *roof*, contenant le logement du capitaine et la commande du gouvernail. Au-dessus de ce *roof* est la chambre de veille, surmontée de la passerelle haute où se tient l'officier de quart.

La description qui précède, bien que relative à la *Champagne*, peut s'appliquer aux trois autres paquebots, qui ne diffèrent entre eux que par des détails insignifiants.

Cependant il n'en est pas de même en ce qui concerne les machines et les chaudières ; car la Compagnie a adopté deux types différents pour les appareils moteurs.

A bord de la *Bourgogne* et de la *Gascogne*, on a installé de simples machines compound *tandem*, analogues à celles installées sur la *Normandie*. A bord de la *Champagne* et de la *Bretagne*, les machines à vapeur sont à triple expansion.

L'appareil moteur de la *Bourgogne* et celui de la *Champagne* sont formés comme le montre la figure 180, de trois machines de Wolf à pilon, actionnant un même arbre, et comportant chacun un grand et un petit cylindre superposés. Chacune de ces machines est munie d'un condenseur séparé, mais les trois condenseurs peuvent communiquer entre eux.

Le diamètre intérieur des petits cylindres est de $1^m,07$ ; celui des grands, $2^m,03$ ; le nombre de tours aux essais a été de 64 par minute.

Grâce aux organes de détente variable, on peut réaliser, dans les meilleures conditions de rendement, soit la puissance d'essai de 9,500 chevaux, soit celle de 7,000 à 7,500 chevaux.

Les arbres et les pièces de mouvement sont en acier.

L'arbre moteur, d'un diamètre de $0^m,60$, est divisé en trois coudes identiques ; chaque coude est formé de cinq pièces et pèse environ 21 tonnes.

L'hélice, de 7 mètres de diamètre, est en bronze à quatre ailes déployées et rapportées sur un moyeu en acier.

SUPPLÉMENT AUX BATEAUX A VAPEUR. 197

Fig. 181. — La *Bourgogne* à la mer, paquebot de la C$^{ie}$ transatlantique, ligne de New-York.

La mise en train de la machine se fait à l'aide d'un appareil à vapeur de Brown.

La vapeur est fournie aux machines par des chaudières cylindriques tout en fer, avec tubes en fer, timbrées à 6 kilos et comprenant 12 corps de chaudières de $4^m,65$ de diamètre à 3 foyers de $1^m,25$ de diamètre. La surface de chauffe totale est de 2,300 mètres carrés; la surface de grilles atteint 84 mètres carrés.

Les tôles d'enveloppe mesurent 30 millimètres d'épaisseur.

Tel est l'appareil moteur de la *Bourgogne* et de la *Gascogne*.

Quant à la *Champagne* et à la *Bretagne* la machine à vapeur est, comme nous l'avons dit plus haut, à triple expansion.

On voit sur la figure 180 (page 194), qui donne une coupe de la *Champagne* par la *chambre des machines*, l'appareil moteur de ce navire.

Le groupement des cylindres est le même que dans les machines à triple expansion que nous avons longuement décrites dans les généralités se rapportant à cette question. Trois grands cylindres égaux et trois autres petits, égaux entre eux, et superposés aux premiers, forment trois machines ayant des organes de condensation séparés. Il semblerait que l'on soit en présence d'une machine à trois groupes *tandem* du type Wolf, mais il n'en est rien, et le fonctionnement est très différent. En effet, la vapeur n'est admise directement que dans un seul cylindre, le petit cylindre du milieu, d'où elle se détend une seconde fois dans les petits cylindres extrêmes, et enfin une troisième fois dans les trois grands cylindres inférieurs.

Le diamètre des petits cylindres est de $1^m,25$, celui des grands cylindres est de $1^m,90$, la course commune du piston est de $1^m,70$, l'allure aux essais est de 63 tours par minute.

Avec ces dimensions, la machine, en donnant toute sa puissance et marchant à triple expansion, développe la puissance normale nécessaire en service courant, c'est-à-dire 7,000 à 7,500 chevaux. Mais dans le but de réaliser, aux essais, ou dans certains cas exceptionnels, une puissance de beaucoup supérieure encore, on a pourvu la machine d'engins spéciaux, permettant de la transformer, par une manœuvre simple et prompte, en machine de Wolf. La vapeur est alors introduite simultanément dans les 3 petits cylindres et se détend dans les 3 grands.

L'arbre moteur, qui est en acier, a le même diamètre que dans la machine précédente ($0^m,60$). Mais ici, les trois coudes *interchangeables*, réunis par des tourteaux, qui forment l'arbre moteur, sont en une seule pièce pesant environ 15 tonnes après l'ajustage. Ces trois coudes ont été exécutés aux *forges et aciéries de la marine et des chemins de fer*, à Saint-Chamond. La *ligne d'arbres droits* a été exécutée par l'usine du Creusot. Les tiges, bielles, etc., sont également en acier.

Les chaudières de la *Champagne* et de la *Bretagne* sont cylindriques; mais elles sont entièrement en acier provenant des usines de Terrenoire; elles sont timbrées à 8 kilogrammes.

Les appareils évaporatoires forment, ainsi qu'il a été dit dans les généralités sur les chaudières marines, deux groupes, séparés par une cloison étanche, comprenant l'un et l'autre 2 corps de chaudières doubles de $4^m,65$ de diamètre à 6 foyers chacun et deux corps simples à 3 foyers, soit en tout 36 foyers de $1^m,25$ de diamètre, donnant une surface de grilles de 84 mètres carrés. Ces foyers sont composés de 3 anneaux à bords relevés pour permettre l'assemblage. Les tôles d'enveloppe ont 30 millimètres d'épaisseur.

La figure 180 *bis*, qui donne une coupe transversale de la *Champagne* par la chambre des chaudières, montre l'installation des chaudières que nous venons de décrire.

Sur les quatre navires, on a réuni les appareils les plus perfectionnés pour l'exécution des manœuvres si multiples qu'on doit exécuter à bord des grands paquebots.

Pendant les essais qui furent exécutés devant une commission de l'État, la puissance des machines a varié, suivant les paquebots, entre 9400 et 9900 chevaux, et la vitesse réalisée de $18^{nds},65$ à $18^{nds},95$, c'est-à-dire supérieure de près de $1^{nd},5$ à celle exigée par le cahier des charges. Les vitesses réalisées en service courant ont varié de $16^{nds},25$ à $17^{nds},50$. Plusieurs voyages du Havre à New-York ont été effectués en 7 jours et demi et ce court intervalle suffit aujourd'hui pour la traversée de l'Atlantique, ce qui donne une idée suffisante de la puissance de notre marine commerciale actuelle.

En résumé les quatre paquebots que nous venons de décrire font le plus grand honneur aux ingénieurs de la *Compagnie transatlantique* et de la *Société des forges et chantiers de la Méditerranée*. Ils sont dignes de porter le pavillon français sur la ligne de New-York, si fréquentée, et où les Compagnies étrangères rivales ont de si remarquables navires.

La *Compagnie transatlantique* ne dessert pas uniquement la route maritime du Havre à New-York. Elle a tout une flotte pour le service des voyageurs et marchandises de France en Algérie.

Cette flotte se compose des paquebots suivants :

*Moïse, Saint-Augustin, Isaac-Pereire, Abd-el-Kader, Charles-Quint, Ville-de-Madrid, Ville-de-Barcelone, Kléber, Ville-d'Oran, Ville-de-Bône, Manouba, Ville-de-Tanger, Dragut, La-Valette, Mustapha-ben-Ismaïl, Fournel, Flachat, Bixio, Le-Chatelier, Provincia, Clapeyron.*

Ces bâtiments représentent un tonnage de 34,719 tonnes. Le total de la puissance des machines donne 27,500 chevaux-vapeur.

Tous les ports de l'Algérie, de la Tunisie et du Maroc sont régulièrement visités par des paquebots de grandes dimensions, animés d'une vitesse de 15 nœuds, appartenant à cette Compagnie.

Dix de ces steamers, destinés au service rapide, sont absolument semblables ; en décrire un, c'est donc les décrire tous.

Nous représentons dans la figure 182 le *Moïse*.

Le *Moïse* est un steamer de 100 mètres de long, sur $10^m,20$ de large et $7^m,70$ de creux sur quille. Le tirant d'eau est de $5^m,10$ ; son tonnage est de 1,850 tonnes. La machine, de 2,100 chevaux, est du système compound à pilon et condenseur à surface ; les soutes à charbon peuvent renfermer 250 tonnes. Les chaudières sont chauffées aux deux extrémités avec 12 foyers : la surface de grille est de $20^m,22$ et la surface de chauffe de 600 mètres carrés, elles sont construites pour travailler à pression de 7 kilogrammes 55 par centimètre carré.

Les formes du *Moïse* sont des plus gracieuses ; l'étrave est presque droite, l'arrière s'harmonise parfaitement avec les grandes lignes du bâtiment, dont l'intérieur est divisé en deux parties à peu près égales, par l'emplacement des machines. Sur l'avant de la machine, trois ponts divisent la coque du bâtiment. Au-dessus du premier pont, est un spardeck, où l'on trouve la chambre de veille, le gouvernail à vapeur, la chambre du capitaine, des treuils à vapeur, et sous le gaillard d'avant se trouve le *guindeau à vapeur* pour la manœuvre des ancres. Au-dessous du premier pont sont les salons et couchettes des passagers de 2ᵉ classe séparés par une cloison des passagers de 3ᵉ; le logement de l'équipage, celui des chauffeurs et soutiers, les magasins des rechanges. Une cloison verticale descendant de ce pont à la carlingue forme une grande soute à charbon. Toute la partie du faux-pont qui s'étend de cette soute à la cambuse peut recevoir des marchandises, mais elle est en même temps aménagée pour le transport des troupes. Au-dessous du faux-pont sont les cales à marchandises, les puits aux chaînes, les soutes à provision. Sur l'arrière de la machine court le tunnel de l'arbre de l'hélice. Au-dessus, le faux-pont est réservé exclusivement aux marchandises et aux vivres des passagers. Au-dessous de la machine sont les logements des officiers et mécaniciens, la salle des dépêches, les logements du maître d'hôtel, l'office des premières. On se trouve alors devant le magnifique escalier qui donne accès aux salles de premières classes, tant sur le pont que dans la batterie.

La décoration et l'ameublement des salles réservées aux passagers sont d'un grand luxe. Dans la salle à manger les canapés-banquettes, recouverts de velours, sont en acajou. Les passagers sont assis dans des fauteuils fixes à pivot, avec dos à hauteur d'appui, et disposés de façon à ce qu'on puisse s'accouder. Le salon a 20 mètres de long sur 6 et demi de large. Au fond, la cheminée, toute en onyx, rehausse l'éclat du salon, où l'on voit une magnifique pendule surmontée d'une statue de Moïse.

Le fumoir, qui touche au salon, est en bois des Iles; des tables de jeu en occupent le centre.

Au-dessous de la salle à manger sont les couchettes des passagers de 1ʳᵉ classe; à côté est le salon des dames et des enfants.

Le paquebot est mâté en brick; il porte six grandes embarcations, dont quatre de sauvetage.

Les aménagements intérieurs permettent de recevoir, en dehors des officiers et de l'équipage, 60 passagers de première classe, 40 de seconde, 60 de troisième, 700 hommes de troupes peuvent être confortablement installés dans le faux-pont.

Nous donnons dans la figure 183 une coupe longitudinale du *Moïse*, et dans les figures 184 et 185 le plan du pont supérieur et de l'entrepont

Telle est la flotte qui sillonne, à grande vitesse, les eaux de la Méditerranée. Marseille, Port-Vendres et Alger sont les trois centres principaux de ses opérations.

Pour résumer ce qui précède, nous donnerons le tableau de la flotte actuelle de la *Compagnie transatlantique*, pour ses deux lignes de l'Océan atlantique et de la Méditerranée.

### ATLANTIQUE.

| | Tonneaux. | Force en chevaux-vapeur. |
|---|---|---|
| Champagne | 7,000 | 8,000 |
| Bourgogne | 7,000 | 8,000 |
| Gascogne | 7,000 | 8,000 |
| Bretagne | 7,000 | 8,000 |
| Normandie | 6,300 | 7,000 |
| Amérique | 4,700 | 3,300 |
| France | 4,700 | 3,300 |
| Labrador | 4,700 | 3,300 |
| Canada | 4,200 | 3,300 |
| Saint-Germain | 4,700 | 3,200 |
| Saint-Laurent | 4,200 | 3,300 |
| Lafayette | 3,600 | 3,200 |
| Washington | 3,600 | 3,200 |
| Pereire | 3,200 | 3,300 |
| Ville-de-Paris | 3,200 | 3,300 |
| Olinde-Rodrigue | 3,200 | 2,800 |
| Saint-Simon | 3,200 | 1,800 |
| Ferdinand-de-Lesseps | 2,900 | 1,700 |
| Ville-de-Marseille | 2,900 | 1,700 |
| Colombie | 2,900 | 1,700 |
| Ville-de-Bordeaux | 2,800 | 1,700 |
| Ville-de-Brest | 2,800 | 2,200 |
| Ville-de-Saint-Nazaire | 2,800 | 2,700 |
| Caldera | 2,150 | 1,600 |
| Salvador | 1,000 | 700 |
| Saint-Domingue | 1,000 | 700 |

# SUPPLÉMENT AUX BATEAUX A VAPEUR.

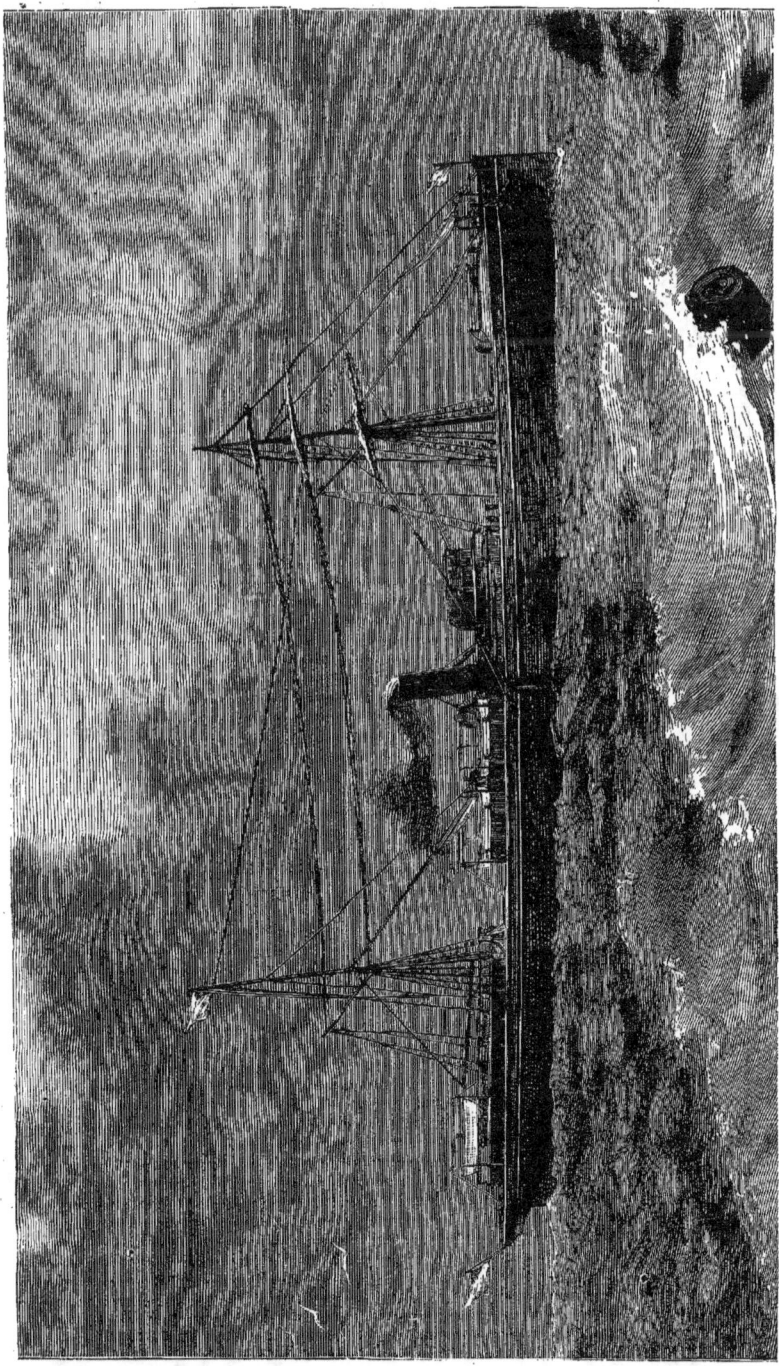

Fig. 182. — *Le Moïse*, paquebot de la C<sup>ie</sup> transatlantique, ligne de la Méditerranée.

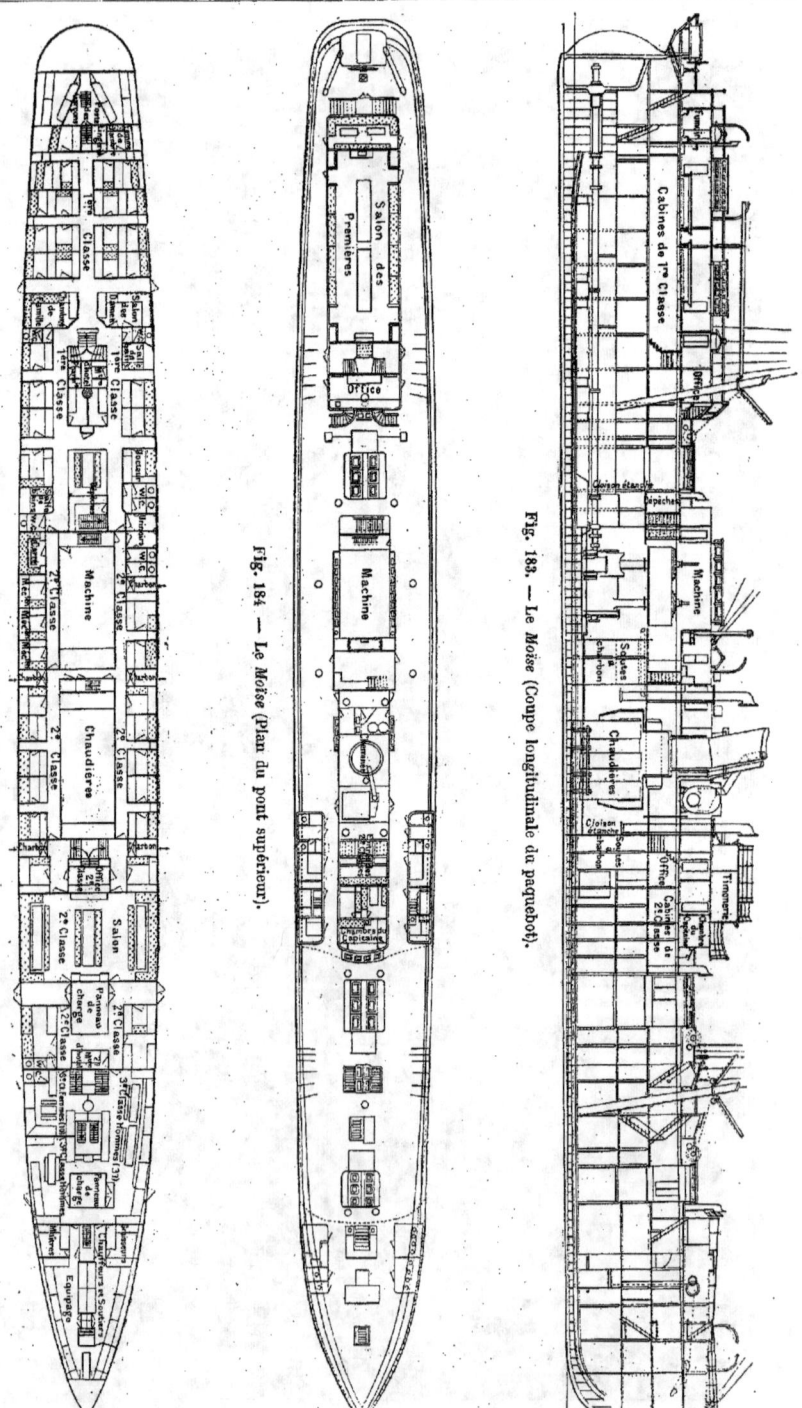

Fig. 185. — Le *Moïse* (Plan de l'entrepont).

Fig. 184. — Le *Moïse* (Plan du pont supérieur).

Fig. 183. — Le *Moïse* (Coupe longitudinale du paquebot).

## MÉDITERRANÉE.

| | Tonneaux. | Force en chevaux-vapeur. |
|---|---|---|
| Ville-de-Tunis .............. | 1,850 | 2,000 |
| Moïse ................... | 1,850 | 2,000 |
| Saint-Augustin............... | 1,850 | 2,000 |
| Isaac-Pereire .............. | 1,850 | 2,000 |
| Abd-el-Kader............... | 1,850 | 2,000 |
| Charles-Quint............... | 1,850 | 2,000 |
| Ville-de-Madrid............. | 1,850 | 2,000 |
| Ville-de-Barcelone.......... | 1,850 | 2,000 |
| Ville-d'Oran................ | 1,850 | 2,000 |
| Ville-de-Bône............... | 1,850 | 2,000 |
| Ville-de-Rome .............. | 2,850 | 2,000 |
| Ville-de-Naples ............ | 1,850 | 2,000 |
| Kléber .................... | 1,850 | 2,000 |
| Guadeloupe ................ | 1,850 | 400 |
| Afrique ................... | 1,250 | 1,158 |
| Ajaccio.................... | 1,250 | 1,150 |
| Bastia..................... | 1,250 | 1,150 |
| Désirade .................. | 1,450 | 1,000 |
| Corse...................... | 1,250 | 1,150 |
| Lou-Cettori................ | 1,250 | 1,150 |
| Maréchal-Canrobert........ | 1,250 | 1,160 |
| Mohamed-el-Sadok......... | 1,250 | 1,150 |
| Malvina.................... | 1,200 | 1,150 |
| Manouba................... | 1,000 | 750 |
| Ville-de-Tanger............. | 1,100 | 750 |
| Insulaire .................. | 650 | 650 |
| Dragut..................... | 575 | 600 |
| Mustapha-Ben-Ismaïl....... | 575 | 600 |
| La Valette.................. | 575 | 600 |

La Compagnie des *Messageries maritimes*, dont nous avons dit un mot dans les *Merveilles de la science* (1), est plus ancienne que la Compagnie *transatlantique*. Elle est consacrée au service de la Méditerranée et de l'Extrême-Orient.

C'est en 1852 que fut fondée la Compagnie des *Messageries maritimes*, par les actionnaires de l'ancienne Compagnie des Messageries terrestres françaises. Le service postal de l'Extrême-Orient lui fut confié par le Ministère des finances, avec une subvention médiocre et un matériel fort au-dessous des besoins. Cependant, en dépit des mauvaises conditions qui lui étaient faites, son succès fut rapide. Le service maritime de la Méditerranée, qui se faisait

(1) Tome Ier, page 281.

par des compagnies anglaises, fut ruiné, et le transit avec l'Inde et la Chine fut disputé aux Compagnies anglaises, qui en avaient eu jusque-là le monopole. La ligne du Brésil fut établie et créée, et là encore, on entra fructueusement en lutte contre les flottes de transport anglaises.

Les paquebots mis en service par les *Messageries maritimes* furent l'*Indus*, en 1855, et le *Danube*, en 1856. Le premier avait 74 mètres de longueur et 11 mètres de largeur.

Voici les principaux types qui furent mis en service de 1860 à 1867.

Le *Donnaï* (1861) dont les dimensions étaient les suivantes :

Longueur................ $92^m,50$
Largeur................. $11^m,73$
Creux................... 10

Le *Tigre*, construit en 1863, avait les dimensions suivantes :

Longueur............... 100 mètres
Largeur................ 12 —
Creux.................. 10 —

Le *Hoogly* :

Longueur............... 105 mètres
Largeur................ 12 —
Creux.................. 10 —

Les machines à vapeur qui actionnaient ces paquebots étaient les anciennes machines de bateaux à roues. Seulement, on avait remplacé les roues par une hélice, mue elle-même par des engrenages, selon le procédé alors en usage.

Ces machines à vapeur avaient tous les inconvénients inhérents à ce système, c'est-à-dire les poids excessifs de l'appareil moteur et des chaudières, ainsi qu'une grande consommation de charbon. La voilure, il est vrai, venait suppléer à ces imperfections : elle n'était pas moindre de vingt fois la surface du maître-couple du navire.

Les *Messageries maritimes* accueillirent, au fur et à mesure qu'ils se produisaient, les perfectionnements réalisés par le progrès de la science et de l'art des constructions navales. L'engrenage de l'hélice fut supprimé, les machines à vapeur Wolf et *Compound* remplacèrent les machines à pleine pression. Malgré leurs trois cylindres, les nouvelles machines étaient moins lourdes et moins encombrantes que les machines à engrenage, et la détente successive de la vapeur permit de réaliser une économie d'un sixième environ sur la consommation du charbon.

Les chaudières, à leur tour, furent transformées. On les construisit dans le système tubulaire, avec retour de flamme; ce qui réalisa une économie de 20 pour 100 sur le poids du charbon brûlé.

Les dimensions des paquebots étaient devenues insuffisantes pour faire de grands chargements de marchandises et de passagers : on augmenta la longueur des coques, pour les nouveaux types à construire. La *Gironde* et l'*Amazone*, qui reçurent les premières machines de Woolf, avaient 300 tonneaux de déplacement de plus que l'*Hoogly*. L'*Ava*, le *Peï-ho*, le *Sindh* et le *Meï-Kong*, qui leur succédèrent, réalisaient une augmentation de 400 tonneaux. Le *Sénégal* et le *Niger*, qui vinrent ensuite, étaient du type de l'*Ava*, mais allongés de 8 mètres.

L'*Anadyr*, l'*Iraouaddy*, l'*Orénoque*, le *Djemnah* et l'*Equateur*, avaient les mêmes dimensions principales que le *Sénégal*, mais avec des formes plus pleines, qui donnaient 500 tonneaux de plus de déplacement.

Par cette série de transformations apportées, tant à la coque qu'au moteur, le poids disponible pour les chargements doubla, bien que la vitesse se fût accrue d'un nœud, depuis l'*Hoogly*.

Nous représentons dans la figure 186 le *Meï-Kong*, le paquebot de la C<sup>ie</sup> des *Messageries* dont il vient d'être question.

Voici les dimensions des divers types qui étaient en service en 1875.

### AVA.

| | |
|---|---|
| Longueur.................... | 112 mètres |
| Largeur..................... | 12 — |
| Creux....................... | 10 — |
| Puissance en chevaux-vapeur. | 2,000 ch. v. |
| Vitesse aux essais............ | 13ª,75 |
| Consommation de charbon par heure et par cheval......... | 1ᵏ,4 |

### ANADYR.

| | |
|---|---|
| Longueur.................... | 120 mètres |
| Largeur..................... | 12 — |
| Creux....................... | 10 — |
| Puissance en chevaux-vapeur. | 2,432 ch. v. |
| Vitesse aux essais............ | 14ª,35 |
| Consommation de charbon par heure et par cheval......... | 1 kilogr. |

Les dimensions absolues de ces types dépassaient celles des paquebots rivaux des deux compagnies anglaises.

Depuis l'année 1875, la compagnie des *Messageries maritimes* a fait construire de nouveaux paquebots, dans lesquels on a profité des progrès nouveaux réalisés par la construction navale. Voici les paquebots actuellement en service sur ses diverses lignes.

LIGNE DE LA MÉDITERRANÉE ET DE LA MER NOIRE

| | Force en chevaux-vapeur. |
|---|---|
| Sindh....................... | 500 |
| Amazone.................... | 500 |
| Tigre........................ | 500 |
| Donnaï...................... | 500 |
| Cambodge................... | 500 |
| Rio-Grande.................. | 500 |
| Mendoza..................... | 500 |
| Peluse....................... | 400 |
| Mœris....................... | 400 |
| Saïd......................... | 400 |
| Alphée...................... | 400 |
| Erymanthe.................. | 400 |
| Cordouan.................... | 350 |
| Médoc....................... | 350 |
| Matapan..................... | 350 |
| Ortéga...................... | 350 |
| La Seyne.................... | 300 |
| La Bourdonnais............... | 280 |
| Niemen...................... | 280 |
| Éridan....................... | 280 |
| Indus........................ | 250 |
| Gange....................... | 250 |
| Yorouba..................... | 250 |
| Copernic..................... | 200 |
| Delta........................ | 150 |

# SUPPLÉMENT AUX BATEAUX A VAPEUR.

Fig. 186. — Le *Meï-Kong*, paquebot de la C<sup>ie</sup> des Messageries maritimes.

### LIGNE DE L'OCÉAN INDIEN.

| | Force en chevaux-vapeur. |
|---|---|
| Melbourne | 600 |
| Natal | 600 |
| Saghalien | 600 |
| Oxus | 600 |
| Yang-Tsé | 600 |
| Djemnah | 600 |
| Iraouaddy | 600 |
| Anadyr | 600 |
| Peïho | 500 |
| Ava | 500 |
| Tibre | 280 |
| Godavery | 280 |
| Volga | 200 |
| Tanaï | 280 |
| Menzalek | 280 |

Il y a encore les lignes de l'Australie et de la Nouvelle-Calédonie, de la Cochinchine, et de l'Océan atlantique, contenant 16 paquebots de 600 à 250 chevaux-vapeur, tous à hélice.

Les *Messageries maritimes*, dont les deux têtes de ligne sont Marseille et Bordeaux, possèdent à la Ciotat, près Toulon, des ateliers importants. Le paquebot le *Yang-Tsé*, construit en 1885, est un des derniers.

En résumé, la flotte des *Messageries maritimes* se compose d'environ 60 navires. Le trajet effectué par chaque paquebot est de 4,806 kilomètres sur la ligne du Brésil, de 9,632 sur celle de Chine, et de 4,954 sur celle d'Australie. La durée de la traversée de Marseille à Calcutta est de 29 jours ; celle de Marseille à Shang-Haï ou à Yokohama est de 40 à 45 jours. Enfin le voyage de Bordeaux à Rio-Janeiro et à Montévidéo se fait habituellement en 17 et 21 jours.

Pour continuer la description des paquebots à grande vitesse appartenant à des compagnies françaises, nous mentionnerons la flotte des *Chargeurs réunis*, qui fait le service du Havre à l'Amérique du sud.

La *Compagnie des Chargeurs réunis* est une des plus puissantes entreprises de transports maritimes de l'Europe. Elle comprend trois lignes, celle du Havre au Brésil, celle de la Plata et celle du Parana (Buenos-Ayres et Montévidéo).

Voici le tableau de la flotte de la *Compagnie des Chargeurs réunis*.

| | Tonneaux. | Force en chevaux vapeur |
|---|---|---|
| Paraguay | 3,600 | 1,900 |
| Rio-Negro | 3,500 | 1,600 |
| Uruguay | 3,500 | 1,600 |
| Parana | 3,500 | 1,600 |
| Don-Pedro | 3,000 | 1,300 |
| Pampa | 3,000 | 1,300 |
| Portena | 2,000 | 1,200 |
| Cordoba | 3,000 | 1,400 |
| Entre-Rios | 3,000 | 1,400 |
| Santa-Fé | 3,000 | 1,400 |
| Belgrano | 2,000 | 850 |
| San-Martin | 2,000 | 850 |
| Ville-de-Céara | 2,500 | 1,200 |
| Ville-de-Maceio | 2,500 | 1,200 |
| Ville-de-Maranhao | 2,500 | 1,200 |
| Ville-de-Pernambuco | 2,000 | 1,000 |
| Ville-de-Montevideo | 2,000 | 1,000 |
| Ville-de-Buenos-Ayres | 2,000 | 1,000 |
| Ville-de-San-Nicolas | 2,000 | 1,000 |
| Ville-de-Rosario | 2,000 | 1,000 |
| Ville-de-Santos | 1,500 | 750 |
| Ville-de-Bahia | 1,500 | 750 |
| Sully | 1,200 | 500 |
| Mosca (*Remorqueur*) | 1,200 | 160 |

Il faut citer encore, parmi les compagnies françaises, la *Société des Transports maritimes*, qui a son siège à Marseille, et qui dessert la Méditerranée, d'une part, le Brésil et la Plata, d'autre part.

Voici la composition de la flotte de cette *Société de transports*, avec le tonnage et la force en chevaux-vapeur de chaque bâtiment.

### LIGNE DU BRÉSIL ET DE LA PLATA.

| | Tonneaux. | Force en chevaux-vapeur. |
|---|---|---|
| Béarn | 5,000 | 650 |
| Bourgogne | 2,000 | 300 |
| La France | 4,000 | 500 |
| Poitou | 2,000 | 300 |
| Provence | 5,000 | 650 |
| Savoie | 3,000 | 350 |

Fig. 187. — L'*Umbria*, paquebot de la Cie Cunard.

LIGNE DE LA MÉDITERRANÉE.

|  | Tonneaux. | Force en chevaux-vapeur. |
|---|---|---|
| Alsace | 1,200 | 120 |
| Anjou | 600 | 120 |
| Artois | 1,200 | 120 |
| Auvergne | 2,000 | 250 |
| Berry | 2,000 | 300 |
| Bretagne | 3,000 | 250 |
| Dauphiné | 1,200 | 120 |
| Franche-Comté | 1,200 | 120 |
| Languedoc | 2,000 | 300 |
| Lorraine | 1,200 | 120 |
| Touraine | 1,200 | 120 |

Tous ces navires sont à hélice.

Nous passons aux Compagnies maritimes étrangères. Nous examinerons d'abord les compagnies anglaises, qui sont de beaucoup les plus importantes. A leur tête se place la compagnie Cunard, de Liverpool, la plus ancienne de toutes.

Parmi les paquebots les plus remarquables de cette ligne, nous citerons, par ordre de construction et de vitesse : la *Servia*, l'*Aurania*, l'*Oregon*, l'*Umbria* et l'*Etruria*.

La *Servia* est le plus ancien des steamers à grande vitesse qui aient été mis en service sur la ligne de Liverpool à New-York. Elle fut construite en 1880, et lancée en 1881. C'est le plus grand paquebot des Compagnies étrangères, si l'on en excepte la *City of Rome*. Voici les principales dimensions de la *Servia* :

| Longueur | 161$^m$,50 |
|---|---|
| Largeur | 15$^m$,90 |
| Creux | 12$^m$,40 |
| Tirant d'eau | 7$^m$,90 |
| Port | 5,000 tonneaux. |

La construction, tout en acier, est d'une solidité parfaite. Les aménagements, qui sont des plus luxueux, sont organisés pour recevoir 500 passagers.

Les appareils de sécurité sont nombreux et bien établis. La machine à vapeur, du type Compound, à 3 cylindres, présente des dimensions énormes. Les deux cylindres à basse pression n'ont pas moins de 2$^m$,53 de diamètre.

Sept chaudières, comportant en tout 39 foyers, fournissent la vapeur à la machine. L'hélice mesure 7$^m$,33 de diamètre, et pèse 38 tonnes.

L'appareil moteur de la *Servia* a développé, aux essais, 10,400 chevaux-vapeur, à l'allure de 53 tours par minute. La vitesse atteignait 17 nœuds, 8 dixièmes. Ce paquebot traverse l'Atlantique en 7 jours et quelques heures.

L'*Aurania*, de dimensions plus modestes que le précédent, mesure 143 mètres de longueur, sur 17$^m$,40 de large, et 11$^m$,20 de creux; il jauge 7,270 tonneaux. La machine développe 10,000 chevaux, et imprime au navire une vitesse de 18 nœuds.

L'*Oregon*, ce superbe paquebot, qui malheureusement disparut des flottes commerciales, le 14 mars 1886, à la suite d'une collision, était le plus rapide de la ligne Cunard. Il avait les dimensions suivantes :

| Longueur | 158 mètres |
|---|---|
| Largeur | 16$^m$,46 |
| Creux | 12$^m$,42 |
| Tonnage | 7,280 tonneaux. |
| Déplacement | 11,900 tonnes. |

Il comportait 5 ponts, l'avant était protégé par une tengue et un dos de tortue en acier. Il pouvait embarquer 340 passagers de première classe, 92 de deuxième et 110 de troisième.

Tout ce qui pouvait rendre agréable la vie du bord était réuni dans ce navire. La ventilation et le chauffage étaient parfaits; l'éclairage électrique était réparti dans tous les aménagements. L'appareil moteur Compound, à 3 cylindres, avait les dimensions suivantes :

| Petit cylindre, diamètre | 1$^m$,75 |
|---|---|
| Les deux cylindres de détente | 2$^m$,60 |
| Course commune | 1$^m$,80 |
| Puissance | 12,400 ch. |

## SUPPLÉMENT AUX BATEAUX A VAPEUR.

**Fig. 188.** — Le *City of Rome*, paquebot de la C<sup>ie</sup> *Anchor-line*.

9 chaudières doubles de 5 mètres de diamètre sur 5m,50 de longueur, à 8 foyers chacune, fournissaient la vapeur.

La vitesse aux essais a dépassé 20 nœuds; en service elle dépassait 18 nœuds.

L'*Orégon* a fait un voyage de New-York à Queenstown en 6 jours, 9 heures, 30 minutes. Il n'avait jamais été battu de vitesse que par les deux paquebots *Umbria* et *Etruria*.

Construit pour la ligne Guion, l'*Orégon* avait été acheté 7 500 000 francs, par la Compagnie Cunard.

Un an après la construction de l'*Orégon*, la compagnie Cunard mettait en chantier l'*Etruria* et l'*Umbria*, les deux meilleurs marcheurs des flottes du monde entier.

Voici les dimensions de ces remarquables bâtiments :

| | |
|---|---|
| Longueur | 158 mètres |
| Largeur | 17m,35 |
| Creux | 12, 60 |
| Tonnage | 7,720 tonneaux |

Ils ont coûté chacun 7 750 000 francs.

Nous représentons dans la figure 187 (page 207) l'*Umbria*.

Ces paquebots n'embarquent que des passagers de première classe : les émigrants en sont exclus. Ce sont des paquebots de grand luxe, des navires aristocratiques.

La coque, toute en acier, est divisée en 10 compartiments étanches.

Le gréement est celui d'un trois-mâts barque.

Les machines à vapeur, les plus puissantes qui aient encore été mises sur un navire, sont du type Compound, à 3 cylindres. Voici le signalement de ces appareils :

| | |
|---|---|
| Petit cylindre : diamètre | 1m,803 |
| Les deux cylindres de détente | 2m,660 |
| Puissance développée | 14,500 chevaux |

Les chaudières, au nombre de 9, comportent 72 foyers.

La vitesse, aux essais, a été de 20nds,4.

L'*Umbria* atteint, en service, 18nds,72.

L'*Etruria* a fait la traversée de Queenstown à Sandy-Hook, en 6 jours, 5 heures.

Voici la liste des paquebots actuellement en service de la Compagnie Cunard.

### FLOTTE TRANSATLANTIQUE.

| | | |
|---|---|---|
| Umbria, | Catalonia, | Atlas, |
| Etruria, | Samaria, | Saragosse, |
| Aurania, | Marathon, | Kedar, |
| Servia, | Aleppo, | Morocco, |
| Gallia, | Trinidad, | Malta, |
| Bothnia, | Demerara, | Palmyra, |
| Scythia, | Cherbourg, | Tarifa. |
| Favonia, | Nantes, | |
| Céphalonia, | British-Queen, | |

La même Compagnie a une ligne de Liverpool à la Méditerranée et au Havre, ainsi que les lignes d'Italie et du Levant.

La Compagnie anglaise l'*Anchor-line* possède le plus grand navire du monde (le *Great-Eastern* ayant été désemparé en 1887). Nous voulons parler du *City of Rome*. Ce gigantesque paquebot a été construit en 1886, à Barrow, pour la Compagnie *Inman*; mais il est actuellement la propriété de l'*Anchor-line*. Voici ses dimensions :

| | |
|---|---|
| Longueur, de tête en tête. | 179 mètres |
| Longueur à la flottaison | 163 — |
| Largeur | 15m 67 |
| Creux | 11m 00 |
| Tonnage | 8,500 tonneaux |
| Déplacement en charge. | 13,500 tonnes. |

Ce steamer (fig. 188), très élégant de formes, réunit une grande solidité de construction à un luxe extraordinaire. Il a coûté dix millions de francs.

Il peut embarquer 271 passagers de chambre et 1500 émigrants, soit 1771 personnes, en dehors de l'équipage.

Pour donner une idée des dimensions colossales de ce paquebot, nous dirons que l'étambot seul pèse 33,000 kilogrammes.

L'appareil moteur est une machine Wolf,

à pilon et à 6 cylindres, dans le genre de celle de la *Normandie*. En voici les dimensions :

| | |
|---|---|
| Petits cylindres, diamètre. | 1ᵐ 075 |
| Grands cylindres | 2ᵐ 150 |
| Course commune | 1ᵐ 800 |
| Puissance | 9,000 chevaux. |
| L'hélice mesure | 7ᵐ 20 de diam. |

Nous devons dire pourtant que le *City of Rome* est loin de marcher aussi vite que ses concurrents anglais. Aux essais, il a difficilement atteint 18 nœuds, et il ne les fait pas en service.

Une autre machine anglaise, la *National line* a mis en ligne un paquebot rapide, moins grand que ses rivaux, mais tout aussi bien établi : l'*America*.

La longueur de ce paquebot est de 134 mètres, à la flottaison. Il est gréé en brick. L'étrave est surmontée d'une guibre allongée ; 300 passagers de première classe et 700 émigrants peuvent trouver place à son bord. Les aménagements ne laissent rien à désirer, sous le rapport du luxe et du confort. La machine Compound, à 3 cylindres, développe 9,500 chevaux, et reçoit la vapeur de 7 chaudières, comportant 39 foyers.

La vitesse, aux essais, a été de plus de 18 nœuds.

La *Compagnie Guion* possède l'*Alaska*, paquebot qui, pendant un an, jusqu'à l'apparition de l'*Orégon*, a été le plus rapide des navires des flottes commerciales. Pour cette raison, les Anglais l'avaient surnommé le *Lévrier des mers*.

L'*Alaska* mesure 158 mètres de long. Il jauge 8,000 tonneaux, et peut embarquer 1,000 passagers. Il est mû par une machine de 11,000 chevaux. Il a effectué une traversée de Queenstown à New-York en 6 jours 22 heures, soit une vitesse moyenne de 17 nœuds, 38.

La Compagnie *Orient-line* qui fait le trafic entre Londres et l'Australie a lancé, en 1882, un paquebot très remarquable, l'*Austral*. Ce navire, destiné à voyager longtemps sans faire escale, possède de vastes soutes à charbon, contenant pour six mois de combustible. Les aménagements sont parfaitement compris et très confortables.

Voici les dimensions de ce navire :

| | |
|---|---|
| Longueur | 142 mètres |
| Largeur | 14ᵐ 45 |
| Déplacement | 9 500 tonnes. |

La machine développe 6,300 chevaux et imprime au navire une vitesse de 17 nœuds 75.

L'*Austral* est disposé pour pouvoir être armé en guerre et servir de croiseur rapide.

En parlant des navires de transport, nous signalerons le *North-America*, qui est aussi un navire rapide, et qui a inauguré les grandes vitesses dans la marine commerciale.

Parmi les compagnies étrangères desservant les mers orientales, c'est-à-dire la Chine et l'Indo-Chine, il faut citer d'abord la *Compagnie générale italienne de navigation*, qui ne possède pas moins de cent steamers. Les départs pour Bombay ont lieu à Naples, et la distance de Naples à Bombay est parcourue en 19 jours.

Les meilleurs navires de cette compagnie sont : *China*, *Singapore* et *Manilla*. Leur vitesse atteint 13 nœuds et demi. Les Anglais qui se rendent aux Indes recherchent ces navires, à cause de leur confortable, de leur vitesse et de l'économie de temps, qui résulte du passage de Calais à Naples par le tunnel du Mont-Cenis.

La Compagnie *générale italienne* fait aussi le service de l'Amérique du Nord. Les navires, tels que le *Washington*, l'*Archimède*, le *Gottardo*, d'un tonnage qui atteint 4,500 tonneaux, ont la vitesse de 13 nœuds. Ils vont en 15 jours de Naples à New-York. Les voyageurs américains préfèrent cette ligne à celles de l'Angleterre et de la Belgique, parce que la route croise le *gulf-stream* dans sa partie la plus supérieure (entre le 35° et le 36° degré de latitude), ce qui permet d'éviter les tempêtes du gulf-stream, les brouillards de Terre-Neuve et les glaces flottantes de l'Océan atlantique du Nord.

La Compagnie du *Lloyd du nord de l'Allemagne* fait le service transatlantique. Pour donner une idée de la vitesse de ses paquebots, nous dirons que l'un d'eux, l'*Eider*, a fait, en avril 1885, la traversée de Southampton à New-York en 7 jours et 6 heures.

Une rivale de la *Compagnie du Lloyd allemand*, mais aujourd'hui bien dépossédée, c'est la *Compagnie hambourgeoise-américaine de paquebots à vapeur*, qui fait le service de Hambourg à New-York. Mais elle ne possède qu'un seul navire ayant une vitesse de 15 nœuds. La vitesse de ses autres paquebots n'est que de 12 à 14 nœuds.

La *Compagnie hambourgeoise-américaine* dessert deux autres lignes, l'une de Hambourg au Mexique, l'autre de Hambourg aux Antilles. Ces deux lignes sont desservies par de simples *cargo-boats*, dont la vitesse n'est que de 10 nœuds et demi.

Une autre compagnie maritime qui franchit les mers orientales, c'est la *Compagnie de navigation à vapeur du Lloyd austro-hongrois*, dont le siège est à Trieste. Les nombreux steamers composant sa flotte font le voyage de la Chine et de l'Inde. La vitesse de la traversée de ces paquebots entre Trieste et Bombay est de 10 nœuds et de 9 seulement sur la ligne de Bombay à Hong-Kong, ce qui est équivalent, tout au plus, à la vitesse des *cargo-boats* de seconde classe.

On peut conclure de cette revue rapide des diverses Compagnies transocéaniques que les *Messageries maritimes* et la *Compagnie générale transatlantique*, c'est-à-dire deux compagnies françaises, tiennent aujourd'hui la première place, au point de vue de la vitesse, du luxe de l'aménagement et du confortable de leurs paquebots, et qu'elles ne sont dépassées, sous ce rapport, par aucune des entreprises étrangères qui sont leurs rivales sur les mers.

## CHAPITRE VIII

LES PAQUEBOTS DE LA MANCHE ET DE LA MER D'IRLANDE.

Nous ne terminerons pas le chapitre de la navigation par paquebots sans dire qu'à côté des grands paquebots à hélice que nous avons décrits, il faut mentionner tout une catégorie de navires à roues, qui font, comme les paquebots à hélice, le service des voyageurs et des postes. Nous voulons parler des paquebots du détroit de la Manche et de ceux de la mer d'Irlande. Ces petits navires, extrêmement rapides, ont, pour actionner leurs roues, des machines à vapeur très puissantes et très perfectionnées.

Le faible tirant d'eau des ports que desservent ces paquebots ne permettant pas de faire usage d'hélices assez grandes pour la vitesse à réaliser (17 à 18 nœuds), les constructeurs ont été forcés de recourir à l'ancien propulseur, c'est-à-dire aux roues. Tous ces bâtiments, construits avec beaucoup de goût, sont richement aménagés. Ils sont, d'ailleurs, très marins, et d'un aspect heureux. Le plus remarquable et le plus récent de ces paquebots est l'*Ireland*, qui fait le service de Londres à Birkenhead.

Ce navire a été construit en 1885, par MM. Laird, de Birkenhead. Voici ses dimensions principales :

| | |
|---|---|
| Longueur............ | 116 mètres |
| Largeur............. | 12 — |
| Tirant d'eau arrière... | 4 — |
| Jauge............... | 2 600 tonneaux. |

# SUPPLÉMENT AUX BATEAUX A VAPEUR.

Fig. 180. — La *Victoria*, paquebot anglais faisant le service de Douvres à Calais.

La machine de l'*Ireland* présente des particularités qu'il est indispensable de signaler. Les constructeurs, comprenant qu'il fallait faire avant tout une machine légère où la consommation de combustible ne fût pas à considérer, en raison de la brièveté des traversées et de la grande vitesse à obtenir, ont adopté le système oscillant, non Compound, c'est-à-dire à deux cylindres à basse pression, marchant avec condenseur à mélange. Ils en sont même revenus aux chaudières à faces planes, qu'il est plus facile d'arrimer à bord. Ce pas général en arrière, justifié d'ailleurs, est d'autant plus à signaler qu'il s'applique au paquebot le plus rapide du monde. La machine développe 6,340 chevaux, à la vitesse de 27 tours, en marche à outrance avec tirage forcé. Les cylindres mesurent $2^m,75$ de diamètre, et ne pèsent pas moins de 32 tonnes chacun. L'arbre moteur, qui mesure 88 centimètres de diamètre, pèse 47 tonnes, et chaque roue pèse 55 tonnes.

La vitesse moyenne de ce paquebot atteint 20 nœuds 2 dixièmes, c'est-à-dire celle des torpilleurs.

Les aménagements sont particulièrement bien étudiés et très luxueux.

La mâture, très rudimentaire, se compose de deux petits mâts, très inclinés vers l'arrière, propres surtout à recevoir des signaux.

La manœuvre du gouvernail a lieu au moyen d'un servo-moteur.

La plupart des autres paquebots à roues de la mer d'Irlande sont construits d'une manière analogue, mais sous de plus petites dimensions.

Les paquebots qui font le service des voyageurs et des postes de Calais à Douvres, ou de Boulogne à la côte d'Angleterre et à Londres, sont du même type que l'*Ireland*, que nous venons de décrire. Tel est le paquebot *la Victoria*.

Nous représentons (fig. 189) la *Victoria*.

Avant la *Victoria*, le meilleur marcheur de la Manche avait été le paquebot *Invicta*, qui fait la traversée de Calais à Douvres en une heure dix minutes. Il n'en est plus de même aujourd'hui. Le nouveau paquebot *Victoria* dont nous donnons le dessin a vaincu l'*Invicta*, en accomplissant la même traversée en *cinquante-quatre minutes*.

Ce rapide, luxueux et confortable paquebot, qui a coûté près de deux millions, et peut transporter 900 voyageurs, sort des chantiers de John Elder de Glasgow. Il mesure $94^m,25$ de longueur, sur 30 mètres de largeur ; son tirant d'eau est de $2^m,54$ ; ses machines développent une force de 5,000 chevaux ; et il file près de 20 nœuds, soit près de 37 kilomètres à l'heure.

La *Victoria* possède cinq magnifiques salons, dont un réservé aux fumeurs, 13 élégantes cabines particulières, le tout éclairé à la lumière électrique. Chacune de ses roues pèse 38,000 kilogrammes. Sa largeur, annulant le roulis, supprime le mal de mer.

Le mouvement des voyageurs qui, par la voie de Calais à Douvres, était déjà, annuellement, de 200,000 — chiffre supérieur à celui des ports de Boulogne et de Dieppe réunis, — s'est encore augmenté, depuis le service de la *Victoria* qui est en correspondance directe, journalière, avec les trains rapides, contenant des wagons-lits de la Compagnie internationale pour Paris, Bruxelles, Bâle, Milan, Rome, Brindisi, Vienne et Constantinople.

De Folkestone à Boulogne, il existe un service de bateaux à vapeur du même type que ceux de Douvres à Calais. Nous représentons (fig. 190) la *Mary-Beatrix* qui fait le trajet de Boulogne à Folkestone.

La *Mary-Beatrix* est un des paquebots que la Compagnie anglaise du *South-Eastern railway* a ajoutés à sa flotte qui fait le service de navigation entre Boulogne et Folkestone, et qui correspond avec ses trains

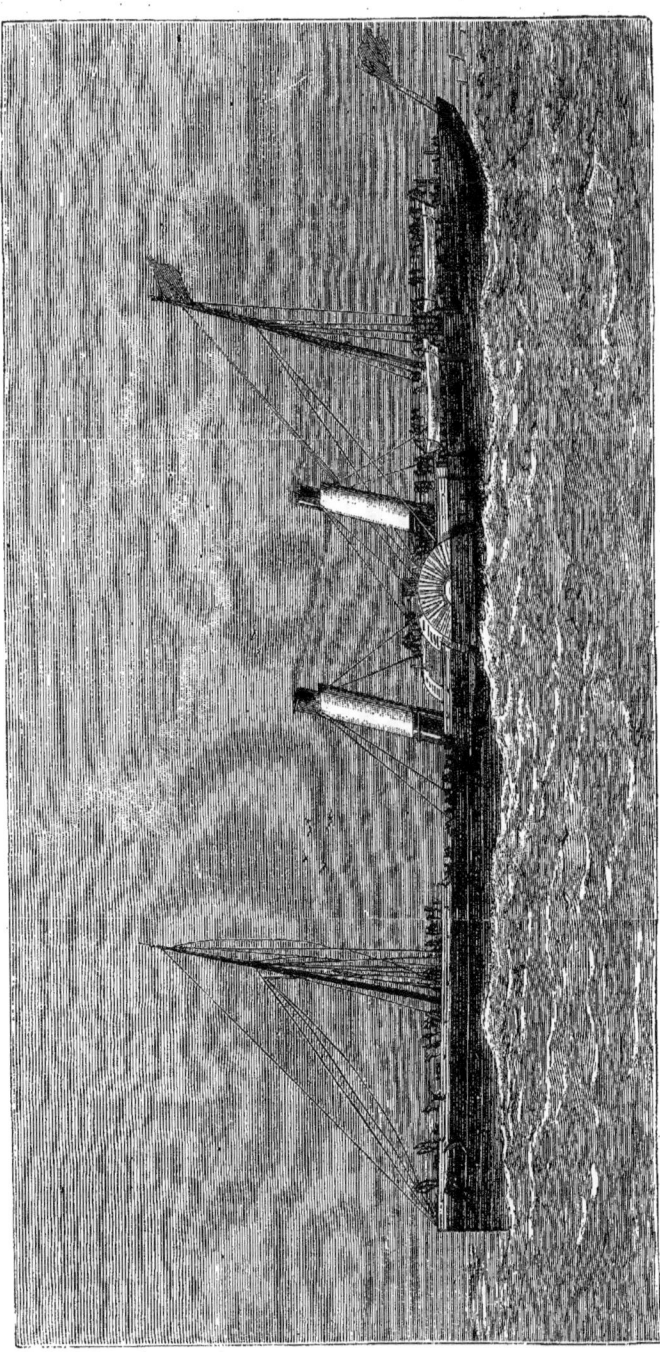

Fig. 190. — La *Mary-Beatrix*, faisant le service de Boulogne à Folkestone.

et ceux de la Compagnie du chemin de fer du Nord français. Actuellement, le voyage entre Paris et Londres se fait par cette voie (terre et mer), en 8 heures 1/2, et comme la Compagnie du *South Eastern* a maintenant (sans compter ses autres bateaux) trois bateaux à vapeur construits sur le même modèle que celui que nous reproduisons et qui est compris dans le nombre, l'exactitude du service est assurée.

La *Mary-Beatrix* a 88 mètres de longueur, et 1,063 tonneaux de capacité. Grâce à ses puissantes machines, qui développent 2,800 chevaux-vapeur, elle atteint la vitesse de 18 nœuds (plus de 33 kilomètres à l'heure) et fait ainsi, en 1 heure, 20 minutes, la traversée de Boulogne à Folkestone, qui durait près de deux heures avec les anciens bateaux.

## CHAPITRE IX

LES NAVIRES DE TRANSPORT. — NAVIRES DE TRANSPORT COMMERCIAL DE MARSEILLE A L'INDO-CHINE.

Après avoir étudié les grands paquebots, nous ferons connaître l'état présent de la marine de commerce, c'est-à-dire les navires spécialement consacrés au transport des marchandises.

Pendant longtemps le trafic des marchandises, même après l'adoption de la vapeur dans la navigation, avait été abandonné aux bâtiments à voiles; et il semblait que cet état de choses dût subsister longtemps encore, d'après l'économie que procure l'emploi du vent comme moteur. Cependant, l'irrégularité de marche des navires à voiles, qui sont immobilisés par des temps calmes, et bien souvent détournés de leur route par les tempêtes, ne tarda pas à leur faire préférer les bâtiments à vapeur.

En effet, un navire à vapeur, surtout depuis les perfectionnements apportés à la machine à vapeur par l'emploi des grandes détentes, peut, en se contentant d'une vitesse modérée, effectuer les transports à bon marché, et comme il jouit d'une régularité de service hors de toute comparaison avec les navires à voiles, il s'est peu à peu emparé des transports de marchandises, et a réduit presque absolument les navires à voiles au service du cabotage.

Le *cargo-boat*, pour employer le terme anglais consacré, chez nous, par l'usage, est caractérisé par des formes plus massives que celles des paquebots, par la machine qui est moins puissante et plus simple, tout en restant très robuste. Ce que l'on cherche surtout à obtenir, c'est un très faible prix de transport pour les marchandises. La construction de ce genre de navire doit donc être aussi économique que possible. Tout est réduit au strict nécessaire pour le voyage.

En général, la machine et les chaudières d'un navire de commerce occupent sa partie centrale, afin que le balancement longitudinal soit toujours assuré, quelles que soient les variations de poids ou de volume des marchandises reçues à bord.

Cependant beaucoup de bâtiments de commerce placent leur machine à l'arrière, afin de laisser aux cales tout le reste de la place. La plupart des bateaux à vapeur consacrés au transport des charbons sont dans ce cas.

Les bâtiments de commerce de la marine française et anglaise, du moins le plus grand nombre, ne dépassent guère la vitesse de 10 nœuds. Cependant, quelques-uns, qui portent des passagers, atteignent 12 et 14 nœuds.

Comme exemple de *cargo-boat*, à grande vitesse, nous citerons le transport anglais le *North-America*. Ce navire construit en vue de la *Course au thé* (1) a atteint 17 nœuds, dans ses voyages entre Londres et Hong-Kong. Il a inauguré l'ère des bâtiments de commerce rapides.

Le *North-America* fut construit sur la Clyde, en 1882. Il portait alors le nom de *Stirling castle*. Voici ses dimensions :

| | |
|---|---|
| Longueur.................. | 133 mètres. |
| Largeur.................. | 15$^m$,25 |
| Creux.................. | 10$^m$,05 |
| Tonnage.................. | 4,300 tonneaux. |
| Puissance de la machine. | 8,237 ch. v. |

En 1884, il fut acheté par une compagnie génoise, qui changea son nom. Enfin, le gouvernement italien en fit l'acquisition, pour le transformer en croiseur.

En 1882, la *Société nationale de navigation de Marseille* a fait construire, par les *Forges et chantiers de la Méditerranée*, trois paquebots, qui ne sont, à proprement parler, que des *Cargo-boats* propres à recevoir des passagers. Ce sont le *Colombo*, le *Canton* et le *Comorin*, qui font le service entre Marseille et l'Indo-Chine.

Voici leurs dimensions :

| | |
|---|---|
| Longueur extrême.......... | 120 mètres. |
| Largeur.................. | 12$^m$,18 |
| Creux.................. | 9$^m$,50 |
| Tirant d'eau moyen en charge. | 6$^m$,14 |
| Déplacement.............. | 5,850 tonn. |

Ces bâtiments, qui sont tout en fer, comportent trois ponts, dont deux, le pont principal et le *spardeck*, sont bordés en fer, avec bordage en bois de teck. Le faux-pont est bordé en pitch-pin.

Sur le *spardeck* s'élève, à l'avant, une *teugue*, puis une série de *roofs* en fer, contenant les logements des officiers, enfin un château central, contenant le servo-moteur

---

(1) Une prime considérable est allouée au bâtiment qui apporte de la Chine à Londres la première cargaison de thé de la saison.

Stapfer de Duclos, et la chambre de veille, surmontée de la passerelle.

Les cabines et les deux salons, qui peuvent contenir 52 passagers, sont situés à l'avant et à l'arrière, sur le pont principal et sous le *spardeck;* tout cela confortablement aménagé. Une glacière est disposée dans le faux-pont. Cet accessoire est indispensable aux navires qui traversent la mer Rouge, où les boissons glacées sont absolument nécessaires aux passagers, cette mer étant, dit-on, la plus chaude du globe.

Quatre treuils à vapeur desservent les écoutilles ; ils conduisent également des pompes de cales, qui secondent celles de la machine.

Le gréement est celui d'un brick à phares carrés. La machine à vapeur est du système Compound, à deux cylindres. Le diamètre du petit cylindre est de 1 mètre, celui du grand cylindre de 1$^m$,850. La course de l'un et l'autre cylindre est de 1$^m$,081. L'hélice a 4$^m$,825 de diamètre et 5$^m$,65 de pas de vis. La vapeur est fournie par 4 chaudières cylindriques, timbrées à 5 kilogrammes.

Ces navires donnent les résultats suivants, en service courant :

| | |
|---|---|
| Vitesse.................. | 10 nœuds,51 |
| Puissance.............. | 925 ch. v. |
| Consommation par heure et par cheval............. | 0$^k$769 de charbon. |

Dans des essais pour apprécier la vitesse maximum, on a obtenu 14 nœuds, avec une puissance de 2,050 chevaux-vapeur

Ces résultats sont très beaux pour des navires destinés à un service de transports de marchandises.

En somme, ces trois bâtiments de commerce peuvent être classés parmi nos meilleurs longs-courriers.

La grande pêche a aussi profité des perfectionnements apportés à la construction navale, et actuellement, de nombreux

bateaux à vapeur se joignent aux flottilles de pêche.

La figure ci-dessus représente un *chalutier* à *vapeur* occupé à la pêche du hareng. C'est le type le plus communément employé. Il comporte, à bord, un vivier pour conserver

Fig. 191. — Le chalutier à vapeur *Pauline*.

le poisson. La machine, simple et robuste, est ordinairement du système Compound ordinaire, mais elle est étudiée pour marcher régulièrement aux plus faibles allures, condition nécessaire à une bonne pêche.

## CHAPITRE X

LES BATEAUX DE FLEUVE ET DE RIVIÈRE. — LES BATEAUX DE LA SEINE. — *Hirondelles, Express* et *Omnibus*. — LES *Mouches* DU PORT DE MARSEILLE. — LES REMORQUEURS A VAPEUR ET LES PORTEURS DE MARCHANDISES. — LE TOUAGE A VAPEUR.

Après les paquebots de commerce, aux longues traversées maritimes, nous avons à examiner la navigation par la vapeur sur les fleuves, rivières et canaux.

La Seine, à Paris, est sillonnée de quelques bateaux à vapeur, dont la description pourra intéresser le lecteur.

Trois types différents composent la flotte parisienne : les *Bateaux-Mouches*, les *Express* et les *Hirondelles*.

Les *Hirondelles* ont été construites en 1878, à Argenteuil, par les *Usines et chantiers de la Seine*.

Le type établi à cette époque, par les constructeurs, a été conservé depuis, pour les bateaux analogues ; et les *Express*, qui sont venus après, présentent, sauf quelques détails, les mêmes dispositions.

La coque des *Hirondelles* est entièrement en fer, et d'une assez grande légèreté, en même temps que d'une solidité parfaite. Les lignes d'eau sont extrêmement fines, et l'ensemble de la coque présente des façons fort élégantes. La coque, très rase sur l'eau, est surmontée d'un *roof* qui, allant de l'arrière à l'avant, permet d'éclairer par de larges fenêtres les deux salons avant et arrière, ainsi que la chambre de la machine. Le toit de ce *roof* forme, en réalité, le pont du bateau. Il est garni de banquettes et surmonté d'une tente.

La machine est du système Compound, à deux cylindres avec condenseur à surface.

Une particularité de cette machine, c'est son appareil de changement de marche, à un seul excentrique, système Bouron. Cet appareil n'agit que sur le tiroir du cylindre d'admission ; le tiroir du grand cylindre est conduit par un excentrique à toc. Ce système très simple ne peut s'appliquer qu'à une machine à un seul cylindre, ou à une machine Compound à deux cylindres, comme c'est le cas ici, et à la condition que la transmission du mouvement de la machine ne se fasse pas par le bout de l'arbre, du côté du changement de marche.

La machine des *Hirondelles* est de la force de cent chevaux-vapeur.

La vapeur est fournie par une chaudière cylindrique, à retour de flamme et à un seul foyer. Comme les règlements de la navigation sur la Seine exigent la fumivorité des foyers, le combustible employé est le coke, ce qui a forcé d'adopter une vaste grille. La cheminée est du système télescopique, c'est-à-dire qu'elle peut s'allonger et se raccourcir, comme les tubes d'une lunette, au moyen d'un renvoi de mouvement à poulie, suivant les besoins du tirage. Le pilote, placé sur une passerelle à l'arrière, manœuvre le bateau au moyen d'une *barre franche*, c'est-à-dire directement fixée sur la mèche du gouvernail, et sans l'intermédiaire de roue ou d'appareil de renvoi. Ce système, quoique très fatigant pour le pilote, est préféré sur la Seine, à cause de la rapidité de manœuvre qu'il procure, et que ne pourrait donner qu'un appareil à vapeur (servo-moteur) qui serait trop compliqué pour un bateau de fleuve.

Le pilote commande à la machine par un porte-voix. La machine actionne une hélice à 4 ailes, en fonte, qui imprime au bateau la vitesse moyenne de 16 kilomètres à l'heure, fixée par les règlements.

Les *Express* sont construits sur des plans dérivés de ceux des *Hirondelles*.

Leur machine est du système Compound ordinaire, elle a été exécutée par M. J. Boulet. La chaudière, à retour de flamme, vient des ateliers de Lyon, et la coque a été construite par la *Société des Forges et*

Fig. 192. — L'*Express*, bateau à vapeur de la Seine à Paris.

*ateliers de Saint-Denis,* qui avait l'ensemble de la commande.

La figure 192 représente le bateau l'*Express* et les figures 193, 194 la coupe longitudinale et le plan du même bateau.

Disons pourtant que ces bateaux n'ont pas donné les résultats qu'on en attendait. La chaudière est trop faible, pour la machine à vapeur. D'autre part, la machine à vapeur, trop légèrement construite, est sujette à de fréquentes avaries.

Les *Bateaux-omnibus* de la Seine, plus petits que les *Express*, ne diffèrent que par la machine à vapeur, des anciens bateaux-omnibus que nous avons décrits dans les *Merveilles de la science* (1).

Les machines de ces bateaux sont du système Compound ordinaire. Elles sont dues à la *Société de construction de Passy.*

Rappelons que c'est sur un de ces bateaux, portant le n° 30, que l'on fit,

(1) Tome Ier, pages 256-257.

en 1881, un des premiers essais de la machine à vapeur à triple expansion.

La navigation intérieure à vapeur a été réalisée, dans le port de Marseille, avec des innovations assez intéressantes pour être mentionnées ici.

Les *Mouches du port de Marseille* sont de deux types : celles qui font le service devant la mairie, et celles qui vont jusqu'au Fort Saint Jean. Les premières sont des bateaux en fer, formés de deux flotteurs réunis par une plate-forme en bois, abritée par une toiture légère. Le moteur est une machine à haute pression, sans condenseur, qui actionne une hélice à axe incliné.

Il y a deux gouvernails, réunis par un même arbre de transmission.

Le bateau va indifféremment en avant et en arrière, avec une vitesse de 5 kilomètres à l'heure. Les commandements se font par un timbre, manœuvré par une courroie,

Fig. 194. — Plan du bateau à vapeur de la Seine « l'*Express* ».

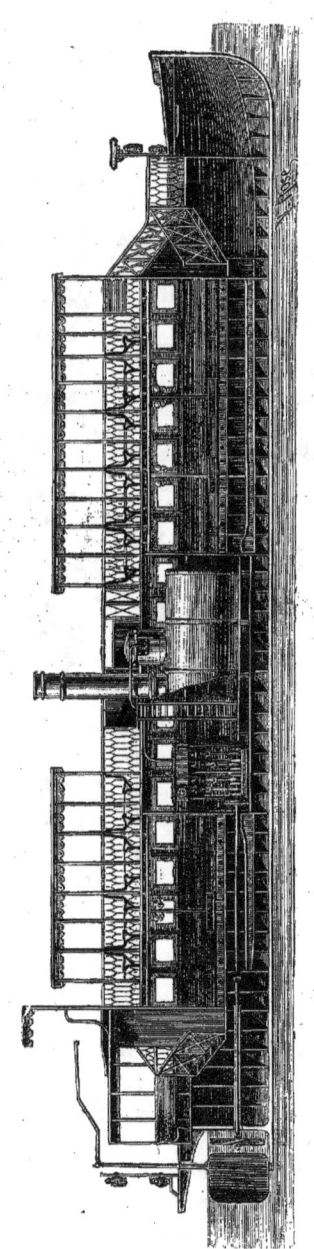

Fig. 193. — Coupe longitudinale du bateau à vapeur de la Seine « l'*Express* ».

comme dans les tramways, dont les bateaux reproduisent l'aspect général.

Devant le fort Saint-Jean, c'est-à-dire à l'entrée du port, où la houle se fait souvent

Fig. 195. — La *Mouche*, bateau à vapeur du fort Saint-Jean, a Marseille.

sentir, le service est fait par des bateaux en bois, plus aptes à tenir la mer, et plus perfectionnés, que nous représentons en perspective dans la figure 195, et en coupe dans la figure 196. Les deux extrémités de ces bateaux ont la forme d'un arrière de bateau de mer, large, mais de formes assez fines.

A chaque extrémité tourne une hélice. Il existe aussi deux gouvernails, protégés par une garde en fer, pour l'accostage. Ces deux gouvernails sont indépendants.

Les deux hélices sont montées sur le même arbre, qui va d'un bout à l'autre du bateau, en passant sous la chaudière. Cet arbre est actionné par une machine Compound, à condenseur à surface. La machine est pourvue d'un grand levier de changement de marche. La chaudière est verticale, tubulaire, timbrée à 7 kilogrammes, avec 10 mètres carrés de surface de chauffe. Le tirage a lieu naturellement. La machine développe 20 chevaux-vapeur, et donne au bateau une vitesse de 10 kilomètres à l'heure. La circulation de l'eau dans le condenseur a lieu naturellement, au moyen d'un tuyau qui débouche à chaque extrémité du bateau, au-dessus du niveau de l'eau.

Les bancs disposés en deux lignes sur le pont, à droite et à gauche du capot de la machine, peuvent recevoir environ quarante personnes.

La toiture est en zinc léger ou en tôle. Ce petit navire fait un très bon service.

Les *Mouches du port de Marseille* ont été construites par MM. Stapfer, de Duclos et C$^{ie}$ à la Joliette.

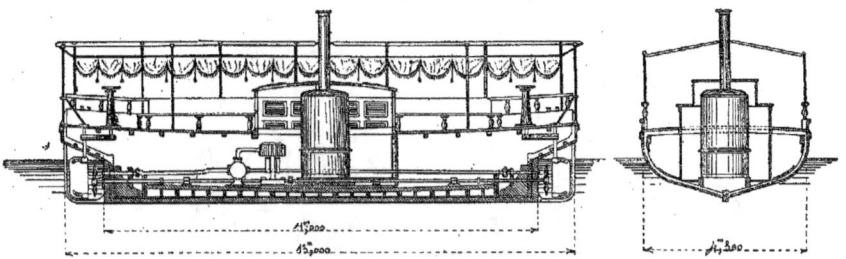

Fig. 196. — Coupe de bateau-mouche du fort Saint-Jean, à Marseille.

Les *Bateaux-omnibus* de la Seine et les *Bateaux-mouches* de Marseille ne répondent qu'à un transport local. Il nous reste à considérer, d'une manière plus générale, la navigation à vapeur sur les fleuves, rivières et canaux.

S'il est un mode de transport généralement négligé, quoique d'une haute importance, c'est, sans contredit, la navigation de commerce sur les fleuves et les canaux. En effet, la navigation fluviale, malgré les avantages économiques qu'elle présente, ne frappe pas les yeux, comme les transports rapides par les chemins de fer ; de sorte que l'intérêt général qu'elle devrait inspirer s'efface devant les avantages supérieurs qu'offrent, en apparence, les voies ferrées.

Cependant, depuis quelques années, les transports par eau ont reconquis en partie la faveur publique, et de grands travaux ont été exécutés, en vue d'accélérer l'essor de la navigation intérieure en France. Nous citerons principalement l'augmentation du tirant d'eau de la Seine, en aval de Paris, ainsi que la construction d'écluses plus vastes et à manutention rapide ; puis, la création des 189 écluses du canal de Bourgogne. Ce dernier travail, terminé en octobre 1882, a permis aux bateaux de 38 mètres de passer de l'Yonne dans la Saône, c'est-à-dire qu'il a ouvert une nouvelle voie aux bateaux du Nord et de l'Est.

Le transit par eau, très faible en 1882, a doublé depuis cette époque, et il dépasse aujourd'hui 80 000 tonnes, pour le canal de Bourgogne, tandis qu'il en a gagné 50 000 sur la basse-Seine.

Voici, d'ailleurs, les raisons qui ont amené cette rentrée en faveur de la navigation fluviale.

D'abord les frais de traction, soit qu'elle ait lieu par chevaux, soit par remorqueurs à aubes ou à hélice, soit par toueur sur chaîne, sont infiniment meilleur marché que sur les voies ferrées. Ensuite, l'organisation de la batellerie en sociétés concurrentes a amené un abaissement considérable du prix du fret. Enfin la réduction des tarifs de navigation sur les canaux a facilité considérablement le transit.

De toutes ces causes il est résulté une économie énorme de frais de transport par eau pour les marchandises qui n'exigent pas un transit rapide, telles que les houilles, les vins, les matériaux de construction, et même certains articles d'épicerie. De là, la réaction qui s'est produite de nos jours en faveur de la navigation commerciale à vapeur sur les rivières et canaux.

Jetons un coup d'œil sur les bateaux à vapeur consacrés à la navigation sur les fleuves et canaux, en France.

Parmi les bateaux à vapeur de fleuves ou de rivières, il faut citer : 1° les *remorqueurs*

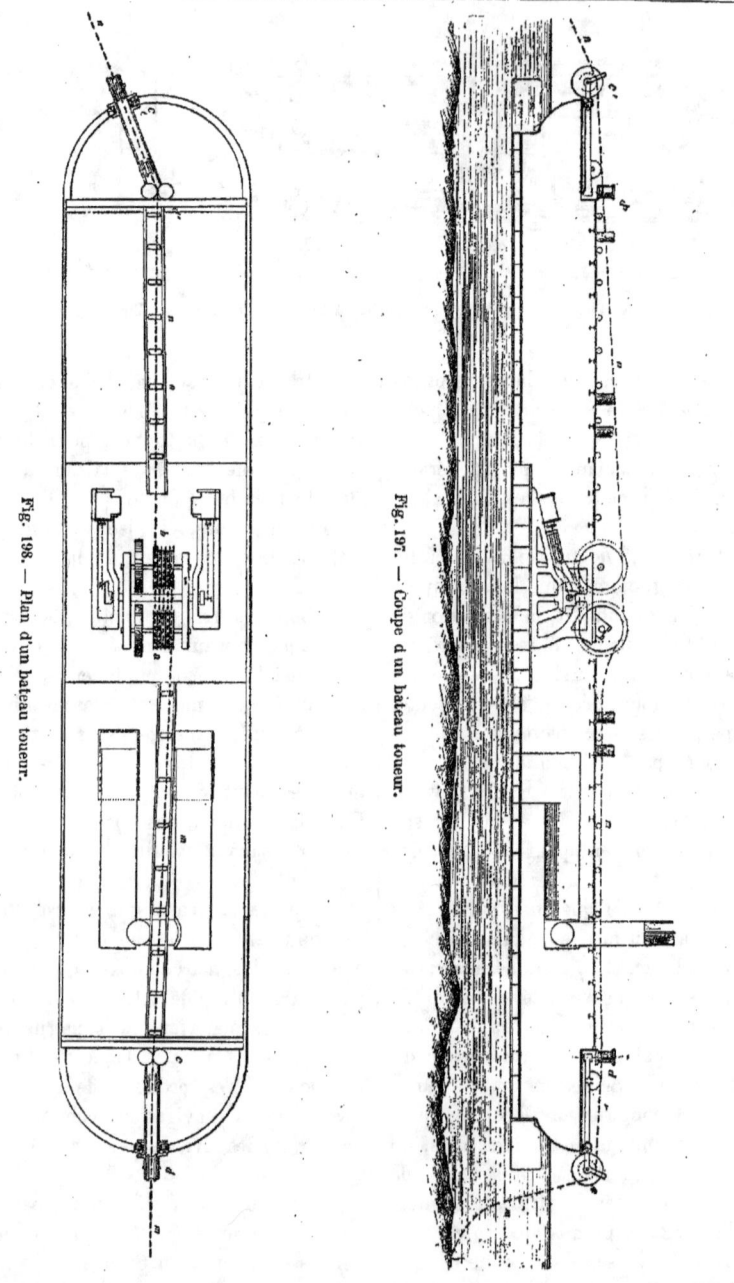

Fig. 197. — Coupe d'un bateau toueur.

Fig. 198. — Plan d'un bateau toueur.

à vapeur, qui entraînent tous les grands chalands que l'on voit naviguer le long des rivières, 2° les *porteurs de marchandises*, qui transportent les marchandises lourdes, telles que matériaux, vins, pierres, fruits, etc. Ces bateaux ont leur moteur installé à l'arrière, pour laisser le reste de la place aux objets transportés.

Les machines à vapeur des *remorqueurs*, ou des *porteurs de marchandises*, n'offrant rien de particulier, nous ne nous arrêterons pas à les décrire.

Un système de transport à vapeur sur les rivières, qui n'est pas d'invention récente, mais qui présente beaucoup d'intérêt, mérite d'être étudié à cette place. Nous voulons parler du *touage à vapeur sur chaîne*.

Tout le monde connaît ces *bateaux toueurs* qui servent à remorquer, sur les rivières, une longue file de bateaux, pesamment chargés ; mais peu de personnes ont une idée nette du moyen employé pour ce système de traction fluviale.

Entre les deux points *terminus* de la ligne de touage et sans interruption, on dépose, au fond de la rivière, une forte chaîne en fer. Cette chaîne, ou *toue*, vient s'enrouler sur deux tambours en fonte, porteurs d'une gorge hélicoïdale, et qui sont actionnés par la machine à vapeur du bateau toueur.

Si l'on vient à faire tourner les tambours, la chaîne s'enroulera d'un côté, pour sortir de l'autre. Mais comme elle est fixe, le bateau toueur se trouve sollicité dans la direction de la chaîne, et il entraîne les bateaux qui sont attelés derrière lui. Cela revient à dire que le bateau se hale le long de la chaîne, en ayant pour force propre sa machine à vapeur.

La chaîne entre et sort du bateau toueur par deux poulies montées sur un bras qui peut décrire un arc de cercle. Deux gouvernails permettent de faire varier la direction du bateau toueur : l'excès de longueur de la chaîne permet ces variations. La chaîne passe, d'ailleurs, sous les portes d'écluses sans difficulté ; car ces portes présentent à leur partie inférieure un jeu plus que suffisant pour lui livrer passage.

Les bateaux toueurs de la Seine, outre leur appareil à chaîne, sont munis de deux hélices, pour le cas où, soit par suite des hautes eaux, soit par suite d'une rupture de la chaîne, ils ne pourraient plus faire leur service. Ces hélices sont commandées, soit par un moteur indépendant, soit par la grande machine, au moyen d'engrenages.

La coque d'un bateau toueur n'est autre chose qu'une grande boîte à section rectangulaire et arrondie aux deux bouts. C'est ce que montrent les figures 197 et 198, qui donnent la coupe et le plan d'un *toueur à vapeur*.

Ce système de remorquage présente cet avantage remarquable que toute la puissance de la machine est utilisée pour la marche, sauf la perte due aux frottements. On sait, au contraire, que les roues et les hélices perdent beaucoup par le recul, surtout dans les faibles vitesses.

## CHAPITRE XI

LA NAVIGATION PAR LA VAPEUR SUR LES FLEUVES ET RIVIÈRES EN AMÉRIQUE. — LES *Steam-Packet*. — LES *Bacs à vapeur* EN AMÉRIQUE ET EN ANGLETERRE.

Tout le monde a lu, dans les ouvrages traitant de l'Amérique, la description des bateaux à vapeur qui sillonnent les grands fleuves du nouveau monde. Les machines à vapeur qui actionnent ces bateaux n'ont cependant rien de particulier. Elles appartiennent même aux types les plus anciens, c'est-à-dire à la machine à balancier et à pleine pression de la vapeur. Mais leur aménagement est tout différent de ce qui se voit dans nos bateaux de rivière. Généralement, un bateau de fleuve américain a plusieurs ponts superposés, ce qui lui donne l'aspect d'une maison flottante, plutôt que d'un bateau. L'étage inférieur est consacré

Fig. 199. — Un *steam-packet* américain, dans le port de New-York.

au service, et les étages supérieurs renferment des cabines, des salons, des restaurants, en un mot tout ce qui constitue le confort que l'Américain veut trouver en voyage. Le vaste balancier qui s'élève et se meut au milieu de cette maison flottante, la domine majestueusement, comme le clocher d'une cathédrale.

C'est ce que l'on voit sur la figure ci-dessus qui représente, d'après une photographie, un bateau à vapeur de l'*East-River*, à New-York.

On donne, en Amérique, le nom de *ferry-boats* à des bâtiments spéciaux, que l'on pourrait nommer des *bacs à vapeur*. Destinés à transporter d'une rive à l'autre des passagers, des voitures, etc., ils se composent d'une coque longue et large, dont le pont supérieur, très renforcé, reçoit deux ou plusieurs files de rails. Indépendamment de ces dispositions, ils contiennent, pour les passagers, un salon et des cabines, généralement très confortables. Le navire est presque toujours mu par des roues à aubes.

Dans la baie de New-York, des *ferry-boats*, en très grand nombre, transportent passagers et marchandises de New-York à Brooklyn. Le nouveau pont de Brooklyn, qui a été précisément construit pour éviter la traversée de la baie par les *ferry-boats*, ne les a pas fait entièrement disparaître.

Les *bacs à vapeur* ne sont pas particuliers à l'Amérique. Quelques-uns de ces bâtiments sont très marins et affrontent les mauvais temps. Tels sont les *ferry-boats* construits pour le compte du Danemark, et qui font la traversée du Belt.

Les bacs à vapeur ne manquent pas en France. Citons particulièrement ceux qui existent en Normandie : à Duclair, à Caudebec et à Quillebœuf.

La navigation maritime à haute mâture empêchant d'établir de Rouen au Havre des

Fig. 200. — Le bac à vapeur *Le Duclair*.

ponts fixes sur la Seine, on a dû, pour faciliter le passage du fleuve, créer à Duclair, à Caudebec et à Quillebœuf, des ponts volants, ou bacs à vapeur.

La figure ci-dessus représente un de ces bacs, celui de Duclair, le plus petit des trois. Il a 18 mètres de long seulement. Il est muni d'une machine de trente chevaux, sortant des ateliers de M. Powell, de Rouen, qui a construit également les machines des deux autres bacs.

La facilité qu'offrent ces bacs à vapeur pour la traversée de la Seine a fait beaucoup accroître le mouvement de translation d'une rive à l'autre.

Dupuy de Lôme avait conçu le projet de créer un bac à vapeur assez vaste pour transporter les trains de chemin de fer et les marchandises de l'Angleterre en France, et réciproquement. Ce plan n'a pas été pris au sérieux. Il mérite pourtant d'être consigné ici.

Voici ce que nous disions à ce sujet, en 1873, dans l'*Année scientifique* :

Le service par paquebots entre la France et l'Angleterre n'est en aucune façon, dans son état actuel, digne des deux grandes nations qu'il est chargé de réunir. Steamers petits et sans aucun confortable, assujettis aux heures des marées, départs peu fréquents ; en un mot, l'analogue du service entre le Havre et Honfleur.

Depuis quelques années on a multiplié les études des ponts et des tunnels destinés à la traversée de la Manche; mais jusqu'à l'époque assurément fort éloignée où ces projets pourront être mis en service (s'ils le sont jamais), il importe peu d'assurer les communications dans des conditions convenables.

Construire de grands paquebots qui permettent de faire un service indépendant des heures de marée, c'est se lancer dans des dépenses considérables, que les voyageurs ne peuvent pas suffire à payer. Il faut, pour pouvoir se passer de subvention, transporter des marchandises, et en quantité considérable.

Mais le transport des marchandises exige, avec les méthodes ordinaires, des manipulations longues et coûteuses, qui sont incompatibles avec un service rapide et à départs fréquents. Il faut compter au moins deux heures pour débarquer 150 à 200 tonneaux de marchandises, et autant pour en mettre à bord la même quantité.

Ce stationnement prolongé est une circonstance tout à fait rédhibitoire.

M. Dupuy de Lôme a résolu le problème d'une manière victorieuse, en embarquant un train entier de chemin de fer en dix minutes, sans qu'un seul des wagons où sont disposées à loisir les marchandises, ait besoin d'être ouvert.

La même rotation appliquée aux voitures à voyageurs évitera les ennuis et les fatigues du transbordement, qui s'accomplit si péniblement par les nuits d'hiver.

Sur la côte d'Angleterre, à Douvres, il y a une rade profonde et bien abritée, où des travaux, qu'il sera facile d'exécuter, permettront l'embarquement et le débarquement des trains.

Sur la côte de France, il faudra créer une gare maritime, pour parer à la faible profondeur de la mer, et assurer le service à toute heure de marée.

Nous décrirons plus loin cette gare maritime. Auparavant, nous donnerons une idée des *navires porte-trains*, qu'elle est appelée à recevoir.

Ces navires, à roues et à pales articulées, mus par une machine de 800 chevaux nominaux, ont 135 mètres de longueur, 11$^m$,20 de largeur et un tirant d'eau de 3$^m$,50. Ils doivent réaliser, en calme, une vitesse de 18 milles nautiques, et faire la traversée en une heure dix minutes par beau temps, et en une heure et demie dans les circonstances les plus défavorables. Ils reçoivent (par une porte pratiquée à l'arrière) un train formé de 17 à 20 wagons, selon sa composition en voitures de voyageurs ou en wagons de marchandises. Ce train, abrité dans un vaste entre-pont et entouré de salons, buffets, waters-closets, etc., sera rapidement fixé sur les rails, et le navire fera aussitôt sa route.

Mais, dira-t-on, comment va se comporter, dans une mer souvent houleuse, un navire chargé au-dessus de son plan de flottaison, d'un poids aussi considérable? N'a-t-on pas à craindre des roulis désordonnés? etc.

La disposition des poids dans le navire porte-train ne sera pas une nouveauté. Dans les navires cuirassés, mâtés et chargés d'une pesante artillerie, l'élévation des poids est bien autre chose, et pourtant on sait que les frégates cuirassées le *Solférino* et le *Magenta* se sont montrées, au point de vue des roulis et des tangages, de parfaits navires de mer.

On peut donc être sûr que l'illustre ingénieur à qui notre marine a dû ses constructions si justement estimées, a choisi pour ses navires porte-trains les dimensions les plus propres à leur assurer la *tranquillité* désirable.

Avec deux navires en service et un troisième en réserve, on pourra faire par jour seize traversées simples; on échangera 288 voitures ou wagons de marchandises, soit 2,500 voyageurs et plus de 2,000 tonneaux de marchandises (dans l'hypothèse, bien entendu, où toutes les places et tous les espaces seraient constamment utilisés).

Arrivons à la description de la gare maritime de Calais. C'est un îlot situé à 1,500 mètres des jetées, assez loin pour que les courants entretiennent une profondeur d'eau convenable.

Cet îlot est formé de deux arcs de cercle accolés par leur corde commune, dont la longueur est de 900 mètres. Cette corde est dirigée de l'est à l'ouest, et par conséquent à peu près parallèle au rivage. L'îlot, semblable à un grand navire échoué, présente donc ses deux pointes aux grands courants et les divise facilement.

Le côté du large est défendu par une jetée en maçonnerie, très solide.

Du côté de la terre, une jetée moins forte protège contre le ressac le bassin intérieur. C'est dans cette seconde jetée et vers son extrémité ouest, que s'ouvre l'entrée, large de 80 mètres. La surface intérieure du bassin est de 18 hectares; sa profondeur, par les plus basses marées, est de 5 mètres.

La jetée extérieure (ou du large) sert à la fois à la défense du bassin et à la circulation des trains qui y arrivent, par l'extrémité est, sur un pont métallique.

Le train parcourt la jetée jusqu'à son extrémité ouest, puis s'aiguille sur une rampe intérieure de 9 millimètres de pente, aboutissant successivement à trois embarcadères situés à des hauteurs différentes, appropriés aux diverses hauteurs de marée et auxquels les navires porte-trains viennent présenter leur arrière.

Avec ces trois embarcadères, chacun d'eux n'a plus qu'à racheter le tiers de la dénivellation maxima, qui est de 7$^m$,29, soit donc 2$^m$,43. La hauteur de chaque embarcadère est réglée de telle sorte que, pour la période de la marée qu'il dessert, le pont du navire se présentera tantôt au-dessous, tantôt au niveau, tantôt au-dessus de la charnière du pont-levis de 30 mètres de longueur, qui sert à passer du quai dans le navire.

On n'aura donc jamais sur ce pont-levis une pente supérieure à 4 centimètres par mètre.

La locomotive ne quittera pas le quai, et elle tirera ou poussera le train par l'intermédiaire de quatre wagons vides formant, entre le train et elle, une sorte de chaîne entrecroisée, maniable et d'un faible poids.

A Douvres, un système analogue, mais plus simple, servira à faire la même opération.

Le bac à vapeur conçu par Dupuy de Lôme, pour transporter les trains entiers de chemins de fer, n'a pas été exécuté. Mais les Américains ont repris cette idée, et le journal *La Nature* a publié, en 1881, la description d'un *floating-railway*, appartenant à la Compagnie du *Great Central Pacific*, qui transporte des trains de chemin de fer à l'embouchure du Sacramento, dans la baie de Carquinez, en Californie.

Le *Solano* (c'est le nom du bac à vapeur) mesure 129 mètres de long, 35 mètres de large, avec un tirant d'eau, en charge, de 2 mètres, et un tonnage de 3,000 tonneaux. Il a deux roues à aubes, de 9 mètres de diamètre, indépendantes l'une de l'autre, pour la facilité et la rapidité des manœuvres. Sur le pont sont encastrées quatre voies de chemin de fer, pouvant recevoir quarante-huit wagons de marchandises, ou vingt-quatre voitures de voyageurs. De vastes plates-formes, mues par des machines hydrauliques, mettent en communication la voie du bateau et la voie terrestre. Le train glisse de la rive sur ce bateau, et réciproquement.

Un autre *ferry-boat* très curieux a été construit à Melbourne (Australie), en 1884.

Le cours de la Java formait un obstacle gênant pour les relations d'un quartier de la ville à l'autre; car la largeur de la rivière devient très considérable à la traversée de la ville. Le pont de Falls, le seul qu'on eût osé construire, est très éloigné, et on ne pouvait pas y avoir recours sans un détour, qu'il s'agissait d'éviter. En raison de ces circonstances, la ville décida la construction d'un bac à vapeur spécial.

Malgré ses grandes dimensions, le *ferry-boat* de Melbourne n'est pas destiné à porter des trains de chemins de fer, mais simplement des charrettes pleines de marchandises, ainsi que les nombreux voyageurs qui vont d'une rive à l'autre.

Pour assurer l'embarquement facile des voyageurs et des bagages, le bateau a la forme carrée. Il est muni, sur les deux côtés, de trois ponts volants, qui permettent de le rattacher aux deux quais des deux rives du fleuve. Ces trois ponts sont assez larges pour recevoir de grosses voitures, et les attelages y viennent avec la même sécurité que sur la terre ferme. La machine motrice est assez puissante pour entraîner le bac avec sécurité, quelle que soit la charge remorquée, et la traversée ne dure que quelques minutes.

## CHAPITRE XII

LES BATEAUX DE PLAISANCE A VAPEUR. — HISTORIQUE DE LA NAVIGATION DE PLAISANCE. — CLASSIFICATION DES DIFFÉRENTS TYPES DE YACHTS A VAPEUR. — CONSTRUCTION DES YACHTS A VAPEUR. — DESCRIPTION DE QUELQUES-UNS DES PLUS REMARQUABLES.

La navigation de plaisance n'est pas chose nouvelle, tant s'en faut. Ce passe-temps était fort en honneur dans l'antiquité. Les galères de Denys de Syracuse, de Caligula, de Cléopâtre, d'Hiéron, étaient bien des bateaux de plaisance. Il en était de même du gigantesque vaisseau de Ptolémée Philopator.

La galère qui conduisit Mahomet II à la conquête de Constantinople n'était qu'un navire de plaisance, que l'on avait seulement armé pour la guerre.

Le *Bucentaure*, la superbe galère du bord de laquelle les doges de Venise procédaient à la cérémonie du mariage avec l'Adriatique, était un magnifique navire de luxe et de plaisir. Les nombreuses descriptions que l'on en possède en sont la preuve.

La *Réale*, la splendide galère de Louis XIV, n'était aussi, malgré ses canons, qu'un navire de plaisance.

Tous ces navires, célèbres dans l'histoire des peuples modernes, se distinguaient par le luxe inouï de leur décoration. Aujourd'hui les amateurs de la navigation de plaisance tiennent plutôt aux qualités nautiques et au confortable des aménagements qu'à l'ornementation. Nous ne voulons pas dire pourtant que nos yachts soient d'apparence négligée; seulement ils n'empruntent leur beauté qu'à la pureté de leurs lignes, à la perfection de leur gréement, au soin qui préside à leur entretien, à la solidité et à la puissance de leur machine à vapeur, quand la vapeur est le moteur dont ils sont munis.

Ceci posé, nous jetterons un coup d'œil sur le *yachting* moderne, et nous signalerons les progrès qu'il a faits de nos jours.

Et d'abord, il faut établir combien cette distraction est supérieure aux divers genres de sport. Nous sommes loin de vouloir rabaisser les autres exercices du corps, car nous comprenons trop bien l'utilité et la valeur de la gymnastique, de l'équitation, de la chasse, de l'escrime, etc.; mais on peut dire qu'aucun autre exercice n'exige une plus grande somme de qualités physiques et d'énergie morale que la navigation de plaisance.

L'amateur sérieux du *yachting*, c'est-à-dire celui qui a fait l'apprentissage de la manœuvre du bord et du commandement, a acquis, comme le chasseur, un bon jarret et un coup d'œil certain. Il a le pied assuré comme le gymnasiarque; le corps souple et les reins solides comme le cavalier; la jambe ferme comme le tireur de salles d'armes; et de plus, il a exercé son esprit et accru son intelligence, car il a dû apprendre cette vaste et difficile science du marin, qui exige une si grande somme de connaissances variées.

Et quand un jeune homme, qui peut se procurer le luxe heureux du *yachting*, a développé, par cet exercice, ses forces physiques et intellectuelles, que de plaisirs ne l'attendent pas sur son yacht rapide! Faire un voyage en mer, et commander seul à bord, c'est-à-dire être la loi, le maître de tout un équipage; — lutter contre les éléments, contre les vents et les flots, et les dominer sans cesse; — partir, c'est-à-dire laisser derrière soi les ennuis, les tristesses, les obligations de la vie sociale; — voyager, c'est-à-dire jouir des mille spectacles que donne la mer, tant le jour que la nuit, sous le soleil étincelant, ou à la sereine clarté des étoiles; — franchir à travers l'Océan des parages inconnus, où le changeant horizon vous apporte des surprises toujours nouvelles; — saluer, en passant, des navires de toutes les nations, qui dévorent l'espace, grâce à la vapeur qui les emporte; — arriver, c'est-à-dire éprouver les satisfactions de l'œuvre accomplie et du danger conjuré; — enfin, rencontrer au port l'imprévu et l'inconnu: — tels sont les plaisirs qu'assure au jeune *yachtman* son heureux passe-temps.

Ainsi s'explique la passion que la navigation de plaisance inspire à bien de nos jeunes gens, épris de ce moyen séduisant et poétique de se donner, aux yeux du monde, un relief honorablement conquis.

C'est que le luxe du *yachting* n'est pas banal. Celui qui lutte, aux jours des solennelles régates, dans un port à la mode ou sur le bassin d'un fleuve, environné par la foule attentive et curieuse; celui qui navigue sur son joli yacht, tout reluisant de cuivres bien polis, peint de jolies couleurs, se distinguant par ses formes élégantes et fines, et bondissant fièrement sur la lame, entraîné par une machine à vapeur, présent heureux de la science docile, ou poussé par une vaste voilure, qui, de loin, frappe et attire les yeux des mille spectateurs rassemblés sur les rives, n'éprouve-t-il pas un plaisir supérieur à tous les autres? Et le propriétaire d'un yacht vainqueur à la course maritime, ne doit-il pas ressentir un juste mouvement de fierté satisfaite bien au dessus du plaisir qu'éprouve le sportsman qui ramène à l'écurie, énervé et fumant, son cheval qui vient de triompher sur le turf de Longchamps ?

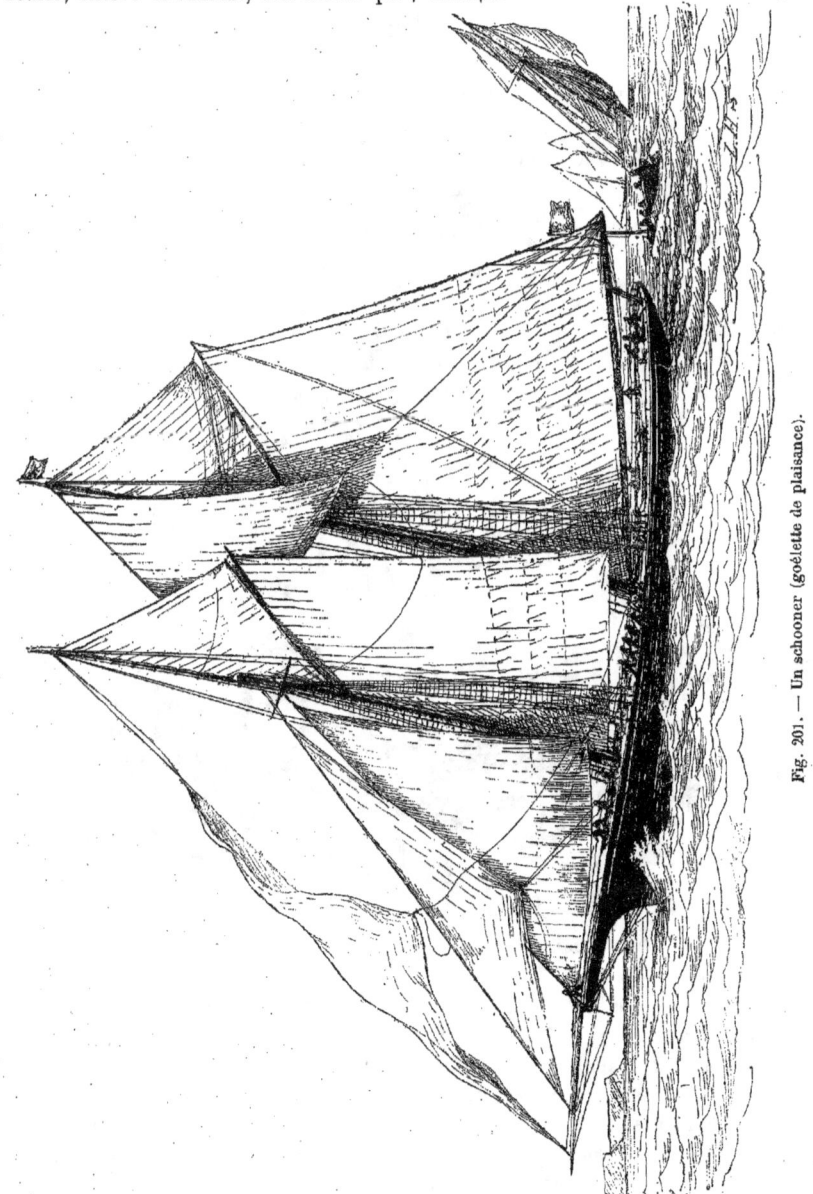

Fig. 201. — Un schooner (goélette de plaisance).

C'est ce que les Anglais ont les premiers compris; car c'est en Angleterre qu'a pris naissance et que s'est développé d'abord le genre de sport qui nous occupe. Vers 1820,

Fig. 202. — *Cotre*, ou *clipper de mer* (de 10 mètres).

le nombre des yachts qui se trouvaient à flot dans le Royaume-Uni était déjà d'une cinquantaine. En 1850, il atteignait le chiffre de 500, et depuis il s'est accru dans de vastes proportions; de sorte qu'en 1878, il atteignait le nombre de 3,268. Nous devons dire pourtant que dans ce dernier chiffre, les yachts à vapeur ne figuraient que pour 282.

La flotte des yachts de plaisance emploie aujourd'hui, en Angleterre, près de 10,000 marins.

Le développement rapide qu'a pris en Angleterre la navigation de plaisance est dû à l'institution de nombreuses sociétés de *yachtmen*, dans toute l'étendue du Royaume-Uni. Ces sociétés encouragent par des prix le développement de ce sport. Le chiffre

Fig. 203. — Un yawl.

total des prix qu'elles ont décernés s'est élevé, en 1888, à 13,300 livres sterling (333,825 francs).

Les Américains, dont on connaît l'esprit de progrès, ne sont pas restés en arrière du mouvement né chez les Anglais. Les bateaux de plaisance sont très nombreux aux États-Unis, et dans plusieurs circonstances les Américains ont démontré leur supériorité sur les Anglais, par des courses restées célèbres dans les annales du *yachting*.

Le yachting est relativement récent en Amérique, car c'est seulement en 1847 que se forma la première société nautique américaine, le *New-York yacht-club*. Au fur et à mesure que cette société se développa, il s'en créa d'autres (une centaine au

Fig. 204. — Un houari.

moins) parmi lesquelles nous citerons le *Brooklyn* et le *Boston yacht-club*.

En France, les progrès de la navigation de plaisance ont été plus lents qu'en Angleterre et en Amérique. Aux expositions de 1867 et de 1878, on put voir de remarquables constructions navales de plaisance, et actuellement nous n'avons rien à envier aux Anglais ni aux Américains, en ce qui concerne le sport nautique.

Le *yacht-club français* a vigoureusement secoué la torpeur nationale, et a fini par acquérir une grande importance. Il compte parmi ses membres, indépendamment de *yachtmen* distingués, des officiers de marine, dont plusieurs amiraux, qui lui ont apporté leur profonde connaissance du métier de la mer.

A côté de la navigation de plaisance à voile et à vapeur, il faut placer le canotage à l'aviron, le *rowing*, comme l'appellent les Anglais, qui est également fort en honneur de l'autre côté de la Manche. De nombreuses sociétés de *rowing* existent en Angleterre. Les plus célèbres sont celles des universités d'Oxford et de Cambridge, qui, tous les ans, se livrent à une lutte homérique sur la Tamise.

Voici, par ordre d'ancienneté, les noms des plus importants clubs de *yachting* et de *rowing* anglais :

*Royal Cork* d'Irlande, fondé vers 1720
*Royal Yacht Squadron* — en 1815
*Royal Thames Yacht club* — en 1823
*Thames rowing club* — en 1840

En France, le *rowing* a pris une grande extension, comme le prouvent les nombreuses embarcations de course à l'aviron qui sillonnent nos rivières et nos canaux,

Fig. 205. — Yole.

ainsi que la quantité de *sociétés de rowingmen* qui se sont fondées dans notre pays, et dont les plus remarquables sont le *Rowing-Club*, le *Cercle nautique de France*, le *Sport nautique de la Gironde*, etc., etc.

Les autres nations européennes se sont

Fig. 206. — Skiff.

lancées dans le même mouvement à la suite de l'Angleterre et de la France. L'Italie et la Suisse occupent une place fort honorable dans le *yachting* et le *rowing* européens.

D'après l'objet spécial de cette Notice,

Fig. 207. — Périssoires.

nous devons nous renfermer dans l'examen du *yachting* à vapeur. Cependant, pour la clarté de nos descriptions, il ne sera pas inutile de jeter un coup d'œil, avant de passer à l'étude spéciale des yachts à vapeur, sur les types d'embarcations les plus répandus dans la navigation de plaisance à voile et à l'aviron.

Les types les plus usités, comme bateaux de mer à voile ou à l'aviron, sont les *goélettes* ou *schooners*, les *yawls*, et les *cotres* ou *cutters;* et en rivière, les *clippers* à *dérive*.

Les *goélettes* (fig. 201, page 234) portent deux mâts gréés chacun d'une brigantine et d'une flèche, et quelquefois un phare carré au mât de misaine. Le grand mât se place juste au maître-couple et le mât de misaine très en avant. A l'avant est un beaupré, portant focs et trinquettes. Les *cotres* ou *clippers de mer* (fig. 202, page 232) et les *yawls* (fig. 203, page 233) ont un gréement analogue, composé d'un mât portant brigantine et flèche et quelquefois un hunier et un beaupré; les *yawls* ont en plus à l'arrière un mâtereau portant une petite voile dite tapecul.

Les *clippers de rivière* sont généralement gréés en *houari* (fig. 204), c'est-à-dire ont une grande voile triangulaire, portée par un petit mât, et un beaupré portant un foc.

Ce n'est pas ici que nous pouvons entrer dans le détail des particularités que présentent la construction de ces bâtiments à voiles. Bien que le sujet soit plein d'intérêt, nous nous bornerons à dire que l'on cherche surtout à donner aux yachts de mer des lignes d'eau très fines, peu de largeur, une voilure énorme, et que la stabilité s'obtient par une quille très haute et lestée fortement au moyen de feuilles de plomb.

Quant aux voiliers de rivière, ils portent généralement une quille mobile, appelée *dérive*, qui permet d'augmenter à volonté le tirant d'eau et la stabilité du bateau.

Les bateaux couramment employés en rivière, pour le canotage à l'aviron et les courses, sont la *yole-gig*, le *skiff*, l'*outrigger* et la *périssoire;* puis des embarcations diverses se rapprochant des canots des navires de mer, et qui sont employées à la promenade.

La *yole* qui reçoit de un à quatre rameurs, est représentée (fig. 205).

Le *skiff* (fig. 206) diffère de la yole par sa plus grande longueur, son étroitesse, son pont avant et arrière en taffetas imperméable, ses grands porte-nage en fer, et la *fargue* qui entoure la chambre de nage. C'est un véritable *kaïak* esquimau perfectionné.

Quant à la *périssoire* (fig. 207), c'est une embarcation extrêmement légère et mobile.

Nous arrivons aux yachts à vapeur. Pour faciliter leur étude, nous les classerons en trois catégories :

1° Yachts de mer.
2° Yachts de rivière proprement dits.
3° Canots à vapeur.

### YACHTS DE MER.

Les caractères distinctifs des yachts de mer se rapprochent considérablement de ceux de la marine de guerre, c'est-à-dire qu'ils doivent être, autant que possible, rapides à la voile ainsi qu'à la vapeur. Outre ces qualités, on exige d'eux un confortable qui n'existe pas sur les bâtiments de guerre.

Au milieu d'une réunion de navires de tout genre, le yacht se distingue au premier coup d'œil. Il a ce que les Anglais appellent le *yacht-like* (l'air d'un yacht). L'élégance de ses formes, son avant, ordinairement terminé par une guibre de clipper très élancée; son arrière très fin et comportant une longue voûte; sa cheminée, de couleur claire; sa mâture très inclinée sur l'arrière; les embarcations souvent en bois naturel verni; les cuivres resplendissants; le pont, toujours d'une blancheur éclatante, tous ces signes sont tellement caractéristiques qu'on ne s'y trompe jamais.

Parmi les grands yachts à vapeur, nous citerons, par ordre de construction, d'abord le yacht de M. Perignon, *la Fauvette*, qui

# SUPPLÉMENT AUX BATEAUX A VAPEUR.

Fig. 208. — L'*Eros*, yacht de M. de Rothschild.

avait été construite, en 1869, au Havre. C'était un bâtiment jaugeant 230 tonneaux, mesurant 38 mètres de longueur sur 6,15 de largeur et 3,60 de creux, gréé en goé-

Fig. 209. — Le *Korrigan*, ou *Saint-Joseph*

lette et pourvu d'une machine compound de 200 chevaux, qui lui donnait une vitessse de 10 nœuds 1/2. Inutile de dire que les aménagements très bien étudiés étaient dignes du vice-président du *yacht-club* de France.

Nous citerons ensuite *l'Anthracite*, qui inaugura le système de la triple expansion de la vapeur, avec ses chaudières et ses machines du système Perkins.

Viennent après, la *Bretagne*, qui est, avec le yacht de M. van der Bilt, l'*Alva*, le plus grand yacht actuellement à flot.

L'*Henriette* de M. H. Say, mérite une description spéciale.

Ce bâtiment qui a été construit en Amérique, est en bois doublé de cuivre. Il mesure 52$^m$,50 sur le haut, 58 mètres de tête en tête, et 47 mètres à la flottaison, avec 258 tonneaux de jauge. Il est mû par une machine à vapeur compound à 2 cylindres, de 208 chevaux, recevant la vapeur de 2 chaudières à 2 foyers chacune. L'hélice a quatre ailes, de 2$^m$,74 de diamètre.

Cinq embarcations, dont une chaloupe à vapeur, pendent à des supports; un guindeau à vapeur sert à démouiller. L'équipage se compose de 30 hommes, y compris le capitaine.

L'installation, qui est des plus luxueuses, comporte, en outre des cabines, un grand salon, servant aussi de bibliothèque. On accède aux cabines par deux escaliers à rampes nickelées.

Ensuite viennent l'*Eros*, appartenant à M. de Rothschild; le *Wanderer* à M. Lambert; ensuite le *Miranda*, construit par Thornycroft, qui atteint la vitesse de 16 nœuds 1/4 (30 kilomètres à l'heure) et qui peut être considéré, tant au point de vue de la vitesse que de la disposition de son appareil moteur, comme le prototype des torpilleurs actuels.

On doit citer encore le *Giralda*, la *Phupie*, *Pyrrha*, *Nubienne*, *Margaret*, *Nemo*, *Civile*.

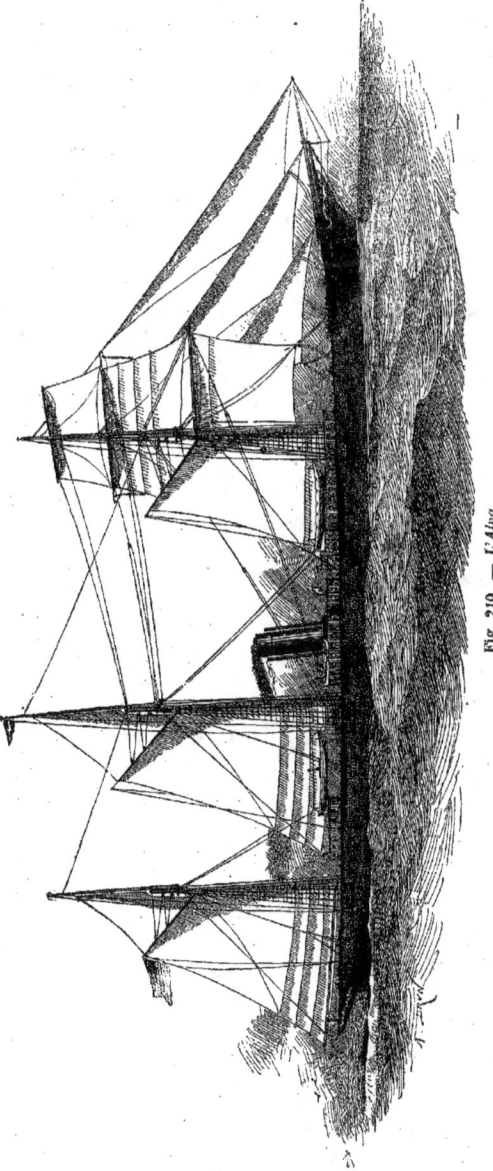

Fig. 210. — *L'Alva*.

Parmi les plus récents, signalons le *Lady Torfryda*, appartenant à M. Pearie, directeur des chantiers John Elder, de Greenwich, et le plus important des yachts qui aient été lancés sur la Clyde. Sa coque, en acier, mesure 61$^m$,16 de long sur 7$^m$,64 de large et 4$^m$,57 de creux. Il déplace 610 tonnes. Il possède un guindeau et un appareil de gouvernail à vapeur. Le bronze manganésique remplace le fer pour tout ce qui est placé sur le pont. Les aménagements sont des plus riches et des mieux compris. Les boiseries sont en essences précieuses, les tentures en soie et en brocatelle.

La machine compound, à 3 cylindres, développe 1,020 chevaux de force, et actionne une hélice en bronze manganésique de 3$^m$,35 de diamètre et de 4$^m$,28 de pas, qui imprime au navire une vitesse de 15 nœuds à toute vitesse, et de 13 nœuds et demi en marche normale.

Deux chaudières en acier fournissent la vapeur à 7 kilogrammes et demi de pression.

Le *Nouvel Eros* (fig. 208, page 237), appartenant à M. le baron de Rothschild, a été construit en Angleterre, chez MM. Shuttleworth et Chapmann, et terminé par M. Nicholson, de Gosport. Les machines sortent des ateliers Day et Simmers, à Southampton. Elles sont du système compound, à deux cylindres. Les plus grands perfectionnements ont été apportés à sa construction, tant au point de vue marin, qu'au point de vue de l'habitation. Sa vitesse atteint 14 nœuds. Ses dimensions sont :

> 74 mètres de longueur.
> 8$^m$,44 de largeur.
> 8$^m$,60 de creux.

Le gréement est celui d'une goélette latine.

Le *Korrigan* (fig. 209, page 238) a fait un certain bruit dans le monde des *yachtmen*, sous le nom de *Saint-Joseph*. Entièrement de construction française et d'après les résultats remarquables qu'il a fournis, il nous intéresse particulièrement.

Le *Saint-Joseph*, construit aux chantiers de la Loire, et lancé en 1878, appartenait au marquis de Préaulx. Il devint, en 1884, la propriété du comte de Montaigu. Voici son signalement :

| | |
|---|---|
| Longueur à la flottaison... | 45$^m$,00 |
| — totale.......... | 52 ,20 |
| Largeur................ | 6 ,28 |
| Tirant d'eau arrière...... | 3 ,10 |
| — avant........ | 1 ,83 |
| Déplacement............ | 308 tonneaux. |

La machine compound, à deux cylindres, développe 2,400 chevaux de force.

Voici ses éléments principaux :

| | |
|---|---|
| Diamètre petit cylindre. | 0$^m$,520 |
| — grand cylindre. | 0 ,880 |
| Course des pistons..... | 0 ,650 |
| Surface de chauffe..... | 120$^m$,80 |
| Hélice à 4 ailes........ | 2$^m$,60 de diamètre. |
| Vitesse aux essais..... | 14 nœuds. |

Ce yacht, qui obtint à Nice, en 1885, le grand prix international, a toujours montré de belles qualités marines et porte superbement la voile. Il a effectué une traversée de 220 milles, en 48 heures, sans le secours de sa machine ; ce qui donne une vitesse de quatre nœuds un dixième, très beau résultat pour un steamer, car les navires de ce genre n'ont guère de qualités à la voile.

Le *Korrigan* a été acheté en 1886, par la Compagnie minière du Boléo, pour faire le service des passagers et des marchandises dans la mer Vermeille (Californie).

Nous citerons encore la *Némésis*, à M. Albert Menier — le *Sans-Peur* à M. Fould — enfin, l'*Alva* à M. van der Bilt (fig. 210, page 239), le plus grand des yachts à flot. Il mesure :

| | |
|---|---|
| 87$^m$ | de longueur de bout en bout. |
| 76 ,85 | — à la flottaison. |
| 9 ,80 | de largeur. |
| 5 ,80 | de creux. |
| 4 ,88 | de tirant d'eau. |

# SUPPLÉMENT AUX BATEAUX A VAPEUR.

Fig. 211. — Le Yacht de rivière, *Alexandre Ier*.

Pourvu d'une machine Compound, à 3 cylindres, il donne une vitesse de 15 nœuds, quoique le propriétaire ne se soit attaché à vouloir qu'un bon bateau qui pût faire une longue traversée et fût muni de vastes et confortables aménagements. Rien ne manque, en effet, sur ce navire, et ce n'est pas sans raison que les Américains l'ont surnommé le *roi des yachts*.

### YACHTS DE RIVIÈRE.

Le yacht de rivière doit, avant tout, présenter un faible tirant d'eau, et comme dans la plupart des cas, soit par suite de l'étroitesse du chenal, soit à cause des coudes fréquents de la rivière, il est impossible de lui donner de grandes dimensions, sa vitesse est modérée. Une autre cause qui oblige à réduire la vitesse des yachts de rivière, c'est le dégât produit sur les berges par le remous des bateaux rapides. En général, on recherche aussi pour le bateau de rivière une certaine économie de construction, et une grande simplicité de machine.

Aussi rencontre-t-on presque toujours des machines à haute pression, sans condensation. Cependant, depuis quelque temps les amateurs de navigation fluviale ont cherché à rendre l'instrument de leur sport favori plus économique; et pour cela, ils ont adopté les machines Compound.

Parmi les grands yachts de rivière, nous nommerons le *Voltigeur*, appartenant à M. Varennes. C'est un grand bateau en fer, à roues; et c'est peut-être le seul bateau de plaisance de rivière français qui ait adopté ce mode de propulsion.

Le prince Alexandre I$^{er}$ de Bulgarie a fait construire en France, dans les chantiers de la *Société des Forges et Chantiers de la Méditerranée*, situés à la Seyne, près Toulon, un bâtiment de plaisance destiné à la navigation du Danube, et que nous représentons dans la figure 211.

Ce yacht qui, par son élégance et sa richesse, peut rivaliser avec tout ce qui a été construit de plus beau jusqu'à ce jour, est en acier et il est mu par des roues.

Destiné à naviguer sur un fleuve dont la profondeur est très variable, il a un tirant d'eau très réduit, qui lui permet de remonter jusqu'aux parties des fleuves qui n'ont que 1$^m$,25 de profondeur d'eau.

La coque, dont les lignes ont été étudiées et tracées avec le plus grand soin, dans le but d'utiliser de la meilleure manière possible la puissance de la machine motrice, est tout entière en acier.

Les dimensions principales du bateau sont les suivantes : la longueur extrême est de 65 mètres; la largeur, hors membres, 7$^m$,50. La largeur, hors tambours, s'élève à 13$^m$,20. Quant au tirant d'eau maximum, il ne dépasse pas 1$^m$,22.

Dans les installations intérieures, les constructeurs ont fait preuve d'un goût parfait pour l'ornementation.

Sur le pont, à l'arrière, s'élève un long *roof*, dont la partie supérieure, qui se prolonge jusqu'en abord, forme une charmante plate-forme, servant de promenade.

Ce *roof* contient, à l'avant, un petit salon, réservé au prince. Les menuiseries sont en acajou ; les panneaux sont tendus d'incrusta-walton, et les canapés, qui tiennent toute la largeur des façades avant et arrière, sont tendus de velours frappé vert émeraude.

A la suite, on rencontre le vestibule de descente aux appartements du prince, éclairé par une claire-voie polygonale. Les menuiseries sont en frêne de Russie, relevées par des baguettes d'amarante. Un large escalier donne accès aux logements du prince et de sa suite.

Enfin, dans le *roof* arrière se trouve la salle à manger, du style Louis XIII, largement éclairée par une vaste claire-voie et par six fenêtres à coulisses.

La table, où peuvent prendre place quatorze personnes, ainsi que la cheminée, qui est placée au fond, et qui porte, sculptées sur bois, les armes de la principauté de Bulgarie, sont aussi en noyer ciré, et ont été dessinées avec beaucoup d'élégance.

Les appartements destinés au prince de Bulgarie et à la princesse sont situés dans l'entrepont ; on y accède par un large escalier donnant dans le vestibule du *roof*. Les deux logements sont juxtaposés, et identiques comme installation.

Les chambres à coucher sont en érable verni relevé par des filets amarantes. Elles sont tendues en incrusta-walton, d'une grande richesse.

A la suite, vers l'arrière du navire, se trouvent les cabines réservées à la suite du prince.

Enfin, à l'extrême-arrière, un petit salon de conversation, destiné aux officiers.

Dans le milieu du navire sont installés les appareils moteurs et évaporatoires, qui actionnent les roues. La machine à vapeur, du système Compound, à condensation par surface, est à deux cylindres, inégaux, inclinés et juxtaposés, et à connexion directe.

Dans le but de réduire le plus possible le poids des appareils, et de leur donner la plus grande légèreté, la fonte a été presque entièrement proscrite, et toutes les pièces un peu importantes ont été faites en fer ou en acier poli.

A l'avant des machines et chaudières, on a placé quatre chambres à coucher, disposées autour d'un petit carré, pour le commandant du yacht et les officiers du bord.

Immédiatement à l'avant du logement des officiers, est un poste, renfermant dix couchettes pour les gens de service. Enfin à l'extrême-avant, un poste pour l'équipage et les chauffeurs.

La mâture se compose de deux petits mâts, portant chacun une petite voile. goëlette.

Avant de partir pour Routschouk, le yacht fit ses essais de vitesse, aux îles d'Hyères. Les résultats furent extrêmement satisfaisants. La vitesse stipulée dans le contrat n'était que de 11 nœuds, 75 ; le bateau a filé, sur la base de la marine militaire française, une vitesse moyenne de 13 nœuds et demi.

Quant à la consommation de charbon, elle n'a pas dépassé 0 kgr. 850 par cheval et par heure.

A côté de ce bateau princier, nous en citerons d'autres, de dimensions plus modestes, mais non moins intéressants, car leur modèle est accessible, par son prix, à un grand nombre d'amateurs, qui ne peuvent songer à faire construire de grands yachts. Tels sont : l'*Etincelle*, le *Trois-Etoiles*, le *Colibri*, et tant d'autres, que connaissent bien ceux qui fréquentent les parages d'Asnières et d'Argenteuil.

### CANOTS A VAPEUR.

Nous donnerons la description de quatre canots à vapeur récemment lancés, et qui sont remarquables, soit par leur vitesse, soit par leur construction.

Ce sont les canots de MM. Simpson et Denison de Darmouth, construits par M. Mors, et dont un, le *Microbe*, fut très remarqué à l'Exposition du travail ; puis le *Petit Edmond*, de M. Abel Pifre, la *Pâquerette*, de M. Besson, enfin la yole à vapeur de MM. Trépardoux.

Les canots de MM. Simpson et Denison, de Darmouth, sont surtout très remarquables par leur machine Wolf, système Kingdon. Dans ces machines, ainsi que le représentent les figures 212 et 213, les cylindres à haute pression, A, A, sont superposés aux cylindres de détente, B, B, avec tige de piston commune, T. Les deux cylindres et la boîte à tiroir sont fondus d'un seul jet ;

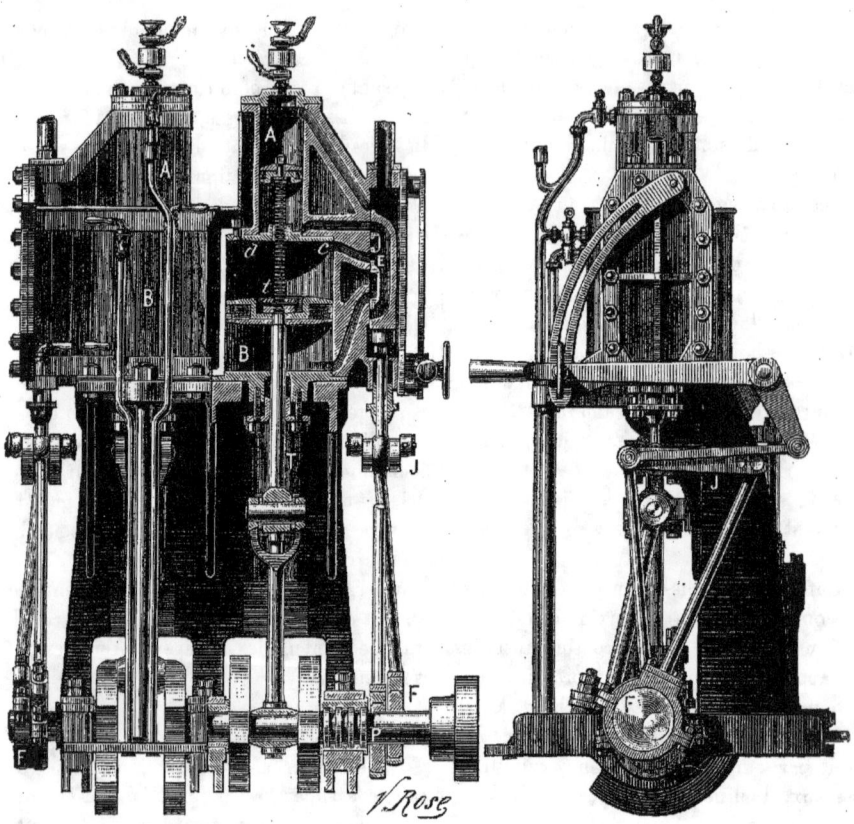

Fig. 212. — Machine à vapeur du canot de MM. Simpson et Denison, construit par M. Mors (Demi-vue extérieure et demi-coupe).

Fig. 213. — Élévation latérale de la machine.

les deux cylindres sont séparés par un fond $c$ rapporté dans l'intérieur du cylindre de détente, et portant une douille $d$, dans laquelle passe la tige du piston. Cette tige présente une disposition très originale, qui supprime le presse-étoupe. A cet effet, la tige porte, sur toute la longueur $t$ comprise entre les deux pistons, une série de rainures circulaires. Si la vapeur pénètre dans une des rainures, par suite du jeu dans la douille, en passant d'une rainure à l'autre, elle se détend, et finit par ne plus avoir une tension suffisante pour amener une perte de force appréciable. D'ailleurs cette fuite ne peut avoir d'inconvénient que lorsque la vapeur de la chaudière agit sur la face inférieure du petit piston, et que, pendant ce temps, la partie supérieure du grand cylindre est en relation avec le condenseur, c'est-à-dire pendant un demi-tour seulement. Pendant l'autre demi-tour, le bas cylindre d'admission et le haut cylindre de détente étant en communication par le tiroir, une fuite par la tige n'a aucune importance.

La distribution de vapeur se fait au moyen d'un seul tiroir E, à orifices multiples ; ce qui diminue le nombre de pièces de la distribution et simplifie le réglage.

Fig. 214. — Canot à vapeur de M. Abel Pifre.

De plus, la vapeur d'échappement du petit cylindre, étant en contact, à travers le dos du tiroir, avec la vapeur d'admission, elle se réchauffe, et agit, par suite, beaucoup mieux dans le grand cylindre.

Le changement de marche s'opère au moyen de deux paires d'excentriques FF et d'une coulisse de Stephenson J. Le *palier de butée*, P, de l'arbre moteur, fait partie du bâti de l'appareil.

Une autre particularité de cette machine consiste dans son condenseur à surface, qui se compose simplement d'un tube placé à l'extérieur de la coque, le long de la quille, et qui, par suite, reçoit le maximum de refroidissement. On obtient, par ce système, un excellent vide.

Les pompes à air et alimentaires ont reçu des dispositions spéciales de clapets, qui leur permettent de marcher à 4 et 500 tours d'une façon très satisfaisante.

Les *canots Simpson et Denison* ont une chaudière tubulaire verticale, très soigneusement étudiée, mais à laquelle on fait le reproche d'avoir des tubes trop minces ; ce qui empêcherait de forcer le feu, si besoin était.

La coque de ces canots est ordinairement en acajou, avec dernier bordage supérieur, ou *préceinte*, en bois de teck. Les quilles, étrave et étambot sont en chêne, les membrures en acacia. Tout l'ascastillage intérieur est en acajou.

Dans le *Petit-Edmond* (fig. 213), M. Abel Pifre s'est attaché à créer un type d'embarcation de rivière qui permette au premier venu de se livrer au yachting à vapeur, sans le secours d'un mécanicien. Il lui a suffi, pour cela, d'adapter à un canot le

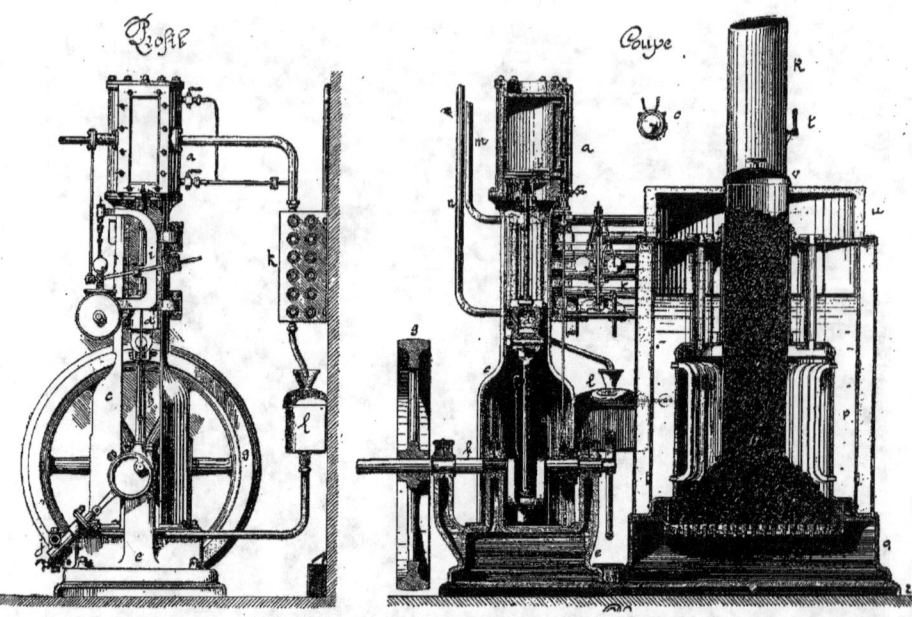

Fig. 215 et 216. — Automoteur de M. Abel Pifre (Profil et Coupe).

*a*, cylindre. — *b*, piston. — *c*, colonne. — *d*, crosse. — *e*, bâti. — *f*, arbre manivelle. — *g*, volant. — *h*, bielle. — *i*, régulateur. — *j*, pompe alimentaire. — *k*, condenseur. — *l*, bâche d'alimentation. — *m*, sortie d'eau. — *n*, arrivée d'eau. — *o*, sonnerie. — *p*, chaudière. — *q*, couronne. — *r*, lyre. — *s*, registre à tirette. — *t*, registre à papillon. — *u*, boîte à fumée. — *v*, couvercle.

moteur économique dont on lui doit l'invention, et qu'il désigne sous le nom d'*automoteur*. Nous représentons cet appareil dans les figures 215, 216 et 217, en profil, en coupe et en élévation.

Comme on le voit, le générateur est vertical. Il se compose de deux enveloppes concentriques. Dans le vide central se trouve un cylindre, recevant le combustible, qui brûle, sur la grille inférieure, d'une façon entièrement semblable à celle d'un poêle Choubersky. A la partie inférieure du corps cylindrique intérieur, sont des tubes bouilleurs, qui reçoivent directement le coup de feu, et produisent une vaporisation très active. Les produits de la combustion s'élèvent le long du cylindre à charbon, et s'échappent par la cheminée : le réservoir de combustible peut en contenir pour une marche de 1 heure 1/2 à 2 heures.

La machine à vapeur est du type pilon, à un seul cylindre. Le cylindre et sa boîte à tiroir, le tiroir et le piston, sont en bronze, et ne reçoivent aucun graissage. La vapeur, après son échappement, se condense dans un tube extérieur. Comme dans le canot précédent, la vapeur est reprise par la pompe alimentaire.

Les légendes qui accompagnent les trois figures se rapportant à cet appareil font connaître la construction et le jeu de chacun des organes qu'il renferme.

On voit que M. Pifre a cherché à rendre le chauffage et l'alimentation automatiques, et qu'il s'est efforcé de supprimer le graissage, qui est si désagréable d'ordinaire. A tous ces points de vue, son canot méritait d'être signalé.

L'absence de tout bruit d'échappement, de toute fumée, de toutes projections

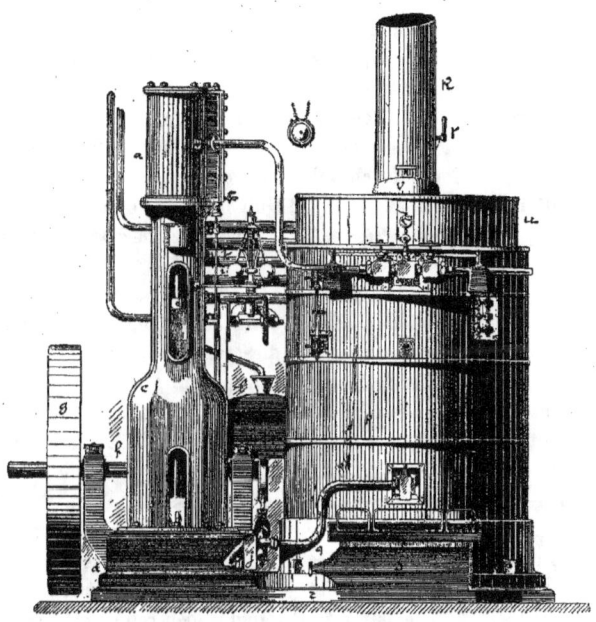

Fig. 217. — Automoteur de M. Abel Pitre (Élévation).

d'huile et de mauvaises odeurs, la suppression des soins pénibles de l'entretien du feu, qui sont l'écueil de tous les canots à vapeur ordinaires, la simplicité de conduite, la sécurité et la propreté qui en résultent, permettent la manœuvre du canot par une personne seule.

La *Pâquerette*, appartenant à M. Bisson, du *Cercle de la voile de Paris*, a été construit par M. Tatin, ingénieur, et a fait ses essais en 1886. Les conditions imposées aux constructeurs étaient celles-ci : réaliser 16 kilomètres à l'heure, et ne pas dépasser un prix modéré.

La coque de la *Pâquerette* mesure 12 mètres de longueur, sur 1$^m$,80 de largeur maxima, et 0$^m$,57 de creux, avec un tirant d'eau avant de 0$^m$,75 et arrière de 0$^m$,82. La machine à vapeur, du type à pilon, à un seul cylindre, avec détente Farcot, développe 8 chevaux de force, et reçoit la vapeur d'une chaudière verticale tubulaire, d'un type spécial, de 8 mètres carrés de surface de chauffe. Cette chaudière ne pèse pas plus de 320 kilogrammes, à vide. La machine pèse environ 80 kilogrammes.

La vitesse varie entre 14 et 16 kilomètres 1/2 à l'heure, ce qui est remarquable pour une embarcation aussi petite.

Après la *Pâquerette*, nous placerons une embarcation encore plus extraordinaire sous le rapport de la vitesse et des faibles dimensions. C'est la yole de M. Trepardoux, *l'Éclair*, construite aux chantiers du Petit Gennevilliers, et qui a fait ses essais en décembre 1886.

La coque, en acajou, mesure 10 mètres de longueur, 1$^m$,10 de large, et 0$^m$,65 de tirant d'eau arrière. Elle est mue par une machine à vapeur à deux cylindres inclinés, à pleine pression, marchant à 400 tours, et développant 9 chevaux de force. La chaudière, du système Dion, Bouton, Trépardoux, a 2 mètres carrés de surface de chauffe, et est timbrée à 10 kilogrammes. Le bateau, avec sa machine et sa chaudière, ne pèse, à vide, que 366 kilogrammes. Dans ce poids la machine entre pour 50 kilogrammes et la chaudière pour 200 kilogrammes, soit 30 kilogrammes par force de cheval.

La vitesse a atteint 20 kilomètres, 07 à l'heure, ce qui est un magnifique résultat.

La construction des canots à vapeur a donc fait beaucoup de progrès depuis quelques années. De lourdes et disgracieuses autrefois, les embarcations à vapeur sont devenues élégantes, gracieuses et rapides. Leur coque se fait en acajou ou en bois verni (pitchpin), quelquefois même en acier. La machine à vapeur est une Compound, souvent munie d'un petit condenseur à surface. Les chaudières sont devenues légères et économiques. Aussi, beaucoup d'amateurs les préfèrent-ils souvent à de véritables yachts, pour les excursions en rivière, sur les côtes de la mer, et pour la pêche.

Les canots à vapeur, en raison de leurs petites dimensions, ont été souvent employés pour servir aux essais de propulseurs ou de machines plus ou moins pratiques, destinés aux navires.

A ce propos, il convient de dire que M. Mors, constructeur à Paris, a fait les essais d'un canot à hélice, dont la machine est un moteur à pétrole. Dans cette machine, le pétrole est employé à l'état de vapeur, ou du moins dans un état de division très grand, et il agit dans le cylindre comme le fait le gaz d'éclairage dans le moteur à gaz Otto.

Pour continuer ce sujet, nous signalerons une expérience, étrange et triste à la fois, qui a eu lieu à Asnières, le 10 décembre 1886, et dont les conséquences funestes ont ému un instant le public parisien.

Deux inventeurs, l'un Français, l'autre Roumain, MM. Just Buisson et Ciurcu (prononcez *Tchiurcou*) étudiaient un propulseur basé sur le principe de la réaction qui accompagne le recul des armes à feu, c'est-à-dire le même effet mécanique qui provoque la marche de l'Eolipyle et qui produit la fusée volante.

Imaginez une grande fusée enfermée dans un canon fixé à l'arrière d'un véhicule quelconque, bateau, aérostat, etc., de telle sorte que sa bouche soit placée dans une direction opposée à la marche que l'on veut produire. Si l'on vient à allumer la fusée, les gaz produits par la combustion de la matière explosive s'échapperont de la bouche du canon, et par la seule force de leur réaction, ils pousseront le canon et le mobile auquel il sera fixé, dans une direction opposée à celle de leur écoulement.

Les deux inventeurs de ce système, — quelque peu renouvelé des Grecs, puisque déjà Hiéron, le savant de l'école d'Alexandrie, essayait des moteurs à réaction et à recul, et construisait l'éolipyle, — ne prenaient aucun point d'appui sur l'eau, le bateau n'ayant ni rames, ni roues, ni hélice. C'est l'effet de recul produit par les gaz détonant à l'air, qui produisait le mouvement d'arrière en avant, absolument comme le recul d'un canon. Seulement, au lieu de canon, les inventeurs avaient un récipient en bronze, dans lequel brûlait la composition destinée à produire les gaz moteurs. Ce récipient possédait, à l'arrière, un orifice, qui pouvait être rétréci au besoin, à l'aide d'un papillon, semblable à celui que l'on emploie pour modérer la marche des machines à vapeur. Un manomètre placé sur le récipient indiquait, à tout instant, la tension des gaz.

Plusieurs essais avaient été faits du 3 août au 10 décembre 1886, et avaient plus ou moins bien réussi.

Lors de l'expérience du 10 décembre les inventeurs avaient installé sur leur yole deux récipients : le premier destiné à contenir la matière fusante, le second servant d'accumulateur des gaz. Malheureusement, par une fatale idée, ils avaient remplacé le papillon primitif, qui se manœuvrait de l'extérieur, à l'aide d'un levier, par une valve intérieure, pourvue d'un volant à vis. Cette modification fut la cause de la catastrophe.

La yole était montée par M. Buisson, qui se tenait à l'accumulateur, par M. Ciurcu, qui manœuvrait le générateur de gaz, et par un jeune homme que l'on avait pris à Asnières et qui tenait le gouvernail depuis l'avant, au moyen de deux cordelettes, ou *tireveilles*.

Pour faire marcher le bateau, M. Buisson mit le feu aux produits explosifs. Mais il lui fut impossible de faire manœuvrer la valve du récipient. La pression dans les deux cylindres atteignit, dès lors, très rapidement une tension formidable : plus de 20 atmosphères (soit près de 100.000 kilogrammes). La machine éclata, le générateur de bronze vola en éclats, tua le pilote, et blessa mortellement M. Buisson. Quant à l'embarcation, elle fut mise en pièces. M. Ciurcu seul échappa à la mort, grâce au manomètre qui lui indiquait la tension excessive des gaz; ce qui lui permit de se jeter à temps de côté. Il en fut quitte pour tomber à l'eau, avec de fortes brûlures.

Quant au jeune pilote d'Asnières, on n'en retrouva pas une trace : il fut *escamoté*, suivant l'expression de M. Ciurcu, dans la relation qu'il a donnée de l'accident.

Nous venons de décrire les divers types de bâtiments, ou bateaux de plaisance, depuis le modeste canot à vapeur, portant une ou deux personnes, jusqu'aux grands yachts à vapeur, au nombreux équipage, et dont l'entretien exige des fortunes princières, en passant par toute une série de bateaux des tonnages les plus divers. La construction de ces navires et de ces embarcations à voile ou à vapeur constitue une branche nouvelle et spéciale de l'art des constructions navales, et représente un chiffre considérable de travail et de capitaux.

Nous ne terminerons pas ce qui concerne le sport nautique, sans faire remarquer qu'il y a une grande rivalité entre les partisans du yachting à la voile et du yachting à vapeur. La navigation de plaisance à voile compte beaucoup d'amateurs passionnés, qui ne cachent pas leur dédain pour le sport à vapeur. La vérité est entre l'une et l'autre opinion. Sans doute, la navigation à la voile procure tous les plaisirs et toutes les émotions de la mer, en même temps qu'elle exerce utilement les forces musculaires, par le mouvement en plein air et l'emploi d'une grande somme d'activité physique. Mais le yacht à vapeur réunit en sa faveur bien des avantages. Un yacht à vapeur est assurément beaucoup plus cher qu'un yacht à la voile, et son entretien est fort coûteux. Mais quelle facilité il offre à la navigation de plaisance! Les marées, les vents contraires, les calmes prolongés, qui arrêtent la navigation à la voile, ne suspendent pas un seul moment la marche d'un yacht à vapeur. Souvent, un yacht à voile est immobilisé, en pleine Méditerranée, pendant des semaines entières; et celui qui se voit condamné à rester en panne, sous un soleil de feu, avec des vivres en quantité insuffisante, regrette souvent que son cotre ou sa goélette ne puisse se transformer en un yacht à vapeur, qui le soustrairait à cette situation pénible.

En résumé, le sport nautique à la voile convient aux jeunes hommes qui aiment la vie à la mer et l'existence du matelot, à ceux qui se plaisent à exécuter les manœuvres du bord, à se mouiller d'eau salée, à briser leurs membres, pour se préparer aux jours solennels des fêtes et des luttes des régates. Au contraire, le sport nautique exécuté sous l'égide et avec le concours puissant et sûr de la machine à vapeur est l'apanage des touristes sérieux, qui veulent naviguer commodément, avec sécurité, et entreprendre de longues excursions à travers les mers.

Est-il rien de plus agréable que de posséder un yacht à vapeur? Et quel plaisir sans pareil que de faire, en compagnie de bons et jeunes amis, une croisière de quelques mois, à travers la Méditerranée, dans les mers du Nord, et même de franchir l'Atlantique! Les riches particuliers peuvent seuls se procurer ces fantaisies charmantes, qui demandent beaucoup de loisirs et une grande fortune.

Nous, cependant, les pauvres ouvriers de la plume, de l'outil, ou de la charrue, considérons d'un œil exempt d'envie les luxueuses distractions permises aux heureux de ce monde, et reprenons le joug de la tâche accoutumée, en nous disant, toutefois, qu'il y a quelque chose de supérieur à la richesse et aux plaisirs : c'est le travail et l'espérance.

FIN DU SUPPLÉMENT AUX BATEAUX A VAPEUR.

# SUPPLÉMENT

A

# LA LOCOMOTIVE

ET AUX

# CHEMINS DE FER

Dans notre Notice sur la *Locomotive* et les *Chemins de fer* des *Merveilles de la science* (1), nous avons donné l'histoire complète de l'invention et des progrès des chemins de fer, depuis leur origine, en 1829, avec Marc Seguin et Stephenson, jusqu'à l'année 1870, avec Crampton, Lechâtellier et Polonceau. Nous avons également exposé la construction des voies ferrées en général, et décrit le matériel roulant, c'est-à-dire les locomotives et les wagons.

Dans le présent *Supplément*, nous avons à faire connaître les progrès accomplis par l'industrie des chemins de fer depuis l'année 1870 jusqu'au moment présent.

Ces progrès peuvent se résumer en deux faits principaux :

*Accroissement dans la vitesse des trains;*
*Accroissement dans la sécurité des transports.*

La création des trains rapides, qui remonte à l'année 1875 environ, a été la conséquence de la construction des nouvelles locomotives à grande vitesse.

La sécurité, à peu près complète, acquise désormais aux transports par les voies ferrées, tient à trois inventions capitales, que nous aurons à faire connaître successivement, à savoir :

1° Les *freins instantanés* agissant par le vide ou par l'air comprimé.

2° L'*aiguillage mécanique*, ou *enclenchement*, exécuté dans un centre commun, au moyen de leviers confiés à un seul aiguilleur, logé dans une cabine spéciale, c'est-à-dire dans un *poste-vigie*, et qui est combiné mécaniquement de telle sorte que l'aiguilleur ne peut mettre en action que le levier utile, et par le même mouvement, immobilise tous les autres leviers.

3° Le *block system*, c'est-à-dire le sectionnement de la voie en espaces de longueur que les trains ne peuvent parcourir qu'un à un, quand ils marchent dans le même sens.

D'après cela, nous distribuerons en quatre

(1) Tome Ier, pages 263-398.

Sections ce que nous avons à dire pour faire connaître les perfectionnements apportés aux locomotives et aux chemins de fer depuis l'année 1870 jusqu'à ce jour. Ces Sections auront les titres suivants :

I. Perfectionnements apportés aux locomotives à grande vitesse.
II. Freins instantanés.
III. Aiguillage central et *enclenchements*.
IV. *Block system*.

Le matériel roulant, c'est-à-dire les voitures, wagons et trucks, n'ayant reçu, du moins en France, aucune modification essentielle, depuis l'année 1870, et la construction des voies ferrées n'ayant été l'objet d'aucun perfectionnement particulier pouvant intéresser nos lecteurs, les quatre Sections énoncées ci-dessus suffiront à l'objet de ce *Supplément*.

Comme application pratique des perfectionnements apportés à la locomotive et à l'exploitation des chemins de fer, nous étudierons, dans une dernière Section, les *trains rapides*.

## CHAPITRE PREMIER

PERFECTIONNEMENTS GÉNÉRAUX APPORTÉS AUX LOCOMOTIVES A GRANDE VITESSE.

En 1870, les locomotives encore généralement employées pour les trains express se rapprochaient toutes, plus ou moins, du *type Crampton*, que nous avons décrit et représenté dans les *Merveilles de la science* (1), et qui avait dû à ses éminentes qualités son adoption sur presque tous les réseaux français et étrangers. Ce type de locomotive, dont le poids ne dépassait jamais 32 à 35 tonnes, est caractérisé par l'existence d'un seul essieu moteur, et par un mécanisme ayant son centre de gravité assez bas

(1) Tome I<sup>er</sup>, pages 323-325.

pour répondre à toutes les conditions qu'exigeait la traction à grande vitesse de trains légers dont le poids ne dépassait jamais 90 à 95 tonnes.

Comme on ne songeait pas encore à créer des trains rapides, ni de longs convois de voitures de toutes classes, représentant un poids énorme, la locomotive Crampton suffisait aux besoins du service. Mais de nos jours, le développement des réseaux, l'augmentation rapide et incessante du trafic, l'introduction des voitures de deuxième classe dans la formation des trains express, enfin l'accroissement du poids des voitures, occasionné par l'augmentation de confort, ont nécessité la création de nouvelles machines capables de remorquer, avec une aussi grande et même une plus grande vitesse, des trains dont le poids a presque aujourd'hui doublé et dépasse 140 tonnes.

Il a donc fallu modifier la construction des locomotives de façon à augmenter les deux éléments de leur puissance, à savoir leur effort de traction et leur adhérence.

Le premier résultat a été obtenu en élevant la pression de la vapeur et en donnant de plus grandes dimensions aux cylindres. De là la nécessité d'avoir de grands foyers pour les chaudières à vapeur, des grilles plus grandes, des tubes plus longs, et finalement, augmentation du poids de la machine. On est ainsi arrivé à construire des locomotives à grande vitesse qui pèsent jusqu'à 45 tonnes, et peuvent développer un effort de traction de 4000 kilogrammes et plus.

Cette augmentation considérable de poids (qui n'a pas été sans influence sur l'adoption définitive du rail en acier) a eu naturellement pour conséquence d'accroître l'adhérence de la machine ; mais ce qui a permis surtout d'augmenter l'adhérence, c'est la révolution capitale qui s'est faite dans la construction des locomotives, par l'abandon définitif de l'essieu indépendant, et l'accouplement de deux essieux, au

# SUPPLÉMENT A LA LOCOMOTIVE.

moyen de bielles, de manière à utiliser le plus grand poids adhérent possible, sans charger la voie outre mesure. Le poids adhérent qui ne pouvait pas dépasser 16 tonnes, dans les machines Crampton, a pu ainsi être doublé, et il a atteint aujourd'hui 25 à 30 tonnes, grâce aux deux essieux moteurs.

D'autre part, les progrès réalisés dans la fabrication de l'acier, et la nécessité d'augmenter la résistance des pièces, sans les alourdir d'une façon exagérée, ont amené la substitution de l'acier au fer, dans un grand nombre d'organes de la locomotive.

Ajoutons que l'ancien *levier de mise en marche*, lourd et d'autant plus incommode et dangereux à manœuvrer, pour le mécanicien, que la machine est plus puissante, a été remplacé par le *changement de marche à vis*, commandé par un simple volant à manettes.

Enfin, on a également cherché à diminuer la dépense de combustible, soit en perfectionnant les foyers, pour leur permettre de brûler des charbons de toute provenance, soit en essayant d'appliquer aux locomotives le système Compound, qui donne de si beaux résul-

Fig. 218. — Machine à grande vitesse de la Cᵗᵉ d'Orléans.

tats, au point de vue de l'économie, dans les machines à vapeur fixes et les machines marines.

Tous les efforts poursuivis parallèlement par les différentes Compagnies des chemins de fer ont amené l'adoption d'un certain nombre de types de machines à grande vitesse, réalisant le programme proposé, et que nous allons examiner successivement, en décrivant les machines adoptées aujourd'hui par les six grandes Compagnies des chemins de fer français.

## CHAPITRE II

LES LOCOMOTIVES A GRANDE VITESSE DES SIX GRANDES COMPAGNIES FRANÇAISES.

*Machine à grande vitesse de la Compagnie d'Orléans.* — La machine à grande vitesse adoptée par la compagnie d'Orléans a été étudiée par M. Forquenot, ingénieur en chef du chemin de fer d'Orléans.

Cette machine, que nous représentons dans la figure 218, comporte quatre essieux, dont deux essieux moteurs accouplés, et deux porteurs, l'un en avant, l'autre en arrière. Ce dernier est placé sous le foyer, à l'arrière de celui-ci. Il a pour but de diminuer un peu la charge de l'essieu à grandes roues d'arrière, et d'augmenter la stabilité de la machine, pendant les très grandes vitesses, par la suppression du porte-à-faux du foyer et l'augmentation de la base de la machine. Le châssis de la machine étant intérieur, les boîtes à graisse de l'essieu de support d'arrière sont portées par deux petits longerons constituant des portions de châssis extérieurs.

La chaudière est en tôle de fer, le foyer est du système Tenbrinck, comme dans presque toutes les machines de la Compagnie d'Orléans, avec bouilleurs en cuivre, trémie de chargement et grille en éventail, à gradins latéraux. Les tubes sont en laiton; la cheminée est en forme de tronc de cône; le régulateur, à tiroir incliné, avec tringle extérieure, est installé dans un dôme de vapeur placé au milieu de la chaudière et muni de deux soupapes de sûreté ordinaires et d'une soupape à ressort à charge directe.

La charge est à peu près également répartie entre les deux essieux accouplés : elle est de près de treize tonnes, pour l'essieu le plus chargé.

Les cylindres sont extérieurs, horizontaux, et placés en avant de l'essieu porteur d'avant. Les tiroirs sont au-dessus, avec double inclinaison d'avant en arrière et de dedans en dehors. Ces derniers sont actionnés par des coulisses renversées, et la manœuvre du levier de changement de marche est à vis et à manette.

L'arbre de relevage général de la coulisse est en dessous, commandé par un mouvement de sonnette, supporté à la partie supérieure du longeron. Cette disposition est nécessitée par la présence de la partie inférieure du corps des cylindres à vapeur, qui descend très bas entre les roues.

L'alimentation de la chaudière se fait au moyen d'un injecteur Bouvret, et d'une pompe à deux pistons.

L'arrière de la machine porte un abri complet, reposant sur les colonnettes de rampe, avec évidements latéraux et renversées.

Le tender est à quatre roues, et d'une contenance d'environ dix mètres cubes d'eau.

Cette machine réalise une vitesse effective de 63 kilomètres à l'heure, avec les trains rapides de Paris à Bordeaux, et elle peut circuler à grande vitesse sur des lignes présentant des inclinaisons de 10 à 16 millièmes, avec courbes de 300 à 500 mètres de rayon.

Voici les principales dimensions de cette locomotive :

# SUPPLÉMENT A LA LOCOMOTIVE.

| | |
|---|---|
| Longueur de la machine à l'extérieur des tampons. | 9$^m$,344 |
| Nombre des tubes. | 177 |
| Diamètre moyen du corps cylindrique. | 1$^m$,250 |
| Timbre de la chaudière. | 9$^k$ |
| Surface de chauffe totale des tubes. | 128$^m$,760 |
| Hauteur de l'axe de la chaudière au-dessus du rail. | 1$^m$,957 |
| Diamètre des cylindres. | 0$^m$,44 |
| Course des pistons. | 0$^m$,65 |
| Diamètre des roues accouplées. | 2$^m$,00 |
| Diamètre des roues de support. | 1$^m$,26 |
| Poids de la machine en service. | 44.800$^k$ |
| Effort de traction. | 3.680$^k$ |

*Machine à grande vitesse de la Compagnie Paris-Lyon-Méditerranée.* — La machine employée par la Compagnie Paris-Lyon-Méditerranée, pour remorquer ses trains rapides (fig. 219), offre une grande ressemblance avec celle que nous venons de décrire. Comme cette dernière, elle présente quatre essieux, dont deux moteurs accouplés et deux porteurs, en avant et en arrière. Les plus notables différences consistent dans la chaudière, dont le foyer a des dimensions beaucoup plus grandes. La grille, du type ordinaire, est très inclinée, avec une petite grille mobile à l'avant. Le régulateur est placé dans un dôme posé sur le milieu du corps cylindrique, et portant deux soupapes de sûreté ordinaires. Le châssis est intérieur, et l'essieu d'arrière est également porté par deux longeronnets extérieurs. Les deux roues motrices, accouplées, ont un diamètre un peu plus grand que celles des machines d'Orléans. Les deux essieux d'avant et d'arrière ont un jeu latéral, réglé par des plans inclinés, pour faciliter

Fig. 219. — Locomotive à grande vitesse de la C$^{ie}$ Paris-Lyon-Méditerranée.

l'entrée dans les courbes. Les cylindres sont extérieurs, horizontaux, et en avant de l'essieu porteur d'avant.

Les pistons en fer évidés font corps avec les tiges; leur garniture est composée de cercles en fonte logés dans les gorges. L'arbre de relevage est aussi à la partie inférieure, mais il est commandé directement par le tirant de changement de marche.

La particularité essentielle de cette machine réside dans les dimensions considérables données aux cylindres à vapeur, dont le diamètre atteint $0^m,500$ avec une course de $0^m,650$, et qui permettent de fonctionner par conséquent avec d'aussi faibles admissions de vapeur et d'aussi longues détentes que possible.

Mais c'est évidemment là le reproche que l'on peut faire à ces machines. L'augmentation de poids qui résulte de ces dimensions anormales n'est pas suffisamment compensée par l'économie de vapeur qu'on peut en attendre.

La chaudière est alimentée par un injecteur vertical. Le tender est à 6 roues, d'une contenance moyenne de dix mètres cubes, que l'on peut au besoin porter à douze mètres. La machine est munie d'un simple écran-abri.

Cette locomotive est la plus pesante des machines express en service sur les différentes lignes de chemins de fer français. Elle traîne, à la vitesse de 50 kilomètres, des trains directs de 190 tonnes et à 70 kilomètres, et des trains rapides de 105 tonnes, sur des profils à rampes de 5 millièmes.

Voici ses dimensions principales:

| | |
|---|---|
| Longueur de la machine à l'extérieur des tampons.............. | $9^m,560$ |
| Nombre des tubes............... | 164 |
| Diamètre moyen du corps cylindrique..................... | $1^m,238$ |
| Timbre de la chaudière......... | $9^k$ |
| Surface de chauffe totale des tubes. | $123^m,84$ |
| Hauteur de l'axe de la chaudière au-dessus du rail........... | $1^m,940$ |
| Diamètre des cylindres......... | $0^m,50$ |
| Course des pistons............. | $0^m,65$ |
| Diamètre des roues accouplées.. | $2^m,10$ |
| Diamètre des roues de support.. | $1^m,30$ |
| Poids de la machine en service.. | $44.840^k$ |
| Effort de traction.............. | $4.530^k$ |

*Machine à grande vitesse de la Compagnie de l'Est.* — La machine à grande vitesse, actuellement en service sur le réseau de l'Est (fig. 249), a remplacé la machine du type Crampton, qui était employée exclusivement auparavant pour les trains rapides, lorsque la charge de ces trains était relativement peu considérable. Elle rappelle la machine Crampton par la position de l'essieu moteur, qui est à l'arrière, et par la disposition caractéristique du châssis, composé de longerons intérieurs, pour les grandes roues, et de longerons extérieurs, pour les petites roues. Ces deux longerons, fortement entretoisés, comprennent entre eux les cylindres à vapeur, dont l'attache devient dès lors très facile. Mais la présence du second essieu à grandes roues, destiné justement à donner plus d'adhérence et de puissance à la machine, ne permet plus l'abaissement du corps de la chaudière; ce qui donnait à la machine Crampton sa grande stabilité, et constituait son avantage essentiel. Néanmoins, la position du foyer, par rapport aux deux essieux accouplés, lui donne une assez grande stabilité, bien qu'elle ne présente qu'un troisième essieu porteur en avant.

Les roues motrices ont un diamètre considérable ($2^m,30$). C'est à peu près le seul reproche que l'on puisse adresser à cette machine, excellente à tous égards. Un diamètre de 2 mètres, ou $2^m,10$, n'aurait entraîné qu'une augmentation insignifiante dans le nombre des oscillations du piston, et aurait peut-être permis d'abaisser considérablement le centre de gravité de la machine.

Le foyer est carré; la grille, disposée de façon à pouvoir brûler des combustibles menus, est en trois parties: celle d'arrière,

## SUPPLÉMENT A LA LOCOMOTIVE.

très courte, est une sorte de sole en fonte ; la seconde est formée de barreaux en fer inclinés ; la troisième est une petite grille mobile pour nettoyer le feu. Le corps tubulaire de la chaudière est relativement court, comparé à celui des machines de la Compagnie d'Orléans et de la Méditerranée.

Le *régulateur à vapeur* est logé dans une boîte spéciale avec tringle extérieure. Il y a, de plus, au milieu du corps cylindrique, un dôme de vapeur portant deux soupapes de sûreté. Une troisième soupape à ressort, directe, se trouve au dessus du foyer.

L'essieu d'avant a un jeu transversal réglé par des plans inclinés interposés entre les coussinets et leurs boîtes. Grâce au système de suspension le poids adhérent total est réparti également entre les deux essieux moteurs à raison de 13 $\frac{1}{2}$ tonnes par essieu.

Les cylindres sont placés entre l'essieu d'avant et l'essieu moteur d'accouplement. Ils sont pris entre le longeron intérieur et le longeron extérieur. Les tiroirs sont au-dessus des cylindres, avec double inclinaison,

Fig. 220. — Machine à grande vitesse de la C<sup>ie</sup> de l'Est.

comme dans les machines que nous venons de décrire, et ils sont actionnés par des coulisses renversées.

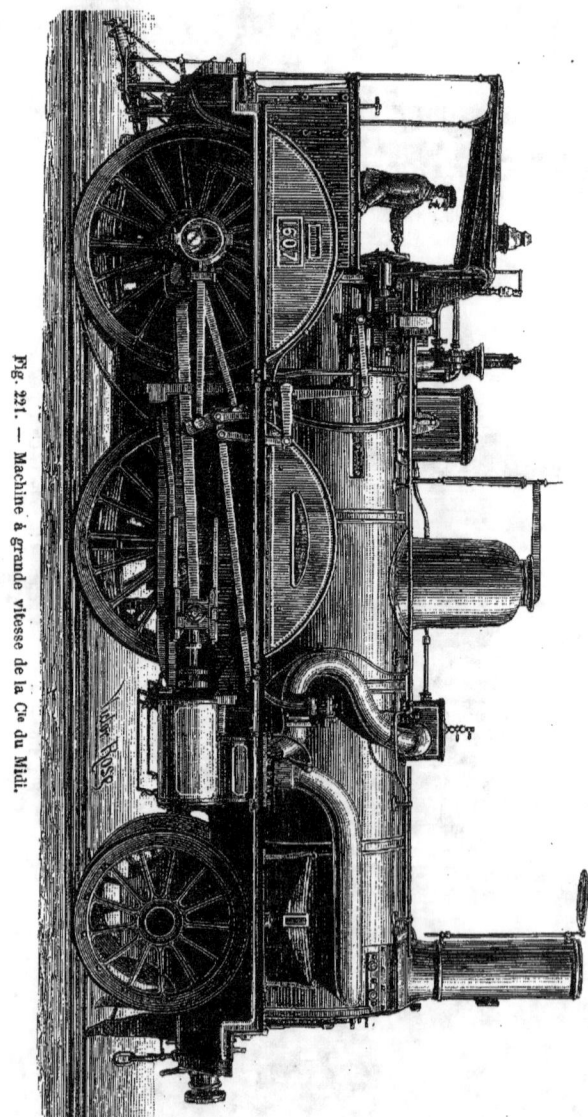

Fig. 221. — Machine à grande vitesse de la Cie du Midi.

La machine a un abri complet, évidé sur les côtés.

Le tender est à quatres roues : sa contenance est de dix mètres cubes d'eau.

Voici les dimensions principales de cette locomotive :

| | |
|---|---|
| Longueur de la machine à l'extérieur des tampons... | 8$^m$,435 |
| Nombre des tubes..... | 206 |
| Diamètre moyen du corps cylindrique.. | 1$^m$,268 |
| Timbre de la chaudière. | 9$^k$ |
| Surface de chauffe totale des tubes........ | 108$^m$,16 |
| Hauteur de l'axe de la chaudière au-dessus du rail.... | 2$^m$,100 |
| Diamètre des cylindres.. | 0$^m$,45 |
| Course des pistons ... | 0$^m$,64 |
| Diamètre des roues accouplées .. | 2$^m$,30 |
| Diamètre des roues de support... | 1$^m$,35 |
| Poids de la machine en service.... | 38.490$^k$ |
| Effort de traction....... | 3.300$^k$ |

*Machine à grande vitesse de la Compagnie du Midi.* — Nous représentons dans la figure ci-contre la machine à grande vitesse employée par la Compagnie du chemin de fer du Midi. Elle offre une grande analogie, au point de vue de l'ensemble, avec celle du chemin de fer de l'Est. Elle en diffère, toutefois, par l'emploi exclusif du châssis intérieur. Le ciel du foyer est cylindrique et de même diamètre que le corps des cylindres à vapeur avec lequel il se raccorde directement. Le foyer a des dimensions relativement restreintes pour une machine de grande puissance; ce qui a permis de le descendre entre les essieux accouplés.

Le *régulateur de vapeur* à tiroir, avec tringle extérieure, est placé dans une boîte spéciale. Il est commandé au moyen d'un volant à manivelle et d'une tige filetée. Sur le milieu de la chaudière, un dôme de vapeur porte les deux soupapes de sûreté, du système ordinaire. L'alimentation d'eau dans la chaudière se fait au moyen de deux injecteurs du système Bouvret.

Le longeron est complètement intérieur, et la suspension, contrairement à ce qui existe avec les machines ci-dessus décrites, est faite au moyen de ressorts indépendants pour chaque essieu.

Cette dernière disposition, nécessitée par la grande profondeur du foyer, est défectueuse; car elle rend difficile, sinon impossible, une répartition à peu près égale des charges sur les roues motrices. Il peut ainsi arriver que ce soit l'essieu d'arrière qui se trouve le moins chargé, alors, au contraire, que c'est ce dernier essieu qui devrait être le plus chargé. L'essieu d'avant a ses ressorts au-dessus, et ses boîtes à graisse sont de plans inclinés.

Les cylindres à vapeur sont extérieurs, horizontaux, fixés aux longerons entre l'essieu d'avant et actionnés par des coulisses renversées. La bielle qui les relie aux tiroirs étant longue, l'influence de l'obliquité est peu sensible.

La machine porte un abri, pour le mécanicien, ouvert sur les côtés et supporté par l'écran d'avant et par les colonnettes de rampe.

Cette machine remorque, en palier, des trains de 160 tonnes, avec une vitesse de 75 kilomètres à l'heure.

Voici ses dimensions principales:

| | |
|---|---|
| Longueur de la machine à l'extérieur des tampons............ | $8^m,570$ |
| Nombre des tubes............. | 180 |
| Diamètre moyen du corps cylindrique................... | $1^m,280$ |
| Timbre de la chaudière........ | $9^k$ |
| Surface de chauffe totale des tubes. | $100^m,16$ |
| Hauteur de l'axe de la chaudière au-dessus du rail............ | $2^m,00$ |
| Diamètre des cylindres......... | $0^m,43$ |
| Course des pistons............ | $0^m,60$ |
| Diamètre des roues accouplées.. | $2^m,09$ |
| Diamètre des roues de support.. | $1^m,40$ |
| Poids de la machine en service.. | $37.500^k$ |
| Effort de traction............. | $3.105^k$ |

*Locomotive à grande vitesse de la Compagnie du Nord.* — La locomotive à grande vitesse de la Compagnie du Nord, que nous représentons dans la figure 222, est caractérisée par l'emplacement des cylindres à vapeur, situés à l'intérieur des longerons, et surtout par la substitution à l'essieu porteur d'avant, d'un truck articulé, ou *bogie*, d'après le système employé à l'étranger et surtout en Autriche, dans le but de faciliter à cette machine l'accès des lignes à courbes de petit rayon.

La boîte à feu, du système Belpaire, est à enveloppe carrée. La grille est à barreaux inclinés, avec jette-feu en avant. Le régulateur de vapeur à tiroir est logé dans une boîte séparée, à l'avant de la chaudière. Le dôme de vapeur porte une des soupapes de sûreté, l'autre est au-dessus du foyer.

Le châssis est formé de deux cours de longerons comprenant les grandes roues. L'essieu moteur, placé à l'avant du foyer, est pourvu de quatre boîtes à graisse. L'essieu accouplé placé près du foyer n'a que deux boîtes à graisse.

Le châssis du *bogie* porte, au centre, une crapaudine, dans laquelle pénètre un pivot à génératrices curvilignes. Ce pivot ne sert que d'axe; la charge est transmise par deux supports latéraux, à glissières,

Fig. 222. — Machine à grande vitesse de la Cie du Nord.

disposés comme les pièces analogues des anciennes machines Engerth.

Le châssis, avec traverses en fer à l'avant et à l'arrière, présente une très grande solidité. Les cylindres à vapeur, horizontaux, avec les tiroirs placés verticalement entre eux, forment un seul bloc serré entre les longerons intérieurs.

L'essieu coudé, chargé en quatre points, a ses *coudes* frettés. L'accouplement est fait par des manivelles et bielles extérieures.

La machine n'a pour le mécanicien qu'un *abri-écran* de très petites dimensions.

Le tender, à quatre roues, contient huit mètres cubes d'eau.

La machine à grande vitesse de la Compagnie du Nord rentre, on le voit, dans la catégorie des machines lourdes. On peut discuter la valeur de l'emploi du *bogie*, qui n'est pas sans avoir contribué à l'exagération du poids, pour des lignes où, en définitive, les courbes ne descendent jamais à de bien faibles rayons. C'est à la pratique à démontrer s'il est réellement utile de donner à une locomotive une mobilité qui a ses avantages, mais qui a aussi l'inconvénient de lui ôter beaucoup de sa stabilité sur les rails.

Nous donnons ci-après les principales dimensions de cette machine :

Fig. 223. — Machine à grande vitesse de la Cie de l'Ouest.

| | |
|---|---|
| Longueur de la machine à l'extérieur des tampons... | 9$^m$,170 |
| Nombre des tubes... | 201 |
| Diamètre moyen du corps cylindrique... | 1$^m$,251 |
| Timbre de la chaudière. | 10$^k$ |
| Surface de chauffe totale des tubes... | 99$^m$,88 |

| | |
|---|---|
| Hauteur de l'axe de la chaudière au-dessus du rail | 2$^m$,10 |
| Diamètre des cylindres | 0$^m$,432 |
| Course des pistons | 0$^m$,610 |
| Diamètre des roues accouplées | 2$^m$,100 |
| Diamètre des roues de support | 1$^m$,01 |
| Poids de la machine en service | 41.600$^k$ |
| Effort de traction | 3.520$^k$ |

*Locomotive à grande vitesse de la Compagnie de l'Ouest.* — La locomotive à grande vitesse de la Compagnie de l'Ouest, que nous représentons dans la figure 223, est, comme la précédente, une machine à cylindres à vapeur intérieurs. Elle a trois essieux, dont deux accouplés. L'essieu moteur est celui du milieu, et l'essieu d'arrière est juste au-dessous du foyer; ce qui a empêché de donner à ce dernier une grande profondeur.

La grille, faiblement inclinée, est en deux parties, dont la plus courte est à l'arrière, contrairement à ce qui se pratique d'ordinaire. Le *régulateur de vapeur*, à tiroir, est logé dans une boîte fixée, non sur le corps des cylindres, comme à l'ordinaire, mais sur la face antérieure du dôme de prise de vapeur. Le *régulateur de vapeur* est ainsi plus facile à visiter que s'il était sur le dôme, et d'autre part on n'a pas d'ouverture spéciale à percer dans le corps des cylindres à vapeur. Le dôme de vapeur porte une soupape de sûreté; une seconde est au-dessus du foyer.

Le châssis est composé de deux longerons extérieurs, et d'un longeron partiel intérieur, portant une boîte, pour charger le milieu de l'essieu moteur, au moyen d'un ressort placé en dessous. Les ressorts des boîtes extérieures sont tous indépendants, et placés au-dessous des longerons.

L'essieu moteur est à coude simple; les manivelles et les bielles d'accouplement sont situés à l'extérieur des longerons.

Les cylindres à vapeur sont placés à l'intérieur, ainsi qu'il a été dit, avec les boîtes à tiroir et le mécanisme de distribution intérieur aux longerons.

La distribution de la vapeur dans les cylindres se fait au moyen de coulisses droites, du système Allen. Le *tender*, à quatre roues, contient 6.300 litres d'eau.

Cette machine, qui est une des plus légères parmi les locomotives à grande vitesse, puisqu'elle ne pèse que 36 tonnes, et celle dont les roues motrices ont le plus petit diamètre, réunit les avantages des machines à cylindres à vapeur intérieurs, au point de vue de la stabilité, avec ceux des machines à cylindres extérieurs, sous le rapport de la facilité de surveillance et de nettoyage.

Voici ses dimensions principales:

| | |
|---|---|
| Longueur de la machine à l'extérieur des tampons | 8$^m$,50 |
| Nombre de tubes | 156 |
| Diamètre moyen du corps cylindrique | 1$^m$,170 |
| Timbre de la chaudière | 9$^k$ |
| Surface de chauffe totale des tubes | 92$^m$ |
| Hauteur de l'axe de la chaudière au-dessus du rail | 2$^m$,150 |
| Diamètre des cylindres | 0$^m$,42 |
| Course des pistons | 0$^m$,60 |
| Diamètre des roues accouplées | 1$^m$,93 |
| Diamètre des roues de support | 1$^m$,29 |
| Poids de la machine en service | 36.000$^k$ |
| Effort de traction | 3.210$^k$ |

# CHAPITRE III

### LES MACHINES A MARCHANDISES.

Bien que nous n'ayons énoncé que les machines à grande vitesse, dans l'examen des perfectionnements apportés aux locomotives, nous ne pouvons nous dispenser de dire un mot des nouvelles machines à petite vitesse, en d'autres termes, des *machines à marchandises*.

Les *machines à marchandises* se sont moins vivement ressenties des perfectionnements apportés au matériel de traction des chemins de fer. On a seulement augmenté leur poids, de manière à leur faire remorquer des trains de plus en plus lourds. Les premières machines à marchandises ne pesaient que 22 tonnes et demi, tandis qu'on arrive aujourd'hui à dépasser 50 tonnes. On peut constater également une tendance générale à augmenter, dans les machines à petite vitesse, le nombre des essieux accouplés. On va maintenant jusqu'à huit.

Les machines à marchandises appartiennent toutes, d'ailleurs, à un type commun, et ne présentent que de légères différences de Compagnie à Compagnie. C'est ce qui nous permettra de les décrire toutes d'après un seul type.

Nous prendrons comme le type actuellement le plus répandu la locomotive à marchandises à huit roues accouplées, de la Compagnie Paris-Lyon-Méditerranée, que nous représentons dans la figure ci-contre.

Cette machine, qui date de 1874, est employée sur les parties du réseau présentant des rampes de 25 à 30 millièmes. Le foyer est en porte-à-faux. Les tubes ont une longueur considérable (5$^m$,360). La grille est inclinée, avec *jette-feu*, et desservie par deux portes de chargement. Le *régulateur de vapeur* est placé dans un dôme, sur l'avant du corps cylindrique. Les essieux d'avant et d'arrière ont un jeu transversal, pour faciliter le passage dans les courbes de 180 à 200 mètres de rayon. Les pistons ont, à cause de leur très grand diamètre, des contre-tiges, qui font corps avec eux et avec les tiges motrices. Les tiroirs sont au-dessus des cylindres.

Voici les dimensions principales de cette puissante machine :

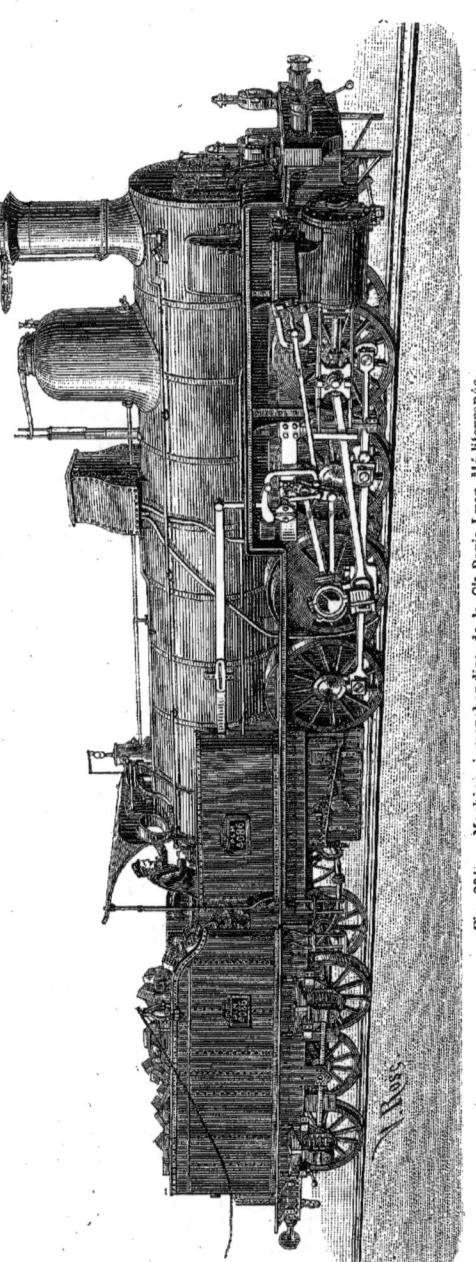

Fig. 224. — Machine à marchandise de la C$^{ie}$ Paris-Lyon-Méditerranée.

| | |
|---|---|
| Longueur à l'extér. des tampons.. | 9$^m$,838 |
| Surface de chauffe totale des tubes. | 189$^m$,77 |
| Timbre de la chaudière........... | 9$^k$ |
| Hauteur de l'axe de la chaudière au-dessus du rail.............. | 1$^m$,99 |
| Diamètre des cylindres.......... | 0$^m$,54 |
| Course des pistons.............. | 0$^m$,66 |
| Diamètre des roues.............. | 1$^m$,26 |
| Poids de la machine en service... | 51.700$^k$ |

## CHAPITRE IV

APPLICATION AUX MACHINES LOCOMOTIVES DU SYSTÈME COMPOUND. — MACHINE LOCOMOTIVE COMPOUND DE M. MALLET, POUR LE CHEMIN DE FER DE BAYONNE. — MACHINE LOCOMOTIVE COMPOUND DE M. WEBB POUR LE CHEMIN DE FER DE London and North Western. — MACHINE LOCOMOTIVE COMPOUND CONSTRUITE EN 1884 PAR LA COMPAGNIE DU CHEMIN DE FER DU NORD. — RÉSULTAT DES EXPÉRIENCES FAITES PAR LES INGÉNIEURS DE LA COMPAGNIE DU NORD, SUR LE SERVICE DE CETTE MACHINE.

Les avantages que l'on retire de la machine à vapeur du système Compound dans les manufactures, les usines et les navires à vapeur, ont conduit, naturellement, à tenter d'appliquer les mêmes dispositions aux locomotives. Nous allons exposer ce que l'expérience et la pratique ont appris concernant cette intéressante innovation.

La première application du système Compound aux locomotives date de 1850. Elle fut essayée, à cette époque, en Angleterre, par M. John Nicholson, sur deux machines du *Great Eastern railway*. Dans ces machines, la vapeur travaillait sans détente, c'est-à-dire avec la pleine pression de la chaudière, pendant la moitié de sa course, dans un petit cylindre ; puis elle passait dans un second cylindre de basse pression, deux fois plus grand ; elle se détendait ensuite simultanément dans les deux cylindres. Cette disposition était évidemment défectueuse. La moitié de la vapeur, celle qui était dans le petit cylindre, se détendait de quatre fois son volume et l'autre moitié de huit fois, le petit cylindre ouvert à l'échappement se refroidissait autant que dans la marche ordinaire et l'on perdait ainsi une partie des grands avantages du système Compound. L'insuccès relatif de ces expériences fit oublier ce système pendant plusieurs années.

En 1866, en France, M. J. Morandière, un des ingénieurs de la Compagnie de l'Ouest, proposa une locomotive Compound à 3 cylindres, agissant sur des groupes isolés, dont deux cylindres de détente et un seul fonctionnant à haute pression.

Mais il faut arriver à l'année 1875 pour trouver des essais véritablement sérieux et pratiqués sur une assez grande échelle pour fournir des résultats probants et décisifs. M. Mallet, ingénieur du chemin de fer de la Compagnie du Midi, reprenant la question, appliqua à douze locomotives construites par l'usine du Creusot, pour la ligne d'intérêt local de Bayonne à Biarritz, le système Compound, qui permet d'améliorer la détente en utilisant la vapeur dans deux cylindres successifs.

A l'Exposition universelle de 1878 figurait la douzième machine du type Mallet, avec tender à 6 roues accouplées et munie du système Compound. Cette machine portait deux cylindres intérieurs actionnant des boutons de manivelle calés à angle droit. Ces cylindres avaient des diamètres différents. Le plus petit, de 0$^m$,240 de diamètre, recevait la vapeur directement de la chaudière et la transmettait, après une première détente, au grand cylindre, de 0$^m$,400 de diamètre, qui la rejetait dans la cheminée. Au démarrage, ou dans les cas de résistances considérables, il était possible de faire arriver directement la vapeur dans le grand cylindre, tandis que le petit cylindre, au lieu d'évacuer sa vapeur dans le grand, l'envoyait directement dans la cheminée. La machine fonctionnait alors comme une machine ordinaire.

Fig. 225. — Locomotive compound-Webb (élévation longitudinale).

Ce système qui permet de pousser le degré de détente bien plus loin qu'avec les

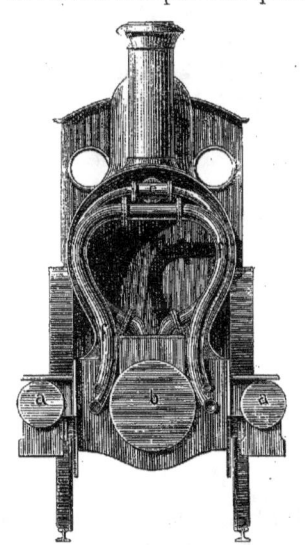

Fig. 226. — Locomotive compound-Webb (coupe transversale).

tiroirs simples commandés par des coulisses, procurait une certaine économie de combustible. Sur la ligne de Bayonne à Biarritz, où l'on trouve des rampes de 15 millimètres, on a constaté, après un parcours de 40,000 kilomètres, une consommation moyenne de 4 kilogrammes de charbon par kilomètre, la charge variant, sans la machine, de 40 à 60 tonnes.

La locomotive *Mallet* constituait donc un notable perfectionnement, au point de vue de l'économie du combustible; mais le reproche qu'on lui adressait, c'était de manquer de stabilité, et de se refuser, par conséquent, aux grandes vitesses.

En 1880, un ingénieur allemand, M. Von Borries, s'inspirant plus ou moins des idées de M. Mallet, mit en service, sur la ligne du Hanovre, deux locomotives *compound* pour trains omnibus, et réalisa ainsi une économie de 18 pour 100 sur le combustible.

En 1883, sur la même ligne, deux locomotives *compound* à marchandises donnèrent seulement une économie de 9,5 pour 100; enfin, l'année suivante, dix locomo-

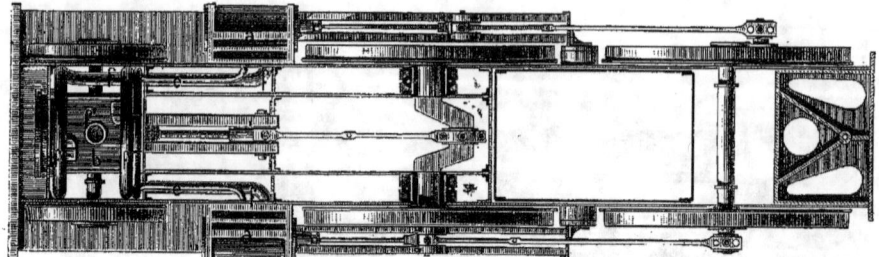

Fig. 227. — Locomotive compound-Webb (plan).

tives pour trains omnibus et quatre locomotives express, furent mises en service.

Vers la fin de 1881, M. Webb, ingénieur anglais, fit construire, pour la ligne *London*

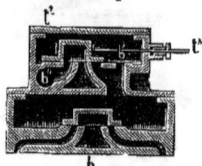

Fig. 228. — Distribution de vapeur de la locomotive compound-Webb (détail du tiroir).

*and North Western railway,* une locomotive express compound « *l'Expériment* », dont le système présentait de notables différences avec le système Mallet. Nous représentons dans les figures 225, 226 et 227 l'élévation, la coupe transversale et le plan de cette locomotive.

Le mécanisme comprend (fig. 227) trois cylindres, dont deux à haute pression $a, a$, et un à basse pression, $b$, c'est-à-dire précisément l'inverse du système Morandière, que nous avons mentionné plus haut.

Les cylindres à haute pression sont placés à l'intérieur du châssis, et reçoivent directement la vapeur de la chaudière; ils actionnent l'essieu d'arrière par la conduite $ee$.

Le cylindre à basse pression $b$, situé à l'intérieur des longerons et sous la boîte à fumée, reçoit et achève de détendre la

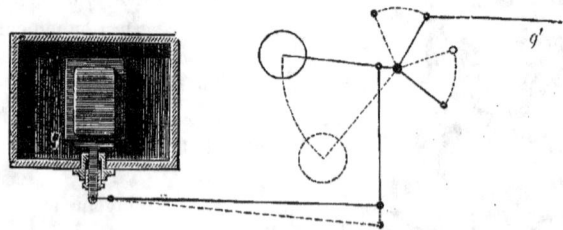

Fig. 229. — Détail du mouvement transversal du tiroir d'une locomotive compound-Webb.

vapeur, qui a déjà été utilisée en partie par les cylindres à haute pression. Ce système actionne directement l'essieu d'avant, qui est indépendant de l'essieu d'arrière. Les manivelles de l'essieu d'arrière sont à angle droit l'une de l'autre.

La distribution adoptée par M. Webb est celle du système Joy, convenablement adaptée à une machine *compound*. La vapeur, en sortant des cylindres de haute pression, passe dans des tuyaux $ff$ placés dans la boîte à fumée (fig. 226), dans lesquels elle se sèche, avant d'entrer dans le cylindre de basse pression.

Nous représentons, dans la figure 228, la coupe du tiroir ou *distributeur* adopté par M. Webb, pour pouvoir marcher à volonté en marche simple, avec admission directe de vapeur aux trois cylindres, ou en *compound*. Le cylindre à basse pression, $b$, porte deux tiroirs, $t'$ et $t''$ : dans la position indiquée pour $t'$, la vapeur d'échappement des cylindres de haute pression, arrive en $a'$, sous le tiroir $b'$, et par $a''$, au cylindre $b$ : on marche alors en compound. Si on déplace, par sa tige $t''$, le tiroir $b'$, de manière à l'amener dans la position indiquée par la figure 228, la vapeur de la chaudière arrive directement, par $b'$, $a''$, au cylindre $b$, et la vapeur d'échappement des cylindres de haute pression, se joint, par $a'$, $b''$, $c$, à celle du gros cylindre.

Afin de diminuer et de régulariser l'usure des tiroirs, M. Webb les fait reposer sur une pièce $g$ (fig. 229) pouvant imprimer au tiroir un déplacement perpendiculaire à la direction de sa course toutes les fois qu'on manœuvre le changement de marche auquel est reliée la tige $g'$.

En ce qui concerne le degré de détente auquel on travaille, le grand cylindre à basse pression marche, en pratique, avec pleine admission, et la détente se fait entièrement dans les petits cylindres à haute pression ; de telle sorte qu'on ne dépense que la quantité de vapeur absolument nécessaire pour le travail.

Un trait caractéristique de cette nouvelle machine, c'est l'adoption d'une chaudière dont l'espace réservé à l'eau, entourant la boîte à feu, s'étend au-dessous de la grille, le cendrier se composant ainsi de l'espace compris entre les barreaux de la grille et de la cloison d'eau inférieure. On supprime, de la sorte, le cadre rigide du fonds, qui donne toujours lieu à des ennuis. On obtient en outre, ainsi, une meilleure circulation de l'eau, et on empêche enfin les *boues* de venir se déposer sur les parois de la boîte à feu, dans les parties exposées à la plus forte chaleur.

L'essieu porteur d'avant est placé immédiatement au-dessous du grand cylindre, et à peu près sur la même ligne que l'axe de la cheminée. Il en résulte que l'écartement des essieux extrêmes est beaucoup plus grand que d'ordinaire : il est de $5^m,36$. Afin d'obvier aux mouvements qui pourraient en résulter, si ces essieux se trouvaient assujettis à un parallélisme rigoureux, l'essieu d'avant est pourvu d'une boîte radiale, qui peut se déplacer latéralement de $0^m,032$ vers chaque côté de l'axe de la machine.

Le double but que s'était proposé M. Webb était d'arriver d'abord à la plus grande économie possible de combustible, ensuite de supprimer l'accouplement des roues, tout en obtenant une adhérence plus considérable que celle qu'on aurait pu atteindre avec un seul essieu moteur sans s'exposer à détériorer rapidement la voie.

Les expériences nombreuses, pendant un service journalier et prolongé, ont établi que ce type de locomotive possède les avantages suivants :

1° La détente étant augmentée, il y a évidemment économie de combustible. Ainsi la machine « *Experiment* » faisant le service sur la ligne du *London and North Western*, remorquait une charge nette moyenne de 100 tonnes à l'aller, de 135 tonnes, au retour. Son parcours journalier était de 508 kilomètres. La plus grande charge a été de 16 voitures, dont le poids ajouté à celui de la locomotive et du tender, représentait une charge de 260 tonnes. La vitesse moyenne était de 84 kilomètres à l'heure. Dans ces conditions, la dépense en combustible était de $6^k,24$ par kilomètre, au lieu de $8^k,10$, dépensée par les machines express ordinaires du *London and North Western*, soit une économie de charbon de 22 pour 100 environ

2° Le démarrage est facilité par la marche en non *compound,* et le patinage est diminué, par une répartition plus égale de l'effort de traction aux roues motrices, et par le *contrôle,* ou l'action de frein qu'exerce sur le cylindre à basse pression un échappement trop prolongé des cylindres de haute pression en cas de patinage de leurs roues, et inversement, les deux systèmes de cylindres tendant toujours à rétablir la répartition de puissance prévue par la distribution.

3° Les roues n'étant plus accouplées, le passage dans les courbes se fait avec moins de grippement; il n'est même pas nécessaire que les deux paires de roues motrices aient le même diamètre.

4° Enfin, cette locomotive présente, à l'inverse de la locomotive Mallet, une grande stabilité pendant la marche; ce qui est dû à la disposition des cylindres, et la machine, parfaitement équilibrée, tout en n'ayant pas de bielles d'accouplement, peut marcher à une très grande vitesse.

En résumé, il résulte des expériences faites, en 1881, sur le *London and North Western Railway,* que le système *compound* réalise une économie considérable, surtout pour les machines à grande puissance. Quant à l'avantage que peut offrir la suppression de l'accouplement des roues, essayé par M. Webb, il est très discutable, sinon pour les machines à huit roues couplées, ce qui faciliterait évidemment leur passage dans les courbes.

Dans l'Inde, un ingénieur anglais, M. Sandiford, fit des essais de locomotives *compound* sur le chemin de fer *Scinde Pundjab et Delhy*. Deux locomotives ainsi transformées fonctionnèrent très bien dans des conditions assez défavorables.

En Russie, de nombreux essais ont été faits par M. Borodine, sur des locomotives *compound* du système Mallet, avec ou sans enveloppes de vapeur, et munies d'un réservoir intermédiaire de vapeur, placé dans la boîte à fumée. Il résulte de ces expériences, qu'on peut, avec ces machines, réaliser une économie de 15 à 20 pour 100; mais l'emploi des enveloppes de vapeur n'a pas fourni des résultats bien décisifs. En effet, dans les machines *compound,* l'influence calorifique des parois du petit cylindre se trouvant considérablement réduite, l'emploi de l'enveloppe de vapeur semble devoir être réservé au grand cylindre; mais là encore elle n'est pas indispensable, la vapeur y arrivant surchauffée par son séjour dans le réservoir de vapeur placé entre les deux cylindres.

Enfin, une nouvelle locomotive *compound* à quatre cylindres, étudiée et construite par la Compagnie du chemin de fer du Nord, a été mise en service sur son réseau, au mois de janvier 1886; et de nombreuses expériences, faites avec le plus grand soin, et portant sur les conditions de son fonctionnement, aussi bien que sur son rendement, ont permis aux ingénieurs de la Compagnie d'apprécier la valeur de cette machine.

Cette locomotive, dont les figures 230 et 231, représentent l'élévation et la coupe transversale, dérive du type de locomotive à grande vitesse de la Compagnie du Nord, à quatre roues couplées, avec essieu porteur, ou *bogie* à l'avant, cylindres intérieurs et grand foyer, que nous avons décrite dans notre revue des locomotives à grande vitesse employées par les différentes Compagnies françaises.

Le mécanisme intérieur, composé de deux cylindres, A'B', actionnant l'essieu du milieu, a été conservé pour la haute pression; il n'a subi d'autre modification que la réduction des diamètres des cylindres. Les tiroirs, placés dos à dos sur le côté, sont toujours commandés par des excentriques, avec coulisse Stephenson.

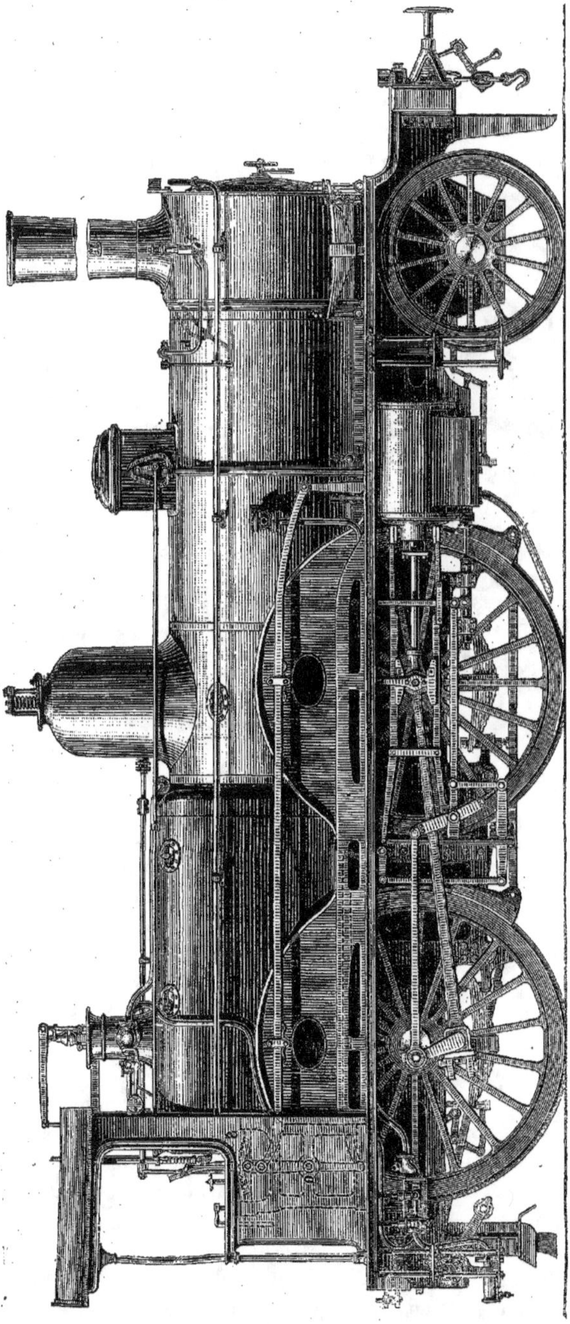

# SUPPLÉMENT A LA LOCOMOTIVE.

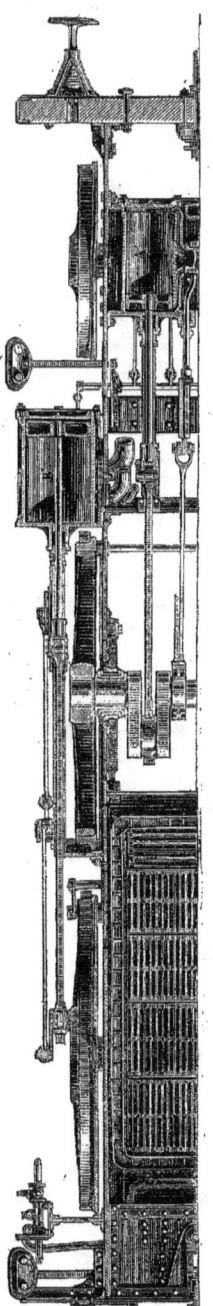

Fig. 230. — Locomotive compound du chemin de fer du Nord (Élévation).

Fig. 231. — Locomotive compound du chemin de fer du Nord (Coupe transversale).

L'accouplement est supprimé, et deux cylindres à basse pression, BB' (fig. 232), sont placés à l'extérieur des longerons, au milieu de l'intervalle entre l'essieu d'avant et le premier essieu moteur, actionnant l'essieu d'arrière. Leurs tiroirs sont placés en dessous.

Les deux distributions de vapeur sont liées entre elles, mais une disposition semblable à celle déjà employée par M. Mallet sur sa locomotive *compound*, permet de faire varier l'une des distributions indépendamment de l'autre. La vis de changement de marche commande, à la manière ordinaire, l'arbre de relevage du mécanisme extérieur à basse pression. Sur le côté de la tête supérieure du levier de ce changement de marche, se trouve fixé un secteur denté, S, (fig. 234), qui entraîne un autre levier, commandant la barre du relevage du mécanisme intérieur à haute pression. Ce second levier, articulé en O, comme le premier, porte un verrou, qui s'engage à volonté dans la denture du secteur, surmonté d'une réglette fixe divisée. On peut ainsi opérer le changement de marche en même temps, pour les deux distributions, par la seule manœuvre du volant. On peut, par contre, les rendre différents, et faire toutes les combinaisons commandées par les diverses circonstances de la marche.

Au moment du démarrage, on peut envoyer directement la vapeur de la chaudière dans le réservoir intermédiaire; mais il n'a pas été pris de disposition pour admettre franchement la vapeur aux grands cylindres, avec évacuation de la vapeur des petits cylindres dans l'atmosphère.

Le réservoir intermédiaire est en partie constitué par deux tuyaux C,C (fig. 232), à grand diamètre placés dans les boîtes à fumée et destinés au réchauffage de la vapeur qui passe des petits aux grands cylindres. Une soupape placée vers le haut du tuyau réchauffeur, est destinée à régler la limite de la pression dans le réservoir intermédiaire.

Des nombreuses expériences faites sur cette machine, pendant les mois de novembre et décembre 1886, février à mai 1887, il résulte que la consommation moyenne de charbon par kilomètre a été de $7^k,81$; tandis que la moyenne de consommation des six machines, qui pendant ces six mois et à raison de une par mois, ont le moins brûlé en faisant le même service, a atteint le chiffre de $8^k,31$; d'où un avantage de $0^k,50$ pour la machine

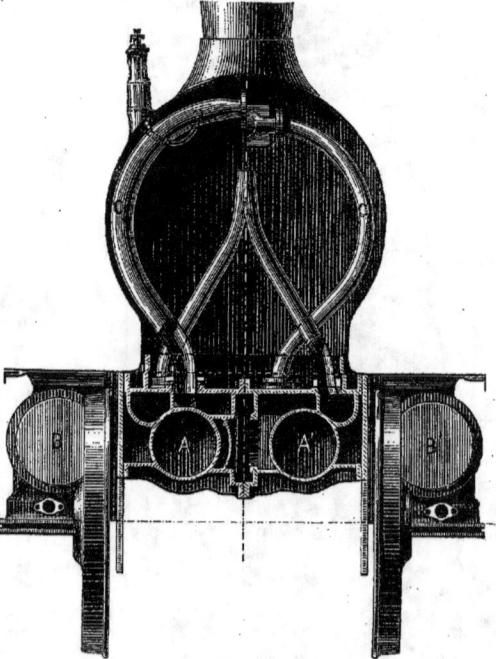

Fig. 232. — Coupe transversale d'une locomotive compound du chemin de fer du Nord.

*compound* sur les plus économiques des machines express.

D'autre part, la consommation moyenne de $7^k,81$ trouvée pour la locomotive *compound*, est inférieure de $1^k,8$ à $1^k,9$ à la moyenne générale de consommation se rapportant aux machines du même type non *compound*, soit une différence de 19 p. 100 environ en faveur de la locomotive compound.

Par contre, on a constaté une consommation de graissage pour cette machine de beaucoup supérieure à la moyenne de celle des autres locomotives faisant le même service.

Le rendement en pleine marche a atteint 75 pour 100, et a été, en moyenne, de 55 à 60 pour 100, chiffres qui se rapportent à la traction des rampes. La machine a pu, avec un train de 145 tonnes, gravir, en se maintenant en pression, des rampes de $5^{mm}$, à la vitesse soutenue de 72 kilomètres à l'heure.

On aurait pu, évidemment, d'ailleurs, reculer la limite de puissance de cette machine en augmentant le volume des cylindres détendeurs, ce qui eût diminué la pression d'échappement, tout en utilisant mieux la détente.

La *locomotive compound* du chemin de fer du Nord, d'un type absolument nouveau, a mis en évidence, une fois de plus, l'avantage incontestable de ce système, au point de vue de l'économie du combustible, et prouvé que le passage de la vapeur dans des cylindres successifs, peut procurer, dans les locomotives, autant d'avantages que dans les machines fixes et les machines marines. Les résultats qu'elle a fournis, et qui empruntent une grande autorité à la façon magistrale dont ils ont été obtenus et contrôlés par l'ingénieur de la Compagnie du chemin de fer du Nord chargé de cette étude difficile, M. Pulin, complètent et confirment ceux que nous avons rapportés plus haut au sujet des différents types de locomotives *compound* successivement expérimentés jusqu'à ce jour.

Un service plus prolongé de ce nouveau type de locomotive permettra seul de savoir si les avantages mécaniques qu'on peut en espérer, sont en rapport avec ses avantages thermiques.

En résumé, il est difficile de se prononcer dès aujourd'hui sur les avantages des locomotives *compound*, qui sont d'un emploi trop réduit encore, et comptent trop peu de types différents; mais on ne voit pas quels obstacles pourrait rencontrer leur extension dans le service des voies ferrées.

## CHAPITRE V

LES MOYENS DE SÉCURITÉ SUR LES CHEMINS DE FER. — LA MARCHE A CONTRE-VAPEUR. — LES FREINS CONTINUS ET AUTOMATIQUES. — LE FREIN ÉLECTRIQUE. — LE FREIN A VIDE. — LE FREIN A AIR COMPRIMÉ.

Pour satisfaire aux besoins d'une circulation devenue de plus en plus active depuis l'année 1870, sur les grandes lignes de nos chemins de fer, on ne s'est pas seulement borné à augmenter la vitesse et la masse des trains, ainsi que nous l'avons précédemment exposé; on s'est vu également obligé d'accroître le nombre des convois. Mais pour assurer la sécurité du transport de masses aussi considérables, il a fallu apporter de profondes modifications dans la nature et la puissance des organes de protection des trains.

Les dangers de collision entre les trains, soit aux points de croisement, soit entre trains de vitesses différentes, soit par suite de l'arrêt forcé de certains d'entre eux, ont nécessairement augmenté avec leur nombre; et ces dangers sont devenus, en même temps, d'autant plus redoutables que les trains, par leur grande masse, animée d'une vitesse considérable, sont des agents de destruction d'une puissance inconnue jusqu'ici.

Pour éviter les chances de collision, il fallait pouvoir arrêter rapidement les trains, en un moment d'imminent danger. C'est dans ce but que l'on a créé de nouveaux freins, dont l'action, à la fois plus rapide et plus énergique, est en rapport avec la puissance des convois qu'ils ont à maîtriser.

Une raison d'un autre ordre rendait nécessaire l'emploi de nouveaux freins. Pour augmenter la vitesse commerciale des trains, on a espacé davantage les points d'arrêt, et créé des machines assez puissantes pour réaliser une grande vitesse effective sur de longs parcours, et la conserver autant que possible sur les rampes et dans les courbes. Mais pour atteindre plus complètement encore le but proposé, il était indispensable de diminuer et réduire au minimum les périodes de ralentissement dans le voisinage des gares. Il fallait, en un mot, pouvoir s'approcher à une petite distance des stations, avec la vitesse effective normale, et employer des freins assez énergiques, pour produire l'arrêt dans le moins de temps possible en arrivant à la station.

Le problème est aujourd'hui à peu près complètement résolu; mais ce n'est pas du premier coup que ce résultat a été réalisé. Il a fallu, pour l'atteindre, faire des tentatives aussi nombreuses que variées.

La *marche à contre-vapeur* est le premier moyen qui ait donné de bons résultats. Ce moyen a, toutefois, perdu la plus grande partie de sa valeur après la découverte des freins *automatiques et continus*, qui permettent d'arrêter, à moins de 400 mètres, des trains animés d'une vitesse de 80 kilomètres à l'heure. Nous allons étudier successivement l'un et l'autre de ces systèmes, c'est-à-dire la marche à *contre-vapeur* et les freins *continus*.

Depuis l'origine des chemins de fer, les mécaniciens, dans les cas de danger imminent, ont eu recours pour obtenir un arrêt très prompt, à ce qu'on appelle *le renversement de la vapeur*, manœuvre difficile et souvent dangereuse, qui consiste à placer le levier de changement de marche dans la position qui convient à la marche en arrière, la machine continuant à marcher en avant et le *régulateur de vapeur* étant tout grand ouvert.

Dans ces conditions, les pistons continuant à se mouvoir dans le sens direct, en vertu de la vitesse acquise sous l'action de la bielle motrice, il se produit, derrière chaque piston, une aspiration de vapeur et des gaz de la boîte à fumée, et devant chacun d'eux, un refoulement de vapeur dans la chaudière. C'est ce travail résistant d'aspiration et de refoulement qui, s'opposant à la marche en avant des pistons, exerce sur eux une action retardatrice, et peut arriver, en peu de temps, à neutraliser complètement leur mouvement.

Mais une telle manœuvre a de grands inconvénients, et elle n'est pas exempte de dangers pour le mécanicien qui l'exécute. La masse métallique des cylindres à vapeur et de leurs accessoires, s'échauffe rapidement, par suite de la compression énergique du refoulement des gaz. Il en résulte le grippement des pièces frottantes, la carbonisation des garnitures, la destruction des joints, et la surélévation de pression dans la chaudière. On n'avait donc recours au *renversement de la vapeur* qu'en cas d'extrême nécessité, et on ne pouvait jamais l'employer dans les conditions normales du service.

Une modification heureuse et simple de ce mode d'opérer a été réalisée par M. Le Châtelier, ingénieur en chef des mines, qui a fait de la *marche à contre-vapeur* un moyen énergique et rapide pour l'arrêt rapide des trains en marche.

L'artifice imaginé par M. Le Châtelier consiste à faire pénétrer dans les cylindres à vapeur, d'une manière permanente, pendant la marche à contre-vapeur, une petite quantité d'eau chaude, empruntée à la chaudière.

Un tuyau, de faible diamètre, muni d'un petit robinet à la portée de la main du mécanicien, établit une communication entre la chaudière et la base du tuyau d'échappement de vapeur. Quand le mécanicien veut *renverser la vapeur*, il ouvre ce robinet ; l'eau sortant de la chaudière où elle est à haute pression et à haute température, entre instantanément en ébullition, par suite de la brusque diminution de pression ; et elle forme un mélange de vapeur et d'eau liquide contenant 85 à 90 pour 100 d'eau liquide.

Ce mélange, aspiré dans les cylindres, achève de s'y réduire en vapeur. La vapeur ainsi formée suffit pour remplir les cylindres, et elle fournit, en outre, un excédent, qui s'échappe dans la cheminée, sous forme de panache. Le mécanicien trouve même dans le seul aspect de ce panache, un indice précieux pour régler l'ouverture de son robinet d'injection, et la quantité d'eau envoyée par minute au cylindre. Le panache doit être bien apparent, sans être trop fort, ni accompagné d'émission d'eau.

La vaporisation qui se produit dans les cylindres à vapeur suffit donc amplement pour abaisser la température de cet espace, et pour absorber la chaleur dégagée par le fait même du travail à vapeur renversée ; car la quantité d'eau à vaporiser pour absorber cette chaleur, n'est qu'une fraction de celle qu'il faut vaporiser pour assurer le remplissage des cylindres et éviter la rentrée des gaz fixes.

Dans de telles conditions de fonctionnement, on peut dire que les inconvénients de la contre-vapeur que nous avons énumérés ci-dessus, sont totalement supprimés. Les pièces frottantes, constamment placées, pendant l'aspiration, comme pendant le refoulement, dans une atmosphère de vapeur chargée d'eau, sont dans d'excellentes conditions de lubrification.

M. Le Châtelier, en indiquant le premier ce mode de fonctionnement, en le mettant en pratique sur les chemins de fer du Nord-Espagne, et en le perfectionnant, à la suite d'expériences nombreuses, a attaché son nom au *frein à contre-vapeur*, qui s'est répandu sur presque tous les réseaux de l'Europe. Actuellement, la plupart des locomotives comportent un de ces systèmes ; et il est même des Compagnies où l'arrêt en gare, en service normal, s'effectue à la *contre-vapeur*.

Ajoutons que la substitution du changement de marche à vis à l'ancien levier, si dangereux à manier par le mécanicien, a singulièrement facilité la généralisation de la contre-vapeur

## CHAPITRE VI

LES FREINS CONTINUS. — LE FREIN ÉLECTRIQUE. — LE FREIN A VIDE ET LE FREIN A AIR COMPRIMÉ.

La *marche à contre-vapeur*, qui exerce directement son action retardatrice sur la marche de la locomotive, en tête du train, possède une grande efficacité, et constitue un moyen d'arrêt rapide autrement puissant que les freins à main de nos premières locomotives. Cependant, la véritable instantanéité de l'arrêt des trains ne devait être obtenue que par l'emploi des *freins continus*.

On appelle *freins continus*, les freins dont l'action s'exerce tout le long du convoi en mouvement, *isolément et simultanément* sur chaque wagon, tout en restant, néanmoins, dans la main du mécanicien, qui peut, s'il le veut, le faire fonctionner en même temps que la contre-vapeur. Placé en tête du train, le mécanicien est mieux placé que qui que ce soit, pour prévoir le danger, ou les circonstances qui nécessitent un arrêt subit.

On comprend aisément que si, en augmentant l'énergie de la pression des sabots contre les roues, on vient encore à multiplier les surfaces de pression, en échelonnant les frottements tout le long du train, c'est-à-dire sur les roues de chaque voiture, on doit arriver à avoir une somme de puissance énorme; et par suite, une instantanéité presque complète.

Cependant, la pression des sabots ne peut dépasser certaines limites, sous peine d'échauffement excessif et de détérioration des bandages des roues. La *continuité* des freins modernes est, dès lors, le véritable élément de leur instantanéité. Cette continuité nécessite une communication entre tous les véhicules, et un agent de transport capable d'actionner les sabots des roues de chaque voiture, sur toute la longueur du train.

Le premier agent auquel on ait songé pour la commande des *freins continus*, c'est l'électricité, et le premier des *freins électriques* est celui de M. Achard, qui figurait déjà à l'Exposition universelle de 1855.

M. Achard a eu recours à deux procédés pour le serrage des freins par l'action du courant électrique.

Dans le premier système le serrage des sabots de chaque voiture était obtenu par la rotation d'une *roue serre-frein*, dont l'entraînement était produit par la rotation même des essieux de la voiture. Pendant la marche, cet entraînement était empêché par un verrou d'arrêt, solidaire d'une masse métallique, placée en regard d'un électro-aimant. Un circuit électrique fermé régnant sur toute la longueur du train, s'enroulait sur tous les électro-aimants.

Pour arrêter, le mécanicien envoyait dans le circuit le courant d'une pile placée sur la machine : l'aimantation des électros produisait le déclenchement du verrou ; d'où résultait le serrage presque instantané des freins.

Modifiant ce premier système, M. Achard en proposa un second, dans lequel l'électricité était directement employée à opérer le serrage des freins. L'aimantation par le courant déterminait une attraction et un contact énergique entre l'essieu et l'électro-aimant ; et ce dernier, dans son mouvement d'entraînement, opérait le serrage par l'enroulement de chaînes qui actionnaient les leviers des sabots.

Le *frein électrique* de M. Achard, si simple de conception et si ingénieux, n'a cessé d'être expérimenté jusqu'à ces derniers temps ; mais son entretien coûteux et son installation minutieuse, l'ont empêché d'être adopté définitivement. La Compagnie des chemins de fer de l'Est, à laquelle revient l'honneur d'avoir fait les plus sérieuses et les plus persévérantes tentatives pour le faire entrer dans le domaine de la pratique, s'est vue forcée, récemment, de l'abandonner, par suite de la nécessité où elle s'est trouvée d'adopter un frein continu à brève échéance. Elle s'est alors décidée en faveur du frein Westinghouse.

Signalons, en passant, un frein également fort ingénieux, et qui a eu son heure de succès. Nous voulons parler du *frein Guérin*, dont le principe est de se servir, pour pousser les sabots contre les roues, de l'effet du ralentissement du train sur les *tampons de choc*, et de la compression de ces mêmes organes.

Ce frein, qui est encore à l'étude sur les lignes de l'État, avait l'immense avantage d'éviter toute communication entre les wagons du train, et de ne demander qu'un faible entretien. Il fournira peut-être un jour la seule solution pratique, pour l'arrêt des trains de marchandises.

Mais les deux *freins continus* qui se partagent aujourd'hui la presque totalité des voies ferrées, en Europe et en Amérique, sont le *frein à vide*, ou *à air raréfié*, et le *frein à air comprimé*, *automatique ou non*, avec leurs nombreuses modifications, résultant des perfectionnements dont ils n'ont cessé d'être l'objet l'un et l'autre, depuis leur apparition, vers 1871.

La première idée du *frein à vide*, ou *frein à air raréfié*, est due à deux ingénieurs français, MM. du Tremblay et Martin, qui en firent des essais en 1860. C'est l'ingénieur américain Smith qui eut le mérite de le faire entrer dans la pratique. D'où le nom de *frein Smith*, ou *Smith-Hardy*.

Un frein à vide simple (Smith-Hardy) non automatique, dont nous donnons la disposition d'ensemble (fig. 233), comprend une conduite générale, circulant sur toute la longueur du train, au moyen de tuyaux d'accouplement. Elle est reliée, par des branchements, avec des sacs flexibles en caoutchouc, placés sous chaque voiture. Chacun de ces sacs, étanches et à soufflet, que nous représentons dans la figure 234, actionne les sabots des freins, par l'intermédiaire d'un fonds mobile, A, B, qui est mis

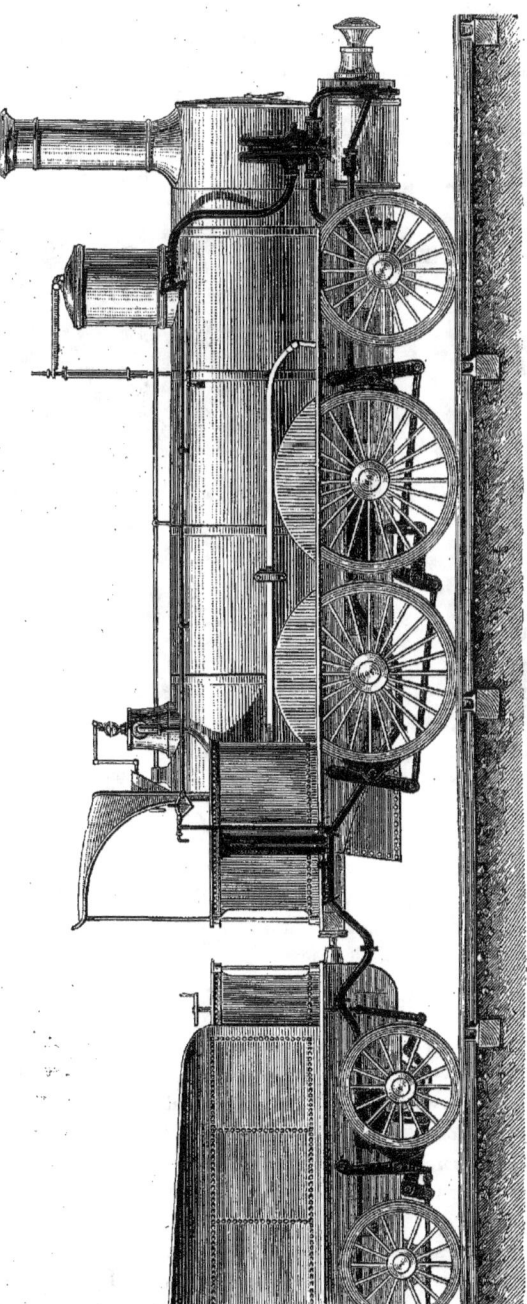

Fig. 233. — Installation générale du frein à vide.

en mouvement par la pression atmosphérique, quand l'air vient à se raréfier dans l'espace clos formé par la conduite générale et les sacs, et qui entraîne la tige CD, laquelle est reliée avec les sabots des roues.

Au moment où le mécanicien veut faire agir les freins, il détermine, dans la conduite générale, une dépression d'environ 2/3 d'atmosphère, au moyen d'un *éjecteur de vapeur* placé sur la machine et à sa portée.

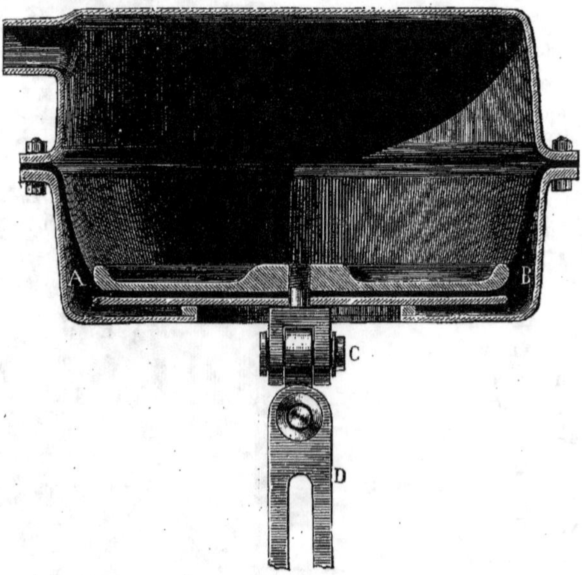

Dans cet appareil, la vapeur s'échappe, à la pression de la chaudière, autour d'une tuyère conique, placée à l'extrémité de la conduite générale, ce qui détermine, par succion, un appel d'air, qui permet à la pression atmosphérique d'agir rapidement sur les fonds mobiles des sacs.

La figure 235 représente l'*éjecteur de vapeur*, l'organe essentiel du frein à vide. La vapeur arrivant de la chaudière par le tuyau B, traverse l'intervalle CD, et produit dans la conduite générale, EF, l'effet de succion dont il vient d'être parlé.

Il suffit, au moment de la mise en marche, de laisser l'air rentrer dans la conduite générale, par une valve d'introduction d'air, pour repousser les sabots et desserrer les freins.

Il est facile de mettre la commande de la valve de l'éjecteur à la disposition du conducteur du train, au moyen d'une corde qui longe le train. Un *robinet éjecteur* qui produit dans la conduite générale, une dépression insuffisante pour produire le serrage des sabots, mais sensible au manomètre, permet au mécanicien de s'assurer à chaque instant, si l'appareil est étanche et prêt à fonctionner.

Le frein à vide, qui est exclusivement adopté par la Compagnie du Chemin de fer du Nord, et appliqué sur tout son réseau, y fonctionne depuis 1876, et fournit les meilleurs résultats dus à sa simplicité, à l'absence de tout mécanisme, à la facilité de la manœuvre et à son action progressive, qui n'est pas incompatible avec son instantanéité.

Le frein à vide simple est employé, en outre, sur certaines lignes anglaises, en Suisse, en Autriche et dans l'Allemagne du sud.

Un bon frein continu doit être *instantané*, en ce sens seulement que son action doit croître le plus rapidement possible de zéro à son maximum d'intensité, mais en passant par toutes les valeurs intermédiaires, sous peine de déterminer entre les wagons un choc, qui pourrait être très dangereux pour les attelages de voitures et pour les voyageurs.

Le frein à vide est *instantané*, mais il n'est pas *automatique*. Il peut, toutefois, le devenir

Fig. 234. — Sac à vide.

facilement par une légère modification dans la disposition des sacs à vide. Un éjecteur moins puissant maintient un vide relatif continuel dans la conduite générale, et c'est la rupture de cet état d'équilibre par une rentrée d'air, accidentelle ou intentionnelle, qui amène le serrage des freins.

Un *frein automatique* est donc un frein dans lequel un effort constant est employé à maintenir les sabots écartés des roues pendant la marche, de manière que la rupture de cet équilibre amenée par une diminution d'effort, entraîne l'application immédiate et automatique des sabots contre les roues. L'*automaticité* qui exige le fonctionnement continu de l'appareil, c'est-à-dire un travail constant, a le double avantage d'accroître l'instantanéité du frein, et d'assurer son fonctionnement immédiat, en cas d'accidents, de déraillement par exemple.

Nous dirons cependant que *l'automaticité* n'est pas, selon plus d'un ingénieur, un avantage à rechercher dans un frein continu. Sur les lignes où existe le *frein continu automatique*, il arrive souvent que, par une cause accidentelle, imprévue, les freins se mettent à fonctionner hors de propos.

Une résistance anormale, une erreur du mécanicien, peuvent déterminer le fonctionnement des freins, en temps inopportun. Alors, le train s'arrête, on ne sait par quelle cause : c'est le frein qui a agi sans ordre, et par sa propre volonté, pour ainsi dire. Cet excès de zèle, de la part d'un appareil mécanique peut avoir des inconvénients ; ce qui fait, ainsi que nous le disions plus haut, que *l'automaticité* du serrage des freins continus n'est pas une qualité aux yeux de bien des personnes.

Le *frein continu automatique*, c'est le *frein à air comprimé*, inventé par l'ingénieur américain Westinghouse, que nous avons maintenant à décrire.

Le *frein automatique à air comprimé* est fondé sur le même principe que le *frein à vide*, avec cette différence que, dans le *frein à vide*, c'est la pression de l'air extérieur s'élançant dans un espace vide, qui pousse le sabot, tandis qu'ici, c'est l'air comprimé contenu dans un même espace, qui, par sa force propre, lance les sabots contre les roues.

Le *frein Westinghouse*, grâce aux derniers perfectionnements qu'il a reçus, peut produire un serrage progressif, ou un ser-

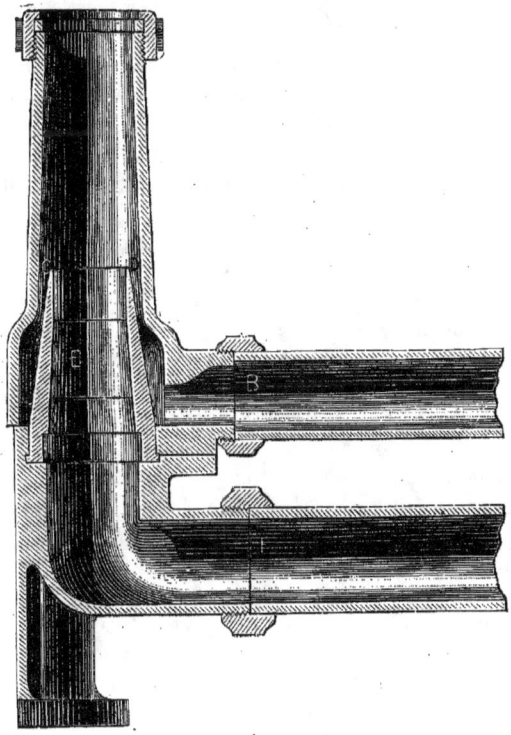

Fig. 235. — Éjecteur simple.

rage brusque et instantané. Ce dernier effet peut être indispensable, en cas de danger absolument imminent, et lorsque, en présence d'une cause inévitable de choc ou de déraillement, la sécurité des attelages et la commodité des voyageurs sont des considérations secondaires.

Le mécanisme du frein à air comprimé est plus compliqué que celui du frein précédent, car il comporte un appareil délicat, la *triple valve*, que l'on est parvenu, d'ailleurs, à supprimer dans les modifications dues à MM. Wenger et Carpenter.

Nous allons donner la description complète d'une installation du frein Westinghouse.

Sur la locomotive se trouve une pompe à air, à double effet, actionnée par un *petit cheval*, alimenté lui-même par la vapeur de la chaudière, et dont la distribution est faite à l'aide de petits pistons automatiques, comme dans les machines à colonne d'eau. Cette pompe comprime de l'air à 4 ou 5 atmosphères, dans un réservoir de 300 litres environ de capacité, qui est généralement installé sous le tablier de la machine.

Un robinet à soupapes, le *robinet du mécanicien*, communique, au moyen d'un tuyau, avec ce réservoir principal, et au moyen d'un second tuyau, avec une conduite générale régnant sur toute la longueur du train.

Sous la locomotive, sous le tender et sous chaque véhicule, se trouve un petit réservoir à air comprimé, un appareil de distribution (la *triple valve*) et un cylindre à freins.

Nous donnons, dans la figure 236, la disposition générale du frein placé sous chaque voiture. On voit que la conduite générale, EF, est mise en communication avec le grand réservoir, A, par la *triple valve*, B, qui sert aussi de moyen de communication entre le réservoir et le cylindre à frein, C, ainsi qu'entre le cylindre et l'air extérieur.

Voici le fonctionnement de l'ensemble :

Quand, à l'aide du *robinet du mécanicien*, on admet l'air du réservoir principal dans la conduite générale, cet air pénètre à travers les *triples valves*, et remplit les réservoirs A à une pression égale à celle de la conduite générale elle-même. Tant que cet équilibre de pression subsiste, les cylindres à freins, C, restent en communication avec l'atmosphère, et les freins sont desserrés.

Mais si l'air de la conduite générale vient à s'échapper, par suite d'une circonstance intentionnelle ou accidentelle, la diminution de pression qui en résulte provoque le jeu de la triple valve, et les freins sont instantanément appliqués contre les roues, par suite du passage de l'air des réservoirs A dans les cylindres à freins.

Ce résultat, qui s'obtient au moyen du *robinet du mécanicien*, peut également être déterminé à l'aide d'un robinet manœuvré par le garde-frein placé en queue du train, et qui laisse échapper l'air de la conduite générale.

Dans les *cylindres à freins*, C (fig. 236), se meuvent deux pistons, qui sont poussés avec la même énergie lors de l'arrivée de l'air comprimé dans l'espace qui les sépare. Quand la communication est rétablie avec l'atmosphère, les ressorts qui prennent leurs points d'appui sur les fonds des cylindres, repoussent les pistons en arrière, et desserrent les freins. Par l'emploi de deux pistons on évite un grand nombre d'organes intermédiaires, coûteux et compliqués, pour obtenir le serrage des huit sabots de la voiture.

Afin d'empêcher le serrage du frein par suite de simples fuites survenues à la conduite générale et les autres conduites, une *rainure de fuite*, pratiquée dans le cylindre à frein et dans le tiroir de la triple valve, permet à l'air qui a pu passer du réservoir dans le cylindre à freins, de s'échapper dans l'atmosphère, sans faire mouvoir les pis-

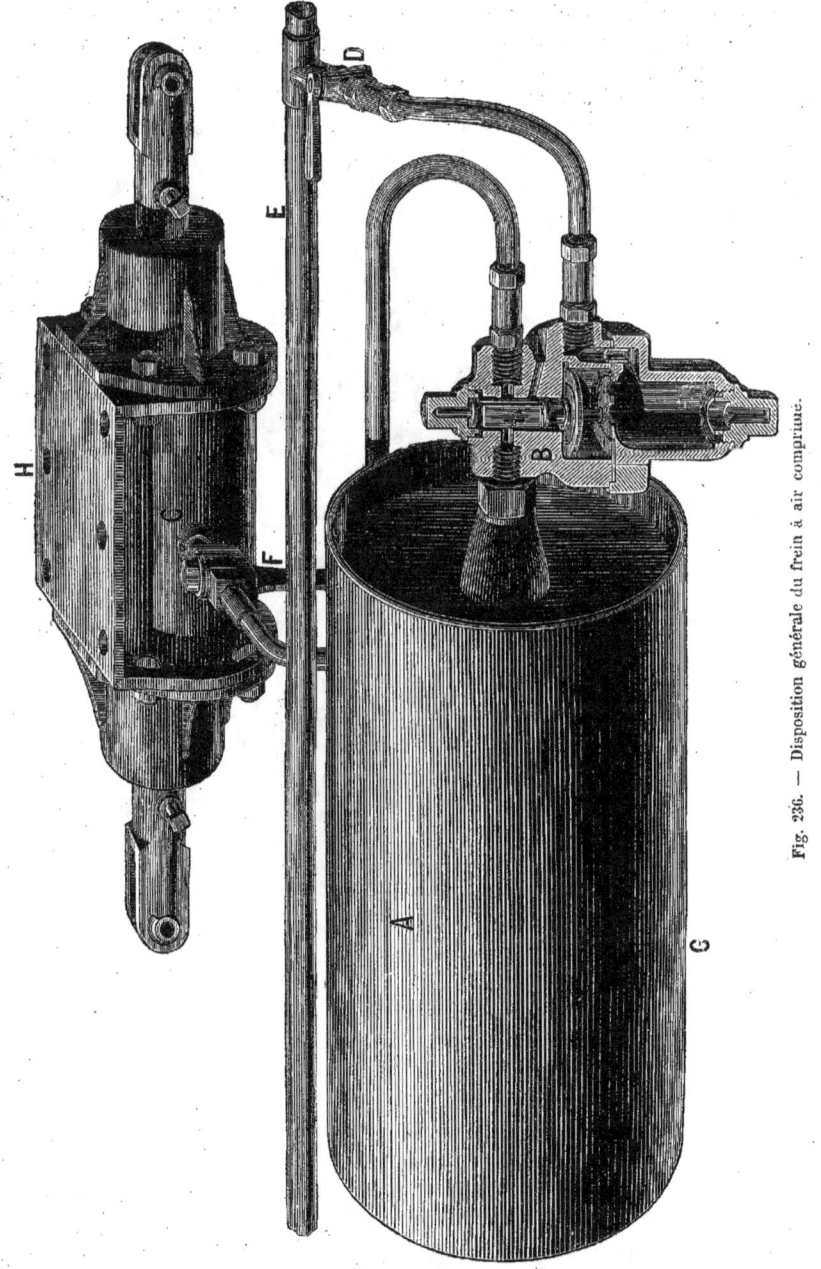

Fig. 236. — Disposition générale du frein à air comprimé.

tons. Si, pour serrer le frein, on réduit la pression, les rainures sont fermées par le mouvement des pistons, et tout échappement d'air est ainsi empêché.

Des robinets *interrupteurs*, D (fig. 235) placés entre la conduite générale et les triples valves, permettent, si cela est nécessaire, de supprimer l'action des freins sur une voiture quelconque, sans entraver leur action sur les autres.

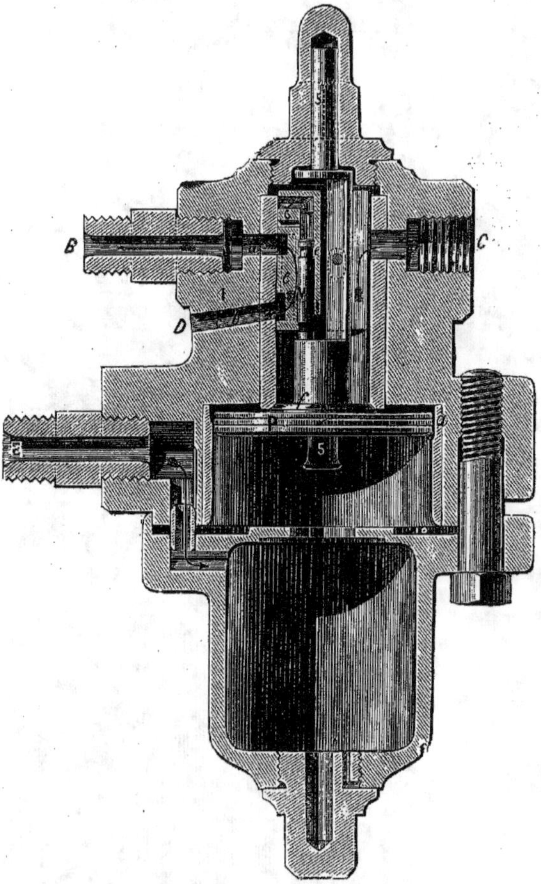

F (fig. 236) est une *valve de purge*, qui peut être ouverte d'un côté ou de l'autre du train, et qui permet de relâcher les freins, s'ils viennent à se serrer en l'absence de la locomotive, en laissant échapper dans l'atmosphère l'air des cylindres à freins.

Grâce au volume du réservoir, A, qui est environ cinq fois celui du cylindre à freins, C, si l'on réduit seulement de 20 pour cent la pression dans la conduite générale, on serre les freins à fond; chaque kilogramme de pression, dans la conduite générale, produisant une pression de plusieurs kilogrammes par centimètre carré dans le *cylindre à freins*.

Par l'action des *triples valves*, les freins ne peuvent être desserrés sans qu'on recharge en même temps les réservoirs A,

et grâce à ce fait, la réserve de puissance ne manque jamais, la quantité d'air nécessaire ne dépasse jamais celle que la pompe peut fournir.

La *triple valve*, grâce à laquelle s'effectuent les opération nécessaires entre les différentes parties du frein est, on le voit, l'organe essentiel du frein Westinghouse. C'est cet appareil mécanique qui donne au frein à *air comprimé* son *automaticité*, et en même temps, son pouvoir de serrage progressif.

Nous représentons, dans la figure ci-contre, cet appareil ingénieux, mais malheureusement trop délicat.

Fig. 237. — Triple valve du frein Westinghouse.

Un piston P entraîne avec lui un tiroir T, qui met en communication la lumière *a*, qui va au cylindre à frein B, et la lumière *c*, *b*, qui va à l'air extérieur par le conduit D. Le piston P a, néanmoins, un mouvement limité qui n'entraîne pas le tiroir. L'air comprimé de la conduite générale pénètre à la partie inférieure de la boîte, par le conduit E, et, soulevant le piston, il

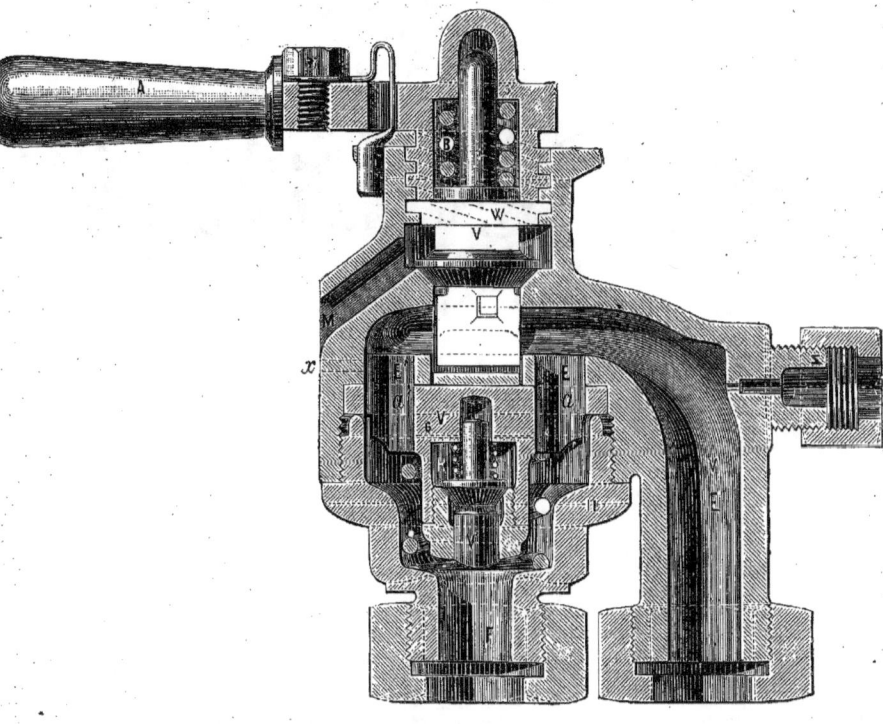

Fig. 238. — Frein automatique Westinghouse. Robinet du mécanicien (coupe).

pénètre dans le réservoir C. On obtient ainsi une pression égale dans le réservoir, la triple valve et la conduite, les freins étant desserrés.

Dans le tiroir T, une petite *valve de graduation*, V, est destinée à graduer parfaitement l'action du frein. Quand on réduit légèrement la pression dans la conduite, le piston descend, ferme la rainure d'alimentation, et entraîne la valve V, qui ouvre le passage à l'air, lequel entre dans l'intérieur du tiroir par un orifice latéral en partie masqué par la valve. Le piston continuant à descendre, entraîne le tiroir T jusqu'à ce que le passage $g$ communique avec l'orifice $a$, conduisant au cylindre des freins dont la communication avec l'échappement est en même temps interrompue.

Le tiroir T est arrêté dans son mouvement d'abaissement, par la diminution de pression au-dessus du piston, diminution qui a pour cause la détente de l'air dans l'intérieur du cylindre à freins. Dès que la pression du réservoir est légèrement inférieure à celle de la conduite générale, le piston P remonte par la pression de l'air, et ferme la valve V, tandis que le tiroir T reste à sa place.

En régularisant simplement la pression dans la conduite du frein, et obtenant ainsi la répétition du mouvement du piston et de la valve de graduation, le mécanicien peut introduire la pression voulue dans le cylindre à freins, depuis zéro jusqu'à son maximum de puissance. Si l'on veut serrer les freins, brusquement et à fond, il suffit

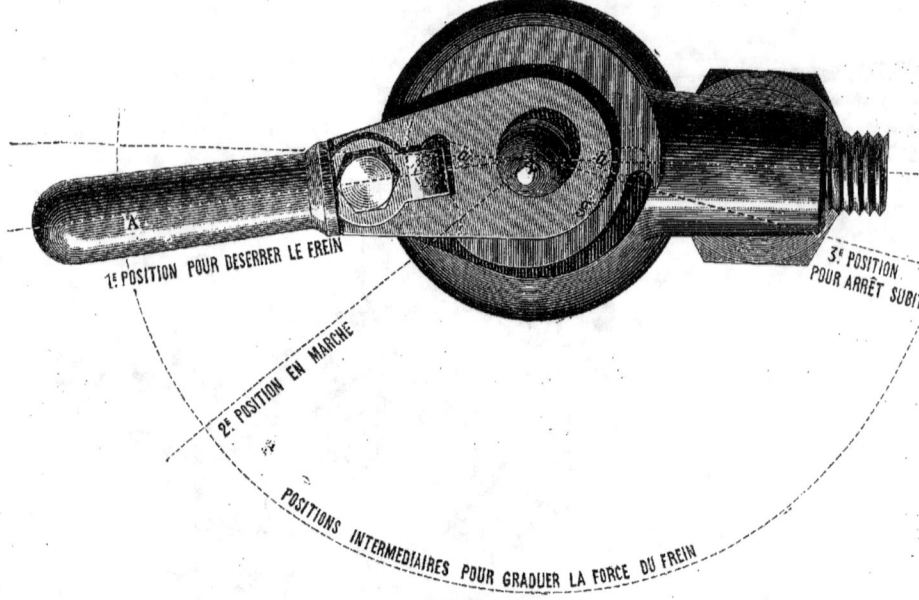

Fig. 239. — Robinet du mécanicien (plan).

de réduire subitement la pression dans la conduite générale; l'orifice *a* est alors entièrement découvert.

Pour desserrer les freins, il suffit d'établir la communication à l'aide du *robinet du mécanicien* entre la conduite générale et le réservoir principal de la locomotive. Grâce à cette élévation de pression, le piston P remonte à sa position primitive, permettant ainsi à l'air des cylindres de s'échapper, tandis que les petits réservoirs sont rechargés.

Ces variations de pression dans la conduite principale sont obtenues à l'aide du *robinet du mécanicien* placé sur la machine, entre la conduite et le réservoir principal, et que nous représentons, en coupe et en plan, dans les figures 238 et 239.

La poignée A, en se vissant par un filet à pas rapide, comprime un ressort à spirales, B, qui ferme la valve d'échappement V. Cette valve porte, au-dessus et au-dessous, une aile aplatie, l'aile supérieure s'ajuste dans une rainure ménagée dans la poignée, et l'aile inférieure s'engageant dans la grande valve V, communique à cette dernière le mouvement de rotation de la poignée.

Pour la première position de la poignée, les lumières $aa'$ (fig. 239) de la valve principale correspondent avec les ouvertures $EE'$ (fig. 238), ménagées dans son siège; la communication est établie entre le réservoir principal et la conduite générale. Les freins sont desserrés et les petits réservoirs en train de se charger.

Dans la deuxième position, l'air comprimé doit passer par la valve V' (fig. 238) avant de gagner la conduite, en passant par le trou $g$ (fig. 239), lequel, dans cette position du robinet, débouche dans le trou E.

Le ressort en spirale de la valve V' ayant une pression de 3/4 d'atmosphère, la pression de la conduite est inférieure de 3/4 d'atmosphère à celle du réservoir principal. Cet excès de pression du réservoir est utilisé pour relâcher les freins; c'est la posi-

# SUPPLÉMENT A LA LOCOMOTIVE.

tion d'alimentation d'air pendant la marche.

Mais si on dépasse cette deuxième position, toute communication entre le réservoir principal et la conduite est coupée. En tournant la poignée, on diminue de plus en plus la pression exercée sur le ressort B ainsi que sur la valve supérieure V, et l'air de la conduite s'échappe dans l'atmosphère. L'application des freins a lieu avec une force correspondante à la diminution de pression.

Dans la troisième position, le ressort B est complètement libre ; l'air s'échappe rapidement et les freins sont serrés à fond.

Ce robinet permet ainsi de graduer d'une façon parfaite l'énergie qu'on veut donner à l'application des freins, quel que soit le nombre des véhicules du train.

Nous représentons dans la figure ci-contre une coupe de la pompe à air à action directe. La vapeur de la chaudière pénètre, en D, dans l'espace compris entre les deux pistons $g$ et $h$ du tiroir. Le piston $g$ étant d'un diamètre supérieur à $h$, la pression tend à faire monter le tiroir, lorsqu'il n'est pas retenu par la pression plus grande du piston $k$, se mouvant dans le cylindre $m$. Ce dernier piston est maintenu abaissé par la pression de la vapeur arrivant de la chambre A, laquelle est toujours en communication à l'aide du conduit $f$ avec l'espace compris entre les pistons $g$ et $h$. Au moment où le piston P achève sa course ascensionnelle, la plaque $n$ soulève la tige $l$ et avec elle le tiroir $p$ qui vient fermer la communication $a$ entre la chambre A et le cylindre $m$ et ouvrir en même temps l'orifice d'échappement $b$ vers l'extérieur par le conduit $c$, supprimant ainsi la pression sur la face supérieure du piston $k$.

La vapeur soulève alors l'ensemble du tiroir, et vient agir sur la face supérieure du piston P ; la partie inférieure est ouverte à l'échappement.

En arrivant au bas de sa course le piston principal fait prendre de nouveau à la tige $l$ et au tiroir $p$ la position figurée, donne au tiroir principal la position inverse et prend par suite lui-même un mouvement en sens inverse. La tige T commande directement le

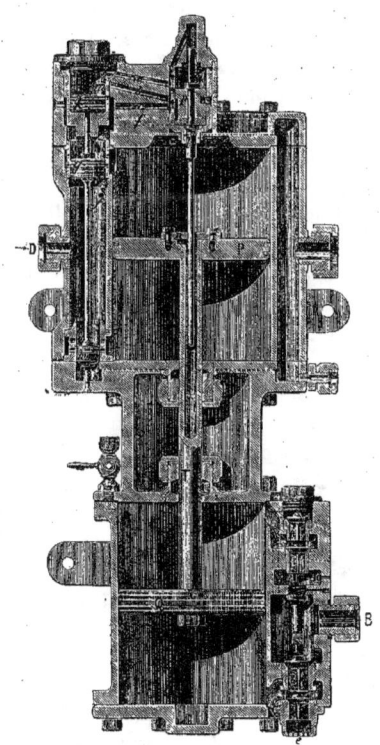

Fig. 240. — Frein Westinghouse (coupe de la pompe à air).

piston Q de la pompe ; l'aspiration de l'air se fait par l'ouverture $e$, et le refoulement par le tuyau B au moyen des clapets $i$.

Le *frein Westinghouse automatique* est universellement adopté en Amérique. En France il fonctionne sur tout le réseau des chemins de fer de l'Ouest et de l'Est. La Compagnie d'Orléans a adopté le perfectionnement Wenger, et la Compagnie Paris-Lyon-Méditerranée le perfectionnement Henry. L'Allemagne du Nord a adopté le perfectionnement Carpenter, qui supprime la *triple valve*.

Nous venons de décrire les deux systèmes rivaux de *freins continus*. La pratique n'a pas encore permis de prononcer définitivement entre le *frein à air raréfié* et celui à *air comprimé*, qui se partagent actuellement le service des voies ferrées en Europe. Le *frein à vide non automatique* se recommande par sa simplicité, et il est facile de le rendre automatique ; d'autre part, dans le frein à air comprimé, les fuites sont difficiles à éviter complètement, et la *triple valve* est un organe malheureusement délicat. Il est vrai qu'on est à peu près arrivé, ainsi que nous l'avons dit, à la supprimer, tout en conservant au frein Westinghouse ses qualités essentielles.

Tels sont les avantages et les défauts de l'un et de l'autre procédé.

Un fait général peut être énoncé à la double louange des deux systèmes de freins continus. C'est que ce genre de frein, primitivement imaginé pour parer aux rencontres des trains, c'est-à-dire pour ne servir que dans les moments critiques d'accidents à prévenir, fonctionne aujourd'hui sur tous les trains, pour le service courant. Le *frein à vide* et le *frein à air comprimé* ne sont plus des appareils auxquels on ait recours uniquement en cas de danger. Ils sont installés sur tous les wagons, et servent à la marche normale des trains, comme aux manœuvres des gares. C'est là le plus grand éloge à faire de l'un et de l'autre.

Le seul point sur lequel hésitent encore les Compagnies de chemin de fer, c'est l'adoption de l'un ou de l'autre système. Le choix définitif sera fait un jour par les ingénieurs des Compagnies, à moins qu'un perfectionnement capital et inattendu ne permette au *frein électrique*, actuellement délaissé et même abandonné, mais dont le principe est certainement le plus simple et le plus rationnel, de reconquérir la première place.

# CHAPITRE VII

LA CONCENTRATION ET L'ENCLENCHEMENT DES LEVIERS D'AIGUILLAGE ET DE SIGNAUX. — LES POSTES-VIGIES CENTRAUX.

A l'origine des chemins de fer, les leviers de manœuvre des aiguilles destinées à faire passer les trains ou les wagons d'une voie à une autre, ainsi que les signaux à exécuter pour les avis à donner sur la ligne, étaient disséminés et sans aucune liaison entre eux. L'aiguilleur chargé d'assurer la manœuvre de plusieurs leviers était forcé de se déplacer constamment de l'un à l'autre.

A mesure que le trafic s'est développé et que le nombre des trains s'est accru, il est devenu indispensable, non seulement de manœuvrer plus fréquemment les leviers d'aiguillage et les appareils à signaux, mais aussi de les multiplier sur les points où la circulation est particulièrement active. Le travail de l'aiguilleur était devenu ainsi de plus en plus difficile. On conçoit donc que l'on ait cherché à éviter aux aiguilleurs les nombreux déplacements qui fatiguaient leur attention, et occasionnaient des erreurs.

Il est prouvé que la majeure partie des accidents qui se produisaient autrefois sur les lignes de chemins de fer, provenaient des fautes du personnel, et particulièrement des erreurs commises par les aiguilleurs. Leur distraction, leur fatigue, qui les portait au sommeil, au moment où l'emploi de leurs bras était nécessaire, causaient de fausses manœuvres, qui pouvaient avoir des conséquences terribles.

C'est ainsi qu'est venue l'idée de concentrer les leviers de changement de voie sur un point unique, où ils sont manœuvrés par un seul et même agent, lequel, sans se déplacer, peut ouvrir ou fermer un grand nombre de voies confiées à sa vigilance.

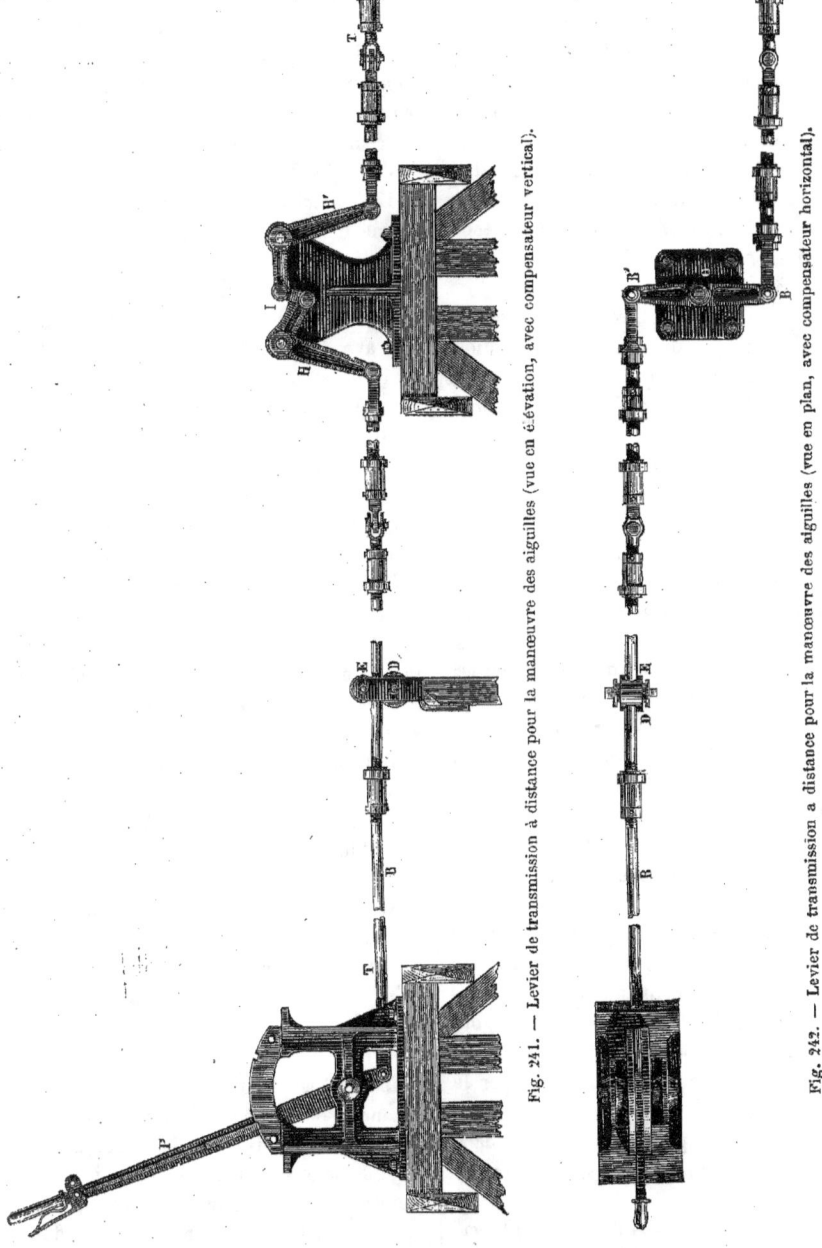

Fig. 241. — Levier de transmission à distance pour la manœuvre des aiguilles (vue en élévation, avec compensateur vertical).

Fig. 242. — Levier de transmission à distance pour la manœuvre des aiguilles (vue en plan, avec compensateur horizontal).

Sans doute, la responsabilité de l'aiguilleur devient ainsi plus lourde que n'était celle des anciens employés subalternes, jadis chargés d'un petit nombre de leviers. Mais d'autre part, on peut apporter plus de soin dans le recrutement de ce personnel, leur donner un salaire plus élevé et appeler à ce poste des hommes d'élite. On peut imposer à chacun d'eux une consigne plus rigoureuse, puisque tout le service est centralisé en ses mains. Enfin, et surtout, le groupement des leviers permet, au moyen du procédé de l'*enclenchement*, d'empêcher mécaniquement l'aiguilleur de commettre une erreur.

Nous allons examiner successivement comment on a réalisé ces deux perfectionnements, à savoir : 1° la *concentration des leviers de changement de voie;* 2° l'*enclenchement* des leviers.

La *concentration des leviers de changement de voie* consiste à réunir sur un même point, que l'on appelle *poste de l'aiguilleur*, les leviers de changement de voie situés dans un certain rayon, et à commander, à une distance souvent considérable, les aiguilles, au moyen d'une transmission de mouvement, qui se fait par des tiges de fer rigides. Quant aux signaux qui accompagnent la manœuvre des changements de voie ils se transmettent, non par des tiges rigides, mais par de simples fils de fer.

Les *transmissions rigides* les plus répandues sont réalisées au moyen de tringles en fer creux, guidées, de deux mètres en deux mètres, par deux poulies à gorge creuse superposées. Afin de prévenir les effets de la dilatation linéaire du fer, qui devient très appréciable sur une pareille longueur, ainsi que pour les grands écarts de température, ce qui pourrait empêcher le fonctionnement de l'appareil commandé, on place soit dans un plan horizontal, soit dans un plan vertical, un appareil spécial de compensation.

Nous donnons dans la figure 241 l'élévation du *levier de transmission* et de ses *supports*, avec l'*appareil compensateur vertical*.

Les tiges de transmission, T, mues par le levier, P, que le mécanicien fait basculer, sont supportées par des poulies, D E. Le compensateur vertical est formé de deux équerres H H', reliées entre elles, à une extrémité par une bielle I, et à l'autre avec les tringles T.

Le *balancier compensateur* horizontal est formé d'une tige B' B' (fig. 242) oscillant autour d'un axe, en son milieu, O.

Les deux extrémités du balancier sont quelquefois attachées à des bielles articulées avec les tringles de fer creux, et dont le rôle est de rendre plus douce la manœuvre de la tringle, qui doit se mouvoir en ligne droite, tandis que les extrémités du balancier décrivent des arcs de cercle; mais dans certaines transmissions, on supprime les bielles articulées, pour simplifier la construction. Il est évident que le fonctionnement est alors moins bon.

Si la transmission doit longer des voies courbes, elle forme les côtés d'un polygone inscrit à la courbe, et dont les différentes parties sont réunies, par des *genouillères*, aux points d'inflexion.

Tous les organes de la transmission du mouvement sont montés sur de solides bâtis en charpente, destinés à rendre indéformable le canevas géométrique de l'ensemble.

En Autriche, on fait usage, comme en France, de tiges de fer, mais au lieu de leur communiquer un mouvement de translation, on leur imprime un mouvement de rotation.

Le poste de l'aiguilleur se trouvant à une distance souvent considérable du changement de voie à effectuer, il lui devient impossible de s'assurer si l'aiguille a bien manœuvré, et si elle est bien placée pour assurer le passage du train attendu. Il a donc fallu disposer de nouveaux appareils, soit pour renseigner l'aiguilleur sur la position des aiguilles, soit pour assurer le *calage* effectif.

L'appareil *contrôleur de l'aiguillage* le plus

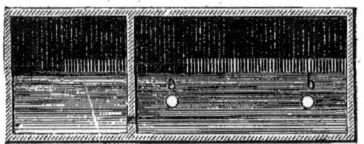

Fig. 243. — Contrôleur Lartigue (coupe longitudinale du commutateur).

répandu sur les chemins de fer français, est le *contrôleur électrique* de Lartigue, depuis longtemps employé par la Compagnie du chemin de fer du Nord, et que nous représentons en coupe dans les figures 243 et 244.

Une boîte en *ébonite* est divisée en deux compartiments inégaux par une cloison percée d'un petit orifice. Le mercure qui remplit la boîte ne peut, lorsqu'elle vient à basculer, passer d'un compartiment dans l'autre que sous forme d'un mince filet. Dans l'intérieur du grand compartiment sont deux tiges en platine, entre lesquelles la communication électrique est établie, ou interrompue, suivant que le mercure les baigne toutes les deux ou n'en baigne qu'une seule; ce qui dépend de la position horizontale ou inclinée de la boîte.

Cette boîte, qui joue ainsi le rôle de com-

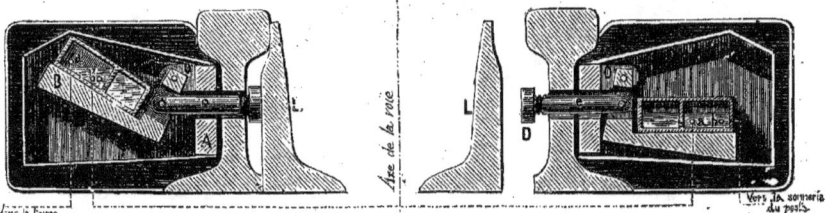

Fig. 244. — Contrôleur électrique (système Lartigue).

mutateur, est montée sur un levier coudé, B (fig. 244) articulé sur une plaque, A, fixée contre le rail et en face de la pointe de l'aiguille L. La tête d'un boulon D articulé avec ce levier, dépasse légèrement la saillie du champignon du rail; de sorte que si l'aiguille vient s'appliquer exactement contre le rail, elle fait basculer le levier coudé et le commutateur. Alors le mercure s'écoule et la communication est interrompue.

Les tiges de platine communiquent l'une avec la terre, l'autre avec une pile et une sonnerie, situées près du levier de manœuvre. Comme il existe un pareil commutateur à chaque lame, si l'aiguille est bien faite, l'une des lames étant exactement appliquée contre le rail, l'autre en étant écartée, l'un des commutateurs est incliné, l'autre est horizontal, le circuit est interrompu et la sonnerie ne peut tinter.

Mais dès que pour une cause quelconque, les deux lames sont écartées des rails, ne fût-ce que de 3 ou 4 millimètres, les deux commutateurs occupent la position horizontale, le circuit est rétabli, et la sonnerie se met à tinter dans la cabine de l'aiguilleur, qui est ainsi averti que l'aiguille est mal faite et qu'il ne doit pas effacer le disque protégeant cette aiguille.

Le calage effectif des lames d'aiguilles, si important pour celles qui sont prises en tête par les trains, tant au point de vue de la conservation des aiguilles, qu'au point de vue de la sécurité, est obtenu, soit automatiquement, au passage des trains, par les *pédales de calage*, soit à la main, au moyen de *verrous*, qui, manœuvrés à dis-

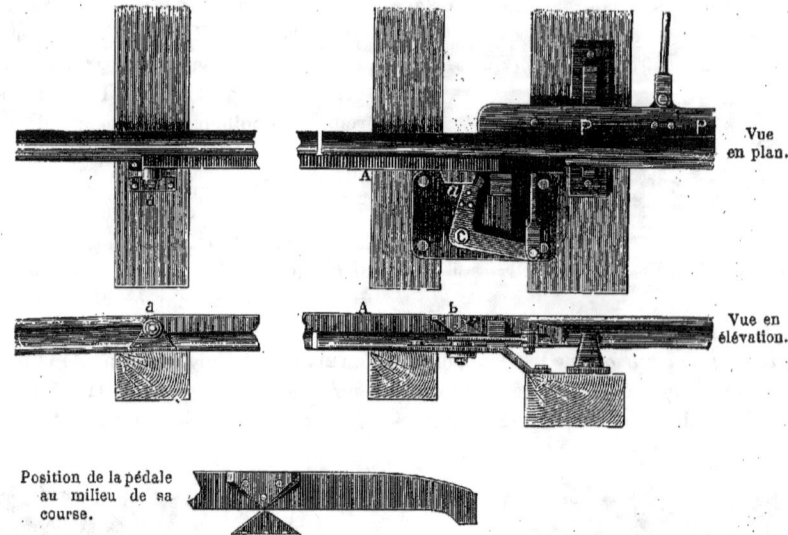

Fig. 245. — Pédale de calage d'une aiguille.

tance, ne peuvent être lancés que si les lames sont exactement appliquées.

Les pédales ont l'avantage, lorsqu'elles sont appliquées à une aiguille, d'empêcher l'aiguilleur de changer la direction de cette aiguille tant qu'elle n'est pas entièrement dégagée par les roues des véhicules.

Nous représentons (fig. 245) la disposition d'un *calage* au moyen de pédales. En avant de l'aiguille en pointe P est placée, extérieurement au rail fixe, une pédale, A, articulée en $a$, et qui porte une saillie antérieure, en forme de coin, au-dessous de laquelle un autre coin disposé en sens inverse et relié par un levier coudé, C, aux lames de l'aiguille, se meut horizontalement.

Quand on manœuvre l'aiguille, le coin inférieur passe d'un côté à l'autre du coin supérieur, en soulevant légèrement la pédale; celle-ci étant pressée par les bandages des roues, au passage du train, le coin supérieur force toujours le coin inférieur dans un sens ou dans l'autre, ce qui maintient l'aiguille appliquée ou écartée du rail.

Quant au *verrouillage* qui donne le même résultat, il s'obtient de la manière suivante. L'entretoise $d$ (fig. 246), qui établit la solidarité entre les deux lames de l'aiguille $ll'$, porte deux ouvertures, $o$, disposées de manière à venir se placer alternativement vis-à-vis du verrou cylindrique, $c$, suivant que les lames occupent l'une ou l'autre de leurs positions.

Au moyen d'un levier, et d'une transmission rigide, semblable à celle qui sert à manœuvrer l'aiguille, et par l'intermédiaire de deux renvois d'équerre, $aa'$, on communique un mouvement de va-et-vient à une tige, $b$, parallèle aux rails, et qui porte le verrou cylindrique $c$. Si, pour une raison quelconque, l'une des lames n'est pas exactement appliquée contre le rail correspondant, le trou $o$ n'est pas en face du verrou, et il est impossible de lancer le verrou. Si, au contraire, le verrou peut pénétrer dans le trou $o$ il cale énergiquement les lames de l'aiguille.

Dans le cas du *calage par verrous*, un

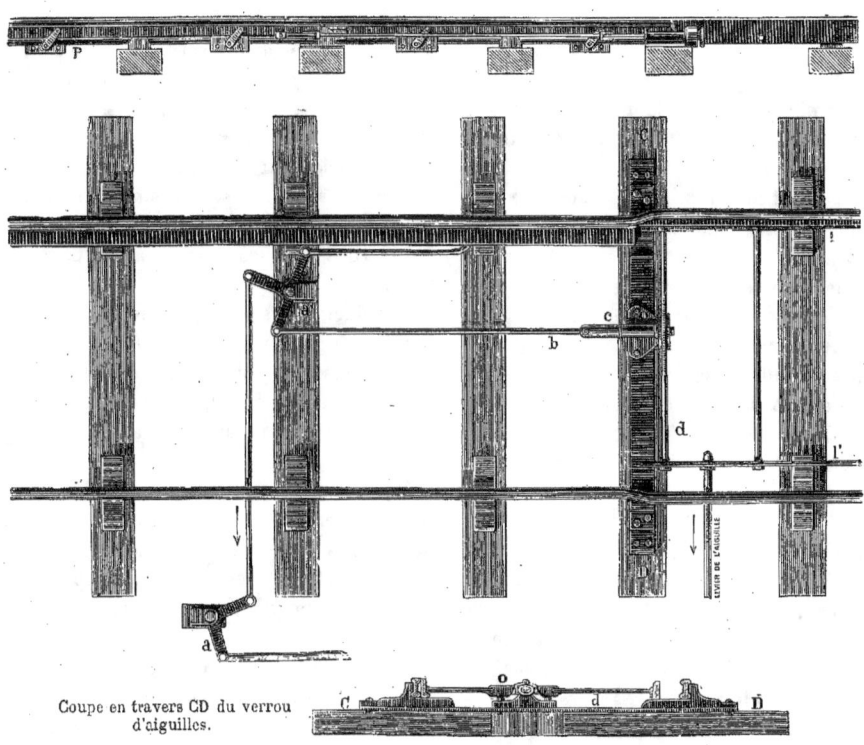

Fig. 246. — Plan et coupe du verrou d'aiguilles Saxby Farmer.

contrôleur Lartigue est destiné à indiquer à l'aiguilleur, non pas si l'aiguillage est bien fait, puisque la possibilité ou l'impossibilité du verrouillage l'a déjà renseigné sur ce point, mais de lui montrer si le verrouillage est lui-même correctement fait.

Le levier de calage étant placé près du levier de manœuvre du disque d'arrêt, présente, en outre, l'avantage de pouvoir être enclenché avec ce dernier, de manière que l'aiguilleur ne puisse effacer le disque et donner passage au train, tant que le verrouillage n'est pas fait. Réciproquement il ne pourra déverrouiller, et par suite, changer l'aiguillage, avant d'avoir replacé le disque à l'arrêt.

La concentration d'un grand nombre de leviers de manœuvre dans un poste unique, à la portée d'un seul agent, qui a pour résultat immédiat de lui éviter les déplacements, a surtout l'avantage de permettre aisément de les *enclencher entre eux;* ce qui est assurément le moyen le plus puissant d'assurer la sécurité de la circulation des trains.

Le but de l'*enclenchement* est de réaliser, entre les leviers servant à actionner des aiguilles, des signaux ou d'autres appareils, une dépendance mécanique, qui mette les aiguilleurs dans l'impossibilité matérielle de manœuvrer les leviers d'appareils autorisant un mouvement, tant que d'autres leviers sont dans une position permettant l'exécution de mouvements qui ne pourraient se faire sans danger en même temps que le premier.

A l'aide des *enclenchements*, quel que soit le nombre des appareils et des mouvements, on peut toujours obtenir une sécurité absolue et mathématique, en multipliant suffisamment le nombre des leviers, à condition que la circulation ait lieu dans le sens normal en vue duquel les appareils ont été installés. Cette solidarité est si parfaite, que l'on a pu dire, d'une façon imagée et pittoresque, mais sans aucune exagération, qu'un aveugle entrant dans un poste d'aiguillage, renfermant deux cents leviers et plus même, comme il en existe à l'entrée de certaines grandes gares anglaises, pourrait manœuvrer au besoin tous les leviers, sans qu'il en pût résulter d'autre conséquence fâcheuse que l'arrêt de tous les trains.

L'origine des *enclenchements* remonte, en France, à 1854. C'est, en effet, à cette époque qu'un ingénieur de la Compagnie du chemin de fer du Nord, M. Vignier, imagina de relier les leviers des aiguilles de bifurcation avec ceux des disques d'arrêt, de manière à empêcher le croisement ou la convergence de deux trains de directions différentes.

En Angleterre, M. Saxby proposa, vers 1856, un premier système d'*enclenchement*, qui, depuis cette époque, n'a cessé d'être perfectionné. D'autres systèmes d'*enclenchement*, soit dérivés de ceux de Vignier et de M. Saxby, soit reposant sur un principe tout différent, comme celui de Rothmüller, ont été proposés et appliqués sur certains points ; mais le système actuellement employé par MM. Saxby et Farmer est le plus répandu aujourd'hui, non seulement en Angleterre, mais aussi sur le continent. Il est d'une précision rigoureuse et a l'immense avantage de permettre la réunion dans un seul poste d'un nombre de leviers qu'il serait impraticable de réunir avec les autres systèmes.

On compte 34 leviers dans le poste de Fives, sur le réseau du Nord. Le poste central de la gare de Cannon-street, à Londres, ne contient pas moins de 70 leviers ; celui de Waterloo-Bridge en a 109, et celui de London-Bridge en renferme 280, desservis par quatre agents en service simultané. On peut dire qu'il n'y a pas de limite au nombre des leviers de manœuvre dans un même poste.

Le principe du système Saxby et Farmer le rend, de plus, parfaitement applicable à tous les cas que peut présenter l'exploitation des chemins de fer, et qui peuvent varier avec les circonstances locales.

Tous les *enclenchements*, considérés d'une manière générale, peuvent se ramener à deux types généraux : 1° enclenchements mutuels de leviers concentrés en un point ; 2° enclenchements à distance de leviers disséminés.

Il peut être nécessaire, en effet, d'empêcher le *signaleur* de manœuvrer certains leviers sans l'autorisation expresse d'agents placés en d'autres points de la gare, lesquels doivent, par conséquent, pouvoir enclencher les leviers à distance.

Nous ne nous occuperons que des premiers de ces *enclenchements* ; ce qui revient à dire que nous ne donnerons la description que de l'*enclenchement Vignier* et des appareils actuels de MM. Saxby et Farmer.

Dans un *poste Vignier*, les leviers sont généralement disposés perpendiculairement aux voies, de part et d'autre de la guérite de l'aiguilleur. Les enclenchements sont établis en plein air et au niveau du sol, sur une plate-forme située en avant des leviers. Ceux-ci, qui sont à contrepoids ou à secteur, mettent en mouvement, indépendamment de la transmission destinée à manœuvrer les appareils, aiguilles ou signaux, des bielles, auxquelles ils communiquent un déplacement longitudinal.

Fig. 247. — Une cabine d'aiguillage mécanique et la voie de croisement.

Lorsque le levier est enclencheur, la bielle commande une manivelle, qui donne un mouvement de rotation à un axe auquel sont fixés les verrous.

Lorsqu'au contraire le levier ne manœuvre pas de verrous, la bielle commande une tringle rectangulaire percée de trous ronds qui, suivant la position de l'appareil, viennent se placer en face des verroux verticaux et cylindriques auxquels les axes communiquent un mouvement de descente ou de remonte.

Le système Vignier est aujourd'hui à peu près abandonné, et remplacé par les cabines Saxby et Farmer.

Dans le système Saxby et Farmer, les leviers et leurs enclenchements sont généralement placés dans des cabines vitrées, dont le plancher est à une hauteur de 3, 4 et même 6 mètres au-dessus du sol (fig. 247), afin de permettre à l'agent appelé *signaleur*, qui manœuvre ces leviers, d'embrasser d'un coup d'œil l'étendue des voies à une certaine distance autour de son poste. Les leviers sont alignés dans le sens de la longueur de la cabine; dans leur position normale ils sont tous inclinés du côté opposé au *signaleur*. Pour manœuvrer les appareils, le *signaleur* doit renverser ou amener à lui les leviers.

Le mouvement d'oscillation du levier se transmet, directement au-dessous de la cabine, aux tringles et aux fils de fer qui commandent les aiguilles ainsi que les disques d'arrêt, ou signaux. Pour cela, comme on le voit sur la figure 248, au-dessous du plancher de la cabine tous les leviers sont montés, à frottement doux, sur un axe R, puis coudés de part et d'autre. Une des extrémités porte un contrepoids P. A l'autre extrémité s'attache la chaînette, qui passant sur une poulie, va manœuvrer à distance les disques à l'aide d'une transmission par fils.

Lorsqu'il s'agit d'aiguilles ou de verrous d'aiguilles, la transmission est formée tout entière de tringles et de renvois d'équerre, pour sortir de la cabine. Telle est la manière dont le mouvement des leviers se transmet à distance aux disques de signaux placés le long de la voie, ou aux aiguilles à déplacer.

Quant à la manière de produire le mouvement de ces leviers, la partie supérieure de la figure 248 qui donne une coupe de l'intérieur d'une cabine Saxby et Farmer, va le faire comprendre.

Les enclenchements sont mis en mouvement par les oscillations d'un balancier à coulisses, B, mobile autour d'un axe, O, et auquel la manœuvre du levier, L, communique un mouvement de bascule. Le levier, L, est muni d'une poignée à ressort, $l'$, articulée en $i$, et commandant une tige, $l$, qui peut glisser le long du levier L, et qu'un ressort, $a$, tend à ramener vers le bas, de manière que son extrémité se loge dans l'un ou l'autre des deux crans d'arrêt situés aux deux extrémités du secteur fixe, A. La tige, $l$, est, en outre, munie d'un coulisseau, $d$, qui parcourt la coulisse du balancier, B.

C'est à cette disposition que l'appareil Saxby et Farmer doit sa supériorité sur tous les autres. En effet, dès qu'on relève la tige, $l$, pour faire sortir son extrémité du cran du balancier, on fait remonter le coulisseau $d$, et par suite, l'extrémité du balancier, B, qui devient ainsi concentrique à l'arc décrit par le levier. Ce relèvement du balancier a immédiatement pour effet de paralyser tous les leviers que l'on doit enclencher, en manœuvrant celui dont il s'agit. Mais pour que le balancier achève entièrement son oscillation, il faut amener le levier L jusqu'à fin de course, et tant qu'il n'est pas arrivé à fin de course, aucun des leviers que doit dégager celui dont il s'agit n'est déclenché.

En un mot, dès que le mouvement est

# SUPPLÉMENT AUX CHEMINS DE FER. 293

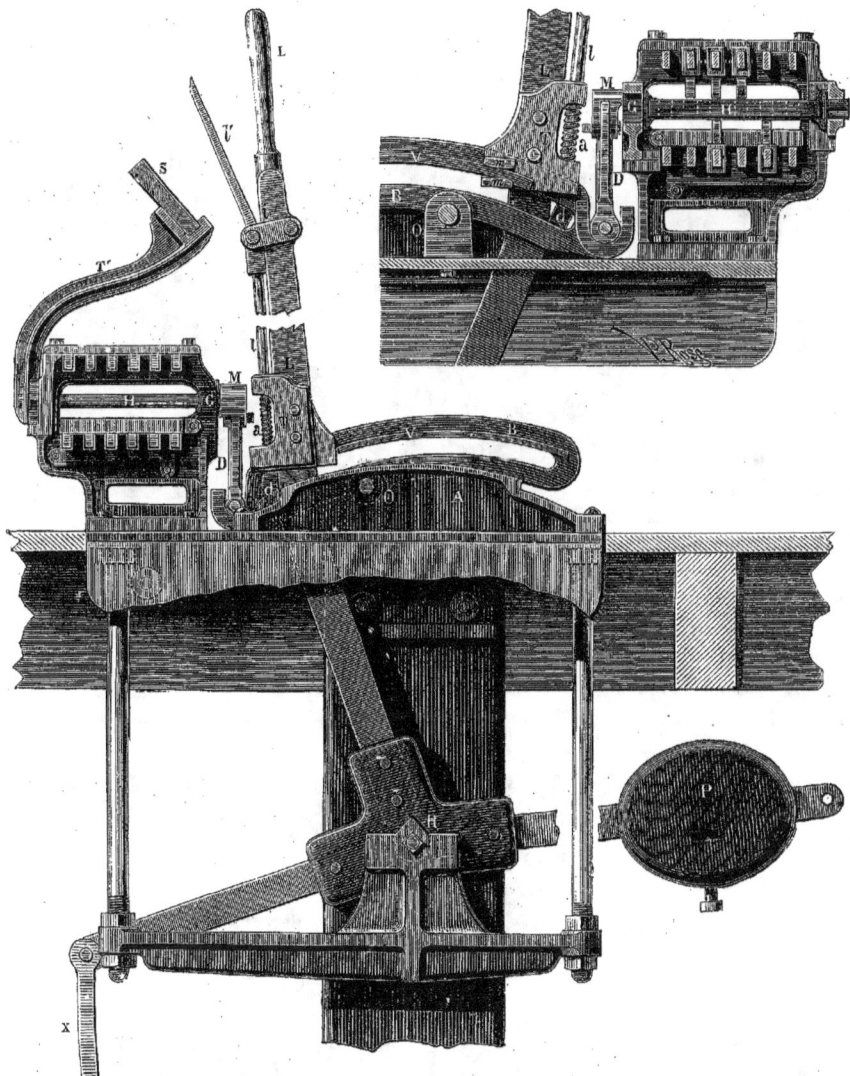

Fig. 248. — Système d'enclenchement de MM. Saxby et Farmer (élévation et vue par bout).

commencé, les leviers, qui doivent être enclenchés, le deviennent immédiatement. Ils restent enclenchés pendant toute la course du levier, tandis que ceux qui doivent être dégagés ne le deviennent que lorsque le levier enclencheur a terminé son mouvement.

Au moment où le levier est au point mort de sa course, c'est-à-dire quand il est vertical et que le coulisseau $d$ est en ligne droite avec les axes R et O, on pourrait faire osciller le balancier B et obtenir le déclenchement de tous les appareils. Pour rendre cette fraude impossible, le levier L porte une pièce, T, faisant une saillie latérale et munie à l'intérieur de deux mâchoires $m$, séparées par une rainure évasée ; le balan-cier porte de son côté un rebord saillant V. Quand le levier est arrivé au point mort de sa course, les mâchoires ont déjà dépassé le milieu de l'arc du balancier et forment

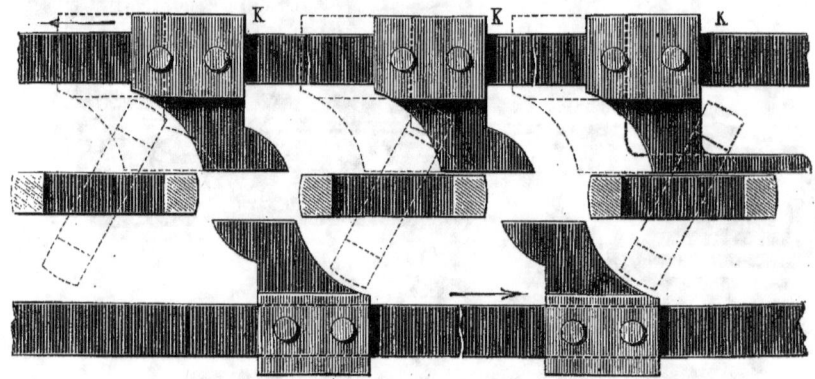

Fig. 249. — Coupe longitudinale de la table d'enclenchement Saxby et Farmer.

avec le coulisseau $d$ et l'axe O, les trois sommets d'un triangle qui assure la fixité du balancier.

Le mouvement du balancier se transmet, par la bielle D, et la manivelle M, à un axe horizontal, G, parallèle au plan du balancier et qui fait corps avec une pièce de fonte horizontale H (fig. 248) appelée *gril* et percée d'ouvertures rectangulaires.

Au-dessus et au-dessous de ces ouver-

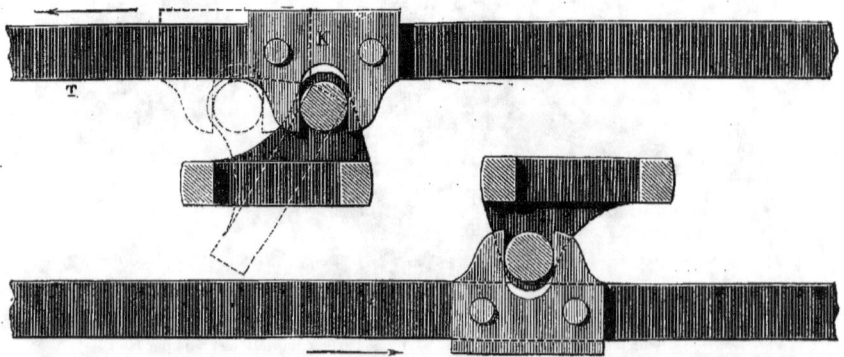

Fig. 250. — Détail des enclenchements Saxby et Farmer (mécanisme de translation des tringles).

tures sont alignées des tringles, également en fonte, auxquelles certains grils impriment un mouvement horizontal de translation.

Ces derniers grils (fig. 249) portent, vis-à-vis de la tringle, un prolongement porté par un petit bouton saillant ; sur la tringle est monté un taquet échancré, dans lequel pénètre le bouton.

L'ensemble des grils et des tringles d'un poste constitue ce qu'on appelle la *table d'enclenchement.* Ce sont les tringles qui établissent une liaison entre tous les grils. A cet effet, elles sont armées, de place en place, de taquets K (fig. 249) qui, par suite du mouvement de translation de la tringle, viennent se placer soit vis-à-vis des ouvertures du gril, soit vis-à-vis de la bordure pleine des grils, autorisant ou empêchant la rotation des grils, et par conséquent permettant ou non la manœuvre des leviers correspondants. Inversement si le gril a exécuté sa rotation, il empêche la mise en marche ou le retour en arrière du taquet : c'est ce qui constitue le verrouillage.

La forme de ces taquets et leur emplacement sur les tringles, varient avec les combinaisons d'enclenchement qu'ils ont à réaliser.

En arrière de la *table d'enclenchement* se trouvent montés, sur cette table, un support et une planchette longitudinale en bois recouverte de cuivre, sur laquelle est inscrite la nomenclature des leviers. Chaque levier porte lui-même une plaquette en cuivre, sur laquelle sont inscrits le numéro du levier et l'ordre dans lequel l'enclenchement exige que l'on manœuvre les autres leviers enclenchés avec lui.

## CHAPITRE VIII

LE « BLOCK SYSTEM ». — LES ÉLECTRO-SÉMAPHORES.

Dans les premiers temps de l'exploitation des voies ferrées, on se contentait de la prescription d'un intervalle de temps, pour espacer entre eux les trains qui suivaient la même direction. Cet intervalle de temps était de dix minutes. Une telle mesure aurait été suffisante si les trains se succédaient avec une vitesse égale; s'il ne survenait ni déraillement des véhicules, ni éboulements de murs; si un train ne demeurait pas en détresse, par suite d'un accident survenu à la locomotive ou aux wagons;

si, en un mot, le service s'exécutait d'une manière absolument conforme à l'itinéraire de la marche des trains arrêté par la Compagnie et inscrit sur les *Indicateurs*, dont les voyageurs se munissent.

Mais une telle régularité n'est pas l'expression de la pratique. En fait, les trains ne sont jamais espacés régulièrement à dix minutes de temps les uns des autres. Si les trains de grande vitesse viennent à patiner sur place, sans avancer, ils sont rejoints par un autre train rapide, qui les suit. Un train de marchandises dont la marche était calculée à une allure anormale, accélérée, peut se mettre en retard d'une façon imprévue, et il peut alors être tamponné par un train de voyageurs, marchant dans le même sens et animé d'une vitesse supérieure.

Disons encore que le conducteur du premier train peut s'endormir, et se laisser rejoindre par le train qui le suivait à dix minutes de distance.

Enfin, si un train a déraillé, les agents peuvent être blessés, et le train ne pouvoir être remis en marche en temps utile.

Sans doute, il ne faut pas généraliser ce qui précède. Sur une ligne dont le trafic est faible, et dont les trains sont largement espacés, les conditions sont plus rassurantes, et la règle relative au temps servant à séparer les trains, a sa pleine efficacité. Mais sur les réseaux français et étrangers, le trafic est aujourd'hui d'une telle importance, et souvent d'une telle complication, que l'intervalle réglementaire autrefois usité est devenu une grande gêne, et que l'on aurait intérêt à diminuer cet intervalle, si on pouvait le faire sans imprudence.

On a acquis une garantie presque absolue de sécurité en renonçant à la prescription de *l'intervalle de temps*, et adoptant, comme règle nouvelle, la *distance à maintenir entre les trains circulant dans le même sens*.

C'est ce qui a été réalisé par l'invention du *block system*, qui assure l'activité et la sécurité de la circulation, en protégeant les trains, non plus par la considération du temps, mais par celle de l'espace.

Pour réaliser le *block system*, on divise la ligne en sections de 3, 4, ou 5 kilomètres, par exemple, et l'on place des signaux indiquant que la voie est fermée en *amont* d'une section, tant qu'il y a un train circulant dans cette section. Quand il arrive à l'origine d'une section, et qu'il voit le signal de *voie libre*, le mécanicien est certain que la route est libre devant lui, sur toute la longueur de la section. Réciproquement, un train qui, pour une cause quelconque, se *traîne* ou *s'arrête*, est averti par le signal, qu'aucun autre train ne pénétrera dans la section qu'il occupe.

Tel est le système que les Anglais ont appelé *block system* (du mot *block*, bloquer).

Il importe d'ajouter que quelquefois l'application de ce principe est moins rigoureuse. Le mécanicien qui trouve une section fermée, est autorisé à y pénétrer à une vitesse réduite ; et de telle sorte qu'il puisse s'arrêter dans l'espace qu'il découvre devant lui. Le mécanicien marche alors *à vue*, dans toute l'étendue de la section fermée.

Cette dérogation à la règle est connue sous le nom de *block permissive system*. Dans l'un ou dans l'autre des cas précédents, les signaux sont, d'ailleurs, les mêmes ; seule l'interprétation de ces signaux est un peu différente.

Le *block system* consiste donc, nous le répétons, à diviser la ligne en sections, et à faire en sorte que le signal *voie-libre*, placé à l'entrée d'une section, donne au mécanicien l'avis que le train qui s'était engagé dans cette section, en est sorti à l'autre extrémité.

Avant l'année 1842, alors que l'électricité n'était pas encore appliquée à l'exploitation des chemins de fer, il n'existait aucune communication entre les postes de signaux distribués le long de la voie. A cette époque,

sir W. Cooke indiqua, dans un ouvrage intitulé *Telegraphic Railways*, tout le parti que l'on pouvait tirer de l'électricité pour l'exécution de signaux assurant la sécurité des trains. Il fixa, grâce à l'emploi de signaux électriques, les principes essentiels du *block system* ; si bien que, dès l'année 1844, une partie du réseau du chemin de fer *Eastern-Countries* fut pourvue de signaux électriques installés à cet effet.

Ce mode d'exploitation fut pourtant bientôt abandonné, malgré les résultats satisfaisants qu'il avait fournis, parce que la Compagnie du railway le considérait comme trop coûteux.

Cette idée fut reprise en 1847, en France. Eugène Flachat, assisté de Regnault, chef du mouvement au chemin de fer de Saint-Germain, fit des essais attentifs de ce mode de surveillance de la voie.

En 1851, M. Walker, ingénieur électricien du *South-Eastern Railway*, reprenant les essais de W. Cooke, proposa un nouvel appareil indicateur à cadran. Puis ce fut le tour des appareils Tyer, Tyer et Jousselin, Regnault, Marqfoy, Spagnoletti, Preece, etc.

L'année 1872 vit naître, presque simultanément, de nouveaux appareils, qui réalisaient ce qu'on appelle le *block and interlocking system*. Tels sont les électro-sémaphores de MM. Siemens et Halske et de MM. Tesse, Lartigue et Prudhomme.

En Angleterre, l'exploitation des chemins de fer par le *block system* s'étendait, au 1<sup>er</sup> janvier 1875, à plus de 8,000 kilomètres de voies ferrées, soit à peu près à la moitié du réseau, et les ingénieurs anglais considéraient déjà ce mode d'exploitation comme la condition essentielle de la sécurité sur les lignes à grand trafic.

En Belgique, à la séance de la Chambre des représentants du 23 avril 1873, le Ministre des travaux publics déclarait que le *block system* était le seul moyen d'éviter les collisions, et leurs conséquences, souvent si

Fig. 251. — L'aiguillage mécanique dans une cabine Saxby Farmer (*poste-vigie*).

désastreuses. Enfin, ce procédé fut rendu obligatoire, peu d'années après, sur les chemins de fer de la Hollande.

En France le *block system* a été adopté, dès l'année 1880, par les Compagnies du chemin de fer du Nord et de Paris-Lyon-Méditerranée, sur une grande étendue de leur réseau.

Les autres Compagnies ont adopté seulement le *block permissive system*, c'est-à-dire le système mitigé, tel que nous l'avons expliqué plus haut.

Nous avons maintenant à exposer les moyens pratiques de réaliser le *block system*, c'est-à-dire à expliquer comment les employés de la voie peuvent interdire à un train l'entrée dans une section, ou lui en permettre le passage.

La réalisation du *block system* exige : 1° la division de la voie en sections ; 2° l'établissement de postes à chaque extrémité des sections ; 3° l'installation d'un procédé de correspondance permettant au poste d'aval

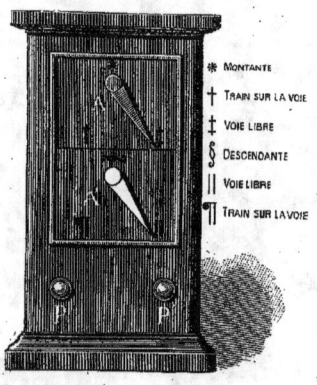

Fig. 252. — Appareil Tyer.

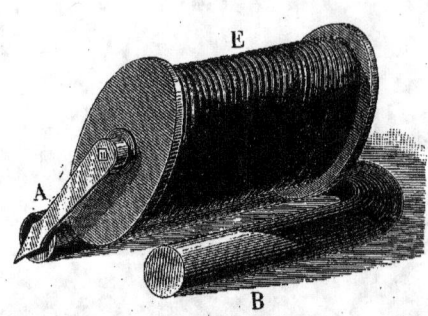

Fig. 253. — L'électro-aimant de l'appareil Tyer.

d'une section d'avertir le poste d'amont qu'un train engagé dans la section vient d'en sortir.

Si le télégraphe électrique pouvait suffire à signaler l'entrée et la sortie des sections par un train, le problème serait facilement résolu. Mais la correspondance par le télégraphe électrique exige du temps, et elle peut être traversée par des erreurs, qui seraient funestes. Il a donc fallu rechercher un autre mode de correspondance à distance, pour donner aux mécaniciens des trains en marche les avis dont ils ont besoin.

C'est par des signaux qu'exécutent les *sémaphores* et par un appareil télégraphique particulier, appelé *appareil Tyer* — du nom de son inventeur — que les stationnaires du *block system* envoient leurs ordres aux mécaniciens des trains en marche.

L'appareil indicateur *Tyer*, que nous représentons dans la figure 252, est simple ou double, suivant qu'il doit être placé en tête de ligne ou à un poste intermédiaire.

Chaque *récepteur* simple se compose de deux aiguilles de fer, A, A', de couleur différente, placées l'une au-dessous de l'autre, et qui, *suivant qu'elles sont inclinées à droite ou à gauche*, indiquent l'une, pour la voie de droite, l'autre pour la voie de gauche, que la voie est libre, ou qu'elle est occupée. Sur l'axe de chacune de ces aiguilles, A (fig. 253), à l'intérieur de la boîte, est fixée une armature en fer doux, E, qui oscille entre les pôles d'un aimant en fer à cheval B ; et elle s'incline vers l'un ou vers l'autre, suivant que l'électro-aimant qui vient l'animer reçoit un courant dans un sens ou dans l'autre.

Après le passage d'un courant dans la bobine de l'électro-aimant, l'aiguille se maintient dans la position où elle a été amenée, ou dans laquelle elle est restée par suite de l'adhérence de l'aimant naturel.

Au-dessous du cadran sont deux *pous-*

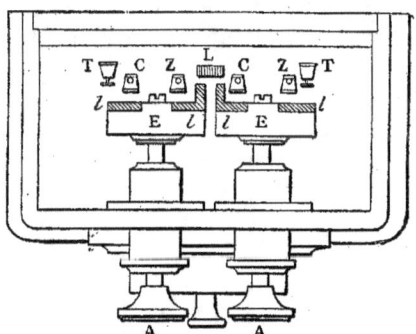

Fig. 254. — Appareil Tyer (poussoir).

*soirs,* P P' ; l'un sert pour signaler *la voie libre,* l'autre pour la *voie occupée.*

La figure ci-dessus donne la coupe de ce *poussoir.* Le mouvement est produit par le courant électrique venant actionner deux touches, A, A, munies, à l'intérieur de la boîte, de deux pièces allongées, en ébonite, E, sur chacune desquelles sont incrustées deux lames de contact en cuivre, $l$, l'une à gauche, l'autre à droite. Celles de ces deux lames qui sont voisines, dans les deux *poussoirs,* sont munies de saillies disposées de manière à agir sur un ressort de contact, $l$, qui est en communication avec le récepteur du poste correspondant. Les lames extrêmes établissent la communication avec la terre, T. Quatre autres lames C Z complètent l'*inverseur.*

Un poste de *block system,* quand il est tête de ligne, renferme une pile voltaïque et un récepteur double, divisé en deux moitiés, destinées, l'une aux relations avec le poste qui le précède, l'autre aux relations avec le poste qui suit.

Des agents, ou *stationnaires,* sont attachés à chacun des postes. Ils sont chargés de manœuvrer les appareils, et doivent faire leur service de jour et de nuit, en se suppléant.

A chacun des postes est fixé un *sémaphore,* c'est-à-dire un poteau très élevé, portant un bras mobile.

Ajoutons qu'il n'y a pas toujours de cabines spéciales pour les stationnaires du *block system,* et que le plus souvent ce sont les employés de *l'aiguillage,* qui, dans les *postes-vigies* que nous avons décrits dans le chapitre précédent, sont chargés de la transmission des signaux sémaphoriques se rattachant au *block system.*

La consigne est que deux trains ne doivent jamais se trouver, en même temps, sur la même voie, dans l'intervalle compris entre deux postes consécutifs.

Pour cela, lorsqu'un train part d'un poste du *block system,* le stationnaire de ce poste avertit son correspondant du poste suivant (bien entendu après l'avoir appelé, par une sonnerie électrique ordinaire, et avoir reçu sa sonnerie en réponse) en poussant le bouton du *poussoir* de l'appareil Tyer, vers lequel le récepteur est incliné ; ce qui lui apprend que la *voie est occupée.* L'agent du poste correspondant pousse le bouton placé sur les mots : *voie occupée ;* ce qui ramène sur ces mots l'aiguille inférieure de son récepteur et l'aiguille supérieure du récepteur de son correspondant.

Dès que le train a dépassé le poste du stationnaire auquel il a été annoncé, cet agent pousse le bouton placé sur les mots *voie libre ;* ce qui ramène sur les mêmes mots l'aiguille inférieure de son récepteur et l'aiguille supérieure du récepteur de son correspondant. On peut alors considérer comme certain que la voie est libre entre les deux postes.

Comme il a été dit plus haut, c'est au moyen d'un sémaphore à bras mobile que les stationnaires du *block system* donnent les avis aux mécaniciens des trains en marche. Dès qu'un train est engagé sur la voie, le stationnaire met le bras du sémaphore dans la position d'arrêt, et il le maintient dans cette situation jusqu'à ce que le récepteur ait signalé que le train a dépassé le poste suivant.

Dès que le train a dépassé le *poste Tyer*, le stationnaire doit mettre à l'arrêt le bras du sémaphore correspondant à la voie que suit ce train, de manière à le *couvrir*, avant de signaler *voie libre* au poste précédent.

Les mêmes opérations se répètent successivement, de poste en poste, au fur et à mesure de l'avancement du train sur la ligne.

Dans les gares, les chefs de gare, véritables inspecteurs généraux de tout ce qui se passe sur la voie, ne doivent laisser partir les trains qu'après s'être assurés, auprès du stationnaire du *block system*, que la voie est libre jusqu'au poste suivant.

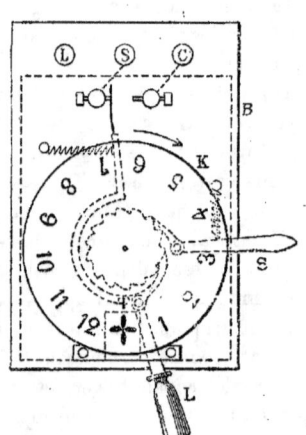

Fig. 255. — Transmetteur Jousselin.

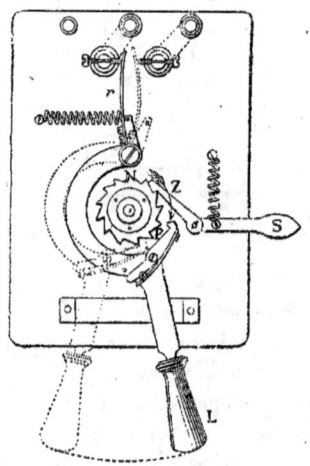

Fig. 256. — Vue intérieure du transmetteur Jousselin.

En résumé, l'emploi du *block sytem* exige, pour un opérateur, les cinq manœuvres suivantes :

1° Le poste A avertit le poste B, au moyen des signaux de l'appareil Tyer, qu'un train s'engage dans la section ;

2° Le poste B met son appareil récepteur et le récepteur du poste A à la position de voie occupée ;

3° Le poste A met à l'arrêt les bras de son sémaphore, dès que le train est engagé sur la voie.

4° Le poste B met son récepteur et le récepteur du poste A à la position *voie libre*, lorsque le train a dépassé sa section.

5° Le poste A efface son signal d'arrêt du sémaphore.

Tel est le *block system* qui fonctionne, avec l'appareil Tyer, en Angleterre, sur un grand nombre de lignes, et qui est également en usage sur beaucoup de lignes françaises.

Un ingénieur français, M. Jousselin, a perfectionné l'appareil à signaux de Tyer, en lui donnant la faculté de fournir douze avis différents, au lieu de deux seulement (*voie libre* et *voie occupée*) que donne l'appareil anglais.

L'appareil Jousselin se compose de deux parties, le *transmetteur* et le *récepteur*.

Le *transmetteur* se compose d'une boîte plate B (fig. 255) portant un guichet devant lequel viennent successivement apparaître les cases d'un cadran, K, mobile à l'intérieur de la boîte et portant une série de numéros de 1 à 12.

Ce cadran est monté sur un axe (fig. 256) qui se meut à l'intérieur d'un ressort d'horlogerie, et qui porte une roue à rochets, N, munie d'autant de dents qu'il y a de numéros sur le cadran. Le disque P, qui commande cette roue à rochets, est fixé à une manette, L, qui joue à la fois le rôle d'un commutateur électrique et mécanique.

A chaque mouvement de la manette L, on fait avancer la roue d'une dent, et le cadran d'une division; en même temps qu'on envoie un courant électrique dans l'appareil récepteur, et que l'on bande le ressort d'horlogerie. Pour ramener le cadran à la croix il suffit alors d'appuyer sur le levier de rappel, S; on fait ainsi échapper le cliquet d'arrêt Z, et l'axe est entraîné par le ressort bandé, en sens inverse de la

Fig. 257. — Récepteur Jousselin.

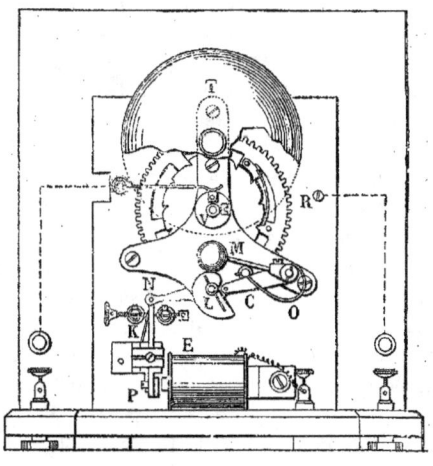

Fig. 258. — Mécanisme du récepteur.

rotation qui lui avait été imprimée à la main; de sorte que le cadran revient toujours automatiquement à la croix.

Le *récepteur* (dont la vue de face est indiquée par la figure 257 et le mécanisme intérieur par la figure 258) est une boîte, A, portant un cadran, devant lequel se meut une aiguille, I, qui peut s'arrêter devant douze cases numérotées de 1 à 12, ou revenir à la croix. Cette aiguille est montée sur l'axe d'un mouvement d'horlogerie (fig. 258), dont le déclenchement est commandé par la palette P, d'un électro-aimant E.

A chaque émission de courant, produite par le *transmetteur*, la palette P est attirée contre l'armature E, et dès que le courant est interrompu, elle est ramenée à sa position primitive, par un ressort antagoniste, K. Dans l'intervalle de ces deux mouvements le doigt de déclenchement N, qui retenait une goupille fixée à son extrémité, fait, par l'effort du ressort d'horlogerie, une révolution complète, en entraînant une came, en forme de limaçon, L. Celle-ci agissant à l'extrémité du levier, C, du marteau M, le lance contre le timbre T, et lui fait frapper un coup.

Le levier est ainsi ramené, après chaque coup de timbre, à sa position normale, par l'action du ressort O.

Pendant cette révolution du limaçon, l'arbre sur lequel il est calé, et qui porte à son extrémité un pignon, fait avancer d'un intervalle de 13 dents, correspondant à une division du cadran, la grande roue, R, commandant le déplacement angulaire de l'aiguille. Comme ce mouvement s'effectue à chaque émission de courant, l'aiguille avance, chaque fois, d'une division, dans le même sens que les aiguilles d'une montre.

Le ressort du mouvement d'horlogerie se débandant à chaque mouvement de l'aiguille, il suffit de ramener celle-ci à la croix, pour remonter le ressort.

A chaque poste intermédiaire, il y a deux *appareils Tyer-Jousselin*, l'un pour la correspondance avec le poste d'amont, l'autre pour celle avec le poste d'aval. Les premières cases sont réservées pour l'annonce des trains de voyageurs, de marchandises, et pour celle des machines isolées. Les neuf autres signaux sont relatifs à des incidents de service.

Nous n'avons pas besoin de dire que les indications fournies par l'appareil *Tyer-Jousselin* servent aux stationnaires à faire agir les sémaphores de manière à signaler au poste suivant que la voie est libre ou occupée.

Les sémaphores ordinaires, c'est-à-dire mus au pied du mât par des fils ou des tringles, suffisent pour exécuter les signaux adressés aux agents du *block system* ou aux mécaniciens.

Un appareil plus simple que l'appareil *Tyer-Jousselin*, est employé par plusieurs Compagnies de l'Angleterre. Nous voulons parler de *l'appareil Preece*, qui fait apparaître, au moyen du courant électrique, dans le poste même, un sémaphore en miniature, qui indique le signal que l'agent doit exécuter avec le sémaphore de la voie.

Il importe de faire remarquer, en passant, que les indications du sémaphore ne sont pas prises dans le même sens en Angleterre et en France.

En Angleterre, le signal sémaphorique qui protège une section, c'est-à-dire le bras horizontal, perpendiculaire au mât, est constamment à l'arrêt; il ne s'abaisse que pour laisser passer le train qui se présente, lorsque la section dans laquelle il va entrer est absolument libre, et il est aussitôt relevé à la position horizontale.

En France, au contraire, les signaux sont toujours effacés, et ne se mettent à l'arrêt que pendant toute la durée du temps où la section est occupée.

Le premier mode d'opérer constitue l'exploitation par voie normalement ouverte.

Pour le système anglais, une section peut être absolument vide et le bras du sémaphore qui la protège a son bras effacé.

Tous les appareils que nous venons de passer en revue présentent un même inconvénient commun, qui diminue les garanties que peut fournir le *block-system*; c'est l'indépendance des signaux faits sur la voie et des appareils de transmission électrique d'un poste à l'autre, et par conséquent, l'absence de solidarité entre les signaux de deux postes consécutifs. Ils ne réalisent que le *block system simple*.

Pour que le *block system* fournisse une sécurité absolue, il faut qu'on ne puisse pas :

1° Annoncer un train, sans bloquer la section dans laquelle il vient d'entrer;

2° Débloquer la section avant d'avoir reçu l'avis formel que la section est effectivement libre;

3° Débloquer la section en arrière, sans avoir précédemment bloqué la section en avant. C'est ce qui constitue le *block system interlocking*.

Quel que soit le système d'exploitation, voie libre ou voie fermée, on passe aisément du programme du *block simple* à celui du *block interlocking*, en posant comme condition de rendre matériellement obligatoire l'ordre dans lequel chaque gare doit exécuter les manœuvres.

Les appareils les plus anciens pour réaliser ce but sont ceux de *Siemens et Halske*, inventés en Allemagne, et qui, répondant à certaines conditions d'exploitation spéciales aux lignes allemandes, ne se sont pas répandus dans les autres pays.

En France les appareils électro-sémaphoriques de MM. *Lartigue, Tesse et Prudhomme*, employés depuis 1874, par la Compagnie du chemin de fer du Nord, réalisent le programme suivant :

1° Solidarité des appareils électriques à donner et à recevoir les avis à distance avec les appareils mécaniques des signaux à vue ;

2° Électricité employée à annoncer en avant l'expédition d'un train, et à débloquer, en arrière, la section devenue libre par le fait d'une seule manœuvre mécanique effectuée sur place ;

3° Signaux maintenus à l'arrêt en cas de dérangement dans le fonctionnement des appareils électriques ;

4° Contrôle immédiat de tout signal électrique envoyé par un signal automatique en retour reçu par l'agent expéditeur ;

5° Impossibilité de débloquer l'origine d'une section sans l'intervention de l'agent de l'autre extrémité.

Les électro-sémaphores imaginés pour la réalisation du *block system* sur les lignes à deux voies, sont applicables, avec quelques modifications, aux lignes à une voie. Les premiers nous occuperont seuls pour le moment.

Les figures 259 et 260 représentent le mât en fer de l'électro-sémaphore portant : 1° à la partie supérieure, les deux grandes ailes rouges, $A, A_1$, s'adressant chacune à un sens de la circulation, et éclairées par un feu double rouge et vert ; 2° au milieu, deux petits bras jaunes, $aa'_1$, ou *voyants* ; 3° enfin à hauteur d'homme, quatre boîtes $B_1, B_2, B'_1, B'_2$, munies de manivelles que l'on tourne pour manœuvrer les ailes, et en même temps pour produire les effets électriques consistant dans l'annonce des trains en avant et dans le déblayage des sections à l'arrière.

Les deux boîtes $B_1, B_2$ situées d'un même côté du mât, correspondent aux signaux d'une même voie ; l'une, la boîte n° 1, sert pour la communication avec le poste d'aval, l'autre, n° 2, pour la communication avec le poste d'amont. La manivelle n° 1, lorsqu'on lui fait faire une rotation partielle, sert à amener l'aile A dans la position horizontale, en surmontant l'action du contrepoids qui tend à l'effacer ; l'autre manivelle, lorsqu'on lui fait achever le tour commencé, sert à remonter le petit bras $a$ et à l'effacer le long du mât, en surmontant l'action du contrepoids qui tend à le ramener horizontal. Les choses se passent identiquement pour l'autre voie.

L'aile A, horizontale ou à l'arrêt, et le petit bras $a$, vertical, ou effacé, sont calés chacun dans cette position sous l'action d'un puissant aimant Hughes, contenu dans chaque boîte de manœuvre. Lorsqu'un courant de sens contraire à celui de l'aimantation est envoyé dans les bobines, le calage est annulé, l'aile supérieure s'efface, et le petit bras se développe horizontalement.

Lorsqu'un train passe à un poste intermédiaire situé en pleine voie, ce train ayant été annoncé par le poste précédent, le petit bras est horizontal et apparent. Le garde manœuvre l'une des manivelles, ce qui a pour effet d'annoncer le train en avant en faisant apparaître le petit bras au poste suivant et d'élever la grande aile à la position horizontale pour couvrir le train qui passe. Puis, le train étant passé, il manœuvre l'autre manivelle ; ce qui a pour effet de déclencher la grande aile du poste précédent pour débloquer la section devenue

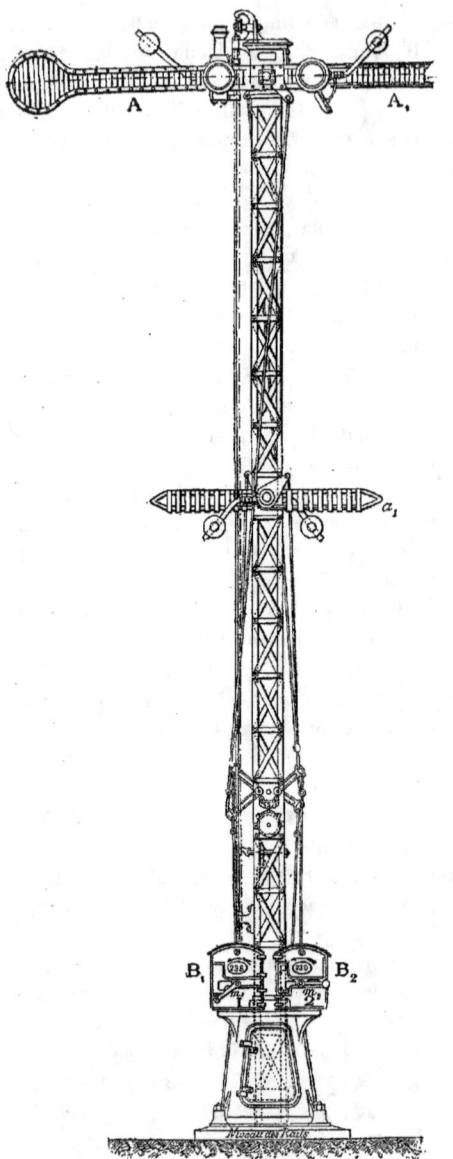
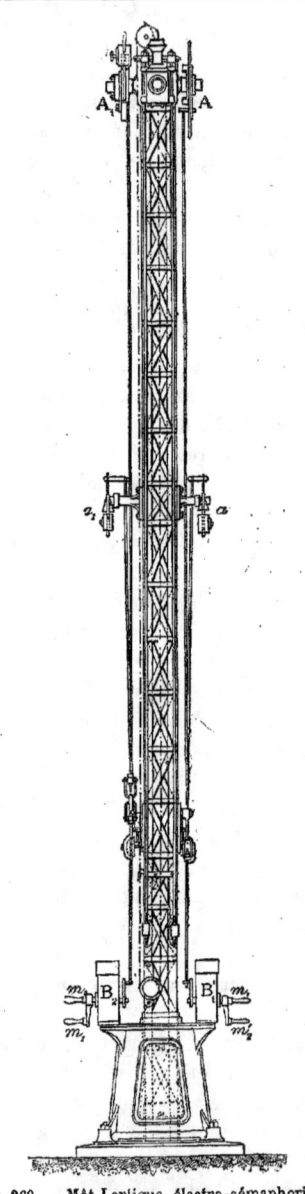

Fig. 259. — Mât Lartigue, électro-sémaphorique (coupe de la boîte).

Fig. 260. — Mât Lartigue, électro-sémaphorique (élévation de la boîte).

libre et d'effacer le petit bras au poste considéré. Mais il n'y a toutefois aucune obligation pour chaque garde à manœuvrer l'une des manivelles avant l'autre, les sections sont donc *indépendantes*, c'est-à-dire qu'on peut débloquer à l'arrière sans être obligé de bloquer en avant, ce qui permet le dépassement de certains trains par d'autres trains à marche plus rapide. Cette indépendance, qui devient un inconvénient quand il s'agit d'assurer le passage des trains qui se succèdent régulièrement, peut être supprimée par l'adjonction d'un appareil complémentaire, qui peut se monter sur un poste quelconque ou s'enlever sans interrompre le service.

Quand un train est annoncé à un poste, le petit bras déclenché produit, en s'abaissant horizontalement, un double effet : d'abord, un carillon se fait entendre au poste où le bras apparaît ; en outre la chute de ce bras produit un courant électrique, faisant retour vers le poste qui l'a déclenché et fait : 1° sonner un timbre, 2° apparaître derrière un guichet au poste expéditeur ces mots *voie occupée* à la place des mots *voie libre :* c'est ce qui constitue le double accusé de réception.

De même quand la section est débloquée par l'envoi d'un courant qui déclenche, la grande aile produit un double effet : d'abord un coup de timbre se fait entendre au poste débloqué ; un courant de retour vers le poste qui a déclenché fait apparaître derrière le guichet ces mots *voie occupée*, qui sont remplacés par les mots *voie libre*, ce qui constitue un accusé de réception de la manœuvre.

La boîte de manœuvre est en fonte, à fermeture hermétique, garnie de feutre. Nous la représentons dans la figure 261.

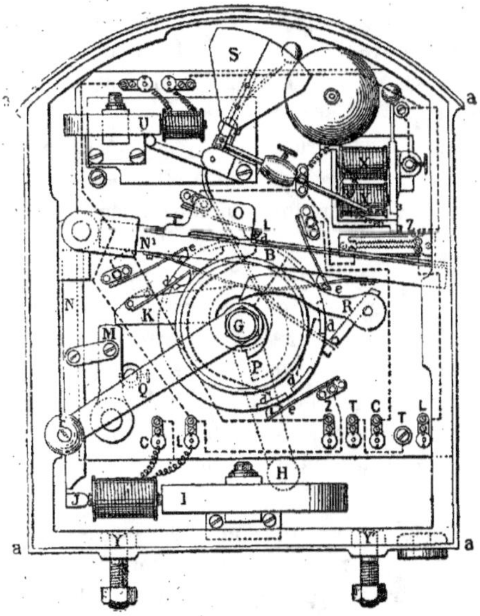

Sur l'axe G de la manivelle Q sont montés : 1° un doigt K ; 2° une came en hélice, P ; 3° un disque en ébonite muni à sa circonférence de touches métalliques contre lesquels frottent quatre contacts à ressorts communiquant avec l'électro-aimant I ; 4° une contre-manivelle H, à angle droit, avec la manivelle de manœuvre Q, et commandant la tringle qui met en mouvement la grande aile du sémaphore.

Autour d'un second axe de rotation, peut tourner un système de deux règles prismatiques, faisant entre elles un angle invariable, et situées l'une B, dans le plan de la came P, l'autre N dans le plan du doigt qui, lorsque la manivelle occupe une position à 210° de la verticale, vient buter contre la pièce M, articulée, avec la règle N.

Fig. 261. — Coupe intérieure de la boîte de l'électro-sémaphore Lartigue.

Cette règle porte, à son extrémité en fer doux, la palette J, qui se colle en temps normal contre les pôles de l'aimant I ; quand on fait passer un courant négatif dans les bobines, la force attractive est neutralisée et la palette J se détache.

A la partie supérieure de la boîte est un second aimant, U, plus faible, inverse du premier, c'est-à-dire qu'il faut faire passer dans ses bobines un courant positif pour détacher sa palette reliée au voyant S, et au marteau, de manière que, quand la palette se détache, le marteau frappe un coup sur le timbre, et que le voyant vient apparaître devant la fenêtre ménagée à cet effet dans la paroi de la boîte. Lorsque la palette g quitte l'aimant, la pièce vient d'ailleurs en contact avec lui pour le maintenir constamment armé.

Une roue à rochet avec son cliquet R empêche de tourner la manivelle dans un sens contraire au sens normal. Pour pouvoir échanger des signaux conventionnels en employant le fil de la ligne, un commutateur en ébonite L que l'on déplace en tirant sur la poire pendant à l'extérieur de l'appareil et sollicitée par un ressort antagoniste, porte des frotteurs qui produisent les inversions de courants nécessaires pour envoyer sur le fil de la ligne le courant positif qui est sans action sur l'électro-aimant, mais qui passe dans les bobines X et donne lieu à la production d'un coup de timbre.

Au moment du passage d'un train, le garde du poste expéditeur tourne de 210° la manivelle de la boîte n° 1. Le doigt vient buter contre la pièce M; pendant ce mouvement le commutateur O envoie au moyen des frotteurs un courant négatif dans la boîte n° 2 du poste suivant.

Sous l'influence de ce courant, l'aimant I de ce poste est désaimanté, la palette J se détache, le battoir M s'éloigne et dégage le doigt K, qui s'appuyait sur lui en temps normal sous l'action du poids du petit bras, qui n'est plus enclenché et qui tend à retomber; tout le système monté sur l'axe obéit au mouvement que lui imprime la contre-manivelle et achève la rotation de 150° pour prendre après l'annonce du train exactement la même position qu'occupait la manivelle de la boîte n° 1 au poste expéditeur à l'état de repos. Pendant ce mouvement le commutateur prend une nouvelle position, dans laquelle un courant positif est envoyé à l'appareil n° 1 du poste expéditeur. Ce courant, qui n'agit que sur l'électro-aimant U de ce poste, détache l'armature, fait apparaître le voyant rouge à la fenêtre et donne un coup de timbre, ce qui constitue le double accusé de réception.

A partir de ce moment, le doigt K bute contre la pièce M; il est impossible au poste expéditeur d'achever la rotation de la manivelle, et comme d'autre part il ne peut la faire rétrograder, la grande aile mise à l'arrêt s'y trouve calée jusqu'à ce que le poste suivant la déclenche au moment de l'arrivée du train pour débloquer la section.

A ce moment ce poste tourne de 210° la manivelle de son appareil n° 2 qui était automatiquement revenue à la position horizontale; son commutateur envoie un courant négatif dans l'appareil n° 1 du poste en arrière qu'il s'agit de débloquer.

L'électro-aimant I se désaimante, sa palette J se détache, le doigt K se dégage et, sous l'action du poids de la grande aile qui retombe, il s'efface; la manivelle revient à sa position initiale; dans ce mouvement un goujon fixé sur la face postérieure du commutateur en ébonite actionne un long ressort qui forme le prolongement des voyants, recolle la palette contre l'électro-aimant U et fait revenir le voyant au blanc; puis la règle B est remontée par la came, et la palette J est recollée contre l'électro-aimant I.

En même temps le commutateur envoie un accusé de réception au poste débloqueur au moyen d'un coup de timbre et en ramenant le voyant au blanc.

Enfin un jeu de carillon se produit mécaniquement au moment où le petit bras prend la position horizontale ou quand la grande aile se déclenche et s'efface, carillon qu'il ne faut pas confondre avec le coup de timbre qui accompagne l'accusé de réception.

Les bras et les ailes du mât sont à claire-voie pour offrir moins de prise au vent.

Depuis l'année 1880, le *block system* a

été réglementé en France, par une circulaire ministérielle. Aux termes de cette circulaire, il y a lieu détablir le *block system* sur toutes les sections de lignes *où le trafic atteint un mouvement de cinq trains à l'heure dans le même sens, à certaines heures de la journée, ainsi qu'à certains points particuliers, tels que les points de ramification ou de rebroussement des lignes.*

La formule des cinq trains à l'heure, espacés, par conséquent, de 12 minutes, en moyenne, a évidemment pour point de départ l'ancienne règle des 10 minutes d'intervalle à ménager au départ d'un point d'arrêt, entre deux trains qui se suivent.

En règle générale, les parties de la ligne parcourues par des trains d'inégale vitesse, celles où des *express* ont des chances de rejoindre les trains omnibus ou de marchandises qui les précèdent, sont surtout celles qu'il y a lieu de munir de moyens de sécurité perfectionnés.

Les postes de *block system* sont généralement séparés par une distance de 2 à 3 kilomètres. L'espacement des postes, c'est-à-dire la longueur des sections, est peut-être la question dont l'examen approfondi est le plus nécessaire dans une installation de *block system*. De cette longueur dépend, en effet, le capacité de la ligne, si l'on applique rigoureusement la règle d'après laquelle deux trains ne doivent jamais se trouver à la fois dans une même section. Si les sections sont trop longues, on risque d'arrêter chaque jour les mêmes trains à l'entrée d'une même section, pour attendre que le train qui précède ait quitté cette section. Si elles sont trop courtes, on réduit la vitesse des trains, qui doivent toujours être forcés de s'arrêter. On est donc limité des deux côtés; et la distance à établir n'est pas chose facile.

Aussi voit-on la longueur des sections varier extrêmement dans un même réseau, ou sur une même ligne. Aux abords de Paris, les postes sont distants de 1,000 à 1,200 mètres. Sur les lignes très fréquentées de la banlieue et sur les sections de grandes lignes communes à plusieurs directions, elle ne dépasse pas 15 à 1,800 mètres. Mais plus loin, elle peut atteindre 3 kilomètres.

Seulement, dès qu'il y a cinq trains à l'heure dans le même sens, il est difficile de laisser plus de 2 kilomètres 1/2 entre deux postes consécutifs. Il faut compter, en effet, que les trains de marchandises, dont la vitesse commerciale est réglée à 20 ou 25 kilomètres à l'heure, ne font souvent que 18 kilomètres à l'heure, et même moins encore, s'ils ont à gravir une rampe de 5 à 8 millimètres par mètre. Il faut tenir compte aussi du temps nécessaire à leur démarrage au départ des stations et de leur ralentissement aux abords des points où ils doivent s'arrêter.

En ce qui concerne les points où il faut établir les postes, on doit les choisir de manière que les signaux à vue qui en dépendent, soient dans les meilleures conditions possibles, au point de vue de la visibilité et du profil de la voie. On doit éviter de les placer dans les tranchées en courbe, ou aux abords de passages supérieurs, ou derrière les arbres qui ne pourraient être coupés; — déplacer au besoin les lignes de poteaux télégraphiques; — se garder d'installer le poste au pied ou au milieu d'une rampe dont la déclivité prononcée rendrait difficile le démarrage des trains lourds qui auraient été obligés de s'arrêter à l'entrée d'une section; — enfin, choisir de préférence les passages à niveau existants, munis de logements et dont le garde pourra être, simultanément, chargé du service de la barrière et de celui des appareils.

En Angleterre, le *block system* s'exerce au moyen des appareils Tyer-Jousselin.

En France, les appareils varient selon

les Compagnies de chemin de fer. Le chemin de fer du Nord a adopté les sémaphores électriques Lartigue et Prudhomme. Au chemin de fer de Paris-Lyon-Méditerranée, on emploie les appareils Tyer-Jousselin. Sur le réseau de l'Ouest, le *block system* est réalisé au moyen de l'appareil Regnault modifié et établissant une solidarité entre les signaux visuels et l'annonce des trains. Sur la ligne de Paris à Marseille, on compte 233 postes de *block system*, munis de boîtes Tyer-Jousselin, modifiés de façon à obtenir une dépendance mécanique avec les signaux manœuvrés à la main, pour que le signalement ne puisse pas expédier un train sans bloquer la section en arrière.

Sur les chemins de fer allemands, le *block system* fonctionne avec des appareils autrement disposés. Nous voulons parler des appareils *Siemens et Halske*, dont la description spéciale nous entraînerait trop loin, mais qui reviennent, comme les précédents, à la méthode des avertissements donnés par des signaux *visuels* à chaque train isolé dans la section qu'il a à parcourir.

La dépense que nécessite l'installation du *block system* est assez élevée. C'est ce qui empêche beaucoup de Compagnies d'y recourir; mais fût-elle encore plus coûteuse, la sécurité absolue qu'elle assure à l'exploitation des chemins de fer l'emporterait encore sur toute autre considération, en raison de la sécurité.

## CHAPITRE IX

PROTECTION DES LIGNES A UNE SEULE VOIE PAR LES SÉMAPHORES ET LES CLOCHES ALLEMANDES.

Tout ce qui précède s'applique aux lignes à double voie. Sur les lignes à une seule voie, la sécurité de l'exploitation exige que les trains soient, non seulement couverts en arrière, comme sur les lignes à deux voies, pour éviter qu'ils ne soient rejoints par un train marchant dans le même sens, mais encore qu'ils soient protégés en avant contre la possibilité d'une rencontre avec un train marchant en sens inverse.

Grâce à quelques modifications de détail, les électro-sémaphores Lartigue peuvent être adoptés aux voies uniques de manière à réaliser la double condition de sécurité.

Les deux bras inférieurs des mâts (fig. 261) deviennent des signaux adressés aux mécaniciens, et ils ont la même forme et la même dimension que les bras supérieurs. Ils sont enclenchés dans la position verticale pendante, mais un contrepoids, placé en queue, tend à les ramener dans la position horizontale.

Le déclenchement du bras supérieur est paralysé pendant tout le temps que le bras inférieur est déclenché. Sauf ces différences, tout le mécanisme reste le même.

Chaque poste est muni d'un de ces électro-sémaphores. Dans la position initiale ou de repos, les deux bras supérieurs des deux sémaphores sont à l'arrêt permanent, sans que l'agent du poste puisse lui-même les effacer mécaniquement; les deux bras inférieurs sont perpendiculaires aux deux sémaphores, et par suite, à voie libre. La voie unique est régulièrement bloquée aux deux bouts.

Si un train se présente devant un poste, A, l'agent du poste ne peut effacer lui-même le grand bras du sémaphore sur lequel il est sans action; mais, au moyen du commutateur de l'appareil n° 1, il envoie un courant vers le poste suivant B, pour déclencher le bras inférieur du sémaphore, lequel, en vertu de son contrepoids, se relève à la position horizontale.

Ce mouvement produit trois effets distincts.

1° Confirmation en B aux trains circulant

dans le sens BA, du signal d'arrêt donné par le bras supérieur au moyen du signal d'arrêt donné par le bras inférieur qui prend

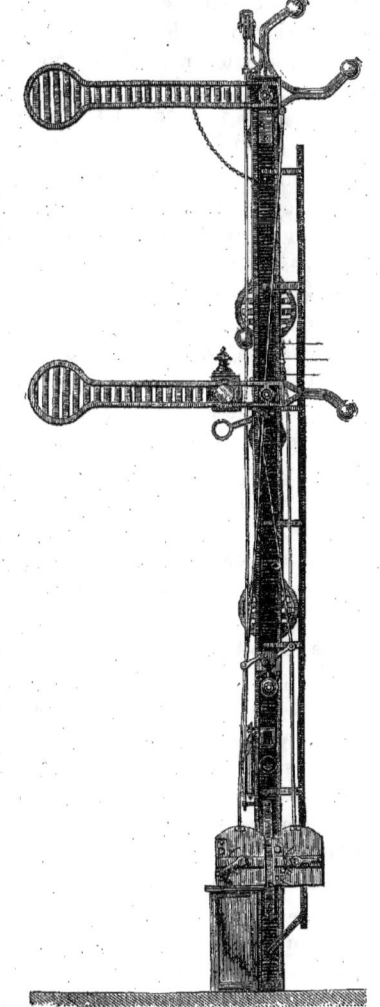

Fig. 262. — Électro-sémaphore pour lignes à une seule voie.

la même position que le premier du même côté du mât.

2° Clavetage du bras supérieur dans sa position horizontale, ce qui commande l'arrêt aux trains de sens BA.

3° Envoi automatique vers le poste A d'un courant qui déclenche le bras supérieur de ce poste, et permet l'expédition du train de sens AB.

Le train une fois expédié, l'agent du poste A remet à l'arrêt le bras supérieur, et par le même mouvement, envoie au poste B l'annonce du train allant de A vers B. Cette annonce est faite par l'apparition dans l'appareil n° 2 du poste B, du voyant *train expédié*, apparition accompagnée d'un coup de timbre. Le train parcourt alors la section AB, en toute sécurité, puisque l'autorisation de passer en A dans le sens AB n'a été qu'une conséquence du doublement du signal d'arrêt en B pour les trains du sens BA.

Pendant ce parcours, d'ailleurs, aucune modification ne peut être faite dans les signaux. C'est seulement lorsque le train passe en B que l'agent de ce poste réenclenche le bras inférieur de son poste; ce qui produit le déclavetage du grand bras au même poste et envoie au poste A l'annonce de l'arrivée du train à l'extrémité de la section. Cette annonce est faite par l'apparition dans l'appareil n° 1 du poste A envoyant *train arrivé*, apparition accompagnée d'un coup de timbre.

En définitive :

1° La voie ne peut être débloquée à l'extrémité d'une section sans qu'elle soit préalablement bloquée à l'autre extrémité.

2° Pendant tout le temps qu'un train circule sur une section, il ne peut être envoyé ni dans un sens ni dans l'autre, de nouveaux signaux pouvant faire confusion dans l'esprit des agents.

3° Le rôle des agents des sémaphores consiste uniquement : 1° à appuyer sur un commutateur, pour faire, par l'intermédiaire du poste suivant, ouvrir la voie avant le départ du train; 2° à couvrir le train après son départ en réenclenchant par un demi-tour de manivelle l'appareil qui venait d'être déclenché ; 3° à annoncer que le train est arrivé en effaçant le bras inférieur par un demi-tour de manivelle de l'appareil qui le manœuvre.

En Angleterre, les appareils ordinaires du *block system* sont presque partout appliqués, sans modifications, aux lignes à voie unique. Mais en France, en Allemagne, en Autriche, en Italie, un système particulier est en usage. On se sert des cloches dites *cloches allemandes*, qui sont de grosses sonneries installées aux stations, ainsi qu'aux passages à niveau gardés entre les stations. Les tintements de ces cloches, auxquelles on donne un son convenu, connu de tous les employés, signalent l'expédition et le sens de la marche des trains.

Ce système a l'avantage de faire concourir à la sécurité les agents espacés sur toute la ligne, et de fournir ainsi la possibilité de corriger une erreur commise par les stations pour les trains circulant en sens contraire. Il ne donne, sans doute, aucune garantie relativement à l'expédition des trains circulant dans le même sens; car aucun signal n'annonce l'arrivée du train au poste suivant, et l'intervalle à maintenir entre les trains ne peut être qu'un intervalle de temps suivant les errements anciens; cependant il donne de très bons résultats pratiques.

Nous avons à décrire avec détails le fonctionnement du *block system*, au moyen des cloches allemandes, qui est en usage sur les lignes à voie unique de la plus grande partie du réseau de Paris-Lyon-Méditerranée, et comme nous le disions plus haut, sur plusieurs lignes à voie unique de l'Allemagne, de l'Autriche et de l'Italie.

Nous empruntons cette description à un mémoire inséré dans la *Revue des Chemins de fer* (1879) par M. Jousselin, inspecteur de l'Exploitation à la Compagnie des chemins de fer de Paris-Lyon-Méditerranée.

Les *cloches allemandes*, c'est-à-dire les signaux électriques à cloches imaginés par l'ingénieur Leopolder, étaient en usage depuis un grand nombre d'années sur la plupart des chemins de fer de l'Autriche et de la haute Italie, lorsque la Compagnie de Paris-Lyon-Méditerranée, après avoir fait étudier ce système, en 1876, l'établit, à titre d'essai, sur la ligne à voie unique du Rhône au Mont-Cenis. D'après les résultats favorables que donna cet essai, on l'installa sur la plus grande partie des lignes à voie unique de la même Compagnie.

Le *système Leopolder* consiste à faire sonner électriquement de grosses cloches placées sur les façades des gares et sur les guérites, ou postes des *garde-lignes*, de manière à prévenir, par un certain nombre de coups, convenus réglementairement, les employés de la voie, du départ des trains et de tous les accidents relatifs à leur circulation.

Supposons deux gares voisines placées sur une voie unique et correspondant entre elles par les cloches Leopolder. Tous les trains se dirigeant de la première gare sur la seconde, seront annoncés par plusieurs séries de coups de cloche en nombre pair; les trains se dirigeant, au contraire, de la seconde gare vers la première, seront annoncés par des séries de coups de cloche en nombre impair. Tous ces coups de cloche se feront entendre à la fois à la gare correspondante et aux postes des *garde-lignes* intermédiaires. Les agents de la voie et les agents des gares seront ainsi prévenus, non seulement du départ du train, mais encore du sens de leur direction. Si deux trains étaient annoncés à la fois dans deux directions opposées, c'est-à-dire courant ainsi à la rencontre l'un de l'autre, les employés, ainsi avertis, prendraient les mesures nécessaires pour empêcher une collision.

Par d'autres séries de coups réglementairement convenus, on peut, en outre, expédier tous les signaux relatifs à la marche des trains circulant entre les gares, et notamment, faire arrêter deux trains marchant à la rencontre l'un de l'autre.

On peut donc, en faisant varier le nombre des coups de cloche, ainsi que la distance qui sépare ces coups, créer une sorte de vocabulaire de convention, analogue au vocabulaire du télégraphe électrique Morse.

Ces coups de cloche (nombre pair), donnés comme il suit :

.. — .. .. — .. .. — .. — .. — ..

représentent trois groupes de deux coups de cloche, correspondant à l'annonce d'un train pair.

Donnés de cette manière,

... — ... ... — ... ... — ... ... — ...

ils représentent trois groupes de trois coups de cloche correspondant à l'annonce d'un train impair.

Deux coups de cloche consécutifs d'un même groupe doivent être séparés par un intervalle de temps de deux secondes au moins, et de trois secondes au plus. Deux groupes consécutifs doivent être séparés par un intervalle de temps de six secondes au moins, et de huit secondes au plus.

Les agents chargés de faire retentir ces cloches, en pressant tout simplement, comme il sera dit plus loin, un bouton, semblable à ceux des sonneries électriques d'appartement, s'habituent, avec la plus grande facilité, à espacer régulièrement les coups et les groupes de coups afférent à chaque signal spécial, d'autant plus que le nombre de signaux composant ce vobabulaire télégraphique sonore, n'est que de onze.

Chaque gare est munie de deux appareils à cloches, placés chacun à l'une des extrémités du bâtiment de la gare. Bien entendu que les gares *terminus* ne possèdent qu'un seul appareil à cloches.

Les postes ou les guérites de *garde-lignes* sont également pourvus d'un appareil à cloche en correspondance avec les deux gares voisines.

Entre toutes ces stations est tendu un fil conducteur. Le courant électrique qui circule dans ce fil, va se distribuer aux cloches établies près des postes.

L'*appareil à cloches* proprement dit se

Fig. 263. — Cloche allemande.

compose, ainsi qu'on le voit par la figure ci-dessus, d'un poteau supportant un gros timbre très sonore, A, placé soit le long du trottoir, soit sur le sommet du toit des maisons de *garde-lignes*.

Le marteau du timbre est actionné par l'intermédiaire d'un fil, E, se détachant du fil général de la ligne, et qui vient déclencher un rouage D retenu par un contrepoids et un cylindre de tourne-broche. Quand on presse le bouton B placé le long du poteau, on fait arriver le courant électrique fourni par l'électro-aimant F, dans le petit levier qui supporte le contrepoids du tourne-broche. Ce levier, déclenché par le poids, fait agir le manche du marteau, lequel frappe un coup vigoureux sur la cloche. Quand on cesse de presser le bouton, le levier reprend sa place et le cylindre du tourne-broche étant redevenu immobile, il n'y a plus de mouvement de marteau. En pressant le bouton aux intervalles convenus, on produit les sonneries réglementaires.

Les cloches employées par la Compagnie du chemin de fer de Lyon, ont été construites par M. Bréguet, qui a apporté plusieurs modifications utiles au système mécanique en usage aux appareils des chemins de fer d'Autriche.

Les *appareils à cloche Leopolder* installés sur les lignes à voie unique de la Compagnie du chemin de fer de Paris-Lyon-Méditerranée, servent à annoncer simultanément au personnel de deux gares consécutives et aux employés de la voie répartis entre les deux gares :

1° Le départ de chaque train, en distinguant les trains impairs, c'est-à-dire les trains de retour des trains pairs ou *trains d'aller*.

2° Les demandes de secours.

3° L'ordre d'arrêter immédiatement tous les trains.

4° Les wagons marchant en dérive.

Onze signaux sonores expriment ces quatre avertissements.

Grâce à l'expérience des agents, tous ces signaux sont généralement transmis avec régularité, et sont compris de tous les employés de la voie, soit dans les gares, soit sur le parcours de la ligne, et même des poseurs de voie et du service de travaux.

M. Jousselin, dont le mémoire dans la *Revue des chemins de fer* nous a fourni les indications qui précèdent, ajoute que ce système de correspondance destiné aux chemins de fer à voie unique, pourrait s'appliquer aux chemins de fer à voie double, si le *block system* ne s'y trouvait établi par tout un ensemble de dispositions répondant à tous les besoins et pouvant prévenir tous les accidents.

Les appareils à cloches, d'une disposition extrêmement simple et d'un mécanisme solidement établi, ne sont sujets à presque aucun dérangement dans leur service.

Comme le courant qui parcourt le fil est continu (ce qui est une exception dans la télégraphie, où l'on ne lance le courant qu'au moment de produire un signal), il faut une pile particulière fournissant un courant permanent. On se sert de la *pile Meidinger*, variante de la *pile Callaud*, que nous décrirons, toutes les deux, dans le *Supplément à la Pile voltaïque*.

Nous ajouterons que le courant électrique fourni par la pile Meidinger est supérieur, pour l'emploi pratique, à la pile à courant d'induction qui est employée sur les chemins de fer autrichiens, pour actionner les cloches Leopolder.

C'est, en effet, sur l'emploi des courants d'induction que repose le mécanisme des cloches Leopolder, adoptées par M. Siemens, le célèbre constructeur de Berlin, et désignées, en Allemagne, sous le nom de *cloches Siemens*. L'expérience a prouvé que les courants d'induction ont trop d'instabilité pour que l'on puisse y compter d'une manière absolue. L'influence de l'électricité atmosphérique suffit quelquefois pour déterminer le soulèvement du levier du marteau, et faire retentir inopinément la cloche.

C'est par ces considérations, que la Compagnie du chemin de fer de Paris-Lyon-Méditerranée a repoussé les cloches Siemens, pour s'en tenir aux cloches Leopolder actionnées par une pile à courant continu.

Nous devons dire pourtant que la Compagnie du chemin de fer du Nord a adopté les *cloches Siemens*, et que sur une étendue de 1,237 kilomètres de ses chemins à voie unique, il existe plus de mille sonneries de ce genre, qui ont servi bien des fois à éviter des accidents.

La Compagnie d'Orléans fait également usage de cloches-sonneries modifiées de telle manière que les agents intermédiaires de la voie puissent faire agir les sonneries, avantage que ne présentent pas les *cloches Siemens* usitées en Autriche et en France, sur le chemin de fer du Nord.

A la Compagnie de l'Ouest, Regnault a modifié le mécanisme qui fait agir le marteau des cloches.

Les piles Meidinger servent à fournir le courant électrique à toutes les sonneries d'annonce des Compagnies que nous venons de nommer et auxquelles il faut joindre celle du Chemin de fer de l'État, qui a également adopté ce mode d'avertissement électrique.

En résumé, les *cloches allemandes*, sans rentrer, à proprement parler, dans le *block system*, lequel exige un personnel et un ensemble de dispositions d'une importance considérable, rendent, sur les lignes à voie unique, des services qui sont l'équivalent du *block system*, si l'on considère que le trafic sur une ligne à une seule voie n'exige pas le grand développement de mesures préservatrices qui le caractérisent.

## CHAPITRE X

### LES TRAINS RAPIDES.

Les perfectionnements apportés aux locomotives, qui ont permis de réaliser de très grandes vitesses, et d'autre part, la sécurité acquise par l'emploi des freins continus et par la généralisation du *block system*, ont amené l'établissement, sur les grandes lignes européennes, de trains justement appelés *rapides*, ou *express*, tous termes dont la désignation s'explique par elle-même.

C'est l'Angleterre, c'est-à-dire le pays dans lequel l'industrie des chemins de fer s'est développée, pour la première fois, avec une certaine ampleur, qui eut le mérite d'inaugurer l'ère des voyages rapides. On dit généralement que l'Amérique réalisa la première les grandes vitesses en chemin de fer, mais c'est une erreur complète, car la marche générale des chemins de fer américains est lente. On fait sur les routes ferrées du Nouveau-Monde, d'interminables voyages, sans quitter son wagon, mais les Compagnies américaines ne se préoccupent que de procurer un certain confort au voyageur, qui doit passer des semaines entières dans son *car*, et elles ne prennent point l'engagement de le transporter à grande vitesse. La forme particulière des wagons, c'est-à-dire leur longueur excessive, ainsi que leur train articulé, s'opposeraient, d'ailleurs, à une vitesse anormale.

Après l'Angleterre, la France est entrée de bonne heure dans la carrière, en ce qui concerne l'organisation des convois à grande vitesse. Les *trains express* sont déjà de date ancienne, en France. Pendant ce temps, l'Allemagne, la Belgique et l'Italie marchaient avec une prudente lenteur.

Traitant dans ce chapitre des *trains rapides*, nous devons établir les distinctions que font les ingénieurs en ce qui touche la vitesse des trains. Nous dirons, en conséquence, que l'on distingue trois genres de vitesse : la *vitesse commerciale*, — la *vitesse moyenne de marche* — et la *vitesse réelle à un moment donné*.

La *vitesse commerciale d'un train* est le chiffre que l'on obtient en divisant le nombre total de kilomètres parcourus d'un point à un autre, par le nombre d'heures employées à le parcourir, sans déduire le temps des arrêts aux stations intermédiaires, ni des ralentissements prévus en marche.

La *vitesse commerciale* est celle qui intéresse le voyageur ; mais elle varie suivant les convenances du trafic et suivant certaines circonstances particulières propres à chaque pays et à chaque ligne. On a réussi, de nos jours, à l'augmenter, en diminuant le nombre des arrêts aux stations.

La *vitesse moyenne de marche* a un caractère plus technique. C'est le chiffre que l'on obtient en divisant la distance des deux stations extrêmes par le temps réellement employé, pendant la marche, à parcourir cette distance. Le calcul est alors fait en défalquant le temps absorbé par les arrêts aux stations, mais, sans défalquer le temps perdu, par les ralentissements forcés, les démarrages et les arrivées en gares.

Cette vitesse, qui dépend de la puissance de la machine, dépend aussi du nombre de ralentissements prévus que le train doit subir sur sa route, du nombre de bifurcations qu'il rencontre au profil de la ligne, et du nombre de points fixes, sinon dangereux, au moins exigeant impérieusement une marche prudente, tels que ponts tournants, etc.

La *vitesse réelle de marche* est celle qu'on peut mesurer à tout instant avec des appareils appropriés. C'est celle qui intéresse l'ingénieur et le machiniste, et qui donne l'idée exacte de la puissance de la locomotive ; elle atteint et peut dépasser par moments 100 kilomètres à l'heure.

Des tableaux réunis par M. Gerhardt, ingénieur de la Compagnie du chemin de fer de l'Est, sur la vitesse des trains en Angleterre, et des itinéraires des lignes allemandes et américaines, on a déduit le tableau suivant :

|  |  | Kilomètres à l'heure. |
|---|---|---|
| En Angleterre (sur voie normale), le maximum de vitesse | commerciale est de | 70.8 |
|  | moyenne — | 77.6 |
|  | réelle — | 105.0 |
| En France, le maximum de vitesse | commerciale est de | 63.4 |
|  | moyenne — | 69.8 |
|  | réelle — | 100.0 |
| En Allemagne, le maximum de vitesse | commerciale est de | 63.0 |
|  | moyenne — | » |
|  | réelle — | 100.0 |
| En Amérique, le maximum de vitesse | commerciale est de | 67.3 |
|  | moyenne — | 76.7 |
|  | réelle — | 100.0 |

Les *trains express* français marchent à la vitesse moyenne de 60 à 70 kilomètres à l'heure. C'est ce qui résulte du tableau suivant :

| COMPAGNIES. | TRAJET. | LONGUEUR du TRAJET. | VITESSE COMMERCIALE. | VITESSE MOYENNE de marche. |
|---|---|---|---|---|
|  |  | Kilom. | Kilom. par heure. | Kilom. par heure. |
| Paris-Orléans | Train rapide Paris-Bordeaux (Bastide). | 578 | 63,4 | 69,8 |
| Paris-Lyon-Méditerranée. | Train éclair Paris-Marseille. | 863 | 57,0 | 62,3 |
| Est | Train rapide Paris-Delle. | 464 | 57,6 | 65,0 |
| Est et Nord | Train rapide Calais-Bâle jusqu'à Delle. | 714 | Est 59,7 / Nord 45,2 } 52,4 | Est 64,5 / Nord 60,8 } 62,6 |
| Nord | Train express de Paris à Lille. | 250 | 62,5 | 65,2 |
| Ouest | Train rapide du Havre. | 228 | 54,7 | 60,0 |
| Midi | Train rapide de Bordeaux, Cette, etc. | 476 | 58,9 | 63,3 |

Pour créer des trains rapides continus, pouvant, à l'imitation des trains américains, retenir le voyageur plusieurs jours et plusieurs nuits, sans qu'il change de voi-

Fig. 264. — Train d'*Orient-express*.

ture, il a fallu créer un matériel tout particulier, et essentiellement différent de celui qui est destiné au service ordinaire. On a répondu à ce besoin nouveau par la création des *wagons-lits*, imités des *Pulman's cars* américains.

Les *wagons-lits* des Compagnies de Paris-Lyon-Méditerranée, du Nord, de l'Ouest, d'Orléans, en France; et en Angleterre, du *London and North Western*, sont des voitures d'un poids très considérable, mais dans lesquelles on a réuni toutes les conditions du confort. Elles peuvent circuler sur les lignes des différents pays, évitant aux voyageurs les ennuis des transbordements des bagages et des personnes, ce qui produit une augmentation notable de la vitesse.

Depuis le mois de juin 1883, un *train rapide*, désigné sous le nom d'*Orient-express*, et composé de trois ou quatre voitures, comprenant un restaurant, fait, deux fois par semaine, le voyage de Paris à Constantinople, en passant par Vienne. La durée du voyage est de trois jours environ. Chaque voiture, longue de 15 mètres, est montée sur deux trucs. Deux plates-formes placées aux deux extrémités de la voiture, permettent de prendre l'air ou de fumer. Un couloir longe toute la voiture, et toutes les portes des compartiments s'ouvrent sur ce couloir. Il y a 7 compartiments, dont 4 renferment deux lits et trois renferment 4 lits, ce qui donne 20 places. L'aménagement et le confort répondent à ce que recherche le voyageur dans un train de luxe. Les voitures sont chauffées par un thermo-siphon, et éclairées au gaz comprimé.

L'un des wagons est réservé au salon et au restaurant. Il comprend une grande salle à manger, un salon plus petit, pour les dames, enfin un fumoir, renfermant tables de jeu, bibliothèque. La cuisine, qui est placée à l'extrémité de la voiture, est suivie du fourgon à provision.

La *Compagnie des paquebots transatlantiques* a créé, en 1885, un train rapide spécial, pour amener, dans la nuit de chaque samedi, de Paris au Havre, les voyageurs qui vont prendre le paquebot transatlantique à destination de New-York. Ce train contient un wagon-restaurant.

FIN DU SUPPLÉMENT A LA LOCOMOTIVE ET AUX CHEMINS DE FER.

# SUPPLÉMENT

AUX

# LOCOMOBILES

## CHAPITRE PREMIER

LES NOUVELLES LOCOMOBILES AGRICOLES. — LES LOCOMOBILES COMPOUND. — LES LOCOMOBILES AVEC CHAUFFAGE A LA PAILLE.

Dans la Notice des *Merveilles de la science* sur les Locomobiles (1), nous avons dit qu'à l'origine, ces machines étaient uniquement destinées aux travaux agricoles, c'est-à-dire à la mise en action des appareils mécaniques dont l'agriculture fait usage, tels que charrues, moissonneuses, machines à battre et à semer, etc.; mais depuis sa création, on a vu grandir le rôle de la locomobile, qui a trouvé place dans beaucoup d'ateliers et manufactures.

La locomobile proprement dite, c'est-à-dire le moteur rural construit de manière à pouvoir être remorqué facilement de place en place, est resté, depuis 1870, à peu près étrangère au grand mouvement de perfectionnement qui a été imprimé aux machines fixes à vapeur, et qui leur a apporté de si profondes et de si utiles modifications. La raison de cet état stationnaire de la locomobile agricole, nous l'avons déjà donnée dans les *Merveilles de la science*, en les termes suivants, qu'on nous permettra de reproduire.

« Destinée à être traînée partout, même dans les mauvais chemins de traverse des campagnes; devant être mise en œuvre par des personnes peu expérimentées et d'une intelligence ordinaire; enfin ne fonctionnant que par intervalles, et non d'une manière continue, la locomobile rurale demande une construction peu compliquée. Il faut pouvoir, à chaque instant, la démonter, la remonter sans peine, la visiter pièce par pièce. Ses organes doivent être assez simples pour que le charron du village ou un serrurier intelligent puissent exécuter presque toutes les réparations qu'elle demande. L'économie d'eau et de combustible n'est ici qu'une question secondaire à côté de la simplicité des organes » (1).

Par son but même et par les conditions dans lesquelles elle est appelée à fonctionner, la locomobile agricole est donc condamnée à rester simple, robuste et lé-

(1) Tome Ier, pages 398-428.

(1) Tome Ier, page 404.

Fig. 265. — Locomobile à admission directe de vapeur de MM. Chaligny et Guyot-Sionnest.

gère; et dès lors, elle ne se prête que difficilement aux perfectionnements qui ont si heureusement transformé les machines fixes, en portant particulièrement sur le mécanisme de la distribution de la vapeur. L'amélioration dans le rendement, réalisée dans ces machines, par suite de l'économie de vapeur, et de la précision de leur fonctionnement, ne saurait être obtenue sur une locomobile qu'au prix de la complication de son mécanisme et de l'augmentation de son poids. Or, nous venons de voir que la condition contraire, c'est-à-dire la simplicité est précisément le caractère essentiel d'une locomobile.

Les constructeurs des premières locomobiles en France, M. Calla, et ses successeurs actuels, MM. Chaligny et Guyot-Sionnest, ont, toutefois, perfectionné la locomobile primitive, de manière à rendre l'appareil plus commode dans son emploi pratique et moins dispendieux. La figure ci-dessus, qui représente la locomobile rurale que construisent aujourd'hui MM. Chaligny et Guyot-Sionnest, permettra d'en juger.

Le cylindre est entouré d'une enveloppe préservatrice du refroidissement. Un certain degré d'extension peut être donné à la vapeur, grâce à une détente variable à la main. Le foyer est disposé de manière à utiliser le mieux possible la chaleur.

Le cylindre est placé près du foyer. La tige du piston actionne, par l'intermédiaire d'une bielle, un arbre coudé, sur lequel se trouve la poulie-volant.

Sur le même arbre sont calés deux excentriques, l'un pour la commande du tiroir, l'autre pour actionner la pompe d'alimenta-

Fig. 266. — Locomobile *compound* de MM. Ruston et Proctor, de Lincoln (Angleterre).

tion, qui puise l'eau dans une bâche indépendante de la locomobile et non représentée sur notre dessin. Le régulateur de vapeur est mis en mouvement par une vis sans fin et un engrenage helicoïdal.

La chaudière comprend : 1° un corps cylindrique renfermant un faisceau tubulaire ; 2° une chambre à parois planes, où sont disposés le cendrier et le foyer. Le plafond de cette partie est cylindrique, et on y a placé, à portée de la main du chauffeur, la prise de vapeur et son robinet, deux soupapes de sûreté et un manomètre. Au-dessus de la porte du foyer se trouvent le tube et les robinets indicateurs de niveau d'eau.

Les locomobiles rurales ne pouvaient, cependant, rester complètement en dehors des perfectionnements économiques qui ont changé la face des divers genres de machines à vapeur. Le système *compound* s'est introduit, depuis quelques années, dans les locomobiles rurales. L'élévation de la pression de la vapeur et le fractionnement de la détente dans deux cylindres, qui caractérisent le système *compound*, n'ont pas, d'ailleurs, empêché la locomobile de rester aussi simple et aussi facile à conduire que l'ancienne machine. Sans doute elle a perdu en légèreté, mais son augmentation de poids est largement compensée par l'économie réalisée sur le combustible.

Cette dernière considération est importante, car la vapeur, comme force motrice, ne peut être que difficilement utilisée dans les localités où le combustible est rare et cher. Dans ces conditions, le travail des machines à vapeur ordinaires, à simple détente, serait très coûteux. Il était donc important, pour favoriser l'extension des moteurs à vapeur ruraux, de pouvoir réaliser une économie notable sur le combustible.

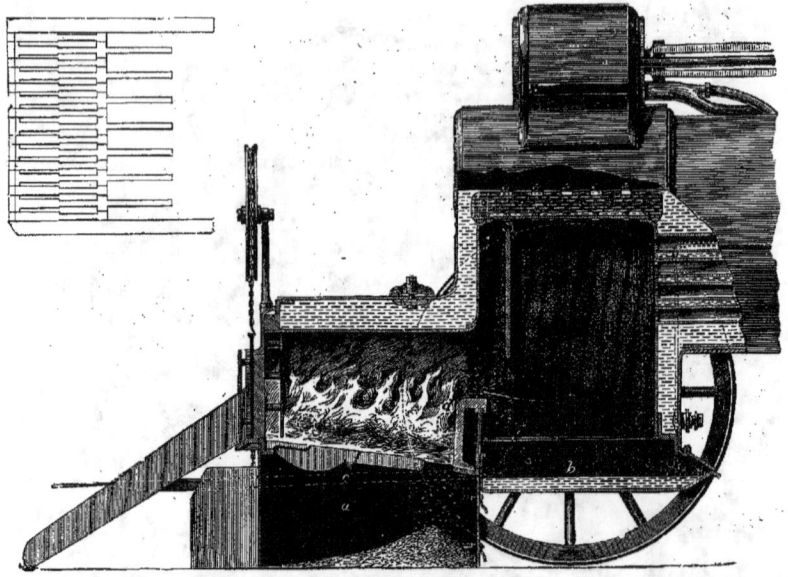

Fig. 267. — Coupe de la locomobile pour le chauffage à la paille de MM. Clayton et Schuttleworth de Lincoln (Angleterre).

Grâce à l'emploi du système *compound*, les locomobiles peuvent aujourd'hui fonctionner dans des régions agricoles privées de charbon, et dans lesquelles le peu de moyens de communication ne permet d'y faire arriver le combustible qu'à grands frais.

Nous donnons (fig. 266) la vue d'une locomobile à système *compound*, construite par MM. Ruston et Proctor, de Lincoln (Angleterre).

Le cylindre admetteur, B, qui n'est pas visible dans la figure, et le cylindre détendeur, A, sont placés tous deux côte à côte, à l'arrière de la chaudière, au-dessus de la boîte à feu. Ils sont l'un, et l'autre, pourvus d'une enveloppe de vapeur, et fondus d'une seule pièce, avec une bride qui est solidement boulonnée à la chaudière.

La vapeur pénètre dans le cylindre A, à la partie postérieure, venant d'une boîte en fonte séparée, C, qui contient une soupape équilibrée et les deux soupapes de sûreté, de sorte qu'une seule communication avec la chaudière est nécessaire pour ces trois organes. Une disposition spéciale permet de purger complètement les enveloppes de vapeur de l'eau de condensation. Les deux pistons agissent sur l'arbre moteur, D, placé à l'avant de la chaudière, près de la cheminée, au moyen de deux coudes situés à 90° l'un de l'autre.

Cette machine fonctionne sans condensation. Une partie de la vapeur d'échappement se rend dans la cheminée, où elle sert à activer le tirage; l'autre partie est employée à réchauffer l'eau d'alimentation. Sur l'arbre moteur, au delà du palier de droite, et du côté opposé au volant, V, est calé un excentrique, E, qui met en mouvement la pompe d'alimentation F. Celle-ci est à action continue, et son débit calculé de façon à maintenir le niveau de l'eau constant dans la chaudière. Un robinet de réglage assure le refoulement dans la bâche d'alimentation, G, de l'excès d'eau aspirée, mélangée avec une partie de la vapeur d'échappement. L'arbre moteur est en

Fig. 268. — Locomobile pour le chauffage à la paille de MM. Ransomes, Sims et Jefferies.

acier. Il est supporté par de forts paliers, munis de longs coussinets en bronze réglables, qui sont solidement attachés aux cylindres.

La chaudière est établie pour une pression de huit atmosphères.

Bien que fonctionnant sans condensation, ces machines ne consomment guère plus de $1^{kg},15$ à $1^{kg},25$ par cheval-vapeur et par heure, ce qui présente une économie de 40 p. 100 sur les locomobiles ordinaires.

Les constructeurs anglais, désireux de faciliter l'extension de l'emploi des locomobiles, ont eu recours à une autre modification fort essentielle, car elle porte sur la nature du combustible employé pour le chauffage. Ils ont aménagé le foyer de la locomobile pour lui permettre de brûler la paille, les tiges de coton et de maïs, les roseaux, et d'une manière générale les résidus végétaux de l'agriculture.

Ces locomobiles permettent d'utiliser des matières sans grande valeur ; et ce sont les seules qu'on puisse employer dans les régions où le prix du combustible rendrait impossible l'emploi des moteurs à vapeur ordinaires.

Nous donnons (fig. 267) la coupe du foyer d'une locomobile construite par MM. Clayton et Schuttleworth, de Lincoln (Angleterre), pour le chauffage à la paille, ainsi d'ailleurs qu'au charbon et au bois.

Cette locomobile ne diffère de la locomobile ordinaire que par le prolongement de la partie inférieure de la boîte à feu, qui vient composer un foyer. Ce qui, dans une machine ordinaire, est la boîte à feu, sert ici de chambre de combustion, séparée par un pont du fourneau dans lequel brûle la paille. L'augmentation de l'espace et de la surface de chauffe obtenue par cette disposition était nécessaire pour le développement et l'absorption complète de la masse énorme de flamme que produit la paille en brûlant.

La paille peut être chargée par intervalles, en quantités considérables, dans le fourneau, ce qui donne le temps à l'homme de service de graisser la machine.

Toute autre substance végétale de rebut

Fig. 269. — Locomobile pour le chauffage à la paille et aux divers rebuts de plantes, de MM. Ruston et Proctor, de Lincoln (Angleterre).

peut être employée aussi bien que la paille. S'il paraît préférable de chauffer au bois ou au charbon, le levier-sabot, la chaîne, la poulie, la porte à coulisse et le plan incliné, ainsi que les barreaux de la grille, peuvent être retirés aisément, et remplacés par les portes à feu et les grilles ordinaires.

La figure 268 représente une autre locomobile, pour le chauffage à la paille, que construisent, en Angleterre, MM. Ransomes, Sims et Jefferies. L'alimentation de paille se fait automatiquement. L'appareil pour cette alimentation est entraîné par l'arbre moteur, au moyen d'une courroie. Il consiste principalement en deux rouleaux placés devant la porte de la boîte à feu et tournant en sens inverse l'un de l'autre.

La paille est introduite par les rouleaux sous la boîte à feu, en forme d'éventail, ce qui expose tout le combustible à l'action du feu et assure sa parfaite combustion.

Pour mettre la machine en pression, ce qui se fait aussi facilement avec la paille qu'avec tout autre combustible, les rouleaux doivent être tournés à la main, mais aussitôt qu'il y a assez de pression pour faire marcher la machine, les rouleaux sont mus directement par l'arbre moteur.

Un homme suffit pour conduire cette machine.

Une machine chauffée avec la paille ne demande pas plus de service qu'une machine chauffée au charbon. Il faut brûler environ 8 à 10 gerbes de paille pous battre 100 gerbes de froment.

La figure 269 représente une locomobile construite par MM. Proctor et Ruston, de Lincoln, avec un fourneau pour le chauffage à la paille mais d'un type un peu différent de celui qui vient d'être décrit. Le chargement du combustible s'effectue au moyen d'une trémie. La paille, les tiges de cotonniers, les résidus de maïs et tous autres rebuts végétaux, brûlent parfaitement dans ce foyer. Le mécanisme moteur est le même que pour les locomobiles précédentes.

Ces machines constituent, sous une forme transportable, les moteurs les plus avantageux au point de vue de l'économie et de la force, relativement à l'espace occupé.

## CHAPITRE II

LES LOCOMOBILES D'ATELIERS, OU MOTEURS A TOUTE FIN. — LES MACHINES A VAPEUR DEMI-FIXES, COMPOUND ET NON COMPOUND. — LES LOCOMOBILES A GRANDE VITESSE POUR L'ÉCLAIRAGE ÉLECTRIQUE.

Si la locomobile rurale ne pouvait subir de grands perfectionnements, les locomobiles considérées comme *moteurs à toute fin* ont pénétré de plus en plus dans les villes et dans les industries manufacturières, où, sans faire double emploi avec les machines à vapeur fixes, elles se substituent, dans bien des cas, aux moteurs animés.

La locomobile proprement dite peut être définie une machine motrice essentiellement caractérisée par la solidarité du mécanisme et du générateur de vapeur, et qui est montée sur des roues, de façon à pouvoir être facilement remorquée tout entière dans les lieux où elle doit créer l'énergie, sans qu'on ait besoin de démonter aucune de ses parties.

Entre les locomobiles et les machines à vapeur fixes, est venue prendre place une nouvelle classe de moteurs, destinés à satisfaire à des besoins spéciaux. Ce sont les *machines à vapeur demi-fixes*, ou *machines demi-fixes*. Moins mobiles que les premières, beaucoup plus légères et plus facilement transportables que les secondes, elles se rapprochent néanmoins davantage des locomobiles, auxquelles elles ont emprunté leur principe fondamental, à savoir la solidarité du mécanisme avec la chaudière et le foyer qui lui servent de support et de bâti. Si donc les *machines demi-fixes* constituent un nouveau genre de moteurs, elles doivent pourtant être considérées comme une modification utile et profonde des locomobiles primitives.

La machine à vapeur fixe, qui nécessite une installation complète et dispendieuse, des chaudières puissantes, des fondations solides, un local spacieux et aménagé spécialement pour la recevoir, ne saurait être adoptée lorsqu'on prévoit la cessation prochaine des besoins à satisfaire. Dans certaines entreprises qui n'exigent pas, en raison de leur peu de durée et de leur peu d'importance, une machine fixe, on a avantage à employer un moteur à vapeur léger, pour éviter les frais des fondations, que l'on puisse facilement transporter et rapidement installer dans le premier local venu, qui occupe peu de place, mais qui soit pourtant plus stable qu'une locomobile. Dans ce cas, la *machine demi-fixe* est tout indiquée.

Nous citerons en exemple une installation d'éclairage électrique, qui doit durer un certain temps, mais qui n'a pas un caractère définitif, et qu'il faut mettre rapidement en état de fonctionner, quitte à la supprimer aussi promptement qu'on l'a établie. On peut citer encore les chantiers des grands travaux où l'on a besoin de force motrice pour la préparation mécanique des bétons et mortiers, pour les manutentions des fardeaux et l'élévation des matériaux de toutes sortes, pour faire fonctionner des pompes d'épuisement, etc., etc. On aura grand profit, dans tous ces cas, à employer une machine à vapeur demi-fixe. C'est pour répondre à ces besoins nouveaux de l'industrie que les constructeurs de machines à vapeur ont créé un type spé-

Fig. 270. — Machine demi-fixe de l'usine Cail, à Paris.

cial, un *passe-partout*, pour ainsi dire, en d'autres termes le type demi-fixe.

Les machines à vapeur demi-fixes destinées à être conduites par des mains plus expérimentées que celles qui suffisent à la conduite des locomobiles rurales, et qui doivent être moins souvent transportées d'un lieu à un autre, ont pu, tout en restant robustes, recevoir des perfectionnements que ne comportait pas la rusticité des locomobiles.

agricoles. Presque toutes les machines demi-fixes que l'on construit aujourd'hui sont pourvues du système Compound.

Nous donnons (fig. 270) la vue de la machine demi-fixe construite à Paris par l'usine Cail. On y reconnaît facilement l'agencement général de la locomobile Cail qui a été simplement privée de ses roues.

Cette machine peut être transportée presque de toutes pièces. Le cylindre et toute la transmission de mouvement reposent sur le corps cylindrique de la chaudière; ce qui en assure la solidarité, et les rend indéformables. Portée à la partie antérieure par un patin en fonte, et à la partie postérieure, par la base circulaire du foyer, elle n'a pas besoin de fondations spéciales : il suffit de trouver, pour l'établir, un sol résistant.

Le générateur se compose de deux parties : un corps cylindrique horizontal, B, et un corps cylindrique vertical, A. Ce dernier, qui repose sur le cendrier, contient la boîte à feu, et porte, à la partie supérieure, une soupape de sûreté à levier, S, ainsi que la prise de vapeur, D. La vapeur arrive, par le tuyau G, dans le cylindre, C; l'arbre moteur, F, situé près de la cheminée, I, porte deux volants, V, V, qui permettent de transmettre le mouvement à deux appareils différents. Cette machine fonctionne sans condensation; une partie de la vapeur d'échappement passe dans le réchauffeur, R, situé au-dessous du corps cylindrique.

La machine à vapeur demi-fixe construite par les successeurs de Calla, MM. Chaligny et Guyot-Sionnest et que représente la figure 271, est munie du système Compound et est pourvue d'un condenseur. La chaudière est composée de deux parties; un corps cylindrique horizontal, E, qui porte le mécanisme et une partie à base rectangulaire, F, qui contient la boîte à feu. Les deux cylindres, A et B, de dimensions différentes, sont entourés d'une enveloppe

de vapeur. Les distributions de vapeur sont opérées par de simples tiroirs à coquille.

La vapeur, après avoir agi dans le petit cylindre, A, passe dans un réservoir intermédiaire, puis dans le grand cylindre, B, où elle travaille à nouveau, en complétant sa détente. L'alimentation d'eau est assurée par un tuyau, G, et par une pompe à action continue, H, qui est mise en mouvement par un excentrique, J, calé sur l'arbre moteur. Celui-ci porte encore un volant, V, et une poulie, P, qui communique le mouvement aux pompes du condenseur.

Le condenseur à injection d'eau, C, qui reçoit par le tuyau, K, la vapeur sortant des cylindres, est indépendant. Il se compose de la chambre de vide, d'une pompe à air et de ses boîtes à clapets, d'un arbre, M, portant le volant, S, et la poulie motrice, R.

M. J. Boulet, à Paris, construit également une locomobile demi-fixe *Compound*, entièrement ramassée et qui a l'avantage de tenir peu de place. La figure 272 donne une vue en perspective de cette machine.

La chaudière tubulaire ne se compose que d'un corps cylindrique, A, monté sur deux patins, P, P. La distribution de la vapeur se fait par tiroirs avec détente variable, par le régulateur dans le petit cylindre. Cette détente est du système à plaques glissantes, variante de la détente Mayer. (Voir la machine à vapeur fixe du Creuzot, décrite dans la Notice sur la machine à vapeur.)

Dans le *Supplément aux machines à vapeur*, nous avons donné le détail des cylindres et de la distribution, en parlant de la machine *Compound* fixe de M. J. Boulet (1).

Ainsi que nous l'avons dit, le petit cylindre C reçoit la vapeur à pleine pression. C'est dans le grand cylindre B que se fait la détente. Le petit cylindre est muni d'une enveloppe de vapeur entourant la sur-

(1) Page 72.

face cylindrique et l'intérieur de la boîte à tiroirs. Le fond d'arrière seul est amovible, celui d'avant est venu de fonte avec le cylindre; ces fonds sont à circulation de vapeur. L'enveloppe de vapeur du petit et du grand cylindre se trouve constamment en communication avec la chaudière. La vapeur d'échappement du petit cylindre contourne l'enveloppe, à sa partie supérieure, s'y réchauffe, et se rend à la boîte de distribution du grand cylindre, en faisant le tour de celui-ci. La distribution de vapeur du grand cylindre se compose d'un tiroir à coquille à deux orifices,

Fig. 271. — Machine demi-fixe compound de MM. Chaligny et Guyot-Sionnet.

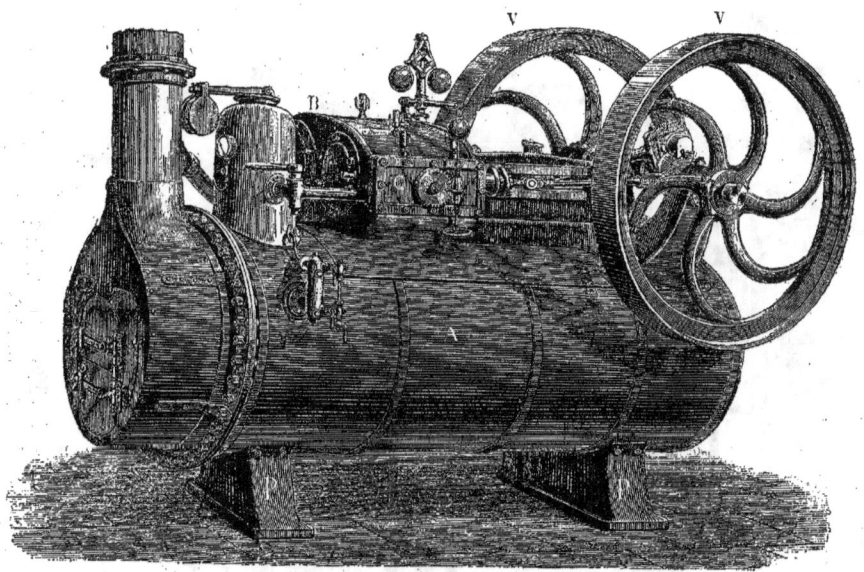

Fig. 272. — Machine demi-fixe de M. J. Boulet, système *Compound*.

commandé par un excentrique circulaire.

Le joint hermétique des pistons est assuré par une longue bague brisée, ou segment composé de deux anneaux agissant par leur élasticité naturelle.

Un réchauffeur se trouve placé dans l'intérieur du bâti. Ce réchauffeur, composé de tubes autour desquels circule la vapeur d'échappement, permet de réchauffer l'eau d'alimentation avant son introduction dans la chaudière, on réalise ainsi une économie de combustible et on assure la régularité de la pression.

Nous donnons (fig. 273) la vue extérieure d'une machine demi-fixe, construite à Paris par MM. Veyher et Richemond. Cette machine n'est autre chose que leur machine *Compound* que nous avons longuement décrite dans le *Supplément à la machine à vapeur* (1), mais montée sur une chaudière à

(1) Pages 62-68.

retour de flamme, et à foyer amovible, au lieu d'être établie sur un massif de maçonnerie.

Nous ne la décrirons pas, ce que nous avons dit de la machine fixe de MM. Veyher et Richemond se rapportant absolument à leur machine demi-fixe. Nous représentons seulement la chaudière qui est adaptée à cette machine, et qui est, comme il vient d'être dit, à foyer amovible.

Cette particularité, propre aux anciennes chaudières dites *Chaudières Thomas et Laurens*, fait leur supériorité sur la chaudière tubulaire des locomotives. En effet, la faculté de pouvoir retirer en dehors les tubes à fumée, rend le nettoyage plus facile que dans les générateurs tubulaires des locomotives.

La figure 274 donne une vue de cette chaudière. Elle comporte un corps cylindrique, EE, et un bouilleur, FF. La partie amovible, A, est formée d'une seule série de tubes disposés sur une circonférence concentrique à un tube de gros diamètre. Afin de faci-

Fig. 273. — Machine demi-fixe de MM. Veyher et Richemond.

liter, au moment du nettoyage, l'extraction du faisceau tubulaire on fait porter la partie antérieure sur un petit chariot, comme le montre la figure ci-dessous.

Sur le bouilleur se trouvent les branchements nécessaires à l'alimentation, un dôme de prise de vapeur, D, avec un trou d'homme, deux soupapes de sûreté, S, un

Fig. 274. — Chaudière à vapeur, à foyer amovible.

sifflet avertisseur et un tube indicateur de niveau d'eau.

Nous donnons (fig. 275) le dessin d'une machine demi-fixe à un cylindre et à enveloppe de vapeur, construite par MM. Ruston et Proctor, de Lincoln (Angleterre). La disposition générale est la même que celle de la locomobile des mêmes constructeurs précédemment décrite. Comme dans cette

Fig. 275. — Machine horizontale demi-fixe de MM. Ruston et Proctor, de Lincoln.

dernière locomobile, le cylindre, A, est à la partie postérieure, et la vapeur d'admission sort d'une boîte en fonte, B, qui contient une soupape équilibrée, ainsi que les soupapes de sûreté. La tige du piston actionne, par l'intermédiaire d'une bielle, un arbre coudé, sur lequel se trouve la poulie-volant, V. L'alimentation d'eau se fait également par une pompe, C, à action continue, mise en mouvement par un excentrique calé sur l'arbre. Le support d'avant, D, forme un réservoir d'eau pour l'alimentation de la chaudière. Le réchauffage de l'eau s'y fait au moyen d'une partie de la vapeur d'échappement.

Tant que la locomobile n'a eu à faire mouvoir que des outils agricoles ou autres appareils marchant à une faible vitesse, elle n'avait pas besoin de posséder une allure bien rapide. Mais son usage, se généralisant, l'a souvent appelée à commander des appareils qui doivent marcher à une très grande vitesse. Pour éviter les transmissions de mouvement, qui auraient enlevé à la locomobile une partie de ses avantages, et pour avoir une commande directe, autant que possible, il fallait augmenter la vitesse du moteur.

Par exemple, dans les installations d'éclairage électrique, où l'emploi de la locomobile ou de la machine fixe s'impose,

# SUPPLÉMENT AUX LOCOMOBILES.

pour actionner directement les machines dynamo-électriques, qui doivent marcher elles-mêmes à une très grande vitesse, il faut des moteurs d'une excessive rapidité.

Nous donnons ci-dessous une vue perspective de la locomobile à grande vitesse de

Fig. 276. — Locomobile à grande vitesse pour l'éclairage, de MM. Locoge et Rochart, de Lille.

MM. Locoge et Rochart, de Lille, construite spécialement en vue de l'éclairage électrique. Dans cette locomobile, l'arbre moteur, D, est placé vers le milieu de la machine; il est mis en mouvement par deux paires de cylindres, AB, A'B', placées l'une à l'avant, l'autre à l'arrière, et il porte deux coudes à 180° l'un de l'autre. Chacune des paires de cylindres constitue une petite machine *Compound*, à simple effet, c'est-à-dire que la vapeur n'agit jamais que sur une des faces de chaque piston, aussi

Fig. 277. — Locomobile à grande vitesse pour l'éclairage électrique de MM. Ransomes, Sims et Jefferies, de Lincoln.

bien dans les cylindres admetteurs, que dans les cylindres détendeurs. La vapeur est amenée par les tuyaux, C,C', dans les deux petits cylindres, AA', d'où elle passe dans les grands cylindres, BB'. Cette disposition a pour but de ne faire travailler les parties frottantes du mécanisme que pendant une demi-révolution, et de leur permettre de se reposer pendant l'autre demi-révolution. Une partie de la vapeur d'échappement va activer le tirage de la cheminée, l'autre partie vient réchauffer l'eau d'alimentation dans une bâche de forme demi-cylindrique placée sous le corps même de la chaudière. L'alimentation est faite par un injecteur.

Pour les installations d'éclairage électrique qui présentent une certaine importance, on fait usage des machines à vapeur demi-fixes, montées sur patins, marchant à grande vitesse, avec le système Compound ou le système ordinaire; mais si les foyers lumineux doivent se déplacer, assez souvent par exemple dans le cas des lampes disséminées sur un grand espace, et où les parties à éclairer ne sont pas toujours les mêmes, ou encore dans les applications de la lumière électrique à l'art militaire, c'est la locomobile proprement dite, toujours prête à se déplacer, que l'on continue d'employer.

Les constructeurs anglais sont allés plus loin dans cette voie. MM. Ransomes, Sims

# SUPPLÉMENT AUX LOCOMOBILES.

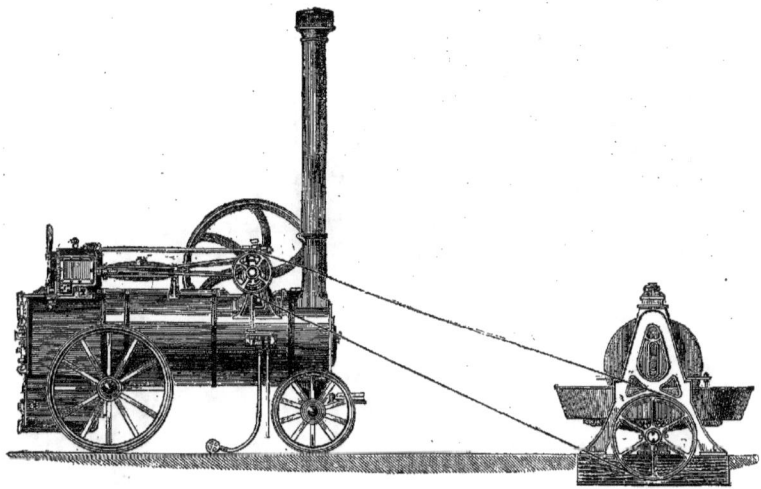

Fig. 278. — Locomobile actionnant un moulin à mortier.

et Jefferies construisent une locomobile pour l'éclairage électrique à grande vitesse, munie à l'avant d'une plate-forme pour l'appareil électrique, lequel est, de cette façon, porté par la locomobile elle-même, ce qui facilite encore la rapidité des déplacements.

La figure 277 représente cette dernière machine. Un bon régulateur de vapeur assure une grande constance dans la vitesse, malgré les variations de résistance, ce qui est indispensable pour que la force motrice employée à produire la lumière électrique demeure toujours égale. Le même régulateur permet, en outre, de changer la vitesse de la machine, sans l'arrêter, ce qui est important quand le nombre des lampes électriques vient à varier dans le même point.

Le cylindre, A, est situé à l'avant de la machine, près de la cheminée, G, et l'arbre moteur, B, à la partie postérieure, au-dessus de la boîte à feu. L'arbre moteur porte deux volants, V, V, qui, par l'intermédiaire de courroies, commandent les poulies, R, R, des machines dynamo-électriques, E, placées côte à côte sur la plate-forme, P. Celle-ci porte une plaque mobile, sur laquelle sont fixées les dynamos. On règle la tension des courroies de commande en avançant cette plaque glissante au moyen de vis.

## CHAPITRE III

LES LOCOMOBILES EMPLOYÉES AUX TRAVAUX DE CONSTRUCTION ET DE TERRASSEMENT. — LES GRUES A VAPEUR. — LES EXCAVATEURS. — LES POMPES A INCENDIE. — LES COMPRESSEURS DU MACADAM.

Dans les constructions des maisons et édifices, la locomobile fait l'office du manouvrier ou du cheval, pour préparer le mortier ou le béton nécessaire à la maçonnerie. Une locomobile fait tourner un arbre de couche, pourvu d'une large poulie (fig. 278). Une courroie, posée sur cette poulie, met en action le mécanisme au moyen duquel l'eau, d'une part, le ciment et la chaux, d'autre part, sont versés en proportions convenables, dans des vases d'un volume déterminé, et après s'être mélangés dans un baquet, sont soumis à l'agitation, pour composer un mélange intime qui constitue le mortier, ou ciment. Cet appareil accélère beaucoup le travail des maçons.

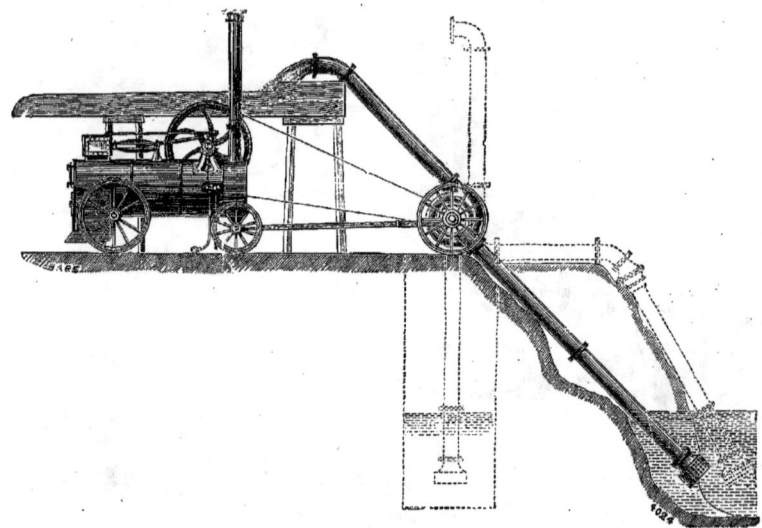

Fig. 279. — Locomobile actionnant une pompe rotative.

Aujourd'hui, dans les chantiers de maçonnerie d'une certaine importance, c'est une locomobile qui hisse les matériaux au niveau de chaque étage de la construction. Une courroie va de l'axe moteur de la locomobile à un arbre tournant, muni d'une chaîne, pouvant s'enrouler et se dérouler autour de cet arbre, lequel élève les matériaux, pierre taillée, plâtre, pierre meulière, etc., jusqu'au niveau occupé par les travailleurs.

On voit dans la figure 278 l'installation d'un moulin à mortier, mû par une locomobile. Le moulin est formé d'une auge circulaire, dont le fond est constitué par une plaque tournante, sur laquelle travaillent deux meules.

La locomobile pourrait aussi bien commander l'arbre d'un malaxeur ou d'une bétonnière, munie de palettes.

Nous donnons figure 279 la vue d'une installation d'épuisement dans des travaux hydrauliques. La locomobile met en mouvement une pompe centrifuge, montée sur roues, afin d'en rendre le transport plus facile.

Les pompes à eau, qu'elles soient à pistons, rotatives ou d'un système quelconque, sont presque toujours actionnées par des locomobiles. Nous représentons (fig. 280) une pompe à pistons, actionnée par une locomobile, de MM. Chaligny et Guyot-Sionnest.

La pompe représentée sur cette figure comprend :

1° Une transmission, recevant le mouvement du moteur et le transmettant, par des engrenages intermédiaires, aux bielles pendantes; cette transmission, rassemblée sur une même plaque de fondation en fonte, est fixée à la margelle du puits;

2° Deux pompes à pistons plongeurs, conjuguées, reliées entre elles par des plaques de refoulement et d'aspiration, avec un réservoir d'air et un coude de refoulement, d'une part, avec le tuyau d'aspiration, et le clapet de retenue d'autre part. Ces pompes sont fixées au fond du puits, sur des traverses en chêne. Les frottements au contact de l'eau sont en fer ou en fonte sur bronze, afin d'éviter l'oxydation; les clapets sont en cuir ou en bronze. Les

Fig. 280. — Locomobile de MM. Chaligny et Guyot-Sionnest, actionnant un jeu de pompes à piston.

pistons ont trois courses variables, correspondant environ à la moitié, aux trois quarts et à la totalité du débit nominal.

Dans les pompes de 6 mètres cubes, la commande peut se faire à la main ou par courroie; dans les pompes de 10 à 20 mètres cubes, les roues d'engrenage sont à denture de Cormier. Si la conduite de refoulement a plus de 50 mètres de longueur, il est prudent d'augmenter les dimensions du réservoir d'air, et d'adjoindre une soupape de sûreté, afin d'éviter les ruptures par coups d'eau.

3° Les tiges, pour une profondeur moyenne, sont en fer creux, de façon à leur donner plus de légèreté, et en même temps plus de rigidité.

4° Le moteur à vapeur est du type locomobile. La chaudière est à foyer intérieur et carré, à tubes de laiton. Elle est indépendante de toute maçonnerie, pour éviter les dislocations que produisent les alternances de chauffage et d'arrêt. On peut, d'ailleurs, y brûler toutes sortes de combustibles, charbon, tourbe, menus bois, etc. Le mécanisme qui est horizontal, est d'un entretien très facile.

Dans toute élévation d'eau, la puissance du moteur devra être calculée sur le pied de 140 mètres cubes d'eau élevés en une

Fig. 281. — Mouton à vapeur de M. G. Lacour, de La Rochelle (élévation) (A), coupe longitudinale (B), coupe horizontale (C).

Fig. 282. — Mouton à vapeur de M. G. Lacour, de La Rochelle.

heure, à un mètre de hauteur, par un cheval-vapeur. En se basant sur cette donnée, un simple calcul de proportionnalité permet, dans toutes circonstances, connaissant le débit d'une source et la hauteur à laquelle doit être élevée l'eau, d'évaluer la force de la machine nécessaire pour conduire la pompe. Ce chiffre comprend l'excès de charge provenant des frottements des organes mécaniques, et ceux de l'eau dans une conduite verticale.

Pour les alimentations intermittentes, l'emploi d'une machine locomobile offre l'avantage de pouvoir déplacer facilement le moteur resté libre pendant le chômage et de l'utiliser à d'autres travaux.

Dans les constructions sur pilotis, pour soulever le mouton qui doit enfoncer les pieux dans le fond des rivières, c'est une locomobile, amenée sur un radeau, qui élève le mouton, pour le laisser ensuite retomber de tout son poids. Il suffit, pour cela, de lâcher la vapeur dans l'air, en tirant un

Fig. 283. — Grue automobile à vapeur, de MM. Caillard frères, du Havre.

cordon, qui fait ouvrir une soupape donnant issue à cette vapeur ; ce qui permet à la masse du mouton de tomber par son seul poids.

Nous donnons dans la figure 284 la vue, en élévation et en coupe, d'une sonnette à battre les pieux, construite par M. G. Lacour, de La Rochelle.

Le bâti de l'appareil est formé par une pyramide en bois, à base triangulaire, dont une des faces est verticale, et porte les deux montants, qui servent à guider le mouton dans sa chute. Ce bâti est porté par un chariot roulant, qui lui permet de se déplacer sur une voie ferrée le long de la ligne suivant laquelle on veut enfoncer les pieux. Le chariot porte également une chaudière à vapeur verticale.

Le mouton dont la figure 284 donne l'élévation latérale (A), la coupe verticale (B) et une coupe horizontale (C), est constitué par une masse en fonte de grand poids, A, creuse à l'intérieur, de manière à former une espèce de corps de pompe. Dans la tête du pieu à enfoncer est fixée une tige de fer, $f$, qui pénètre dans l'intérieur du mouton, et qui porte, à sa partie supérieure, un piston, $e$. Le mouton peut prendre ainsi un mouvement de va-et-vient de haut en bas et de bas en haut, en glissant le long du piston et de sa tige, $f$. A la partie supérieure du mouton se trouve un robinet à trois voies, $g$, qui peut mettre l'intérieur du mouton en communication, soit avec l'atmosphère, soit avec la chaudière à vapeur, par l'intermédiaire d'un tuyau flexible.

Si l'on vient à introduire la vapeur à la partie supérieure du mouton, par le conduit $h$, dans l'espace compris entre le piston $e$ et le fond supérieur du mouton, comme le piston est fixe c'est le mouton B qui se soulève, le long de la tige $f$.

Quand, au moyen du *robinet de manœuvre* $g$, on ferme l'admission de vapeur $h$, et qu'on ouvre l'échappement $k$, le mouton retombe, en vertu de son poids, et vient frapper sur la tête du pieu, qu'il enfonce d'une certaine quantité.

La chute maximum du mouton est naturellement égale à la longueur de sa cavité.

Fig. 284. — Grue tournante à vapeur de MM. Caillard frères, du Havre.

*m* est une lumière destinée à limiter la course du mouton et à empêcher la rupture de l'appareil, au cas où on oublierait d'ouvrir l'échappement, lorsque le piston est arrivé à la partie supérieure de sa course. Quand la lumière *m* a dépassé le piston, la vapeur s'échappe par cette ouverture, et l'ascension du mouton est arrêtée.

Les *grues à vapeur* se voient fréquemment dans nos ports de mer et sur les quais des fleuves et rivières des grandes villes. Sur la Seine, à Paris, elles fonctionnent continuellement. La force de la vapeur mise en jeu dans une locomobile, placée elle-même au bord de l'eau, élève hors du bateau les marchandises à décharger, et les transporte, soit sur le quai, soit sur les voitures, ou charrettes, qui doivent les emporter.

La figure 283 représente une grue, de petites dimensions, montée sur un chariot en

# SUPPLÉMENT AUX LOCOMOBILES.

Fig. 285. — Grue flottante à vapeur de MM. Caillard frères, du Havre.

fer, qui lui permet de se déplacer sur une voie ferrée. Cette grue dont on peut voir plusieurs spécimens en action sur les bords de la Seine, à Paris, est construite par MM. Caillard frères, du Havre.

La chaudière, qui est verticale et placée en porte à faux, sert de contrepoids, lorsque le grue est en charge. Un cylindre à vapeur actionne le treuil, sur lequel s'enroule la chaîne, qui passe sur la poulie, placée à la partie supérieure de la flèche. Un autre cylindre permet à la plate-forme de la grue, par l'intermédiaire d'un pignon et d'une crémaillère circulaire, fixée sur le chariot, de prendre un mouvement de giration autour de son axe.

La figure 284 représente une grue tour-

nante à pivot fixe et à flèche courbe, construite, comme la précédente, par MM. Caillard frères, du Havre.

Cette grue, qui s'installe à demeure dans un atelier ou dans un magasin, est isolée du générateur de vapeur. Un cylindre, A, met en mouvement, au moyen du plateau manivelle, B, un premier arbre, C, qui, par des engrenages, fait tourner l'arbre du treuil de la chaîne. Celle-ci est supportée, jusqu'à la partie supérieure de la flèche, par deux galets, G, G. Le mouvement de rotation de la grue s'effectue autour du pivot P. Il est obtenu à l'aide d'un second cylindre à vapeur, d'un pignon R, et d'une crémaillère circulaire, S, solidaire du pivot.

La figure 285 représente une grue sem-

Fig. 286. — Diverses grues et dragues à vapeur.

Fig. 287. — Diverses grues et dragues à vapeur.

Fig. 288. — Excavateur Couvreux.

blable à celle que nous avons représentée dans la figure 284, mais qui est montée sur un ponton flottant, en tôle, lequel vient se placer entre le quai et le bateau; ce qui facilite le déchargement rapide des charbons, du sable et autres matières. Le pivot de la grue est monté directement sur le ponton, au lieu de l'être sur un chariot roulant.

Cette grue ne se distingue des autres que par la dimension de sa flèche, qui est beaucoup plus longue. Elle est, quelquefois, suivant les besoins, pourvue d'un propulseur à hélice, qui lui permet de se déplacer le long des quais, ou en rivière, et qui est actionné par la grue elle-même.

Les dragues et tous les engins de ce genre employés dans les grands travaux de terrassements peuvent être considérés, en quelque sorte, comme des locomobiles actionnant directement un outil solidaire avec elles, puisque la chaudière, la machine et l'outil forment un ensemble qui peut se déplacer de lui-même. Nous formons (pages 340 et 344) un groupe de la réunion de quelques grues-pontons, et de dragues à vapeur sur pontons sur un terrain fixe.

L'*excavateur Couvreux* dont nous donnons le dessin dans la figure ci-dessus, et qui est construit à Paris par M. L. Boulet, est une véritable drague terrestre. Sur une voie ferrée placée le long de l'excavation, au bord supérieur du talus, se déplace un truc, porté par quatre essieux, et sur lequel sont montés l'*élinde*, E, ainsi que la flèche qui supporte l'extrémité de l'*élinde*, et qui permet de faire varier son inclinaison, enfin la chaudière et la machine à vapeur V. Celle-ci

Fig. 289. — Excavateur universel.

met en mouvement la chaîne à godets G, G, le treuil qui permet de relever l'extrémité de l'élinde, et enfin l'ensemble de l'appareil sur la voie ferrée.

Les godets de la chaîne viennent successivement entamer le talus, en y creusant une sorte de sillon; puis l'excavateur se déplace un peu le long de la voie ferrée, pour venir creuser un sillon voisin. Quand la tranchée est élargie, on déplace la voie de l'excavateur parallèlement à elle-même, et on recommence les mêmes opérations. Derrière l'excavateur et sur une voie parallèle, circulent les wagonnets dans lesquels viennent se vider les godets de la chaîne qui se sont remplis de terre et de déblais.

L'*excavateur universel* que nous représentons dans la figure ci-dessus est un engin qui se prête à l'exécution d'une tranchée ou à la formation d'une cuvette quelconque, en attaquant le terrain par le bas. Cet appareil mécanique a l'avantage de permettre de creuser le sol de front, et d'avancer sans déplacer la voie sur laquelle il se meut. Il rejette les produits derrière lui, dans des wagons placés sur les voies mêmes où se déplace l'excavateur.

Sur un truc porté par deux essieux, se trouve une petite machine à vapeur, V, qui donne le mouvement d'avancement à l'ensemble et le mouvement de rotation à une couronne mobile M portée par des galets, et qui sert de base à toute la partie pivotante de l'appareil. Cette partie comprend un bâti massif, une machine avec sa chaudière, une flèche, une chaîne, un couloir, une élinde E et un treuil de soulèvement T.

Pendant le dragage, la partie pivotante

peut prendre un mouvement d'éventail, à droite et à gauche de l'axe des voies; ce qui permet à l'appareil de déblayer le terrain qui se trouve devant lui, à la largeur nécessaire. Elle peut même prendre une position perpendiculaire aux voies, si l'on veut travailler en élargissement.

Un ressort double placé à la partie supérieure de l'élinde, lui permet de remonter parallèlement à son axe, lorsqu'il se présente sous les godets un obstacle insurmontable. L'élinde, qui s'est soulevée sous l'effort, redescend sous l'impulsion du ressort, et le godet suivant vient piocher à son tour l'obstacle, jusqu'à ce qu'il ait cédé et soit entré dans un des godets. L'application de ce ressort évite les ruptures dans le mécanisme, lorsque la résistance du terrain est anormale.

Les godets à déversement automatique ont l'immense avantage de pouvoir draguer dans les terrains les plus agglutinatifs, comme argile, terre glaise, sans que, pour cela, le cube des déblais extraits soit inférieur à celui obtenu dans de bons terrains, tels que gravier et sable. Ils permettent, en outre, d'augmenter le cube des déblais dragués dans tous les terrains en général; et cela par le seul fait de l'augmentation de vitesse, que le déversement forcé du godet permet de donner à la chaîne dragueuse.

La construction des godets est très simple. Le dossier est mobile. Une came à deux tablettes est installée au centre du tourteau supérieur de la drague : chacune de ces tablettes, en tournant, vient alternativement pousser le dossier du godet, en lui faisant décrire un arc de cercle autour de son articulation supérieure. La came est calée sur l'arbre de telle façon que lorsque le godet se présente au-dessus du couloir, le dossier a fait sa course, et par conséquent, a complètement chassé, en dehors du godet, toute la matière qui y était contenue.

Deux taquets, disposés à l'intérieur du godet, limitent la course du dossier, et l'empêchent de tomber par devant. Il conserve cette position jusqu'à ce que la résistance du terrain le force à reprendre sa place primitive.

MM. Ruston et Proctor, de Lincoln (Angleterre), construisent un appareil assez différent des excavateurs ordinaires et qui porte le nom de *terrassier à vapeur* (fig. 290).

Le truc porteur est un châssis rectangulaire formé de poutrelles en fer très résistantes et fortement assujetties entre elles par des pièces transversales. Ce châssis constitue une plate-forme qui supporte les différents organes de l'appareil. Il est monté sur quatre roues à boudins, et muni de crics-supports, destinés à l'immobiliser et à supporter l'effort de la poussée, quand le terrassier est en action.

La machine et la chaudière sont verticales. Cette dernière, d'une force de dix chevaux-vapeur, est à tubes bouilleurs transversaux. La machine est à deux cylindres, à enveloppe de vapeur. En avant de la machine est boulonnée sur le châssis, une tour composée de plaques en fer forgé, consolidées par des poutrelles. A sa base se trouve un spacieux réservoir d'eau, destiné à alimenter la chaudière, tout en donnant de la stabilité à l'appareil. Cette tour porte une flèche en fer forgé.

L'outil excavateur est un godet formé par une épaisse plaque de fer munie d'une partie tranchante en acier, et armée de quatre pointes d'acier, qui séparent la terre et les pierres. Une porte, qui se referme automatiquement, et que l'on ouvre au moyen d'une corde, permet, quand il est plein, de vider le godet au-dessus des wagons.

Ce godet, fixé à l'extrémité d'un bras en bois de chêne, est porté par une chaîne de fer, que renforcent des plaques en fer. Il se meut entre les côtés de la flèche de la grue. Afin de donner plus ou moins de profondeur à l'entaille faite par le godet, on règle la

# SUPPLÉMENT AUX LOCOMOBILES.

Fig. 290. — Terrassier à vapeur de MM. Ruston et Proctor, de Lincoln (Angleterre).

longueur du bras au moyen d'un engrenage à crémaillère relié, par une chaîne de Vau-canson, à une roue à main, actionnée par un homme, qui se tient à l'avant sur une

S. T. I.

plate-forme circulaire construite au pied de la flèche de la grue.

Pour faire fonctionner le *terrassier à vapeur*, on abaisse le godet jusqu'à ce que son bras soit vertical. La machine à vapeur est mise en marche, et le godet est chassé en avant, de bas en haut, dans la terre, la profondeur de l'entaille étant calculée de manière que le godet se remplisse.

Lorsqu'il a repris sa position, la flèche de la grue est mue circulairement jusqu'à ce que le godet soit amené au-dessus de wagons qui circulent sur des voies situées à droite et à gauche de celle réservée au terrassier. On tire sur une corde agissant sur un loquet qui retient le fond du godet; celui-ci s'ouvre, et le contenu du godet tombe dans les wagons. Alors la flèche de la grue est ramenée à sa première position, pour une nouvelle entaille; la porte du godet se ferme automatiquement, et celui-ci est prêt pour une nouvelle opération.

En fouillant, déchargeant et avançant continuellement, le godet peut se remplir de 50 à 75 fois par heure, et enlever de 500 à 800 mètres cubes de matières dures, par jour. Si les terres sont tendres il peut déblayer et charger en wagons jusqu'à 1,000 mètres cubes, en 10 heures de travail.

Une autre application importante de la locomobile consiste à l'utiliser pour actionner directement une pompe à eau faisant corps avec le moteur. C'est la création des puissantes pompes à incendie modernes qui a permis de combattre avec succès les incendies les plus redoutables, et leurs désastreux résultats, au milieu des nombreuses agglomérations d'habitations.

Aujourd'hui, toutes les grandes villes d'Europe et d'Amérique possèdent des pompes à incendie à vapeur, construites sur des types différents, mais qui ont été étudiées toutes avec le plus grand soin. Elles peuvent être transportées avec une excessive rapidité, à la première alerte, sur le lieu du sinistre, et elles sont mises rapidement en pression, de manière à fournir un débit d'eau très considérable.

C'est en Amérique que les pompes à incendie à vapeur ont pris naissance. Le premier de ces appareils fut imaginé, vers 1860, par MM. Lee et Larned. En Angleterre, les premiers types furent créés par MM. Shand et Mason, et par M. Merryweather, de Londres.

La figure 291 représente une pompe à incendie à vapeur à deux cylindres, construite par MM. Merryweather. C'est une pompe à grande vitesse, conçue de manière à pouvoir fournir un travail énergique, tout en offrant une grande légèreté.

Le bâti de la machine se compose de deux longerons en tôle fixés à la chaudière. Le poids est réparti également sur les quatre roues, de manière que la machine peut, sans aucun danger, être traînée avec rapidité, et qu'on peut, en toute sécurité, la faire passer par les mauvaises routes.

La machine à vapeur, complète en elle-même, est entièrement indépendante du bâti. Les cylindres, qui sont horizontaux, actionnent directement deux pompes, également horizontales, et dont les pistons sont reliés aux pistons à vapeur par des tiges d'acier. Les tiroirs sont commandés par un excentrique placé au-dessus des tiges de pistons.

Les deux pompes, fondues d'une seule pièce, sont en bronze. Les soupapes d'aspiration et de refoulement sont placées dans une chape, qui se trouve elle-même au-dessous des cylindres, protégeant ainsi ces derniers contre les pierres et graviers, en suspension dans l'eau. La surface des soupapes est assez grande pour que, quelle que soit la vitesse à laquelle marche la machine à vapeur, les pompes s'emplissent complètement à chaque course, sans aucun effet nuisible. Les orifices d'aspiration et de refoulement de la pompe, sont munis de cloches à air en cuivre, dont l'une, celle du refoulement

# SUPPLÉMENT AUX LOCOMOBILES. 347

Fig. 291. — Pompe à incendie à vapeur, à deux cylindres, de MM. Merryweather, de Londres.

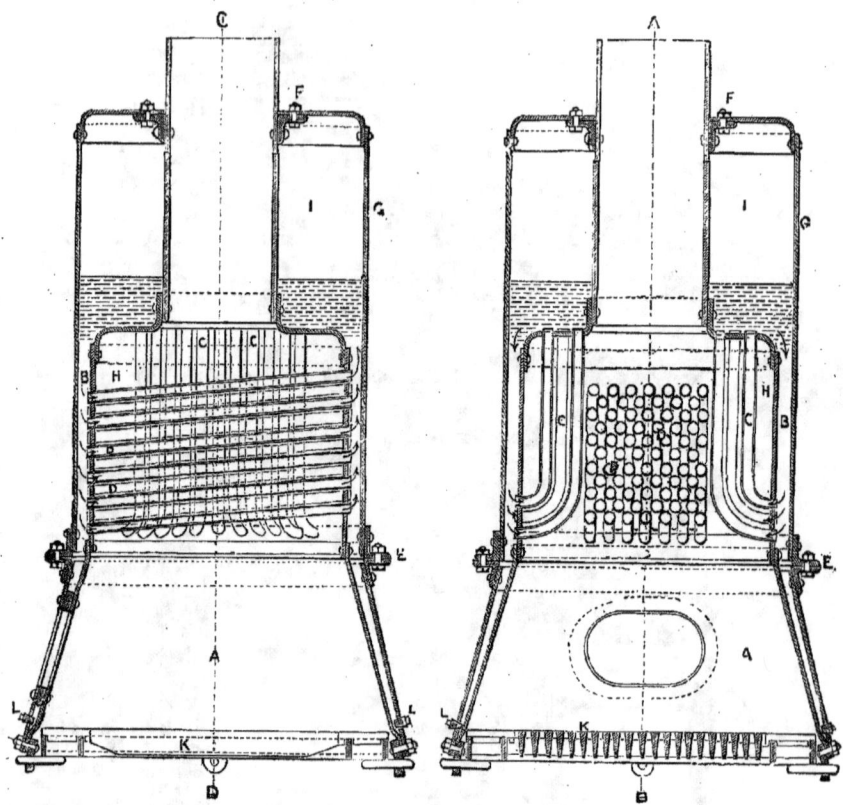

Fig. 292 et 292 bis. — Coupe verticale de la chaudière de la pompe à incendie de MM. Merryweather, de Londres.

est pourvue d'un appareil spécial ayant pour but de maintenir à l'intérieur une constante quantité d'air, ce qui permet à la pompe de lancer un jet puissant et régulier.

Nous donnons dans les figures 292 et 292 bis deux coupes de la chaudière à vapeur de cette pompe. Cette chaudière, qui est verticale, est pourvue d'une enveloppe d'eau, B, entourant le foyer, ce qui rend inutile l'emploi des briques réfractaires. La disposition des tubes à fumée, dont les uns (C,C) sont verticaux et les autres (D,D) horizontaux présente une grande surface de chauffe, tout en permettant une large circulation d'eau et un excellent tirage. Les joints boulonnés F, F, permettent de visiter l'intérieur de la chaudière. K, est la grille du foyer, A.

Le mécanisme étant placé à l'avant de la chaudière, la porte du foyer est facilement accessible, de telle façon qu'on peut la chauffer pendant qu'on dirige la machine vers le lieu de l'incendie.

La figure 292 est une coupe verticale de la chaudière et la figure 292 bis une autre coupe verticale, prise à angle droit de la première.

La vapeur peut être produite en 3 minutes à partir de l'allumage. La pression de 6 kilogrammes peut être obtenue dans l'espace de 6 à 10 minutes, suivant la quantité d'eau contenue dans la chaudière; et une fois atteinte, cette pression se maintient facilement.

L'alimentation d'eau de la chaudière se

SUPPLÉMENT AUX LOCOMOBILES. 349

fait, soit au moyen d'une pompe à action directe, qui prend son eau dans la pompe principale ou dans un réservoir quelconque, soit au moyen d'un injecteur installé

Fig. 293. — Pompe à incendie à un seul cylindre, de MM. Merryweather, de Londres.

sur la chaudière, soit enfin au moyen d'un robinet qui, lorsqu'il est ouvert, permet le refoulement dans la chaudière du contenu total de la pompe à chaque course.

Cette pompe peut débiter jusqu'à 4,250 litres par minute, tout en donnant un jet unique de 52 mètres de hauteur, ou plusieurs jets dérivés, de hauteur moindre.

A la gare du chemin de fer de l'Est, à Paris on trouve plus de vingt de ces pompes anglaises.

La figure 293 représente une pompe à vapeur due aux mêmes constructeurs, c'est-à-dire à MM. Merryweather, mais n'ayant qu'un seul cylindre, et par conséquent une moindre puissance.

Plusieurs constructeurs français ont entrepris la fabrication des pompes à incendie à vapeur. Il faut citer d'abord la ville de Paris, comme ayant fait exécuter des pompes d'un grand débit et d'une grande facilité de transport.

C'est un ancien capitaine des sapeurs-pompiers de Paris, M. Thirion, qui a tracé le plan et fait exécuter les deux modèles de ces pompes actuellement en service à Paris. Un de ces modèles, de la force de 30 chevaux-vapeur, débite 1,500 litres d'eau par minute; l'autre, de la force de 40 chevaux, fournit 2,000 litres par minute.

La compagnie de Fives-Lille a récemment étudié le type d'une nouvelle pompe à incendie, qu'elle livre à différentes villes de la France et de l'étranger, et où l'on trouve réalisés divers perfectionnements importants.

Nous donnons, dans la figure 294, le dessin de cet appareil mécanique. L'ensemble de la pompe à vapeur est porté par un châssis horizontal monté sur roues, avec ressorts et avant-train. La chaudière est fixée à l'arrière, entre les longerons du châssis.

L'appareil mécanique, formé de trois cylindres moteurs à vapeur et de trois corps de pompe à eau, est fixé entre les longerons, à l'avant de la chaudière, et tous les mécanismes sont disposés de façon à rendre les manœuvres promptes et faciles.

Au-dessus des cylindres à vapeur et des pompes, le châssis supporte une caisse servant de siège au cocher et à quatre pompiers, et formant armoire, pour renfermer des pièces de rechange et l'outillage nécessaire au fonctionnement de la pompe.

*Chaudière.* — La chaudière est verticale, à tubes pendentifs, à circulation d'eau.

Elle se compose de deux parties, A et B, assemblées par des boulons; la partie cylindrique, A, porte tous les appareils de sûreté, qui n'ont aucune liaison avec la partie B. Celle-ci est conique, à double paroi, de façon à former une mince enveloppe d'eau autour du foyer: elle porte la plaque et le faisceau des tubes à fumée. Un certain nombre de ces tubes partant de la plaque tubulaire et aboutissant aux parties basses de l'enveloppe du foyer, y établissent une circulation active de l'eau soumise à l'ébullition. Des regards sont ménagés dans l'enveloppe extérieure en face des tubes de circulation, pour permettre de les tamponner au besoin. La partie cylindrique supérieure, A, de la chaudière porte aussi deux trous de bras, qui rendent accessible toute la surface de la plaque tubulaire, et permettent de tamponner ceux des tubes qui viendraient à fuir trop abondamment ou à se rompre. Grâce à cette disposition, on peut laisser tomber la pression, tamponner le tube défectueux et remettre la chaudière en pression, dans un espace de temps de 20 à 25 minutes.

A droite et à gauche de la porte du foyer se trouvent deux caisses à charbon, H, dont les fonds sont réunis par un marchepied, sur lequel se tient le chauffeur, pendant le trajet de la pompe au lieu d'incendie.

Un injecteur, I, fixé à la partie arrière du châssis, à portée de la main du chauffeur, sert à l'alimentation de la chaudière, quand la pompe à vapeur ne fonctionne pas. L'aspiration de cet injecteur se fait dans une caisse à eau, G, placée à l'avant de la chaudière et suspendue au châssis.

*Cylindre à vapeur moteur et distribution*

Fig. 294. — Pompe à incendie à vapeur de la Cⁱᵉ de Fives-Lille.

*de vapeur.* — Les cylindres moteurs employés pour actionner les pompes à piston sont à action directe. La machine de Fives-Lille en possède trois, C, C′, C″, disposés horizontalement et fixés à l'avant de la chaudière entre les longerons du châssis. Les tiges des pistons moteurs sont placées en prolongement de celles des pompes et les plongeurs de ces dernières sont reliés par des bielles à un arbre à trois manivelles, calées à 120 degrés. Cette disposition évite l'emploi des volants que l'on trouve dans quelques pompes à incendie.

Les tiroirs de distribution de vapeur sont placés à la partie supérieure des cylindres, dans une même boîte fermée par un couvercle unique dont le démontage peut se faire avec facilité et où la vapeur débouche en *a* par une conduite commune.

La distribution est à détente fixe, sans emploi d'excentriques; le mouvement des tiroirs est obtenu à l'aide de leviers articulés sur un arbre transversal et prenant leur mouvement sur les tiges de pistons. Ce mécanisme est combiné de telle manière que la tige d'un piston commande le tiroir d'un autre cylindre, de cette manière les mouvements se produisent avec une régularité parfaite.

*Pompes à eau.* — Les trois corps de pompes à eau, D, D′, D″, sont fondus en bronze, d'une seule pièce. Toutes les trois sont à simple effet à l'aspiration et à double effet au refoulement.

Les clapets d'aspiration des trois pompes sont fixés sur la table du tuyau commun d'aspiration et isolés par le cloisonnement des pompes. Les pistons sont formés d'un disque portant des clapets multiples et d'un plongeur dont la section est moitié de celle des corps de pompe. On a ainsi un refoulement constant pour une aspiration intermittente; car, dans chacune des courses simples du plongeur, la moitié du volume d'eau aspirée par le piston se trouve refoulée. L'eau s'écoule toujours ainsi dans la même direction, de son entrée à sa sortie des pompes; ce qui est une condition essentielle pour des pompes à mouvement rapide.

Tous les clapets sont en caoutchouc et s'ouvrent par soulèvement, et non par emboutissage. Des ressorts à boudin en laiton, agissant sur une platine métallique qui couvre presque toute la surface des clapets, assurent la fermeture hermétique de ceux-ci, qui retombent sans chocs et sans bruit sur leurs sièges, et font donner aux pompes fonctionnant à une vitesse relativement grande, un volume d'eau très peu différent du volume engendré par les pistons.

La réduction relative de la vitesse est évidemment une condition de bonne conservation des organes de la machine; ce qui n'empêcherait pas, en cas de besoin, de demander à cette pompe un surcroît de débit.

Le tuyau de refoulement, commun aux trois corps de pompe, se divise en deux sorties d'eau, pour alimenter deux lances. Une valve, manœuvrable à volonté, au moyen d'un levier, permet d'ouvrir l'un ou l'autre des deux orifices ou les deux à la fois, mais elle ne peut, dans aucune position, fermer ensemble les deux orifices, ce qui écarte tout danger de rupture des pompes par un excès de pression.

Le conduit de refoulement porte un robinet à soupape, dont la boîte peut faire communiquer le refoulement avec l'aspiration au moyen de tubulures. En actionnant le volant de cette soupape à vis de rappel, on en modifie, selon le besoin, le degré d'ouverture, de manière à régler le débit des pompes pour les lances, sans modifier l'allure de la machine. Une soupape de sûreté, qui a son siège dans la boîte de ce robinet à soupape, prévient tout excès de pression.

Deux réservoirs d'air sont placés, l'un

Fig. 295. — Locomobile cylindreuse des chaussées. Système Gellerat. Vue extérieure.

à l'aspiration et l'autre au refoulement des pompes.

L'arbre à manivelles est porté par quatre paliers fondus avec les corps de pompes à eau. Toutes les pièces du mouvement sont ainsi solidaires les unes des autres ; ce qui ne permet aucune perturbation dans les positions relatives de ces pièces.

L'un des trois corps de pompe porte une pompe alimentaire dont le mouvement est à la main du mécanicien, comme tous les autres organes de commande de la machine. L'aspiration de cette pompe se fait, soit dans la caisse à eau G de l'injecteur, soit sur le refoulement même des pompes principales, lorsque celles-ci fonctionnent.

Toutes les pièces en contact avec l'eau sont en bronze ou en cuivre, pour éviter l'oxydation.

*Accessoires de la pompe à vapeur.* — La pompe est munie de tous les accessoires nécessaires à son fonctionnement. Les armoires de la caisse contiennent l'outillage à main de la chaudière, de la machine et des pompes.

Des supports fixés aux longerons du châssis, reçoivent, à droite et à gauche, entre les roues, six tuyaux d'aspiration en caoutchouc avec spirale intérieure d'une longueur de 14 mètres environ. Deux lances courtes sont placées verticalement de chaque côté du siège du cocher ; deux autres lances, plus longues, sont attachées horizontalement, de chaque côté du coffre, sous les planchettes formant le marche-pied du siège des pompiers.

A l'avant, sous le marchepied du cocher, sont suspendus deux tuyaux de refoulement, enroulés, ayant chacun 20 mètres de longueur, qui sont vissés, à l'avance par leurs raccords sur les tubulures de sortie d'eau, de sorte que ces tuyaux, une fois déroulés, sont immédiatement prêts au service.

*Éclairage.* — L'éclairage de la pompe est fait par quatre lanternes à réflecteurs à bougies, dont deux, de grande dimension, sont placées à droite et à gauche du siège du cocher, et deux, de plus petite dimension, éclairent la partie arrière de la chaudière et ses accessoires.

L'emploi de l'huile a été écarté à cause des inconvénients qu'il présente, par suite de l'épaississement de l'huile après un certain temps d'inactivité.

A partir du moment où le feu est placé sous le foyer, l'aiguille du manomètre se meut après 4'50, et la pression est de 5$^k$, au bout de 9'45''.

Avec une hauteur d'aspiration de 2$^m$,80, la pompe de Fives-Lille fournit un jet qui, verticalement, atteint une hauteur de 40 mètres. Avec une hauteur d'aspiration de 6$^m$,50, elle fournit un jet horizontal de 45 mètres. A la vitesse de 215 tours, par minute, le débit peut atteindre 2,048 litres d'eau par minute. A la vitesse normale de 190 tours, il atteint encore 1,804 litres.

Une des applications de la locomobile que nous devons consigner dans ce Supplément, c'est le *compresseur à vapeur pour l'empierrement des routes*, parce que nous en avons fait mention dans les *Merveilles de la Science* (1).

Nous avons dit que ce volumineux et puissant appareil a été construit, à Paris, pour la première fois, par M. Ballaison, et nous en avons donné un dessin. Le *compresseur à vapeur* a été beaucoup perfectionné depuis cette époque. M. Gellerat, à Paris, l'a considérablement amélioré, ou, pour mieux dire, l'a entièrement transformé.

Nous donnons, dans la figure 295, la vue extérieure, dans la figure 296 la coupe longitudinale du côté gauche, dans la figure 297 le plan de la transmission du mouvement aux rouleaux, et dans la figure 298 la vue en bout du dernier modèle de compresseur à vapeur de M. Gellerat.

Le *compresseur à vapeur* se compose (fig. 295 et 296) d'un châssis très robuste, sur lequel sont établies les caisses à eau et à

(1) Tome I, page 422.

# SUPPLÉMENT AUX LOCOMOBILES.

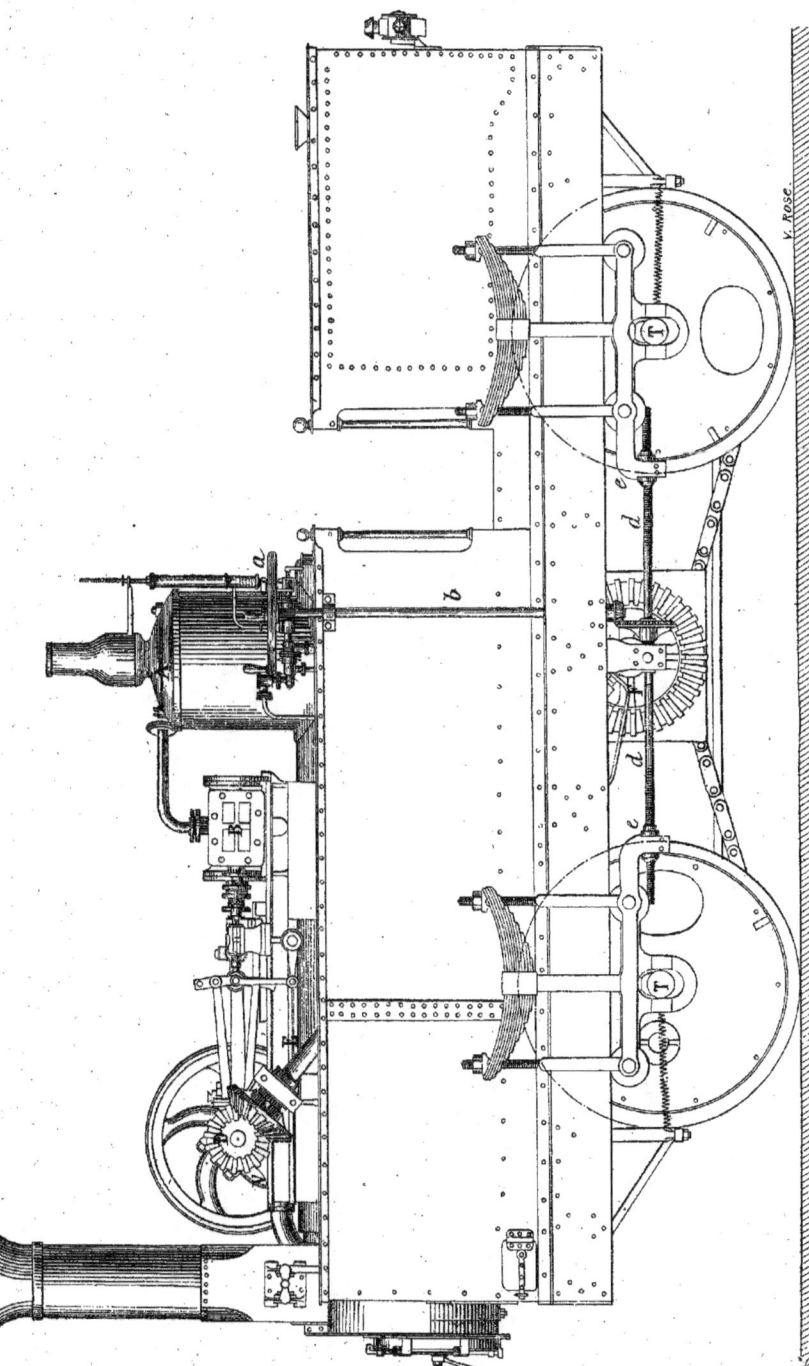

Fig. 296. — Locomobile cylindreuse des chaussées. Système Gellerat. Coupe longitudinale (côté gauche).

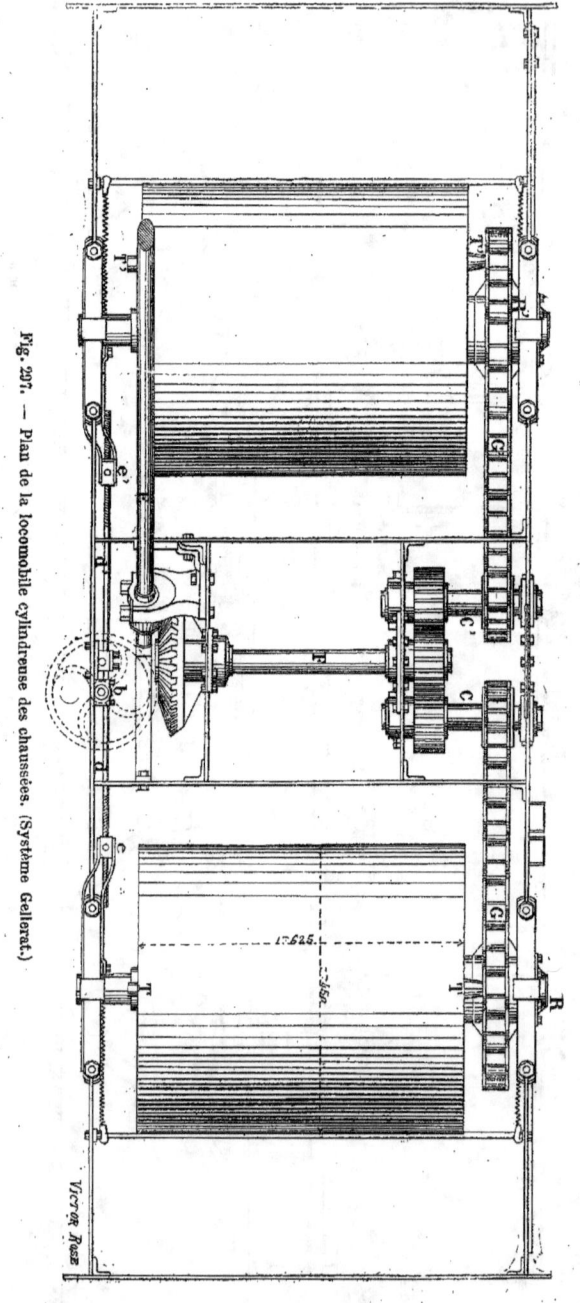

Fig. 297. — Plan de la locomobile cylindreuse des chaussées. (Système Gellerat.)

charbon, la chaudière, la machine motrice et la transmission.

Ce châssis s'appuie, au moyen de ressorts, sur les bouts des essieux autour desquels tournent les rouleaux. Les essieux sont fixés, par l'une de leurs extrémités, dans une plaque de garde. Cette extrémité de l'essieu porte un renflement sphérique, qui est emprisonné dans la partie évasée d'une boîte en fer, dénommée *boîte à coulisse* et qui fait partie de la plaque de garde. L'autre extrémité des essieux est libre, et peut se déplacer dans le sens horizontal, avec les ressorts, pour les besoins de la direction courbe.

La chaudière est tubulaire et toute semblable à celle d'une locomotive. Sur le corps de la chaudière se trouvent (fig. 296) un dôme de vapeur, A, placé au-dessus du foyer, et deux cylindres, B, horizontaux, placés côte à côte, dont les pistons actionnent, au moyen de manivelles calées à 90 degrés, un arbre D, sur lequel est monté un volant V.

La distribution de vapeur s'opère facilement, au moyen de deux paires d'excentriques et de deux coulisses de Stephenson. Un arbre oblique E transmet le mouvement de l'arbre moteur $d,d$, à un troisième arbre horizontal, F (fig. 296 et 297) situé en dessous du châssis. Enfin cet arbre F met en mouvement deux pignons CC' (fig. 297) qui agissent au moyen de chaînes de Galle GG' sur deux arbres, fixés dans les rouleaux, parallèlement à leur axe, et qu'on appelle *tocs*. Le bout saillant du *toc* pénètre dans un coussinet spécial qui se meut entre deux des bras des roues RR' qui porte la chaîne de Galle. Ce coussinet peut glisser dans le sens de son axe, qui coïncide avec un rayon de la roue, en même temps qu'il peut osciller autour de cet axe. L'ouverture du coussinet qui reçoit le bout du *toc*, est évasée dans le sens du rayon de la roue, de façon à permettre les légères trépidations de l'essieu dans cette direction ; par l'intermédiaire du toc, la roue porte-chaînes conduit parfaitement le rouleau, quelle qu'en soit la position.

L'appareil de direction du compresseur à vapeur est placé du côté gauche de la machine. Un volant $a$, muni d'une poignée, commande un arbre vertical $b$, qui, par transmission d'angle, commande à son tour un arbre horizontal $d, e$, fileté, en sens inverse, des deux côtés. La *vis de direction* rapproche ou écarte deux écrous rattachés aux bouts libres des essieux par des tirants, suivant que l'on veut faire tourner le véhicule dans un sens ou dans l'autre.

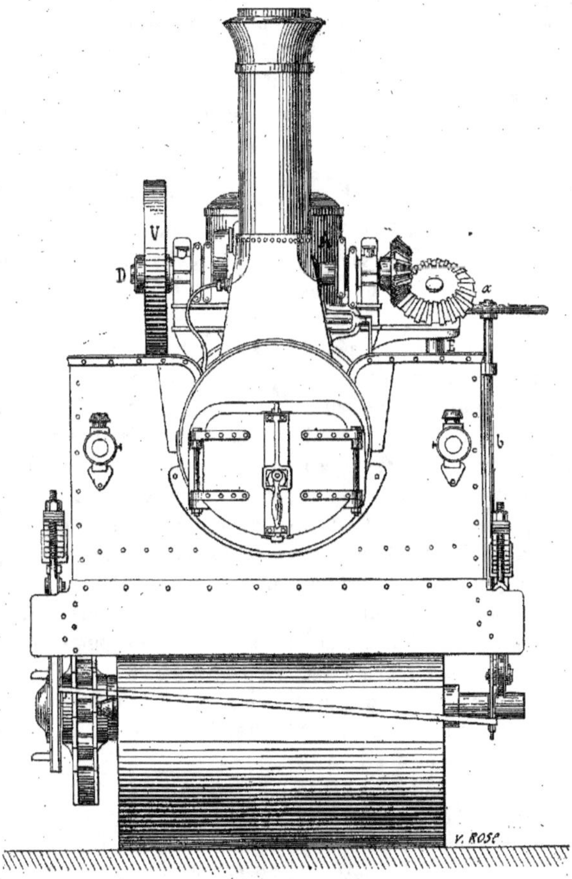

Chaque machine doit être conduite par deux hommes, un *machiniste* et un *pilote*. Pour graisser, il faut suspendre la marche, ces deux ouvriers étant indispensables pour assurer la direction. En leur adjoignant un chauffeur, le graissage peut se faire presque entièrement en marche, et il en résulte une économie sérieuse.

Les compresseurs à vapeur sont établis d'après trois types pesant respectivement 30 tonnes, 25 à 27 tonnes et 18 tonnes.

Fig. 298. — Locomobile cylindreuse des chaussées. (Système Gellerat.) Vue en bout.

Ces trois types ont été jusqu'ici employés par la ville de Paris.

Le *compresseur* dont nous donnons les vues perspectives et les coupes est du deuxième type. Voici ses dimensions principales :

| | |
|---|---|
| Surface de chauffe totale | 26ᵐ,40 |
| Diamètre des cylindres | 0ᵐ,230 |
| Course des pistons | 0ᵐ,360 |
| Diamètre des rouleaux | 1ᵐ,450 |
| Longueur des rouleaux | 1ᵐ,625 |
| Poids à vide | 22 à 24 t. |
| Poids moyen en charge | 25 à 27 t. |
| Vitesse moyenne de marche sur chaussée à cylindrer | 4 kil. |

Le cylindrage des chaussées effectué par le compresseur à vapeur, donne à la surface de la chaussée une forme parfaite, en même temps qu'il lui assure une longue durée.

Ce résultat est l'effet combiné d'un poids et d'une vitesse considérable. Sur les chaussées liaisonnées par le rouleau à chevaux, autrefois en usage, l'empierrement n'est solidifié que sur une croûte de très mince épaisseur, et presque toujours par l'emploi de matières d'agrégation en excès. Il suffit alors de quelques charrois pesants pour y creuser des ornières, qui désagrègent la chaussée et la détruisent rapidement.

Au point de vue de la rapidité du travail, la vitesse ordinaire des *compresseurs* est de trois et demi à quatre kilomètres par heure, en cours de cylindrage, et de quatre à six kilomètres par heure, sur une chaussée en bon état d'entretien.

Les rouleaux mus par les chevaux parcourent au plus 2,200 mètres par heure, lorsqu'ils effectuent un long trajet; mais si leur parcours est peu étendu, leur vitesse réduite — temps d'arrêt pour le retournement compris — n'est que de 1,631 mètres par heure. Cette vitesse moyenne résulte d'observations nombreuses.

Les vitesses moyennes des deux engins comparés sont donc entre elles comme neuf et quatre. Cette supériorité de vitesse, combinée avec le poids des compresseurs à vapeur, lequel est double, triple ou quadruple de celui des rouleaux à chevaux, permet d'exécuter rapidement, — c'est-à-dire en une séance de six à huit heures, au plus, — des travaux de cylindrage qui exigeraient trente-six à quarante heures par l'ancien procédé.

Un rouleau compresseur à vapeur de 27 tonnes, peut, dans une journée de 10 heures, cylindrer 400 mètres de longueur, sur une route de 5 mètres de largeur, empierrée avec une épaisseur de 0ᵐ,10 à 0ᵐ,15, soit 2,000 mètres de surface.

Cette rapidité de travail a pour conséquence nécessaire une grande économie, mais cet avantage n'est pas le seul. On a constaté, dans Paris, que les chaussées liaisonnées par les compresseurs à vapeur ne nécessitent pas un renouvellement de l'empierrement aussi fréquent que lorsqu'elles étaient consolidées par les rouleaux à chevaux. Telle chaussée qui, par l'ancien mode, devait être rechargée tous les six mois, dure au moins un an, et quelquefois dix-huit mois, sans réparation, lorsqu'elle a été cylindrée, dans de bonnes conditions, par les compresseurs à vapeur. Cette longue durée s'explique par la plus grande homogénéité de la couche solidifiée, et par l'emploi d'une moindre quantité de matières d'agrégation.

---

## CHAPITRE IV

LES VOITURES A VAPEUR, OU MACHINES ROUTIÈRES. — LES FARDIERS MILITAIRES. — LES VOITURES A VAPEUR AGRICOLES.

Nous avons exposé, dans les *Merveilles de la Science*, les diverses tentatives faites jusqu'en 1870 pour appliquer les locomobiles à la traction sur les routes; en d'autres termes, nous avons décrit les voitures à vapeur, ou machines *routières*. On comprend qu'on ait eu l'idée de modifier la locomobile de façon à lui permettre de remorquer, sur les routes ordinaires, des convois de voyageurs ou de marchandises, en évitant ainsi les frais considérables occasionnés par l'installation d'une voie ferrée. On espérait arriver à construire une machine automobile, comme la locomotive ordinaire, présentant assez d'adhérence et de puissance pour circuler sur les pentes moyennes, pouvant s'arrêter et se remettre en marche avec rapidité et facilité, en réalisant une économie sensible sur les moteurs animés.

Outre la machine routière de M. Lotz, de Nantes, dont nous avons parlé dans la Notice sur les Locomobiles, des *Merveilles de la Science* (1), deux autres machines routières figuraient à l'Exposition universelle de 1867.

La voiture à vapeur construite par M. Albaret, de Liancourt (Aisne) rappelait, par son aspect, une locomotive qui serait portée sur deux roues. Le foyer contenu dans un cylindre vertical servait à chauffer une chaudière tubulaire horizontale, en tôle d'acier. Les cylindres moteurs sont placés sur la chaudière, entre les roues de devant et celles de derrière. Une chaîne sert à transmettre à l'essieu moteur des roues l'action de la vapeur. Les deux roues motrices, qui ont 1$^m$,40 de diamètre, peuvent être rendues, à volonté, fixes ou articulées, alternativement ou simultanément. Le combustible est placé à l'arrière, dans une caisse établie au-dessus des grandes roues ; enfin, le réservoir d'eau est disposé autour de la chaudière.

La force de la machine à vapeur est de 10 chevaux ; la surface de chauffe de la chaudière est de quinze mètres carrés, le poids de la machine en charge, de 10,800 kilogrammes.

Cette machine fut employée, pendant deux ans, dans les départements du Jura et du Nord, et l'on put constater qu'elle traînait, en moyenne, malgré des rampes de 5 à 6 centimètres par mètre, 12,000 kilogrammes environ, à la vitesse maxima de 4 à 6 kilomètres, pour une consommation de 3 kilogrammes par heure et par force de cheval. D'après un calcul approximatif, cette voiture à vapeur pourrait traîner, sur une route de niveau, un poids allant jusqu'à 20 tonnes.

Une voiture à vapeur, qui se rapproche beaucoup de la précédente, par la disposition de la chaudière et des cylindres, est celle qui fut construite par M. Larmanjat. Elle n'a qu'une seule roue directrice, sans avant-train. Le constructeur avait eu l'idée de la pourvoir de deux roues auxiliaires, d'un diamètre beaucoup plus petit que celui des roues motrices. Par un mécanisme très simple, les roues pouvaient se substituer l'une à l'autre, suivant les besoins ou les difficultés du terrain ; celle qui n'était pas utile était soulevée, et demeurait fixe au-dessus du sol.

Le trajet d'Auxerre à Avallon et retour, représentant 108 kilomètres, fut effectué, avec cette voiture à vapeur, traînant une lourde diligence chargée de quinze personnes, à une vitesse de 11 kilomètres à l'heure, en moyenne.

En 1869, une machine routière construite par MM. Rientzy et Garnier, fit, pendant quelque temps, le service entre Paris et Champigny. Elle traînait, avec une vitesse triple de celle des omnibus ordinaires, deux voitures, contenant chacune vingt-huit voyageurs.

L'entreprise des voitures à vapeur de Paris à Champigny n'a pas eu de suite ; cela n'a pas empêché beaucoup de constructeurs de s'appliquer à perfectionner la *machine routière à vapeur*.

(1) Tome I, page 425.

La voiture à vapeur construite par M. de Cambiaire, en 1881, était si légère que deux personnes la soulevaient aisément. Elle pouvait, toutefois, traîner six personnes, à travers rampes et contours, avec une docilité de marche qui permettrait de la confier à la main la plus novice.

L'appareil de M. de Cambiaire est un chariot à siège transversal, porté sur quatre roues légères, d'environ 30 centimètres de rayon; il est assez bas pour qu'on y monte sans marchepied. Chacune des deux roues de l'avant-train pivote, sans changer de place, avec la fourchette verticale qui la supporte; et au moyen d'une traverse horizontale, qui sert de *gourvernail*, ce double mouvement est rendu concordant et simultané.

Quant aux deux autres roues, c'est sur leur essieu que s'exerce la force motrice, au moyen de deux chaînes qui le rendent alternativement solidaire d'un second arbre parallèle, situé plus en avant. Les cylindres moteurs, couchés horizontalement et côte à côte, à la partie antérieure du mécanisme, sont de très faibles dimensions. La course des pistons étant très réduite, leur mouvement est assez précipité pour suffire à la vitesse que la voiture peut recevoir.

Le mécanisme est protégé contre la poussière et les chocs, par les planches placées sous les pieds des voyageurs. Les roues sont enveloppées de bandes de caoutchouc.

Le générateur de vapeur est la pièce originale de la voiture de M. de Cambiaire. Qu'on se figure un épais cylindre, de cuivre rouge, d'un diamètre d'environ 20 centimètres, dressé à l'avant : c'est le réservoir de la chaudière. Il est surmonté du dôme de vapeur, coulé aussi en cuivre et d'un diamètre égal. Au-dessous, une boîte de tôle, un peu conique, la base tournée en bas, est supportée par le châssis. Sur la surface intérieure de cette boîte rampent, en hélice, plusieurs tubes de cuivre, en communication avec le réservoir. Ce serpentin, ou plutôt ces serpentins accouplés, reçoivent le coup de feu sur une surface de chauffe d'environ un mètre carré de développement, mais sous un si petit volume apparent, qu'on est étonné de la quantité de travail fournie par ce récipient. Enfin, comme base de cette espèce de colonne, la caisse du foyer est supportée au-dessous des tubes de vaporisation; elle s'emboîte dans leur enveloppe de tôle. Quand on veut éteindre ou amortir, on peut la descendre, puis la détourner sur la droite au moyen d'une manivelle.

La voiture emporte avec elle sa provision d'eau et de coke.

La sécurité est assurée par divers accessoires, qui permettent de manier sans aucun danger le récipient de vapeur dans lequel se produit une assez forte pression, et par la petite quantité d'eau chaude qu'il contient, et qui ne dépasse jamais un volume de deux à trois litres.

L'inventeur, afin de donner quelque élégance à ce véhicule, avait sacrifié, en quelque sorte, la cheminée, qu'il détournait sous la voiture, pour la rendre invisible, ce qui, en route, ne peut nuire au tirage.

La voiture à vapeur qui a marché, en 1884, sur l'avenue de la Grande-Armée, à Paris, était de MM. A. de Dion, G. Bouton et C. Trépardoux.

Le châssis de la voiture porte le générateur à vapeur et les cylindres. Ce châssis réunit deux trains, au moyen de ressorts appliqués par derrière et par devant. A l'arrière sont deux roues directrices, garnies de caoutchouc, ainsi que les deux roues du devant. Une manivelle se trouve sur chaque essieu de l'arrière; elle est reliée, au moyen d'une bielle d'accouplement, laquelle est mue par le levier directeur qui se trouve à la droite du conducteur. Deux freins de Prony produisent l'arrêt ou le

## SUPPLÉMENT AUX LOCOMOBILES. 361

ralentissement. Ces freins sont accouplés à un levier de manœuvre, à la gauche du conducteur, qui exerce son action sur les deux grandes roues du devant.

Fig. 299. — Machine routière à vapeur de MM. Foden, de Londres.

Il y a deux moteurs à vapeur indépendants; leurs cylindres ont 7 centimètres de diamètre et la course des pistons est de 10 centimètres. 960 coups de piston à la

S. T. I.
46

minute correspondent à 430 tours de roues ou 40 kilomètres à l'heure. La vapeur s'échappe autour du foyer, en se surchauffant, pour sortir par la cheminée. C'est dans le réservoir d'eau que se fait l'échappement de l'alimentateur; le liquide arrive ainsi dans la chaudière presque à l'ébullition.

Le générateur de vapeur est nouveau; un manchon, avec deux enveloppes, porte tout ce qui est nécessaire à une chaudière.

Un tube cylindrique est réuni au manchon extérieur, par un grand nombre de tubes inclinés. L'eau est ainsi maintenue entre les deux enveloppes cylindriques, dans les tubes et dans le cylindre vertical. C'est autour du faisceau des tubes que les flammes circulent; 1 kilogramme de coke suffit pour vaporiser 9 kilogrammes d'eau.

La chaudière est pourvue d'un alimentateur à niveau constant et automoteur. Cette partie se compose d'une pompe à double effet, ayant un moteur qui prend sa vapeur sur la chaudière, à la hauteur du niveau d'eau.

Cette voiture fonctionnant sans apparence de sortie de la vapeur fait très peu de bruit; elle peut tourner sur une circonférence de $2^m,50$ de rayon.

M. Trépardoux, à Paris, a construit quelques voitures à vapeur de ce modèle.

La voiture à vapeur, à système *compound*, construite par MM. Foden, à Londres, est une locomotive routière, se prêtant à la commande d'appareils installés à demeure.

Cette machine a une puissance nominale de 8 chevaux.

Comme on le voit sur la figure 299, les roues motrices ont un diamètre considérable : elles mesurent $2^m08$ de diamètre, et leur jante a une grande largeur ($0^m,38$) pour donner à la machine une assise convenable sur un sol peu consistant. Afin d'éviter que les roues patinent sur les terrains secs et durs et sur les pentes, on les a garnies de chevrons, qui, en pénétrant légèrement dans la chaussée, viennent augmenter l'adhérence de la machine.

On a cherché, comme les circonstances l'imposent, du reste, à mettre les organes de commande à l'abri de la poussière et des trépidations engendrées par les inégalités du sol. Dans ce but, le châssis portant la chaudière et le mécanisme est suspendu sur des ressorts à spirale, disposés de telle sorte que leur flexion ne modifie pas la position relative des axes de transmission.

Les deux arbres A et B (fig. 300), susceptibles de trépidations, dont l'un est l'essieu moteur et l'autre le troisième arbre de mouvement, sont reliés par deux cadres, O, en acier fondu, qui embrassent, de chaque côté de la machine, les boîtes à coulisse des coussinets. Ces cadres sont traversés à la partie supérieure par une petite tige $c$ surmontée d'un plateau en contact avec le ressort de suspension logé dans le cylindre F. On peut régler l'amplitude des oscillations de chacun des ressorts, au moyen de vis à écrou et contre-écrou, placées sous les coussinets.

Grâce à cette disposition, la machine reste suspendue sur ses ressorts, tout en maintenant une distance invariable entre les axes principaux de la commande motrice. Pour une installation fixe où il est inutile de conserver la suspension élastique, on donne à cette dernière la rigidité nécessaire à l'aide des vis se trouvant à la partie supérieure des boîtes à ressort.

Comme on le voit, les portées des arbres A et B consistent en des rotules D, qui permettent le passage de la locomobile sur des accidents de terrain, sans produire le coïncement des ressorts de suspension.

Les tiroirs sont placés sur les côtés et à l'extérieur des cylindres, pour être d'un accès facile, et la détente est obtenue au

# SUPPLÉMENT AUX LOCOMOBILES.

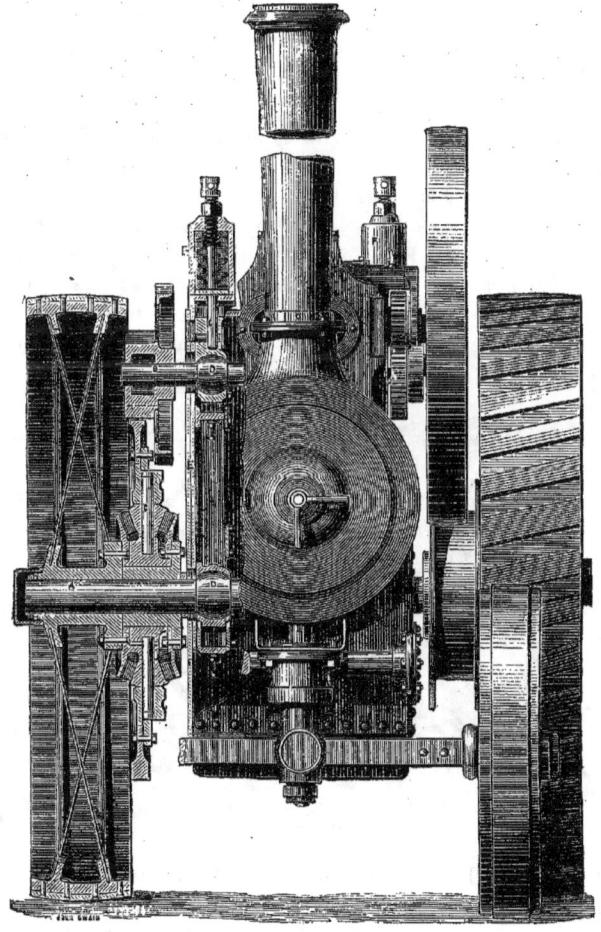

Fig. 300. — Machine routière à vapeur de MM. Foden, de Londres (coupe transversale).

moyen d'un dispositif sensiblement analogue à la distribution Farcot.

Sur le dos du tiroir principal traversé de part en part par les ouvertures d'admission, se trouve un tiroir de détente qui, dans la position moyenne, laisse ces orifices ouverts et dont le mouvement est provoqué par son frottement sur le premier. Un régulateur modifie automatiquement le degré de détente de la vapeur.

Voici des données intéressantes sur la machine Compound routière qui fut envoyée en 1887 au concours de Newcastle par MM. Foden :

Diamètre du corps de chaudière, $0^m,76$ ;
Longueur de la boîte à feu, $0^m,53$ ;
Largeur de la boîte à feu, $0^m,64$ ;
Hauteur de la boîte à feu au-dessus de la grille, $0^m,66$ ;
Surface normale de la grille, $0^{m2},33$ ;
Surface de grille effective, $0^{m2},28$ ;
Nombre de tubes, 76 ;
Diamètre extérieur des tubes, 40 millimètres ;

Longueur des tubes, $1^m,67$ ;
Surface de chauffe de la boîte à feu, $1^{m^2},76$ ;
Surface de chauffe des tubes, $16^{m^2},45$ ;
Surface de chauffe totale, $18^{m^2},66$ ;
Surface de chauffe par cheval indiqué au frein, $1^{m^2},035$ ;
Surface de chauffe par décimètre carré de grille, $56^{dc},15$ ;
Section totale des tubes, $8^{dc},63$ ;
Rapport de la section des tubes à la surface de grille, $0,26$ ;
Pression de la chaudière, $17^k,57$ ;
Diamètres des cylindres, 121 et 242 milmètres ;
Course des pistons, 254 ;
Nombre de tours, 156 ;
Puissance indiquée au frein 18 chevaux ;
Eau consommée par cheval indiqué et par heure, $7^k,87$ ;
Eau vaporisée par kilog. de charbon, $9^k,06$ ;
Consommation de charbon par cheval indiqué et par heure, $0^k,85$.

Ces résultats sont favorables, comparativement à ceux que fournissent les machines similaires, dans lesquelles il y a 5 ou 6 tonnes de plus de métal à entretenir à une haute température. Ils sont dus, en partie, à la pression très élevée à laquelle fonctionne la chaudière. Celle-ci est du type de locomotive, et construite, ainsi que ses tubes, entièrement en acier ; puis essayée à 56 atmosphères. Ce métal est, du reste, employé pour tous les organes de fatigue du moteur ; l'arbre coudé est à plateaux équilibrés et d'une seule pièce avec ses excentriques

Nous donnons enfin (fig. 300) la vue d'une locomotive routière construite par MM. Ruston et Proctor, de Lincoln (Angleterre) qui a pu faire un service de voyageurs dans d'assez bonnes conditions, sur une route bien entretenue.

Nous venons de passer en revue les principaux types des voitures à vapeur construits dans ces dernières années. Hâtons-nous de dire que ces tentatives ne paraissent pas, du moins jusqu'à ce jour, avoir réalisé les espérances qu'elles avaient fait naître, ni avoir obtenu un bien grand succès pratique, malgré les avantages économiques qu'elles peuvent présenter dans certains cas particuliers.

Fait assez singulier, c'est pour le service des transports militaires que les locomo-

Fig. 301. — Locomobile routière de MM. Ruston et Proctor, de Lincoln (Angleterre).

biles routières sont entrées dans la pratique. Dans ces circonstances, en effet, la question d'économie est secondaire. Au moment d'une mobilisation générale, il peut se faire qu'on ne trouve pas assez de chevaux pour transporter tout le matériel de guerre sur le théâtre des opérations stratégiques. Les locomotives routières sont susceptibles, dans ce cas, de rendre de grands services, surtout dans les pays munis de bonnes routes.

C'est pour cela, c'est-à-dire en vue d'une mobilisation, que la plupart des gouvernements, dans ces dernières années, ont préparé des approvisionnements de machines à vapeur routières. L'Angleterre en a mis en

# SUPPLÉMENT AUX LOCOMOBILES.

Fig. 302. — Expérience faite, au Champ de Mars, d'une locomobile routière appliquée au transport de l'artillerie.

dépôt dans tous les ports de guerre, et elle en possède aussi un certain nombre dans les villes de l'Inde. La Russie et l'Italie en ont également plusieurs en réserve.

En France, des expériences furent faites, en avril 1876, sur une machine à vapeur construite par MM. Aveling et Porter, de la force de 8 chevaux-vapeur. Cette machine remorqua, du fort de Montrouge à celui de Chatillon, avec une vitesse de 6 à 8 kilomètres à l'heure, quatre pièces de canon de seize, de marine, représentant un poids total de 22 tonnes.

A la suite de cette expérience favorable, on a mis en service, dans quelques établissements d'artillerie, un certain nombre de *locomotives routières*, dont quelques-unes ont été achetées aux maisons anglaises Aveling et Porter, mais dont le plus grand nombre a été construit à Paris, par l'usine Cail.

En temps de paix, ces machines sont journellement utilisées dans nos places fortes, pour le transport des lourds fardeaux, et elles ont été d'un grand secours pour l'armement des forts de Paris. En temps de guerre, on les utiliserait, soit à la suite des armées, pour le transport des approvisionnements de deuxième ligne, soit dans les parcs de siège, ou dans les places fortifiées.

Les divers organes de ces machines sont disposés de manière à souffrir le moins possible des trépidations occasionnées par les inégalités du sol, et à être à l'abri de la poussière du chemin, qui est toujours nuisible au bon fonctionnement de tels appareils. Tous ces organes sont assez simples pour pouvoir être réparés aisément par un ouvrier qui n'est pas mécanicien de sa profession.

Dans certains modèles, tels que la machine de Cail, afin de donner plus de douceur au roulement, le châssis portant la chaudière et les organes moteurs est suspendu sur des ressorts; ce qui a, toutefois, le grave inconvénient de faire varier la position relative de certains organes de transmission du mouvement.

L'arbre transmet le mouvement aux roues motrices, par l'intermédiaire d'un système d'engrenage différentiel; ce qui permet aux roues de prendre, dans les courbes, des vitesses différentes, sans glisser, et par suite, sans cesser d'être roues motrices.

Ce mouvement différentiel qui complique un peu le mécanisme n'existe pas sur toutes les machines. Les roues sont alors calées sur l'essieu, mais dans les changements de direction, on est naturellement forcé de décaler l'une d'elles.

L'arrêté ministériel du 20 avril 1886, relatif à la circulation des machines routières, prescrivant l'emploi exclusif de bandages sans saillies, les roues motrices des locomotives Cail sont garnies de cubes de bois jointifs, qui leur donnent une adhérence suffisante, tout en fournissant une surface plane de roulement.

Dans les locomotives routières, construites spécialement en vue des opérations de la guerre, le foyer est disposé de façon à permettre, dans le cas où l'on ne pourrait se procurer du charbon de terre, d'utiliser du bois ou tout autre combustible.

## CHAPITRE V

LES MACHINES ROUTIÈRES APPLIQUÉES A L'AGRICULTURE.

A l'exception de l'emploi tout spécial que nous venons de mentionner, les voitures à vapeur n'ont pas, jusqu'à ce jour, rendu de bien grands services. Elles peuvent cependant, pour l'usage agricole, cumuler avec profit leur fonction de moteur proprement dit, avec celle d'agent de traction.

En effet, soit que la locomobile ait à fournir la puissance, dans une exploitation rurale de très grande étendue, soit qu'elle appartienne à un entrepreneur qui les loue aux petits propriétaires, dans l'un et l'autre cas, il faut, non seulement la transporter de place en place, souvent à d'assez grandes distances, mais encore

# SUPPLÉMENT AUX LOCOMOBILES.

Fig. 303. — Locomobile routière à vapeur de MM Clayton et Shuttleworth, de Lincoln (Angleterre), fonctionnant comme batteuse et élévateur de paille.

Fig. 304. — La même locomobile routière en marche.

déplacer avec elle les engins qu'elle doit mettre en mouvement, et qui peuvent être souvent lourds et encombrants, tels que batteuses, élévateurs de paille, etc.

De là l'idée d'aménager la locomobile de manière à lui permettre, une fois le travail

Fig. 305. — Machine à vapeur routière, pour travaux agricoles, de MM. Ransomes, Sims et Jefferies.

terminé en un lieu, de se transformer en machine routière, et de remorquer derrière elle la batteuse, l'élévateur et autres engins, montés eux-mêmes sur des roues.

Nous donnons (fig. 303 et 304) deux vues représentant le double service d'une pareille machine. Dans la première, la locomobile met en mouvement la batteuse et l'élévateur qui place la paille en meule, au sortir de la batteuse. Dans la seconde, la même machine remorque, sur une route, la batteuse et son élévateur de paille, pour aller fonctionner ailleurs.

Ce sont surtout les constructeurs anglais qui se sont engagés dans cette dernière voie. Ils fabriquent des machines locomobiles routières de types différents, mais qui peuvent toutes remplir le but que nous venons d'indiquer.

On est même allé jusqu'à munir l'avant de la locomobile d'une flèche amovible et démontable. La locomobile devient alors une véritable *grue à vapeur*, et elle peut servir à l'enlèvement des fardeaux.

En multipliant ainsi le nombre des usages auxquels peut être appliquée la locomobile rurale, et en lui assurant de ne jamais rester inactive, on a pu réellement vulgariser son emploi, et en faire un véritable moteur applicable à toute fin.

Nous donnons (fig. 305) la vue perspective d'une machine à vapeur routière, construite par MM. Ransomes, Sims et Jefferies, de Londres, qui peut servir à faire travailler les batteuses, pour la culture à vapeur, pour les scieries, les pompes, etc., et qui peut également servir pour le transport des produits agricoles.

Le cylindre est à enveloppe et à circulation de vapeur. L'essieu principal porte un tambour, qui permet, au moyen d'un câble métallique, d'appliquer toute la force de la

Fig. 306. — Machine routière agricole de MM. Appleby frères, de Londres.

machine à la batteuse, pour la tirer d'un endroit difficile. Sur les routes ordinaires, de telles machines remorquent des charges de 8 à 15 tonnes, avec une vitesse de 2 kilomètres 1/2 à 5 kilomètres à l'heure.

La figure ci-dessus représente une autre machine routière affectée à ce double emploi. Construite par MM. Appleby frères, de Londres, elle peut fonctionner comme locomobile routière et comme locomobile rurale.

En résumé, nos constructeurs français fabriquent des moteurs destinés à remorquer des voitures ou des chars sur des routes bien entretenues, et se rapprochant plus ou moins, par leur forme, des locomotives de nos chemins de fer. Les constructeurs anglais fabriquent des appareils plus rustiques, se rapprochant du type des locomobiles rurales. Les roues sont fortes, larges et à bordure striée ; le mécanisme à vapeur est peu différent de celui des locomobiles des campagnes. Les voitures à vapeur françaises sont suspendues sur des ressorts, tandis que, dans le type anglais, moins délicat, il n'existe aucun intermédiaire élastique pour supporter le poids de la voiture.

Les constructeurs anglais et français sont encore partagés sur la manière d'imprimer la direction au véhicule, c'est-à-dire pour obliquer ou tourner. Faut-il appliquer l'action de la vapeur aux roues de derrière ou à celles de devant ? On a adopté successivement les deux systèmes ; mais on place de préférence la roue motrice à l'arrière. Faut-il, pour obtenir la direction, placer à l'avant-train une petite roue, qui, manœuvrée par un conducteur, comme une sorte de gouvernail, produise la direction du mouvement dans un sens déterminé ? C'est ce que font la plupart des constructeurs ; mais l'utilité de cette disposition est contestée.

Un autre point sur lequel les opinions diffèrent beaucoup, c'est le mode de transmission du mouvement. Les constructeurs anglais ont adopté la chaîne, pour lier l'arbre moteur de la machine à vapeur à l'essieu porteur des roues. Ils donnent encore la préférence aux engrenages. MM. Clayton et Ransomes emploient des engrenages doubles et triples, pour passer, de 60 à 100 tours par minute de l'arbre moteur, aux 12 et 25 tours de la roue, et ils n'ont jamais eu à se plaindre de la rupture des dents d'engrenage. Mais nos constructeurs demeurent fidèles à la chaîne de Vaucanson, comme agent de transmission.

Dans les appareils anglais et français, la distribution de la vapeur se fait toujours au moyen de l'organe mécanique qui est en usage dans les locomotives, et qui porte le nom de *coulisse de Stéphenson*, manœuvrée par un long levier, aboutissant à un excentrique coudé, ce qui permet de changer rapidement l'introduction de la vapeur, et par conséquent, le sens du mouvement de la voiture.

La surface de chauffe des chaudières des voitures à vapeur est, en général, de 1 mètre 20 centimètres carrés à 1 mètre 30 centimètres carrés, par force de cheval.

Le frein employé chez les constructeurs anglais et français est toujours le frein ordinaire, à sabot.

Sur les appareils anglais, le mécanisme étant presque tout entier exposé à l'extérieur, sa visite et son entretien sont faciles, avantage que ne présentent pas au même degré les appareils construits en France, sauf celui de M. Lotz, de Nantes.

Quel poids peut entraîner, à une vitesse déterminée, une voiture à vapeur? Peut-on remorquer ainsi des fardeaux d'un tonnage considérable? C'est là la question fondamentale; car si tout devait se réduire à la possibilité de traîner quelques voitures sur les routes ordinaires, c'est-à-dire de remplacer les chevaux d'une diligence ou ceux d'un omnibus, sans pouvoir suffire à de puissants services de roulage, les chemins de fer n'auraient guère à s'inquiéter d'une telle concurrence. Mais sur ce point essentiel les données précises, expérimentales, font entièrement défaut; il faut s'en tenir à quelques renseignements, qui sont insuffisants pour établir un calcul digne de confiance. L'état de la route, l'époque de la saison, l'habileté du mécanicien, sont autant de conditions dont il faut tenir compte, et qui ont empêché jusqu'ici d'arriver à une évaluation rigoureuse du nombre de tonnes de marchandises que pourra traîner une voiture à vapeur, par chaque unité de force de cheval.

Dans un article sur les *locomobiles routières*, publié dans le *Journal pratique d'agriculture*, par M. Doublet, nous trouvons cependant quelques chiffres qui représentent la puissance des voitures à vapeur par force de cheval, la consommation de charbon et le prix de ces machines :

« Poids total en charge par force de cheval, dit l'auteur : machines anglaises, 960 kilog.; machines françaises, 650 kilog.

Consommation de charbon par cheval et par heure : 2 kilog. 50 à 5 kilog.

Charge traînée par cheval-vapeur : machines anglaises, 2 à 3 tonnes; machines françaises, 1,200 à 1,500 kilog.

Prix d'achat par force de cheval décroissant à mesure que sa puissance augmente : machines anglaises, 1,100 à 800 francs; machines françaises, 2,000 à 1,000 francs.

« Il ne faut pas cependant, ajoute M. Doublet, attacher à ces chiffres une importance trop absolue : ils ne peuvent être donnés qu'à titre d'indications générales. Les éléments de comparaison manquent encore pour établir, au sujet des machines routières, des points de départ certains et hors de discussion. »

Ainsi, tout, dans cette question, est encore hésitation et tâtonnements. Ce n'est pas une raison pour en détourner nos regards; c'est, au contraire, un motif pour que l'homme de progrès l'examine avec intérêt et curiosité. Si notre esprit ressent une vive satisfaction lorsqu'il contemple un système, un appareil mécanique, dûment achevé et perfectionné, qui semble avoir atteint les dernières limites de l'art, il ne doit pas éprouver un moindre attrait à considérer, à leur naissance, les inventions qui attendent leurs progrès du travail et du temps.

Le calcul indique, en résumé, que la traction par la vapeur, sur les routes ordinaires, en prenant pour base la voiture à vapeur de M. Lotz, varierait de 14 à 64 centimes par tonne et par kilomètre, tandis qu'avec la traction par des chevaux, la dépense serait de 45 centimes à 1 franc 15 centimes. L'économie en faveur de la voiture à vapeur, comparée au roulage, est donc sensible.

Tous ces chiffres sont assurément incertains, et aucune évaluation précise ne saurait être encore présentée, quant au prix de revient de la traction sur les routes par l'action de la vapeur. Mais ce qui est établi, c'est la possibilité de faire marcher des voitures de ce genre, en toute sécurité, sur les chemins ordinaires. On a vu circuler à Paris, à Marseille, à Nantes, etc., des locomobiles routières. Presque jamais le passage de ces véhicules anormaux n'a amené les embarras que l'on redoutait. C'est avec surprise que l'on a reconnu que les chevaux qui parcourent la même route ne s'effrayent que très rarement, à la vue de ces nouveaux véhicules de fer et de feu. Aussi, un arrêté ministériel a-t-il autorisé la circulation des voitures à vapeur sur les routes ordinaires, en fixant les conditions administratives auxquelles doit satisfaire tout entrepreneur qui voudra établir un service de transport public avec un appareil de ce genre.

Mais s'il est bien prouvé maintenant que l'on peut remorquer de lourds chargements sur les routes ordinaires, au moyen d'une machine locomobile à vapeur, il faut reconnaître, comme nous le disions tout à l'heure, que la question est encore très mal résolue, tant pour la théorie générale que pour la pratique. Tout reste à faire pour constituer la théorie scientifique de ce nouveau moteur, et pour fournir des données sérieuses sur sa valeur pratique.

FIN DU SUPPLÉMENT AUX LOCOMOBILES.

# SUPPLÉMENT

## AU

# PARATONNERRE

Dans notre Notice sur le *Paratonnerre*, nous avons reproduit la partie pratique des *Instructions sur les paratonnerres*, formulées au nom de l'Académie des sciences de Paris, en 1823, par Gay-Lussac, et en 1854, par Pouillet (1).

Diverses modifications ont été apportées à ces préceptes, en 1855, 1867 et 1868, par l'Académie des sciences, puis, en 1875, par une Commission municipale, à l'occasion des paratonnerres qu'il s'agissait d'établir sur les édifices de la ville de Paris.

Il est indispensable de revenir sur cet important sujet, et de le compléter, en résumant les nouvelles *Instructions* données par l'Académie des sciences et la Commission municipale de Paris, en 1875. Nous aurons aussi, dans ce *Supplément*, à mentionner les travaux publiés par le chimiste et physicien belge, Melsens, enlevé à la science, en 1886 ; ainsi que le système nouveau de protection des édifices proposé par un physicien français, M. Grenet, que l'on peut rattacher à celui du physicien belge.

(1) Les *Merveilles de la science*, tome I, pages 580-590.

## CHAPITRE PREMIER

LES NOUVELLES INSTRUCTIONS DE L'ACADÉMIE DES SCIENCES DE PARIS PUBLIÉES EN 1867 ET EN 1875. — RECHERCHES DE LA COMMISSION MUNICIPALE DE PARIS SUR LA ZONE DE PROTECTION D'UN PARATONNERRE.

Les savants auteurs des *Nouvelles instructions sur le paratonnerre*, adoptées par l'Académie des sciences de Paris, en 1867, commencent par dire qu'il ne faut pas oublier « qu'un paratonnerre n'est préservatif, c'est-à-dire utile, que s'il est en parfait état, sinon qu'il est fort dangereux; — qu'il ne suffit pas d'avoir établi des paratonnerres sur une habitation, pour la préserver de la foudre, qu'il faut les entretenir, surtout lorsque dans leur construction il entre du fer et de hautes tiges élevées au-dessus du bâtiment; — qu'il faut veiller à ce que le fer soit garanti de la rouille et de toute rupture, car plus les tiges sont élevées, plus les dangers d'une interruption sont graves; — qu'il est obligatoire que les paratonnerres soient visités et complètement nettoyés, au moins une fois par an, à la fin de l'automne; — qu'ils doivent être essayés et contrôlés par les procédés électriques en usage; — enfin qu'il ne faut confier les travaux des paratonnerres qu'à des fabricants spéciaux, connaissant parfaitement les lois et les phénomènes électriques, et non aux entrepreneurs de serrurerie ou de ferronnerie, qui en sont généralement chargés. »

On sait qu'un paratonnerre remplit deux fonctions. Il facilite la décharge de l'électricité dans le sol, en la faisant écouler, sans danger, dans ce vaste réservoir naturel, et il tend à prévenir la décharge disruptive, en neutralisant les conditions qui déterminent cette décharge dans le voisinage d'un corps conducteur.

Pour remplir la première de ces fonctions, un paratonnerre doit offrir une ligne de décharge, pour ainsi dire, parfaite, et plus accessible à l'écoulement de l'électricité que celle que pourraient offrir les matériaux entrant dans la construction de l'édifice qu'il s'agit de protéger.

Pour remplir la seconde fonction, il est nécessaire que le conducteur soit surmonté d'une ou de plusieurs pointes. Les pointes et les flammes possèdent, en effet, la propriété de dissiper, lentement et sans bruit, les charges électriques, en dirigeant vers l'extrémité du conducteur un flux électrique, de nom contraire, qui reconstitue l'électricité naturelle, c'est-à-dire ramène le nuage orageux à l'état de neutralité électrique.

Dans quelles limites s'étend l'action préventive d'un paratonnerre? L'Académie des sciences de Paris admettait, dans les *Instructions* rédigées en 1823, et que nous avons rapportées dans notre Notice des *Merveilles de la science*, qu'une tige de paratonnerre protège autour d'elle un espace circulaire dont la hauteur de la tige serait le diamètre. Dans le *Supplément* à ces *Instructions*, présenté, en 1854, à l'Académie des sciences, par la section de physique, Pouillet, rapporteur, s'exprimait ainsi, au sujet de la zone de protection d'un paratonnerre :

« Nous croyons que le rayon du cercle de protection ne peut pas être aussi grand pour un édifice dont les couvertures ou les combles sont en métal, que pour un édifice qui n'aurait dans ses parties supérieures que du bois, de la tuile ou de l'ardoise. »

Cette importante question du rayon d'efficacité du paratonnerre a été traitée d'une manière approfondie, dans le rapport d'une Commission scientifique à laquelle le Conseil municipal de la ville de Paris avait confié, en 1875, cette étude particulière.

Cette Commission était composée de MM. Alphand et Belgrand, inspecteurs généraux des ponts et chaussées, de MM. Fizeau, du Moncel, Ed. Becquerel, Desains, Ch. Sainte-Claire Deville, membres de l'Académie des sciences, de M. F. Lucas, ingénieur des ponts et chaussées, et de M. Francisque Michel, ingénieur, secrétaire.

D'après les recherches très précises exécutées par les physiciens de cette commission, la tige d'un paratonnerre peut protéger efficacement les objets situés à l'intérieur d'un cône de révolution ayant sa pointe pour sommet, et pour rayon de base la hauteur de la tige mesurée à partir du faîtage, multipliée par 1,75. En d'autres termes, le cercle de protection d'un paratonnerre aurait un rayon égal à une fois et trois quarts la hauteur de sa tige.

Au Congrès des électriciens qui fut tenu à Paris, en 1881, M. V. H. Preece, ingénieur électricien au *Post office* de Londres, énonça, à propos de cette même question, la règle suivante :

« Un paratonnerre protège absolument un espace solide limité par une surface de révolution dont la demi-courbe méridienne est constituée par un quart de rayon égal à la hauteur du paratonnerre et tangent : 1° à celui-ci à son extrémité supérieure, 2° à l'horizontale passant par sa base. »

---

## CHAPITRE II

COMMENT ON CONSTRUIT AUJOURD'HUI LES PARATONNERRES. — FORME DE LA TIGE. — FORME DE LA POINTE. — MÉTAL A CHOISIR POUR LES POINTES. — LE CONDUCTEUR, MANIÈRE DE L'INSTALLER ET DE LE RELIER A LA POINTE ET AU PUITS. — LE COMPENSATEUR DE DILATATION. — LA POINTE OCTOGONALE DE M. BUCHIN, DE BORDEAUX.

La zone de protection d'un paratonnerre étant aujourd'hui bien déterminée, examinons dans quelles conditions doivent être établies les tiges de ces appareils, d'après les nouvelles recherches des physiciens et des constructeurs.

On sait que la puissance des décharges atmosphériques est généralement très forte. Il importe donc que la tige d'un paratonnerre puisse donner passage à un flux d'électricité considérable. D'autre part, pour que la tige de fer du paratonnerre puisse résister à l'action du vent et des agitations atmosphériques, il faut lui donner une très grande masse et beaucoup de hauteur. En France, on emploie généralement des tiges de fer de 10 mètres de haut, tandis qu'en Angleterre elles ne dépassent pas quatre ou cinq mètres, ce qui est insuffisant pour protéger les édifices élevés.

Voici ce que disait, au sujet des dimensions à donner aux tiges des paratonnerres, un de nos plus savants électriciens, Th. du Moncel, mort en 1885 :

« Ceux qui préconisent les petites tiges font preuve d'une complète ignorance, du moins eu égard au système de paratonnerres que nous employons en France. Toutes les raisons qu'ils invoquent sont tout simplement absurdes. La raison qui a fait recommander les longues tiges, c'est que la zone qu'elles protègent est d'autant plus étendue qu'elles sont plus longues. Comme on ne peut pas leur donner des dimensions par trop grandes, on est obligé de les multiplier, et leur distance réciproque, combinée à leur hauteur, dans les conditions pratiques, est la considération qui a présidé à la détermination de leur longueur. »

La forme la plus pratique et la meilleure à donner aux tiges de paratonnerres est la forme conique.

Ces tiges doivent être, à la fois, résistantes et légères, afin de ne pas surcharger les combles.

Divers systèmes ont été proposés pour atteindre ce but, mais le plus avantageux est celui qu'emploie M. Jarriant, constructeur à Paris.

Les tiges employées par M. Jarriant sont à jour, et construites avec des fers à cornières, au nombre de trois ou quatre, qui, partant d'une enclave en fer, fixée au comble, montent obliquement, par rapport à la verticale, et concourent au même sommet, où se trouve une pointe en cuivre rouge, à cône de 30°, semblable à celle prescrite dans les *Instructions de l'Académie des sciences de Paris*. A différentes hauteurs, des plaques d'assemblage en fer assurent la parfaite solidité du système.

Les fers employés sont galvanisés, pour les garantir de l'oxydation. Enfin, l'angle des fers à cornières a été calculé de façon que le vent ne rencontre qu'une faible résistance, et n'ébranle pas l'embase de l'appareil. Les vibrations sont, pour ainsi dire, nulles, tous les angles étant aigus.

Nous réunissons dans la figure 307 les formes particulières que M. Jarriant donne aux tiges terminales de ses paratonnerres.

Une autre question importante est celle du métal à employer pour composer la pointe d'un paratonnerre.

Les *Instructions de l'Académie des sciences de Paris*, de 1823, recommandaient de terminer les tiges des paratonnerres par une pointe de platine. Les *Nouvelles instructions* de 1867 ne jugent pas les pointes de platine nécessaires, et disent que ces tiges doivent porter à leur extrémité un simple cône cuivre. Deux goupilles à vis, placées à angle droit, consolident et maintiennent fixes les deux parties. Enfin, le joint est recouvert d'une forte couche de soudure, à laquelle on donne au moins deux millimètres.

La figure ci-dessous représente la manière d'attacher la pointe de cuivre à l'extrémité du paratonnerre. V est le pas de vis ; P, la pointe de cuivre ; A, A' la partie, fixée par des gou-

Fig. 307. — Tiges terminales des paratonnerres actuels.

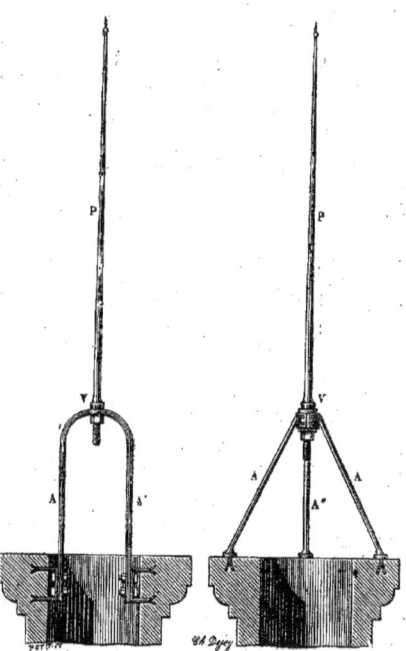

Fig. 308. — Mode de jonction de la pointe terminale du paratonnerre avec la tige.

en cuivre rouge pur, d'environ 50 centimètres de longueur, et dont l'angle total, au sommet, soit de 80°.

La pointe de cuivre a sur celle de platine deux avantages. D'abord, elle est plus économique ; elle est, en second lieu, d'une exécution plus facile.

Pour attacher les pointes aux tiges de fer, on emploie le procédé suivant.

On termine l'extrémité de la tige par un pas de vis, sur lequel on adapte la flèche en

pilles, à l'armature communiquant avec le conducteur.

On a réuni sur le même dessin l'attache d'une pointe à une armature simple, et l'attache d'une pointe à une armature en trépied, fixées l'une et l'autre à un tuyau de cheminée.

Le mode d'attache de la pointe à la tige est formé, comme il vient d'être dit, de goupilles à vis joignant les deux parties.

Le *conducteur* d'un paratonnerre est la

partie métallique qui relie l'extrémité de la tige au réservoir commun, c'est-à-dire à la terre. Il doit, d'après les dernières instructions de l'Académie des sciences, être formé de barres de fer galvanisé, à section carrée de quatre centimètres, afin d'assurer, en cas de décharge foudroyante, un écoulement facile à l'électricité.

La raison pour laquelle on emploie le fer, de préférence au cuivre, métal bien meilleur conducteur que le fer, c'est que le fer jouit d'une conductibilité très suffisante, qu'il se soude sans la moindre difficulté, et que son prix de revient est de beaucoup inférieur à celui du cuivre.

Le conducteur du paratonnerre une fois établi, on le relie à la tige terminale au moyen d'un *étrier*, ou *collier de prise de courant*, que l'on fixe à la base de la tige, et qui s'adapte sur une partie arrondie qui la termine.

Depuis le *collier de prise de courant*, auquel il est relié, jusqu'au puits, le conducteur est composé de barres de fer de 2 centimètres de côté et de 5 mètres de long, ajoutées les unes aux autres, au moyen de vis serrées à fond, de manière à former un joint parfait, que l'on recouvre ensuite de soudure.

Pour y fixer le conducteur, le *collier* porte deux oreilles, qui peuvent se rapprocher à l'aide d'un boulon à écran. On perce l'extrémité de la barre du conducteur, on la place entre les deux oreilles, et après avoir mis le boulon, on visse fortement l'écrou.

Afin de bien assurer le contact, on interpose habituellement entre les surfaces à réunir une lame de plomb qui, grâce à sa malléabilité, établit des joints parfaits, que l'on protège contre l'oxydation en les noyant dans une masselotte de soudure.

Le conducteur peut suivre toutes les sinuosités du toit et contourner toutes les moulures des bâtiments. Toutefois, il importe que les barres de fer qui le composent soient courbées à chaud et non à froid, afin de ne pas amoindrir leur solidité.

On maintient le conducteur sur la couverture en ardoises, au moyen de supports à patin, et à l'aide de supports à vis sur les couvertures en zinc. Pour le fixer aux murs des bâtiments, on se sert de supports à ancre, que l'on scelle, au ciment, dans la pierre ou la brique. Le conducteur est retenu dans la fourchette du support, à l'aide d'une goupille rivée, ou simplement rabattue.

Tous ces supports doivent être galvanisés, ou, tout au moins, défendus de l'oxydation par une forte couche de peinture.

Dans les parties verticales, et afin d'éviter la rupture des joints que pourrait déterminer l'excès de tension des barres, due à leur propre poids, le conducteur porte deux petits taquets, qui viennent reposer sur les supports à ancre.

Au lieu de conducteurs formés de barres de fer, on emploie quelquefois des câbles métalliques galvanisés, qui ont l'avantage, lorsqu'ils sont bien conditionnés, de ne pas exiger de soudures et d'être plus faciles à poser.

D'après les *Instructions* de l'Académie des sciences, ces câbles doivent être formés de 4 torons, composés chacun de 15 fils de fer.

Contrairement à ce que font quelques constructeurs, qui isolent le conducteur, au moyen d'anneaux en verre ou en porcelaine, il importe de les relier aux masses métalliques importantes que peuvent contenir les édifices.

Pour que, sous l'influence des variations de la température, le conducteur, en se dilatant ou en se contractant, ne vienne pas à disloquer les joints qui le retiennent, la Commission municipale de 1875 recommande de faire usage d'un *compensateur* que nous représentons dans la figure 309.

Le *compensateur* se compose d'une bande

# SUPPLÉMENT AU PARATONNERRE.

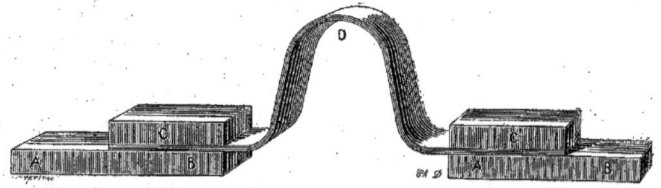

Fig. 309. — Compensateur de dilatation d'un conducteur du paratonnerre.

de cuivre rouge, de 2 centimètres de largeur, de 5 millimètres d'épaisseur et de 70 centimètres de longueur, dont les extrémités reçoivent, à la soudure forte, les bouts de fer C et C', posés sur les conducteurs, et de 15 centimètres de longueur. La bande de cuivre étant ensuite pliée comme l'indique la figure n'oppose qu'une résistance peu considérable à une flexion un peu plus grande ou un peu plus petite. On comprend, par exemple, que les fers C et C' étant maintenus sur une même ligne horizontale, si une force les oblige à s'éloigner ou à se rapprocher davantage, le sommet de la courbe formée par la bande de cuivre D montera un peu plus haut, ou descendra un peu plus bas.

Supposons maintenant que pour le jeu des dilatations on ait conservé une lacune d'environ 15 centimètres entre les deux barres AB et A'B', la température, étant par exemple de + 20 degrés centigrades au moment de la pose; supposons qu'en même temps, pour combler cette lacune et pour rendre au circuit sa continuité métallique, on ait boulonné et soudé les fers C et C' du compensateur, en les alignant sur les extrémités AB et A'B' du circuit; c'est en ce point que viendront se concentrer tous les effets de la chaleur et du froid.

A mesure que la température s'élève de plus en plus vers son maximum de + 60 degrés, la dilatation rapproche les extrémités des barres AB et A'B', de telle sorte qu'au maximum de chaleur, la lacune est réduite, par exemple, à 10 centimètres,

et le compensateur atteint son maximum de fermeture.

Au contraire, le refroidissement au-dessous de + 10 degrés écarte de plus en plus les extrémités des barres AB et A'B, la lacune augmente de telle sorte qu'au maximum de froid elle arrive, par exemple, à 10 centimètres et le compensateur atteint son maximum d'ouverture.

Passons à la manière de terminer le conducteur.

Au lieu de le faire pénétrer directement dans le sol, comme on le faisait autrefois, et de le plonger dans un puits, qu'on remplissait de braise de boulanger, on l'entoure aujourd'hui d'un tuyau en fonte, dont l'extrémité supérieure est fermée à l'aide d'un tampon en bois, que traverse le conducteur. De cette manière, on n'a plus à craindre les détériorations que l'on constatait jadis fréquemment, surtout au point de pénétration du conducteur dans la terre.

A sa sortie du tuyau de fonte, le conducteur passe dans des tuyaux de drainage en poterie, ou mieux en brique, et il suit un caniveau rempli de braise ou de coke concassé, qui l'amène à l'orifice d'un puits, où il descend, maintenu par des supports scellés à la maçonnerie.

La partie inférieure du conducteur est reliée à une plaque de tôle de fer, appelée *perd-fluide*, qui affecte la forme d'un cylindre creux, mesurant au minimum 60 centimètres de diamètre et 1 mètre de

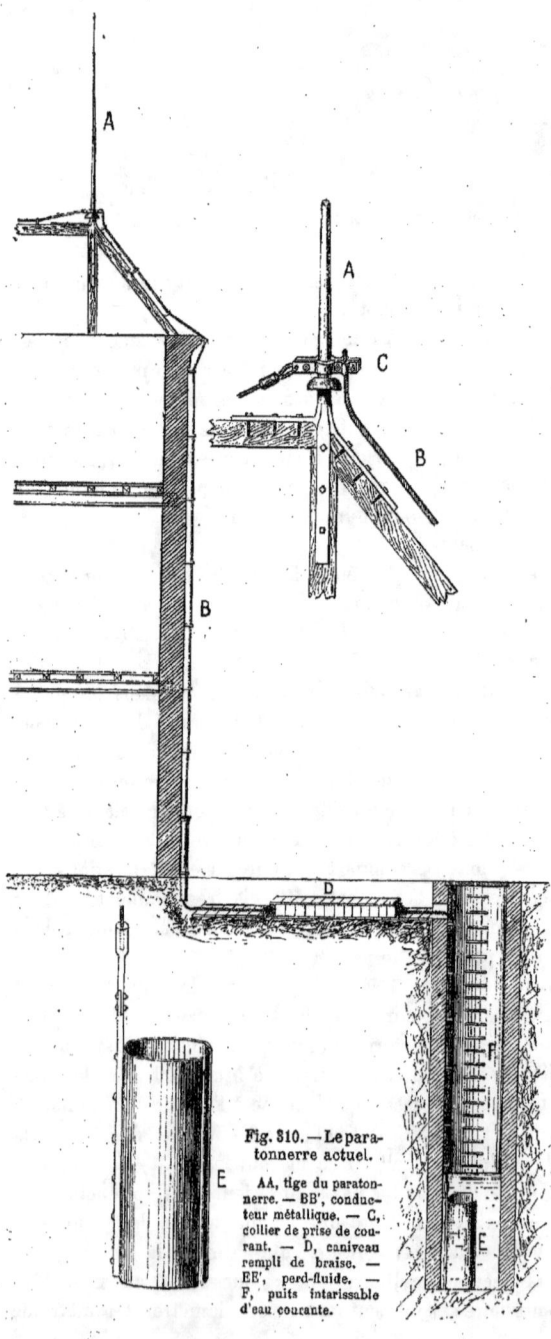

Fig. 310. — Le paratonnerre actuel.

AA, tige du paratonnerre. — BB', conducteur métallique. — C, collier de prise de courant. — D, caniveau rempli de braise. — EE', perd-fluide. — F, puits intarissable d'eau courante.

longueur. Le *perd-fluide*, comme l'indique son nom, a pour but de faciliter l'écoulement de l'électricité. Il doit donc avoir le plus grand développement possible, et baigner dans une nappe d'eau intarissable.

Nous représentons dans la figure ci-contre le mode général d'installation d'un paratonnerre, tel que l'exécute M. Jarriant. On voit en A la tige, en C le *collier de prise du courant*. B est le conducteur qui, une fois parvenu au sol, traverse un caniveau D, rempli de charbon de braise, excellente substance conductrice de l'électricité. F est le puits qui doit aboutir à un cours d'eau intarissable, et E la dernière portion du conducteur, à laquelle on a donné la forme d'un cylindre creux pour augmenter la surface de dissémination du flux électrique, et qui constitue le *perd-fluide*.

On voit à part, et sur une plus grande échelle, le *collier de prise du courant*, E.

Nous terminerons ce chapitre, relatif aux procédés actuels de construction des paratonnerres, en signalant une forme avantageuse qui a été donnée à la pointe des paratonnerres par un physicien constructeur de Bordeaux, M. Buchin.

En 1877, M. Buchin prenaît un brevet pour une *pointe à section angulaire* construite en cuivre rouge (rosette). Cette pointe, que représente la figure 311, était terminée par une pyramide, et présentait une très grande section à l'écoulement de l'électricité. Elle tendait, en outre, à éviter la fusion qui a souvent lieu avec une pointe ordinaire, et empêchait les coups de foudre latéraux, qui ont été observés par MM. Melsens et W. Snow Harris.

En 1880, le général de Nansouty, de concert avec M. Janssen, ayant à faire installer des paratonnerres à l'Observatoire du Pic du Midi, confièrent les travaux à M. Buchin, qui y plaça 9 paratonnerres de son système, avec la pointe à section angulaire. Les résultats furent des plus satisfaisants.

Dans l'*Année scientifique* de 1884, nous disions à ce propos :

« Depuis l'installation des paratonnerres du système de M. Buchin, l'Observatoire est complètement à l'abri de la foudre, qui autrefois visitait si souvent le Pic du Midi.... La pointe à arêtes aiguës, imaginée par M. Buchin, nous paraît appelée à remplacer, dans un avenir prochain, les pointes actuellement en usage. Aussi croyons-nous devoir la signaler aux physiciens qui s'occupent de l'électricité atmosphérique et des moyens pratiques de protéger la vie humaine et les édifices publics. »

Encouragé par les premiers résultats qu'il avait obtenus, M. Buchin perfectionna sa pointe de paratonnerre, et il prit, en 1886, un nouveau brevet d'addition, pour la division des arêtes en un grand nombre de petites pointes pyramidales. Grâce à ce dernier perfectionnement, il a obtenu un écoulement de fluide encore plus facile et donné aux paratonnerres leur maximum d'action préservatrice.

La figure 312 présente la pointe à arêtes multiples adoptée par M. Buchin.

On voit que le nombre des pointes étant considérablement augmenté, ainsi que la longueur des arêtes, l'action préventive du paratonnerre doit être augmentée en proportion.

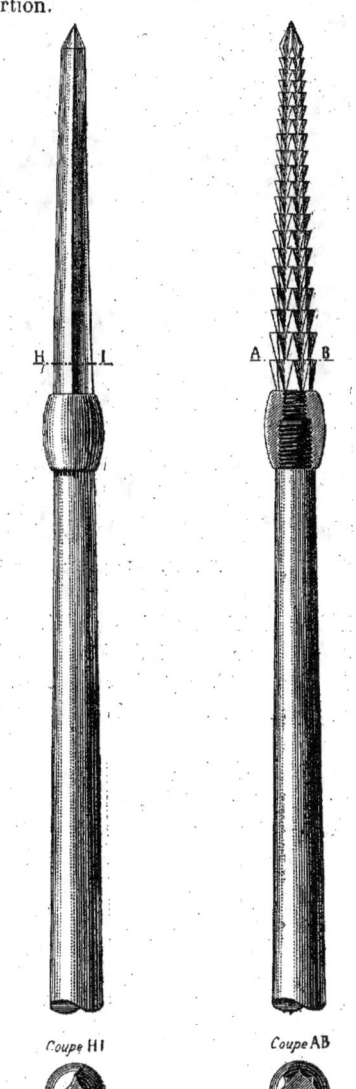

Fig. 311. — Pointe pyramidale de paratonnerre, de M. Buchin.

Fig. 312. — Pointe de paratonnerre à arêtes multiples, de M. Buchin.

Le *paratonnerre à pointes multiples* de M. Buchin a été installé, comme nous l'avons dit, en 1880, à l'Observatoire du Pic du

Fig. 313. — Le paratonnerre Buchin à l'Observatoire du Pic du Midi.

Midi. Les expériences faites par M. Vaussenat, directeur actuel de l'Observatoire du Pic du Midi, ont démontré, d'une façon péremptoire, l'efficacité du nouveau système.

Depuis l'installation des paratonnerres de M. Buchin, l'Observatoire, placé à une altitude de 2,850 mètres, est complètement à l'abri de la foudre, qui, autrefois, visitait souvent ces sommets.

L'Observatoire météorologique de Bordeaux, ainsi que tous les établissements publics de cette ville, ont adopté les pointes de paratonnerre de M. Buchin.

M. Buchin a construit pour le génie militaire un paratonnerre à montage simplifié, et dont on peut facilement vérifier toutes les parties. La tige creuse (fig. 314) est filetée à sa partie inférieure et porte la pointe décrite plus haut, vissée à sa partie supérieure. Elle est serrée sur un étrier fixé solidement au poinçon; l'écrou supérieur sert au serrage du conducteur. Dans ces conditions, une tige de 6 mètres ne pèse que 15 kilogrammes, avec ses écrous.

D'ailleurs, la section des tiges en fer creux est plus que suffisante, au point de vue de l'écoulement de l'électricité, ainsi qu'il résulte des expériences et observations de Coulomb, Franklin, Arago, Melsens, Henry, Gaspar sur la question.

Le génie militaire, pour faciliter le montage de ses paratonnerres, les établit en deux parties : la tige et l'empattement, réunis au moyen d'un écrou. Pour assurer un bon contact, le conducteur est pris entre l'empattement et une rondelle serrée au moyen d'un autre écrou. Cette disposition a pour avantage, non seulement l'économie de l'installation, mais, en outre, la commodité du montage et du démontage, elle permet la vérification de tout le système, chose sinon impossible, du moins très difficile avec les tiges d'une seule pièce.

M. Buchin a rendu ce montage et cette vérification plus facile encore. La figure 315

# SUPPLÉMENT AU PARATONNERRE.

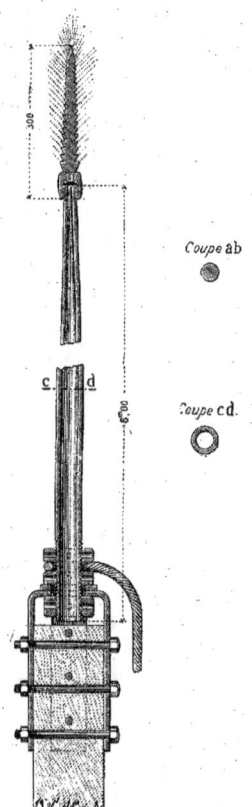

Fig. 314. — Pointe du paratonnerre du génie militaire, de M. Buchin.

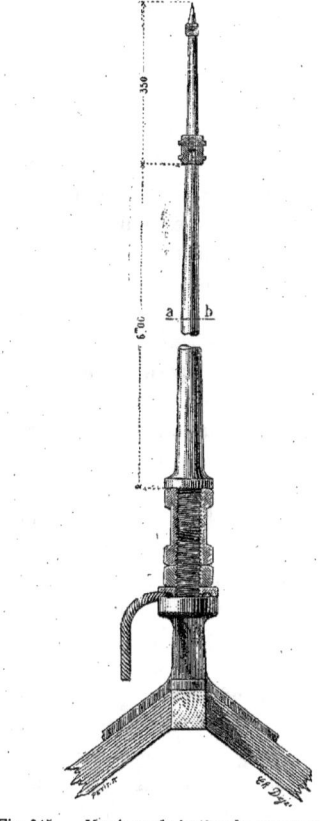

Fig. 315. — Montage de la tige du paratonnerre du génie militaire de M. Buchin.

représente la tige du paratonnerre qu'il a appliqué au Pic du Midi.

Cette tige est conique et en fer creux. Elle est filetée sur une assez grande longueur, à sa partie inférieure, où sont vissés les trois écrous de serrage destinés à la fixer; la pointe en cuivre rouge que nous avons décrite (fig. 312) est vissée à l'extrémité supérieure. Deux brides forgées selon la forme du poinçon, disposées en croix sur ce dernier, et fixées par des boulons, sont percées d'un trou laissant passer la tige; elles sont fortement serrées entre deux écrous, vissées sur la tige et servent à la maintenir; le troisième écrou est destiné au serrage du conducteur.

Une tige de 6 mètres, avec ses écrous, pèse 35 kilogrammes environ.

L'avantage de ce système n'est pas seulement de présenter un plus faible poids, mais aussi de présenter une résistance à la flexion plus grande qu'une tige pleine à section égale.

La tige de M. Buchin réunit donc à un montage facile une grande légèreté et une section suffisante pour l'écoulement de l'électricité.

## CHAPITRE III

LE SYSTÈME MELSENS POUR LA CONSTRUCTION DES PARATONNERRES. — LA VIE ET LES TRAVAUX DE MELSENS.

Il nous reste à faire connaître les travaux entrepris par Melsens, professeur de chimie à l'École de Bruxelles, qui a consacré un grand nombre d'années à étudier toutes les questions relatives au paratonnerre, et qui a fait adopter en Belgique un ensemble particulier de dispositions pour cet instrument.

Dans le système nouveau proposé par Melsens et adopté par l'Académie royale de Bruxelles, d'après un rapport très approfondi, les longues tiges sont remplacées par des aigrettes métalliques fixées sur tous les points saillants d'un édifice ; et les conducteurs, qui sont de petites dimensions, communiquent à la terre par plusieurs points.

Le *paratonnerre Melsens* est fondé sur ce principe qu'il n'y a jamais d'action électrique qu'à la surface et non à l'intérieur d'un corps bon conducteur de l'électricité.

Melsens, pour démontrer ce principe, faisait la curieuse expérience que voici.

Si l'on suspend à l'un des conducteurs d'une machine électrique un récipient tressé en fil de fer, tel qu'un panier à salade ; et si, lorsque ce récipient est électrisé, on en approche de petites balles en moelle de sureau, on les voit s'élancer d'abord vers le panier métallique, puis s'en écarter, dès qu'elles l'ont touché, preuve évidente de l'état électrique extérieur du récipient. Maintenant, si au lieu d'approcher les balles de sureau de ce panier, on les introduit dans le panier, on voit, par l'immobilité qu'elles conservent, qu'il ne se manifeste aucun effet électrique à l'intérieur du corps qui les renferme.

Faraday répéta sur lui-même cette curieuse expérience, qui prouve bien qu'aucune action électrique ne se manifeste à l'intérieur d'un corps bon conducteur, alors même que celui-ci est mis en communication avec la terre. Le savant physicien ayant observé qu'une cage renfermant des oiseaux et reliée au sol par une chaîne métallique pouvait recevoir de fortes décharges électriques, sans que les animaux qu'elle renfermait en fussent incommodés, se plaça lui-même dans une cage à barreaux de fer que l'on électrisait, et il ne ressentit aucun des effets que font éprouver les décharges électriques.

De cette expérience, Melsens déduisit que pour se préserver de la foudre il suffisait de se placer dans l'intérieur d'un réseau métallique, mis en communication avec un sol bon conducteur.

C'est ainsi que lui vint l'idée de protéger les édifices en les enveloppant d'une sorte de cage de fer, munie de pointes, ou mieux d'aiguilles métalliques, facilitant l'écoulement de l'électricité.

Le *paratonnerre Melsens* consiste donc en un certain nombre de barres de fer courant tout le long de la ligne de faîte des arêtes du toit, des angles des murs, etc., des édifices à protéger. Ces barres métalliques sont toutes reliées entre elles, et communiquent avec le sol par un grand nombre de points. A leurs principaux points de rencontre, et principalement sur la toiture, on dispose des aigrettes en fil de cuivre, qui jouent le même rôle que nos tiges de paratonnerre et sont, pour le moins, aussi efficaces.

La figure 316 représente les pointes-aiguilles qui sont disposées le long du conducteur de fer.

Un des avantages du *paratonnerre Melsens* c'est que, communiquant au réservoir commun par plusieurs points, on n'est pas exposé aux dangers qui résultent quelquefois d'une solution de continuité entre la tige des paratonnerres ordinaires et leur conducteur unique.

Le prix de revient de l'établissement d'un *paratonnerre Melsens* est bien moins élevé que celui du système ordinaire; ce qui est encore à considérer. Ainsi, une caserne belge de 20,000 mètres carrés de surface a été munie de paratonnerres Melsens, moyennant une dépense de 6,000 francs. Elle se serait élevée à près de 36,000 francs si l'on avait eu recours au paratonnerre de Franklin.

Un dernier avantage de cet appareil de protection, c'est qu'il permet de ne pas altérer l'effet architectural des monuments, et qu'on peut facilement le dissimuler à la vue.

La plupart des édifices belges, l'Hôtel de Ville de Bruxelles entre autres, sont pourvus de *paratonnerres Melsens*, si adroitement disposés qu'on ne les aperçoit qu'à grand'peine, et qu'ils ne nuisent en rien à l'effet artistique de ce monument.

Nous donnerons quelques renseignements biographiques sur Melsens, l'un des savants les plus distingués de la Belgique, qui fut enlevé à la science le 20 avril 1886.

Frédéric Melsens était né à Louvain, en 1814. Ses études terminées, il se rendit à Paris. Ses aptitudes et son goût prononcés pour les sciences physiques et chimiques lui permirent d'entrer bientôt dans le laboratoire particulier de J.-B. Dumas, où il se lia avec Stas et Leblanc. Observateur attentif et d'un esprit porté aux spéculations scientifiques, il se livra à une foule de recherches, qui lui valurent le prix Montyon, en France, et le prix du D$^r$ Guinard, en Belgique. Mentionnons, entre autres, sa découverte de la substitution chimique inverse, ses travaux sur la poudre, sur l'action thérapeutique de l'iodure de potassium dans l'intoxication saturnine et mercurielle, sur la saponification aqueuse des corps gras, etc.

Rentré dans son pays, en 1846, Melsens fut nommé professeur de chimie et de physique à l'École de médecine vétérinaire de Cureghem. Il fit du laboratoire assez rudimentaire de cette Université l'un des mieux outillés du pays, et il y professa brillamment jusqu'à son admission à l'*éméritat*. Dès 1860, il avait été nommé examinateur permanent à l'école militaire.

Membre des Académies des sciences et de médecine de Belgique, Melsens était membre correspondant d'un grand nombre d'Académies et de sociétés savantes étrangères, et commandeur de l'Ordre de Léopold, décoré de la croix civique de 1$^{re}$ classe.

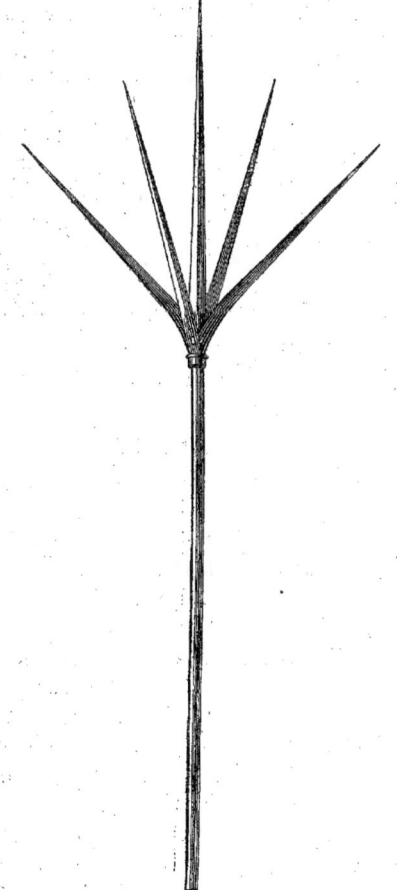

Fig. 816. — Aigrette métallique du paratonnerre Melsens.

Bien que jouissant d'un repos mérité, Melsens s'est intéressé jusqu'à son dernier jour aux progrès de la science, et la fin de sa vie n'a pas démenti un seul instant sa carrière toute de travail et d'études se rapportant toujours à quelque objet d'utilité publique.

Fig. 317. — Melsens.

Son activité s'était portée sur les sujets les plus divers. Chimie, agriculture, physiologie, balistique, physique, sciences pures et sciences appliquées, il a touché avec succès à une multitude de questions. Il n'écrivait jamais sans avoir à produire une idée nouvelle ou des expériences dignes d'attention.

En chimie, il publia un travail important sur l'extraction du sucre de canne ou de betterave par l'emploi des sulfites, et un autre sur l'aldéhyde; d'autres encore sur l'action de l'ammoniaque et des composés ammoniacaux, sur les matières organiques, la conservation des bois, le charbon décolorant, le coton-poudre, etc.

En thérapeutique, on lui doit une série d'études relatives à l'action physiologique de l'iodure de potassium et de l'ammoniaque, etc.

Melsens a obtenu à l'état liquide un grand nombre de gaz, en mettant à profit la propriété que possède le charbon récemment calciné d'absorber les gaz en quantité considérable.

Ses expériences sur les effets des projectiles l'ont conduit à des résultats très curieux, au point de vue mécanique. Ses dernières années furent consacrées en grande partie à l'étude de la question générale des paratonnerres auxquels il apporta les utiles perfectionnements que nous avons signalés.

## CHAPITRE IV

### LE PARATONNERRE GRENET.

On doit rapprocher du paratonnerre Melsens le *paratonnerre de M. Grenet*, le physicien auquel on doit le perfectionnement de la pile au bichromate de potasse.

On vient de voir qu'il existe actuellement deux systèmes de paratonnerres. L'un est construit avec des tiges de fer aussi hautes que possible; mais comme le fer est peu conducteur et très oxydable, il entraîne l'établissement de puits spéciaux, fort dispendieux, et une surveillance rigoureuse. L'autre supprime les grandes tiges, qu'il remplace par de nombreuses petites pointes de cuivre rouge, et il peut se placer sur toutes les toitures, même les plus légères. Il assure un écoulement certain à l'électricité atmosphérique. Par la disposition de ses conducteurs en forme de rubans et en cuivre rouge, il fait participer le bâtiment tout entier à la conductibilité, et constitue dans son ensemble un immense paratonnerre à grande surface

C'est ce dernier système que M. Grenet a préconisé, sous le nom de « *paratonnerre pour tous* » et qui a été employé à peu de choses près, en 1887, à Greenoch (Angleterre), dans le nouvel Hôtel de ville, d'après les instructions du professeur Jamies.

L'installation du paratonnerre de M. Grenet comprend, en effet, des conducteurs en ruban de cuivre rouge, de 23 à 30 millimètres de largeur, sur 2 ou 3 millimètres d'épaisseur; une série de petites pointes de même métal, placées sur les points élevés des bâtiments; des bandes horizontales en cuivre reliées aux conducteurs principaux; enfin une communication avec la terre établie à la fois par les canalisations métalliques souterraines de l'eau et du gaz, et par des plaques de cuivre rouge entourées d'une couche de coke et enfoncées dans le sol humide.

Le système de M. Grenet, qui est le plus simple et le plus économique, possède, en outre, l'avantage d'offrir la plus grande protection possible. Il n'étend pas son influence au delà du bâtiment sur lequel il est placé, et garantit cependant celui-ci d'une manière complète.

Dans les *Instructions* de l'Académie des sciences de Paris de 1867, et dans celles de la Commission municipale de Paris, en 1875, on préconise toujours les hautes tiges, parce qu'on leur accorde une sphère de protection proportionnelle à leur hauteur. L'expérience a cependant démenti bien des fois cette règle, et dans de nombreux orages, on a constaté que des tiges de paratonnerre n'ont pu protéger un espace d'un rayon égal à leur simple hauteur. Le fait s'est présenté notamment à la cathédrale de Bayeux. Cet édifice, de plus de 100 mètres de longueur, sur 40 mètres de largeur, est muni d'anciens paratonnerres, armés de neuf tiges, dont une est placée au sommet de la coupole, à une hauteur de plus de 85 mètres au-dessus du sol, et deux autres sur des tours à des hauteurs de 75 mètres. Malgré ces conditions, l'édifice a été incapable de protéger, à 40 mètres de distance, de petites constructions, qui ont été foudroyées à plusieurs reprises, et il a subi lui-même des décharges latérales, à une hauteur de 20 à 25 mètres au-dessus du sol.

Le paratonnerre à petites et nombreuses pointes en cuivre rouge placées au-dessus des faîtages, et reliées, par des rubans de même métal, à toutes les parties métalliques du bâtiment, ainsi qu'à la terre, se recommande donc par la sûreté de ses effets, si la communication à la terre est établie d'une part avec une plaque de cuivre rouge installée dans de bonnes conditions, et d'autre part, avec les canalisations souterraines de l'eau et du gaz.

Le *paratonnerre pour tous* de M. Grenet a été l'objet, en 1888, d'un rapport approbatif à la *Société d'encouragement*. Le rapporteur, M. Henri Becquerel, s'exprimait ainsi, à propos des installations de paratonnerre faites depuis plusieurs années, sous la direction de M. Grenet, par M. Mildé fils, constructeur à Paris :

« Ces installations, dit M. Henry Becquerel, méritent d'attirer l'attention de la Société, autant par les résultats obtenus que par les soins apportés pour satisfaire aux conditions d'établissement qui jusqu'ici ont été reconnues les meilleures pour les protections contre les dégâts de la foudre. Sur plus de cent installations existantes depuis plusieurs années en France ou à l'étranger, M. Grenet n'a encore reçu aucun avis d'insuffisance de protection, des réclamations se fussent certainement produites en cas d'accidents, car, dans un excès de confiance, M. Grenet garantit l'efficacité de ses paratonnerres. Le point caractéristique du système de protection employé par M. Grenet est la substitution de rubans de cuivre rouge aux conducteurs en barres de fer réglementaires.

En France, malgré les avantages que donne la bonne conductibilité du cuivre, en permettant de réduire considérablement le poids des conducteurs, on avait le plus souvent préféré l'emploi du fer, comme devant moins tenter la cupidité des malfaiteurs. Les conducteurs en cuivre de M. Grenet paraissent convenablement protégés contre la détérioration due à la malveillance.

Ces conducteurs sont des rubans de cuivre rouge de 3 centimètres de largeur, de 2 millimètres d'épaisseur et d'une longueur indéfinie; ils s'appliquent (sans faire de saillie sensible) sur les toitures et sur les murs des bâtiments; ils suivent tous les contours, peuvent être dissimulés par une couche de peinture, et enfin dans les points où l'on pourrait les atteindre, ils sont protégés par un tube méplat en fer galvanisé. Des agrafes spéciales, pour chaque partie des bâtiments, maintiennent les conducteurs, en permettant le jeu de la dilatation. Enfin la forme plate des conducteurs se prête également bien aux raccords, qui peuvent être faits par de larges surfaces soudées, favorables à la bonne conductibilité.

*La flexibilité de ces conducteurs permet de satisfaire, d'une manière complète, aux dernières prescriptions de l'Académie des sciences, et de relier électriquement, avec les conducteurs principaux, toutes les parties métalliques des édifices, planchers et conduites diverses.*

Des précautions toutes particulières sont prises pour établir une bonne conductibilité avec le sol. Ces prises de terre sont des spirales plates, formées de 16 mètres de ruban et plongées horizontalement dans l'eau.

Un mètre de ruban pèse 500 grammes, alors qu'un mètre réglementaire en fer, ayant la même conductibilité, pèse 3 kilogrammes.

Les conducteurs en cuivre peuvent donc s'établir sur des toitures légères, sans nécessiter des frais spéciaux qu'entraîne l'établissement de conducteurs lourds tels que les barres ou câbles en fer.

La facilité de la pose a permis à M. Grenet de réduire le prix de son système de protection à la moitié, et parfois au tiers, de ce qu'il serait en employant les conducteurs en fer. Mais cette économie, M. Grenet la réalise aussi, en supprimant ces grandes tiges et en les remplaçant par de très courtes tiges en cuivre placées sur tous les points culminants des édifices.

Mais, dans l'état actuel de nos connaissances sur l'efficacité des divers systèmes de protection contre la foudre, on ne peut pas dire que les grandes tiges ne constituent pas une protection efficace, pour *des bâtiments construits en bois et pierres*. L'expérience acquise depuis un siècle a montré *que chaque fois que la conductibilité a été bonne*, la protection par les grandes tiges a été efficace.

Quoi qu'il en soit, il semble que M. Grenet a fait un emploi judicieux de toutes les ressources que lui donnaient les bâtiments qu'il a protégés, puisque, jusqu'ici, les protections qu'il a établies ont été efficaces.

A ce titre, le Comité prend en sérieuse considération les perfectionnements apportés par M. Grenet dans ses installations de protection contre la foudre. »

Pour terminer ce sujet, nous dirons qu'en Angleterre le système de paratonnerre le plus généralement adopté est celui de sir Snow Harris. Il ne comporte qu'une seule pointe, mais le conducteur est en cuivre, et affecte, dans toute sa longueur, la forme d'une bande plate.

En Allemagne, les paratonnerres ne diffèrent des nôtres qu'en ce que la tige est surmontée d'une boule, dont le rôle ne s'explique pas très bien, puisque l'électricité s'écoule plus rapidement par les pointes que par les surfaces arrondies.

FIN DU SUPPLÉMENT AU PARATONNERRE.

# SUPPLÉMENT

## A LA

# PILE DE VOLTA

Dans la Notice sur la *Pile de Volta* des *Merveilles de la Science* (1), nous avons donné l'histoire de la découverte de la pile électrique. Nous avons exposé la théorie générale de ce merveilleux appareil, source, tout à la fois, d'action chimique, de lumière, de chaleur et d'effets sur les corps vivants. Nous avons enfin décrit les formes principales de la pile connues jusqu'à l'année 1870 environ, époque à laquelle s'arrêtait la publication de ce volume, c'est-à-dire les piles de Wollaston, de Daniell, de Grove et de Bunsen.

Il s'agit, dans ce *Supplément*, de faire connaître les progrès réalisés par la science dans la disposition et les effets de la pile électrique, depuis l'invention et l'emploi général de la pile de Bunsen jusqu'à l'heure présente. La théorie de la pile n'a pas changé, c'est-à-dire que la théorie de l'action chimique est aujourd'hui universellement admise ; mais les formes données, dans ces dernières années, à l'appareil producteur du courant électrique sont extrêmement nombreuses, et nous nous attacherons à les décrire le plus exactement possible.

Les *piles secondaires* découvertes et étudiées avec tant de précision par M. Gaston Planté constituent une source toute nouvelle d'électricité, sous forme de courant utilisable. Nous aurons à mettre en lumière, sous le titre d'*accumulateurs,* cette conquête précieuse de la physique.

---

## CHAPITRE PREMIER

DÉFINITIONS ET PRINCIPES GÉNÉRAUX. — PÔLES. — CONDUCTEURS. — CIRCUITS. — RÉSISTANCE DES CIRCUITS. — POLARISATION. — DIVERSES ESPÈCES DE PILES. — ÉLECTRODES. — INTENSITÉ DU COURANT. — MONTAGE DES PILES EN SURFACE OU EN QUANTITÉ, EN TENSION OU EN SÉRIE. — PILE A COURONNE DE TASSES. — PILES DE VOLTA, DE CRUIKSHANKS, DE WOLLASTON, DE MUNCK ET DE FARADAY.

Le tableau que nous avons à donner des piles électriques mises en usage depuis l'invention de la pile de Bunsen jusqu'au moment présent serait entaché d'obscurité, si nous ne commencions par expliquer les termes et les désignations particulières qui

(1) Tome I, pages 602-707.

concernent ces appareils : il faut définir avant de décrire.

Les piles électriques sont des appareils qui *transforment l'action chimique en électricité*. On peut les considérer comme des sortes de foyers chimiques, dont le combustible serait un métal quelconque, le zinc par exemple, et le comburant un acide étendu d'eau, ou un sel métallique. Le résultat de cette combustion chimique est un courant d'électricité, doué d'une force motrice, ou *tension*, plus ou moins considérable, et d'une *intensité* qui dépend de la puissance du générateur du courant.

Dans toute pile électrique, le corps attaqué (zinc) prend le nom de *pôle négatif*, et le corps inattaquable, qui recueille l'électricité (cuivre, charbon, platine), s'appelle *pôle positif*.

On nomme *conducteurs* les fils, câbles, tiges ou lames métalliques, qui, partant de chacun des pôles de la pile, conduisent l'électricité au dehors, et forment le *circuit extérieur*.

La *résistance du circuit* est l'obstacle que le conducteur, par son volume et sa nature, offre à l'écoulement de l'électricité.

Le *circuit intérieur* est la circulation de l'électricité au sein même de la pile. C'est un deuxième circuit qui s'établit dans le générateur, en sens contraire du courant principal, et qui, partant du pôle négatif, traverse la masse du liquide, et se rend au pôle positif.

On dit que le circuit est *ouvert*, toutes les fois que les conducteurs n'étant pas reliés ensemble, le courant ne peut s'établir. Au contraire, on dit qu'il est *fermé*, lorsque les conducteurs étant en contact, le courant circule librement du pôle positif au pôle négatif.

Enfin, on nomme *polarisation* une réaction particulière qui s'effectue dans le circuit d'une pile, en sens contraire de l'action électrique déterminée. Cette réaction, que l'on a souvent beaucoup de peine à éviter ou à combattre, cause de véritables désordres dans les courants, et crée de grandes difficultés aux physiciens qui veulent tirer un parti utile du courant principal.

L'*intensité* du courant électrique engendré par une pile dépend : 1° de la force électro-motrice, qui est en rapport avec l'affinité chimique des substances en présence et dont la réaction mutuelle produit le courant; 2° de la facilité avec laquelle l'électricité circule à travers les conducteurs, de leur nature, de leur section, de leur température et surtout de leur étendue. L'intensité du courant, d'après les lois établies par le célèbre physicien Ohm, est proportionnelle à la force électro-motrice, et en raison inverse de la résistance totale du circuit.

Lorsque, dans une pile, tous les pôles de nom semblable sont réunis, on dit qu'elle est montée en *surface*, ou en *quantité*, parce que ses différents *couples*, ou *éléments*, se comportent comme un seul dans lequel les lames métalliques auraient une surface proportionnelle au nombre des éléments employés, ou dont la résistance intérieure serait inversement proportionnelle à ce même nombre. Si, au contraire, on met en communication le pôle positif d'un couple avec le pôle négatif de l'autre, la pile est dite montée en *tension* ou en *série*, parce que les forces électro-motrices s'ajoutent les unes aux autres. Toutefois, il convient de remarquer que chaque couple offrant une résistance qui lui est propre, l'intensité du courant fourni par la pile ne croît pas en proportion du nombre de couples intercalés dans le circuit.

On connaît aujourd'hui deux sortes de piles : les piles *simples*, à un seul liquide, et les piles *composées*, qui sont à deux liquides, ou formées d'un liquide et d'une substance solide dépolarisante. Telles sont les piles à acides, les piles à oxydes, les piles à sulfates, les piles à chlorures, les piles au bichromate de potasse, etc., etc.

La première pile simple fut, comme nous l'avons dit, créée par Volta, en 1800.

Nous avons donné dans les *Merveilles de la Science* (1) le dessin du premier instrument employé par Volta, qui se composait d'une série de disques de zinc et d'argent, ou de zinc et de cuivre, *empilés* alternativement l'un au-dessus de l'autre, et séparés chacun par une rondelle de drap, imbibée d'eau acidulée d'acide sulfurique ou simplement d'eau salée. En réunissant entre eux, par un conducteur, les disques, zinc et cuivre, qui forment les deux extrémités de cette colonne, on reconnaît que ce conducteur est parcouru par un *courant électrique*, dont la manifestation est due à l'action chimique exercée par les liquides sur les métaux mis en présence. Il est facile, en effet, de s'assurer que, dans la pile de Volta, le zinc s'use peu à peu, et que la quantité d'électricité recueillie est proportionnelle à la quantité de métal disparue. L'eau se décompose : son oxygène se porte sur le zinc et l'oxyde ; puis, en présence de l'acide sulfurique, il le transforme en sulfate. Quant à l'hydrogène, il se transporte sur le cuivre, et l'entoure d'une couche gazeuse, qui produit la *polarisation* de cette *électrode* (2). Cette *polarisation* qu'on est parvenu à supprimer presque complètement, comme nous le verrons bientôt, crée au passage du courant une résistance qui le détruit plus ou moins.

Les *piles composées*, ou à deux liquides, sont celles où l'on fait usage de deux agents chimiques pour produire la *dépolarisation*, c'est-à-dire pour empêcher le phénomène de polarisation, qui arrête ou diminue la production du courant. Les piles de Bunsen et de Grenet, dont nous avons donné les dessins dans les *Merveilles de la science*, sont des piles composées.

Après ces définitions préalables, arrivons à la description des nouvelles piles.

---

(1) Tome I, page 621.
(2) On donne souvent au pôle positif d'une pile le nom d'*électrode* négative, et au pôle négatif celui d'*électrode* positive.

## CHAPITRE II

LES PILES DÉPOLARISANTES. — LA PILE DE BUNSEN, RAPPEL DU PRINCIPE DE SA CONSTRUCTION. — PILES DÉPOLARISABLES A ACIDE CHROMIQUE.

On pourrait distinguer les piles voltaïques en piles *hydro-électriques*, dans lesquelles l'action chimique est seule en jeu, et en piles *thermo-électriques* où la chaleur suffit pour produire un courant d'électricité. Mais ces dernières n'ayant eu encore que très peu d'applications ne peuvent servir de base à une classification.

Sans nous préoccuper davantage de la classification, encore fort difficile, de tous les appareils réunis sous le nom de *piles*, et qui ont pour effet de produire un courant électrique, nous reprendrons la description de ce genre d'instruments au moment où nous l'avons laissé dans les *Merveilles de la Science*, c'est-à-dire après l'invention et l'emploi général de la pile de Bunsen.

Le physicien Becquerel père avait parfaitement établi, dès l'année 1829, le principe sur lequel repose la construction des piles actuelles. Il avait écrit, en effet :

« La pile porte avec elle la cause des diminutions qu'éprouve le courant électrique ; car, dès l'instant qu'elle fonctionne, il s'opère des décompositions et des transports de substances, qui polarisent les plaques, de manière à produire un courant en sens inverse du premier. L'art consiste à dissoudre ces dépôts à mesure qu'ils se forment, avec des liquides convenablement placés. »

On a vu, dans la Notice sur la *Pile de Volta*, des *Merveilles de la science*, comment le physicien Grove, pour produire la *dépolarisation* du zinc, le phénomène funeste qui arrête la continuation du courant, fit usage d'acide azotique, qui détruit l'agent polarisateur, c'est-à-dire le gaz hydrogène provenant de la décomposition de l'eau. Nous avons dit aussi comment Bunsen, profitant d'une première tentative du physicien français Archereau, créa la pile à deux liquides (acides azotique et sulfurique) connue aujourd'hui sous le nom de *pile de Bunsen*.

Nous n'avons pas à reproduire ce que nous avons dit, dans les *Merveilles de la science,* sur la manière de monter et de faire agir la pile de Bunsen, dont nous avons donné la description et les dessins, avec tous les détails nécessaires. Nous n'avons à nous occuper que des travaux faits pour perfectionner cette pile, ou pour obtenir des résultats du même genre.

Quelques électriciens remplacent l'acide azotique des piles de Bunsen, par un mélange d'acides azotique et sulfurique. M. Leroux, qui a étudié cette question, dit qu'on peut économiser très notablement la dépense d'acide azotique, en lui substituant de l'acide sulfurique concentré, auquel on a ajouté un ou deux vingtièmes d'acide azotique. L'acide sulfurique agit comme déshydratant, et amène l'acide azotique à un état dans lequel sa décomposition est plus facile que lorsqu'il se trouve en présence d'une grande quantité d'eau. L'acide sulfurique pouvant déshydrater, d'une manière convenable, son volume environ d'acide azotique du commerce, qu'on y ajoute successivement, on peut, avec son aide, utiliser presque complètement une quantité donnée d'acide azotique, laquelle employée seule, à la manière ordinaire, devrait être rejetée longtemps avant d'être épuisée.

La pile Tommasi, à laquelle on a donné le nom de *pile universelle*, se compose, comme l'élément Bunsen, d'un vase poreux, verni dans sa partie inférieure, et d'une lame de charbon fixée à un couvercle qui ferme hermétiquement le vase. Cette électrode descend à la moitié environ du vase poreux. En face est suspendue une tige en aluminium, qui traverse le couvercle, et supporte un demi-cylindre en porcelaine plongeant, avec le charbon, dans un vase poreux. Celui-ci est placé dans un récipient muni d'un tube. En face de la partie vernissée du vase poreux, le vase extérieur porte une rentrée, à la partie supérieure de laquelle se trouve un cylindre de zinc, pourvu d'une rainure, que l'on remplit de mercure.

Tous les vases extérieurs d'une batterie sont mis en communication, au moyen de tuyaux qui servent à les vider et à les remplir, avec une grande cuve renfermant de l'acide sulfurique. Lorsqu'on veut charger la batterie, on commence par verser la quantité voulue d'acide azotique dans les vases poreux; puis, ouvrant le robinet de la cuve, on remplit successivement tous les vases extérieurs, et finalement, on plonge les cylindres de porcelaine dans les vases poreux : la pile entre alors en action.

L'avantage de cette pile réside surtout dans la facilité avec laquelle on peut renouveler l'eau acidulée où plonge le zinc. Toutefois, la manipulation des acides, les propriétés toxiques des gaz provenant de la réaction, et la grande quantité de substances à mettre en œuvre, ont fait renoncer à cet appareil.

Au lieu de dépolariser le zinc en détruisant le gaz hydrogène, cause de la polarisation, par des acides concentrés, on a fait usage d'un *mélange dépolarisant*, c'est-à-dire dont la réaction produise, soit de l'oxygène, soit du chlore.

La première pile de ce genre fut imaginée par Poggendorff. Le conducteur était dépolarisé par un mélange d'acide sulfurique et de bichromate de potasse. Seulement, l'oxyde vert de chrome, provenant de la réaction de l'acide chromique, étant insoluble, se déposait sur l'électrode, et arrêtait l'action chimique. Cette pile fut perfectionnée, en 1856, par M. Grenet.

Après avoir établi, au sein du liquide excitateur, un système de ventilation, pour empêcher l'oxyde de chrome de se déposer sur le charbon, M. Grenet donna, finalement, à la pile au bichromate de potasse la disposition suivante.

Un flacon à large ouverture est fermé par un couvercle en ébonite, auquel sont fixées deux plaques de charbon. Entre ces plaques, et maintenue par une tige mobile, qui traverse le couvercle, se trouve une lame épaisse de zinc, de même largeur que les charbons, mais à peu près moitié moins longue. Le flacon est rempli aux deux tiers d'une solution de bichromate de potasse à 10 p. 100, additionnée de 20 grammes d'acide sulfurique par litre. Quand la pile est au repos, le zinc se trouve un peu au-dessus du liquide où plongent

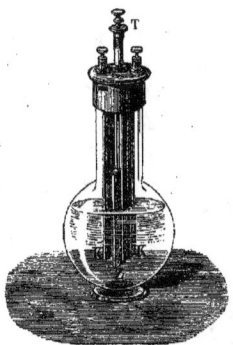

Fig. 318 — Pile à bouteille.
Z, zinc. — K, plaques de charbon. — T, tige mobile.

constamment les deux charbons. Il faut, pour la mettre en activité, abaisser la tige mobile jusqu'à ce que le zinc vienne baigner dans la solution de bichromate.

La pile Grenet, qu'on appelle quelquefois encore *pile à bouteille*, et que nous représentons dans la figure ci-dessus, s'emploie surtout pour les expériences de laboratoire. Elle présente sur les autres l'avantage d'être toujours prête, de se régler facilement et de ne dégager aucune odeur. Par contre elle se polarise très vite, à cause de la formation d'un alun de chrome sur le char-

bon ; de sorte qu'elle perd, en quelques heures, toute son énergie.

M. Bunsen a construit une pile au bichromate de potasse, ou pour mieux dire une batterie à treuil, dont le mélange dépolarisant est formé de 1 partie en poids de bichromate de potasse, de 2 parties d'acide sulfurique et de 12 parties d'eau. D'après M. Warrington, ce mélange offre l'avantage de ne point donner lieu à la formation d'alun de chrome, mais de laisser déposer seulement de petits cristaux de sulfate de chrome et de zinc.

Cette batterie a été perfectionnée encore par M. Hauck, qui l'a disposée de façon à occuper peu de place, et à permettre d'établir facilement toutes les communications, soit en tension, soit en quantité. De plus, si la batterie est destinée à produire des actions de calorique ou de lumière électrique, on peut employer de grandes plaques de charbon, très rapprochées les unes des autres, ou des plaques plus petites assez écartées, qui donnent un courant énergique.

Comme les piles au bichromate de potasse fournissent un courant très intense, M. Ducretet, habile constructeur d'instruments de physique à Paris, a disposé, pour les laboratoires, une batterie, dont tous les éléments sont suspendus par une corde s'enroulant sur un treuil, et qui peuvent être plongés tous à la fois dans le liquide excitateur, ou en être retirés, à volonté, d'un seul coup.

La figure 319 montre la pile au bichromate de potasse à treuil, de M. Ducretet.

Les éléments, zinc et charbon, sont suspendus à une tige verticale A, par des fils $c$, $c$. Au moyen de la manivelle M et du treuil T, on fait descendre les éléments dans le bain de chromate de potasse ; et on les en retire à volonté. Une cloison mobile B permet de manier facilement les vases V, qui contiennent la dissolution saline.

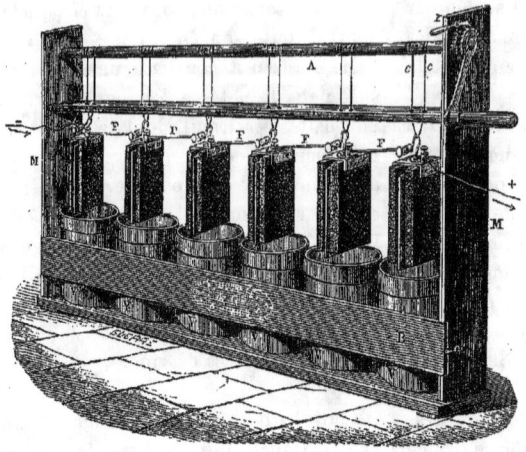
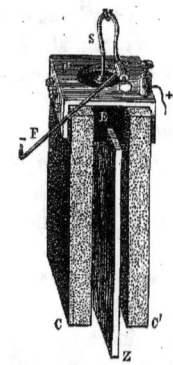

Fig. 319. — Pile à treuil au bichromate de potasse, de M. Ducretet.

Fig. 320. — Élément séparé de la pile au bichromate de potasse.

EZ, zinc. — CC′, double plaque de charbon. — SF, attache de l'élément à l'élément suivant.

Nous représentons (fig. 320) un élément de cette pile.

MM. Gaiffe, Trouvé et Radiguet ont fait des batteries au bichromate de potasse, analogues aux précédentes.

La figure ci-contre montre la batterie à treuil de M. Trouvé.

Chaque batterie, qui renferme 6 éléments, se compose d'une auge en bois de chêne, garnie de six cuvettes rectangulaires remplies de solution de bichromate de potasse additionnée d'acide sulfurique. L'auge est surmontée d'un treuil avec rochet et cliquet, qui permet, comme dans la pile Ducretet, de faire descendre tous les éléments à la fois dans le liquide excitateur ou de les en retirer. On obtient une intensité plus ou moins grande du courant selon le degré d'immersion des couples dans le liquide salin.

Un arrêt en bois empêche que les éléments ne sortent entièrement du bain.

Chaque élément de la *pile Trouvé* se compose d'une lame de zinc, Z, et de deux plaques de charbon C, C′, que l'on a recouvertes d'un dépôt de cuivre par la pile, à leur partie supérieure, afin de consolider le charbon qui est toujours un peu friable, de diminuer la résistance de la pile.

Le liquide excitateur s'obtient en dis-

Fig. 321. — Pile au bichromate de potasse de M. Trouvé.

Fig. 322. — Pile Camacho.

solvant 100 grammes de bichromate de potasse dans un litre d'eau bouillante, et ajoutant à ce liquide refroidi 50 grammes d'acide sulfurique du commerce.

M. Fuller, physicien anglais, a construit un élément au bichromate de potasse qu'utilise avantageusement l'administration des télégraphes du *Post-Office* de Londres. Cet élément est disposé de la manière suivante. Un zinc, de forme pyramidale, et dont la base baigne dans du mercure recouvert d'eau acidulée, occupe le fond du vase poreux. Autour de ce dernier et dans le vase extérieur, se trouve l'électrode de charbon, qui plonge dans un mélange de bichromate de potasse et d'acide sulfurique étendu d'eau.

Cet élément, dont la force électro-motrice est de 2 *volts* et la résistance égale à 1 *ohm*, est très intense, assez constant et très économique. Les lignes télégraphiques anglaises en emploient actuellement plus de 20,000 éléments; ce qui est une preuve suffisante de ses qualités, au point de vue de la télégraphie.

M. Camacho obtient la dépolarisation de la pile au bichromate de potasse en disposant les éléments en cascade, ce qui établit la circulation du liquide, et en augmente la surface du charbon. La figure ci-dessus donne le dessin exact de la pile Camacho.

Les vases contenant la solution de bichromate de potasse sont placés sur des gradins, et comme en escalier. D'un réservoir supérieur A, le liquide excitateur tombe dans le vase poreux de l'élément le plus élevé; il en sort par la partie inférieure de ce vase, et au moyen d'un siphon en caoutchouc, B, il passe dans le vase poreux suivant, et ainsi de suite. L'électrode négative (charbon) est composée d'une tige de charbon de cornue et d'une masse convenable de fragments de charbon, qui remplit tout le vase poreux. La surface énorme que représente l'électrode rend très lente la polarisation de cette pile.

Au bout de quelque temps de service il faut laver les vases poreux et l'électrode, en faisant passer, au lieu du liquide acide, de l'eau pure, qui le débarrasse du dépôt de chrome qui s'y est formé, par la réaction chimique.

Dans la batterie de M. Stohrer, la surface du charbon est totalement utilisée et les plaques de zinc plus étroites que celles du charbon, ce qui est encore un avantage.

M. Chuteaux remplace, dans son élément,

la solution ordinaire de bichromate par un mélange formé d'eau, de bisulfate de mercure, de bichromate de potasse et d'acide sulfurique. En outre, il dispose ses éléments d'une façon très ingénieuse, qui en facilite la vidange. Cette pile, qui est peu constante, fut utilisée pendant le siège de Paris, pour l'éclairage électrique.

M. Delaurier emploie un mélange plus économique que les précédents, et qui consiste en 5 parties de bichromate de potasse, 5 de sulfate de soude, 4 de sulfate de fer, 25 d'acide sulfurique à 66° B. et 30 d'eau.

M. Cloris Baudet a construit une pile *impolarisable* à *courant constant* qui est douée d'une grande force électro-motrice. Cette pile, qui ne dégage aucune odeur et n'occasionne qu'une très faible dépense, peut s'appliquer indifféremment à la télégraphie, aux moteurs électriques et aux horloges électriques, à la galvanoplastie, à la lumière électrique, à la médecine, etc., etc.; Elle est à un ou deux liquides, suivant l'usage auquel on la destine.

La pile à un seul liquide se compose : 1° d'un vase de grès, rempli d'une dissolution de bichromate de potasse, de sel marin et d'acide sulfurique, dans laquelle plonge une lame de charbon; 2° d'un vase poreux, à trois compartiments, plongeant aussi dans le vase de grès; l'un des compartiments contient des cristaux de bichromate de potasse, l'autre de l'acide sulfurique, et celui du milieu, qui est percé d'un trou à sa base, afin de permettre au liquide extérieur d'y pénétrer, contient une lame de zinc.

La pile à deux liquides est formée des mêmes éléments que la première, mais le compartiment du milieu du vase poreux est rempli d'une dissolution de sel marin.

M. Cloris Baudet a également construit une batterie à courant constant, qui doit cet avantage à ce que les liquides de la pile se renouvellent constamment autour des éléments. Cet écoulement a pour effet de maintenir les liquides dans le même état, et d'éviter les métallisations et les encrassements. La pile étant montée une première fois, l'entretien se borne à remplir les réservoirs lorsqu'ils sont vides; ce qu'on peut faire sans arrêter le fonctionnement de la pile, et à changer les zincs lorsqu'ils sont usés.

M. le capitaine Putot a imaginé, pour les opérations militaires, une pile au chlorochromate de potasse, qui donne d'excellents résultats. Elle se compose de quatre éléments associés en tension. Chaque élément est formé d'un cylindre en zinc, au milieu duquel est un bâton de charbon. Ils sont placés en carré, et noyés tous les quatre dans une masse cylindrique de gutta-percha.

Le mélange excitateur est formé de 6 grammes de bisulfate de potasse et de 20 grammes de chlorochromate de potasse, dissous dans 100 grammes d'eau acidulée.

Pour actionner les machines à coudre, M. Griscom a construit une batterie à bichromate, dans laquelle le relèvement des éléments s'opère à l'aide d'un ressort que l'on met en action en pressant plus ou moins sur un levier angulaire, ce qui les fait plonger plus ou moins dans le liquide excitateur. On peut ainsi modérer ou accélérer la marche de la machine, et même l'arrêter complètement.

M. Partz a aussi perfectionné la pile au bichromate et en a fait une pile à courant constant, qui ne s'use que quand le circuit est fermé. Dans chaque élément, le liquide excitateur est composé d'une solution de bichromate d'ammoniaque et de chlorure de zinc, dans laquelle plongent une lame de zinc et une plaque de charbon de cornue (fig. 323).

Le liquide est sans action sur le zinc tant que le courant n'est pas fermé. Dès que la communication est établie entre les deux pôles, la pile travaille : le bichromate d'ammoniaque est décomposé, et il se forme sur le zinc un dépôt de couleur olive, formé de chromo-oxychlorure de zinc, qui se détache bientôt du zinc, comme d'une enveloppe, en laissant le métal à nu. Il se dégage, du

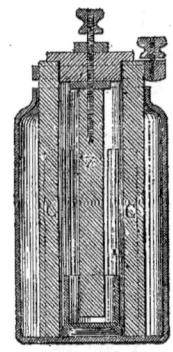

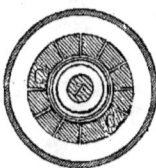

Fig. 323. — Coupe et plan de la pile au bichromate d'ammoniaque de M. Partz.

pôle positif, du gaz hydrogène et de l'ammoniaque, grâce à l'élimination des produits de la réaction qui se fait soit par la précipitation du composé insoluble, soit par le dégagement gazeux. Le liquide conserve une composition constante. Il suffit donc, pour entretenir le courant, de renouveler le sel et de remplacer le zinc, quand il est usé.

Le pôle négatif de la pile Partz est un morceau de charbon de cornue formant un cylindre creux que l'on a scié extérieurement dans le sens de la longueur de manière qu'il forme une rangée circulaire de barres de charbon C, C, ainsi qu'on le voit par la coupe que présente la figure 323.

La baguette de zinc Z, qui forme le pôle positif, est suspendue au milieu de ce cylindre. Par sa partie inférieure le zinc plonge dans un petit vase plein de mercure, M, placé au fond.

La pile Partz est d'un grand usage en Amérique.

Enfin, MM. Grenet et Jarriant ont construit une batterie au bichromate de soude et à un seul liquide, qui a servi à l'éclairage du Comptoir d'escompte de Paris.

Chaque pile se compose de quarante-huit éléments, disposés dans des auges rectangulaires en bois. Chaque élément est formé d'un récipient en ébonite, renfermant un mélange de 38 kilogrammes de bichromate de soude et 75 kilogrammes d'acide sulfurique à 66° B. dissous dans un mètre cube d'eau. Le pôle positif est constitué par quatre plaques de charbon réunies par une tête en plomb, et plongeant entièrement dans une auge pleine de liquide. Sur la tête de plomb sont fixés deux petits tubes en ébonite, qui descendent jusqu'au fond de l'auge, et servent à l'insufflation, pour laquelle on a mis à profit la distribution d'air établie pour le service des tubes pneumatiques qui desservent les divers bureaux du Comptoir d'escompte.

Le pôle négatif de chaque élément est formé par une cuve circulaire en ébonite, au centre de laquelle est fixée une tige de cuivre parfaitement isolée et dont la partie inférieure plonge dans un bain de mercure, qui recouvre le fond de la cuve. Autour de la tige de cuivre sont disposés 6 bâtons de zinc, que le bain de mercure maintient toujours amalgamés, et qui peuvent être soulevés par un système d'engrenages et de poulies, toutes les fois qu'on veut mettre la pile au repos.

Malgré le déplacement qu'on peut faire subir aux zincs, ceux-ci restent toujours reliés aux charbons de l'élément voisin, grâce à une tige métallique en équerre, fixée à chacun des zincs, et dont la branche verticale plonge dans un tube renfermant du mercure et relié au charbon de l'élément suivant.

Le liquide excitateur est amené dans les auges par une canalisation spéciale et est renouvelé constamment; son niveau est réglé par un tuyau de trop-plein, qui rejette le liquide épuisé. Si l'on sait bien proportionner, au travail électrique à produire, l'écoulement du liquide et l'échappement de l'air, on obtient un courant électrique très constant, condition des plus satisfaisantes pour la régularité de la lumière.

La force électro-motrice de chaque batterie, formée de quarante-huit éléments, est environ de 82 *volts*, et sur un circuit court, l'intensité du courant est de 24 *ampères*.

En 1883, la pile au bichromate de potasse de MM. Grenet et Jarriant, telle que nous venons de la décrire, fut employée, comme il est dit plus haut, pour l'éclairage électrique du Comptoir d'escompte à Paris. Mais les résultats se montrèrent très défavorables ; car, au bout de quelques mois, l'éclairage électrique et la pile au bichromate de potasse furent supprimés.

## CHAPITRE III

LES PILES A OXYDES MÉTALLIQUES DÉPOLARISANTS. — PILES DE LA RIVE, LÉCLANCHÉ, BINDER, GAIFFE, CLAMOND, REYNIER, DANIELL, LALANDE ET CHAPERON.

Au lieu de produire un dégagement d'oxygène, pour réduire l'hydrogène, cause de la dépolarisation des piles, on peut se servir d'un oxyde métallique, qui produise la même réduction de l'hydrogène.

Auguste de la Rive eut le premier l'idée de se servir d'un oxyde métallique pour produire la réduction de l'hydrogène, et par conséquent, la dépolarisation du zinc.

La pile à oxyde de manganèse proposée par Auguste de la Rive ne fut jamais mise en usage, mais un physicien français, Léclanché, construisit, trente ans plus tard, une pile, qui repose sur le même principe, et qui est adoptée aujourd'hui dans le monde entier.

Le premier modèle de cette pile, que construisit Léclanché, consistait en un vase extérieur carré, en verre, dont le goulot, juste assez large pour laisser entrer le vase poreux, empêche le liquide de s'évaporer trop rapidement. Le goulot a un renflement longitudinal, qui permet d'introduire le crayon de zinc, et le liquide qui doit alimenter la pile. Le vase poreux contient, en quantités égales, du peroxyde de manganèse en grains et de petits fragments de charbon de cornue. Au centre de ce mélange est une plaque de charbon, surmontée d'une tête en plomb, qui sert à fixer l'électrode. Dans le vase extérieur, on met du chlorhydrate d'ammoniaque, puis de l'eau, jusqu'aux deux tiers de la hauteur du vase poreux. La pile commence à fonctionner dès que le liquide pénètre dans la masse du peroxyde de manganèse, mais l'action chimique n'a lieu que quand le circuit est fermé.

Cette pile se polarisait difficilement, et se dépolarisait dès que le circuit était ouvert. Elle présentait l'avantage de ne contenir que des matières inoffensives, d'être d'un prix peu élevé, de ne répandre aucune mauvaise odeur, de pouvoir durer très longtemps, enfin, de produire un courant constant et énergique.

Ce premier modèle de pile à peroxyde de manganèse avait pourtant l'inconvénient grave de présenter beaucoup de résistance au passage du courant. Léclanché construit un second modèle, dans lequel (fig. 324) le vase poreux est supprimé, et remplacé par un mélange de charbon de cornue, de peroxyde de manganèse, et de 5 pour 100 de gomme laque comprimée à 300 atmosphères, et chauffée, en même temps, à 100 degrés. On obtient ainsi des masses compactes, ou *agglomérées*, qui durent plusieurs années. Le zinc, dont la forme reste la même, est séparé du charbon par un morceau de bois, et il est pressé contre les *agglomérés* à l'aide d'anneaux en caoutchouc, comme le représente la figure 325.

L'élément Léclanché à vase poreux présentait, avons-nous dit, une grande résistance intérieure. Cette résistance a été réduite à son minimum dans la pile agglomérée

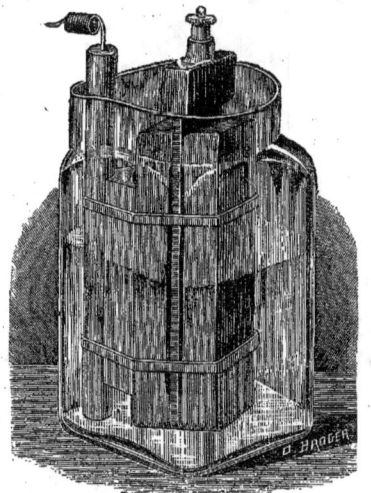

Fig. 324. — Pile Léclanché à agglomérés.

à plaques mobiles. La force électromotrice de ces éléments est de 1, 4 *volts* environ. Elle est indépendante de la dimension des éléments. La résistance intérieure de l'élément à deux plaques et à crayon (modèle des télégraphes) est de 1, 2 *ohms*, au plus. La résistance de cet élément tend même à diminuer, au fur et à mesure du fonctionnement de la pile, par suite de la formation du chlorure de zinc, corps très bon conducteur de l'électricité. Dans les éléments à vase poreux, cette résistance dépassait souvent 6 *ohms*.

La pile Léclanché ne cause aucune dépense quand le courant n'est pas établi ; ce qui lui assure une grande supériorité sur la plupart des piles. 24 de ses éléments peuvent remplacer 40 éléments de la pile de Daniell. Elle offre très peu de résistance au courant. Elle ne répand pas d'odeur appréciable, et n'émet pas de vapeurs acides. Son entretien est très peu coûteux, en raison du prix peu élevé du sel ammoniac et de l'oxyde de manganèse. Enfin, elle résiste, sans se geler, à un froid intense ; ce qui lui assure la préférence sur beaucoup d'autres piles, pour les pays du nord, tels que la Russie septentrionale, la Suède, la Norvège, le Canada, etc.

Les éléments Léclanché peuvent être pré-

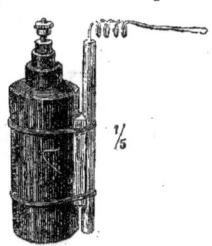

Fig. 325. — Pile Léclanché à agglomérés (attache du charbon et du zinc dans le vase).

parés longtemps à l'avance, et conservés indéfiniment en magasin. Et quand on ajoute le liquide, ils peuvent être employés sur-le-champ.

Une fois montés, on peut les abandonner pendant fort longtemps ; aucune évaporation ne se produit, pour ainsi dire, et il n'y a aucune consommation des substances agissantes. Leur forme les rend facilement transportables, et l'on est dispensé de tous soins d'entretien, pendant des mois entiers, du moins suivant l'activité du travail qu'on lui demande.

Un élément Léclanché fournit un courant plus intense que le couple de Daniell de même grandeur.

Tous ces avantages pratiques expliquent le succès général de la pile Léclanché, qui est aujourd'hui l'une des plus employées pour les télégraphes électriques, le téléphone et les sonneries électriques.

Il faut seulement se garder d'appliquer cette pile aux usages auxquels elle n'est pas propre, c'est-à-dire dans tous les cas où l'on a besoin d'un courant continu, et d'une quantité d'électricité considérable. Mais pour les courants qui ne doivent être établis qu'à des intervalles éloignés, comme pour les sonneries électriques et le téléphone, la pile Léclanché n'a point de rivale.

L'*élément Binder* n'est qu'une modification de la pile Léclanché. Il se compose d'un vase cylindrique, qui porte, à peu près vers son milieu, une saillie, servant d'appui à un cylindre de zinc, creux. Au centre du vase, se trouve un crayon de charbon, que l'on entoure d'un mélange de bioxyde de manganèse et de charbon, jusqu'à la hauteur de la saillie. Un couvercle percé de deux ouvertures par lesquelles passent les électrodes empêche l'évaporation de la solution de chlorhydrate d'ammoniaque.

Gaiffe a modifié la pile Léclanché en remplaçant le chlorhydrate d'ammoniaque par du chlorure de zinc à 45° B. Le courant résulte de l'oxydation du zinc aux dépens du bioxyde de manganèse, qui passe à l'état de sesquioxyde. L'oxychlorure de zinc étant soluble dans le chlorure de zinc, l'action n'est pas arrêtée. La force électromotrice du couple équivaut à un couple et demi de Daniell. Sa constance est assez grande, et sa polarisation très lente; elle disparaît même lorsqu'on laisse quelque temps la pile en repos.

La pile de Gaiffe au chlorure de zinc est représentée dans la figure 326.

Le charbon est prismatique; mais il est percé, dans le sens de sa longueur, de 4 trous, dans lesquels on place le bioxyde de manganèse, en le tassant légèrement; ce qui a pour effet de supprimer le vase poreux, tout en diminuant la résistance électrique. Ces trous servent à retirer le produit résultant

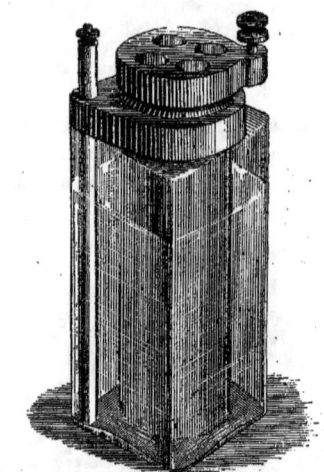

Fig. 326. — Pile Gaiffe au chlorure de zinc.

de la réaction chimique qui a engendré l'électricité. Le vase de verre qui contient le charbon est carré, et fermé par un bouchon luté à la cire, et présentant seulement un trou, qui sert à introduire le liquide dans le vase, et à faire pénétrer le bâton de zinc.

La force électro-motrice de la pile au chlorure de zinc, de Gaiffe, est inférieure à celle de la pile Léclanché.

Pour éviter la décroissance rapide qu'éprouve la force électro-motrice des piles au bioxyde de manganèse, M. Devos a construit un couple dans lequel le vase poreux est supprimé, et où l'élément dépolarisateur et l'élément actif sont mélangés autour du conducteur positif. Ce dernier consiste en une lame de charbon, qui divise la pile en deux parties : d'un côté est le zinc et le bioxyde de manganèse, de l'autre, un mélange de chlorhydrate d'ammoniaque et de coke concassé. On charge le couple avec de l'eau pure, qui dissout le sel ammoniac et met la pile en activité. Le zinc se transforme en chlorure, et le graphite joue le rôle de dépolarisateur mécanique.

MM. Leroux et Guiguet ont obtenu des piles à courant intense, en substituant à l'acide azotique de la pile Archereau, du bioxyde de manganèse, et en remplaçant l'acide sulfurique par de l'acide chlorhydrique étendu d'eau.

M. Edredge a fait une pile au protoxyde de plomb, que l'on dit être très constante, et qui est formée d'un vase au fond duquel est placée une plaque de plomb, constituant le conducteur positif. Au-dessus, se trouve la litharge, puis de l'eau salée, dans laquelle plonge le conducteur négatif. Celui-ci consiste en une lame de zinc amalgamé, suspendue, par trois agrafes, au vase de la pile. L'action est la suivante : l'hydrogène, dégagé par l'attaque du zinc, réduit la litharge, qui se dépose à l'état métallique sur la lame de plomb.

MM. Clamond et Gaiffe ont substitué au bioxyde de manganèse de la pile Léclanché le sesquioxyde de fer. Le défaut de cette pile est d'offrir une énorme résistance intérieure ; en revanche elle est impolarisable, et ne s'use que quand son circuit est fermé.

M. Reynier a construit une pile dont le vase poreux, constitué par du papier-parchemin, renferme du cuivre métallique et du sulfate de cuivre. Autour est une solution concentrée de soude caustique.

Le principal avantage de cette pile réside dans son peu de résistance, qui lui donne une intensité considérable. Avec moins de 30 éléments on peut produire l'incandescence d'une lampe électrique Swam ou Edison.

M. Desruelles a construit des piles Daniell et Léclanché qu'il a rendues facilement transportables en entourant le vase poreux d'amiante imbibée de la solution excitatrice.

Ces piles, analogues à celle que Zamboni proposa, en 1812, ne sont applicables que pour les actions discontinues, parce que le liquide, étant immobilisé, ne peut reprendre son homogénéité que par diffusion à travers l'amiante.

MM. de Lalande et Chaperon ont imaginé de construire, avec l'oxyde de cuivre et la potasse, une pile à un seul liquide et à dépolarisant solide, qui constitue un générateur électrique constant, simple, économique, et ne consommant les matières actives qu'en proportion du travail fourni.

L'oxyde de cuivre est un des oxydes qui abandonnent le plus facilement l'oxygène, et ce composé a encore l'avantage de donner, après sa réduction, un métal très bon conducteur de l'électricité.

C'est cet oxyde que MM. Lalande et Chaperon emploient comme dépolarisant, en le mettant en contact avec une surface métallique dont le prolongement constitue l'électrode négative.

L'électrode positive est une tige à lame de zinc, plongeant dans une solution de potasse caustique à 30 ou 40 p. 100, qui sert de liquide excitateur.

MM. de Lalande et Chaperon donnent à leur pile diverses dispositions. Le zinc a tantôt la forme d'un cylindre, tantôt la forme d'une tige cylindrique roulée en spirale et suspendue à la partie supérieure du vase plein du liquide excitateur.

Nous décrirons d'abord ce dernier modèle, que les inventeurs appellent *modèle en spirale*.

*L'élément à spirale* (fig. 327) à couvercle mobile est formé d'un vase cylindrique en verre, V, contenant :

1° Une boîte en tôle, A, pouvant servir à transporter la potasse caustique, et destinée à recevoir l'oxyde de cuivre lorsque la pile est montée.

2° Un zinc amalgamé, D, contourné en spirale et qu'un écrou, F, servant de borne, fixe au couvercle mobile. Un tube de caout-

Fig. 327. — Pile Lalande et Chaperon (modèle en spirale).

chouc, C, protège le zinc, qui a toujours une tendance à se casser au niveau du liquide excitateur.

3° Une tige de cuivre, G, isolée par un tube de caoutchouc et traversant le couvercle. Cette tige est fixée, à sa partie inférieure, à la boîte A, et constitue le pôle positif de l'élément.

Pour mettre cet élément en service, on retire la boîte de tôle, pour la charger d'oxyde, puis on la replace au fond du vase, que l'on remplit ensuite avec la solution de potasse. Lorsque le liquide est devenu clair, on remet le couvercle, en ayant soin que le caoutchouc qui entoure la tige de cuivre l'isole bien du zinc.

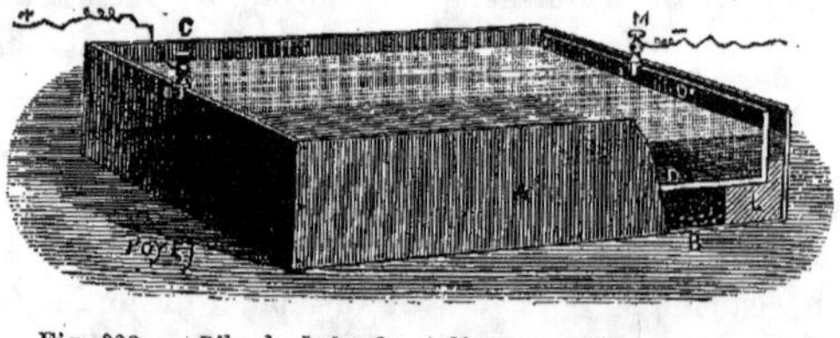

L'élément à spirale se recommande spécialement pour la charge des accumulateurs.

La deuxième forme de ces éléments (fig. 328) est le modèle à grande surface, dit *modèle à auge*. Il se compose d'une auge A, en tôle de fer, dont le fond est garni d'une couche d'oxyde de cuivre. Sur cette couche est étendue une feuille de papier-parchemin, sur laquelle reposent, aux quatre coins, les supports isolateurs L, devant porter la plaque de zinc amalgamé, D.

Sur l'auge même est fixée la borne C, du pôle positif; celle du pôle négatif, M, est attachée à une lame de cuivre rivée au zinc.

L'*élément à auge* s'emploie pour la galvanoplastie, la charge des accumulateurs et la lumière électrique. Deux éléments, grand modèle, équivalent à un élément Bunsen de $0^m,20$ de hauteur.

M. d'Arsonval, qui a expérimenté à plusieurs reprises l'élément à auge de MM. de Lalande et Chaperon, s'exprime ainsi dans la *Lumière électrique* du 25 août 1883 :

« Un kilogramme d'accumulateurs dépose 20 grammes de cuivre, tandis que 1 kilogramme de pile Lalande-Chaperon dépose 100 grammes. La quantité de *coulombs* (1) donnée par la pile est donc 5 fois plus grande que celle qui est fournie par l'accumulateur du même poids.

Quant au travail électrique, la pile Lalande-Chaperon, à *poids égal*, vaut deux accumulateurs Planté, bien formés comme quantité d'énergie emmagasinée. J'ai souvent pesé le zinc, après avoir fait donner à la pile un travail connu; toujours la consommation a été à très peu près égale à celle qui est indiquée par la théorie. Ce fait prouve, par conséquent, que ce couple est exempt de réactions secondaires et ne consomme qu'en proportion du travail fourni.

Les essais de M. Hospitalier rapportés dans l'*Electricien* du 1er août 1882 ont donné les résultats suivants :

Fig. 328. — Pile de Lalande et Chaperon (élément à auge).

La pile dont la face électro-motrice initiale, une heure après le montage, était de 0,98 volts, a été mise en circuit pendant six jours entiers sur une résistance au fil de maillechort de 0,8 *ohm*.

---

(1) Le *coulomb* est l'unité de quantité d'électricité qui traverse un circuit pendant une seconde, lorsque l'intensité est de 1 *ampère*.

Le courant fourni a été, en moyenne, d'un demi-ampère (1) pendant six jours en 518,400 secondes. La quantité totale d'électricité fournie a été de 259.000 coulombs, le poids de zinc consommé de 88 grammes, ce qui correspond à une production théorique de 260.000 coulombs; c'est là un point des plus importants, très favorable à la pile de MM. de Lalande et Chaperon, car il montre que la consommation est théorique, c'est-à-dire que l'action locale est pratiquement nulle. L'énergie que la pile est susceptible de fournir est donc disponible *à volonté* par fractions quelconques, sans qu'on soit obligé de toucher aux éléments pour retirer le zinc du liquide.

La constance remarquable du débit doit être surtout attribuée à ce que le produit de la réduction est du cuivre métallique bon conducteur. »

MM. de Lalande et Chaperon ont donné à leur élément une autre disposition, très avantageuse, qui le rend facilement transportable, et lui donne une très grande solidité. Nous voulons parler du *modèle en obus* représenté ici. Le vase extérieur, au lieu d'être en verre, est formé par une sorte de bouteille en fonte, qui constitue le pôle positif de l'élément. Un tenon, A, sert à fixer la lame AC, formant électrode. Le vase V est paraffiné à chaud, pour empêcher les dérivations et afin de le rendre inoxydable. Une tige de laiton amalgamé K, terminée par la borne F, est fixée au bouchon de caoutchouc, C, et porte un gros cylindre de zinc amalgamé, D. Enfin, une soupape H, formée d'un bout de tube en caoutchouc fendu à sa partie supérieure, termine un petit tube métallique qui traverse le bouchon F.

L'*élément en obus* est surtout employé pour les téléphones et les sonneries d'appartements.

Il en existe un modèle à grande surface qui peut donner un débit allant jusqu'à dix ampères, et s'emploie aux mêmes usages que les éléments Bunsen ou à bichromate de potasse.

La pile à oxyde de cuivre de MM. de Lalande et Chaperon a l'avantage d'être d'une grande surface et de ne produire aucune émanation pénible. Aucune réaction ne se produit tant que le circuit est ouvert. Quand le courant est fermé, le zinc se dissout dans la potasse, en formant du zincate de potasse, et le gaz hydrogène qui se dégage réduit l'oxyde de cuivre.

Ce dernier peut être ramené à l'état d'oxyde, en le chauffant au rouge, et il peut servir à de nouvelles opérations.

Fig. 329. — Pile de Lalande et Chaperon (élément en obus).

## CHAPITRE IV

PILES A CHLORURES, IODURES, BROMURES, SULFURES DÉPOLARISANTS. — PILES MARIÉ DAVY, WARREN DE LA RUE, NIAUDET, GAIFFE, LAURIE, DOAT, REGNAULT, BLANC.

Dans certaines piles, la dépolarisation s'effectue par le chlore, et non par l'oxygène ou les oxydes métalliques : ce sont les piles dites à *chlorures*.

La première de ce genre (après celle de Daniell au chlorure de platine) est la pile de M. Marié Davy, au chlorure d'argent.

---

(1) L'ampère est l'unité d'intensité ; c'est la quantité d'électricité que traverse un circuit ayant pour résistance 1 ohm, sous l'influence d'une différence de potentiel de 1 volt.

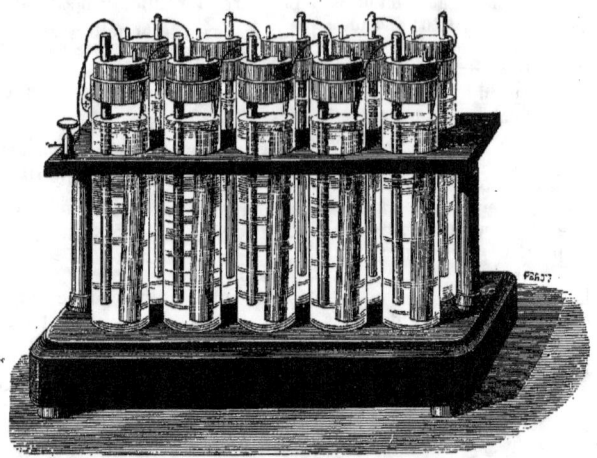

Fig. 330. — Pile au chlorure d'argent de M. Warren de la Rue.

Chaque élément se compose d'un vase extérieur, en forme de cylindre, de 13 centimètres de long et de 3 centimètres de diamètre, dans lequel un crayon de zinc non amalgamé tient lieu d'électrode soluble. Au crayon est soudée une lame d'argent, qui constitue le pôle du couple suivant, et autour duquel on a fondu un petit bâton de chlorure d'argent (pôle positif) qu'on isole à l'aide d'un petit cylindre en papier parchemin. Le vase extérieur est fermé par un bouchon en paraffine, et contient une dissolution de chlorhydrate d'ammoniaque formée de 23 grammes de sel pour 1,000 d'eau.

Cette pile, dont le comburant est un corps solide, insoluble, qui n'a d'autre rôle que de fournir le chlore nécessaire à la dissolution du zinc, est à courant constant, et ne s'use que quand son circuit est fermé. Sa résistance dépend de son temps de service et de la grandeur de chaque élément. Quant à sa force électro-motrice, elle est relativement énergique.

La pile au chlorure d'argent, imaginée par M. Marié Davy, en 1860, a été perfectionnée en 1868, par M. Warren de la Rue, qui lui a donné la forme que représente la figure ci-dessus.

M. Marié Davy a encore essayé, comme dépolarisant, le chlorure de plomb. Mais vu le prix assez élevé de ce corps et le peu d'énergie des éléments au chlorure, cette pile n'a pas reçu d'application.

M. Duchemin a essayé, mais sans succès, de dépolariser les piles au moyen du perchlorure de fer.

M. Niaudet a construit une pile constante et assez énergique, dans laquelle il utilise les propriétés dépolarisantes du chlorure de chaux.

Dans le vase poreux, on place une plaque de charbon, autour de laquelle on entasse du charbon concassé, puis une couche de chlorure de chaux, une nouvelle couche de charbon, etc., etc., jusqu'à ce qu'on arrive au bord supérieur; on ferme le tout avec une couche de poix. A la distance voulue, et retenu par de petits bâtons en bois, le vase poreux est entouré d'un cylindre de zinc, qui trempe dans de l'eau salée, où il peut rester impunément, puisque ni ce sel, ni le chlore ne peuvent l'attaquer.

Le vase poreux, ainsi que le cylindre de zinc qui y est fixé, sont cimentés avec le col du vase, pour éviter tout dégagement de chlore, et on ne laisse qu'une ouverture pour le remplissage de l'eau salée, que l'on prépare en dissolvant dans 100 parties en poids d'eau 24 parties de sel de cuisine, proportion qui donne la plus petite résistance.

Au début, la force électromotrice est de 1,5 *volt*, mais elle tombe, au bout de quelques mois, à 1,38 *volt*. Toutefois, la réduction de l'hydrogène ne se fait pas complètement; de sorte que la force électro-motrice peut tomber à 1,28 *volt*, même à 1,03 si l'on ferme la pile à court circuit ; mais il suffit d'un court repos pour qu'elle reprenne sa force primitive.

Enfin Gaiffe a construit une petite pile au chlorure d'argent.

L'élément se compose d'un petit cylindre de caoutchouc durci, qui porte un couvercle vissé se fermant hermétiquement. Les deux électrodes sont fixées au couvercle par des écrous. L'électrode négative est un petit creuset en cuivre qui contient du chlorure d'argent fondu, enveloppé dans de la toile. De petits buttoirs de caoutchouc assurent la distance nécessaire de l'électrode zinc, et un bracelet en caoutchouc les serre tous deux contre ces buttoirs.

Cet élément qui contient du liquide ne peut pas être retourné, puisque quand le couvercle est mouillé il se produit aussitôt une fermeture; aussi Gaiffe remplaçait d'ordinaire le liquide par des couches de papier buvard imprégné d'une dissolution de chlorure de zinc à 5 pour 100.

Ces éléments sont très économiques et très commodes pour les usages médicaux.

De même que le chlore, l'iode, le brome et le soufre ont été employés comme dépolarisants. Ainsi, M. Laurie a construit une pile dont les électrodes plongent dans une dissolution d'iodure de zinc, à laquelle on ajoute de l'iode.

Dans l'élément de M. Doat, le vase extérieur contient du mercure, où plonge un fil de platine, et le vase poreux renferme une dissolution d'iodure de potassium qui entoure le charbon.

M. Regnault a remplacé l'iode par le brome et l'iodure de potassium par du bromure, sans obtenir de meilleurs résultats.

Enfin MM. Blanc et Savary ont essayé de réduire l'hydrogène par le soufre, et de construire, avec ce métalloïde, des piles impolarisables.

Aucune de ces piles, dont la force motrice est d'ailleurs très faible, n'a reçu d'application pratique.

## CHAPITRE V

LES PILES AU SULFATE DE CUIVRE DÉPOLARISANT. — PILES DE DANIELL, DE BRÉGUET, DE VÉRITÉ, DE MUIRHEAD, DE CARRÉ, DE MINOTTO, DE W. THOMSON, DE SIEMENS ET HALSKE, DE TROUVÉ, DE CALLAUD, DE MEIDINGER, DE GAIFFE, DE KOHLFURST, DE REYNIER.

Les piles dans lesquelles le sulfate de cuivre est employé comme dépolarisant sont très nombreuses, et un certain nombre sont en usage en télégraphie, sinon en France, du moins à l'étranger. C'est ce qui nous engage à les faire connaître.

Le point de départ des piles à sulfate de cuivre, c'est la pile de Daniell, dont l'invention est déjà ancienne, mais qui est encore en usage, soit par elle-même, soit par ses nombreuses imitations ou perfectionnements.

C'est en 1836 que le physicien anglais Daniell construisit sa première pile au sulfate de cuivre. Elle était très compliquée, mais elle fournissait un courant parfaitement constant. Elle était munie d'un siphon destiné à débarrasser la pile des liquides saturés de sel, et à lui fournir, en échange, de l'eau pure, qui maintenait constant le degré de saturation des liquides. Après avoir essayé successivement des diaphragmes en vessie, en cuir et en toile, Daniell s'arrêta enfin au vase poreux en porcelaine dégourdie.

Le modèle de pile de Daniell que construit M. Bréguet se compose (fig. 331) d'un vase extérieur contenant de l'eau acidulée, dans laquelle plonge une lame cylindrique de zinc, Z. Au centre de ce vase, se trouve un

Fig. 331. — Pile de Daniell.

vase poreux, rempli d'une solution concentrée de sulfate de cuivre, où plonge une lame de cuivre, C. Dans cette pile, le zinc se dissout en s'oxydant, et forme du sulfate de zinc; l'hydrogène produit passe à travers le vase poreux, et réduit le sulfate de cuivre. Il se forme donc du cuivre métallique, qui se dépose sur la lame de cuivre et le vase poreux, et l'hydrogène se combine avec l'oxygène, pour former de l'eau.

La disposition donnée à la pile de Daniell par M. Vérité, horloger de Beauvais, pile que nous représentons (fig. 332), dispense de tout entretien. Un ballon B, rempli d'eau et de sulfate de cuivre, et dont le goulot porte un bouchon, traversé par un tube de verre, plonge dans le liquide du vase poreux. A mesure que le sulfate de cuivre dissous se consomme, dans la pile, il est remplacé par celui du ballon, qui maintient sans cesse la saturation du liquide dépolarisateur, mais a l'inconvénient de réduire un peu l'intensité du courant.

Fig. 332. — Pile de Daniell à ballon (modèle de M. Vérité).

La pile de Daniell représentée dans la figure 333 a servi pendant très longtemps, en Angleterre, pour la télégraphie, et elle est encore très répandue pour cet usage.

Elle se compose d'une boîte en bois de teck, divisée en dix compartiments par une plaque d'ardoise C; chaque compartiment renferme deux cloisons séparées par une plaque de porcelaine poreuse. Sur chaque ardoise on met, à cheval, une lame de cuivre, qui supporte, d'un côté une plaque de cuivre, et de l'autre côté une lame de zinc. Dans le dernier compartiment, à gauche, est une plaque de cuivre, qui aboutit à un bouton ; c'est le pôle positif de la pile.

Dans les compartiments d'électrode cuivre on met la dissolution de sulfate de cuivre avec quelques cristaux du même sel, qui maintiennent la dissolution saturée.

L'emploi d'une caisse en bois a pour but de supprimer les vases de verre, très exposés à être brisés pendant un long service. Il faut seulement que la caisse soit bien étanche, ce qui n'arrive pas toujours, et la pile est alors hors de service. La boîte étant fermée par un couvercle de bois l'évaporation de l'eau est très lente. Enfin le transport de l'appareil est facile.

Cette pile que les télégraphistes anglais appellent *trough battery* (pile à auge) a les dimensions suivantes : pour le cuivre un carré de 7 centimètres de côté ; pour le zinc un rectangle de 9 centimètres sur 5. Une pile de dix éléments coûte 26$^{sh}$25 et l'entretien

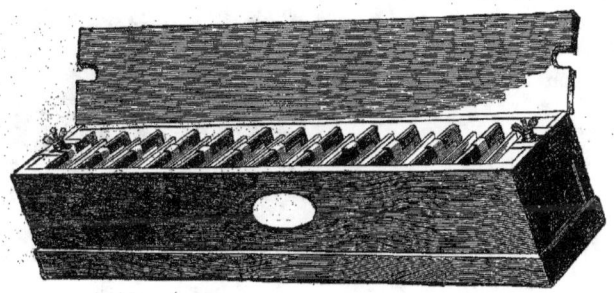

Fig. 333. — Pile Daniell à auge.

revient à 10 livres par an. Elle fonctionne un mois sans que l'on ait à ouvrir la boîte.

La *pile Muirhead*, très employée en Angleterre, pour le service des lignes télégraphiques, est un perfectionnement de la précédente. Elle se compose (fig. 334) d'une caisse en bois, contenant cinq vases de porcelaine, munis de deux séparations dans lesquelles sont placés des vases poreux plats.

Le vase extérieur est carré et en porcelaine blanche. On y place un vase poreux en terre rouge, qui reçoit l'électrode de cuivre et le sulfate de cuivre. A l'extérieur du vase po-

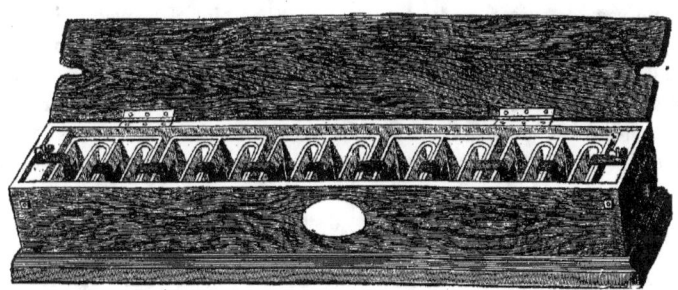

Fig. 334. — Pile Muirhead.

reux on met l'électrode zinc. Les électrodes de cette pile sont les mêmes que ceux de la *pile* de Daniell à auges, que nous venons de décrire.

La pile Muirhead est la plus employée aujourd'hui en Angleterre pour la télégraphie. Au bureau central des télégraphes du gouvernement, à Londres, il y a 20 000 éléments semblables à ceux dont nous venons de parler.

En Italie et dans l'Inde anglaise, on emploie la pile de M. Minotto (de Venise), dans laquelle le vase poreux est remplacé par une couche de sable ou de sciure de bois, imprégnée d'une dissolution de sulfate de cuivre.

C'est une pile de Daniell à sable. Une simple feuille de papier buvard sépare les deux liquides. Dans l'eau acidulée plonge le pôle négatif, formé d'un disque plat de zinc ; et au fond de la pile se trouve le pôle positif, formé d'un disque semblable de cuivre rouge.

Cette pile (fig. 335) est très constante, et sa résistance est d'environ 2 *ohms* quand elle est en bonne condition.

Les piles Minotto qu'emploient les Compagnies de câbles sous-marins diffèrent de la précédente quant à la forme. Elles se

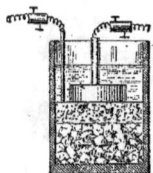

Fig. 335. — Pile Minotto.

composent d'un vase en gutta-percha, au fond duquel est placé un disque de cuivre, d'où part un fil isolé, formant électrode. Cette pile a l'avantage d'être très portative; aussi l'emploie-t-on généralement pour les épreuves faites à la mer ou même à terre, sur les câbles sous-marins.

Une troisième forme de *pile Minotto* consiste en un vase de cuivre, au fond duquel on dépose des cristaux de sulfate de cuivre, que l'on recouvre ensuite de sciure de bois. C'est sur cette couche que repose le zinc. Le montage de cette pile est des plus simples et son fonctionnement d'une régularité parfaite. Il suffit pour l'entretenir de l'humecter de temps à autre.

La pile Minotto est employée pour la télégraphie dans toute l'Inde anglaise.

Sir W. Thomson a construit un élément à sulfate de cuivre, beaucoup moins résistant et beaucoup plus énergique que celui de Daniell. Les éléments qui servent à faire fonctionner son *siphon-recorder*, c'est-à-dire l'appareil qui enregistre les signaux du télégraphe transatlantique, et que nous aurons à décrire dans le *Supplément au Câble transatlantique*, sont formés d'auges ayant $0^m,40$ carrés à la base, et évasées au sommet.

Elles sont doublées de plomb intérieurement et contiennent des grilles en zinc s'appuyant sur des blocs en terre cuite émaillée, comme on le voit sur la figure ci-jointe.

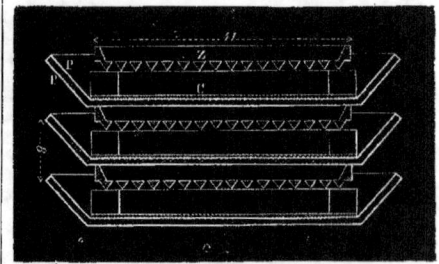

Fig. 336. — Pile Thomson.

Une lame de cuivre est soudée sur le bord extérieur de chaque auge, pour servir, au besoin, d'électrode. Afin de faciliter l'enlèvement des dépôts de cuivre, une lame étroite de ce métal est soudée au fond et au milieu de chaque auge; et tout le restant du plomb qui recouvre l'intérieur et les côtés est enduit d'un vernis isolant, formé de copal et de térébenthine. Une plaque de cuivre très mince également, vernie sur une de ses faces, excepté au centre et aux coins, fait contact, par la pression des blocs de terre cuite et la grille en zinc, avec le revêtement de plomb convenablement gratté dans les coins. La face supérieure de la plaque de cuivre est décapée. Elle est, d'ailleurs, de la même dimension que l'intérieur des auges ($0^m,40$ carrés). Sur ses coins on place les blocs de terre cuite qui supportent le zinc en forme de grille.

Cet élément est enveloppé de papier-parchemin, plié avec soin sur les côtés et fixé solidement par de la ficelle et de la cire à cacheter. Le papier, une fois humecté, agit comme un diaphragme, et retient homogène l'ensemble du grillage en zinc, que le temps détériorerait. Pour supporter une de ces pièces à auge, on construit un bâti en bois, muni de quatre isolateurs en porcelaine, sur lesquels vient s'appuyer la première auge.

Cette pile doit être disposée de façon à ce que l'on puisse tourner facilement autour. La première auge et le support doivent être soigneusement nivelés.

Au fond de la première auge, on place l'élément cuivre, dont on assure le contact métallique au centre et aux quatre coins ; puis on place sur ces coins les quatre blocs de terre vernie formant de petits cubes qui servent de support au grillage en zinc. On verse alors dans l'auge une solution de sulfate de zinc d'une densité de 1,1 en humectant d'abord la grille et son enveloppe en parchemin. On s'assure ensuite que les quatre coins supérieurs du zinc et les quatre coins inférieurs en plomb de l'auge suivante sont propres et secs, et l'on appuie l'auge n° 2 sur le zinc n° 1, et ainsi de suite jusqu'à ce que la pile soit complète.

Les cristaux de sulfate de cuivre qu'on emploie dans cette pile doivent être en petits morceaux de la grosseur d'un pois ; on les pèse par petites quantités, d'environ 30 grammes. Pour mettre la pile en action, on verse ces 30 grammes de sulfate de cuivre séparément, sur chaque face, distribuant cette quantité aussi également que possible entre les blocs de terre cuite. Immédiatement après, on met chaque élément en court circuit, et au bout de dix minutes, la pile est prête à agir, avec toute sa force. De temps en temps, il faut ajouter du sulfate de cuivre, toujours par quantités égales pour chaque auge, comme au moment où la pile a été chargée ; mais il ne faut jamais mettre de nouveau sulfate de cuivre, tant que la quantité mise précédemment n'est pas complètement usée. De temps à autre, il faut retirer, avec un siphon, et à partir d'un point inférieur au niveau extrême du sulfate de zinc, assez de liqueur pour abaisser son niveau d'environ 7 millimètres, puis rétablir ce niveau en versant de l'eau fraîche

jusqu'à ce qu'elle soit à la hauteur des grilles de zinc.

La résistance intérieure de ces éléments est très faible, tandis que leur force électromotrice est considérable.

L'élément Siemens et Halske, adopté en Allemagne, est une pile Daniell dont la cloison poreuse est plus épaisse. Il se compose, comme on le voit, d'un vase cylindrique de

Fig. 337. — Pile allemande (Siemens et Halske).

verre, au fond duquel est placée une bande de cuivre, C, en forme de S, à laquelle est soudé un fil servant d'électrode négative. On recouvre la bande de sulfate de cuivre, et, après avoir placé dessus une cloche en terre poreuse, surmontée d'un manchon en verre, K, sur lequel pose l'électrode, on la remplit de cristaux de sulfate de cuivre.

Au-dessus de la cloche on met, après l'avoir exprimée, une sorte de bouillie faite avec du papier et son quart en poids d'acide sulfurique étendu de quatre fois autant d'eau. Sur cette pâte, qui sert de vase poreux, on pose un morceau de toile, que l'on recouvre de cristaux de sulfate de zinc, et par-dessus, un cylindre de zinc fondu, muni d'une borne en laiton.

Pour mettre l'élément en activité, on verse de l'eau dans le manchon de verre et sur le zinc.

Bien que la résistance intérieure de cette pile soit assez grande, on l'emploie néanmoins avantageusement en télégraphie.

Pour éviter que le sulfate de cuivre ne traverse la pâte de papier et ne recouvre la cloche de terre poreuse, M. Varley a eu l'heureuse idée de remplacer la pâte de l'élément Siemens-Halske par de la sciure de bois recouverte d'oxyde de zinc.

Dans le modèle de pile Daniell construit par M. Trouvé chaque élément se compose

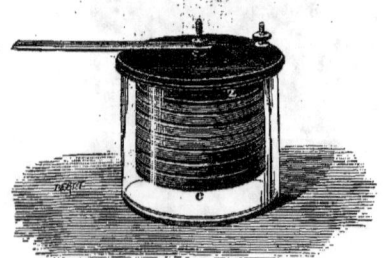

Fig. 338. — Pile Trouvé, à disque de papier.

de disques plats, l'un de cuivre, et l'autre de zinc, entre lesquels se trouve une assez grande épaisseur de rondelles de papier buvard. La moitié inférieure de ces rondelles est imprégnée d'une solution saturée de sulfate de cuivre, tandis que la moitié supérieure contient une solution de sulfate de zinc. Le tout est maintenu par une tige d'ébonite fixée au couvercle de la pile. Il suffit de plonger l'ensemble de ces disques pour mettre l'élément en action.

La pile de M. Trouvé est très régulière et d'une résistance très faible; on l'emploie avec avantage en télégraphie et pour actionner les appareils électro-médicaux.

La pile Callaud, qui est aujourd'hui d'un très grand usage dans la télégraphie française, est encore une modification de la pile Daniell. Elle se compose d'un vase en

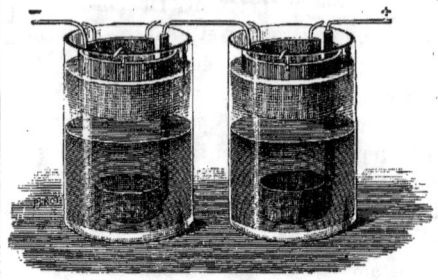

Fig. 339. — Pile Callaud.

verre, sur le bord duquel repose, à l'aide de trois crochets, un cylindre de zinc. Une bande de cuivre, remplacée souvent par un gros fil de cuivre roulé en spirale, est placée sur le fond du vase, et terminée par un conducteur recouvert de gutta-percha. Pour mettre la pile en action, on verse d'abord dans le vase de l'eau pure, ou mieux une dissolution étendue de sulfate de zinc; puis on ajoute une dissolution de sulfate de cuivre, au moyen d'un siphon, qui plonge jusqu'au fond du vase.

Cette pile est très économique et sa résistance très faible; quant à sa force électro-motrice elle ne tombe que de $1/40$ environ de sa valeur initiale, dans l'espace de trois ou quatre mois.

Le modèle de *pile Callaud*, adopté aux Etats-Unis, se compose d'un vase de verre, auquel est suspendue une plaque de zinc fondu ayant la forme d'une roue d'horloge à quatre barettes, sans denture. Le cuivre est enroulé en spirale et soudé à une tige de même métal, mais isolée, qui vient aboutir au dehors. Pour mettre cette pile en action, il suffit d'y jeter des cristaux de sulfate de cuivre et de verser par-dessus de l'eau pure. Les deux solutions se séparent en vertu de leur densité, et le courant apparaît presque aussitôt après le montage.

On doit à Gaiffe une pile de Daniell, dans laquelle la réaction du zinc sur le sulfate de cuivre reste nulle tant que le circuit est ouvert.

L'élément se compose : 1° d'un bocal en verre à la partie supérieure duquel est suspendu un zinc comme dans l'élément Callaud ; 2° d'un vase central formé d'une partie poreuse et d'une partie non poreuse, constituée par un verre à boire ordinaire ; 3° enfin d'un cylindre de cuivre, contenu dans le vase central, et dont un prolongement recourbé en dehors de ce vase plonge jusqu'au fond du bocal, et se termine par un anneau. Le couple se charge à l'aide d'une solution concentrée de sulfate de zinc.

Enfin, M. Trouvé a construit un élément Callaud dont le prix de revient est des plus modiques. Il est formé d'un vase de verre sur les bords duquel le cylindre de zinc est retenu par trois courbures que l'on y pratique avec une tenaille. L'électrode négative est constituée par un fil de cuivre en spirale dont le bout, isolé par un tube de verre, sert de fil de dérivation. Le fil du pôle zinc de chaque élément vient s'enrouler sur le fil de cuivre de l'élément suivant et rend ainsi très facile son accouplement. La pile Callaud-Trouvé peut être employée avec avantage dans l'installation des sonneries d'appartements, des télégraphes et des téléphones domestiques, mais elle a été construite surtout pour des usages médicinaux.

L'administration badoise des télégraphes, ainsi que celle de l'Allemagne du Nord, emploient une pile au sulfate de zinc, qui est basée, comme les précédentes, sur la différence de densité de deux liquides. Nous voulons parler de la pile *Meidinger*, dont l'usage est aujourd'hui très répandu. Chaque élément se compose (fig. 340) d'un vase en verre, rétréci vers la base, et contenant une sorte de capsule $d, d$, reposant sur le fond.

Une éprouvette $h$, remplie de cristaux de sulfate de cuivre, et percée, à sa partie inférieure, d'un petit orifice, repose sur les bords de la capsule. Celle-ci contient un cylindre de plomb $g$ auquel est soudé un

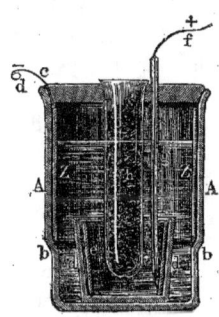

Fig. 340. — Pile Meidinger (Coupe).

fil de cuivre isolé aboutissant au dehors. Enfin un cylindre de zinc, Z, muni de son électrode, vient reposer sur le rebord que forme le rétrécissement du vase extérieur.

Pour charger l'élément, on remplit d'abord le vase en verre d'une solution d'eau additionnée de 90 grammes de sulfate de magnésie ; on y introduit ensuite la capsule, puis le cylindre de plomb et enfin l'éprouvette garnie de sulfate de cuivre. Pour éviter la concentration de la solution de sulfate de magnésie, il convient d'ajouter un peu

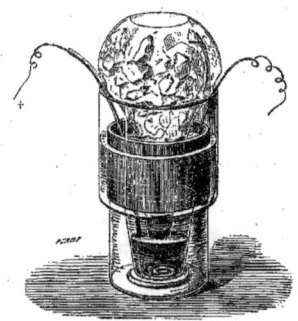

Fig. 341. — Pile Meidinger à ballon.

d'eau de temps en temps. Il est indispensable d'enduire aussi de paraffine les bords du vase extérieur afin d'empêcher le dépôt des cristaux de sulfate de soude.

Dans l'Allemagne du Nord, on remplace souvent l'éprouvette par un ballon en verre (fig. 341) rempli d'une dissolution concentrée de sulfate de cuivre, et muni d'un bouchon au travers duquel passe un petit tube en verre qui plonge dans la capsule.

On emploie beaucoup en Allemagne la pile Kohlfurst, qui est aussi un perfectionnement de la pile de Daniell, et qui se recommande surtout par sa constance. L'élément se compose d'un vase étranglé à sa partie inférieure, et dont la partie supérieure est fermée par un couvercle en fonte de fer, auquel est fixé un bloc de zinc qui se termine extérieurement par une borne en cuivre, servant de pôle négatif. Une plaque de plomb, qui constitue le pôle positif, repose au fond du vase et communique au dehors par un fil de cuivre recouvert de gutta-percha. On garnit de cristaux de sulfate de cuivre l'espace compris entre le fond du vase et l'étranglement sur lequel vient s'appuyer un disque de terre cuite non vernie et percée de trous, puis on remplit le vase d'une dissolution de sulfate de zinc ou de magnésie.

Cet élément, dont la résistance intérieure est très faible, et la force électromotrice relativement considérable, fonctionne plus d'une année, sans exiger le moindre entretien.

Enfin M. Reynier a perfectionné l'élément Daniell en remplaçant l'acide sulfurique par de la soude caustique. Il diminue ainsi la consommation du zinc, empêche la diffusion de la solution cuprique, lorsque la pile est au repos, et augmente dans de notables proportions la force électro-motrice qui peut atteindre jusqu'à 11 *volts* (1).

(1) Le *volt* est l'unité de force électro-motrice ou de différence de potentiel. Il correspond à la force électromotrice d'un élément de pile Daniell.

## CHAPITRE VI

PILES A SULFATES DÉPOLARISANTS AUTRES QUE LE SULFATE DE CUIVRE. — PILES MARIÉ-DAVY, GAIFFE, RHUMKORFF, SOMZÉE, BECQUEREL.

Certains sulfates autres que celui de cuivre peuvent être employés comme dépolarisants; mais alors il faut substituer à la lame de cuivre une lame métallique correspondant au sulfate employé, ou bien une plaque de charbon.

La plus importante des piles de ce genre est celle qui a été construite par M. Marié-Davy et qui fut, pendant de longues années, en usage en France, sur la plupart des lignes de télégraphie électrique. Elle se compose d'un vase extérieur en

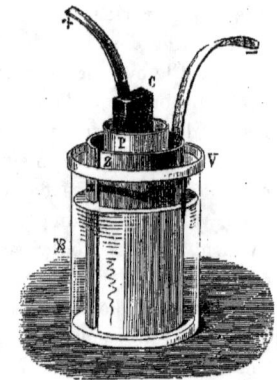

Fig. 342. — Élément d'une pile Marié-Davy au sulfate de mercure.

verre, où le zinc plonge dans l'eau pure, et d'un vase poreux contenant une bouillie de bi-sulfate de mercure, qui entoure le charbon.

L'élément Marié-Davy a une force électromotrice supérieure à l'élément Daniell : elle est de 1 *volt*, 5, par suite de la dissolution difficile du sulfate de mercure. Les liquides ne se mélangent que très lentement, et lorsqu'il vient toucher le zinc, le mercure séparé ne produit aucune action secondaire :

il entretient, au contraire, l'amalgame en bon état.

Le prix élevé du sulfate de mercure a empêché la pile Marié-Davy d'être conservée pour l'usage des télégraphes, bien que l'on puisse facilement retirer le métal des éléments épuisés. Par suite du peu de solubilité du sulfate de mercure, le courant baisse rapidement, en court circuit. Enfin, ce qui n'est point le moindre défaut de cet élément, le sel de mercure est un poison violent.

Lorsque tout le sulfate dissous est consommé, il se forme un amalgame de zinc, qui devient positif en face du zinc, de sorte qu'il se produit un retournement du courant. Aussi recommande-t-on d'avoir soin que les éléments qui sont réunis en tension aient tous, autant que possible, une construction semblable, afin que l'un ne vienne pas, avant l'autre, à manquer de sulfate de mercure dissous.

La dissolution du sulfate de mercure peut être hâtée par la division du sel; ce qui peut se faire en le mélangeant avec des morceaux de coke, comme M. Beaufils l'a fait dans l'élément sans vase poreux qui a été employé pendant longtemps par l'administration des lignes télégraphiques.

Afin de rendre cette pile facilement applicable aux appareils médicaux, MM. Trouvé, Gaiffe et Rhumkorff ont supprimé le vase poreux et se servent de la dissolution du sel de mercure comme dépolarisant et comme comburant.

M. Somzée a encore construit une pile au sulfate de mercure et charbon qui possède, sous un volume très restreint, une grande force électro-motrice, une grande constance et une très longue durée.

MM. Becquerel et Marié-Davy ont encore utilisé le sulfate de plomb comme matière dépolarisante, mais l'énorme résistance intérieure qu'offrent ces piles les a fait abandonner.

## CHAPITRE VII

LA PILE A GAZ. — TRAVAUX DE GROVE ET DE BECQUEREL. — DISPOSITION NOUVELLE DONNÉE A LA PILE A GAZ PAR M. ALBIN FIGUIER.

Pour continuer cette revue des piles voltaïques fondées sur le développement d'une action chimique, nous mentionnerons un ordre particulier de générateur d'électricité qui, pour n'avoir été encore l'objet que d'un petit nombre de recherches, n'en est pas moins intéressant. Nous voulons parler de la pile à gaz.

La pile à gaz diffère essentiellement des couples actuellement usités, en ce que l'action chimique, cause originelle du courant voltaïque, au lieu d'être provoquée par la dissolution d'un métal dans un liquide, dépend de la combinaison de deux gaz.

Elle a pour origine cette observation de Faraday :

« Lorsqu'on recueille sur un voltamètre à une seule cloche et à lame de platine l'hydrogène et l'oxygène provenant de la décomposition de l'eau, et qu'on supprime ensuite la pile excitatrice, les gaz disparaissent peu à peu. Cet effet a été attribué à l'action de contact du platine. Le phénomène est plus rapide quand on réunit extérieurement les deux lames du voltamètre. »

Grove reconnut, de son côté, que les deux gaz recueillis séparément sur un voltamètre à deux cloches disparaissaient dans les mêmes circonstances, et que cela avait lieu pour deux gaz obtenus par une voie quelconque.

Un voltamètre ainsi disposé constitue à son tour une véritable pile. Il suffit, pour le constater, de le mettre en relation avec un galvanomètre : on verra l'aiguille dévier.

Le courant se maintient jusqu'à épuisement des deux gaz, ou de l'un des deux gaz si l'autre est en excès.

En s'appuyant sur ce fait, Grove construisit, en 1842, une batterie formée par une série de voltamètres reliés en tension. Chaque couple se compose de deux longues éprouvettes en verre, destinées à recevoir les gaz, et renfermant, chacune, suivant toute sa longueur, une lame de platine, dont l'extrémité inférieure, faisant saillie au dehors, et se recourbant, aboutit à une borne fixée sur le support qui maintient les éprouvettes.

Ce support repose sur les bords du vase contenant de l'eau acidulée, dans laquelle plongent, plus ou moins, les éprouvettes.

Une batterie de cinquante couples amorcés avec de l'hydrogène et de l'oxygène pouvait provoquer de fortes secousses, et dégager même de faibles étincelles, quand on réunissait les deux rhéophores terminés par des pointes en charbon.

Un seul couple peut décomposer l'iodure de potassium; quatre sont nécessaires pour décomposer l'eau acidulée.

Grove a chargé sa pile avec différents gaz, et il a pu constater, pour certains, la production d'un courant, généralement trop faible, et partant de trop longue durée, pour qu'il ait pu songer à déterminer la nature du produit formé par ces gaz, dont le volume était très limité.

M. Albin Figuier, mon neveu, professeur à la Faculté de médecine et de pharmacie de Bordeaux, a cherché à combler en partie cette lacune, en donnant à la pile à gaz une forme nouvelle, qui en fait un instrument de laboratoire propre à opérer des synthèses chimiques.

La théorie que Grove a invoquée pour expliquer le jeu de la pile à gaz repose sur le *triple contact* de l'eau, des gaz et des lames de platine, en attribuant, du reste, au contact l'idée de mouvements moléculaires, et par suite de force effective.

Schönbein admet que l'hydrogène intervient seul; il se produirait, au niveau du *contact* de l'hydrogène avec le liquide et la lame de platine, un courant capable de décomposer l'eau, dont l'oxygène devenu libre serait absorbé sur place par l'hydrogène contenu dans la cloche. En même temps, l'hydrogène électrolytique transporté dans l'autre cloche s'y combinerait avec l'oxygène adhérent à la lame correspondante de platine.

L'eau serait décomposée d'un côté pour se reconstituer de l'autre. Mais ces deux actions opposées s'équivalent, et l'on ne voit pas comment l'une peut entraîner l'autre. Cette objection est de Grove lui-même.

De la Rive fait intervenir l'électricité propre que posséderait chacun des gaz, et qui tend à séparer les éléments de l'eau : l'hydrogène à l'état naissant réagirait sur l'oxygène en contact avec le platine. Cette double hypothèse ne rend pas compte de la généralité des cas pour d'autres gaz, et elle n'explique pas bien comment il peut rester de la force disponible en dehors de la pile.

Quoi qu'il en soit, la théorie du *triple contact* ne peut se maintenir devant ce fait, observé par Jacobi, que la pile peut fonctionner quand les lames polaires sont complètement immergées.

Poggendorff a pu le vérifier, et a constaté, de plus, que l'hydrogène et l'oxygène recueillis dans une seule cloche, dans le voltamètre, disparaissaient rapidement, alors que les lames polaires étaient encore recouvertes par le liquide.

M. Albin Figuier conclut des recherches qu'il a entreprises, que le courant de la pile à gaz est dû, à la fois, à l'inégale diffusion des deux gaz à travers le liquide qui les sépare, et à leur combinaison ultérieure, par voie d'occlusion, dans les pores mêmes des lames polaires.

# SUPPLÉMENT A LA PILE DE VOLTA.

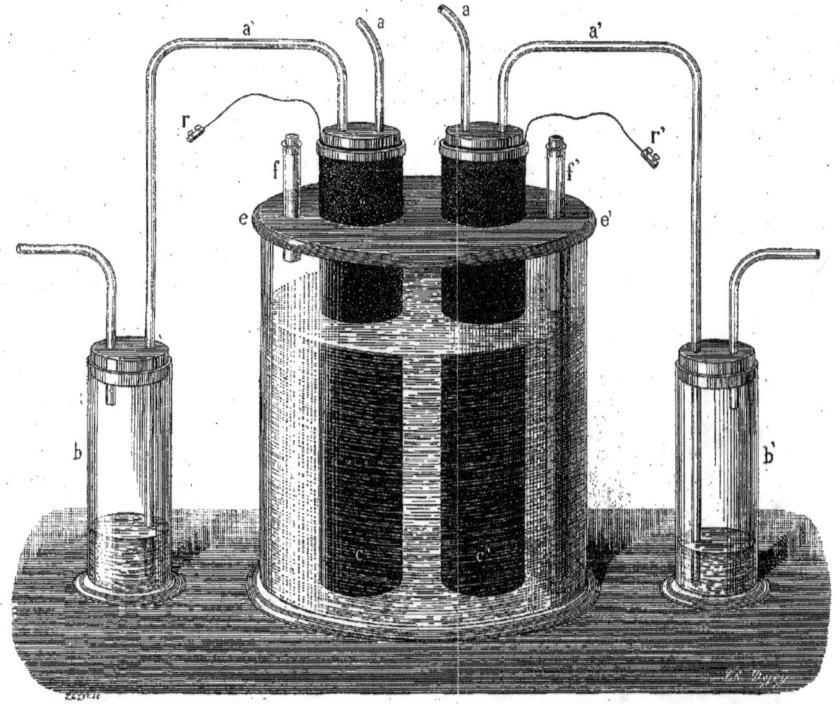

Fig. 343. — Pile à gaz de M. Albin Figuier.

Le sens et l'intensité de ce courant dépendraient donc de la somme algébrique de ces divers effets.

On comprend ainsi que ce courant puisse être très faible, et que néanmoins l'action chimique concomitante soit relativement énergique. Cette dernière s'accomplit simultanément aux deux pôles, qui tendent chacun à prendre le même signe.

Nous donnerons maintenant la description de la pile que M. Albin Figuier a employée pour ses recherches.

Cette pile est formée (fig. 343) de deux cylindres creux, en graphite, C, C', fermés par en bas, et rendus impolarisables par un dépôt de mousses métalliques ou charbonneuses.

Chaque cylindre est muni, à sa partie supérieure, d'un collier métallique, servant d'attache aux rhéophores. Ces deux cylindres, offrant ainsi un grand développement de surface à l'action du liquide dans lequel ils plongent, et des gaz qui circulent continuellement, même sous pression, sont maintenus par le couvercle, $e\,e'$, du vase récepteur, qui ferme hermétiquement. Chacun de ces cylindres est fermé par un bouchon livrant passage à deux tubes $a$, $a'$, qui servent à l'entrée et à la sortie des gaz.

Dans quelques expériences, les cylindres de graphite ont été remplacés par des godets en porcelaine dégourdie, fortement imprégnés de mousse de platine.

Le choix du liquide n'est pas indifférent; il est bon d'employer un liquide alcalin toutes les fois que les gaz, en réagissant l'un sur l'autre, doivent donner lieu à un composé acide, et réciproquement.

Ces piles ne consomment guère que par suite de la fermeture du circuit. L'auteur a déjà démontré un fait analogue pour la dialyse des liquides, phénomène qui s'accompagne d'un courant électrique, dirigé, suivant le sens du mouvement prépondérant de l'un des deux liquides, à travers le *septum* qui les sépare. La vitesse de diffusion

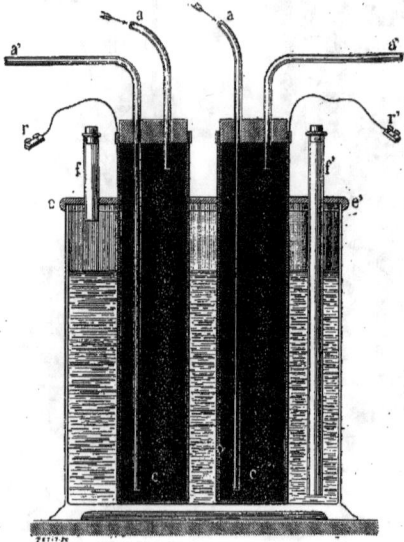

Fig. 344. — Pile à gaz de M. Albin Figuier (Coupe).

augmente ou diminue, suivant qu'on ferme ou qu'on ouvre le circuit formé par une lame de platine ou de charbon impolarisable qui est en relation par ses deux extrémités avec les deux liquides.

Dans quelques cas, les gaz, avant de se rendre dans la pile, ont été soumis à l'*effluve électrique*. Un galvanomètre introduit dans le circuit permettait d'apprécier les modifications survenues dans le courant.

Le courant électrique qui résulte de l'action que les gaz exercent les uns sur les autres a pour résultat de produire de véritables synthèses de composés chimiques.

Les composés ainsi obtenus se forment au contact même des pôles, et en plus grande abondance au pôle positif. C'est ce qu'il est facile de reconnaître par l'analyse du liquide, qui pénètre à la longue dans l'intérieur des cylindres.

Dans le tableau ci-dessous, on a fait suivre le nom des gaz qui alimentaient le couple, des combinaisons chimiques ainsi obtenues.

*Hydrogène et oxygène* : action de l'effluve nulle sur l'hydrogène, très énergique sur l'oxygène.

*Air atmosphérique et acide sulfureux* : acide sulfurique.

*Hydrogène et chlore*: acide chlorhydrique.

*Oxygène et chlore* : acide chlorique ; action insensible de l'effluve sur le chlore.

*Azote et oxygène* : acide azotique ; action insensible de l'effluve sur l'azote.

*Hydrogène et azote* : ammoniaque.

*Oxyde de carbone et acide carbonique* : acides oxalique et formique ; action insensible de l'effluve sur les deux gaz.

*Oxyde de carbone et carbonate de soude* (un seul cylindre creux récepteur du gaz, une baguette de graphite représentant l'autre pôle) : acides oxalique et formique.

*Ethylène et oxygène* : acides formique et acétique.

*Hydrogène et acide carbonique* : acide acétique.

*Formène (gaz des marais) et acide carbonique* : acide acétique.

L'auteur fait remarquer que la détermination du courant définitif dans la pile à gaz est subordonnée à un ensemble de conditions, dont il faut d'abord tenir compte et que l'on peut résumer ainsi :

1° La simple immersion des deux charbons dans le liquide donne lieu à un courant différentiel, dont on ne peut prévoir le sens, provenant d'actions capillaires inégales, et qui ne cesse que lorsque l'imbibition est complète ; ce courant est dirigé du liquide au charbon.

2° Tant que le liquide électrolytique n'est

pas saturé par les gaz qui y parviennent en traversant les cylindres, il s'établit un double courant de dissolution, dont la résultante est dirigée du gaz le plus soluble au liquide.

3° Une fois que le liquide est saturé, le courant devient très régulier et de sens invariable ; il se dirige alors dans le sens du mouvement prépondérant de l'un des deux gaz, à travers le liquide ; on peut donc le prévoir, d'après la loi de la diffusion simple, qui conserve dans ce cas ses allures générales.

## CHAPITRE VIII

LES PILES THERMO-ÉLECTRIQUES. — PILES DE SEEBECK, D'ŒRSTED ET FOURIER, DE POUILLET, NOBILI, MATHIESSEN, MARCUS, WHEATSTONE, LADD, FARMER, BUNSEN, BECQUEREL, NOÉ, MURE, CLAMOND.

Les piles *thermo-électriques* sont des appareils qui transforment directement la chaleur en électricité.

La première de ces piles fut construite en 1821, par Thomas Seebeck, professeur de physique à Berlin. Elle se composait d'une barre de bismuth, sur laquelle étaient soudées les extrémités d'une lame de cuivre, recourbée de manière à laisser un espace vide entre les deux métaux. En chauffant l'une des soudures de ce système, Seebeck reconnut qu'il se produisait un courant électrique se dirigeant de la soudure chaude à travers le barreau de bismuth.

Les lois des phénomènes que présentent les générateurs thermo-électriques furent établies en 1823, par A. C. Becquerel. L'illustre physicien observa : qu'entre les mêmes limites de températures, on obtient, suivant les métaux employés, des courants d'intensité variable, qui correspondent à des pouvoirs thermo-électriques différents ; — qu'il existe, à des températures différentes, des courants thermo-électriques entre deux portions d'un même métal homogène ; — qu'enfin, les mêmes phénomènes se reproduisent encore au contact des liquides et des solides, et des liquides entre eux.

Œrsted et Fourier, sur les indications de Seebeck, construisirent une pile thermo-électrique, composée de barreaux de bismuth, qui se terminaient par une partie soudée, qu'on refroidissait avec de la glace, tandis que les autres soudures étaient chauffées à l'aide de petites lampes à alcool.

Pouillet construisit, pour ses recherches sur les lois des courants, une pile thermo-électrique formée de lames de cuivre et de cylindres de bismuth soudés alternativement les uns aux autres. Il suffit, pour mettre cette pile en fonction, de plonger dans de l'eau chaude toutes les soudures impaires, et de placer toutes les soudures paires dans de la glace.

Dans la *pile de Nobili*, qui est composée de bismuth et d'antimoine, toutes les sou-

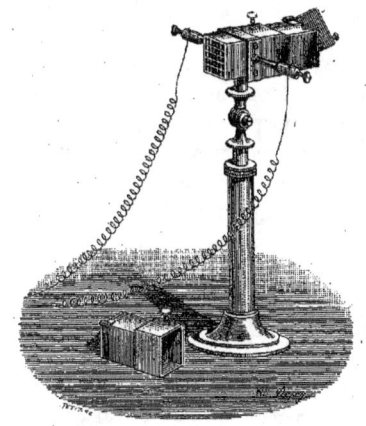

Fig. 345. — Pile thermo-électrique de Nobili.

dures paires sont d'un côté et les soudures impaires de l'autre. Généralement, cette pile consiste en un premier couple sur lequel on place une feuille de papier verni, puis un second couple semblable au précédent et relié avec lui. On continue à superposer et à isoler de la même manière

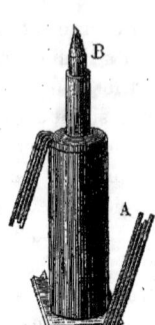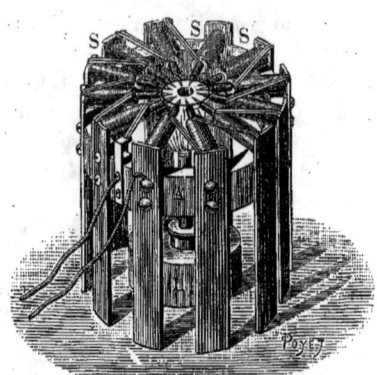

Fig. 346-347. — Pile thermo-électrique de Noé (de Vienne).

un certain nombre de ces couples jusqu'à ce que la pile forme un parallélépidède, que l'on mastique dans une pièce rectangulaire de cuivre, de façon que les soudures soient découvertes et présentent deux faces que l'on enduit de noir de fumée pour les rendre plus sensibles à l'action de la chaleur. De chaque côté de la monture de la pile sont fixées deux bornes correspondant : l'une avec le premier bismuth et l'autre avec le dernier antimoine. L'appareil est supporté par un poids à charnière qui permet de lui donner toutes les positions voulues. Enfin, et pour que la chaleur environnante n'influe pas sur la pile, celle-ci est renfermée dans un étui rectangulaire dont les extrémités sont munies d'écrans au moyen desquels on peut ne laisser arriver la chaleur que sur l'une de ses faces.

Cette pile est une simplification et un perfectionnement de celle d'Œrsted et Fourier ; elle mesure environ deux centimètres cubes de côté, et renferme cinquante couples. Melloni l'a appliquée à l'étude du rayonnement de la chaleur.

Dans l'industrie on a utilisé plusieurs alliages à la formation des piles thermo-électriques, dans le but d'obtenir un courant plus intense. C'est ainsi que MM. Mathiessen, Marcus, Wheatstone et Ladd ont employé un alliage de nickel, de cuivre et de zinc, et un autre formé de bismuth, de zinc et d'antimoine. Ils ont pu, à l'aide de cette pile, rendre incandescent un fil de platine et obtenir des étincelles d'une bobine Rhumkorff.

M. Farmer, de Boston, a construit une pile de ce genre, dont les lames positives étaient formées par un alliage de cuivre, de zinc et de nickel, et les lames négatives de zinc, de bismuth et d'antimoine.

M. Bunsen, et plus tard M. Edmond Becquerel, ont utilisé dans la construction des piles thermo-électriques la pyrite de cuivre. Celle que M. Edmond Becquerel imagina, en 1865, était formée de sulfure de cuivre artificiel et de maillechort (alliage de cuivre et de nickel).

Aucune des piles que nous venons d'examiner n'a reçu d'application pratique. La première dont on fait usage industriellement est celle de M. Noé, physicien de Vienne, faite avec du maillechort et un alliage de zinc et d'antimoine.

La figure 346-347 représente la pile thermo-électrique Noé.

Les soudures S, S, qui par leur échauffement doivent produire le courant électrique, sont chauffées dans un petit cylindre

## SUPPLÉMENT A LA PILE DE VOLTA.

de laiton A, porté sur une base métallique circulaire, L, au centre de laquelle s'élève une tige de cuivre rouge, B, terminée en pointe, et c'est cette pointe métallique qui reçoit la chaleur produite par un bec de gaz dans la flamme duquel on plonge ce petit cylindre.

Une pile Noë de 25 éléments décompose l'eau.

La pile Noë est employée en Autriche, pour les opérations de dorure, d'argenture et de nickelage. L'appareil est d'une assez grande durée.

Vint ensuite la pile de M. Clamond, puis celle de MM. Mure et Clamond, et enfin, la nouvelle pile thermo-électrique que M. Cla-

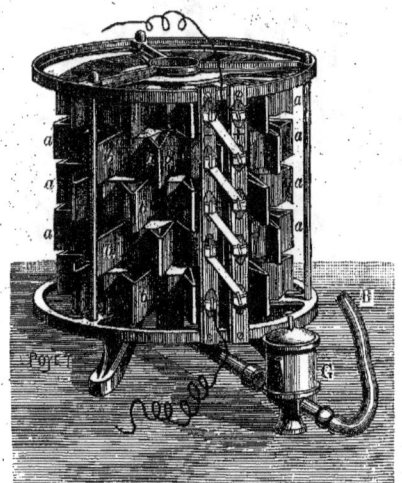

Fig. 348. — Pile thermo-électrique Clamond.

mond a construite en 1879, et que nous représentons dans la figure ci-dessus.

L'ensemble de l'appareil comprend trois parties :

1° Le foyer et le collecteur; 2° la pile proprement dite; 3° le diffuseur. Le foyer, placé au-dessous de la pile, et alimenté indifféremment par de la houille, du coke ou du gaz, a pour but de fournir la chaleur nécessaire au collecteur.

La pile Clamond met en usage l'alliage de zinc et d'antimoine, et comme deuxième métal, le fer, qui dure plus que le cuivre ou le maillechort.

L'appareil se compose de 10 éléments disposés en cercle dans une série, et par suite, de dix barreaux d'alliage antimoine et zinc, $b$, reliés l'un à l'autre par des lames de fer très minces, $a, a$, qui présentent extérieurement une grande surface de refroidissement. Les soudures de rang pair sont au centre et celles de rang impair à l'extérieur de l'appareil.

Les séries d'éléments sont séparées par des rondelles en caoutchouc.

La chaleur est fournie par un bec de gaz qui pénètre au centre de cet assemblage et dans le *diffuseur* G, par un tuyau B.

Voici, du reste, la description que donne M. Clamond de sa pile :

« Le collecteur est un assemblage de pièces de fonte de fer légères, de formes telles qu'elles présentent une suite de canaux dans lesquels circule l'air chaud provenant du foyer. Les pièces du collecteur offrent une très grande surface au mouvement des gaz chauffés, qu'elles n'abandonnent qu'à une température très voisine de la leur ; elles emmagasinent la chaleur, qu'elles communiquent ensuite aux couples. L'extérieur de l'appareil est constitué par des lames de métal présentant à la circulation de l'air ambiant une surface considérable. Le système thermo-électrique proprement dit est placé entre le collecteur et le diffuseur, de manière à ce que les séries opposées des soudures participent aux températures différentes de ces deux organes. L'écoulement de la chaleur se produit du collecteur au diffuseur au travers des couples, parallèlement à leur longueur, et sans perte appréciable de calorique par les surfaces latérales, réalisant ainsi le maximum de rendement de transformation dont les substances employées sont susceptibles. »

L'appareil de M. Clamond est, de tous les générateurs de ce genre, le plus pratique et le plus puissant. Il peut servir, soit pour la galvanoplastie, soit pour mettre en action de petits moteurs, soit enfin pour produire de la lumière. La pile dont M. Clamond s'est servi pour ses expériences d'éclairage électrique se composait de 6000 couples, capables d'alimenter deux régulateurs Serrin, fournissant chacun une lumière équivalente à 50 becs Carcel. Son principal inconvénient est de s'altérer à la longue.

Les piles thermo-électriques sont loin d'avoir dit leur dernier mot. L'idée d'allumer un calorifère pour produire un courant électrique est, en effet, de nature à exciter le zèle des inventeurs, et peut-être trouvera-t-on un jour dans ce genre d'appareil la solution du problème de la production de l'électricité à bon marché.

## CHAPITRE IX

LES PILES SECONDAIRES. — LES ACCUMULATEURS, TRANSFORMATEURS. — ACCUMULATEURS PLANTÉ.

Après avoir parlé des divers générateurs d'électricité, il nous reste à étudier la série d'appareils remarquables auxquels on a donné le nom de *piles secondaires*, d'*accumulateurs* ou de *transformateurs*. Ces appareils ont pour mission, non plus de produire des courants électriques, mais de changer les propriétés de ces courants, et d'en faire, pour ainsi dire, provision.

La première idée de ce genre de générateurs électriques est fort ancienne. Dès les premiers temps de la découverte de la pile, c'est-à-dire en 1803, Ritter avait eu l'idée de remplacer les deux fils d'un *voltamètre* à lames de platine, par des électrodes d'or, de cuivre, de fer et de bismuth, et de former, avec ces conducteurs peu oxydables,

un courant de seconde main, pour ainsi dire. Ces expériences, reprises en 1859 par M. Gaston Planté, l'amenèrent, en peu de temps, à reconnaître la facile oxydation du plomb sous l'influence du courant intérieur de la pile, et les avantages que ce métal pourrait offrir pour emmagasiner l'électricité.

Fig. 349. — M. Gaston Planté.

C'est en 1860 qu'à la suite de ses patientes recherches sur les courants secondaires, développés au sein des piles polarisables, M. Gaston Planté construisit la première *pile secondaire*. Afin de recueillir et de pouvoir mettre à profit ces courants, M. Gaston Planté, qui avait reconnu que « la force électro-motrice d'un voltamètre à lames de plomb plongées dans l'eau acidulée par de l'acide sulfurique était plus énergique et plus persistante que celle de tous les autres métaux, et qu'elle dépassait même de moitié celle de l'élément voltaïque le plus énergique comme celui de Grove et de Bunsen »,

# SUPPLÉMENT A LA PILE DE VOLTA.

fut conduit à construire une pile secondaire de grande intensité, en enroulant en spirales de longues et larges lames de plomb, séparées par une bande de toile et plongées dans de l'eau acidulée au dixième par de l'acide sulfurique.

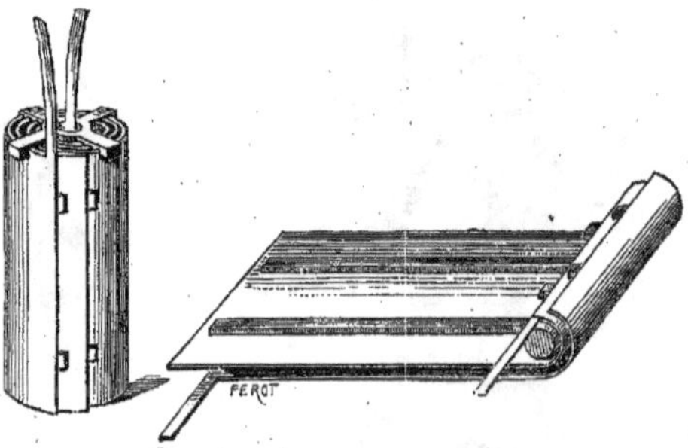

La figure ci-contre représente l'élément tel que M. Planté le fait construire : la *pile secondaire*, ou *accumulateur*, résulte de la réunion d'un certain nombre de ces éléments.

On réunit dans une éprouvette de verre, ou de gutta-percha, deux lames de plomb enroulées en spirale, l'une parallèlement à l'autre et séparées par deux bandes de caoutchouc, qui s'enroulent en même temps, comme le montre la figure 350.

L'éprouvette est fermée par un bouchon cacheté, dans lequel on a ménagé un petit trou, qui sert à introduire le liquide et à l'enlever, et qui donne passage aux gaz qui peuvent se dégager pendant la charge de la pile. Un couvercle de caoutchouc durci surmonte l'éprouvette.

Deux éléments d'une pile de Bunsen servent à charger une *pile secondaire*.

Quelquefois on charge cette pile secondaire au moyen d'une machine magnéto-électrique, comme le représente la figure 351.

Pendant le chargement de la pile secondaire la lame positive se couvre peu à peu d'une couche poudreuse d'oxyde de plomb, tandis que sur la lame négative se fixent des bulles gazeuses, et qu'il s'y forme un dépôt noirâtre de plomb métallique. Au moment de la décharge un autre phénomène se produit : l'hydrogène de l'électrode négative se combine avec l'oxygène de l'oxyde de plomb, pour former de l'eau, qui augmente la force électro-motrice de la pile.

En résumé, la pile secondaire de M. Gaston Planté (fig. 352) se compose d'un vase cylindrique en verre ou en gutta-percha, dans lequel sont enroulées et placées parallèlement l'une à l'autre deux lames de plomb, maintenues à distance par des lanières en caoutchouc, et immergées dans une solution d'acide sulfurique au dixième. La pile est hermétiquement fermée par un couvercle en ébonite M' sur lequel sont fixées deux bornes A'A qui correspondent aux deux pôles de la pile B'B.

Nous représentons (fig. 353) un élément séparé.

Fig. 350. — Élément d'un accumulateur Planté.

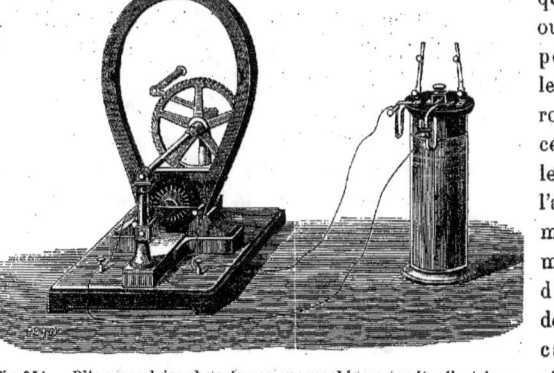

Fig. 351. — Pile secondaire chargée par une machine magnéto-électrique.

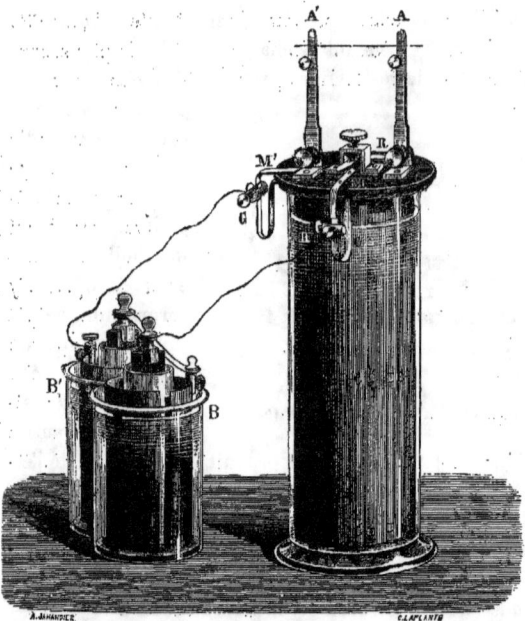
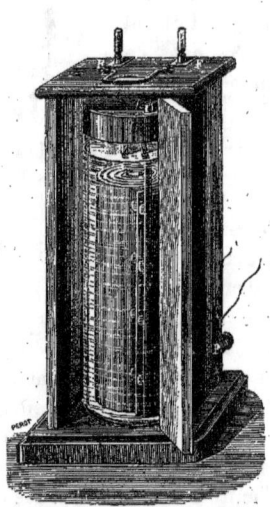

Fig. 352. — Pile secondaire de M. Gaston Planté, chargée par la pile de Bunsen.

Fig. 353. — Vue intérieure d'un élément séparé de la pile secondaire de M. Gaston Planté.

Comme les couples voltaïques, les éléments secondaires s'associent, soit en quantité, soit en tension. La durée de leur décharge dépend de la grandeur des lames de plomb employées, de l'épaisseur des dépôts produits et de la résistance extérieure du circuit. La décharge est très constante, elle est relativement de courte durée, mais, en revanche, d'une énergie considérable.

Après une série de charges et de décharges successives le métal se pénètre de plus en plus de peroxyde de plomb réduit; ce qui augmente sans cesse la durée de la décharge.

Cette particularité a permis à M. G. Planté d'*accumuler*, dans un couple secondaire, la majeure partie du travail chimique de la pile. Avec un *couple* bien *formé*, c'est-à-dire dans lequel la lame de plomb positive est profondément pénétrée de peroxyde de plomb, et la lame négative suffisamment recouverte de plomb réduit, M. Planté a pu emmagasiner, par kilogramme de plomb, plus de 65,000 *coulombs*.

Cette quantité de travail chimique accumulé n'est point, du reste, la limite qu'on peut atteindre, car, en continuant la *formation* des couples, en changeant, comme l'a indiqué M. Planté, le sens du courant primaire agissant sur le couple, de manière à réduire la lame de plomb primitivement peroxydée et à peroxyder la lame de plomb antérieurement réduite, on détermine encore un nouvel accroissement de la quantité de travail chimique accumulé. Il n'y a, en somme, d'autre limite que l'épaisseur des lames de plomb.

Une des propriétés les plus précieuses des piles secondaires, c'est de pouvoir, grâce à l'inaltérabilité du peroxyde de plomb dans l'eau acidulée, conserver pendant plusieurs semaines la charge qu'elles ont reçue. Elles

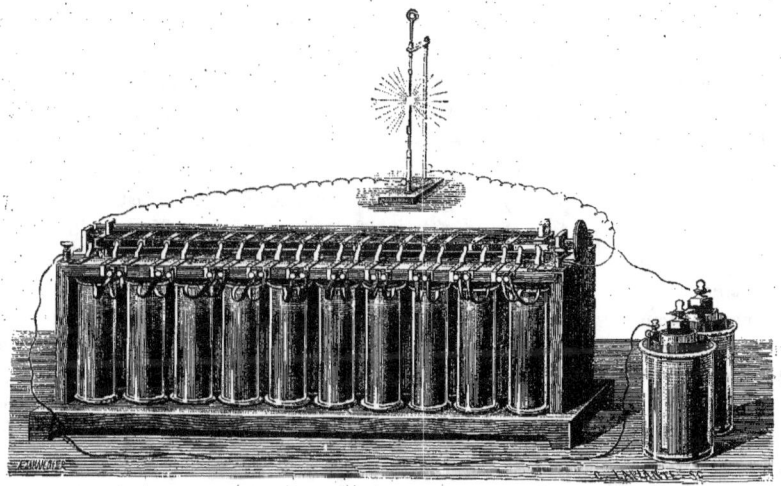

Fig. 354. — Batterie secondaire Planté.

sont donc susceptibles, tout à la fois, d'accumuler et d'emmagasiner le travail chimique de la pile primaire.

En comparant ses accumulateurs aux machines qui, en mécanique, servent à l'accumulation des forces, M. G. Planté est parvenu à déterminer le rendement de ses piles secondaires et a trouvé qu'il était égal à 88 pour 100.

Les éléments secondaires peuvent être réunis, avons-nous dit, en tension ou en quantité, et constituent des piles qui présentent tous les effets ordinaires des piles les plus puissantes. La figure 354 représente la *batterie d'éléments secondaires* de M. G. Planté. C'est, comme on le voit, la réunion d'un certain nombre d'éléments secondaires, tels qu'on les a représentés sur les figures précédentes.

M. Planté a appliqué avec succès ses accumulateurs à la navigation électrique et à la traction des tramways. Avec des batteries de 20 à 40 couples secondaires, il a pu obtenir l'arc voltaïque et l'illumination des lampes à incandescence.

M. Achard a fait usage de la pile secondaire pour actionner ses freins électriques de chemins de fer. M. le D$^r$ Onimus s'en est servi pour effectuer la cautérisation des glandes lacrymales. Enfin, M. Trouvé l'a appliquée à la laryngoscopie et à l'éclairage des cavités obscures du corps humain.

Une application curieuse du même appareil consiste dans le *briquet électrique*, que représente la figure ci-dessous.

Fig. 355. — Briquet électrique.

Entre deux petites pinces est tendu un fil de platine. Chaque fois qu'en appuyant avec le doigt sur deux ressorts placés au bas de la boîte, on envoie un courant à travers le fil de platine, celui-ci rougit et enflamme la bougie, qui se trouve placée sur son trajet.

Avec le *briquet électrique*, qui n'est qu'une imitation du *briquet de Gay-Lussac*, dans lequel la chaleur d'un courant électrique remplace le gaz hydrogène enflammé, on peut allumer la bougie cent fois. C'est seulement après ce grand nombre d'inflammations que l'on a besoin de recharger la pile contenue dans la boîte, en faisant usage de trois éléments d'une pile de Daniell.

Ce même appareil pourrait servir à enflammer à distance les mines, pour l'usage industriel ou militaire.

Avec une batterie de 6 couples chargés en tension, on peut obtenir une force électro-motrice de 12 à 15 volts.

Avec 1,600 couples chargés par deux éléments Bunsen d'une force électro-motrice totale de 3 *volts*,5, M. Planté a obtenu des tensions de 4,000 *volts*.

En soumettant un condensateur formé de disques de papier à filtrer humides, et séparés par une même couche d'air, à l'action d'une batterie de 800 couples, M. Planté a vu apparaître, au moment de la décharge, un globule de feu, qui se promenait entre les deux surfaces, en décrivant les plus capricieuses sinuosités et en faisant entendre un bruissement aigu.

Ces effets, comme l'a signalé le savant électricien, ont une grande analogie avec ceux de la foudre globulaire, et semblent démontrer que ce phénomène a pour cause une décharge lente et partielle de l'électricité des nuages orageux, lorsque cette électricité est surabondante et que les nuages sont eux-mêmes très près du sol, ou s'en trouvent séparés par une couche d'air isolante de faible épaisseur. La matière pondérable, traversée par le flux électrique, s'agrège alors, par suite de l'abondance de l'électricité, sous la forme d'un globe de feu, dont les mouvements plus ou moins rapides et irréguliers sont dus aux variations de résistance de la couche d'air où se produit le phénomène et à la tendance qu'a l'électricité à se porter vers les corps les meilleurs conducteurs.

Avec sa batterie secondaire de 800 couples, M. G. Planté a obtenu un courant dont la force électro-motrice était assez considérable pour traverser des tubes de Geissler à air raréfié, dont la résistance atteignait 500,000 *ohms*. D'après M. Hospitalier, l'intensité de ce courant serait, au moment de l'illumination du tube, de 35 *milliampères*, et au moment de son extinction de 15 *milliampères*.

La pile secondaire de M. G. Planté est une source d'électricité d'autant plus précieuse qu'elle est capable de fournir un courant intense et continu. C'est grâce à cet appareil que les physiciens ont pu vérifier l'analogie qui existe entre les effets de nos appareils électriques et les phénomènes électriques naturels, tels que la foudre globulaire, la grêle, les trombes et les aurores polaires.

---

## CHAPITRE X

DIVERSES FORMES DONNÉES A LA PILE ACCUMULATRICE. — LES ACCUMULATEURS DE M. FAURE, DE MM. SELLON ET VOLEKMAR, DE MM. HOUSTON ET THOMSON, DE M. SCHULZE, DE M. D'ARSONVAL, DE MM. DE MERITENS, KABATH, TOURVIEILLE ET BARRIER, PAROD, DANDIGNY ET REYNIER.

Ayant remarqué qu'il fallait un temps très long pour former les accumulateurs, et qu'en outre le plomb n'était suffisamment pénétré qu'après de nombreuses charges, M. Camille Faure a construit une pile secondaire d'un usage très pratique, mais qui n'est, en réalité, qu'un perfectionnement de celle de M. Planté. Cette pile est constituée par deux plaques de plomb enduites d'une couche de minium et recouvertes d'une feuille de feutre, fixée à chaque lame de plomb par des rivets de même métal. Le vase extérieur, au lieu d'être en verre, est en plomb, et fait partie de l'un des pôles de la pile.

Pour former et charger un couple, on le fait traverser par un courant électrique, qui fait passer l'une des couches de minium à l'état de peroxyde et transforme l'autre en plomb réduit. Au moment où le plomb réduit s'oxyde, le plomb oxydé se réduit, et le couple redevenu inerte est prêt à être rechargé de nouveau. Sa formation n'exige qu'une centaine d'heures.

La pile de M. Faure a fait un moment beaucoup de bruit. Sans doute, elle est plus puissante que celle de M. G. Planté, mais cette puissance a ses limites. C'est du moins ce qu'ont démontré les expériences publiques faites à la *Société d'encouragement*.

L'accumulateur de MM. Sellon et Volekmar est formé de plaques de plomb ondulées et perforées d'ouvertures remplies d'éponge de plomb poreux. Chaque élément pèse environ 180 kilos, et donne une force de 3 chevaux-vapeur. Une batterie de trente éléments peut alimenter pendant 7 heures 180 lampes à incandescence de 20 bougies.

MM. Houston et Thomson ont inventé un accumulateur, qui permet, comme ceux de MM. Planté et Faure, d'emmagasiner le courant produit par une machine dynamo-électrique, et de l'utiliser ultérieurement. Leur pile est formée d'une lame de cuivre et d'une plaque de charbon, qui plonge dans une solution de sulfate de zinc. Lorsqu'on fait passer à travers cet accumulateur le courant d'une machine dynamo-électrique, le sulfate de zinc se décompose et du zinc métallique se porte sur la lame de charbon, en même temps qu'il se forme, à la partie supérieure de la pile, une solution concentrée de sulfate de cuivre.

Ainsi chargée, cette pile peut fournir un courant, dont la durée est proportionnelle au temps que le zinc métallique, déposé sur le charbon, met à se transformer en sulfate de zinc, tandis que le cuivre est régénéré.

M. Schulze a imaginé un accumulateur, formé de plaques de plomb préalablement saupoudrées de soufre et chauffées. Ces plaques sont plongées, les unes à côté des autres, dans de l'acide sulfurique dilué. Dès l'introduction du courant, il se porte, du côté où l'hydrogène se dégage, de l'hydrogène sulfuré, tandis qu'il se forme, de l'autre côté, du sulfate de plomb, qui se transforme ensuite en peroxyde.

Cet accumulateur a l'inconvénient de perdre rapidement sa charge.

Le docteur d'Arsonval a présenté à l'Académie des sciences une pile secondaire, qui se compose d'un vase rempli d'une solution concentrée de sulfate de zinc dans laquelle plonge une lame de zinc, ainsi qu'un vase poreux rempli de grenaille de plomb et contenant une plaque de charbon. Lorsqu'on charge ce couple par un courant se dirigeant du charbon au zinc, le zinc du sulfate se porte sur la lame de zinc, l'oxygène formé peroxyde la grenaille de plomb, et l'acide sulfurique du sulfate reste à l'état libre.

Pour donner à la pile de M. G. Planté une plus grande surface d'oxydation, MM. de Méritens, Kabath et Pezzer ont imaginé de plisser les feuilles de plomb de cette pile, et ils ont pu ainsi accroître la puissance accumulatrice de chaque élément.

L'accumulateur de M. Kabath (fig. 356) a été employé avec succès pour l'éclairage des magasins et des théâtres, pour les expériences photographiques, la manœuvre des freins de chemins de fer et l'éclairage des wagons. C'est, grâce à sa légèreté, l'auxiliaire indispensable de la distribution de l'électricité à domicile.

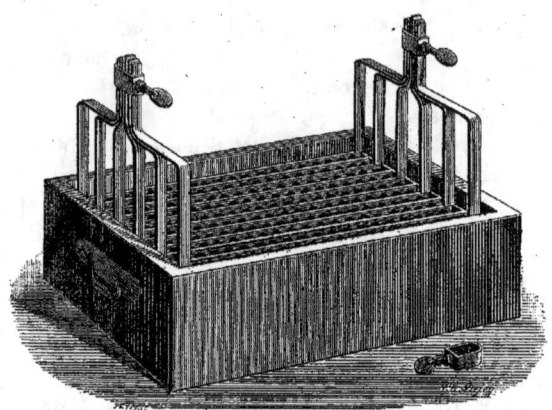

Fig. 356. — Accumulateur Kabath.

M. Dandigny a fait un accumulateur avec des lames de cuivre enroulées en spirale et recouvertes : les unes (pôle positif) d'oxyde cuivrique; les autres (pôle négatif) d'oxyde cuivreux. Sur ces oxydes est une couche de charbon, qui leur permet d'absorber plus facilement les gaz. Lorsqu'on charge la pile, l'eau qu'elle contient se décompose; l'oxygène transforme l'oxyde cuivreux des lames négatives en oxyde cuivrique, tandis que l'hydrogène transforme l'oxyde cuivrique des lames positives en oxyde cuivreux. Au contraire, lorsqu'on la décharge, l'eau décomposée se reforme, et les oxydes métalliques reprennent leur oxydation première; en d'autres termes, l'oxyde cuivreux se suroxyde et l'oxyde cuivrique se réduit.

MM. Tourvieille et Barrier ont construit un accumulateur très pratique, formé de tubes cylindriques en plomb, s'emboîtant les uns dans les autres, et séparés par des baguettes en verre. Ces tubes portent, intérieurement, des rainures, qui sont garnies d'un mastic spécial, à base de plomb. Ils sont montés sur un couvercle en verre et réunis à deux bornes de prise du courant. Le couvercle repose sur les bords supérieurs d'un vase en verre ou en grès; ce qui empêche toute émanation et tout contact nuisible entre les électrodes, ainsi que les dépôts qui pourraient se former à la longue.

La durée de la charge de cet accumulateur est de six heures, la durée de décharge de cinq heures 40 et le rendement en quantité de 94 pour 100.

M. Parod, qui s'est surtout appliqué à l'étude de la canalisation de l'électricité, a construit, en 1884, un accumulateur, analogue à celui de M. G. Planté, mais dont la disposition et la construction sont établies sur plusieurs principes nouveaux.

Dans cet appareil, que l'on peut charger par induction, à des distances considérables, et qui permet d'effectuer le transport de la force à distance, les plaques secondaires, au lieu d'être simplement, comme celles de M. G. Planté, formées de feuilles de plomb massives, sont composées d'une *âme* bonne conductrice en cuivre, hermétiquement enveloppée dans un revêtement en plomb, qui constitue la plaque secondaire proprement dite, et qui se trouve seul en contact avec le liquide excitateur.

Grâce à cette disposition, le courant primaire partant de l'âme conductrice, ou noyau, arrive simultanément dans les plaques secondaires, dont toutes les parties développent une égale activité électro-chimique; l'absorption du courant primaire est ainsi excessivement rapide et régulière et la formation uniforme.

Pour éviter l'oxydation des électrodes et le transport des sels, M. Parod place les

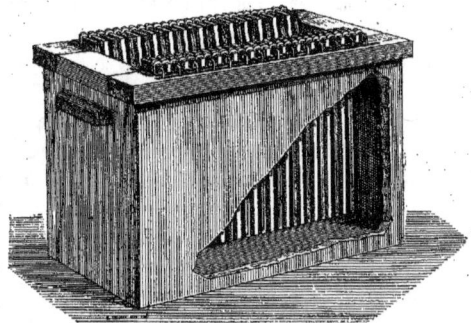

Fig. 357. — Accumulateur Reynier, à 27 plaques.

Fig. 358. — Accumulateur Reynier, à 9 plaques.

plaques de son accumulateur dans une cuve d'ébonite, divisée en deux compartiments par un diaphragme poreux.

On doit à M. Reynier, l'électricien bien connu et dont les travaux ont contribué, pour une large part, au développement des applications de la pile secondaire, l'invention de deux accumulateurs, l'un au cuivre, l'autre au zinc.

Le premier a pour positif une lame de plomb peroxydé, et pour négatif une lame

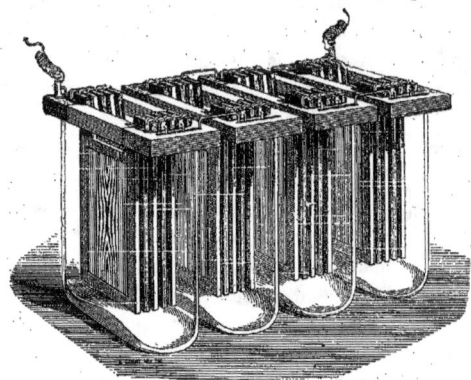

Fig. 359. — Accumulateur Reynier à 5 plaques, couplées par des ponts métalliques.

Fig. 360. — Plaque d'accumulateur Reynier, munie de son crochet de contact.

de plomb cuivré. Le tout plonge dans de l'eau acidulée par de l'acide sulfurique tenant en dissolution du sulfate de cuivre.

Le second a la même électrode positive. Quant au pôle négatif, il est constitué par une lame de plomb amalgamée et zinguée.

Le liquide est formé par de l'eau additionnée d'acide sulfurique et chargée de sulfate de zinc.

L'accumulateur Reynier est construit à Malry, près Fribourg (Suisse), par M. Blanc, qui donne à ces appareils les formes que nous représentons dans les figures ci-dessus.

La puissance d'emmagasinement des accumulateurs se compte en kilogrammètres par poids d'un kilogramme. Ainsi, l'élément Faure peut fournir 2,500 kilogrammètres par kilogramme d'accumulateur. Une pile secondaire pouvant débiter un cheval-heure, c'est-à-dire produire la force d'un cheval de 75 kilogrammètres pendant une heure, soit 270,000 kilogrammètres, pèserait 108 kilogrammes ; mais on peut réduire ce poids à 90 kilogrammes seulement, ce qui porte à 3,000 kilogrammètres la puissance d'emmagasinement par kilogramme.

Suivant les systèmes, on compte par 2 à 4,000 kilogrammètres disponibles par kilogramme ; ce qui donne à l'accumulateur pouvant fournir un cheval-heure un poids compris entre 70 et 150 kilogrammes.

Le rendement d'un accumulateur est d'autant plus fort que la charge et la décharge sont moins rapides. Pour avoir une bonne utilisation, il importe de charger pendant 10 à 12 heures, en donnant à la décharge une durée de 3 à 4 heures. Dans ces conditions, on peut compter sur un rendement de 70 à 80 pour 100 et quelquefois davantage.

La charge peut se conserver intacte pendant plusieurs jours ; et même au bout d'un mois toute l'énergie n'est pas épuisée. Cette propriété précieuse permet l'emploi de moteurs discontinus, tels que les roues hydrauliques, à alimentation périodique, et les moulins à vent, qu'on peut ainsi faire servir à l'éclairage électrique et à la distribution de l'électricité, grâce à l'intermédiaire des accumulateurs.

## CHAPITRE XI

CONCLUSION. — RÔLE ACTUEL DE LA PILE VOLTAÏQUE.

Nous avons passé en revue tous les appareils nouveaux qui, sous le nom de *piles voltaïques*, servent à produire un courant électrique applicable à divers usages. Nous aurions pu étendre beaucoup la liste de ces appareils, mais nous avons dû faire un choix entre eux, et nous borner à signaler ceux qui sont entrés dans la pratique, ou qui se recommandent par un caractère scientifique particulier.

On va comprendre, d'ailleurs, que le nombre des piles voltaïques puisse être, pour ainsi dire, infini. Construire une pile voltaïque (si l'on en excepte les piles thermo-électriques), c'est tout simplement utiliser une réaction chimique pour produire un courant électrique. Or, toute action chimique s'accompagnant d'un dégagement d'électricité, il suffit de produire une réaction chimique quelconque et de recueillir, sous forme de courant, cette électricité, pour avoir une pile électrique. La seule condition c'est d'empêcher la *polarisation* du corps réagissant, c'est-à-dire d'empêcher la formation du courant secondaire, ou courant de sens contraire, qui vient toujours neutraliser en partie le courant principal. Comme le disait Becquerel, « l'art consiste à dissoudre les dépôts, à mesure qu'ils se forment ».

Cette dernière condition, c'est-à-dire la *dépolarisation*, peut être obtenue au moyen de l'oxygène formé par la décomposition de certains acides, au moyen d'oxydes métalliques, ou grâce à différents sels désoxydants. Ainsi s'explique le nombre prodigieux des piles voltaïques que les physiciens proposent à l'envi, et dont on trouve l'interminable énumération dans les publications périodiques consacrées aux sciences, et dans les nouveaux Traités de physique.

Cependant, ne vous y trompez pas, lecteur, en dépit ou, pour mieux dire, en raison même de cette surabondance de nouveaux générateurs d'électricité, qui viennent incessamment grossir l'arsenal du physicien, il faut reconnaître que la pile de Volta est un instrument aujourd'hui délaissé. Une pile électrique ne peut fournir qu'un courant d'une médiocre intensité, et si l'on n'avait eu entre les mains que cet instrument, on n'aurait pas réussi à faire éclore les récentes merveilles de l'électricité, c'est-à-dire l'éclairage électrique, les nouveaux moteurs électriques, le transport de la force par l'électricité, et toute cette série de nouvelles applications du courant électrique qui surgissent autour de nous, avec un caractère de plus en plus imposant et grandiose.

C'est qu'au lieu de demander le courant électrique à la pile, qui ne peut jamais développer une grande somme d'électricité, on le demande aujourd'hui à la machine dynamo-électrique, qui produit des courants d'électricité d'induction par le mouvement des aimants autour d'une armature en fer.

Cela revient à dire qu'il n'y a plus de limites à la puissance du courant électrique. Il suffit, en effet, d'accroître la force de la machine à vapeur qui fait tourner les aimants, pour augmenter l'intensité du courant électrique engendré par le mouvement. Du jour où la machine à vapeur a servi à produire le courant électrique, les applications de l'électricité ont trouvé un domaine d'une étendue illimitée.

La pile voltaïque qui fit l'admiration, et pour ainsi dire la stupeur des physiciens, pendant la première moitié de notre siècle, a donc perdu peu à peu de son importance, et à la fin de notre siècle, son rôle s'est réduit à de minimes proportions.

Nous devons constater ici la décadence de la pile de Volta, résultant des progrès que la physique a faits dans une autre direction. Ce *Supplément* n'est pas, en effet, consacré seulement à enregistrer les découvertes nouvelles réalisées depuis la publication des *Merveilles de la science*; il doit aussi signaler le caractère particulier que chaque invention a pu revêtir dans cet intervalle, les pas qu'elle a pu faire en arrière, comme en avant.

La machine dynamo-électrique qui remplace généralement aujourd'hui la pile de Volta, comme générateur d'électricité, va être décrite dans la Notice suivante, c'est-à-dire dans le *Supplément à l'Électro-magnétisme*.

FIN DU SUPPLÉMENT A LA PILE DE VOLTA.

SUPPLÉMENT

A

# L'ÉLECTRO-MAGNÉTISME

ET AUX

## MACHINES A COURANT D'INDUCTION

### CHAPITRE PREMIER

LES MACHINES DYNAMO-ÉLECTRIQUES. — GÉNÉRALITÉS. — DÉFINITIONS. — L'ANNEAU DE GRAMME. — CLASSIFICATION DES MACHINES DYNAMO-ÉLECTRIQUES. — PRINCIPE DE LA MACHINE AUTO-EXCITATRICE.

Dans la Notice des *Merveilles de la science* sur l'*Électro-magnétisme et les Machines à courant d'induction* (1), nous avons exposé les principes généraux de l'induction voltaïque et de l'induction magnétique, et nous avons décrit les premières machines *magnéto-électriques* de Pixii, de Clarke et de Nollet, cette dernière perfectionnée, ainsi que nous l'avons dit, par la Compagnie *l'Alliance*, et connue, à cette époque, sous le nom de *Machine de l'Alliance*. Nous avons également parlé de la machine de Wilde, dans laquelle les aimants sont partiellement remplacés par des électro-aimants.

Dans ce *Supplément*, consacré à consigner les inventions et découvertes faites dans l'*Électro-magnétisme*, depuis l'année

(1) Tome I$^{er}$, pages 707-785.

1870 jusqu'à ce jour, nous n'avons à ajouter rien de particulier concernant les lois de l'influence réciproque des courants, qui ont été exposées dans cette Notice, parce qu'ils n'ont fait aucun progrès pouvant, par ses applications, intéresser nos lecteurs. Mais une application de premier ordre de l'Électro-magnétisme a été réalisée : c'est la machine *dynamo-électrique*. Cette machine est fondée sur les mêmes principes de l'électro-magnétisme que les machines *magnéto-électriques* que nous avons décrites, mais elles les ont à peu près entièrement supplantées.

Ce sont les machines *dynamo-électriques* qui, en fournissant la source d'électricité la plus puissante et la plus sûre, ont amené l'immense développement qu'a pris de nos jours l'électricité, avec les nombreuses applications industrielles qu'elle a reçues : éclairage électrique, galvanoplastie, électro-métallurgie, transport et distribution de la force à distance, etc., etc.

Nous avons également à parler, mais plus brièvement, des perfectionnements apportés aux machines *magnéto-électriques*, qui, dans certains cas particuliers, sont employés de préférence aux machines *dynamo-électriques*.

Mais avant d'aborder l'étude et la description de ces deux ordres d'appareils, il est indispensable de donner des définitions précises et de rappeler quelques principes généraux.

On appelle *champ magnétique* la portion d'espace dans laquelle se fait sentir l'influence d'un aimant, et dans laquelle existent des forces spéciales d'attraction et de répulsion.

Faraday a eu l'idée de représenter la direction et l'intensité de ces forces, qui varient de chaque point du champ magnétique, par des courbes, qu'il a appelées *lignes de force*.

On appelle *intensité du champ magnétique* en un point quelconque, l'intensité de la résultante des forces d'attraction et de répulsion en ce même point.

Par machine *dynamo-électrique*, dans le sens le plus large du mot, on doit entendre un appareil destiné à convertir l'énergie, prise sous la forme d'un mouvement mécanique, en énergie sous forme de courants électriques, et *vice versâ*.

Les machines *dynamo-électriques* reposent toutes sur le principe d'électro-magnétisme découvert par Faraday en 1831, et que nous rappellerons ici. « Quand on fait mouvoir dans un champ magnétique un conducteur faisant partie d'un circuit fermé, ce conducteur devient le siège d'un courant électrique induit. »

La cause de la production de ce courant se comprend sans peine. Pour déplacer le conducteur dans le champ magnétique, on éprouve une certaine résistance, car il faut vaincre les attractions et répulsions qui s'exercent dans ce champ. On est donc obligé de dépenser une certaine quantité de travail ; et c'est ce travail qui produit le courant d'électricité d'induction.

Le *champ magnétique* peut être produit par un aimant permanent, comme dans l'ancienne *machine de l'Alliance*. On a alors une machine *magnéto-électrique*. Mais on réserve plus particulièrement le nom de *machine dynamo-électrique* ou plus brièvement de *dynamo*, à celle dans laquelle le champ magnétique est produit par un électro-aimant, et où le magnétisme se développe par le fonctionnement de la machine elle-même.

La machine de Wilde, que nous avons décrite dans les *Merveilles de la science* (1), est une machine *dynamo-électrique*, dont les électro-aimants sont excités par une petite machine magnéto-électrique.

Cette distinction des machines électriques en *magnéto* et *dynamo* est peut-être un peu arbitraire, au point de vue scientifique, mais elle est commode, et elle est employée dans l'usage courant. Nous la conserverons pour la clarté de l'exposition.

Les machines électriques comprennent toujours deux systèmes, animés d'un déplacement relatif. On appelle *inducteur* le système destiné à produire le champ magnétique, que ce soit un aimant ou un électro-aimant, et on appelle *induit*, ou *armature*, le système approprié à la production des courants induits.

C'est un étudiant italien, Pacinotti, qui a eu le premier l'idée de constituer l'armature comme on le fait généralement aujourd'hui, et c'est le même physicien qui a construit la première machine dynamo-électrique.

Le mode d'*enroulement* de l'*induit* employé par Pacinotti a été repris et modifié par M. Gramme, ancien ouvrier de la Compagnie *l'Alliance*, qui lui a donné la forme connue sous le nom d'*anneau de Gramme*. C'est donc à M. Gramme que revient l'honneur d'avoir amené d'un seul coup la ma-

---

(1) Tome I er, page 725.

chine dynamo-électrique à sa forme, pour ainsi dire, parfaite et définitive. M. Gramme a été, pour la machine dynamo-électrique, ce que fut James Watt pour la machine à vapeur de Newcomen. C'est pour consacrer ce fait historique que le gouvernement français a décerné, en 1888, le *grand Prix Volta* de 50,000 francs à M. Gramme.

Nous allons décrire en détail l'*anneau de Gramme*, dont la connaissance est fondamentale, et indispensable pour l'étude des machines dynamo-électriques.

Supposons un anneau de fer doux sur lequel est enroulé un fil de cuivre sans fin, et plaçons cet anneau entre deux pôles magnétiques. Il s'aimantera par influence, et prendra des pôles magnétiques, qui seront respectivement de noms contraires à ceux des pôles inducteurs. Si l'on fait tourner l'anneau, ses pôles resteront fixes dans l'espace, et toujours en regard des pôles inducteurs. Les phénomènes seront les mêmes que si le fil tournait seul sur l'anneau.

Dans ce mouvement, toutes les spires de fil, situées, à un moment donné, d'un même côté du diamètre perpendiculaire à la ligne des pôles, sont parcourues par des courants induits, de même sens. Toutes les spires situées de l'autre côté du diamètre sont parcourues par des courants induits de même sens, mais de sens contraire à ceux des premières spires.

Le diamètre considéré, suivant lequel les courants induits changent de sens, est ce qu'on appelle le *diamètre de commutation*. Il partage le champ magnétique en deux régions, dans lesquelles les *lignes de force* sont de sens contraire. Si, maintenant, nous considérons une spire dans sa demi-révolution d'un côté du diamètre de commutation, le courant induit qui la parcourt varie constamment d'intensité, et atteint son maximum quand elle est en face du pôle correspondant.

Dans chaque moitié de l'anneau, tous les courants induits étant de même sens s'ajoutent et produisent un courant résultant, égal à leur somme. La même chose se passe dans l'autre moitié de l'anneau, où les courants résultants sont égaux, mais de sens contraire.

L'anneau ainsi disposé présente une disposition absolument semblable à celle de deux éléments de piles, combinés en quantité.

Pratiquement l'*anneau de Gramme*, dont nous donnons, ci-dessous, une coupe est

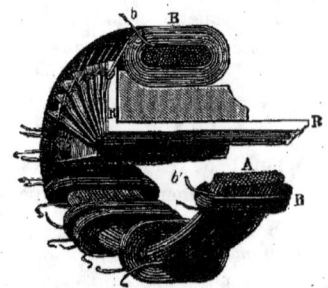

Fig. 361. — L'anneau de Gramme.

composé d'un faisceau A, de fils de fer doux. Le fil induit B, qui recouvre l'anneau, se trouve partagé en bobines distinctes, placées les unes à côté des autres et réunies en tension, le bout finissant de l'une étant soudé au bout commençant de l'autre.

Pour recueillir les courants produits dans les deux moitiés de l'appareil, l'arbre de rotation, sur lequel est fixé l'anneau, porte une série de lames de cuivre, R, R, disposées de manière à former, par leur ensemble, un cylindre autour de l'arbre. Ce cylindre constitue le *collecteur* de la machine. Les lames sont en nombre égal à celui des bobines, et elles sont isolées les unes des autres. A chaque bande de cuivre on attache le bout finissant d'une bobine et le bout commençant de la suivante.

Dans le plan du diamètre de commutation, deux ressorts frotteurs métalliques, $b, b'$, composés de fils fins métalliques, et appelés *balais*, procurent le contact avec les lames métalliques, recueillent le courant et le transmettent au conducteur extérieur qui leur est fixé.

Les *balais* d'une dynamo sont analogues aux pôles d'une pile. L'un est le *balai positif*, l'autre le *balai négatif*. Entre les deux, il existe une différence de potentiel qui constitue la force électro-motrice utilisable dans le circuit extérieur.

Telle est l'armature, ou l'anneau de Gramme, qui constitue la partie essentielle d'une machine dynamo-électrique. Il a subi des modifications et des perfectionnements nombreux, mais il est resté jusqu'à ce jour le type classique des armatures.

La disposition du collecteur de l'anneau Gramme permet de recueillir un courant dont le sens est toujours le même, qui ne subit pas d'interruption complète, et dont l'intensité est, pour ainsi dire, constante, parce qu'il est la somme des courants induits dans la moitié des bobines, dont quelques-unes sont toujours à leur maximum de potentiel.

Dans d'autres machines, au contraire, les courants sont pris tels qu'ils sont développés dans les bobines induites. Comme ils changent de sens dans chaque bobine, au moment où elle passe d'un champ magnétique dans un autre, le courant résultant se modifie également. Il peut ainsi se trouver renversé jusqu'à trente mille fois par minute en passant chaque fois par zéro.

De là une subdivision à établir dans les machines dynamos. Le premières sont à *courants continus* ; les secondes à *courants alternatifs*.

On peut, il est vrai, redresser les courants alternatifs au moyen d'un *commutateur*, mais ils ne deviennent pas continus pour cela. Ils sont constamment de même sens, mais leur intensité varie de zéro à zéro, en passant chaque fois par un maximum.

Nous avons dit que les machines dynamo-électriques proprement dites sont celles dans lesquelles le champ magnétique est produit par un électro-aimant. Les dynamos se distinguent encore les unes des autres par le *mode d'excitation* de leur champ magnétique.

Les unes sont à *excitation indépendante :* le courant qui parcourt le fil des électros est fourni par une autre machine magnéto ou dynamo.

Les autres sont *auto-excitatrices*, c'est-à-dire que c'est la machine elle-même qui produit l'*excitation* de son champ magnétique.

Le principe de l'auto-excitation repose sur le *magnétisme rémanent*. Si le fer doux des électros était parfaitement pur, et ne présentait aucune trace d'aimantation, le mouvement de l'anneau de Gramme ne produirait aucun courant induit. Mais au moment où ce mouvement commence, le fer doux possède un *magnétisme rémanent*, qui donne naissance à un courant, très faible, il est vrai, mais suffisant, pour commencer l'excitation des électros. Ceux-ci peuvent, à leur tour, agir sur la bobine ; et il se produit ainsi une série de réactions successives, qui augmentent l'intensité du courant, jusqu'à ce qu'elle ait atteint l'intensité nécessaire. Ces opérations se passent, d'ailleurs, dans un temps très court.

Il faut remarquer que les machines à courants alternatifs ne peuvent être auto-excitatrices, que si l'on a soin de redresser les courants, avant de les envoyer dans le fil des électros ; sinon elles doivent être excitées par une machine magnéto-électrique, ou par une autre dynamo à courants continus.

Mais parmi les *machines auto-excitatrices*, il faut encore distinguer, car l'excitation peut se faire de plusieurs manières. La machine est à *excitation simple*, ou *en série*, quand l'inducteur est parcouru par le courant total de la machine. Elle est à *excitation dérivée*, lorsqu'ils sont parcourus par une simple dérivation du courant principal. Enfin elle est à *excitation en*

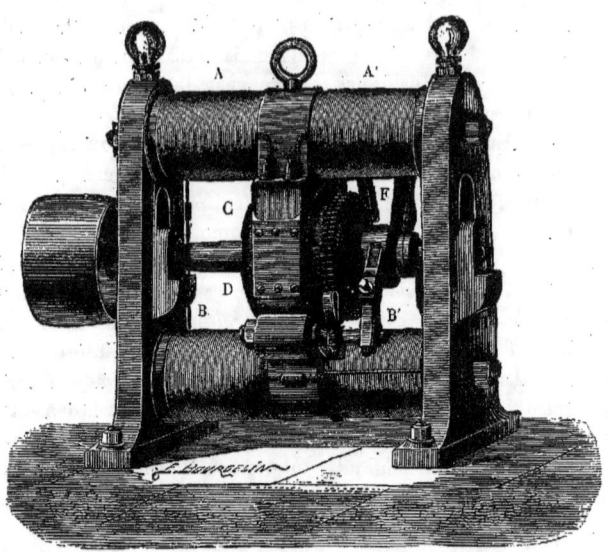

Fig. 362. — Première machine dynamo-électrique de Gramme.

*double circuit*, quand les électros sont excités à la fois par le courant total et par une dérivation. Dans ce dernier cas, la machine est dite à *enroulement compound*, c'est-à-dire *composé*, par analogie avec les machines à vapeur dites *compound*.

Telles sont les notions générales, indispensables pour comprendre le fonctionnement des différentes machines dynamo-électriques.

Nous passerons maintenant en revue : 1° les machines dynamo-électriques à courants continus; 2° les machines dynamo-électriques à courants alternatifs; 3° les machines magnéto-électriques.

## CHAPITRE II

MACHINES DYNAMO-ÉLECTRIQUES A COURANT CONTINU. — MACHINE DE GRAMME. — MACHINE GRAMME A GRAND DÉBIT. — MACHINES GRAMME-BRÉGUET, MACHINES SIEMENS, SIEMENS A BARRES, BRUSH, EDISON, BURGIN, SCHUCKERT, VICTORIA, GÉRARD, WESTON, ELMORE, MATHER.

Nous étudierons les principales machines dynamo-électriques, en suivant à peu près l'ordre chronologique de leur apparition.

La figure 362 représente la première machine Gramme à courant continu, qui ait été créée en vue de l'emploi industriel. L'*inducteur* comporte deux électro-aimants, A, A', B, B', montés l'un en face de l'autre, de façon que leurs pôles

Fig. 363. — Machine dynamo-électrique, modèle actuel.

# SUPPLÉMENT A L'ÉLECTRO-MAGNÉTISME.

Fig. 364. — Machine dynamo-électrique Gramme, octogonale.

de même nom se trouvent vis-à-vis l'un de l'autre. Chacun de ces pôles s'épanouit en une coquille de fonte, qui enveloppe l'armature par un arc un peu moindre qu'une demi-circonférence. C,D est la bobine dans laquelle se développent les courants d'induction, F est le *collecteur*, E la poulie, actionnée par la machine à vapeur, qui fait tourner la bobine d'induction C D.

La figure 363 représente le modèle actuel le plus répandu de la machine Gramme.

Nous n'avons pas à revenir sur la description de l'*anneau de Gramme* et de son collecteur. Le seul désavantage de cet anneau, c'est que la portion intérieure du fil de ses bobines se trouve en dehors de l'action directe des électro-aimants, et constitue une résistance inutile.

Lorsque la machine est au repos, les *inducteurs*, qui sont pourvus de *magnétisme rémanent*, agissent sur le fer de l'anneau. Dès que celui-ci est mis en mouvement, le fil qui l'entoure est traversé par un courant, qui passe dans les inducteurs et augmente leur action magnétique. Cette action

Fig. 365. — Machine dynamo-électrique Gramme, cylindrique.

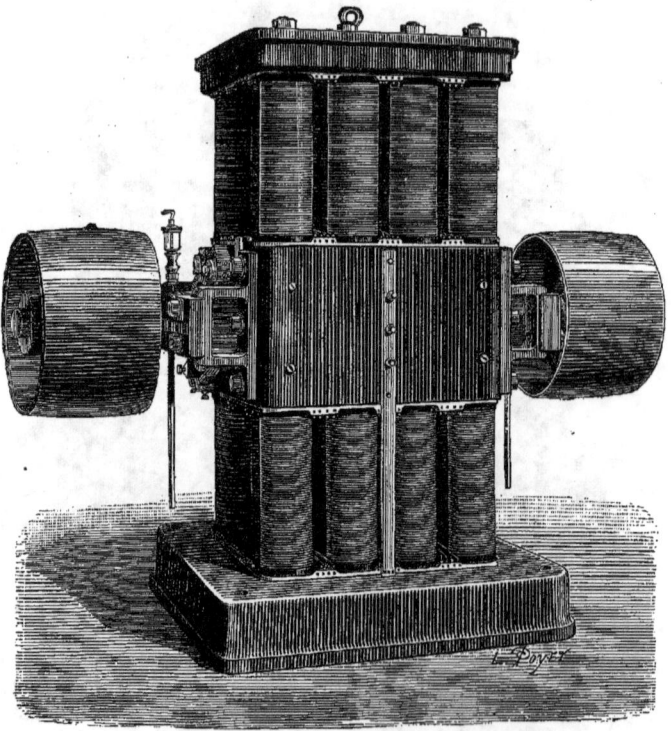

Fig. 366. — Machine dynamo-électrique Gramme à grand débit.

agit de nouveau sur l'anneau, qui fournit alors un aimant plus intense. Toutefois, cet accroissement d'intensité atteint son maximum, lorsque le maximum magnétique, correspondant au maximum de vitesse de l'anneau, est lui-même atteint.

La machine Gramme *octogonale* représentée sur la figure 364, et qui a été construite pour la transmission de la force, est caractérisée par l'emploi de quatre électro-aimants, produisant quatre champs magnétiques, dans lesquels a lieu la rotation de l'anneau. C'est donc une machine *multipolaire*. Il y a, par suite, quatre *balais*, qui touchent le collecteur dans les plans des deux diamètres du commutateur.

Dans la machine Gramme *cylindrique*, que nous représentons dans la figure 365, l'électro-aimant est placé entre les deux plaques de fonte qui servent de support à l'appareil. Les noyaux du fer doux sur lesquels sont enroulées les deux bobines ont, en coupe, la forme d'un croissant ; ils se prolongent par deux demi-cylindres entre lesquels tourne l'armature.

Pour les machines à grand débit, M. Gramme a adopté la disposition qui se trouve indiquée sur la figure 366. Les électro-aimants verticaux y sont très multipliés ; on en compte jusqu'à 14, dans certaines machines destinées à des éclairages électriques d'une grande importance. Leurs noyaux sont assemblés entre deux plateaux de fonte, portant en leur milieu un encadrement de bronze, qui sert de support à l'arbre central.

La partie la plus intéressante de ce dernier type de machines est son armature, que nous représentons dans la figure ci-dessous. L'anneau, ou cylindre, est creux, constitué

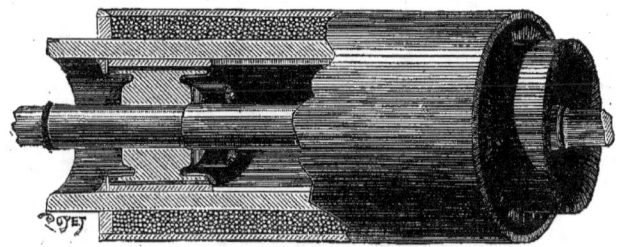

Fig. 367. — Armature de la machine dynamo-électrique Gramme, à grand débit.

par cent lames de cuivre, en forme de coin, recouvertes chacune d'enveloppes isolantes, puis assemblées en un seul faisceau cylindrique. Sur chacune de ces lames sont fixées, perpendiculairement, des *rais* en cuivre, qui, vues de champ, forment deux étoiles sépa-

Fig. 368. — Machine dynamo-électrique Bréguet.

rant l'anneau proprement dit des collecteurs, également au nombre de deux. L'espace libre entre ces deux étoiles est rempli de fer doux, enroulé perpendiculairement aux génératrices du cylindre. L'anneau magnétique ainsi constitué est revêtu de cent nouvelles lames de cuivre, de section trapézoïdale, comme les premières, mais moins longues. Les extrémités de ces lames, qui forment la partie active de l'anneau, sont reliées aux *rais*, en cuivre, de manière à assurer l'unité et la continuité du circuit autour de l'âme du fer.

M. Bréguet a construit, pour l'Hôtel continental, à Paris, une machine Gramme d'une puissance considérable, que l'on voit représentée dans la figure 368. Cette machine, dont la vitesse est de 350 tours par minute, fournit un courant de 400 *ampères*, avec une tension de 100 *volts*. Elle est bi-polaire et à électro-aimants horizontaux. Le diamètre extérieur de l'induit est de $0^m,85$; la résistance du fil qui le constitue, et dont le poids n'est que de 71 kilogrammes, est de $\frac{78}{10000}$ d'*ohm*. La résistance des inducteurs, dont l'excitation est en dérivation par rapport au circuit principal, est de 6,20 *ohms*, et le poids du cuivre enroulé de 600 kilogrammes.

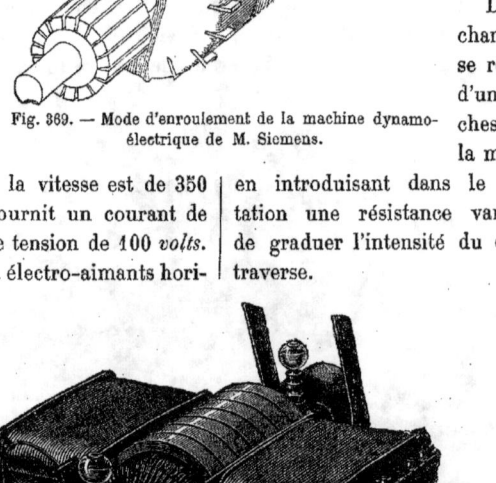

Fig. 369. — Mode d'enroulement de la machine dynamo-électrique de M. Siemens.

L'excitation du champ magnétique se règle au moyen d'un rhéostat à touches, placé près de la machine, et qui, en introduisant dans le circuit d'excitation une résistance variable, permet de graduer l'intensité du courant qui le traverse.

Fig. 370. — Machine dynamo-électrique Siemens, type horizontal.

Le travail électrique de cette machine est de 55,8 chevaux et son poids total de 8,000 kilogrammes.

Les machines à courants continus connues sous le nom de *machines Siemens* se distinguent des dynamos Gramme par la forme de l'induit. Cet induit, que nous représentons dans la figure 369, se compose d'un noyau cylindrique en fer. Le fil est enroulé dans le sens longitudinal et seulement sur la partie extérieure du cylindre.

On évite ainsi la perte due à la résistance de la partie intérieure des bobines, qui est le défaut de l'anneau de Gramme; mais les portions de fil qui se croisent sur les deux bases du cylindre sont encore sans action utile. Le fil de l'armature est divisé en huit bobines.

Quant aux *inducteurs*, ils sont constitués par une série de lames de fer, légèrement arquées près de la bobine et qui permettent une

Fig. 371. — Machine dynamo-électrique Siemens, type vertical.

meilleure répartition du champ magnétique.

La figure 370 représente le type horizontal de la machine Siemens, et la figure ci-contre le type vertical.

Dans la figure suivante, nous représentons une machine Siemens du type vertical, mise en mouvement par un moteur à vapeur Brotherhood.

Dans ces dernières années, M. Siemens a donné un grand développement aux ma-

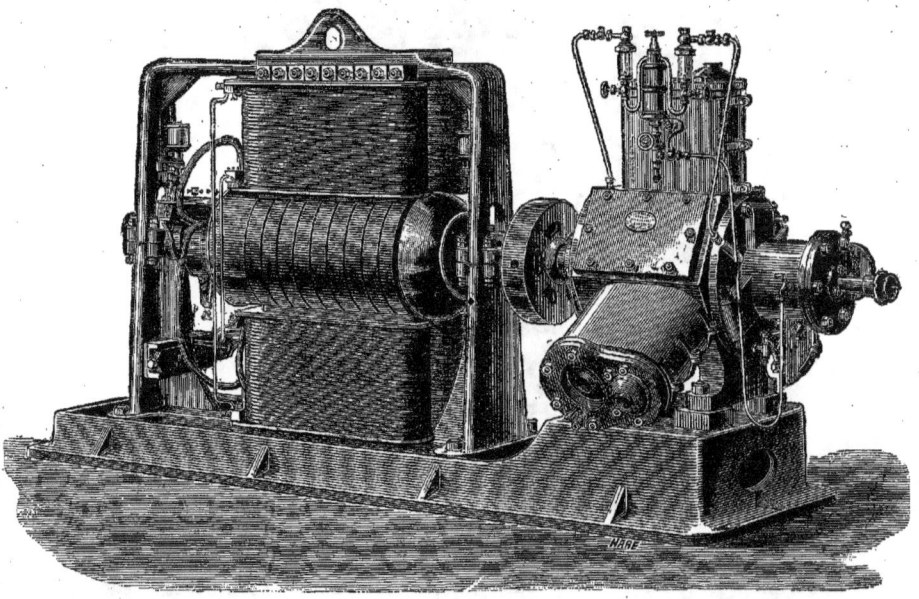

Fig. 372. — Machine dynamo-électrique Siemens, type vertical, actionnée par un moteur Brotherhood.

chines dites à *barres*, dans lesquelles les bobines sont constituées par des barres de cuivre, au lieu de fil.

La machine de M. Brüsh, de Philadelphie, dont nous donnons le dessin à cette page, présente un grand intérêt tant au point de vue

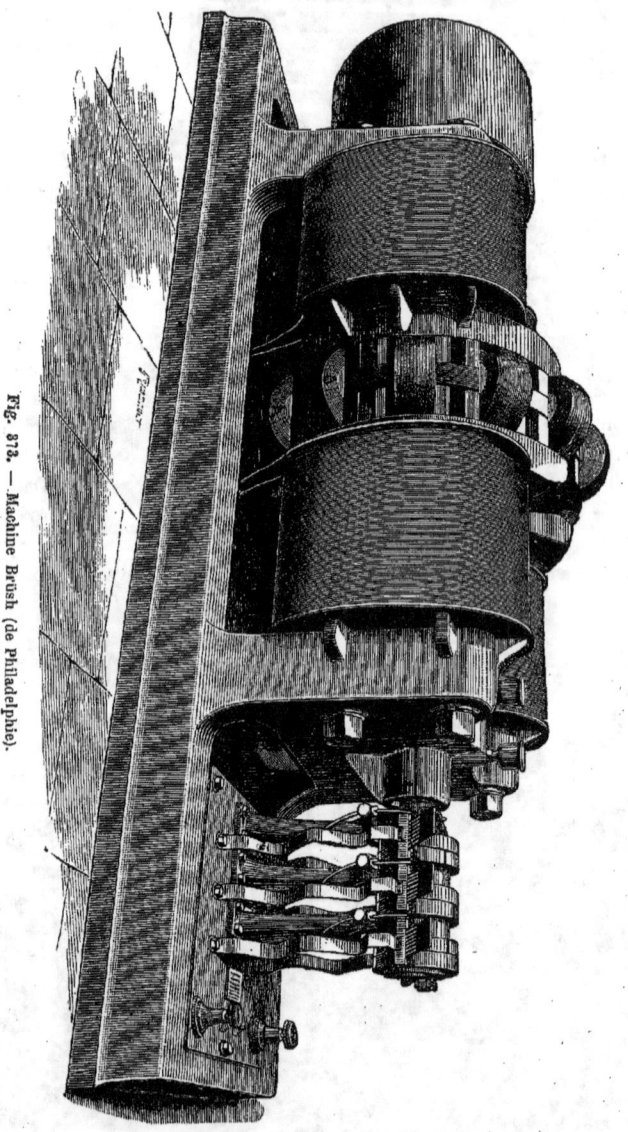

Fig. 373. — Machine Brüsh (de Philadelphie).

de sa construction, qu'à celui de l'intensité et de la tension des courants qu'elle engendre.

L'*induit* se compose (fig. 374) d'un anneau de fer doux, sillonné de huit gorges, qui reçoivent le fil des bobines. Grâce à cette disposition, l'anneau s'échauffe moins rapidement et se trouve plus près de l'inducteur. Celui-ci est formé de deux électro-aimants oblongs, disposés en fer à cheval, et placés de telle sorte que les pôles de même nom se regardent. Pour redresser les courants qui sont alternativement renversés et impropres, par conséquent, à magnétiser les inducteurs, M. Brüsh a relié les hélices de l'anneau à un commutateur redresseur,

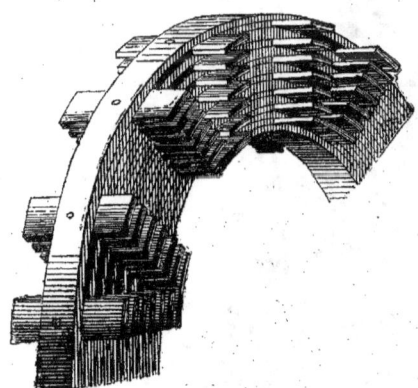

Fig. 374. — Induit de la machine Brüsh.

formé de quatre balais en fil de fer. Les bobines diamétralement opposées sont reliées bout à bout, en tension, et le commutateur est disposé de manière que, chaque fois que le courant change de sens dans les bobines, celles-ci soient retirées du circuit. On évite ainsi la résistance inutile qu'elles lui ajouteraient.

Cette machine, qui a été utilisée avec un certain succès pour l'éclairage électrique, a obtenu, en 1876, du comité de l'*Institut de Franklin*, le brevet de supériorité.

En 1879, M. Edison a construit une machine dans laquelle les inducteurs, contrairement aux appareils que nous venons de décrire, ne sont pas dans le circuit général. Ils sont composés par de forts électro-aimants, alimentés par une machine excitatrice du système Wilde. Quant à l'*induit*, il est constitué par une bobine Gramme munie de l'enroulement Siemens et du collecteur Gramme.

Cette machine ne présente, on le voit, aucune disposition nouvelle.

En 1886, M. Edison a construit, pour l'Opéra de Paris, une machine d'une très grande puissance, que nous représentons dans la figure 375, et qui peut alimenter mille lampes à incandescence. La disposition de ses organes diffère un peu des autres générateurs de ce genre. Les masses polaires sont comprises entre deux séries verticales d'électro-aimants inducteurs, formées chacune de quatre âmes de fer, de section circulaire, réunies en tension. Les deux séries sont réunies en quantité.

L'*induit* qui mesure $0^m,80$ de long, sur $0^m,60$ de diamètre, peut atteindre une vitesse maxima de 350 tours à la minute.

Il est formé de barres de cuivre rigides, disposées suivant les génératrices d'un cylindre. Les extrémités des barres de cuivre sont reliées transversalement par des disques de cuivre, isolés l'un de l'autre et présentant des saillies auxquelles sont fixées les barres de cuivre. Le champ magnétique est excité en dérivation : il ne consomme que 25 *ampères* et sa valeur atteint 5,000 unités, ce qui est considérable. Le courant est pris au collecteur par trois *balais*, disposés de chaque côté de cet organe.

La puissance de ce générateur, dont la marche est très régulière, est de mille *ampères* et de cent vingt-cinq *volts*.

La machine de M. Edison pèse environ 10 tonnes. Placée dans les caves de l'Opéra, elle est montée sur des rails, qui permettent de rectifier, pendant la marche, la tension des courroies de transmission.

La machine de M. Schückert, que nous représentons dans la figure 376, est assez employée en Allemagne. Elle possède des électro-aimants fixes, avec un *induit* mobile.

Fig. 375. — Machine dynamo-électrique Edison.

Ces électro-aimants sont au nombre de deux, et leurs pôles de même nom sont placés vis-à-vis l'un de l'autre, en comprenant l'armature dans leur intervalle. Quant à l'anneau sur lequel se fait l'enroulement du fil, il est identique à celui de Gramme. D'une forme aplatie, il est composé d'une série de couronnes de tôle mince juxtaposées, et isolées les unes des autres. Le *collecteur* est le même que celui de Gramme.

La machine dynamo-électrique Schückert a été récemment modifiée par M. Mordey, qui a construit la machine *Victoria*, très employée en Angleterre.

Cette modification porte sur la forme des pièces polaires, dont l'épanouissement exagéré produit des actions nuisibles dans la machine Schükert.

Les dynamos du type *Victoria* se construisent avec 4 pôles (fig. 377) et avec 6 pôles, mais elles n'ont que deux balais. Cette simplification a pu être réalisée en reliant les segments du collecteur qui ont toujours le

# SUPPLÉMENT A L'ÉLECTRO-MAGNÉTISME.

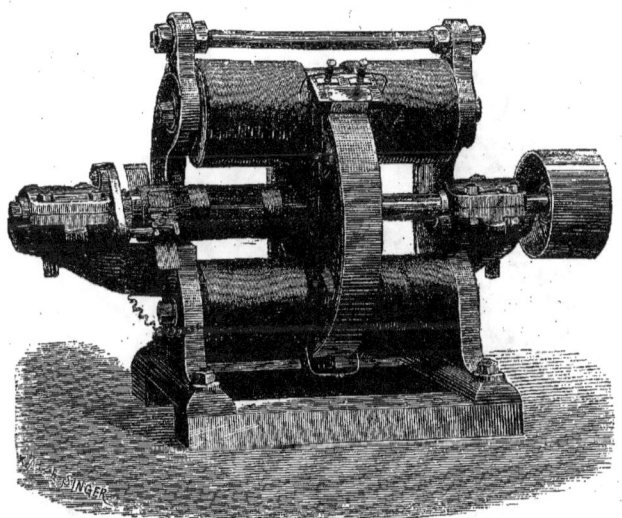

Fig. 376. — Machine dynamo-électrique Schückert.

même potentiel, c'est-à-dire les segments diamétralement opposés dans la machine à 4 pôles.

Fig. 377. — Machine dynamo-électrique Victoria.

Les dynamos *Victoria* ont l'avantage de n'exiger qu'une vitesse assez faible.

Fig. 378. — Machine dynamo-électrique Gérard.

La machine de M. *Gérard*, que représente la figure ci-dessus, diffère notablement, par sa construction, des machines que nous venons d'examiner.

Elle se compose d'un tambour en fonte, soigneusement alésé, à l'intérieur duquel sont placés les *inducteurs* fixes. Les inducteurs sont constitués par quatre électro-aimants disposés aux extrémités de deux diamètres rectangulaires; leur surface polaire, également alésée en forme de cylindre, contient l'induit. Les bobines de ces électros sont montées en tension, et reliées de telle sorte que les quatre pôles développés en regard de l'induit sont alternativement de signes contraires, et par conséquent de même signe sur le même diamètre.

L'*induit* est mobile et comprend un noyau en tôle de fer, ayant la forme d'une croix, qui se polarise sous l'influence des pôles inducteurs. On obtient ainsi quatre champs magnétiques, dans lesquels se meuvent les bobines induites. Celles-ci sont enroulées sur les branches du noyau. Elles sont au nombre de quatre, et fournissent un courant qui change quatre fois par tour, au moment où les bobines passent d'un champ magnétique dans un autre.

Elles sont réunies en tension, et leur enroulement est tel qu'à un moment donné le courant ait le même sens dans les quatre bobines.

Le courant changeant dans l'induit quatre fois par tour, il est nécessaire de le redresser, avant de l'envoyer dans les électros et dans le circuit extérieur. A cet effet, un commutateur, de forme spéciale, portant deux balais à 90° l'un de l'autre, est fixé sur l'arbre de l'induit.

La machine *Weston*, que l'on voit représentée dans la figure 379, comprend une armature mobile entre les pôles de deux électro-aimants. Les pôles qui sont placés vis-à-vis l'un de l'autre sont de même nom. Ils sont constitués par des plaques métal-

# SUPPLÉMENT A L'ÉLECTRO-MAGNÉTISME. 443

liques portant une série de fentes, afin de faciliter la ventilation. Les bobines de ces *inducteurs* placés en dérivation sur le circuit principal, sont formées de fil à grande résistance, de façon à ne dériver qu'une très faible partie du courant de la machine.

Le noyau de l'armature est formé d'une série de disques en tôle, munis de 16 dents

Fig. 379. — Machine dynamo-électrique Weston.

à leur circonférence. C'est dans les intervalles compris entre les 16 dents de ces disques, qu'on enroule longitudinalement le fil induit. Le collecteur est identique à celui de Gramme.

Les dynamos Weston sont principalement

Fig. 380. — Machine dynamo-électrique Elmore.

employés, aux États-Unis, pour l'éclairage électrique par les foyers à arc Weston, et pour les lampes à incandescence Maxim.

La machine *Elmore* a beaucoup d'analogie avec la précédente. Elle possède 6 électros, tournant devant les pôles de 6 électro-aimants fixes, et un commutateur extérieur. Seulement, les deux séries d'électros sont parallèles entre elles, au lieu d'être normales, et chaque électro est formé de deux bobines, au lieu d'une.

Cette machine présente une particularité intéressante. C'est le dispositif employé

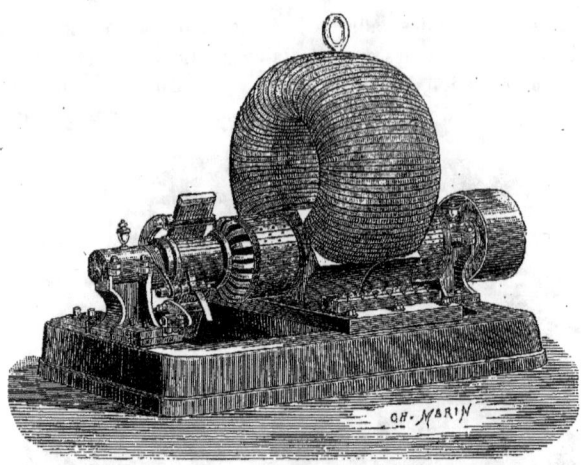

Fig. 381. — Machine dynamo-électrique de M. Mather, de New-York.

pour empêcher une trop grande élévation de température. L'arbre est creux, et tous les noyaux de bobines sont également creux; ce qui permet d'établir une circulation d'eau ou d'air dans toutes les parties du disque en mouvement.

Enfin, parmi les machines les plus récentes ayant fourni de bons résultats, nous signalerons la machine que construit M. *Mather*, à New-York. Cette machine que nous représentons dans la figure ci-dessus, et qui a l'avantage d'être très stable, comporte une armature Siemens tournant entre les deux pièces polaires d'un puissant électro-aimant en forme de fer à cheval.

---

## CHAPITRE III

MACHINES DYNAMO-ÉLECTRIQUES A COURANTS ALTERNATIFS. — MACHINES GRAMME, SIEMENS, DE MÉRITENS, LONTIN, FERRATI ET THOMPSON, GORDON.

On a quelquefois besoin de courants électriques alternatifs, comme par exemple dans l'éclairage par les bougies Jablochkoff. On emploie alors des dynamos à courants alternatifs.

Dans la machine à courants alternatifs, construite par M. Gramme et que nous représentons figure 382, l'inducteur est formé par un pignon magnétique, autour duquel rayonnent huit électro-aimants droits, qui se meuvent à l'intérieur de l'induit. Ces électro-aimants, qui sont de polarités contraires, engendrent successivement, dans chacune des sections de l'hélice induite, des courants alternatifs, et ils sont excités par une machine Gramme, à courants continus. L'*induit*, qui est fixe, est constitué par un cylindre de fer analogue à celui de la machine à courant continu du même inventeur ; quant aux bobines qui l'entourent, elles sont partagées en 32 sections et réunies en 4 séries différentes qui peuvent fournir chacune le courant à un circuit de 5 foyers.

C'est avec ces machines qu'étaient alimentées les bougies Jablochkoff qui ont éclairé pendant quelque temps l'avenue de l'Opéra à Paris, la place du Théâtre-Français, et qui éclairent encore la vaste salle de l'Hippodrome.

La disposition de cette machine a été simplifiée par M. Gramme. Sa machine nouvelle à courants alternatifs se compose, en réalité, de deux machines distinctes, mais qui sont montées sur le même axe et qui

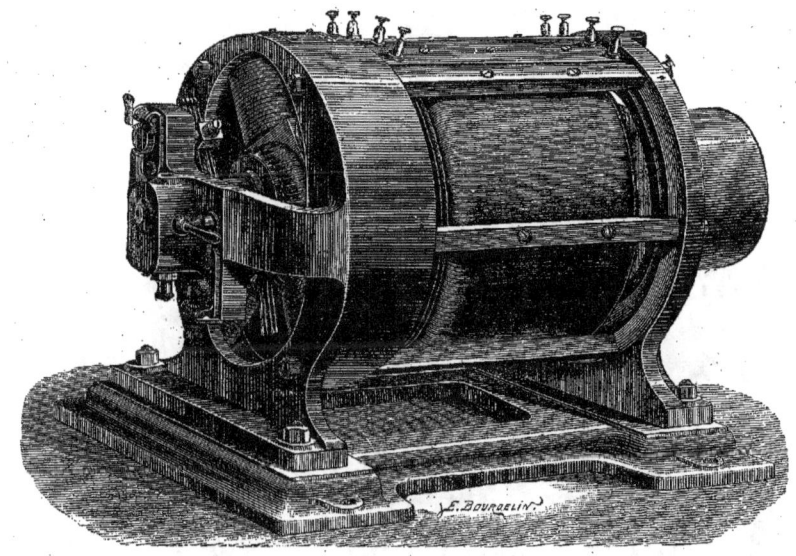

Fig. 382. — Machine Gramme à courants alternatifs.

sont mises simultanément en mouvement. L'une d'elles est une dynamo ordinaire, à courants alternatifs; l'autre sert d'*excitatrice*, et est à courant continu. L'installation est ainsi plus simple et moins coûteuse.

La machine à courants alternatifs de M. Siemens que nous représentons dans la figure 383 diffère des précédentes en ce que les *induits* sont mobiles et les *inducteurs* fixes. Là, comme précédemment, c'est une petite machine Siemens à courant continu, qui alimente l'*inducteur*. Ce dernier se compose de deux séries de 16 électro-aimants, fixés sur des couronnes de fonte, de chaque côté de l'induit. Il est bien entendu que ces électro-aimants sont isolés du bâti qui les supporte, par des plaques d'ébonite, et que les fils qui les entourent sont disposés de manière à ce qu'un pôle sud soit toujours entre deux pôles nord, et réciproquement un pôle nord entre deux pôles sud.

L'*induit* est constitué par une roue en bronze, autour de laquelle sont fixées 16 bobines plates sans noyau, telles que des *multiplicateurs galvanométriques*. Tout ce système tourne rapidement autour des inducteurs, et le courant ne s'y développe que quand les sphères des hélices passent dans le champ magnétique des électro-aimants. Les fils de communication des bobines sont fixés sur un disque en bois, qui occupe la partie centrale de l'induit, et transmettent leur courant au collecteur de la machine.

Le type à 16 bobines que nous venons de décrire est divisé en deux circuits, pouvant alimenter chacun 10 lampes différentielles du système Siemens.

M. de Méritens construit une machine à courants alternatifs, dont le dispositif général rappelle celui de la machine magnéto-électrique du même constructeur, que nous décrirons plus loin, mais dans laquelle les aimants permanents ont été remplacés par des électro-aimants.

M. Lontin a inventé une machine à

Fig. 383. — Machine dynamo-électrique Siemens à courants alternatifs, avec sa machine excitatrice.

courants alternatifs, à armature polaire, et qui porte le nom de *machine à division*.

Un pignon mobile autour d'un axe horizontal, et muni de vingt-quatre dents de fer autour desquelles est enroulée une hélice, reçoit le courant de la machine excitatrice. Ce courant aimante chacune des dents du pignon, en alternant les pôles de la circonférence extérieure. Autour de l'*inducteur* se trouve l'*induit*, formé par un grand anneau de fer fixe, et garni intérieurement de vingt-quatre autres dents entourées d'hélices magnétisantes. Ces hélices sont réunies de l'une à l'autre par couples et leurs extrémités aboutissent à un *manipulateur* qui permet de grouper les bobines, soit en tension, soit en quantité, et de recueillir séparément ou collectivement, à l'aide de frotteurs, les courants qu'elles produisent. On peut à volonté, avec cet appareil, constituer vingt-quatre circuits distincts, alimentant autant de régulateurs, ou bien un seul circuit si l'on veut obtenir un foyer lumineux très puissant.

« Cette machine, dit M. du Moncel, auquel nous empruntons ces lignes, a été appliquée pendant quelque temps à l'éclairage de la gare du Chemin de fer de Lyon, où elle fournissait 31 foyers lumineux. Ces foyers résultaient d'un seul générateur électrique et de deux systèmes induits de 24 bobines chacun. En accouplant ensemble ces bobines et interposant sur chacun de leurs circuits plusieurs régulateurs de lumière électrique du système Lontin, on a pu, par une combinaison convenable de ces bobines, eu égard à la longueur du circuit extérieur, porter à 31 le nombre des foyers illuminés dont chacun était à peu près équivalent à 40 becs Carcel. »

Actuellement, ces machines sont installées à la gare des chemins de fer de l'Ouest (rive droite), où elles illuminent 12 foyers lumineux dont 2, situés à l'entrée de la gare,

# SUPPLÉMENT A L'ÉLECTRO-MAGNÉTISME.

sont à 700 mètres de la machine, ce qui répond victorieusement à l'objection que certaines personnes ont faite contre l'emploi des courants alternativement renversés, qui, selon elles, ne devaient pas produire de lumière passé 200 mètres de distance.

L'excitation de cette machine à lumière est produite par une petite machine auxiliaire à courants continus.

La machine Lontin diffère de celle de Gramme en ce que l'induit, au lieu d'être constitué par un anneau, est formé par un tambour de fer *à pignon magnétique*, sur lequel sont assujetties quarante petites bobines, groupées quatre par quatre, et dont les axes sont dirigés dans le sens du rayon. Ces bobines se composent de noyaux de fer entourés d'hélices magnétisantes, disposées en tension, et formant une série d'électro - aimants qui tournent entre les pôles d'un fort électro-aimant inducteur. Dans cette machine, les courants engendrés dont le sens change à chaque demi-révolution sont recueillis par un collecteur disposé comme celui de l'appareil Gramme.

La machine de M. Ferrati et de sir Thomson, que nous représentons dans la figure 384, a reçu quelques applications en Angleterre.

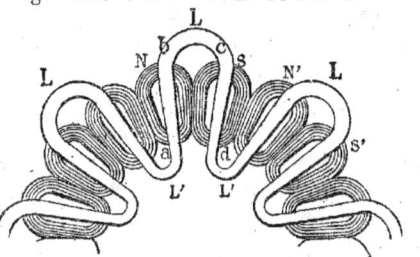

Fig. 384. — Machine dynamo-électrique à courants alternatifs de MM. Ferrati et Thomson.

Comme la plupart des machines dynamo-électriques alternatives, elle comprend une armature induite tournant entre deux rangées circulaires d'électro - aimants inducteurs, dont les pôles sont alternativement de noms contraires.

Chaque rangée contient 16 électros, dont la section est ovoïde, et qui sont montés en tension, et excités par une dynamo indépendante

L'armature présente une forme tout à fait originale, qu'indique la figure 385. Elle ne renferme aucune pièce de fer et se compose d'un long ruban de cuivre, de 36 mètres de longueur, de 12 millimètres de largeur et de 2 millimètres d'épaisseur. Ce ruban est contourné en forme de feston. Le nombre des boucles (L, L') est de 8, c'est-à-dire moitié du nombre des électros (NS, N'S'). Il s'enroule 12 fois suivant cette même courbe, en formant 12 courbes, isolées par des bandes de caoutchouc.

Fig. 385. — Armature de la machine dynamo-électrique à courants alternatifs de MM. Ferrati et Thomson.

L'avantage de cette armature est d'être très légère, par suite de l'absence du fer; ce qui lui permet de tourner à des vitesses de 1 900 à 2 000 tours par minute, et de présenter, en outre, une résistance électrique très faible.

La machine *Gordon*, la plus grande qui ait été construite jusqu'ici, est représentée figure 386.

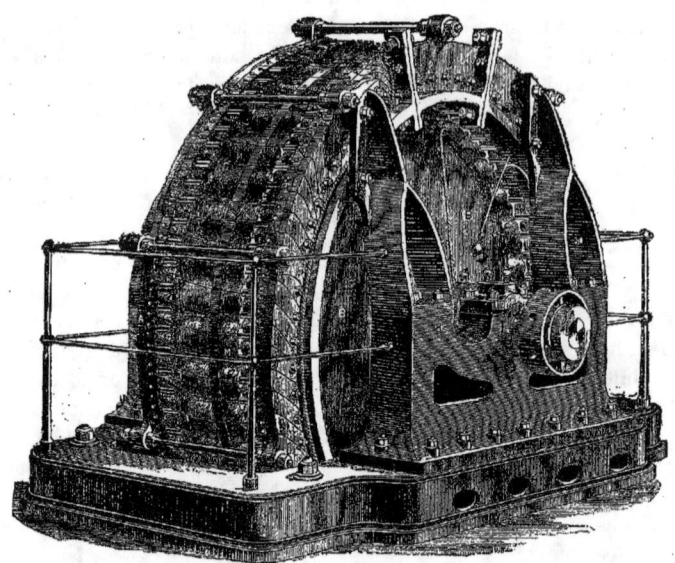

Fig. 386. — Machine dynamo-électrique à courants alternatifs de M. Gordon.

Les armatures fixes sont constituées par des bobines en nombre double de celui des électro-aimants indicateurs mobiles. Il y a de chaque côté du disque mobile 32 bobines, tandis que chacune des plaques en porte 64.

Ces dernières sont roulées sur des noyaux en tôle de chaudière recourbés en forme de V aigu.

Les bobines alternées de la série fixe sont réunies ensemble en arcs parallèles, de manière à former deux circuits distincts, susceptibles d'alimenter des lampes, soit ensemble, soit séparément, et d'être couplés à volonté.

## CHAPITRE IV

MACHINES MAGNÉTO-ÉLECTRIQUES GRAMME, SIEMENS, DE MÉRITENS. — DIFFÉRENTS SYSTÈMES DE DISTRIBUTION DE L'ÉLECTRICITÉ.

En ce qui concerne les applications, la machine magnéto-électrique est aujourd'hui à peu près complètement supplantée par la machine dynamo, en raison du coût relativement élevé des aimants permanents et de leur faible puissance. Cependant, elle est encore préférée pour certaines applications, comme par exemple pour la charge des accumulateurs.

La première machine Gramme, qui est connue sous le nom de *modèle de laboratoire* et qui est représentée figure 387, était une machine magnéto-électrique. Le champ magnétique est produit par un aimant permanent en fer à cheval, formé de plusieurs feuillets métalliques, entre les pôles duquel tourne une armature Gramme, du type ordinaire.

La machine primitive de Siemens, construite dès 1855, et représentée dans la figure 388, était également une machine magnéto-électrique. Entre les deux pôles d'un aimant vertical en forme de fer à cheval, tournait une armature, d'une structure spéciale, et qui peut être considérée comme la première forme de l'induit Siemens, que nous avons décrit précédemment.

Ce noyau de fer doux a la forme en section d'un fer à double T, sur lequel

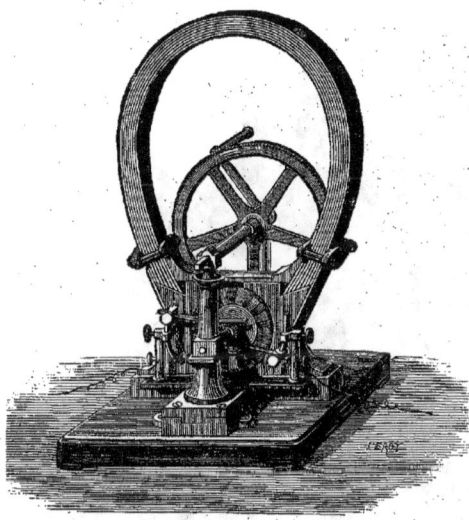

Fig. 387. — Machine magnéto-électrique Gramme.

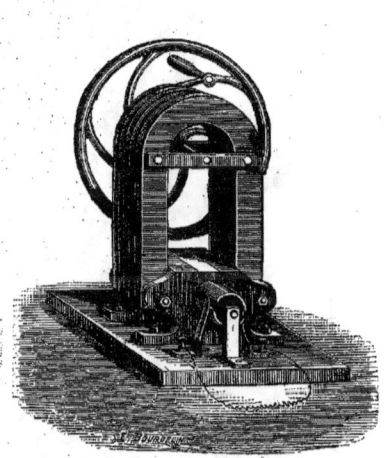

Fig. 388. — Machine magnéto-électrique Siemens à aimant naturel et à armature en navette.

le fil est enroulé en navette, parallèlement aux génératrices du cylindre.

M. de Méritens construit une machine magnéto-électrique, d'un usage assez répandu dans l'éclairage électrique, et dont nous donnons une vue (fig. 389).

Dans cet appareil les courants d'induction, produits dans l'anneau d'une machine Gramme, viennent s'ajouter à ceux d'une machine magnéto-électrique ordinaire.

Pour bien comprendre ce qui se passe dans ce générateur d'électricité, il faut se rappeler : 1° que toutes les fois qu'on approche du pôle d'un aimant permanent le pôle d'un électro-aimant droit, le fil qui entoure ce dernier est parcouru par le courant d'induction qui y a pris naissance, et que si l'on vient à éloigner, avec une même vitesse et à la même distance, le pôle de l'aimant permanent, un courant égal, mais de sens contraire au premier, parcourt le fil de l'électro-aimant ; 2° qu'il se produit un courant d'induction, dit d'*interversion polaire*, lorsqu'on pro-

mène un aimant permanent d'une extrémité à l'autre d'un électro-aimant, à la condition de le tenir toujours très près du fil et parallèlement au noyau de fer doux. C'est sur ces deux modes particuliers d'induction qu'est fondé l'appareil de M. de Méritens.

L'anneau de cette machine se compose de seize bobines, qui passent successivement, à chaque tour de l'induit, devant un nombre égal de pôles d'aimants permanents. Le noyau de ces bobines est formé de soixante lames de tôle, de 1 millimètre d'épaisseur, rivées ensemble et présentant la forme d'un T à deux têtes, sur lequel est enroulé le fil qui constitue la bobine. Ce fil est gros ou fin, suivant que l'on veut avoir un courant de quantité ou de tension. L'avantage du noyau lamellaire est de pouvoir s'aimanter et se désaimanter instantanément, et de permettre de donner à la machine une vitesse d'environ mille tours à la minute.

Le générateur de M. de Méritens, dont la construction est d'ailleurs fort simple, présente encore cet avantage qu'il n'exige qu'une force motrice relativement faible ;

Fig. 389. — Machine magnéto-électrique de M. de Méritens.

que sa marche est d'une régularité parfaite, et qu'enfin les courants qu'elle fournit peuvent entretenir des régulateurs et alimenter quatre bougies Jablochkoff.

De grands progrès ont été réalisés, depuis quelques années, dans la construction des machines dynamo-électriques destinées à l'éclairage. Au début, en effet, les générateurs d'électricité étaient établis pour alimenter un nombre fixe de lampes; de plus, lorsqu'on voulait éteindre un de ces appareils, on était obligé de lui substituer une résistance équivalente à la sienne, pour ne pas altérer la constance de la machine, qui dépensait toujours, et en pure perte, la même force motrice.

Avec les nouvelles machines, dites à *distribution constante*, on peut, sans troubler la marche du générateur, et en maintenant la proportionnalité entre l'éclairage effectué et la force motrice dépensée, allumer ou éteindre le nombre de lampes voulu.

Pour obtenir ce résultat, on a recours à deux systèmes de distribution. Dans le premier, ou système en dérivation ou à *potentiel constant*, la machine fournit, dans le circuit extérieur, une différence de potentiel constante et une intensité variable avec le nombre de lampes en service et la résistance de chacune d'elles.

Dans le second système, ou *système de distribution en série*, ou à *intensité constante*, la machine fournit un courant d'intensité constante et une force électro-motrice variable avec le nombre de lampes.

Dans les générateurs ordinaires, la résistance intérieure de la machine et la diminution de la force motrice occasionnée par le passage du courant qui traverse l'induit, produisent une différence de potentiel aux bornes. On compense cet effet, dans les machines à potentiel constant, par le *double enroulement*, imaginé par M. Brüsch, ou à l'aide de régulateurs.

Le double enroulement, appliqué pour la première fois à la distribution, par M. Marcel Deprez, consiste à recouvrir les inducteurs de deux circuits d'excitateurs. L'un, à fil long et fin, est placé en dérivation sur les bornes de la machine; l'autre, monté en série, est traversé par le courant qui alimente les lampes.

Grâce à cette disposition, le courant d'excitation se trouve formé de deux courants, dont l'un, en dérivation, diminue quand augmente le débit de la machine, et dont l'autre, circulant dans les inducteurs en série, est proportionnel à ce même débit. La différence de potentiel aux bornes devenant, par ce moyen, presque invariable pour une vitesse constante, on peut, à volonté, allumer ou éteindre le nombre de lampes jugé nécessaire.

Parmi les machines dynamo-électriques de ce genre, il convient de citer le type connu en Angleterre sous le nom de *machine Phœnix*. Cette machine peut fournir jusqu'à 110 *volts* aux bornes et environ 800 *ampères*.

On peut encore obtenir une distribution à potentiel constant en corrigeant les variations de la force électro-motrice des machines dynamo-électriques, au moyen d'une sorte de relais, appelé *gouverneur, ou régulateur électrique*, et qui agit tantôt sur une résistance intercalée dans le circuit d'excitation, tantôt sur la vitesse de rotation de la machine.

Dans le système de distribution à intensité constante, telle qu'on l'obtient avec la machine Thomson-Houston, on fait varier la force électro-motrice du générateur proportionnellement au nombre de lampes à alimenter.

Pour atteindre ce but, MM. Thomson et Houston ont monté les inducteurs de leur machine dans le circuit général, et ils lui ont donné la disposition d'un solénoïde, à l'intérieur duquel tourne une bobine induite, formée par trois bobines qui engendrent des forces électro-motrices alternatives, changeant de sens à chaque demi-tour. Ces bobines sont couplées entre elles par le jeu d'un commutateur spécial, et de quatre balais reliés deux à deux, de manière à être toujours par deux en dérivation et en tension avec la troisième. D'autre part, les balais sont mobiles sur le commutateur, et peuvent, pendant un temps déterminé, mettre les bobines six fois par tour en court circuit.

MM. Thomson et Houston sont ainsi arrivés à compenser les variations du circuit extérieur et celles de la vitesse du moteur.

La machine Thomson-Houston fournit un courant moyen de 9,6 *ampères*, et une force électro-motrice pouvant varier de 50 à 1,600 *volts*, suivant le nombre de lampes à alimenter.

Ce générateur est appelé à rendre de très grands services, surtout dans les installations industrielles où l'on utilise souvent, comme force motrice, des machines dont la vitesse est très variable.

FIN DU SUPPLÉMENT A L'ÉLECTRO-MAGNÉTISME ET AUX MACHINES A COURANTS D'INDUCTION.

# SUPPLÉMENT

AU

# MOTEUR ÉLECTRIQUE

Dans le tome I<sup>er</sup> des *Merveilles de la science* (1), en terminant la description du *Moteur électrique*, nous disions que cet appareil, dans lequel on ne fait usage, comme force motrice, que de l'attraction des aimants, était sans avenir, et nous détournions les inventeurs de poursuivre plus longtemps la solution du problème de l'emploi de simples aimants comme agents de force.

C'est en 1870 que nous écrivions ces remarques, et l'expérience ultérieure n'a fait que les confirmer. Aucun des divers appareils moteurs ayant pour principe la simple attraction du fer par un aimant, naturel ou artificiel, n'a produit de résultats utiles. Ce sont de simples joujoux, propres à animer certains mécanismes enfantins, ou à figurer dans des cabinets de physique, mais incapables de développer une puissance utilisable dans la pratique. C'est à peine, en effet, s'ils fournissent la force d'un sixième de cheval-vapeur. On ne peut donc les considérer comme de véritables moteurs.

L'insuccès des *moteurs électriques* que l'on a construits jusqu'à l'année 1870, s'explique, d'ailleurs. La force attractive d'un aimant est très bornée, parce qu'elle décroît comme le carré de la distance ; ce qui limite beaucoup l'amplitude des mouvements, et rend presque impossibles les transmissions. Ajoutez que des courants d'induction prennent naissance au moment de la formation du courant principal, et qu'ils réagissent en sens inverse de ce courant. En outre, les aimants ont une grande dimension, et on ne peut en utiliser qu'une faible partie. Enfin, le commutateur dont il faut faire usage s'oxyde promptement, ainsi que le conducteur, par des étincelles électriques, dont on ne peut empêcher la production.

Limité à l'aimant naturel ou à l'électro-aimant, le moteur électrique était donc dans une véritable impasse, et les inventeurs sérieux avaient cessé de s'en préoccuper, lorsqu'une véritable révolution s'opéra dans cette question.

Nous avons décrit, dans le *Supplément à l'Électro-magnétisme*, les machines ma-

(1) Page 404.

## SUPPLÉMENT AU MOTEUR ÉLECTRIQUE.

*gnéto-électriques*, qui ne sont que l'exécution en grand, pour les usages de l'industrie, de la vieille *machine de Clarke*, ou *de Pixii*, dans laquelle on produisait un courant d'induction en faisant tourner des aimants autour d'une armature de fer. Nous avons décrit et représenté (1) la machine de M. de Méritens, c'est-à-dire l'appareil qui produit l'électricité par le mouvement d'un aimant naturel, et nous avons également fait connaître les autres machines aujourd'hui en usage, et ayant le même principe physique pour base, telle que les machines magnéto-électriques Gramme, Siemens, Brüsh, etc.

Ainsi, une machine *magnéto* ou *dynamo-électrique*, peut produire de l'électricité, quand on imprime un déplacement relatif à l'inducteur et à l'induit; mais, réciproquement, si l'on vient à diriger un courant électrique, d'une force suffisante, dans cette même machine, elle se met en mouvement. Ce qui revient à dire que, si à une machine dynamo-électrique on imprime un mouvement, on a de l'électricité; si, au contraire, on lui fournit de l'électricité, on a du mouvement.

D'où il résulte que si l'on prend deux machines dynamo-électriques semblables, qu'on les place à une certaine distance l'une de l'autre, et qu'on les réunisse par un fil conducteur, quand on fera tourner la première, pour engendrer l'électricité, et qu'on enverra l'électricité ainsi produite à la seconde, au moyen d'un fil conducteur, cette dernière se mettra en mouvement, et pourra accomplir un travail mécanique.

Il y avait dans ce fait, c'est-à-dire dans *l'union*, dans la *conjugaison*, de deux machines dynamo-électriques, le principe de toute une révolution pour le moteur électrique. On avait cru, à l'origine, que de même qu'il suffit de jeter du charbon dans le foyer d'une chaudière à vapeur, pour produire de la force dans une machine à vapeur, de même il suffit de brûler du zinc dans une pile voltaïque, pour produire de l'électricité. Le principe était vrai; seulement il n'y a point de limite à la production de la force au moyen de la vapeur, tandis qu'il faudrait brûler des quantités incommensurables de zinc dans une pile de Volta, pour donner à un courant électrique l'énergie proportionnée aux travaux que l'industrie réclame.

Le principe de l'emploi de deux machines dynamo-électriques, ou comme l'on dit aujourd'hui *réversibles* (l'une pouvant remplacer l'autre) a fourni la solution du problème du moteur électrique par un moyen tout à fait inattendu, et en même temps certain. Car, tandis qu'on est vite arrêté dans la production d'une force mécanique, avec la pile de Volta, on peut produire autant d'énergie motrice qu'on le désire, en augmentant le nombre de chevaux-vapeur que peut donner la machine à vapeur.

Et non seulement ce principe a fourni la solution du problème du moteur électrique, mais il a doté la science et l'industrie d'un principe absolument nouveau, à savoir, le transport de la force à distance. En effet, comme les deux machines dynamo-électriques *réversibles* peuvent être placées à une distance quelconque l'une de l'autre, on peut, au moyen du fil conducteur qui les réunit, transporter à un éloignement quelconque la force primitive. Et cette force primitive, remarquons-le, d'ailleurs, peut être une force artificielle, comme la vapeur, ou une force naturelle, comme une chute d'eau ou le vent.

Toute machine dynamo-électrique, en vertu du principe de la *réversibilité*, peut fonctionner comme *génératrice* d'électricité, ou comme *réceptrice* du *courant électrique*, c'est-à-dire faire l'office de moteur électrique; mais on réserve aujourd'hui le nom de *moteur électrique* à des appareils de

---

(1) Page 450.

Fig. 390. — Petit moteur électrique Deprez.

petites dimensions, construits spécialement en vue de transformer l'énergie électrique en énergie mécanique, et qui sont susceptibles de fournir de petites quantités de travail, applicable à des machines spéciales, telles que la machine à coudre, les tours mécaniques, les ventilateurs, les forets à percer, les laminoirs, etc.

Une machine réceptrice Gramme pourrait servir de moteur électrique, mais, nous le répétons, on réserve aujourd'hui ce nom à des machines ayant beaucoup moins de force, et qui sont construites en vue d'un faible travail mécanique. Nous allons passer en revue, dans un premier chapitre, les principaux *moteurs électriques* connus aujourd'hui, renvoyant au chapitre suivant l'étude de la grande question du transport de la force à distance par les machines dynamo-électriques.

## CHAPITRE V

LES PETITS MOTEURS ÉLECTRIQUES. — LE MOTEUR ÉLECTRIQUE DEPREZ. — LE MOTEUR ÉLECTRIQUE TROUVÉ. — LE MOTEUR GRISCOM. — LE MOTEUR ÉLECTRIQUE DE MÉRITENS. — LE MOTEUR ÉLECTRIQUE AYRTON ET PERRY.

L'une des premières machines dynamo-électriques construites par M. Gramme (1875) est une réceptrice, d'une forme spéciale, qui peut fonctionner comme petit moteur électrique. Elle est munie de quatre balais et de quatre pièces polaires entourant l'anneau, comme dans la dynamo Gramme *octogonale*, que nous avons décrite dans le *Supplément à l'Électro-magnétisme* (1). Mais son usage, à ce point de vue, n'a pas pris d'extension.

En 1879, M. Marcel Deprez a imaginé une forme très commode de petit moteur, que nous représentons ici (fig. 390). C'est une bobine Siemens, A, montée longitudinalement entre les branches parallèles d'un aimant en acier, B, et que l'on fait tourner au moyen d'une manivelle. Mais son commutateur, C, étant en deux parties, a le défaut de présenter un point mort. Ce défaut a été corrigé par l'emploi de deux armatures en avance de 90 degrés l'une sur l'autre; de telle sorte que l'une étant au point mort, l'autre fût en pleine action. Quand la machine est mise en action, elle fait tourner l'arbre.

M. Trouvé a supprimé les points morts que présente le moteur Deprez, en modifiant légèrement la forme du noyau de la bobine Siemens. La courbe extérieure de ce noyau n'est plus un arc de cercle ayant son centre sur l'axe; elle est limitée par un arc excentrique, de manière qu'en tournant, sa surface approche graduellement de celle du pôle magnétique.

(1) Page 433.

# SUPPLÉMENT AU MOTEUR ÉLECTRIQUE.

Fig. 391. — Petit moteur électrique Trouvé.

Fig. 392. — Petit moteur électrique Griscom.

Dans le *moteur Trouvé*, l'aimant naturel dont fait usage M. Marcel Deprez est remplacé par un électro-aimant. La bobine Siemens se meut entre les pôles de l'électro-aimant, qui est excité par le courant lui-même. De cette façon, on peut faire varier l'énergie électrique obtenue, entre des limites éloignées, sans que les intensités magnétiques de l'organe fixe et de l'organe mobile cessent de demeurer dans la relation voulue.

L'armature est placée entre les pôles mêmes de l'électro-aimant, et non plus parallèlement à ses branches.

La figure 391 représente le moteur électrique Trouvé, contenu dans une caisse, en bois, D. *a*, *a*, est l'électro-aimant fixe ;

Fig. 393. — Petit moteur électrique de M. de Méritens.

*f* est la bobine mobile, et E le bâti en fonte qui supporte le tout.

Un petit moteur très commode et qui s'adapte aux machines à coudre, a été imaginé en Amérique, par M. Griscom. Ce moteur que nous représentons dans la figure 392, est très répandu aux États-Unis et en Europe. Il se compose d'une simple armature Siemens, en double T, dont les pôles, légèrement excentrés, sont bombés vers le milieu. Cette bobine se trouve entièrement renfermée dans l'inducteur. Les noyaux métalliques des électro-aimants sont en fonte malléable ; ce qui en rend la fabrication très économique, sans influer sur le fonctionnement de l'appareil, car la force coercitive de la fonte est à peu près aussi faible que celle du fer doux.

Malgré ses faibles dimensions (il n'est pas plus gros que le poing), le moteur Griscom donne des résultats satisfaisants.

Un autre type de moteur représenté figure 393 a été inventé par M. de Méritens, qui

Fig. 394. — Petit moteur électrique Ayrton et Perry.

emploie une armature ou anneau, tout à fait semblable à celui du moteur Griscom, mais qui la monte entre des électro-aimants très compactes et très légers, servant en même temps de bâti à la machine.

D'après des expériences précises, le mo-

Fig. 395. — Petit moteur électrique Ayrton et Perry actionnant un ventilateur.

teur électrique de M. de Méritens, qui ne pèse que 32 kilogrammes et demi, produit une force de trois quarts de cheval-vapeur, avec un rendement de 50 p. 100.

MM. les professeurs Ayrton et Perry, de Londres, ont imaginé un moteur électrique, très compacte, et d'une puissance considérable, relativement à son poids. La figure 394 représente l'*induit* et l'*inducteur* de cette machine. L'armature, A, est fixe, et l'électro-aimant, F, se meut à l'intérieur. Celui-ci est du type de la simple bobine Siemens, à double T, dont nous avons parlé dans le *Supplément à l'électro-magnétisme*. L'armature est un anneau allongé, du genre Pacinotti, à dents en saillie, entre lesquelles sont roulées les bobines élémentaires. Cet anneau est formé de disques plats en tôle douce dentelée. Les balais tournent avec l'électro-aimant et le collecteur est fixe.

Nous représentons dans la figure 396, le moteur électrique de M. Ayrton et Perry actionnant un ventilateur.

Tels sont les principaux *moteurs électriques*, c'est-à-dire les petites machines dynamo-électriques réceptrices pouvant fonctionner comme agents moteurs, pour la production de petites forces. Leur usage n'est point, toutefois, à dédaigner, puisque l'un d'eux, comme le moteur Ayrton et Perry, donne, comme nous l'avons dit, un rendement de 50 pour 100.

La question préalable des petits moteurs électriques étant éclaircie, arrivons au grand fait de l'application de la *réversibilité* des machines dynamo-électriques, pour le transport, à toutes distances, des forces naturelles ou artificielles.

## CHAPITRE II
### LE TRANSPORT DE LA FORCE A DISTANCE PAR LA RÉVERSIBILITÉ DES MACHINES DYNAMO-ÉLECTRIQUES.

On s'est demandé souvent à quel physicien il faut attribuer l'idée de la liaison de deux machines dynamo-électriques, pour transporter au loin la force. La question est aujourd'hui bien éclaircie. C'est en 1873, à l'Exposition d'électricité de Vienne (Autriche) que cette idée fut réalisée pour la première fois, par M. Hippolyte Fontaine, ingénieur de la Compagnie des machines Gramme ; et c'est un autre ingénieur français, M. Charles Félix, qui en suggéra l'idée à M. Hippolyte Fontaine.

Ce dernier avait, à l'exposition de Vienne, une machine dynamo-électrique, que faisait tourner un simple moteur à gaz. Une autre machine, exposée également par M. Fontaine, à côté de la précédente, fonctionnait comme moteur électrique, et était alimentée par une pile de Volta. M. Charles Félix, s'étant arrêté près de l'Exposition de M. H. Fontaine, lui fit cette remarque :

« Puisque vous avez une première machine qui produit de l'électricité, et une seconde qui en consomme, pourquoi ne pas faire passer directement l'électricité de la première dans la seconde, et supprimer votre pile ? Vous auriez, par ce moyen, une double transformation du mouvement en électricité et de l'électricité en mouvement. »

L'opération n'était ni longue, ni dispendieuse. En quelques instants, on relia les deux machines dynamo-électriques, l'une à l'autre, par un fil conducteur isolé, et la première machine qui produisait de l'électricité, provoqua le mouvement de la seconde, placée à quelque distance.

Voilà comment la *réversibilité* des machines dynamo-électriques et le moyen de transformer l'énergie électrique en énergie mécanique, ont été découverts.

Cette expérience intéressante fut répétée, le 3 juin 1873, devant l'empereur d'Autriche, avec un plein succès. Une machine Gramme, actionnée par un moteur à gaz, envoyait son courant au moyen d'un câble conducteur de 100 mètres de long, à une seconde machine Gramme toute pareille, qui, sous l'action du courant qu'elle recevait, fut mise en mouvement et fit fonctionner une pompe à eau.

Le principe du transport de la force par l'électricité étant trouvé, ses applications ne tardèrent pas à se produire.

En 1879, M. Charles Félix, dont nous venons de rappeler l'importante intervention, fit une expérience du plus grand intérêt, dans sa sucrerie de Sermaize (Orne).

Aidé d'un ingénieur de grand mérite, M. Chrétien, il effectua un labourage en transportant jusqu'au champ à labourer la force de la machine à vapeur de son usine. Par le même moyen MM. Félix et Chrétien mirent en mouvement les grues qui servaient à décharger les bateaux, qui amenaient les betteraves à la sucrerie de Sermaize.

A Paris, M. Arbey fit usage du transport de la force pour mouvoir des scies rotatives servant à diviser le bois en planches.

Des concasseurs de pierres, dans des carrières, et un marteau-pilon, dans une usine, furent actionnés grâce au même moyen, par un autre industriel, M. Piat.

Dans le midi de la France, pour produire la submersion des vignes, M. Dumont, ingénieur, manœuvra des pompes à eau, à distance, au moyen d'une machine à vapeur fixe et d'un courant électrique allant aux pompes.

A partir de 1881, dans un grand nombre d'usines ou de chantiers de construction, le transport de la force par l'électricité fut mis en pratique.

A la fonderie de Rueil, on commanda électriquement à distance, des machines-outils, des perceuses, etc.

Nous avons vu, en 1885, à l'usine de M. Farcot, à Saint-Ouen, une grue mise en action à distance par un fil conducteur, qui lui envoie la force d'une machine à vapeur faisant tourner une machine Gramme.

Dans les magasins de la *Belle Jardinière*, à Paris, on fait passer par un fil la force de la machine à vapeur, qui est dans les caves, jusqu'au quatrième et au cinquième étage, pour faire mouvoir des machines à coudre, des scies à rubans, etc.

Aux magasins du Louvre, un fil passant par-dessus la rue Saint-Honoré, envoie de la force empruntée au moteur, placé dans les caves, jusque dans la rue de Valois, à 150 mètres de distance.

Dans les mines, certains appareils sont commandés par un fil conducteur qui transporte la force d'une machine à vapeur placée près des puits d'extraction.

Dans les pays de montagne, abondants en cours d'eau, la force de ces cours d'eau, recueillie par une machine Gramme, est envoyée à une deuxième machine, pour fournir de l'électricité, qui sert à produire l'éclairage.

On voit à Saint-Moritz, dans le canton des Grisons, un foyer de lumière électrique alimenté par la chute d'un torrent.

Aujourd'hui, dans toutes les expositions industrielles renfermant une galerie de machines, la plupart des machines fonctionnent sans moteur visible, parce que la force leur est envoyée, à distance, par une machine à vapeur installée à l'extérieur. Nous avons parlé avec détails, dans le *Supplément à la machine à vapeur*, des ventilateurs Geneste et Herscher, qui produisent la ventilation dans les salles de l'Hôtel de Ville de Paris, et de l'École centrale, par transmission électrique (1).

Nous n'en finirions pas si nous voulions énumérer les applications déjà réalisées du transport de la force par un fil électrique, grâce aux machines dynamo-électriques conjuguées. Nous ne pouvons cependant nous dispenser de signaler les essais qui ont été faits pour l'application du moteur électrique au transport des voyageurs sur les chemins de fer.

C'est à un constructeur allemand, Werner Siemens de Berlin, (mort en 1886), qu'est due la première application du transport électrique de la force, pour traîner les convois sur les voies ferrées. Werner Siemens réalisa, pour la première fois, à l'Exposition d'électricité de Paris, en 1881, la traction des convois sur les chemins de fer par l'életricité.

(1) Page 22.

Werner Siemens faisait usage d'une machine à vapeur fixe produisant de l'électricité dans une machine Gramme, laquelle envoyait son courant à une seconde machine Gramme, installée sur la voiture. Le conducteur qui amenait l'électricité à la deuxième machine Gramme, était une barre de fer placée entre les deux rails, isolée par des blocs de bois, sur laquelle venaient frotter, en passant, des lames flexibles, amenant le courant à la machine réceptrice.

Ce système de transport de la force pour produire la locomotion sur les voies ferrées, a été beaucoup modifié plus tard; mais, disons-le, sans avoir encore amené de grands résultats pratiques.

M. Marcel Deprez a attaché son nom à l'application en grand du transport des forces naturelles ou artificielles au moyen d'un fil électrique. Il a eu le mérite de déterminer dans quelle proportion la force est transmise, c'est-à-dire le degré de rendement de la force primitive.

Dès 1880, M. Marcel Deprez élaborait un projet de transmission et de distribution électrique de la force produite par un moteur à vapeur, aux diverses machines-outils d'un atelier. Il réalisa ce projet, et en 1881, il montrait, à l'Exposition d'électricité, les résultats qu'il avait obtenus. Diverses petites machines étaient mises en action par la transmission électrique de la force d'un moteur à vapeur.

Lors de l'Exposition d'électricité, de Munich, en 1882, la municipalité de cette ville ayant eu connaissance des travaux de M. Marcel Deprez, lui demanda de faire une démonstration pratique et publique de son système de transport de force par l'électricité.

M. Marcel Deprez accepta avec empressement. La machine génératrice d'électricité fut installée à Miesbach, petite ville du sud de la Bavière, où se trouvent des mines importantes de charbon, et qui est située à 57 kilomètres de Munich; la machine réceptrice du courant fut placée dans cette dernière ville, dans la grande nef de l'Exposition, où elle actionnait une pompe centrifuge, employée à alimenter une petite cascade artificielle. La ligne se composait de deux fils télégraphiques ordinaires, en fer galvanisé, qui avaient été mis gratuitement à la disposition des expérimentateurs par le gouvernement bavarois. On n'avait pas jugé nécessaire de faire recouvrir les fils d'une enveloppe isolante.

On ne réussit qu'à transporter la force d'un quart de cheval-vapeur, et l'on ne put obtenir qu'un rendement de 30 pour 100 de la force primitive.

En 1883, à la gare du chemin de fer du Nord, à Paris, nouvelle expérience, avec une machine dynamo-électrique spéciale pour la production de l'électricité, machine construite sur les plans donnés par M. Deprez. On opérait sur un fil télégraphique de 17 kilomètres de longueur. On envoya ainsi deux chevaux-vapeur à 8 kilomètres et demi de distance, avec un rendement de 40 pour 100.

Une autre série d'expériences fut entreprise par M. Marcel Deprez, à Grenoble, pour transporter, non pas la force artificielle d'une machine à vapeur, mais la force naturelle d'une chute d'eau. On abandonna le fil télégraphique de fer galvanisé, et on le remplaça par un fil spécial, en bronze silicieux, de deux millimètres de section. On sait que le bronze silicieux offre beaucoup plus de résistance que le simple fil de fer.

La distance était de 14 kilomètres, et on réussit à transporter jusqu'à 7 chevaux-vapeur, avec un rendement de 62 pour 100.

Nous représentons dans les figures 396 et 397 la belle expérience de Grenoble.

On voit par la figure 396 la chute d'eau de Vizille faisant tourner une turbine, T, et le mouvement de cette turbine transmis, par une série d'arbres et de pignons, A, à une machine dynamo-électrique, C, laquelle

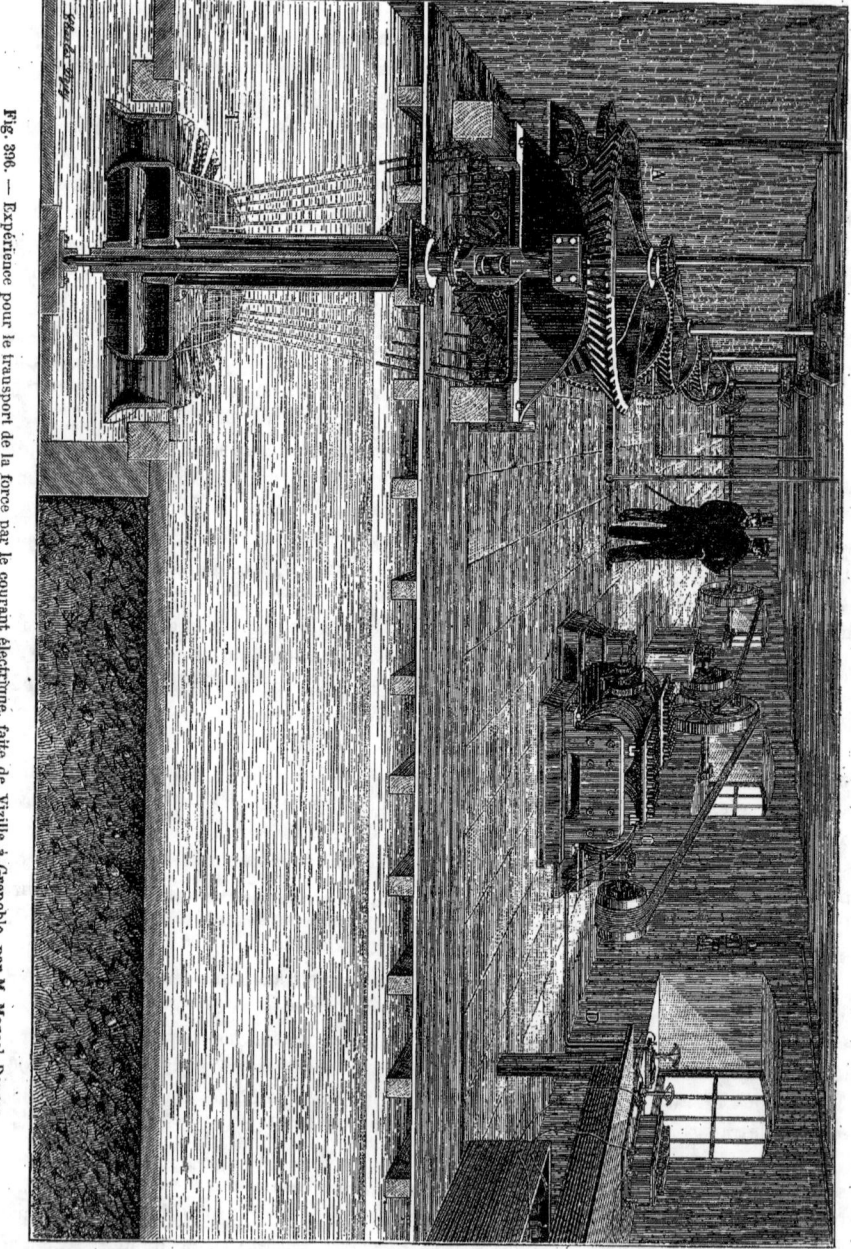

Fig. 396. — Expérience pour le transport de la force par le courant électrique, faite de Vizille à Grenoble, par M. Marcel Deprez. (Appareil de Vizille pour la production de l'électricité au moyen de la chute d'eau.)

Fig. 397. — Expérience du transport de la force par le courant électrique, faite de Vizille à Grenoble, par M. Marcel Deprez. (Appareil récepteur de Grenoble contenant une pompe pour l'élévation de l'eau.)

engendre par le mouvement, un courant électrique, qui est recueilli et transporté par le fil, D, et le conducteur métallique en bronze silicieux, qui le transmet à Grenoble.

La figure ci-dessus montre l'arrivée du fil conducteur à Grenoble, dans la galerie de l'Exposition, et la machine réceptrice, R, qui, recevant le courant électrique de Vizille, transforme l'électricité en énergie mécanique. La force ainsi transmise actionne une pompe, qui élève l'eau d'un réservoir et la fait retomber en cascade.

Enfin, dans une nouvelle série d'expériences faites de Paris à Creil, le bronze silicieux fut remplacé par un fil de cuivre, de 5 millimètres de diamètre.

Au point de vue du rendement, à intensité égale de courant, la perte par le conducteur avec le bronze silicieux était une fois moindre que celle qu'avait donné à Munich le simple fil télégraphique en fer. On transmit, de Paris à Creil, une force de 4 chevaux-vapeur et demi, avec un rendement de 48 pour 100. C'était un progrès sur la première expérience du chemin de fer du Nord, en 1883, qui n'avait donné qu'un rendement de 40 pour 100, comme il est dit plus haut.

A la suite de ces expériences, qui, malgré leurs médiocres résultats, furent jugées encourageantes, MM. de Rotschild se déclarèrent prêts à subvenir aux dépenses nécessaires pour l'expérience en grand du transport de la force de Paris à Creil, sur le chemin de fer du Nord, c'est-à-dire à la distance de 58 kilomètres. Il s'agissait de transporter à cette distance une force de 200 à 250 chevaux-vapeur.

Les expériences, commencées au mois d'octobre 1885, durèrent plus d'une année. Un rapport fait à l'Académie des sciences, par M. Maurice Lévy, au mois de mai 1886, a donné de grands éloges à M. Marcel Deprez, mais cette approbation n'a pas trouvé beaucoup d'échos dans le public savant. Il nous suffira, pour le prouver, de citer l'opinion d'un recueil impartial, le *Bulletin international d'électricité*, qui apprécie en ces termes les expériences de Creil :

« Le programme, dit ce recueil, n'a pas été rempli. La machine génératrice d'électricité fonctionnant à Creil n'a pu utiliser qu'un peu plus que la moitié de la force mise à sa disposition. Au lieu de recevoir à Paris 100 chevaux-vapeur, avec un rendement de 50 pour 100, on a obtenu au maximum 52 chevaux, avec un rendement de 45 pour 100. Au lieu d'avoir à Paris trois réceptrices, entre lesquelles on devait distribuer le courant électrique, des raisons d'ordre administratif ont contraint M. Deprez à opérer avec une seule réceptrice.

Si la machine génératrice d'électricité a donné lieu à toutes sortes de mécomptes lorsqu'on a voulu modifier les principes de Gramme, la réceptrice, dont l'anneau est un véritable anneau Gramme, a toujours très bien fonctionné, sans exiger la moindre réparation.

M. Maurice Lévy a condamné l'isolement du conducteur, et a expliqué par une condensation électrique l'accident du 5 décembre 1885, où la génératrice et plusieurs postes télégraphiques ont été mis hors de service. L'emploi de fils nus placés hors de toute atteinte, à une distance de 1 mètre des fils téléphoniques ou télégraphiques, et isolés seulement au voisinage et à l'intérieur des ateliers, se recommande donc dans les applications futures de l'électricité.

Au début, il n'était question que d'une génératrice et de trois réceptrices. On a reconnu que, si l'on ne voulait pas exposer ces machines à une destruction plus ou moins complète à chaque variation de quelque importance dans les résistances à vaincre, il fallait recourir à des excitatrices séparées. Chaque machine s'est ainsi trouvée doublée d'une excitatrice, d'où diminution sensible du rendement, par suite de la force absorbée par celle-ci, augmentation des dépenses de premier établissement et complication du matériel.

La distribution de la force à la chapelle est obtenue par un procédé auquel l'électricité n'a rien à voir. L'arbre de la réceptrice commande mécaniquement, par courroie, une machine Gramme, qui à son tour joue le rôle de génératrice, et envoie un nouveau courant dans diverses réceptrices.

En résumé, la commission d'examen a procédé, le 24 mai 1886, à une expérience, une seule, qui a duré 2 ou 3 heures (la durée n'est même pas indiquée), et pendant laquelle la force électromotrice a varié de 4 887 à 6 290 *volts* pour la génératrice, et de 3 902 à 5 081 *volts* pour la réceptrice; le travail fourni à la génératrice a varié de 66,7 à 116 chevaux, et le travail recueilli au frein de la réceptrice de 27,2 à 52 chevaux; le rendement mécanique industriel a varié de 40,78 pour 100 au début à 44,81 pour 100 à la fin.

Au point de vue scientifique, le seul point qui mérite d'être signalé dans les expériences de Creil, c'est la production de courants de très hautes tensions sans qu'il y ait eu de déperdition sensible par le conducteur isolé et mis sous plomb. »

Les expériences de Creil entreprises en 1885 et 1886, dans les conditions grandioses que nous venons de signaler, n'ont donc pas produit ce qu'on en espérait. Pour transporter à de grandes distances des forces considérables, il faut un conducteur de faibles dimensions. Sans cela, c'est-à-dire s'il fallait employer un très gros fil métallique, les dépenses d'installation de la ligne ôteraient tout le bénéfice du transport de l'énergie. Malheureusement, les expériences de M. Marcel Deprez sur la ligne du chemin de fer du Nord, de Paris, à Creil, ont prouvé qu'un fil de faible section ne peut réaliser avec avantage et sécurité le transport de telles forces. On a reconnu, dans les expériences dont il s'agit, qu'il faut donner à l'électricité qui parcourt ce fil, une tension prodigieuse. C'est, à vrai dire, la foudre qui parcourt le conducteur électrique, réduit aux dimensions de 3 millimètres de diamètre. De là, de grands dangers, comme l'ont prouvé des accidents graves survenus pendant les expériences, et des difficultés qui interrompirent souvent le passage du courant électrique. N'oublions pas, d'ailleurs, que la perte de force pendant le transport a été considérable, puisqu'elle n'est pas moins de 50 pour 100.

En résumé, les expériences entreprises par M. Marcel Deprez, avec le concours financier de MM. de Rotschild, ont échoué, il faut le reconnaître, mais le principe du transport de la force par l'électricité n'est point compromis par cet échec. Quand on se contentera de transporter, par le fil électrique, des forces raisonnables, on tirera de cette belle méthode d'excellents résultats, et le transport lointain des forces de la vapeur des chutes d'eau ou du vent, reste acquis à la science et à l'industrie, comme une des plus grandes découvertes de notre siècle.

Dans les mines, le transport de la force a déjà reçu, comme il a été dit plus haut, des applications très nombreuses, qui ne feront que s'accroître avec le temps. L'électricité permettra de distribuer, avec une singulière facilité, l'énergie mécanique dans tous les points d'une usine ou d'une manufacture où elle sera nécessaire. On s'en servira pour mettre en action les machines-outils, les grues, les pompes; pour actionner les tours, les laminoirs, les métiers à tisser, etc.

Quant au transport des forces naturelles, un avenir plus important encore leur est réservé. Là où abondent les chutes d'eau, on pourra les recueillir en une chute unique, qui servira à faire tourner une machine dynamo-électrique ; et l'électricité ainsi engendrée sera expédiée pour produire, à distance, soit le mouvement pour les ateliers, soit l'éclairage électrique pour les villes, c'est-à-dire, le mouvement dans le jour, et l'éclairage la nuit. Depuis quelques années, en certaines localités de la Suisse, la force des torrents ainsi recueillie, sert à éclairer des villes, et des entreprises du même genre se préparent en Amérique et dans différents pays de l'Europe. Quand les dépenses nécessaires pour la captation des eaux ne seront pas trop fortes, on aura là l'immense avantage d'utiliser des forces naturelles perdues jusqu'ici. C'est un bienfait nouveau dont les populations devront se montrer reconnaissantes envers la science et les savants.

On voit, en définitive, et pour en revenir à l'objet de ce *Supplément*, que le moteur électrique a eu, dans son développement, deux périodes distinctes. La première période, de 1843 à 1870, que nous avons considérée dans les *Merveilles de la science*, n'a donné que des résultats négatifs, parce qu'elle se bornait à mettre en jeu le fait pur et simple de l'attraction du fer par l'aimant. Dans la seconde période, qui va de 1870 au moment actuel, et que nous avons considérée dans ce *Supplément*, le moteur électrique a fait un pas immense, parce que l'on a substitué à la simple attraction magnétique la production d'un courant d'électricité par la rotation des aimants autour d'une armature de fer. Et l'idée féconde de la liaison de deux machines dynamo-électriques, dont l'une produit le mouvement, et l'autre, placée à distance, reçoit l'électricité envoyée par la première, a fait surgir une des plus grandes découvertes dont notre siècle se soit enrichi : le transport de la force par le courant électrique.

# SUPPLÉMENT

A LA

# GALVANOPLASTIE

ET AUX

# DÉPOTS ÉLECTRO-CHIMIQUES

---

## CHAPITRE PREMIER

LA GALVANOPLASTIE ACTUELLE. — EMPLOI DES MACHINES DYNAMO-ÉLECTRIQUES POUR LES OPÉRATIONS GALVANOPLASTIQUES. — SYSTÈME ACTUEL DE MESURE DES FORCES ÉLECTRIQUES. — LES UNITÉS USUELLES : LE VOLT, L'AMPÈRE, LE OHM, ETC.

La galvanoplastie a reçu, dans ces dernières années, de grands perfectionnements, qui sont dus au progrès général de la connaissance des phénomènes électriques. Les améliorations apportées à la reproduction galvanique ont apparu dès qu'on a possédé des appareils capables de produire l'électricité économiquement et en grande quantité.

L'appareil qui est aujourd'hui presque exclusivement en usage, dans les industries de quelque importance, pour la production de l'électricité, c'est la machine dynamo-électrique, que nous avons décrite dans ce volume. Dès son apparition, cette machine a provoqué une véritable révolution dans toutes les branches de l'électrochimie.

En même temps, la science s'est enrichie d'un système de mesure des forces électriques, sans lequel aucun calcul, aucune comparaison, ne pourraient être faits avec rigueur.

Les électriciens du milieu de notre siècle ne pouvaient mesurer que très imparfaitement l'intensité des forces électriques mises en œuvre. On trouve, en effet, dans les ouvrages de cette époque, la tendance à rechercher, pour les effets électriques, des termes de mesure et des comparaisons d'une valeur si contestable, qu'ils ne pouvaient conduire qu'aux plus graves erreurs.

Les électriciens modernes ne sont, au point de vue scientifique, que des mécaniciens ; car l'électricité forme aujourd'hui l'une des branches les plus importantes de la mécanique. C'est en assimilant les forces électriques aux phénomènes de l'hydraulique, que les électriciens modernes ont constitué la théorie scientifique de l'électricité.

Pour exposer les phénomènes primordiaux sur lesquels est basée la galvanoplastie, il est nécessaire de faire connaître

# SUPPLÉMENT A LA GALVANOPLASTIE.

succinctement le système actuel de mesure des quantités électriques.

Sans décrire, ce qui nous entraînerait trop loin, la manière dont on est arrivé à créer le système de mesure employé journellement, il nous suffira d'expliquer la nature des unités qui le composent.

Tout courant électrique, disent les électriciens modernes, est produit, comme tout courant d'eau ou de fluide quelconque, par une *dénivellation* ou une *pression*. Cette pression, lorsqu'il s'agit d'électricité, s'appelle la *tension*, et elle est représentée par une *différence de potentiel* ou *différence de niveau électrique*. La *tension* se compte en *volts*.

Qu'est-ce que l'unité appelée *volt*, du nom du fondateur de la science de l'électricité en mouvement?

Le *volt* est légèrement inférieur (6 pour 100 environ) à la tension fournie par un élément de pile de Daniell.

Il est bon de faire remarquer, à ce sujet, que la tension est indépendante de la forme et de la grandeur de l'élément de pile, et qu'elle n'est déterminée que par l'énergie de l'action chimique due aux réactifs employés. Lorsqu'il s'agit d'une machine dynamo-électrique, la *tension* croît avec la vitesse de la machine, et aussi avec le degré d'aimantation des inducteurs aux pôles desquels tourne l'armature.

Ceci étant posé, nous connaissons assez bien l'unité électrique pour étudier ses relations avec celles qui font partie du même système : nous voulons parler de l'unité de résistance, ou *ohm*, et de l'unité d'intensité, ou *ampère*.

Lorsqu'un courant parcourt un conducteur métallique, de même que lorsqu'un courant d'eau circule dans une conduite, il éprouve toujours une certaine difficulté à parcourir ce conducteur. C'est ce qui constitue, pour les liquides, la résistance, ou le frottement, pour employer un mot plus caractéristique. La résistance au passage de l'électricité, de même qu'au passage de l'eau, est d'autant plus grande que le conducteur est plus long et plus fin.

L'unité employée pour la mesure des forces électriques, s'appelle le *ohm*. C'est la résistance d'une colonne de mercure de 1 millimètre carré de section ($1^{mm},14$ de diamètre, si elle a la forme circulaire), et $1^m,06$ de longueur.

Lorsqu'entre les deux extrémités de cette colonne, on produit une différence de potentiel égale à un *volt*, il en résulte, dans le conducteur, un courant électrique, dont l'intensité est prise pour unité de débit : c'est ce que l'on nomme l'*ampère*.

L'intensité exprimée en *ampères* représente donc la vitesse d'écoulement de l'électricité, ou encore le volume débité par seconde.

Or, en galvanoplastie, la quantité de métal déposée dans l'unité de temps, est exactement proportionnelle à l'intensité du courant chargé de produire la décomposition

La production de ce courant représente un certain travail, par conséquent une dépense, et l'on peut, en tenant compte de ce que nous venons de dire, évaluer avec une grande exactitude la dépense que représente le dépôt d'un certain poids de métal.

L'électro-chimie a pris, depuis quelques années, un tel développement industriel, qu'il a fallu établir dans cette science, des spécialités. On distingue aujourd'hui l'*électrolyse*, la *galvanoplastie* proprement dite, et l'*électro-métallurgie*.

L'*électrolyse* est la science qui utilise la décomposition des sels métalliques, en vue d'applications industrielles. Elle fournit, en même temps, aux chimistes, l'un des moyens de dosage les plus commodes.

La *galvanoplastie* a été déjà suffisamment décrite dans notre Notice des *Merveilles de la Science* (1) pour qu'il soit inutile d'expliquer ici les opérations dont elle se compose.

Quant à *l'électro-métallurgie*, c'est une industrie toute nouvelle, qui se rapporte à l'extraction des métaux par l'électricité, et qui permet d'obtenir à l'état de pureté chimique, et en quantités considérables, nombre de corps qu'il était impossible jusqu'ici d'isoler à l'état de pureté absolue, à moins de grandes dépenses. Pour certains métaux même, aucun autre traitement ne permettait d'atteindre un résultat aussi complet.

On peut citer, à ce propos, un fait curieux et bien caractéristique : certaines usines, celle de M. Mouchel, par exemple, fabriquent, par l'emploi de l'électricité, des fils de cuivre qui présentent, comparés au cuivre jadis réputé pur, une conductibilité électrique de 102 pour 100.

---

### CHAPITRE II

L'ÉLECTROLYSE. — ÉQUIVALENTS ÉLECTRO-CHIMIQUES. — GRADUATION DES INSTRUMENTS DE MESURE. — APPLICATION AUX COMPTEURS D'ÉLECTRICITÉ.

*L'électrolyse* est, comme on l'a dit plus haut, l'art de précipiter les métaux l'un sur l'autre, par l'action d'un courant électrique.

Dans l'électrolyse, on utilise chaque jour le principe que nous énoncions dans le précédent chapitre, à savoir que le poids du métal déposé par un courant électrique, est, pour un temps donné, proportionnel à l'intensité du courant.

Or, si, pour tous les métaux usuels, on pèse la quantité de métal pur déposé par un *ampère*, pendant une heure, on remarque que ces différents poids (appelés équivalents *électro-chimiques*) sont dans le même rapport que les équivalents chimiques des mêmes métaux. Par conséquent, les équivalents électro-chimiques sont proportionnels aux

(1) Tome II, pages 286-330.

équivalents chimiques, et il s'ensuit que, pour avoir en grammes le poids de métal libéré par un *ampère-heure*, il suffit de multiplier l'équivalent chimique de ce métal par $0^{gr},0375$, poids d'hydrogène libéré par un *ampère-heure*.

Le tableau suivant donne les équivalents électro-chimiques de quelques corps usuels, et les poids correspondants mis en liberté par un *ampère-heure*.

| MÉTAL. | ÉQUIVALENT CHIMIQUE. | ÉLECTRO-CHIMIQUE. | POIDS LIBÉRÉ PAR un ampère-heures en gramm. |
|---|---|---|---|
| Hydrogène........ | 1.0 | 0.01036 | 0.0375 |
| Or .............. | 98.3 | 1.0223 | 3.6862 |
| Argent........... | 107.0 | 1.1232 | 5.03 |
| Cuivre........... | 31.8 | 0.3307 | 1.1925 |
| Fer .............. | 22.0 | 0.2912 | 0.5292 |
| Nickel............ | 27.5 | 0.3068 | 1.1062 |
| Zinc.............. | 32.7 | 0.3401 | 1.2262 |
| Plomb............ | 103.50 | 1.0764 | 3.2212 |

Ce tableau est d'une utilité incontestable, lorsqu'il s'agit d'étalonner des appareils de laboratoire.

L'*étalonnage* consiste dans l'ensemble des méthodes servant à établir la graduation des appareils destinés à la mesure du courant.

Le plus simple de tous, *l'ampère-mètre*, que nous représentons figure 398, est usité dans toutes les installations. Il se compose d'une aiguille aimantée, P, mobile entre les branches d'un fort aimant naturel, A, qui la dirige, et soumise à l'influence du courant qui circule dans un très gros conducteur, CD, C'D', sans résistance appréciable, faisant un tour ou deux entre l'aiguille et l'aimant.

Pour graduer cet appareil, on le place dans le circuit d'une pile travaillant sur une cuve de galvanoplastie. Le courant étant établi pendant une heure, on note sur le cadran, M, la déviation moyenne, et on pèse le dépôt métallique qui en résulte. Si la dissolution employée est celle d'un sel de

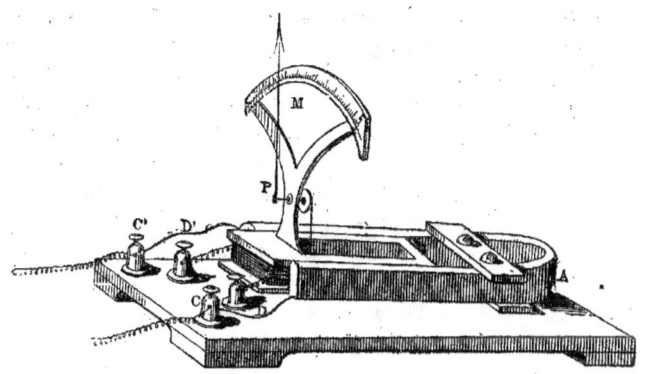

Fig. 398. — Ampère-mètre à aiguille.

cuivre, le tableau qui précède nous apprend qu'un *ampère* peut libérer 1$^{gr}$,19 de cuivre par heure. Il suffit donc de diviser le poids du dépôt exprimé en grammes, par 1,19, pour obtenir le nombre d'*ampères* auquel correspond la déviation notée.

En répétant cette opération un certain nombre de fois, avec des courants d'intensités très différentes, on obtient, moyennant quelques précautions, un *étalonnage* très suffisant pour les besoins de la pratique.

La facilité avec laquelle on peut vérifier le poids de cuivre obtenu dans un temps donné, a même fourni une solution très élégante d'un problème assez délicat : nous voulons parler de l'établissement des *compteurs électriques*.

En 1881, M. Edison présenta à l'Exposition internationale d'électricité de Paris, un *compteur de courant*, qui enregistrait la consommation d'électricité par la forme et le poids d'un dépôt de cuivre.

L'appareil se composait de deux petites cuves galvanoplastiques traversées par la totalité du courant qui alimentait l'installation soumise à son contrôle. Dans chaque cuve se trouvaient deux lames, dont l'une diminuait, tandis que l'autre augmentait de poids. En pesant cette dernière, tous les mois, par exemple, on pouvait apprécier la consommation d'électricité, avec une certaine exactitude.

La deuxième cuve servait de contrôle à la première. Le dépôt qu'elle avait fourni n'était pesé que tous les ans; si bien qu'elle totalisait les résultats fournis par la première cuve.

Malheureusement, l'appareil que nous venons de décrire n'a pas donné les résultats qu'en attendait l'inventeur, qui essaya successivement divers bains de sels de cuivre et de zinc.

Le dernier modèle construit était extrêmement curieux. Les deux lames métalliques étaient supportées, respectivement, à chacune des extrémités d'un fléau de balance isolé. Le courant, arrivant par la lame la plus lourde, la forçait à se dissoudre dans le bain, et transportait le métal sur l'autre lame. Il arrivait donc un moment où le fléau basculait, et changeait lui-même les commutateurs ; si bien que le sens du courant était renversé.

Le même effet se reproduisait donc alternativement dans un sens ou dans l'autre, et comme il était facile d'enregistrer sur un cadran le nombre des oscillations du fléau, dans un temps donné, on savait, par une simple lecture, quelle avait été la consommation d'électricité pendant le même temps.

L'idée qui présida à la construction des *compteurs galvanoplastiques* était, on le voit, très séduisante. On n'a pu cependant produire, jusqu'à ce jour, que des instruments de laboratoire, et non des appareils véritablement industriels.

Quoi qu'il en soit, la question est loin d'être vidée; il est même à souhaiter que des recherches sérieuses soient entreprises dans ce sens, en vue d'obtenir des compteurs électriques robustes et d'une précision suffisante pour répondre aux besoins de la pratique.

Lorsque la considération du prix n'entrera pas en ligne de compte, on aura intérêt à se servir, pour les mesures, des sels d'argent, à cause du fort équivalent électrochimique de ce métal.

## CHAPITRE III

SOURCES D'ÉLECTRICITÉ EMPLOYÉES EN GALVANOPLASTIE. — LES PILES HYDRO-ÉLECTRIQUES. — LES PILES THERMO-ÉLECTRIQUES. — LES MACHINES MAGNÉTO ET DYNAMO-ÉLECTRIQUES. — LES ACCUMULATEURS.

Les sources d'électricité employées en galvanoplastie, ont subi, dans ces dernières années, des modifications considérables. Les piles hydro-électriques ne sont plus employées, de nos jours, que chez les amateurs ou les petits industriels, ou bien encore chez ceux qui exercent leur art sur des modèles de dimensions très réduites.

L'emploi des piles thermo-électriques a paru, dès l'abord, présenter des avantages considérables. Deux systèmes principaux ont été essayés : la pile de Noé et celle de Clamond.

La pile de Noé dont nous avons donné une vue dans le *Supplément à la Pile de Volta* (fig. 347, p. 416), se compose d'un grand nombre de couples, formés chacun par la réunion d'un barreau de maillechort et d'un barreau d'alliage de zinc et d'antimoine.

Tous les couples, soudés bout à bout, sont enroulés en hélice, de telle façon que les soudures paires forment un cylindre intérieur, tandis que les soudures impaires se trouvent toutes à l'extérieur.

Un bec de gaz, placé dans le centre, chauffe les premières; les autres sont maintenues à une température notablement plus basse, grâce au courant d'air très actif qui ne manque pas de s'établir extérieurement.

Chaque élément donne environ $\frac{1}{16}$ de *volt*, sa résistance intérieure étant de $\frac{1}{40}$ d'*ohm*. Une pile formée de 20 éléments, en tension, donnerait donc une force électro-moteur de 1 *volt*, 25, avec une résistance intérieur de 0 *ohm*, 5.

La pile de Clamond dont nous avons également donné une vue dans le *Supplément à la Pile de Volta* (fig. 348, p. 407), est formée, comme on l'a vu, de barreaux de fer et d'un alliage de bismuth et d'antimoine. Elle est chauffée au gaz.

Malheureusement, les piles thermo-électriques n'ont qu'un rendement très faible et elles présentent, en outre, un grave inconvénient. Au bout d'un temps relativement court, les alliages, à force d'être chauffés, puis refroidis, donnent lieu à un phénomène de liquation : les métaux qui forment les alliages se dissocient, et la pile est rapidement hors de service.

Les piles thermo-électriques ont donc été abandonnées, pour les opérations galvanoplastiques; ce qui n'empêche pas que l'avenir de l'électricité ne réside peut-être, ainsi que nous l'avons dit, dans le perfectionnement de cet appareil, qui permettrait de transformer directement la chaleur en électricité, sans aucun intermédiaire, et sans passer par les transformations, si coûteuses, auxquelles donne lieu l'emploi des machines dynamo-électriques.

Le courant électrique dont on fait usage aujourd'hui, dans l'industrie de la galvanoplastie et des dépôts électro-chimiques, est fourni par la machine dynamo-élec-

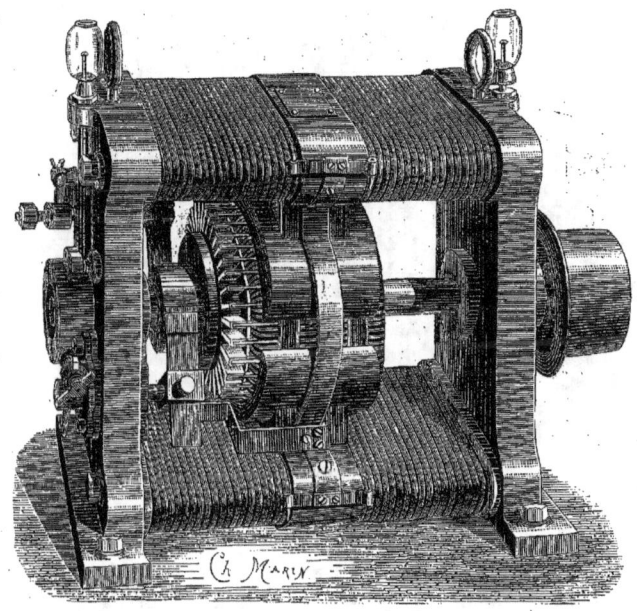

Fig. 399. — Machine dynamo-électrique Gramme pour la galvanoplastie.

trique. Cet appareil se recommande par son entretien facile; sa durée presque indéfinie et la puissance considérable qu'il peut développer. C'est une puissance sans mesure, puisque l'on peut employer des machines à vapeur d'une force illimitée.

Les machines dynamo-électriques qui servent, dans les ateliers de galvanoplastie, aux précipitations métalliques, sont en tous points semblables à celles que l'on emploie pour l'éclairage électrique, et que nous avons longuement décrites dans le *Supplément à l'Électro-magnétisme*, à ce fait près qu'elles sont enroulées avec de très gros fil, pour fournir de grandes intensités avec une tension très basse, mais suffisante néanmoins pour opérer la décomposition des sels métalliques.

La société Gramme, à Paris, construit un modèle de machine dynamo-électrique pour la galvanoplastie, dont la figure ci-dessus donne une vue, qui débite 3 000 *ampères*, et peut déposer, à l'heure, plus de 3 kilogrammes et demi de cuivre, ou 12 kilogrammes d'argent.

Dans ces conditions, les conducteurs chargés de transporter le courant depuis la machine dynamo-électrique jusqu'aux cuves, doivent présenter une section énorme, afin de réduire, dans la limite du possible, la perte d'énergie par échauffement des conducteurs.

Les machines dynamo-électriques actionnées par des machines à vapeur, qui sont aujourd'hui d'un usage exclusif en électro-métallurgie, ont permis d'abaisser le prix de l'électricité de plus de 80 pour 100, comparé au prix de revient du courant fourni par les piles à liquide.

On vient de voir qu'après avoir utilisé pour la galvanoplastie, les piles à liquides et les piles thermo-électriques, on a définitivement adopté les machines dynamo-électriques, qui fournissent un courant plus économique et d'un réglage plus facile. Toutefois,

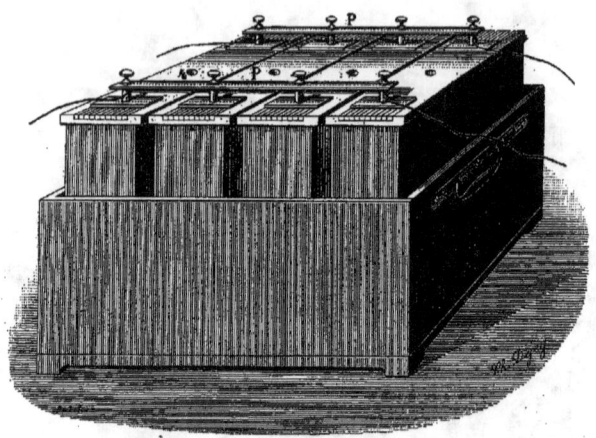

Fig. 400. — Accumulateur Planté-Bouilhet.

ces machines ont l'inconvénient de nécessiter des temps d'arrêt pour le repos des mécaniciens chargés de la conduite des moteurs et des machines. Grâce aux accumulateurs de M. Planté, que nous avons décrits dans le *Supplément à la pile de Volta*, on peut aujourd'hui produire, à bon compte, des courants électriques constants et continus.

Les accumulateurs les plus généralement adoptés sont ceux que M. H. Bouilhet a spécialement disposés pour cet usage et que nous représentons dans la figure ci-dessus. Ils sont formés d'une grande cuve en bois, enduite de gutta-percha, dans laquelle on a placé une série de plaques de plomb, de 0$^m$,46 sur 0$^m$,50 de hauteur, au nombre de 28, plongeant dans l'eau acidulée par de l'acide sulfurique, 14 sont reliées ensemble, pour former le pôle positif, et 14 pour le pôle négatif.

Ces accumulateurs sont chargés par une machine dynamo-électrique Gramme, mise en marche par une machine à vapeur, qu'on utilise, en même temps, pour faire fonctionner d'autres appareils destinés, pendant le jour, à produire le courant électrique nécessaire au dépôt galvanoplastique. C'est seulement quand le travail de la journée est fini, et que la machine à vapeur s'arrête, que l'on a recours aux accumulateurs, pour continuer l'opération.

D'après M. H. Bouilhet, chaque *pile secondaire* peut accumuler jusqu'à 350 *ampères* par jour. Au début de la décharge, la consommation est de 27 *ampères* par heure, mais elle tombe rapidement à 25, et se maintient à ce chiffre, pendant une période de 12 heures, après laquelle elle décroît sensiblement.

## CHAPITRE IV

PROGRÈS RÉALISÉS EN GALVANOPLASTIE. — TRAVAUX DE M. BOURBOUZE. — LES REPRODUCTIONS ARTISTIQUES DE M. JUNKER. — MOULAGE A CIRE PERDUE. — LES NOUVEAUX BAINS DE M. THIERCELIN. — MÉTALLISATION DES PIÈCES ANATOMIQUES, DES CHARBONS POUR PILES, ETC.

L'art de la galvanoplastie, si modeste à ses débuts, à cause des manipulations délicates auxquelles devaient s'astreindre les opérateurs, est devenu aujourd'hui une industrie assez pratique pour que les résultats n'en soient jamais douteux.

C'est par une modification dans la composition des bains employés autrefois, et par une série d'ingénieuses observations pratiques, qu'on en est arrivé à supprimer le *tour de main*, qui était toujours, comme jadis en photographie, le facteur le plus important, quoique le plus difficile à connaître.

C'est M. Bourbouze, le savant constructeur d'appareils de physique, préparateur des cours de physique à la Sorbonne et à l'École de pharmacie de Paris, qui a contribué, pour la plus large part, aux progrès réalisés par la galvanoplastie, dans ces dernières années. C'est à lui que l'on doit d'avoir découvert comment se comporte dans un bain galvanique la surface d'un corps à métalliser. M. Bourbouze nous a appris que sans toucher au métal que l'on veut recouvrir d'un autre métal plus précieux, il est possible d'obtenir, *ad libitum*, un dépôt adhérent ou non adhérent.

Si l'on veut, par exemple, reproduire directement une planche de cuivre, et s'assurer d'une facile séparation ultérieure, il suffit de plonger la planche dans le bain avant d'établir le courant.

La légère couche d'oxyde qui se produit presque instantanément, avant que commence le dépôt, suffit à produire la non-adhérence.

Pour avoir, au contraire, un dépôt adhérent, comme celui d'argent sur des couverts de laiton, il suffit d'établir le courant, en même temps que l'objet est plongé dans le bain ; c'est-à-dire en ayant la précaution d'attacher d'avance le conducteur à la pièce à argenter.

Cette simple remarque est d'une importance fondamentale en pratique ; elle donne, en effet, le moyen le plus commode de manœuvrer à sa guise le métal dissous.

L'idée si ingénieuse de M. Bourbouze méritait d'être citée comme un des plus heureux perfectionnements que la galvanoplastie ait reçu dans ces dernières années.

Un autre perfectionnement à signaler dans ce *Supplément*, c'est le moulage des pièces à terre perdue.

On sait que les moules employés en galvanoplastie sont ordinairement en stéarine ou en plâtre, en gélatine ou en gutta-percha, matière très propice à ce genre d'opération, parce qu'elle est inattaquable par les acides, et, pour ainsi dire, inaltérable.

Jusqu'ici, les moules en gutta-percha ne s'obtenaient que de deux manières : soit par la pression mécanique, au moyen d'un levier ou d'une presse à vis, soit par pression manuelle. Aujourd'hui, et suivant un procédé nouveau dû à M. Pellecat, conseiller à la Cour d'appel de Rouen, on se sert, pour le moulage des objets, non plus de gutta-percha ramollie dans l'eau chaude, à la température de + 60 à + 70°, mais de gutta fondue, que l'on coule sur le modèle, et qui en reproduit très exactement les plus petits détails.

Encouragé par les résultats qu'il avait obtenus avec la gutta liquide, M. Pellecat se demanda si l'on ne pourrait pas faire directement, sur le modèle en terre du sculpteur, ce qui avait si bien réussi sur le plâtre et sur le métal. Pour s'en convaincre, il fit exécuter par un jeune artiste un bouquet de fleurs très fouillées, présentant à dessein, des reliefs saillants et des creux profonds. Il coula sur ce bouquet de la gutta-percha liquide, et quand celle-ci fut bien refroidie il plongea son moule dans l'eau. La terre se détrempa peu à peu, et après l'avoir enlevée, il eut la satisfaction de voir qu'on pouvait, en opérant ainsi, supprimer les moulages successifs de plâtre et de gutta, qu'on était jusqu'alors obligé de faire pour obtenir le dépôt galvanoplastique.

Le procédé de moulage, dit à *cire perdue*, consiste en ce que l'artiste façonne lui-même le modèle en cire, matière très duc-

Fig. 401. — Objets reproduits par le procédé Pellecat.

tile et très propre à rendre les plus petits détails. Quand le modèle est achevé, on le recouvre de *barbotine*, boue demi-liquide, composée d'argile délayée dans un mélange d'eau et de lait. On applique la *barbotine* au pinceau sur le modèle en cire, de manière à la faire pénétrer dans toutes les finesses du modèle. A mesure qu'une couche est sèche on en applique une autre, puis on renforce le tout, avec du plâtre, de manière à donner une résistance suffisante aux parois du moule. On introduit alors le modèle ainsi préparé dans une étuve : la cire fond et s'écoule par des trous pratiqués à cet effet. Alors on coule le métal dans ce moule, et l'on a ainsi une reproduction parfaite de l'original.

Le *moulage à cire perdue* qui était très employé au xvi siècle, est aujourd'hui abandonné, parce que, s'il a l'avantage de reproduire du premier jet, l'œuvre de l'artiste sans que l'on ait à y ajouter aucune retouche ou ciselure, il est assez dangereux, en ce sens que, par le moindre accident, on peut détruire l'œuvre même de l'artiste, qu'il faut entièrement refaire, car il n'en reste rien.

Le *moulage à cire perdue* ne pouvait s'appliquer à la galvanoplastie tant qu'il fallait employer la pression pour prendre l'empreinte : le modèle original aurait couru

Fig. 402. — Vase ornementé reproduit par le procédé Juncker.

trop de dangers. Mais grâce au procédé de M. Pellecat, qui étend la gutta-percha au pinceau, comme on le faisait autrefois avec la *barbotine*, ce procédé n'offre plus de dangers. On peut même opérer sur des moules en terre, sans faire aucun usage de la cire. La gutta-percha n'est aucunement altérée par l'eau, tandis que la terre se délaye. Il suffit donc de laisser séjourner le moule dans l'eau, puis de laver et de faire sortir l'eau et la terre par des trous pratiqués à cet effet. Le moule ainsi obtenu est sans aucun défaut, et donne une reproduction parfaite par la cuve galvanoplastique.

Nous représentons dans la figure 401 des objets reproduits par la galvanoplastie au moyen du moulage par le procédé Pellecat.

La reproduction des objets d'histoire naturelle, de pièces vivantes, pour ainsi dire, avait été tentée avant 1870, et nous en avons cité de curieux spécimens dans notre Notice sur la *galvanoplastie*. L'art, si intéressant, de la reproduction des objets naturels, a été perfectionné récemment par un artiste habile, M. Juncker.

M. Juncker obtient, par le procédé qu'il nomme *galvanotypie*, les ornementations les plus variées, en même temps que les plus artistiques, en métallisant des feuilles, des fleurs ou des fruits.

Dès qu'un dépôt assez résistant, quoique très mince, est obtenu par les procédés ordinaires, M. Juncker détruit la matière organique qui a servi de moule, et il la remplace par un alliage fusible. Mais auparavant, les fleurs et les fruits sont groupés d'une façon gracieuse autour d'un vase métallique approprié, et le tout est argenté par la méthode électro-chimique ordinaire.

Fig. 403. — Branche de vigne reproduite par le procédé Juncker.

Il est évident qu'un semblable travail exige surtout une grande habileté de main, et un goût éclairé; mais les produits obtenus, tout en constituant de belles œuvres d'art, dont aucune ciselure ne saurait atteindre la perfection, permettent de vulgariser, en les mettant à la portée de tous, des créations artistiques. Elles sont d'autant plus dignes d'intérêt que leur ensemble est une très exacte reproduction de la nature.

La *galvanotypie* diffère du recouvrement d'un objet par la galvanoplastie, en ce que l'on n'est plus en présence d'un type déformé ou fragile, selon que le métal déposé par la pile est de forte ou de mince épaisseur, mais bien devant une masse pesante, rigide, sonore comme le bronze, conservant les puretés et la forme du modèle, et de plus, n'exigeant aucune retouche, pouvant se modeler et se river comme les métaux, et propre, dès lors, à tout emploi décoratif.

M. Juncker ne fait pas connaître le procédé particulier, ou le *tour de main* qu'il emploie. Nous ne pouvons donc donner à ce sujet des explications plus complètes, et nous nous contenterons de montrer, dans les figures 402 et 403, la reproduction d'un vase ornementé et d'une branche de vigne par les procédés de cet opérateur.

Un électricien déjà connu par d'autres travaux, M. Thiercelin, Ingénieur des Arts et Manufactures, s'est attaché à mettre à la portée de tous, amateurs, comme industriels, la reproduction des œuvres d'art, au moyen de l'appareil galvanoplastique simple.

Ayant remarqué que le cuivre se déposait en poudre rouge, au lieu de former une couche tenace, toutes les fois que le bain était trop acide, et non pas, comme on le prétend généralement, lorsque le courant a trop d'intensité, M. Thiercelin eut l'idée de chercher, pour alimenter le bain, un sel de cuivre capable d'absorber l'acide sulfurique, au fur et à mesure de sa formation; de telle sorte qu'on pût galvaniser dans un liquide à peu près neutre.

Ce sel est le carbonate de cuivre, qui se décompose peu à peu, en laissant dégager de l'acide carbonique, tandis que l'acide sulfurique du sulfate employé, se répand dans le bain, par suite de la mise en liberté du cuivre métallique.

Le carbonate de cuivre est d'un prix peu élevé. On le place dans un petit sachet, qui trempe dans le liquide, et l'on obtient ainsi, à coup sûr, des dépôts magnifiques de cuivre rosé, qui se conserve indéfiniment, sans que sa surface éprouve la moindre oxydation au contact de l'air.

On voyait à l'Exposition de 1878, une belle collection de reproductions galvanoplastiques d'objets naturels, dus à M. Thiercelin. Entre autres spécimens intéressants, on remarquait des pièces anatomiques, recouvertes d'abord de cuivre, puis détruites après coup, laissant une empreinte des plus fidèles et des plus commodes pour l'étude de l'anatomie.

Ce genre de reproduction permettrait de doter nos musées et nos grandes écoles pratiques de pièces anatomiques bien plus exactes que tous les modèles en cire actuellement en usage.

Il est possible, d'ailleurs, de peindre le cuivre avec des couleurs appropriées, mais en couches assez minces pour ne point altérer la finesse des détails.

La perfection que l'on peut atteindre dans ce genre de travail est telle que des étoffes de soie recouvertes de cuivre, laissent voir le grain de la trame, avec une netteté aussi grande que sur l'étoffe elle-même.

## CHAPITRE V

LE NICKELAGE. — PROPRIÉTÉS PHYSIQUES ET CHIMIQUES DU NICKEL. — BAINS DE NICKELAGE : FORMULES DE MM. GAIFFE ET ROSELEUR. — BAINS DE DÉCAPAGE. — MÉTHODE DE GAIFFE POUR LA PRÉPARATION DES PIÈCES. — OPÉRATIONS DU NICKELAGE. — EXTRACTION DU NICKEL DES VIEUX BAINS. — NICKELAGE DU ZINC. — TOUR A POLIR.

Dans notre Notice sur *la Galvanoplastie et les dépôts électro-chimiques*, des *Merveilles de la science*, nous avons à peine mentionné le nickelage, c'est-à-dire la précipitation du nickel sur d'autres métaux. Cette opération, à peu près inconnue avant 1870, a pris, depuis cette époque, une importance industrielle énorme. Il est donc indispensable de la signaler et de l'étudier dans ce *Supplément*.

Le nickelage est une opération difficile, dont la réussite dépend surtout de la pureté des sels de nickel employés et du dosage des bains.

Avant de décrire les divers procédés qui servent à obtenir un bon revêtement de nickel, nous donnerons quelques renseignements sur ce précieux métal, dont l'emploi tend à se généraliser de plus en plus.

Le nickel, à l'état de pureté, est très dur, et susceptible de recevoir un très beau poli. Sa couleur est d'un blanc grisâtre. Il est excessivement tenace et peu fusible. Sa densité varie de 8,34 à 8,80, suivant qu'il est fondu ou forgé. Il est d'un pouvoir magnétique plus considérable que le fer, et il se lamine, se forge et s'étire avec la plus grande facilité.

Au point de vue chimique, le nickel est soluble dans les acides azotique, sulfurique et chlorhydrique. Inattaquable par l'eau, il est, au contraire, attaqué par l'eau de chaux et les infusions de thé, de café, la bière, la graisse chaude, etc.

Le sel de nickel qui, jusqu'ici, a donné les meilleurs résultats pour les dépôts électro-chimiques, est le sulfate double de nickel et d'ammoniaque. Ce sel fut préconisé, dès l'origine, par Isaac Adams, le chimiste anglais créateur de cette nouvelle industrie, et employé de préférence à tout autre par Gaiffe, le propagateur du nickelage en France.

La composition du bain de nickelage est la suivante :

Sulfate double de nickel
et d'ammoniaque...   1 kilogramme.
Eau distillée........   10 litres.

On fait dissoudre le sel double dans l'eau chaude, puis on filtre la liqueur, après refroidissement.

M. Roseleur, dont le nom fait autorité, recommande l'emploi du carbonate d'ammoniaque avec le sulfate double de nickel et d'ammoniaque.

Voici la formule du bain employé par M. Roseleur.

<pre>
Sulfate double de nickel et
   d'ammoniaque..........   400 grammes.
Carbonate d'ammoniaque.    300    —
Eau distillée............    10 litres.
</pre>

Dissoudre séparément et à chaud, les deux sels dans une partie d'eau. Verser peu à peu la solution de carbonate d'ammoniaque dans celle de nickel, en ayant soin de ne pas dépasser la neutralisation; ce que l'on reconnaît lorsque le papier bleu de tournesol ne rougit pas sensiblement.

Il faut, autant que possible, pour obtenir un dépôt de nickel résistant, homogène et brillant, ne faire usage que de bains parfaitement neutres, et plutôt acides qu'alcalins. Un excès d'ammoniaque trouble la liqueur, lui donne une teinte jaune verdâtre, et rend le dépôt cassant et terne. Un excès d'acide, au contraire, produit un dépôt très blanc, mais qui adhère mal aux pièces, et s'exfolie avec la plus grande facilité.

Les pièces destinées à recevoir un revêtement de nickel, doivent d'abord être décapées avec le plus grand soin. Le premier bain dans lequel elles doivent être plongées, surtout si elles sont en fonte brute, se compose d'une solution de 250 grammes d'acide sulfurique ordinaire, pour dix litres d'eau.

Au sortir de ce bain, on les trempe dans une solution chaude de potasse d'Amérique, formée de dix litres d'eau par kilogramme de potasse. Enfin, et après lavage à l'eau pure, on plonge les pièces dans le mélange suivant, indiqué par M. Perille :

<pre>
Acide sulfurique..........    2 litres.
Acide nitrique ..........    1 litre.
Suie calcinée............  100 grammes.
Sel marin................  100    —
</pre>

Ce mélange remplace avec avantage le bain de cyanure, qu'on employait autrefois.

On verse d'abord, dans un vase en grès, l'acide nitrique, ensuite l'acide sulfurique, puis la suie, et enfin le sel marin. On remue doucement le mélange, en évitant de respirer les vapeurs nitreuses qui s'en dégagent, et on l'abandonne à lui-même, pendant au moins six heures avant de s'en servir.

Pour les objets de fer ou d'acier, on fait usage d'une solution d'une partie d'acide chlorhydrique pour cinq parties d'eau.

Enfin, lorsqu'il s'agit de recouvrir préalablement les pièces d'une couche métallique, qui rendra plus facile le dépôt électrochimique de nickel, on les plonge dans un bain composé comme il suit :

<pre>
Sulfate de cuivre........  100 grammes.
Acide sulfurique........  100    —
Eau distillée............   10 litres.
</pre>

Les objets en zinc doivent recevoir un premier revêtement métallique. On les soumet à l'action d'un bain spécial, dont voici la composition, et qu'on doit faire bouillir avant de l'employer :

<pre>
Acétate de cuivre cristallisé.  200 grammes.
Carbonate de soude.......  200    —
Bisulfate de cuivre cristallisé. 200   —
Cyanure de potassium.....  300    —
Eau distillée............   10 litres.
</pre>

Il existe d'autres méthodes de préparation des pièces à nickeler, et l'on peut dire que chaque opérateur a sa recette personnelle. Voici comment Gaiffe procédait.

Il commençait par bien dégraisser les pièces, avec une brosse trempée dans une bouillie chaude de blanc d'Espagne, d'eau et de carbonate de soude.

Cette première opération terminée, il procédait au décapage. Pour le cuivre, il lui suffisait de tremper les pièces, pendant quelques secondes, dans un bain composé de 100 grammes d'acide nitrique pour 100 grammes d'eau. Pour les pièces brutes, il faisait usage d'un mélange de deux parties

# SUPPLÉMENT A LA GALVANOPLASTIE.

Fig. 404. — Atelier de nickelage de M. Pérille.

A, bain acide pour le décapage. — B, bain de potasse. — C, troisième bain de décapage. — 1, 2, 3, cuves pour le dépôt du cuivre. — D, D', D'', cuves pour le dépôt électro-chimique du nickel.

d'eau, une partie d'acide azotique, une partie d'acide sulfurique.

Pour décaper le fer, l'acier et la fonte, il plongeait les pièces dans le bain d'acide sulfurique que nous avons indiqué plus haut et où elles prenaient un ton grisâtre uniforme. On frottait ensuite, avec de la pierre ponce mouillée, jusqu'à ce que la couche d'oxyde qui recouvrait le métal, eût entièrement disparu, et finalement, il les rinçait à l'eau chaude et les séchait dans de la sciure de bois.

Les bains de nickelage dont nous avons donné la composition, doivent être placés dans des cuves assez grandes pour que les pièces qu'on veut y plonger (cathodes) n'atteignent, au maximum, qu'aux deux tiers de la profondeur. Celles-ci sont suspendues dans le bain, au moyen du fil de cuivre qui les entourait lors du décapage, et qu'on relie aussitôt au pôle positif de la source d'électricité.

Les anodes, qui peuvent être en nickel ou en platine, mais dont les surfaces doivent égaler celles des pièces à revêtir, sont reliées au pôle négatif de la pile, et mises en place dans la cuve, à une certaine distance des cathodes.

La figure 405 montre la disposition qu'on donne aux anodes et aux pièces à nickeler.

Pendant l'opération qui, suivant l'épaisseur du dépôt que l'on veut obtenir, peut durer de cinq minutes à plusieurs heures, il importe de remuer fréquemment les pièces, et de voir si la couche de nickel s'y dépose avec régularité. Lorsque les pièces se recouvrent d'un dépôt noirâtre ou rugueux, il faut l'enlever à leur surface, sans aucun retard, les polir avec des gratte-brosse, puis les remettre au bain, en ayant soin de ralentir le courant.

D'après M. Sprague, la force électro-motrice du courant ne doit pas dépasser 5 *volts*, au début de l'opération, et 1 *volt* à la fin.

« La difficulté du nickelage, dit cet électricien, réside, non pas dans le choix de la solution, mais dans la direction de l'opération, car le nickel diffère des autres métaux en ceci : que le dépôt est toujours accompagné d'un dégagement considérable de gaz hydrogène, constituant naturellement une déperdition de force; le but à poursuivre est d'obtenir le moins de gaz et le plus de nickel possible. Une autre conséquence est que le dépôt est apte à contenir le gaz et par conséquent à devenir poreux ou écailleux, auquel cas le revêtement tend, dès qu'il a atteint une épaisseur modérée à se fendre et à se séparer en pellicules brillantes.

Afin de prévenir ce désagrément, la solution doit être concentrée et la puissance de la batterie soigneusement proportionnée au travail qui s'accomplit. Pour la première attaque, il faut une puissante batterie, telle que trois couples de Bunsen en série; mais aussitôt qu'un revêtement général est obtenu, l'économie et la bonté du travail demandent une grande réduction dans la force électromotrice du courant. Un seul élément Smée, par exemple, proportionné à l'intensité nécessaire peut convenir. »

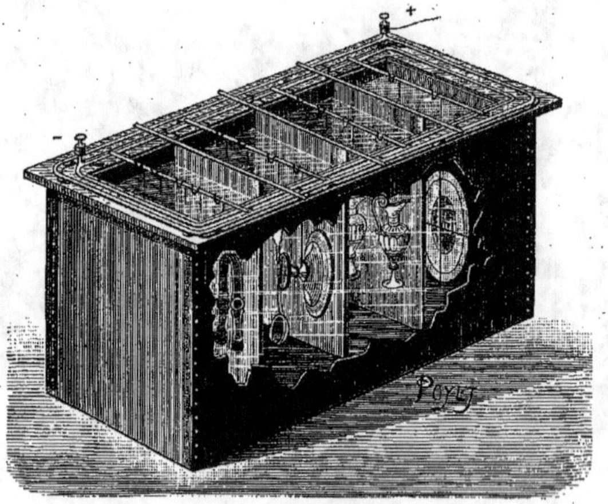

Nous disions tout à l'heure qu'on peut indifféremment utiliser, dans l'opération du nickelage, des anodes en nickel ou en platine, autrement dit, des anodes solubles ou insolubles. L'avantage des premières c'est de restituer à la liqueur électrolytique, à mesure que le métal qu'elle renferme se dépose sur les pièces, la quantité de nickel que cette liqueur vient d'abandonner.

Toutefois, la nature de ces anodes a une influence considérable sur les bains : elle les rend alcalins et un précipité d'oxydule de nickel ne tarde pas à troubler la liqueur, si l'on n'a pas soin de rétablir l'équilibre, en y versant un peu d'acide nitrique.

Fig. 405. — Disposition des anodes et cathodes.

Les anodes insolubles (platine ou charbon) ne présentent pas le même inconvénient; mais, en revanche, elles laissent le bain s'appauvrir, à mesure que son métal se dépose, et elles exigent, pour que l'opération continue à s'effectuer convenablement, un surcroît d'énergie électrique, qui augmente les frais généraux. De plus, le bain s'acidifie, le dépôt devient moins adhérent, et la couche ne peut atteindre qu'une faible épaisseur. On remédie à ce défaut en introduisant dans le bain du carbonate de nickel, qui le neutralise, et le ramène à son état initial.

Les anodes doivent être suspendues dans le bain, au moyen de fils en nickel ou de fils de cuivre. Dans ce dernier cas, il importe que les anodes ne plongent pas complètement dans le liquide; sans quoi ces fils se dissoudraient aussi.

Au sortir du bain, les pièces sont lavées à l'eau froide, qui les débarrasse de toute trace de sulfate. On les plonge ensuite dans de l'eau bouillante, puis on les sèche dans de la sciure de bois chaude, ou bien à l'étuve.

Le polissage, lorsqu'il est nécessaire,

Fig. 406. — Cuve pour le nickelage.

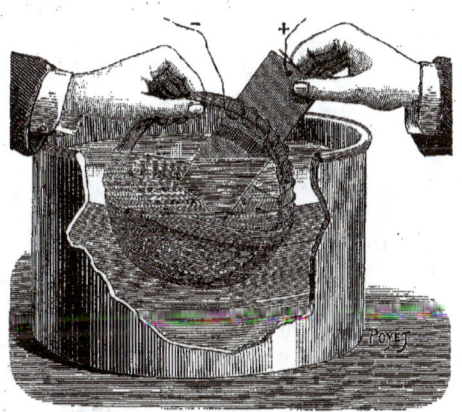

Fig. 407. — Nickelage des petites pièces.

s'effectue à l'aide de brosses garnies de soies de cochon et imprégnées d'une bouillie de craie, ou bien avec du drap enduit de rouge d'Angleterre ou de poudre à polir. Les pièces sont ensuite lavées à l'eau pure, puis séchées dans de la sciure de bois chaude.

Cette suite d'opérations se voit dans la figure 404 (p. 477), qui représente l'atelier de M. Perille, nickeleur, de Paris.

Il arrive souvent qu'on soit obligé de renickeler certaines pièces. Il faut alors enlever le dépôt ancien, et procéder à un nouveau décapage, avant la remise au bain.

MM. Watt et Elmore emploient, pour débarrasser les pièces de toute trace de nickel, une solution ainsi composée :

| | |
|---|---|
| Acide sulfurique....... | 4 litres. |
| Acide nitrique ......... | 500 grammes. |
| Eau................... | 500 — |
| Nitrate de potasse...... | 50 — |

Les cuves de grandes dimensions sont généralement en sapin, comme l'indique la figure 406. D'ordinaire, on les garnit de feuilles de plomb, soudées avec soin; mais on se contente souvent de les enduire d'une composition imaginée par M. Berthoud, et qui se compose de 150 parties de poix de Bourgogne, 25 parties de gutta-percha et 75 parties de pierre ponce pilée.

Les cuves de petites dimensions peuvent être en fonte émaillée, en porcelaine, en verre ou en grès.

Le nickelage des petites pièces s'effectue très simplement. Tantôt on les enfile sur une tringle de cuivre, en prenant soin de les isoler par de grosses perles de verre, et de les agiter pendant l'opération; tantôt on les place dans une passoire en grès (fig. 407), au fond de laquelle repose une spirale de laiton, mise en communication avec le pôle négatif de la pile. Dans l'un et l'autre cas, on tient l'anode à la main, en évitant qu'elle ne touche les pièces.

Le nickelage du zinc demande des soins tout spéciaux. Ce métal étant très soluble dans les liqueurs électrolytiques, il est indispensable, ainsi qu'il a été dit plus haut, de le recouvrir, après l'avoir décapé et poli avec soin, d'une couche de cuivre, qui facilite l'adhérence du nickel, évite les taches et l'altération du bain.

MM. Neuman, Schwartz et Weill, de Fresbourg, qui possèdent un des plus grands ateliers de nickelage connus, procèdent de la manière suivante au nickelage des feuilles de zinc.

On commence par décaper les feuilles de zinc, maintenues, au moyen de crochets de suspension, en les plongeant dans une cuve remplie de potasse caustique, où on ne les laisse que quelques secondes, en les agitant sans cesse. Au sortir de cette cuve, on les rince avec soin ; on les soumet ensuite à l'action du bain de décapage proprement dit, puis à celle d'un bain de chaux. On frotte ensuite les feuilles de zinc avec des brosses et du blanc d'Espagne et après qu'elles ont été bien rincées, on les trempe successivement dans de l'acide sulfurique étendu et dans un mélange composé d'acide sulfurique, d'acide nitrique et d'un peu de sel marin.

Après avoir été lavées de nouveau et séchées dans de la sciure de bois chaude, les feuilles sont polies au tour.

Ce tour se compose (fig. 408) d'un bâti en fonte, B, B, supportant un arbre horizontal, A, A, mû par la vapeur, et dont les extrémités sont garnies de brosses, b, b, faites au moyen de morceaux de toile collés les uns sur les autres, et qui tournent avec une vitesse de 2000 tours à la minute.

Chacune des extrémités de l'arbre horizontal est terminée par une pointe, qui sert au polissage des pièces ciselées ou sculptées.

Dans quelques cas, on se sert d'une machine à polir spéciale, consistant en une courroie sans fin, qu'on peut tendre à volonté, et qui est recouverte de poudre à polir.

Lorsque les feuilles de zinc ont reçu un poli suffisant, on les dégraisse, avec un chiffon enduit de benzine, on les plonge dans le bain de potasse, et finalement, on les brosse au blanc et on les rince.

On procède alors au cuivrage, qui s'effectue à l'aide du bain indiqué précédemment. Au bout de quelques secondes, les feuilles sont retirées de la solution cuprique, plongées dans l'eau chaude, puis dans l'eau froide, d'où on les enlève pour les passer enfin dans le bain de nickel.

Au sortir de ce dernier bain, les feuilles de zinc nickelées sont lavées, séchées à la sciure, dans un four spécial dont la figure 409 donne une vue, polies, passées à la sciure froide, frottées avec de la benzine, et enfin séchées dans de la sciure de bois chaude.

D'autres méthodes sont encore employées pour le nickelage du zinc ; mais comme elles ne sont ni plus simples ni meilleures que la précédente, nous croyons inutile d'en donner la description.

Il existe plusieurs méthodes pour retirer des bains hors d'usage le nickel qu'ils renferment ; mais la plus pratique est la suivante, due à M. Urquhart.

« Je profite, dit cet habile galvanoplaste, de la propriété curieuse du sulfate d'ammoniaque de précipiter les sulfates doubles de nickel et d'ammoniaque de leur solution. Je prépare, en conséquence,

Fig. 408. — Tour à polir les feuilles de zinc nickelées.

une solution saturée de sulfate d'ammoniaque, dans de l'eau chaude, et je l'ajoute à la vieille solution en remuant sans cesse. On n'observe alors aucun résultat; mais, au bout de quelques minutes, un

Fig. 409. — Four à sécher les pièces nickelées.

dépôt du sulfate double commence à tomber. Le sel précipité est d'une pureté parfaite et peut être employé directement pour faire une solution fraîche. On doit continuer l'opération jusqu'à ce que le liquide soit incolore. »

## CHAPITRE VI

ÉLECTRO-MÉTALLURGIE. — AFFINAGE DES MÉTAUX. — AFFINAGE DU CUIVRE. — PRINCIPALES USINES ÉLECTRO-MÉTALLURGIQUES. — AFFINAGE DU PLOMB. — TRAITEMENT DES MINERAIS PAR L'ÉLECTRICITÉ. — CUIVRAGE. — DORURE.

L'électro-métallurgie est une science bien moderne, mais elle rend déjà des services considérables aux industries consacrées à l'extraction des métaux. Dans ces diverses industries, on se sert aujourd'hui de l'électricité pour isoler les métaux, et l'on emploie la voie humide, alors que, jusqu'ici, la voie sèche était seule en usage.

On sait que l'on peut opérer directement le dépôt d'un alliage en employant un bain formé par le mélange des sels des métaux qu'il s'agit de réunir. Inversement, on peut, et c'est sur cette remarque qu'est basé l'emploi de l'électro-métallurgie pour l'obtention de métaux purs, déposer un seul des métaux dont les sels dissous composent le bain.

Par exemple, dans le cas d'un mélange de sels de cuivre et de nickel, on peut déposer d'abord tout le cuivre, en opérant dans un liquide acide, puis tout le nickel, en ajoutant au bain du chlorhydrate d'ammoniaque. Cette méthode est, à la fois, très élégante et très sûre.

On peut opérer d'une manière analogue avec des mélanges plus complexes, et obtenir, par les procédés de l'électrolyse, un dosage exact de tous les métaux qu'ils renferment.

L'affinage du cuivre au moyen du courant électrique, permet d'obtenir, non seulement du cuivre chimiquement pur, mais encore un certain nombre d'autres métaux d'une plus grande valeur industrielle ou commerciale, qui s'y trouvent mélangés en proportions trop faibles pour que les méthodes par voie sèche puissent être utilement employées.

Pour affiner le cuivre, il suffit d'employer, au pôle positif, une lame de cuivre du commerce plongeant dans un bain saturé de sulfate de cuivre, et qui forme l'anode; à la cathode, ou lame négative, on voit se déposer, sous l'influence du courant, du cuivre chimiquement pur.

Dans l'industrie, on considère que l'énergie électrique nécessaire pour obtenir la décomposition du sel de cuivre et le dépôt du métal, est négligeable devant celle qu'absorbe la résistance du bain. On est conduit, de la sorte, à employer des bains d'une résistance très faible, et l'on peut alors monter plusieurs bains en tension, disposition qui permet, avec le même diamètre de conducteurs que précédemment, de décupler le poids de cuivre déposé par heure. On sait, en effet, que, dans ces conditions, l'intensité du courant restant la même, la perte dans les conducteurs n'augmente pas ; la force électro-motrice, et par suite, la vitesse des machines génératrices augmente seule, en raison même de l'augmentation de résistance du circuit extérieur.

Les machines les plus employées dans l'industrie pour l'affinage du cuivre, sont la machine dynamo-électrique Siemens, que nous avons représentée dans le *Supplément à l'électro-magnétisme* (1), et les machines Gramme et Wilde.

La machine Gramme est employée dans les grandes usines électro-métallurgiques de M. Wohlwill, à Hambourg.

Dans son savant ouvrage l'*Electrolyse*, qui nous a fourni beaucoup de renseignements intéressants sur l'état présent de la galvanoplastie et de l'électro-métallurgie, M. H. Fontaine décrit ainsi la machine Gramme, qui est en usage dans les ateliers de Hambourg et que nous représentons dans la figure 410

« La première machine à courant continu exécutée par M. Wohlwill, est pourvue de deux collecteurs et de quatre balais. Chaque collecteur a vingt sections. Les spires de la bobine sont formées chacune de sept bandes de cuivre de 10 millimètres de largeur et de 3 millimètres d'épaisseur; il y a quarante groupes de lames correspondant aux quarante sections des deux collecteurs, de sorte que chaque spire est formée de deux demi-spires identiques juxtaposées et soudées à leurs extrémités avec une pièce rayonnante qui les relie à une des sections du double collecteur. L'anneau induit est donc formé de quarante bobines partielles, dont vingt sont reliées au collecteur de droite et vingt au collecteur de gauche.

« La résistance totale de l'anneau induit est de 0,0004 ohm. Quand les deux parties sont couplées en quantité, cette résistance n'est plus que de 0,0001 ohm.

« A la vitesse de 500 tours par minute, la force électro-motrice est égale à 8 volts pour le couplage en tension et à 4 volts pour le couplage en quantité.

« Les huit électro-aimants de cette machine ont

(1) Pages 486-487.

des noyaux de fer de 120 millimètres de diamètre et de 410 millimètres de longueur. Sur ces noyaux s'enroule trente-deux fois une feuille de cuivre qui a pour largeur la longueur de l'électro et une épaisseur de $1^{mm},1$. La résistance des huit inducteurs dans un seul circuit est de 0,00142 ohm. Lorsque les huit électros sont groupés en deux séries, leur résistance devient 0,00028 ohm. La résistance totale de la machine est donc de 0,00038 ohm en quantité, et de 0,00182 ohm en tension.

« Le poids total du cuivre qui entre dans la construction des induits et des inducteurs est de 735 kilogrammes. La machine entière a $1^m,50$ de longueur, 75 centimètres de largeur, 1 mètre de hauteur. Elle pèse environ 2500 kilogrammes. Son débit normal est de 3000 ampères pour le couplage en quantité et de 1500 ampères pour le couplage en tension. Pour une seconde, sa production totale est donc de 12 000 watts.

« Les bains sont au nombre de 40, associés en deux séries de 20. La surface des anodes plongées dans chaque bain est d'environ 30 mètres carrés, ce qui correspond à une surface active totale de 1200 mètres carrés.

« Les cathodes en cuivre affiné ont environ 1 millimètre d'épaisseur.

« La distance entre les anodes et les cathodes est d'environ 5 centimètres.

« La quantité de cuivre déposée par heure est de $30^k,50$, et par jour d'environ 800 kilogrammes. Le machine fonctionne nuit et jour depuis neuf ans. La force motrice consommée est de 16 chevaux, ce qui correspond à 4 320 000 kilogramètres par heure. Chaque kilogramme de cuivre traité consomme donc 141 700 kilogramètres (environ un demi-cheval par heure).

« La *Norddeutsche Affinerie* possède, en outre, deux autres séries de bains qui économisent encore davantage la force motrice. Ces bains sont, dans l'une et l'autre de ces séries, au nombre de 120 réunis en tension. Chacun d'eux a 15 mètres de surface d'anodes et une résistance de 0,00084 ohm. La résistance totale des 120 bains est, par conséquent, de 0,1 ohm.

« Le courant est fourni par deux machines Gramme, type n° 1, couplées en tension, pouvant débiter 300 ampères, au maximum, avec 27 volts de force électromotrice totale, à 1500 tours par minute.

« La quantité de cuivre affiné est de 900 kilogrammes par vingt-quatre heures.

« La force motrice dépensée est de 12 chevaux, ce qui correspond à 80 000 kilogramètres, environ, par kilogramme de cuivre traité. »

La machine Wilde pour la production du courant électrique applicable à l'électro-métallurgie, fonctionne dans les ateliers

## SUPPLÉMENT A LA GALVANOPLASTIE.

de M. Elkington, près de Birmingham, ainsi que dans l'usine de l'*Elliott's metal Company*. M. H. Fontaine, dans son ouvrage *l'Electrolyse*, que nous venons de citer, donne les détails suivants sur la machine Wilde en usage en Angleterre.

Fig. 410. — Machine dynamo-électrique du système Gramme employée par M. Wohlwill, à Hambourg, pour l'affinage du cuivre.

« Les premières machines Wilde, en usage chez M. Elkington et dans plusieurs grandes manufactures anglaises, étaient composées de deux appareils superposés : l'un magnétique, de petites dimensions, l'autre électro-magnétique de grandes dimensions. La seule fonction du premier était d'exciter les électro-aimants du second, lequel fournissait le courant dans les bains d'affinage. Ces appareils s'échauffaient tellement après quelques heures de marche, qu'il était nécessaire de les refroidir par un courant d'eau lancé dans les électro-aimants et les armatures. Ils dépensaient beaucoup de travail pour produire une quantité donnée d'électricité et se détérioraient assez rapidement. Malgré ces inconvénients multiples, il faut reconnaître qu'ils rendaient de précieux services et qu'ils étaient supérieurs à tous les autres systèmes connus avant l'invention des machines Gramme.

A Selly Oak (Birmingham), les machines Wilde (fig. 411) sont d'un type perfectionné; mais, comme les précédentes, elles fournissent des courants alternatifs qu'il faut redresser par un commutateur avant de leur faire traverser les bains d'affinage.

« Ce nouveau type consiste en une armature portant une série de bobines tournant entre les extrémités libres d'un certain nombre d'électro-aimants cylindriques disposés en cercle de chaque côté de l'armature, et fixés par l'autre extrémité au bâti de la machine.

« Les bobines de l'armature sont munies de noyaux en fer, contrairement à ce qui existe dans les machines à courants alternatifs de Siemens, lesquelles n'ont aucun noyau métallique. Il y a 16 rangées de bobines et d'électro-aimants : deux des rangées engendrent le courant excitateur, les quatorze autres produisent le courant utilisé extérieurement.

« La machine a deux commutateurs : l'un pour redresser le courant qui traverse l'inducteur, l'autre pour redresser le courant principal relié aux électrodes des bains d'affinage. Ces commutateurs sont disposés extérieurement de manière à être facilement tournés, démontés et replacés, en cas de réparation ou de réfection. Cette machine chauffe encore beaucoup, mais elle fait un excellent service, et sa construction est d'une grande simplicité. »

Les principales usines qui pratiquent en grand l'affinage du cuivre par voie électrolytique, sont : celles des MM. Lyon-Allemand, à Paris; MM. Hilarion-Roux, à Marseille; les usines de MM. Oschger et Mesdach, à Biache Saint-Waast (Pas-de-Calais), les usines d'Elkington, en Angleterre, ainsi que celles d'Elliott, à Selly-Oak, près de Birmingham.

En Allemagne il existe plusieurs usines analogues, telles que celle de M. André, à Francfort; la *Norddeutsche Affinerie*, à Hambourg; la fonderie de Oker en Saxe, et les mines de Mansfeld. L'affinerie de Hambourg, qui produit des cuivres très purs, et de ce chef, très réputés, emploie la machine dynamo-électrique du docteur Wohlwill.

On opère sur des minerais de cuivre déjà grillés et calcinés au préalable, que l'on nomme, en industrie, *cuivres bruts*. Un courant galvanique agit sur ces cuivres bruts, déposés, à cet effet, dans des cuves contenant de l'eau légèrement acidulée à l'acide sulfurique.

Le courant électrique précipite sur la cathode tout le cuivre métallique, à l'état de pureté presque absolue.

Les générateurs électriques sont au nombre de 7; 6 machines Gramme n° 1 et une forte machine Gramme du docteur Wohlwill, que nous avons représenté dans la figure 410.

La production quotidienne de cette usine atteint 2 500 kilogrammes de cuivre, chimiquement pur.

La supériorité des produits obtenus par l'usine de Hambourg, tient surtout à ce que les bains sont préparés avec soin, et entretenus constamment aux mêmes degrés de concentration et de température.

Une source de bénéfices qui n'est pas à négliger, se rencontre dans les impuretés même du cuivre. Elles sont souvent formées de métaux plus précieux que le cuivre, tels que l'argent ou l'or. On obtient ces métaux, dans un ordre régulier de précipitation, en opérant de la même façon que pour le cuivre. L'affinerie de Hambourg a pu recueillir, en 1880, 1 200 kilogrammes d'or fin.

A Briache Saint-Waast, l'installation de MM. Oschger et Mesdach comporte une seule machine Gramme, identique à celle installée chez M. Wohlwill. Cette machine peut, en alimentant 20 bains, produire, par jour, 400 kilogrammes de cuivre pur. Les bains sont en bois, doublé de plomb. Leur longueur est de 3 mètres, leur largeur 0$^m$,80 et leur profondeur 1 mètre; ils sont tous au même niveau, et communiquent entre eux par la partie inférieure.

Les minerais sont traités de façon à ce que leur teneur en cuivre soit de 95 pour 100,

# SUPPLÉMENT A LA GALVANOPLASTIE.

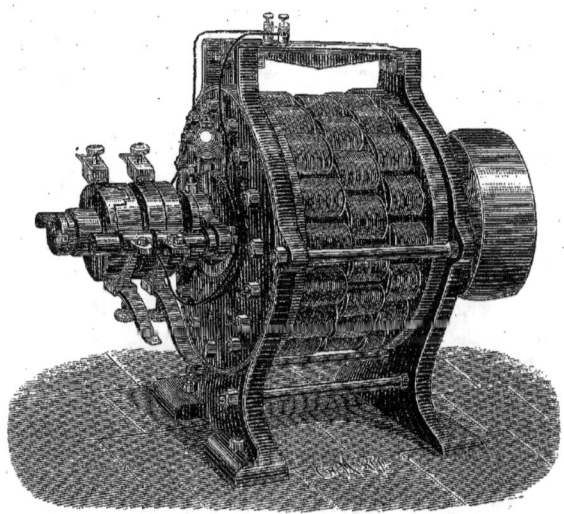

Fig. 411. — Machine Wilde pour l'affinage du cuivre, employée par M. Elkington, à Birmingham.

en ayant soin de faire cristalliser le fer sous forme de sulfate, toutes les fois que la proportion en est trop élevée, et de prendre les mesures nécessaires pour débarrasser le cuivre brut de sa trop grande quantité d'impuretés. On coule alors le cuivre marchand ainsi obtenu, en plaques, qui servent d'anodes solubles.

On recueille l'argent tombé au fond du bain, sous forme de boue, avec les autres impuretés du cuivre; ces boues sont traitées par la méthode de coupellation.

L'usine Hilarion-Roux à Marseille, qui possède 40 bains, affine 250 kilogrammes de cuivre brut par jour.

L'*Elliott's metal Company* possède, près de Birmingham, une usine dont nous avons déjà parlé et qui produit, par semaine, environ 10 tonnes de cuivre affiné. Elle est alimentée par cinq machines dynamo-électriques Wilde, machine que nous avons représentée (fig. 411). Les courants fournis par ces machines étant alternatifs, il est nécessaire de les redresser par un commutateur, avant de leur faire traverser les bains d'affinage. Chaque machine envoie le courant dans 48 bains, couplés en tension. Dans cette installation, la garniture des bains est faite avec de la terre cuite, recouverte d'une couche d'asphalte.

La fonderie de Oker (Allemagne) emploie trois machines dynamo-électriques Siemens, absorbant chacune 12 chevaux-vapeur, pour purifier 300 kilogrammes de cuivre par jour. Pour donner une faible résistance intérieure et une grande puissance en *ampères*, le constructeur, au lieu de recouvrir l'inducteur et l'induit de fils enroulés, comme dans les machines dynamo-électriques servant à l'éclairage et à la transmission de la force, a garni le fer doux et les barres d'électro-aimant avec des lames de cuivre isolées les unes des autres par de l'amiante; ce qui permet aux machines de s'échauffer sans danger.

Le cuivre n'est pas le seul métal que l'on raffine par le courant électrique. Le plomb est aussi obtenu à l'état de pureté chimique, à l'usine de l'*Electro-metal refinering*, de New-York.

D'après le procédé de M. Keith, les anodes sont formées du plomb à affiner coulé en plaques, et plongées dans un bain de sulfate de plomb dissous dans l'acétate de soude. Sous l'action du courant, le sulfate de plomb se décompose, le plomb se porte sur la cathode, et l'acide sur l'anode, où il dissout le plomb, le fer et le zinc. Ces deux derniers métaux sont précipités ensuite, à l'état d'oxydes, qu'il est facile de séparer à la refonte du métal. L'or, l'argent, l'antimoine sont recueillis, sur l'anode, sous forme de boues, dans des sacs de mousseline. Ces boues sont séchées, puis fondues dans des creusets, avec du nitrate et du borate de soude, pour en séparer les éléments. La production de l'usine est énorme, et la dépense de force motrice relativement très faible, puisqu'avec une puissance de 12 chevaux-vapeur on arrive à déposer 10 tonnes de métal par 24 heures de marche.

Le plomb ainsi obtenu renferme 99,9 pour 100 de métal pur, et des traces d'argent. Le reste est formé de traces d'antimoine et d'arsenic, dont la présence n'est pas nuisible.

A côté des usines qui s'occupent exclusivement de l'affinage, il s'en trouve actuellement beaucoup d'autres, non moins intéressantes, d'ailleurs, au point de vue des produits qu'elles fournissent.

Parmi ces dernières il faut citer celle de MM. Neujean et Delaite, qui obtiennent le cuivrage, la dorure et le cobalatage direct de la fonte.

En un mot, les applications de l'électro-métallurgie sont innombrables, et elles ne pourront que s'accroître encore avec les perfectionnements incessants que reçoit l'outillage employé.

L'électro-métallurgie est une science nouvelle; cependant il est juste de rappeler que l'idée première en est due à Becquerel, qui, en 1836, présenta à ce sujet, à l'Académie des Sciences, un mémoire, déjà fort complet, sur la métallurgie de l'argent. Il fallut longtemps pour faire triompher ses idées, qui, aujourd'hui, sont entrées dans le domaine de la pratique.

On a fait depuis quelques années des expériences intéressantes sur l'emploi de l'électricité pour le traitement des minerais mêmes; mais il n'en est pas résulté encore, croyons-nous, d'applications pratiques.

Le traitement électro-chimique des minerais des métaux précieux laisse à désirer; les arsenio-sulfures et antimoniures d'argent, les pyrites aurifères, sont négligés, à cause de leur faible rendement. Pour les minerais faciles à amalgamer, l'intérêt est bien moins grand, cependant nous devons citer un procédé ingénieux, dû à M. Molloy, pour l'extraction de l'or et de l'argent de leurs minerais.

On sait que le mercure, lorsqu'il est mis en présence de minerais d'or, pour former un amalgame qui abandonnera l'or par distillation, se recouvre peu à peu d'une couche d'oxyde : de là un ralentissement dans la combinaison, et une perte de mercure, qui est entraîné dans les déchets. Si l'on pouvait prévenir cette oxydation, ou plutôt cet encrassement, on utiliserait mieux et plus complètement le mercure, dont le prix est assez élevé. M. Molloy croit être parvenu à ce résultat avec l'appareil suivant, qui fonctionne actuellement à Londres.

Une cuvette de 25 millimètres environ de profondeur et 1 mètre de diamètre, est à moitié remplie de mercure. Au centre est fixé un vase poreux, dans l'intérieur duquel on introduit un cylindre de plomb et une solution de sulfate de soude. Ce cylindre est mis en communication avec le pôle positif d'une petite machine dynamo-électrique, et le mercure avec le pôle négatif. Le passage du courant donne lieu à des réactions qui se traduisent, finalement, par un dégagement d'oxygène à la surface du plomb, et d'hydrogène à la surface du mercure. Y a-t-il, comme le prétend l'auteur, formation d'un amalgame d'hydrogène? C'est ce qui reste à démontrer, mais ce qui est plus intéressant, c'est que le mercure ne s'oxyde plus, et qu'il conserve, en présence du minerai d'or, son éclat et sa fluidité. L'attaque de l'or se poursuit donc sans déperdition due aux impuretés inévitables de la matière première.

Pour assurer un contact parfait entre le minerai et le mercure, la cuvette est recouverte d'un disque, de diamètre un peu plus petit, qui présente en son milieu une ouverture plus que suffisante pour le logement du vase poreux et l'introduction de la matière. Ce disque flotte sur le bain; on lui imprime un mouvement de rotation, et l'on amène par le centre le minerai pulvérisé.

Celui-ci est entraîné par l'action centrifuge sous le disque, et vient ressortir à la circonférence, après avoir forcément rencontré le mercure, qui se combine avec l'or au passage.

Pour les autres minerais, cuivre, plomb, zinc, le prix élevé du traitement électrochimique paraît devoir être un obstacle insurmontable ; aussi nous bornerons-nous à signaler les procédés qui paraissent jusqu'à présent les plus faciles à réaliser.

M. Létrange a eu l'idée d'essayer par l'électricité l'extraction du zinc de ses minerais, la *calamine* et la *blende*. Son procédé permet d'utiliser les minerais que l'on délaisse, à cause des difficultés de leur traitement. Il consiste à transformer en sulfate soluble tout le zinc contenu dans le minerai, puis à électrolyser cette solution, de façon à en précipiter tout le métal.

L'acide sulfurique est fourni par le soufre même de la blende. La dissolution de sulfate abandonne son zinc dans les bains galvaniques, où elle se charge d'acide ; puis elle traverse les cuves de dissolution, où elle dissout une nouvelle quantité de zinc, et revient dans les bains, recommencer la même série d'opérations.

M. Billaudot a appliqué l'électricité à l'extraction du selenium, qui coûtait, il y a quelques années, 1 000 francs le kilogramme, et qui revient aujourd'hui à 40 francs. Le selenium est directement extrait de la zorgite, séléniure de cuivre et de plomb, minerai que l'on trouve sur le territoire de la République Argentine.

M. Blas, professeur à l'Université de Louvain et M. Miest, ingénieur, ont fait connaître un procédé général pour l'extraction des métaux de minerais qui les contiennent. Ce procédé est basé sur les faits suivants.

1° Les sulfures métalliques naturels conduisent, à des degrés divers, le courant galvanique.

2° Les minerais sulfurés, convenablement agglomérés conduisent le courant, même quand la proportion de gangues est très forte.

3° Si on électrolyse une solution d'un sel dont l'acide attaque les sulfures naturels, en employant ceux-ci comme anodes, le métal du sulfure se dissout, tandis que le soufre reste déposé sur l'anode. C'est avec les nitrates que l'opération a lieu le plus facilement, et dans ce cas, sans formation de sulfate.

---

## CHAPITRE VII

AUTRES APPLICATIONS DE L'ÉLECTROLYSE. — FABRICATION DES MATIÈRES COLORANTES. — LES COULEURS D'ANILINE. — RECTIFICATION DES ALCOOLS MAUVAIS GOUT PAR LE PROCÉDÉ NAUDIN. — EMPLOI DE L'OZONE.

L'emploi du courant électrique pour l'extraction de corps que les méthodes usitées en chimie ne permettraient pas d'obtenir à bas prix, a marqué un progrès important dans l'histoire de la science et de l'industrie.

M. Goppelsroder a eu l'idée de produire des oxydations de substances organiques en se basant sur la propriété du courant électrique de décomposer l'eau en ses deux éléments, hydrogène et oxygène. Son procédé a été principalement appliqué à la fabrication des couleurs dérivées de l'aniline.

Avant lui, il faudrait citer MM. Becquerel, Frankland, Kolbe, Van Babo et Renard, dont les recherches sont du plus haut intérêt.

A la même époque, en 1875, M. Goppelsroder, en Suisse, et M. Coquillon, en France, obtinrent des résultats assez concluants par la préparation par voie électrique, de certaines matières colorantes.

M. Coquillon a obtenu, en particulier, par l'électrolyse, le noir d'aniline insoluble.

Il est à remarquer que, lorsqu'on traite les couleurs dérivées de la houille, on peut obtenir, par hydrogénation et par oxydation, deux couleurs différentes, produites par le même corps.

Il faut, pour en empêcher le mélange, employer des bacs séparés en deux parties par une cloison poreuse, de part et d'autre de laquelle on fait tremper dans le bain les fils de platine chargés de conduire le courant.

C'est ainsi qu'on a pu obtenir, à l'aide du noir d'aniline, plusieurs bleus : l'alizarine artificielle, le violet d'Hoffmann, etc.

Les matières colorantes obtenues par l'électrolyse sont très pures et elles donnent aux soies des nuances remarquablement belles.

Une autre application très importante et qui s'est rapidement développée dans l'industrie des boissons, est celle que M. Laurent Naudin a réalisée : nous voulons parler de la rectification des alcools mauvais goût au moyen des courants électriques.

Le mauvais goût que possèdent les résidus d'alcool, après la distillation, ainsi que certains alcools bruts, est dû, en grande partie, à la présence dans le liquide d'une certaine quantité d'éthers, ou d'aldéhydes, de la série grasse.

Or, les aldéhydes sont des alcools déshydrogénés, et il suffit de leur fournir, par l'emploi du courant, un équivalent supplémentaire d'hydrogène, pour les transformer de nouveau en alcools bon goût.

L'hydrogénation des flegmes est obtenue par M. Naudin, en les mettant en contact avec une pile spéciale, qui jouit de la propriété de décomposer l'eau pure, avec dégagement d'hydrogène et qui absorbe l'oxygène sous forme d'oxyde de zinc hydraté. Cette pile se compose de lames de zinc recouvertes de cuivre précipité chimiquement.

Les alcools à purifier sont lancés par une pompe, dans la cuve qui contient la pile, laquelle fournit un courant continu jusqu'à ce que l'opération soit terminée.

Alors que les procédés par distillation donnaient, en alcool, des rendements de 45 pour 100, la méthode de M. Naudin permet d'en recueillir plus de 80 pour 100 ; encore la qualité des produits obtenus est-elle sensiblement supérieure à celle des alcools bon goût ordinaires.

Pour la rectification des eaux-de-vie de pomme de terre et de betterave, le procédé ordinaire n'est plus suffisant, et il faut avoir recours à l'emploi d'électrolyseurs spéciaux, dont l'action est beaucoup plus énergique ; mais il suffit, dans tous les cas, pour obtenir des liquides à un degré de pureté suffisant.

Les premiers essais de M. Naudin ont été faits dans l'usine de M. Boulet, à Bapeaume-lez-Rouen. Dans cette usine on a reconnu qu'un appareil Naudin permet de transformer en alcool bon goût 200 hectolitres de flegmes, dans l'espace de 24 heures.

On voit, par ce seul exemple, à quelle production colossale peut atteindre une usine utilisant les procédés de M. Naudin.

Un procédé analogue a été mis en œuvre par M. Eisermann, de Berlin, et M. Wiedemann, de Paris ; mais, au lieu d'employer l'électrolyse, on se sert de l'ozone, qui peut être obtenue par voie électrique, ou simplement par le passage de l'air à travers une flamme.

Jusqu'à ce jour, l'épuration des flegmes par l'ozone n'a pas reçu d'applications bien importantes ; cependant les essais entrepris dans ce sens méritaient d'être mentionnés.

En résumé, l'électricité a déjà donné naissance à un si grand nombre d'applications qu'on en arrive à se demander quelle sera, au vingtième siècle, l'industrie, si petite qu'elle soit, à laquelle, sous une forme ou sous une autre, elle ne sera pas indispensable.

L'électricité se prête à tout, a-t-on dit bien souvent, alors qu'on ne la connaissait que très imparfaitement. Combien de fois cette phrase ne sera-t-elle pas répétée au cours du siècle qui s'approche !

FIN DU SUPPLÉMENT A LA GALVANOPLASTIE ET AUX DÉPOTS ÉLECTRO-CHIMIQUES.

# SUPPLÉMENT

AU

# TÉLÉGRAPHE AÉRIEN

(TÉLÉGRAPHIE OPTIQUE ET TÉLÉGRAPHIE PNEUMATIQUE)

---

Le télégraphe aérien n'étant plus aujourd'hui en usage en aucun lieu du monde, on peut se demander comment nous nous proposons de donner un *Supplément* à notre Notice sur le *Télégraphe aérien*.

C'est que la télégraphie aérienne, c'est-à-dire la correspondance obtenue par des signaux lumineux visibles à de grandes distances, n'a pas disparu, à proprement parler. Elle s'est transformée ; elle est devenue la *télégraphie optique*, qui rend aujourd'hui de réels services pour la transmission des messages, sinon entre particuliers, du moins entre des corps d'armée, en temps de guerre ou de paix.

La *télégraphie aérienne*, ou *télégraphie de Chappe*, consistait à expédier des dépêches au moyen de signaux exécutés par trois lames persillées, mobiles, que l'on regardait avec une longue-vue, et qui correspondaient à un vocabulaire particulier. La *télégraphie optique* en usage de nos jours consiste également à produire des signaux visibles à de grandes distances, au moyen de lunettes, et qui sont composés d'éclats et d'éclipses de la lumière solaire, ou d'une lampe à pétrole, et qui correspondent aux caractères de l'alphabet Morse.

La *Télégraphie optique* sera donc le *Supplément à la Télégraphie aérienne*.

Et la *Télégraphie pneumatique* pouvant se rattacher à la télégraphie aérienne, nous placerons ici sa description.

---

## CHAPITRE PREMIER

LA TÉLÉGRAPHIE OPTIQUE. — ORIGINE DE CETTE INVENTION. — LESEURRE CRÉE, EN 1856, LA TÉLÉGRAPHIE OPTIQUE. — TÉLÉGRAPHES LUMINEUX ESSAYÉS PENDANT LE SIÈGE DE PARIS. — APPAREILS DE MM. LISSAJOUS, CORNU ET MAURANT. — LA TÉLÉGRAPHIE OPTIQUE ADOPTÉE EN FRANCE APRÈS LA GUERRE DE 1870-1871. — LE TÉLÉGRAPHE OPTIQUE DU COLONEL MANGIN. — LE TÉLÉGRAPHE SOLAIRE ANGLAIS. — AVANTAGES COMPARÉS DU TÉLÉGRAPHE OPTIQUE FRANÇAIS ET DU TÉLÉGRAPHE SOLAIRE ANGLAIS.

La télégraphie optique était déjà connue, et avait été expérimentée en France, dès l'année 1856. Nous avons décrit, dans les *Merveilles de la science*, le télégraphe solaire, inventé par Leseurre, employé de la télégraphie française, qui produisait une excellente correspondance télégraphique, au moyen d'éclairs lumineux reçus à grande distance, sur une surface disposée à cet effet.

Il nous paraît nécessaire, pour la clarté de ce qui va suivre, de rappeler ce que nous avons dit, dans cet ouvrage, du *télégraphe solaire* de Leseurre.

« Un employé de l'administration des télégraphes, M. Leseurre, a imaginé un nouveau moyen de correspondance télégraphique qui repose sur la réflexion des rayons solaires, projetant à des distances très considérables des éclairs lumineux. La répétition de ces éclairs, leur longueur ou leur brièveté, forment un alphabet particulier, qui sert à composer une écriture de convention.

« Le télégraphe solaire est destiné à établir une correspondance rapide dans les pays où l'installation de la télégraphie électrique présenterait des difficultés, il s'appliquera spécialement avec de grands avantages en Afrique, pour le service de notre armée.

« Comment concevoir que deux observateurs puissent correspondre entre eux par l'envoi réciproque d'éclairs dus à la réflexion des rayons solaires ?

« Un faisceau de lumière solaire, réfléchi par un miroir dans une direction déterminée, se transmet, en rase campagne, à une si prodigieuse distance, que toute la difficulté ne peut consister qu'à composer un appareil susceptible de recevoir commodément les éclairs lumineux et pouvant fonctionner pendant toute la durée du jour. Un tel appareil doit pouvoir réfléchir un faisceau lumineux dans une direction quelconque, et l'y maintenir malgré le déplacement du soleil. Il faut ensuite que les éclairs, alternativement provoqués et éteints, constituent des signaux auxquels un sens soit attaché.

« Pour obtenir la fixité du faisceau réfléchi, M. Leseurre emploie deux miroirs : l'un est mobile, et suit les mouvements du soleil ; l'autre est fixe. Exposé au soleil, le miroir mobile est incliné sur un axe parallèle à l'axe du monde, et tourne autour de cet axe d'un mouvement uniforme et exactement égal au mouvement de rotation de la terre sur elle-même ; il produit donc l'effet de l'instrument de physique qui a reçu le nom d'*héliostat*, c'est-à-dire qu'il maintient immobile et dans la même direction le faisceau lumineux, quelle que soit l'inclinaison du soleil sur l'horizon. Le miroir fixe reçoit le faisceau lumineux réfléchi par ce miroir mobile, et il l'envoie dans la direction d'une lunette et d'un écran, qui sont disposés pour le recevoir à la station opposée.

« Pour produire un signal lumineux sur l'écran placé à l'une des stations, on imprime au miroir réflecteur un léger mouvement, au moyen d'une simple pression de la main, qui fait agir un petit ressort d'acier. Par ce léger déplacement produit par la main sur le miroir réflecteur, et selon la rapidité de ce déplacement, la station opposée peut recevoir sur son écran des éclairs brefs ou prolongés.

« On a donné à ces éclairs, brefs ou prolongés, la même signification que les lignes et les points reçoivent dans le vocabulaire du télégraphe électrique de Morse. On sait que le vocabulaire du télégraphe Morse, aujourd'hui adopté dans toute l'Europe, se compose simplement de lignes et de points ; il a été décidé que les éclairs brefs, dans le télégraphe solaire, représenteraient les points, et que les éclairs prolongés représenteraient les lignes : avec ces lignes et ces points, on compose un alphabet et une écriture, qui suffisent parfaitement à tous les besoins de la correspondance.

« Il reste à dire comment, avec le télégraphe solaire, deux personnes, ignorant leur position respective, peuvent se chercher mutuellement et commencer une correspondance.

« Voici comment opère le stationnaire qui veut avertir son correspondant et qui ignore sa situation. Il commence par rendre horizontal l'axe de rotation du miroir tournant, et place ce miroir de façon à réfléchir, parallèlement à son axe, la lumière solaire. Cette lumière réfléchie tombe alors sur le deuxième miroir qui est rendu vertical, et qui peut tourner d'un axe vertical ; ainsi disposé, ce miroir doit renvoyer successivement vers tous les points de l'horizon la lumière réfléchie par le premier miroir. La zone horizontale qu'éclaire chaque demi-rotation du miroir vertical présente un demi-degré de hauteur. Si l'on craint que quelque point n'ait échappé, on modifie un peu l'inclinaison de l'un des miroirs, et on balaye l'horizon par de nouvelles zones d'éclairs.

« Tous ces mouvements sont guidés par l'écran de la lunette, qui accuse à chaque instant la direction du faisceau émergent, et dispense de toute précision. La personne que l'on cherche recevra donc quelques-uns des éclairs, reconnaîtra le point d'où ils partent, s'orientera sur ce point, et lui renverra un feu permanent sur lequel on pourra s'orienter à son tour ; la correspondance régulière pourra alors commencer.

« Dans les expériences qui ont eu lieu devant M. le maréchal Vaillant, on a établi une correspondance très rapide entre le mont Valérien et la terrasse de la coupole à l'Observatoire ; le même échange de signaux a encore eu lieu entre les tours de Saint-Sulpice et la tour de Montlhéry, à une distance de moitié plus considérable.

« On a fait une expérience bien plus satisfaisante

encore, car on a constaté que lorsque le soleil, voilé par des brumes, s'efface dans le ciel, et ne se manifeste plus que par une large zone argentée, le signal lumineux est pourtant toujours sensible à l'œil nu, et se montre très brillant dans la lunette. Il résulte de là que, même en l'absence du soleil, la correspondance pourra être continuée.

« Le télégraphe solaire n'est pas, comme le télégraphe aérien, un instrument nécessairement fixe, et qui exige des stations toujours les mêmes. Il peut s'installer partout. L'instrument portatif, construit par M. Leseurre, ne pèse que 8 kilogrammes. Il se monte sur un trépied en bois, et s'oriente à l'aide d'une boussole et d'un niveau à bulle d'air. Il n'occupe guère plus de volume qu'un *héliostat*, avec lequel il a beaucoup de ressemblance. Il est surtout remarquable par la facilité qu'on a de le transporter d'un endroit dans un autre, par le peu d'embarras qu'il cause et le peu de temps qu'il exige pour être installé et mis en place.

« Le *télégraphe solaire*, ou *héliographe*, sera très probablement adopté pour le service des armées, et spécialement pour l'Algérie, puisque c'est par ordre des ministres de la guerre et de l'intérieur que les expériences dont nous venons de parler ont été faites à l'Observatoire.

« On s'est demandé si avant Leseurre personne n'avait songé à construire quelque appareil de télégraphie conçu sur un principe analogue. On peut citer d'abord l'allemand Bergstrasser, qui, dans ses travaux nombreux sur la télégraphie aérienne, a indiqué la possibilité d'employer les rayons solaires réfléchis par un miroir. Mais un appareil anciennement proposé et qui a une analogie beaucoup plus frappante avec celui de M. Leseurre, c'est celui qui fut proposé par Gauss sous le nom d'*héliotrope*, et qui a été perfectionné depuis dans sa construction par l'habile physicien allemand, M. Steinheil. Cet appareil a pour fonction de projeter un rayon de lumière sur un objet éloigné ; il est fondé sur une propriété géométrique bien connue de la glace sans tain à surfaces parallèles. Si l'on fait tomber obliquement un rayon de soleil sur une glace à surfaces bien dressées et exactement parallèles, le rayon transmis et le rayon réfléchi iront illuminer dans l'espace deux objets différents. Si alors on se place derrière la glace de manière à voir par réflexion l'objet éclairé par le rayon transmis, en vertu d'une sorte de réciprocité facile à démontrer, on verra en même temps par transmission l'objet éclairé par voie de réflexion. On peut donc utiliser cette remarque pour diriger le rayon réfléchi dans telle direction qu'on voudra.

« On aurait pu, à la rigueur, faire de ce dernier appareil un télégraphe solaire ; mais celui de Leseurre, dont nous venons de donner la description, est en réalité le seul qui ait encore été complètement adapté à sa destination et qui ait été combiné et proposé comme devant servir aux communications télégraphiques entre des postes éloignés (1). »

Dès l'année 1856, la télégraphie optique était donc inventée par un ingénieur français.

Le succès de la télégraphie électrique adoptée parmi nous, dès l'année 1851, et qui ne cessa de prendre du développement pendant les années suivantes, empêcha de prêter grande attention à la télégraphie optique de Leseurre ; mais le siège de Paris, en 1870-1871, vint lui donner l'opportunité qui lui manquait. On fut heureux, à cette époque, de pouvoir disposer d'un moyen de correspondance qui passait, pour ainsi dire, par-dessus la tête de l'ennemi.

Pendant l'invasion prussienne, alors que la plupart de nos bureaux télégraphiques étaient saccagés et les communications interrompues, c'est grâce au système de transmission optique que l'on put correspondre avec les forts qui environnaient Paris.

Pris dans un cercle de feu, Paris, dans lequel nos savants français les plus éminents avaient tenu à rester enfermés, par une confiance patriotique, s'efforça, par tous les moyens, de communiquer avec l'extérieur. Pendant que ballons et pigeons voyageurs s'envolaient hors de la place, des appareils ingénieux étaient combinés, pour envoyer au loin d'insaisissables signaux.

MM. Bourbouze et Paul Desains essayèrent d'envoyer de Paris à Rouen un courant électrique, auquel la Seine eût servi de conducteur, et que l'on eût recueilli au moyen de galvanomètres à aiguilles très sensibles. On obtint ainsi peu de résultats, mais la conception était excellente.

Le physicien Lissajous proposa d'émettre des signaux lumineux, et de les recueillir au moyen de lunettes couplées.

M. Cornu chercha à utiliser les propriétés que possède le prisme, de décomposer et de

(1) *Merveilles de la science*, tome II, page 18-19 (note).

réfracter la lumière, et de recueillir ainsi, à distance, tout ou partie d'un faisceau lumineux, qui aurait servi de signaux, grâce à un vocabulaire de convention.

C'est à M. Maurant, professeur au lycée Saint-Louis, et au colonel Laussedat, aujourd'hui directeur du Conservatoire des arts et métiers de Paris, que revient l'honneur d'avoir obtenu des résultats pratiques, en ce qui concerne la télégraphie par signaux lumineux. Ces deux physiciens se proposèrent d'émettre à grande distance, ainsi que l'avait fait Leseurre, un faisceau lumineux homogène; et en obtenant sur ce faisceau, au moyen d'un écran opaque, des interruptions, de durée inégale, de reproduire les longues et les brèves, les traits et les points de l'alphabet Morse, si simple et si complet; ce qui aurait permis de correspondre, en toute sûreté, à de grandes distances.

L'appareil de M. Cornu fut utilisé dans les environs de Laval. Entre Poitiers et Champagny-Saint-Hilaire, des signaux lumineux colorés franchirent, avec une vitesse remarquable, l'intervalle de ces deux villes, qui est de 40 kilomètres. Ces expériences furent faites en présence du général Vuillemot, délégué par le général Chanzy.

En novembre 1870, le *Comité d'initiative pour la défense nationale de Marseille* proposa au gouvernement de Tours un système de signaux lumineux, basé, comme celui qu'exécutaient à Paris MM. Maurant et Laussedat, sur l'émission de rayons lumineux brefs et longs, correspondants aux signaux du vocabulaire Morse.

Ce projet était présenté par un inspecteur des télégraphes, M. Ternant, qui avait vu fonctionner avec succès un système analogue dans le golfe Persique. M. Ternant avait fait des essais entre la mairie de Marseille et l'ancien poste sémaphorique, situé en haut de la tranchée, et les expériences avaient parfaitement réussi. Il proposait de communiquer avec Paris, par-dessus la première ligne d'investissement des armées prussiennes, qui, alors, ne dépassait pas un rayon de 40 kilomètres. La connaissance que l'on avait des hauteurs des environs de Paris, dans ce rayon, indiquait avec précision tous les points que l'on pouvait choisir pour envoyer, sans obstacle, des rayons lumineux sur les points culminants de la capitale, qui les aurait perçus sans difficulté.

Malheureusement, un des membres du Comité de la défense nationale, venu de Paris, se montra défavorable au projet.

Dans l'intervalle, MM. Lissajous et Hiroux partaient de Paris, en ballon, avec un projet du même genre.

Sur les indications de M. Lissajous, M. Santi, opticien de Marseille, construisit un télégraphe optique basé sur l'émission de rayons brefs ou longs, et permettant l'emploi de l'alphabet Morse. Mais la ligne d'investissement de Paris, qui s'était considérablement étendue, empêcha de s'occuper davantage de ce mode de communication.

Les circonstances si difficiles dans lesquelles se débattait la défense nationale, en 1870-1871, ne permirent donc pas de tirer grand parti des essais qui avaient été faits, en plusieurs points du territoire, des appareils de télégraphie optique; mais au retour de la paix, ces mêmes expériences furent reprises, et la *télégraphie optique* est aujourd'hui une création scientifique des plus intéressantes, des plus utiles et tout à fait pratique. Les Anglais en ont fait un grand usage dans leurs campagnes dans l'Afghanistan, dans le Soudan et l'Égypte. Dans notre guerre de Tunisie, la télégraphie optique a rendu de grands services, et aujourd'hui en Tunisie, comme en Algérie, elle sert à établir des correspondances entre les corps de troupe. Notre corps expéditionnaire du Tonkin et de l'Annam est muni de plusieurs appareils de télégraphie optique.

C'est à un officier français, le colonel Mangin, mort en 1885, que sont dus les perfectionnements de l'appareil primitivement proposé par Lissajous et exécuté par MM. Maurant et Laussedat, comme il est dit plus haut. Le colonel Mangin, en transportant dans la pratique les principes de l'appareil de MM. Maurant et Laussedat, a rendu tout à fait usuelle la correspondance au moyen de signaux visibles à longue distance.

Voici la disposition de l'appareil imaginé par le colonel Mangin, qui a été expérimenté pendant plusieurs années à l'École militaire de Saumur, et qui continue d'être mis en pratique, chaque année, à titre d'exercice, au camp de Saint-Maur, près de Paris, par différents corps d'armée de nos départements, ainsi que dans les forts des environs de Paris.

Sur la planchette antérieure (fig. 412) d'une boîte rectangulaire, divisée en deux parties inégales, par un diaphragme BC, dans lequel on a pratiqué une petite ouverture, est assujettie une lentille bi-convexe, P', de $0^m,24$ de diamètre. Derrière l'ouverture du diaphragme BC, se trouve un obturateur mobile, A, que l'on soulève et déplace à volonté, au moyen d'une manette, F et d'un levier coudé à angle droit, GG'. Dans la seconde partie de la caisse est placée une forte lampe à pétrole, L, munie d'un réflecteur parabolique, D', dont elle occupe le foyer, et qui accroît encore sa puissance éclairante, en réfléchissant sur la lentille P les rayons émanés de la partie postérieure de la source lumineuse, c'est-à-dire la lampe à pétrole. La seconde lentille, P, à court foyer, et le miroir, D, n'ont donc pour but que de recueillir des rayons lumineux, qui seraient perdus sans cela. La grande lentille biconvexe, P', reçoit le faisceau lumineux total réfracté à travers les deux lentilles, et le renvoie parallèlement à l'horizon.

L'appareil étant ainsi disposé, il suffit d'imprimer au manipulateur, F, des mouvements plus ou moins prolongés, pour émettre des éclats, qui reproduisent, en signaux lumineux, les points et les traits du télégraphe Morse. Une lunette, EE', fixée sur l'une des parois extérieures de la boîte, bien parallèlement à l'axe des lentilles, sert à apercevoir les signaux du poste correspondant.

Nous représentons à part (fig. 413) le manipulateur et l'obturateur dont les déplacements, à l'intérieur de la caisse, produisent les éclairs lumineux.

L'obturateur est formé d'un écran, A, en aluminium, que commande un petit levier à pédales, F, mobile autour du point O. Un ressort, R, le retient en arrière ; mais il cède à la pression du doigt sur le levier, F, et en se déplaçant le disque A, qui couvrait le diaphragme, produit les éclipses et les éclats du faisceau lumineux.

Les signaux se font donc en maintenant libre le passage des rayons lumineux à travers l'ouverture du diaphragme, ou en le fermant, au moyen du *manipulateur* et de l'*obturateur*.

La *lunette viseur*, EE', est pourvue de vis de rappel, qui permettent, en fixant un point de l'horizon, d'obtenir l'image de ce point sur un verre dépoli, que l'on ajuste au bout de la lunette. Et comme il est indispensable, pour la transmission et la réception des dépêches, que l'axe de la lunette soit absolument parallèle aux rayons sortant de l'appareil, on reconnaît que le parallélisme des deux appareils est parfait, lorsque le point visé se trouve au croisement des deux diagonales inscrites sur le verre dépoli.

Tel que nous venons de le décrire, l'appareil du colonel Mangin est spécialement affecté au service télégraphique de nuit. Pour l'utiliser pendant le jour, il suffit d'enlever la lampe et son réflecteur, et d'adapter à la planchette postérieure de l'appareil une troisième lentille, dont le

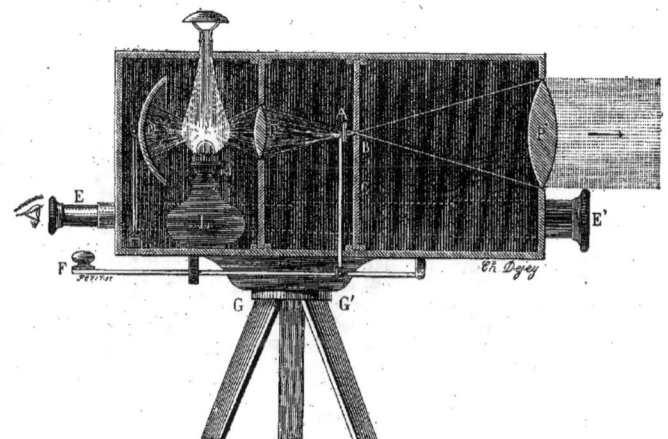

Fig. 412. — Coupe du télégraphe optique du colonel Mangin, éclairé par une lampe à pétrole.

foyer occupera exactement la place qu'occupait la flamme de la lampe. Les rayons parallèles du soleil sont alors dirigés sur la lentille, au moyen de deux miroirs plans, que l'on ajuste à la main, de façon qu'ils suivent le mouvement apparent du soleil. Par les temps sombres, on peut encore, pendant le jour, avoir recours à la lampe, mais alors les signaux ne sont plus perceptibles au-delà de 25 à 30 kilomètres.

Nous représentons sur la figure 414 le télégraphe optique éclairé par le soleil. Sauf la source lumineuse qui est extérieure, tous les organes mécaniques sont les mêmes que ceux de l'appareil éclairé par le pétrole.

Il suffit, comme il vient d'être dit, d'enlever la lampe; les deux miroirs plans, $M_1$ et $M'_1$, convenablement inclinés selon la position du soleil, et que l'on fait mouvoir à la main, d'après le déplacement de l'astre radieux, renvoient le faisceau lumineux réfracté à travers les deux lentilles P et P', hors de la boîte.

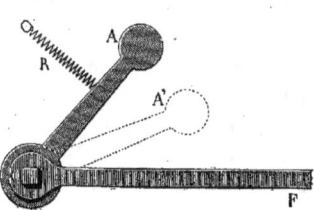

Fig. 413. — Coupe de l'obturateur et du manipulateur de l'appareil optique du colonel Mangin.

Dans tous ces systèmes, la vitesse de l'expédition des éclats lumineux est de quinze à vingt mots par minute; mais il est prudent de ne pas chercher à atteindre une trop grande vitesse, car alors les signaux deviennent difficilement perceptibles, et peuvent occasionner de graves erreurs.

Avec la lumière solaire, pendant le jour et celle d'une lampe à pétrole, pendant la nuit, les appareils optiques à lentilles permettent de communiquer, suivant leur calibre, qui va de 15 à 40 centimètres, à des distances variant de 30 à 120 kilomètres.

La figure 415 représente un télégraphiste militaire français manœuvrant l'appareil optique. Comme l'officier qui a l'œil à la lunette et la main sur le manipulateur ne peut inscrire les dépêches qu'il reçoit, un soldat est près de lui, pour noter sur un carnet les mots que l'officier lui dicte.

Pour les places fortes, dans lesquelles les

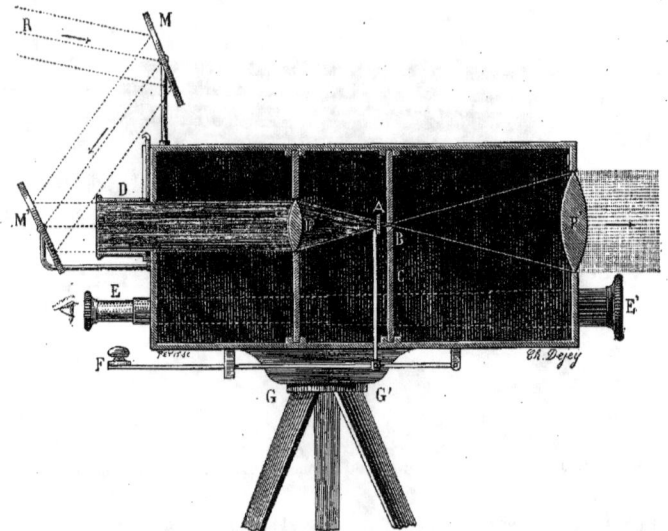

Fig. 414. — Coupe du télégraphe optique du colonel Mangin, éclairé par la réflexion des rayons solaires.

appareils n'ont pas besoin d'être déplacés, le colonel Mangin en a combiné d'autres, plus lourds et plus puissants, dits *appareils à miroirs*, ou *télescopiques*. C'est encore la lampe à pétrole ou la lumière solaire qui sert, dans ce cas, de source lumineuse; mais le faisceau lumineux, au lieu d'être rendu parallèle au moyen de lentilles, est à la fois réfléchi et réfracté par un grand miroir concave, à double courbure, placé au fond de l'appareil. Le calcul de la courbure de ce miroir constitue l'un des plus intéressants travaux du colonel Mangin.

Les signaux sont toujours vus au moyen d'une lunette jointe à l'appareil de réception.

Avec les *appareils télescopiques*, ou à *miroirs*, dont le calibre varie de 35 à 60 centimètres, on communique aisément à des distances variant entre 50 et 200 kilomètres. Ces grandes portées exigent un temps absolument clair; et des récepteurs de même calibre. Le temps clair est surtout de rigueur; car, de même que tous les signaux lumineux en général, ceux de la télégraphie optique sont interrompus d'une façon absolue par le brouillard, la fumée et des brumes, même légères.

Tous les forts de Paris sont pourvus d'appareils optiques du colonel Mangin, éclairés au pétrole. Nos places fortes emploient les mêmes appareils pour correspondre, pendant les manœuvres, avec les troupes, ou avec des forts éloignés.

En 1881 et 1885, un habitant de l'île Maurice, M. Léon Adam, réalisait, avec des fonds très modiques, des communications optiques entre l'île de la Réunion et l'île Maurice.

M. Léon Adam, petit-fils d'un amiral célèbre, l'amiral Bouvet, était un capitaine au long cours, ancien officier volontaire de la marine française, et plus tard, officier des *Messageries maritimes*, qui exerçait à l'île Maurice les fonctions d'expert de l'amirauté anglaise, près des consulats. En 1881, les travaux de jonction géodésique, entre l'Espagne et l'Algérie, menés à si bonne fin par le colonel Perrier et le général espagnol Hanez, avaient attiré l'admiration du monde savant. M. Léon Adam résolut

Fig. 415. — Télégraphistes militaires français manœuvrant l'appareil optique.

d'appliquer le système des communications optiques à mettre en rapport télégraphique l'île Maurice, possession anglaise, et notre île de la Réunion.

En effet, toutes les tentatives faites pour relier les deux îles par un câble sous-marin paraissaient devoir échouer, en raison de l'abondance des récifs sur les deux rivages, et les deux gouvernements étaient peu disposés à en faire l'expérience. M. Léon Adam créa une agitation pacifique à l'île de la Réunion, pour convertir à son projet les habitants de l'île; et par de nombreuses publications et brochures, il finit par obtenir gain de cause. Les fonds nécessaires pour les premiers essais furent réunis, grâce au concours et à l'activité d'un habitant de l'île, M. de Buisson, enthousiaste de ce projet, et les essais ayant parfaitement réussi, M. Léon Adam partit pour la France, au mois d'août 1882, pour demander au Ministre de la guerre de lui céder deux appareils télescopiques du colonel Mangin, du modèle de $0^m,60$ pour la lentille.

Le 2 octobre 1882, M. Faye communiquait à l'Académie des sciences le projet de M. Léon Adam, et ce dernier, après s'être exercé au maniement des appareils optiques, avec le colonel Mangin, repartait pour l'île Maurice, avec les instruments prêtés par le Ministre de la guerre.

Il fallait obtenir du gouvernement anglais l'autorisation d'établir à Maurice la station optique projetée au sommet du Pouce. Les négociations prirent du temps; mais en janvier 1883, l'autorisation ayant été accordée et, d'autre part, le Conseil général de la Réunion ayant voté une somme de 3 000 francs pour cette entreprise, M. Léon Adam créa le poste de l'île de la Réunion, sur le pic du Bois-de-Nèfles, à 1 130 mètres d'altitude, et dirigea les rayons solaires, réfléchis par un miroir d'un mètre carré, sur le sommet du Pouce (île Maurice), à 750 mètres au-dessus du niveau de la mer. La distance qui sépare ces deux positions est de 215 kilomètres.

En 1885, la réussite fut complète. Du Pouce on voyait très bien les éclats du miroir : ils avaient l'aspect d'une étoile rouge-orange.

Plus tard, M. Léon Adam trouva sur le Pic-Vert, à l'île Maurice, un poste plus favorable, qui rapprochait les distances de 25 kilomètres. Il dut enfin changer encore de poste, pour opérer en un lieu moins élevé. Le Pic-Lacroix, haut de 680 mètres, fut définitivement choisi.

M. Léon Adam put alors télégraphier régulièrement, de l'île de la Réunion à Maurice. Le 12 juillet 1886, on vit, de la Réunion, les éclats du miroir de Maurice, aussi éblouissants que le soleil à l'horizon.

Quant aux communications de nuit, les appareils furent réglés et éclairés au pétrole. Dès la première nuit, on conversa entre les deux postes, avec la plus grande facilité, pendant plusieurs heures, et des dépêches furent échangées les jours et les nuits qui suivirent.

Ces échanges comprenaient 20 jours enregistrés : 28 télégrammes furent transmis, formant, en somme, 292 mots.

La démonstration d'une communication régulière étant faite, surtout en tenant compte d'opérations exécutées à l'aide d'une simple lampe à pétrole ordinaire, et avec un personnel inexpérimenté, on conçoit que l'entreprise de M. Léon Adam entra bientôt dans la période du fonctionnement actif et régulier. Aujourd'hui, les deux îles sont en communication constante par les projections lumineuses de l'appareil Mangin.

Il est intéressant de voir des travaux, conçus tout d'abord en vue des besoins de la guerre, s'approprier aussi bien aux intérêts de la science et de l'humanité, et M. Léon Adam mérite les plus grands éloges pour avoir réalisé la plus importante des

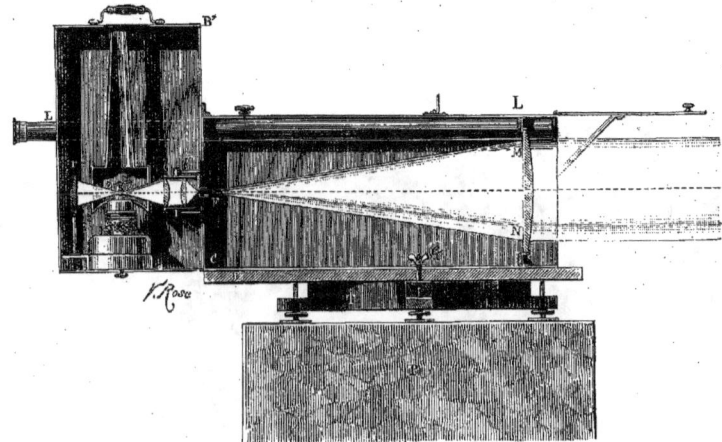

Fig. 416. — Appareil optique ayant servi à exécuter les signaux pour la triangulation entre l'Espagne et l'Algérie
(Éclairé par la lampe de pétrole).

communications optiques à grande distance, dans un établissement permanent.

Nous avons fait allusion d'une façon très brève aux opérations du colonel Perrier pour les grands travaux de géodésie qu'il exécuta en Algérie et en Tunisie, ensuite entre l'Algérie et l'Espagne, pour la mesure d'un arc considérable du méridien terrestre. Il importe d'entrer à ce sujet dans de plus longs détails.

C'est en 1880 que le colonel Perrier termina l'œuvre qui lui valut l'admiration du monde savant : nous voulons parler de la *mesure de la méridienne de France*.

Les mesures exécutées sur le terrain, par le colonel Perrier, s'étendent, non seulement aux territoires européens de la France, mais aussi à nos possessions africaines d'Algérie ; et ces deux portions ont été réunies à travers l'Espagne et la Méditerranée.

C'est pour assurer la continuité de cet arc, que le service géodésique français, dirigé par le colonel Perrier, fut chargé d'opérer la jonction géodésique de l'Espagne et de l'Algérie, de concert avec le général Hanez, directeur de l'Institut géographique d'Espagne. Cette triangulation, sans précédents dans les annales de la géodésie, fut exécutée, en 1879 et 1880, au moyen de signaux lumineux produits dans l'appareil optique du colonel Mangin. Les stations de la côte d'Espagne et celles de la côte d'Algérie étaient distantes de 225 à 270 kilomètres et, malgré cet énorme éloignement, les signaux furent toujours parfaitement visibles, grâce à l'excellence de l'appareil Mangin. A cet éloignement, l'éclat des rayons lumineux de la lampe à pétrole et des rayons solaires était aussi fort que celui d'une lampe Carcel que l'on aurait vue à 35 mètres de distance.

Après la jonction hispano-algérienne, et grâce à la triangulation effectuée en 1861, entre l'Angleterre et la France, la science possède aujourd'hui, pour la mesure de la terre, un arc de méridien long de 28°, et partant des îles Shettland, pour aboutir au Sahara. C'est le plus grand arc qui ait été mesuré jusqu'ici.

Pour projeter sur le ciel deux des points de ce réseau géodésique, situé l'un en Algérie, le *M'Sahiba*, l'autre en Espagne, le

Fig. 417. — Appareil optique ayant servi à exécuter les signaux pour la triangulation entre l'Espagne et l'Algérie (Éclairé par l'arc voltaïque).

*Tetica*, il fallait mesurer, en ces deux stations, la latitude et un azimut, ainsi que les différences de longitude, entre Alger et *M'Sahiba*, pour rattacher ce dernier point avec Paris, et entre *M'Sahiba* et *Tetica*, et nous relier avec Madrid. L'astronome Merino et l'ingénieur Esteban occupaient *Tetica*; le capitaine Bassot était à Alger; le colonel Perrier observait à *M'Sahiba*, avec le capitaine Defforges. Les observateurs étaient pourvus de cercles méridiens et d'appareils identiques. La station de *M'Sahiba* était reliée, par un fil télégraphique, avec celle d'Alger.

La différence de longitude des deux stations fut obtenue par l'échange des heures locales, au moyen de signaux télégraphiques enregistrés sur les chronographes des deux stations.

Pour comparer entre elles les pendules de *Tetica* et de *M'Sahiba*, on eut recours à l'échange réciproque, par-dessus la Méditerranée, de signaux électriques lumineux et rhythmés, dont la transmission, même à 70 lieues, peut être considérée comme instantanée.

C'était la première fois qu'une semblable opération était effectuée, et elle fut couronnée d'un succès complet.

C'est ainsi qu'a été fermé le vaste polygone de longitudes, dont l'un des sommets est à Paris, et les autres sont à Marseille, à Alger, à M'Sahiba, Tetica et Madrid.

Ce polygone exceptionnel contenait tous les cas possibles qui peuvent se produire dans la mesure des longitudes, puisqu'il comprenait dans son périmètre des fils aériens, un câble sous-marin, et en guise de fil, une sorte de traînée lumineuse qui unissait *M'Sahiba* avec *Tetica*, par-dessus la Méditerranée.

On voit, dans la figure 416 (page 499), l'appareil optique éclairé au pétrole, qui servit à exécuter les signaux pour la triangulation entre l'Espagne et l'Algérie. Cet appareil ne diffère que par les dimensions de celui qui sert aux communications optiques entre les corps d'armée et que nous avons représenté dans la figure 412 (page 495). La grande lentille bi-convexe, MN, rend parallèles et renvoie en un faisceau horizontal les rayons lumineux émanés de la lampe à pétrole, S, et qui ont traversé les

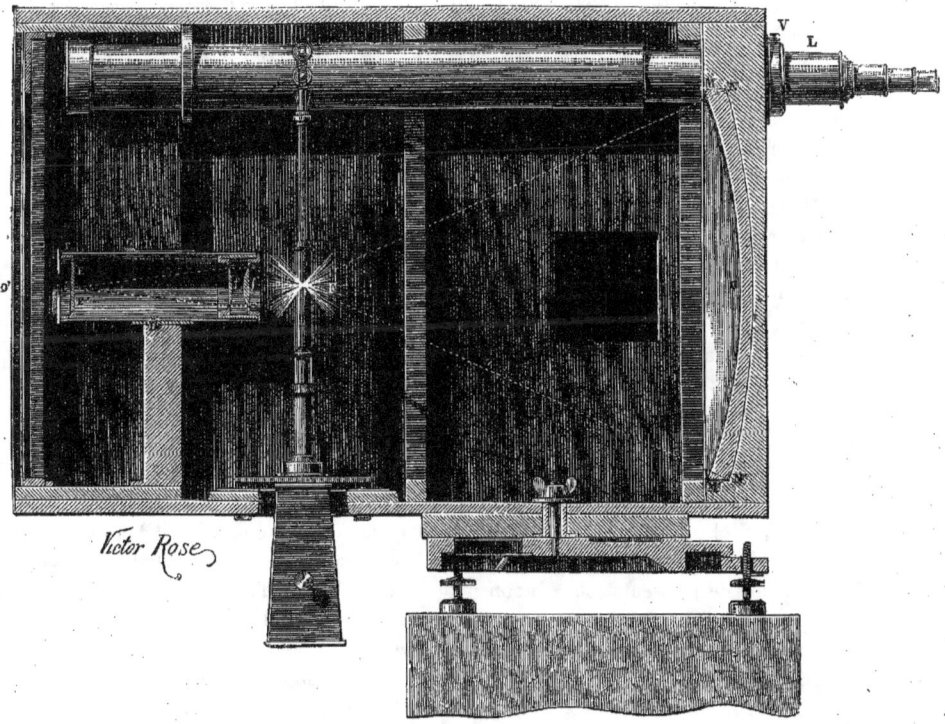

Fig. 418. — Projecteur de lumière électrique du colonel Mangin, ayant servi aux opérations de triangulation du colonel Perrier (Coupe).

premières lentilles $l$, $l'$, ainsi que la lentille réfléchissante, $r$. L'obturateur qui, par ses déplacements, produit les éclats ou les interruptions de lumière, répondant aux signaux de l'alphabet Morse, est en FC. La lunette, LL', est placée au haut de la boîte.

La lumière électrique procure un faisceau lumineux qui perce beaucoup mieux les brumes que la flamme de pétrole. L'appareil optique que le colonel Mangin avait fait construire par MM. Sautter et Lemonier, à Paris, se voit, en coupe, dans la figure 417.

La lumière est produite par l'arc voltaïque, dans un *régulateur Serrin*. On voit en $c'$ l'arc lumineux qui jaillit entre les deux pointes de charbon. Dans la boîte V, sont contenus les rouages d'horlogerie du *régulateur Serrin*, C, c'est-à-dire l'appareil animé par le courant électrique lui-même, et qui, selon l'usure des charbons, les rapproche, et maintient fixe le point lumineux.

L'obturateur n'est point mu à la main, comme dans les appareils ordinaires de télégraphie militaire, mais par un électro-aimant, dont on voit les fils conducteurs du courant, $a, a'$ et les bobines auxquelles ces fils aboutissent. Cet électro-aimant attire ou repousse l'obturateur, pour intercepter le passage du faisceau lumineux, ou l'arrêter.

Outre l'appareil d'éclairs lumineux, pourvu d'un obturateur, on se sert souvent, dans la grande opération géodésique dont nous parlons, de la simple projection de faisceaux lumineux électriques, d'un volume considérable, et qui portaient aux plus grandes distances que l'on eut encore franchies. On voit, en coupe, dans la figure 418, le *projecteur de lumière électrique* du colonel Mangin, construit par MM. Sautter et Lemonier, pour les opérations du colonel Perrier. L'arc lumineux, F, s'élance entre les deux pointes de charbon, enfermées dans une gaine verticale en laiton. La partie antérieure du faisceau, reçue par les lentilles $f$, $f'$, fixées dans le tube T, D, est renvoyée, avec les rayons du faisceau supérieur, sur le grand miroir elliptique, MM'. Les occultations de la lumière sont produites par l'écran E, E' placé derrière les lentilles $f$, $f'$ et qui est mû à la main.

Le principe du *projecteur* employé pour la production de puissants éclats lumineux est le suivant. Si l'on dirige le *projecteur de lumière* vers les nuages, et dans un point occupé par un poste à projecteur correspondant, les occultations, par l'obturateur, de la source lumineuse placée au foyer de l'appareil produisent sur le nuage, qui constitue une sorte d'écran opaque, une série alternative d'éclats lumineux et d'extinctions. On peut, par ce moyen, et en attachant aux longueurs des éclats et des interruptions de lumière la signification des lettres du vocabulaire Morse, établir une correspondance.

Si l'on veut seulement correspondre à peu de distance, et produire des signaux visibles sur tout l'horizon, on place le miroir réflecteur de manière que le faisceau lumineux éclaire verticalement, et produise un panache lumineux vertical. En faisant tourner le miroir autour de son axe horizontal, le panache lumineux devient horizontal. Il peut, de cette manière, être lancé dans une direction convenue, à des intervalles inégaux, et fournir des signaux.

Ce même appareil est en usage à bord des navires. Le miroir, mis en place verticalement, réfléchit le faisceau lumineux, lequel, à une distance de 15 mètres environ, rencontre un disque, ou plutôt un ballon peint en blanc, qu'il rend visible de tous les points de l'horizon, et qui sert de signal pour les équipages des navires.

---

## CHAPITRE II

### LA TÉLÉGRAPHIE OPTIQUE ANGLAISE.

Nous avons rappelé, dans les premières pages de la présente Notice (1), le télégraphe solaire que Leseurre, employé de la télégraphie aérienne, combina, en 1856, avec une habileté tout à fait hors ligne, et dans lequel les rayons du soleil, reçus sous forme d'éclairs, d'une durée ou d'une longueur correspondant au vocabulaire Morse, servaient à expédier des dépêches, tout aussi bien que le télégraphe électrique.

Cet appareil fut soumis, à Paris, en 1857 et 1858, à une longue série d'expériences, qui en démontrèrent toute la valeur. Un modèle fut expédié en Algérie, en 1860. Mais, comme nous l'avons dit, le télégraphe électrique, alors à ses débuts, primait toute invention analogue, et le télégraphe solaire dut laisser la place à la nouvelle méthode télégraphique.

Du reste, l'éclairage d'un point éloigné au moyen des rayons solaires réfléchis sur un miroir mobile est, depuis longtemps, en usage dans les opérations de la géodésie. Le miroir est posé sur une borne, et rendu mobile par l'effet de sa suspension, avec articulation mobile, à un demi-cercle métallique à axe tournant sur un pivot, ce qui permet de lui donner toutes les positions possibles. Un trou percé au milieu du

(1) Page 493.

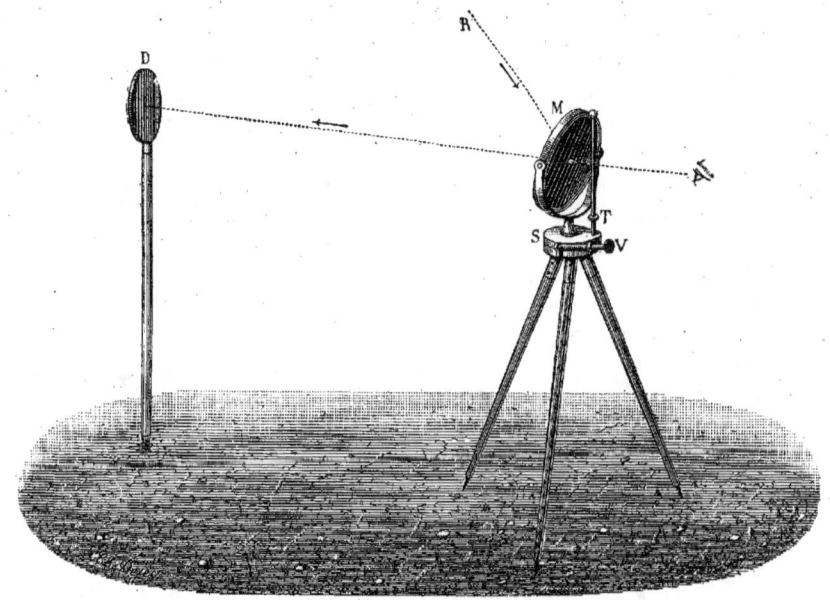

Fig. 419. — Héliographe anglais.

miroir laisse apercevoir une mire, qui est placée à quelques mètres de distance, et qui assure la direction rectiligne du rayon lumineux vers le point que l'on vise au loin.

C'est ce système de transmission des rayons lumineux, qui a été repris par l'État-major des armées anglaises, comme moyen de télégraphie optique, et qui est aujourd'hui d'un grand usage pour les expéditions guerrières dans l'Extrême-Orient.

Le colonel H. Mance, ingénieur-électricien du télégraphe sous-marin du golfe Persique, a fait adopter par le gouvernement des Indes un *télégraphe solaire*, qui diffère peu de l'ancien appareil de notre compatriote Leseurre; il est seulement rendu très portatif.

Le *télégraphe solaire* de M. H. Mance a subi diverses transformations. Le modèle en usage aujourd'hui dans les armées anglaises ne pèse pas plus d'un kilogramme. Il peut être utilisé par un simple cavalier, pour des avis à transmettre pendant une reconnaissance; et cependant, la distance à laquelle il expédie un *éclair-signal* n'est pas moindre de 25 kilomètres.

Voici la disposition de l'*héliographe*, ou *télégraphe solaire*, de M. H. Mance, que représente la figure 419.

Tout l'appareil se compose d'un miroir M, mobile dans tous les sens, par suite de son double mode de suspension autour d'un demi-cercle avec articulation mobile, et d'un pivot reposant sur une plate-forme S. Placé sur un trépied, le miroir obéit aux mouvements, plus ou moins rapides, que lui imprime la main. Il est percé en son centre d'une petite ouverture, qui permet de viser par l'arrière. C'est à l'aide de la vis V, qui fait tourner le miroir sur le pivot S, qui le supporte, que l'on change l'inclinaison du dit miroir, et que l'on dirige les rayons solaires réfléchis, sur un point donné.

Le même moyen sert à changer la position du miroir, selon les déplacements du soleil, pour remplacer un *héliostat*.

On a cru devoir, récemment, ajouter à l'appareil une tige verticale, T, et une *clef de Morse*. Un bras courbe relie la tige T à la clef de Morse, fixée elle-même sur le disque S. Un ressort placé sous la clef la maintient soulevée contre une vis de réglage. En pressant la clef, on fait varier l'angle d'inclinaison du miroir. Le bras courbe peut être allongé ou raccourci, suivant les besoins; au moyen de la vis de pression qui le fixe au bord du miroir. Cet ajustement n'est point représenté sur la figure 419, parce qu'il est rarement en usage.

Comme dans le système de Leseurre, on fixe l'attention du poste correspondant, en faisant exécuter au miroir une ou plusieurs révolutions complètes.

Pour se mettre en rapport avec la station correspondante, on place, à 4 ou 5 mètres en avant de l'appareil, une mire D (fig. 419) qui peut être élevée ou abaissée jusqu'à ce que l'œil appliqué derrière le miroir, à son ouverture centrale, rencontre le miroir placé à la station correspondante. Quand l'officier veut transmettre une dépêche, il incline avec la vis le miroir, dont les rayons réfléchis vont traverser la mire D, et lui indiquent, par ce fait même, que les signaux qu'il transmet arrivent bien à la station fixée.

Contrairement aux autres appareils de ce genre, ce télégraphe émet des signaux par extinction, au lieu d'émettre des signaux lumineux, puisqu'au repos il éclaire toujours la station correspondante.

Quand le soleil est haut sur l'horizon, c'est-à-dire pendant la plus grande partie de la journée, *l'héliographe* se réduit au miroir mobile et à la mire qui l'accompagne; mais le matin et à la fin du jour, le soleil ne donnerait, par sa position peu éloignée de l'horizon, que peu de lumière réfléchie, l'angle de réflexion étant alors

très obtus; ou bien le soleil peut se trouver derrière l'opérateur. Il faut, à ces moments, faire usage d'un second miroir, qui reçoive les rayons du soleil tombant sur le premier avec un angle très ouvert, et les réfléchisse sur le miroir principal.

Cette disposition est représentée sur la figure ci-dessous. M' est le miroir réflecteur,

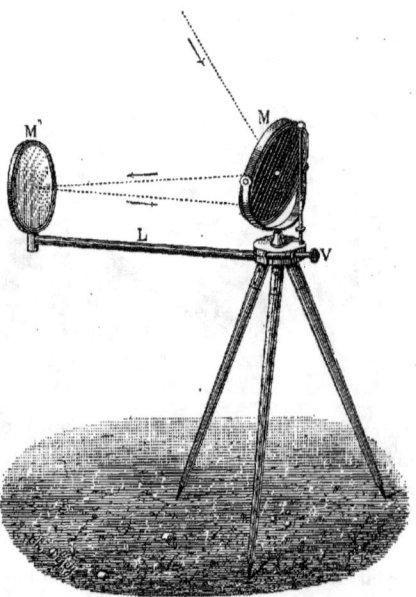

Fig. 420. — Héliographe anglais à double miroir.

supplémentaire, supporté par la tige horizontale L. Il renvoie les rayons du soleil sur le miroir principal M. Ce dernier miroir est mû par l'opérateur, qui tourne la vis V, jusqu'à ce qu'au moyen du trou central il éclaire la station correspondante.

Sur le dessin pittoresque de la page suivante (fig. 421), on voit un soldat héliographiste anglais, au milieu d'un paysage du sud de l'Afrique, manœuvrant l'appareil optique portatif que nous venons de décrire. Le soleil étant placé à l'arrière de l'observateur, le second miroir réflecteur renvoie les rayons lumineux sur le miroir principal.

SUPPLÉMENT AU TÉLÉGRAPHE AÉRIEN.

Fig. 421. — Héliographiste anglais.

L'observateur vise, à travers le trou percé dans le miroir mobile, la mire qui accompagne l'instrument, et il cherche à se mettre en rapport avec le second observateur placé au loin.

Les Anglais ont préféré le télégraphe solaire à notre *télégraphe optique*, parce que la ligne des communications est plus prompte à établir. Il suffit, en effet, de poser l'appareil sur le sol, et de faire le signe d'appel, qui consiste à faire tourner plusieurs fois le miroir sur lui-même, pour correspondre avec une station convenue d'avance, et placée à une distance considérable ; car les appareils de grandes dimensions peuvent atteindre à des portées de 80 kilomètres.

L'ennemi ne peut couper la ligne télégraphique, puisqu'elle passe au-dessus de sa tête, et il n'est besoin d'aucune longue-vue pour recevoir les signaux.

Puisque la portée des signaux solaires est de 80 kilomètres, on pourrait établir des stations fort éloignées les unes des autres ; cependant l'usage est de se contenter de deux stations pour une armée en campagne, ou une colonne expéditionnaire en mouvement.

Le miroir de 10 pouces, qui est le modèle adopté par l'État-major anglais, envoie le rayon solaire à cinquante milles, et ce signal se lit parfaitement à l'œil nu, pourvu qu'aucun obstacle ne s'interpose sur son trajet.

Pour se servir de l'*héliographe*, l'armée en marche établit la station héliographique à sa base d'opération, et après avoir franchi une certaine distance, elle se met en devoir de communiquer avec l'arrière-garde. Un soldat de la compagnie des héliographistes monte sur un lieu élevé, et y plante son héliographe, qu'il fait mouvoir horizontalement et verticalement, jusqu'à ce qu'il découvre, au moyen du rayon qui passe par sa mire et le centre de son miroir, la station établie à la base d'opération de l'armée. L'appareil optique est alors prêt à fonctionner, et l'opérateur peut être certain que ses émissions solaires sont vues par la station opposée.

Le seul inconvénient du télégraphe solaire, c'est qu'il ne fonctionne que de jour, puisque la lumière du soleil est son seul agent. Il est donc inférieur, sous ce rapport, à notre *télégraphe optique*, qui fonctionne la nuit, si l'on éclaire la boîte avec la lampe à pétrole. Mais dans combien de cas, même en ne fonctionnant que le jour, le télégraphe solaire ne rend-il pas des services ! Il peut créer des communications entre des îles ou des rives peu éloignées, qui ne peuvent recevoir de câble sous-marin, en raison de la dépense qui en résulterait.

C'est ce qu'a compris le gouvernement espagnol, dont les ingénieurs militaires communiquent journellement à travers le détroit de Gibraltar, entre Algésiras et Ceuta. La distance qui sépare le fort Santiago, en Espagne, du mont Hacke, sur la côte de Tanger, n'étant que de 17 milles nautiques, l'héliographe anglais a suffi pour établir cette communication. L'armée espagnole est, d'ailleurs, pourvue de ce même instrument.

Pour faire comprendre à quelles énormes distances le télégraphe solaire peut envoyer ses éclairs, nous dirons que le physicien allemand Gaüss, au commencement de notre siècle, put transmettre des éclairs solaires à plus de dix lieues, avec un petit miroir rectangulaire ($0^m,04$ sur $0^m,06$), qu'il dirigeait à la main.

En Angleterre, on aperçut, à quarante lieues de distance, les éclats d'un miroir de $0^m,60$ de côté. Enfin, Le Verrier, placé à Marseille, sur la colline Notre-Dame-de-la Garde, put percevoir des rayons solaires qui étaient envoyés du cap Creuss, en Espagne.

Nous avons déjà dit qu'en 1879 et 1880,

le colonel Perrier, dans ses mesures de triangulation entre l'Espagne et l'Algérie, envoyait des signaux lumineux perceptibles à 70 lieues de distance.

La portée des signaux solaires n'a donc d'autre limite que la rotondité de la terre, et une certaine absorption de lumière qui paraît se produire dans les couches de l'air très voisines du sol.

La tour Eiffel, de 300 mètres, qui a été construite à l'occasion de l'Exposition de 1889, pourrait, en cas de guerre, servir à produire des éclairs lumineux, qui seraient visibles à des distances immenses, la limite de la rotondité de la terre étant annulée, par l'excessive hauteur du monument. On pourrait de Paris envoyer des signaux et établir une correspondance au-dessus des lignes ennemies, à une station placée jusqu'à trente lieues de distance. Belle réponse à ceux qui demandent à quoi peut servir la tour Eiffel !

## CHAPITRE III

EMPLOI DE LA TÉLÉGRAPHIE OPTIQUE DANS LES ARMÉES DES DIFFÉRENTES NATIONS.

Le télégraphe solaire a été fort utile à l'armée anglaise, dans les expéditions de l'Afghanistan et du Zoulouland. Il a remplacé l'usage des signaux à drapeaux entre les corps détachés. Il a été utilisé dans toutes les expéditions où le télégraphe électrique ne pouvait être installé. Il a parfois fait défaut, par suite de l'absence du soleil ; mais il a pu souvent servir, même sous un ciel nuageux, quand on n'était qu'à un faible éloignement.

Il ne sera pas sans intérêt de faire connaître avec détails dans quelles circonstances a été réalisée jusqu'ici l'application de la télégraphie optique aux opérations des armées, en diverses parties du monde. Nous emprunterons ce récit à un travail d'un officier belge, M. Rodolphe Van Wetter, auteur d'une brochure publiée à Anvers en 1885, sous ce titre : *Les Télégraphes optiques*.

« Les Américains, dit l'auteur, employèrent la télégraphie optique dans les principaux combats de la guerre de Sécession. Ils s'en servirent, soit pendant le combat, en cas de destruction des lignes télégraphiques, soit pour faire coopérer les armées de terre et de mer, et surtout dans le service d'exploration. A la bataille d'Allatowna, lorsque l'ennemi eut détruit les lignes télégraphiques, les signaux optiques demeurèrent le seul moyen de communication entre le général Sherman et les troupes de secours, avec lesquelles on put lier conversation par-dessus la tête de l'ennemi. Les réserves purent intervenir à temps pour sauver l'armée d'une défaite probable.

Le besoin de la correspondance par signaux optiques fut si impérieux, qu'on organisa un corps spécial chargé de l'exécution des signaux. Ce corps, à la fin de la campagne, comprenait deux cents officiers et un nombre proportionné d'hommes de troupe.

Le général Myer, chef du Corps des signaux, termine son rapport comme suit : Depuis le commencement jusqu'à la fin de la guerre, il ne s'est pas livré une bataille de quelque importance sur terre ou sur mer, sans que le corps des signaux y eût utilement pris part et s'y soit vaillamment comporté. »

Parlant de l'emploi de la télégraphie optique en Europe, particulièrement pendant la guerre franco-allemande de 1870-1871, M. Van Wetter s'exprime ainsi :

*Armée Allemande*. — A part quelques essais au siège de Metz, essais qui, à cause de leur rapide improvisation, ne donnèrent pas un très bon résultat, ainsi que l'emploi de signaux verts et rouges au siège de Belfort, rien de particulier n'est à constater.

Les expériences prescrites avant 1870 furent interrompues à l'époque de la guerre franco-allemande.

*Armée Française*. — 1° *Au siège de Paris*. — C'est M. Maurat qui imagina le premier système optique. On forma immédiatement une commission, sous la présidence du lieutenant-colonel Laussedat, pour examiner les avantages à retirer de la télégraphie optique. On avait en vue l'essai de mettre Paris en communication avec la province. De nombreux appareils furent construits : l'appareil-à lunettes couplées de M. Lissajous, l'appareil à prisme de M. Cornu et beaucoup d'autres analogues. Parmi ces derniers, signalons ceux pourvus de grandes lentilles achromatiques sans corps de lunette. Ce système comprenait deux montures, l'une renfermant l'objectif d'émission et l'autre le manipulateur, le verre convergent et l'oculaire de vérification ; une lunette spéciale servait à la réception des signaux. Ces montures étaient placées sur une table, on cherchait par l'oculaire de vérification l'image de la station correspondante et on fixait les montures sur la table.

Deux membres de la commission, MM. Lissajous et Hioux, emportèrent un certain nombre de ces appareils lors de leur ascension en ballon (1er novembre 1870).

2° *En province.* — On fit des essais dans le midi de la France et en divers endroits. En novembre 1870, une commission fut nommée à Tours, pour étudier un système de signaux de nuit basé sur l'émission de rayons brefs ou longs permettant l'emploi du code Morse. On avait en vue de communiquer avec la capitale, mais l'étendue considérable donnée à la deuxième ligne d'investissement fit abandonner le projet par son auteur.

A l'armée du général Chanzy, on parvint à établir une communication à cinq kilomètres, mais, lorsqu'un soleil superbe favorisait l'opération.

Après la conclusion de l'armistice, des expériences se firent (mars 1871) à Poitiers avec des appareils à prismes. Le jour, on correspondit à 22 et à 37 kilomètres ; la nuit la transmission s'effectua, paraît-il, à cette dernière distance avec une lampe à pétrole et à l'œil nu.

### *Guerre Russo-Turque.*

Les Turcs qui, dans la guerre contre les Russes, se servirent à peine de la télégraphie électrique, utilisèrent encore moins les signaux optiques, mais ce fut par simple ignorance, car après la guerre des expériences furent ordonnées. Cependant le contingent égyptien possédait un système de signaux par pavillons pour communiquer entre les différents ouvrages de campagne.

### *Dans la région Transcaspienne.*

L'expédition des Russes dans la région transcaspienne leur permit d'utiliser pratiquement l'héliographe déjà expérimenté vers l'année 1877. On organisa un détachement spécial composé de trois officiers et de cinquante hommes. Les appareils étaient de trois modèles suivant le but à remplir ; on les désignait sous le nom d'appareils de cavalerie, de campagne et de forteresse. Les diamètres des miroirs étaient respectivement de 9, de 13 et de 25 centimètres et les distances auxquelles on pouvait correspondre de 26, de 42 et de 53 kilomètres. On employait comme source lumineuse le soleil et les lampes ; celles-ci étaient de divers systèmes et présentaient quelques inconvénients parmi lesquels l'usage de l'essence de térébenthine, qui se vaporisait rapidement par suite de l'élévation de la température.

L'héliographe servit :

1° A relier les troupes avec les têtes de lignes télégraphiques et leur base d'opérations, ce qui fut très utile à cause des tentatives des Tekkés pour couper les Russes de cette base.

2° A entretenir la liaison entre le corps principal et les détachements envoyés en reconnaissance.

3° Pendant le siège de Géok-Tépé, à faciliter le tir de l'artillerie, à fournir des nouvelles sur les mouvements de l'ennemi, dans le désert au nord de la place, et à surveiller les rassemblements destinés aux surprises nocturnes.

4° A l'éclairage du terrain situé en avant de la première parallèle et des environs du camp, ce qui se fit bien mieux que par les autres moyens ; il est vrai qu'ils étaient bien primitifs.

Ces résultats sont brillants, mais ils sont dus en partie au climat et à la nature du terrain.

### *En Afghanistan.*

Les Anglais possédaient aux Indes un excellent matériel de télégraphie électrique, puisqu'ils construisirent environ 700 kilomètres de lignes, mais elles furent fréquemment coupées par l'ennemi. La télégraphie optique remplaça la télégraphie par fil et servit pendant le combat et pendant les marches, pour entretenir les communications entre les diverses colonnes souvent fort éloignées les unes des autres.

On a pu correspondre :

1° Avec les héliographes à miroirs de 76, de 127 et de 152 millimètres de diamètre respectivement jusqu'à 54, 111 et 240 kilomètres. 2° Avec des pavillons de un mètre carré à 40 kilomètres, en se servant de bonnes lunettes.

### *Au Zoulouland.*

Le gouvernement anglais qui avait, on ne sait trop pour quel motif, négligé l'envoi d'un détachement de télégraphie électrique, s'en repentit bientôt amèrement et revint sur sa décision. Tant à cause de ce fait que par suite de l'état spécial de l'atmosphère, la télégraphie optique fut utilisée sur une assez large échelle. Signalons un des faits saillants de son emploi dans cette guerre. Le colonel Pearson, enfermé dans le fort d'Ekovee avec 1,300 hommes, coupé de tout secours et entouré de 15 à 20,000 Zoulous, parvint à se mettre en communication avec le reste de l'armée et avec le fort Ténedos, éloignés de plus de 40 kilomètres.

Les troupes britanniques purent venir au secours

des assiégés et, mettant à profit les renseignements transmis sur les Zoulous, les défirent complètement.

### Au Maroc et en Espagne.

La télégraphie optique a été employée par les Espagnols au Maroc et dans l'insurrection carliste. C'est surtout dans cette dernière guerre et après la levée du siège de Bilbao qu'elle rendit de grands services, car la nature montagneuse du pays se prêtait mal à la construction des lignes électriques que les carlistes auraient eu beau jeu à détruire. Quoique rien ne fût organisé et qu'on dût tout improviser, le corps des signaleurs répondit à l'attente générale.

### Dans la campagne de Bosnie.

Les Autrichiens eurent l'occasion d'employer leur corps de signaleurs dans la campagne de Bosnie.

Pendant les combats, la télégraphie optique servit à tenir le général en chef au courant des différentes phases de la bataille, à transmettre ses ordres aux divers commandants, à communiquer aux troupes en action les avis des postes d'observations, à la demande des munitions, etc.

Dans un cas, l'arrivée en temps opportun d'une dépêche optique empêcha l'artillerie autrichienne de tirer sur une position occupée par des troupes amies.

Au combat de Serajewo, deux stations de signaleurs établies sur le Humberg servirent à reconnaître l'ennemi et à correspondre avec le gros à Wazni, tandis que deux autres postes sur le Kobila-Glava communiquaient avec l'état-major du général Tegetthoff.

Au combat de Zepce, le général en chef, en arrivant sur le champ de bataille, se jugeant insuffisamment informé sur l'ennemi en raison du terrain accidenté, fit établir sur une hauteur voisine et dominante une station de signaux, qui le renseigna fort bien sur la force, la disposition et les mouvements adverses.

Cette guerre a démontré l'utilité des observatoires durant l'exploration, en marche ou pendant le combat, et la possibilité de les constituer facilement.

Le corps des signaleurs donna des résultats très satisfaisants, et transmit parfois des dépêches de 80 mots à des distances de 24 kilomètres, mais en ayant recours à des postes intermédiaires.

### En Tunisie et dans le Sud-Oranais.

En utilisant la lumière électrique comme source lumineuse, on est parvenu à correspondre parfaitement entre les forts des environs de Tunis et les différentes stations.

L'appareil optique de campagne du colonel Mangin a paru pour la première fois dans la guerre de Tunisie. D'autres systèmes, notamment ceux à lentille de $0^m,14$, y ont été mis en usage.

La télégraphie optique a permis, pendant les campagnes du Sud-Oranais et de Tunisie, d'envoyer à Paris en quelques heures les nouvelles des colonnes militaires lancées au fond du Sahara, à plusieurs centaines de kilomètres de tout poste télégraphique. »

Nous signalerons, en terminant, d'autres systèmes de télégraphie optique, qui ont été proposés, et qui, bien que reposant sur des principes connus, n'en doivent pas moins être cités dans ce *Supplément*.

En 1875, un officier français, M. Léard, fit l'essai, à Alger, d'un appareil de signaux lumineux, qui ne pouvait être employé que de nuit. Il se composait d'éclairs de lumière électrique projetés sur le ciel, et dont les interruptions ou la durée relative correspondaient aux brèves, aux longues et aux points du vocabulaire de Morse.

Le télégraphe optique des Anglais ne fonctionne que le jour, celui de M. Léard n'opère que la nuit. L'un pourrait donc succéder à l'autre, dans une armée. L'idée de la télégraphie céleste de M. Léard était ingénieuse, mais elle n'avait rien de pratique

Un autre officier, M. Godart, exécuta, à Paris, de 1880 à 1881, une série d'expériences, avec des signaux empruntés aux caractères de la sténographie, en opérant avec les appareils optiques du colonel Mangin.

L'administration militaire de Paris a expérimenté un télégraphe optique à lumière polarisée, dont le principal avantage était de dérober le sens des signaux aux étrangers qui étaient témoins de leur transmission.

En 1880 et 1881, on a vu plusieurs fois, à Paris, le capitaine Gaumet expérimenter ce qu'il appelait le *Télélogue* (parleur de loin), et qui n'était autre chose que le vieux système de télégraphie aérienne de Claude Chappe, exécuté avec une véritable bonhomie.

Tout se réduisait, en effet, à faire lire à distance, par une lunette d'approche, les différentes lettres des mots composant une phrase.

Le *Télélogue* du capitaine Gaumet se composait d'une lunette d'approche, posée en plein air, sur un trépied, et d'un grand carton, renfermant 27 feuilles de taffetas noir, pliées en deux. Sur vingt-cinq de ces feuilles se trouvaient tracées, en grands caractères d'argent, les vingt-cinq lettres de l'alphabet ordinaire. La vingt-sixième feuille était un grand carré d'argent, pour annoncer la fin d'un mot, et la vingt-septième un carré noir, désignant la fin d'une phrase.

Nous avons vu échanger des messages *télélogiques* par le capitaine Gaumet, le 4 juin 1882, jour du grand prix de Paris. La lunette de réception était placée sur les hauteurs du Trocadéro, où nous nous trouvions, et l'expédition des lettres se faisait de la pelouse du champ de courses de Longchamps. On reçut ainsi l'annonce du nom du cheval vainqueur.

Il fallait, avec ce système, quatre minutes environ pour recevoir une dépêche de vingt mots.

Mais ce procédé n'était, on le voit, qu'un retour enfantin au télégraphe aérien de Claude Chappe.

## CHAPITRE IV

### LA TÉLÉGRAPHIE PNEUMATIQUE

HISTORIQUE DE LA TÉLÉGRAPHIE PNEUMATIQUE. — INSTALLATION DES TUBES PNEUMATIQUES. — CHARIOTS. — APPAREILS ET MACHINES POUR CONDENSER ET RARÉFIER L'AIR. — UTILISATION DE L'AIR COMPRIMÉ. — MARCHE DES TRAINS. — LE SYSTÈME PNEUMATIQUE A L'ÉTRANGER.

Comme suite au *Supplément à la Télégraphie aérienne*, nous placerons ici la description d'un système de correspondance en usage dans quelques villes d'Europe, particulièrement à Paris, à Londres, à Manchester, à Liverpool, à Berlin, etc., et qui consiste à se servir de l'impulsion de l'air ou de sa raréfaction, pour lancer dans des tubes souterrains des messages écrits.

La *télégraphie pneumatique* a pris, depuis quelques années, un développement considérable à Paris. On parle même de l'affecter au service des postes, pour les lettres ayant à circuler dans l'intérieur de la ville. L'examen des procédés et des appareils de la télégraphie pneumatique ne sera donc pas sans intérêt pour nos lecteurs.

Un inventeur français dont le nom est parfaitement oublié aujourd'hui, Ador, eut le premier l'idée de la télégraphie pneumatique. En 1852, Ador fit, dans le parc Monceau, à Paris, un essai de transport de petits colis par l'air comprimé.

Après lui, en 1854, un autre inventeur français, Galy-Cazalat, fit la même expérience, couronnée, d'ailleurs, du même succès. Galy-Cazalat prit alors, en France, un brevet pour le transport des dépêches par la pression de l'air.

Pendant la même année, un physicien anglais, Latimer Clark, prit un brevet, pour un système analogue; et il établit à Londres des tubes, dans lesquels des étuis renfermant les dépêches étaient lancés par la pression de l'air, dans un tube vide, c'est-à-dire par aspiration, au lieu de l'être par refoulement, comme dans l'appareil de Galy-Cazalat.

En 1863, à Londres, le physicien Varley perfectionna ce mode de transmission. Il inventa la *valve*, qui, dans le système anglais, facilite l'envoi et la réception des étuis. La marche dans un sens se faisait au moyen du vide, et celle en sens inverse par l'air comprimé.

Enfin, en 1865, MM. Siemens et Halske

établirent à Berlin des tubes qui, à l'imitation des tubes pneumatiques de Varley, fonctionnent à la fois par le vide et la pression de l'air.

L'établissement des tubes pneumatiques pour le service intérieur de la poste ou de la télégraphie eut lieu, à Paris, en 1867. La compression de l'air était obtenue par l'emploi de trois cuves en tôle, dont la plus grande, remplie par l'eau de la ville, pouvait encore exercer une pression de 1,6 atmosphère. Les deux autres cuves servaient de réservoirs, l'une pour l'air comprimé, l'autre pour le vide. On obtenait la dépression nécessaire dans la cuve plus petite, en y laissant écouler l'eau de la grande cuve.

Ce moyen était fort commode, mais il avait l'inconvénient de revenir fort cher, à cause du prix élevé de l'eau de la ville, employée comme agent de pression. Aussi lui substitua-t-on, vers 1880, des machines à vapeur, pour manœuvrer les pompes à air.

Aujourd'hui, la *poste pneumatique* est parfaitement organisée à Paris, et nous allons décrire, avec des dessins pris dans les bureaux télégraphiques et dans les ateliers, les appareils qu'elle met en œuvre.

Nous commencerons par faire connaître les appareils et les conduites servant à faire voyager les *étuis à dépêches*; nous décrirons ensuite les usines à vapeur où s'effectuent la compression de l'air et le vide dans les tubes et les réservoirs, au moyen de machines à vapeur.

Nous représentons dans la figure 422 le bureau de poste pneumatique de la Bourse, à Paris, le plus important de tous; car, tandis que les bureaux ordinaires ne renferment que quatre ou deux appareils, celui de la Bourse en renferme douze, disposés, ainsi qu'on le voit, en deux rangées parallèles, de six appareils chacune.

La ligne qui sert à l'envoi et à la réception des *étuis à dépêches* est double. Dans l'une, on aspire au moyen du vide les *étuis*, dans l'autre, on les pousse au moyen de l'air comprimé.

Les tubes composant cette double ligne sont en fonte; leur diamètre est de 65 millimètres, et ils sont parfaitement alésés à l'intérieur, pour faciliter le glissement du piston. Leur rayon de courbure, pour la traversée des rues, n'est jamais moindre de trois mètres, et la pente qu'on leur donne ne dépasse pas cinq centimètres par mètre.

La compression de l'air dans l'une des conduites, ainsi que le vide, ou plutôt la simple raréfaction de l'air, dans l'autre, sont produits, comme il a été dit plus haut, dans une usine à vapeur par des pompes à air, actionnées par une machine à vapeur.

Les conduites de la poste pneumatique de Paris ont trouvé un asile commode et sûr à la voûte des égouts.

Cette vaste canalisation qui parcourt les profondeurs du sous-sol parisien ne renferme pas seulement le ruisseau infect des égouts. Elle reçoit encore les conduites pour la distribution des eaux, les fils de la télégraphie souterraine et le faisceau des conducteurs téléphoniques. Les tubes de la poste pneumatique sont encore venus s'y adjoindre. Paris est la seule ville au monde qui soit dotée de cette magnifique construction souterraine, qui, destinée, à l'origine, à ne recevoir que le tribut impur des eaux ménagères, les détritus des ateliers et les boues de la rue, a fini par donner abri aux appareils nouveaux qu'une science utilitaire a su créer, pour le plus grand bien-être des habitants des cités.

Les cartes-télégrammes, ainsi que les dépêches télégraphiques, ou manuscrites, venant de la province, et réunies à celles de *Paris pour Paris*, sont assemblées en un nombre suffisant, et enfermées dans un étui cylindrique en fer, garni de feutre. Le diamè-

Fig. 422. — Le bureau de la poste pneumatique de la place de la Bourse, à Paris.

# SUPPLÉMENT AU TÉLÉGRAPHE AÉRIEN.

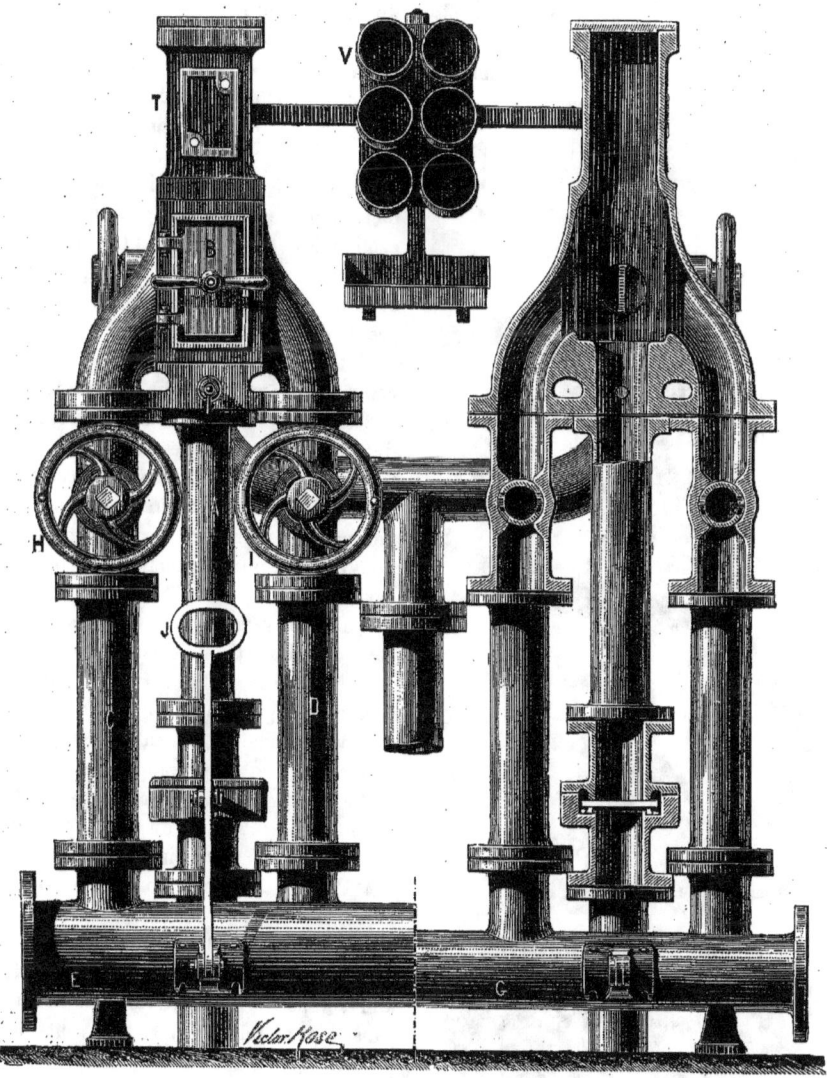

Fig. 423. — Perspective et coupe d'un appareil de la poste pneumatique. (Vu de face.)

tre de ces boîtes est de 4,5 centimètres. Cinq ou six, placés à la file, composent un véritable *train d'étuis*, qui partent : toutes les trois minutes, sur la ligne directe du poste central (Hôtel des postes) à la Bourse; toutes les cinq minutes, sur le réseau principal, ainsi que sur les réseaux secondaires ; enfin, tous les quarts d'heure seulement, sur quelques embranchements de peu d'importance.

Voici comment ce *train d'étuis* peut circuler rapidement à l'intérieur des conduites, soit de vide, soit d'air comprimé.

S. T. I.

L'étui placé en tête du train sert de piston. A cet effet, il est garni, à sa partie antérieure, d'une rondelle de cuir flexible, de

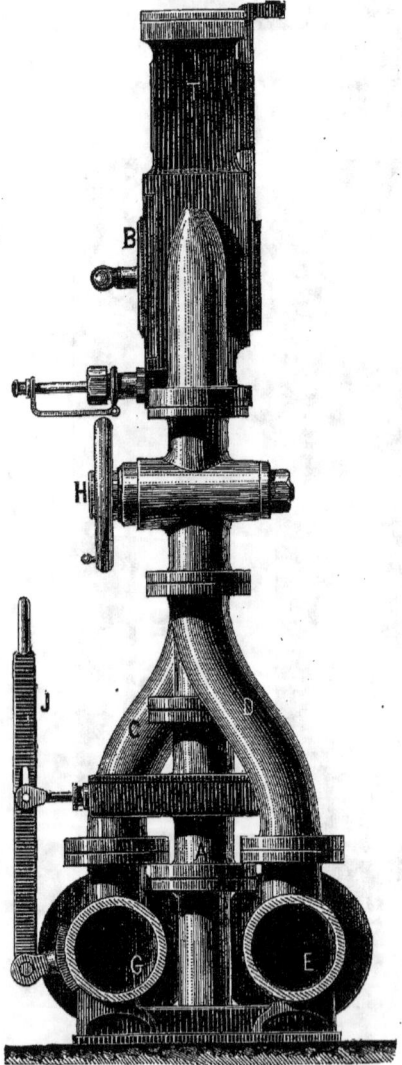

Fig. 424. — Coupe d'un appareil de la poste pneumatique. (Vu de profil.)

80 millimètres de diamètre, dont les bords, qui lui forment comme une sorte de collerette, viennent s'appuyer contre les parois du tube, quand l'air comprimé, ou la pression extérieure, dans le cas du vide, vient à le presser. Et comme le reste des étuis est attelé au premier, le train entier est entraîné dans le réseau tubulaire.

Arrivons à la description de l'appareil mécanique servant à l'expédition et la réception des *étuis à dépêches*. Cet appareil se compose, comme on le voit sur les figures 423 et 424, qui le représentent, vu de face et de profil, des éléments suivants :

1° Deux conduites, l'une G, pour l'air comprimé, l'autre E, pour l'air raréfié ;

2° Un tube vertical, A, auquel aboutit la ligne des deux conduites, G et E, et qui se termine, en haut, par une boîte carrée en laiton, B, dont la face antérieure présente une porte, se fermant hermétiquement, et s'ouvrant par une manivelle, que l'on tire à l'extérieur ;

3° Deux tuyaux verticaux, C, D, se recourbant à leur partie supérieure et entourant le tube vertical, A, qui servent à mettre en relation la ligne, soit avec l'air comprimé, soit avec le vide. Si l'on en ouvre le robinet à volant, H, on est en rapport avec la conduite vide ; si l'on ouvre le robinet à volant, I (fig. 423), on est en rapport avec la conduite d'air comprimé ;

4° Un grand levier, J, que tire à soi l'*employé tubiste*, avant d'ouvrir la porte de la boîte de laiton, B. Ce levier ferme une valve placée à l'intérieur des conduites, afin d'empêcher l'air extérieur de pénétrer dans les conduites, ou si l'on veut, pour prévenir l'échappement à l'extérieur de l'air comprimé ou raréfié.

Quand l'*employé tubiste* veut faire partir un *train d'étuis*, il réunit en un paquet les dépêches qu'il a reçues, et il les introduit dans un, deux ou trois étuis, selon le nombre des papiers. Une large ouverture longitudinale est pratiquée à cet étui, pour faciliter cette introduction. Ensuite, il recouvre l'étui d'une chemise de cuir, et il l'introduit dans la boîte carrée de laiton, B, en plaçant en avant l'étui porteur de la collerette de cuir flexible, qui doit faire office de piston. L'employé avertit alors, par la sonnerie électrique, T (fig. 423 et 424), la station correspondante du départ des étuis. Mais, avant d'ouvrir la boîte de laiton, il a eu le soin de tirer fortement à lui le levier, J, pour fermer la valve intérieure des conduites, et prévenir ainsi la déperdition à l'extérieur de l'air comprimé ou raréfié. Pour expédier immédiatement les étuis, il ouvre le robinet volant, H, et le train part aussitôt. La sonnerie électrique du correspondant l'avertit quand ce train est arrivé à destination.

Le jeu est le même pour recevoir un train de dépêches. L'*employé tubiste* de la station correspondante avertit son collègue, au moyen de la sonnerie électrique, du moment de l'envoi du train, et bientôt un bruit de choc, à l'intérieur de l'appareil, annonce son arrivée. Alors, il opère comme pour le départ, c'est-à-dire qu'il ouvre la boîte de laiton, après avoir obturé l'intérieur de la conduite, en tirant le grand levier, J, et il extrait les étuis de la boîte.

Le casier, V, que l'on voit en coupe sur la figure 423 est destiné à recevoir les étuis vides, ou les étuis de rechange.

La vitesse du voyage des étuis varie selon la pression ou le degré de raréfaction de l'air qui existe à l'intérieur des conduites. Sur des lignes très courtes, c'est-à-dire dans les conditions les plus favorables, où il suffit d'une pression de 40 centimètres de mercure, la vitesse est de 1 kilomètre par minute.

Le *réseau pneumatique* de Paris, créé en 1867, alors que l'on se servait, comme puissance motrice, des chutes d'eau de la ville, n'avait, en 1878, que le modeste développement de 33 kilomètres. En 1884, il embrassait une longueur de 160 kilomètres. Aujourd'hui, cette longueur est bien dépassée.

On en jugera en jetant les yeux sur la carte de la page suivante (fig. 425), qui représente *le réseau des tubes de la poste pneumatique de Paris*, et qui met à la fois sous les yeux du lecteur le trajet des tubes d'une station à l'autre, la canalisation d'air comprimé et raréfié, enfin l'emplacement des usines pour la production de l'air comprimé et du vide, au moyen d'une machine à vapeur.

Nous sommes ainsi amené à décrire les *usines à vapeur* pour la production du vide ou de l'air comprimé.

On voit, d'après la carte, que plusieurs de ces usines (qui sont désignées sur cette carte par les mots et le signe : *atelier de force motrice*) sont disséminées dans Paris. Les dispositions sont, d'ailleurs, les mêmes dans chacun de ces ateliers mécaniques : la force de la machine à vapeur varie seulement de l'une à l'autre.

Nous représentons dans la figure 426 la principale de ces usines, c'est-à-dire celle de l'Hôtel des postes de Paris, le bel édifice public inauguré au mois de juillet 1888.

C'est dans le sous-sol de l'Hôtel, dans la partie ayant sa façade sur la rue Étienne-Marcel, qu'est installée la machine à vapeur, ainsi que les pompes pour la compression de l'air et la production du vide dans les conduites.

Particularité remarquable, c'est la tige du piston du cylindre de la machine à vapeur qui, prolongée horizontalement, va actionner les valves intérieures de la pompe à compression d'air et celles du vide.

Une autre disposition mécanique intéressante, c'est que la même pompe atmosphérique, selon la position donnée aux soupapes ou clapets, peut servir à faire le vide ou à comprimer l'air. Un changement dans le sens de l'ouverture de ces soupapes les fait ouvrir de l'intérieur à l'extérieur, et réciproquement; ce qui permet de se servir du même corps de pompe, tantôt pour comprimer de l'air, tantôt pour le raréfier.

L'appareil mécanique servant à opérer la compression de l'air, ou à faire le vide dans les réservoirs et dans les conduites

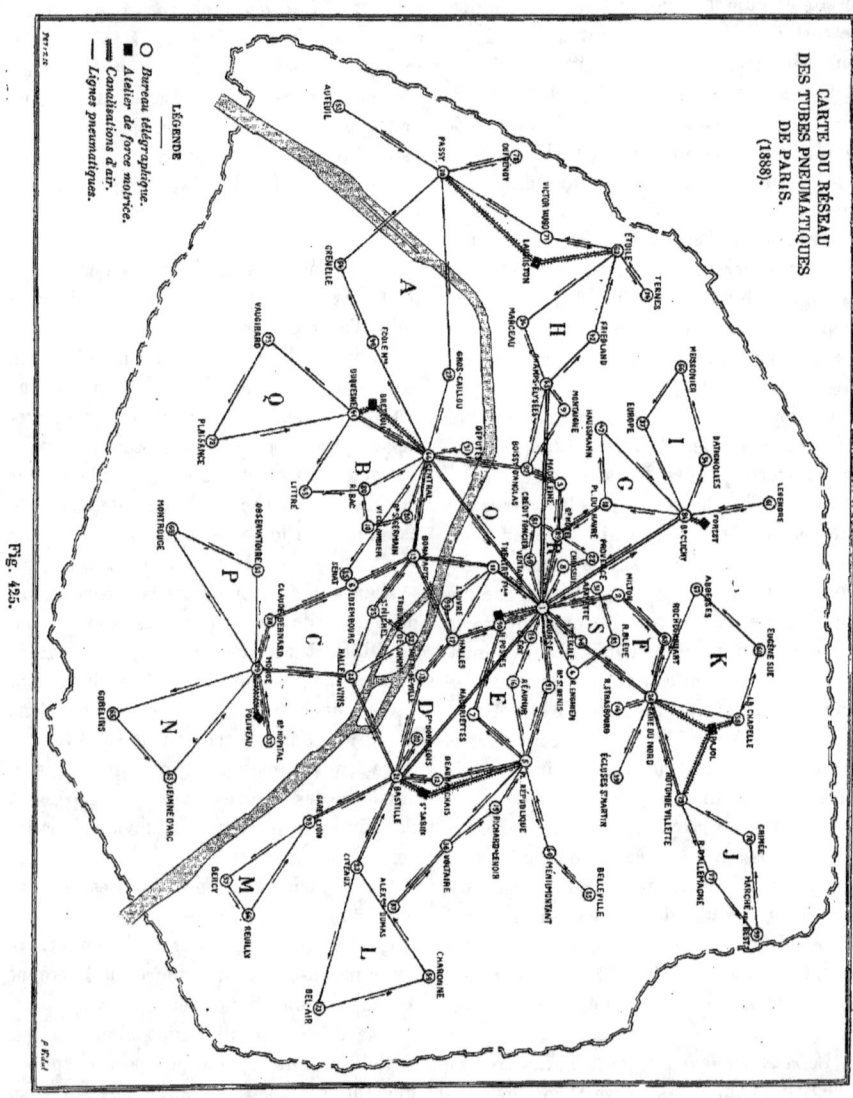

Fig. 425.

qui parcourent les égouts, se compose :
1° De la chaudière à vapeur ;
2° De la machine à vapeur ;
3° Des pompes à air ;

4° Des réservoirs d'air comprimé ou de vide.

La chaudière à vapeur est la chaudière Belleville inexplosible. Nous avons donné,

Fig. 426. — L'usine à vapeur pour la compression de l'air et sa raréfaction, à l'Hôtel des postes, à Paris.

dans les premières pages de ce volume (1), une description très développée, avec des dessins très variés, de ce générateur, vraiment inexplosible, mais auquel on doit reprocher, toutefois, son extrême complication, qui nécessite des chauffeurs expérimentés et infatigables, et qui a le défaut de contenir une trop faible quantité d'eau.

L'eau est fournie à la chaudière Belleville par un puits qui a été creusé à proximité. On a fait, d'autre part, une prise à un embranchement de l'eau d'Ourcq, afin d'assurer l'alimentation de la chaudière en tout temps.

La machine à vapeur, mise en marche par cette chaudière, est de la force de 60 chevaux. Elle a été construite par MM. Schneider, à l'usine du Creusot. C'est la *machine Corliss du Creusot*. Comme nous avons analysé, avec beaucoup de détails, cette machine, dans le *Supplément à la Machine à vapeur*, qui forme la première Notice de ce volume (2), nous n'avons pas besoin de revenir sur cette description. Dans le dessin de la machine à vapeur de l'Hôtel des postes, on reconnaîtra, si l'on veut bien se reporter à la figure de la *machine Corliss du Creusot* (3), les mêmes déclics, si ingénieux, le lourd volant et l'excellent régulateur de cette belle machine à vapeur.

Nous dirons seulement que le cylindre à vapeur est muni d'une enveloppe à circulation de vapeur, et d'une garniture *calorifuge*, c'est-à-dire destinée à éviter les pertes de chaleur.

Quant au condenseur, qui n'est point visible sur notre dessin, parce qu'il est placé sous le bâti de la machine, il est pourvu d'une *pompe à air*, à simple effet, actionnée par une contre-manivelle, rattachée elle-même à la manivelle de la machine à vapeur. La *pompe à eau* reçoit son mouvement d'un excentrique placé à l'extrémité du grand arbre moteur, du côté opposé à sa manivelle.

Un *purgeur automatique* fait écouler l'eau chaude, sortant du condenseur, dans l'égout de la rue Étienne-Marcel.

L'arbre moteur de la machine Corliss fait 52 tours par minute. Malgré cette médiocre allure, les deux cylindres de la pompe de compression de l'air refoulent 30,000 litres d'air par minute.

Les *pompes atmosphériques* font directement suite, comme on le voit sur la figure 426, au cylindre à vapeur; et c'est le prolongement de la tige du piston de ce cylindre, qui vient actionner, ainsi que nous l'avons dit plus haut, le piston et les soupapes des pompes atmosphériques.

La suppression de tout organe de transmission du mouvement du cylindre à vapeur aux pompes, c'est-à-dire l'absence de tout intermédiaire entre la puissance et le travail, procure un rendement élevé, tout en simplifiant l'entretien et les visites de l'appareil.

Les soupapes d'aspiration et de refoulement d'air sont du même modèle, et appartiennent au système Corliss. Comme elles sont entièrement métalliques, elles fonctionnent à des températures élevées. Par leur fermeture brusque, elles peuvent marcher aux allures les plus rapides; ce qui a permis de réduire considérablement les dimensions des cylindres à air. On peut reconnaître, en effet, en examinant notre dessin, que les cylindres compresseurs sont d'un faible volume, malgré la grande quantité d'air qu'ils aspirent en une minute. Ajoutons que ces soupapes peuvent être facilement démontées et visitées.

Un courant d'eau froide circulant autour des cylindres compresseurs et raréfacteurs d'air prévient leur échauffement par le calorique que développe toujours la compression de l'air. Cette utile disposition avait déjà été

---

(1) Pages 6-10.
(2) Pages 45-47.
(3) Figures 39 et 40.

employée par M. Daniel Colladon, dans les pompes à compression d'air que le savant physicien de Genève installa pour la compression de l'air, aux ateliers de Gœschenen et d'Airolo, pendant les travaux d'excavation du tunnel du mont Saint-Gothard, de 1875 à 1880.

Des deux pompes atmosphériques, l'une comprime l'air, et l'autre fait le vide ou raréfie l'air. On peut donc, à volonté, grâce à l'identité de modèle des soupapes, et en changeant seulement le sens de leur ouverture, les faire aspirer, tantôt dans l'atmosphère, tantôt dans les réservoirs de vide, c'est-à-dire en faire à volonté des pompes à compression ou des pompes à raréfaction.

L'air aspiré par ces pompes est puisé dans une cheminée située dans une cour contiguë à celle des machines, et qui donne sur la rue Jean-Jacques-Rousseau.

Tel est l'ensemble d'appareils qui sert à faire varier la pression de l'air dans les conduites souterraines de la ville. Il importe d'ajouter qu'en prévision des accidents extérieurs ou des dérangements, un second groupe d'appareils, semblable à celui qui vient d'être décrit, a été construit et est toujours prêt à marcher. Pendant qu'un groupe travaille, l'autre reste inactif, mais tout prêt à servir de rechange, pendant les réparations ou pendant les visites, qui sont toujours nécessaires au bout d'un certain temps de service des appareils.

Le travail des machines que nous venons d'étudier ne dure que de 7 heures du matin à 11 heures du soir. Alors, commence le service de nuit. Il faut un travail de nuit pour l'usine de l'Hôtel des postes ; car les tubes pneumatiques expédient, le soir, au bureau central des télégraphes de la rue de Grenelle, les dépêches de la province, et celles qui sont remises pendant les dernières heures, aux bureaux des quartiers. Ce service

étant beaucoup moins important que celui du jour, les pompes atmosphériques sont actionnées par une machine à vapeur de moindre puissance, par une machine *compound*, à pilon, de la force de 30 chevaux.

Cette dernière machine, qui n'a pu être représentée sur la figure 426 (*Usine à vapeur de l'Hôtel des postes*), parce qu'elle est placée à gauche, en contre-bas du terre-plein supportant la machine Corliss et les pompes atmosphériques, est à condensation, comme toutes celles du système *compound*, et à deux cylindres. Sa vitesse est de 80 tours par minute. Elle diffère de la grande machine, ou *machine Corliss*, en ce qu'elle est pourvue d'organes de transmission (poulies de réserve, paliers et courroies allant de l'arbre moteur aux tiges des pistons des pompes atmosphériques) complication que l'on a pu éviter, ainsi qu'on l'a vu plus haut, avec la machine Corliss.

Pour terminer la description de l'usine pneumatique de l'Hôtel des postes, il nous reste à dire que l'on emmagasine l'air comprimé, ou raréfié, dans quatre énormes cylindres en tôle, qui n'ont pas moins chacun de 19 mètres de long, et qui sont logés sous un abri obscur, à proximité de l'atelier des machines.

On voit représenté sur la figure 427 la perspective de ces trois réservoirs.

Nous n'avons pas besoin de dire que ces cylindres métalliques, qui sont en rapport, par une tuyauterie, $a, a'$, avec les pompes atmosphériques, reçoivent de l'air comprimé ou de l'air raréfié, selon les besoins du service. Il suffit de relier cette tuyauterie aux pompes de compression ou de raréfaction.

Les grands réservoirs de tôle qui communiquent, par le tube $a, a'$, avec les pompes atmosphériques, sont en rapport, par les gros tuyaux, A, A', B, B', avec les conduites métalliques souterraines, dans lesquelles les *étuis à dépêches* sont, comme nous

Fig. 427. — Les réservoirs d'air comprimé et d'air raréfié de l'usine à vapeur de l'Hôtel des postes, à Paris.

l'avons expliqué, poussés sur l'une de leurs faces par l'air comprimé, et aspirés, à l'autre face, par l'air raréfié. En tournant à la main les robinets à manivelle circulaire, R, R', on les met en rapport avec les conduites souterraines d'air comprimé ou de vide.

Telle est l'intéressante *usine pneumatique à vapeur* de l'Hôtel des postes de Paris, où l'ingénieur du service pneumatique de l'administration des télégraphes, M. Wünschendorff, a su réunir toutes les dispositions reconnues aujourd'hui les plus avantageuses pour le bon fonctionnement des appareils et l'économie du combustible.

## CHAPITRE V

LA POSTE PNEUMATIQUE A L'ÉTRANGER.

Les tubes pneumatiques pour le service postal à l'intérieur des villes fonctionnent à Londres et dans plusieurs autres villes d'Angleterre (Birmingham, Manchester, Liverpool, etc.), ainsi qu'à Berlin.

Les détails dans lesquels nous venons d'entrer sur le réseau postal pneumatique de Paris nous permettront de réduire à peu de mots ce qui concerne le même service à l'étranger.

L'administration des postes et télégraphes, à Londres, a adopté plusieurs modèles de *valves*, ou *appareils distributeurs* de l'*air comprimé* ou *raréfié*. Les premières valves, celles du système Varley, étaient très compliquées et fort coûteuses. On leur préfère aujourd'hui celles de M. Villemot, dont la manœuvre est tout aussi simple et le prix moins élevé. Ce sont ces dernières qu'on emploie presque exclusivement aujourd'hui à Londres.

Les étuis qui servent à la transmission des dépêches sont en gutta-percha. Ils ont une longueur totale de $0^m,145$ et une épaisseur de $0^m,004$. Leur diamètre intérieur est de $0^m,033$, et leur diamètre extérieur, y compris leur enveloppe, de $0^m,057$. Afin qu'ils puissent résister aux chocs qu'ils éprouvent à l'arrivée, ils sont recouverts d'une première enveloppe en feutre, qui, en même temps, empêche la gutta-percha de s'échauffer, par suite du frottement contre les parois des tubes. Une série de rondelles, fixées contre la partie antérieure de chaque étui, forment piston ou maintiennent le vide, pour expédier ou pour recevoir, alternativement, au moyen d'un seul et même tube.

Pour recevoir un étui, on ferme l'extrémité de la conduite générale, au moyen d'un clapet à charnière, garni de caoutchouc; puis on ouvre un robinet, qui met la conduite en communication avec le réservoir à vide. Attiré aussitôt par aspiration, l'étui se rend au poste d'arrivée, où il ouvre, automatiquement, le clapet à charnière, maintenu jusqu'alors fermé par la pression atmosphérique, et il reste attiré contre l'ouverture de la conduite. L'employé chargé de la réception ferme alors le robinet, et retire l'étui, pour que l'air de la conduite puisse reprendre la pression ambiante.

Pour expédier un étui, on le place dans la conduite, dont on ferme l'ouverture au moyen d'un obturateur, manœuvré à l'aide d'une manette qui entraîne une glissière, à laquelle cet obturateur est fixé. Le plan incliné vient alors rencontrer un galet qui ouvre une valve placée à l'intérieur du cylindre, et met en communication les tuyaux avec le réservoir à air comprimé. L'étui est aussitôt poussé dans le tube souterrain, et lorsque la sonnerie électrique annonce son arrivée au poste correspondant, on remet la glissière dans sa position primitive.

On procède donc, dans le premier cas, par aspiration, et dans le second, par refoulement.

Dans les bureaux de quartier, le tuyau débouche dans l'intérieur d'une boîte, dont le fond est ouvert, et communique, par un tube, avec les égouts. C'est par cet orifice que l'air s'échappe, sans gêner l'employé. Un grillage, disposé au-dessus, empêche l'étui de tomber dans la conduite.

A Berlin, on emploie, comme à Paris, deux tubes distincts pour la transmission et la réception, l'un fonctionnant par le vide et l'autre par l'air comprimé.

Le système pneumatique qui fonctionne en Allemagne a été exécuté par MM. Siemens.

Les étuis sont analogues à ceux de Londres. Ils en diffèrent, toutefois, par leurs dimensions, qui sont plus grandes, et par un couvercle en gutta-percha, maintenu par une bande élastique.

Chaque tube est pourvu de sa valve. Celle-ci se compose de deux bouts de tube, de même diamètre que la conduite, et qui sont portés par un châssis mobile autour d'un axe. L'un ou l'autre de ces tuyaux peut être raccordé avec la conduite, suivant qu'on veut expédier ou recevoir. Pour expédier, il suffit de placer l'étui dans l'intérieur du tube, et d'amener celui-ci dans le prolongement de la conduite, à l'aide d'une manivelle. Le courant d'air entraîne aussitôt l'étui, jusqu'au poste d'arrivée, où, pour la réception, le tube directeur se trouve placé dans le prolongement de la conduite.

Ce tube est fermé par une sorte de grille, qui laisse échapper l'air que refoule l'étui en arrivant. Lorsque ce dernier a pénétré dans le tube, il intercepte le passage du courant d'air dans ce même tube, et permet ainsi d'expédier simultanément des étuis en des points différents du circuit.

Un tuyau, dit *de dérivation*, facilite la circulation de l'air. Une valve, qu'on manœuvre à l'aide d'un levier, s'ouvre au moment de la réception, et se ferme lors de la transmission.

Une double tringle fixe relie les deux parties de l'appareil, et limite les mouvements du châssis mobile.

Lorsqu'un étui doit traverser un bureau sans s'y arrêter, l'employé, qui est averti par une sonnerie électrique, met le châssis mobile dans la position de transmission; en passant, l'étui frotte sur un ressort placé dans la conduite et relié à un petit levier qui frappe sur un timbre, et il annonce ainsi le passage du chariot.

Dans les bureaux intermédiaires, chaque tube est utilisé pour la transmission dans un sens et la réception dans le sens opposé. Au bureau central, les tubes sont disposés de façon à pouvoir servir indifféremment à la transmission ou à la réception, et portent par conséquent chacun une valve.

Ce système a été légèrement modifié, de façon qu'aujourd'hui on peut, si on le veut, ne plus employer que le vide. Dans ce but, les deux tuyaux dont nous avons parlé tout à l'heure sont ouverts à leurs extrémités. A l'une d'elles est placé un *aspirateur* à vapeur, dont le fonctionnement, analogue à celui de l'éjecteur Smith, employé sur les locomotives du chemin de fer du Nord, pour la manœuvre du frein à vide, permet la suppression des pompes à vapeur que l'on avait mises en service à l'origine, et qui sont presque exclusivement adoptées à Paris et à Londres. C'est la condensation de la vapeur à l'intérieur du tuyau, qui opère le vide, ou la raréfaction de l'air.

Ce système est économique et n'exige aucune surveillance.

FIN DU SUPPLÉMENT AU TÉLÉGRAPHE AÉRIEN.

# SUPPLÉMENT

AU

# TÉLÉGRAPHE ÉLECTRIQUE

La télégraphie électrique, depuis l'année 1870, époque à laquelle s'est arrêtée notre Notice sur cette invention, a pris une extension si considérable qu'il a fallu inventer des appareils et des méthodes nouvelles pour répondre aux besoins toujours croissants de ce mode de correspondance instantanée.

Quelle que fût leur habileté, les employés des télégraphes ne pouvaient suffire au nombre croissant de dépêches amené par l'abaissement des tarifs. On aurait pu, pour répondre à cette excessive augmentation de travail, multiplier, sur les lignes les plus encombrées, le nombre des fils et celui des employés. C'est ce que l'on fit d'abord. Mais ce moyen, praticable avec avantage sur les lignes d'un faible parcours, n'était plus possible pour les lignes de très longue étendue ; car l'installation d'un nombre considérable de fils nouveaux sur de très grands parcours aurait amené des dépenses bien au-dessus des recettes de la ligne.

Il a donc fallu chercher une autre solution à cette difficulté, et, en conservant un petit nombre de fils, accroître la capacité de transmission des appareils.

Le génie de nos constructeurs et ingénieurs trouvait dans ce problème une ample matière à s'exercer, et il n'a pas fait défaut à l'attente du public. Aujourd'hui, la rapidité des transmissions télégraphiques dépasse, on peut le dire, toute limite, et l'instrument qui sert à l'expédition des messages a subi, sinon de profondes modifications, du moins des appropriations particulières, qui en ont décuplé la portée.

C'est à exposer les perfectionnements de la télégraphie électrique, depuis l'année 1870 jusqu'à ce jour, que ce *Supplément* sera consacré.

Les perfectionnements que nous avons à faire connaître, et qui ont permis d'accroître considérablement le nombre de dépêches transmises en un temps donné, sont de trois ordres, constituant trois systèmes bien distincts.

Au premier système se rattachent les *transmetteurs automatiques*, qui expédient les dépêches au moyen d'une bande de papier perforée à l'avance par l'expéditeur, ou par un employé, et dont les trous correspondent aux caractères de l'alphabet Morse.

Le second système, dit de *transmission simultanée*, consiste à envoyer plusieurs dépêches à la fois sur le même fil, dans le même sens ou dans les deux sens opposés, à l'aide d'appareils anciennement connus, mais disposés d'une façon particulière.

Dans le troisième système, ou système des *transmissions multiples*, on fait usage de plusieurs *appareils transmetteurs*, manœuvrés à la fois par autant d'employés. Dans ce but, on utilise alternativement les courants positif et négatif de la pile, et cela pendant des périodes très courtes ; ce qui donne le moyen d'expédier plusieurs dépêches sur le même fil.

Nous allons exposer successivement chacun de ces systèmes.

## CHAPITRE PREMIER

SYSTÈME DE TRANSMISSION AUTOMATIQUE AU MOYEN DE DÉPÊCHES PRÉPARÉES A L'AVANCE. — APPAREILS DE WHEATSTONE. — PROCÉDÉS RÉCENTS DE MM. FOOTE, BANDAL ET ANDERSON.

Le meilleur employé de la télégraphie, en se servant de l'appareil Morse, ne peut expédier plus de 25 dépêches de 20 mots, ou 500 mots dans une heure. Encore serait-il incapable de poursuivre ce travail avec la même rapidité, pendant l'heure suivante.

Le système de la *transmission automatique* permet d'accroître le nombre de dépêches expédiées dans un temps donné. La dépêche étant composée à l'avance sur des bandes, par des employés spéciaux, sans que le fil télégraphique soit utilisé, le fil du télégraphe reste disponible pendant le temps où l'on perfore la dépêche sur la bande ; et de plus, la transmission se faisant sans aucune interruption comporte une rapidité supérieure à celle de la transmission ordinaire par un seul employé.

Wheatstone, l'un des créateurs de la télégraphie électrique, est l'inventeur de la méthode de transmission rapide, désignée communément, en Angleterre, où elle est fort en usage, sous le nom de *Jacquard électrique*, parce qu'elle rappelle les cartons perforés du métier Jacquard.

Ce système télégraphique exige, comme nous l'avons dit plus haut, que les dépêches soient préparées à l'avance.

La préparation consiste à perforer les bandes de papier, de trous dont l'espacement et la disposition correspondent aux points, aux traits et aux intervalles qui composent les signes de l'alphabet Morse. Ainsi, deux trous en ligne droite, placés vis-à-vis l'un de

Fig. 428. — Perforateur de bandes de papier du télégraphe Wheatstone.

l'autre, forment un point, et deux trous en diagonale, un trait. Un trou isolé de la bande centrale correspond à l'intervalle de deux lettres, et trois trous à celui de deux mots.

Nous n'avons pas besoin de dire que ce n'est pas l'expéditeur lui-même de la dépêche qui est obligé de perforer la bande de papier. Il remet sa dépêche, écrite en langue ordinaire, à un employé, lequel s'occupe de la traduire sur une bande de papier, qu'il perfore ainsi qu'il va être dit.

L'appareil qui produit la perforation des bandes, ou le *perforateur Wheatstone*, est représenté dans la figure 428. Il se compose d'une petite boîte en cuivre, D, surmontée

# SUPPLÉMENT AU TÉLÉGRAPHE ÉLECTRIQUE.

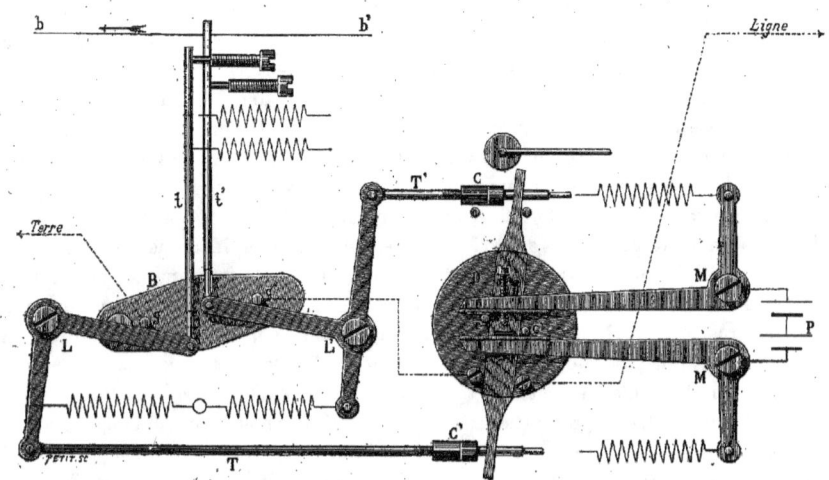

Fig. 429. — Transmetteur Wheatstone, pour l'expédition des télégrammes a bandes perforées (Coupe).

d'un pupitre E, sur lequel on place le manuscrit de la dépêche à traduire en trous sur le papier. La boîte est munie de tiroirs, B, C, pour renfermer les rognures de papier provenant du travail.

Trois pistons, $a$, $b$, $c$, étant pressés, poussent, à l'intérieur de la boîte, trois poinçons d'acier, qui sont de véritables emporte-pièces. Ces poinçons sont de deux dimensions. Les uns, plus gros, sont destinés à pratiquer les trous affectés à la formation des signaux ; les autres, plus petits, qui sont placés au milieu de la bande et régulièrement espacés, ne servent que de moyen de prise au disque qui doit provoquer le déroulement du papier.

Muni d'un petit maillet dans chaque main, l'employé frappe sur les pistons, pour faire agir les poinçons. Des ressorts à boudin ramènent en arrière les poinçons, quand la perforation a été faite.

La bande de papier, PP', est entraînée par un mouvement d'horlogerie au-devant des poinçons contenus dans la petite case F. Le déroulement du papier est facilité, ainsi qu'il vient d'être dit, par la suite des petits trous équidistants, dont la bande a été percée, en même temps que les trous affectés aux signaux.

Comme la manœuvre des pistons $a$, $b$, $c$ est assez pénible pour l'opérateur, dans les bureaux qui renferment des tubes pneumatiques pour l'envoi des dépêches, on utilise l'air comprimé pour remplacer la main de l'employé.

Les bandes étant ainsi perforées, si on les place dans le *transmetteur* — qui se compose d'aiguilles métalliques verticales, venant, à certains intervalles, se mettre en contact avec le papier qui se déroule d'un mouvement uniforme — quand les trous du papier laisseront passer les aiguilles, le courant électrique de la ligne sera établi. Quand, au contraire, les aiguilles rencontreront le papier plein, le courant sera interrompu par suite de la non-conductibilité de cette substance.

C'est, comme on le voit, le principe des *cartons Jacquard* des métiers à tisser les étoffes façonnées, transporté dans le domaine de l'électricité.

L'appareil qui, dans la pratique, réalise

l'effet que nous venons d'indiquer, c'est-à-dire le *transmetteur Wheatstone*, est représenté en coupe théorique, et réduit à ses éléments essentiels, dans la figure 429.

Il se compose d'un balancier en ébonite, B, maintenu dans un mouvement oscillatoire, par l'entraînement des rouages de l'appareil. Deux goupilles ($g$ et $g'$) fixées au balancier s'appuient sur les bras du levier, L et L', qui oscillent ainsi à l'unisson avec B. Deux tiges verticales, $t$ et $t'$, fixées aux extrémités des bras de levier, L, et L', se meuvent de bas en haut, au-dessous de la bande, $b$, $b'$. Lorsque, dans leur mouvement, ces tiges rencontrent un des trous pratiqués dans la bande $b$, $b'$, elles passent au travers et envoient un courant (positif ou négatif) dans la ligne; quand, au contraire, elles rencontrent un intervalle plein, elles sont arrêtées par le papier, substance non conductrice de l'électricité, et le courant se trouve interrompu.

Voici comment se produit l'émission ou l'interruption du courant. La tige T', C, entraînée par le levier L', fait mouvoir un disque D, en parfaite concordance avec le balancier B. Les deux segments métalliques du disque sont, bien entendu, parfaitement isolés par une bande centrale en ébonite. Deux leviers, M' et M, en communication constante, le premier avec le pôle positif de la pile, P, et l'autre avec son pôle négatif, s'appuient contre l'une ou l'autre des deux goupilles, $c'$ $c'$, fixées sur chaque segment du disque D, et envoient dans la ligne, tantôt un courant positif, tantôt un courant négatif. Or, ces courants renversés se succéderaient sans interruption si la bande de papier perforé ne limitait pas le jeu des tiges $t'$ et $t$. Aux endroits où la bande ne porte pas de trous, les leviers, L' et L, se trouvant arrêtés, maintiennent le disque D immobile, et empêchent ainsi le courant de passer dans la ligne; mais là où la bande est perforée, un point donne un courant renversé à chaque oscillation, et un trait à chaque seconde oscillation. Alors, la tige $t'$ pénètre dans la perforation supérieure, et le courant renversé va à la ligne.

Le transmetteur est mis en mouvement par un poids. Il peut imprimer à la bande une vitesse de 20 à 130 mots par minute.

Le *récepteur* n'est autre qu'un récepteur Morse, encreur, très sensible, qui diffère des appareils ordinairement employés en ce que la molette imprimante marque l'empreinte. Cette molette est mue par un axe, mis en mouvement par des armatures, qui sont en fer doux et fixées aux pôles d'un aimant permanent. Ces armatures, qui se trouvent ainsi polarisées, sont engagées entre les branches d'un électro-aimant, qui reçoit les courants alternatifs lancés dans la ligne.

Lorsqu'elles ont été attirées par un courant ayant traversé l'électro-aimant, elles restent immobiles, jusqu'à ce qu'un courant contraire vienne les déplacer. Lorsqu'elles sont mises en mouvement, la molette imprimante est amenée au contact du papier, et y trace une ligne, jusqu'à l'envoi d'un courant contraire. Le point est formé par un courant momentané agissant sur la molette, et suivi d'un courant inverse très court, qui la remet en place. Un trait s'obtient par un courant court suivi d'un courant inverse, venant après un intervalle de temps.

Le *Jacquard électrique de Wheatstone* rend de grands services en télégraphie. Voici, sur cet appareil, quelques détails empruntés au journal anglais, *The Nature* :

« Pour se faire une idée de la valeur du système automatique rapide sur des lignes télégraphiques d'un développement considérable, il suffit de comparer, dans les mêmes conditions, l'appareil Morse avec le *Jacquard électrique*.

« Pour utiliser un appareil alliant une telle célérité de transmission à d'aussi puissants moyens d'enregistrement, il devenait nécessaire d'adopter un système spécial de transmission et de réception pour économiser le travail manuel et tirer du fil le maximum de rendement. Les dépêches passent donc en groupe à la machine qui doit les transmettre par le fil; ce qui veut dire que pour un circuit d'une longueur de 500 kilomètres, 12 dépêches de 30 mots sont poinçonnées sur un ruban continu et envoyées par le transmetteur à la fois et *vice versa*. Le fil de Londres à Birmingham, par exemple, peut envoyer quatre groupes, distincts de 12 dépêches chacune, et recevoir trois groupes semblables dans une heure. Cela équivaut à 84 dépêches de 30 mots chacune; sur une moyenne de 5 lettres par mot, cela forme un total de 12,600 lettres, et 210 lettres par minute. Cela revient encore à 42 mots par minute, en y comprenant tous les accusés de réception et formalités d'usage.

« Une semblable rapidité n'exige qu'un personnel de cinq employés aux stations de réception et de transmission, à savoir : deux pour poinçonner les dépêches sur le papier bande, deux pour écrire et transmettre, et un cinquième pour manier l'appareil, accuser les réceptions, demander les répétitions.

Le système qui vient d'être décrit est employé sur plusieurs des grands circuits d'Europe, mais surtout en Angleterre. Son avantage principal consiste, non seulement dans sa grande exactitude, mais encore dans l'augmentation de vitesse qu'il procure. On peut dire qu'il double la capacité des fils. Malheureusement, il entraîne des frais supplémentaires. Quand il doit fonctionner plusieurs heures consécutives, il faut, pour son service, deux employés perforateurs, un employé ajusteur et trois écrivains au bout de chaque fil.

Un des télégraphes qui ont le mieux résolu le difficile problème de la transmission rapide au moyen de bandes perforées est l'appareil américain de MM. Foote, Bandal et Anderson, qui est exploité, depuis 1881, entre Boston et New-York, sur une ligne de 330 kilomètres.

Le principe de ce système consiste, comme celui du *perforateur Wheatstone*, à percer d'avance des bandes où la dépêche est inscrite en signes Morse.

On commence par fabriquer les bandes perforées, à l'aide d'un clavier semblable à celui d'un piano. Après quelques semaines de pratique, on peut percer des bandes avec une vitesse de 1500 à 2000 mots à l'heure. On place ces bandes perforées sur l'appareil transmetteur, lequel, au moyen d'une manivelle tournée à la main, les fait passer entre un système de roues et de *balais de contact*. Les trous du papier établissent les contacts électriques, et envoient dans la ligne, par un mécanisme qui n'est pas encore divulgué, une série de courants positifs ou négatifs, qui correspondent aux points et aux traits de l'alphabet Morse.

Le récepteur est tourné à la main.

La vitesse de la transmission, avec l'appareil américain, est, dit-on, de 1000 à 1200 mots par minute.

Ce même système a reçu, en Amérique, une simplification qui en augmente notablement l'efficacité. Elle consiste à confier aux expéditeurs eux-mêmes le soin de fabriquer leurs bandes perforées, et aux destinataires le soin de déchiffrer les bandes imprimées par l'appareil récepteur. Dans ce but, la Compagnie a fait établir, à l'usage de ses clients, des appareils perforateurs particuliers, d'une construction très simple, très robuste, qui portent le nom de *perforateurs des gens d'affaires*.

Grâce à ce moyen, chacun devient son propre télégraphiste. Chaque expéditeur perfore ses bandes; et d'autre part, les dépêches reçues en signaux Morse ne sont plus transcrites au bureau de télégraphe. On remet la bande même au destinataire. Le rôle de la Compagnie se réduit donc à transmettre les dépêches par sa ligne, sans s'inquiéter des opérations de la perforation et de la transcription, ni même de la clef des signaux; ce qui permet la télégraphie secrète.

Ce procédé a une conséquence originale. C'est que les dépêches se payent, non plus d'après le nombre des mots, mais d'après la longueur des bandes perforées.

Le *télégraphe des gens d'affaires*, qui est dérivé du besoin d'activer la vitesse de l'envoi et de la réception des dépêches, a un grand succès en Amérique. Les négociants font perforer par un commis les bandes remises par la Compagnie, et on envoie ces bandes au bureau du télégraphe.

En Angleterre on n'a pas encore réussi à faire accepter par les négociants cette manière de procéder. En France, où l'on ne sort jamais de la routine, on n'a pas même songé à la proposer. Le système de la perforation a été, pendant quelque temps, en usage au bureau central des télégraphes de la rue de Grenelle, à Paris ; mais aujourd'hui il est complètement abandonné.

## CHAPITRE II

TRANSMISSION SIMULTANÉE DE DEUX DÉPÊCHES. — LES SYSTÈMES DUPLEX ET DIPLEX. — LE SYSTÈME QUADRUPLEX.

Le système dit de *transmission simultanée* a pour but, comme le précédent, d'accroître le rendement d'un même fil télégraphique. Il consiste à expédier, en même temps, sur un même fil, deux dépêches, dans le même sens, ou en sens contraire. Quand la transmission de ces dépêches s'effectue simultanément entre deux postes reliés ensemble, on donne à ce mode de transmission le nom de *duplex*. Si les deux dépêches sont expédiées à la fois, dans le même sens, on a le système *diplex*. Enfin, si l'on transmet simultanément deux dépêches dans un sens, et deux autres en sens contraire, le système employé prend le nom de *quadruplex*.

Voilà des résultats bien extraordinaires en eux-mêmes, et que l'on était loin de prévoir à l'origine de la télégraphie électrique. Essayons de faire comprendre comment on est parvenu à les réaliser.

Les expéditions simultanées de deux dépêches, dans le même sens ou en sens contraire, n'exigent point d'appareils nouveaux. Ce sont des dispositions particulières des divers appareils télégraphiques en usage aujourd'hui, qui permettent d'obtenir les curieux effets que nous venons de signaler.

C'est à un savant autrichien, le D$^r$ Gintl, de Vienne, que l'on doit la première idée de la transmission simultanée des dépêches par le même fil ; mais c'est à un Américain, M. Stearn, que revient l'honneur d'avoir transporté cette idée dans la pratique.

La transmission simultanée de deux dépêches en sens contraire (*duplex*) s'effectue par deux méthodes, dont la plus intéressante est la méthode *différentielle*.

Supposons (fig. 430) un récepteur R placé entre la ligne L, et un transmetteur, M, lequel est en relation, d'une part avec la pile P, et de l'autre avec la terre T. Admettons encore que la bobine de l'électro-aimant de l'appareil de réception soit recouverte de deux fils distincts, enroulés en sens contraire, et communiquant : 1° tous deux avec le transmetteur ; 2° l'un avec la ligne et l'autre avec la terre, après avoir traversé une bobine de résistance. Il est certain que, quand l'un des postes en verra seul le courant, ce courant, après avoir traversé les bobines du récepteur R, passera en partie par la ligne, en partie dans le sol, et que le récepteur restera au repos, si l'intensité des deux courants est égale. Mais si le courant transmis par le poste correspondant est tel qu'à l'arrivée il ne puisse agir que sur l'une des bobines, il se rendra directement à la terre par le transmetteur M, et mettra en marche l'appareil de réception. Si, enfin, les deux postes correspondants envoient ensemble des courants contrariés et d'égale intensité, aucun courant ne passera par la ligne, et les deux récepteurs fonctionneront sous l'influence des courants qui traverseront les bobines reliées à la terre.

La double transmission dans le même sens (*diplex*) s'obtient en disposant au poste de départ deux transmetteurs, qui distribuent des courants d'intensité et de sens contraires, et en installant au poste d'arri-

# SUPPLÉMENT AU TÉLÉGRAPHE ÉLECTRIQUE.

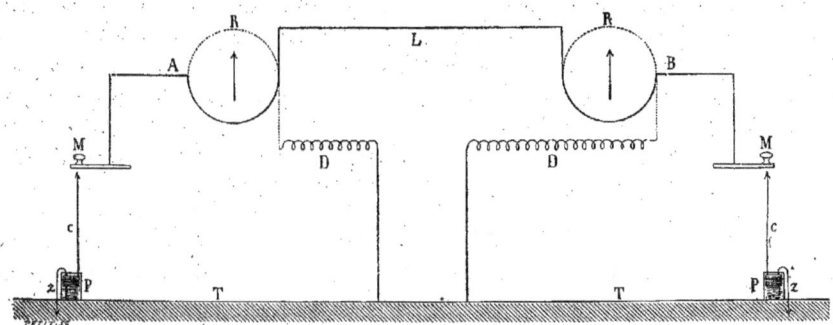

Fig. 430. — Montage en duplex (Système différentiel).

A, station de départ. — B, station d'arrivée. — L, ligne. — P, pile, dont le pôle cuivre est en contact avec la clef du manipulateur, et le pôle zinc relié à la terre. — MM, manipulateurs. — RR, récepteurs. — D, résistances, ou lignes artificielles.

vée, un certain nombre de relais, mis en communication avec autant d'appareils à signaux.

Ce système de transmission peut facilement être combiné avec celui de la transmission simultanée en sens contraire, et permettre, à l'aide d'un fil unique, d'envoyer en même temps quatre dépêches, deux par deux, en sens contraire (*quadruplex*).

Un ingénieur français, M. de Baillehache, a fait, à différentes reprises, dans des bureaux télégraphiques de Paris, des expériences de ces *transmissions croisées*, qui ont démontré les avantages et la facilité pratique de ce remarquable procédé. Cependant, on n'a pas jusqu'ici consacré de lignes télégraphiques à son application pratique.

On doit à M. Elisha Gray, ingénieur américain, d'un rare mérite, un moyen fort curieux de transmettre, à l'aide d'un seul fil, simultanément, sept à huit dépêches, et même le double de ce nombre, en employant le système *duplex*. Ce moyen, basé sur la loi du synchronisme des vibrations sonores propagées par les courants électriques, consiste à établir aux postes de départ et d'arrivée une série de diapasons, accordés deux par deux, et dont chaque groupe correspond à une échelle musicale. Ceci étant fait, si à l'un des deux postes, et à l'aide d'un électroaimant et d'un circuit local, on vient à agir sur l'une des branches de l'un des diapasons, celui-ci étant relié au fil de ligne pourra, par une disposition spéciale, transmettre des ondes électriques, qui produiront dans la branche du diapason correspondant une série de vibrations, d'accord avec les premières. Les diapasons du départ étant donc reliés par groupes avec autant d'appareils manipulateurs, et ceux de l'arrivée avec un nombre égal d'appareils récepteurs, il est évident que les signaux transmis par les uns seront exactement reproduits par les autres.

Le *télégraphe harmonique* de M. Élisha Gray a été soumis, en Amérique, pendant deux mois, sur la ligne de la *Western-Union*, entre Boston et New-York (320 kilomètres), à des expériences qui ont parfaitement réussi, et ont déterminé l'adoption, sur cette ligne, des systèmes de transmission rapide de M. Élisha Gray. Mais jusqu'ici l'Amérique seule l'a adopté.

Dans une des expériences, cinq employés ont transmis, dans l'espace de neuf heures, 2,124 dépêches, soit 236 dépêches par heure, ou 47 dépêches par homme et par heure.

Dans une autre expérience, quatre employés, choisis parmi les meilleurs, ont envoyé en cinq heures 1,184 dépêches, soit 59 dépêches par employé et par heure.

## CHAPITRE III

LA TRANSMISSION MULTIPLE. — L'APPAREIL MEYER.

Les systèmes télégraphiques à transmission multiple sont fondés sur ce fait que la rapidité de transmission des actions électriques étant incomparablement plus grande que celle que l'employé le plus exercé peut atteindre dans la manœuvre d'un appareil transmetteur, on peut utiliser le temps perdu par la main de l'employé, quand elle est inactive, en appliquant au même fil le travail de plusieurs autres employés, qui se succèdent périodiquement.

Dans la pratique, le système de la *transmission multiple* consiste à diviser le temps de la transmission en intervalles réguliers et périodiques, dont chaque période est affectée à un appareil transmetteur distinct. Un certain nombre d'employés utilisent le fil de ligne, chacun à son tour; de telle sorte qu'ils se reposent ou travaillent alternativement; et que le fil est toujours en activité.

Le système de la transmission multiple fut imaginé, en 1860, par Rouvier, inspecteur des lignes télégraphiques françaises; mais la première application n'en fut réalisée qu'en 1871, par Meyer, employé de l'administration des télégraphes de Paris, qui s'en servit pour produire des signaux Morse.

Le télégraphe Meyer comprend trois appareils distincts : le *récepteur*, le *transmetteur* et le *distributeur*.

Le *récepteur* se compose d'un cylindre imprimeur, sous lequel se déroule une bande de papier, qu'entraînent un poids et un système de rouages, analogue à celui du télégraphe Hughes. Ce cylindre porte, suivant le nombre de transmetteurs employés, une hélice ou une fraction d'hélice, formant saillie. Lorsque le courant passe dans l'appareil, un levier, mis en action par un électro-aimant, vient appuyer la bande de papier contre l'hélice du cylindre imprimeur, lequel y trace un trait ou un point, suivant la durée du courant. Ces signaux, au lieu d'être, comme avec le système Morse, placés à la suite les uns des autres, sont inscrits perpendiculairement à la largeur de la bande de papier.

Le *transmetteur* est constitué par un clavier de huit touches, dont quatre blanches et quatre noires. Les unes reçoivent le courant positif de la pile, les autres le courant négatif. Les touches blanches servent à produire les traits, et les noires les points de l'alphabet Morse. En abaissant simultanément les touches blanches et noires, on forme, grâce au courant positif ou négatif, une combinaison de points et de traits, dont l'ensemble constitue une lettre ou un mot.

Le *distributeur*, qui fait passer le courant de la pile locale dans la ligne, et le répartit sur les appareils de réception, est l'organe essentiel du télégraphe Meyer.

Il se compose d'un disque métallique isolé et fixe, dont la circonférence est divisée en quarts de cercle, affectés, chacun, à un *transmetteur* spécial, et comprenant 12 divisions. Quatre groupes de divisions doubles sont reliés par huit fils isolés aux huit touches du clavier correspondant. Les quatre autres divisions qui séparent les différents groupes sont en communication avec le sol.

Un mouvement d'horlogerie, dont la marche est rendue régulière par un pendule conique, analogue à celui qu'emploie M. Hughes dans son télégraphe imprimeur, actionne à la fois les hélices des quatre récepteurs, et un balai, ou *frotteur*, qui parcourt la circonférence du disque, et établit, en passant à tour de rôle sur chacune de ses divisions, la communication avec la ligne. Le *frotteur* met ainsi chaque *transmetteur* en relation avec le récepteur correspondant, et cela pendant la durée d'un quart de rotation. Un petit marteau prévient chacun des quatre télégraphistes que le signal qu'il vient d'envoyer est passé dans la ligne.

L'appareil Meyer, plein de dispositions originales et neuves, a été employé, pendant plusieurs années, sur les lignes françaises; mais il est aujourd'hui abandonné; ce qui nous dispense d'en donner des dessins.

Ce qui a fait disparaître le *télégraphe multiple Meyer*, c'est la découverte et la construction du *télégraphe Baudot*, qui est un admirable perfectionnement du télégraphe Meyer. Le *télégraphe Baudot* a été naturellement préféré à l'appareil Meyer, parce qu'il fournit les dépêches imprimées, tandis que l'appareil Meyer ne fournissait que les signaux *gaufrés* (traits et points) de l'alphabet Morse.

## CHAPITRE IV

LE TÉLÉGRAPHE BAUDOT, A TRANSMISSION MULTIPLE.

Le problème de la *transmission multiple* a été résolu de la manière la plus rigoureuse, par le merveilleux appareil qui porte le nom de son inventeur, le *télégraphe Baudot*, lequel non seulement utilise le travail de plusieurs employés qui se succèdent, mais encore imprime les dépêches.

On peut en effet définir le *télégraphe Baudot* « un télégraphe permettant de transmettre à distance et par un seul fil le travail de quatre ou six employés, manipulant à la fois quatre ou six claviers alphabétiques distincts, et permettant de recevoir quatre ou six dépêches, qui s'impriment, à l'arrivée, en caractères typographiques, sur des bandes de papier, qu'il suffit de coller sur une feuille de papier, et de faire parvenir au destinataire, comme dans le système Hughes ».

Le nom de *télégraphe multiple imprimeur* lui convient donc parfaitement, puisqu'il réalise la transmission multiple, et qu'il imprime la dépêche, à l'arrivée.

L'appareil Baudot comprend cinq parties principales, distinctes, qui se décomposent ainsi :

1° Le *transmetteur* ou *manipulateur*, véritable *clavier à cinq touches*, qui, grâce à l'expédition de courants de la pile, tantôt positifs, tantôt négatifs, permet d'envoyer au poste récepteur les diverses combinaisons de courants répondant à des signaux de l'alphabet Morse.

2° Le *récepteur*, qui enregistre les émissions de courant du *manipulateur* correspondant, en agissant sur les armatures d'électro-aimants ;

3° Le *distributeur*, qui établit la concordance des communications entre les différents manipulateurs et les récepteurs correspondants, ainsi qu'entre les touches des manipulateurs transmetteurs et des électro-aimants récepteurs ;

4° L'*imprimeur*, qui recueille la combinaison reçue par les électro-récepteurs, et la traduit par l'impression de la lettre, du chiffre ou du signe correspondant ;

5° Ce système étant fondé sur le synchronisme absolu de la rotation de deux axes, il faut maintenir leur synchronisme. C'est ce que réalise le *régulateur métallique hélicoïdal*, adopté par M. Baudot, sorte de volant, déjà connu en mécanique, sous le nom de *pendule conique*, et qui sert à régler le mouvement des organes du télégraphe-imprimeur de Hughes. Ce *régulateur*, comme son nom l'indique, donne au mouvement du *distributeur* une égalité de marche parfaite, et absolument égale à celle de l'appareil placé à la station d'arrivée.

Comme dans l'appareil Hughes, le moteur de tout le système mécanique est un poids de 50 kilogrammes, qui, en s'abaissant, produit le mouvement de tous les rouages.

La vitesse de rotation d'un *distributeur* varie entre 155 et 180 tours par minute ; ce n'est pas un maximum, car pour le service de certaines lignes on a souvent atteint la vitesse de 210 tours.

En prenant comme moyenne le nombre de 165 tours par minute, et en se rappelant que chaque employé transmet ou reçoit une lettre par tour, on trouve que, dans ces conditions, le rendement d'un fil de ligne desservi par un appareil Baudot simple est de 165 lettres, ou 25 mots environ par minute, soit 1,500 mots à l'heure ; et pour un Baudot double, ou *duplex*, 3,000 mots.

Avec les appareils télégraphiques actuellement en usage, on obtient, par heure, les rendements suivants :

*Morse* simple, de 400 à 500 mots ; en double (*duplex*), de 800 à 1,000 mots.

*Hughes* simple, de 900 à 1,000 mots ; en double (*duplex*), de 1,800 à 2,000 mots.

*Meyer* simple, de 1,800 à 2,000 mots.

*Wheastone* simple, de 2,000 à 2,200 ; en double (*duplex*), de 2,600 à 3,000 mots.

*Baudot* simple, 1,500 mots ; et en *duplex* 3,000 mots.

Le *télégraphe multiple de Baudot* qui imprime, comme l'appareil Hughes, les dépêches en caractères typographiques, constitue, par son originalité, par sa précision et sa rapidité de transmission, l'une des inventions les plus ingénieuses de notre siècle. Aussi M. Baudot a-t-il obtenu, à l'Exposition internationale d'électricité de 1881, le diplôme d'honneur.

Nous allons essayer de faire comprendre son mécanisme, non dans son entier, ce qui exigerait un volume, mais dans ses données principales.

Le télégraphe Baudot peut fonctionner, soit à la manière ordinaire, comme le télégraphe imprimeur de Hughes, soit en *duplex*, par les procédés adoptés aujourd'hui, soit enfin comme appareil multiple. Dans ce dernier cas, qui est le plus fréquent, deux, trois, quatre, cinq, et même six appareils, avec le même nombre d'employés, peuvent transmettre ensemble leurs dépêches, sur un même fil. C'est ce cas particulier que nous considérons seulement ici.

Supposons deux postes de ce système disposés, pour la transmission multiple, aux extrémités d'une seule et même ligne. Ils seront desservis par six employés, manœuvrant six manipulateurs, six récepteurs-imprimeurs, et un *distributeur* commun. Voyons comment les signes envoyés sur le même fil, par les six employés, se succédant à tour de rôle, seront distribués sur le fil de ligne, et se transmettront à chacun des appareils récepteurs établis au poste d'arrivée.

Le *manipulateur*, représenté dans la figure 431, comprend un clavier à cinq touches, divisé en deux parties inégales, entre lesquelles se place une manette M, qui sert à mettre le clavier en état de repos ou d'activité, c'est-à-dire en état de transmettre ou de recevoir. Les trois touches placées à droite sont manipulées avec le doigt indicateur (index), le majeur et l'annulaire de la main droite ; celles de gauche, avec l'index et le majeur de l'autre main. La boîte AB contient les pièces qui mettent en relation les différentes touches du clavier, tantôt avec la pile, tantôt avec le fil de ligne. C'est un pupitre sur lequel le télégraphiste place le manuscrit de la dépêche à expédier.

Lorsque le *distributeur*, que nous décrirons plus loin, est dans la position convenable, les cinq touches du clavier lancent à volonté, sur la ligne, des *courants négatifs*, ou des *courants positifs*. Il s'ensuit qu'en attaquant une ou plusieurs touches à la fois, on peut produire 32 signaux distincts, résultant des 32 combinaisons possibles des cinq touches ; car le nombre des combinai-

# SUPPLÉMENT AU TÉLÉGRAPHE ÉLECTRIQUE.

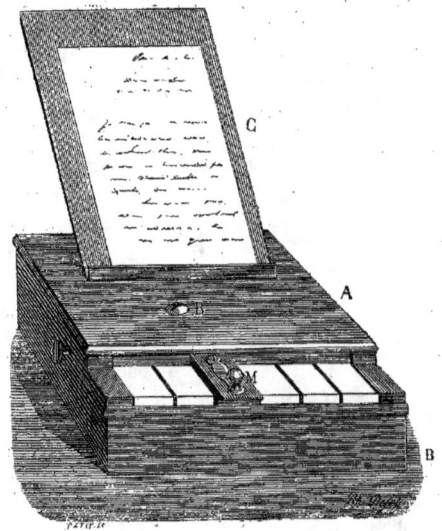

Fig. 431. — Manipulateur, ou clavier du télégraphe Baudot.

sons arithmétiques de cinq signes est 32.

Le tableau ci-dessous montre ces diverses combinaisons de courants, et par suite, le doigté qu'exécute l'employé sur les touches du *manipulateur*. Les signes + et — indiquent le sens des courants émis : les touches attaquées, qui transmettent des courants positifs, sont marquées du signe + et celles qui transmettent des courants négatifs, du signe — :

| | | | |
|---|---|---|---|
| Repos | — — — — — | Erreur | — — — + + |
| A ou 1 | + — — — — | N ou Nº | — + + + + |
| B ou 8 | — — + + — | O ou 5 | + + + — — |
| C ou 9 | + — + + — | P ou º/₀ | + + + + — |
| D ou 0 | + + + + — | Q ou / | + — + + + |
| E ou 2 | — + — — — | R ou — | — — + + + |
| É ou etc. | + + — — — | S ou ; | — — + — + |
| F ou ₣ | — + + + — | T ou ! | + — + — + |
| G ou 7 | — + — + — | U ou 4 | + — — — + |
| H ou н | + + — + — | V ou ' | + + + — + |
| I ou o | — + + — — | W ou ? | — + + — + |
| J ou 6 | + — — + — | X ou , | + — — — + |
| K ou ( | + — — + + | Y ou 3 | — — + — — |
| L ou = | + — — — + | Z ou : | + + — — + |
| M ou ) | — + — + + | т ou . | + — — — + |
| Blanc-chiffres | — — — + + | Blanc-lettres | — — — — + |

Durant la manipulation, et afin que l'employé soit averti de l'instant où il doit transmettre, un marteau, désigné sous le nom de *frappeur de cadences*, actionné par un électro-aimant, tombe sur la boîte du manipulateur, chaque fois que celui-ci est mis en relation avec la ligne, par l'intermédiaire du *distributeur*.

Comment les courants venant du *manipulateur* sont-ils lancés dans le fil de la ligne, et reçus au poste d'arrivée? C'est le *distributeur* qui remplit cet office fondamental.

Le *distributeur* est formé d'un disque en matière isolante, portant sur sa surface des pièces métalliques qui, comme l'indique le diagramme suivant (fig. 432), sont reliés aux touches du manipulateur. Ce disque est divisé en six secteurs égaux, A, B, C, D, E, F, affectés chacun à un poste, et portant cinq contacts reliés aux touches des six manipulateurs. Un septième secteur, X, dit de *correction*, a pour but de transmettre le courant qui doit régulariser le mouvement, et en même temps, assurer le synchronisme des distributeurs de chaque poste de départ et d'arrivée.

Sur l'axe du disque se trouve un levier mobile, L, animé d'un mouvement uniforme

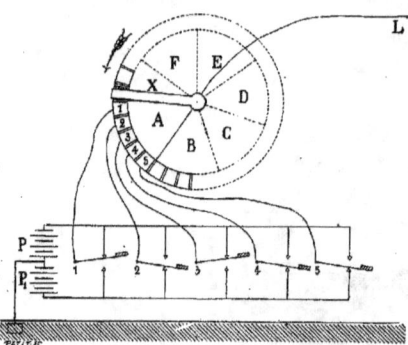

Fig. 432. — Diagramme de la transmission, dans le télégraphe multiple Baudot.

de rotation, et qui porte un *frotteur*, mis en communication constante avec la ligne. En tournant sur le disque, ce *frotteur* passe successivement sur les six secteurs (n°s 1, 2, 3, 4, 5), recueille les courants qu'il reçoit de tous leurs contacts, et les lance dans la ligne, avec laquelle il est en rapport.

Dans le diagramme (fig. 432) qui représente le poste de transmission, les touches 1 et 3 du secteur A sont au repos ; tandis que les touches 2, 4 et 5 sont abaissées, et établissent la communication électrique. Lors donc que le frotteur viendra à passer sur les cinq contacts de ce secteur, les courants lancés dans la ligne seront exprimés par les signes − + − + + dont l'ensemble forme la lettre M.

En continuant son mouvement sur les autres secteurs, le *frotteur* transmettra successivement et de la même manière les courants positifs ou négatifs, selon que l'employé placera la manette à l'état de repos ou d'activité.

Comment les signaux ainsi envoyés au *récepteur* commun par les divers manipulateurs, et distribués par cet organe mécanique, sont-ils reçus à la station d'arrivée ?

Il existe, à cette station, un *récepteur* tout pareil au *transmetteur* de la station de départ, c'est-à-dire divisé de même en 6 secteurs, et animé d'un mouvement uniforme, absolument pareil à ce dernier. Le *frotteur* qui, sur le disque de départ, parcourt les divisions, passe au même instant sur chacune d'elles, le synchronisme de leur mouvement étant parfait. Chaque division du distributeur affecté à la réception est reliée à un petit électro-aimant, qui est excité toutes les fois que le courant lancé sur le fil de la ligne vient à l'atteindre. Une armature polarisée oscille entre les pôles de l'aimant, et est limitée dans sa course par deux butoirs, contre lesquels elle s'applique suivant le sens du courant transmis, jusqu'à

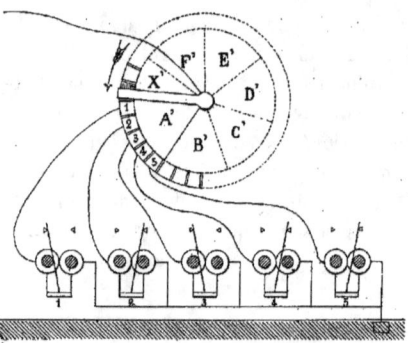

Fig. 433. — Diagramme de la réception dans le télégraphe multiple Baudot.

ce qu'un courant de sens contraire vienne la déplacer. Le diagramme ci-dessus (fig. 433) montre, en effet, que les armatures reliées aux touches 2, 4 et 5 sont inclinées vers la droite, tandis que celles qui sont mises en relation avec les touches 1 et 3 sont inclinées vers la gauche, et traduisent la combinaison de la lettre M, que nous avons supposée transmise par la station de départ.

Voilà comment, en principe, s'effectue

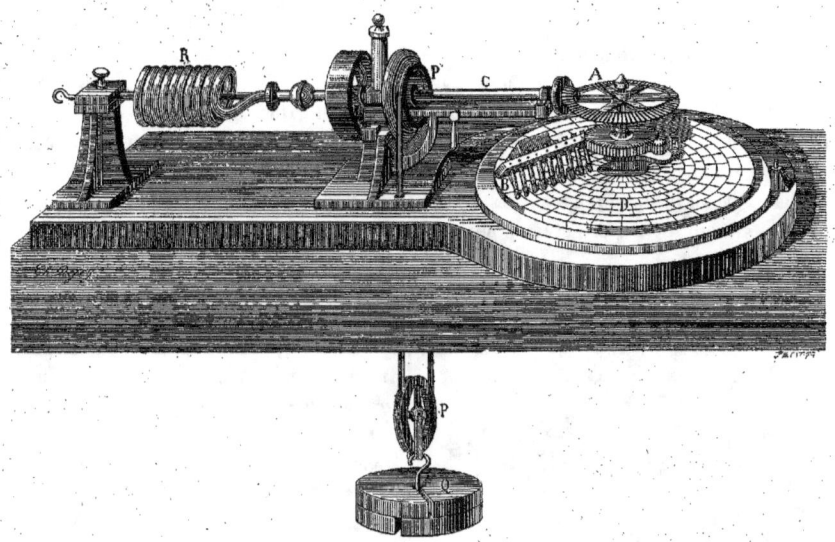

Fig. 434. — Distributeur Baudot.

l'expédition, la distribution et la réception des dépêches. Mais nous avons, pour la simplicité, présenté le *distributeur* sous la forme d'un simple diagramme. Il importe de faire connaître exactement cet appareil, tel qu'il fonctionne dans la pratique.

Nous le représentons dans la figure 434.

Le *distributeur Baudot* comprend l'axe moteur d'une part; et d'autre part, les rouages, ou organes, mis en action par ce moteur.

Q est le poids de 50 kilogrammes qui, en s'abaissant, par l'effet de la pesanteur, fait tourner, au moyen de la corde qui le soutient, la poulie P. Sur le même axe est un *régulateur à hélice*, R, ou *pendule conique*, qui a pour fonction de rendre uniforme le mouvement. L'arbre C porte, à son extrémité, un pignon, qui engrène avec une roue d'angle horizontale, A, dont l'axe porte le bras B, armé de dix frotteurs.

Le plateau horizontal et isolant, D, porte neuf rangées circulaires concentriques de contacts, en métal, dont chacune est parcourue par l'un des frotteurs du bras B.

Les deux premières rangées, reliées la première avec la ligne et la seconde avec les manipulateurs, servent à la transmission; les deux suivantes sont réservées à la réception. L'une sert au *contrôle au départ* et à l'*impression en local*, et l'autre communique avec les électro-aimants des relais récepteurs que nous décrirons bientôt.

La cinquième rangée, dont le *frotteur* est relié à la huitième, assure le bon fonctionnement des relais, et corrige les défauts de synchronisme, en menant le courant à la terre, entre deux émissions consécutives.

La sixième rangée reçoit, par les *frotteurs* des rangées 6 et 7, le courant d'une pile locale. Ce courant traverse un certain nombre de contacts, dont l'un fait fonctionner le *frappeur de cadence*, et avertit l'employé qu'il peut transmettre un nouveau signal. Enfin, le *frotteur* de la neuvième et dernière rangée est relié à un dixième *frotteur*, qui précède celui de la quatrième rangée, et reçoit le courant négatif d'une pile locale, dont le rôle est de ramener au repos les armatures des relais récepteurs.

Le septième secteur, destiné à la correction, envoie son courant dans un électro-aimant spécial, qui a pour effet d'embrayer et de désembrayer le levier porte-frotteurs, lorsqu'on veut régler le mouvement du distributeur de départ.

Chaque relais récepteur (fig. 435) est formé par un aimant BB, à armature polarisée,

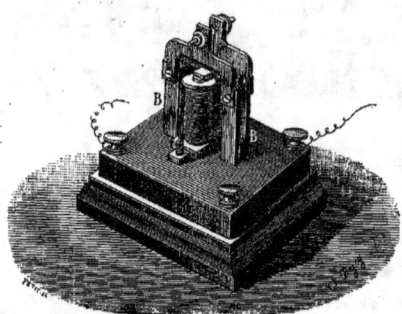

Fig. 435. — Relais récepteur du télégraphe Baudot.

et dont la lame transversale oscille soit à droite, soit à gauche, sous l'influence de celui des pôles d'un électro-aimant placé au-dessous, avec lequel l'armature est en communication. Les bobines de cet électro-aimant reçoivent les courants positifs et négatifs émis sur la ligne. Une tige de fer doux, dont la course est limitée par deux butoirs, l'un dit de *repos*, et l'autre dit de *travail*, amplifie les oscillations de l'armature. Les courants négatifs de la ligne font incliner la tige de fer doux vers la première, tandis qu'au contraire les courants positifs le font pencher vers la seconde. Nous avons vu comment les bobines du relais sont reliées aux contacts du distributeur et à la terre. Quand donc les *frotteurs* de réception ont passé dans le secteur correspondant, toutes les armatures des relais conservent la combinaison reçue, puis la transmettent, par l'envoi d'un courant local, au contact du septième frotteur, et aux électro-aimants du récepteur-imprimeur.

Le mouvement général est imprimé, avons-nous dit, à cet appareil, au moyen d'un poids de 50 kilogrammes, comme dans le télégraphe Hughes. Mais, tandis que dans l'appareil Hughes il fallait que l'employé relevât le poids, au moyen d'une pédale, dès qu'il était arrivé au bas de sa course, ce qui lui occasionnait une grande fatigue, dans le *télégraphe Baudot* c'est un moteur électrique qui relève ce poids, dès qu'il est près de toucher le sol.

On sait que les dépêches du télégraphe Baudot s'impriment, comme celles du télégraphe Morse et du télégraphe Hughes.

Comment se produit l'impression de la dépêche ? Comment les combinaisons des courants positifs et négatifs de la pile transmis par chaque section du *distributeur*, et reçus par les électro-aimants récepteurs de chaque secteur correspondant, viennent-elles

Fig. 436. — Le récepteur-imprimeur Baudot.

se traduire en lettres d'imprimerie, sur la bande de papier sans fin qui se déroule à la station d'arrivée ? Le mode d'impression, dans le télégraphe Baudot, est peu différent, en principe, de celui du *télégraphe imprimeur de Hughes*, que nous avons décrit dans les *Merveilles de la science* (1). Mais il faut

(1) Tome II, page 142.

# SUPPLÉMENT AU TÉLÉGRAPHE ÉLECTRIQUE.

Fig. 437. — Un poste du télégraphe multiple Baudot, au bureau central des télégraphes de la rue de Grenelle, à Paris.

que la roue, ou molette, qui porte les lettres d'imprimerie, vienne s'appuyer, au moment convenable, sur le papier, alors qu'elle doit réunir et combiner les mouvements des cinq armatures des aimants récepteurs, ainsi qu'on le voit sur la figure 436 (page 536) qui représente le *récepteur-imprimeur* Baudot. C'est là un problème difficile, que M. Baudot a parfaitement résolu, au moyen de *relais*, convenablement placés, actionnant un mécanisme particulier.

Ce mécanisme, qui a reçu le nom de *combinateur*, est la partie la plus originale du télégraphe Baudot.

Le *combinateur* se compose d'un disque horizontal fixe, sur lequel sont cinq travées concentriques de l'axe du disque, divisées chacune en deux *voies*, et séparées par des zones de même longueur que ces voies. Le tout est placé sur un cercle divisé en 360 degrés, sur lequel s'appliquent des secteurs.

Un chariot mobile parcourant ce disque actionne des leviers, qui, eux-mêmes, vont pousser les lettres typographiques par un mécanisme spécial, dans le détail duquel il serait difficile d'entrer ici. Bornons-nous à énoncer les conditions du problème, qui consiste à faire tourner la roue des lettres typographiques de manière à ce que chaque lettre vienne, au moment voulu, s'appliquer contre le papier tournant, et à dire que ce problème a été parfaitement résolu par l'inventeur.

Par son aspect extérieur, le *récepteur-imprimeur Baudot* diffère peu du *récepteur-imprimeur* du télégraphe Morse, comme on peut le voir sur la figure 436 (page 536), qui représente cet appareil. On voit que la roue B, qui porte les lettres typographiques, actionnée par la roue A, imprime chaque lettre sur le papier P, que déroule le mouvement régulier du rouleau porte-papier D.

Le courant qui, venant du *combinateur*, fait tourner la *roue des lettres typographiques*, se distribue à l'intérieur de l'appareil par les tiges conductrices C, C.

Tels sont les organes essentiels du télégraphe Baudot, pour la transmission et la réception. Voilà comment les six employés d'un poste occupés, chacun, à manœuvrer six appareils transmetteurs, peuvent, sur le même fil, expédier des signaux aux six employés du poste d'arrivée, affectés à autant d'appareils récepteurs-imprimeurs.

En résumé, le télégraphe Baudot, dont nous n'avons fait qu'exposer les données principales, est une des plus belles créations de l'art moderne de la télégraphie. Tout, dans ce remarquable système, est conçu dans un même but, tout est solidaire, tout concourt à un fonctionnement régulier et irréprochable. Le principe de la division du travail et la concordance des diverses opérateurs pour l'accroissement de la rapidité n'ont jamais été réalisés avec autant de bonheur.

Le dessin qui précède (fig. 437), pris au bureau central des télégraphes de la rue de Grenelle, à Paris, représente un *poste de télégraphe Baudot*. On y voit quatre employés ayant sous les yeux, sur un pupitre, le texte de la dépêche, manœuvrant, chacun, un clavier alphabétique (*manipulateur*) et ayant près de lui le *récepteur*, où s'imprime la dépêche envoyée par le correspondant.

Le *distributeur* est commun aux quatre appareils transmetteurs manœuvrés par les quatre employés. On reconnaît l'appareil que nous avons représenté plus haut (fig. 434, page 535) avec son régulateur hélicoïdal horizontal (pendule conique), son cercle de distribution, et le poids qui, en s'abaissant, par l'action de la pesanteur, communique le mouvement à tout ce système mécanique.

Sur une travée longeant le mur, et peu distante du poste en activité, sont les *relais*, le *parafoudre* et une *boussole*.

Le cinquième employé, debout, est le *surveillant*, chargé de s'assurer du bon fonctionnement des appareils de ce poste.

Tous les appareils télégraphiques que

renferme la salle du bureau central des télégraphes de la rue de Grenelle, représentés sur notre dessin, ne sont pas des télégraphes Baudot. On voit, sur les bancs du fond de la salle, d'autres employés travaillant avec les télégraphes Morse et Hughes.

Un système télégraphique qui permet, quand le service l'exige, d'augmenter le nombre de dépêches expédiées, sans changer autre chose que le nombre des appareils, et sans avoir recours à des employés en nombre plus grand qu'à l'ordinaire, est éminemment précieux dans la pratique. Quand l'intensité du travail l'exige, à certaines heures de la journée, par exemple, un bureau central peut, s'il est muni d'un certain nombre d'appareils Baudot, les grouper sur la ligne à desservir, et le mode de transmission reste le même — c'est le point capital — quel que soit le nombre des employés qui opèrent.

Ajoutons que la manipulation du clavier est simple et rapide, l'employé n'ayant à manœuvrer que cinq touches, et que l'impression, se faisant en caractères d'imprimerie, a l'avantage d'être conforme à nos habitudes en télégraphie.

Ces diverses considérations expliquent la faveur qui a accueilli le système Baudot en divers États de l'Europe.

Nous ne terminerons pas ce chapitre sans dire un mot d'un procès criminel, jugé à Paris, au mois d'août 1888, et auquel a été mêlé le nom de l'appareil Baudot.

Un employé des télégraphes, V. Mimault, avait découvert la manière de combiner les courants positifs et négatifs de la pile, pour composer un clavier à cinq touches, qui permettait de réaliser 32 combinaisons de signes télégraphiques. C'est là, sans doute, le principe du *clavier télégraphique*, ou *manipulateur*, de M. Baudot. Mais nous ne croyons pas que M. Baudot ait emprunté à V. Mimault cette idée, déjà connue, au point de vue arithmétique. D'ailleurs, le vocabulaire n'est pas tout, dans l'appareil Baudot. Il faut voir dans cet appareil un perfectionnement admirable du télégraphe multiple de Meyer, qui faisait usage du synchronisme du *distributeur*, qui envoyait plusieurs dépêches simultanées, mais avait le défaut de ne pas imprimer les dépêches. Le télégraphe que nous devons à M. Baudot renferme tant d'autres combinaisons ingénieuses ; il répond à tant d'indications importantes ; il résout avec tant de bonheur de si nombreuses difficultés de détail, qu'il y aurait une injustice profonde à contester à son savant auteur l'invention de ce beau système mécanique.

Il faut, du reste, s'applaudir que le nom d'un Français soit venu s'attacher à l'une des plus importantes créations de la télégraphie moderne ; car jusqu'ici, les noms de savants étrangers, ceux de Wheatstone, de sir W. Thomson, de Hughes, de Caselli, de Bonelli, tous anglais, américains ou italiens, avaient seuls brillé dans cette glorieuse carrière.

## CHAPITRE V.

LA STÉNO-TÉLÉGRAPHIE. — APPAREILS DE MM. ESTIENNE ET CASSAGNE.

On doit à M. Estienne, d'une part, et à M. A. Cassagne, d'autre part, des appareils télégraphiques, qui non seulement transmettent les dépêches avec une grande rapidité, mais encore facilitent l'emploi des abréviations. Ce système, qui se rattache aux *transmissions multiples*, porte le nom de la *sténo-télégraphie*.

Le principe sur lequel repose le télégraphe Estienne est le même que celui de l'appareil Morse. Toutefois, sa construction présente des différences caractéristiques. Au lieu de porter un seul style, traçant sur

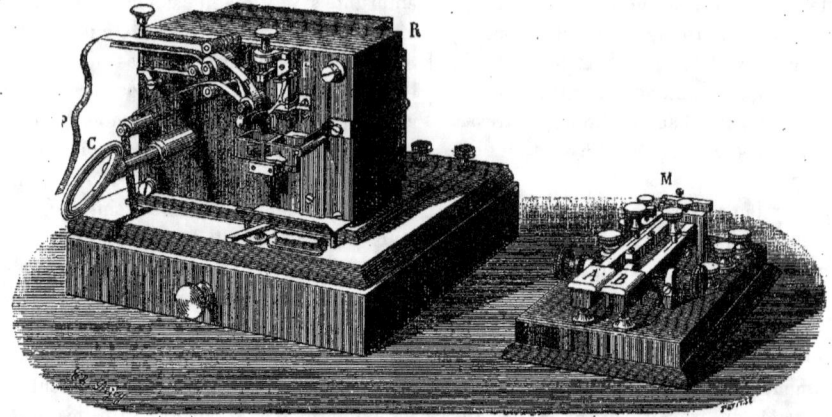

Fig. 438. — Sténo-télégraphe Estienne (Récepteur et transmetteur).

le papier une succession de points et de traits, dont la combinaison forme les signaux usités, l'appareil de M. Estienne possède deux styles séparés, l'un pour les points, l'autre pour les traits. Grâce à cette disposition, qui dispense de faire varier la durée des courants pour obtenir des signaux brefs ou longs, on peut réduire à leur minimum toutes les émissions, et transmettre avec une rapidité beaucoup plus grande.

L'impression des signaux, faite en travers de la bande de papier, facilite encore la lecture des dépêches. Enfin, on peut obtenir des signaux distincts, en augmentant la durée des émissions du courant, et faire usage, par ce moyen, des abréviations en télégraphie.

Comme le télégraphe Morse, l'appareil de M. Estienne (fig. 438) comprend un manipulateur et un récepteur. Le manipulateur, M, est un simple inverseur de courant, qui permet, en touchant les plaques A ou B, de lancer dans la ligne des courants, tantôt positifs tantôt négatifs. Ces courants arrivent au récepteur par un électro-aimant à armature polarisée. Cette armature, qui se déplace dans un sens ou dans l'autre, suivant la nature du courant transmis, se termine par une petite fourchette $f$, sur chaque branche de laquelle repose un levier articulé autour d'un point fixe, et dont l'extrémité libre porte une petite plume d'acier. Cette plume est garnie d'une languette de peau, dont un bout trempe dans une capsule remplie d'encre, G, et dont l'autre frotte sur le papier $p$, dès que l'armature est mise en action.

La clef C est destinée à tendre le ressort d'horlogerie qui provoque le déroulement du papier.

Pour pouvoir indifféremment lancer un courant positif ou négatif dans la ligne, M. Estienne a muni son manipulateur de deux leviers et de deux ressorts reliés, les premiers à la ligne et les deux autres à la terre. Lors donc qu'on vient à abaisser un de ces leviers, il lance dans la ligne l'un des pôles de la pile, et soulève en même temps le ressort de terre correspondant, qui fait communiquer avec le sol le pôle de nom contraire.

Au repos, le courant de la ligne arrive au récepteur, par l'intermédiaire d'un troisième ressort, placé entre les deux leviers, et s'appuyant normalement sur la borne de contact. Il n'en est plus de même pendant la

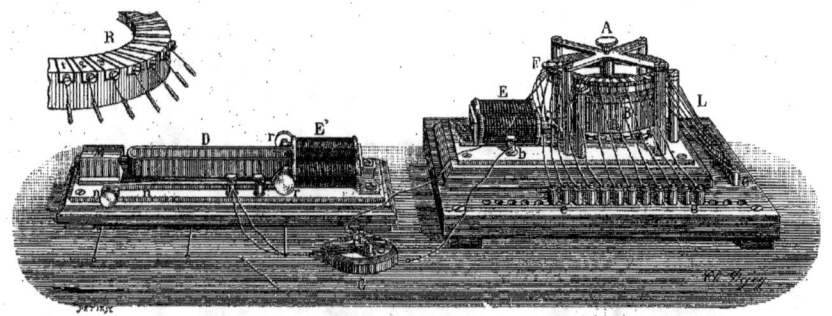

Fig. 439. — Transmetteur du sténo-télégraphe Cassagne.

R, roue phonique. — 1, 2, 3, contacts isolés, en communication avec les bornes *e*, *e*, et avec les touches correspondantes.— A, axe de la roue, mobile avec elle, et sur lequel est fixé le frotteur. — B, cuvette en bois, faisant partie de la roue et remplie de mercure formant volant. — *b*, borne faisant communiquer le frotteur avec la ligne. — E, électro-aimant de la roue. — E', électro du diapason D. — *r*, *r*, réglage des pôles de l'électro. — C, contact (invisible).

transmission, car le ressort est soulevé par celui des deux leviers mis en jeu.

L'Allemagne, l'Italie, la Russie, la Belgique, la Suède, ont adopté le télégraphe de notre ingénieux compatriote. Il n'est employé en France, à titre d'essai, que depuis quelques années, malgré les incontestables services qu'il peut rendre, toutes les fois que l'importance du transit dépasse la limite de 20 à 25 dépêches par heure.

Expérimenté entre Paris et Marseille, et sans relais intermédiaires, malgré la distance de 860 kilomètres qui sépare ces deux villes, cet appareil a permis de transmettre 2,500 mots (125 dépêches de 20 mots) à l'heure, en se servant d'une bande perforée à l'avance. C'est là un résultat remarquable et qui fait le plus grand honneur à l'inventeur.

Le *sténo-télégraphe* de M. A. Cassagne, ingénieur-directeur des *Annales industrielles*, est une heureuse application à la télégraphie du principe de la *machine sténographique* de M. Antoine Michela. On sait que la *machine sténographique*, qui fut expérimentée au Sénat, à la Chambre des députés, et au Conseil municipal de Paris, en 1881, peut enregistrer, avec la vitesse de la parole, et en les représentant graphiquement, par les combinaisons d'un très petit nombre de signes, environ 200 mots à la minute, soit 12,000 mots à l'heure.

Le problème à résoudre pour appliquer la méthode sténographique de M. Michela à la télégraphie consistait à combiner un appareil de transmission télégraphique rapide, qui, tout en augmentant le rendement des fils, n'exigeât qu'un personnel restreint.

Par l'emploi de la *roue phonique* d'un télégraphiste danois, M. Paul La Cour, M. A. Cassagne est parvenu à construire un système télégraphique qui a donné les meilleurs résultats, et qui est appelé à un grand avenir.

Voici, en quelques mots, la disposition de cet appareil, qui se compose d'un transmetteur et d'un récepteur-imprimeur.

Le *transmetteur* (fig. 439) comprend un manipulateur, formé de 20 touches, dont les contacts électriques sont reliés alternativement aux pôles positif et négatif de deux piles, mises par leur milieu en communication avec la terre. Ces touches sont encore reliées à des segments de contact d'un distributeur L.

Un *frotteur*, calé sur l'axe, A, de la roue dentée en fer doux, R, est animé d'un mouvement de rotation continu et rapide, que lui imprime un rouage d'horlogerie. Ce

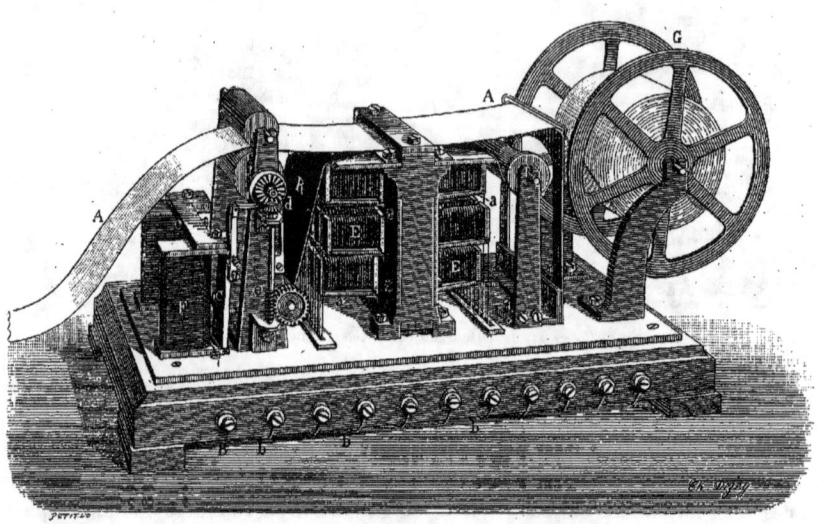

Fig. 440. — Imprimeur du sténo-télégraphe Cassagne.

E,E, électro-aimants des poinçons p,p (cachés par la partie centrale). — a, a', armatures soulevant les poinçons et les appliquant contre la bande de papier A,A, par l'intermédiaire du ruban R imbibé d'encre. — b,b, bornes et fils reliant le butoir de travail de chaque relais à l'une des extrémités des électros E,E. — M, électro-aimant inséré également dans le circuit des électros E et produisant, par l'abandon de l'armature F, l'avancement d'une dent de d, et, par suite, du papier à la fin de la réception d'une ligne sténographique. — B, borne à laquelle aboutissent les extrémités des fils de tous les électros c, et en communication avec la pile locale. — d,e, engrenage assurant un déplacement lent du ruban imbibé d'encre. — G, rouleau porteur du papier.

*frotteur* passe sur chacun des contacts du distributeur et les met alternativement en relation avec la ligne.

Au poste d'arrivée, les courants ainsi transmis arrivent dans un distributeur, en tout semblable au premier, et dont le *frotteur*, qui tourne en synchronisme parfait avec celui du poste de départ, les fait passer dans les bobines des relais polarisés qu'ils actionnent. Ceux-ci forment alors les circuits de la pile locale, laquelle fait fonctionner les poinçons de l'appareil imprimeur correspondant aux touches du manipulateur de l'appareil de transmission. Dès que ces poinçons ont imprimé leurs signes sur la bande de papier, celle-ci avance d'une certaine longueur et se trouve prête à recevoir une nouvelle série de signes.

L'*imprimeur* (fig. 440) comprend 20 poinçons, portant des caractères sténographiques, qui s'impriment sur la bande de papier, chaque fois qu'ils sont poussés par l'armature de l'électro-aimant avec lequel ils communiquent. Chacun de ces 20 poinçons est relié à l'une des 20 touches du clavier transmetteur.

Chaque fois que l'armature $a$, du distributeur, passe sur l'un des contacts, par exemple sur celui qui porte le n° 3, le frotteur $a'$ de l'appareil de transmission arrive sur le contact 3'; le courant amène alors l'armature du relais sur le butoir correspondant; le circuit de la pile se trouve fermé à travers l'électro $E^3$, et le poinçon mû par la roue, $d$, vient appuyer sur la bande de papier qui se déroule, venant du rouet G.

Le synchronisme des distributeurs de transmission et de réception est obtenu au moyen d'un électro-diapason, D, représenté à gauche du transmetteur (fig. 439), et dont les vibrations sont produites par le passage intermittent du courant d'une pile dans les bobines de l'électro-aimant, E' (fig. 439). Ces intermittences sont entretenues par les vibrations mêmes du diapason D dont l'une des branches ferme et ouvre alternativement le circuit. Les vibrations de la seconde branche ont pour effet d'envoyer par intermittences les courants d'une seconde pile dans l'électro-aimant E', dont les noyaux se trouvent, suivant le sens du courant, aimantés ou désaimantés. Ces alternances produisent des attractions successives sur la roue dentée R, en fer doux, qui acquiert ainsi un mouvement uniforme de rotation.

Plusieurs expériences ont été faites entre Paris et les principales villes de France, avec l'appareil de M. A. Cassagne, et toutes ont démontré les avantages de cet ingénieux système au point de vue de la rapidité.

En octobre 1886, M. Cassagne a pu, sur une ligne de 350 kilomètres, obtenir un rendement de 400 mots par minute, soit environ 24,000 mots à l'heure. Pour une distance de 750 kilomètres, la vitesse de transmission a été de 17,000 mots à l'heure ; enfin, dans le même espace de temps, et sur une ligne de 900 kilomètres, la transmission s'est effectuée avec une vitesse de 12,000 mots.

Tout récemment, M. Cassagne a apporté à son télégraphe de nouveaux perfectionnements, qui en augmentent encore la vitesse. Ils consistent dans l'emploi d'un perforateur à clavier, indépendant du système sténotélégraphique, et qui permet de manipuler avec une vitesse extraordinaire. On peut aussi, grâce à cette nouvelle disposition, desservir simultanément, et par le passage de la même bande, un nombre facultatif de postes, pourvu que les résistances dans les circuits restent constantes.

Le montage des appareils en *duplex* peut donner un rendement encore plus considérable.

Le *sténo-télégraphe* de M. A. Cassagne semble répondre à tous les désiderata, car il résout, tout à la fois, le difficile problème de la transmission des signes de la sténographie et de la correspondance à bon marché.

La rapidité de transmission des dépêches, avec les divers appareils actuellement en usage en télégraphie, varie dans des proportions assez notables. En supposant une ligne aérienne d'environ 600 à 700 kilomètres, on peut admettre, approximativement, les chiffres ci-après, pour le nombre de dépêches (composées de 20 mots) qu'il est possible d'expédier en une heure.

Appareil Morse.................... 25
— en duplex.......... 45
Appareil Hughes................. 60
— en duplex.......... 110
Appareil Wheatstone à composition préalable..................... 90
Id. en duplex..................... 160
Appareil Meyer, 25 par clavier, soit pour 4 claviers................ 120
Id. 6 claviers..................... 180
Appareil Baudot, pour 4 claviers... 160

Les appareils Morse et Hughes sont aujourd'hui de beaucoup les plus employés. Le télégraphe Baudot, réservé pour certaines grandes lignes, ne dessert que les bureaux des villes importantes situées à une assez grande distance de Paris, telles que Lyon, Amiens, Marseille, etc.

Nous avons donné les dessins des télégraphes de Wheatstone et de Baudot. Il ne sera pas inutile de mettre sous les yeux du lecteur ceux du télégraphe de Morse et de Hughes, les plus répandus aujourd'hui, ainsi qu'il vient d'être dit. Nous avons déjà représenté ces deux appareils, dans notre Notice des *Merveilles de la Science* (1) ; mais la forme qu'on leur donnait à l'origine a été modifiée depuis. Les figures 441 et 442 donnent le dessin exact des deux appareils télégraphiques que l'on voit aujourd'hui le plus fréquem-

(1) Tome II, pages 140 et 143.

Fig. 441. — Télégraphe Morse (récepteur).

A, rouleau à papier. — B, électro-aimant, attirant son armature, b. — C, ressort à boudin ramenant l'armature à sa position d'immobilité, quand le courant cesse de passer. — t, appareil encreur et style traçant les traits sur le papier. — p, papier déroulé au-devant du style.

ment sur les lignes françaises, comme dans les bureaux de l'étranger.

La figure 441 représente le récepteur du télégraphe Morse, à encre, dit *système à tampon*, construit par M. Bréguet. Un rouleau est chargé d'encre, un autre rouleau produit les traits et les points avec l'encre empruntée au premier.

Nous ne donnons pas le dessin du *transmetteur*, vulgairement nommé *clef de Morse*, parce que c'est le même que nous avons représenté dans les *Merveilles de la science* (1).

La figure 442 montre quelle est la disposition donnée au télégraphe imprimeur de Hughes par M. Bréguet, dessin qui diffère de celui que l'on trouve dans les *Merveilles de la science* (2). La légende qui accompagne cette dernière figure fait connaître la destination des divers organes mécaniques de cet appareil.

(1) Tome II, page 138 (fig. 58).
(2) Id., page 143.

## CHAPITRE VI

### LES LIGNES DE TÉLÉGRAPHIE SOUTERRAINE.

Nous avons consacré, dans la Notice des *Merveilles de la science*, une très courte mention à la télégraphie souterraine, c'est-à-dire à la disposition qui consiste à enterrer les fils sous le sol, au lieu de les tendre en plein air, sur des supports convenablement élevés. La télégraphie souterraine était peu en faveur à l'époque où notre Notice a été écrite; mais cela tenait à l'imperfection du procédé alors en usage pour enfouir les fils, qui ne produisait qu'un isolement défectueux. Depuis cette époque, des considérations d'ordres divers ont imposé aux États européens l'adoption des lignes souterraines, dont l'installation a fini par devenir très facile, par suite des progrès qu'a faits l'industrie de la fabrication des câbles sous-marins, ainsi que l'étude des substances isolatrices.

# SUPPLÉMENT AU TÉLÉGRAPHE ÉLECTRIQUE.

Fig. 442. — Télégraphe Hughes.

P, chaîne et poulie supportant le poids de 50 kilogrammes, moteur des rouages de l'appareil. — A, rouleau porteur des bandes de papier. — R, régulateur en hélice, dit *pendule conique*, fixé par un bout au bloc B, libre de l'autre. — P, armature de l'électro-aimant. — D, roue des caractères typographiques. — T, roue pressant les caractères typographiques entre la molette M, et le papier. — *z*, *z*, bande de papier imprimée. — C, clavier du télégraphiste, mettant en action la roue des caractères. — X, chaîne de la pédale qui sert à relever le poids, quand il est arrivé au bas de sa course.

Il existe en Angleterre une ligne souterraine d'une grande étendue (Londres-Liverpool), ainsi qu'un grand nombre d'autres, moins importantes.

En Prusse, un réseau complet de télégraphie souterraine a été terminé vers 1885; et nous possédons sept à huit lignes souterraines, dont la plus longue est celle de Paris à Marseille.

Dans les lignes souterraines, l'influence des perturbations atmosphériques est nulle, et les effets de la foudre et des orages n'y sont appréciables que si la ligne souterraine est reliée à une ligne aérienne. On peut, d'ailleurs, paralyser l'effet des orages avec un bon paratonnerre de bureau télégraphique. Les influences atmosphériques peuvent donc être considérées comme nulles, et la transmission des dépêches est presque indépendante des variations de température.

Enfin, les câbles conducteurs étant enfouis dans des tranchées de 1m,50 à 1m,80

de profondeur, on ne peut les détruire volontairement qu'avec de grandes difficultés, et les avaries accidentelles y sont très rares.

C'est pour cela que, depuis plusieurs années, les diverses administrations télégraphiques introduisent graduellement dans le service des lignes souterraines, tant pour les communications intérieures que pour les rapports internationaux.

Nous sommes donc amenés à décrire les procédés d'installation des lignes souterraines.

Nous disions que les premières lignes souterraines faites jusqu'en 1870 environ étaient de construction vicieuse. Elles étaient formées, en effet, d'un simple fil de cuivre recouvert de gutta-percha, et enfoui dans le sol. Or, la gutta-percha, qui se conserve si admirablement sous l'eau, se désagrège et se décompose quand on l'enfouit en terre. Ajoutons que la gaine de plomb dont on enveloppait la gutta-percha était souvent endommagée par les coups de pioche des terrassiers. Aujourd'hui, ce sont de véritables câbles, peu différents des câbles sous-marins, qui servent de conducteurs à la télégraphie souterraine.

Ces câbles sont enfermés dans des tuyaux de fonte. On les enfouit le plus souvent le long de la voie des chemins de fer; ce qui est la route la plus sûre et la plus avantageuse. En effet, les travaux sur ces voies sont faciles et moins onéreux qu'en pleine campagne, vu la commodité et la rapidité des transports que procurent les trucs des chemins de fer, que l'on peut y faire circuler, avec des ouvriers.

Les câbles souterrains sont à un, trois, quatre et sept fils, suivant les circonstances. Les câbles à sept fils sont relativement les moins chers, parce qu'ils exigent moins de matériaux pour la protection extérieure, et on les pose avec aussi peu de frais que les câbles à un seul fil.

L'*âme*, ou le fil central du câble, est un fil de cuivre, de $1^{mm},25$ de diamètre, qu'on recouvre d'une gaine de gutta-percha; le conducteur prend ainsi un diamètre de $4^{mm},35$. Il est ensuite entouré d'un fort ruban de coton tanné et trempé dans un bain de bon goudron de Stockholm. Le goudron diminue l'isolement du fil, mais il a l'avantage de conserver la gutta-percha.

Les fils de cuivre, recouverts de rubans goudronnés, sont étendus côte à côte, et attachés, de distance en distance, avec du fil de chanvre, de manière à former un câble. On coupe les attaches, au fur et à mesure de l'introduction du câble dans les tuyaux. Il ne faut pas, comme on l'a fait quelquefois, recouvrir le câble entier d'une enveloppe de toile de chanvre; si la toile venait à pourrir ou à se déchirer en certains points, la partie défectueuse pourrait endommager le câble ou engorger le tuyau.

Pendant la pose, il faut vérifier avec soin l'isolement et la conductibilité du fil par les méthodes connues.

Dans le parcours des villes, on place sous les trottoirs des rues un tuyau de fonte assez gros pour qu'on puisse y établir tous les fils dont on aura vraisemblablement besoin.

C'est ce que l'on voit dans le dessin pittoresque que nous donnons (fig. 443, page 549) de la *pose d'une ligne de télégraphie souterraine, à la place du Trône, à Paris*.

Sur le premier plan, à gauche, des ouvriers introduisent dans la tranchée une chambre de fonte d'un diamètre beaucoup plus grand que les conduites, et qui forme la tête de ligne. Sur le second plan, des ouvriers se disposent à manœuvrer une pompe à air, destinée à refouler et à comprimer de l'air dans toute la conduite intérieure pour s'assurer de sa complète herméticité. Les autres ouvriers, au fond et sur le premier plan, apprêtent les conduites.

On peut introduire soixante-seize fils dans un tuyau de $0^m,076$ de diamètre intérieur, et cent vingt fils dans un tuyau de $0^m,10$. On a le soin de goudronner à chaud l'intérieur du tuyau, pour empêcher la formation de la rouille, qui ferait adhérer les fils au métal assez fortement pour qu'il soit difficile de les détacher.

Des *regards* placés au ras de la surface du pavé, et qui ont $0^m,76$ de longueur sur $0^m,28$ de largeur et $0^m,30$ de profondeur, encastrés dans une dalle en pierre, sont disposés, de 100 mètres en 100 mètres, lorsque la ligne est droite, et plus près les uns des autres dans les courbes. Les tuyaux sont soudés les uns aux autres, comme les conduites d'eau, à la soudure de plomb, pour éviter l'introduction des gaz ou des liquides. Il faut éviter le voisinage de tuyaux livrant passage à de la vapeur chaude ou à de l'air chaud.

Le système que nous venons de décrire, et qui est en usage en France et en Angleterre, a l'inconvénient d'empêcher l'introduction d'un grand nombre de fils dans les conduites. Tant qu'on va en ligne droite, la traction du fil s'opère sans trop de difficultés ; mais dès que la moindre courbe se présente, le fil peut se casser, par la traction, et l'on est obligé de briser les tuyaux ou de les dessouder, non sans une grande perte de temps et d'argent.

En Allemagne et en Belgique, on a adopté un système plus simple. On se borne à déposer dans le sol des câbles serrés par des fils de fer galvanisés. Ces câbles enduits de bitume et recouverts de sable sont placés dans une conduite en briques, non cimentée.

MM. Felten et Guillaume ont ainsi opéré pour la construction de nombreuses lignes dans l'Allemagne du Nord. Un simple chariot chargé de fils avance dans la tranchée, que l'on ouvre, au fur et à mesure de la pose du câble.

En Angleterre, on a essayé d'un mode d'isolement plus simple encore, qui consiste à envelopper les fils de bitume.

On prend une boîte en bois, assez solide pour ne pas se déjeter ou plier ; on en garnit le fond, on y coule une couche de bitume chaud et liquide, qu'on a mélangé avec du goudron de Stockholm, pour le rendre moins cassant.

Lorsque le bitume est refroidi, on dispose dans le fond de la boîte une première rangée de fils ; on les tend fortement, et on les empêche de se toucher, au moyen de peignes mobiles ; puis on les recouvre du mélange bitumineux maintenu assez chaud pour qu'il adhère parfaitement à la première couche déposée au fond de la boîte, mais pas assez pour qu'il fasse corps avec elle. On dispose ensuite une deuxième rangée de fils, et ainsi de suite, jusqu'à ce que l'on ait rempli la boîte. On peut employer des fils de fer ou de cuivre nus, ou bien des fils recouverts de gutta-percha, mais dont la gutta-percha est défectueuse.

Comme l'humidité empêche l'adhérence des différentes couches de bitume, il faut opérer par un temps sec. Si une goutte d'eau tombait dans la boîte, pendant l'opération, la chaleur du bitume la vaporiserait, et il se formerait un trou suffisant pour laisser pénétrer l'humidité du sol, et occasionner un défaut de conductibilité.

Ce système n'a pu donner de bons résultats. La difficulté de réparer les avaries qui peuvent se produire n'est pas sans grand inconvénient. Les frais de premier établissement sont, d'ailleurs, trop élevés.

Les lignes télégraphiques souterraines servent à relier les points d'atterrissement des câbles sous-marins aux stations télégraphiques terrestres. Pour relier une ligne sous-marine à une ligne souterraine terrestre, on pose le câble sous-marin, tantôt dans une tranchée, tantôt dans les égouts, selon les localités. Dans tous les cas, c'est le câble marin des grandes profondeurs qui sert à opérer la jonction.

Dans l'égout, le câble est fixé à la voûte, au moyen de crampons scellés dans la maçonnerie. Quant à la ligne souterraine qui fait suite à cette dernière, on l'enfouit, à un mètre de profondeur, dans le sol, et on l'encaisse dans des tuyaux à poterie rendus étanches au moyen de ciment de Portland.

C'est ainsi que l'on opéra pour raccorder le câble sous-marin de la Méditerranée à la ligne souterraine de Marseille. Le sol où ces lignes ont été disposées (le Prado) présente des conditions d'humidité qui sont particulièrement favorables à la bonne conservation des câbles. Dans d'autres stations de l'*Eastern Telegraph Company*, à Aden, par exemple, il a été nécessaire, à cause de la sécheresse du sol parcouru par la ligne souterraine, de l'encaisser dans des tuyaux en fonte étanches, que l'on maintient constamment remplis d'eau.

On utilise également les conducteurs isolés au moyen de la gutta-percha, et réunis en forme de câble, pour traverser les cours d'eau, les tunnels des chemins de fer et les égouts.

Pour franchir les cours d'eau, on se sert de câbles identiques à ceux qui sont posés au fond de la mer pour relier les rivages éloignés. L'armature protectrice en fer doit toujours être de forte dimension, si la rivière est navigable, à cause de la faible profondeur des eaux dans lesquelles ces câbles sont plongés.

Pour la traversée des tunnels des chemins de fer, on se sert de fils de cuivre, isolés par une double gaine de gutta-percha, entourée de chanvre goudronné et recouverte de glu marine. On les fixe, par des crampons de fer, aux parois des tunnels.

Les câbles qui traversent les tunnels sont raccordés aux fils aériens, au moyen de serre-fils.

Dans les tunnels, on se trouve bien d'employer des conduits en bois fixés aux parois du souterrain. Le bois dont on se sert ne doit pas être injecté à la créosote, qui altère la gutta-percha; mais on peut garnir la boîte d'une couche de goudron saupoudrée de sable fin. Le fil revêtu de rubans goudronnés est également recouvert de sable. Le tout est enfermé dans une feuille de zinc, qui met les fils à l'abri des cendres chaudes ou des escarbilles échappées des locomotives.

Nous dirons cependant qu'en France les lignes de télégraphie passent rarement sous les tunnels. On préfère leur faire franchir, par la voie aérienne, le sommet du tunnel. Quand cela n'est pas possible, le câble contenant les fils de ligne est encaissé dans un conduit longitudinal fixé à la muraille du tunnel. A sa sortie, il se rend dans une caisse placée en dehors de la galerie, et qui est en rapport avec le poteau télégraphique par des bornes, auxquelles viennent se rattacher, d'un côté le fil du câble, et d'un autre, le fil de fer aérien, au moyen d'une ligature faite de fils recouverts de gutta-percha.

## CHAPITRE VII

LES ACCESSOIRES DE LA TÉLÉGRAPHIE. — PILES VOLTAÏQUES EN USAGE AUJOURD'HUI POUR LA TÉLÉGRAPHIE. — DISPOSITIONS ADOPTÉES POUR LES FILS CONDUCTEURS ET LES POTEAUX.

Dans les *Merveilles de la science*, nous avons décrit, sous le nom d'*accessoires* (1), les instruments, appareils ou engins, qui servent à la pratique de la télégraphie électrique, à savoir : la *pile*, les *sonneries*, les *fils conducteurs* et les *poteaux*.

Les *sonneries* n'ont subi aucune modification; mais les autres accessoires de la télégraphie électrique ont reçu différents perfectionnements, ou transformations, que nous avons à mentionner dans ce *Supplément*.

*Piles*. — Les piles autrefois en usage pour la télégraphie électrique étaient surtout, comme nous l'avons dit dans les *Merveilles de la science*, la pile Daniell, la pile à sable et la pile Marié-Davy à sulfate de mercure.

La pile Marié-Davy, malgré ses avantages, sous le rapport de la durée et de la constance du courant, est aujourd'hui abandonnée, à cause de la cherté du mercure et de ses propriétés toxiques. La pile de Daniell, avec quelques modifications selon les pays, est la plus en usage aujourd'hui. La pile Callaud, la seule répandue dans la télégraphie française, n'est qu'une forme de la pile de Daniell.

Les autres générateurs d'électricité adoptés à l'étranger sont : la *pile Minotto*, employée pour le service de l'Inde et de l'Extrême-Orient, — la *pile Leclanché*, qui prend de plus en plus de faveur, dans tous les pays — et dans quelques circonstances, la pile au bichromate de potasse.

Nous avons décrit et figuré, dans le *Supplément à la pile de Volta*, qui fait partie de ce volume (2), la pile de Daniell. Nous devons

(1) Tome II, pages 160-174.
(2) Page 404.

Fig. 443. — Chantier pour la pose de conducteurs de télégraphie souterraine, à Paris (place du Trône).

mentionner ici les diverses dispositions pratiques qu'on lui donne aujourd'hui, pour le service de la télégraphie.

On sait que la pile de Daniell consiste en un cylindre de zinc amalgamé, à l'intérieur duquel est placé un vase en terre poreux, de même forme, qui contient lui-même une plaque de cuivre. Le cylindre est baigné dans l'acide sulfurique étendu d'eau, et le cuivre dans une dissolution de sulfate de cuivre.

Dès que la communication est établie entre les deux métaux, le zinc est attaqué par l'acide. L'eau est décomposée, et il se forme de l'oxyde de zinc, que l'acide dissout, en donnant naissance à du sulfate de zinc. L'hydrogène se porte sur le cuivre ; mais au lieu de s'attacher à sa surface et de le polariser, il décompose une partie du sulfate de cuivre sur la plaque de ce métal, et la maintient ainsi nette et luisante.

L'acide du sulfate de cuivre, ainsi mis en liberté, se porte sur le zinc, et forme du sulfate de zinc. L'acide placé primitivement dans le vase de zinc n'a pas d'autre utilité que de rendre meilleur conducteur le liquide qui entoure le zinc.

Dans la pile de Daniell, il se forme donc du sulfate de zinc dans le vase de zinc, tandis que du sulfate de cuivre disparaît dans le vase de cuivre. Le volume du zinc diminue continuellement, tandis que celui du cuivre augmente.

Lorsque tout le sulfate de cuivre est décomposé, l'action cesse ; de là la nécessité d'ajouter continuellement du sulfate de cuivre. On place ce sel dans le fond du vase.

On compose une pile de Daniell d'une manière très économique, avec deux vases, l'un de verre, l'autre de terre, que l'on trouve dans le commerce, et qui se remplacent facilement, s'ils sont détruits.

Lorsque l'eau est saturée de sulfate de zinc, le sulfate cristallise sur le métal, et arrête l'activité de la pile. De là la nécessité d'enlever une partie de la dissolution, et de la remplacer par de l'eau. Les cristaux de sulfate de cuivre que l'on place dans le vase poreux doivent avoir la grosseur d'une noisette ; réduits en poudre, ils formeraient une masse compacte, peu soluble.

Le vase de terre contenant le zinc et l'acide sulfurique doit être beaucoup plus grand que le vase poreux ; et le vase poreux doit être un peu plus haut que le vase de verre, pour que la dissolution de sulfate de zinc ne puisse pas s'y introduire. Il est bon d'enduire le vase poreux avec du suif ou de la paraffine.

Les tiges de cuivre destinées à faire communiquer les couples entre eux, ainsi que les rivets qui relient tous les fils conducteurs, doivent être parfaitement décapés ; l'extrémité du conducteur qui se rattache au zinc doit être soudée avec de la soudure d'étain, pour assurer un bon contact.

La pile de Daniell n'est pas très puissante, mais elle a l'avantage de donner un courant constant, de se maintenir longtemps en état de bon fonctionnement et de n'émettre aucun gaz.

M. Callaud a modifié la pile de Daniell pour son application au service des télégraphes, en supprimant le vase poreux. Nous n'avons rien à ajouter à la description et à la figure que nous avons données de la pile Callaud, dans le *Supplément à la pile de Volta*, qui fait partie de ce volume (1).

Comme nous le disions plus haut, la pile Callaud est la seule employée dans les administrations télégraphiques françaises. Au siège de cette administration, c'est-à-dire à la direction générale des télégraphes, située rue de Grenelle, il existe une immense salle, dite *des dix mille éléments*, où dix mille éléments de la pile Callaud sont, en effet, réunis, pour desservir les fils de tout

---

(1) Page 408.

notre réseau. Ce sont des flacons de cristal de grande dimension, contenant la dissolution de sulfate de cuivre et les deux métaux réagissants.

Nous représentons (page 553) cette curieuse salle, d'après un dessin original.

Une modification de la pile de Daniell employée exclusivement dans les Indes anglaises et dans presque toutes les stations des Compagnies de câbles sous-marins est la *pile Minotto*, que nous avons également décrite et figurée dans le *Supplément à la pile de Volta* (1). Pour l'usage de la télégraphie, la *pile Minotto* a la forme suivante. Dans un vase en gutta-percha, on dépose au fond une rondelle plate en cuivre, à laquelle est attaché un fil, formant électrode. Sur la plaque de cuivre on place du sulfate de cuivre en cristaux, et par-dessus, un *séparateur*, fait en papier buvard. Au-dessus du *séparateur*, on met de la sciure de bois bien tassée et humide, sur laquelle on pose le zinc, muni de son électrode.

Avec cette forme, la pile Minotto est très portative, et peut s'expédier dans les stations éloignées. Elle se maintient constante avec peu de soins. Elle est toujours employée pour les épreuves que l'on fait à la mer, des câbles sous-marins ; car elle n'a pas les inconvénients d'une pile à liquide, qui peut laisser écouler, pendant les expériences, une partie des corps réagissants.

On donne à la même pile une autre forme. Dans un vase de cuivre on dépose environ 3 kilogrammes de sulfate de cuivre, que l'on recouvre de sciure de bois de pin humide. Sur cette couche on place le zinc, dans lequel on a ménagé quelques trous. Ainsi disposée, la pile Minotto est tellement simple que l'employé le plus inexpérimenté peut la monter. Elle fonctionne de trois mois à un an, sans autre soin que de l'humecter d'eau de temps à autre. Elle est très utile sur les circuits courts, où il faut des courants continus.

La force électro-motrice de la pile Minotto est d'une remarquable constance, mais sa résistance électrique est assez prononcée, et varie selon l'épaisseur de la couche de sable ou de sciure de bois employée et le degré de compression de cette couche. Mais les lignes télégraphiques des Indes ayant une très grande longueur, la résistance électrique de cette pile n'a pas d'inconvénient.

La pile Minotto a remplacé l'ancienne *pile à sable*, qui était pourtant d'un usage très commode, et qui se composait, comme on le sait, de plaques de cuivre et de zinc contenues dans un vase rempli de sable, que l'on humectait avec de l'acide sulfurique étendu d'eau.

La *pile Leclanché* tend à se répandre dans la télégraphie. Nous avons dit, en décrivant dans ce volume la *pile Leclanché* (1), que la forme dite *agglomérée*, c'est-à-dire ne contenant point de vase poreux, est la plus commode. Pour les téléphones, la *pile Leclanché* est la seule en usage, et les grandes Compagnies de chemins de fer français l'emploient pour leurs engins électriques.

La force électro-motrice de la pile Leclanché est à celle de Daniell dans le rapport de 40 à 25. Mais la pile Daniell donne un courant moins constant que la pile Leclanché, et ne saurait agir avec autant de régularité. Sa résistance intérieure est beaucoup moindre que celle de la pile Daniell ; mais, d'un autre côté, si on l'emploie en circuit, elle se polarise.

Quand la pile Leclanché est inactive, les matières employées ne se consomment pas. On peut donc, en empêchant l'évaporation du liquide, s'en servir pendant plusieurs mois, sans lui faire subir aucune manipu-

---

(1) Page 406.

(1) Pages 395-398.

lation et sans qu'elle perde de sa force. C'est ce qui l'a fait préférer à la pile de Daniell, toutes les fois qu'on n'a pas le moyen de la surveiller, et sur des lignes télégraphiques qui ne fonctionnent pas d'une manière continue. Tel est le cas du téléphone et des sonneries électriques. Aussi la pile Leclanché est-elle aujourd'hui presque la seule en usage pour ces deux applications spéciales.

Pour la télégraphie, la pile Leclanché n'est bonne que si on la limite à des lignes de peu de longueur.

Si l'on a besoin d'un courant d'une grande intensité sur un court circuit, il faut faire usage d'une pile au *bichromate de potasse*, malgré les irrégularités de son courant. La pile au bichromate de potasse est environ deux fois plus forte que la pile de Daniell, et elle ne donne lieu à aucun dégagement de vapeur; mais son irrégularité empêche de l'employer dans les conditions ordinaires du service. Dans quelques postes télégraphiques de l'Allemagne du Nord, on a eu recours à cette pile, mais son usage ne saurait se généraliser.

On voit, en résumé, qu'aucune pile particulière ne saurait prétendre au monopole du service des lignes télégraphiques. Chacune a des avantages, dont on tire parti pour les lignes à desservir. La pile de Daniell est la plus sûre, quand on a besoin d'un courant faible et continu, sur une ligne d'une médiocre étendue. La pile Minotto paraît rendre de réels services dans les Indes, et elle est la plus avantageuse pour les stations des câbles sous-marins. La pile Leclanché est bonne lorsqu'il s'agit d'obtenir une action brusque et subite. Si la ligne a des parties isolées ou des appareils marchant difficilement, et qu'on ait besoin d'un courant encore plus brusque et plus rapide que celui de la pile Leclanché, la pile au bichromate de potasse est indispensable.

M. Caël, inspecteur du service télégraphique, a publié le résultat d'expériences faites pendant trois ans sur les lignes de Lille à Dunkerque et de Bruxelles au Havre, pour comparer les piles Callaud, Marié-Davy et Leclanché. M. Caël conclut de ses observations, que la pile Leclanché est préférable à toutes les autres, en raison de son économie, de la facilité de son entretien, du bas prix des sels qui entrent dans sa composition, et des bons résultats qu'elle a fournis dans son application simultanée à plusieurs circuits d'égale résistance.

*Fils*. — Le conducteur employé pour les lignes télégraphiques aériennes est encore généralement, comme au début de l'art qui nous occupe, un fil de fer galvanisé, c'est-à-dire recouvert d'une couche de zinc, qui le préserve de l'oxydation. Son diamètre varie suivant les circonstances. Pour les lignes importantes, le fil de fer galvanisé a de 4 à 5 millimètres de diamètre.

Plus un fil est fin, plus on doit apporter de soin à le bien isoler; car son petit diamètre augmente la résistance au passage du courant. On a reconnu que de deux fils également isolés et de même longueur, l'un de 4 millimètres de diamètre, l'autre de 5, le premier fonctionne mal, tandis que l'autre donne de bons résultats. Un fil trop mince s'oxyde assez promptement; il se coupe quelquefois par le frottement, sur les supports isolants, ou bien il s'allonge, en s'amincissant, au point d'appui, quand les portées sont trop longues.

Pour les lignes courtes et de longue portée, on a fait quelquefois usage de fil d'acier, en raison de sa plus grande ténacité.

On sait que le cuivre est bien meilleur conducteur de l'électricité que le fer; cependant on a toujours écarté le cuivre, comme conducteur aérien, par suite de sa ténacité inférieure à celle du fer, et de son prix. Pour combiner l'excellente conductibilité électrique du cuivre avec la ténacité de

Fig. 444 et 445. — La salle des *dix mille éléments* à la direction générale des Télégraphes de la rue de Grenelle, à Paris.

l'acier, des constructeurs américains ont fabriqué un nouveau fil télégraphique, qu'ils nomment *compound* (c'est-à-dire composé) et qui est constitué par un fil de fer, recouvert d'une hélice de cuivre, que l'on réunit au brin d'acier, par une soudure à l'étain. Ces fils sont très bien fabriqués; cependant leur usure est très prompte, sans doute parce que le contact des deux métaux forme une pile voltaïque, entretenue par l'oxygène de l'air.

En France, on a composé un fil télégraphique bien supérieur au fil *compound* des Américains, en faisant usage du *bronze silicieux*, c'est-à-dire de bronze que l'on allie à une petite quantité de silicium. L'emploi de ces fils, fabriqués à Bruxelles, par MM. Montefiore Lévy, et à Angoulême, par M. Lazare Weiler, a permis de réduire leur diamètre, sans changer leur conductibilité, ni leur ténacité.

Le bronze silicieux a servi à fabriquer le fil qui relie Bruxelles à Paris, et Paris à Marseille pour la téléphonie, et il est employé aujourd'hui pour toutes les jonctions téléphoniques des villes situées à de grandes distances.

Les fils de bronze silicieux sont encore limités aux usages de la téléphonie à grande portée; mais il est à croire qu'ils finiront par être adoptés pour la télégraphie électrique.

Aujourd'hui, comme nous le disions plus haut, les fils dont on fait usage sur nos lignes télégraphiques sont en fer galvanisé, de 4 millimètres de diamètre; mais ceux qui sont tendus le long des chemins de fer n'ont que 3 millimètres. En revanche, ceux qui servent aux lignes internationales ont de 5 à 6 millimètres.

Ces fils sont fournis par les fabricants, en rouleaux, du poids de 20 kilogrammes au moins, sans joints, ni soudure. Chaque pièce de 20 kilogrammes forme un rouleau, ayant 60 centimètres de diamètre intérieur, et maintenu par trois liens.

Le fil de 4 millimètres doit pouvoir supporter, sans se rompre, un poids de 450 kilogrammes, et le fil de 5 millimètres un poids de 650 kilogrammes. Dans ces épreuves, le fil devra s'allonger au moins de 2 pour 100 de sa longueur.

Il doit être assez tenace pour résister à la rupture dans les conditions ordinaires, et assez souple pour s'enrouler facilement quand il s'agit de raccorder deux bouts.

Pour reconnaître si un fil fourni par le fabricant est composé de fer de bonne qualité et bien recouvert, sans tache ni gerçure, et s'il a la résistance mécanique voulue, on le soumet à deux genres d'essais. Le premier consiste à déterminer l'allongement qu'il peut prendre sans se rompre, le second à évaluer le nombre de torsions qu'il peut recevoir. Pour cela, le fil est enroulé sur un tambour; de là il est tiré alternativement sur trois, cinq ou six poulies à gorge, et il vient s'enrouler sur un deuxième tambour, que l'on fait tourner avec une vitesse supérieure d'environ 2 pour 100 à celle de la poulie. Le fil est ainsi fortement tendu, et l'on mesure son allongement, en même temps que l'on constate sa rupture ou sa résistance.

La galvanisation du fer le préserve facilement de l'oxydation. Les différents essais que l'on a faits en Angleterre, pour remplacer la galvanisation par la peinture ou le goudron, n'ont donné que de mauvais résultats. On en est donc revenu à la galvanisation, bien qu'elle rende, dit-on, le métal un peu aigre, et diminue sa facilité d'extension.

Les fils de fer galvanisé peuvent durer vingt ans sans aucune détérioration, en rase campagne, et à l'abri de la fumée de la houille. Mais à l'intérieur des villes et dans les localités manufacturières, le long des voies ferrées, et près des usines, où elles sont exposées à l'action de la fumée du charbon, enfin sous les tunnels, dans les tranchées et près des gares, la couche de zinc est assez vite altérée. En certains points, un fil de 4 millimètres ne dure pas plus de quatre ans. Dans les villes manufacturières, il faut employer des fils de diamètre de 4 à 5 millimètres au moins.

On a souvent fait usage, dans les longues portées, de fils tordus en cordon; mais un cordon s'oxyde beaucoup plus facilement qu'un fil unique, et la fumée le détériore très rapidement.

Quand les portées sont trop grandes pour le fil ordinaire, on se sert de fil d'acier.

Les qualités électriques et mécaniques des fils en bronze silicieux permettent de croire que les fils de fer ne conserveront pas longtemps le monopole des transmissions télégraphiques. Comme les appareils télégraphiques à transmission rapide tendent à être préférés partout, il faudra des fils très bons conducteurs, et leur surface devra être assez réduite pour donner le moins de prise possible aux phénomènes d'induction; c'est ce qui amènera la généralisation des nouveaux fils.

*Poteaux.* — Depuis quelques années, on a fait, en Angleterre et en France, un grand nombre d'essais, pour remplacer par des poteaux en fer les longues perches de bois qui, dans presque tous les pays, servent de supports aux fils télégraphiques. Ces essais n'ont pas donné de très bons résultats en Europe; mais dans les Indes Orientales, dans l'Australie et l'Amérique du Nord, là où le bois est vite détruit par les insectes, on ne se sert que de poteaux de fer, qui ont, d'ailleurs, l'avantage de pouvoir s'expédier par mer, en grande quantité, sous un petit volume.

Ces poteaux sont fabriqués en Angleterre, dans l'usine de MM. Siemens frères, d'où on les expédie dans les différentes parties du monde.

La figure ci-dessous représente le poteau tubulaire en fer creux, qui se compose de

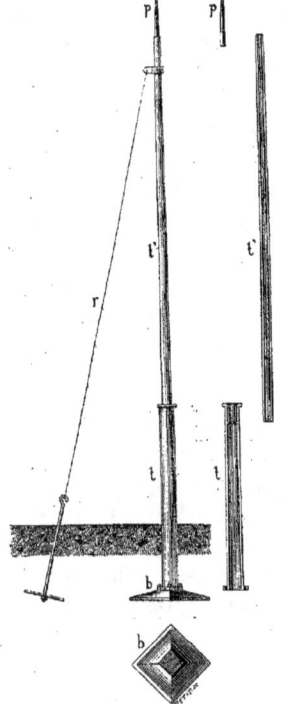

Fig. 446. — Poteau télégraphique en fer.

quatre parties : 1° la base $b$ ; 2° le socle $t$ en fonte ; 3° le tube supérieur $t'$, en fer forgé ; 4° enfin le paratonnerre P, aussi en fer forgé. La base est formée de plaques de fer rivées ensemble. Elle joint à une grande rigidité une élasticité qui lui permet de céder à des tensions soudaines et excessives. Le tube inférieur diminue de diamètre vers sa partie supérieure, qui se termine par une bague dans laquelle ira s'ajuster la partie supérieure tubulaire du poteau. Cette partie est fixée au tube inférieur par un ciment composé de soufre et d'oxyde de fer. Le tube supérieur est formé d'un feuillet de fer, dont la couture est jointée à la forge ; il est conique et se termine par une bague qui sert à recevoir le paratonnerre.

Ces poteaux coûtent trois fois autant qu'un poteau en bois de même force, mais leur durée est bien supérieure.

Les poteaux télégraphiques en fer sont limités à certaines latitudes. En Orient, en Égypte, par exemple, on les préfère aux poteaux de bois, trop sujets à l'attaque des insectes. En Europe, sauf quelques cas particuliers, on s'en tient aux poteaux en bois.

Les bois employés sont le pin, le sapin, le chêne, le mélèze, injectés de créosote ou de sulfate de cuivre, d'après la vieille et excellente méthode Boucherie. Le mélèze est le meilleur bois pour la télégraphie, mais il ne se prête pas aussi facilement que les autres substances à l'injection des substances conservatrices, qui s'opère, comme on le sait, au moment où l'arbre vient d'être abattu.

En France, le pin ou le sapin, injectés au sulfate de cuivre, sont les seuls bois employés pour les poteaux télégraphiques, à cause de la modicité de leur prix et de la régularité de leur forme. C'est du mois de décembre au mois de mars, lorsqu'ils possèdent une sève très fluide, et qu'on a pu les injecter sur pied avant leur abattage, que l'on coupe les pins et les sapins, et c'est du 1$^{er}$ mai au 1$^{er}$ décembre qu'on les débite, sous forme de perches.

En Angleterre c'est le mélèze de trente à quarante ans qui est préféré. Il faut que l'arbre soit abattu en hiver, et conservé pendant un temps suffisant à l'abri de l'humidité, après qu'il a été injecté au sulfate de cuivre. On empile les poteaux injectés, de manière que l'air y circule facilement. La rangée inférieure doit se trouver à plusieurs centimètres au-dessus du sol. On les maintient à l'abri des rayons du soleil, pour qu'ils ne se dessèchent pas trop vite et ne se fendent pas.

Les bois qui ont conservé leur écorce ne se fendent pas ; mais les vers ou les insectes parasites les attaquent facilement ; et comme la sève ne se dessèche pas assez vite, elle fermente, et devient une cause de germes de destruction pour le bois.

Les extrémités inférieures des poteaux doivent être légèrement carbonisées, pour assurer leur conservation, et goudronnées. On doit les laisser se dessécher complètement, pendant trois ou quatre mois, en place, avant de les peindre.

Quant aux substances qui servent à injecter les bois, pour assurer leur conservation, c'est le sulfate de cuivre qui a toujours la préférence. On sait que c'est avec le sulfate de cuivre que l'on injecte les billes en sapin destinées à recevoir les rails, sous le *ballast* des voies ferrées, ainsi que les poteaux des lignes télégraphiques de la France, de l'Angleterre, de l'Allemagne et de la Belgique. La créosote et le chlorure de zinc, que l'on a essayé bien souvent de substituer au sulfate de cuivre, n'ont pas donné de bons résultats.

## CHAPITRE VIII

LES NOUVELLES APPLICATIONS DU TÉLÉGRAPHE ÉLECTRIQUE. — EMPLOI GÉNÉRAL DE L'ÉLECTRICITÉ POUR LE SERVICE DES CHEMINS DE FER. — APPLICATIONS DU TÉLÉGRAPHE ÉLECTRIQUE A LA MÉTÉOROLOGIE, PARTICULIÈREMENT À L'ANNONCE DES TEMPÊTES. — LES CRUES DES FLEUVES ANNONCÉES PAR LE TÉLÉGRAPHE. — LE TÉLÉGRAPHE ET LES PÊCHERIES. — LES SÉMAPHORES ÉLECTRIQUES. — LES STATIONS FLOTTANTES AVEC FILS TÉLÉGRAPHIQUES. — LE RÉSEAU TÉLÉGRAPHIQUE DES VILLES, POUR L'ANNONCE DES INCENDIES. — EMPLOI DU TÉLÉGRAPHE ÉLECTRIQUE PAR LES ARMÉES EN CAMPAGNE.

Dans notre Notice sur le télégraphe électrique des *Merveilles de la science*, nous avons traité sommairement des applications de cet appareil (1). Mais son invention était alors de date trop récente pour qu'il eût reçu des applications nombreuses. Nous nous bornions à signaler l'utilité du télégraphe électrique pour les rapports entre particuliers, pour la dénonciation des crimes ou attentats, et la poursuite des criminels. Nous signalons quelques applications de la télégraphie à la science, particulièrement à l'astronomie, pour la détermination des longitudes, et à la météorologie, pour l'annonce de l'état du ciel, de la mer et de l'atmosphère, à différentes stations de la France et de l'étranger.

A cela se bornaient les applications, alors connues, du télégraphe électrique. Mais depuis l'année 1870, comme il était facile de le prévoir, les applications du télégraphe électrique sont devenues aussi importantes que variées, et nous consacrerons ce chapitre à l'exposition des différents emplois que l'appareil de Morse a reçus depuis cet intervalle jusqu'au moment actuel

On pourrait sans doute étendre beaucoup plus que nous n'allons le faire le cercle des applications du télégraphe électrique aujourd'hui réalisées ; mais désirant nous borner aux faits acquis, et négligeant les simples projets, nous signalerons les applications des messages électriques :

1° Au service et à l'exploitation des chemins de fer ;

2° A la météorologie, particulièrement à l'annonce de l'état du ciel et la prévision des tempêtes ;

3° A l'annonce des crues rapides des rivières et des fleuves, au moment des grandes pluies ;

4° A l'annonce des pêcheries maritimes, le long des rivages où s'exerce cette industrie.

5° Aux sémaphores des grands ports

(1) Tome II, pages 178-184.

de commerce, et aux stations flottantes ;

6° Au réseau télégraphique établi à l'intérieur des grandes villes, pour l'annonce des incendies ;

7° A l'expédition des ordres et avis divers entre les corps militaires, pendant les campagnes.

*Application du télégraphe électrique au service et à l'exploitation des chemins de fer.* — L'emploi du télégraphe électrique pour le service et l'exploitation des chemins de fer est d'une importance tout à fait hors ligne. Le fil télégraphique est devenu l'auxiliaire obligé, indispensable, de l'exploitation des voies ferrées, non seulement pour annoncer entre les stations les passages des trains, mais pour actionner une série d'appareils physico-mécaniques, destinés à former divers signaux, assurant la sécurité de la voie. Cette question a été traitée, avec tous les développements nécessaires, dans le *Supplément à la Notice sur la Locomotive et les Chemins de fer*, qui fait partie de ce volume. Nous nous bornons, en conséquence, à renvoyer le lecteur aux pages de ce *Supplément* où cette question est traitée (1).

*Application du télégraphe électrique à la prévision du temps et à l'annonce des tempêtes.* — C'est à un savant anglais, l'amiral Fitz-Roy, que l'on doit l'idée de signaler par le télégraphe les perturbations atmosphériques, plusieurs jours à l'avance. En 1858, l'amiral Fitz-Roy obtint du gouvernement de la Grande-Bretagne la création, sur les côtes du Royaume-Uni, de 20 stations météorologiques, devant expédier à Londres l'état du temps, d'où il serait télégraphié à tous les ports de l'Angleterre.

L'amiral Fitz-Roy exposait ainsi son projet :

« Comme les instruments météorologiques signalent ordinairement les changements importants plusieurs jours d'avance, nous examinons quel temps et quel vent on doit attendre d'après les observations du matin, comparées à celles des jours précédents, et nous en concluons, pour chaque lieu, le temps probable du lendemain et du surlendemain. Nous prenons une moyenne de ces indications locales, pour former celle de la région, et nous calculons alors les effets qui doivent se produire. Nous plaçons sur une carte des flèches mobiles qui indiquent le sens du courant et la possibilité des cyclones et nous notons la direction, l'étendue et la marche de ces vents autour de leur centre, suivant qu'ils se rencontrent, se combinent ou se succèdent. »

L'état de l'atmosphère dans chacune des régions de l'Angleterre, une fois annoncé à Londres, l'Observatoire de cette ville expédie aux ports qui peuvent être menacés l'avis qui les concerne. Les commandants de ces ports hissent immédiatement un signal d'alarme, que les marins connaissent tous, et qui signifie : *Soyez sur vos gardes, l'atmosphère est troublée.*

En France, c'est à Le Verrier que l'on doit la création d'un service télégraphique, destiné à prévoir les temps nuageux, pluvieux, et même les tempêtes. Depuis l'année 1860, d'après le plan de Le Verrier, nos côtes sont divisées en régions, qui contiennent des ports maritimes ; et le télégraphe électrique leur expédie, chaque jour, les indications du temps et la prévision des orages prochains.

L'Observatoire météorologique installé depuis plusieurs années sur le sommet du Pic du Midi, par le général de Nansouty, rend de grands services pour la prévision du temps et l'annonce des inondations, dans les vallées des Pyrénées et dans toute la région du sud-ouest de la France.

Le câble atlantique est un instrument précieux de prévision du temps, pour les ports de l'Europe situés au nord-ouest. Il a été reconnu que c'est généralement dans le golfe du Mexique que se forment les grands cyclones que le *gulf-stream* entraîne avec lui, et qu'il jette sur les côtes de l'Angleterre et de la France occidentale. En signalant aux ports de ces deux pays la for-

(1) Pages 280, 298, 303-306, 309-312.

mation de ces cyclones, ou l'apparition de simples perturbations atmosphériques, le câble atlantique permet souvent d'annoncer avec exactitude le jour de l'arrivée d'une de ces grandes agitations de l'atmosphère, une fois leur vitesse déterminée sur la côte américaine. S'il s'agit d'un cyclone, les météorologistes américains, lorsqu'ils ont réussi à déterminer l'intensité, l'étendue et la direction des mouvements tournants qui constituent ce redoutable météore, ainsi que sa vitesse de transport, annoncent aux ports d'Europe placés dans sa direction le jour probable de son arrivée à tel ou tel point géographique de notre continent. Sans doute, de nombreuses causes perturbatrices peuvent faire dévier sur sa route la tempête ainsi annoncée; mais il est rare que ces indications soient reconnues erronées, et les avis reçus de l'Observatoire central créé à New-York par le commandant Maury, et dirigé aujourd'hui par ses successeurs, ont certainement évité de graves sinistres à nos côtes maritimes de l'ouest.

*Annonce des crues des rivières et des fleuves.* — Au moment des grandes pluies, le télégraphe rend de réels services aux ingénieurs des Ponts et chaussées de nos départements, pour signaler les crues anormales qui se manifestent en amont des fleuves. A Paris, par exemple, le service hydrographique recevant des avis de la hauteur des différents cours d'eau dont la Seine est tributaire, et de la quantité de pluie tombée dans les vallées riveraines, peut prédire, à un centimètre près, la hauteur que la Seine pourra présenter à un jour donné. Les avertissements donnés de cette manière aux habitants des bords de la Seine situés en aval permettent à ceux-ci de prendre toutes les mesures nécessaires contre les effets des inondations.

Le service hydrographique est parfaitement établi en France, non seulement pour la Seine, mais pour tous les grands cours d'eau du pays. Dans les débordements de la Seine, en 1876, la commission hydrométrique, alors dirigée par Belgrand, fournit des prévisions qui furent de la plus grande utilité; et les inondations de la Garonne, en 1875, avaient été également annoncées plusieurs jours à l'avance, par l'Observatoire du Pic du Midi.

*Sémaphores électriques.* — Les sémaphores qui ont été créés primitivement pour la défense de nos côtes ont été utilisés, grâce à la télégraphie électrique, pour fournir à l'Observatoire de Paris le bulletin du temps présent et du temps probable. Beaucoup de nos sémaphores envoient, deux fois par jour, les observations météorologiques au ministère de la marine.

Les *postes électro-sémaphoriques* sont placés sous la surveillance de l'inspecteur du télégraphe de la localité. Les employés des *postes électro-sémaphoriques* (guetteurs) sont au nombre de deux dans chaque poste. Les capitaines de frégate sont chargés du service d'inspection des *électro-sémaphores*, concurremment avec l'inspecteur du télégraphe.

Les *postes électro-sémaphoriques* reçoivent également des dépêches des navires qui se trouvent en station dans la rade. Seulement, ce n'est pas un câble sous-marin qui leur transmet les observations prises en mer. Les navires correspondent avec les *postes électro-sémaphoriques,* en se servant du code commercial de signaux maritimes, ou code *Reynold,* que nous avons décrit dans la Notice sur le télégraphe aérien des *Merveilles de la Science* (1).

*Le télégraphe électrique et les pêcheries.* — Autrefois, les pêcheurs de harengs perdaient beaucoup de temps et laissaient souvent échapper leur prise, s'ils n'étaient pas avisés des points de la côte où le poisson se montre,

---

(1) Tome II, pages 81-84.

mais disparaît très vite, après avoir déposé son frai. Aujourd'hui, en Norvège, où la pêche du hareng est parfaitement organisée, on signale le banc dès qu'on l'aperçoit au large; et on peut toujours le reconnaître par le flot qu'il soulève. Des câbles sous-marins relient des stations situées à des intervalles rapprochés, et ces stations communiquent avec les villages habités par les pêcheurs. Dès que le hareng a pénétré dans une baie, ou fiord, le télégraphe annonce à chaque village la baie où le banc de hareng s'est montré.

*Avis des incendies.* — Il existe à Paris 133 postes de secours *contre l'incendie*, et 40 *postes-vigies* sont en communication télégraphique avec l'une des 11 casernes des sapeurs-pompiers. En outre, chaque caserne est reliée par un fil télégraphique à l'État-major du régiment des sapeurs-pompiers, situé boulevard du Palais, qui est le centre du réseau général.

Le réseau télégraphique qui relie entre eux les *postes-vigies* à l'État-major du régiment permet aux sapeurs-pompiers de s'avertir mutuellement. Mais, en outre, et par une disposition plus récente, on a posé dans les rues de la capitale, en des points convenablement choisis, des *boutons avertisseurs*, qui permettent aux particuliers eux-mêmes de donner avis, instantanément, d'un incendie qui vient de se déclarer.

Le *bouton avertisseur* est placé dans une boîte rouge en bois dont la paroi intérieure est vitrée. Il suffit de casser la vitre et de presser le bouton, pour signaler le feu au poste le plus voisin, ainsi qu'à l'État-major général des sapeurs-pompiers.

Nous représentons dans la figure 447 le petit appareil électrique avertisseur des incendies qui est posé au coin d'un certain nombre de rues de Paris. Ainsi qu'il est indiqué sur l'avis imprimé placé au-dessous de l'appareil, les habitants de la rue, en cas d'incendie, doivent casser la glace qui forme la partie transparente de la boîte, et tirer le bouton, pour avertir les pompiers. La sonnerie fait connaître, dans le poste des sapeurs-pompiers, la rue et la maison qui font l'appel; et tout aussitôt, les pompiers se mettent en route, avec leur matériel et outillage. L'avis imprimé fait également connaître par quelle rue les pompiers vont arriver, pour qu'on puisse aller à leur rencontre.

Un dernier avis (manuscrit) fait savoir que pour un simple feu de cheminée il est

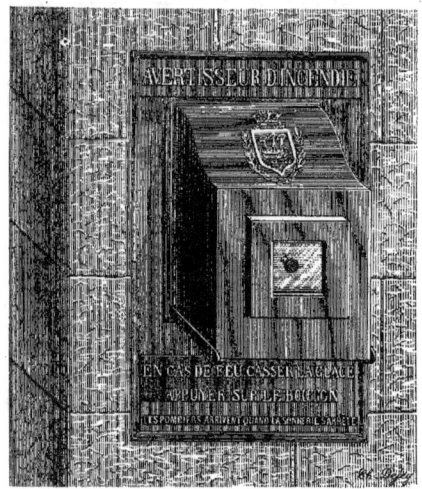

Fig. 447. — Bouton avertisseur des incendies, posé dans les rues de Paris.

inutile de faire usage de ce signe d'appel, et donne l'adresse du poste de police auquel il faut aller demander du secours, dans ce dernier cas.

Ce système d'appel public a déjà rendu des services à Paris; mais Paris avait été précédé dans cette création par l'Amérique et l'Allemagne.

En Amérique, le *télégraphe d'incendie*, actionné par un *bouton avertisseur*, est en service dans 80 villes des États-Unis et au Canada. Il est patronné par les Compagnies d'assurances, qui l'entretiennent à leurs frais;

ce qui leur économise de grandes dépenses, en réduisant, d'une manière sensible, la gravité des incendies.

En Allemagne, l'emploi du réseau télégraphique avertisseur d'incendies a permis de réduire dans une grande proportion le nombre d'*incendies graves* (1).

A Hambourg, il y a deux stations centrales, l'une pour l'incendie, l'autre pour la police. Chaque station centrale est reliée par un fil télégraphique aux faubourgs de la ville; de sorte que les postes de police et d'incendie sont avisés immédiatement du lieu où le feu s'est déclaré. On voit, en outre, dans les rues principales, les *boutons avertisseurs*, dont il est parlé plus haut. Ils sont, comme en Amérique et à Paris, placés sous une boîte en verre, que l'on brise, pour avertir de l'existence du feu. On compte à Hambourg 40 *boutons avertisseurs* sous verre, et 47 stations télégraphiques, recevant l'appel des avertisseurs. Les lignes télégraphiques qui constituent ce réseau particulier sont en partie souterraines et en partie aériennes.

A Francfort, le *télégraphe d'incendie* est d'un autre type. C'est un circuit de télégraphie électrique rayonnant, et muni de divers embranchements. On compte huit circuits principaux et trente-huit circuits de ramification. Les premiers servent à relier les stations pourvues de *boutons avertisseurs*; les autres correspondent des stations munies seulement de signaux d'alerte. Il y a, en tout, vingt-cinq stations pourvues de l'appareil Morse, et cinquante *boutons avertisseurs* automatiques. Les *boutons avertisseurs* aboutissent à de simples sonneries placées dans les bureaux des chefs de brigade et dans les postes de police.

Toutes les lignes qui relient le poste central aux appareils Morse et aux *boutons avertisseurs* ont, à Francfort, un développement de 3,035 mètres.

Le conducteur est un câble enfoui sous terre. Outre les lignes souterraines, il y a 1,782 mètres de lignes aériennes.

A Amsterdam, comme à Francfort, le réseau est circulaire. On a divisé la ville en trois grands cercles, avec une station centrale, qui communique avec les bureaux des trois régions auxiliaires. Ces cercles comprennent des brigades d'incendie et des postes de police, et les stations sont reliées de telle sorte que les postes de police sont placés dans une moitié, et les brigades d'incendie dans l'autre moitié des cercles. Par suite de cet arrangement, les deux séries de stations peuvent être divisées et communiquer séparément avec leur bureau central propre.

Outre ces trois cercles de la ville, il y a un cercle suburbain formé de fils aériens, tandis que les cercles principaux sont reliés par des lignes souterraines. Sur les bords des canaux une forte sonnerie à déclenchement avertit, en cas d'incendie, les stations de bateaux.

A la station centrale se trouve un *inducteur magnétique*, qui peut déclencher les sonneries d'alarme de toutes les stations. Des sonneries particulières et convenues permettent à la station centrale d'appeler une station séparément, ou toutes les stations ensemble. Le mécanisme de la cloche d'alarme est mis en mouvement par un poids, et le courant n'a qu'à opérer un seul déclenchement, comme dans le système d'avertissement sur les chemins de fer à une seule voie.

*Application de la télégraphie électrique aux opérations militaires.* — C'est en 1857, à l'époque de la conquête de la grande Kabylie, que la télégraphie électrique militaire fut employée pour la première fois, dans les armées françaises.

Le maréchal Randon fit organiser ce ser-

---

(1) On appelle *incendies graves*, en Amérique et en Allemagne, celui qui exige, pour l'attaquer, l'emploi de plus de deux pompes.

Fig. 448. — Officier et soldat déroulant le fil conducteur de l'appareil de télégraphie militaire volante.

vice par le chef du bureau télégraphique d'Alger, M. Lair, qui suivait la marche du quartier général, en suspendant aux branches des arbres le fil télégraphique.

Les appareils télégraphiques en usage dans nos armées sont à peu près les mêmes que ceux dont on se sert à l'intérieur des villes et d'une ville à l'autre. Ils sont enfermés dans des *voitures-postes*, qui contiennent, en outre, les piles et tous les accessoires. Des *chariots porte-bobines* servent au transport des câbles, qui, en général, sont formés de deux conducteurs isolés, dont l'un fait fonction de fil de terre et l'autre de fil de ligne. Ces chariots peuvent contenir douze bobines, de 3 kilomètres de fil chacune, disposées sur deux rangs, et entre lesquelles on place les *lances*, ou poteaux mobiles, les isolateurs, et en un mot, tous les outils indispensables à l'établissement de la ligne.

Dans les pays accidentés on se sert de mulets, pour le transport du matériel.

Des soldats, dressés à ce genre de service, et qui forment un corps d'électriciens, sont chargés de placer les *lances*, de dérouler les câbles, et de les poser sur leurs supports.

Une demi-heure suffit, généralement, pour installer un kilomètre de ligne.

Voici comment on procède, en campagne, pour établir un *poste télégraphique*.

Les officiers reconnaissent le terrain, et déterminent le tracé de la route.

Il faut, pour construire la ligne, un sous-officier, deux caporaux et douze hommes. Les chariots porteurs de bobines ouvrent la marche. Ils sont suivis de la *voiture-poste*. Un sergent trace la ligne, et les soldats, divisés en trois groupes, se partagent le travail comme il suit.

Le premier groupe, si la ligne doit être aérienne, creuse les trous, pour y planter les lances. Il creuse des rigoles, si elle doit être souterraine.

Le second groupe porte les bobines. Il déroule le fil, fait les joints, et prépare le fil, pour le remettre aux soldats chargés de le poser sur les lances ou dans les rigoles.

Le troisième groupe attache le fil aux lances, et les dresse. S'il s'agit d'une ligne non aérienne, il fixe le câble à terre et le cache dans les rigoles.

On laisse ordinairement un espace de 50 à 60 mètres entre chaque lance.

Pour relever le fil, quand il s'agit de supprimer la ligne, cinq ou six hommes suffisent; et ils opèrent à la vitesse du pas de route.

La conservation des lignes qui fonctionnent est confiée à de petites escouades de soldats, échelonnées, qui sont chargées de réparer les détériorations survenues au matériel. En outre, des patrouilles ont mission de défendre la ligne contre les rôdeurs ennemis.

Le général en chef, les commandants de corps d'armée et les chefs de l'État-major général, peuvent seuls envoyer des dépêches. Elles sont toujours écrites; aucun ordre verbal n'est accepté, afin de garantir la responsabilité du télégraphiste. Sur un champ de bataille, c'est un officier d'État-major qui est chargé de porter les dépêches, et il a l'ordre de confirmer par une lettre, dans les 24 heures, la dépêche télégraphique qu'il a été chargé de remettre.

Le poste central de la télégraphie suit le général en chef. C'est dans ce poste que sont centralisées toutes les dépêches. On fait toujours usage d'un langage chiffré, pour être à l'abri des indiscrétions. Un employé spécial est chargé de traduire ce chiffre. Il n'est pas difficile, en effet, de surprendre une dépêche, en établissant une sorte de dérivation sur la ligne télégraphique. Il est même possible, en tenant un fil de dérivation à la main, ou mieux à la bouche, de sentir tous les courants transmis, et de comprendre les signaux qu'ils représentent. De là la nécessité d'un langage secret.

Une dépêche en caractères et en langue ordinaires pourrait être surprise par un employé télégraphiste ennemi. On connaît l'histoire émouvante de M<sup>lle</sup> Dodu, qui surprit ainsi, pendant plusieurs semaines, des dépêches envoyées par les Prussiens, pendant la guerre franco-allemande de 1870 et qui faillit payer de sa vie cet acte de courage.

Pendant leur guerre civile, les Américains ont intercepté, de cette manière, plus d'une dépêche.

Il peut être utile en campagne d'installer rapidement une communication télégraphique, soit entre deux détachements de troupe n'ayant pas à leur disposition le matériel indiqué plus haut, soit pour effectuer une reconnaissance. On a imaginé, pour ce cas particulier, plusieurs appareils portatifs, qui répondent parfaitement aux besoins de cette opération.

Le plus employé des appareils portatifs de télégraphie militaire est dû à M. Trouvé. Il se compose d'un câble à deux fils, destiné à réunir deux stations, d'une pile pour chaque poste, et d'un appareil de correspondance. Le câble est enroulé sur une bobine, qu'un soldat télégraphiste porte sur le dos. Le fil se déroule à mesure que ce militaire s'éloigne du point d'observation. Sur le crochet qui supporte le câble, se trouve également une pile, ainsi qu'une boîte contenant un petit appareil télégraphique, qu'à un moment donné le soldat prend en main, pour recevoir ou pour envoyer une dépêche à l'officier, qui se tient à l'autre extrémité du fil conducteur, et qui, lui aussi, porte en bandoulière une pile, et tient à la main un appareil télégraphique, de la grosseur d'une montre. Le câble qui relie les deux appareils a une longueur d'environ un kilomètre; les deux conducteurs qui le forment sont isolés par de la gutta-percha et recouverts d'un ruban caoutchouté qui les protège contre la pluie et permet de les poser à terre ou de leur faire traverser un ruisseau (1).

Au moment de la séparation des deux télégraphistes, l'officier attache à sa pile les deux fils qui aboutissent à l'extrémité du

---

(1) L'emploi de deux conducteurs est ici motivé par l'impossibilité où l'on est souvent de se servir du sol comme fil de retour.

câble qu'il a entre les mains; puis il s'assure que les appareils fonctionnent convenablement. Cette opération terminée, le soldat s'éloigne, comme le montre la figure 448, page 561, en choisissant de préférence les endroits boisés. Tandis que le câble se dé-

Le petit appareil de la télégraphie volante, dit *parleur Trouvé*, qui sert à transmettre ou à recevoir les signaux, est représenté, en coupe, dans la figure 449. Il a la dimension

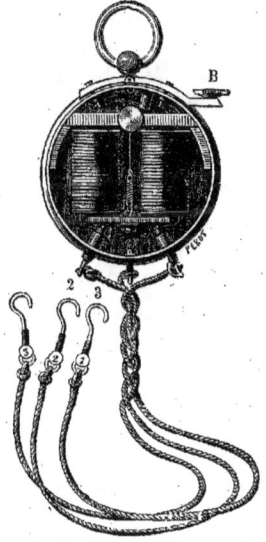

Fig. 449. — Coupe du *Parleur télégraphique* de M. Trouvé.

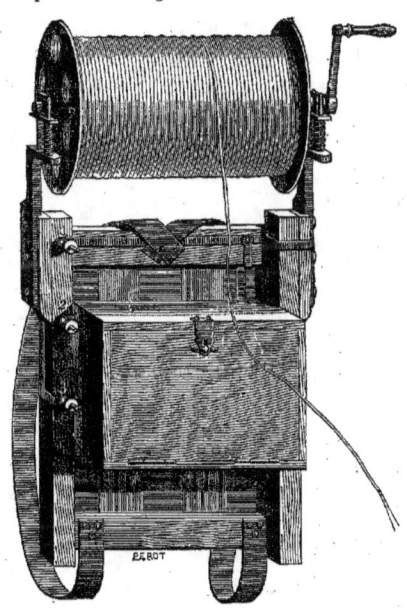

Fig. 450. — Crochet porteur du matériel de télégraphie militaire volante.

roule, un aide le suspend aux branches d'arbres, ou le place de façon à ce qu'il ne soit pas rompu ni écrasé par les voitures. Au retour, il décroche le câble, et l'enroule de nouveau sur la bobine, au moyen d'une manivelle; ce que ne pourrait faire seul le soldat télégraphiste.

Lorsque la distance à parcourir doit excéder un kilomètre, le télégraphiste mobile est accompagné d'un ou plusieurs porteurs de câbles, qui relient ces câbles au premier, à l'aide de petits mousquetons, très ingénieusement combinés.

Une demi-heure suffit pour établir une ligne volante, d'une longueur de 3 kilomètres; ce qui est très avantageux en campagne, où l'on n'a généralement pas une minute à perdre.

d'une grosse montre de poche. Il est en laiton nickelé, et renferme un petit électro-aimant, dont l'armature, placée en dessous, est pourvue d'un appendice, qui, lors du passage du courant, vient frapper sur un bouton fixé au fond de la boîte. Ces coups, renforcés par la sonorité de la boîte, suffisent pour interpréter les signaux conventionnels qui constituent la dépêche.

Le manipulateur est une clef Morse, formée d'un petit levier qui pivote autour d'un axe, et dont l'une des extrémités relevée permet, en pressant avec le doigt le bouton extérieur B, d'envoyer ou d'interrompre le passage du courant.

Trois conducteurs très fins, parfaitement isolés, et recouverts de soie de différentes couleurs, afin qu'on ne puisse pas les confondre, sont tressés ensemble, et terminés par autant de crochets numérotés, dont les chiffres correspondent à ceux du câble et de la pile.

On voit sur la figure 450 le crochet que le soldat, qui déroule le câble, porte sur ses épaules, et qui renferme : 1° un kilomètre de câble enroulé sur une grosse bobine, 2° une boîte de sapin contenant à l'intérieur une pile Trouvé de 9 éléments, et le *parleur télégraphique*.

M. Breguet a construit un petit télégraphe à cadran très portatif, applicable aux opérations militaires ; mais il a été abandonné, à cause de la trop grande délicatesse de son mécanisme.

Pendant le siège de Paris, les armées allemandes tirèrent un grand parti d'un fil télégraphique qui circonscrivait la ville entière. L'Empereur d'Allemagne a dit que sans le télégraphe il n'eût pas été possible de faire aboutir le siège.

Les fils télégraphiques entourant Paris n'avaient pas moins de 40 lieues, distance qui n'aurait pu être occupée par des soldats, et qui suppléait à leur surveillance. On avait établi une ligne double, hors de la portée de nos projectiles. Chaque ligne se composait de quatre fils, qui établissaient des communications avec vingt-quatre stations, distribuées sur la ligne. C'est ainsi que des milliers de dépêches étaient transmises chaque jour, autour de la ville assiégée.

La ligne télégraphique circulaire dont nous parlons ne servait pas seulement à relier les corps de troupe échelonnés autour de Paris ; elle servait encore à assurer l'approvisionnement des armées allemandes. C'est par cette ligne que l'on demandait aux villes de l'Allemagne l'expédition de provisions pour les troupes opérant sur le pays envahi.

Pour défendre le circuit télégraphique qui entourait Paris, des patrouilles prussiennes le parcouraient sans cesse. Il était rare, en effet, que la ligne pût se maintenir en bon état pendant plus de vingt-quatre heures. Aussi les travaux de réparation étaient-ils incessants.

Les Prussiens s'étaient servis, pour la construction de ce circuit télégraphique, de l'immense matériel télégraphique qu'ils avaient trouvé en France.

La télégraphie militaire constitue, dans les armées d'Europe, un corps spécial, dont le mode de recrutement et les attributions varient suivant les pays.

En Angleterre, la télégraphie militaire rentre dans les attributions de l'arme du génie ; mais un certain nombre d'auxiliaires empruntés au personnel de la télégraphie civile lui est adjoint.

En Prusse, des sous-officiers pris dans l'armée sont exercés aux manœuvres du télégraphe, et envoyés dans les chefs-lieux des grandes circonscriptions militaires.

En Italie, des officiers et soldats du génie sont exclusivement chargés de ce service.

En Russie, il existe quatre compagnies de télégraphistes militaires et deux de télégraphistes civils.

En Autriche, c'est l'administration de la télégraphie civile qui est chargée de ce service, avec l'adjonction de quelques télégraphistes militaires.

---

# CHAPITRE IX

UN PEU DE STATISTIQUE, A PROPOS DE TÉLÉGRAPHIE ÉLECTRIQUE AÉRIENNE ET SOUTERRAINE.

Le réseau télégraphique qui enserre aujourd'hui le globe terrestre serait bien difficile à décomposer, tous les pays civilisés étant pourvus de lignes télégraphiques, soit aériennes, soit souterraines. Il sera pourtant intéressant de réunir ici quelques chiffres, pouvant donner une idée de l'étendue de cet immense réseau.

En 1860, époque à laquelle le télégraphe électrique commença à prendre un certain essor en France, la longueur des fils atteignait 45,000 kilomètres ; elle s'élevait à 123,000 en 1877, et à 223,263 kilomètres vers la fin de 1883. Aujourd'hui, la France possède une longueur de fils, tant aériens que souterrains, qui dépasse 225,000 kilomètres en chiffres ronds (56,220 lieues), pour desservir une étendue totale de lignes évaluée à 73,000 kilomètres (18,250 lieues).

En Europe, les lignes aériennes embrassaient, en 1874, une étendue de 270,000 kilomètres, et la longueur des fils desservant ces lignes était de 700,000 kilomètres. A la fin de 1877, le réseau européen avait une longueur de lignes télégraphiques de 450,087 kilomètres, employant 1,200,000 kilomètres de fils.

L'Allemagne possède environ 299,000 kilomètres de fils, tant aériens que souterrains ;

| | | |
|---|---|---|
| La Russie. . . . . . | 224,000 | kilomètres. |
| La Grande-Bretagne. | 216,000 | — |
| L'Autriche-Hongrie. | 148,000 | — |
| L'Italie (1). . . . . . | 90,000 | — |
| La Suède et la Norvège. . . . . . . . | 45,500 | — |
| L'Espagne. . . . . . | 40,800 | — |
| La Belgique. . . . . | 28,800 | — |
| La Suisse. . . . . . | 16,500 | — |
| La Hollande. . . . | 14,800 | — |
| Le Portugal. . . . | 11,000 | — |
| Les autres pays (ensemble). . . . . | 34,700 | — |

L'Australie avait, en 1880, un réseau de 42,947 kilomètres ; celui des Indes anglaises s'élevait à 29,120 kilomètres. Tous ces nombres n'ont cessé de s'accroître depuis.

« Actuellement, dit M. A. Guillemin (1), auquel nous avons emprunté une partie des renseignements statistiques qui précèdent, le développement des lignes télégraphiques sur le globe terrestre n'atteint pas moins de 2 millions de kilomètres ; ce qui équivaut à cinquante fois la longueur de la circonférence de la terre, ou près de cinq fois la distance qui nous sépare de la lune (sur ce chiffre total, la télégraphie sous-marine compte pour 60,000 milles géographiques, environ 111,000 kilomètres, ou presque trois fois la circonférence du globe). »

Chacun des 232 câbles qui forment aujourd'hui le réseau sous-marin se composant, en moyenne, de 40 fils, on peut estimer la longueur du fil de fer et de cuivre employé à 25 millions de milles, ou dix fois la distance entre la terre et la lune.

Le nombre total des télégrammes de Paris pour Paris s'élève, année moyenne, à environ 2,238,000, et produit, en chiffres ronds, 970,000 francs de recettes. Les produits télégraphiques de Paris, qui, en 1877, étaient de 6,797,555 francs, se sont élevés, en 1883, à 10,449,815 francs, malgré les nombreuses réductions apportées aux taxes télégraphiques, et particulièrement malgré l'énorme abaissement de prix, comparé à celui des télégrammes ordinaires, qui résulta de l'adoption des cartes-télégrammes et des télégrammes fermés.

Les télégrammes internationaux, qui étaient, en 1869, au nombre de 1,488,767, et ne s'élevaient, en 1879, qu'à 2,832,247, atteignent aujourd'hui le chiffre moyen de 4,200,000.

En moyenne on expédie, annuellement, en :

| | |
|---|---|
| Grande-Bretagne.. | 33,966,000 dépêches. |
| France.......... | 26,261,000 — |

(1) *Le Monde physique.*

(1) L'Italie, la Suède, la Norvège, l'Espagne, le Portugal, la Grèce, la Bulgarie, la Bosnie et la Serbie, ne possèdent que des lignes aériennes.

| | | |
|---|---:|---|
| Allemagne....... | 18,363,000 | dépêches. |
| Russie.......... | 9,801,000 | — |
| Italie........... | 7,027,000 | — |
| Autriche-Hongrie. | 6,627,000 | — |
| Belgique......... | 4,067,000 | — |
| Suisse.......... | 3,047,000 | — |
| Espagne......... | 2,831,000 | — |

Depuis 1870, le nombre des dépêches expédiées s'est accru dans une proportion énorme. Pour donner une idée de l'activité de la correspondance, dans les pays industriels, citons l'Angleterre, qui, dans le cours de cette même année 1870, vit passer dans son réseau près de 10,200,000 dépêches, soit 203,600 par semaine, ou près de 30,000 par jour.

M. W. Huber (1) nous apprend que le 18 juillet 1870, jour où la déclaration de guerre entre la France et la Prusse fut connue à Londres, 20,592 dépêches passèrent par la seule station centrale.

Le réseau télégraphique indien a expédié, en 1871, 33,000 dépêches; malgré le prix élevé de la correspondance par les câbles transatlantiques, 240,000 dépêches ont franchi, en une seule année, l'Océan.

Aux États-Unis, où l'étendue des lignes, au 1er octobre 1881, s'élevait à 272,164 kilomètres, et celui des fils à 500,000 kilomètres, le nombre des télégrammes expédiés pendant l'année 1880 avait dépassé 33 millions. Dans ces chiffres, les fils réservés au service spécial des chemins de fer ne sont pas compris.

Ces données statistiques suffisent pour qu'on se fasse une idée de l'essor qu'ont pris les correspondances rapides en divers points du globe.

Le nombre des agents et sous-agents employés par l'administration des télégraphes, en France, atteignait, en 1883, le chiffre considérable de 54,000, répartis dans 7,523 bureaux. Ces derniers chiffres n'ont pas dû varier sensiblement depuis l'époque où le relevé a été fait.

---

(1) Auteur d'une statistique détaillée du réseau télégraphique universel et d'une carte générale de ce même réseau.

## CHAPITRE X

LE TÉLÉPHONE. — SON ORIGINE. — RECHERCHES DE M. GRAHAM BELL. — TRAVAUX ANTÉRIEURS DE PAGE, BOURSEUL, ETC. — LE PHONAUTOGRAPHE DE LÉON SCOTT. — TÉLÉPHONES DE PHILIPPE REIS ET DE M. ELISHA GRAY. — TÉLÉPHONE PARLANT DE M. GRAHAM BELL. — EXPÉRIENCES FAITES ENTRE BOSTON ET MALDEN. — PROCÈS ENTRE GRAHAM BELL ET ELISHA GRAY, AU SUJET DE L'INVENTION DU TÉLÉPHONE. — DROIT DE PRIORITÉ ACCORDÉ A M. GRAHAM BELL. — LE TÉLÉPHONE MAGNÉTIQUE DE M. GRAHAM BELL. — PERFECTIONNEMENTS DU TÉLÉPHONE PAR E. GRAY, GOWER, SIEMENS, ADER, D'ARSONVAL, COLSON, ETC.

Nous placerons, comme suite au *Supplément au télégraphe électrique*, la description du téléphone, de sa construction première, de ses perfectionnements, de sa théorie et de son emploi général.

On peut rattacher ce merveilleux instrument à l'électricité : 1° parce que le téléphone primitif, le téléphone de M. Graham Bell, consiste en un barreau aimanté, dont les variations d'intensité magnétique provoquent dans une membrane de fer des ondulations sonores; 2° parce que le *téléphone à pile*, d'Edison, qui est venu centupler la puissance du téléphone Bell, fait emploi, comme l'indique son nom, d'un courant électrique.

C'est à un modeste professeur de l'institution des sourds-muets de Boston, M. Graham Bell (1), qu'est due l'invention de cet admirable appareil, qui transmet à distance la voix humaine, et que sir William Thomson proclama, dès l'origine, « *la plus grande merveille de la télégraphie* ».

---

(1) M. Graham Bell, qui s'est fait naturaliser Américain, en 1876, est né à Edimbourg (Écosse).

Passionné pour les sciences physiques et naturelles, M. Graham Bell, tout en instruisant ses jeunes élèves, étudiait le mécanisme de la parole, et poursuivait les travaux de son père, Alexandre Melvill Bell, sur un système nouveau de *phonographie*, et sur la reproduction des sons de la voix humaine.

On raconte qu'il s'appliqua à faire parler une jeune sourde-muette, sa pupille, et qu'il y parvint, après deux mois d'enseignement. Il songeait déjà, à cette époque, au téléphone, et comme le nom seul de cette invention future excitait de l'incrédulité parmi ses amis, il dit, un jour, à ceux qui l'entouraient : « J'ai fait parler des « sourds-muets ; je ferai parler le fer. »

Ne possédant, toutefois, que quelques notions de physique élémentaire, et comprenant que pour atteindre le but qu'il se proposait, il devait se familiariser avec cette science, M. Graham Bell demanda des leçons au professeur J. Hellis, et au savant docteur Clarence Blake. M. Hellis, auquel il avait fait part de ses recherches, et du moyen qu'il employait pour déterminer la hauteur des sons, à l'aide d'un diapason, encouragea le jeune observateur, et le mit au courant des expériences de ce genre faites avant lui par le physicien allemand Helmholtz.

C'est grâce aux leçons de ces deux maîtres que M. Graham Bell fut mis au courant des travaux que les physiciens avaient déjà entrepris dans cette direction et des résultats qu'ils avaient obtenus.

Helmholtz était parvenu à reproduire, au moyen de diapasons de différentes hauteurs, mis en rapport avec un électro-aimant, non seulement les sons musicaux, mais encore les sons articulés de la voix. D'un autre côté, Page, Auguste de la Rive et Philippe Reis, avaient fait, sur la transmission des sons, différentes recherches, dont sut profiter le jeune chercheur.

Résumons ces premiers travaux, qui furent les avant-coureurs de ceux de M. Graham Bell.

En 1837, le physicien américain Page avait reconnu que si un électro-aimant est soumis à des aimantations et à des désaimantations très rapides, les vibrations transmises à l'atmosphère par le barreau aimanté émettent des sons, qui se trouvent être en rapport avec le nombre des émissions et interruptions du courant qui les provoque. C'est ce que Page appelait la *musique galvanique*.

De 1847 à 1852, Mac Gauley, Wagner, Heef, Froment et Pétrina, combinèrent des *vibrateurs électriques*, qui transportaient fort nettement les sons musicaux à distance. Toutefois, jusqu'en 1854, personne n'avait encore entrevu la possibilité de transmettre la parole, lorsqu'un simple employé des lignes télégraphiques françaises, Charles Bourseul, à la stupéfaction des savants, qui considéraient cette idée comme un rêve, publia une Note dans laquelle il laissait entrevoir le moyen de transmettre au loin la voix humaine.

Ce n'était là sans doute qu'un aperçu théorique ; mais il est à regretter que Charles Bourseul n'ait pas été mieux encouragé, car notre ingénieux compatriote aurait peut-être créé le téléphone s'il avait pu construire l'appareil qu'il méditait de réaliser.

C'est un physicien allemand, Philippe Reis, qui, en 1860, construisit le premier téléphone, fondé, quant à la reproduction des sons, sur les effets découverts par le physicien Page en 1837, et pour leur transmission électrique, sur le système des membranes vibrantes qui avait été utilisé dès 1855, par Léon Scott, dans son *phonautographe*.

Philippe Reis, né le 7 janvier 1834, à Gelmhausen (principauté de Cassel), était, à cette époque, professeur de physique dans une école de Friedrichsdorf, où, quelques années auparavant, il était entré comme élève. Tout en faisant ses cours et dirigeant ses classes, il s'occupait de musique, et c'est en répétant l'expérience de Page que lui vint l'idée de transmettre au loin les sons musicaux, au moyen des émissions et interruptions d'un courant électrique.

L'appareil que construisit Philippe Reis, à l'école de Friedrichsdorf, était rudimentaire, il est vrai, mais il n'en fit pas moins l'admiration de la *Société libre allemande* de Francfort et de l'*Association des naturalistes allemands*, auxquels l'inventeur les présenta, en 1862 d'abord, puis en 1864.

Tel que l'ont perfectionné MM. Yeates et Vander, le téléphone (1) de Reis consiste en deux instruments distincts : le *transmetteur* des sons et le *récepteur* (fig. 451).

Le *transmetteur* se compose d'un tube E, débouchant dans une boîte sonore A, à la partie supérieure de laquelle se trouve une membrane bien tendue *a*, *b*, *c*, qui vibre à l'unisson des ébranlements qu'elle reçoit. Au centre de cette membrane est un petit disque de platine, *o*, qui communique, par la borne *m*, avec l'un des pôles d'une pile voltaïque P, et qui transmet le courant au fil de ligne, chaque fois que la membrane soulevée par les sons émis devant l'embouchure de l'instrument vient à rencontrer l'extrémité du fil conducteur aboutissant à la borne *m*. L'autre pôle de la pile est relié à la terre.

Le *récepteur* est constitué par une tige de fer F, autour de laquelle est enroulé un fil de cuivre, recouvert de soie. Cette tige portée sur deux chevalets, *d*, *d*, est placée

(1) Le mot *téléphone* (du grec τῆλε, loin, et φωνή, voix) appliqué à un instrument de physique a été employé pour la première fois par Philippe Reis. Cependant, F. Sudre avait déjà appelé *téléphonie* un système de télégraphie acoustique dont il est l'inventeur, et que nous avons longuement décrit dans les *Merveilles de la science* (*Le Télégraphe aérien*, tome II, pages 69-76).

sur une boîte creuse très sonore, D, qui renforce les vibrations produites par les interruptions successives du courant dans la tige métallique. Le fil de ligne arrive à l'une des extrémités, *f*, de la spirale de cuivre, et le circuit est complété par l'autre extrémité, qui communique à la terre.

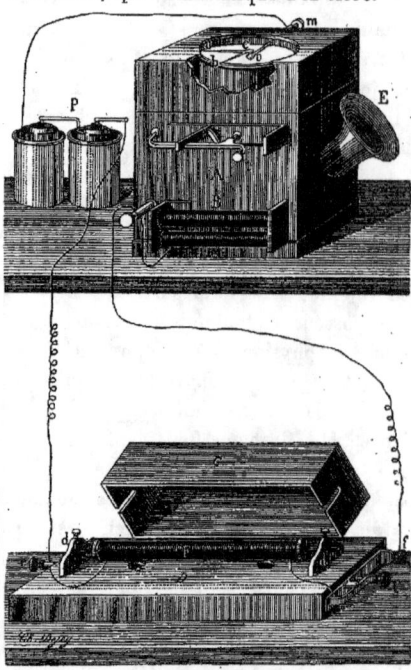

Fig. 451. — Téléphone de Reis (transmetteur et récepteur).

Ce récepteur reproduit synchroniquement toutes les vibrations de la membrane *a*, *b*, *c*, de l'appareil de transmission, et cela à tel point que la mesure et la tonalité des mélodies sont fidèlement exprimées.

Quand on parle, qu'on chante, ou qu'on joue d'un instrument devant l'embouchure E, du *transmetteur*, la membrane *a*, *b*, *c*, qui recouvre la boîte sonore A, entre en vibrations, par l'effet des mouvements de l'air occasionnés par la parole, à l'intérieur de la boîte. Pendant ces vibrations la pointe de la tige et du disque *o*, qui est un véritable *interrupteur de courant*, éprouve une série de contacts et de disjonctions avec la membrane vibrante. Ces alternatives de contact et d'écartement se transmettent à la tige F du *récepteur*, par le fil conducteur, *m*, de la pile, P; après que le courant a traversé l'électro-aimant B, lequel agit comme un relais, pour accroître la puissance du courant. La tige F du récepteur, qui est un électro-aimant d'une certaine puissance, éprouve ainsi des aimantations et des désaimantations successives, correspondant à celles du *transmetteur*, et il se produit des résonnances vocales ou instrumentales parfaitement semblables à celles que l'on a fait entendre devant le pavillon E.

Le téléphone de Philippe Reis n'eut pas le succès qu'il méritait. Personne ne sut entrevoir l'avenir réservé à ce remarquable appareil, que les physiciens allemands regardèrent comme un simple perfectionnement du *vibrateur* de Page.

Il existe en Allemagne un recueil scientifique qui fait autorité, les *Annales de physique de Poggendorff*, publication à peu près équivalente à nos *Annales de chimie et de physique*, et dans laquelle sont publiés tous les travaux de physique ayant une véritable valeur. Philippe Reis sollicita de Poggendorff l'insertion de son mémoire dans ce recueil magistral; mais Poggendorff ne daigna pas donner asile à l'œuvre d'un pauvre instituteur, inconnu du monde savant.

Philippe Reis, découragé, abandonna son idée, et le 14 janvier 1874, une maladie de poitrine emporta le pauvre instituteur, au moment où il allait présenter son nouvel appareil à l'*Association des naturalistes allemands*. Tel est le sort que réserve trop souvent aux hommes de génie l'implacable destinée!

M. Graham Bell, qui connaissait les travaux de Reis sur la transmission du son, chercha à résoudre ce problème mieux que son prédécesseur, et il eut le bonheur d'y parvenir.

Le premier appareil que construisit M. Graham Bell, en 1874, de concert avec le docteur Blake, n'était autre qu'une modification du téléphone de Reis et du *pho-*

Fig. 452. — Graham Bell.

*nautographe* de Léon Scott. Il représentait, quant à la forme, une oreille, dont le tympan, formé par une membrane flexible enduite de glycérine, faisait vibrer un léger style. En parlant, ou en chantant devant cette membrane, le style reproduisait exactement, sur une plaque de verre noircie, toutes les vibrations de l'air ébranlé par la voix.

Peu satisfait de cet incomplet résultat, M. Graham Bell combina, l'année suivante, un véritable téléphone. L'appareil auquel il s'arrêta comprenait deux parties distinctes : le *transmetteur* et le *récepteur*.

Fig. 453. — Premier téléphone de Graham Bell (transmetteur).

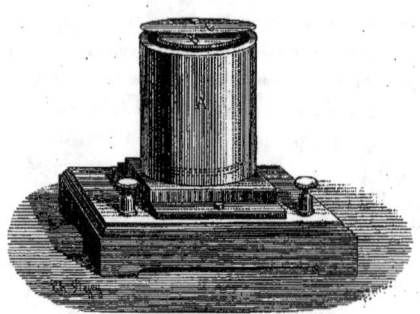

Fig. 454. — Premier téléphone de Graham Bell (récepteur).

Le *transmetteur* (fig. 453), qui était réversible, c'est-à-dire susceptible de fonctionner indifféremment comme récepteur et comme transmetteur, se composait d'un électro-aimant, E, dont l'armature, constituée par un disque mince de fer, se trouvait placée au fond de l'ouverture d'un pavillon, P. On pouvait tendre ce disque de fer servant d'armature, à l'aide d'une vis, V.

Le *récepteur* (fig. 454) consistait en un électro-aimant tubulaire, A, de forme cylindrique. Le fil conducteur du courant pénétrait dans l'intérieur du tube. L'armature, BC, de cet électro-aimant, se trouvait au-dessus du cylindre; ce qui donnait à l'appareil l'aspect d'une boîte dont l'armature était, en partie, le couvercle, C.

M. Graham Bell fit le premier essai de ce téléphone dans la salle des conférences de l'Université de Boston. Le transmetteur était disposé dans la salle même, et le récepteur dans une pièce de l'étage inférieur, où se tenait un élève, prêt à répondre aux questions du maître. M. Graham Bell, très ému, ayant prononcé devant l'embouchure du transmetteur, ces mots : « Comprenez-vous ce que je dis ? » fut très agréablement surpris, en entendant cette réponse, un peu confuse, mais cependant très perceptible : « Je vous entends ».

La joie qu'éprouva notre inventeur est difficile à décrire, mais on se l'imaginera sans peine, en songeant à l'importance d'une aussi merveilleuse découverte : *le transport à distance de la voix humaine !*

Le *téléphone magnétique* de M. Graham Bell fut présenté par l'inventeur, à l'Exposition internationale de Philadelphie, en 1876. Le célèbre physicien de Londres, Sir William Thomson, qui se trouvait en Amérique, à cette époque, eut le mérite de deviner toute la valeur de ce nouvel instrument.

Voici ce qu'il écrivait à l'*Association britannique de Glasgow* :

« Au département Canadien, j'ai entendu la parole moyennant un fil télégraphique. C'est certainement la plus grande merveille de la télégraphie électrique ».

M. Graham Bell s'occupa de prendre un brevet pour son appareil, en Angleterre et en Amérique. Dans ce but, il pria le ministre des États du Canada, M. Brown, qui, au mois de septembre 1875, se disposait à partir pour l'Europe, de prendre, en Angleterre, un brevet en son nom, pendant que lui-même en prendrait un autre en Amérique. Malheureusement, M. Brown mourut à Londres, avant d'avoir pu exécuter sa promesse; ce qui mit M. Graham Bell dans l'impossibilité d'obtenir, aussitôt qu'il l'aurait voulu, son brevet en Europe.

Notre inventeur résolut alors de remplir sans retard cette formalité en Amérique, et le 14 février 1876, il se rendit au bureau des patentes américaines de Washington, pour y déposer sa demande de brevet. Or, ce même jour, il se produisit un fait étrange, et peut-être unique dans l'histoire des découvertes scientifiques. A peine M. Graham Bell était-il sorti du bureau des brevets, qu'un autre physicien, M. Elisha Gray, déposait une demande de brevet pour la même invention, et remettait, avec son mémoire, deux appareils, pouvant très bien fonctionner pour la transmission de la parole, quoiqu'ils différassent totalement de celui de M. Graham Bell.

Le *transmetteur* de M. Elisha Gray, au lieu d'agir par des interruptions de contact avec une membrane métallique comme celui de Graham Bell, agissait par la résistance variable qu'opposait *une goutte d'eau*, plus ou moins comprimée, au passage du courant électrique.

Bien que la demande de M. Graham Bell eût été déposée deux heures avant celle de M. Elisha Gray, il n'y en eut pas moins contestation pour le droit de priorité, et comme conséquence, un procès entre les parties. Le tribunal de Washington, qui jugea l'affaire, en premier ressort, considérant, d'une part, que le dépôt du modèle de M. Graham Bell avait été fait antérieurement à celui de M. Elisha Gray, et d'autre part, que la demande de brevet de M. Graham Bell était formulée en bonne et due forme, tandis que M. Elisha Gray n'avait pris qu'un *caveat*, c'est-à-dire une simple demande de protection pour son droit d'inventeur, accorda le privilège à M. Graham Bell (1)

(1) Ce n'est pourtant qu'en 1880 que s'est terminé, à l'avantage de M. Graham Bell, le procès entre les deux inventeurs.

A peine son brevet obtenu, notre inventeur songea à perfectionner encore sa découverte. C'est alors qu'il construisit le nouvel appareil, auquel il donna le nom de *téléphone magnétique*, et qui est l'appareil en usage aujourd'hui.

Nous allons décrire ce téléphone; mais auparavant, nous dirons quelques mots d'un petit instrument populaire, le *télégraphe à ficelle*, lequel, croyons-nous, a dû mettre M. Graham Bell sur la voie de sa merveilleuse découverte.

Le *télégraphe à ficelle* (fig. 455) se compose de deux cornets, en bois ou en métal, dont le fond est fermé par une membrane de parchemin. Un fil de coton, ou mieux de soie, fixé par un nœud, au centre de chacune des membranes, réunit les deux membranes. Ce fil étant bien tendu, si l'on vient à parler devant l'embouchure de l'un des cornets, les paroles seront entendues par la personne qui aura placé son oreille contre l'embouchure du second cornet

Le *téléphone magnétique* que M. Graham Bell imagina, en 1876, ressemble au *télégraphe à ficelle*. M. Graham Bell remplaça le fil du télégraphe à ficelle par un conducteur métallique, et la membrane de parchemin des deux cornets par une plaque mince de tôle, ou de fer-blanc.

Dans le *téléphone magnétique* de M. Graham Bell la transmission des sons est produite par des *courants d'électricité d'induction* qu'engendrent, dans un aimant, les mouvements d'une petite lame de fer placée devant l'un des pôles de cet aimant, et qui est mise en vibration par les ondulations sonores de la voix.

On sait que les *courants d'induction* sont des courants électriques formés, soit par l'influence d'autres courants, soit par l'influence d'aimants naturels, soit enfin par l'influence magnétique de la terre. Ils se divisent en trois groupes bien distincts, à

Fig. 455. — Le télégraphe à ficelle et la manière de s'en servir.

savoir : 1° les courants *volta-électriques*, produits par les piles ; 2° les courants *magnéto-électriques*, engendrés par les aimants ; 3° les courants *telluriques*, produits par le magnétisme terrestre.

Rappelons, pour l'intelligence de ce qui va suivre, qu'en physique on appelle *magnétisme* la propriété que possède l'aimant d'attirer le fer, et par extension, l'ensemble des phénomènes qui en résultent ; — que l'aimant naturel, ou *pierre d'aimant*, est un minerai de fer possédant deux *pôles magnétiques*, qui exercent une action particulière sur l'aiguille aimantée (*boussole*) ; — que les aimants *artificiels* sont des aiguilles, des lames ou des barreaux d'acier, auxquels on a communiqué, soit par un courant électrique, soit par simple friction contre une pierre d'aimant, la puissance attractive de ce minerai ; — qu'on nomme *pôles* d'un aimant les points de sa surface où sa force d'attraction est le plus intense ; — qu'enfin, on donne le nom d'*électro-aimant* à un barreau de fer, entouré, en spirale, d'un long fil de cuivre, recouvert de coton, de soie ou de toute autre matière isolante, et qui acquiert les propriétés de l'aimant naturel chaque fois (et seulement alors) qu'on fait passer un courant électrique dans le fil qui entoure ce barreau de fer.

Revenons maintenant à l'appareil de M. Graham Bell, et voyons la disposition qu'il a donnée à son *téléphone magnétique*, que l'on voit représenté dans les figures 456 et 457, en perspective et en coupe.

Une petite boîte circulaire en bois, S, S, est adaptée à un manche de bois creux et cylindrique, T, qui renferme un barreau aimanté, A, A. Ce barreau est fixé, au moyen d'une vis V, au fond du manche, et disposé de manière à ce qu'on puisse régler sa hauteur, lors-

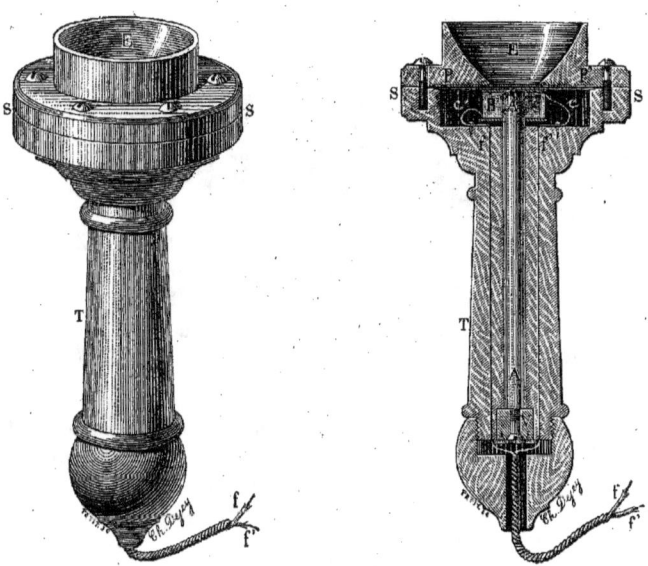

Fig. 456 et 457. — Le téléphone magnétique de Graham Bell (perspective et coupe).

qu'on serre ou desserre la vis. A l'extrémité supérieure du barreau est ajustée une bobine magnétique, B, formée d'un grand nombre de spires de fils, isolés par de la soie. Les bouts du fil de cette bobine aboutissent à deux boutons d'attache, $f, f'$, placés sur les côtés du manche. Au-dessus, et très près de l'extrémité polaire du barreau aimanté, se trouve un disque mince de fer-blanc, P, P, qui constitue la membrane vibrante. Ce disque est fixé fortement par ses bords sur la périphérie de la boîte, qui, à cet effet, est formée de deux parties, pouvant s'ajuster l'une sur l'autre, au moyen de vis. Enfin, l'embouchure E, devant laquelle on parle, et dont la forme est plus ou moins évasée, termine la partie supérieure de l'instrument.

Lorsqu'on parle devant cet appareil qui peut être à la fois — qu'on le remarque bien — transmetteur et récepteur, la voix fait vibrer la plaque de fer, P,P, dont les mouvements oscillatoires modifient l'état magnétique de l'aimant A,A, et engendrent, dans les fils de la bobine, un courant d'induction. Ce courant se transmet, par le fil de ligne $f, f'$, à l'appareil tout semblable qui sert de récepteur, et dans lequel le même phénomène se reproduit, mais en sens inverse. Le courant arrive dans la bobine du téléphone récepteur, et modifie, par induction, le magnétisme de la tige aimantée de cette bobine. Celle-ci attire alors, avec une puissance proportionnée à l'énergie du courant qui la traverse, la plaque de fer qui se trouve placée devant elle, et la fait vibrer, à l'unisson de celle du transmetteur. Ces vibrations déterminent dans l'air une série d'ondulations, plus ou moins vives, qui reproduisent exactement la parole de la personne avec laquelle on correspond. Articulation, timbre, hauteur de son, tout est fidèlement reproduit à distance, d'un instrument à l'autre.

Tel est le *téléphone magnétique*, ou *téléphone de Bell*, instrument absolument irréprochable en soi, et qui répond merveilleusement à son office, si on ne lui demande

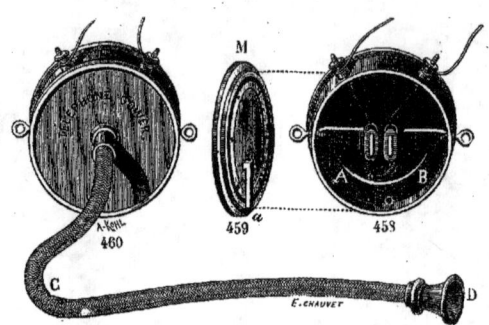

Fig. 458, 459, 460. — Téléphone magnétique Gower.
(Fig. 458. Vue intérieure. Fig. 459. Plaque vibrante. Fig. 460. Tube acoustique.)

pas de transmettre les sons à une trop grande distance.

Le téléphone de M. Graham Bell a été perfectionné par MM. Edison, Elisha Gray, Phelps, Trouvé, Gower, Siemens, Ader, d'Arsonval, etc.

Pour augmenter la puissance du téléphone magnéto-électrique, M. Elisha Gray replia l'aimant en forme de fer à cheval, et plaça devant chacun des pôles, une membrane vibrante. Cette disposition renforce considérablement les sons, et donne à la parole une plus grande netteté. En effet, dans le téléphone de Graham Bell, un seul pôle est utilisé pour les vibrations des plaques : ici, les deux pôles sont en action.

M. Phelps emploie aussi un aimant double ; mais les noyaux magnétiques des bobines sont constitués par des tubes de fer fendus longitudinalement ; ce qui fait disparaître les réactions d'induction insolites qui se produisent quelquefois dans les téléphones ordinaires. De plus, les membranes vibrantes de cet appareil sont munies de bagues élastiques, et de ressorts, qui les éloignent du système magnétique, et empêchent les vibrations centrales des lames de se compliquer de celles des bords. L'ensemble est renfermé dans une boîte sonore, pourvue d'une embouchure, et présente la forme d'une tabatière oblongue, d'un maniement très facile.

M. Gower utilisa les deux pôles d'un fort aimant, et concentra leurs effets sur une seule membrane. Il fit usage, en outre, de bobines méplates, qui semblent devoir donner de meilleurs résultats que les bobines cylindriques, parce qu'on peut les rapprocher davantage du centre de la membrane.

Le même électricien munit son appareil d'un sifflet avertisseur, analogue à ceux des porte-voix, et qui fonctionne sans le secours d'aucune pile. Ce sifflet consiste en un petit tube à anche vibrante, fixé au-dessus de la membrane, et qui résonne lorsqu'on souffle fortement dans l'embouchure du transmetteur. L'appareil est enfermé dans une boîte de laiton, d'un volume très réduit, et dans laquelle, pour éviter toute résonnance, on n'a réservé qu'une cavité extrêmement étroite. Un tube acoustique d'un mètre de long permet d'entendre et de parler sans déranger l'instrument, et facilite l'emploi du sifflet avertisseur. Les figures 458-460 représentent le *téléphone magnétique Gower*.

On voit dans la figure 458 l'appareil ouvert et mettant à nu l'aimant AB, replié et forme de fer à cheval, et dont les deux pôles sont en regard l'un de l'autre. Autour de ces deux pôles sont enroulées les deux bobines électro-magnétiques dans lesquelles doit se développer le courant d'induction engendré par la vibration de la membrane métallique extérieure.

Cette membrane, qui forme le couvercle de la boîte, se voit sur la figure 459. C'est une lame de fer-blanc, M, fixée sur les bords de la boîte circulaire, qui ferme cette boîte et forme une caisse sonore. La boîte est en cuivre, et le diaphragme M est fortement appliqué sur ses bords.

Il n'y a pas d'embouchure à ce téléphone, comme dans le téléphone magnétique de Bell; mais un tuyau acoustique, C, terminé par un pavillon, D, s'adapte au couvercle de la boîte, qui est percée d'un trou, pour le recevoir. C'est ce que l'on voit représenté sur la figure 460

Le téléphone Gower est *réversible*, comme celui de Bell, c'est-à-dire qu'il sert indifféremment de *récepteur* ou de *transmetteur;* mais il faut un moyen de prévenir le correspondant du moment où l'on va parler. A cet effet, Gower avait eu l'idée d'avertir le correspondant par un coup de sifflet. Pour cela, il avait pratiqué sur la plaque vibrante, M, une petite ouverture oblongue dans laquelle s'engageait une anche d'harmonium, adaptée à une queue en cuivre, *a*. En soufflant par l'embouchure du tube excentrique, l'air pénétrait dans ce trou, et se mettait en vibration, en produisant un bruit de sifflet.

L'appel étant ainsi produit, le correspondant répondait de la même manière, et la conversation pouvait commencer.

En résumé, le téléphone Gower n'est qu'une forme particulière donnée au téléphone de Graham Bell. L'aimant, au lieu d'être rectiligne, est recourbé en fer à cheval, et les autres organes sont ceux de l'instrument de Graham Bell.

Le *téléphone de Gower* est d'une sensibilité telle qu'on peut, en se mettant à quelques mètres du transmetteur et en parlant à haute voix, se faire entendre par plusieurs personnes réunies dans l'enceinte où se trouve le récepteur. Cependant il n'est pas resté dans la pratique.

## CHAPITRE XI

LES TÉLÉPHONES A PILE. — LEURS AVANTAGES. — TÉLÉPHONE A CHARBON ET A PILE DE M. EDISON. — EMPLOI DE LA BOBINE D'INDUCTION POUR TRANSFORMER LE COURANT ÉLECTRIQUE EN COURANT INDUIT, ACCROITRE LA PUISSANCE DE LA TRANSMISSION, ET FRANCHIR DE PLUS LONGUES DISTANCES. — PERFECTIONNEMENTS APPORTÉS AU TÉLÉPHONE A CHARBON PAR MM. POLLARD ET GARNIER, ADER, BOUDET DE PARIS, BLAKE ET HOPKINS.

Nous désignons le téléphone de Graham Bell sous le nom de *téléphone magnétique*, parce que l'aimant seul est l'agent qui produit les vibrations téléphoniques de la plaque de fer. En cet état, c'est-à-dire réduit à un simple aimant et à une mince plaque de fer, le téléphone de Graham Bell est un instrument parfait. Il suffit aux transmissions de la parole à de faibles distances, et dans ce cas, comme nous le disions plus haut, son jeu est absolument irréprochable. Ajoutez qu'il est du prix le plus minime. Une paire de téléphones, c'est-à-dire le récepteur et le transmetteur, avec une certaine longueur de fils conducteurs, coûte 8 à 10 francs.

Par toutes ces causes, quand on veut correspondre à peu de distance, c'est-à-dire, par exemple, à la distance de la traversée d'une rue, ou des divers étages d'une maison, le *téléphone magnétique* de M. Graham Bell est encore aujourd'hui le meilleur instrument à recommander.

Mais quand il s'agit de transporter la voix

à de grandes distances — et c'est le cas général, — le simple téléphone de Graham Bell est insuffisant.

De là les nombreux travaux qui furent entrepris, depuis 1876, pour augmenter la portée de l'instrument primitif.

Le perfectionnement le plus important qui ait été apporté au téléphone de M. Graham Bell, consiste dans l'emploi de la pile voltaïque. Un courant électrique lancé dans le fil qui transmet les ondulations sonores produites à l'intérieur de l'aimant, permet de lutter contre les courants anormaux qui se développent dans ces fils, par différentes influences.

La première idée de l'emploi de la pile pour renforcer les *courants ondulatoires*, c'est-à-dire les *ondulations sonores*, appartient à M. Edison, qui, dès l'année 1876, construisit le premier *téléphone à courant électrique*.

C'est dans le magnifique laboratoire de Menlo-Park, près de New-York, que M. Edison perfectionna ainsi le téléphone de Bell.

Comme récepteur du téléphone, M. Edison conserva celui de M. Graham Bell, mais son transmetteur est tout différent.

Le transmetteur téléphonique de M. Edison est fondé sur les variations de résistance électrique produites par les variations de pression qu'exerce la plaque de fer vibrante sur une pastille de charbon, lorsqu'on parle devant l'embouchure de l'instrument. La membrane métallique qui reçoit les vibrations de la voix, repose sur un petit disque de charbon, composé de noir de fumée de pétrole. Les mouvements oscillatoires de la plaque se transmettent au charbon, et les différences de pression produites par ces oscillations, font varier la résistance électrique du disque intercalé dans le circuit de la pile, et du récepteur, qui vibre synchroniquement avec le transmetteur. En outre, M. Edison appliqua à son transmetteur une disposition déjà employée par Elisha Gray. Il ajouta une petite bobine d'induction, qui reçoit le courant électrique, lorsqu'il a traversé le disque ; ce qui paraît augmenter, dans une certaine mesure, la puissance de la transmission.

L'adjonction d'un courant électrique aux simples *courants ondulatoires magnétiques*, mis en œuvre dans le téléphone magnétique de Graham Bell, accrut d'une manière inespérée la portée du téléphone. Seulement, le *téléphone à pile et à transmetteur à pastille de charbon* inventé par M. Edison, n'eut aucun succès, et ne put jamais entrer dans la pratique. Son *transmetteur à charbon* fonctionnait mal, et le *récepteur* qu'il avait proposé, fonctionnait plus mal encore ; de sorte qu'Edison dut en revenir au récepteur ordinaire de Graham Bell, ou à sa modification de forme, c'est-à-dire à la disposition de l'aimant en demi-cercle, imaginée par M. Gower.

On a vainement essayé divers *transmetteurs à charbon*. Les dispositions proposées par MM. Pollard et Garnier, par M. Ader, par M. Boudet (de Paris), Blake et Hopkins, donnèrent des résultats supérieurs à ceux du *transmetteur à charbon d'Edison*, mais la portée des ondulations sonores en était peu augmentée.

Même avec l'addition du courant électrique, le téléphone n'aurait donné lieu qu'à des applications de peu d'importance, sans la découverte d'un admirable instrument, le *microphone*, qui vint apporter le puissant transmetteur que la science attendait.

C'est ce qui va être expliqué dans le chapitre suivant.

# CHAPITRE XII

DÉCOUVERTE DU MICROPHONE PAR M. HUGHES. — SON APPLICATION COMME TRANSMETTEUR TÉLÉPHONIQUE. — MICROPHONE TRANSMETTEUR DE MM. HUGHES, CROSSLEY ET ADER. — DESCRIPTION DU TÉLÉPHONE A TRANSMISSION MICROPHONIQUE. — LE TÉLÉPHONE ADER-BELL EN USAGE EN FRANCE.

C'est en 1877 que M. Hughes, physicien anglo-américain, déjà célèbre par l'invention du *télégraphe imprimeur* (1), découvrit le *microphone*, instrument qui amplifie considérablement les sons, quand ceux-ci résultent de vibrations transmises mécaniquement par des corps solides.

Le *microphone* découvert par M. Hughes consiste en un crayon de charbon, dont les deux extrémités sont taillées en pointe, et sont fixées, en haut et en bas, entre deux supports de même matière. Les points de contact sont ainsi tellement mobiles que le plus petit déplacement du crayon modifie sa position et le met en vibration. Si un courant électrique traverse le crayon, ce courant est interrompu ou rétabli un grand nombre de fois, dans un court espace de temps.

Tel qu'on le voit dans les cabinets de physique, le *microphone* se compose (fig. 461) d'un crayon de charbon, C, soutenu en haut et en bas, entre deux crapaudines de charbon, $g$, $g'$. Le crayon, taillé en fuseau à ses deux extrémités, ne repose que par ses pointes entre les deux crapaudines de charbon. Il est, dès lors, d'une prodigieuse mobilité dans les godets qui le renferment, et peut ballotter dans les trous supérieur et inférieur. Des contacts métalliques en rapport avec les charbons supérieur et inférieur sont en communication avec un fil conducteur, aboutissant à une pile P.

Quand un courant électrique traverse ce système, le circuit est interrompu et réta-

(1) Voir les *Merveilles de la science*, t. II, pages 136 et suivantes.

bli alternativement, pendant les vibrations du crayon, lequel s'agite sans cesse entre les godets qui le supportent.

Si, pendant le passage du courant électrique, on fait parcourir ce système par les ondulations sonores de la voix, les plus faibles sons que l'on fait entendre à proximité sont transmis au récepteur d'un téléphone T, que l'on a relié au fil conducteur, mais singulièrement amplifiés. Une mouche, qui se promène sur la table sonore A, fait entendre un très fort bourdonnement ; un

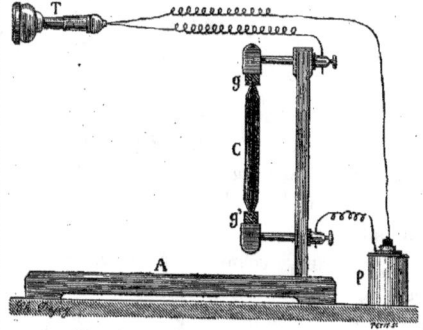

Fig. 461. — Microphone de Hughes.

coup d'épingle retentit comme un coup de marteau.

Dès que le microphone fut connu, on songea à en faire un *transmetteur téléphonique*, pour remplacer le transmetteur de Graham Bell. A partir de ce moment, le téléphone magnétique de Graham Bell fut conservé comme récepteur, mais le microphone lui servit de transmetteur.

Un des premiers transmetteurs microphoniques qui aient été construits est celui de M. Crossley, fort en usage aujourd'hui en Angleterre. C'est un assemblage (fig. 462) de quatre petites baguettes de charbon, C, C, disposées en losange derrière une planchette mince de sapin, B, et soutenues par quatre blocs de charbon, entaillés, qui les réunissent.

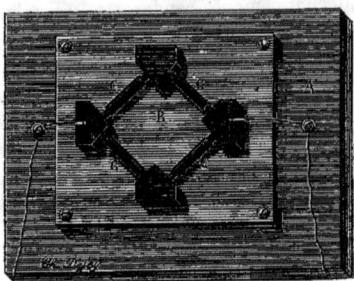

Fig. 462. — Microphone Crossley.

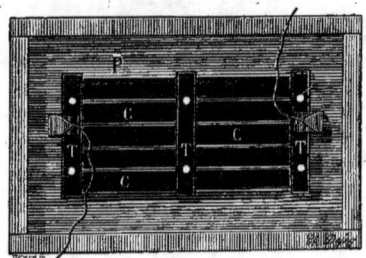

Fig. 463. — Microphone Ader.

Le transmetteur microphonique de M. Crossley est d'une exquise sensibilité.

C'est à M. C. Ader, aujourd'hui ingénieur de la *Société générale des téléphones*, que l'on doit le *transmetteur microphonique* que l'on voit sur la figure 464. Huit crayons de charbon C, C, formant des groupes de six charbons chacun, reposent, par leurs extrémités, taillées en tourillons, sur trois traverses de même substance, T, T, percées d'un nombre égal de trous pour les recevoir. Cet ensemble est fixé à l'envers d'une planchette de sapin, P, et représente une double grille à 24 contacts de charbons. Quand on parle au devant de cette planchette, les vibrations que la voix lui imprime se communiquent au microphone, et transforment le courant électrique qui le traverse en *courant ondulatoire*, qui va reproduire dans le téléphone récepteur les paroles prononcées devant le transmetteur.

Pour permettre à son microphone de transporter les sons à une distance plus considérable, M. Ader, comme l'avaient déjà fait MM. Edison et Gower, a placé dans le circuit une petite bobine d'induction qui, paraît-il, renforce le courant.

Quand la *Société générale des téléphones* fut constituée à Paris, en 1880, elle eut à choisir entre différents appareils récepteurs et transmetteurs existant à cette époque en France et à l'étranger, et elle donna la préférence au *transmetteur Ader*, composé essentiellement du microphone à baguette de charbon, que nous venons de représenter (fig. 463).

M. Ader avait, en même temps, proposé pour récepteur le *récepteur Graham Bell*, avec la forme en fer à cheval que lui avait donnée M. Gower. La *Société générale des téléphones* adopta le récepteur *Ader-Gower*, que l'on nomme aujourd'hui le *récepteur Ader-Bell*.

Quoi qu'il en soit, le *transmetteur Ader-Bell* et le *récepteur Ader-Bell* sont les appareils qui furent adoptés par la *Société générale des téléphones*, et ce sont ceux qui fonctionnent maintenant partout en France. Il est donc essentiel de décrire avec exactitude l'un et l'autre.

Le *transmetteur du téléphone Ader-Bell* a la forme d'un pupitre, sur lequel (fig 464 et 465) repose une planchette de sapin, de 2 millimètres d'épaisseur, placée sur un cadre de caoutchouc, lequel empêche la planchette de bois d'être impressionnée par des vibrations autres que celles qui lui sont directement transmises.

La figure 464 montre ce transmetteur en élévation, et la figure 465 fait voir les différentes parties du transmetteur microphonique renfermées sous le pupitre. C est le

# SUPPLÉMENT AU TÉLÉGRAPHE ÉLECTRIQUE.

Fig. 464. — Transmetteur microphonique Ader-Bell (élévation).

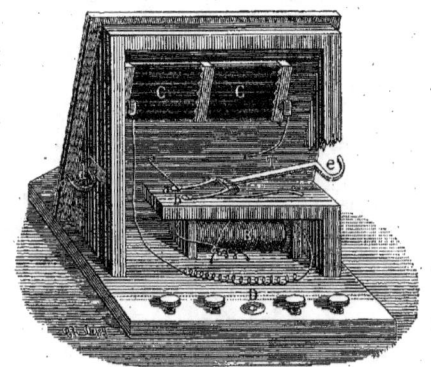

Fig. 465. — Transmetteur microphonique Ader-Bell (vue intérieure).

microphone Ader, composé de 12 crayons de charbon; B, la bobine d'induction; e, un crochet qui doit faire retentir la sonnerie électrique, pour servir d'appel, quand on y suspendra le récepteur, ainsi qu'il sera expliqué plus loin. Les douze petits crayons de charbon, qui n'ont que 4 centimètres de longueur et 8 millimètres environ de diamètre,

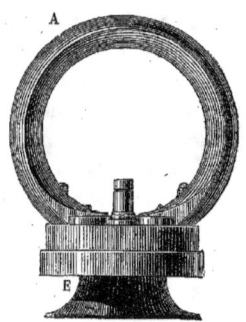

Fig. 466 et 467. — Récepteur Ader. (Perspective et coupe).

sont maintenus par des traverses de même substance. Ces charbons, ainsi que la petite bobine d'induction, sont placés dans le circuit d'une pile Leclanché.

Le récepteur employé par la *Société générale des téléphones* est, avons-nous dit, le récepteur de Graham Bell, auquel M. Gower donna la forme d'un anneau, pour utiliser les deux pôles de l'aimant.

On voit, sur les figures 466 et 467, le récepteur Ader, en élévation et en coupe.

E est le pavillon dans lequel on parle; A, l'aimant replié circulairement; M M', la plaque de fer vibrante; B B', la bobine d'induction; X X, un petit anneau de fer, que M. Ader appelle *surexcitateur* du courant.

Nous venons de décrire le *transmetteur* et le *récepteur Ader*, qui constituent, par leur réunion, le téléphone dit *Ader-Bell*, employé aujourd'hui, à l'exclusion de tout autre, en France. Nous représentons dans la figure 468 l'ensemble de cet appareil. On y reconnaîtra les divers organes que nous venons de décrire successivement, à savoir :

1° Le *transmetteur Ader* (A) composé d'un microphone placé au-dessous de la planchette de bois de sapin. Quand on parle à peu de distance de cette planchette, elle entre en vibrations, qui correspondent à celles de la voix. Les vibrations de la planchette se communiquent au microphone posé à sa face postérieure, et les crayons du microphone vont interrompre le courant électrique qui traverse le fil conducteur composant la ligne téléphonique.

2° Le *récepteur Ader-Bell* (B) qui, au lieu d'être une simple tige aimantée droite, comme celui de Graham Bell, est un aimant infléchi en forme d'anneau, et muni, à chacune de ses extrémités, ou pôles magnétiques, d'une plaque de fer vibrante.

3° Une pile Leclanché (P') qui traverse ce système, pour y faire circuler le courant électrique, qui doit se transformer en courant téléphonique, et une seconde pile (P) qui ne sert qu'à actionner la sonnerie.

4° Le double fil conducteur, qui va du transmetteur au récepteur placé à l'extrémité de la ligne, puis revient à la pile, et le fil conducteur propre à la sonnerie.

5° La sonnerie S, actionnée par la pile P, grâce au troisième fil.

Tel est le téléphone employé à Paris et dans les départements de la France, par la *Compagnie générale des téléphones*.

Pour s'en servir il faut :

1° Appuyer deux ou trois fois le doigt sur le bouton d'appel T, qui, faisant circuler le courant de la pile P dans le fil qui va à la station de réception, fait retentir la sonnerie de cette station. Le correspondant ainsi appelé répond de la même manière, et la sonnerie S, qui se met à retentir, avertit que l'appel a été entendu.

2° Prendre à la main le récepteur B, suspendu au crochet *e*; ce qui a pour effet de mettre le fil de la ligne en rapport avec la pile P', et d'y faire circuler le courant électrique, c'est-à-dire de mettre l'appareil en état de transmettre la voix.

Le jeu, fort ingénieux du reste, du crochet *e*, qui sert de support au récepteur B, dans les intervalles de repos, et qui met l'appareil en action quand on le prend en main, se comprendra si l'on veut bien se reporter à la figure 465, qui donne une vue intérieure de l'appareil transmetteur microphonique Ader. On y verra que quand le crochet *e* est maintenu en l'air par le poids du récepteur, il n'y a point de communication entre la fourchette mobile T et le fil conducteur *a*, *b*, mais que dès que la fourchette T se relève, c'est-à-dire quand on a détaché le récepteur qui pesait sur elle, la dite fourchette va se mettre en contact avec le fil *a*, *b*, de ligne et établit le courant.

3° Le récepteur B, quand il a été pris en main, a donc pour effet de faire circuler le courant électrique dans la ligne et de mettre l'appareil en état de fonctionner. Alors on parle devant le transmetteur, c'est-à-dire devant la planchette A, qui résonne sous les ondulations sonores, et grâce au microphone que cette planchette recouvre, la voix se transmet à la station d'arrivée.

Le correspondant répond par le même mécanisme, c'est-à-dire en parlant devant la planchette du pupitre de son récepteur.

4° Quand la conversation est terminée, l'un et l'autre des correspondants replacent le récepteur B à son crochet *e*; ce qui a pour effet de suspendre le passage du courant électrique dans le fil, et de rendre l'appareil inactif. Puis l'un et l'autre des correspondants touchent plusieurs fois le bouton d'appel T, qui fait retentir la sonnerie, pour avertir le bureau central que la conversation est terminée, et que l'appareil est disponible pour d'autres correspondances.

# SUPPLÉMENT AU TÉLÉGRAPHE ÉLECTRIQUE.

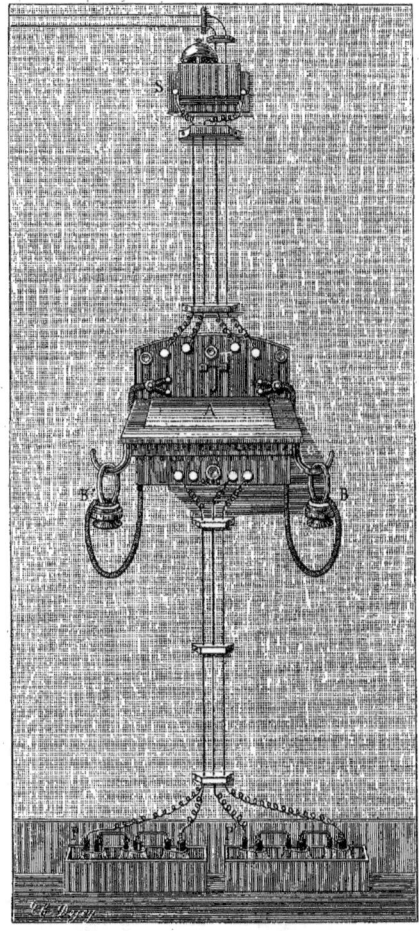

Fig. 468. — Le téléphone actuel.

En Angleterre, on se sert du téléphone à transmetteur Crossley, que nous avons décrit (page 578, fig. 462).

En Belgique, on a adopté le téléphone Blacke, peu différent de celui qui est en usage en France.

Tels sont les appareils qui fonctionnent le plus généralement aujourd'hui en Europe.

On trouve, dans les ouvrages spéciaux, la description de beaucoup d'autres téléphones, qui diffèrent de ceux qui sont en usage en France et en Angleterre; mais ces appareils n'étant d'aucun emploi aujourd'hui, il serait inutile de fatiguer le lecteur de leurs descriptions. Il nous suffit d'avoir fait connaître l'instrument le plus répandu, et nous passons aux moyens qui ont été imaginés pour établir une correspondance téléphonique entre les particuliers, à l'intérieur des villes.

## CHAPITRE XIII

INSTALLATION ET FONCTIONNEMENT DES POSTES TÉLÉPHONIQUES DANS LES VILLES. — LES POSTES CENTRAUX. — DÉVELOPPEMENT RAPIDE DE LA CORRESPONDANCE TÉLÉPHONIQUE EN AMÉRIQUE ET EN EUROPE.

Pour établir une correspondance téléphonique entre particuliers, on a créé, d'abord en Amérique, ensuite en Europe, un *bureau central*, auquel convergent tous les fils, et où des employés mettent en rapport les deux correspondants, en rattachant l'un à l'autre les fils des deux abonnés, sur la demande de l'un d'eux.

Pour faire comprendre le mécanisme de cette mutuelle mise en rapport, nous prendrons pour type le service téléphonique de Paris, un des plus sûrs et des mieux installés que l'on puisse citer.

Les fils téléphoniques destinés à transmettre les messages dans Paris sont réunis, au nombre de quatorze, de manière à former un câble, protégé par une enveloppe de plomb, et dont le diamètre extérieur est de 18 millimètres. Ils forment 7 lignes; car, pour éviter les effets d'induction, la *Société générale des téléphones* n'emploie pas la terre comme conducteur de retour, ainsi qu'on le fait dans la télégraphie électrique. On a un fil de retour; ce qui nécessite deux fils pour chaque ligne.

Chaque conducteur, considéré en lui-même, se compose de 3 fils de cuivre, d'un demi-millimètre de diamètre, qui sont tordus ensemble. Il est isolé par une couche de gutta-percha, de 3/10 de millimètre d'épaisseur, et présente une résistance électrique de 3 *ohms* par kilomètre.

En face de la maison de chaque abonné, deux des fils se séparent du gros câble, et pénètrent dans l'immeuble par le branchement d'égout.

La *Société générale des téléphones* a été, en effet, autorisée par la ville de Paris (facilité qui n'existe dans aucune autre capitale) à placer ses câbles à la voûte des égouts, sur une largeur de 30 centimètres. Dans ces conditions, il est possible de disposer, sur des supports à 3 crochets, 51 câbles représentant 357 lignes.

Le *poste central* du réseau de Paris est situé dans une maison de l'avenue de l'Opéra (n° 27). Les câbles sortent de l'égout par un soupirail percé dans la maçonnerie, et viennent, dans le sous-sol, s'épanouir sur des tableaux en bois, en formant des sortes de rosaces, qui permettent leur classement méthodique.

Chaque ligne, isolée de ses voisines, porte, sur un jeton d'ivoire, outre un numéro d'ordre, le nom de l'abonné qu'elle dessert.

Les câbles eux-mêmes sont numérotés, de façon que, en cas d'accident, le temps consacré aux recherches soit réduit au minimum.

Il y a ainsi 4 rosaces pour les abonnés, et 3 autres, plus petites, pour les lignes auxiliaires, qui réunissent directement le poste central aux divers bureaux de quartier.

Le sous-sol renferme encore les piles, destinées à produire le courant électrique nécessaire aux transmissions.

A la sortie des rosaces, les fils se rendent au rez-de-chaussée, où se trouvent les dames employées, qui doivent, grâce au *commutateur*, relier entre eux deux abonnés quelconques.

Fig. 469. — Commutateur.

Les fils de chaque abonné viennent aboutir à un *commutateur* (fig. 469), composé de deux plaques de cuivre, isolées l'une de l'autre, et percées chacune de 2 trous. C'est dans un de ces trous qu'on enfoncera le *Jack-Knife*.

Le *Jack-Knife*, auquel on a conservé son nom américain (*couteau de Jack*), se com-

Fig. 470. — *Jack-Knife*.

pose d'un cordon souple (fig. 470) renfermant 2 fils, dont le premier aboutit à une virole métallique, et le second à une tige centrale, isolée de la virole, et la dépassant d'une certaine quantité.

L'autre extrémité de chacun des fils aboutit au récepteur téléphonique que l'employé tient à la main. Il lui suffit donc d'enfoncer son *Jack-Knife* dans l'un des deux trous percés dans les plaques qui correspondent à la ligne de l'abonné, pour se trouver en relation avec lui. Suivant que le *Jack-Knife* se trouve enfoncé dans le trou de droite ou dans celui de gauche des plaques (fig. 469), il isole ou non l'indicateur, en écartant un ressort de contact placé à l'intérieur, et cela par l'intermédiaire d'une goupille d'ivoire *a* (fig. 470) qui pénètre dans le trou.

Lorsqu'il s'agit de relier deux abonnés, on se sert d'un *Jack-Knife* double, dont on place l'une des extrémités dans l'orifice de gauche du *commutateur* du premier abonné, et l'autre dans l'orifice de droite du second, de manière que le courant électrique aille de l'appareil d'un abonné à l'autre.

L'appareil qui sert aux employés du bureau central à entendre les communications des abonnés et à leur répondre est repré-

Fig. 471. — Appareil Berthon-Ader (Récepteur et Transmetteur) pour le service des employés d'un bureau central.

senté sur la figure ci-dessus. C'est un *récepteur* et un *transmetteur* portés sur une même tige, flexible et recourbée.

Le récepteur, A, est le récepteur ordinaire Ader-Bell, dont on fait usage dans les appareils de la *Société des téléphones*; mais le transmetteur, B, est tout différent. Il a été imaginé par le savant directeur de la *Société des téléphones*, M. Berthon.

C'est un microphone à charbon, mais d'une disposition toute spéciale, et qui est des plus commodes et des plus sûres. La lame vibrante qui reçoit les inflexions de la voix est une mince lame de charbon de cornue, encastrée sur les bords d'un disque en ébonite. Le microphone se compose de grenaille de charbon renfermée dans une petite coupelle en ébonite, qui occupe le centre de l'intérieur du disque. Une seconde lame de charbon supporte la coupelle, qui se trouve ainsi comprise entre deux plaques de charbon, séparées l'une de l'autre par une bague en caoutchouc. Pendant les mouvements qu'exécutent les deux lames vibrantes, elles viennent se mettre en contact avec les petites éminences des grains de charbon, et par ces points de contact et d'interruption de contact multipliés, elles établissent ou interrompent le courant électrique qui transmet les ondulations sonores, c'est-à-dire

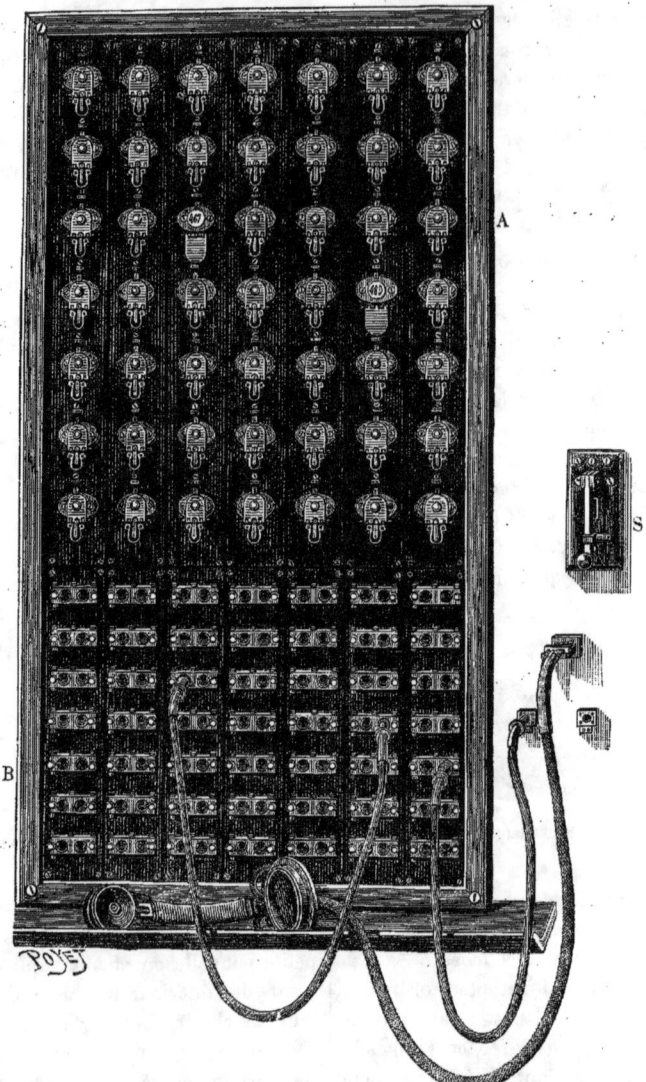

Fig. 472. — Tableau des annonciateurs et des commutateurs d'un bureau central de la *Société des téléphones* (A, tableau des annonciateurs ; B, tableau des commutateurs ; S, sonnerie).

elles font l'office d'un excellent microphone.

L'appareil *Berthon-Ader* est entre les mains des employés de tous les bureaux centraux de la *Société des téléphones*.

La figure ci-dessus met sous les yeux du lecteur un des tableaux d'un bureau central de la *Société générale des téléphones*, qui permettra de comprendre les détails de la communication des abonnés avec le bureau central, et du bureau central avec l'abonné, enfin des abonnés entre eux.

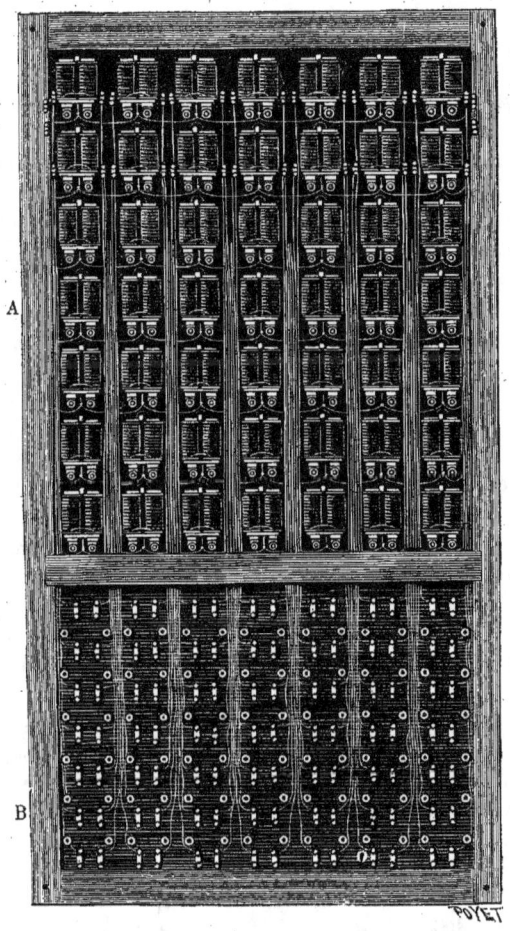

Fig. 473. — Tableau des annonciateurs et des commutateurs d'un bureau central de la *Société des téléphones* vu par derrière, pour montrer le jeu de l'électro-aimant servant à découvrir le numéro.

A est le tableau des signaux d'avertissement, ou des *annonciateurs*; B, le tableau des *commutateurs*. Chaque numéro du tableau des *annonciateurs* correspond au fil d'un abonné. Il remplit le même usage que les tableaux indicateurs des sonneries électriques que l'on voit dans les bureaux d'hôtels et dans les établissements publics, ou dans les maisons particulières, c'est-à-dire qu'il sert à reconnaître quel est l'abonné qui demande la communication avec un autre.

Comment ce numéro est-il indiqué? C'est c'est ce que l'on comprendra par la figure 473, qui représente l'arrière du tableau commutateur, et où l'on voit les petits électro-aimants qui répondent à chaque plaque du tableau de devant. Quand l'abonné, en touchant le bouton de la sonnerie électrique de son téléphone, a envoyé le courant électrique dans la ligne, l'électro-aimant placé derrière le tableau est animé, et attire son armature. Et comme cette armature n'est autre chose que le disque de fer qui masquait le numéro, ce disque tombe et découvre le numéro de l'abonné appelant. On voit sur la figure 472 (page 584) le n° 467, qui vient d'être découvert, et *annoncé* par ce mécanisme électro-magnétique.

Ajoutons que, par une autre disposition ingénieuse, en tombant par derrière le numéro, le disque de fer a rencontré une petite bande de cuivre qui est en rapport avec un fil aboutissant à la sonnerie. La sonnerie retentit jusqu'à ce que l'employé soit allé relever le disque.

Au-dessous du tableau des *annonciateurs* A (fig. 472), se trouve le tableau des *commutateurs* B. On voit sur cette figure le *Jack-Knife*, par lequel l'employé, après avoir répondu à l'abonné appelant, et après avoir entendu sa demande, a rattaché, au moyen d'un cadran à double fiche, le numéro de l'abonné appelant avec celui de l'abonné appelé.

Le tableau des *annonciateurs* et des *commutateurs*, représenté dans les figures 472-473, renferme 64 numéros, allant dans l'ordre numérique et correspondant à 64 abonnés. Il y a deux ou trois de ces tableaux dans chaque bureau central.

Dans les bureaux plus importants, on compte un plus grand nombre de tableaux. On voit dans la figure 474 (page 587) le bureau central de la Villette, qui renferme 4 tableaux.

On remarquera, dans ce dessin, qu'en outre des annonciateurs A et des commutateurs B, il y a une seconde série de commutateurs C, portant, sur chaque trou du commutateur, une lettre de l'alphabet, et formant cinq séries. Ces cinq séries de commutateurs servent à réunir les 4 tableaux entre eux, ou à mettre le poste central en relation, par des lignes dites *auxiliaires*, avec les différents bureaux de quartier, et par suite, avec l'un quelconque des points du réseau.

A Paris et dans les grandes villes de la France et de la Belgique, le service du bureau central est confié à des femmes. S'il existe un service de nuit, il est fait par des hommes, mais en bien plus petit nombre, les communications de nuit étant fort rares.

Les figures 475, 476 font voir comment les personnes employées dans un bureau central reçoivent les communications des abonnés, au moyen de l'appareil *récepteur-transmetteur Ader-Berthon* (représenté fig. 471, page 583), et après avoir entendu la demande de l'abonné, mettent l'abonné appelant en communication avec l'abonné appelé. Sur notre dessin, c'est la même employée qui, après avoir aperçu sur le tableau annonciateur le numéro de l'abonné appelant (fig. 475), va d'abord, de la main droite (fig. 476), au moyen du *Jack-Knife*, mettre en rapport l'abonné appelant avec l'abonné appelé, et ensuite, touchant de la main gauche la sonnerie du correspondant appelant, le prévient que la communication existe.

La *Société générale des téléphones*, constituée le 10 décembre 1880, a établi des réseaux à Paris, Lyon, Marseille, Bordeaux, Nantes, Lille, le Havre, Rouen, Saint-Pierre-lès-Calais, Alger et Oran. Le téléphone dont elle se sert est, comme on l'a vu, le téléphone Ader-Bell, c'est-à-dire le transmetteur Ader lié au récepteur Graham Bell. La Belgique conserve pour ses abonnés le télégraphe Black, et l'Angleterre le téléphone Crossley.

Nous ne donnerons pas, comme on l'a fait dans diverses publications, le nombre des abonnés au téléphone existant dans chaque ville ou dans chaque pays. C'est un relevé qui change, ou pour mieux dire qui augmente, d'un mois à l'autre. Contentons-nous de dire que le téléphone prend chaque jour plus d'extension. Cette belle invention, cinq ou six années après sa nais-

Fig 474. — Le bureau central de la *Société générale des téléphones* à la Villette (Paris).

sance, s'était déjà répandue sur toute l'étendue du globe, et avait pris possession de toutes les localités importantes, chez tous les peuples civilisés des deux mondes. Il n'est aucun exemple d'une découverte qui soit entrée aussi rapidement dans la pratique et les habitudes des nations.

## CHAPITRE XIV

LA TÉLÉPHONIE A GRANDE DISTANCE. — INFLUENCE DES FILS TÉLÉGRAPHIQUES VOISINS SUR LES TRANSMISSIONS TÉLÉPHONIQUES. — PERTURBATIONS CAUSÉES PAR LES COURANTS D'INDUCTION. — MOYENS EMPLOYÉS PAR LA SOCIÉTÉ GÉNÉRALE DES TÉLÉPHONES POUR SUPPRIMER LES EFFETS D'INDUCTION. — SYSTÈMES DE MM. BRASSEUR, HUGHES, HERZ, VAN RYSSELBERGHE. — CRÉATION DE LA CORRESPONDANCE TÉLÉPHONIQUE ENTRE LES VILLES. — LE SERVICE TÉLÉPHONIQUE DE PARIS A BRUXELLES ET DE PARIS A MARSEILLE. — LA TÉLÉPHONIE INTER-URBAINE A L'ÉTRANGER.

Pour que le téléphone accomplît son dernier progrès, il fallait qu'il parvînt à franchir des distances considérables. Nous allons examiner, dans ce chapitre, par quels moyens ce dernier pas a été fait, et dire entre quelles villes d'Europe la correspondance par le téléphone est déjà établie.

La difficulté qui empêchait d'étendre à de très grandes distances la portée du téléphone, c'était l'influence que les courants électriques qui parcourent les fils télégraphiques exercent sur le fil consacré au transport de la parole.

Lorsque, dans un circuit télégraphique, on fait passer une série de courants, brusquement interrompus, ou d'intensité très variable, s'il existe, dans son voisinage, des fils parcourus par les *ondulations sonores* du téléphone, les *ondulations sonores* téléphoniques sont influencées, troublées par ces courants voisins.

Il résulte de ce phénomène une perturbation grave dans les communications téléphoniques, puisque l'on peut entendre, dans presque tous les cas, les *coups de clefs* des appareils télégraphiques, joints à un bruissement qui trouble l'audition.

Pour parer à cet inconvénient, on a essayé bien des procédés. Le plus efficace est celui qu'emploie la *Société générale des téléphones*, qui a pris, ainsi que nous l'avons dit plus haut, le parti de supprimer le retour du courant par la terre, c'est-à-dire a réuni dans une même gaine isolante le fil d'aller et le fil de retour de chaque ligne. De cette façon, les effets d'induction produits par les circuits télégraphiques voisins donnent lieu à deux courants égaux et de sens inverse : dès lors, ces courants s'annulent, et les lignes restent indépendantes de toute influence étrangère.

Cette solution du problème est séduisante, mais elle est très onéreuse, puisque l'emploi du second fil, à l'exclusion du retour par la terre, double le prix de l'installation.

M. Brasseur est parvenu à détruire l'induction en la compensant au moyen de condensateurs et de résistances aboutissant à la terre par les extrémités d'un fil relié à celui du téléphone.

Plus tard, M. Hughes imagina, dans le même but, mais en employant deux fils parallèles, de terminer d'un côté les lignes téléphoniques par deux bobines plates. Dans ces conditions, lorsqu'un courant vient à passer dans l'une des bobines, il engendre dans l'autre un courant induit, de sens contraire. Si les spires des bobines sont dans le même sens, le courant induit de la bobine d'une ligne s'ajoutera au courant induit dans la partie droite de cette ligne; mais si les spires sont dans le sens contraire, ces deux portions du courant induit d'une même ligne seront de sens contraire. Il suffira donc de calculer la longueur de ces spires et l'écartement d'après la distance et la longueur des deux parties droites de ces lignes, pour annuler l'induction dans celle-ci.

Le D$^r$ Herz a construit un appareil qui permet de supprimer les courants d'induc-

# SUPPLÉMENT AU TÉLÉGRAPHE ÉLECTRIQUE.

Réception d'une demande, et mise en communication de deux abonnés.

Fig. 475. — L'employée écoute la demande de l'abonné.

Fig. 476. — La même employée, après avoir mis en communication les deux abonnés, appelle celui qui a demandé, et le prévient, par la sonnerie d'appel, qu'il peut causer.

tion, si préjudiciables aux transmissions téléphoniques faites au moyen des fils des télégraphes.

Le transmetteur de M. Herz est formé d'une plaque de tôle assez grande, fixée sur un anneau de bois, qui supporte trois colonnes. En dessous et autour du centre de cette plaque, sont collées six petites rondelles de pyrolusite (peroxyde de manganèse) sur chacune desquelles appuient légèrement deux pointes de charbon. Ces pointes sont fixées à l'extrémité de 12 leviers, qui supportent autant de colonnes en cuivre, et leur pression est réglée au moyen d'un fil partant de chaque levier et qui s'enroule sur un petit treuil placé au bas de chacune des colonnes.

Grâce aux contacts multiples employés dans ce transmetteur, qui, au lieu d'être intercalé dans le circuit, se trouve placé en dérivation sur la pile, M. Herz a pu amplifier les variations du courant, et éviter ainsi l'emploi d'une bobine d'induction.

Pour supprimer l'induction des fils voisins, M. Herz a interposé dans la ligne un *condensateur*, formé de feuilles de papier d'étain alternées et séparées par du papier enduit de paraffine, puis un *diffuseur*, composé de deux plaques métalliques rectangulaires, dans lesquelles sont implantées des pointes de cuivre blanchies à l'étain. Des entre-toises maintiennent les pointes à une très faible distance les unes des autres.

Ces deux appareils accessoires ont permis d'éliminer les effets produits par les courants anormaux et accidentels.

L'appareil du D$^r$ Herz n'étant jamais entré dans la pratique, nous n'en pousserons pas plus loin l'examen.

On doit à un ingénieur des télégraphes belges, M. Van Rysselberghe, d'importantes recherches pour préserver les fils télégraphiques de l'influence perturbatrice des courants induits, résultant du voisinage des fils télégraphiques.

Les courants téléphoniques, au lieu d'être lancés et interrompus brusquement par les appareils, sont *gradués*, au moyen de résistances que l'on intercale successivement dans le circuit, au moment de la fermeture, et que l'on retire de la même façon, au moment de l'ouverture du circuit.

Rien n'est changé dans le mode de transmission ; seul, le manipulateur, convenablement agencé, opère automatiquement les commutations nécessaires.

Bien qu'il fournisse une solution pratique suffisante, ce système avait l'inconvénient d'exiger des manipulateurs d'une construction spéciale. M. Van Rysselberghe a donc cherché à résoudre le même problème en n'employant que des appareils ordinaires. De plus, ayant reconnu que les courants téléphoniques et télégraphiques lancés simultanément sur un même fil, dans le même sens ou en sens inverse, ne se mélangent point, et peuvent être séparés, ce physicien est arrivé à un résultat très remarquable. La puissance d'un réseau télégraphique peut être plus que doublée, sans rien changer à la ligne, puisque, avec l'adjonction pure et simple d'un petit nombre d'appareils accessoires dans chaque poste, et d'une paire de téléphones, on peut à la fois téléphoner ou télégraphier, c'est-à-dire parler et écrire simultanément.

Tout le système est basé sur l'emploi d'une bobine, dont le mode d'enroulement a pour effet d'ajouter la puissance des courants téléphoniques et de neutraliser les courants télégraphiques.

C'est là, il faut le reconnaître, une des plus intéressantes découvertes qui aient été faites de nos jours en télégraphie et téléphonie. Et nous ajouterons que cette conception n'est pas uniquement théorique ; car aujourd'hui, en Belgique et en Amérique, où M. Van Rysselberghe est allé mettre sa méthode en pratique, l'envoi simultané des dépêches télégraphiques et téléphoniques se fait d'une manière régulière dans le service.

Cependant, en ce qui touche la simple transmission des dépêches téléphoniques à grande distance, la nécessité de munir des appareils *anti-inducteurs* de M. Van Rysselberghe chacun des fils conducteurs télégraphiques, fixés aux mêmes poteaux, pour combattre l'influence des autres fils portés sur le même poteau, nécessite une grande dépense.

Aussi les appareils de M. Van Rysselberghe pour la téléphonie à grande distance n'ont-ils jusqu'ici trouvé d'applications que sur quelques lignes de la Belgique, mises, à titre d'essai, à la disposition de l'inventeur. Quand on créa, en 1887, un service téléphonique de Paris à Bruxelles, on renonça à tout système préventif des courants d'induction, et on se décida à tendre entre ces deux villes un fil spécial, sans aucun rapport avec les lignes télégraphiques, en le maintenant à une distance convenable des fils du télégraphe.

Le fil spécialement affecté à la téléphonie de Paris à Bruxelles est en bronze silicieux, alliage dont nous avons parlé dans le chapitre des accessoires de la télégraphie électrique. Cet alliage est plus résistant que le fer, c'est-à-dire peut être plus facilement tendu sans se rompre. Chaque fil pèse 63 kilogrammes par kilomètre. Il est attaché aux poteaux télégraphiques de la voie ferrée, mais à une distance convenable des fils télégraphiques.

C'est par ce moyen que Paris et Bruxelles, ensuite Bruxelles et Amsterdam, furent reliés par un fil téléphonique, en 1887.

Le succès de la ligne téléphonique de Paris à Bruxelles, au moyen d'un fil de bronze silicieux, fut le signal de l'établissement de communications semblables entre d'autres grandes villes de l'Europe.

Déjà, en 1884, 1885 et 1886, on avait commencé à établir en France, à titre d'essai, une ligne téléphonique de Paris à Amiens. Mais on se servait d'un fil télégraphique ordinaire, en le défendant, au moyen de condensateurs, contre les effets de l'induction des fils voisins. Le résultat avait été médiocre. En substituant au fil ordinaire des télégraphes un fil de bronze silicieux, on a obtenu un succès complet.

C'est ainsi qu'en 1887 Paris fut relié téléphoniquement à Amiens, d'une part, et d'autre part, à Rouen et au Havre, enfin à Bruxelles.

En 1888, une ligne téléphonique a été établie de Paris à Marseille. Le service a commencé au mois d'août. Une correspondance a été ménagée pour la ville de Lyon, sur le parcours de cette ligne.

Voici quelle était, au mois de janvier 1889, la liste des villes de France reliées téléphoniquement avec Paris.

*Paris au Havre, et vice versâ.* — (Taxe, 1 franc pour cinq minutes de conversation.) De domicile à domicile.

*Paris à Lille, et vice versâ.* — (Taxe, 1 franc pour cinq minutes de conversation.) De domicile à domicile.

*Paris à Rouen et vice versâ.* — (Taxe, 1 franc par cinq minutes de conversation.) A Paris, du domicile de l'abonné avec le bureau central télégraphique de Rouen. A Rouen, du domicile de l'abonné avec le bureau télégraphique de la Bourse de Paris.

*Paris à Bruxelles, et vice versâ.* — (Taxe, 3 francs par cinq minutes de conversation.) De la cabine de la Bourse de Bruxelles avec celle du bureau téléphonique de la Bourse, à Paris.

*Paris à Marseille, et vice versâ.* — (Taxe, 5 francs par cinq minutes de conversation.) De la cabine du bureau téléphonique de la Bourse de Marseille avec la cabine de la ligne téléphonique de la Bourse à Paris.

A l'étranger, les communications des grandes villes par le fil téléphonique commencent à s'établir.

Berlin est relié téléphoniquement avec Bruxelles; et plus récemment, on a relié de la même manière Cologne à Francfort et Berlin à Cologne.

Entre Bruxelles et Amsterdam, la téléphonie est établie depuis plusieurs années.

Le 15 septembre 1887, une correspondance téléphonique fut ouverte au public entre le réseau de Malines et ceux de Bruxelles et d'Anvers. Les taxes sont de 1 franc pour cinq minutes de conversation, 1 fr. 50 pour 10 minutes.

En 1888, une ligne téléphonique a été établie entre Verviers et Aix-la-Chapelle. Déjà, Amsterdam et Harlem étaient reliés téléphoniquement.

En Angleterre, la téléphonie interurbaine a pris une telle extension qu'il serait impossible de dénombrer exactement les villes reliées entre elles; car elles forment un réseau très étendu et très complexe, particulièrement dans le nord.

Même situation pour l'Écosse, dont la plupart des grandes villes, depuis Glasgow jusqu'à Linlithgow, sont reliées.

En Autriche-Hongrie, beaucoup de

petites villes environnant Vienne sont reliées à la capitale. En février 1886, les conversations téléphoniques étaient établies entre les villes d'Helsenberg et Gateling, en Bohême, sur une distance de 20 kilomètres.

Au 1ᵉʳ août 1886, une autre ligne téléphonique fut livrée au public entre Ninan et Ruim. Cette dernière fut également reliée à Vienne.

Le 1ᵉʳ février 1887, Hambourg et Brême furent mises en communication avec Vienne, dont elles sont séparées par une distance de 113 kilomètres.

En Russie, deux électriciens ont inventé un système de téléphonie pour la conversation à grande distance, qui a servi à relier Moscou à Saint-Pétersbourg.

En Suisse, la téléphonie rattache déjà la plupart des grandes villes, telles que Lausanne et Genève, Zurich et Berne, etc., etc. En 1889, on comptait plus de 45 villes ainsi reliées.

En résumé, le merveilleux problème de la téléphonie inter-urbaine peut être considéré comme résolu, et la téléphonie d'une ville à une autre très éloignée n'est plus, dans les divers États de l'Europe, qu'une question de temps. Toutes les grandes villes se préoccupent de la création de circuits téléphoniques, et bientôt la téléphonie inter-urbaine aura autant d'importance, en Europe, que la télégraphie électrique.

Quant à l'Amérique, patrie originaire de cette invention, la téléphonie entre les villes a pris un tel développement qu'il serait aussi fastidieux qu'inutile d'entreprendre ce dénombrement.

## CHAPITRE XV

LES APPLICATIONS DU TÉLÉPHONE AUX USAGES DOMESTIQUES, AUX OPÉRATIONS MILITAIRES, A LA MARINE, A L'INDUSTRIE, A LA SCIENCE, ETC.

Nous terminerons ce qui nous reste à dire du téléphone, en mentionnant les principales applications de cet admirable appareil.

Le téléphone appliqué aux usages domestiques est un auxiliaire des plus utiles et des plus précieux. Il permet de correspondre d'un étage à l'autre d'une maison; d'établir une communication rapide et sûre entre une habitation et un atelier, entre un bureau et une usine, etc.

Lorsque la distance qui sépare les deux postes que l'on se propose d'établir n'excède pas une centaine de mètres, le simple *téléphone magnétique* de Graham Bell est assurément celui auquel on doit accorder la préférence. Cet instrument est, en effet, peu coûteux et d'une installation facile. Toutefois, comme, avec cet appareil, la sonnerie n'existe pas, on est obligé d'avoir recours, soit à la sonnerie électrique, qui se trouve aujourd'hui dans tant de maisons, ou à l'ancienne sonnette à fil de fer, soit à des appareils avertisseurs électro-magnétiques, c'est-à-dire à des timbres qui retentissent par l'action d'un électro-aimant mis en mouvement par la main. Une simple manivelle faisant tourner l'électro-aimant développe un courant électrique, qui suffit pour actionner un timbre.

Supposons donc, en premier lieu, qu'on veuille, sans le secours d'une pile, établir une communication téléphonique entre deux points donnés. Pour cela, il suffira, soit de prendre deux téléphones de Bell et de les réunir par deux fils bien isolés, soit de relier l'une seulement des bornes de chaque téléphone par un fil, et de faire communiquer l'autre borne de ces appareils avec la terre, une conduite d'eau ou de gaz.

Mais si, pour les courtes distances, le simple téléphone magnétique est suffisant, il n'en est plus de même lorsqu'il s'agit d'établir une communication téléphonique entre deux points éloignés, ou dans des locaux qui ne sont pas silencieux; car la trop grande distance ou le bruit seraient un égal obstacle à la transmission de la parole.

Dans ce cas, les téléphones à pile sont indispensables. Ils permettent de correspondre aux plus longs éloignements, et transmettent la parole avec force et netteté.

L'installation des postes de ce genre est rendue très simple, grâce à la disposition qui leur a été donnée par nos constructeurs. On les établit sur une planchette, qui porte, en outre, des bornes, avec indication pour le placement des fils.

Plusieurs inventeurs et constructeurs,

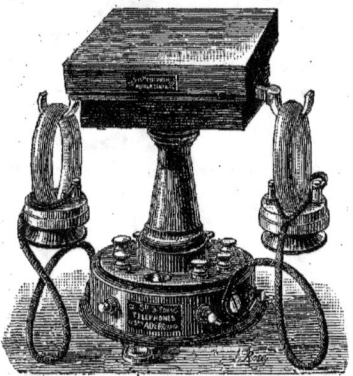

Fig. 477. — Téléphone mobile Ader-Bell, à colonne.

parmi lesquels nous citerons MM. Bréguet, Trouvé, Ullman, Barbier, Mildé, Fortin, Ader, etc., ont imaginé de petits postes téléphoniques, dont le montage est très simple, et qui réunissent la sonnerie, les téléphones et le bouton d'appel. Des bornes, portant les mots : *pile, sonnerie, téléphone,* indiquent où doit être attaché chaque fil.

Dans ces derniers temps, la *Société générale des téléphones*, sous la direction de M. Berthon, a donné beaucoup d'extension à la *téléphonie domestique*, en construisant une série d'appareils, qui fonctionnent avec une grande régularité, et sont d'un usage très commode.

L'un des meilleurs appareils de ce genre, c'est le *téléphone Ader-Bell, à colonne,* qui n'est que le transmetteur ordinaire Ader-Bell posé sur une console de bois, et pouvant être déplacé.

Nous représentons cet appareil dans la figure 477.

Le bouton A, que l'on voit au pied de la colonne, actionne la sonnerie électrique placée dans le poste de réception.

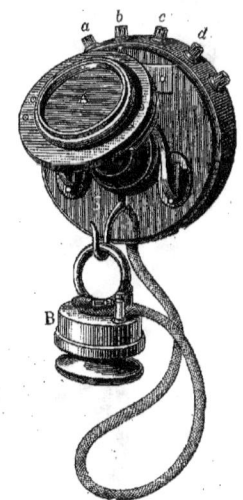

Fig. 478. — Transmetteur microphonique d'appartement.

On voit, dans la figure ci-dessus, le *transmetteur microphonique d'appartement*, système de M. Berthon, directeur de la Société générale des téléphones. La surface qui reçoit l'impression de la voix est le *transmetteur Berthon,* qui sert aux employés des bureaux centraux pour correspondre avec les abonnés, et que nous avons déjà décrit et représenté par la figure 471 (page 583). A est ce transmetteur; B, le récepteur Ader-Bell; $a, b, c, d,$ sont les bornes auxquelles on fixe les fils allant aux différents appels à produire ou à recevoir. La sonnerie électrique S est au-dessous du transmetteur. On applique contre le mur la boîte contenant le microphone transmetteur. Le récepteur B est suspendu à un cordon, et fonctionne par le mécanisme ordinaire.

Une autre forme du même appareil est représentée sur la figure ci-dessous. C'est un

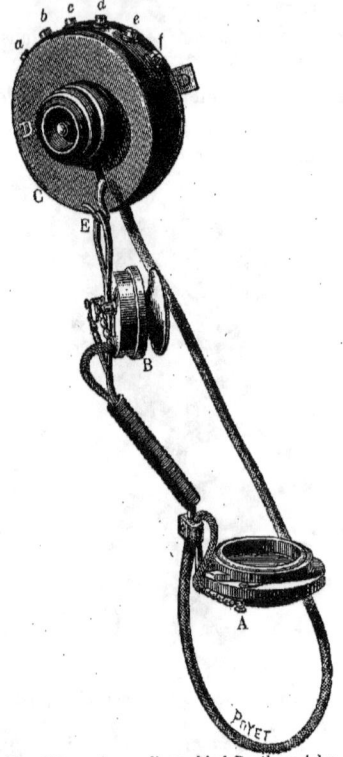

Fig. 479. — Appareil combiné Berthon-Ader.

appareil combiné Berthon-Ader. Le transmetteur A est le transmetteur Berthon, à plaques de charbon et à grenaille de charbon. Le récepteur B est le récepteur ordinaire Ader-Bell. Il est relié par un cordon souple à une applique C, munie de six bornes métalliques, $a$, $b$, $c$, $d$, $e$, $f$, destinées à recevoir les fils conducteurs aboutissant aux différents appels à produire dans la maison. D est le bouton d'appel, et E un crochet commutateur automatique où l'on suspend le tout.

Ce petit appareil est le téléphone de bureau par excellence, parce que, laissant libre la main droite, il permet d'écrire, en même temps qu'on écoute.

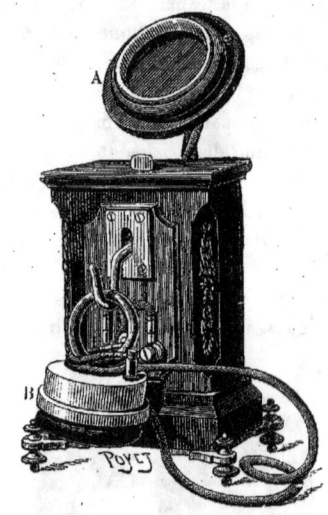

Fig. 480. — Autre transmetteur Berthon-Ader.

Une forme mobile du *Transmetteur microphonique système Berthon* est représentée

Fig. 481. — Poste central mobile, avec transmetteur Ader.

sur la figure 480. C'est un appareil transportable, monté sur un socle en bois noir, et composé d'un transmetteur microphonique Berthon, à charbon (A), et d'un récepteur Ader-Bell (B), suspendu à un crochet commutateur, comme dans les téléphones ordinaires.

La *Société des téléphones* construit des appareils de téléphonie intérieure plus importants que les précédents, car ils constituent de véritables *postes téléphoniques* mobiles, c'est-à-dire portant des annonciateurs et des commutateurs.

La figure 481 représente un poste central mobile, composé d'une planchette verticale, munie de bornes, pour l'attache des fils conducteurs, d'*annonciateurs*, avec disque (A) découvrant le numéro d'appel, comme les *annonciateurs* des bureaux centraux. De même aussi que dans un bureau central, l'appareil est pourvu de commutateurs *Jack-Knife* (J) et d'un crochet, pour suspendre les cordons de communication. Le transmetteur (T) est le pupitre à microphone Ader.

La figure 482 représente une forme différente du même appareil, c'est-à-dire un poste central mobile, avec *annonciateurs*.

Il se compose d'une planchette verticale, munie de bornes, avec *annonciateurs* à disque (A), d'un fil conducteur, avec commutateur Jack-Knife, J, et d'une sonnerie S. Ici, c'est le transmetteur Berthon-Ader, T, T', qui sert à parler et à écouter.

Dans la figure 483, on voit le même poste central mobile, dans lequel le transmetteur

Fig. 482. — Poste central mobile, avec appareil combiné Berthon-Ader.

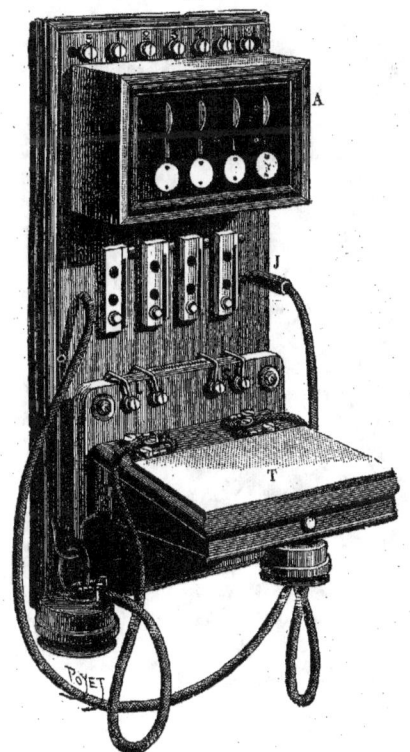

Fig. 483. — Poste central mobile, avec transmetteur Berthon-Ader.

est le pupitre Ader. Il se compose d'une planchette verticale, munie de bornes (1, 2, 3, 4) avec *annonciateurs à drapeau*, A, commutateur *Jack-Knife*, J, crochet pour suspendre les cordons de communication, et transmetteur Ader, T.

D'autres appareils ont reçu une disposi-

ter. Le tout, monté sur un pied de fonte, peut être déplacé, en raison de l'extensibilité du fil conducteur.

La figure ci-dessous représente une autre forme du même appareil, présentant, comme le précédent, des leviers L, qui

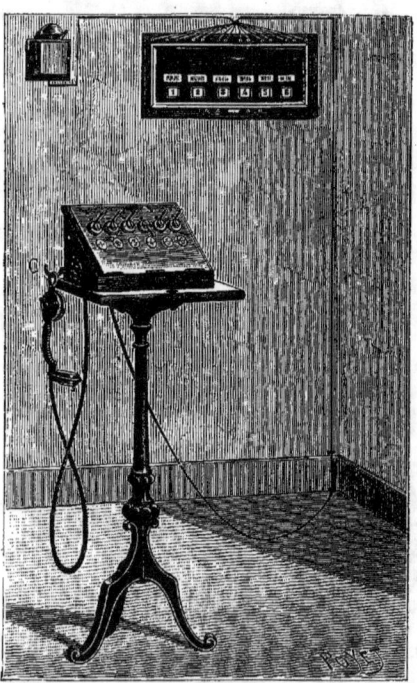

Fig. 484. — Poste central mobile avec leviers-commutateurs et appareil Berthon-Ader.

Fig. 485. — Autre poste central mobile.

tion différente, qui facilite leur déplacement.

On voit sur la figure 484 un poste central mobile, composé d'une planchette horizontale, supportant une boîte en forme de pupitre, sur laquelle sont établis des leviers, jouant le rôle de commutateurs. La face de devant du pupitre porte de petits *annonciateurs*. Au crochet commutateur on suspend l'appareil téléphonique combiné Berthon-Ader, qui sert à parler et à écou-

jouent le rôle de commutateurs, des *annonciateurs à disque*, A, sur la face antérieure, et un crochet commutateur automatique C, qui sert à mettre le poste en communication avec le correspondant. L'appareil servant à parler et à écouter est l'appareil combiné Berthon-Ader T, T'. La colonne mobile de fonte permet de déplacer l'appareil à volonté.

Différents constructeurs de Paris s'ap-

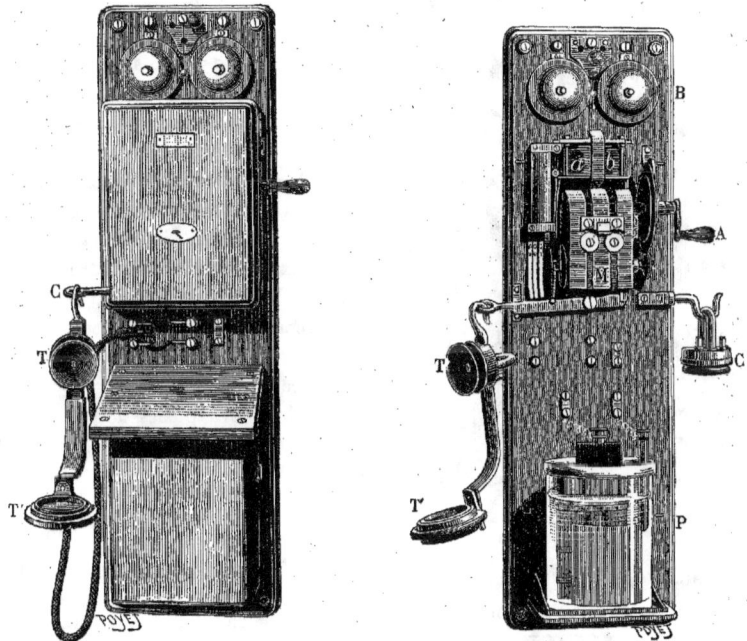

Fig. 486 et 487. — Poste mobile, avec sonnerie électro-magnétique (486, perspective; 487, vue intérieure).

pliquent aujourd'hui à combiner des téléphones domestiques. Nous citerons, en particulier, MM. Mildé et Fortin, dont les appareils se voient dans beaucoup d'ateliers.

Dans tous ces appareils, il faut un signal d'appel. Les sonneries électriques qui existent presque partout remplissent cet office.

A défaut de sonnerie électrique, on munit aujourd'hui les télégraphes domestiques de sonneries mises en action par un courant électrique, courant que développe un aimant, mis en état de rotation au devant d'une armature. On produit ainsi un appel suffisant.

La *Société générale des téléphones* construit des appareils à sonnerie électro-magnétique, permettant, comme il vient d'être dit, de se passer de sonnerie électrique, ou de sonnerie ordinaire.

La figure 487 montre un poste à sonnerie magnéto-électrique, vu à l'intérieur, et la figure 486, le même appareil, vu à l'extérieur.

C'est un appareil Berthon-Ader combiné, T, T', porté sur une planchette, munie de bornes métalliques, et sur laquelle est fixée une sonnerie électro-magnétique, composée d'un aimant naturel, M (fig. 487). On fait tourner cet aimant au moyen de la poignée A, devant son armature, ce qui produit un courant électrique dans les bobines $a$, $b$. Le courant électrique ainsi développé va actionner la sonnerie trembleuse B. L'appareil renferme un commutateur automatique C, une bobine d'induction, et une pile Leclanché P, pour produire le courant électrique destiné à la ligne téléphonique.

On donne d'autres dispositions, représentées dans les figures 488 et 489, aux postes téléphoniques avec sonnerie électro-magnétique.

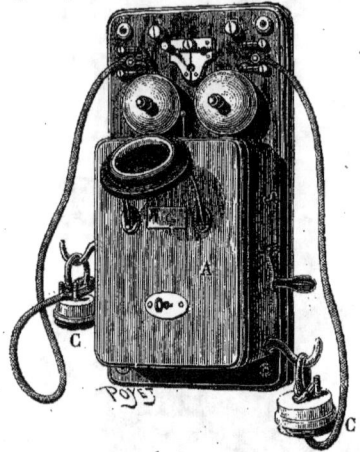

Fig. 488. — Poste mobile, avec sonnerie électro-magnétique.

Le premier (fig. 488) est pourvu d'un transmetteur der, avec un commutateur

Fig. 489. — Poste mobile, avec sonnerie électro-magnétique.

automatique C, une bobine d'induction et des bornes métalliques. La sonnerie électro-magnétique est contenue dans une boîte fermée A.

Le second (fig. 489) porte un transmetteur microphonique Berthon-Ader T, avec les mêmes organes que l'appareil précédent. La sonnerie électro-magnétique est également enfermée dans une boîte A.

Après l'application du téléphone aux communications à l'intérieur des maisons, ateliers et bureaux, il importe de signaler le fait extraordinaire de la transmission à grande distance, au moyen du téléphone, des représentations musicales. Tout le monde sait qu'en 1881 on a vu, pour la première fois, réalisé à Paris, le phénomène merveilleux des pièces de l'Opéra entendues au Palais de l'Industrie, grâce à l'instrument qui nous occupe.

Comment était-on parvenu à ce résultat, inouï jusque-là? M. Ader, l'ingénieur de la *Compagnie des téléphones*, avait disposé le long de la scène de l'Opéra, de chaque côté du trou du souffleur, douze transmetteurs téléphoniques, en tout semblables à ceux qui sont employés pour la correspondance entre particuliers. Des fils souterrains mettaient ces transmetteurs en communication avec le Palais de l'Industrie, où une salle avait été convenablement aménagée pour amortir les bruits extérieurs. Là, les amateurs, l'oreille collée au récepteur téléphonique ordinaire, entendaient, avec une profonde surprise, les chœurs, les chants et les divers bruits de la salle de l'Opéra.

Rien ne peut donner l'idée de ces auditions théâtrales *aveugles*, pour ainsi dire, où, sans rien voir, mais seulement par le sens de l'ouïe, on recevait l'impression toute vibrante de la représentation qui se donnait à l'Opéra, à deux kilomètres de là.

Le succès de cette magnifique expérience, faite à Paris, en 1881, eut beaucoup de retentissement, et on s'empressa de la reproduire sur divers théâtres étrangers, pour des auditions, à distance, de concerts ou de représentations théâtrales. A Paris, en 1884, on donnait au Musée Grévin des auditions des chansonnettes et scènes du café-concert de l'Eldorado, situé à un notable éloignement.

Au mois de décembre de la même année, une liaison téléphonique fut installée, à Berlin, entre l'Opéra et une salle du bureau téléphonique du quartier de la Leipzigen-Strasse. On entendait parfaitement les chanteurs et les chœurs; on reconnaissait chaque artiste au timbre de la voix, et l'on percevait toutes les nuances des divers instruments de l'orchestre, autant toutefois que les instruments de cuivre ne dominaient pas la mélodie du chant.

A Bordeaux, pendant la même année, plusieurs personnes réunies au bureau central de la *Société des téléphones* de la place des Quinconces écoutèrent un artiste qui jouait du violon avec une grande supériorité, dans une maison des allées de Tourny. On saisissait les sons les plus faibles de l'instrument.

A Oldham, bourg situé près de Manchester, pendant la même année, des artistes et des chanteurs, dans York Street, furent parfaitement entendus du bureau des téléphones de la ville.

A Charleroi, le 14 août 1884, la *Compagnie des téléphones Bell* fit à ses abonnés la surprise d'un concert à domicile. Chaque abonné avait reçu, le matin, l'avis suivant :

Concert-Téléphone. — Dimanche, 14 août, concert au bureau central du téléphone Bell. Toutes les communications seront établies à onze heures précises du matin. Mettre le cornet à l'oreille, à l'heure juste, sans avertir le bureau central.

Le concert eut lieu à l'heure dite, et fut très applaudi des abonnés.

A Bruxelles, en septembre 1884, on installa une communication avec le châlet de la reine des Belges à Ostende et le théâtre royal de la Monnaie. La reine put ainsi entendre, à une distance de plus de 250 kilomètres, *Guillaume Tell*, et le lendemain, la répétition générale du *Barbier de Séville*.

Après la mort du roi d'Espagne, la cour de Bruxelles ayant pris le deuil, la reine ne paraissait plus au théâtre. On établit une ligne téléphonique, avec les appareils nécessaires, entre le théâtre de la Monnaie et le château de Laëken, où résidait la reine; de sorte que la royale Majesté put assister, de loin, aux représentations de l'Opéra. Il paraît même qu'elle se plaisait à écouter les répétitions.

Un journal de Bruxelles a raconté, à ce propos, une anecdote curieuse. La reine suivait, un jour, par l'appareil téléphonique, la répétition de l'opéra des *Templiers*. Tout à coup, elle eut un tel mouvement de brusque surprise, que le téléphone lui tomba des mains. C'est qu'elle venait d'entendre le chef d'orchestre, dans un moment d'impatience contre les chœurs, lancer le nom du Très-Haut d'une manière qui n'avait rien d'édifiant.

Depuis ce jour, les répétitions au théâtre de la Monnaie furent conduites, dit-on, de la façon la plus correcte.

En septembre 1884, on put entendre, de la gare d'Anvers, la musique du Vauxhall de Bruxelles. Non seulement les morceaux d'ensemble étaient perçus avec la plus grande netteté, mais le solo de violon, exécuté par M. Hermann, sur la *Méditation de Gounod*, put être entendu à Anvers sans qu'aucun détail de l'exécution échappât aux auditeurs. Et chose extraordinaire, on faisait, à ce moment même, des expériences de transmission simultanée par le téléphone et le télégraphe, par le système Van Rysselberghe; de sorte que, tandis qu'on entendait à Anvers la musique de Bruxelles par le fil du téléphone, ce même fil remplissait son service ordinaire et continuait à envoyer des dépêches télégraphiques !

On voit sur la figure 490 comment il faut disposer les transmetteurs microphoniques le long de la scène du théâtre, des deux côtés de la boîte du souffleur, pour recueillir les sons, les chants, les paroles, et les transporter au loin.

Des sermons et des exercices de piété ont été transmis à distance par le même moyen.

A Mansfield (États-Unis), en 1879, on fit entendre les sermons et le service religieux à des personnes âgées et infirmes, qui ne pouvaient quitter leur demeure. Le téléphone, entouré de fleurs, était placé sur une table, devant le prédicateur, et les fils, qui rampaient le long du mur de l'escalier, établissaient les communications avec les chambres des malades, qui pouvaient distinctement écouter les paroles de l'officiant.

Le *Courrier des États-Unis* du 22 avril 1880 assure qu'un téléphone installé dans l'église Plymouth, à Brooklyn (ville attenante à New-York), et relié aux résidences de MM. Reach, à New-York, et Henry Pope d'Elizabeth, à New-Jersey, permit à ces gentlemen d'entendre de leurs chambres, tout en se livrant au plaisir du jeu, le sermon du révérend Beecher.

A la suite de l'installation de Brooklyn, l'église du prédicateur Talmage, de la même ville, fut pourvue d'un appareil téléphonique, permettant aux paroissiens malades d'entendre, de chez eux, la messe.

A Hartford (Connecticut), chaque dimanche, une centaine d'abonnés sont mis téléphoniquement en communication avec leur église; et ils peuvent entendre ainsi, sans quitter leur demeure, le sermon du pasteur en chaire.

A Bradford (Angleterre), on peut écouter, chaque dimanche, par le téléphone, les psaumes et le service religieux célébré dans une des chapelles de la ville d'Halifax.

A Birmingham et à Bradfort, d'autres églises sont pourvues d'un système semblable de communication.

A Greenock, depuis le mois de juin 1882, l'église de *Saint-Georges-Square* est reliée au réseau central de cette ville par un téléphone.

A Paris, en 1882, M. Léon Say, alors Président du Sénat, désirant se rendre compte des effets du téléphone appliqué aux séances de la haute assemblée, fit placer deux microphones à droite et à gauche de la tribune. Les paroles de l'orateur furent ainsi parfaitement transmises au palais du Petit-Luxembourg, dans un des bureaux de la présidence du Sénat. Un secrétaire-rédacteur les percevait aussi nettement que s'il eut été placé au pied de la tribune.

Le même essai eut lieu à l'Assemblée des députés de Berlin. La tribune était mise en relation téléphonique avec une salle éloignée dite *salle des machines*. Les transmetteurs étaient appliqués des deux côtés de la tribune Dans la *salle des machines*, on entendit, non seulement chaque mot que prononçait l'orateur de la Chambre, mais encore les colloques des députés placés près de lui

Voilà, certes, des résultats extraordinaires, et qui justifient bien le cachet de merveilleux qui s'attache au téléphone !

L'instrument qui nous occupe est aujourd'hui appliqué aux opérations militaires. On s'en est d'abord servi pour juger des effets du tir dans les écoles de tir et les polygones d'artillerie.

Le même instrument peut être d'un grand secours pour la défense des places, pour la transmission des ordres du commandant aux batteries, pour l'échange des correspondances avec des ballons captifs planant au-dessus des champs de bataille, etc.

C'est le téléphone Gover qui est en usage dans l'armée, parce qu'il fonctionne sans pile voltaïque. Le fil est déroulé, et placé sur les épaules d'hommes, échelonnés à des distances convenables.

Fig. 490. — Transmetteurs microphoniques disposés le long de la scène d'un théâtre pour la transmission à distance de voix et de chants.

La *Société générale des téléphones* construit un *poste militaire, système Berthon*, qui est un excellent appareil téléphonique. Il est composé (fig. 491) d'une boîte en chêne, contenant une machine magnéto-électrique M, que met en mouvement la poignée P, et qui actionne la sonnerie d'appel, S, — d'un *appareil combiné Berthon-Ader* A pour transmettre et recevoir les paroles, — d'un commutateur pour la pile du microphone, — d'une bobine d'induction, — de trois éléments de pile en vases d'ébonite, E, et de bornes pour le raccord des fils avec la ligne que l'on pose entre les deux stations.

La sonnerie électro-magnétique peut faire un appel à toute distance. La pile qui ne sert qu'au microphone, est parfaitement étanche : l'appareil peut être renversé, sans qu'il en résulte aucune avarie pour les éléments.

Selon les besoins, la boîte peut être portée simplement à la main, par la poignée de cuivre ; ou si l'appareil sert à des excercices ou à des opérations en campagne, elle peut être fixée au moyen du sac sur le dos du soldat ou portée en bandouillère.

Pendant les manœuvres de la fin d'avril 1882, le colonel Leperche, du 89° régiment de ligne, fit fonctionner le téléphone d'une manière très régulière. Des soldats posaient les fils, et des communications verbales furent établies de l'Arc de Triomphe de l'Étoile au pont d'Asnières.

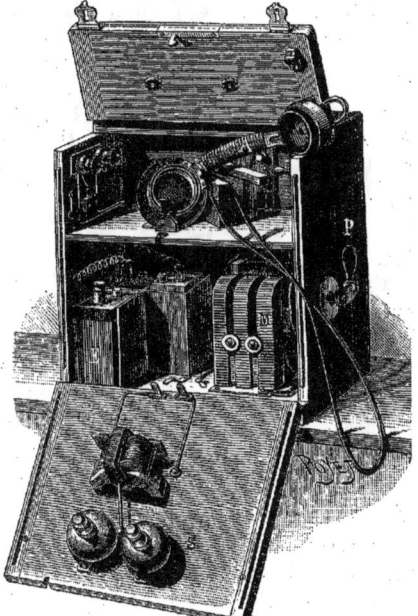

Fig. 491. — Poste militaire Berthon.

En août 1882, pendant les manœuvres et exercices de tir du camp de Wimbledon, près de Londres, la téléphonie militaire fut appliquée au service, avec une remarquable activité. Les télégraphistes du 24° régiment de volontaires du Middlessex ne téléphonèrent pas moins de deux cent dix mille huit cents mots (210 800), pendant les cinq jours que durèrent les manœuvres.

Dans la marine, le téléphone est appelé à rendre de grands services. Il permet d'établir des communications entre les électro-sémaphores, les navires mouillés en rade et les forts de la côte. Au bord des navires, il peut servir à la transmission des ordres.

Nous avons vu que sur les paquebots de premier ordre, comme ceux de la *Compagnie française transatlantique*, le téléphone est à la disposition du commandant.

Le fil téléphonique peut être encore utilisé pour la mise à feu des torpilles, pour vérifier l'état de ces projectiles, et reconnaître si la continuité du circuit au sein des amorces, ne présente pas de défectuosités.

Le commandant Aug. Trèves, mort en 1885, et qui s'était fait connaître par un grand nombre d'applications de l'électricité à l'art de la guerre, fit, en décembre 1882, une très intéressante expérience. Il mit en rapport, sous les eaux, l'île d'Aix, Saint-Pierre-d'Oléron, la tour de Chassiron et un *aviso* en rade de Toulon. Les paroles prononcées dans une des stations choisies pour ces expériences, furent, à l'instant, entendues dans les autres, par le passage du courant dans le câble sous-marin téléphonique.

En juin 1882, une communication fut établie, en rade du Havre, entre le cercle Marie-Christine et un bâtiment ancré à quinze cents mètres. On croyait que le mouvement des flots troublerait les transmissions, mais il n'en fut rien. Plusieurs habitants du Havre causèrent, grâce au téléphone, avec le commandant du navire.

Dans les travaux qui s'effectuent sous l'eau, aussi bien dans les rivières que dans la mer, le téléphone est un excellent moyen de correspondre du niveau de l'eau avec l'intérieur de la cloche à plongeur ou du scaphandre. En 1882, dans des travaux qui se faisaient sur la rivière Wear, en Angleterre, on se servit journellement du téléphone pour parler, du rivage, aux ouvriers scaphandriers.

Les *bateaux-feux*, ces îles flottantes destinées à servir de bouées indicatrices, qui jusque-là, étaient isolés en mer, seront prochainement reliés à la côte par des téléphones.

Une application importante du même instrument, a été faite pour la transmission des ordres et la surveillance de la ventilation dans les mines.

En médecine et en physiologie, les appareils téléphoniques et microphoniques reçoivent quelques emplois. M. E. Ducrétet a construit un microphone *stéthoscopique*, qui permet d'entendre, dans plusieurs téléphones à la fois, les plus faibles pulsations des artères. Cet appareil se compose de deux tambours à membrane vibrante, de M. Marey, accouplés à un microphone à charbon. L'un sert d'explorateur, et l'autre fait fonction de récepteur. Un tube de caoutchouc réunit les deux tambours, et transmet au microphone tous les mouvements de l'explorateur. On règle la sensibilité de l'instrument au moyen d'un contre-poids, mobile sur un levier à coude, auquel est fixé l'un des crayons de charbons du microphone. L'appareil est placé dans le circuit d'une pile de quelques éléments, et d'un téléphone, qui reproduit les plus faibles battements de l'artère.

Le téléphone a été appliqué à l'étude de la balistique, autrement dit au calcul de la vitesse d'un projectile, calcul qui, jusqu'à présent, ne s'effectuait que par l'observation visuelle de la flamme qui accompagne la sortie de ce projectile.

Nous rappellerons encore, parmi les innombrables applications dont le téléphone est susceptible, celle qu'a faite M. Hughes, dans la construction de sa *balance d'induction électrique*.

L'instruction judiciaire a trouvé dans le téléphone un moyen de pénétrer les secrets d'un accusé. En 1884, un juge de New-York eut, dit-on, l'idée de faire placer un transmetteur microphonique contre le mur d'une cellule de prison, en recouvrant l'ouverture avec du papier mince, percé de petits trous, à peine visibles. Dans cette cellule on fit entrer les complices ou les parents d'un prévenu ; puis on les laissa ensemble, sans surveillant. Pendant qu'ils s'entretenaient, un agent, ou un gardien de la prison, tenait son oreille collée au transmetteur. Ce moyen réussit parfaitement. Le prévenu, ne soupçonnant rien, causa librement, avec ses complices, du crime dont il était accusé ; et la justice obtint ainsi des révélations qui n'auraient pu être arrachées au prisonnier par aucun autre moyen.

A Montevidéo, en 1883, une conspiration militaire, ayant pour but de renverser le Président de la république de l'Uruguay, fut découverte par le téléphone. Deux officiers causaient entre eux, par l'intermédiaire du bureau central de la ville. Un commandant entend, par hasard, la conversation ; aussitôt il s'empare du téléphone, en faisant tenir en respect l'officier dont il venait de surprendre les paroles dites à trop haute voix, puis il continue à converser, à sa place, avec l'interlocuteur qui parlait de la conspiration. Le commandant apprit ainsi quel était le signal convenu et le moment de la révolte, et il fit arrêter les officiers et soldats mêlés au complot.

Le téléphone sert à des usages plus pacifiques. Dans plusieurs villes d'Angleterre, il est le moyen de communication entre des joueurs d'échecs, qui, de leurs maisons, ou de cercles éloignés l'un de l'autre, font des parties, sans se déranger.

Au mois de mars 1882, les cercles d'échecs des villes de Brigthon et de Clichestre, à 25 milles de distance, organisèrent un grand tournoi de pions et de fous, qui charma les amateurs, pendant toute une journée.

Au mois de mars 1884, une grande partie d'échecs eut lieu par le téléphone entre Cardiff et Swansea, en Angleterre, et, en octobre de la même année, une partie d'échecs fut jouée par téléphone, entre huit membres du cercle des échecs à Bradford et un nombre égal de membres du cercle de Wakefield, à la distance de 25 milles.

En mai 1883, à Scarborough, dans le comté d'York, entre les rues Newborough et South, des amateurs purent jouer aux échecs au moyen du téléphone Gower Bell.

En octobre de la même année, des habitants de Wolverhampton et de Birmingham jouèrent aux échecs d'une ville à l'autre, au moyen du téléphone. Les joueurs étaient installés dans les bureaux de la *National Telephone Company*, tandis que ceux de Birmingtham s'étaient établis à Curzon-Hall. Circonstance particulière, le jeu eut lieu avec des pièces vivantes, c'est-à-dire avec des hommes et femmes qui se mouvaient, dans leurs costumes bariolés, sur un vaste échiquier.

Nous pourrions prolonger longtemps la liste des curieuses récréations scientifiques et autres, auxquelles a donné lieu l'invention de Graham Bell ; mais il faut savoir s'arrêter, même quand on raconte les merveilles réunies de la science et de l'art.

# SUPPLÉMENT

A LA

# TÉLÉGRAPHIE SOUS-MARINE

ET AU

# CÂBLE ATLANTIQUE

---

## CHAPITRE PREMIER

PROGRÈS DE LA TÉLÉGRAPHIE SOUS-MARINE. — FABRICATION MODERNE DES CÂBLES. — LA GUTTA-PERCHA ET LE CAOUTCHOUC. — ISOLANTS ET ARMATURES DES CÂBLES. — DIVERS MODÈLES DE CÂBLES. — POSE, SONDAGES ET ATTERRISSEMENT. — APPAREILS RÉCEPTEURS DES SIGNAUX. — L'ANCIEN GALVANOMÈTRE A MIROIR. — LE NOUVEL APPAREIL RÉCEPTEUR OU LE SIPHON ENREGISTREUR. — LES RELAIS DE LA TÉLÉGRAPHIE SOUS-MARINE.

Lorsque, en 1866, le premier câble transatlantique fut enfin posé au fond de l'océan, après toutes sortes de difficultés et d'efforts, on considéra, non sans raison, comme une merveille du génie humain, la réussite de l'entreprise qui consistait à dérouler au fond de la mer un câble de 800 lieues de longueur, sans aucune interruption. Cette opération, entourée autrefois de tant de difficultés et même de périls, s'exécute maintenant avec la plus grande facilité, et aujourd'hui il n'existe pas moins de 12 câbles télégraphiques reliant les deux mondes.

La télégraphie sous-marine a été l'objet, depuis 1866, de nombreuses études, et a reçu divers perfectionnements, qui ont porté à la fois sur les machines destinées à fabriquer les câbles, sur les engins de pose et sur les appareils de transmission des signaux télégraphiques. Grâce à ces nouveaux progrès, l'échange des dépêches à travers les plus grandes lignes sous-marines, est devenu aussi simple, aussi commode que leur expédition sur les fils aériens.

Pour construire les câbles sous-marins, avec toutes les garanties de sécurité qu'on leur donne aujourd'hui, il faut pouvoir disposer d'un outillage spécial, puissant et coûteux. Longtemps, en France, on a reculé devant la nécessité d'immobiliser de grands capitaux pour cette industrie, et l'Angleterre seule était restée en possession du privilège de fabriquer les instruments et appareils qui constituent le matériel de la télégraphie sous-marine. L'Angleterre était, d'ailleurs, particulièrement intéressée à établir avec ses colonies lointaines des communications rapides, dont nous ne ressentions pas le besoin au même degré.

Mais nos relations commerciales et politiques avec l'Extrême-Orient s'étant augmentées, par suite des conquêtes du Tonkin et de l'Annam, il a fallu songer à étendre nos lignes de télégraphie sous-marine, et à construire des câbles en nous passant des fabriques anglaises.

A la Seyne, près Toulon, on fabrique aujourd'hui les câbles les plus compliqués, avec cette perfection qui caractérise notre industrie; et l'État paraît disposé à prendre sous sa direction cette intéressante manufacture.

La machine nécessaire à l'établissement des câbles, est, au fond, très simple. Il faut, toutefois, bien se pénétrer de ce fait, que le plus petit défaut dans la fabrication d'un câble océanien, peut devenir funeste par la suite, lorsque le conducteur, noyé dans les grands fonds, ou sur les roches à fleur d'eau, sera en butte aux attaques des nombreux agents destructeurs qui le menacent.

Dans notre Notice des *Merveilles de la science*, sur le *Télégraphe sous-marin* et le *câble atlantique*, nous avons donné la description de la manière dont on procède pour fabriquer les câbles destinés à être immergés sous les eaux profondes des mers (1). Les procédés de fabrication que nous avons décrits dans ce chapitre, sont restés les mêmes, ou n'ont subi que des perfectionnements de détails, dans lesquels il serait superflu d'entrer.

Nous n'avons donc pas à recommencer la description, ni à donner de nouveaux dessins de la fabrication des câbles. Nous nous bornerons, pour la clarté de ce qui va suivre, à résumer les opérations successives de cette fabrication.

Un câble, nous le savons, se compose de trois parties principales :

(1) Tome II, pages 234-233.

1° L'*âme* conductrice ;
2° L'enveloppe du fil, destinée à l'isoler électriquement ;
3° L'enveloppe générale, qui protège cette dernière.

L'*âme* du câble, c'est-à-dire le conducteur électrique, est formée d'un faisceau de fils de cuivre. La conductibilité du cuivre étant liée à la pureté du métal, il faut choisir le cuivre le plus pur. La vitesse de transmission est, en effet, directement proportionnelle à la conductibilité du fil.

L'enveloppe isolante résulte de la superposition de plusieurs couches de gutta-percha, qui enserrent l'*âme*, et qui l'isolent, tout à la fois électriquement et mécaniquement, du contact de l'eau.

La troisième enveloppe, dont la force doit s'accroître selon sa destination côtière ou d'eau profonde, est ordinairement formée d'un groupage rigide en fils de fer, serrés autour de l'enveloppe isolante, dont ils empêchent la désagrégation. On comprend, sans qu'il soit nécessaire d'insister davantage, que l'épaisseur de cette gaine protectrice, ainsi que le diamètre des fils qui la composent, doivent être d'autant plus considérables que le câble doit subir des frottements, des chocs, des tractions plus grands, surtout près des côtes ou sur les récifs à fleur d'eau.

L'*âme* du câble, ordinairement formée de 7 fils de cuivre tordus ensemble, se fabrique avec une très grande rapidité, par la rotation d'une table ronde, garnie d'autant de bobines qu'il doit y avoir de fils autour de l'âme. Nous avons donné, dans les *Merveilles de la science* le dessin de cette table, qui tourne autour d'un axe horizontal. Le toron de cuivre, à mesure qu'il est produit par la rotation de la table, est entraîné, d'un mouvement continu, autour d'un tambour, qu'actionne la même machine à vapeur.

La conductibilité électrique étant proportionnelle au diamètre du conducteur, on donne aux fils qui forment l'*âme* du câble, un diamètre calculé sur la vitesse de transmission que l'on veut obtenir.

Avant de recevoir la première couche de matière isolante, c'est-à-dire la gutta-percha, les fils sont préalablement enduits d'une première matière isolante, et tout à fait imperméable, le *chatterton*.

Le *chatterton* se compose d'une partie de résine, une partie de goudron de Stockholm et trois de gutta-percha. Il adhère fortement au cuivre, ainsi qu'à la substance isolatrice (la gutta-percha) de manière à en former un tout absolument imperméable à l'eau.

A l'origine de la fabrication, le *chatterton* était inconnu, et l'eau de mer, filtrant peu à peu à travers les pores de la gutta, pouvait atteindre les fils, et les suivre sur une partie de leur longueur. Il en résultait des oxydations désastreuses, et de grandes perturbations dans l'échange des télégrammes.

La gutta-percha se place en plusieurs couches superposées, entre lesquelles on a soin de faire un enduit de *chatterton*, dont le but est de réunir intimement les diverses couches. Comme ce revêtement des fils s'est fait à chaud, afin de ramollir la gutta-percha et le *chatterton*, il faut, après l'opération, refroidir le câble, en le traînant dans des augets pleins d'eau fraîche. Après ce refroidissement, on le laisse encore plongé dans l'eau, pendant un temps assez considérable.

La gutta-percha a été longtemps la seule matière employée pour la confection de la gaîne isolante des câbles sous-marins, parce qu'elle possède la qualité fondamentale de se conserver indéfiniment sous l'eau. Mais depuis quelques années, le caoutchouc a été substitué, dans certaines usines, à la gutta-percha. Les câbles du système Hooper sont isolés au moyen de caoutchouc, que l'on vulcanise, pour lui communiquer une plus grande résistance mécanique.

La vulcanisation se fait à la température de $+120°$. Le caoutchouc étant mis en présence de 6 pour 100 de soufre et 10 pour 100 de sulfure de plomb, on y ajoute environ 25 pour 100 d'oxyde de fer, dont la présence suffit à préserver les fils de cuivre contre la sulfuration qui proviendrait de la vulcanisation du caoutchouc.

Le caoutchouc a l'avantage de donner au câble une rapidité double, dans l'échange des signaux, parce qu'il possède une capacité inductive relativement très faible. Expliquons cette particularité.

On sait, et nous l'avons suffisamment expliqué dans notre Notice des *Merveilles de la science*, qu'un câble sous-marin est une véritable bouteille de Leyde, dans laquelle le courant intérieur agit, par influence, à travers le corps non conducteur interposé sur les fils métalliques qui forment son armature. A l'extérieur, règne sans cesse un courant électrique, de nom contraire à celui qui parcourt le fil intérieur ; et c'est ce courant extérieur qui, paralysant le courant principal, et diminuant son intensité, retarde le passage de ce dernier. Or, le caoutchouc possède une propriété inductive beaucoup plus faible que la gutta-percha. Dans un câble isolé par le caoutchouc, le courant principal est donc beaucoup moins influencé et moins retardé que dans un câble isolé par la gutta-percha. De là la préférence que l'on tend à donner aujourd'hui au caoutchouc, dans la confection des câbles sous-marins.

Au-dessus de la matière isolante, quelle qu'elle soit, on prend toujours la précaution, avant de confectionner la carcasse métallique, d'enrouler, avec un serrage assez grand, une et même deux couches de chanvre imbibé de tannin. Cette interposition d'une matière élastique, donne plus de souplesse au conducteur.

## SUPPLÉMENT A LA TÉLÉGRAPHIE SOUS-MARINE.

La soudure des conducteurs entre eux doit se faire avec le plus grand soin; de telle sorte que, tout en offrant une solidité suffisante, elle ne forme pas de surépaisseur, dont l'interposition correspondrait à une diminution de la quantité de matière isolante en ce point, une fois la pose faite.

Il reste à armer le câble, ainsi préparé, de son enveloppe métallique préservatrice. Cette dernière enveloppe se compose de 9 à 18 fils de fer galvanisé. On l'applique, sans grand serrage, au moyen d'une machine analogue à celle qui a fabriqué l'*âme*, c'est-à-dire au moyen d'une table roulante contenant les fils de fer, et qui enroule ceux-ci autour du câble.

Le câble est ensuite guipé avec de l'étoupe enduite de poix minérale ou de bitume, et tout aussitôt, on le plonge dans l'eau froide.

Un câble bien armé doit supporter un effort de traction de 2 000 kilogrammes par mètre.

Telle est la fabrication des câbles sousmarins, du modèle courant, c'est-à-dire de la partie qui doit être immergée au fond de la mer. Mais aux abords des rivages, là où le câble doit porter sur des rochers, des récifs, ou être exposé aux rencontres des ancres des navires ou d'obstacles mécaniques divers, il faut lui donner une force de résistance mécanique bien supérieure.

Les câbles des côtes ont une armature énorme : ils pèsent jusqu'à 11 tonnes par kilomètre. Tel est le câble océanien qui va de Brest à Saint-Pierre de Miquelon (câble français). Chaque toron de conducteur est formé de trois fils, afin de rendre la rigidité moins considérable que s'ils étaient formés de fils massifs.

Les câbles noyés dans les grands fonds de l'Océan, tels que ceux de l'Atlantique, qui reposent à 5 000 mètres de profondeur sous l'eau, et ceux de l'Océan Indien, qui dépassent 3 800 mètres, doivent être légers et très résistants, pour ne pas rompre sous leur propre poids, pendant la pose. L'armature qu'on leur donne, au lieu d'être uniquement en fer, est formée de fils de ce métal, recouverts de chanvre ou de jute filé.

La machine qui sert à dérouler le câble au bord des navires chargés d'en effectuer la pose au fond de la mer, est la même qu'autrefois, et ne diffère pas de celle dont nous avons donné le dessin dans les *Merveilles de la science* (1).

On commence toujours par effectuer, avant de dérouler le câble, une série de sondages, pour lesquels on emploie l'appareil de sir W. Thomson, manœuvré à la vapeur. La ligne de sonde est en fer, et la sonde elle-même permet de ramener à la surface la valeur d'une poignée de sable du fond.

On relève ainsi, tout à la fois, la profondeur et la nature du sol, en réalisant, comme on le voit, la même opération que pratiquent les ingénieurs des chemins de fer ou des Ponts et chaussées, lorsqu'il faut déterminer le profil en long d'une route ou d'une voie ferrée.

La pose d'un câble océanien s'effectue aujourd'hui, grâce à l'expérience acquise, avec une promptitude et une facilité sans pareilles. Cette opération n'est pas évidemment sans présenter des difficultés; mais l'habitude que prennent les marins chargés de cette opération, enfin la discipline sévère qui régit les hommes du bord, assurent d'avance et à coup sûr le succès d'une opération, qui, au début de la télégraphie océanienne, offrait toutes les difficultés et même les périls que nous avons rapportés dans notre Notice sur le *Câble atlantique* des *Merveilles de la science*.

On est arrivé à poser un câble sous-marin dans des profondeurs moyennes, avec

---

(1) Tome II, page 261.

la vitesse énorme de 10 à 12 kilomètres de déroulement du conducteur à l'heure.

L'une des opérations les plus délicates est celle de l'atterrissement des bouts côtiers, qui ne peut plus se faire par le vaisseau lui-même, mais avec le secours d'une multitude de bateaux plats.

On laisse tomber le câble au fond de l'eau, dès que son extrémité est parvenue à la cabane du télégraphe située sur le rivage.

Si des récifs empêchent les bateaux d'approcher, on arrime au câble une quantité convenable de tonneaux, qui le soutiennent à quelques mètres au-dessus du fond, et dont on pourra couper les amarres, en temps opportun.

Quelquefois, on fait entrer dans l'eau une file d'hommes, pour soutenir et porter le câble depuis le navire jusqu'à la plage. Nous avons représenté cette curieuse opération dans les *Merveilles de la science*, en parlant de la pose du câble indien aux embouchures de l'Euphrate et du Tigre (1).

Dans bien des cas, surtout lorsque la côte forme une falaise, cette opération est difficile, sinon dangereuse.

Avant même d'avoir touché terre, le câble peut être tiré par une locomobile, ou mieux par la machine à vapeur du vaisseau lui-même, au moyen d'une corde et d'une poulie de retour, passant sur une autre poulie de renvoi, amarrée à la côte.

En résumé, la fabrication des câbles électriques sous-marins a subi peu de changements depuis la publication de notre Notice; et la machine de dévidement servant à poser le câble arrimé à bord d'un navire, est la même que celle que nous avons décrite. Des perfectionnements d'ordre secondaire, et surtout l'habitude qu'ont pris les marins des équipages spéciaux anglais et français auxquels ce travail est confié, assurent le succès d'une opération si intéressante dans son objet, et si merveilleuse dans ses résultats.

Seul, l'instrument de physique chargé de recevoir les signaux, a subi, de nos jours, une transformation complète. Nous avons décrit dans les *Merveilles de la science* (1) le *galvanomètre à miroir*, ou *galvanomètre de Sir William Thomson*, qui servait à recevoir les signaux de l'alphabet télégraphique. Cet appareil est encore conservé par plusieurs Compagnies américaines, par exemple par l'*American Telegraph Cable Company*. Mais le plus grand nombre des Compagnies l'ont remplacé par le *siphon enregistreur* du même physicien.

Dans les *Merveilles de la science*, nous n'avons point donné de figure de *galvanomètre à miroir* de Thomson. Nous réparons cette omission en mettant sous les yeux du lecteur une vue perspective d'ensemble de cet intéressant appareil.

Le *galvanomètre à miroir* consiste en une aiguille aimantée, qui est mise en mouvement par le courant électrique, et dont les mouvements à droite ou à gauche composent un alphabet télégraphique : l'alphabet Morse. Pour amplifier et rendre plus sensibles les mouvements, l'extrémité de l'aiguille est pourvue d'un petit miroir, et la lumière d'une lampe venant tomber sur ce miroir, se réfléchit, et va produire au loin, c'est-à-dire à la distance de 2 mètres, sur un tableau, des éclairs et des interruptions de lumière à droite ou à gauche de la ligne médiane correspondant aux signaux du vocabulaire Morse.

La figure 492 donne la vue d'ensemble du *galvanomètre à miroir* tel qu'il existe à la station du câble atlantique de Brest, correspondant avec Saint-Pierre de Miquelon (Amérique).

A l'intérieur de la boîte de laiton, G, est une aiguille aimantée, autour de laquelle

---

(1) Tome II, page 225.

(1) Tome II, pages 253-254.

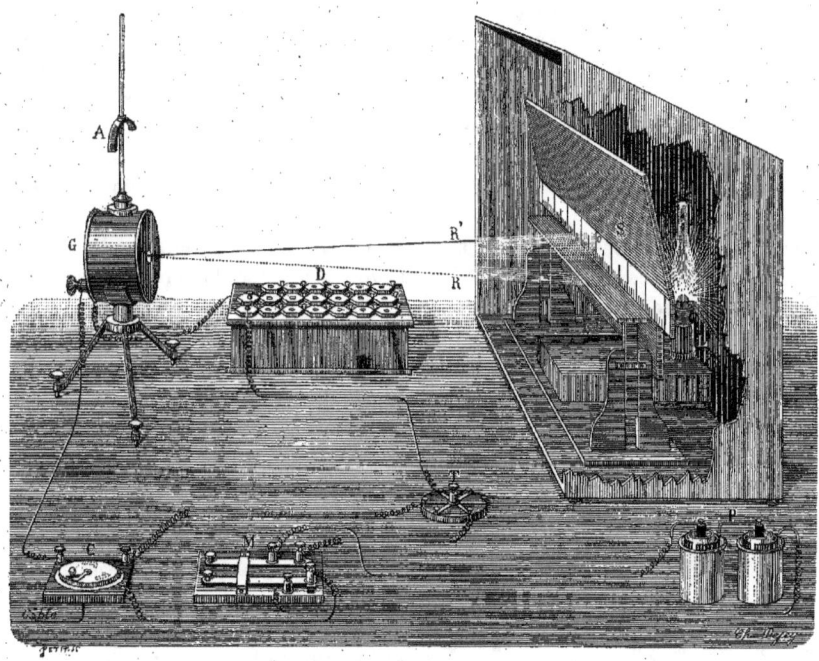

Fig. 492. — Galvanomètre à miroir de Sir William Thomson (vue prespective d'ensemble).

vient circuler le courant électrique venant du câble. Ce courant fait dévier l'aiguille de sa position. Si c'est le courant négatif, l'aiguille est déviée à gauche, si c'est le courant positif, elle est déviée à droite. Au-dessus de l'aiguille on a placé un fort aimant, A, qui ramène par son influence l'aiguille dans le plan du méridien magnétique, en d'autres termes rend l'aiguille *astatique*, c'est-à-dire indifférente à l'action magnétique du globe, de sorte qu'elle n'est influencée que par le courant du câble.

L'aiguille, contenue dans la boîte G, porte à son extrémité, un miroir très léger, qui réfléchit la lumière d'une lampe à pétrole placée à l'intérieur de la boîte. Les rayons lumineux projetés sur ce petit miroir, sont réfléchis et renvoyés au dehors, à travers un trou pratiqué dans la boîte. Grâce à cette ampliation, le moindre mouvement de l'aiguille, qui serait imperceptible à l'œil nu, se trouve accusé par un grand déplacement de l'image projetée sur un écran horizontal, S. Les positions que cette image occupe successivement, à droite ou à gauche de la ligne de repère de l'échelle portant un *o*, répondent aux traits et aux points de l'alphabet Morse. Le zéro de la division répond à l'immobilité de l'aiguille. A chaque passage du courant du câble, et selon que ce courant est négatif ou positif, le rayon lumineux oscille à gauche ou à droite du zéro.

Pour rendre la lecture plus facile, l'échelle de division est placée dans l'obscurité, et est visible par transparence, grâce à la lampe à pétrole, L, qui se trouve derrière l'écran. Les mouvements de l'aiguille correspondant aux signes du vocabulaire Morse sont ainsi faciles à saisir. Un employé lit ces signaux, et les dicte à un aide, qui les enregistre, au fur et à mesure de leur énonciation.

C, est le *commutateur* de l'appareil. Quand l'employé du poste a reçu l'avis qu'une dépêche va être transmise, il met son commutateur à la réception, puis il regarde l'échelle et lit les signaux.

P, est la pile qui envoie le courant dans le câble, et qui est formée de 20 éléments de Daniell. T, est la communication avec la terre; D, une boîte de résistance, pour modifier, au besoin, l'intensité du courant.

La figure 493 représente le *transmetteur des signaux* du câble atlantique. Pour former ces signaux, à la station du départ, on se sert d'un simple *inverseur du courant* tel que le représente la figure ci-dessous. Selon

Fig. 493. — Inverseur de courant pour l'expédition des signaux du câble atlantique.

que l'employé, avec la manivelle M, met la borne A, ou la borne B, en communication avec la terre, il fait passer dans le fil le courant venant du pôle positif ou du pôle négatif de la pile.

Si l'on nous demande pourquoi l'on ne fait pas tout simplement usage, pour recevoir les signaux du câble atlantique, du récepteur Morse ou du récepteur Hughes, employés sur les lignes aériennes, nous répondrons que l'on ne peut admettre dans un câble sous-marin que des courants électriques très faibles, ceux que font naître, par exemple, dix éléments seulement de la pile Callaud. Si l'on faisait circuler dans un câble atlantique des courants intenses, tels que ceux qui résulteraient de l'emploi de 50 à 60 éléments Callaud, les matières isolantes, la gutta-percha, le goudron, seraient altérées, et le câble serait mis rapidement hors de service. Mais des courants d'une aussi faible intensité ne sauraient actionner le récepteur des appareils Morse et Hughes. On est ainsi forcé de recourir, pour rendre les signaux sensibles à l'extrémité du câble, de recourir à l'appareil connu en physique sous le nom de *galvanomètre*, qui se compose d'une simple aiguille aimantée suspendue librement à un fil vertical, et qui est déviée de sa direction naturelle vers le nord par le plus faible courant électrique, que l'on fait circuler autour d'elle, dans un long circuit de fil isolé par de la soie.

Le *galvanomètre à miroir* de Sir William Thomson, qui est employé pour former les signaux du câble atlantique, et que nous venons de décrire, n'est autre chose, ainsi qu'on l'a vu, qu'une petite aiguille aimantée, que le courant électrique qui parcourt le conducteur, fait dévier de sa direction naturelle, et détourne vers la droite ou vers la gauche, selon que le courant du câble est positif ou négatif.

Ajoutons que si les câbles sous-marins sont d'un faible parcours, on se contente du récepteur Morse pour recueillir les signaux. Tel est le cas du câble de Brest à Londres.

Le *galvanomètre à miroir* de Sir William Thomson était d'un maniement facile, et donnait d'excellents résultats. Mais, de nos jours, on a renoncé partout aux télégraphes simplement visuels, tels que le télégraphe à cadran et le télégraphe dit anglais, qui ne donnent que des indications fugitives, et ne laissent aucune trace. On accorde, en tout pays, la préférence au *télégraphe imprimeur*, qui laisse un témoignage écrit de la dépêche.

Les télégraphes Morse, Hughes, Baudot, qui impriment les dépêches, sont seuls en usage dans la télégraphie électrique actuelle. La télégraphie sous-marine a dû se conformer à cet usage, et le *galvanomètre de Thomson* a disparu de la plu-

Fig. 494. — Vue d'ensemble du *Siphon-recorder* de sir William Thomson.

part des stations de télégraphie océanienne.

Pour remplacer le *galvanomètre à miroir* par un appareil imprimeur, Sir William Thomson a inventé un nouvel instrument, qui est d'une sensibilité et d'une certitude merveilleuses.

Sir William Thomson a donné à ce nouveau récepteur des signaux électriques, le nom de *siphon enregistreur (siphon-recorder)*, parce que l'organe principal de la transmission est une sorte de très petit siphon, laissant couler des gouttelettes d'encre, pour imprimer la dépêche.

La principale difficulté à surmonter, c'était d'obtenir des images parfaites d'un corps très léger, mis en mouvement rapide. Ce résultat a été obtenu, au moyen d'un minuscule tube capillaire en verre, recourbé en forme de siphon, par l'extrémité duquel une solution légère d'encre d'aniline bleue est lancée sur une bande de papier, qui se déroule au-dessous du siphon, d'un mouvement uniforme, comme dans les télégraphes de Morse, Hugues, etc.

Le *siphon-recorder* que sir William Thomson a construit est d'une grande complication, l'inventeur ayant voulu réunir dans le même appareil et actionner par l'électricité les organes d'impression, ainsi que le déroulement du papier. Une machine d'électricité statique envoie des étincelles dans le réservoir d'encre d'aniline, ce qui fait cracher les gouttelettes d'encre sur le papier mobile, et le déroulement du papier est produit par un effet électro-magnétique du courant du même appareil.

On appelle *mouss-mil*, ou *moulin électrique*, l'organe qui produit à la fois les projections de l'encre et le déroulement du papier.

La fig. 494 représente le *siphon-recorder*.

La bande de papier, P, se déroule, au-dessous du siphon, B, par l'action électro-magnétique du *mouss-mil*, M, appareil qui développe à la fois de l'électricité sous forme de courant et de l'électricité statique. La première fait agir les organes de déroulement du papier, la seconde projette l'encre sur le papier. On voit, en C, la poulie qui, actionnée par le *mouss-mil*, tire le papier disposé sur la roue R. On engage l'une des extrémités de la bande de papier sous la plus longue branche du siphon B. Ce papier passe sous le siphon, d'un mouvement régulier.

Quant aux signaux, ils sont produits ainsi qu'il suit. Le fil terminal du câble sous-marin s'enroule autour d'une petite bobine formant un cadre rectangulaire mobile. Le siphon, B, qui doit être mis en mouvement à droite ou à gauche, selon que le courant est positif ou négatif, est attaché au milieu de cette sorte de galvanomètre à cadre mobile, et il est, par conséquent, entraîné dans les mouvements du cadre.

Ce système est placé entre deux gros électro-aimants, E, E, actionnés par une pile locale. Le courant qui parcourt le cadre, ou *bobine*, provoque ses mouvements. Il le dévie à droite ou à gauche, selon le sens de ce courant. Tant que le cadre ne bouge pas, il se produit une ligne droite par la chute de l'encre et la marche du papier. Mais le déplacement du cadre à gauche entraîne le départ vers le haut de la bande de papier, produit une marque sinueuse, un crochet, sur le papier. Tout déplacement vers la droite forme un crochet vers le bas. Ces écarts, plus ou moins accentués, de part et d'autre de la ligne du milieu de la bande, représentent les traits et les points de l'alphabet Morse.

Le siphon B plonge, par sa branche la plus courte, dans un petit réservoir, A, plein d'encre d'aniline, et la branche la plus longue de ce siphon laisse écouler l'encre sur le papier qui se déroule. Un flux d'électricité statique venant du *mouss-mil* et qui traverse le réservoir d'encre, A, projette cette encre contre le papier. Selon que le

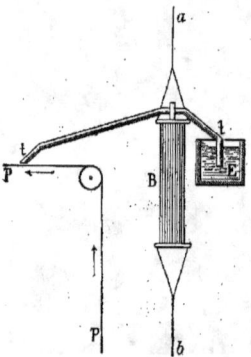

Fig. 495. — Siphon du recorder.

siphon se dévie à droite ou à gauche de sa situation primitive, il décrit, de part et d'autre de cette ligne, une série d'ondulations transversales, qui forment, ainsi qu'il vient d'être dit, autant de signaux répondant aux caractères de l'alphabet Morse, et par conséquent, faciles à traduire.

Le siphon, que nous représentons à part (fig. 495), se fait avec un tube de verre excessivement fin, qu'on recourbe aux points voulus. La suspension de ce siphon au cadre, s'effectue au moyen de deux fils de cocon.

Sur cette figure, on voit, en B, le cadre

# SUPPLÉMENT A LA TÉLÉGRAPHIE SOUS-MARINE. 643

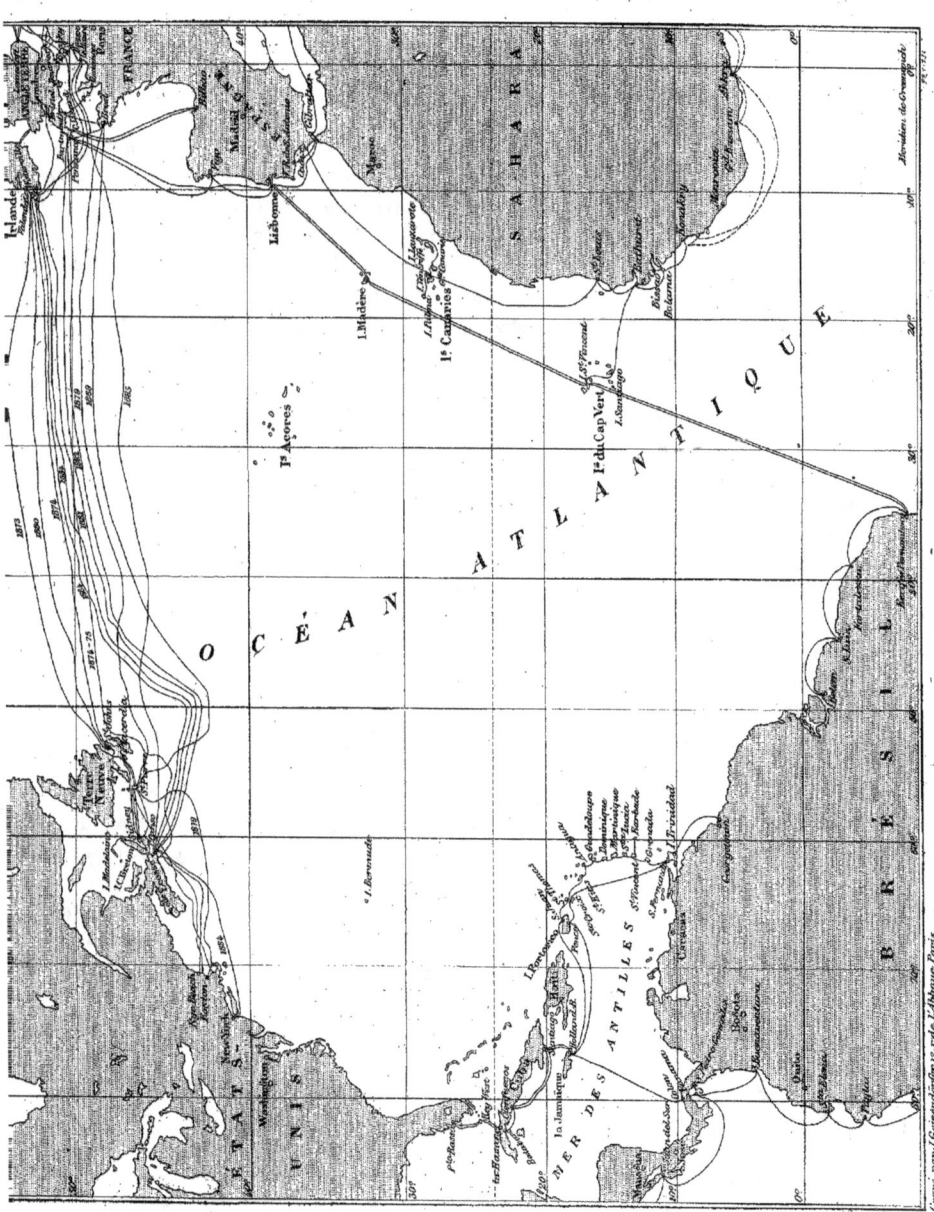

Fig. 496. — Tableau géographique des câbles sous-marins reliant l'Angleterre et la France avec le continent Américain.

mobile contenant la bobine de fils parcourus par le courant et suspendue par un fil de soie, $a$. Le siphon $t$, $t$ est fixé sur ce cadre. La branche la plus courte du siphon plonge dans le réservoir d'encre, E. Quand le cadre se déplace, par l'influence de l'aimant qui le fait dévier à droite ou à gauche, la branche la plus longue du siphon vient déposer l'encre sur le papier, P.

Le courant de la ligne arrive au cadre mobile B par le fils métallique $b$. Les fils, $a$, $b$, placés l'un au-dessus, l'autre au-dessous, et une fois tendus, servent d'axe de rotation.

Le *siphon-recorder* est d'un réglage beaucoup plus délicat que celui du *galvanomètre Thomson à miroir*, si longtemps employé, et que plusieurs Compagnies conservent, d'ailleurs, encore, ainsi qu'il a été dit plus haut. On a supprimé le *mouss-mil*, ce qui a rendu l'appareil beaucoup plus simple. Au lieu de faire dérouler la bande de papier par le même courant électrique qui anime l'appareil, on fait dérouler le papier par un poids et un ressort d'horlogerie, indépendants de l'appareil principal.

D'autres constructeurs ont encore modifié le *siphon-recorder*, en remplaçant les électro-aimants qui provoquent le déplacement du cadre mobile, ou *bobine*, par de simples aimants, d'une force suffisante.

Aujourd'hui, le *siphon-recorder* de sir William Thomson, avec les modifications que nous venons d'énumérer, fonctionne sur la ligne sous-marine de Marseille à Alger.

Dans le câble d'Algérie, le papier est tiré par un poids et un mouvement d'horlogerie. Les aimants, d'une grande puissance, sont placés verticalement. Enfin, en 1888, M. Brahsic a appliqué à cet appareil le perforateur Wheatstone, en transmettant au moyen de bandes perforées, ce qui permet d'accroître notablement la vitesse des transmissions.

## CHAPITRE II

DÉVELOPPEMENT ET ÉTAT ACTUEL DU RÉSEAU TÉLÉGRAPHIQUE SOUS-MARIN ENTRE LES NATIONS DES DEUX MONDES.

Il existe aujourd'hui 17 Compagnies de câbles sous-marins. En outre, quatre gouvernements possèdent, en toute propriété, des câbles : ce sont ceux de la France, de l'Angleterre, de la Russie et de l'Italie.

La France a placé 12,018 milles de câbles dans la Méditerranée, et l'Angleterre en possède autant dans l'Océan Indien. Sur les 17 Compagnies transatlantiques, 8 sont établies à Londres, 4 à New-York et 2 à Copenhague.

Le nombre des dépêches télégraphiques expédiées par les câbles sous-marins, qui était de 0 :

en . . . . . . . . . . . . . . . 1850
passait à 550 000 en . . . 1860
à 5 000 000 en . . . . . . 1870
à 15 000 000 en . . . . . . 1880
à 26 175 000 en . . . . . . 1883
et à plus de 26 300 000 en . 1886

Voici l'énumération des grandes lignes sous-marines qui relient les continents.

En 1884, l'Europe était en communication directe avec le continent américain du nord, par huit câbles, dont cinq sont anglo-américains, et partent de Valentia (Irlande) et deux sont français, et partent de Brest, pour aboutir à Trinity-Bay, dans l'île de Terre-Neuve, et à Saint-Pierre-Miquelon, puis gagner, de là, le territoire des États-Unis.

La conception du second *câble atlantique français* est due à M. Pouyer-Quertier, de Rouen.

Jusque-là les câbles transatlantiques, y compris celui de Brest à New-York, malgré son origine française, appartenaient tous à des Compagnies anglaises. C'est ce qui résultera du court résumé historique qui va suivre.

Les deux premiers câbles transatlantiques ont été posés, ainsi que nous l'avons raconté dans notre Notice des *Merveilles de la science*, par la *Compagnie du télégraphe anglo-américain* (*Anglo-american Telegraph Company*) en 1865 et 1866.

Le capital initial de cette Compagnie était de 42 millions de francs. Ses deux câbles réunissaient l'Irlande à l'île de Terre-Neuve, et représentaient une longueur totale de 3 700 milles marins.

Cette première Compagnie eut pendant deux ans le monopole de la transmission des dépêches transatlantiques. Aussi régla-t-elle son tarif à son gré, et fit-elle payer le mot, d'abord 25 francs, puis 12 francs 50.

Les bénéfices considérables qu'elle réalisait déterminèrent, en 1868, la constitution d'une première concurrence. A l'instigation de M. le baron d'Erlanger, un câble atlantique français fut créé. Ce câble, partant de Brest, touchait à l'île de Saint-Pierre (Terre-Neuve) et atterrissait aux États-Unis, à Duxbury, près de Boston. Il fut posé en juillet 1869.

Malgré la concurrence des câbles anglais, cette nouvelle Compagnie, dont l'exploitation était desservie par un seul câble, réalisait d'assez importants bénéfices. La Compagnie Anglo-Américaine, prévoyant le succès qu'assurait au câble de Brest sa situation particulièrement avantageuse au point de vue des centralisations télégraphiques, lui proposa une alliance, qui fut acceptée, et par laquelle la Compagnie française était assurée de 36 0/0 des recettes totales, à la seule condition que les deux Compagnies adopteraient le même tarif.

Après diverses négociations entre la *Compagnie Anglo-Américaine* et la *Compagnie du câble français de Brest à New-York*, la Compagnie française, séduite par l'appât d'un bénéfice considérable et immédiat, consentit à vendre sa ligne à sa rivale.

Mais à peine cette première concurrence était-elle absorbée par la Compagnie Anglo-Américaine, qu'il en surgit une autre.

Ce fut une ligne anglaise, qui fut établie d'Irlande à Tor-Bay (Nouvelle-Écosse) par la Compagnie du *Câble direct des États-Unis*.

Dès les premiers mois de son exploitation régulière, cette nouvelle Compagnie, qui ne possédait qu'un seul câble d'Europe en Amérique, s'étant emparée d'environ 30 0/0 des dépêches, son acquisition fut aussitôt résolue par la Compagnie Anglo-Américaine. Cette nouvelle absorption fut réalisée par un traité d'alliance qui place la Compagnie du Câble direct sous sa dépendance pendant vingt-cinq ans.

C'est pour affranchir nos communications commerciales avec l'Amérique du Nord de toute dépendance et de toute immixtion étrangères, que M. Pouyer-Quertier fonda une Compagnie française.

Cette Compagnie, qui fut définitivement constituée sous le nom de *Compagnie française du télégraphe de Paris à New-York*, avait pour objet la création de lignes télégraphiques entre la France et les États-Unis d'Amérique d'une part, et l'Angleterre et l'Amérique d'autre part; l'établissement, l'entretien, l'exploitation, tant des câbles sous-marins destinés à relier les deux continents, que de toutes les autres lignes terrestres ou sous-marines pouvant, soit desservir les points intermédiaires, soit s'embrancher sur la ligne principale, la compléter ou la prolonger.

Le réseau de la Compagnie française du télégraphe de Paris à New-York comprend deux grandes communications télégraphiques complètes entre l'Europe et l'Amérique du Nord, en passant par l'île française de Saint-Pierre (Terre-Neuve).

La première de ces communications relie la France à New-York.

La seconde, qui a pour objet de doubler la première ligne, réunit l'Angleterre à la Nouvelle-Écosse.

Les lignes sont les suivantes :

1° Câble de Brest à Saint-Pierre, (Terre-Neuve), longueur.... 2 395 milles
2° Câble de Saint-Pierre ou cap Cod (États-Unis), longueur.. 860 »
3° Cap de Land's-End aux îles Scilly, longueur................ 30 »
4° Câble des îles Scilly à Saint-Pierre, longueur........... 2 285 »
5° Câble de Saint-Pierre à Tor-Bay, longueur................ 270 »
6° Câble de Brest aux îles Scilly, longueur................ 108 »
7° Ligne terrestre américaine.

5 498 milles marins ou plus de 11 000 kilomètres.

Un steamer, spécialement construit et outillé pour surveiller le réseau, permet de maintenir constamment les câbles en bon état et de réparer sans retard les plus petits accidents.

Le câble a été construit par une maison anglaise, MM. Siemens frères, qui se sont également chargés de la pose et de l'atterrissage.

Le câble français fut posé pendant l'été de 1880.

Depuis 1885, un neuvième câble, dû à l'initiative de MM. Mackay et Bennett, directeurs du journal américain le *New-Herald*, relie Paris et le Havre à New-York. Le point d'atterrissage, sur la côte française, se trouve au Havre ; il est situé, sur la côte américaine, un peu au nord de Boston, à Canso (Nouvelle-Écosse). A partir de ce point, la ligne se dédouble. Pendant que l'un des fils se dirige sur New-York, l'autre aboutit au cap Ann (Boston). Ce dernier est destiné à desservir le nord des États-Unis et le Canada. L'autre est plus spécialement affecté aux communications avec le sud, et au cas où il viendrait à se rompre, les dépêches n'en parviendraient pas moins à New-York, par une ligne aérienne spéciale, venant du cap Ann.

Le grand avantage de cette combinaison, dit M. W. Huber, est que les fils, soustraits aux influences atmosphériques, peuvent fonctionner par tous les temps, sans que le service soit entravé ou interrompu, comme il arrive quelquefois par les temps d'orage.

« Le câble de Waterville à Canso est composé, dit M. Huber, auteur d'une statistique récente sur le télégraphe électrique, de deux fils montés en duplex, ce qui permet d'expédier, par le même fil, deux dépêches simultanément dans les deux sens, soit quatre dépêches à la fois. De Waterville au Havre, le fil est simple, mais toutes les éventualités ont été prévues et la compagnie a acquis le droit de réquisitionner, en cas d'avaries, un fil de la *Submarine Company*, allant du Havre à Londres.

L'Amérique du Sud est aussi reliée à l'Europe par une ligne sous-marine, qui passe par Lisbonne, Madère, les îles du Cap-Vert, et aboutit à l'extrémité la plus orientale de l'Amérique, au cap Saint-Roque (Brésil). »

En résumé, malgré la cession à l'Angleterre du premier câble français, Paris se trouve aujourd'hui en communication par un fil spécial avec New-York, par le Havre.

Nous avons dit que l'exécution de ce travail est due à l'initiative de M. Mackay et de M. Bennett, directeur du *New-York-Herald*, qui seuls ont fourni les capitaux considérables nécessités par une semblable entreprise. Ces deux hardis gentlemen ont mené l'opération avec une rapidité à laquelle nous sommes peu habitués en France, et qui ne laisse pas que de nous causer quelque surprise. A peine le projet était-il conçu, que déjà on se mettait à l'œuvre. Construire le câble, qui mesure 520 milles de longueur, et le poser au fond de l'Océan, fut chose accomplie en moins de temps qu'il n'en aurait fallu à une Société française pour discuter seulement le projet.

D'après un relevé récent, dû au *Bureau international des administrations télégraphiques de Berne*, il existe aujourd'hui, c'est-à-dire en 1889, 12 câbles transatlantiques, appartenant tous à des Compagnies privées anglo-américaines ou françaises.

La carte qui accompagne la page 613 donne le tableau exact des câbles transatlantiques reliant l'Angleterre et la France avec le nouveau monde.

Deux câbles sous-marins mettent les Indes en communication télégraphique avec l'Europe. Ces deux câbles passent par la mer Rouge, puis par la Méditerranée. Ils se réunissent en diverses branches, qui vont en Sicile et en Italie, en France, et enfin en Angleterre, en côtoyant le Portugal, d'où elles gagnent la pointe sud-ouest de la Grande-Bretagne, par l'Atlantique.

D'autres lignes sous-marines se ramifient également, à partir du golfe Persique, en plusieurs lignes aériennes, qui gagnent la Russie, l'Allemagne, la Syrie.

L'Australie communique par un câble sous-marin, avec le réseau indien; de sorte qu'une dépêche partie de Sydney, arrive directement à New-York ou à Boston; et de là, par le télégraphe qui traverse le continent américain, jusqu'à San-Francisco, sur les bords de l'Océan Pacifique, à 270 degrés de longitude. En distance effective, plus de 30 000 kilomètres sont franchis par les signaux électriques, en moins d'une heure.

Ces derniers renseignements statistiques sont empruntés au travail de M. W. Huber, déjà cité. M. W. Huber les fait suivre de quelques résultats, propres à donner une idée de la rapidité des communications télégraphiques sous-marines.

« Le 1er octobre 1880, dit M. A. Huber, à l'occasion de l'inauguration de l'Exposition de Melbourne, un télégramme expédié à la reine d'Angleterre par le commissaire général, à midi 50 minutes (heure de Melbourne), c'est-à-dire à 3 heures 10 minutes du matin (heure de Londres), arriva dans cette ville à 3 heures 48 minutes du matin. La durée du trajet, pour une distance de plus de 16 000 kilomètres, fut donc de 38 minutes. Le télégramme, formé de 66 mots, mit 2 minutes pour être expédié de Marseille à Londres.

Citons encore ce fait curieux d'une dépêche qui, expédiée de Penang, arrive à Singapore, en passant par l'Europe, la Russie, la Sibérie, la Chine et la Cochinchine. La réponse payée repassa le même jour par Paris, et fit deux fois le trajet de 27 000 kilomètres en moins de 36 heures. Ce détour singulier avait été nécessité par la rupture du câble qui unit directement Singapore à Penang, et dont la longueur n'est que de 600 kilomètres. »

Un relevé statistique du nombre et du trajet des câbles télégraphiques sous-marins actuels a été publié, en 1887, par le *Bureau des administrations télégraphiques de Berne*, qui a dressé la nomenclature exacte des câbles formant le réseau sous-marin du globe tout entier.

Voici le tableau donné par le *Bureau télégraphique de Berne*.

| NOMS DES COMPAGNIES. | POINTS D'ATTERRISSEMENT. | DATE DE LA POSE. | LONGUEUR en MILLES NAUTIQUES. |
|---|---|---|---|
| Anglo Américan Telegraph C°. | De Valentia (Irlande) à Hearts Content (Terre-Nve). | 1873 | 1 881 31 |
| Id. Id. | Id. Id. | 1874 | 1 840 01 |
| Id. Id. | Id. Id. | 1880 | 1 886 33 |
| Id. Id. | Du Minou, près Brest, à Saint-Pierre.......... | 1869 | 2 648 47 |
| Direct United States Cable C°. | De Ballingskellig's-Bay (Irlande) à Tor-Cay (Nouvelle-Ecosse)................ | 1875 | 4 223 |
| Cie Française du Télégraphe de Paris à New-York...... | De Brest à Saint-Pierre..................... | 1879 | 2 242 37 |
| Western Union Telegraph C°. | De Sennen-Cove, près Penzance (Angleterre), à Dover-Bay, près Canzo (Nouvelle-Ecosse)..... | 1881 | 2 531 |
| Id. Id. | Id. Id. | 1882 | 2 576 |
| Commercial Cable C°........ | De Waterville (Irlande) à New-York........... | 1884 | 2 350 36 |
| Id. Id. | Id. Id. | 1884 | 2 388 35 |
| Brazilian submarine Telegraph C°................ | De Carcavellos, près Lisbonne, à Pernambuco (Brésil), par Madère et Saint-Vincent....... | 1874 | 3 669 |
| Id. Id. | Id. Id. | 1884 | 3 637 |
| Câble Mackay-Bennet....... | Du Havre à New-York..................... | 1885 | 4 520 |

Il ressort de cet intéressant document, qu'il existe actuellement 950 câbles, d'une longueur totale de 113 566 milles nautiques, c'est-à-dire un peu plus de 200 000 kilomètres. 719 câbles, correspondant à 10 169 milles nautiques, appartiennent aux administrations gouvernementales. Le reste, ou 231 câbles de 103 395 milles, est entre les mains des compagnies privées.

Dans ces chiffres, les câbles français n'entrent que pour une longueur de 6 606 milles nautiques, dont 3 197 appartiennent à l'État et 3 049 à la Compagnie française du Télégraphe de Paris à New-York. Ces derniers comprennent le câble transatlantique de Brest à Saint-Pierre, avec embranchements en France, sur la côte des Cornouailles, et en Amérique sur le Cap-Cod (Massachusets), et Louisbourg (Nouvelle-Écosse).

Les lignes de l'État, en exceptant toutefois celles qui sont employées au service extérieur, et dont la longueur totale n'est que de 287 milles, sont presque toutes établies entre la France, la Corse, l'Algérie et la Tunisie. Un câble de 863 milles, relie Ténériffe à Saint-Louis du Sénégal.

Le réseau le plus important est celui de la *Eastern Telegraph C°*, qui relie l'Angleterre avec le Portugal, Gibraltar, Malte, Tripoli, Zante, Corfou, la Turquie, Alexandrie, Port-Saïd, Aden et Bombay. Ses lignes ont une longueur de 18 838 milles nautiques.

Pour que la circonférence entière du globe soit enlacée par un réseau de fils télégraphiques, il reste à relier l'Amérique et l'Asie. Deux lignes sous-marines sont projetées, pour effectuer ce rattachement ; de sorte que l'Océan pacifique sera bientôt traversé, comme l'Atlantique, par les courants électriques. Dès maintenant, les dépêches arrivent à Paris et à Londres, ainsi que dans la plupart des capitales ou des grandes villes européennes, de tous les points les plus éloignés du globe. On peut lire, le soir, dans les journaux de Paris ou dans ceux de Londres, le récit des événements qui se sont produits, pendant le même jour, dans les cinq parties du monde !

Telles sont les merveilles et les bienfaits de la science contemporaine.

FIN DU SUPPLÉMENT A LA TÉLÉGRAPHIE SOUS-MARINE ET AU CABLE ATLANTIQUE.

# SUPPLÉMENT

AUX

# AÉROSTATS

Depuis l'année 1870, époque à laquelle s'est arrêtée la publication, dans les *Merveilles de la science*, de notre Notice historique et descriptive sur les *Aérostats* (1), jusqu'au moment présent, la question des ballons n'a cessé d'attirer l'intérêt et la curiosité du public. Les ascensions à de très grandes hauteurs, les voyages aériens par-dessus les mers, les études pour la création des *aéronefs,* c'est-à-dire des ballons plus lourds que l'air, les accidents funestes qui ont tragiquement terminé quelques entreprises téméraires, et causé la mort de plus d'un courageux pionnier de la navigation aérienne, ont tenu en haleine l'attention des amis de la science. Mais ce qui domine, dans la question des progrès récents de l'aérostation, c'est la recherche ardente, passionnée, de la direction de ces véhicules aériens; car la création des aérostats dirigeables marquerait la véritable conquête des airs par le génie humain. En ce qui concerne la direction, certains résultats ont été obtenus, grâce aux longs efforts

(1) Tome II, pages 424-622.

de nos ingénieurs et physiciens, et si ce grand *desideratum* de la science et de l'humanité progressive n'est pas encore atteint, du moins un pas décisif a été fait dans ce beau champ d'études.

En raison de l'importance de cette question, c'est par l'examen des travaux relatifs à la direction des aérostats que nous commencerons ce *Supplément*. Et comme l'origine des recherches les plus sérieuses relatives à cette question, remonte à l'époque du siège de Paris, en 1870-1871, c'est à l'histoire des ballons pendant le siège de Paris, que nous consacrerons nos premiers chapitres.

## CHAPITRE PREMIER

LES BALLONS PENDANT LE SIÈGE DE PARIS. — CONSTRUCTION DES PREMIERS BALLONS A LA GARE D'ORLÉANS ET A LA GARE DU NORD. — LES BALLONS-POSTE.

Les habitants de Paris, étroitement bloqués par les Prussiens, dans leur enceinte de pierre, et privés de tout moyen de sortie par les routes de terre ou de rivière, n'eurent, pendant de longs mois, d'autre moyen de communiquer avec le reste de la France que la voie de l'air et l'expédition de ballons montés. Mais il aurait fallu pouvoir diriger à son gré les globes aérostatiques, pour les lancer hors de la ville assiégée, et les faire revenir ensuite, par la même voie, à leur point de départ.

On se flatta, pendant les premières semaines du siège, que le ballon dirigeable allait surgir, et donner le moyen d'arracher la garnison et les habitants de la capitale à leur désastreux isolement.

Quand on se rappelait que depuis la fin du dernier siècle, mille cerveaux s'étaient mis en ébullition à la poursuite de cette idée ; quand on savait que nos corps académiques sont perpétuellement assaillis de communications relatives à ce problème ; quand on avait vu les inventeurs fatiguer l'Académie des sciences et les journaux scientifiques de l'annonce de leurs découvertes dans l'art de la navigation aérienne dirigeable ; quand on se rappelait les tranchantes assertions des partisans du *plus lourd que l'air*, on pouvait s'attendre à voir tant de promesses flatteuses et d'annonces affirmatives aboutir au résultat si désiré.

Hélas ! quelle déception ! quelle amère et triste dérision ! De tous ces hommes qui, depuis si longtemps, fatiguaient le public, l'Académie et les Sociétés savantes de leurs élucubrations, aucun ne put produire le plus faible échantillon de son savoir, ni de son pouvoir. Pendant les premiers mois du siège de Paris, l'Académie des sciences, ainsi que les *comités scientifiques* établis dans les divers arrondissement de Paris, par le gouvernement de la Défense nationale, furent, il est vrai, assaillis de toutes sortes de projets de navigation aérienne, avec direction. Mais aucun de ces projets ne contenait une idée sérieuse. Les auteurs tiraient leurs vieux mémoires des cartons où ils dormaient depuis longtemps d'un sommeil mérité, et ils les adressaient à l'Académie des sciences, avec force calculs à l'appui. Aucun de ces inventeurs n'invoquait la plus petite expérience, le plus simple résultat pratique. Pour expliquer cette absence totale d'essais pratiques, on alléguait les frais considérables de ces sortes d'expériences : ce qui est vrai. Cependant ce motif était si universellement invoqué, qu'on ne pouvait s'empêcher d'y voir un prétexte à éviter l'expérimentation, ce juge suprême de toute affirmation d'un inventeur. Tous les auteurs des projets concluaient, d'ailleurs, à la demande, adressée au gouvernement ou à l'Académie, d'une forte somme d'argent, pour procéder à la construction de leurs appareils.

L'Académie des sciences avait nommé une commission, pour examiner les projets relatifs à la direction des aérostats ; mais quand elle se fut bien convaincue de la parfaite inanité de tous les plans qui lui avaient été soumis, elle se refusa à présenter aucun rapport, parce qu'elle n'aurait eu à formuler sur cette question que des conclusions négatives.

La même chose arriva aux *comités scientifiques*. Ces comités ne pouvaient accorder les sommes d'argent qu'on leur demandait pour procéder à des expériences, et d'ailleurs, le temps n'aurait pas permis d'entreprendre un essai sérieux.

Il fallut donc renoncer à l'espoir de faire partir de Paris des ballons dirigeables, la seule chance de salut qui restât aux assiégés. On dut se borner à organiser les départs de ballons, que l'on lançait quand le vent était favorable. Montés par un homme déterminé, les aérostats s'en allaient, à la garde de Dieu, tombant tantôt dans les lignes prussiennes, tantôt dans des localités sûres, d'autres fois, hélas ! allant se perdre dans la mer. Il en est plus d'un dont le sort est resté un secret entre Dieu et les infortunés passagers.

Nous allons donner une rapide énumé-

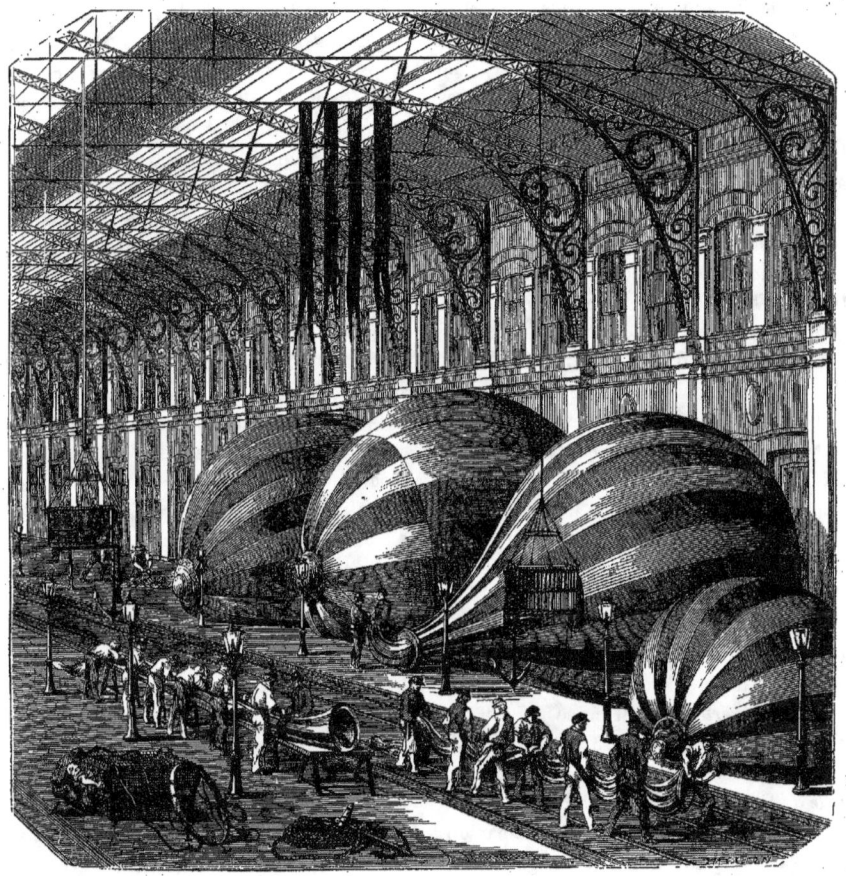

Fig. 497. — Atelier de construction des ballons, à la gare d'Orléans.

ration des principales ascensions qui eurent lieu pendant le siège de Paris, jusqu'à l'armistice du 28 janvier 1871.

C'est à la gare d'Orléans que fut établi, sous la direction d'Eugène Godard, le premier atelier pour la construction des ballons. La gare du chemin de fer du Nord servit bientôt au même travail, sous la direction de MM. Yon et Camille d'Artois. Pendant le siège, toutes les gares de chemins de fer étaient nécessairement vides. Ces immenses espaces reçurent les ouvriers chargés de la construction des ballons, et servirent de magasins pour ces énormes globes de soie, au fur et à mesure de leur fabrication.

Nous représentons dans la figure ci-dessus la gare d'Orléans transformée en atelier pour la confection des ballons. On voit, d'une part, les globes terminés, gonflés d'air et couchés sur le flanc, pour permettre au vernis qui les recouvre de se sécher plus vite; et, d'autre part, des ouvriers occupés à coudre, sur un long banc de bois, les bandes de soie composant l'appendice de la sphère aérostatique.

Les premiers départs de ballons eurent

lieu de la place Saint-Pierre, à Montmartre, un des points les plus élevés de la capitale.

C'est le 23 septembre 1870 que partit, de la place Saint-Pierre, le premier aérostat parisien, qui n'était, d'ailleurs, qu'un petit ballon, vieux et usé, le *Neptune*, appartenant à un aéronaute de profession, M. Duruof. M. Nadar s'était efforcé de réparer ce petit ballon, qui était tout percé de trous, et perdait le gaz par mille déchirures. Cependant Duruof n'hésita pas à se confier à ce dangereux engin.

En présence du directeur des postes, M. Rampont (1), et de quelques délégués du gouvernement de la Défense nationale, Duruof embarque dans sa frêle nacelle 125 kilogrammes de dépêches du gouvernement, ainsi que quelques lettres de particuliers; et c'est au milieu d'une indicible émotion que les assistants voient le *Neptune* se perdre dans les nues.

Le lendemain, à onze heures du matin, le *Neptune* effectuait heureusement sa descente près d'Évreux.

La *poste aérienne* était créée.

Deux jours après, le 25 septembre, un ballon, appartenant à Eugène Godard, la *Ville de Florence*, partait, à onze heures du matin, du boulevard d'Italie, monté par un aéronaute de profession, M. Mangin, et un passager sans notoriété, M. Lütz.

La *Ville de Florence* emportait trois pigeons voyageurs, et le but de son voyage, c'était d'expérimenter le retour des pigeons au colombier natal.

Le soir même, les trois pigeons revenaient à Paris, apportant au Directeur des postes une dépêche de l'aéronaute parti le matin. Eugène Godard avait atterri dans le département de l'Oise, à Vernouillet.

La *poste aux pigeons* était créée.

(1) M. Rampont, depuis sénateur, était médecin à Chablis (Yonne) quand il fut envoyé, par ses concitoyens, à l'Assemblée constituante de 1848, puis au Corps législatif de 1869. Il est mort en novembre 1888.

Louis Godard partit, le 29 septembre, de l'usine à gaz de la Villette, avec M. Coustin. D'après un bizarre et dangereux agencement, dont il avait pris l'habitude, dans ses ascensions publiques, Louis Godard avait attaché ensemble, par une traverse horizontale, deux ballons, de petites dimensions. En cet équipage, il passa au-dessus de Montmartre, et tomba aux environs de Mantes.

Henri Giffard, le célèbre ingénieur dont nous avons rapporté les beaux travaux aérostatiques, dans notre Notice sur les *Aérostats*, des *Merveilles de la science*, possédait un petit ballon, le *Céleste*. On le gonfla, à l'usine à gaz de Vaugirard, et il partit, le 30 septembre, à neuf heures du matin, emportant M. Gaston Tissandier, le savant écrivain scientifique, qui s'est toujours montré aéronaute consommé.

Le *Céleste* passa par-dessus Versailles, où il fut salué par une fusillade prussienne, et tomba, à onze heures du matin, aux environs de Dreux.

Ces quatre voyages avaient été exécutés avec un matériel dans le plus piteux état; mais cette insuffisance même de l'appareillage faisait comprendre qu'avec de bons aérostats on pouvait compter sur le succès de la *poste aérienne*. Aussi le gouvernement s'empressa-t-il de fournir les fonds nécessaires pour la fabrication de ballons bien conditionnés. L'atelier de la gare d'Orléans, dirigé par Eugène Godard, et celui de la gare du Nord, dirigé par MM. Yon et Camille d'Artois, reçurent des commandes de ballons, de la capacité de 2 000 mètres cubes, qui furent confectionnés en quelques jours. Des marins et des cordiers étaient les travailleurs attachés aux ateliers aérostatiques des gares d'Orléans et du Nord.

Nous reproduisons dans la figure 498 l'aspect de la nacelle d'un ballon-poste parisien. Deux passagers et l'aéronaute occupent la nacelle. Ils sont un peu serrés dans leur panier, car le fond est garni d'une grande quantité de sacs de lest, qui prennent beaucoup de place. Le sable qu'ils emportent est destiné à être répandu dans l'espace. Quand les cordes, le *guide-rope*, et l'ancre, seront descendus ou fixés convenablement autour du cercle, les passagers seront un peu plus à l'aise. Les sacs de la poste, sont très volumineux, puisqu'ils sont remplis d'environ cent mille lettres, pesant quatre grammes chacune. Les pigeons voyageurs sont suspendus dans leur cage, aux bords de la nacelle. Voyageurs, sacs de sable, cordages, ancre, *guide-rope*, paletots et couvertures des passagers, vivres et approvisionnements, sont entassés pêle-mêle au fond de la nacelle. On croirait que sous le poids de tant d'objets l'aérostat devra rester cloué au sol; mais quand le « lâchez tout! » s'est fait entendre, la machine s'élève, et emporte nacelle et bagages, avec la légèreté d'un oiseau.

L'apparition des premiers ballons dans les départements avoisinant Paris excita un enthousiasme universel. Les aéronautes, porteurs de dépêches et de lettres, étaient accueillis avec des larmes de joie, par les familles, qui recevaient, par la voie des airs, des nouvelles de ceux qui leur étaient chers. Quand un ballon touchait terre, les habitants des localités prochaines se précipitaient en foule vers l'aérostat, et des centaines de bras se dressaient pour amortir sa chute.

Fig. 498. — Nacelle d'un ballon-poste.

D'un autre côté, les Allemands voyaient avec colère que le blocus qu'ils avaient si savamment organisé autour de la capitale pouvait être forcé. Ils regardaient non sans inquiétude les hardis messagers qui passaient par-dessus leur tête, et ils essayaient en vain de tirer en l'air quelques coups de fusil, dont les balles retombaient, inertes, dans leur camp, et dont se jouaient les aéronautes (fig. 499).

On a fait grand bruit d'un prétendu *mousquet à ballon*, construit par Krüpp, et qui fut promené orgueilleusement, par les Prussiens, dans les rues de Versailles. La vérité est qu'un ballon ne peut jamais être atteint par une balle de fusil quand il flotte à la hauteur de 300 mètres seulement; car le tir de bas en haut d'un projectile, sollicité verticalement par la pesanteur, a toujours peu d'effet.

Le fonctionnement certain et facile de la *poste aérienne* avait été démontré par les quatre premiers voyages exécutés dans le premier mois du siège. C'est le 7 octobre que commença la série des ascensions avec des ballons neufs.

La première devait laisser un grand souvenir dans l'histoire de la guerre franco-allemande. C'est, en effet, le 7 octobre 1870, que Gambetta, Ministre de l'intérieur, quitta Paris, en ballon, pour aller organiser en province la défense nationale.

Dès le matin, de nombreuse estafettes étaient échangées entre le ministère et la place Saint-Pierre, à Montmartre, où devait s'effectuer le départ du ballon, l'*Armand-Barbès*, emportant Gambetta et sa fortune. A deux heures, Gambetta, accompagné de M. Spuller, son *alter ego*, s'élevait vers le ciel.

L'*Armand-Barbès* avait, d'ailleurs, un compagnon de route : c'était le *Georges-Sand*, monté par deux citoyens américains, qui avaient voulu voyager de conserve avec lui. Nos deux Yankees auraient pu quitter Paris sans un tel appareil, en se bornant à demander un sauf-conduit à leur ambassadeur; mais ils avaient préféré partager les péripéties qui pouvaient signal le voyage du futur dictateur.

Ces péripéties, d'ailleurs, ne manquèrent pas. Le *Georges-Sand* toucha terre sans avaries notables; mais il en fut autrement de l'*Armand-Barbès*.

Conduit par un aéronaute de profession, le ballon qui enlevait Gambetta et M. Spuller s'abattit dans un champ que des soldats Prussiens venaient de quitter peu d'instants auparavant. S'il fut parti de Paris un quart d'heure plus tôt, le jeune tribun aurait été pris par les soldats de Guillaume, et fusillé. Du reste, le ballon s'était un moment tellement rapproché du sol que des balles allemandes avaient sifflé autour de la nacelle.

On s'empressa de jeter du lest, pour quitter ce dangereux point d'atterrissage; mais le ballon ne put monter, et partit horizontalement, à travers les arbres d'une forêt, dont les branches déchiraient son tissu fragile, et meurtrissaient cruellement les trois voyageurs. Heureusement, ils finirent par s'accrocher à un arbre, et le ballon s'arrêta, jetant pêle-mêle sur le sol, les voyageurs tout meurtris. La forêt n'était pas occupée par les Allemands. Gambetta et M. Spuller purent donc gagner, sans autre accident, la ville de Tours, but de leur voyage.

Fig. 499. — Un aérostat du siège de Paris, passant au-dessus d'un camp prussien.

# SUPPLÉMENT AUX AÉROSTATS.

Fig. 500. — Départ de Gambetta dans un ballon-poste.

Quelques instants après, un pigeon lancé par les aéronautes, qui venaient de prendre terre, rentra à Paris, et apprit au gouvernement l'arrivée de Gambetta dans la ville de Tours.

Après les six premiers ballons sortis de la capitale, onze autres franchirent, sans obstacles, les lignes ennemies, du 12 au 27 octobre.

Le 12 octobre, le *Washington* partait, enlevant MM. Van Roosebeke, propriétaire de pigeons, et Lefebvre, consul de Vienne.

Le *Louis-Blanc*, conduit par M. Farcot, accompagné de M. Tracelet, propriétaire de pigeons, quittait Paris le même jour. Le premier de ces aérostats descendit près de Cambrai; le second toucha terre dans le Hainaut, en Belgique.

Le 14 octobre eut lieu le départ de deux aérostats. Le premier, le *Cavaignac*, conduit par Godard père, emportait M. de Kératry et deux voyageurs; le second, le *Jean-Bart*, monté par M. Albert Tissandier, avait pour passagers MM. Ranc et Ferrand.

Le 16 octobre, le *Jules-Favre* s'élevait, à 7 heures 20 minutes du matin, de la gare d'Orléans, suivi, à 9 heures 50 minutes, du *Lafayette*.

Le 18 octobre, le *Victor-Hugo* partait du jardin des Tuileries, à 11 heures 45 minutes.

Le 19 octobre, avait lieu le départ de la *République-Universelle*; le 22 octobre, l'ascension du *Garibaldi*; le 25 octobre, le départ du *Montgolfier*; enfin, le 27 octobre, celui du *Vauban*.

Jusqu'au 27 octobre, la poste aérienne fonctionna très régulièrement. On avait adopté un modèle uniforme de ballons, qui était économique et d'un aspect assez élégant. Leur volume était d'un peu plus de 2 000 mètres cubes. On en fabriqua, dans toute la durée du siège, 54, qui coûtèrent 4 000 francs chacun. Le siège de cette fabrication était la gare du chemin de fer du Nord. Des marins et des femmes étaient les ouvriers de cet atelier improvisé (fig. 501).

Trois millions de lettres, du poids de 4 grammes, représentant une recette de neuf cent mille francs, furent transportés par les *ballons-poste*.

Revenons aux départs effectués après le 27 octobre.

Cette dernière date est funeste dans l'histoire des ballons-poste; car elle marque la première de nos catastrophes aériennes, c'est-à-dire la première capture d'un ballon par l'ennemi.

Le 27 octobre 1870, le jour même où Metz était forcée de capituler, le ballon *la Bretagne* s'élevait, à midi, de l'usine à gaz de la Villette, emportant MM. Vœrth, Hudin et Manceau, sous la conduite d'un aéronaute, M. Cuzon.

Depuis deux heures il planait dans l'air, quand l'aéronaute tira la corde de la soupape, pour atterrir. Par une fatale erreur, ayant mal reconnu le pays, il tombait en plein camp prussien! Une vive fusillade l'accueille, et l'un des passagers, M. Vœrth, confiant dans sa nationalité d'Anglais, saute à terre, et parlemente avec les soldats allemands. Mais le ballon, ainsi subitement allégé, à l'improviste, s'élance dans l'air, avec une rapidité vertigineuse. Les aéronautes demeurés dans la nacelle lâchent du gaz, redescendent, et la *Bretagne* touche encore la terre. MM. Hudin et Cuzon sautent ensemble sur le sol, et M. Manceau, demeuré seul, est aussitôt emporté à d'incommensurables hauteurs. Le froid le saisit, le sang lui sort des oreilles. Il parvient, néanmoins, à tirer la corde de la soupape : l'aérostat descend aux environs de Metz. M. Manceau s'élance de la nacelle; mais il a mal calculé sa hauteur, il tombe de quelques mètres, et se casse la jambe.

Le lendemain, des soldats du 4° Uhlans s'emparent du voyageur. Malgré sa fracture,

SUPPLÉMENT AUX AÉROSTATS. 627

Fig. 501. — Atelier de confection des ballons-poste à la gare du Nord.

on le fait marcher à coups de crosse; on le conduit à Mayence, où on le jette dans un cachot, et le malheureux fut sur le point d'être fusillé.

Le 29 octobre et le 2 novembre, les ballons *le Colonel-Charras* et *le Fulton* faisaient un heureux voyage, de Paris en province; mais le 4 novembre, le *Galilée*, monté par MM. Husson et Antonin, atterrissait près de Chartres, entre les mains des ennemis.

Le 12, du même mois, le *Daguerre*, avec MM. Pierson et Nobcourt, descendait à Ferrières, au milieu d'un bataillon prussien, qui s'empara de l'aérostat. Au même moment, le *Niepce*, monté par MM. Pagomes, Dagron, Fernique et Poisot, échappait miraculeusement à la capture.

Plus tard, dans le courant du mois de décembre, la *Ville-de-Paris*, montée par MM. Delamarne, Morel et Billebault, et le *Général-Chanzy*, conduit par M. Venecke, tombaient en Allemagne. Le premier fut fait prisonnier à Wertzburg, en Prusse; le second à Bottemberg, en Bavière. Les voyageurs eurent à subir des mauvais traitements et une pénible captivité; mais, contrairement à ce qui a été écrit, ils ne furent pas fusillés.

La prise du *Galilée* et la catastrophe du *Daguerre* avaient répandu l'alarme dans Paris. L'administration des postes crut avoir trouvé le moyen d'éviter de semblables désastres, en faisant partir les ballons de nuit.

Triste expédient, hâtons-nous de le dire, car se confiner dans les ténèbres, pour faire partir un ballon, c'est exposer les aéronautes à toutes sortes de dangers.

Pour se rendre compte de sa position au milieu des ténèbres, il fallait emporter un fanal assez puissant. Celui dont se servaient quelques aéronautes était, comme le représente la figure 502, une lampe à pétrole, munie d'un réflecteur : la lampe et le réflecteur étaient renfermés dans une boîte, et le faisceau lumineux s'élançait par une ouverture pratiquée à la paroi de la boîte.

Un moyen dont se servaient également les aéronautes du siège, pendant les ascensions nocturnes, pour reconnaître la direction qu'ils suivaient, c'était de confier à l'air de petits morceaux de papier blanc, qui s'envolaient selon le vent.

Une flèche en papier suspendue au bras horizontal d'une tige de bois verticale leur servait également à se renseigner sur la direction du vent.

Mais tous ces moyens étaient bien précaires, et un départ effectué la nuit exposait, nous le répétons, à de grands dangers.

La suite ne le démontra que trop; et nous allons avoir à raconter une triste série de naufrages aériens.

Le 18 novembre, le ballon *le Général-Uhrich*, monté par MM. Lemoine et Thomas, partait, à 11 heures 15 minutes du soir, de la gare du Nord. La nuit, noire et sombre, donnait un aspect fantastique au globe aérien, qui bondit dans l'espace, au milieu de l'émotion générale des assistants. L'aérostat flotta toute la nuit dans l'obscurité, et chose singulière, après ce long voyage, il descendit dans le département de Seine-et-Oise, à Luzarches. Il est probable que, ballotté par des contre-courants, il suivit, à différentes altitudes, des directions opposées, qui ne lui permirent pas de s'éloigner davantage de Paris.

Six jours après, MM. Rolier et Bézier s'élevaient, à minuit, de la gare du Nord. Ils allaient entreprendre, à leur insu, la plus étonnante ascension que les annales aérostatiques aient jamais comptée; car leur traversée alla du nord de la France à la Belgique, à la Hollande et à la mer du Nord, pour aboutir en Norvège.

Fig. 502. — Une ascension nocturne pendant le siège de Paris.

C'était le 23 novembre 1870; Paris, assiégé depuis 67 jours, comptait sur la grande sortie de Ducrot, qui devait le dégager, avec le concours de l'armée de province. Tout semblait préparé à cet effet. Le général Ducrot voulait expédier au général d'Aurelle de Paladines, commandant en chef de l'armée d'Orléans, forte de 200 000 hommes, l'annonce de cette sortie, fixée au 30 novembre, et lui demander de faire avancer ses troupes vers Paris, pour concerter les deux attaques. Il donna l'ordre, à 6 heures du soir, de tenir un ballon prêt à partir, pendant la nuit, avec les dépêches du gouvernement et celles des particuliers. D'après la direction du vent et la rapidité de la marche des nuages, on pensait que le ballon, ne devant parcourir que 3 ou 4 lieues à l'heure, descendrait, le lendemain, aux environs de Dunkerque, ou d'Hazebrouck.

Son voyage, on va le voir, devait avoir une tout autre durée.

Le ballon *la Ville de Florence*, monté par un ingénieur civil, M. Rolier, et un franc-tireur, M. Léon Bezier, partit, à minuit, emportant six pigeons messagers, cinq sacs, qui pesaient 300 kilogrammes et contenaient environ 100 000 lettres, un paquet de dépêches du gouvernement, pour la commission de la défense nationale à Tours et pour le général d'Aurelle de Paladines à Orléans, et une dépêche privée, adressée à Gambetta.

La *Ville de Florence* s'éleva rapidement jusqu'à 800 mètres, hauteur à laquelle elle se maintint longtemps. On jeta du lest, pour monter plus haut, et le sable lancé de la nacelle tomba sans doute dans un camp prussien, car plusieurs détonations de mousqueterie se firent entendre aussitôt.

On atteignit ainsi la hauteur de 2 700 mètres.

Vers 3 heures et demie du matin, les voyageurs aériens commencèrent à entendre un bruit sourd, uniforme et prolongé, qu'ils attribuèrent au passage d'un train de chemin de fer.

Rolier résolut de faire descendre l'aérostat, pour s'assurer de la cause de ce bruit, dont la persistance et la monotonie commençaient à l'inquiéter; car il n'entendait jamais le sifflet qui accompagne, d'ordinaire, le passage d'un train sur une voie ferrée.

Quand le ballon se fut abaissé, un brouillard intense vint l'envelopper. Au lever du jour, ce brouillard se dissipa, et laissa apparaître au-dessous de la nacelle un fond noir, assez mal défini, que l'on considéra comme une forêt.

Mais cette explication fut vite démentie, car, à mesure que le jour augmentait, on distinguait, dans le fond ténébreux, de petites taches blanches.

Rolier attribua ces taches à de la neige, qui devait couvrir certaines parties du sol.

Seulement, le même bruit de bourdonnement sourd et monotone, qui continuait de se faire entendre, rendait douteuse l'explication des taches blanches par l'existence de la neige sur le sol.

Les voyageurs n'étaient donc rien moins que rassurés.

En fixant attentivement une de ces taches, on reconnut qu'elle se déplaçait. Toutes les autres se déplaçaient également, et le bruit augmentait d'une lugubre façon.

Une sueur froide couvrit le corps de Rolier : il venait de reconnaître, avec épouvante, que le gouffre obscur au-dessus duquel il planait depuis trois heures n'était ni une voie ferrée, ni une forêt, ni la terre couverte de neige, mais la mer !

C'était, en effet, sur la mer du Nord que planaient les malheureux aéronautes. Les taches mobiles étaient le résultat du mouvement des vagues.

Il était alors 6 heures du matin.

Quelle triste situation que celle de ces deux hommes, que la destinée avait d'abord livrés aux caprices de l'air, pour les précipiter ensuite dans les flots, sans espoir de salut.

Au lever du soleil, le brouillard s'était dissipé; ce qui leur permettait de mieux embrasser l'étendue immense de l'Océan, et la grandeur du péril.

Les rayons du soleil qui venaient frapper le ballon dilataient fortement le gaz, et le faisaient sortir en partie par l'orifice inférieur de l'appendice, lequel, devenu flasque et plissé, flottait au gré du vent; ce qui accélérait encore la perte du gaz.

Poussée par un vent assez fort, la *Ville de Florence* rasait la surface des flots.

Elle était ainsi entraînée depuis une heure au-dessus des vagues, quand un navire se montra à l'horizon, paraissant s'avancer dans sa direction. Mais il y avait encore entre le navire et les malheureux naufragés une distance de 500 mètres.

Une violente secousse vint les arracher à leur préoccupation. La nacelle n'était plus qu'à 4 ou 5 mètres des vagues : ils allaient être engloutis (fig. 503)!

Rolier s'empresse de jeter deux sacs de

## SUPPLÉMENT AUX AÉROSTATS.

Fig. 503. — Le ballon de Rolier, aéronaute du siège de Paris, rase la surface des flots.

lest; mais le ballon reste immobile, le vent le tourmente furieusement, et incline la nacelle vers les flots : ils vont périr!

S'élançant alors vers les sacs de dépêches suspendus au bord extérieur de la nacelle, Rolier coupe la corde qui retenait un des plus gros ; et déchargée subitement d'un poids de 125 kilogrammes, la *Ville de Florence* part avec une telle vitesse que dix minutes après, elle flottait à 4 500 ou 5 000 mètres de hauteur.

Disons, en passant, que ce sac de dépêches fut aperçu par l'équipage du navire que les naufragés avaient reconnu, au loin. Il fut repêché et envoyé en France par le capitaine.

Cependant, l'excessive expansion du gaz dans ces hautes régions menaçait de faire éclater l'enveloppe de soie du ballon. Rolier ouvrit largement l'orifice de l'appendice, pour laisser au gaz un écoulement plus facile.

L'aérostat cessa alors de monter. Le vent le poussait horizontalement, dans la direction de l'est, et l'on parcourait une zone de brouillards, ou plutôt de nuages, tellement épaisse qu'on ne voyait absolument rien autour de soi.

Le ballon continuant à perdre du gaz, Rolier sort de la nacelle, et se tenant aux cordages du filet, il saisit à deux mains l'appendice, et le tord, de façon à empêcher la fuite du gaz. Selon la tension ou l'aplatissement de l'enveloppe, il serrait ou relâchait l'orifice, de manière à se maintenir à la même hauteur; et il conserva pendant une heure cette pénible position.

Harassé de fatigue et le corps meurtri par les cordages du filet, il redescend dans la nacelle.

Le froid est si vif que les vêtements des deux voyageurs sont raidis par la glace, et qu'ils s'enlèvent le givre du visage, comme ils pourraient le faire sur un carreau de vitre, après une nuit d'hiver. Leurs cheveux et leur barbe sont blancs et hérissés de petits glaçons.

L'aérostat descendait au milieu du brouillard, qui ne les avait pas quittés, et l'on entendait au-dessous un mugissement sinistre. Mais bientôt, ce bruit cessa, et une odeur de soufre brûlé prit les aéronautes à la gorge, au point qu'ils se sentirent à demi asphyxiés. C'était sans doute l'effet de quelque phénomène électrique de l'air, s'accomplissant au milieu des nuages.

Le poids de l'enveloppe de glace qui couvrait le sommet de l'aérostat accélérait sa descente, et faisait craquer l'étoffe, menaçant de l'effondrer. La soie était tendue par le gaz, au point d'éclater. Il fallut encore que Rolier remontât vers l'appendice, pour maintenir ouvert son orifice, et laisser perdre le gaz, afin d'éviter la rupture de l'enveloppe, qui paraissait imminente.

Cependant, le compagnon du courageux Rolier lui signale une tache noire au-dessous de la nacelle. Était-ce encore la mer qui allait les engloutir? Était-ce la mort qui les attendait?

Non, c'était la vie!

En effet, la tache s'éclaircissait, et de noire elle devenait verte. C'était une forêt qu'ils avaient sous les pieds : les taches noires qui avaient frappé leurs yeux étaient les pointes des plus hautes branches des sapins.

Ce qui se passa en ce moment dans l'âme des deux voyageurs, flottant depuis deux jours entre le ciel et l'eau, entre la clarté et les ténèbres, au milieu des brouillards et des glaçons, avec une fin terrible en perspective, est plus facile à comprendre qu'à exprimer. Depuis trois heures ils attendaient la mort, et la Providence les sauvait !

« Détachez l'ancre, et lancez-la par-dessous, » crie Rolier à son compagnon. Mais, Bezier, blessé à la main, ne peut exécuter l'ordre, et le ballon frappe rudement le sol, puis s'enfonce dans la neige.

Rolier saute hors de la nacelle, mais Bezier ne peut le suivre, et il est traîné sur le sol, tout embarrassé dans les cordages. Il peut

Fig. 504. — Chute, en Norvège, du ballon de Rolier et Bezier.

enfin se laisser tomber à terre, et le danger du choc est amorti par la neige. Il se relève à moitié étourdi ; et rassemblant ses forces, il essaye, avec Rolier, de retenir le ballon, que le vent entraîne, et qui tend à remonter, allégé du poids du dernier passager.

Mais leurs efforts sont vains, la corde leur échappe, et c'est le cœur serré qu'ils voient le ballon s'envoler, emportant toutes les ressources sur lesquelles ils pouvaient compter.

C'était le vendredi 25 novembre, à 2 heures 20 minutes, et le pays au milieu duquel ils venaient de faire cette dramatique descente, c'était la Norvège ! Ils se trouvaient sur la pente du *mont Lick* (fig. 504).

Ils marchèrent longtemps au milieu de champs de neige durcie, qui couvraient la pente de la montagne, et arrivèrent enfin à une cabane à demi enfoncée dans la neige ; ils y pénétrèrent par le toit, grâce à une lucarne.

Dans l'intérieur de la chaumière, qui devait être la propriété de chasseurs de la montagne, ils trouvèrent un abri tranquille, et purent passer la nuit, bien défendus du froid, après avoir pris quelque nourriture, grâce à des provisions qu'ils furent assez heureux pour trouver dans cette habitation solitaire.

Le lendemain, au lever du jour, les propriétaires de cette maison rustique arrivèrent, pour s'y établir.

C'était une famille de paysans aisés, qui se préparaient à aller chasser dans la montagne. Ils accueillirent avec la plus grande cordialité les malheureux Français, et leur prodiguèrent leurs soins avec le plus touchant empressement.

Quand ils furent remis de leur fatigue par un repos suffisant, leurs hôtes les conduisirent, à petites journées, jusqu'à la capitale de la Norvège, Christiania, distante de cent lieues de la montagne du Lick, où ils avaient atterri.

Sur leur passage, les habitants des villages qu'ils traversaient, connaissant leur nationalité et les causes de leur présence en Norvège, leur faisaient le plus chaleureux accueil. Dans une petite ville, on les fit passer sous un arc de triomphe de feuillage, et la foule les entourait, ne cessant de les féliciter et de leur rendre hommage.

C'est que le nom de la France éveillait, dans ces régions septentrionales, la plus vive sympathie et les vœux les plus sincères pour le succès de nos armes.

Le consul de France à Christiania recueillit ses deux compatriotes, et les rapatria.

Tel fut cet étonnant et dramatique voyage, le plus long et le plus accidenté de tous ceux qui se rattachent à l'histoire du siège de Paris.

Mais en ce qui concerne le siège de la capitale et le sort de la France, la perte de la *Ville de Florence* eut des conséquences funestes.

Le général Ducrot comptait sur l'armée d'Orléans pour appuyer sa sortie, et comme nous l'avons dit, il envoyait, par le ballon de Rolier, l'ordre au général d'Aurelle de Paladines de faire avancer ses troupes vers la capitale, au reçu de sa dépêche. Celle-ci n'étant pas parvenue, le général d'Aurelle ne put donner l'ordre du départ, bien que tout fût prêt pour la campagne. Dès lors, les événements prirent la tournure déplorable que chacun sait.

Dans les discours prononcés le 14 juillet 1888, à l'inauguration du monument de Gambetta, sur la place du Carrousel, à Paris, M. de Freycinet, ministre de la guerre, a rappelé le douloureux épisode du général commandant l'armée d'Orléans, attendant inutilement, pendant toute une semaine, avec ses troupes, l'arme au pied, l'ordre de marcher sur Paris, et perdant ainsi un temps précieux, au grand détriment du reste de la campagne.

Selon M. W. de Fonvielle, qui, pendant le siège, prit une part active à l'expédition des ballons, la cause du désastreux résultat du voyage de la *Ville de Florence* fut le départ effectué la nuit. Une excursion préparée et commencée dans les ténèbres empêche de prendre toutes les mesures nécessaires à la sécurité d'un voyage aérien. C'est ce que notre savant et courageux confrère ne cessait de répéter aux membres du gouvernement qui avaient décidé de faire partir les ballons la nuit, pour dérober leur départ à l'ennemi.

Le 23 novembre M. W. de Fonvielle devait quitter Paris en ballon, et il fit demander, le matin, aux membres du gouvernement, des dépêches officielles à emporter, ainsi que des sacs de dépêches privées. Mais le tout lui fut refusé, sous le prétexte que, voulant partir de jour, il serait infailliblement pris par les Prussiens. Rolier partant la nuit suivante recevrait, fit-on répondre à M. W. de Fonvielle, le dépôt officiel des messages du gouvernement.

Il arriva tout le contraire de cette prévision. La *Ville de Florence* alla tomber dans des régions hyperboréennes, perdant toutes ses lettres et dépêches, tandis que le ballon de M. W. de Fonvielle descendait tranquillement, le 24 au matin, hors des lignes prussiennes.

Quand il raconte ce triste et fatal épisode de l'histoire des ballons du siège de Paris, et ses conséquences désastreuses pour la France, M. W. de Fonvielle blêmit encore, d'un désespoir patriotique.

Le mois de décembre fut fertile en naufrages aériens. Le 24 novembre, à une heure du matin, M. Buffet partit de la gare d'Orléans, dans le ballon *l'Archimède*. Il suivit la même direction que Rolier, mais il aperçut la mer au nord de la Hollande, et fut assez heureux pour toucher terre sur le rivage, près de la ville de Castebie.

Le 30 du même mois, un drame épouvantable attendait le *Jacquard*, qui quitta Paris à 11 heures du soir monté par un matelot, du nom de Prince, qui était seul dans la nacelle. Homme de résolution et d'énergie, il s'était offert comme aéronaute, malgré son inexpérience des voyages aériens.

Lorsqu'il partit, il s'écria, avec enthousiasme : « Je veux faire un voyage immense On parlera de mon ascension. »

Il s'éleva lentement, par une nuit noire...

Un navire anglais aperçut un ballon, en vue de Plymouth, mais il le perdit de vue, et nul autre ne le signala depuis.

Quelles émotions terribles dut ressentir l'infortuné Prince, avant de trouver la plus horrible des morts ! Seul, du haut des airs, il contemple l'étendue de l'Océan, qui doit fatalement l'engloutir. Il compte les sacs de lest, et ne les sacrifie qu'avec une parcimonie scrupuleuse. Chaque poignée de sable qu'il lance est un lambeau de sa vie qu'il jette à la mer. Arrive enfin le moment suprême, où tout a passé par-dessus bord. Alors, le ballon descend, et se rapproche du gouffre de l'Océan. La nacelle heurte la cime des vagues ; elle glisse à la surface de l'eau, entraînée par l'aérostat flottant, qui, par l'action du vent, se creuse comme une grande voile.

Combien de temps dura cette sinistre traînée ? Elle dut se prolonger jusqu'à ce que la mort eut saisi l'aéronaute, qui succomba à la faim et au froid.

Quel navrant tableau que celui de ce malheureux ballotté sur l'immensité de la mer, et cherchant vainement à apercevoir au loin un navire, qui ne se montre pas, et laisse l'infortuné aux prises avec le désespoir et la mort.

Le jour même de ce sinistre, MM. Martin et Ducauroyeux étaient également poussés vers l'océan Atlantique. Partis de Paris, à minuit, dans le *Jules-Favre*, ils aperçurent la mer, au lever du jour. Par un hasard providentiel, le vent les poussa au-dessus de la petite île de Belle-Ile-en-Mer, où ils tombèrent, avec une rapidité effrayante. Forcés de subir un traînage terrible, ils furent blessés et contusionnés, mais leur vie fut sauve.

Enfin, le 27 janvier, au moment de l'armistice, l'aéronaute Lacaze terminait la liste, déjà trop longue, des sinistres aériens. Il s'éleva à 3 heures du matin, dans le ballon *le Richard-Wallace*, passa près de terre, en vue de Niort, mais au lieu de descendre il jeta du lest et repartit dans les hautes régions de l'air. Continuant son trajet il traverse, à 200 mètres de haut, la ville de La Rochelle. Tout le monde croit que le ballon va descendre à terre, mais il continue sa route, et les assistants attirés sur le rivage le voient avec effroi se perdre dans les profondeurs de l'océan.

Le malheureux Lacaze y trouva son tombeau.

Lacaze était le soixante-troisième aéronaute sorti de Paris en ballon. Le lendemain, le soixante-quatrième et dernier ballon, le *Général-Cambronne*, allait porter à la France la nouvelle de l'armistice.

Nous croyons devoir résumer et compléter les récits qui précèdent, en réunissant en un tableau la liste des 64 ascensions qui ont eu lieu pendant le siège de Paris avec les ballons de l'administration des postes :

Le 7 octobre, départ de l'*Armand-Barbès*; il emporte Gambetta et les premiers pigeons de l'administration : parti à 11 h. 15 m. de la place Saint-Pierre, il est arrivé à *Épineuse* à 3 h. 30. Nous avons dit les circonstances critiques de sa descente, qui faillirent livrer Gambetta aux Prussiens.

Le même jour le *George-Sand*, accompagne l'*Armand-Barbès*; il emporte deux citoyens d'Amérique.

12 octobre, départ de deux ballons, *Washington* et *Louis-Blanc*, avec des lettres de M. Truchet, propriétaire de pigeons.

14 octobre, le *Godefroy-Cavaignac*, conduit par Godard père, emmenait M. de Kératry et ses deux secrétaires. Il atterrit à Crillon, près de Bar-le-Duc. Le même jour, le *Guillaume-Tell* emmenait M. Ranc.

16 octobre, départ du *Jules-Favre*.

18 octobre, départ du *Victor-Hugo*.

19 octobre, départ du *Lafayette*, emmenant M. A. Dubast.

23 octobre, départ du *Garibaldi*, emmenant M. Jouvencel.

25 octobre, départ du *Montgolfier*.

27 octobre, départ du *Vauban*, qui tomba près de Verdun, dans les lignes prussiennes, les aéronautes ont pu fuir.

29 octobre, départ du *Général-Charras*.

2 novembre, départ du *Fulton*.

4 novembre, départ du *Flocon* et du *Galilée*, lequel fut capturé; les aéronautes furent conduits dans une forteresse allemande.

6 novembre, départ du *Châteaudun*.

8 novembre, départ de la *Gironde*.

12 novembre, départ du *Daguerre*; ce ballon fut aussi capturé par les assiégeants.

Le *Niepce*, parti le même jour, eut un sort plus heureux.

18 novembre, départ du *Général-Uhrich*.

21 novembre, départ de l'*Archimède*, dont la descente s'effectua en Hollande.

23 novembre, départ de la *Ville-d'Orléans*, qui atterrit en Norvège; nous avons donné le récit de cette course aérienne fantastique.

Le 25 novembre l'*Égalité* monté par M. W. de Fonvielle.

28 novembre, départ du *Jacquard*.

30 novembre, départ du *Jules-Favre*, deuxième du nom, qui paraît s'être perdu en mer.

1er décembre, départ du *Général-Renaut*.

5 décembre, départ du *Franklin*.

7 décembre, départ du *Denis-Papin*.

15 décembre, départ de la *Ville-de-Paris*. Ce ballon, monté par M. Delamarre, est tombé dans le Nassau, l'aéronaute a publié le récit de son voyage chez les Allemands.

17 décembre, départs du *Parmentier* et du *Gutenberg*.

18 décembre, départ du *Davy*.

20 décembre, départ du *Général-Chanzy*.

22 décembre, départ du *Lavoisier*.

23 décembre, départ de la *Délivrance*.

27 décembre, départ du *Tourville*.

29 décembre, départ du *Bayard*.

31 décembre, départ de l'*Armée-de-la-Loire*.

4 janvier 1871, départ du *Newton*.

9 janvier, départ du *Duquesne*.

10 janvier, départ du *Gambetta*.

11 janvier, départ du *Képler*.

13 janvier, départ du *Faidherbe*.

15 janvier, départ du *Vaucanson*.

18 janvier, départ de la *Poste-de-Paris*.

20 janvier, départ du *Bourbaki*.

22 janvier, départ du *Daumesnil*.

24 janvier, départ du *Torricelli*.

27 janvier, départ du *Richard-Wallace*.

28 janvier, départ du *Général-Cambronne*.

En tenant compte des lieux de départ de

Fig. 505. — L'aéronaute Prince emporté sur la Mer du Nord (page 635).

ces ballons, qui se sont suivis si régulièrement, on trouve que :

26 départs ont eu lieu de la gare d'Orléans.

16 de la gare du Nord.
3 de la place Saint-Pierre à Montmartre.
2 des Tuileries.
2 de la barrière d'Italie.
1 de l'usine de Vaugirard.
1 de la Villette.

Les 51 ballons ont enlevé dans les airs 64 aéronautes, 91 passagers, 363 pigeons-voyageurs, et 9 000 kilogrammes de dépêches, représentant à peu près 3 millions de lettres particulières. Sur ce nombre considérable d'aérostats, cinq seulement tombèrent au pouvoir des Allemands. Deux se sont perdus en mer corps et biens.

Nous allons voir comment les pigeons-voyageurs purent compléter les services rendus par les aérostats, et constituer la véritable *poste aérienne*, qui, pendant longtemps, entretint l'espérance au cœur des assiégés en excitant les colères de leurs ennemis.

## CHAPITRE II

LA POSTE AUX PIGEONS. — HISTORIQUE. — EMPLOI DES PIGEONS MESSAGERS PENDANT LE SIÈGE DE PARIS, EN 1870-1871. — ADOPTION DE CE MODE DE CORRESPONDANCE CHEZ TOUTES LES NATIONS MILITAIRES, APRÈS 1871.

Nous n'avons parlé qu'incidemment de l'adjonction des pigeons voyageurs aux paquets de lettres qu'emportaient les ballons-poste parisiens. C'est ici le lieu de traiter cette question, avec le développement nécessaire.

Mais avant de décrire la *poste aux pigeons*, telle qu'elle fut employée au siège de Paris, nous dirons quelques mots de l'agent naturel de ce mode de communication rapide, c'est-à-dire du *Pigeon voyageur*, variété de l'espèce que les naturalistes désignent sous le nom de *Pigeon volant*.

Le *Pigeon volant* est de très petite taille; son vol est léger, rapide et sa fécondité très grande.

C'est à cette espèce qu'appartient le *Pigeon messager*, ou *voyageur*, célèbre par son attachement pour les lieux qui l'ont vu naître, ou qui recèlent sa progéniture, et par l'intelligence admirable qui le ramène au pays natal, quand il en est éloigné. Transporté à des distances considérables de son domicile, même dans un panier bien clos, puis rendu à la liberté, après un temps plus ou moins long, il retourne, sans hésiter un moment, et quelle que soit la distance, à son point de départ.

Il faut, toutefois, pour faire son éducation de messager, ne pas l'éloigner du colombier, pour les premiers retours. On l'emporte, pour commencer, à 8 ou 10 lieues ; puis, dans une série de nouveaux transports, on augmente la distance, de manière à l'habituer peu à peu à la connaissance des localités.

La précieuse faculté du retour des pigeons au colombier a été utilisée de bonne heure, surtout en Orient. Chez les Romains, on fit quelquefois usage de pigeons messagers. Pline dit que ce moyen fut employé par Brutus et Hirtius, pour se concerter ensemble, pendant que Marc-Antoine assiégeait l'un d'eux dans une ville.

Pierre Belon, le naturaliste de la Renaissance, nous apprend que, de son temps, les navigateurs d'Égypte et de Chypre emportaient des pigeons sur leurs trirèmes, et qu'ils les lâchaient, lorsqu'ils étaient arrivés au port de destination, afin d'annoncer à leurs familles leur heureuse traversée.

Au siège de Leyde, en 1574, le prince d'Orange employa le même procédé pour correspondre avec la ville assiégée, et il parvint à la dégager. Pour marquer sa reconnaissance envers les pigeons libérateurs, le prince d'Orange voulut qu'ils fussent nourris aux frais de la ville, et qu'après leur mort,

Fig. 506. — Colombier de M. Van Roosebeke, rue Saint-Martin.

leurs corps fussent embaumés et conservés.

On assure que l'immense fortune de MM. de Rotschild frères eut pour origine un pigeon messager.

En 1815, le résultat de la bataille de Waterloo avait été annoncé au gouvernement de Londres, par un sémaphore, mais le brouillard l'avait interrompu, et réduit à ces deux mots : *Wellington defeated;* ce qui avait fait croire à la défaite du général anglais, et causé une baisse énorme sur les fonds publics. Mais, d'autre part, un pigeon messager avait été envoyé du champ de bataille à la maison Rotschild, de Londres. Cette dépêche, complétée, disait : *Wellington defeated the French at Waterloo* (Wellington a défait les Français à Waterloo). Pendant trois jours, MM. de Rotschild possédèrent seuls cette dépêche, et ils eurent le temps d'acheter à la Bourse de Londres une immense quantité de valeurs, à des prix avilis, jusqu'au moment où la nouvelle exacte fut connue du public. La hausse énorme qui se produisit sur les fonds d'État, et sur les autres titres, procura à la maison Rotschild un incalculable bénéfice, qui fut le point de départ de leur fortune.

En 1849, les habitants de Venise assiégée par les Autrichiens donnaient de leurs nouvelles aux amis du dehors, grâce aux pigeons voyageurs.

Le rôle admirable que les pigeons voyageurs ont joué pendant le blocus de Paris par les armées prussiennes, en 1870-1871, restera acquis à l'histoire. On n'oubliera jamais que l'espérance et le salut d'un million d'hommes étaient suspendus à l'aile d'un oiseau.

L'idée de faire usage de pigeons voyageurs qui, emportés par les *ballons-poste*, seraient lâchés hors de Paris, avec des dépêches attachées sous leurs ailes, vint dès le jour de l'expédition des ballons, aux premiers temps du siège; mais il fallut un certain temps pour organiser ce moyen de communication.

Il existait à Paris, avant la guerre, une Société dite *colombophile*, qui s'occupait de dresser les pigeons, pour les faire servir de messagers aériens.

Quand on se fut bien convaincu que les ballons partis de Paris n'y reviendraient pas, les membres de la *Société colombophile* eurent l'idée de confier leurs pigeons aux ballons qui partaient de Paris, par intervalles. « Que les aérostats enlèvent nos pigeons, dirent-ils, nos pigeons se chargeront bien de revenir à Paris. »

M. Rampont, directeur des postes, à qui ce projet fut communiqué, adopta sur l'heure l'idée de faire une expérience de ce moyen précieux.

Nous avons déjà dit que, le 27 septembre 1870, trois pigeons partaient dans le ballon *la Ville de Florence*, et que six heures après ils étaient revenus à Paris, avec une dépêche signée de l'aéronaute, qui annonçait sa descente près de Mantes.

Par cette expérience convaincante, avons-nous dit, la poste aux pigeons était créée.

En effet, après quelques études préalables sur la manière de transporter, de soigner et de *lancer* les pigeons, les expériences ayant réussi au delà de toute attente, M. Rampont se décida à ouvrir au public la poste aux pigeons. Les dépêches destinées à Paris s'expédiaient à Tours, d'où elles partaient pour Paris, par les pigeons que les ballons avaient emportés hors de la ville assiégée. On payait la dépêche cinquante centimes par mot.

Nous représentons sur les figures 506 et 507 le colombier de M. Van Roosebeke, l'un des membres le plus actif et le plus intelligent de la société colombophile *l'Espérance*, et celui de M. Derouard. Ces colombiers étaient perchés sur le toit d'une ancienne maison de la rue Saint-Martin. Ils dominaient une petite rue étroite et cachée comme celles que l'on rencontre encore aujourd'hui dans les quartiers du vieux Paris. Les colombiers de M. Van Roosebeke fournirent les premiers pigeons à la poste aérienne créée par M. Rampont.

Trois cent soixante-trois pigeons furent emportés de Paris en ballon, et lancés des départements voisins. Cinquante-sept seulement y revinrent : quatre en septembre, dix-huit en octobre, dix-sept en novembre, douze en décembre, trois en janvier et trois en février.

La *poste aux pigeons* complétait le service des ballons montés.

Mais ce qui rendit éminemment utile cette charmante invention, ce qui en fit une véritable création scientifique, c'est le système des dépêches photographiques que les pigeons rapportaient à Paris.

Un pigeon ne peut être chargé que d'un bien faible poids, d'un tuyau de plume, contenant un papier pesant quelques grammes, que l'on a attaché à sa queue; mais un tel message est bien court.

Dès le commencement du siège, on son-

Fig. 507. — Le colombier de M. Derouard, à Paris.

gea aux merveilles de la photographie microscopique, créée par M. Dagron, qui avait fait connaître, à l'époque de l'Exposition universelle de 1867, des photographies réduites par le microscope à des dimensions infiniment petites. Sur une surface large comme une tête d'épingle, M. Dagron avait réussi à faire tenir quatre cents portraits, des monuments, des paysages, etc.

L'inventeur de la photographie microscopique, M. Dagron, fut donc chargé de réduire en un cliché unique, ramené à des proportions microscopiques, les dépêches, que l'on réunissait toutes sur une grande feuille de papier à dessin. Cette feuille de papier recevait jusqu'à vingt mille lettres. Le tout se trouvait réduit, par l'appareil de M. Dagron, à un cliché qui n'était pas plus grand que le quart d'une carte à jouer.

Mais le papier était ou trop lourd, ou

sujet à se froisser sous l'aile de l'oiseau.

M. Dagron eut bientôt l'idée, au lieu de tirer sur du papier ordinaire l'image photographique ainsi réduite, de la tirer sur une espèce de membrane assez semblable à la gélatine, c'est-à-dire sur une lame de collodion.

Les petites feuilles de collodion contenant les dépêches microscopiques étaient roulées sur elles-mêmes, et placées dans un tuyau de plume, que l'on attachait à la queue du pigeon. L'extrême légèreté des feuilles de collodion, leur souplesse et leur imperméabilité, les rendaient propres à cet usage. Dans un seul tuyau de plume on pouvait placer vingt de ces feuilles.

Inutile de dire que les dépêches microscopiques étant une fois parvenues à destination, grâce aux messagers aériens, on les amplifiait, à l'aide d'une lentille grossissante, c'est-à-dire d'une sorte de lanterne magique, et on en envoyait copie aux destinataires.

J'ai eu sous les yeux une collection de ces petites cartes de collodion contenant des dépêches microscopiques, curieux souvenir du siège de Paris, que M. Dagron avait bien voulu me donner. En les plaçant sous un microscope, je lisais des pages entières, formant la longueur d'un grand journal. Tout cela tenait sur un morceau de carte grand comme l'ongle !

On vient de voir que c'est à Paris que cette ingénieuse et précieuse idée avait été mise en pratique par M. Dagron. Il est juste d'ajouter qu'à Tours on avait, avec un succès complet, commencé à produire des dépêches toutes semblables, qui avaient été expédiées à Paris, par pigeons. Un photographe de Tours, M. Blaise, s'était chargé de cette difficile entreprise. Guidé par un chimiste de Paris, d'une rare habileté, Barreswil (qui devait, peu de temps après, succomber à ses fatigues), M. Blaise avait installé dans ses ateliers la préparation des dépêches microscopiques. Pendant qu'il poursuivait le cours de ses opérations, M. Dagron arriva de Paris, chargé par le gouvernement d'installer à Tours ce même service. Il était parti en ballon, et sa traversée aérienne avait été accidentée par mille périls. Heureusement, il avait pu sauver ses appareils.

Dès son arrivée à Tours, M. Dagron prit la direction de la préparation des dépêches microscopiques par son procédé à la membrane collodionnée, et il remplaça M. Blaise pour le service des dépêches du gouvernement.

M. Blaise exécutait sur papier la dépêche microscopique ; le procédé de M. Dagron, consistant à faire ce tirage en une pellicule de collodion, était plus avantageux. Aussi fut-il préféré et, dès l'arrivée de M. Dagron à Tours, on substitua le tirage sur la pellicule de collodion au tirage sur papier.

M. Dagron, dans une brochure publiée à Tours, sous ce titre *La poste par pigeons voyageurs*, a rendu compte, en ces termes, de l'établissement de la photographie microscopique à Tours :

« Arrivés le 21 novembre à Tours, dit M. Dagron, nous nous présentons immédiatement chez M. Gambetta. M. Fernique, qui avait pu gagner Tours avant nous, y fut mandé aussitôt. Nous fîmes prendre connaissance de notre traité du 10 novembre avec M. Rampont, directeur général des postes, signé par M. Picard, ministre des finances. La délégation, sur les avis de M. Barreswil, l'éminent chimiste, avait eu aussi l'idée de réduire les dépêches photographiquement, par les procédés ordinaires. Dans cette vue, la délégation avait décrété, le 4 novembre, l'organisation d'un service analogue.

« Un habile photographe de Tours, M. Blaise, avait commencé ce travail sur papier. Il reproduisait deux pages d'imprimerie sur chaque côté de la feuille. Mais, en dehors de l'inconvénient du poids, la finesse du texte était limitée par le grain et la pâte du papier. Le service par pigeons commencé à Tours par la délégation laissait encore à désirer, puisque un spécimen de ma photomicroscopie sur pellicule, l'exemplaire que je produisis, fut trouvé tout à fait satisfaisant, et la photographie sur papier fut abandonnée pour les dépêches. Ma pellicule, outre son extrême légèreté, présentait l'avantage de ne poser en moyenne que deux secondes, tandis que le papier nécessitait plus de deux heures, vu la mauvaise saison ; de plus, sa transparence donnait un excellent résultat à l'agrandissement qui se faisait à Paris, au moyen de la lumière électrique.

« Aidé par mes collaborateurs, j'organisai immédiatement le travail de la reproduction des dépêches officielles et privées, qui devait être si utile à la défense nationale et aux familles. A partir de ce moment, je fus seul à les exécuter, sous le contrôle de M. de Lafollye, inspecteur des télégraphes, chargé par la délégation du service des dépêches par pigeons voyageurs. Le travail originaire fut ensuite modifié, et le résultat, eu égard au peu de matériel que nous avions pu sauver, fut une production plus rapide et plus économique.

« Les journaux ayant fait connaître que les Prussiens s'étaient emparés d'une grande partie de mon matériel, je me fais plaisir de dire ici que M. Delezenne, et M. Dreux, agent de change, à Bordeaux, tous deux amateurs distingués de photographie, offrirent avec empressement à l'administration des appareils semblables à ceux que je possédais, et ils furent mis à ma disposition.

« Le stock des dépêches fut promptement écoulé. Je suis heureux de pouvoir affirmer qu'activement secondé par mes collaborateurs, aucun retard ne s'est produit dans mon travail ; mais le déplacement de la délégation et aussi le froid intense qui paralysait les pigeons ont créé de sérieuses difficultés.

« Lorsque rien n'entravait le vol de ces intéressants messagers, la rapidité de la correspondance était vraiment merveilleuse. Je puis pour ma part en citer un exemple.

« Manquant de produits chimiques, notamment de coton azotique, que je ne pouvais me procurer à Bordeaux, je les demandai par dépêche-pigeon, le 18 janvier, à MM. Poullenc et Wittmann, à Paris, en les priant de me les expédier par le premier ballon partant. Le 24 janvier, les produits étaient rendus à mes ateliers à Bordeaux. Le pigeon n'avait mis que douze heures pour franchir l'espace de Poitiers à Paris. La télégraphie ordinaire et le chemin de fer n'eussent pas fait mieux.

« Les dépêches officielles ont été exécutées avec une rapidité surprenante. M. de Lafollye nous les remettait lui-même à midi, et le même jour à cinq heures du soir, malgré une saison d'hiver exceptionnellement mauvaise, dix exemplaires étaient terminés et remis à l'administration. Nous en avons fait ainsi treize séries sans être une seule fois en retard. Les dépêches privées étaient exécutées dans les mêmes conditions. Le jour de l'armistice, nous n'avions plus une seule dépêche à faire ; elles avaient été toutes reproduites au fur et à mesure de leur remise. Le travail était considérable, car, à l'exception d'un petit nombre de pellicules qui n'ont été envoyées que six fois, parce qu'elles sont promptement arrivées, la plupart l'ont été en moyenne vingt fois, et quelques-unes trente-cinq et trente-huit fois. Nous avons aussi reproduit en photomicroscopie une grande quantité de mandats de poste. Les destinataires ont pu toucher leur argent à Paris comme en temps ordinaire.

« Chaque pellicule était la reproduction de douze ou seize pages in-folio d'imprimerie, contenant en moyenne, suivant le type employé, trois mille dépêches. La légèreté de ces pellicules a permis d'en mettre sur un seul pigeon jusqu'à dix-huit exemplaires, donnant un total de plus de cinquante mille dépêches pesant ensemble *moins d'un demi-gramme*. Toute la série des dépêches officielles et privées que nous avons faites pendant l'investissement de Paris, au nombre d'environ cent quinze mille, pesaient en tout *un gramme*. Un seul pigeon eût pu aisément les porter. Si on veut maintenant multiplier le nombre des dépêches par le nombre d'exemplaires fournis, on trouve un résultat de plus de deux millions cinq cent mille dépêches que nous avons faites pendant les deux plus mauvais mois de l'année.

« On roulait les pellicules dans un tuyau de plume que des agents de l'administration attachaient à la queue du pigeon. Leur extrême souplesse et leur complète imperméabilité les rendaient tout à fait convenables pour cet usage.

« En outre, ma préparation sèche a le triple avantage d'être apprêtée en une seule fois, de ne donner aucune bulle, et de ne pas se détacher du verre à la venue de l'image ; elle donne toute sécurité dans le travail et n'expose pas aux déboires comme les procédés ordinaires. »

Près de trois cent mille dépêches furent expédiées ainsi à Paris, avant l'armistice du 28 janvier 1871. La réunion de toutes ces dépêches imprimées formerait une bibliothèque de cinq cents volumes.

On voit dans la figure 508 l'opération de l'agrandissement, fait à Paris, des dépêches arrivées de Tours. On commençait par emprisonner dans deux lames de verre la pellicule de collodion, et on la plaçait sur le porte-objet d'un microscope photo-électrique, sorte de lanterne magique d'une grande puissance. L'image des caractères agrandis était projetée sur un écran, et des copistes écrivaient à la hâte le texte qu'ils lisaient sur l'écran.

Quand les dépêches étaient nombreuses, la lecture ne pouvait en être rapide, mais comme la pellicule renfermait seize pages, on pouvait diviser et répartir entre plusieurs écrivains la besogne de la transcription. Les dépêches chiffrées étaient lues à part par le directeur des postes, M. Rampont, et envoyées aux membres du Gouvernement de la Défense nationale.

MM. Cornu et Mercadier perfectionnèrent le procédé de lecture des dépêches microscopiques. La pellicule de collodion fut adaptée sur un porte-glace spécial, auquel un mécanisme imprima un mouvement horizontal et vertical. Chaque ligne de la dépêche venant ainsi circuler lentement et régulièrement sur l'écran facilitait le travail.

L'installation de l'appareil photo-électrique et sa mise en train ne duraient pas moins de quatre heures, et il fallait, en outre, quelques heures pour copier les dépêches.

On aurait fait certainement de nouveaux progrès dans cet art singulier, s'il eût été appliqué plus longtemps; mais tel qu'il a été mis en pratique, le procédé de la poste aérienne par pigeons, complété par les dépêches microscopiques sur collodion, doit être considéré comme un des plus admirables résultats scientifiques qu'aient fait naître les impérieuses nécessités du siège de Paris.

Les progrès de la poste aux pigeons furent arrêtés par l'inclémence de la saison. Dès le commencement de janvier 1871, les dépêches reçues à Paris devinrent rares. Le froid enlevait leurs merveilleuses qualités aux messagers ailés, qui, dans les premiers mois, avaient quelquefois réalisé des prodiges de vitesse et d'intelligence.

Citons, par exemple, un pigeon appartenant à M. Derouard, qui fut emporté hors de la capitale, avec le ballon *le George-Sand;* et qui était de retour à Paris au bout de trois jours. Cinq autres ballons-poste emportèrent cinq fois ce même coureur, qui revint autant de fois, avec les dépêches que la province lui confiait. Il fut blessé, le 23 décembre 1870, par une balle prussienne, aux environs de Paris; mais, recueilli par un paysan français, il fut remis à M. Derouard à la fin de la guerre.

Un autre pigeon appartenant à M. Van Roosebeke fit cinq fois, pendant le siège, le trajet de Paris en province. Il fut tué le 9 novembre 1870, par des paysans français, qui, après s'être aperçus de leur erreur, envoyèrent le pigeon mort au préfet du département de Loir-et-Cher. M. Van Roosebeke le fit empailler.

Telle est l'histoire d'une invention née du siège de Paris, et qui restera acquise à la science et à l'humanité. Que la guerre vienne à replacer une grande cité dans la même situation désastreuse où s'est trouvée, en 1870-1871, la capitale de la France, et le moyen si bien mis en pratique par nos savants, viendra leur rendre le même service qu'il rendit aux habitants de Paris bloqués par les armées allemandes.

En effet, l'enseignement qui est résulté des précieux services rendus par les pigeons voyageurs, pendant le siège de Paris, n'a pas été perdu. Il a été décidé que toutes nos places fortes seraient pourvues d'un colombier, où l'on élèverait des pigeons. En cas d'investissement, des ballons emporteraient des pigeons, qui reviendraient à leur colombier, avec les dépêches qu'on leur aurait confiées.

C'est en 1877 que les *colombiers militaires* ont été établis en France, à la suite d'un don gratuit qui fut fait au gouvernement

Fig. 508. — Agrandissement des dépêches microscopiques apportées de Paris par les pigeons voyageurs.

par un amateur colombophile, M. la Pene de Ris, de 420 pigeons, parfaitement dressés. L'administration des postes fit construire un colombier modèle, qui pouvait contenir 200 couples. Un colombier semblable a été établi, au Mont-Valérien, pour de jeunes sujets qu'on y élève.

En province, l'art colombophile a également ses petits édifices militaires, qui sont installés à Marseille, Perpignan, Verdun, Lille, Toul et Belfort. En Tunisie, le général Boulanger fonda une *poste aux pigeons* entre les points de la Régence que nous occupons militairement et le quartier général de Tunis.

Le nombre total des pigeons messagers que possèdent nos établissements militaires est aujourd'hui de 4 000. Le budget de la guerre porte un chiffre annuel de 50 000 francs pour ces dépenses.

En vertu d'une loi en date du 3 juillet 1877, le gouvernement a droit de réquisition sur les colombiers civils; et chaque année, on fait un recensement des pigeons voyageurs, comme on fait le recensement des chevaux. La déclaration doit comprendre le nombre de colombiers, celui des pigeons et les directions pour lesquelles ils sont dressés.

A l'étranger, la *poste aérienne* est tout

aussi bien constituée. L'Allemagne possède, depuis 1874, des colombiers militaires, à Metz, à Strasbourg, où l'on élève 600 pigeons. A Cologne et à Berlin, on en compte 200. Mayence, Posen, Thorn, Kiel, Wilhelmshafen, Dantzig et Thonning ont des stations d'oiseaux, de 200 chacune. Le crédit affecté aux colombiers militaires allemands est de 50 000 francs environ, chaque année.

Le gouvernement allemand stimule l'industrie privée, pour faire naître dans la population le goût du *sport colombophile*. Diverses sociétés des villes de l'Allemagne se sont réunies, pour organiser des concours et distribuer des prix. La presse politique et la presse technique s'accordent à prodiguer des encouragements à l'élève des pigeons voyageurs, considérée comme une branche de l'art de la guerre.

Des rapports suivis existent entre le ministère de la guerre et les sociétés colombophiles de l'Allemagne.

On interne pendant quelques mois des pigeons voyageurs dans les places fortes, au lieu de les élever dans les campagnes. A cet effet, des membres des sociétés colombophiles sont attachés, pendant cet intervalle, aux pigeonniers militaires. Le gardien touche 4 marks par jour de présence dans les forteresses, 5 centimes (4 pfennings) sont alloués pour la nourriture de l'oiseau, pendant son séjour dans la forteresse.

C'est à Cologne que l'on a établi la direction générale des colombiers militaires.

L'Allemagne ne s'est pas seulement appliquée à utiliser à son profit les mœurs des pigeons volants. Elle s'est occupée des moyens d'en paralyser l'utilité, à peu près comme M. Prudhomme recevait son sabre d'honneur « pour défendre les institutions de son pays... et, au besoin, pour les combattre. »

Dans cette prévision, les fortes têtes de l'État-major allemand ont essayé de dresser des faucons, pour donner la chasse aux pigeons voyageurs.

Cette précaution paraît d'une efficacité douteuse. Comment, en effet, élever des faucons dans des places fortes ? Comment les conserver en captivité, en temps de paix ? Comment en trouver un nombre suffisant, au moment de la guerre ?

Du reste, le moyen d'annihiler le rôle destructeur du faucon a été trouvé. Il suffirait, comme le font les Chinois, d'attacher à la naissance de la queue du pigeon un sifflet qui, pendant le vol de l'oiseau, fait vibrer l'air, et par son bruit strident effraye le rapace.

D'autres ont dit qu'en plongeant le pigeon, avant de le lâcher, dans une eau à odeur fétide, on éloignerait le faucon ; de telle sorte que, même sans le sifflet, on assurerait la conservation et le respect de l'agile messager. Tel est du moins l'avis du journal *La France colombophile*.

L'Autriche n'a que deux colombiers, l'un à Comom, l'autre à Cracovie. On s'occupe de relier par des lignes de pigeons messagers les centres des régions montagneuses servant de frontières, avec les postes qui commandent les crêtes et les défilés de l'intérieur.

La Russie possède d'importants colombiers militaires à Moscou, Saint-Pétersbourg, Kiew, Varsovie, etc. Une ligne régulière va de Saint-Pétersbourg à Krasnoé-Selo. 50 000 francs sont affectés, chaque année, à ce service. On s'occupe de créer de pareils établissements dans les pays nouvellement conquis de l'Asie centrale, où le fonctionnement de la télégraphie électrique est loin d'être toujours assuré.

Toutes les places fortes et stations de la frontière dans les provinces de la Russie occidentale et de la Pologne russe sont pourvues de colombiers militaires. Chaque pigeonnier possède un effectif de 250 pigeons. Les employés de ces établissements, qui doivent tous appartenir à la nationalité russe, sont nommés par les commandants des places fortes.

La station centrale est établie à Brest-Litowsk, où aboutissent les routes de Varsovie à Moscou et de Kiew à Insterburg.

Pendant les manœuvres d'automne de 1886 on a fait à Varsovie et à Litowsk d'intéressantes expériences sur les pigeons voyageurs.

En Italie l'organisation des colombiers militaires est parfaitement entendue.

On compte dans cet État 12 colombiers militaires, et on a même créé un établissement de ce genre à Massaouah, et un autre à Assab, sur la mer Rouge, pour les besoins de la guerre dans ces contrées de l'Afrique.

Les colombiers sont distribués en Italie sur un certain nombre de régions correspondant chacune à un groupe de pigeons habitués à faire un voyage déterminé. Le colombier de Rome, par exemple, a son groupe de pigeons d'Ancône. On est parvenu à ouvrir au pigeon toutes les régions à la fois, sans qu'aucun mélange puisse se produire.

Le pigeonnier italien est divisé en plusieurs compartiments, pour que, en cas d'épizootie, on puisse isoler complètement les sujets malades.

Les ouvertures du colombier sont munies d'une petite trappe spéciale, qu'on ouvre lorsqu'on attend les oiseaux, et qui est construite de telle sorte que le pigeon porteur d'une dépêche y reste emprisonné avant qu'il ait pu se mêler à ses compagnons. En se refermant, la trappe fait agir une sonnerie électrique, qui prévient le gardien de l'arrivée d'un messager.

Le service des colombiers militaires italiens est confié aux directions de l'arme du génie. A chaque colombier est attaché un sous-officier, dit *colombiculteur*, que l'on choisit parmi les militaires ayant des connaissances professionnelles sur la matière. Un cours théorique et pratique de *colombiculture* est professé au *Colombier normal militaire* de Rome.

Dans les colombiers italiens, les pigeons sont inscrits sur des registres matricules comme les chevaux de troupe.

Les pigeons ne doivent point franchir une distance supérieure à 250 kilomètres. On a cependant fait des expériences pour des trajets d'une longueur très supérieure à ce chiffre. Des pigeons de Cagliari sont revenus de Naples, en franchissant la distance de 450 kilomètres qui sépare ces deux villes. C'est ce qui prouve qu'une puissance continentale pourrait demeurer en relation quotidienne avec ses colonies, si elles étaient suffisamment rapprochées.

En 1885, l'entretien total des 12 colombiers militaires italiens s'est élevé à 12091 francs, soit à environ 1000 francs par colombier.

En Espagne, l'*art colombophile* militaire n'est pas négligé. Outre la station centrale de Guadalajara, fondée en 1879, il existe aujourd'hui des pigeonniers militaires à Madrid, Cadix, Saint-Sébastien, Pampelune, Saragosse, Lérida, Ciudad-Rodrigo et Jaca. On s'occupe d'établir des stations dans toutes les villes espagnoles où il existe des régiments du génie, ainsi que dans les localités suivantes : Santander, Logreno, Oviédo, Gijon, Salamanque, Figueras, Tarragone, Alméria et le fort de

Serantes (Biscaye), enfin dans les îles espagnoles.

L'Angleterre possède également une poste par pigeons ; mais de peu d'importance, ce moyen n'ayant pas favorablement attiré l'attention de nos voisins.

Mais c'est la Belgique qui nous présente le vrai modèle en ce genre. C'est, en effet, la Belgique qui a aujourd'hui le privilège de fournir aux autres nations les produits de ses colombiers. Les colombiers belges sont parfaitement organisés ; car c'est l'industrie privée qui, dans ce pays, a développé, d'une manière toute spéciale, le dressage des pigeons. Il existe en Belgique plus de 1000 colombiers, renfermant ensemble plus de 600 000 oiseaux. L'élève des pigeons est pour la Belgique une véritable institution nationale. Annuellement, on fait, dans ce pays, plus de 1 500 *lâchers de pigeons*, et la valeur totale des prix attribués à ces concours dépasse, chaque année, 900 000 francs.

A l'exemple de la Belgique, Paris a institué des *lâchers de pigeons* et des concours. On prend des pigeons dans les colombiers de Bruxelles, de Bruges, etc., on enferme tous ces coureurs aériens dans un panier d'osier, et on les envoie à Paris, où on les lâche solennellement, aux portes du palais de l'Industrie.

A peine le couvercle d'osier est-il soulevé, que les prisonniers s'envolent, avec la rapidité d'une flèche, en prenant la direction de leur colombier. La plupart reviennent au gîte. Quelques-uns s'égarent, d'autres se perdent, mais le fait est rare. Le pigeon arrivé le premier de cette espèce de concours de vitesse obtient le prix, et le propriétaire touche l'enjeu qui a été placé sur la tête des autres pigeons, comme dans une sorte de *poule*.

Dans les colombiers militaires les lâchers de pigeons ont lieu, à des époques déterminées, ainsi que le représente la figure 509, où l'on voit un *lâcher de pigeons dans une caserne de Paris*.

Ce n'est guère qu'à Paris et dans le nord de la France qu'il existe des colombiers privés. Le nombre total des oiseaux que l'on y élève est d'environ 40 000.

En 1873, le journal *la Liberté* se servait de pigeons messagers pour expédier, de Versailles à Paris, les débats de l'Assemblée nationale. Les oiseaux franchissaient en 10 à 15 minutes la distance entre ces deux villes, et on trouvait avantage à ce genre de service, en raison de la lenteur qu'occasionnaient souvent l'encombrement et les formalités des bureaux télégraphiques.

En Angleterre, sans doute en souvenir de la célèbre opération de bourse de la maison Rotschild en 1815, certains reporters envoient leurs nouvelles de la province à la métropole, par pigeons.

Sur les côtes anglaises, des pêcheurs emportent avec eux des pigeons, qu'ils lâchent avant de quitter le lieu de leur pêche, pour annoncer à leur famille leur déplacement, et faire connaître à leurs vendeurs la quantité de poissons qu'ils vont recevoir.

Le *Sport nautique de l'ouest* fait connaître, par la même voie, le résultat des concours de yachts.

A New-York, les capitaines des navires marchands embarquent des pigeons, qu'ils lâchent pour expédier plus tôt, à leur retour, les nouvelles qu'ils apportent d'Europe, et annoncer la qualité de leur cargaison.

Les paquebots français des grandes lignes de l'Atlantique emmènent aussi, dit-on, quelques pigeons messagers, qu'ils lâcheraient pour demander des secours, en cas d'accident de mer.

On voit, en résumé, que la correspondance par les charmants messagers ailés,

Fig. 509. — Un lâcher de pigeons voyageurs dans une caserne de Paris.

que nous devons aux efforts réunis de la nature et de l'art, rend aujourd'hui des services de bien des genres, et que les résultats obtenus par le dressage et l'éducation des pigeons messagers tendent à donner une extension de plus en plus grande à la *poste aérienne*.

Il est bon de rappeler que c'est du siège de Paris, et de l'initiative intelligente des colombophiles parisiens, particulièrement de la société colombophile dite de l'*Espérance*, que date cet intéressant mouvement industriel et social. Le siège de Paris, qui suggéra l'idée de la correspondance par pigeons, fit naître aussi l'aérostation militaire et la télégraphie optique. Le génie scientifique de la France n'est donc pas prêt de s'éteindre. Il se rallume et brille d'un nouvel éclat, aux jours des crises nationales et des dangers de la patrie.

## CHAPITRE III

TENTATIVE DE RETOUR DES BALLONS DANS LA CAPITALE INVESTIE.

Le complément rêvé du départ des ballons-poste, c'était le retour des mêmes ballons dans Paris assiégé. On se proposait de faire partir d'un point du territoire non occupé par l'ennemi un ballon qui, poussé par un vent favorable, irait planer sur Paris, où il pourrait effectuer sa descente. Cette entreprise n'avait rien d'irréalisable, et elle aurait certainement été couronnée de succès, si elle eût été poursuivie avec persévérance.

Quoi qu'il en soit, voici les tentatives qui furent faites pour ramener à Paris les ballons-poste.

On devait envoyer des ballons et des aéronautes à Orléans, à Chartres, à Évreux, à Dreux, à Rouen, à Amiens, c'est-à-dire dans toutes les villes peu distantes de Paris, et où il existe de grandes usines à gaz. Chaque aéronaute devait avoir une bonne boussole, et connaître l'angle de route vers Paris. Il devait observer les nuages tous les matins, au moyen d'une glace horizontale fixe, où était tracée une ligne se dirigeant au centre de Paris. Quand il aurait vu les nuages marcher suivant cette ligne, c'est-à-dire quand la masse d'air supérieur se dirigerait sur Paris, il devait gonfler son ballon à la hâte, demander à Tours, par le télégraphe, des instructions, des dépêches, et partir. Son point de départ était à vingt lieues de Paris environ, et le but de son voyage à travers les airs était Paris, qui, en y comprenant les forts, offre une étendue de plusieurs lieues. N'avait-il pas bien des chances de réussir? S'il passait à côté de la capitale, il devait continuer son voyage, et descendre plus loin, en dehors des lignes prussiennes. Quand le vent soufflerait du nord, le ballon d'Amiens pourrait partir; lorsqu'il soufflerait du sud ou de l'ouest, les aérostats d'Orléans et de Dreux se mettraient en route. Avec une douzaine de stations échelonnées sur plusieurs lignes de la rose des vents, les essais devaient être nombreux, et quelques-uns pouvaient réussir, si l'on ne craignait pas de renouveler fréquemment les voyages. Si un ballon était assez heureux pour passer juste au-dessus de Paris, il descendrait dans l'enceinte des forts. Là, la campagne est suffisamment étendue pour que l'atterrissage soit facile. Au pis-aller, il pourrait risquer de tomber sur les toits. Dans tous les cas, il lui serait possible de lancer par-dessus bord des lettres et des dépêches apportées de son point de départ.

Tel était le programme tracé aux aéronautes épars dans les villes des départements ci-dessus désignées.

La première tentative fut faite à Chartres, par M. Révillier; mais les Prussiens s'étant présentés devant Chartres, cet aéronaute dut s'échapper de la ville, avec son matériel.

MM. Albert et Gaston Tissandier envoyés au Mans, avec le ballon *le Jean-Bart*, cubant 2 000 mètres, pour tenter le retour à Paris, durent attendre pendant plusieurs semaines le vent sud-ouest favorable au départ; mais ce vent manqua toujours. Pendant ce temps, le projet primitif dut être modifié; car les armées prussiennes s'emparaient d'Orléans, de Rouen, de Dreux, d'Amiens, les villes mêmes où les ascensions devaient s'exécuter. Le départ aérien, qu'il était possible de tenter avec quelque chance de succès, à 20 lieues de Paris, devenait chimérique à une distance beaucoup plus grande.

En dépit de ces conditions défavorables, MM. Tissandier, encouragés par le gouvernement de Tours, se rendirent à Rouen, avec l'aérostat *le Jean-Bart*, et ils entreprirent deux voyages aériens, dans des conditions vraiment dramatiques. Ils purent s'élever dans les airs, avec un vent favorable, s'avancer au-dessus des nuages, dans la direction de Paris; mais les courants atmosphériques, si variables en automne, devaient les éloigner bientôt du bon chemin.

Voici quelles furent les particularités de cette curieuse entreprise.

C'est le 7 novembre 1870, que MM. Gaston et Albert Tissandier partirent, en ballon, de

Fig. 510. — Descente du *Jean-Bart* sur la Seine.

Rouen, pour tenter de descendre dans la capitale. Le vent soufflait du nord-ouest, dans la direction de Paris, et les ballons d'essai ayant tracé la route vers la ville assiégée, à une heure de l'après-midi, les deux aéronautes s'élancèrent dans les airs, avec le *Jean-Bart*, salués par les applaudissements et les voix de toute la population rouennaise. Partis de l'île Lacroix, ils emportaient 350 kilogrammes de lettres, adressées de tous les points de la France à des habitants de Paris.

Mais le vent était faible, et l'équipage aérien avançait peu. Par surcroît de contrariétés, un épais brouillard vint envelopper le ballon, et le noyer dans un océan de vapeurs. Les aéronautes demeurent pendant plus de deux heures, au milieu d'une brume épaisse, qui les empêche de voir où ils vont et quel sort les attend. Ils se décident alors à prendre terre. Ils descendent dans un avant-poste de mobiles français. A un kilomètre plus loin, au delà, étaient les Prussiens.

On reconnaît alors, avec regret, que le vent a changé de direction et qu'il souffle du nord. Des paysans remorquent le ballon jusqu'à un village où il existe une petite usine à gaz, capable de remplir de nouveau les flancs du *Jean-Bart*.

Le lendemain, le vent des hautes régions paraissant favorable à la direction vers Paris, à quatre heures et demie, nos deux aéronautes se décident à repartir. Ils s'élèvent jusqu'à 3 000 mètres de hauteur, et assistent à l'incomparable spectacle du coucher du soleil, qui illumine de mille couleurs ardentes le massif de nuages fermant l'horizon. Bientôt, la lune vient éclairer le ciel, mais sa pâle clarté ne suffit pas à guider les aéronautes, qui de nouveau ignorent où le vent les emporte, et jugent prudent de descendre à proximité du sol.

La nuit est très froide, le thermomètre marque — 14°, et un vent sud-est des régions basses les pousse vers l'Océan. On jette du lest, le ballon repart, et traverse cinq fois la Seine, aux environs de Rouen, en passant au-dessus d'une épaisse forêt. Ils arrivent au-dessus de Jumièges, et le *Jean-Bart* ayant perdu la plus grande partie de son gaz se trouve à 100 mètres à peine au-dessus de la Seine. La mer n'est pas éloignée, et le vent les pousse vers les falaises de l'Océan. Il faut donc, de toute nécessité, descendre, et descendre sur le fleuve même, fort large aux environs de Jumièges. M. Tissandier tire la soupape, et l'aérostat vient planer à quelques mètres au-dessus de la surface de l'eau, où il reste immobile. Du haut du ballon, on jette les cordes, et les habitants du village d'Hartrouville, ainsi que le représente la figure 510, accourent dans des barques, et saisissant l'extrémité des cordes, tirent au bord du rivage de la Seine l'esquif aérien échoué.

A cela se bornèrent les tentatives faites par de courageux aéronautes, pour essayer de rentrer dans Paris. Cette dernière tentative, faite le 7 novembre, ne fut pas renouvelée, parce que la ligne d'investissement des Prussiens s'élargissant tous les jours rendait de plus en plus aléatoires les essais de descente dans la ville. Peut-être, toutefois, auraient-ils réussi si, d'après le projet primitif arrêté à Tours, ils avaient été renouvelés sur un grand nombre de points autour de Paris, avant l'extension de la ligne d'investissement par l'ennemi.

---

## CHAPITRE IV

DUPUY DE LÔME CONSTRUIT UN AÉROSTAT DIRIGEABLE. — DESCRIPTION DE L'APPAREIL DIRECTEUR ET DE L'AÉROSTAT DE DUPUY DE LÔME.

Pendant que ces événements se poursuivaient, les ingénieurs retenus dans la capitale continuaient leurs recherches pour la construction d'un appareil aérien dirigeable. L'Académie des sciences, avons-nous dit, avait reçu un grand nombre de projets mal conçus, et elle n'avait accordé à aucun des auteurs de ces projets ni approbation, ni subside. Toutefois, l'œuvre de l'un de ses membres devait attirer toute son attention. Dupuy de Lôme, l'ingénieur éminent à qui la France doit la création des bâtiments cuirassés, s'occupait, depuis l'investissement de Paris, à essayer de construire un aérostat dirigeable. Lorsqu'il en communiqua les plans à l'Académie, ce corps savant en comprit toute la valeur, et demanda au gouvernement les fonds nécessaires pour parachever l'édifice aérostatique commencé par Dupuy de Lôme.

Le célèbre ingénieur de marine avait construit un aérostat de soie vernie, d'une forme ovoïde allongée. Il n'avait pas la prétention de lutter contre un courant aérien d'une certaine intensité; il voulait seulement, si le vent était fort, pouvoir faire dévier le ballon, afin de présenter au vent une voile oblique, qui le ferait avancer, en louvoyant, comme le fait un navire à voiles voguant sur les eaux.

Pour maintenir le ballon sans cesse gonflé malgré les déperditions du gaz qui se produisent toujours, Dupuy de Lôme employait le moyen qui avait été proposé, à la fin du siècle dernier, par le général Meusnier. Il introduisait de l'air dans un petit ballon, qui était d'avance logé, à cet effet, dans le grand ballon.

L'appareil chargé d'imprimer le mouve-

Fig. 511. — L'aérostat dirigeable de Dupuy de Lôme.

ment à l'équipage aérien, était fixé à la nacelle du ballon. Mais quel était ce moteur? Une simple hélice, de 8 mètres de diamètre. Un travail de 30 kilogrammètres, exécuté par cette hélice, devait produire une vitesse de deux lieues à l'heure, dans une direction voulue. Quelle faible idée cela ne donne-t-il pas des ressources dont aurait disposé l'esquif aérien!

« En présence de cette puissance motrice, disait Dupuy de Lôme, il m'a paru avantageux de ne pas recourir à une machine à feu quelconque, et d'employer simplement la force des hommes. Quatre hommes peuvent sans fatigue soutenir *pendant une heure*, en agissant sur une manivelle, le travail de 30 kilogrammètres, qui n'exige de chacun d'eux que 7 kilogrammètres, 5. Avec une relève de deux hommes, chacun d'eux pourra travailler une heure, se reposer une demi-heure, et ainsi de suite, pendant les dix heures du voyage. »

Le ballon était pourvu d'un gouvernail placé à l'arrière, afin de pouvoir s'orienter.

Le gaz adopté n'était pas l'hydrogène, mais simplement le gaz d'éclairage.

« Un appareil de ce genre, disait Dupuy de Lôme, ne permettra d'avancer vent debout, ou de suivre par rapport à cette surface toutes les directions désirées, que quand le vent n'aura qu'une vitesse au-dessous de 8 kilomètres à l'heure. Cela ne sera sans doute pas très fréquent, car cette vitesse n'est que celle d'un vent qualifié *brise légère*. Quoi qu'il en soit, cet aérostat ayant une vitesse propre de 8 kilomètres à l'heure, lorsqu'il sera emporté par un vent plus rapide, aura la faculté de suivre à volonté toute route comprise dans un angle résultant de la composante des deux vitesses. »

Il y avait en tout cela peu d'innovations. L'aérostat adopté par Dupuy de Lôme différait peu de celui qui avait été expérimenté, en 1852, par Giffard.

Nous avons représenté dans le tome II des *Merveilles de la science* (1) l'*aérostat dirigeable* de Giffard, par deux dessins qui ont été reproduits, depuis cette époque, dans un grand nombre d'ouvrages scientifiques. On trouve dans ces dessins, que nous tenions de Giffard lui-même, la figure exacte de la machine à vapeur et de son installation au-dessous de l'aérostat. Seulement Giffard avait osé emporter au sein des airs une machine à vapeur, tandis que Dupuy de Lôme craignant, non sans raison d'ailleurs, la présence d'un foyer dans le voisinage d'un gaz inflammable, s'était contenté de la force des hommes.

Il est probable que l'appareil de Dupuy de Lôme, ne disposant que de la force humaine, serait resté insuffisant pour réaliser la direction, s'il avait eu à lutter contre la plus faible brise. Dans tous les cas, on n'eut pas à s'en assurer pendant le siège, car les travaux pour la construction de l'aérostat ayant traîné en longueur, la guerre se termina avant que l'appareil de Dupy de Lôme pût s'élancer dans les airs, et montrer sa valeur.

Après la guerre, Dupuy de Lôme continua ses études sur son *aérostat dirigeable*. Il en fit l'expérience définitive, le 2 février 1871, après l'armistice. Les *Comptes rendus de l'Académie des sciences* ont publié, en 1872, la description de son appareil, accompagnée de dessins, qui vont nous permettre de donner une idée exacte de la conception pratique de Dupuy de Lôme.

C'est le 2 février 1871 que Dupuy de Lôme fit l'expérience définitive de son aérostat dirigeable, qui avait été construit dans une cour du fort de Vincennes.

La forme de ce ballon, comme le montre la figure 511, est celle d'un œuf ou d'un ellipsoïde allongé. Sa longueur est de 36 mètres, son plus grand diamètre de 14 mètres, et son volume de 3 450 mètres. Il est porteur d'une nacelle de 6 mètres de long, et de 3 mètres de large, au maximum. Cette nacelle est munie d'une hélice à deux pas seulement; le diamètre de cette hélice est de 9 mètres et son pas de 2 mètres. Pour prévenir les déformations du ballon qui amèneraient une application défavorable de la poussée de l'air, on maintient son volume invariable en plaçant à son intérieur, comme l'avait fait Meunier, dès l'année 1786, un petit ballon, ou *ballonnet*, que l'on pouvait gonfler à volonté en injectant de l'air dans sa capacité, au moyen d'une pompe à air.

L'aérostat est entouré de deux filets : le filet porteur de la nacelle, et le filet dit des *balancines*, qui a pour but de maintenir la stabilité constante de la nacelle, quelle que soit l'inclinaison que le vent imprime à l'aérostat, ou du moins si cette inclinaison

---

(1) Pages 596, 597, figures 326, 328.

ne dépasse pas 20°, ce qui n'est pas à prévoir.

L'hydrogène pur, et non le gaz d'éclairage, fut employé dans cette expérience, pour remplir le ballon ; ce qui lui donnait une puissance ascensionnelle considérable, sans exiger un grand volume. Le gaz hydrogène avait été obtenu par l'action de l'acide sulfurique étendu sur la tournure de fer.

L'étoffe du ballon était composée d'une double enveloppe de soie blanche, pesant 52 grammes par mètre carré, et d'une toile doublée de caoutchouc ; le tout revêtu, intérieurement et extérieurement, d'un enduit de glycérine et de caoutchouc, qui assurait la complète imperméabilité de l'enveloppe à l'air, et prévenait, autant qu'on pouvait l'espérer avec un gaz aussi subtil, la perte de l'hydrogène à travers l'étoffe.

Le moteur employé pour faire agir l'hélice était, avons-nous dit, la force humaine.

Le ballon s'élança, par un vent assez fort. Quatorze personnes le montaient : Dupuy de Lôme ; M. Yon, expert en aérostation ; M. Zédé, capitaine de frégate ; plus trois aides et huit hommes d'équipage, employés à faire mouvoir l'hélice.

Le poids total du ballon et de son chargement, y compris les quatorze passagers et 600 kilogrammes de lest, était de 3 800 kilogrammes.

Le but de l'ascension, c'était de s'assurer si l'aérostat obéirait à l'action de l'hélice et du gouvernail, dans le sens voulu et prévu.

Voici, d'après le mémoire de l'auteur, ce qui fut obtenu. Dès que l'hélice était mise en mouvement, l'influence du gouvernail se faisait sentir, et l'aérostat suivait une direction qui, calculée sur la direction du vent, prouvait que le ballon avait un mouvement propre. La vitesse de ce mouvement propre aurait été, selon Dupuy de Lôme, de 10 kilomètres par heure, c'est-à-dire à peine le double de la marche d'un homme à pied, vitesse bien médiocre, on le voit.

Au moment du départ, le vent, avons-nous dit, était assez fort ; mais, en imprimant à l'hélice un mouvement rapide (35 tours par minute), on réalisa une vitesse de 50 kilomètres à l'heure, dans le sens du vent, mais avec une déviation de 10° à 12° sur la direction que lui aurait imprimée la simple impulsion de l'air. En louvoyant ainsi, il serait possible, selon Dupuy de Lôme, de marcher dans un sens déterminé. Nous ne voyons pas cependant que, dans l'expérience du 2 février, l'aérostat ait pris la direction qu'il s'était flatté de suivre. La route qu'il a tenue était tout autre que celle que l'on attendait.

Si donc cette expérience a prouvé que l'aérostat de Dupuy de Lôme obéit à l'hélice et au gouvernail, elle n'a point établi que sa vitesse propre, c'est-à-dire dans le sens de la direction voulue, ait quelque importance.

On pouvait, à l'aide d'un moyen fort simple, décrit par l'auteur dans son mémoire, déterminer la vitesse de l'aérostat, et reconnaître la route suivie. Une boussole fixée dans la nacelle, et ayant sa *ligne de foi* parallèle à l'axe du ballon, jointe à une seconde boussole, portant sur l'une de ses faces latérales une planchette parallèle au plan vertical passant par la *ligne de foi*, servait à déterminer la route suivie sur la terre. On lisait directement la hauteur occupée dans l'atmosphère, au moyen d'un baromètre qui, au lieu des indications de la longueur de la colonne mercurielle, indiquait les hauteurs réelles dans l'air, calculées par avance, pour chaque millimètre de la colonne barométrique.

Les moyens employés pour reconnaître la route étaient tellement sûrs que, lorsque l'ordre de s'arrêter fut donné, M. Zédé, qui inscrivait la marche, put indiquer le nom du village sur lequel on se trouvait : Mondécour.

La descente se fit avec une facilité

extraordinaire, sans secousse, ni traînée sur le sol.

La stabilité de la nacelle fut le fait le plus remarqué. Les oscillations du ballon ne se transmettaient aucunement à la nacelle. Pendant toute l'ascension, on pouvait aller et venir sur ce plancher mobile, comme sur la terre ferme.

Tel est le résumé du long travail technique que les *Comptes rendus de l'Académie des sciences* ont publié. Demandons-nous maintenant quels furent les résultats positifs de cette expérience.

Dupuy de Lôme avait-il résolu le problème de la direction des aérostats? Nous ne le croyons pas. En faisant usage de moyens de locomotion et de direction depuis longtemps connus et expérimentés, le célèbre ingénieur de marine n'a pas obtenu de résultat sensiblement supérieur à ceux de ses devanciers. La vitesse propre de 10 kilomètres à l'heure, enregistrée par l'auteur, nous paraît plutôt faite pour démontrer l'échec que la réussite de sa tentative.

Dupuy de Lôme n'a-t-il donc rien obtenu? N'a-t-il rien inventé? Loin de là. Le résultat auquel il est arrivé mérite des éloges, et doit lui attirer la reconnaissance de tous ceux qui attachent l'importance qu'elle mérite à la question de la navigation aérienne. Dupuy de Lôme a réalisé une sérieuse découverte : il a assuré la stabilité, la tranquillité absolue de la nacelle. Grâce au système ingénieux de suspension, grâce au filet de *balancines*, qui prévient toute oscillation de la nacelle, quelle que soit l'agitation de l'aérostat qui la surmonte, Dupuy de Lôme vint fournir une base solide (au propre comme au figuré) aux recherches qu'il restait encore à faire pour résoudre le problème de la direction des aérostats.

Avant la construction de l'aérostat de Dupuy de Lôme, aucune stabilité n'était garantie à la nacelle, ni aux passagers, ni aux expérimentateurs. Assurés maintenant de pouvoir procéder avec sécurité à leurs observations au milieu de l'air, les aéronautes pourront se livrer tout à leur aise aux expériences concernant la direction.

La seule critique à adresser à l'appareil dirigeable proposé par Dupuy de Lôme s'applique au genre de moteur adopté par lui. On ne peut se contenter de la simple force de l'homme, embarqué comme agent moteur. La force humaine opposée à la puissance du vent, c'est la mouche qui voudrait braver la tempête. Un tel moyen a pu suffire pour les premières manœuvres d'essai de l'aérostat de Dupuy de Lôme, mais il serait impossible de se contenter d'un tel agent de force. Il faut emporter dans les airs un moteur digne de ce nom.

Nous ajouterons que l'on vit avec peine Dupuy de Lôme ne citer aucun des nombreux savants qui l'avaient précédé dans la même carrière. On fut surpris de ne pas entendre sortir de la bouche de l'illustre ingénieur un hommage aux travaux antérieurs aux siens. Quelques lignes mentionnant, par exemple, la tentative audacieuse et mémorable faite en 1852 par Giffard n'auraient été que de la plus stricte justice; et cela avec d'autant plus de raison que la forme et les principales dispositions de l'aérostat expérimenté par Dupuy de Lôme rappellent, à s'y méprendre, la forme et les dispositions du célèbre aérostat dirigeable que Giffard construisit et monta en 1852.

Ce rappel des travaux de Giffard, que Dupuy de Lôme aurait pu faire, dans son propre intérêt, les journaux de Paris se chargèrent de le mettre en lumière. *L'Illustration* publia, dans son numéro de février 1872, une revendication de priorité, avec pièces à l'appui, en faveur de

Giffard. Ce recueil donnait, à ce propos, le dessin du nouvel aérostat de Dupuy de Lôme, et comme comparaison éloquente, il rapprochait de ce dessin celui que nous avons fait paraître nous-même, en 1868, dans les *Merveilles de la science*, et qui représente l'aérostat dirigeable expérimenté par Giffard en 1852. L'auteur de l'article, M. Gaston Tissandier, conclut à l'identité des deux appareils, et refuse à Dupuy de Lôme l'invention d'un aérostat dirigeable.

M. Gaston Tissandier allait trop loin en contestant l'invention de Dupuy de Lôme. Sans doute il n'y a rien d'absolument nouveau dans l'aérostat de notre savant ingénieur de marine, et l'on pourrait, à chaque organe qu'il met en œuvre, citer l'inventeur primitif. Mais Dupuy de Lôme a eu le mérite, d'abord d'assurer, ainsi que nous l'avons dit, la stabilité d'un équipage aérien, fait capital à nos yeux; ensuite d'associer en un tout harmonieux plusieurs éléments épars, et de les concilier de la manière la plus heureuse. Quelques-uns de ces éléments étaient, en effet, contradictoires dans leurs principes. Ces éléments anciens, Dupuy de Lôme sut les compléter, par des vues personnelles et par les calculs les plus rigoureux que l'on eût encore faits sur la construction et la direction des aérostats.

Il ne faudrait donc pas que des critiques acerbes fussent la récompense des peines et des fatigues que notre grand ingénieur s'était imposées, pour l'accomplissement d'une œuvre dont la France doit remercier hautement sa mémoire.

---

## CHAPITRE V

APPLICATION DU MOTEUR ÉLECTRIQUE A LA CONSTRUCTION DES BALLONS DIRIGEABLES. — L'AÉROSTAT ÉLECTRIQUE DE MM. GASTON ET ALBERT TISSANDIER.

Après la belle tentative de Dupuy de Lôme, pour la construction d'un aérostat stable et dirigeable, qui n'avait d'autre défaut que le genre de moteur adopté, est venue l'entreprise, très originale, due à MM. Gaston et Albert Tissandier, d'appliquer le moteur électrique à la propulsion des ballons.

C'est à l'Exposition d'électricité de Paris, en 1881, que l'on vit, pour la première fois, le modèle du petit aérostat dirigeable de M. Gaston Tissandier, mû par la force électrique.

La découverte de l'*accumulateur électrique* par M. Gaston Planté, et les applications qu'avait déjà reçues la pile secondaire, donnèrent l'idée à MM. Gaston et Albert Tissandier d'appliquer à la marche des aérostats les accumulateurs, qui, sous un poids relativement faible, emmagasinent une grande somme d'énergie.

Une pile accumulatrice actionnant une petite machine dynamo-électrique, attelée à l'hélice propulsive d'un aérostat, offre certains avantages. Le moteur électrique fonctionnant sans aucun foyer supprime le danger du voisinage du feu sous une masse d'hydrogène, si l'on emploie une machine à vapeur. Son poids est constant; car il n'abandonne pas à l'air, comme la chaudière à vapeur, des produits de combustion, qui délestent sans cesse l'aérostat, et tendent à le faire élever dans l'atmosphère. Enfin, il se met en marche ou s'arrête avec une incomparable facilité, par un simple commutateur.

Le mignon aérostat que M. Gaston Tissandier avait construit, pour servir de modèle, et que l'on voyait à l'Exposition d'électricité de 1881, était de forme allongée, et se terminait par deux pointes. Il n'avait que $3^m,50$ de longueur, sur $1^m,30$ de diamètre, au milieu. Le volume total de cet engin n'était que de 2 200 litres environ. Gonflé d'hydrogène pur, son excédent de force ascensionnelle n'était que de 2 kilogrammes.

M. Trouvé avait construit, pour faire

Fig. 512. — L'aérostat électrique de MM. Gaston et Albert Tissandier, vu en bout.

mouvoir cet aérostat minuscule, une toute petite machine dynamo-électrique, du type Siemens, ne pesant que 220 grammes, et dont l'arbre était muni d'une hélice à deux branches, très légère, de 0$^m$,40 de diamètre. Ce petit moteur était fixé à la partie inférieure de l'aérostat, avec un couple secondaire Planté, pesant 1$^k$,30.

L'hélice, dans ces conditions, tourne à 6 tours 1/2 par seconde. Elle agit comme propulseur, et imprime à l'aérostat, dans un air calme, une vitesse de 1 mètre par seconde, pendant plus de 40 minutes. Avec deux éléments secondaires montés en tension et pesant 500 grammes chacun, on aurait pu adapter au moteur une hélice de 0$^m$,60 de diamètre, qui aurait donné à l'aérostat une vitesse de 2 mètres environ par seconde.

MM. Gaston et Albert Tissandier n'avaient, disons-nous, présenté à l'Exposition d'électricité de 1881, qu'un diminutif de ballon, un simple modèle. En 1883, ils construisirent un aérostat de dimensions suffisantes pour emporter deux personnes; et le 8 octobre ils procédaient à l'expérience du nouveau véhicule aérien.

L'aérostat électrique dirigeable de MM. Gaston et Albert Tissandier, que représente la figure 512, a la même forme que ceux de Giffard et de Dupuy de Lôme, c'est-à-dire la forme ellipsoïde. Il a 28 mètres de longueur, de pointe en pointe, et 9$^m$,20 de diamètre au milieu. La forme allongée en fuseau est, paraît-il, la plus convenable pour vaincre la résistance de l'air. Il est muni, à sa partie inférieure, d'un cône d'appendice, terminé par une soupape automatique. Le tissu est de la percaline rendue imperméable par un vernis d'excellente qualité. Son volume est de 1060 mètres cubes.

La housse de suspension est formée de rubans cousus à des fuseaux longitudinaux, qui les maintiennent dans la position géométrique qu'ils doivent occuper. Les rubans ainsi disposés s'appliquent parfaitement sur l'étoffe gonflée, et ne forment aucune saillie, comme le feraient les mailles d'un filet.

Les flancs de l'aérostat supportent la housse de suspension, au moyen de deux brancards latéraux flexibles, qui en prennent complètement la forme. Ces brancards sont formés de minces lattes de noyer, adaptées à des bambous sciés longitudinalement ; ils sont consolidés par des lanières de soie. A la partie inférieure de la housse, des pattes d'oie se terminent par vingt cordes de suspension, qui s'attachent, par groupes de cinq, aux quatre angles supérieurs de la nacelle.

La nacelle a la forme d'une cage. Elle est construite avec des bambous assemblés, consolidés par des cordes et des fils de cuivre, recouverts de gutta-percha. Sa partie inférieure est formée de traverses en bois de noyer, qui servent de support à un fond de vannerie d'osier. Les cordes de suspension l'enveloppent entièrement. Elles sont tressées dans la vannerie inférieure, et ont été préalablement entourées d'une gaine de caoutchouc, qui, en cas d'accident, les préserverait du contact du liquide acide qui est contenu dans la nacelle, et sert à alimenter les piles.

Les cordes de suspension sont reliées horizontalement entre elles, par une couronne de cordages, placée à deux mètres au delà de la nacelle. Les engins d'arrêt pour la descente, *guide-rope* et corde d'ancre, sont attachés à cette couronne, qui a, en outre, pour but de répartir également la traction à la descente. Le gouvernail, formé d'une grande surface de soie non vernie, maintenue à sa partie inférieure par un bambou, y est aussi adapté à l'arrière.

L'aérostat, avec ses soupapes, pèse 170 kilogrammes. La housse avec le gouvernail et les cordes de suspension pèsent 70 kilogrammes. Les brancards flexibles latéraux pèsent 34 kilogrammes ; la nacelle a un poids de 100 kilogrammes. Moteur, hélice et piles, avec le liquide pour les faire fonctionner pendant 2 heures et demie, pèsent 280 kilogrammes. Engins d'arrêt (ancre et *guide-rope*), 50 kilogrammes.

Ainsi, le poids du matériel fixe est de 704 kilogrammes, auxquels il faut ajouter les poids des deux voyageurs, avec instruments (150 kilogrammes), ainsi que le lest enlevé (386 kilogrammes). En tout, 1240 kilogrammes.

La force ascensionnelle était, en comptant 10 kilogrammes d'excès de force pour l'ascension, de 1250 kilogrammes. Le gaz avait donc une force ascensionnelle de 1180 grammes par mètre cube, ce qui est considérable. C'est que le gaz hydrogène préparé par MM. Tissandier est presque pur ; il est obtenu au moyen de l'action de l'acide sulfurique, de l'eau et du fer, dans un appareil de dispositions nouvelles, que nous décrirons plus loin.

Le courant électrique produit par 24 éléments de pile au bichromate de potasse actionnait une petite machine dynamo-électrique.

Nous représentons dans la figure 514 la pile au bichromate de potasse qui produisait le courant électrique. La machine dynamo-électrique actionnée par cette pile était du type Siemens, c'est-à-dire composée d'une bobine très longue et de 4 électro-aimants. Elle pesait 56 kilogrammes. On voit cette machine en M, sur la figure 514 (page 661). La pile est au fond de la nacelle.

Le 8 octobre 1883, le gonflement du ballon s'effectua en moins de 7 heures. A 3 heures 20 minutes, les voyageurs

Fig. 513. — L'aérostat électrique dirigeable de MM. Gaston et Albert Tissandier.

aériens s'élevèrent lentement, par un vent faible de E.-S.-E. A 500 mètres de hauteur, la vitesse de l'aérostat était de 3 mètres par seconde (1 kilomètre par heure).

Quelques minutes après le départ, la batterie de piles fonctionna. Elle était composée de quatre auges à six compartiments; les 24 éléments étaient montés en tension. Un commutateur à mercure permettait de faire fonctionner à volonté six, douze, dix-huit ou vingt-quatre éléments, et d'obtenir ainsi quatre vitesses différentes de l'hélice, variant de 60 à 180 tours par minute.

Au-dessus du bois de Boulogne, quand le moteur fonctionnait à grande vitesse, la translation devint appréciable : on sentait un vent frais, produit par le déplacement de l'aérostat.

Quand le ballon faisait face au vent, sa pointe de l'avant étant dirigée vers le clocher de l'église d'Auteuil, voisine du point de départ, il tenait tête au courant aérien et restait immobile. Malheureusement les mouvements ne pouvaient être maîtrisés par le gouvernail.

En coupant le vent dans une direction perpendiculaire à la marche du courant aérien, le gouvernail se gonflait, comme une voile, et les rotations se produisaient avec beaucoup plus d'intensité.

Le moteur ayant été arrêté, le ballon passa au-dessus du mont Valérien. Une fois qu'il eut bien pris l'allure du vent, on recommença à faire tourner l'hélice, en marchant avec le vent. La vitesse de translation s'accéléra alors ; l'action du gouvernail faisait dévier le ballon à droite et à gauche de la ligne du vent.

Fig. 514. — Pile au bichromate de potasse, installée dans la nacelle, et moteur dynamo-électrique actionné par cette pile.

La descente s'opéra à 4 heures 1/2, dans une grande plaine avoisinant Croissy-sur-Seine. L'aérostat resta gonflé toute la nuit, et le lendemain il n'avait pas perdu de gaz.

Il résulte de cette expérience, qu'avec l'aérostat électrique expérimenté le 8 octobre 1883, quand l'hélice, de $2^m,80$ de diamètre, tournait avec une vitesse de 180 tours à la minute, avec un travail effectif de 100 kilogrammètres, les aéronautes tinrent tête à un vent de 3 mètres à la seconde, et qu'en suivant le courant ils dévièrent très facilement de la ligne du vent.

Nous ne devons pas manquer d'ajouter que MM. Gaston et Albert Tissandier ont eu le mérite d'imaginer, à l'occasion de leur ascension de 1883, un mode particulier de préparation du gaz hydrogène destiné au gonflement des ballons. Comme la production en grand du gaz hydrogène intéresse beaucoup tous ceux qui s'occupent d'aérostation, nous croyons devoir faire connaître ici la disposition adoptée par MM. Tissandier frères pour cette opération chimique et industrielle.

Dans les *Merveilles de la Science* (1) nous avons donné le dessin de l'appareil dont Giffard fit usage pour préparer le gaz hydrogène destiné à remplir le ballon captif qu'il avait installé en 1867 au Champ-de-Mars. Ce même appareil servit à préparer le gaz hydrogène pour les ascensions du ballon captif des Tuileries, en 1878.

(1) Tome II, pages 576-579.

L'appareil construit en 1883 par MM. Gaston et Albert Tissandier repose sur le même principe que celui de Giffard, mais il en diffère considérablement dans les détails. Dans cet appareil comme dans celui de Giffard, le gaz hydrogène est obtenu par l'action de l'acide sulfurique sur le fer et l'eau, mais tandis que Giffard employait un seul générateur de gaz de plus grandes dimensions, et plus dispendieux, car il était composé de tôle garnie intérieurement d'épaisses feuilles de plomb, on fait usage ici de simples tuyaux de terre, c'est-à-dire de tuyaux dits *tuyaux Doulton*, qui servent à la conduite des eaux, et se fabriquent en Angleterre en quantité considérable et à très bas prix. M. Gaston Tissandier a fait usage des *tuyaux Doulton* de 0$^m$,45 de diamètre intérieur et de 0$^m$,76 de hauteur. Il obtenait ainsi une sorte de réservoir de plus de 6 mètres de hauteur, qui pouvait contenir jusqu'à une tonne de tournure de fer. Avec quatre de ces générateurs on peut produire, par heure, 300 mètres cubes de gaz hydrogène, c'est-à-dire déposer 1 000 kilogrammes de fonte dans 1 500 kilogrammes d'acide sulfurique étendu de trois fois son volume d'eau.

La figure 515 représente un de ces générateurs formé de tuyaux de *grès Doulton*. C est le générateur de forme cylindrique; il est fermé à sa partie inférieure par une maçonnerie de briques cimentées par un mélange de soufre fondu, de résine, de suif et de verre pilé. Ce même ciment a été employé pour garnir les joints des tuyaux et les souder les uns avec les autres. Le tuyau de grès inférieur, que nous appellerons le n° 1, le tuyau n° 4 et le tuyau n° 6, en comptant de bas en haut, sont des tuyaux à deux tubulures, qui permettent de ramifier à l'appareil les tubes plus étroits servant : à l'entrée dans l'appareil de l'eau additionnée d'acide sulfurique, à la sortie du liquide chargé de sulfate de fer après la réaction opérée, et au dégagement du gaz hydrogène formé.

Le générateur étant rempli de tournure de fer, l'eau additionnée d'acide sulfurique arrive par le tuyau A, et pénètre à la partie inférieure du récipient. Le liquide traverse un double fond percé de trous, et il s'élève à travers une colonne de tournure de fer, qui se dissout peu à peu. Le fer sous l'action de l'acide sulfurique décompose l'eau dont il fixe l'oxygène; il se forme ainsi du sulfate de fer et un abondant dégagement de gaz hydrogène. Ce gaz se dégage par le tuyau T; le liquide chargé de sulfate de fer s'écoule en B, par le tuyau B C en forme d'U, et arrive dans un caniveau, qui le mène directement à l'égout.

L'écoulement de l'eau chargée d'acide sulfurique étant continu, la production de l'hydrogène est également continue, au fur et à mesure que le fer se dissout dans la partie inférieure du générateur, il est sans cesse renouvelé par la réserve contenue dans la partie supérieure du tuyau. Cette réserve de fer qui alimente le générateur est placée dans un tube supérieur métallique, légèrement tronconique : la partie inférieure de ce tube est en cuivre plombé et elle pénètre de quelques centimètres dans le liquide où se produit la réaction; la dissolution de sulfate de fer en s'échappant en B n'entraîne pas ainsi de tournure de fer.

Le générateur à sa partie supérieure est bouché à l'aide d'une fermeture hydraulique, laquelle en cas d'obstruction forme soupape de sûreté.

L'appareil, ainsi qu'il a été dit, comprend quatre générateurs qui peuvent, à volonté, fonctionner ensemble ou isolément; il est facile de les séparer du circuit de tuyaux de dégagement, à l'aide de robinets de 0$^m$,08 de diamètre intérieur ; on peut ainsi remettre de la tournure de fer dans un générateur, procéder à son nettoyage en cas d'obstruction des tuyaux, etc., sans interrompre la production des trois autres générateurs.

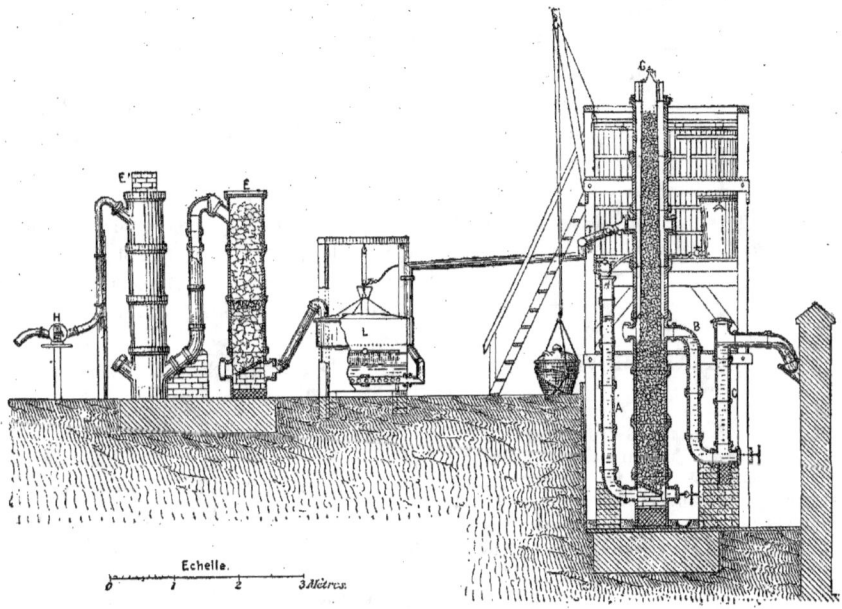

Fig. 515. — Appareil de MM. Gaston et Albert Tissandier pour la préparation du gaz hydrogène en grand.

Le gaz hydrogène, produit par une réaction énergique, se dégage avec des torrents de vapeur d'eau ; il est en outre légèrement acide : il faut le refroidir et le laver.

Le laveur employé par M. Gaston Tissandier est presque entièrement semblable à celui de Giffard ; on le voit représenté en L. Le gaz arrive à la partie inférieure d'une masse d'eau sans cesse renouvelée par un écoulement continu ; il traverse le liquide, en se divisant à travers un grand nombre de tubes, percés de trous, ramifiés au tuyau adducteur. Après s'être lavé, le gaz traverse deux épurateurs, EE', remplis de soude caustique et de chlorure de calcium, que M. Gaston Tissandier a cru devoir substituer à la chaux, dont on a fait usage jusqu'ici dans cette opération. Le gaz passe enfin à travers un globe de verre, H, contenant un hygromètre et un thermomètre, qui indiquent si le gaz est bien desséché et bien refroidi. Dans ces conditions, on obtient un gaz presque complètement sec ayant une force ascensionnelle de 1 190 grammes par mètre cube, chiffre qui n'avait jamais été obtenu dans les préparations aérostatiques faites en grand.

Après avoir traversé la cloche de verre H, contenant un hygromètre et du papier de tournesol, le gaz arrive dans l'aérostat, par l'intermédiaire d'un tuyau de gonflement.

Les quatre générateurs sont alimentés du liquide acide qui les fait fonctionner, par de grands réservoirs de 8 mètres cubes ; ce sont des cuviers de bois très épais, munis à leur partie inférieure de quatre robinets en terre Doulton permettant d'alimenter à la fois les quatre générateurs.

Chacun de ces réservoirs peut contenir 30 touries d'acide sulfurique à 53° ou 3 000 kilogrammes, délayés dans 6 000 kilogrammes d'eau ordinaire. Il y a là, dans chaque cuvier, une réserve capable de fournir à la production de 350 à 400 mètres de gaz hydrogène. Pendant que l'un des cuviers se déverse dans les quatre générateurs, l'autre cuvier peut être rempli, et ainsi de suite, alternativement.

Les générateurs sont enveloppés d'une solide charpente, munie d'une plate-forme supérieure où l'on peut faire monter, à l'aide d'une moufle, les touries d'acide sulfurique et les sacs de tournure de fer nécessaires à l'alimentation de l'appareil.

## CHAPITRE VI

LE BALLON DIRIGEABLE DES CAPITAINES RENARD ET KREBS. — EXPÉRIENCE DU 9 AOUT 1884. — RÉSULTATS CONSTATÉS. — EXPÉRIENCE DU 2 SEPTEMBRE. — LE BALLON DIRIGEABLE DE MM. TISSANDIER FRÈRES, EXPÉRIMENTÉ DE NOUVEAU, LE 29 SEPTEMBRE 1884. — NOUVELLES EXPÉRIENCES DES CAPITAINES RENARD ET KREBS, LE 9 NOVEMBRE 1884. — DOCUMENTS DIVERS. — CONCLUSION.

Après l'aérostat dirigeable de MM. Gaston et Albert Tissandier, est venu un appareil à peu près semblable, mais qui a fait beaucoup plus de bruit dans le monde scientifique et extra-scientifique. Nous voulons parler de l'appareil de deux capitaines de Meudon, MM. Renard et Krebs.

La séance de l'Académie des sciences du 18 août 1884 fut particulièrement intéressante pour tous ceux qui y assistaient. La surprise générale était motivée par une communication d'Hervé-Mangon, qui annonçait le résultat favorable d'une ascension faite dans un ballon dirigeable.

Hervé-Mangon fit précéder sa communication d'une notice historique, pour démontrer que tous les efforts tentés jusqu'à l'expérience des deux capitaines de l'École aérostatique de Meudon étaient restés sans résultats; ce qui était peu exact, hâtons-nous de le dire, attendu que les beaux travaux de Giffard, de Dupuy de Lôme et de MM. Tissandier frères ne pouvaient être passés sous silence, sans la plus flagrante injustice ou la plus complète ignorance.

Quoi qu'il en soit, Hervé-Mangon, dans sa communication, affirmait que la solution pratique du problème de la direction des ballons venait d'être trouvée par les ingénieurs militaires du gouvernement français.

Voici les particularités que présenta l'expérience de direction aérostatique dont parlait Hervé-Mangon.

C'est le 9 août 1884 que l'aérostat de l'École de Meudon s'élevait dans les airs, poussé par un moteur électrique. Il monta, par un temps calme, à une hauteur de 300 mètres environ. L'hélice fut alors mise en mouvement, et l'aérostat se dirigea vers un point assigné d'avance. Sa marche, lente d'abord, s'accéléra graduellement, et l'aérostat s'engagea au-dessus de la forêt de Meudon.

La brise soufflait de l'est, avec une vitesse de 5 mètres par seconde : la marche du ballon s'effectuait contre le vent.

MM. Renard et Krebs remplissaient des fonctions diverses. Tandis que l'un manœuvrait le gouvernail, l'autre maintenait la permanence de la hauteur. Arrivés au-dessus de l'ermitage de Villebon, l'officier qui tenait le gouvernail agita un drapeau : c'était le signal du retour. On était arrivé à l'endroit désigné par avance, et il s'agissait de revenir au point de départ.

On vit alors l'aérostat *virer de bord*, en décrivant majestueusement un demi-cercle de 300 mètres de rayon environ, et il se dirigea vers Meudon.

Arrivé près de la pelouse, où le départ avait eu lieu, le ballon s'abaissa graduellement, obliqua, fit machine en arrière, machine en avant' et finalement, atterrit à l'endroit voulu.

La description exacte de l'expérience du

Fig. 516. — Première ascension du ballon électrique dirigeable des capitaines Renard et Krebs, le 9 août 1884.

9 août fut publiée, dès le lendemain, 10, dans le *Moniteur universel*. Voici comment ce voyage était raconté dans ce journal :

Hier samedi, 9 août, un aérostat ayant la forme d'un cigare très allongé, muni d'une hélice et d'un gouvernail et mis en mouvement par un moteur mystérieux, d'une puissance étonnante, eu égard à sa légèreté, s'est élevé majestueusement des ateliers d'aérostation de Meudon.

Les aéronautes laissèrent d'abord le ballon monter à une hauteur un peu supérieure à celle du plateau de Châtillon. A ce moment ils mirent en mouvement leur hélice, et l'on vit alors un merveilleux spectacle.

L'aérostat s'ébranla, lentement d'abord, accéléra peu à peu son allure, et on le vit se diriger vers l'est, avec la vitesse d'un cheval au galop. Bientôt il sortit de l'enceinte du parc de Chalais, et s'engagea au-dessus de la forêt de Meudon.

Au bout de quelques moments, on vit le gouvernail se mouvoir et le ballon évoluer avec la précision d'un steamer ; l'aérostat atteignit bientôt le Petit-Bicêtre et Villacoublay. Il effectua en ce moment un virage complet, et revint sur ses pas en décrivant une courbe majestueuse.

Enfin, après vingt-cinq minutes de voyage, il atteignit exactement son point de départ et descendit, après une série de manœuvres habiles, dans la pelouse même d'où il s'était élevé.

Nous avons eu l'heureuse chance d'assister, du bois de Meudon, à cette magnifique expérience, que tous les habitués de cette charmante forêt ont pu voir comme nous.

Nous avons vu la pelouse du départ et de l'atterrissage. Ses dimensions sont très exiguës : 150 mètres de longueur, sur 75 de largeur environ.

Elle est entourée d'obstacles redoutables, grands arbres, bâtiments élevés, étang de plusieurs hectares, etc.

Il fallait aux aéronautes une grande audace et

une prodigieuse confiance dans leur appareil pour essayer d'atterrir dans un aussi petit espace. Pour tous les spectateurs de cette expérience, c'est là un véritable tour de force.

Après une pareille expérience, on peut dire, sans aucune exagération, que le problème, si longtemps cherché, est enfin résolu, et que la route de l'air est ouverte.

Ce qui semblait hier une utopie est aujourd'hui passé dans le domaine des faits. Un ballon est parti de son port et y est fidèlement revenu, avec une précision telle qu'on n'aurait pu mieux faire avec un bateau à vapeur.

Le ballon était monté par le capitaine du génie Ch. Renard, directeur des ateliers d'aérostation de Meudon, et à qui notre pays doit déjà tant de découvertes utiles et d'applications heureuses de l'instrument des Montgolfier et des Charles à l'art de la guerre.

Le capitaine Ch. Renard était accompagné du capitaine Arthur Krebs, qui a été pendant près de six années son collaborateur, et qui doit partager avec lui tout l'honneur de cette merveilleuse invention.

C'est une gloire pour l'armée française d'avoir dans son sein des hommes de cette valeur.

C'est aussi une grande gloire pour la nation française d'avoir complété la découverte de Montgolfier en transformant la bouée aérienne en un navire dirigeable.

La navigation aérienne est aujourd'hui doublement un art français; mais les bienfaits de la nouvelle découverte s'étendront évidemment sur le monde entier.

Nous sommes à la veille d'une révolution complète dans l'art de la locomotion, révolution dont les conséquences sociales et internationales dépasseront probablement les prévisions les plus optimistes. Heureux ceux qui vivront assez pour assister à cette transformation et en goûter les bienfaits!

Après ce récit du premier voyage des capitaines de Meudon, — récit trop dithyrambique — nous donnerons quelques détails sur la construction et les dispositions du nouvel aérostat.

Pour qu'un ballon offre à l'air une résistance suffisante, il est indispensable que l'étoffe présente une rigidité absolue. Dans le cas contraire, l'enveloppe, détendue, n'est plus qu'une surface flottante se comportant comme une voile, et dans les plis de laquelle le vent s'engouffre. Ce fait se produit chaque fois qu'en opérant un mouvement de descente, on laisse échapper une certaine quantité de gaz.

MM. Renard et Krebs, suivant un procédé déjà employé avant eux, avaient établi à l'intérieur de l'aérostat, un *ballonnet compensateur*. Chaque fois que les nécessités de la manœuvre exigent une déperdition d'hydrogène, on insuffle dans ce ballonnet, au moyen d'un ventilateur, une quantité équivalente d'air, et la surface externe reprend sa rigidité première.

A l'arrière de la nacelle se trouvent placées, dans une position horizontale, deux grandes palettes, en forme de rames, qui servent à modérer la descente.

L'hélice, qui a 7 mètres de diamètre, peut faire 47 tours à la minute. La force motrice, susceptible d'atteindre huit chevaux-vapeur, est obtenue à l'aide d'une machine dynamo-électrique, construite dans des conditions de légèreté exceptionnelles.

Enfin, le générateur d'électricité est une pile inventée par M. Krebs, directeur de l'atelier aérostatique. Elle est d'une grande puissance, quoique d'un très petit volume.

Dans la communication qu'il adressa à l'Académie des sciences, le 18 août 1884, M. Krebs ne donnait aucune indication au sujet de la composition de cette pile voltaïque. Elle avait deux défauts : son action avait une durée très limitée, ce qui ne permettait pas d'exécuter de longues excursions, et les éléments dont elle se composait étaient d'un prix élevé.

Comme nous le verrons plus loin, M. Krebs l'a plus tard modifiée avantageusement.

Voici maintenant quelques renseignements sur la personne et les travaux des deux capitaines aéronautes.

M. le capitaine Ch. Renard est né, à la fin de 1847, à Damblain, dans le canton de Lamarche (Vosges). C'est au collège de la Trinité, dans sa ville natale, qu'il commença et termina ses quatre années d'études secondaires, et il gagna, à seize ans, son diplôme de bachelier ès sciences. Il acheva brillamment ses études au lycée de Nancy et remporta, à dix-huit ans, le grand prix dans la Faculté des sciences, au concours général.

En 1866, il entra à l'École polytechnique, et quand éclata la malheureuse guerre de 1870, il sortait de l'École d'application de Metz pour prendre, en qualité de lieutenant, le commandement de la compagnie du génie attachée au corps d'armée de la Loire. Il s'y distingua par sa vaillante conduite.

En 1878, le renom qu'il s'était acquis dans l'armée par ses aptitudes scientifiques lui fit confier le service de l'aérostation militaire. Le ministre de la guerre créa dans le parc de Chalais, près Meudon, une école d'aérostation où il put poursuivre ses expériences.

Dès lors notre savant capitaine se consacra à l'étude de trois problèmes :

1° Donner aux ballons, en général, une solidité plus grande et des organes permettant de s'y confier avec moins de dangers ;

2° Créer des parcs de ballons captifs ;

3° Enfin, créer le ballon dirigeable.

En ce qui concernait les ballons captifs, il fallait : 1° construire une voiture-treuil contenant et laissant dérouler la corde qui retenait l'aérostat en l'air ; 2° trouver le mode le plus pratique pour la fabrication du gaz et pour le gonflement d'un ballon en campagne.

Ces deux difficultés furent résolues d'une façon très pratique.

Quant au troisième problème, le ballon dirigeable, le capitaine Krebs crut l'avoir résolu en adoptant un moteur à la fois d'une légèreté et d'une puissance suffisantes, en même temps que d'une sûreté complète. Nous verrons pourtant que le résultat ne peut être considéré comme entièrement satisfaisant.

Quoi qu'il en soit, nous ajouterons que le capitaine Renard a su se procurer des auxiliaires précieux pour lui venir en aide dans l'accomplissement de sa tâche.

Nous nommerons tout d'abord les deux capitaines Arthur Krebs et Paul Renard, le premier ayant la direction des constructions mécaniques, le second chargé par l'autorité militaire de la construction des bâtiments et de la direction des manipulations qui se rapportent à la fabrication du gaz et, en outre, de la direction du personnel et de divers objets d'administration.

Nous nommerons ensuite M. Duté-Poitevin, aéronaute attaché à l'établissement, à qui incombe la fabrication des ballons et leur entretien ; enfin M. Lépine, contremaître des ateliers de constructions mécaniques.

Le voyage aérien du 9 août 1884 a été raconté par les voyageurs eux-mêmes, dans une communication faite à l'Académie des sciences, dans la séance du 18 août. Nous croyons devoir citer textuellement ce récit :

A 4 heures du soir, disent les auteurs, l'aérostat de forme allongée, muni d'une hélice et d'un gouvernail, s'est élevé, en ascension libre, monté par MM. le capitaine du génie Renard, directeur des ateliers militaires de Chalais, et le capitaine d'infanterie Krebs, son collaborateur depuis six ans.

Après un parcours total de 7 kilomètres 600 mètres, effectué en vingt-trois minutes, le ballon est venu atterrir à son point de départ, après avoir exécuté une série de manœuvres avec une précision comparable à celle d'un navire à hélice évoluant sur l'eau.

La solution de ce problème, tentée déjà en 1855, en employant la vapeur, par H. Giffard, en 1872 par M. Dupuy de Lôme, qui utilisa la force musculaire des hommes et enfin l'année dernière par M. Tissandier, qui le premier a appliqué l'électricité à la propulsion des ballons, n'avait été jusqu'à ce jour que très imparfaite, puisque dans aucun cas l'aérostat n'était revenu à son point de départ.

MM. Renard et Krebs ont été guidés dans leurs travaux par les études de M. Dupuy de Lôme relatives à la construction de son aérostat de 1870-1872, et, de plus, ils se sont attachés à remplir les conditions suivantes :

Stabilité de route obtenue par la forme du ballon et la disposition du gouvernail;

Diminution des résistances à la marche par le choix des dimensions;

Rapprochement des centres de traction et de résistance, pour diminuer le moment perturbateur de stabilité verticale;

Enfin, obtention d'une vitesse capable de résister aux vents régnant les trois quarts du temps dans notre pays.

L'exécution de ce programme et les études qu'il comporte ont été faites par ces officiers en collaboration; toutefois, il importe de faire ressortir la part prise plus spécialement par chacun d'eux dans certaines parties de ce travail.

L'étude de la disposition particulière de la chemise de suspension, la détermination du volume du *ballonnet*, les dispositions ayant pour but d'assurer la stabilité longitudinale du ballon, le calcul des dimensions à donner aux pièces de la nacelle, enfin l'invention et la construction d'une pile nouvelle, d'une puissance et d'une légèreté exceptionnelles, sont l'œuvre personnelle de M. le capitaine Renard.

Les divers détails de construction du ballon, son mode de réunion avec la chemise, le système de construction de l'hélice et du gouvernail, l'étude du moteur électrique calculé d'après une méthode nouvelle basée sur des expériences préliminaires permettant de déterminer tous les éléments pour une force donnée, sont l'œuvre de M. Krebs, qui, grâce à des dispositions spéciales, est parvenu à établir cet appareil dans des conditions de légèreté inusitées.

Les dimensions principales du ballon sont les suivantes : longueur, 52 m.,42; diamètre, 8 m.,40; volume, 1864 mètres cubes.

L'évaluation du travail nécessaire pour imprimer à l'aérostat une vitesse donnée a été faite de deux manières :

1° En partant des données posées par M. Dupuy de Lôme et sensiblement vérifiées dans son expérience de février 1872;

2° En appliquant la formule admise dans la marine pour passer d'un navire connu à un autre de formes très peu différentes, et en admettant que, dans le cas du ballon, les travaux soient dans le rapport des densités des deux fluides.

Les quantités indiquées en suivant ces deux méthodes concordent à peu près, et ont conduit à admettre, pour obtenir une vitesse par seconde de 8 à 9 mètres, un travail de traction utile de 5 chevaux de 75 kilogrammètres, ou, en tenant compte des rendements de l'hélice et de la machine, un travail électrique sensiblement double, mesuré aux bornes de la machine.

La machine motrice a été construite de manière à pouvoir développer sur l'arbre 8,5 chevaux-vapeur, représentant, pour le courant aux bornes d'entrée, 12 chevaux.

Elle transmet son mouvement à l'arbre de l'hélice par l'intermédiaire d'un pignon engrenant avec une grande roue.

La pile est divisée en quatre sections, pouvant être groupées en surface ou en tension de trois manières différentes. Son poids, par cheval-heure, mesuré aux bornes, est de 19 kg., 350.

Quelques expériences ont été faites pour mesurer la traction au point fixe, qui a atteint le chiffre de 60 kilogrammes pour un travail électrique développé de 840 kilogrammètres et de 46 tours d'hélice par minute.

Deux sorties préliminaires, dans lesquelles le ballon était équilibré et maintenu à une cinquantaine de mètres au-dessus du sol, ont permis de connaître la puissance de giration de l'appareil.

Enfin, le 9 août, les poids enlevés étaient les suivants (force ascensionnelle totale environ 2 000 kilogrammes) :

| | |
|---|---:|
| Ballon et *ballonnet*............... | 369 kil. |
| Chemise et filet.................... | 127 |
| Nacelle complète................... | 452 |
| Gouvernail......................... | 46 |
| Hélice.............................. | 41 |
| Machine........................... | 98 |
| Bâts et engrenages................ | 47 |
| Arbre moteur...................... | 30,500 |
| Pile, appareils et divers........... | 435,500 |
| Aéronautes........................ | 140 |
| Lest............................... | 214 |
| Total............... | 2 000 kil. |

A 4 heures du soir, par un temps presque calme, l'aérostat, laissé libre et possédant une très faible force ascensionnelle, s'élevait lentement jusqu'à hauteur des plateaux environnants. La machine fut mise en mouvement, et bientôt, sous son impulsion, l'aérostat accélérait sa marche, obéissant fidèlement à la moindre indication de son gouvernail.

La route fut d'abord tenue nord-sud, se dirigeant sur le plateau de Châtillon et de Verrières; à hauteur de la route de Choisy à Versailles, et pour ne pas s'engager au-dessus des arbres, la direction fut changée, et l'avant du ballon dirigé sur Versailles.

Au-dessus de Villacoublay, nous trouvant éloignés de Chalais d'environ 4 kilomètres, et entièrement satisfaits de la manière dont le ballon se comportait en route, nous décidons de revenir sur nos pas et de tenter de descendre sur Chalais même, malgré le peu d'espace découvert laissé par les arbres. Le ballon exécuta son demi-tour sur la droite, avec un angle très faible (environ 11°) donné au gouvernail. Le diamètre du cercle décrit fut d'environ 800 mètres.

Le dôme des Invalides, pris comme point de

Fig. 517. — Le parc de l'École aérostatique de Meudon-Chalais.

direction, laissait alors Chalais un peu à gauche de la route.

Arrivé à hauteur de ce point, le ballon exécuta, avec autant de facilité que précédemment, un changement de direction sur sa gauche, et bientôt il venait planer à 300 mètres au-dessus de son point de départ. La tendance à descendre que possédait le ballon à ce moment, fut accusée davantage par une manœuvre de la soupape. Pendant ce temps, il fallut, à plusieurs reprises, faire machine en arrière et en avant, afin de ramener le ballon au-dessus du point choisi pour l'atterrissage. A 80 mètres au-dessus du sol, une corde larguée du ballon fut saisie par des hommes, et l'aérostat fut ramené dans la prairie même d'où il était parti.

| | |
|---|---|
| Chemin parcouru avec la machine, mesuré sur le sol | 7$^{km}$,600 |
| Durée de cette période | 23$^m$ |
| Vitesse moyenne à la seconde (1) | 5$^m$,50 |
| Nombre d'éléments employés | 32 |
| Force électrique dépensée aux bornes à la machine | 250$^{kgm}$ |
| Rendement probable de la machine | 0,70 |
| Travail de traction | 125$^{kgm}$ |
| Résistance approchée du ballon | 22$^{kil}$,800 |

A plusieurs reprises, pendant la marche, le ballon eut à subir des oscillations de 2 à 3° degrés d'amplitude, analogues au tangage ; ces oscillations peuvent être attribuées soit à des irrégularités de forme, soit à des courants d'air locaux dans le sens vertical.

Ce premier essai sera suivi prochainement d'autres expériences faites avec la machine au complet, permettant d'espérer des résultats encore plus concluants.

On a remarqué que, dans le récit de leur ascension de 1883, les deux capitaines de Meudon ne disaient rien de la composition de la pile dont ils faisaient usage pour animer leur machine dynamo-électrique. On pensait généralement que c'était la pile au bichromate de potasse, qui était alors la plus répandue pour fournir un courant d'une grande intensité, mais de peu de durée et d'une énergie décroissante, c'est-à-dire celle dont avaient fait usage les frères Tissandier, en 1883. Tel n'était pas cependant le générateur électrique du ballon de Chalais. Le secret de sa pile n'a été divulgué que plus tard, par M. Krebs, qui, dans une communication adressée en 1888, à l'Académie des sciences, a décrit sans réticence son générateur d'électricité.

La pile employée par M. Krebs est, selon lui, cinq ou six fois plus puissante que la pile ordinaire au bichromate de potasse. Le liquide actif est de l'acide chlorhydrique à 11° Baumé. Elle renferme l'acide chlorhydrique et l'acide chromique à équiva-

---

(1) Le vent étant presque nul, la vitesse absolue se confond sensiblement avec la vitesse propre par rapport à l'air, d'autant plus que l'aérostat a décrit une trajectoire fermée.

lents égaux. Chaque élément de cette pile est un tube contenant une électrode positive et un cylindre de zinc placé suivant l'axe de cette électrode. Cette disposition a pour effet d'augmenter la densité du courant électrique à la surface du zinc (elle atteint de 25 à 40 *ampères* par décimètre carré). L'électrode positive n'est pas en charbon, comme celle de la pile à chromate ; les courants produits ont une telle intensité que le charbon n'est pas assez conducteur pour leur donner passage. L'électrode se compose d'une large lame d'argent platiné par laminage sur ses deux faces. L'épaisseur totale de la lame platinée est de 0$^{mm}$,1 ; l'épaisseur du platine, sur chaque face, est de 0$^{mm}$,0025 seulement. A conductibilité égale, le charbon de cornue serait environ 2,500 fois plus épais et 200 fois plus lourd. Le zinc n'est pas amalgamé, car, amalgamé ou non, il se dissout. En supprimant l'amalgamation, on peut employer des zincs de faible dimension ; ce qui ne serait pas possible avec l'amalgamation, car le mercure rend le zinc très cassant.

Si l'on ajoute au liquide chloro-chromique de l'acide sulfurique, on obtient, selon la proportion du mélange, des liquides actifs atténués, dont la capacité reste la même que celle de la solution normale, mais qui permettent de diminuer l'activité de la pile. On peut, par conséquent, régler ainsi la durée du fonctionnement et appliquer la pile à des usages très divers.

Chaque élément est renfermé dans un tube en ébonite ou en verre, dont la hauteur est dix fois son diamètre. Au potentiel normal de 1,2 *volt*, le courant est proportionnel à la surface du zinc.

Comme l'acide chromique cristallisé est cher, on peut le remplacer par des liquides obtenus en traitant le bichromate de soude par l'acide sulfurique ; on recueille directement l'acide chloro-chromique dans l'eau.

Un élément peut résulter du groupement

de plusieurs tubes en surface. L'élément employé pour le ballon dirigeable se composait de 6 tubes réunis en surface, pouvant donner jusqu'à 120 *ampères*, à potentiel de 1,2 *volt*.

C'est en faisant usage de cette puissante pile que M. le commandant Krebs est arrivé à enfermer sous un poids de 480 kilogrammes la force de 100 chevaux-vapeur pouvant travailler deux heures, ce qui représente, selon lui, une force huit fois plus grande, à résistance électrique égale, que celle dont pouvaient disposer tous les aérostats dirigeables construits jusqu'ici. En effet, aucune pile, aucun accumulateur, ne pouvait développer pendant une heure le travail d'un cheval-vapeur avec le faible poids de 24 kilogrammes, c'est-à-dire réaliser l'effet accompli par l'appareil électro-mécanique des officiers de l'école de Meudon.

Pour quelques personnes la question de la navigation aérienne était résolue par les expériences que nous venons de rapporter. Il y avait cependant bien des questions encore à résoudre. Ces questions avaient une grande portée; elles embrassaient la forme définitive du ballon, la disposition de la nacelle, le moteur, etc., etc.

Comme le faisait judicieusement remarquer M. Wilfrid de Fonvielle, dans le *Spectateur militaire*, « non seulement les aéronautes auront à maintenir leur gaz dans l'enveloppe de soie, mais il faut, en outre, qu'ils se préoccupent des changements de forme de leur ballon, des ruptures d'équilibre provenant de la pluie, de la grêle, de l'action du soleil, de celle des nuages ou du rayonnement vers les espaces célestes. Il faut qu'ils apprennent à lire leur direction sur la voûte céleste, car la surface de la terre leur sera très souvent cachée. Il est indispensable qu'ils se garantissent contre les effets de la foudre, qui seront d'autant plus redoutables qu'elle pourrait être appelée par le mouvement de leur navire aérien, ou attirée par les objets en fer que la nacelle d'un ballon dirigeable renfermera inévitablement en grand nombre ».

Pour M. de Fonvielle, si l'expérience du 9 août 1884 eut une grande valeur, c'est surtout parce qu'elle put convaincre la masse du vulgaire de la possibilité de voyager dans les airs en se dirigeant.

Si cette expérience a une importance capitale, dit M. de Fonvielle, c'est qu'elle a permis de montrer aux ignorants ou aux sceptiques de parti pris que la recherche de la direction des ballons ne doit point être confondue avec la quadrature du cercle ou le mouvement perpétuel.

Le but n'est pas au-dessus des efforts des ingénieurs et des physiciens, comme tant de sceptiques le supposaient; mais la solution pratique et définitive ne doit être cherchée, ni avec l'allongement que les aéronautes de Meudon ont adopté, ni avec le propulseur qu'ils ont employé, à moins de progrès dont nous n'avons point l'idée.

Le même écrivain revient, à plusieurs reprises, sur la valeur propre qu'il faut donner à l'expérience des aéronautes des ateliers de Chalais.

Cette expérience est importante, dit-il, parce qu'elle donne la démonstration *populaire*, dont les ignorants avaient besoin. C'est à ce point de vue qu'on doit féliciter les officiers de Meudon du succès qu'ils ont obtenu; mais il serait dangereux de le faire dans les termes dont M. Hervé-Mangon s'est servi devant l'Académie, et en s'appuyant sur les raisons qu'il a indiquées.

On ne peut pas être plus explicite, et M. de Fonvielle ne laisse aucun nuage sur sa pensée, lorsqu'il ajoute :

Depuis le 9 août 1884, il n'y a rien de changé dans la navigation aérienne.

En résumé, et pour bien fixer le droit de MM. Renard et Krebs dans cette intéressante étude, nous dirons que ces deux officiers ont certainement dirigé un aérostat, comme ils l'ont voulu, dans des conditions atmosphériques favorables. Ils ont prouvé, *expérimentalement*, qu'on peut se diriger en ballon, et ils ont réuni un ensemble de conditions qui leur ont fait atteindre le but désiré. Qu'ils aient profité des travaux antérieurs aux leurs, particulièrement de l'expérience de H. Giffard de 1852, sur la forme du ballon, et des dispositions du ballon de Dupuy de Lôme, construit après le siège de Paris, et qui résumait toutes les modifications apportées jusque-là à l'aéronautique, enfin qu'ils se soient fortement inspirés du ballon dirigeable mû par l'électricité de MM. Tissandier frères, construit en 1883, rien n'est plus vrai ; mais c'est là l'histoire de toutes les inventions. Aucune découverte, aucune application nouvelle ne se fait tout d'un coup ; c'est par des progrès successifs qu'on arrive enfin au but longtemps poursuivi sans succès par bien d'autres, et souvent avec des idées toutes semblables.

Pour continuer ce récit, nous dirons qu'une nouvelle expérience du ballon de Chalais fut faite le 12 septembre 1884, mais qu'elle n'eut pas tout le succès qu'on en attendait. Le ministre de la guerre était présent, on avait constaté que la vitesse du vent était de 25 kilomètres à l'heure : celle du ballon fut de 26 kilomètres seulement.

MM. Renard et Krebs s'élevèrent à 4 heures 40 minutes. Le vent menait le ballon vers Vélizy. A dix minutes de Chalais, on fit jouer l'hélice, et l'aérostat revint vers son point de départ. Ensuite les aéronautes laissèrent le vent les pousser vers Vélizy. Là, ils désignèrent le lieu de la descente. C'était une plaine ; le ballon s'arrêta à un mètre du sol, et les voyageurs mirent pied à terre à 5 heures. La gaz s'était échappé en grande partie, et des laboureurs ramenèrent le ballon à Chalais.

MM. Renard et Krebs affirment que si un accident ne s'était pas produit, ils seraient revenus, contre le vent, à leur point de départ. Ils donnent pour preuve ce fait que, malgré la rupture de l'une des piles, ils ont pu opérer leur descente dans une carrière dont la superficie totale ne dépasse pas 20 mètres carrés.

MM. Gaston et Albert Tissandier, qui avaient précédé les deux capitaines de Meudon dans l'emploi d'un ballon électrique dirigeable, ne voulurent pas rester sous le coup du succès, universellement proclamé, des aéronautes militaires.

On a vu, dans le chapitre précédent, qu'avant la première expérience des aéronautes de Meudon, c'est-à-dire le 8 octobre 1883. MM. Gaston et Albert Tissandier exécutaient l'expérience fondamentale consistant à naviguer contre le vent, avec un ballon dirigeable, armé d'une hélice, actionnée par une machine dynamo-électrique qu'animait une pile à chromate de potasse Nous avons rapporté cette belle expérience et décrit l'aérostat et le moteur électrique dont firent usage ces deux hommes intrépides et dévoués qui, risquant leur vie dans des expériences dangereuses et dépensant, de leurs deniers, des sommes considérables pour leurs constructions mécaniques, méritaient la reconnaissance de tous.

Après les résultats obtenus au mois d'août 1884 par les deux capitaines de Meudon, MM. Gaston et Albert Tissandier reprirent donc leurs expériences aériennes. Le 26 septembre 1884, ils faisaient, avec leur ballon dirigeable, une ascension, qu'un succès complet couronna.

On voit dans la figure 518 l'installation des piles accumulatrices dans la nacelle de l'aérostat dirigeable, pendant cette ascension.

M. Gaston Tissandier, en son nom et au nom de son frère, a rendu compte, le 29 septembre 1884, à l'Académie des sciences, des particularités de cette expérience.

Nous mettons sous les yeux de nos lecteurs le texte de la communication de MM. Tissandier :

Fig. 518. — Le moteur électrique de l'aérostat dirigeable de MM. Gaston et Albert Tissandier, avec les piles accumulatrices, pendant l'ascension du 26 septembre 1884.

« A la suite de l'ascension que nous avons exécutée, le 8 octobre 1883, dans notre aérostat à hélice, le premier qui ait emprunté à l'électricité sa force motrice, nous avons dû modifier quelques parties du matériel et refaire notamment de toutes pièces le gouvernail, dont le rôle n'est pas moins important que celui du propulseur.

Nous avons exécuté, le vendredi 26 septembre 1884, un deuxième essai : il a donné tous les résultats que nous pouvions attendre d'une construction faite dans un but d'étude expérimentale. Notre aérostat, dont la stabilité n'a jamais rien laissé à désirer, obéit à présent avec la plus grande sensibilité aux mouvements du gouvernail, et il nous a permis d'exécuter au-dessus de Paris des évolutions nombreuses dans des directions différentes, et de remonter même, à plusieurs reprises, le courant aérien avec vent debout, comme ont pu le constater des milliers de spectateurs.

L'ascension a eu lieu à 4 h. 20 m. A 400 mètres

d'altitude, nous avons été entraînés par un vent assez vif du nord-est, et aussitôt l'hélice a été mise en mouvement, d'abord à petite vitesse. Quelques minutes après, tous les éléments de la pile montés en tension ont donné leur maximum de débit. Grâce aux dimensions plus volumineuses de nos lames de zinc et à l'emploi d'une dissolution de bichromate de potasse plus chaude, plus acide et plus concentrée, il nous a été donné de disposer d'une force motrice effective de un cheval et demi avec une rotation de l'hélice de 190 tours à la minute.

L'aérostat a d'abord suivi presque complètement la ligne du vent; puis il a viré de bord sous l'action du gouvernail et, décrivant une demi-circonférence, il a navigué vent debout. En prenant des points de repère sur la verticale, nous constations que nous nous rapprochions lentement, mais sensiblement de la direction d'Auteuil (notre point de départ), ayant une complète stabilité de route. La vitesse du vent était environ de 3 mètres à la seconde, et notre vitesse propre, un peu supérieure, atteignait à peu près 4 mètres à la seconde. Nous avons ainsi remonté le vent au-dessus du quartier de Grenelle pendant plus de quinze minutes.

Après notre première évolution, la route fut changée et l'avant du ballon tenu vers l'Observatoire.

On nous vit recommencer, dans le quartier du Luxembourg, une manœuvre de louvoyage semblable à la précédente, et l'aérostat, la pointe en avant contre le vent, a encore navigué à courant contraire. Après avoir séjourné pendant plus d'une heure au-dessus de Paris, l'hélice a été arrêtée, et l'aérostat, laissé à lui-même, tout en étant maintenu à une altitude à peu près constante, a été aussitôt entraîné par un vent assez rapide. Il passa au sud du bois de Vincennes, et à partir de cette localité il nous a été facile de mesurer par le chemin parcouru au-dessus du sol notre vitesse de translation et d'obtenir ainsi très exactement celle du courant aérien lui-même. Cette vitesse variait de 3 à 5 mètres par seconde; elle a changé fréquemment au cours de notre expérience. Arrivés au-dessus de la Varenne-Saint-Maur, au moment du coucher du soleil, nous avons profité d'une accalmie pour recommencer de nouvelles évolutions. L'hélice fut remise en mouvement, et l'aérostat, obéissant docilement à son action, remonta avec beaucoup plus de facilité le courant aérien devenu plus faible. Si nous avions eu encore une heure devant nous, il ne nous aurait pas été impossible de revenir à Paris.

L'ascension du 26 septembre 1884 aura donné une démonstration expérimentale des aérostats fusiformes, symétriques, avec hélice à l'arrière, et cela sans qu'il ait été nécessaire de rapprocher dans la construction les centres de traction et de résistance. La disposition que nous avons adoptée favorise considérablement la stabilité du système, sans exclure la possibilité de construire des aérostats très allongés et de très grandes dimensions, qui peuvent seuls assurer l'avenir de la locomotion atmosphérique.

MM. les capitaines Renard et Krebs ont brillamment démontré, d'autre part, que l'hélice pouvait être placée à l'avant, et qu'il était possible de rapprocher considérablement la nacelle d'un aérostat pisciforme auquel elle est attachée; ils ont obtenu, grâce à l'emploi d'un moteur très léger, une vitesse propre qui n'avait jamais été atteinte avant eux. Nous rendons hommage au grand mérite de MM. Renard et Krebs, comme ils l'ont fait eux-mêmes à l'égard de l'antériorité de nos essais en ce qui concerne l'application de l'électricité à la navigation aérienne. »

Un journal de Paris publia, le 29 septembre 1884, un récit de l'expérience de l'aérostat dirigeable de MM. Tissandier frères. Nous reproduisons cet article (de M. Arsène Alexandre), qui renferme des détails plus circonstanciés que ceux que l'on vient de lire.

« C'est d'Auteuil, dit M. Arsène Alexandre, où leur atelier est installé, 84, avenue de Versailles, que MM. Tissandier se sont élevés à 4 heures 20 minutes de l'après-midi. L'aérostat a accompli des évolutions à droite et à gauche de la ligne du vent. A plusieurs reprises il a remonté pendant quelques minutes le courant aérien. Mais, comme nous l'avions prévu, ce courant est devenu trop fort vers 6 heures pour permettre le retour au point de départ.

Après avoir traversé Paris, MM. Tissandier ont arrêté leur machine électrique, et le ballon a pris la direction du sud-est. Le soleil se couchait lorsque l'on a fait de nouvelles manœuvres de direction au-dessus des environs de Boissy-Saint-Léger. Elles ont eu un plein succès, et la descente s'est effectuée à Marolles-en-Brie, à 6 heures 20 minutes.

Le voyage a duré en tout deux heures.

Il faut ajouter que, pendant toute la durée de l'ascension, l'aérostat a exactement plané à la même hauteur, c'est-à-dire de 400 à 500 mètres d'altitude.

On voit que cette expérience, pour n'avoir pas été exécutée peut-être dans des conditions aussi brillantes et surtout aussi favorables que celles du capitaine Renard, n'en est pas moins digne d'être enregistrée dans les fastes de la science.

Quand on pense à la somme de savoir, de travail, de persévérance dépensée pour obtenir la réalisation du problème, il y a si peu de temps encore réputé chimérique, il y a lieu de redresser quelque peu la tête et d'être fier de cette invention exclusivement française, et perfectionnée par les seuls Français. Cela est du bon chauvinisme. Saurons-nous seulement tirer parti des résultats acquis;

Fig. 519. — M. Gaston Tissandier.

ne laisserons-nous pas les étrangers, « moins malins », mais plus habiles, exploiter le domaine défriché par les Montgolfier, les Renard et les Tissandier? Espérons qu'il n'en sera rien. En attendant, sans préjuger l'avenir, poursuivons notre étude sommaire de l'aérostat Tissandier.

Le point de départ, en quelque sorte l'embryon du ballon qui a si bien manœuvré hier au-dessus du Jardin des Plantes, a été le petit aérostat électrique que l'on se souvient d'avoir vu fonctionner à l'exposition d'électricité en 1881. Le succès de cette expérience minuscule (le moteur ne pesait que 220 grammes) encouragea M. Gaston Tissandier à l'entreprendre à grand air libre.

Ceci dit en passant, sans diminuer en rien le mérite des savants capitaines du parc de Chalais, il est équitable de faire remarquer que leur première expérience a été postérieure à celle de MM. Tissandier. Nous pourrions tout à l'heure tirer de là une conclusion.

Une remarque puérile si l'on veut, mais assez curieuse. Les aéronautes les plus distingués par leurs facultés inventives — nous ne disons pas par leur audace, pour laisser à Nadar ce qui appartient à Nadar — vont par deux frères. Les frères Montgolfier, les frères Tissandier, les frères Renard.

Dans la collaboration Tissandier, c'est M. Gaston qui est l'électricien, M. Albert l'architecte.

M. Gaston Tissandier s'est attaché à la construction des piles, du moteur dynamo-électrique et d'un appareil à gaz hydrogène. M. Albert Tissandier a exécuté l'aérostat proprement dit, avec sa housse de suspension et sa nacelle.

Donnons maintenant, d'après une intéressante brochure publiée par M. Tissandier, quelques détails sur les dimensions, la construction et le poids de l'aérostat.

Il mesure 28 mètres de longueur de pointe en pointe et 9 mètres 20 de diamètre au milieu. A la partie inférieure se trouve un cône d'appendice, terminé par une soupape automatique. Le tissu employé est la percaline, vernie par un procédé spécial. Le volume du ballon est de 1060 mètres cubes.

La housse de suspension, faite de rubans cousus à des fuseaux longitudinaux, est construite de sorte qu'elle s'adapte mathématiquement au ballon et en épouse complètement la forme. Toute déformation du système est ainsi rendue impossible.

Quel est maintenant le poids des différentes parties du matériel?

| | |
|---|---:|
| Aérostat | 170 kil. |
| Housse avec gouvernail | 70 |
| Brancards latéraux | 34 |
| Nacelle | 100 |
| Moteur, hélice et piles | 280 |
| Engins d'arrêt | 50 |
| Voyageurs avec instruments | 150 |
| Lest | 396 |
| Total | 1 250 kil. |

Il est intéressant de comparer les dimensions et les poids que nous venons d'énumérer avec ceux du ballon Renard.

On remarquera tout d'abord que le ballon Tissandier est moins allongé que celui de Meudon. Le ballon Renard présente en effet une longueur de 50m,42 et un diamètre de 8m,40. Il est donc plus long presque du double, mais un peu plus mince.

En revanche, il est notablement moins léger, malgré le poids de lest beaucoup plus considérable emporté par MM. Tissandier (386 kilogrammes contre 214).

La nacelle du capitaine Renard pèse 452 kilogrammes au lieu de 100, le filet et la chemise pèsent 127 kilogrammes au lieu de 70 kilogrammes y compris le gouvernail, tandis que le gouvernail Renard pèse à lui seul 446 kilogrammes

Nous ne tirons de cette comparaison aucune

conclusion; mais nous remarquerons simplement que, malgré ses dimensions moindres, le ballon Tissandier a pu fournir une course bien plus longue que celui du capitaine Renard.

Une différence également fort importante à signaler, la plus importante sans doute, réside dans la nacelle. Comme on sait, dans le ballon Renard elle est beaucoup plus allongée. Dans le ballon

Fig. 520. — M. Albert Tissandier.

Tissandier elle est plus étroite; elle contribue ainsi, en maintenant plus aisément le centre de gravité au milieu de l'appareil, à lui donner plus de fixité.

La nacelle Tissandier est une sorte de cage. Elle est faite de bambous assemblés avec des cordes et des fils de cuivre recouverts de gutta-percha. Les cordes de suspension l'enveloppent entièrement. On a eu la précaution d'entourer ces cordes d'une gaine de caoutchouc qui doit les préserver, en cas d'accident, du contact du liquide acide des piles. Enfin, elles sont reliées horizontalement entre elles par une couronne de cordages située à 2 mètres au-dessus de la nacelle, et à laquelle sont attachés les engins d'arrêt.

Il nous reste à parler, pour terminer ce compte rendu, du moteur, la plus importante partie du système.

Ce moteur se compose (fig. 518) :

1° D'un propulseur à deux palettes hélicoïdes;
2° D'une machine dynamo-électrique Siemens;
3° D'une batterie de piles électriques au bichromate de potasse.

Sans entrer dans les détails de la batterie, nous dirons simplement que celle-ci est aménagée de telle sorte que les piles ne communiquent entre elles que par des conduits étroits et que l'opérateur peut à son gré faire fonctionner la quantité qu'il lui plaît et régler ainsi la force qu'il désire obtenir.

Quant à l'hélice en acier, elle ne pèse que 7 kilogrammes.

Nous ne voulons pas fatiguer l'attention de nos lecteurs en entrant dans des détails techniques forcément un peu arides. Mais ne sont-ils pas frappés comme nous du soin apporté à la construction de ce remarquable aérostat? Est-ce à dire qu'il est parfait? Non, de l'aveu même de son auteur.

J'ai eu l'honneur de voir et d'entretenir les deux inventeurs qui se partagent en ce moment l'attention publique. Je dois dire que M. Tissandier est moins affirmatif que M. Renard en ce qui concerne la solution du grand problème.

Tandis que M. Renard assurait avec autorité que la direction des ballons était maintenant chose certaine, M. Tissandier s'est borné plus modestement à dire que nous sommes entrés dans une période d'essais fructueux sans doute, mais pas encore définitifs. Et cependant, nous le faisons remarquer plus haut, les expériences de M. Tissandier sont antérieures à celles de Meudon. »

Pour terminer l'histoire de la campagne aérostatique de 1884, nous dirons que les capitaines Renard et Krebs prirent, le 8 novembre 1884, une revanche de leur échec du 12 septembre.

Nous avons dit que, le 12 septembre, le ballon de Chalais avait exécuté une ascension peu réussie. Aussi le public, d'abord enthousiasmé, n'avait-il pas tardé à revenir sur sa première impression. L'admiration de la première heure avait fait place au doute. Mais il ne fallait attribuer l'insuccès de l'essai du 12 septembre qu'à un accident de machine, qui avait mis momentanément l'appareil hors de service. Cet accident n'enlevait rien à la valeur du système.

L'expérience du 8 novembre le prouva.

Vers midi, l'aérostat dirigeable de Chalais-Meudon s'élevait lentement au-dessus de la pelouse des départs. Arrivé à la hauteur des plateaux, le ballon commença à se mouvoir, sous l'influence de son hélice, dont la vitesse s'accéléra peu à peu. Après un premier virage, l'aérostat se dirigea en droite ligne vers le viaduc de Meudon, qu'il franchit bientôt. Une légère brise du nord-ouest lui fit traverser la Seine, en aval du pont de Billancourt. Il s'engagea sur la rive droite, pendant quelques minutes encore, dans la direction de Longchamp, et s'arrêta brusquement à 500 ou 600 mètres du fleuve.

Les aéronautes s'abandonnèrent alors au courant aérien, probablement pour mesurer sa vitesse. Après 5 minutes d'arrêt, l'hélice fut remise en mouvement : le ballon décrivit un demi-cercle, et se dirigea vers son point de départ avec une rectitude parfaite.

Il traversa Meudon assez rapidement, et après 45 minutes de voyage, descendit dans la pelouse de départ, sans difficulté apparente.

Après deux heures de repos, les aéronautes montaient une deuxième fois dans leur nacelle, et exécutaient, dans les environs de Chalais, de nouvelles évolutions. Le brouillard qui s'élevait alors les empêcha sans doute de s'éloigner davantage. D'ailleurs, les aéronautes avaient probablement pour but d'étudier les propriétés de leur appareil, en le soumettant à des épreuves diverses, car on vit successivement l'aérostat évoluer à droite et à gauche, s'arrêter, repartir, et finalement atterrir encore une fois dans la pelouse d'où il s'était élevé.

Les quelques personnes qui assistèrent à ce voyage aérien furent particulièrement frappées de la précision avec laquelle l'aérostat dirigeable obéissait à l'action de son gouvernail et se maintenait dans une direction rectiligne.

En 1885, les aéronautes de Meudon continuèrent de s'occuper d'expériences sur la direction des ballons.

Le mardi 25 août, le capitaine Renard, aidé de son frère, exécuta un nouveau voyage, avec son aérostat dirigeable.

L'ascension eut lieu par un vent assez vif : ce qui n'empêcha pas l'aérostat de résister au vent, en accomplissant des manœuvres qui réussirent complètement. La descente se fit à l'endroit désigné d'avance, dans l'enclos de la ferme de Villacoublay, près du Petit-Bicêtre.

Le mardi 22 septembre 1885, à 4 heures, le même aérostat, monté par les capitaines Paul et Charles Renard, et par M. Duté-Poitevin, aéronaute civil attaché à l'établissement de Chalais, s'élevait au-dessus du bois de Meudon, évoluait pendant quelques instants, et changeait de direction, au gré de ses conducteurs ; puis, vers 4 heures et demie, mettant le cap sur le nord, il arrivait rapidement au-dessus de la gare de Meudon. Poursuivant ensuite sa route, le ballon passait au-dessus de la Seine, à la hauteur de l'île de Billancourt, et s'arrêtait au Point-du-Jour. A ce moment, les personnes qui descendaient la Seine sur un bateau-hirondelle aperçurent les navigateurs aériens, et les saluèrent de leurs joyeuses acclamations.

Depuis l'ascension précédente, les aéronautes de Meudon avaient réalisé certains progrès. Ils n'avaient plus l'air d'ébranler à grand'peine une machine inerte. Dès que l'hélice était mise en mouvement, l'aérostat fendait les airs, avec précision et rapidité.

A plusieurs reprises, les aéronautes jetèrent du lest ; au lieu de tomber verticalement sur le sol, ce lest formait dans l'espace une longue traînée horizontale. C'est qu'au lieu de s'élever purement et simplement, comme les ballons ordinaires, l'aérostat de MM. Renard avançait en même temps dans la direction qu'ils avaient choisie à l'avance.

Un petit ballon de quelques décimètres de diamètre, abandonné au moment où l'aérostat dirigeable passait au-dessus de la Seine, fut promptement dépassé par les voyageurs aériens.

Arrivé au-dessus du Point-du-Jour, l'aérostat vira de bord, et mit le cap sur le bois de Meudon. Il avait, cette fois, le vent pour auxiliaire ; aussi la distance qui sépare le Point-du-Jour du camp de Chalais fut-elle franchie en quelques minutes. A 6 heures, l'aérostat arrivait au-dessus du camp. Il descendit, sans secousses et sans incidents, juste au milieu du parc.

Le lendemain, l'expérience fut renouvelée en présence du ministre de la guerre.

Après toutes ces descriptions d'appareils et ces récits, il faut conclure.

Au point de vue purement mécanique, l'appareil produisant la direction des ballons nous paraît acquis, grâce aux capitaines Renard et Krebs, qui ont fait une heureuse synthèse des dispositions imaginées et employées avant eux par Giffard, Dupuy de Lôme et les frères Tissandier. Mais il importe de poser des réserves. Il importe de dire que, si l'appareil directeur est trouvé, le moteur est encore à découvrir, et que, par conséquent, le problème général de la direction des aérostats n'est point résolu.

En effet, qu'on le comprenne bien, le moteur qui actionne le ballon n'est toujours qu'un moteur dynamo-électrique, animé par une pile voltaïque. Or, la pile voltaïque au chromate de potasse, dont faisaient usage en 1883 MM. Renard et Krebs, ainsi que MM. Tissandier frères, a une action d'une durée si courte qu'on ne peut réellement la considérer comme une force. Le courant dure à peine 3 à 4 heures. Au bout de ce temps, toute action s'arrête : il faut descendre. C'est pour cela que les aéronautes de Meudon, pas plus que MM. Tissandier frères, n'ont jamais pu faire un voyage de plus de 3 à 4 heures ; ce que l'on peut vérifier en relisant les divers récits que nous avons donnés de leurs ascensions. Peut-on prendre au sérieux une puissance motrice qui dure si peu de temps ? En mécanique, une puissance qui ne dure pas n'est pas une puissance : c'est un effort momentané ; mais, la durée lui faisant défaut, on peut lui refuser le nom de force proprement dite. A ce point de vue, le moteur de Dupuy de Lôme, qui consistait simplement dans les bras de quelques ouvriers embarqués avec l'aéronaute, était supérieur au moteur électrique, simple jouet qui s'arrête, épuisé, au bout de quelques heures.

Si donc l'appareil directeur des ballons est aujourd'hui trouvé, le moteur fait encore défaut, et c'est vers cet objet que devront se diriger les efforts des inventeurs.

Selon nous, un seul moteur répondrait aux conditions du problème, c'est-à-dire donnerait à la fois puissance et durée : c'est la machine à vapeur.

Mais, dira-t-on, une machine à vapeur placée dans le voisinage d'un gaz inflammable, c'est un feu qui flambe près d'un baril de poudre. Nous en convenons ; mais nous savons que la chose est possible, car elle a été réalisée une fois. Personne n'ignore qu'en 1852, Giffard, avec le courage et la témérité de la jeunesse, osa s'élancer dans les airs, sur un ballon à gaz hydrogène, qui emportait une machine à vapeur. Giffard prouva ainsi que la tentative est possible, puisqu'il sortit sain et sauf de ce périlleux essai. Il a tracé la route à ceux qui, venant après lui, et trouvant la science armée de moyens nouveaux et plus puissants, oseront attacher aux flancs d'un réservoir de gaz hydrogène un foyer en activité.

On peut construire des foyers à cheminée renversée, tels que celui de Giffard ; on peut fabriquer, avec l'aluminium, des machines à vapeur relativement légères ; en un mot, on peut, avec les moyens dont la science dispose aujourd'hui, essayer d'attaquer de front la question de l'application de la vapeur à l'aérostation.

Il faut chercher à disposer le foyer de manière à ne pas mettre le feu au gaz combustible renfermé dans l'aérostat. Le moyen est difficile, sans doute, mais il n'est pas au-dessus des ressources de l'art, puisque, nous le répétons, l'intrépide Giffard traversa les airs dans un ballon poussé par une machine à vapeur. Si l'on continue à faire promener dans les airs, pendant une après-midi, des ballons dirigeables électriques, on amusera les badauds, mais on ne fera pas avancer la question d'un pas.

C'est une véritable déception que l'on se prépare, en persévérant à faire usage, pour naviguer dans l'atmosphère, du moteur dynamo-électrique, dont la puissance est si médiocre et si peu durable. Il faut trouver un moteur réunissant la puissance et la durée.

Cette vérité commence à être comprise, non en France, où les directeurs de l'usine aérostatique militaire de Meudon persistent à faire usage du moteur électrique, et par suite de cette erreur, ne font pas le plus petit progrès, et ont cessé d'occuper l'attention publique, mais bien à l'étranger. En Russie, on paraît s'occuper sérieusement d'appliquer la machine à vapeur à la propulsion des aérostats. Le général Boreskoff a fait construire, en 1888, par M. Gabriel, aéronaute de Paris, un ballon dirigeable à vapeur, d'après le système proposé par cet ingénieur-aéronaute. Les travaux sont exécutés à l'ancienne usine Flaud, au Champ de Mars, où l'on a élevé un hangar pour abriter l'appareil pendant la durée du gonflement et les expériences d'essai, qui seront exécutées à Paris avant de l'être à Saint-Pétersbourg.

Pendant l'été de 1886, les aéronautes militaires russes ont tenté des ascensions à Cronstadt, avec un aérostat réalisant à peu près les conditions données par le général Boreskoff. Le *Times* a même raconté qu'un de ces voyages faillit avoir un fâcheux dénouement. Trois aéronautes partirent de Cronstadt, par un vent soufflant dans la direction du sud-est, qui les poussait vers la mer Baltique. Ils n'avaient, d'ailleurs, ni moteur, ni appareil de direction. Peu de temps après avoir passé au-dessus d'Orianenbourg, ils furent saisis par une brise violente du sud-ouest, qui les lança dans le golfe de Finlande, en même temps qu'un torrent de pluie et de grêle les inondait.

Par suite de la tourmente, les officiers russes tombèrent dans le golfe, à 19 milles au large de la côte d'Esthonie. Ils étaient perdus sans la présence d'un navire anglais commandé par le capitaine Crolls, qui accomplit leur sauvetage.

En Allemagne, on a proposé un aérostat mû par la vapeur, dont nous mettons la vue pittoresque sous les yeux de nos lecteurs (fig. 521).

« Le *ballon à vapeur* de M. Wolfert, dit M. S. de Drée, dans un article publié par le journal *Science et Nature* (1), diffère de celui des aéronautes français en ce que l'hélice de propulsion, au lieu d'être placée sous le ballon, est montée à l'avant dans un cadre en bois où elle reçoit directement du moteur à vapeur son mouvement de rotation.

« Le cadre du gouvernail se meut sur des pivots au moyen de cordages qui traversent le ballon, et sont mis en jeu par une manivelle placée dans la nacelle. Ces cordes passent à leur sortie dans des tuyaux extensibles, de façon à prévenir une déperdition de gaz. Le ballon, d'une longueur de 30 mètres, terminé en pain de sucre à ses deux extrémités, se compose d'une enveloppe de forte toile à voile, et, au lieu de filet

---

(1) 1885, tome IV, page 321.

Fig. 521. — Projet de ballon à vapeur de M. Wolfert.

ordinaire dont il est pourvu, il est maintenu par un agencement de cerceaux intérieurs. Son remplissage s'opère au moyen d'un ventilateur actionné par une manivelle et muni d'un tuyau conducteur en toile.

« Le plus grand diamètre de l'aérostat est de 8 mètres et le plus petit de 4. Son cubage est de 750 mètres cubes, et son poids total de 500 kilogrammes.

« Il porte à l'intérieur un ballonnet régulateur de la tension du gaz, au moyen d'une soupape de sûreté s'ouvrant également automatiquement, sous une pression d'un quart d'atmosphère; en sorte qu'aucune rupture n'est à redouter. La nacelle, construite en fer forgé en T, et entourée d'un treillage métallique, contient une petite chaudière à vapeur chauffée à l'alcool, et peut porter, en outre, deux personnes et le lest nécessaire. La chaudière, réglée à 12 atmosphères, est reliée par un tuyau en caoutchouc à deux petites machines à vapeur conjuguées, placées dans le cadre du gouvernail à l'avant.

« La force totale est de 3 chevaux-vapeur.

« Sous le ballon est placé un poids mobile, dont le rôle est d'équilibrer le ballonnet. La nacelle est placée à 4 mètres en dessous de l'aérostat et à 10 mètres de sa pointe antérieure. « La direction est obtenue par une inclinaison de l'hélice pivotant à 75° de droite à gauche avec son cadre. L'inventeur prétend assurer sa marche, même contre un vent debout de 6 mètres

# SUPPLÉMENT AUX AÉROSTATS.

à la seconde. L'appareil a coûté 10 000 marks ou 12 500 francs. »

La France ne s'est pas laissé distancer dans la construction des ballons à vapeur.

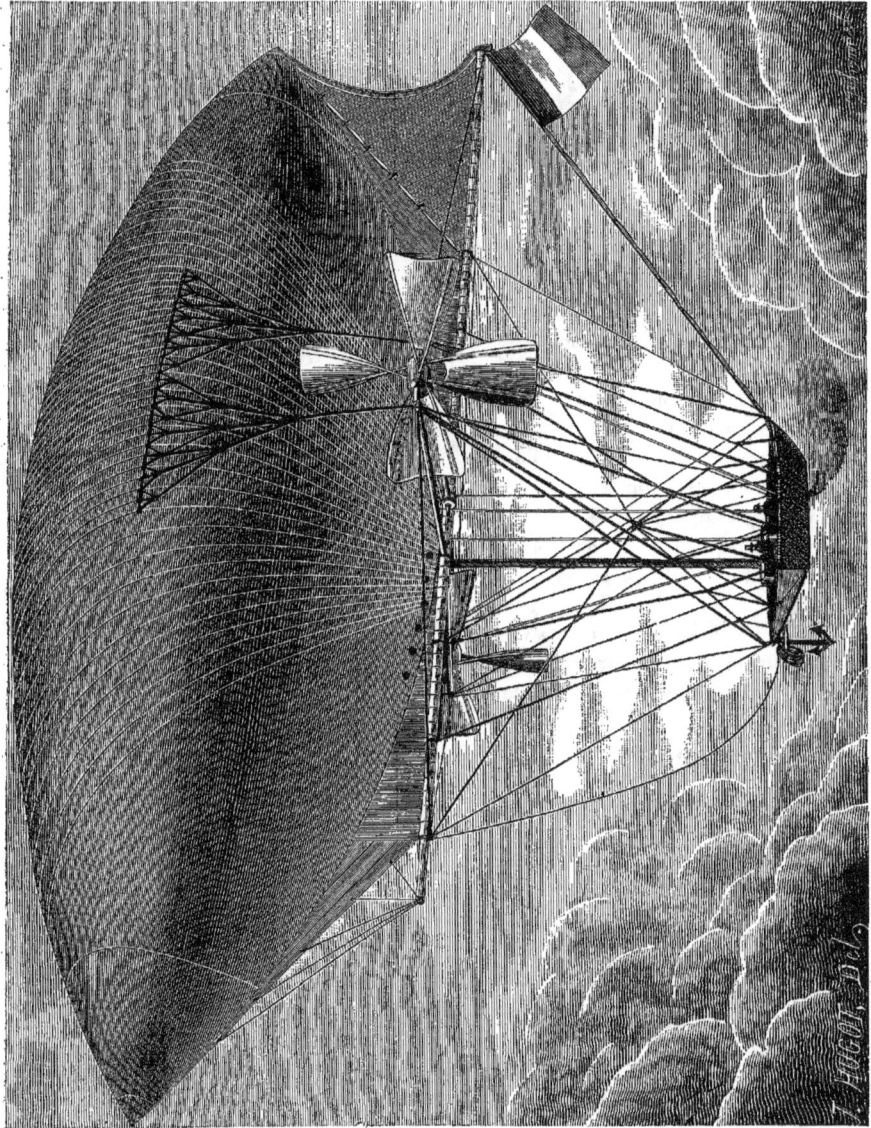

Fig. 522. — Projet de ballon à vapeur de M. G. Yon.

M. Gabriel Yon, qui fut le compagnon de Giffard dans beaucoup de ses ascensions et son constructeur préféré, a donné en 1886 le plan d'un aérostat à vapeur, qui n'a pas été exécuté, mais qui mérite de figurer ici. Nous en donnons le dessin dans la figure ci-dessus.

Le ballon a la forme ovoïde que l'on donne aujourd'hui aux ballons dirigeables. Une machine à vapeur à grande vitesse, du système Compound, à triple expansion et du genre *pilon*, est placée dans la nacelle. Elle est chauffée par le pétrole, et la fumée se rabat à la partie inférieure, comme dans le ballon de Giffard de 1852. La vapeur vient se liquéfier dans un *condenseur à vapeur*, tel que nous l'avons décrit dans ce volume (*Supplément à la machine à vapeur et aux bateaux à vapeur*) (1), puis l'eau liquéfiée retourne à la chaudière, comme sur les chaudières marines ; de sorte que la même eau sert continuellement. On sait que ce genre de moteur est appliqué aujourd'hui pour actionner des bateaux torpilleurs.

L'arbre de la machine fait tourner, par une courroie de transmission, une hélice double, placée inférieurement aux deux flancs de l'aérostat, le plus près possible du centre de la résistance, lequel correspond à peu près au centre de l'appareil total et à son centre de gravité.

M. Gabriel Yon a donné les tableaux suivants des dimensions et des conditions principales de l'aérostat à vapeur qu'il a étudié.

| | |
|---|---|
| Vitesse absolue en air calme, à l'heure............................ | 40$^{km}$ |
| Longueur du ballon................ | 60$^m$ |
| Diamètre du ballon................ | 10$^m$ |
| Hauteur du ballon................. | 13$^m$,1533 |
| Section du maître couple.......... | 88$^{mm}$ |
| Surface totale de l'aérostat......... | 1450$^m$ |
| Volume de la poche à air.......... | 500 |
| Cube total de l'aérostat............ | 2900 |
| Effort ascensionnel correspondant... | 3200$^{kg}$ |
| Vitesse de l'aérostat par seconde... | 11$^m$,111 |
| Section de l'aérostat............... | 88 |
| Coefficient de résistance du plan mince par mètre carré pour 1 mètre à la seconde......................... | 135$^{gr}$ |
| Résistance proportionnelle à l'avancement du système............. | 2036$^{km}$,0475 |
| Force correspondante en chevaux sur l'aérostat ....................... | 27$^{ch}$,160 |

| | |
|---|---|
| Recul de l'hélice et frottement des ailes dans l'air.................... | 20 p. 100 |
| Nombre de tours de l'hélice par minute........................... | 70$^t$ |
| Vitesse de l'hélice à la circonférence. | 40$^m$,317 |
| Poids du matériel aérostatique complet............................. | 800$^{ks}$ |
| Poids de la portée mécanique complète | 1600 |
| Engins de guerre soulevés (dynamite et torpilles)...................... | 400 |
| Effort ascensionnel disponible...... | 400 |

M. Gabriel Yon estime qu'un pareil véhicule, grâce à ses énormes dimensions et à la puissance de sa machine à vapeur, marcherait à la vitesse de 40 kilomètres à l'heure, en air calme (3 mètres par seconde). Cette vitesse triompherait d'un vent de faible puissance, qui n'a guère que 1 à 2 mètres par seconde.

Si le projet du savant aéronaute était mis à exécution, il y aurait grande probabilité qu'il réalisât la direction aérienne.

## CHAPITRE VII

LES APPAREILS AÉRIENS PLUS LOURDS QUE L'AIR. — L'*hélicoptère*. — LES *aéroplanes*. — ÉTAT DE LA QUESTION.

Dans les *Merveilles de la science* (1), nous avons, incidemment, dit quelques mots de la question du *plus lourd que l'air*, c'est-à-dire de la prétention, affichée par quelques aéronautes et physiciens de nos jours, de construire des machines aériennes volantes, qui, malgré leur poids, supérieur à celui de l'air, flotteraient dans l'atmosphère, grâce à la puissance de leur moteur, lequel s'appuierait sur l'air résistant, ainsi que l'hélice fait avancer un navire en s'appuyant sur l'eau.

Il n'y a rien de mathématiquement impossible à ce résultat. La seule condition, c'est de trouver un moteur tellement puissant, et en même temps tellement léger, qu'il produise, en agissant sur l'air, un effort de

---

(1) Page 36, figure 27, et page 152, figure 136.

(1) Tome II, page 562.

résistance et de réaction, capable de le soutenir et de l'entraîner au sein de l'air.

Malheureusement, aucun moteur connu ne répond à cette condition théorique. Avec le ballon flottant dans l'air, grâce à la légèreté du gaz hydrogène, on peut se contenter d'un moteur d'une puissance médiocre, tel que l'électricité ou l'air comprimé. Mais avec un aérostat ou un appareil quelconque plus lourd que l'air, il faudrait un moteur d'une puissance hors de toute limite. Ce moteur existe-t-il? Non, jusqu'à ce moment. Les tentatives faites pour réaliser l'équilibre et la progression, avec des appareils plus lourds que l'air ne pouvaient donc réussir; et de fait, elles ont toutes échoué, ainsi qu'on va le voir.

Depuis 1870 jusqu'à ce jour, beaucoup d'efforts ont été tentés dans le but de créer des machines volantes plus pesantes que l'air. Les considérations qui précèdent montrent d'avance le peu de valeur de ces tentatives. Nous pourrions donc les passer sous silence, sans grand dommage. Il nous paraît, néanmoins, que nous devons, dans ce *Supplément*, consacrer quelques pages à des efforts entrepris, en définitive, dans un but honorable et dans un esprit très scientifique.

Disons d'abord, pour éclairer le sujet, que les *aviateurs*, c'est-à-dire les partisans du plus *lourd que l'air*, se partagent en deux camps : ceux qui préconisent l'hélice comme moyen d'ascension verticale, et ceux qui emploient des appareils descendant d'un lieu élevé suivant des plans inclinés, et qu'on nomme *aéroplanes*.

Les premiers promoteurs de l'hélice avec les appareils plus lourds que l'air furent MM. Nadar, de la Landelle et Ponton d'Amécourt, dont nous avons rapporté les tentatives, faites en 1867, dans les *Merveilles de la science* (1). Ponton d'Amécourt avait fait construire par Froment, en 1863, un *hélicoptère* à vapeur, qui n'avait pu fonctionner, mais qui, perfectionné, donna naissance aux appareils de MM. Pomier et de la Pauze (1870), Achenbach (1874), Hérard (1875), Dieuaide (1877), Melikoff et Castel (1877).

L'appareil de Pomier et de la Pauze était poussé par un moteur à poudre, d'une combinaison particulière, qui actionnait une hélice tournant obliquement, pour monter en diagonale.

L'appareil d'Achenbach (fig. 523), muni d'une machine et d'une chaudière à vapeur, actionnait une grande hélice à quatre ailes CD. Des deux côtés de cette hélice se développait une palette de bois qui, d'après l'inventeur, devait fournir à l'hélice un point d'appui aérien plus efficace, et qui était munie, à l'arrière, d'un gouvernail. L'axe de cette pièce était percé d'une ouverture, où se logeait la chaudière et où prenaient place les voyageurs aériens. Une autre hélice, plus petite, était placée au-dessus de la chaudière, et flanquée d'une autre pièce de bois, AB, destinée à servir de *taille-vent*. Cette seconde hélice était mue par la vapeur qui sortait de la chaudière par un tuyau vertical. Tout cela est assez hétéroclyte.

Un autre mécanicien, nommé Hérard, a donné à l'*hélicoptère à vapeur* de M. Achenbach une autre disposition ; mais cette variante de la construction qui vient d'être décrite n'ayant pas été exécutée, on n'en saurait rien dire.

Le secrétaire de la *Société de navigation aérienne*, M. Dieuaide (un bon nom d'inventeur), a conçu et exécuté un autre dispositif. Ce sont deux hélices à large pale carrée (fig. 524), mises en mouvement par une machine à vapeur, installée à terre, et qui envoie sa vapeur à l'appareil, au moyen

(1) Tome II, pages 599-601.

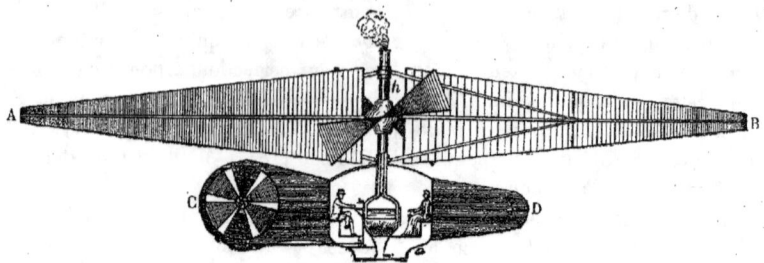

Fig. 523. — Hélicoptère à vapeur de M. Achenbach.

d'un tube. Mais, par des expériences répétées, on a reconnu que la force ascensionnelle n'était pas de plus de 2 kilogrammes par force de cheval-vapeur fournie par la chaudière. D'ailleurs, l'installation de la chaudière à vapeur sur le sol montre qu'il ne s'agissait ici que d'un essai.

M. Melikoff emploie une autre machine, dans laquelle l'hélice est disposée de manière à se transformer au besoin en parachute.

En 1878, M. Castel a construit un hélicoptère mû par l'air comprimé. Des engrenages communiquent le mouvement à quatre paires d'hélices superposées et placées côte à côte, les unes tournant en sens contraire des autres (fig. 525). L'appareil pour la compression de l'air restait sur le sol, et un tube de caoutchouc envoyait l'air comprimé.

Un accident mit fin aux essais de ce joujou aérien.

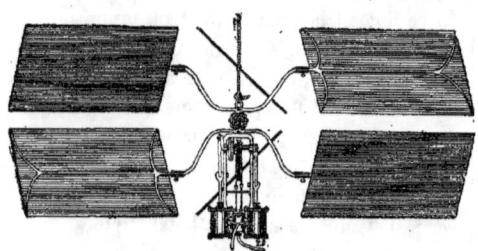

Fig. 524. — Mécanisme hélicoptéroïdal de M. Dieuaide.

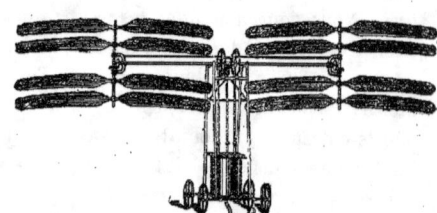

Fig. 525. — Hélicoptère à air comprimé de M. Castel.

Pendant la même année, un physicien de Milan, le professeur Forlarini, exécutait un appareil plus lourd que l'air (hélicoptère) supérieur à tous ceux qui l'ont précédé, car c'est le seul appareil de ce genre qui se serait élevé de terre en soulevant avec lui son moteur et sa machine à vapeur.

On voit sur la figure 526 l'esquisse de l'*hélicoptère* à vapeur du professeur Forlarini.

L'hélice AB, actionnée par l'arbre vertical de la machine à vapeur, est de grande

surface. Au-dessous est une grande charpente fixe, CD, supportée par les traverses où repose la machine à vapeur, et qui est fixe pour offrir une grande résistance à l'air. La vapeur qui devait faire tourner, grâce au mécanisme particulier, l'hélice propulsive, allait d'abord remplir une boule métallique creuse, b, suspendue au-dessous de la chaudière et y subissait une forte impression avant de se rendre dans le cylindre moteur.

Il paraît que les expériences du profes-

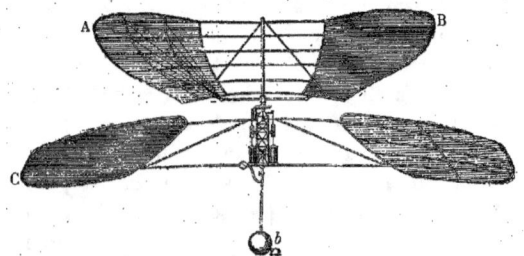

Fig. 526. — Appareil à vapeur du professeur Forlarini.

seur de Milan ne furent pas défavorables. Cependant l'inventeur ne les a pas poursuivies.

Nous arrivons à la seconde catégorie d'appareils volateurs, ceux qui procèdent par impulsion d'un mécanisme tombant le long d'un plan incliné et tendant à imiter le vol de l'oiseau.

C'est vers 1871 que l'inventeur de ce système, M. Penaud, fit connaître le parti que l'on pouvait tirer, pour l'*aviation*, de la force assez considérable résidant dans une tresse de caoutchouc fortement tordue, et que l'on laisse se dérouler, par son élasticité. Pendant plusieurs années M. Penaud, poursuivant ses études, a fait connaître plusieurs dispositions d'oiseaux mécaniques, volant avec une certaine rapidité.

MM. Pline et Jobert ont, de leur côté, construit, en 1872, avec le caoutchouc tordu, des machines volantes, qui ont bien fonctionné. Le modèle de M. Pline se composait d'un axe horizontal formé du faisceau de caoutchouc tordu et d'une queue à surface triangulaire. Les quatre ailes changeaient de place, pour battre l'air et imiter la flexion naturelle de l'aile de l'oiseau.

Mais c'est le docteur Hureau (de Villeneuve), président de la *Société de navigation aérienne*, qui s'est le plus occupé de construire des appareils volateurs, destinés à exécuter les mouvements de l'oiseau dans l'air. M. Hureau (de Villeneuve) se consacre avec un zèle sans pareil à la propagation de l'*aviation*. Le journal l'*Aéronaute*, qui se publie sous sa direction, est entièrement affecté à ce genre d'études. L'oiseau mécanique qu'il a construit a l'aspect d'une chauve-souris, et grâce à la simple détorsion d'un boyau de caoutchouc, il fend l'air avec une vitesse remarquable, c'est-à-dire en parcourant 9 mètres par se-

Fig. 527. — Oiseau mécanique du docteur Hureau de Villeneuve.

conde. On voit dans la figure ci-dessus l'*oiseau mécanique* de M. Hureau de Villeneuve.

L'auteur a construit plusieurs autres modèles d'oiseaux artificiels, du poids de 100 grammes à 1 500 grammes.

C'est, pour ainsi dire, par acquit de conscience, et pour ne pas paraître dédaigner des travaux conçus dans un très honorable but, que nous avons consigné ici les tentatives diverses des promoteurs du *plus lourd que l'air*. Ce qui prouve leur peu de valeur, c'est que rien n'est resté, du moins jusqu'à ce moment, des nombreuses expériences faites dans cette direction, depuis 1870, car jamais le public n'a été mis en mesure d'en connaître l'existence. La raison en est, ainsi que nous l'avons dit au début de ce chapitre, qu'il faudrait un moteur marchant avec une vitesse inouïe, pour élever en l'air, y maintenir et y diriger un appareil lourd. Or, ce moteur merveilleux, ce phénix de la mécanique, n'a jamais été vu que dans les aspirations et les rêves des partisans du *plus lourd que l'air*.

Le système du *plus lourd que l'air* est donc aujourd'hui en défaveur, et nous ajouterons en juste défaveur. Est-il raisonnable de rejeter, sans nécessité, le merveilleux moyen que nous offre l'art des Montgolfier de nous élever de terre et de flotter dans les airs, sans dépense, ni appareil compliqué, grâce au seul emmagasinement d'un gaz providentiellement léger : le gaz hydrogène ?

---

## CHAPITRE VIII

### LES DRAMES AÉRIENS.

Nous avons consacré, dans notre Notice sur les *Aérostats*, des *Merveilles de la Science*, un chapitre à retracer les accidents et les malheurs qu'ont amenés à leur suite beaucoup de voyages aériens. Les ascensions, soit dans un but de réjouissance publique, soit dans un intérêt scientifique, s'étant beaucoup multipliées depuis 1870 jusqu'à ce jour, il est facile de comprendre que le nombre des victimes de l'aérostation se soit notablement accru. Nous enregistrerons, dans ce *Supplément*, les récents désastres survenus dans les plaines de l'air, par l'imprudence des aéronautes, ou par des circonstances imprévues et fatales.

On a lu, dans l'histoire des ballons-poste du siège de Paris, le récit de plusieurs événements tragiques survenus aux courageux aéronautes qui franchissaient, au haut des airs, les lignes ennemies. La perte du ballon *la Ville de Florence*, qui atterrit en Norvège, après un voyage si émouvant, la mort du matelot Prince et d'autres aéronautes du siège, ont marqué de tristes épisodes dans l'histoire de l'aérostation moderne. Cette lugubre série s'est continuée par les événements qu'il nous reste à raconter.

Duruof était un aéronaute qui, dans les premiers temps de l'investissement de Paris, s'était empressé de réparer un vieux ballon qui lui appartenait, le *Neptune*, pour le mettre à la disposition du gouvernement. M. Nadar installa ce ballon sur la place Saint-Pierre, à Montmartre, et s'en servit pour faire quelques ascensions captives.

Nous avons dit que Duruof fut le premier aéronaute qui partit de Paris, pendant le siège. Le 23 septembre 1870, il s'élevait de la place Saint-Pierre, emportant 125 kilogrammes de dépêches, et il accomplit heureusement sa mission ; car il descendit près d'Évreux, avec tout son bagage.

A Tours, par l'ordre du gouvernement de la Défense nationale, il construisit, avec l'aéronaute Mangin, un ballon de soie, qui était destiné à des ascensions captives pour les opérations de l'armée de la Loire. Ce ballon, qui avait reçu le nom de la *Ville de Langres*, resta sans emploi, le désarroi de la campagne ayant rendu ses services inutiles.

C'est le 31 août 1874, pendant les fêtes de Calais, que Duruof essaya de franchir la Manche, pour passer de France en Angleterre, à l'imitation de Blanchard, qui avait effectué ce tour de force en 1812. Sa femme, qui l'accompagnait, n'était jamais montée en ballon. L'ascension du 31 août était son voyage de noces, voyage qui fut fort accidenté, comme on va le voir

Le vent était contraire pour passer de

SUPPLÉMENT AUX AÉROSTATS. 687

Fig. 528. — Duruof partant de Calais.

France en Angleterre, et on ne pouvait mettre en doute qu'il emportât les passagers de *Tricolore* sur la mer du Nord. Le maire de Calais et le capitaine du port s'opposaient vivement au départ, et le gros de la foule commençait à quitter la place. Mais, dans d'autres groupes, on murmurait, et on lançait des propos désobligeants contre l'aéronaute. Il fallait rendre la recette ou partir. En présence des mauvaises dispositions de la foule, Duruof retourne vers son ballon, il y monte avec sa femme, et donne le signal du départ.

Les cordes sont coupées, le vent pousse l'aérostat vers la mer du Nord, et on le perd de vue.

Pendant trois jours, on crut les voyageurs perdus. Quelle apparence, en effet, qu'un aérostat d'une aussi faible dimension (800 mètres cubes) pût, sans se dégonfler, se soutenir assez longtemps dans l'espace pour parvenir en Angleterre, ou revenir sur le continent? Ces craintes devaient être démenties, mais au prix de quels dangers?

C'est à 7 heures et demie du soir que le *Tricolore* prit son essor. Les habitants de Calais, réunis sur la place ou sur la jetée, considéraient avec une émotion profonde ce petit globe que le vent poussait comme une plume vers la haute mer.

Jusqu'au lever du jour le *Tricolore* flotta au-dessus de la mer, sans trop s'élever, pour ménager son lest. Heureusement le ballon était neuf et d'une étoffe solide; il faisait bonne contenance.

Mais, au matin, la situation commença à devenir terriblement inquiétante. Le ballon flottait à une faible hauteur au-dessus de l'eau. Duruof compte ses sacs de lest; il en a cinq, ce qui lui assure, d'après son estimation, dix à douze heures de séjour dans l'air. Le vent le poussait vers les côtes de la Norvège, et il pouvait espérer y atteindre. Mais le vent change, et le ballon demeure immobile. Il faut absolument prendre un parti. Duruof attend qu'un navire apparaisse à l'horizon, pour faire descendre son aérostat au niveau de l'eau. Une voile se montre précisément, presque au-dessous de lui. Il ouvre la soupape et descend au-dessus des flots, décidé à se laisser traîner sur les vagues, jusqu'à ce qu'il soit remorqué par les passagers du navire en vue. Il encourage sa femme, qui montre, d'ailleurs, beaucoup de résignation et d'énergie.

Ici commencent de terribles angoisses. Le ballon fait des bonds énormes à la surface des flots, tantôt enlevé par le gaz, tantôt submergé par les vagues. Accroupis dans la nacelle, ou suspendus au cercle qui retient les cordages, les naufragés sont plusieurs fois mouillés par les vagues. Leurs membres s'engourdissent, et Duruof voit sa malheureuse compagne, épuisée, perdre ce qui lui restait de forces. Il la prend dans ses bras et l'encourage, en lui montrant le navire qui s'approche d'eux. Seulement, l'agitation de la mer ou la masse du ballon cachent souvent à leurs yeux le navire, ce qui semble la perte de leur dernière espérance.

Depuis deux heures, ils étaient assaillis par les vagues, et M$^{me}$ Duruof était à demi morte de froid. Appuyée contre la paroi de la nacelle, sa tête seule sortait de l'eau, et quelquefois une lame énorme se jetait sur le ballon, et la submergeait complètement, pendant des secondes qui lui apparaissaient autant de siècles. Duruof, se cramponnant au cercle, trouvait un point d'appui sur la corde d'ancre, qui était tendue comme une barre de fer, par l'action de l'eau de mer. Ils étaient emportés à la surface des flots, avec une vitesse vertigineuse. Quelquefois, Duruof plongeait au fond de la nacelle, pour en retirer un sac de sable, qui, transformé par l'eau en une véritable boue, n'en allégeait pas moins l'esquif, et lui permettait de mieux flotter.

A bout de forces, M$^{me}$ Duruof était éva-

# SUPPLÉMENT AUX AÉROSTATS.

Fig. 529. — Sauvetage de Duruof et de sa femme par le capitaine anglais Oxley et un matelot.

nouie, quand le navire qui s'était mis à leur poursuite finit par les atteindre.

C'était un petit navire anglais, frété pour la pêche du hareng. Son capitaine, M. William Oxley, s'efforçait, depuis deux heures, de joindre le ballon en détresse à la surface de l'océan. Parvenu enfin à s'en approcher à 200 mètres, il fait mettre la chaloupe en mer; il y descend lui-même, avec un matelot, et il parvient à saisir une des cordes flottantes du malheureux aérostat. Mais la vaste surface de l'étoffe forme une voile formidable, qui entraîne la chaloupe et manque de la faire chavirer. Le moment est effroyable. Les deux marins vont-ils périr avec les naufragés de l'air?

Duruof se met en devoir de couper les cordes qui suspendent la nacelle à l'aérostat, mais il n'a pas terminé sa besogne que les deux courageux sauveteurs sont près de lui. Ils réunissent leurs efforts pour prendre dans leurs bras les deux aéronautes, et les font descendre dans la barque, où ils tombent eux-mêmes épuisés.

Le capitaine Oxley conduisit Duruof et sa femme à Grimsly. Là, ils reçurent le plus chaleureux accueil. En Angleterre, on avait annoncé leur mort, de sorte qu'à leur passage à Londres ils furent reçus avec un véritable enthousiasme.

Mais rien n'égale la réception qui leur fut faite à Calais. A la nouvelle de leur miraculeux sauvetage, les habitants de la ville ouvrirent une souscription de 10 000 francs, qui, rapidement couverte, permit à Duruof de remplacer le *Tricolore*.

Tels sont les jeux de la fortune et du hasard. Condamnés à la plus cruelle mort, les passagers du *Tricolore* étaient les triomphateurs et les héros du jour.

Cependant le public parisien ne partagea pas l'enthousiasme des habitants de Calais. On savait que Duruof avait mis ses services d'aéronaute à la disposition de la Commune; qu'il avait dû passer, pour ce fait, devant un conseil de guerre, et malgré son acquittement, les habitants de la capitale étaient peu disposés à l'enthousiasme envers lui. Une ascension qui fut annoncée au Champ de Mars, à son bénéfice, ne put avoir lieu, faute de souscripteurs.

Ce n'était pas la première fois que des aéronautes tombaient à la mer. Nous avons raconté, dans les *Merveilles de la science,* la chute de Zambeccari dans l'Adriatique, en 1804 (1), et celle d'Arban, dans la même mer, en 1846 (2). M$^{me}$ Poitevin tomba dans la mer du Nord en 1807 et fut sauvée par un navire, après des péripéties dramatiques.

Arban périt dans une traversée de l'océan, et nous avons raconté la perte du matelot Prince, aéronaute du siège. Le célèbre aéronaute anglais Green, qui fit 1 400 ascensions, tomba trois fois dans la Manche, et fut trois fois sauvé miraculeusement par des marins.

Pour continuer la série de ce que nous appelons les *drames aériens,* nous parlerons de la fin tragique de l'*homme volant.*

En 1874, les journaux anglais annonçaient que le 9 juillet, à sept heures et demie, Degroof, inventeur belge, dit l'*homme-volant,* tenterait une ascension à Cremorn-Garden, et traverserait les airs, sur une longueur de 5 000 pieds. Cette expérience causa sa mort.

Depuis de longues années, Degroof travaillait à construire une machine au moyen de laquelle il prétendait voler, comme un oiseau. Cet appareil se composait d'énormes ailes, semblables à celles de la chauve-souris: les tiges étaient en baleine, et les membranes qui les réunissaient étaient en soie caoutchoutée. Degroof l'avait essayé, pour la première fois, en 1873, sur une des places de

---
(1) Tome II, pages 516-548.
(2) Ibid., page 553 (fig. 311).

Fig. 530. — Chute de l'homme-volant, à Londres.

Bruxelles. Il s'était élancé d'une grande hauteur ; mais il était tombé lourdement, quoique sans se faire de mal, et la foule, mécontente, avait mis son appareil en pièces.

Cependant, le 29 juin 1874, l'expérience réussit à Cremorn-Garden, à Londres : Degroof s'éleva dans un ballon, conduit par M. Simmons. L'aérostat se dirigea jusqu'à la hauteur de Brandon, dans le comté d'Essex. Là, l'intrépide mécanicien fut livré à lui-même et lancé dans l'espace. Il descendit lentement, et toucha terre assez heureusement.

Mais une seconde expérience, tentée le 9 juillet, en présence de la foule, devait lui être fatale. Le ballon s'éleva lentement ; pas un souffle d'air ne venait contrarier sa marche ; l'appareil était en bon état, et Degroof avait fait ses adieux à sa femme, plein de confiance, en lui disant : « Au revoir ! »

A un quart de mille de Cremorn-Garden, au-dessus de Roben-Street, le ballon se rapprocha de terre. Simmons crut le moment venu d'abandonner l'homme-volant à ses propres ailes. On était près d'une église : « Je vais descendre dans le cimetière, » cria Degroof, en s'abandonnant à son appareil.

Il ne disait que trop vrai !

A quatre-vingts pieds de terre, devant des milliers de spectateurs, au lieu de s'abattre doucement, les ailes déployées, l'appareil tourna sur lui-même, ses ailes ne prenant plus le vent, et le malheureux Icare vint se briser sur une tombe.

Il était sans connaissance, mais respirait encore. Transporté à l'hôpital, il mourut en y entrant.

La foule, ignorant ce qui venait de se passer, mit l'appareil en pièces, avant que la police eût le temps de l'en empêcher.

Nous arrivons à la catastrophe du *Zénith*, qui priva les sciences d'observation de deux intrépides et intelligents investigateurs et qui produisit, dans le monde scientifique, comme dans le monde étranger aux sciences, une douloureuse sensation.

Avant d'en commencer le récit, nous exprimerons un regret et un reproche. La catastrophe du *Zénith* fut causée certainement par un défaut de précautions. Une imprudence excessive avait présidé aux préparatifs d'une ascension faite dans le but, bien arrêté d'avance, de s'élever aux plus hauts sommets de l'air. L'expérience se faisait, non seulement sous l'inspiration de l'Académie des sciences de Paris, représentée par l'un de ses membres, mais encore sous les auspices d'un professeur du Collège de France, Paul Bert. Le programme des opérations à exécuter avait été tracé avec précision aux explorateurs, et ce programme se rapportait à des déterminations météorologiques à faire dans les plus hautes régions qu'un aérostat pût atteindre. Et c'est à peine si l'on avait songé à assurer la respiration des navigateurs aériens dans les régions d'une altitude extrême ! Trois petits ballons de caoutchouc, contenant 70 pour 100 d'oxygène, et 30 d'air, capables d'entretenir la respiration pendant une heure au plus, voilà ce qu'emportaient les voyageurs. N'aurait-on pas dû songer, non seulement à les munir d'une plus forte proportion de gaz respirable, mais encore à rendre, au moyen d'une espèce de masque posé devant la bouche, la respiration de l'oxygène automatique, forcée, pour ainsi dire ? On avait donc oublié combien est dangereux, foudroyant, l'arrêt subit de la respiration ! — On n'avait donc pas lu dans l'ouvrage de MM. Glaisher, Fonvielle et Gaston Tissandier, les *Voyages aériens*, le récit de l'ascension de Glaisher et Coxwell, dans laquelle M. Glaisher manqua de perdre la vie, après avoir dépassé l'altitude de 8 000 mètres, et ne dut son salut qu'à un miraculeux hasard ! On sait qu'arrivé à cette hauteur, M. Glaisher tomba subitement sans connaissance, au fond de sa nacelle, et, s'il ne périt pas, c'est que Coxwell, tout défaillant lui-même, eut pourtant la force de tirer avec ses dents la soupape, et de provoquer ainsi une descente rapide. — On ne savait donc pas que, quand la respiration vient à lui manquer pour le plus petit espace de temps, l'homme n'a plus conscience de lui-même, et qu'il accomplit alors des actes involontaires, qui sont de véritables suicides! — Si l'on avait réfléchi à tout cela, on n'aurait pas expédié dans les régions irrespirables un aérostat monté par trois hommes, sans plus de précautions ni de préparatifs que s'il se fût agi d'une ascension en ballon captif.

Nous abrégeons ces réflexions pénibles pour arriver au récit de l'événement.

La mission scientifique aérienne donnée à MM. Crocé-Spinelli, Sivel et Gaston Tissandier, et dont les frais étaient supportés en partie par une souscription recueillie par la *Société de navigation aérienne*, et pour la plus grande partie par l'Académie des sciences elle-même, était de compléter les données recueillies dans une ascension qui avait été faite, le 23 mars 1874, par Crocé-Spinelli et Sivel, et dans laquelle on avait accompli un voyage de vingt-trois heures au-dessus de toute la France. On avait fait, dans cette belle ascension, d'importantes déterminations météorologiques; il s'agissait de les compléter à la plus grande hauteur à laquelle on pût parvenir. Il fallait constater s'il existe, à ces hauteurs excessives, de la vapeur d'eau, et quelle est la proportion du gaz acide carbonique. On emportait les mêmes appareils scientifiques qui avaient servi le 23 mars 1874, et l'on partait dans le même ballon. M. Gaston Tissandier devait doser le gaz acide carbonique, au moyen d'un appareil dit *aspirateur*, et qui se compose d'un tube à potasse, dans lequel on fait passer un volume connu d'air, pour retenir l'acide carbonique. Crocé-Spinelli devait rechercher la vapeur d'eau par des observations spectroscopiques. Sivel, aéronaute de profession, dirigeait l'esquif aérien.

Tout le monde connaît le déplorable résultat de ce voyage. Deux heures seulement après le départ, Spinelli et Sivel étaient foudroyés par l'apoplexie pulmonaire, et Gaston Tissandier gisait, à demi mort, près de deux cadavres. Il dut son salut, d'après ce qu'il assure, à ce qu'il tomba en syncope, et que sa respiration fut ainsi suspendue

Fig. 581. — Crocé-Spinelli.

pendant qu'il flottait dans des espaces à peu près vides d'air.

Comment expliquer ce malheur? D'abord par la quantité insuffisante de gaz oxygène que l'on avait emportée, ensuite par la trop grande rapidité de l'ascension. L'air diminue de masse à mesure que l'on s'élève en hauteur : par conséquent la respiration pulmonaire s'effectue avec d'autant plus de difficulté qu'on est plus élevé au-dessus du sol. La *raréfaction* de l'air (c'est-à-dire son poids moindre sous le même volume) est déjà telle, à cinq ou six mille mètres, qu'on a de la peine à respirer, et qu'on ne pourrait rester impunément pendant un certain temps à une telle hauteur. Mais, indépendamment de l'insuffisance de l'air, à partir d'une certaine altitude, il y a une autre cause de danger pour la vie des êtres animés : c'est la diminution de la pression atmosphérique. Sur la terre, la pression atmosphérique qui comprime notre corps à l'extérieur est équilibrée à l'intérieur par les liquides qui circulent dans les organes. Si cette pression extérieure vient à diminuer, par suite du transport du corps dans une région plus élevée, cet équilibre est rompu ; il y a excès de la pression intérieure sur celle du dehors, et de là peuvent résulter les accidents les plus graves. Ces accidents consistent surtout en un trouble dans la circulation du sang. Si l'on s'élève beaucoup, le sang sort par le nez, par les oreilles ; les lèvres bleuissent : on est exposé à une apoplexie pulmonaire. Dès que l'aéronaute commence à respirer avec peine et à souffrir du manque d'air, il doit donc prendre garde, et ne s'élever qu'avec précaution. Il est à craindre qu'il ne soit bientôt plus assez maître de ses mouvements pour pouvoir respirer le gaz oxygène qu'il a emporté comme moyen de salut.

Ainsi, une précaution essentielle pour l'aéronaute, c'est de s'élever avec lenteur, afin que son corps ne passe pas avec une trop grande rapidité de la pression extérieure normale à une pression insuffisante. En procédant graduellement, il peut rendre beaucoup moins dangereux ce passage de la pression ordinaire à une faible pression, ses organes ayant le temps de s'y préparer et de réagir contre cette cause d'accidents. Les ouvriers qui travaillent dans l'air comprimé, pour la fondation des piles de pont, sous l'eau, ont bien soin de ménager cette transition du passage de l'air extérieur à l'atmosphère d'air comprimé, et ceux qui s'abstiennent de cette précaution en sont les victimes. Les crachements de sang, les saignements de nez, les vertiges, auxquels sont sujets les ouvriers qui travaillent dans l'air comprimé, ont pour cause le mépris de la transition d'une atmosphère à une autre. Ce qui est vrai pour l'air comprimé l'est également pour l'air raréfié, car c'est la même cause agissant en sens inverse. L'air comprimé produit des épanchements et intravasations des liquides du corps de l'extérieur à l'intérieur ; l'air raréfié provoque des extravasations, des épanchements du sang du dedans au dehors. Mais dans l'un et l'autre cas on peut éviter ces dangers en ne se soumettant que progressivement à la différence de pression.

Nous sommes convaincu que dans le cas du *Zénith* la trop grande rapidité de l'ascension fut pour beaucoup dans la catastrophe. C'est le passage trop subit de la pression normale à une très faible pression qui devint la cause originaire du malheur. Les trois aéronautes furent, pour ainsi dire, sidérés par l'atmosphère raréfiée dans laquelle ils se trouvèrent trop rapidement transportés. De là résulta un anéantissement des facultés, qui détermina, comme il arrive dans ces sortes de cas, des actes involontaires, inconscients, qui causèrent leur mort. C'est, en effet, parce qu'ils perdent subitement la possession de leur intelligence, que l'un des aéronautes coupe les sacs de sable, pour s'élever plus haut, alors qu'il aurait dû, au contraire, ouvrir la soupape, pour redescendre. C'est pour cela que l'autre jette par-dessus le bord les couvertures, et jusqu'aux appareils que l'Académie avait mis entre ses mains pour faire des expériences.

Ainsi, défaut de prudence qui a empêché de munir les aéronautes des appareils recommandés contre l'asphyxie, trop grande rapidité de l'ascension, telles sont les deux causes qui, selon nous, expliquent la catastrophe du *Zénith*.

Quoi qu'il en soit d'un événement dont

les détails ne seront sans doute jamais bien connus, le lendemain, à six heures du matin, un télégramme annonçait le désastreux événement à M. Albert Tissandier, frère de l'un des trois aéronautes.

Ce télégramme fut suivi d'une lettre de M. Gaston Tissandier. Nous croyons devoir la reproduire, parce qu'elle est indispensable à l'intelligence de la suite du récit :

« Ciron (Indre), 16 avril.

« Cher monsieur,

« Un télégramme envoyé par voie officielle vous a appris l'épouvantable malheur qui nous a frappés. Sivel et Crocé-Spinelli ne sont plus; l'apoplexie les a saisis dans les hautes régions de l'air que nous avons atteintes.

« Je vous dirai ce que je peux savoir de ce drame, car, pendant deux heures consécutives, je me suis trouvé dans un état d'anéantissement complet.

« L'ascension de l'usine à gaz de La Villette s'est bien accomplie; à une heure de l'après-midi, nous étions à plus de 5 000 mètres (pression 400); nous avions fait passer l'air dans les tubes à potasse, tâté nos pulsations, mesuré la température intérieure du ballon, qui était de 20°, tandis que l'air extérieur était de — 5°. Sivel avait arrimé la nacelle, Crocé s'était servi de son spectroscope. Nous nous sentions tout joyeux.

« Sivel jette du lest; bientôt nous montons tout en respirant de l'oxygène qui produit un effet excellent.

« A 1 heure 20, le baromètre marque 320°, nous sommes à l'altitude de 7 000; la température est de — 10°. Sivel et Crocé sont pâles et je me sens faible. Je respire de l'oxygène qui me ranime un peu. Nous montons encore.

« Sivel se tourne vers moi et me dit : « Nous avons beaucoup de lest, faut-il en jeter? »

« Je lui réponds : « Faites ce que vous voudrez. »

Il se tourne vers Crocé et lui fait la même question. Crocé baisse la tête, en signe d'affirmation très énergique.

« Il y avait dans la nacelle au moins cinq sacs de lest; il y en avait quatre au moins pendant en dehors par des cordelettes.

« Sivel saisit son couteau et coupe successivement trois cordes. Les trois sacs se vident et nous montons rapidement.

« Je me sens tout à coup si faible que je ne peux même pas tourner la tête, pour regarder mes compagnons qui, je crois, se sont assis.

« Je veux saisir le tube à oxygène, mais il m'est impossible de lever les bras. Mon esprit était encore très lucide; j'avais les yeux sur le baromètre, et je vois l'aiguille passer sur le chiffre de la pression 290, puis 280, qu'elle dépasse. Je veux m'écrier : « Nous sommes à 8 000 mètres! » mais ma langue est presque comme paralysée.

« Tout à coup je ferme les yeux et je tombe inerte, perdant absolument le souvenir : il était environ une heure et demie.

« A 2 h. 8 m. je me réveille un moment; le ballon descendait rapidement, j'ai pu couper un sac de lest pour arrêter la vitesse et écrire sur mon registre de bord les lignes suivantes que je recopie :

« Nous descendons. Température — 8°, je jette lest : H = 315. Nous descendons, Sivel et Crocé

Fig. 532. — Sivel.

évanouis au fond de la nacelle. Descendons très fort. »

« A peine ai-je écrit ces mots, qu'une sorte de tremblement me saisit, et je retombe évanoui encore une fois. Je ressentais un vent violent qui indiquait une descente très rapide. Quelques moments après, je me sens secouer par les bras, et je reconnais Crocé qui s'est ranimé : « Jetez du lest, me dit-il, nous descendons. » Mais c'est à peine si je puis ouvrir les yeux et je n'ai pas vu si Sivel était réveillé. Je me rappelle que Crocé a détaché l'aspirateur, qu'il a jeté par-dessus bord, et qu'il a jeté du lest, des couvertures, etc.

« Tout cela est souvenir extrêmement confus, qui s'éteint vite, car je retombe dans mon inertie plus complètement encore qu'auparavant, et il me semble que je m'endors d'un sommeil éternel.

« Que s'est-il passé? Je suppose que le ballon

Fig. 533. — La nacelle du *Zénith*.

délesté, imperméable comme il l'était, et très chaud, a remonté encore une fois dans les hautes régions.

« A trois heures environ, je rouvre les yeux, je me sens étourdi, affaissé, mais mon esprit se ranime. Le ballon descend avec une vitesse effrayante, la nacelle est balancée avec violence et décrit de grandes oscillations; je me trouve sur mes genoux et je tire Sivel par le bras, ainsi que Crocé.

« Sivel! Crocé! m'écriai-je, réveillez-vous! »

« Mes deux compagnons étaient accroupis dans la nacelle, la tête cachée sous leurs manteaux. Je rassemble mes forces et j'essaye de les soulever. Sivel avait la figure noire, les yeux ternes, la bouche béante et remplie de sang; Crocé-Spinelli avait les yeux fermés et la bouche ensanglantée.

« Vous dire ce qui se passa alors m'est impossible. Je ressentais un vent effroyable de bas en haut. Nous étions encore à 6 000 mètres d'altitude. Il y avait encore dans la nacelle deux sacs de lest que j'ai jetés. Bientôt la terre se rapproche. Je veux saisir mon couteau pour couper la cordelette de l'ancre : impossible de le retrouver! J'étais comme fou, et je continuais à appeler : « Sivel! Sivel! »

« Par bonheur j'ai pu mettre la main sur un couteau et détacher l'ancre au moment voulu. Le choc à terre fut d'une violence extrême. Le ballon sembla s'aplatir, et je crus qu'il allait rester en place; mais le vent était violent et l'entraîna; l'ancre ne mordait pas et la nacelle glissait à plat sur les champs.

« Les corps de mes malheureux amis étaient cahotés çà et là, et je croyais à tout moment qu'ils allaient tomber de la nacelle. Cependant j'ai pu saisir la corde de la soupape, et le ballon n'a pas tardé à se vider, puis à s'éventrer contre un arbre. Il était quatre heures.

« En mettant pied à terre, j'ai été saisi d'une surexcitation fébrile violente, et bientôt je me suis affaissé en devenant livide; j'ai cru que j'allais rejoindre mes amis dans l'autre monde. Cependant je me remis peu à peu.

« J'ai été auprès de mes malheureux compagnons, qui étaient déjà froids et crispés. J'ai fait porter leurs corps à l'abri dans une grange voisine! Les sanglots m'étouffaient et m'étouffent encore!

« Je suis à Ciron, près Le Blanc (Indre), où j'ai trouvé l'hospitalité la plus parfaite.

« J'ai eu la fièvre toute la nuit; je n'ai pas encore pu manger quoi que ce soit et je suis bien faible.

« Je vous embrasse.

« Gaston Tissandier. »

Fig. 534. — Descente du *Zénith* avec les corps de Crocé-Spinelli et Sivel.

On a retrouvé tous les objets jetés par Crocé-Spinelli. D'après une lettre du maire de Courmenin (Loir-et-Cher), l'aspirateur, une petite boîte ouatée contenant le spectroscope, une couverture, une bâche, sont tombés dans cette commune, auprès d'une femme et de deux enfants, qui furent effrayés par cette apparition et qui ne virent pas le ballon. Ces objets, pour la plupart, étaient tachés de sang.

L'*Ordre républicain* de Châteauroux a pu recueillir quelques renseignements qui doivent trouver leur place à côté de ceux fournis par M. Gaston Tissandier.

C'était peu d'instants après la mort de ses deux compagnons. M. Tissandier aperçoit Sivel et Crocé-Spinelli couchés, inertes, dans la nacelle. Il les croit évanouis, il les appelle, les secoue, mais ils restent sans mouvement. Le sang s'échappait de leur nez, de leur bouche, de leurs oreilles. M. Tissandier se souvint alors de cette phrase, dite par Sivel au moment du départ : « Celui-là de nous trois sera heureux qui reviendra! » L'aéronaute, affolé, ne peut rien pour rappeler ses amis à la vie. Cependant le ballon descend toujours, les plaines défilent sous lui, comme emportées dans une course infernale. La Creuse est franchie. Enfin, la terre est tout proche.

M. Tissandier jette l'ancre, mais sa première tentative reste sans résultat. Le *Zénith*, après avoir effleuré les arbres du parc de la Barre, vient frapper contre un orme. La secousse est terrible, mais le danger a rendu tout son sang-froid à M. Tissandier. Il monte dans les cordages et crève l'enveloppe du ballon. Pour la seconde fois, il jette l'ancre, voit des hommes courir à lui. Il se précipite hors de la nacelle, pour leur donner plus facilement des instructions qu'ils semblaient ne pas avoir entendues. On se suspend aux cordes, et le *Zénith* est enfin arrêté aux Néraux, commune de Ciron. Dans la nacelle gisent les deux cadavres de Sivel et Crocé-Spinelli.

M. Tissandier reçut chez M. Henry, fermier, tous les soins qu'exigeait son état. Il est resté sourd pendant quelques heures et a été fortement contusionné.

Voici les notes écrites par M. Tissandier sur son carnet, pendant les premières heures de l'ascension :

« Je reprends la suite de Crocé-Spinelli, pendant qu'il fait ses expériences spectroscopiques. Mes pulsations sont de 110 à la minute. Nous sommes à 3 000 mètres. Notre thermomètre, placé à l'intérieur du ballon, marque 25 degrés au-dessus de zéro dans l'intérieur: 10 degrés au-dessous dans la nacelle. Crocé-Spinelli, tâté, a 120 pulsations. 1 h. 10 m., sommes à 6 000 mètres moins cinq. Nous allons bien... Maintenant, 6 500 mètres. Un peu d'oppression. Mains gelées légèrement... Nous allons mieux... Mains gelées... Crocé souffle. Respirons oxygène dans ballonnets, Sivel et Crocé ferment les yeux... Pâles... Un peu de mieux, même un peu gais. Crocé me dit en riant : « Tu souffles comme un marsouin... » 1 h. 20 m., sommes à 7 000 mètres. Sivel paraît assoupi... Sivel et Crocé sont pâles, 7 400 mètres (sommeil).... 7 500. Sivel jette lest encore.... Sivel jette lest. »

Ce sont les derniers mots écrits par M. Tissandier.

Ce peu de mots suffit pour établir qu'avant d'avoir atteint l'altitude de 7 000 mètres les aéronautes auraient dû cesser de jeter du lest, puisque la pâleur et l'assoupissement étaient les précurseurs des graves accidents qui les attendaient.

Quelle est la hauteur maximum à laquelle le *Zénith* est parvenu? Nous verrons tout à l'heure, d'après une communication faite par M. Tissandier à l'Académie des sciences, qu'elle a dû être de 8 600 mètres environ.

Que penser maintenant de l'assertion du physicien anglais, M. Glaisher, qui prétend avoir pu atteindre 10 000 ou 11 000 mètres? La vie est-elle possible dans de pareilles régions, sans un approvisionnement d'oxygène, que n'avait pas M. Glaisher? Nous ne le pensons pas. M. Glaisher a dû se tromper sur l'estimation de la hauteur maximum qu'il a atteinte. Nous n'avons pas vu, du reste, que cette estimation ait jamais été appuyée sur des documents certains, provenant des observations de M. Glaisher.

Lorsque, à trois heures et quart environ, M. Tissandier revint à lui, il était à 6 000 mètres de hauteur, et ses deux malheureux compagnons étaient morts. C'est donc dans la deuxième montée, qui correspond à la jetée de l'aspirateur, pesant 17 kilogrammes, que moururent Sivel et Crocé-Spinelli. Ainsi, il y eut deux perturbations organiques, dues à la raréfaction de l'air, en un temps très court. Comment s'étonner alors de la catastrophe qui en résulta? Ce qui étonne, c'est que M. Tissandier ait survécu. Son tempérament, différent de celui de ses deux compagnons, en est sans doute la cause.

Comment obvier, à l'avenir, aux dangers qui sont inhérents aux voyages aériens à de grandes hauteurs? C'est là une question que chacun se pose, mais qu'il est bien difficile de résoudre.

Certainement, une provision d'oxygène est une excellente précaution; mais on a vu qu'elle est loin de suffire, puisque à 7 000 mètres les mouvements de l'expérimentateur sont empêchés à ce point qu'il ne peut saisir le tube aspirateur qui est fixé aux sacs pleins d'air vital. Il importerait donc de mettre l'aéronaute à l'abri de l'action de l'air raréfié, en conservant, si cela est possible, autour de lui, une pression normale ou à peu près normale, c'est-à-dire peu différente de celle de la surface du sol.

M. Denayrouse a proposé d'appliquer le *scaphandre* du plongeur sous-marin à composer une armature dans laquelle le corps de l'aéronaute serait enveloppé, et qui renfermerait de l'air à la pression ordinaire, c'est-à-dire ne communiquant pas avec le milieu ambiant. Mais cet appareil n'a pas encore été construit. Serait-il en toile, comme celui du plongeur? Évidemment non. On le fabriquerait en métal, dit M. Denayrouse. L'aéronaute serait donc placé dans une espèce de tonneau, avec des vitres aux yeux, comme le plongeur sous-marin. Mais comment pourrait-il se servir de ses bras, ainsi enfermé de toutes parts dans une caisse de métal? On promènerait dans les airs une véritable momie, avec cette cage de fer.

Arrivons à l'exposé qu'a fait M. Gaston Tissandier, devant l'Académie des sciences, des quelques résultats scientifiques de l'expédition si malheureusement terminée. Voici le résumé de sa communication.

Les observations thermométriques ont donné une décroissance de la température jusqu'à la hauteur de 8 000 mètres. En partant, le thermomètre indiquait à la surface du sol 14 degrés au-dessus de zéro; le zéro était atteint à 4 387 mètres. Il y avait — 10 degrés à 7 000 mètres et — 11 à 7 400 mètres. A la première montée, la température intérieure était de $+19$ degrés au centre et de $+22$ près de la soupape à une altitude de 4 600 et 5 000 mètres.

L'ascension eut lieu rapidement. La température des couches d'air décroît, tandis que celle du ballon reste à peu près stationnaire, ce qui diminue sa force ascensionnelle. Les voyageurs réservaient leurs forces pour les régions les plus élevées, sans soupçonner le dénouement funeste qui les attendait. En ce qui concerne les effets de l'ascension sur la circulation, à 4 602 mètres il y avait 110 pulsations à la minute; à 5 300 mètres M. Sivel en comptait 155, avec $+37$ degrés 9 dixièmes pour la température de sa bouche. A terre, M. Crocé-Spinelli comptait 74 pulsations; M. Sivel, 76 à 86, et M. Gaston Tissandier, 70 à 80.

Au delà de 5 000 mètres, Crocé-Spinelli a signalé l'absence de la vapeur d'eau dans l'air. Le ciel était bleu et limpide; une nappe de cirrus fut observée à 4 500 mètres ; à 7 000 mètres la masse des cirrus était plus compacte ; on distinguait une petite portion de la surface terrestre qui formait comme la base d'un cylindre. Jusqu'à 7 000 mètres les aéronautes n'éprouvèrent pas d'inconvénients sérieux ; mais à 7 600 mètres ils étaient pâles, à l'altitude de 7 000 mètres ils respirèrent de l'oxygène qui leur fit beaucoup de bien.

Vers 7 500 mètres, une immobilité saisit les voyageurs, ils s'engourdissent ; M. Sivel vide alors ses trois sacs de lest. Le corps et l'esprit s'affaiblissaient peu à peu. A ces hauteurs, on ne souffre pas, on devient indifférent, on ne pense plus au danger, on est heureux de s'élever de plus en plus. Le vertige des hautes régions n'est donc pas un vain mot. Bientôt M. Sivel s'assit, comme l'était M. Crocé-Spinelli ; M. G. Tissandier s'appuya comme il put ; il devint très faible, sans pouvoir tourner la tête ; il ne pouvait lever les bras, pour saisir le tube et respirer l'oxygène. Son esprit avait conservé quelque lucidité, il lut la pression de 290 à 280 millimètres ; mais sa langue était paralysée.

A une heure trente minutes, il tombe inerte. A deux heures huit minutes, il se réveille et vide un sac de lest ; la pression était de 315 millimètres et l'altitude de 7 059 mètres ; il était alors deux heures vingt minutes. Il s'affaissa de nouveau ; le vent était violent. Crocé-Spinelli se réveille à son tour et jette du lest ; il lance par-dessus le bord l'aspirateur, qui pesait 17 kilogrammes. Le ballon, imperméable et très chaud, remonte encore. Aucun des trois aéronautes ne peut tirer la soupape pour redescendre, et M. Tissandier perd encore connaissance.

Ce ne fut qu'à trois heures trente minutes qu'il se ranima ; la hauteur était de 6 000 mètres. Ses compagnons avaient cessé de vivre. Leur visage était noir, ils avaient les yeux à demi fermés, la bouche entr'ouverte, ensanglantée et froide.

La descente eut lieu, avons-nous dit, à quatre heures, à 250 kilomètres de Paris, après un séjour de quatre heures vingt-cinq minutes dans les airs. M. Tissandier s'est assuré que le *Zénith* n'a pas dévié de sa route. Sa vitesse était plus considérable en haut qu'en bas. Les papiers jetés ont mis trente minutes pour descendre jusqu'à terre.

La boîte renfermant les *tubes barométriques* fut ouverte dans le laboratoire de la Sorbonne, huit jours après l'événement, pour connaître quelle était la hauteur maximum atteinte.

Ces *tubes barométriques*, qui ont été imaginés par M. Janssen, et construits en fer, ont 60 centimètres de long ; ils sont remplis de mercure et recourbés en bas. Sous l'influence de la dépression, le mercure s'échappe en gouttelettes, et, après le voyage, la quantité de mercure qui reste dans le tube permet de déterminer la pression correspondante. L'un de ces tubes était cassé, d'autres fonctionnaient mal, mais deux ont présenté une marche régulière. On a trouvé ainsi que la plus faible pression était de 264 à 260 millimètres, ce qui porte à 8 600 mètres la hauteur maximum à laquelle est parvenu le *Zénith*. M. Gaston Tissandier est persuadé que la hauteur de 8 600 mètres répond à la première montée, et que ses amis ont perdu la vie lorsque le ballon a atteint pour la deuxième fois les régions élevées.

Telles sont les observations scientifiques faites pendant cette funeste ascension. Elles sont de peu d'importance, on le voit. Peut-on espérer des résultats plus intéressants de nouvelles ascensions à grande hauteur ? Nous ne le croyons pas. On voudrait, dit-on, connaître la proportion de gaz acide carbonique qui existe dans l'air à 8 000 ou 9 000 mètres. Quelle est l'utilité de cette détermination? Reconnaître la proportion de gaz acide carbonique à 5000 ou 6000 mètres peut avoir un intérêt scientifique ; mais pourquoi aller répéter l'expérience 2000 mètres plus haut? Même réflexion pour la vapeur d'eau.

Il serait donc à désirer que l'on renonçât à des expériences reconnues maintenant aussi téméraires qu'inutiles. On ne voit pas bien quelles données scientifiques on peut aller recueillir aux altitudes extrêmes de notre atmosphère, et l'on ne sait que trop que l'on peut y trouver la mort.

M. Faye a, du reste, dans une lettre adressée au président de l'Académie des sciences, fait ressortir, avec autant de vigueur que de justesse, les dangers de ces ascensions aérostatiques, non compensés par les résultats scientifiques qu'elles produisent :

« La mort lamentable des deux courageux jeunes hommes qui ont péri dans le voyage du *Zénith* doit être, écrit M. Faye, une leçon pour l'avenir. Désormais, l'Académie ne doit plus permettre les ascensions à longue portée. Il est une limite qui s'impose aux efforts de l'homme et qui les annule : c'est la syncope. Lorsqu'on affronte un semblable danger, les précautions prises contre le froid et même les provisions d'oxygène sont des préservatifs insuffisants. Il est démontré qu'au delà de 7000 à 8000 mètres le péril devient redoutable, sans offrir en échange aucun avantage sérieux. Aussi l'Académie doit-elle interdire moralement toute ascension qui voudrait dépasser ces limites.

« La hauteur de 7000 mètres peut être prise comme limite extrême. Les observations qu'on peut faire dans ces régions répondent à tous les besoins. A quoi bon aller à 1000 mètres au delà ? Peut-on avoir la prétention de sonder les 28 à 30 lieues d'atmosphère qui nous entourent, comme l'indique le niveau d'apparition des étoiles filantes? On possède assez de documents pour pouvoir calculer par induction les modifications de l'air dans les régions supérieures. Il y a des erreurs possibles dans ce calcul, mais qu'importe? Et ne sont-elles pas préférables au sacrifice d'existences précieuses? D'ailleurs, il faut à l'observateur une pleine possession de ses facultés. Les observations faites par un astronome évanoui ou en danger de mort ne sauraient offrir une certitude suffisante; et rien qu'à ce point de vue les témérités aéronautiques ne peuvent satisfaire aux conditions de la rigueur scientifique. Il restera encore assez à découvrir dans les 7000 mètres où l'on restreindra l'observation, et l'on n'aura pas du moins à redouter des malheurs semblables à celui qui vient d'émouvoir le monde entier. »

Après l'année 1875, les sinistres résultant d'ascensions en ballon se multiplièrent. En 1880, on eut trois événements funestes de ce genre à regretter. Au Mans, à Marseille, à Paris, trois aéronautes périrent, dans les circonstances que nous allons rapporter ; et ces catastrophes furent accompagnées des plus dramatiques incidents.

La mort de l'aéronaute Petit, arrivée au Mans, le 4 juillet 1880, est racontée en ces termes dans une lettre de M. Poirier, membre de la *Société des sciences du Mans*.

« Le ballon l'*Exposition* partit du quinconce des Jacobins, le dimanche 4 juillet, à 6 heures du soir, emportant l'aéronaute Petit et sa femme. En même temps s'élevait un ballon plus petit, conduit par le fils de M. Petit, jeune garçon de treize ans. Je les observais de mes fenêtres et de très près, avec une lorgnette marine. Je remarquai de suite avec inquiétude que le grand ballon jetait tout son lest (quatre sacs) et ne montait pour ainsi dire pas. L'autre ballon, au contraire, s'élevait rapidement. D'une seconde à l'autre, sa distance au grand ballon augmentait tellement qu'il était évident qu'il n'était plus retenu. Petit avait lâché la corde, criant à son fils : « Tu vas seul maintenant ! »

Quelques secondes encore, et je vis avec épouvante le grand ballon se déchirer du haut en bas, et disparaître, dans une chute terrible, derrière les maisons. Je m'élançai vers l'endroit où la chute devait avoir eu lieu, au pied des buttes de Gazonpières, à gauche de la route de Paris, en venant du Mans, et à quelques minutes de la ville.

L'accident avait été observé de partout, et tout le monde s'était précipité, car une foule nombreuse stationnait déjà en cet endroit, entourant la maison où les aéronautes recevaient les premiers soins. Je vis M. Petit étendu sur un matelas, sanglant... Il n'était pas mort... il parlait... Sa femme n'avait rien, du moins extérieurement; elle pouvait marcher, et ils venaient de faire une chute de 1600 mètres!... Peu de jours après, l'aéronaute Petit était mort. »

L'aéronaute Charles Brest périt à Marseille, le 8 août 1880.

Charles Brest avait fait dans cette ville, le

1ᵉʳ août, sa première ascension, avec le ballon *le Nautilus*. Parti à cinq heures, du Prado, par un temps très calme, il franchissait, vers cinq heures et demie, la chaîne des montagnes de l'Esterel, et atterrissait, peu après, dans les plaines de Peyrolles, près d'Aix.

Le dimanche suivant, 8 août, malgré un vent violent du nord-ouest, Charles Brest s'élevait, pour la deuxième fois, avec le *Nautilus*, et disparaissait bientôt à l'horizon, poussé vers la mer par le mistral.

Depuis ce moment, on n'a plus revu le malheureux voyageur aérien. Seulement, le lendemain, on trouvait près d'Ajaccio, au bord de la mer, le *Nautilus*, avec sa nacelle vide !

Le capitaine d'un bateau à vapeur, *le Segesta*, allant de Marseille à Palerme, vit en mer le ballon de Charles Brest, dans une situation des plus critiques.

« Dans la soirée de dimanche 8 août, écrit le capitaine du *Segesta*, entre sept et huit heures du soir, notre bateau se trouvait en face du détroit de Bonifacio, vers le 42ᵉ degré de latitude et le 7ᵉ de longitude, lorsque nous aperçûmes de loin, venant vers nous, un ballon avec un aéronaute dans la nacelle. Le vent soufflait assez fort, venant du nord-ouest et poussant le ballon, naturellement vers le sud-est, avec une vitesse d'au moins 25 milles à l'heure.

« Le ballon courait presque à fleur d'eau, suivant les ondulations des vagues et disparaissant à moitié dans le creux de l'une à l'autre. Il ne tarda pas à nous atteindre, mais à ce moment il s'éleva à peu près à hauteur de mât, nous dépassa et disparut derrière l'horizon, avec une rapidité vertigineuse. Les passagers du *Segesta* ont eu tout le loisir d'observer la nacelle, dans laquelle on voyait un aéronaute se hissant sur son échelle à corde, sans doute pour échapper aux coups de vague auxquels la nacelle était exposée, et nous avons tous pensé qu'il allait atterrir en Corse. »

Il faut donc ajouter le nom de Charles Brest à la liste, si longue, des victimes de l'aérostation.

La troisième victime de l'absurde métier d'aéronaute forain est un pauvre diable, qui n'avait jamais fait d'ascension, et qui, avec la plus étonnante témérité, se hasardait, pour la première fois, à faire des exercices de trapèze au-dessous, non d'un ballon à gaz, mais d'une simple montgolfière, ce qui ajoutait encore au danger d'une telle aventure.

C'est à Courbevoie, le 21 octobre, que s'est passé cet événement.

La montgolfière s'élevait, à quatre heures trois quarts, sur l'avenue de Saint-Germain, pour la fête de Courbevoie. Il avait été question d'abord de disposer une nacelle au-dessous de cette montgolfière, et de la faire servir à l'ascension d'une aéronaute, Madame Albertina ; mais au dernier moment, on se décida à supprimer la nacelle, et à n'y placer qu'un trapèze. Un jeune gymnasiarque, Auguste Navarre, consentit à s'enlever avec la montgolfière, et une fois dans les airs, à faire sur le trapèze des tours de force et d'adresse.

Il partit. La foule, le voyant s'élever, applaudit. Lui, montait en saluant, se tenant au trapèze, d'un seul bras. Mais à une hauteur de 100 mètres environ, on le vit s'accrocher des deux mains à la barre du trapèze, et ne plus bouger.

Vous figurez-vous un homme, accroché à un trapèze suspendu sous une montgolfière qu'il ne peut diriger, à six cents mètres au-dessus du sol, perdu dans l'espace, voyant un vide effroyable au-dessous de lui, et n'ayant pour se cramponner dans cette immensité, qu'un faible rouleau de bois, qu'il serre de ses mains crispées ? C'est ce spectacle dont furent témoins les habitants de Neuilly et de Courbevoie, qui suivaient la montgolfière emportant le téméraire acrobate.

Auguste Navarre était un beau garçon, de vingt-huit ans, bien taillé, et qui excellait, paraît-il, dans l'exercice du trapèze. C'était dans le seul but de gagner les 50 francs que l'on avait promis à Albertina pour faire les exercices du trapèze au-dessous de la montgolfière, qu'il s'était proposé et fait accepter, malgré les observations contraires, fondées sur sa complète inexpérience de l'aérostation.

Cependant, la montgolfière montait toujours, et comme nous l'avons dit, on remarqua, à une certaine hauteur, que le gymnasiarque ne faisait plus aucun mouvement, ni des jambes ni des bras.

La montgolfière traversa la Seine. Elle était à 600 mètres de hauteur au moins, et celui qui la montait ne paraissait pas plus grand que la main.

Tout à coup, la foule poussa un cri d'horreur; les femmes se cachaient la figure avec leurs mouchoirs. Le malheureux lâchait prise, et tombait, de cette hauteur effroyable, en tournoyant sur lui-même. On eut le temps de le suivre du regard, pendant cette longue chute.

Navarre alla se broyer dans une propriété particulière, située au n° 84 de l'avenue du Roule. Son corps fit dans la terre un trou de 60 centimètres de profondeur; puis il rebondit, à quatre mètres de là, affreusement disloqué.

Le choc avait été si violent que le corps, défonçant la terre, s'y était moulé à une profondeur de 30 centimètres. Les empreintes de la tête, du buste, des jambes, des bras et même des doigts, étaient gravées par de profonds sillons dans le sol, très dur en cet endroit. Les os étaient broyés, le crâne était brisé, et le sang s'échappait par les oreilles. Le corps étant tombé d'environ six cents mètres, la chute avait duré sept secondes; à la septième seconde, il avait acquis une vitesse de plus de *deux cent quarante mètres*, et la vitesse étant multipliée par le poids du corps — estimé à soixante-cinq kilogrammes, — la masse devait dépasser *quinze mille kilogrammes* (quinze tonnes) quand elle toucha la terre.

Pendant ce temps, brusquement allégée du poids de celui qui venait de lâcher prise, la montgolfière faisait un saut brusque, et s'élançait dans les airs, au-dessus de Neuilly. Mais bientôt le vent la poussait vers Paris.

A la chute du jour, on aperçut, de l'intérieur de Paris, un ballon, dont la marche était irrégulière, et qui descendait par-dessus la place Saint-Michel. C'était la montgolfière partie de Courbevoie, à quatre heures trois quarts.

Au-dessus de la place Saint-Michel, elle n'était plus qu'à une hauteur de 168 mètres environ, lorsque tout à coup elle s'enflamma, en produisant un nuage de fumée : elle s'était crevée ou déchirée, et retombait sur la place. En voyant descendre le ballon déformé, vide, en lambeaux, une immense clameur s'éleva, et tout le monde se précipita, par toutes les rues, vers la place Saint-Michel.

Pour prévenir les accidents, plusieurs personnes, notamment les garçons du café de l'Avenir, avaient eu l'heureuse idée de laisser la place libre au moment de sa chute. Grâce à cette précaution, personne ne fut atteint. Seulement, une marchande de journaux faillit être ensevelie, avec son kiosque, sous les 500 mètres de toile de l'aérostat. Il ne fallut pas moins de quarante personnes pour porter l'étoffe de la montgolfière dans le couloir d'une maison voisine : elle pesait trois cents kilogrammes.

Telle est la dramatique histoire du pauvre Navarre.

Ce n'est pas la première fois qu'arrivent des accidents semblables à celui du malheureux Navarre, victime de l'accident de Neuilly.

En 1879, en Angleterre, à Falborough, un gymnasiarque tomba des nues, dans des circonstances identiques. Il s'abattit sur le toit d'une maison, qu'il défonça. Le pauvre diable était un ancien écuyer du cirque Astley, nommé Frédéric Hill.

En 1870, un autre gymnasiarque, Pietro Bambo, se tua, dans la campagne de Rome, en tombant du ballon *Re d'Italia*.

Au-dessous de la nacelle du *Re d'Italia* on avait accroché un trapèze, pour recevoir Pietro Bambo. Une autre personne était dans la nacelle. Arrivé à une grande hauteur, le gymnasiarque, perché sur son trapèze, perdit l'équilibre, et fut lancé dans l'espace. Le ballon, subitement allégé d'un poids énorme, par la chute de Bambo, fit un tel bond, que l'individu qui se trouvait dans la nacelle fut presque asphyxié ; il ne reprit connaissance que quatre heures après.

Le ballon, par suite d'une fissure, finit par descendre tout seul. Il plana à cinquante mètres du sol, et ne tarda pas à prendre terre, sans autre particularité. Le passager de la nacelle avait repris ses sens ; mais le pauvre Bambo n'était plus sur son trapèze !

En 1881, c'est un personnage occupant un certain rang dans l'État politique de l'Angleterre, M. Powel, membre de la Chambre des communes, qui est victime de l'aérostation.

Le *Saladin* était monté par trois personnes : MM. W. Powel, Agg. Gardner et le capitaine Templer, qui se proposaient de faire des expériences scientifiques et des observations dont ils devaient rendre compte à la *Société météorologique* de Londres. Ils partirent de Bath le 10 décembre 1881, vers midi. Le ballon prit la direction d'Exeter, en passant au-dessus de Sommerset, et continua d'avancer jusqu'auprès d'Éype, à dix-huit cents mètres de Bridport, comté de Dorset, et à huit ou neuf cents mètres environ de la mer. Les trois voyageurs arrivèrent à cette distance, vers cinq heures, mais s'apercevant qu'ils étaient rapidement entraînés vers la mer, ils résolurent d'atterrir. Le ballon s'étant mis à descendre avec une extrême rapidité vint frapper violemment le sol. MM. Agg. Gardner et le capitaine Templer furent tous les deux jetés hors du ballon : le premier se brisa la jambe et l'autre se contusionna gravement. M. Powel était demeuré dans la nacelle. Le capitaine Templer, qui tenait encore l'extrémité de la corde servant à faire manœuvrer la soupape, s'y cramponna avec force ; mais elle lui fut brusquement arrachée des mains, comme il essayait de parler à son compagnon. Le ballon s'élança instantanément à une très grande hauteur, emportant M. Powel, qui était resté seul dans la nacelle. Il prit la direction de la mer, et disparut bientôt dans l'obscurité. Aussi longtemps qu'on l'aperçut, on put voir M. Powel restant vaillamment debout dans la nacelle, et envoyant de la main un dernier adieu à ses amis.

Les recherches les plus assidues furent entreprises par le gouvernement anglais et la famille de M. Powel, afin de découvrir les traces de l'aéronaute et du ballon disparus. Quelques indices parurent, à divers intervalles, se rapporter à cette catastrophe ; mais la plupart des nouvelles furent, après vérification, reconnues erronées. Cependant, on avait trouvé sur la rive, près de Portland, un fragment de thermomètre brisé, auquel était attaché un cheveu : ce thermomètre, d'une forme particulière, fut reconnu comme appartenant au capitaine Templer. Un chapeau avait été également retrouvé dans la mer à la hauteur de Smyre, près de Bridport.

Le 19, c'est-à-dire neuf jours après le départ, des dépêches de Madrid annonçaient que l'aérostat avait été vu, passant d'abord sur le port de Loredo, près Santander, ensuite à deux kilomètres de Bilbao.

M. Powel était-il vivant ou mort, lorsque le ballon a été vu pour la dernière fois ? Ce mystère restera probablement impénétrable. Ce qui est certain, c'est que le ballon *le Saladin* qui portait M. Powel fut trouvé, à la fin de décembre, dans une des monta-

## SUPPLÉMENT AUX AÉROSTATS.

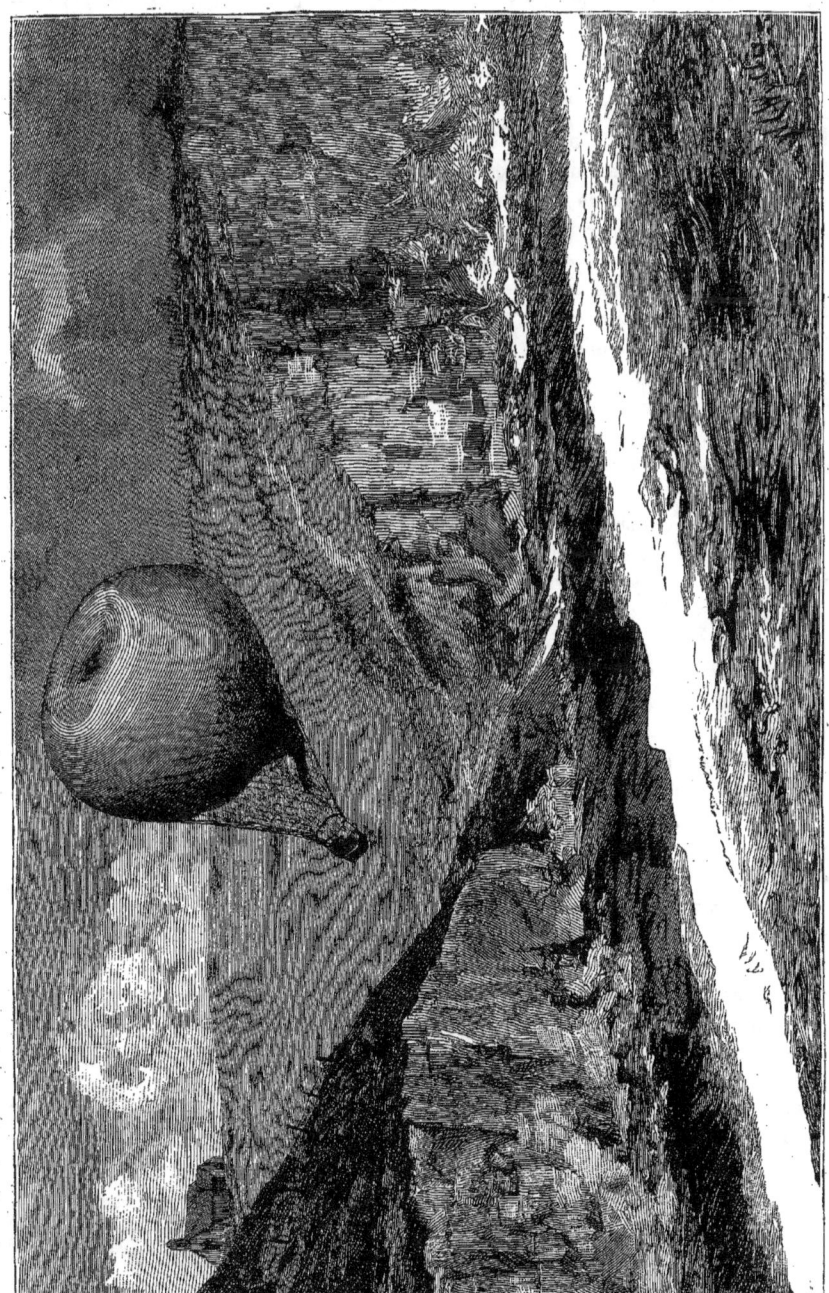

Fig. 535. — Le ballon *le Saladin* tombant dans la montagne de la Galice, avec le corps de Powel.

gnes de la Galice, en Espagne. Ces montagnes sont sauvages et très peu habitées, ce qui explique qu'un cadavre ait pu y séjourner aussi longtemps sans être signalé.

Après avoir été vu à Bilbao, le ballon *le Saladin* s'était de nouveau dirigé vers la mer. Il doit donc avoir flotté pendant plusieurs jours encore, avant d'avoir finalement atterri en Galice, où l'on retrouva le corps de l'infortuné voyageur au fond de la nacelle.

Le dessin que nous donnons à la page précédente sur ce funeste accident a été exécuté d'après la description du seul témoin oculaire de la catastrophe, M. David Forsay, constructeur de machines à Éype.

En 1885, deux catastrophes du même genre coûtèrent la vie à deux hommes de cœur et d'énergie, Eloy et Gower.

Eloy était un aéronaute de profession. Il avait, à deux reprises, exécuté de nombreux voyages aériens, et traversé le Pas-de-Calais. Il s'était engagé à entreprendre une ascension à Lorient, à l'occasion de la fête nationale du 14 juillet 1885, dans un aérostat de petite dimension, gonflé au gaz de l'éclairage. Il s'éleva à 6 heures et demie ; mais il ne tarda pas à se trouver au-dessus de l'océan. Bientôt, le ballon dépassa les bateaux du port qui étaient partis en même temps que lui, et qui suivaient sa marche. Mais il fut impossible aux marins de rejoindre l'aérostat, et quand la nuit vint, on le perdit de vue.

Le surlendemain, des marins trouvèrent, au large de l'île de Groix, à la surface de la mer, la casquette et la jaquette de l'aéronaute. Un peu plus tard, un voilier, *le Duc*, partant pour la Suède, annonça qu'il avait rencontré, au delà de Belle-Isle-en-Mer, un ballon, encore gonflé, mais sans aéronaute. Il est présumable qu'Eloy aura essayé de gagner l'île de Groix, à la nage, et qu'il aura péri, sans avoir pu être recueilli par un navire.

La seconde victime est Frédéric Gower, ingénieur américain bien connu, inventeur du système de téléphone qui porte son nom, ami de M. Graham Bell, et qui avait gagné une certaine fortune par ses découvertes dans le domaine de l'électricité.

Frédéric Gower s'occupait avec passion, depuis quelques années, d'aéronautique, et il avait obtenu un de ces succès qui sont, pour un aéronaute, un brevet d'honneur et de gloire : il avait franchi en ballon la Manche, à l'exemple de Blanchard et de plusieurs autres, dont l'histoire a conservé glorieusement les noms. Le 1$^{er}$ juin 1885 il était parti de Hythe, près de Folkestone, à midi 15 minutes. Il s'était élevé seul, emportant un fort poids de lest, et il était descendu à terre, sur la côte de France, vers Etaples, au sud de Boulogne, à 4 heures du soir. Antérieurement, il avait exécuté plusieurs ascensions avec les frères Tissandier, M. Lachambre et Lhoste, son ami.

C'est en voulant continuer cette série d'ascensions, à la suite de sa brillante traversée de la Manche, que Frédéric Gower trouva la mort.

Il paraît qu'il voulait créer un nouveau système de ballons-torpilles, fonctionnant automatiquement dans l'atmosphère. Après ses premiers essais de ballons libres automatiques, Gower s'était installé à Cherbourg, dans le but d'expérimenter à nouveau ses ballons-torpilles, et de traverser la Manche une seconde fois, de Cherbourg en Angleterre.

Vers le milieu de juillet, deux frégates américaines et une frégate russe vinrent à Cherbourg. M. Gower en profita pour faire d'abord, le vendredi 17, une ascension de courte durée, avec un officier russe. Il descendit sur terre, au Vast, à 22 kilomètres de Cherbourg.

« Le samedi 18, dit M. Tissandier, M. Gower partit seul, dans son ballon la *Ville d'Hyères*, précédé de son petit aérostat automatique. Le temps était beau, bonne brise, mais le vent ne pouvait le mener en Angleterre. Il prévoyait toucher terre à Dieppe. Il partit à 1 h. 45 m. de l'après-midi ; à 3 heures, le sémaphore de Gatteville le signala. Puis nous n'en avons plus entendu parler.

Le lundi suivant, le capitaine d'un petit navire entrait en rade de Cherbourg, rapportant le ballon automatique, qu'il avait trouvé à 30 milles de Barfleur, vers 5 h. et demie du soir, le samedi 18, et il dit avoir vu le ballon avec nacelle descendant sur la mer à 20 milles plus loin, autant qu'il a pu en juger, s'élever et s'abaisser plusieurs fois, puis n'avoir rien vu pendant 10 ou 15 minutes; après quoi il l'a vu s'élever de nouveau très rapidement et disparaître. Il ne peut dire si à ce moment il était dépourvu de sa nacelle.

D'autre part (dit un correspondant, M. A. Ploquin), j'ai télégraphié à Dieppe, d'où il m'a été répondu que la barque de pêche *le Phénix* avait trouvé le ballon *la Ville d'Hyères* à 13 milles de Dieppe, à 7 heures du soir, le 18, mais qu'il n'avait pas de nacelle, et que les cordages avaient été coupés au couteau. »

Il est probable que, son ballon traînant en mer et s'éloignant du bateau à bord duquel il espérait le salut, Frédéric Gower aura coupé les cordes de l'aérostat, pour flotter dans la seule nacelle d'osier, à la surface de l'Océan. Mais le secours attendu ne sera pas venu.

Il se peut encore que la nacelle ait été séparée pendant le sauvetage ; mais alors on aurait eu des nouvelles de ce sauvetage. Il se peut enfin qu'elle ait été jetée comme lest, l'aéronaute se tenant dans le cercle jusqu'au moment où l'épuisement de ses forces l'aura forcé à abandonner ce dernier et fragile appui.

Nous avons enfin à signaler la triste fin d'un jeune aéronaute plein de courage, M. Lhoste, qui périt en décembre 1887, en voulant répéter l'expérience hardie qui lui avait réussi une fois. Nous voulons parler de la traversée de la Manche, en partant de la côte de France, pour aller descendre en Angleterre ; ce qui est beaucoup plus difficile que de passer d'Angleterre en France, par la voie des airs, en raison des vents qui, presque toujours, s'opposent à ce transport. A Calais, notamment, les vents d'est, favorables à la traversée du détroit, ne règnent presque jamais. En partant de Cherbourg, le chemin serait bien meilleur : par une bonne brise du sud, le voyage aérien devrait réussir.

Lhoste espéra cependant franchir le détroit en partant de Calais. Il fit cet essai, au commencement de juin 1883, avec l'aéronaute Eloy, le même qui devait périr le 14 juillet 1885, ainsi qu'il est dit plus haut.

La première ascension que Lhoste fit avec Eloy est très intéressante à connaître. Nous allons en raconter les émouvantes péripéties.

Lhoste et Eloy partirent dans un aérostat cubant 800 mètres, le *Pilâtre-de-Rozier*, le 6 juin 1883.

Au moment de quitter la terre, le ciel était couvert par un brouillard humide et froid, mais à 500 mètres d'altitude ce brouillard n'existait plus. A l'altitude de 1200 mètres, on voyait en avant le bois de Boulogne, et Pont-de-Briques un peu sur la droite. Les nuages situés au-dessus du ballon semblaient immobiles. Au-dessous, de légers nuages, déchiquetés, paraissaient filer rapidement. Le courant qui entraînait les aéronautes était nord-ouest, avec tendance à l'ouest.

En descendant, l'aérostat arriva au niveau des petits nuages, et changea de marche, en tournant brusquement sur lui-même, de droite à gauche. On traversa la Liane, à 600 mètres d'élévation. L'air était humide et froid. 15 kilogrammes de lest sont jetés, et l'élévation augmente de 400 mètres. A travers les nuages, on voit la mer ; sa couleur est d'un vert sombre, et de la hauteur de 1000 mètres on en distingue très nettement le fond.

A dix heures, toujours au-dessus de la mer, un point noir se montre en avant. Arrivés au-dessus des derniers nuages, à 400 mètres de hauteur, les voyageurs reconnaissent qu'ils ont été témoins d'un effet de mirage : ils avaient vu un petit voilier de pêche. Ils avaient également aperçu, par un effet de réfraction, un bateau à vapeur naviguant paisiblement.

A midi, les nuages au-dessous se sont massés ; ils sont d'un blanc éblouissant.

Fig. 536. — Lhoste.

Aussi loin que la vue peut s'étendre, on aperçoit une plaine immense, d'un blanc d'argent, à l'altitude de 2 200 mètres. A 2 900, le ballon cesse de monter, on le laisse descendre.

L'ascension avait duré près de huit heures, pendant lesquelles on avait cherché, jusqu'à 4 100 mètres d'élévation, un courant favorable pour franchir le Pas-de-Calais. Mais on ne rencontra jamais ce courant. A midi et demi, le voyage se termina vis-à-vis des dunes d'Étaples, par une sorte de chute sur le sol, d'une hauteur de 700 mètres, à Lottinghen, où l'atterrissage eut lieu.

Une si mauvaise terminaison aurait arrêté un homme plus prudent que Lhoste. Elle ne fit que redoubler son ardeur.

Le vendredi 8 juin, Lhoste s'éleva seul, dans le même ballon, le *Pilâtre-de-Rozier*.

Parti à minuit de l'usine à gaz de Boulogne, par un vent favorable, il traverse la ville, à une altitude de 600 mètres. A une heure, il double le cap Gris-Nez. Devant lui la mer ; un brouillard intense règne dans l'air. A quatre heures, l'altitude est de 1 600 mètres ; le ballon, qui est très mouillé, se sèche. A sept heures, à l'altitude de 4 000 mètres, le ballon est sec. A huit heures, condensation ; descente rapide ; la chute est arrêtée à 500 mètres. A huit heures et demie, l'aéronaute se laisse descendre, il voit une grande ville, son *guide-rope* est saisi par des hommes : il est sur la place de l'Esplanade, à Dunkerque.

A peine descendu à Dunkerque, Lhoste s'aperçoit que les vents ont pris une direction favorable. Décidé, malgré tout, à tenter de nouveau la traversée du Pas-de-Calais, il fait ses adieux aux habitants de Dunkerque, et reprend son voyage aérien, s'élevant d'un bond à 2 000 mètres d'altitude.

Une heure après, le *Pilâtre-de-Rozier* était surpris, à environ 7 000 mètres, par un violent orage. Des coups de tonnerre secouaient terriblement le ballon et la nacelle, assourdissant l'aéronaute, et lui enlevant la perception de ce qui se passait autour de lui.

Peu après, légèrement remis de son étourdissement, Lhoste aperçoit la mer sous ses pieds. A deux heures, l'aérostat, descendu avec une vélocité extraordinaire, était à 800 mètres du niveau de la mer. La provision de lest commençait à s'épuiser ; une chute dans la mer paraissait inévitable.

A quatre heures, le ballon n'avait plus

Fig. 537. — Lhoste sauvé par le capitaine du *Noémi* (8 juin 1883).

de lest : Lhoste avait lancé dans les flots tous les objets dont il pouvait se débarrasser. Cependant, le ballon était presque à ras des vagues, qui venaient mouiller ses cordages. L'aéronaute poussait des cris de détresse, mais en vain, car tout était silence autour de lui.

Le *Pilâtre-de-Rozier* s'enfonça dans les flots, la nacelle fut submergée, et le vaillant aéronaute n'eut que la ressource de grimper dans le filet. Sur l'eau, le ballon, dont le taffetas était tout détendu, flottait, comme une énorme vessie.

Enfin, après plus d'une heure d'angoisse, une voile apparut à l'horizon. C'était le lougre français *Noémi*, capitaine Cauzie, qui se dirigeait vers Anvers, et qui se trouvait à quelques milles seulement de la côte anglaise.

Aux cris de détresse poussés par l'aéronaute, le *Noémi* vint à son secours. Mais le capitaine, qui croyait avoir affaire à un bâtiment incendié, louvoya longtemps, avant d'oser s'approcher.

A cinq heures et demie le capitaine du *Noémi*, ayant reconnu son erreur, envoya une barque de sauvetage, qui vint enfin tirer Lhoste de sa terrible situation. Après d'immenses difficultés, on arriva à l'embarquer sur le *Noémi*, ainsi que son ballon, qui était à demi détruit (fig. 537).

En résumé, après une navigation aérienne de dix-huit heures, accidentée de mille périls, le ballon *le Pilâtre-de-Rozier* ne put réussir à franchir le détroit, et vint s'échouer en mer à 16 kilomètres (10 milles) des côtes de l'Angleterre.

Lhoste fut plus heureux dans une dernière tentative, faite le 9 septembre 1883, et dans laquelle, profitant très habilement des courants aériens dont il avait su reconnaître la direction, il réussit à franchir, avec son ballon *la Ville-de-Boulogne*, le bras de mer qui sépare la France et l'Angleterre.

C'est la première fois, faisons-le remarquer, que le Pas-de-Calais était traversé par voie aérienne, en partant de la côte de France pour atterrir en Angleterre. La traversée aérienne de l'Angleterre en France compte de nombreux succès, mais, fait singulier, on n'avait jamais, avant F. Lhoste, effectué le passage, avec un ballon, de la côte française à la côte anglaise. On sait qu'en 1785 Pilâtre de Rozier et Romain trouvèrent la mort dans cette entreprise.

Voici le récit donné par F. Lhoste de son heureuse traversée.

« Le dimanche 9 septembre 1883, je m'élève, de la ville de Boulogne, à 5 heures du soir, avec mon ballon *la Ville-de-Boulogne*, du cube de 500 mètres. En quelques minutes je suis porté à l'altitude de 1 000 mètres; je plane au-dessus des jetées et ne tarde pas à gagner le large, poussé par un vent sud-sud-ouest. Désirant connaître le courant inférieur, je laisse descendre l'aérostat vers des niveaux inférieurs, dans le but de me renseigner auprès des pêcheurs dont les bateaux sont au-dessous de moi. En se rapprochant ainsi de la surface maritime ou terrestre quand le temps est calme, il est facile d'entretenir une conversation avec ceux qui se trouvent dans le voisinage de l'aérostat.

Édifié sur ce point, que le courant inférieur est d'est, je pensai, dès ce moment, qu'en utilisant alternativement ces deux courants, il me serait possible de gagner la côte anglaise.

Ayant jeté du lest, je me relevai à l'altitude de 1 200 mètres et continuai ma route, poussé par un vent sud-sud-ouest, qui me porta à proximité du cap Gris-Nez. A 6 h. 30 m., je redescendis dans le courant est, afin de me maintenir dans une direction favorable.

Vers 7 h. 30, le soleil se coucha, et je fus enveloppé d'un brouillard assez intense qui me masquait les côtes de France, aussi bien que celles d'Angleterre.

Pourtant, vers 8 heures, la lune se leva, et, grâce à ses faibles rayons, je pus apercevoir deux bateaux à vapeur, qui se dirigeaient vers l'Océan. Un peu plus tard, j'aperçus deux feux, qui n'étaient autres que les phares de Douvres. Me basant sur ces lumières, il m'était plus facile de me maintenir dans une direction favorable.

A 9 h. 30, mes regards furent attirés par un groupe de lumières qui m'indiquaient d'une façon certaine la présence d'une grande ville. J'appelai à plusieurs reprises et mes appels furent répétés par l'écho.

Enfin, vers 10 heures 15, je franchissais la côte anglaise. Je passai au-dessus d'une petite ville, que je suppose être une station balnéaire; bientôt j'aperçus de petits bois et d'immenses prairies.

La lumière de la lune était assez vive, mais le brouillard qui régnait dans les couches inférieures me fit juger prudent de ne pas pousser plus loin mon voyage, de crainte de reprendre la mer. J'ouvris la soupape, et quelques minutes après j'atterrissais dans une vaste prairie, où un troupeau de moutons se trouvait parqué. Il était alors 11 heures. Après avoir fait une rapide inspection autour de moi, je reconnus que tout était désert, et je m'organisai le plus commodément possible pour passer la nuit à la belle étoile.

Le lendemain, au point du jour, je fus réveillé par les cris des animaux domestiques, que ma présence dans des conditions aussi anormales semblait vivement intriguer.

Je me levai, et me dirigeai vers une habitation où je trouvai le fermier, qui m'apprit que j'étais à Hent; il m'offrit une voiture pour me conduire à la station de Smeeth, où je pris le train pour Folkestone.

J'arrivai dans cette ville juste à temps pour prendre le paquebot, qui me débarqua à 3 heures de l'après-midi à Boulogne, heureux d'avoir le premier réalisé le passage du détroit de France en Angleterre. »

Le jeune aéronaute avait d'autant plus de mérite à avoir enfin réussi dans une entreprise où tant d'autres avaient échoué avant lui, que, sans fortune, sans appui, fils d'un simple artisan, d'un ferblantier, il s'imposait les plus grandes privations pour construire ses ballons et exécuter ses voyages aériens, et qu'il ne devait qu'à son zèle passionné pour l'aéronautique le succès qui avait couronné sa persévérance et son courage dans la traversée d'Angleterre.

Ajoutons que Lhoste avait réussi à grouper dans un même matériel la plupart des engins et des procédés aéronautiques maritimes décrits ou usités jusqu'alors : le *cône-ancre* à retournement, de Sivel (1873), ou à soupape, de M. Jovis (1883) ; — le bordage insubmersible de liège, de M. Jobert (1872) ; — le flotteur expérimenté par Green, Monck Mason, le duc de Brunswick, en 1836, 1851 (flotteurs de bois, puis flotteurs métalliques creux) ; — l'hélice verticale, expérimentée à Bruxelles par Van Hecke (1847) ; — le principe du remplissage automatique et du renversement d'un flotteur allongé (brevet Renoir, 1875) ; — l'emploi d'une voile déviatrice, fondé sur la résistance opposée par la mer au mouvement d'un corps immergé relié à un aérostat (M. Renoir, 1875) ; — enfin le principe de la prise d'eau de mer formant lest, pour compenser les tendances ascensionnelles et prolonger ainsi le séjour de l'aérostat dans l'air (Sivel, 1873 ; Jovis, 1882).

On reprochait seulement au jeune aéronaute son excessive témérité, et d'aucuns lui prédisaient une fin tragique. Ce pressentiment ne devait se réaliser que trop tôt.

Dans son empressement à reprendre la traversée de la Manche, il partit, avec un aérostat en mauvais état et un outillage insuffisant, et il trouva la mort dans cette dernière entreprise, entraînant dans la même destinée un ami qui partageait sa malheureuse confiance et son mépris du danger.

C'est le 13 novembre 1887 qu'eut lieu le départ de Lhoste, accompagné du jeune Mangot, frère du directeur de l'usine à gaz de Montdidier, et du fils d'un agent de change de Paris, M. Archdéacon, âgé de 17 ans.

L'*Arago*, qui les enleva, était un vétéran qui avait porté différents noms et subi beaucoup de vicissitudes. A ses débuts il s'était appelé le *Vercingétorix*, puis, après diverses métamorphoses, on l'appela le *Torpilleur*, et sous ce nom, il traversa la Manche. Enfin il devint l'*Arago* ; mais à force d'usage, il était extrêmement fatigué, et laissait apparaître bien des avaries à sa fragile enveloppe de soie. Lhoste avait jugé à propos de le munir de deux ballonnets, pour ne pas recourir à la grande soupape, avant l'atterrissage définitif ; ce qui n'était d'aucun avantage et avait l'inconvénient d'offrir à la condensation de la vapeur d'eau au sein des nuages une surface additionnelle inutile, et qui dut même être très nuisible au milieu des nuées pluvieuses qu'ils rencontrèrent.

A 11 heures du matin, l'*Arago* atterrit près de Quillebeuf. M. Archdéacon descendit, et essaya de dissuader ses deux compagnons de leur dangereuse tentative ; mais il ne put les convaincre. On remplaça le poids du voyageur demeuré à terre par son équivalent de lest, et l'*Arago* repartit à 11 heures 15, dans la direction de la mer.

A 11 heures 30, on signale son passage près de Harfleur.

A midi 5 minutes une vigie du cap d'Antifer aperçoit l'*Arago*, et le voit ensuite entrer en mer à midi et demi au-dessus de Saint-Jouin. Elle distingue nettement les aéronautes, et voit l'un d'eux quitter la nacelle, pour monter dans le cercle. Pendant ce temps le ballon variait continuellement d'altitude, et il perdit beaucoup de lest et de gaz dans ces manœuvres verticales destinées à l'amener dans un courant favorable. A 1 heure 55 la vigie le perd de vue dans un nuage.

Le capitaine Masson, du steamer *Georgette*, de Dieppe, allant à Swansea, rencontra, vers une heure, l'*Arago* par 42 milles à l'ouest du cap d'Ailly.

Le capitaine Masson a raconté comme

Fig. 538. — Mangot.

il suit, dans une lettre publiée par la *Revue aéronautique*, la fin tragique des deux aéronautes.

« Il ventait alors grand frais du S.-E., dit le capitaine Masson, et le temps était très nuageux. J'aperçus à une assez forte altitude un ballon de grande dimension paraissant ne plus avoir de nacelle et portant de chaque côté, en dessous de lui, deux petits ballons parfaitement sphériques et, entre ces deux derniers, attachée à la partie inférieure du ballon supérieur, une corde de forte dimension qui pendait à environ 5 ou 6 mètres, elle paraissait être de la même grosseur sur toute sa longueur. La direction de ce ballon était le nord-ouest, direction qu'il paraissait suivre horizontalement et avec une grande rapidité.

Je mis mon pavillon en observant bien, ainsi que mes officiers, si rien n'était aperçu du ballon; malgré toute notre attention, nous ne vîmes rien autre que ce que je mentionne plus haut, et vers deux heures le ballon avait disparu dans les nuages.

Vers 8 heures du soir, le même jour, le vent passa à l'est en grande brise et pluie continuelle, toute la nuit nous eûmes le même vent de même force et de même direction.

Le 14, vers 8 heures du matin, étant alors au cap Lizard, le vent diminua beaucoup en hâlant un peu le nord; toute la journée il a soufflé du nord, mais très modérément; le même jour, au soir, j'arrivai à Swansea, avec faible brise de l'est. »

On demeura longtemps sans nouvelles des malheureux aéronautes. Enfin, un capitaine de navire anglais, M. Mac-Donald, qui avait assisté à la fin de ce drame poignant, et vainement essayé de porter secours aux naufragés qui se débattaient à la surface de la mer, avec les débris de leur ballon, envoya aux journaux le récit qui va suivre, et qui est daté de Lisbonne :

« Les aéronautes sont venus en contact avec les flots, vers quatre heures du soir. Le capitaine Mac-Donald, apercevant un aérostat en détresse à la mer, a immédiatement changé la route de son navire, et fait les préparatifs pour lancer le canot, dès qu'il serait à portée pour effectuer le sauvetage.

Malheureusement la mer était très grosse, le vent très violent, et il tombait une pluie abondante. Successivement les deux aéronautes étourdis, assommés par des lames furibondes qui déferlaient avec rage, ont lâché prise. À chaque fois qu'un d'eux était momentanément englouti, l'*Arago* reprenait son élan et bondissait dans l'espace, pour retomber bientôt au milieu des vagues déchaînées.

Le capitaine Mac-Donald, qui voyait le ballon s'agiter ainsi entre le ciel et l'Océan, comprenait bien que l'aérostat en détresse avait à bord des êtres humains qui luttaient contre la tourmente. Mais, hélas ! quand l'*Arago* passa sur le travers du *Prince-Léopold*, la nacelle était vide. Vainement le *Prince-Léopold* resta pendant près de dix minutes bord à bord avec le ballon abandonné, il n'y avait plus trace d'aéronautes, ni sur l'épave, ni autour de l'épave.

Bientôt, le vent qui continuait son œuvre finit d'ouvrir l'aérostat. Les toiles tombèrent sur les flots, qui les déchirèrent et les engloutirent, pendant que le *Prince-Léopold*, craignant d'être surpris par la nuit dans une mer démontée, au milieu de parages redoutables, s'éloignait à toute vapeur. »

Le théâtre de la catastrophe dont on vient de lire l'épilogue était à 39 milles au sud-ouest du cap Sainte-Catherine de l'île de Wight, et à 18 milles au sud-est du cap de Portland, à 12 milles de la côte d'Angleterre, au milieu de la Manche.

Lhoste et Mangot avaient donné, dans maintes circonstances, les preuves de leur intelligence et de leur intrépidité; mais il faut reconnaître que la catastrophe qui leur coûta la vie était facile à prévoir, d'après le mépris des précautions les plus élémentaires que ces deux malheureux jeunes hommes avaient montré dans la préparation de leur voyage.

Le 20 août 1888, à onze heures et demie du soir, une ascension aérostatique faite au polygone du génie d'Anvers, par M. Toulet, M. Mahanden, capitaine du génie, et le lieutenant Crooy, présenta quelques circonstances dramatiques.

Vingt-deux heures après leur départ, on était sans nouvelles des voyageurs : le ballon s'était dirigé vers la mer du Nord.

Le 22 août, à 5 heures du soir, on écrivait, de Dunkerque, qu'un bateau à vapeur anglais, le *Warrior*, avait recueilli le matin, à 7 heures, et à cent milles en mer, au large d'Anvers, les trois aéronautes, qui furent débarqués à Dunkerque dans l'après-midi.

Voici les particularités de cette ascension, telles que M. Crooy les a fait connaître.

Le ballon partit d'Anvers à minuit et demi, et tout d'abord il ne monta qu'à 200 mètres. Deux fois il traversa l'Escaut, il se dirigea vers l'île de Walcheren, et plana longtemps sur Zierickzée.

Les passagers ignoraient la direction qu'ils suivaient. Ils croyaient que le vent les portait vers le nord-ouest; mais, bien au contraire, ils allaient vers la mer.

Un bateau pêcheur passait au-dessous d'eux; on leur cria, de ce bateau : « Vous êtes en pleine mer! »

Il était deux heures et demie du matin. Le ballon planait très bas, M. Toulet conserva le plus de lest possible. Vers cinq heures du matin, la nacelle toucha les vagues. On jeta du lest, et le ballon remonta, pour se laisser retomber vers 6 heures, en vue d'un bateau de pêcheurs. Mais ce bateau fila sans s'arrêter.

L'aérostat remonta encore jusqu'à 200 mètres. C'est alors que M. Toulet eut l'idée de jeter ce qu'il appelle « un ancre-cône de fortune », c'est-à-dire une corde à l'extrémité de laquelle se trouve une bâche.

Vers 9 heures, enfin, les passagers aperçurent un steamer, le *Warrior*, allant de Saint-Pétersbourg à Dunkerque. M. Toulet fit un signe, qui fut compris. A force de coups de soupape, le ballon descendit; mais la nacelle toucha longtemps les flots, avant que le steamer, qui pourtant voguait à toute vapeur, pût arriver jusqu'à eux.

Enfin, une petite barque, montée par quatre hommes, qui s'était détachée du steamer, vint recueillir les naufragés, sauvés, mais ayant vu la mort de bien près. Et le ballon remonta, pour aller se perdre dans les nues.

Une dépêche de Londres apprit, le lendemain, que des pêcheurs anglais ramenaient ce ballon à Grimsby, l'ayant trouvé flottant dans la mer du Nord.

## CHAPITRE IX

LES APPLICATIONS DES AÉROSTATS A L'ART DE LA GUERRE. — L'AÉRONAUTIQUE MILITAIRE EN FRANCE ET A L'ÉTRANGER. — L'ÉCOLE AÉROSTATIQUE DE MEUDON-CHALAIS. — L'ORGANISATION D'UN PARC AÉRONAUTIQUE MILITAIRE.

Dans notre Notice sur les *Aérostats*, des *Merveilles de la science*, nous avons consacré un chapitre (1) aux applications des

(1) Tome II, pages 601 et suivantes.

globes aérostatiques, en considérant successivement le parti qu'on en a tiré pour les recherches concernant la météorologie et la physique du globe. Nous avons également traité, avec quelque étendue, de l'emploi des ballons à la guerre, et dit le rôle que les ballons ont joué dans quelques opérations militaires, depuis notre première république jusqu'en 1870. Pour la première de ces deux questions, c'est-à-dire l'application des aérostats aux recherches scientifiques, nous n'aurions que peu de chose à ajouter à ce que nous en avons dit dans les *Merveilles de la science*, l'étude scientifique de l'air n'ayant donné, depuis 1870 jusqu'à ce jour, aucun résultat appréciable. Mais il en a été autrement de l'emploi des aérostats dans les armées. Un grand nombre de travaux, plus ou moins efficaces, ont été exécutés dans ces dernières années, en différents pays, pour créer l'aérostation militaire, et nous allons faire connaître l'état présent de cet art nouveau chez quelques nations de l'Europe.

En France, les aérostats avaient rendu de tels services, pendant le siège de Paris, que, la guerre terminée, l'attention resta attachée à cet utile auxiliaire d'une campagne, et que l'on s'empressa de rendre définitives, pendant la paix, les études commencées pendant la guerre.

Il restait des opérations du siège de Paris quelques aérostats, ainsi qu'une commission scientifique d'études spéciales, fondée par le colonel Laussedat, directeur du Conservatoire des arts et métiers. On rassembla les ballons épars dans quelques gares de chemin de fer ou dans les dépendances du fort de Vincennes, et en 1872, le gouvernement créa, dans le bois de Meudon, au lieu dit Meudon-Chalais, un établissement analogue à l'École aérostatique qui, au temps de la première république, avait fourni les compagnies d'aérostiers militaires, sous la direction de Coutelle et de Conté. L'école aérostatique de Meudon avait été, nous l'avons dit dans les *Merveilles de la science*, fermée par l'ordre du premier consul Bonaparte, à son retour d'Égypte. Pour mieux marquer, sans doute, la différence des temps et des idées, cette même école de Meudon fut réouverte, et restaurée avec un certain apparat. Elle fut pourvue des meilleurs instruments et des outils les plus perfectionnés, et on mit à sa tête deux officiers d'une aptitude spéciale reconnue dans l'armée, les capitaines Renard et Krebs.

En même temps, l'industrie privée s'organisait, à Paris, pour fournir le matériel militaire aérostatique aux nations étrangères; car l'aérostation militaire est maintenant une institution reconnue partout d'utilité publique. Aux forces de terre et de mer on veut ajouter les forces aériennes. En Allemagne, comme en Angleterre, en Italie et en Russie, les gouvernements demandent annuellement des fonds pour l'organisation régulière de l'aérostation militaire.

Parmi les travaux que l'on exécute chez les différentes nations, dans les parcs aérostatiques militaires, il faut citer:

1° La levée des plans en ballon, grâce à la photographie;

2° La construction de ballons captifs, destinés à recevoir les observateurs qui, du haut des airs, renseignent les chefs de corps sur l'état des forces ennemies, les retranchements des places fortes, la situation des villes assiégées, etc.;

3° La recherche de la direction aérostatique.

La levée des plans en ballons s'exécute aujourd'hui avec la plus grande facilité. Nous renvoyons à la Notice sur la *photographie*, qui fera partie du second volume de ce *Supplément*, l'indication des résultats obtenus, dans ces derniers temps, par les aéronautes civils et militaires, avec le concours des photographes. Nous dirons alors comment on peut sans peine rapporter d'une ascension aérostatique des vues d'une ville ou d'une fortification.

La direction des ballons est aujourd'hui partout à l'étude, mais elle n'a encore été réalisée nulle part, ainsi qu'on l'a vu dans les chapitres précédents de cette Notice.

La fabrication et l'emploi des ballons captifs destinés à suivre la marche et les opérations des armées sont l'objet essentiel, fondamental, des travaux qui s'exécutent dans les parcs militaires des différentes nations. C'est ce sujet que nous allons particulièrement étudier.

L'emploi des ballons captifs dans les armées embrasse les opérations suivantes, que nous passerons successivement en revue :

1° Fabrication du gaz hydrogène en grand;

2° Construction du matériel destiné à transporter les aérostats en campagne;

3° Construction de l'aérostat lui-même.

## CHAPITRE X

PRODUCTION DE L'HYDROGÈNE EN GRAND, AU PARC DE MEUDON-CHALAIS, AVEC LES APPAREILS DU COMMANDANT RENARD. — L'APPAREIL TISSANDIER. — L'APPAREIL LACHAMBRE. — L'APPAREIL YON. — TRANSPORT DES BALLONS MILITAIRES. — LA VOITURE-TREUIL DE L'ÉCOLE DE MEUDON-CHALAIS. — LA VOITURE-TREUIL DE M. LACHAMBRE ET DE M. YON. — LA COMPRESSION DU GAZ HYDROGÈNE ET SON TRANSPORT EN CAMPAGNE, DANS DES TUBES D'ACIER, PROCÉDÉ IMAGINÉ PAR LES AÉROSTIERS MILITAIRES ANGLAIS.

Dans le parc aérostatique de Meudon, que nous mentionnerons d'abord, il y a des appareils différents, pour la préparation de l'hydrogène en grand : un appareil fixe, destiné à être employé dans les campements et stations militaires, et un appareil mobile, qui s'installe sur un chariot, et se transporte rapidement d'un lieu à un autre. Ces deux appareils sont, d'ailleurs, constitués de la même manière, sauf le caractère de fixité ou de mobilité.

Le gaz hydrogène se prépare, dans ces appareils, par le procédé qui consiste à faire réagir l'acide sulfurique sur la tournure de fer. Les dispositions diffèrent peu de celles qu'adopta Giffard, pour le gonflement de son colossal ballon captif des Tuileries, en 1878, appareil que nous avons décrit dans les *Merveilles de la science*, et que M. Gaston Tissandier a perfectionné en 1883. On a vu, dans le dessin que nous avons donné de l'appareil de M. Tissandier (fig. 608 de ce *Supplément*) (1), ces vastes cylindres verticaux, dans lesquels l'acide sulfurique, introduit par la partie inférieure, s'élève progressivement, pour attaquer de nouvelles quantités de fer, le *trop-plein*, le *laveur*, etc.

Comme dans le cylindre de M. Gaston Tissandier, dans l'appareil de Meudon-Chalais, l'acide sulfurique, mélangé d'eau en proportions convenables, pénètre par la partie inférieure dans le *générateur*, lequel n'est point, comme dans l'appareil Tissandier, en poterie, mais en fonte doublée de plomb. Au contact de la tournure de fer qui remplit ce récipient, le liquide acide s'appauvrit, et arrive jusqu'au niveau du trop-plein, par lequel s'écoule l'eau chargée de sulfate de fer. Le gaz hydrogène se dégage par la partie supérieure du générateur, il traverse un *laveur*, puis un *sécheur*, renfermant de la chaux vive, du chlorure de calcium ou de la soude caustique. On s'assure que le gaz est suffisamment débarrassé de toute trace d'acide et d'humidité, avant de l'envoyer dans le ballon.

L'appareil fixe de Meudon-Chalais peut produire 3,000 mètres cubes d'hydrogène à l'heure. Les appareils mobiles, groupés sur un seul chariot qui ne pèse pas plus

---

(1) Pages 662-663.

de 2,800 kilogrammes, peuvent donner un débit minimum de 300 mètres de gaz par heure.

Le fer et l'acide nécessaires à la fabrication du gaz ne pèsent pas moins de 8 à 9 kilogrammes par mètre cube de gaz obtenu ; ce qui constitue une charge de 5,000 kilogrammes environ à transporter, pour gonfler un seul ballon.

Pour parer aux pertes de gaz qui tiennent, d'une part, à la diffusion du gaz à travers l'enveloppe, et surtout à la sortie de l'excès de gaz, quand l'hydrogène se dilate, par suite des variations de température, ou quand un coup de vent comprime brusquement l'aérostat, on prépare et on conserve à part une provision d'hydrogène dans un petit *ballon-gazomètre* spécial, d'une capacité de 50 à 60 mètres cubes.

Les dispositions particulières de l'appareil fixe ou mobile employé par les capitaines Renard et Krebs, au parc aérostatique de Meudon, pour la production du gaz hydrogène, n'ont pas été décrites par ces officiers, pour des raisons aisées à comprendre. Par le même motif, nous ne nous appesantirons pas davantage sur ces dispositions. Mais l'industrie privée fabrique aujourd'hui à Paris, pour les armées étrangères, des appareils mobiles, destinés à la production de l'hydrogène en grand. Un savant constructeur aéronaute, M. Lachambre, a livré, par exemple, au gouvernement portugais un appareil à hydrogène porté sur un chariot, que nous décrirons à notre aise, grâce au dessin que M. Lachambre en a donné, et que nous reproduisons dans la figure suivante.

L'appareil mobile, c'est-à-dire porté sur un chariot, se compose 1° de quatre générateurs en tôle doublée de plomb, 2° d'un laveur-cribleur du gaz; 3° de deux cylindres sécheurs ; 4° de quatre pompes spéciales à vapeur ou à bras ; etc.

Les générateurs de gaz, A, B, C, D, sont au nombre de quatre, et peuvent fonctionner ensemble ou séparément.

Sur le fond de chaque cylindre est soudé un tuyau en plomb, par lequel s'introduit le mélange d'acide sulfurique et d'eau, que l'on refoule de bas en haut au moyen de deux des pompes P, que nous décrirons plus loin.

Les générateurs A, B, C, D, ont été remplis préalablement de tournure de fer. La partie emmagasinée dans le cône supérieur descend, par son poids, dans la partie cylindrique, au fur et à mesure que celle existant dans cette dernière est dissoute par l'acide.

Les quatre générateurs sont reliés entre eux par un cylindre en fonte émaillée intérieurement, que M. Lachambre appelle *boîte à siphons*, b, et par lequel s'écoule le sulfate de fer en dissolution.

La *boîte à siphons* a pour objet de replier, sous un espace très restreint, la colonne de liquide sur elle-même, de façon à former un bouchon hydraulique, de $0^m,30$ de hauteur, faisant obstacle à la sortie du gaz.

Le gaz se dégage par un tuyau commun, E, placé au sommet de l'appareil, et se rend au *laveur* L.

La partie inférieure de chaque générateur est pourvue d'une bouche en fonte plombée à l'intérieur, fermée par un tampon, avec joint en caoutchouc.

Ce tampon porte, au centre, un ajutage percé d'une ouverture destinée à laisser écouler les liquides, dans le cas où l'on désire ouvrir pendant le fonctionnement.

La bouche *a*, ou *trou d'homme*, percée au bas des générateurs et que l'on voit à droite, est destinée à l'extraction de la tournure de fer qui reste dans les générateurs, après l'opération.

Le *laveur* L est une caisse rectangulaire, pourvue d'une batterie de tubes percés de petits trous faisant l'office de crible diviseur du gaz. Arrivé dans le crible, par un tuyau, le gaz refoule l'eau qui lui fait obstacle, et se tamise en petites bulles. L'acide sulfureux

Fig. 539. — Appareil de M. H. Lachambre, pour la préparation, en grand, du gaz hydrogène. — Le générateur du gaz.

que le gaz hydrogène peut recéler reste dissous dans l'eau.

Un courant d'eau froide permanent entretenu dans le *laveur*, par l'une des pompes, y condense également la vapeur d'eau entraînée par le gaz.

Le niveau d'eau y est rendu constant par un tuyau qui évacue le trop-plein, en le conduisant dans la boîte à siphons, où il se mélange avec les eaux sulfatées, et où il contribue à diluer les dernières traces d'acide sulfurique.

Le *sécheur du gaz*, S, se compose de deux cylindres faisant suite au *laveur*, et remplis de fragments de chlorure de calcium ou de chaux, destinés à absorber les dernières traces d'acide sulfureux ou de vapeur d'eau que peut encore renfermer le gaz, à sa sortie du laveur.

Près de l'orifice de sortie, le gaz traverse un compartiment grillagé, rempli de paille de fer, qui, sans faire obstacle à son passage, arrête toutes les poussières de chaux et autres, qui pourraient être entraînées hors des sécheurs.

*Les pompes* P, destinées à introduire dans les générateurs l'acide sulfurique et l'eau, sont au nombre de quatre, attelées deux à deux. Mues à bras et appartenant au système dit à *piston plongeur* avec clapet à boule, elles peuvent débiter environ 8000 litres d'eau à l'heure.

L'acide sulfurique étant aspiré directement dans les touries, toute manipulation dangereuse est écartée.

Le même ouvrier, en manœuvrant la pompe P, aspire l'acide, par le tuyau TT, dans l'intérieur de la bonbonne, et l'eau par le tuyau $u$, $u'$ qui aboutit à un réservoir voisin. L'acide sulfurique et l'eau étant ainsi aspirés dans les proportions convenables se mélangent, et pénètrent dans le généra-

Fig. 540. — Appareil de M. Yon pour la préparation en grand du gaz hydrogène (Vue perspective).

teur. Elles sont refoulées par un tuyau à bifurcation, où la colonne se divise en deux autres de débit égal.

Ces deux colonnes rencontrent, à leur tour, un robinet spécial émaillé, à double distribution, permettant de diriger à volonté le liquide soit dans l'un, soit dans l'autre des deux générateurs correspondants, soit dans les deux à la fois, ou d'en intercepter tout à fait le passage.

Cette disposition permet donc de faire fonctionner tous les générateurs isolément ou en batterie, d'en ouvrir une partie sans arrêter la marche de l'appareil, enfin de régler à volonté la dépense d'acide, en ayant toujours la même quantité de fer en fonction.

Les pompes sont fixées sur l'avant du chariot.

Tout l'appareil repose sur un chariot de fer. L'avant-train de ce chariot est articulé de façon à pouvoir passer dans les chemins non nivelés. Sa partie antérieure est pourvue d'un coffre-siège, renfermant tous les ustensiles et outils nécessaires à la manœuvre et au démontage des appareils. La dimension du siège permet à trois personnes de s'y installer commodément.

Le débit de l'appareil de M. Lachambre est de 120 à 150 mètres cubes de gaz par heure. Son originalité consiste 1° dans l'application plus rationnelle du principe de la circulation, par ce fait que la tournure de fer peut être mieux attaquée par le liquide acide dans toute sa masse immergée, à cause de la division de celle-ci en quatre colonnes; 2° dans l'emmagasinement, grâce à la hauteur des récipients, d'une provision de tournure de fer suffisante pour une opération entière de gonflement. Enfin, comme il est dit plus haut, l'aspiration de l'acide sulfurique se faisant directement dans les

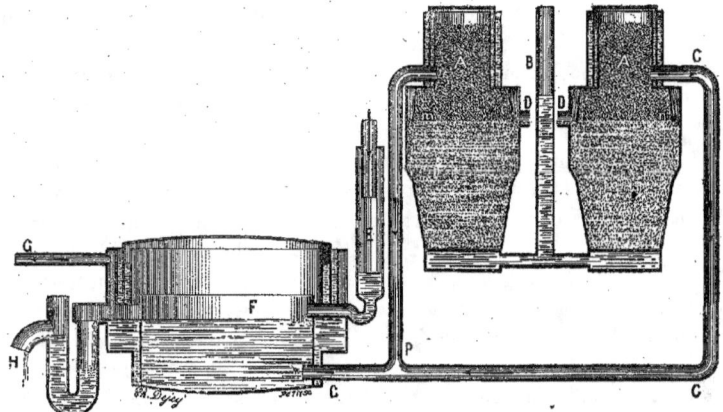

Fig. 541. — Plan du générateur à gaz de M. Yon.

A, A. Générateurs contenant de la tournure de fer baignée dans de l'acide sulfurique étendu d'eau. — B. Tuyau distribuant l'acide étendu d'eau dans les deux générateurs A, A. — m. Niveau du liquide acidulé. — D. Trop-plein. — P. Arrivée du gaz venant des générateurs se rendant au barbotteur à gaz, ou laveur F. — F. Laveur du gaz. — C. Sortie du gaz lavé. — H. Déversoir du trop-plein d'eau de lavage à écoulement intermittent.

touries (bonbonnes), toute manipulation dangereuse est supprimée.

Le gouvernement italien, au moment de son expédition d'Abyssinie, ayant jugé utile de munir le corps d'armée de ballons légers, facilement transportables et pouvant être gonflés sur place en peu de temps, s'adressa au constructeur français, M. Gabriel Yon. Il fallait assurer la production du gaz à mesure des besoins, dans un pays où les matières premières ne sont pas faciles à se procurer, et sont d'un transport embarrassant à travers des contrées hérissées d'obstacles naturels.

M. Yon s'appliqua à remplir tous les points de ce programme; et c'est après s'être assuré, par des expériences qui eurent lieu dans son usine, voisine du Champ de Mars, du bon fonctionnement de l'appareil pour la production de l'hydrogène, que cet appareil fut envoyé à Massaouah.

Nous donnons dans la figure 540 une vue perspective de l'appareil de M. G. Yon pour la production du gaz hydrogène en grand.

Dans deux grandes cuves à gaz est enfermée de la tournure de fer, baignée dans de l'acide sulfurique étendu d'eau. Le gaz, qui se forme par la décomposition de l'eau, s'échappe par un tuyau adapté à chaque cuve, et passe dans une autre cuve, aux deux tiers remplie d'eau, le *laveur*, où il se dépouille de toutes ses impuretés. Il monte ensuite dans un conduit, d'où il sort prêt à être employé. L'eau se renouvelle assez rapidement dans la cuve pour que le gaz y soit constamment refroidi à la température ambiante, et débarrassé, en même temps, des impuretés qui l'alourdiraient.

Ce générateur à gaz, qui est d'une grande simplicité, peut être transporté facilement à proximité du champ d'opération d'une armée. Les deux cylindres peuvent être rechargés de tournure de fer, à tour de rôle, sans arrêter le dégagement du gaz, en les séparant alternativement du circuit au moyen d'un robinet.

L'acide sulfurique fortement étendu d'eau est refoulé par une petite pompe, à la partie inférieure des générateurs. Le liquide monte à travers la tournure de fer, qu'il attaque, jusqu'au niveau du trop-plein, par où s'échappent les eaux mères chargées de sulfate de fer.

Il n'y a point de *sécheur*. Cet organe ne semble pas indispensable, en effet, dans un appareil de campagne; la présence de la vapeur d'eau en quantité minime ne pourrait alourdir beaucoup le gaz.

On voit dans la figure 541 le plan du même appareil. La légende qui l'accompagne fait connaître la destination de chacun de ses organes.

Les aérostiers de l'armée britannique ont fait faire un grand pas à la question de la production de l'hydrogène en campagne, en imaginant, en 1880, de comprimer le gaz hydrogène dans des tubes d'acier, sous une pression considérable. Dans les pays aussi nus que les plaines d'Afrique, où le bois manque, et où l'eau même pourrait faire défaut, pour alimenter les récipients et les cuves de lavage, il était difficile de fabriquer le gaz sur place. Le gaz hydrogène étant fabriqué dans une station fixe, on le comprime dans des réservoirs, ou tubes d'acier, très résistants, et on transporte ces tubes pleins d'hydrogène comprimé, là où il s'agit de remplir un ballon.

Les aérostiers anglais, dans la campagne du Soudan, firent usage de ce procédé, c'est-à-dire du transport du gaz hydrogène dans des tubes d'acier. L'installation fixe était à Souakim; l'hydrogène était comprimé à 150 atmosphères, dans de petits tubes d'acier ne pesant que 3 kilogrammes chacun, et qui étaient portés par des soldats.

Disons, en passant, que dans la même expédition anglaise du Soudan, on fit usage de ces mêmes tubes, dans lesquels on comprimait de l'oxygène, pour produire la lumière oxhydrique, destinée à éclairer les chantiers du chemin de fer stratégique qui était en construction de Souakim à Berbère, et auquel on ne travaillait que la nuit, pour éviter l'extrême chaleur du jour.

M. G. Yon a employé cette même méthode pour remplir les commandes du gouvernement italien, dont nous parlions plus haut.

Les tubes d'acier livrés par M. G. Yon au gouvernement italien pèsent, chacun, 30 kilogrammes. Ils ont $2^m,40$ de longueur, 13 centimètres de diamètre, et une épaisseur de 13 millimètres. Le gaz s'y conserve, sans déperdition aucune, à la pression de 135 atmosphères. Il faut de 70 à 75 de ces tubes pour gonfler un ballon cubant 300 mètres. On les entassait sur une voiture, et leur poids total était de 2,000 à 2,250 kilogrammes : c'est là une charge que huit chevaux peuvent traîner facilement. En Abyssinie, quand le terrain ne se prêtait pas à la marche d'un tel véhicule, ces tubes furent portés à dos de chameau, mode de transport qu'ils partageaient avec bien d'autres colis.

Dans l'opération du gonflement du ballon il ne faut ouvrir qu'un tube à la fois. Sans cela, le gaz passant brusquement de 135 atmosphères à une seule, déterminerait, par sa détente, un froid d'une intensité dangereuse ; on ouvre donc tube par tube, pour éviter le danger du refroidissement subit.

Pour transporter en campagne, soit les tubes d'acier, soit le générateur, M. G. Yon construisit une *voiture-treuil* que représente la figure 542, dans laquelle on voit la corde, A, du ballon captif enroulée sur un axe en forme de bobine, B, que l'on dévide grâce à la manivelle M, et à l'encliquetage E. La corde venant de la bobine passe sur une poulie P, et s'attache, par son extrémité libre, à l'aérostat qui s'élève dans l'air.

Avant d'expédier à Massouah l'appareil pour la préparation du gaz hydrogène, ainsi que les tubes d'acier devant recevoir le gaz comprimé et la *voiture-treuil*, M.G. Yon en fit l'expérience dans la cour de sa manufacture.

Pour cette expérience, 40 tubes pleins de gaz hydrogène comprimé avaient été apportés, l'un après l'autre, déposés sur le

Fig. 542. — Voiture-treuil de M. Yon pour le transport de l'appareil à production d'hydrogène.

sol, et réunis, en deux groupes d'égal nombre, à un baril central, qui alimentait le tuyau de conduite aboutissant à l'emplacement où se trouvait alors le ballon, au milieu d'un cercle formé de sacs de lest. Autour de la bobine du treuil s'enroule le câble dont l'extrémité est fixée à un trapèze qui encadre la nacelle. Dans l'intérieur du câble, qui est à plusieurs torons, on a logé deux fils téléphoniques, lesquels sont placés, non tout à fait au centre, mais un peu sur le côté du câble, afin que, en cas de rupture, on puisse se rendre compte tout de suite du point où s'est produit l'accident.

L'aéronaute est donc toujours, de cette façon, en rapport avec les hommes demeurés à terre, lesquels peuvent, à volonté, filer le câble, le retenir ou l'amener. Dix hommes suffisent pour la manœuvre, la traction à exercer n'excédant pas 150 kilogrammes, par un temps calme, et le double par un vent déjà assez violent.

Nous représentons dans la figure 543 un ballon captif de l'armée italienne, gonflé par le gaz comprimé dans des tubes d'acier, opérant en Abyssinie.

En Allemagne, on a fait usage d'un procédé assez original pour la production de l'hydrogène. Ce procédé, imaginé par M. Richter, ancien lieutenant dans l'artillerie prussienne, et par le docteur Majest, consiste à décomposer l'eau contenue dans l'hydrate de chaux, par le zinc. L'eau se décompose, oxyde le zinc, et son hydrogène se dégage. Il reste, comme résidu, du zincate de chaux, l'oxyde de zinc formé jouant le rôle d'acide.

Cette réaction se produit à une température relativement basse. Il faut seulement que le zinc soit à l'état pulvérulent, tel par exemple qu'on le retire des cornues des mines, et que l'on désigne sous le nom de *cadmie*.

Pour mettre ce procédé en pratique, le mélange de zinc et de chaux hydratée est chargé sur des coupelles, que l'on introduit dans des cornues de fonte, placées sur plusieurs rangs, dans une sorte de four portatif, monté sur des roues, et dont le foyer peut être chauffé au bois.

Hâtons-nous de dire que le dégagement du gaz hydrogène avec ce procédé est très lent. La méthode de MM. Richter et Majest n'a donc rien qui la recommande. Elle est bien moins avantageuse que l'emploi de l'acide sulfurique et du fer.

Le prix de revient du gaz hydrogène préparé par l'action de l'acide sulfurique sur le fer, tel qu'on l'exécute dans la plupart des cas, est assez élevé. Le gaz coûte environ un franc par mètre cube recueilli. On pourrait obtenir le gaz hydrogène à meilleur marché, en revenant à l'ancien procédé dont firent usage les premiers aérostiers militaires de la république française, c'est-à-dire en décomposant l'eau par le fer, à la température du rouge. Malheureusement, on n'est pas encore parvenu à débarrasser complètement le gaz hydrogène, ainsi obtenu, d'une certaine quantité de gaz oxyde de carbone, dont la densité est relativement considérable; ce qui diminue notablement la force ascensionnelle de l'aérostat.

Le transport d'un ballon plein de gaz hydrogène est d'une grande difficulté, en campagne.

On a vu, par le récit que nous avons donné, dans les *Merveilles de la science*, des opérations des aérostiers de Sambre-et-Meuse, que le capitaine Coutelle sortit de Maubeuge la nuit, et se rendit à Charleroi, à travers les lignes prussiennes, en transportant le ballon à bras. On avait attaché à l'équateur du ballon seize cordes très longues, qui permirent de le faire voyager, malgré les fossés et les parapets de trois enceintes, malgré les rues très resserrées et de longues allées d'arbres.

Ce mode de transport élémentaire n'est plus en usage, sinon pour des manœuvres simples à opérer dans les parcs aérostatiques, ou dans les camps. On se sert, dans toutes les armées, d'une *voiture-treuil*, dont le lecteur a déjà vu un spécimen dans la figure 542, qui représente la *voiture-treuil* construite par M. G. Yon, pour l'armée italienne d'Abyssinie.

La *voiture-treuil* des aérostiers français pèse 2,500 kilogrammes environ. L'arbre du treuil peut être tourné par la vapeur, ou par la force des hommes. La machine à vapeur, de la force de cinq chevaux, actionne les organes d'enroulement de la corde du ballon. Le câble, pour se dérouler avec régularité, passe sur une poulie, qui est elle-même mobile de telle manière qu'elle peut suivre tous les mouvements que l'aérostat imprime à la corde, quand il est secoué par le vent. Un frein pouvant presser la corde sur l'arbre de déroulement en modère la vitesse.

Dans les armées étrangères, on se sert de *voitures-treuils* ressemblant, en principe, à celle de notre armée. Nous en donnerons une idée complète en décrivant la *voiture-treuil* que l'aéronaute constructeur, M. Lachambre, a fournie à quelques gouvernements étrangers. On voit cette *voiture-treuil* représentée par la figure 544 (page 725).

Outre le treuil, le chariot porte la nacelle du ballon, N, dans laquelle, pendant les voyages ou les séjours, on loge l'étoffe du ballon. Il y a en outre un siège S, pour trois personnes et un coffre C, pour les accessoires. Quant à l'appareil de déroulement, A, il est mû, non par la vapeur, mais par de simples manivelles à bras d'hommes, M, actionnées par huit soldats, qui à la vitesse

Fig. 543. — Ascension d'un ballon captif gonflé par le gaz hydrogène comprimé dans des tubes d'acier (armée italienne d'Abyssinie).

normale ramènent le ballon en huit minutes. Un frein à encliquetage sert à modérer, à volonté, la vitesse d'ascension. A l'arrière du chariot, se trouve la bobine d'enroulement B, où le câble s'emmagasine de lui-même par spires régulières pendant la descente; cette bobine est également pourvue d'un frein de sûreté.

Le bâtis du chariot est en fer laminé, et toutes les pièces ayant un effort à subir, soit en traction, soit en torsion, sont en fer forgé.

Le ballon de M. Lachambre n'emportant qu'un seul observateur, son volume est très réduit; de sorte que la *voiture-treuil* est toujours prête à fonctionner, même tout attelée, et peut transporter rapidement l'aérostat tout gonflé, d'un lieu d'observation à un autre.

Le câble qui retient le ballon mérite une mention particulière.

Il ne ressemble que de loin à celui employé par les anciens aérostiers de la République, qui était tenu par quarante soldats, pourvus de *tirolles* ou ramifications du câble principal.

C'est à Giffard qu'on doit l'idée du câble cylindro-conique, qui compense en partie la diminution de force ascensionnelle de l'aérostat, par la légèreté progressive de la corde. Le câble de retenue est tressé de manière à ce qu'il perde de son diamètre à mesure que l'aérostat perd de sa force ascensionnelle.

Il porte, à l'intérieur, un fil de cuivre, qui sert de conducteur à un téléphone allant de la nacelle à la terre.

Les fils conducteurs sont placés dans le toron même de la corde. Ils sont ainsi à l'abri, et suivent sans effort toutes les variations de longueur du câble.

Le câble étant à trois torons, M. Lachambre y place un troisième fil de réserve, pour le cas, improbable, où l'un des deux premiers viendrait à subir une interruption.

Ce dernier fil peut, en outre, être utilisé pour mettre un troisième poste, à distance, en relation avec le ballon.

Il reste à établir la communication entre l'extrémité du câble « côté terre » et le poste militaire correspondant.

Le contact par les tourillons du treuil est le moyen de communication le plus fréquemment employé. M. Lachambre a préféré relier l'extrémité des fils avec deux bagues isolées, en cuivre, qui sont placées sur le tambour d'enroulement, et dont le rebord extérieur plonge dans une petite auge à mercure. Cette disposition a l'avantage de donner un contact permanent, inoxydable et parfait. Les électriciens savent que le mercure est le meilleur agent de contact.

Le téléphone adopté par M. Lachambre est du système Okorowitch, qui sert à la fois de transmetteur et de récepteur. Ce téléphone, qui est purement magnétique, dispense d'emporter une pile électrique dans la nacelle, avantage important, car, outre la place occupée, il n'est, en matière d'aérostation, aucun poids, si faible qu'il soit, qui puisse être traité de quantité négligeable.

Dans la plupart des armées les ballons captifs sont de forme sphérique. Ils ont 10 mètres de diamètre, et un volume de 540 mètres cubes.

Ils enlèvent deux aéronautes dans la nacelle. Celle-ci est un panier d'osier, de forme rectangulaire, doublé d'étoffe. Il y a dans la nacelle deux petits sièges, se faisant face l'un à l'autre, et dans les angles sont quatre boîtes, ou casiers, où l'on place les engins nécessaires à l'ascension, lest, pavillon de signaux, provisions. Sur les côtés est accroché le téléphone, dont le fil est enroulé, comme nous l'avons dit, autour du câble de retenue.

Comme il faut prévoir le cas d'une rupture du câble, qui transformerait l'ascen-

Fig. 544. — Voiture-treuil de M. Lachambre.

sion captive en ascension libre imprévue, la nacelle emporte toujours son ancre, accrochée à l'extérieur de la nacelle, au bout d'un cordage de 40 mètres, bien enroulé sur lui-même.

L'enveloppe du ballon est composée d'une étoffe de soie de Chine, dite *ponghée*, étoffe écrue très souple et à grains serrés. Le taffetas de Lyon est d'une fabrication plus homogène, mais il coûte beaucoup plus cher.

Le ballon est revêtu de plusieurs couches d'un vernis s'appliquant à l'intérieur Le choix et la fabrication de ce vernis sont de la plus grande importance. Il faut, en effet, que l'aérostat puisse demeurer gonflé pendant la marche de l'armée. Les soldats de la compagnie des aérostiers de Coutelle, en 1794, traînèrent leur ballon pendant deux mois, sans avoir besoin de le gonfler à nouveau.

Pour appliquer le vernis, il faut les plus grandes précautions. Les hommes n'approchent du globe de soie qu'avec des gants, et des chaussons de lisière : le moindre coup d'ongle provoquerait une déchirure qui laisserait échapper le gaz, et priverait le ballon de toute force ascensionnelle.

Le globe se termine, à la partie inférieure, par un *appendice*, ou *manche*, de même étoffe, qui doit recevoir le tuyau adducteur du gaz.

La soupape placée à la calotte supérieure du globe est un appareil de la plus haute importance. Elle doit fermer parfaitement, et la manœuvre doit en être aisée. Elle est composée, généralement, de deux volets de métal, s'ouvrant à l'intérieur du ballon, et qui sont maintenus fermés par des ressorts à boudin.

Une corde attachée aux volets traverse le ballon, et arrive à la nacelle, à portée de la main du pilote aérien. C'est en ouvrant cette soupape qu'il laisse échapper le gaz, rend le ballon plus lourd, et le fait descendre ou ralentit sa force ascensionnelle.

Pour accrocher la nacelle au ballon, le seul moyen usité, aujourd'hui comme autrefois, c'est de se servir d'un filet qui recouvre le contour entier du globe. Le filet est en bonne corde de chanvre, enduite d'une préparation de cachou, pour le préserver de l'humidité. Il embrasse exactement le dôme du ballon ; mais, à partir de la moitié environ, il se resserre, pour aboutir à un cercle d'osier de petit diamètre, dit *cercle du filet*, auquel la nacelle est suspendue.

Les cordages qui suspendent la nacelle au filet, ont la disposition triangulaire dont Dupuy de Lôme fit usage le premier, et qui a pour résultat de reporter le poids de la nacelle sur un petit nombre de cordages, lesquels pourraient se rompre accidentellement, sans pour cela déformer le ballon ; ce qui arrivait souvent avant l'invention de Dupuy de Lôme.

Le mode de suspension d'un ballon captif à la nacelle par le câble de retenue est une question fort délicate ; car, par l'effet du vent, le ballon et son câble sont souvent rabattus sur la terre, et si l'on attachait directement le câble à la nacelle, celle-ci suivant le même mouvement menacerait de précipiter les observateurs dans l'espace. Dans les ballons captifs des armées de la première république, la nacelle était suspendue, par deux larges pattes d'oie, à l'équateur du filet. Deux câbles étaient attachés à l'extrémité de la patte d'oie et quarante soldats tenaient l'extrémité des câbles, et la nacelle se trouvait ainsi librement suspendue. On comprendra cette disposition en se reportant à la figure 289 (page 497) de notre Notice sur les *Aérostats* des *Merveilles de la science*. Mais les différences inévitables de traction sur les deux brins du câble amenaient des secousses désagréables pour les aéronautes en observation dans la nacelle.

Pour les ballons de petites dimensions on a un autre mode de suspension. Le cercle de suspension est muni d'un cadre, en forme de trapèze. Au milieu du trapèze est suspendue la nacelle, qui peut ainsi se balancer librement.

Dans les parcs français, des précautions particulières, dues au commandant Renard, assurent, par une bonne disposition de la liaison du trapèze et du filet, la complète stabilité de la nacelle, en s'opposant à sa rotation, inconvénient qui gêne souvent les observateurs aériens.

CHAPITRE XI

EMPLOI DES BALLONS CAPTIFS POUR D'AUTRES OPÉRATIONS MILITAIRES. — EMPLOI DES BALLONS LIBRES. — LA MARINE ET LES BALLONS.

Nous n'avons considéré jusqu'ici les ballons captifs que comme auxiliaires des opérations militaires. Leur rôle n'est cependant pas exclusivement borné à l'observation faite du haut des airs.

Bien que ce genre particulier d'application ne soit encore qu'à ses débuts, on a essayé d'employer les ballons captifs dans la télégraphie optique. Des expériences très intéressantes, faites à la Villette, à l'usine Égasse, ont prouvé qu'il est possible d'illuminer un globe aérostatique, en y enfermant des lampes électriques à incandescence. Le courant électrique est envoyé, moyennant le fil de cuivre tressé avec le câble, par une pile installée à terre. La présence d'un foyer électrique près du gaz hydrogène ne présente, d'ailleurs, aucun danger, la cloche du bec à incandescence électrique empêchant tout contact avec le gaz, et la lumière s'éteignant aussitôt, si la cloche vient à se briser par accident.

En interrompant le courant, et en produisant une succession convenue d'éclats

## SUPPLÉMENT AUX AÉROSTATS.

lumineux, longs et courts, on établit un système de correspondance télégraphique.

Malheureusement la limite de visibilité de cette lumière n'a été trouvée que de 18 kilomètres. Il faudrait un foyer extraordinairement puissant pour que la lumière, répartie sur la surface entière du ballon, et forcée de traverser le voile opaque de l'enveloppe, pût porter beaucoup plus loin.

On réussirait mieux en attachant le foyer lumineux au-dessous du ballon. Ce que la lumière perdrait en surface, elle le regagnerait en puissance.

Il nous reste à signaler d'intéressants essais d'application des aérostats à la marine. Pendant l'été de 1888, l'escadre d'évolution, en rade de Toulon, fit l'expérience de l'emploi des ballons pour l'observation des mouvements d'une flotte ennemie. On voulait établir, à bord des bâtiments d'escadre, des observatoires volants, destinés à découvrir les mouvements de l'ennemi, et surtout se garer des attaques des torpilleurs, qui perdraient leur dangereux *incognito* devant ces vigies pouvant s'élever à des hauteurs qui défient l'altitude de la tour Eiffel.

Un des usages auxquels les ballons marins captifs seront également employés avec un grand avantage, c'est la surveillance des mouvements de l'ennemi dans les terrains avoisinant les côtes.

La vigie placée dans le ballon observateur rendrait compte de ses observations à son point d'attache, par un téléphone partant de sa nacelle et allant aboutir au navire où se trouve le récepteur téléphonique.

En vue des expériences dont nous allons parler, le port de Toulon avait commencé par envoyer à l'établissement aéronautique de Meudon-Chalais une équipe de marins, commandés par M. le lieutenant de vaisseau Serpette, qui s'était fait le promoteur de cette intéressante entreprise.

Les marins saisirent vite la pratique des manœuvres aérostatiques, et furent ainsi en mesure de guider leurs camarades de l'escadre. Ils repartirent pour Toulon, et une commission fut chargée de suivre les expériences.

Le matériel destiné à ces essais en mer sortait des ateliers militaires de l'École de Meudon-Chalais, et ne différait que par quelques points de détail du matériel usité dans l'armée. Un des officiers de cette école, le capitaine Jullien, faisait partie de la Commission.

Le 12 juillet 1888, des essais de gonflement furent effectués sous la direction de M. le lieutenant de vaisseau Serpette, et en présence d'un grand nombre d'officiers de l'escadre, à bord de la batterie flottante *l'Implacable*. L'opération ayant parfaitement réussi, quelques ascensions captives furent reprises le 17 juillet. Un seul observateur était dans la nacelle, à portée du téléphone qui établissait les communications verbales entre l'aérostat et le navire. Un temps calme favorisait l'ascension.

Nous emprunterons à un journal de Paris le récit détaillé de ces expériences intéressantes.

« Le ballon, dit ce journal, à la date du 19 juillet 1888, s'élève majestueusement à 350 mètres environ d'altitude. A ce moment, 7 heures 40, le capitaine transmet par le téléphone le commandement *tiens bon*, et l'aérostat s'arrête.

Les curieux envahissent le quai du port. M. le lieutenant de vaisseau Serpette scrute alors l'horizon, à l'aide d'une puissante lunette, il examine attentivement les points les plus éloignés, au sud la Corse, à l'est Nice et à l'ouest Marseille, et si la défense l'exigeait, il signale au commandant de Mongret, qui se trouve alors avec la Commission sur le pont de *l'Implacable*, tout ce qui peut être remarqué du haut de cet observatoire.

Il énumère le nombre de navires à vapeur ou à voiles qui naviguent en ce moment à l'est, à l'ouest ou au sud de Toulon. Il indique même la nationalité du plus grand nombre, et répond à différentes questions qui lui sont posées par la Commission.

Sur un ordre du capitaine, le ballon descend à 8 heures trois quarts et remonte dans les airs à 9 heures avec le même succès. Cette fois, l'amiral Amet, commandant en chef l'escadre d'évolutions et qui se trouve sur la passerelle du *Colbert*, entouré de tous les officiers de ce vaisseau, questionne longuement l'observateur aérien au moyen de signaux transmis à l'*Implacable* et répétés par le téléphone qui communique avec la nacelle de l'aérostat.

Les réponses se font instantanément. Tous les états-majors des navires de l'escadre suivent avec un vif intérêt les mouvements qui se produisent entre l'*Implacable* et le ballon captif.

A 10 heures nouvelle descente et nouvelle ascension à 400 mètres d'altitude. Cette fois on procède à des levés photographiques. Des communications s'établissent encore entre le *Colbert*, l'*Implacable* et la nacelle de l'aérostat.

Le lieutenant Serpette répond aux questions posées par l'amiral Amet et par le commandant de Mongret. A 10 heures 20, une chaloupe à vapeur remorque le ballon captif et le conduit au large. La Commission prend place à bord de cette embarcation et continue les communications téléphoniques avec le capitaine Serpette.

La chaloupe revient sur rade à 11 heures. Elle fait le tour de l'escadre et accoste l'*Implacable*, où le câble est amarré. Le capitaine commande de rappeler le ballon. Aussitôt la bobine, autour de laquelle s'enroule le câble en bourre de soie de 12 millimètres de diamètre, se met en mouvement. L'aérostat descend et se trouve en quelques instants sur le pont du navire, où il est retenu.

Quelques jours après, le ballon captif ayant dans sa nacelle M. le lieutenant de vaisseau Serpette s'élève de nouveau dans les airs à bord de l'*Implacable*.

L'aérostat, au-dessous duquel flotte le pavillon national, a été remorqué à bord du cuirassé l'*Indomptable*, où son câble a été amarré.

A l'arrière, deux petits ballons l'accompagnent pour lui fournir du gaz au cas où des déperditions viendraient à se produire pendant ces expériences en pleine mer. A 9 heures, l'*Indomptable*, commandant Leclerc, a appareillé et fait route vers le sud-est; il a disparu bientôt à l'horizon, ne laissant apercevoir que le ballon captif qui plane majestueusement.

La commission est installée à bord de l'*Indomptable* afin de rendre compte des expériences de sensibilité à grandes distances.

M. le lieutenant Serpette aura eu le mérite d'introduire dans l'usage de ces observatoires volants, nouveaux instruments d'information appelés sans doute à jouer un certain rôle dans les batailles navales, à condition que l'on fasse usage dans les batailles de poudre à canon ne donnant point de fumée, problème aujourd'hui parfaitement résolu.

Les torpilleurs auront désormais à redouter les filets Bullivan, les projecteurs de lumière électrique, les blindages de cellulose, etc., les *aérostats captifs*. A ce point de vue les ballons seront les alliés des vaisseaux cuirassés. La surveillance des mouvements de l'ennemi sur le littoral ou dans les terrains avoisinant les côtes deviendra ainsi infiniment plus aisée grâce à ces engins dont l'efficacité défensive est incontestable. »

L'introduction des ballons captifs dans la marine est une excellente innovation. La seule difficulté à vaincre, c'est d'organiser l'arrimement du navire de manière à permettre le gonflement du ballon à bord. Quant à la préparation du gaz hydrogène, on l'éviterait en embarquant des tubes d'acier pleins de gaz hydrogène, tels que les aérostiers anglais les ont imaginés, et qu'ils ont employés, ainsi que nous l'avons dit, dans leur campagne du Soudan, et dont les Italiens ont également fait usage en Abyssinie.

Avec le *guide-rop* marin, ou le *côneancre* dont ont fait usage Sivel, Lhoste et Mangot, le ballon peut flotter, à l'état captif, au-dessus du navire, et s'il est nécessaire, se séparer des liens qui l'attachent, et s'élancer, avec toute la vitesse du vent, dans la direction qui paraît utile aux opérations de la flotte.

La Méditerranée serait un bon champ de manœuvres pour des aéronautes expérimentés, adroits et dévoués, sachant allier la science au courage. La mer, qui n'a été jusqu'ici que le tombeau des émules d'Icare, deviendrait, grâce à ces vaillants explorateurs des airs, le théâtre de leurs exploits. Ces hommes dévoués et audacieux braveraient, pour le bien de la patrie, les fureurs réunies de Neptune et d'Éole, s'il nous est permis d'emprunter, en passant, à la mythologie ses antiques symboles.

Fig. 545. — Expérience de téléphonie aérostatique en mer.

## CHAPITRE XII

LES AÉROSTATS MILITAIRES AU TONKIN.

Nous venons de décrire l'ensemble des appareils et des procédés en usage dans les parcs aéronautiques militaires français et étrangers. Ces descriptions générales pourraient faire croire que l'aérostation militaire n'est encore qu'à l'état d'étude, et qu'elle est dépourvue de toute sanction pratique. Il est donc d'un grand intérêt d'établir que l'aérostation militaire a déjà fait brillamment ses preuves. Nous n'irons pas chercher nos exemples dans les armées anglaise et italienne, qui pourtant ont retiré de réels avantages des ballons, la première au Soudan, la seconde en Abyssinie. Nous parlerons de la campagne exécutée au Tonkin par une section de nos aérostiers militaires. C'est pour notre pays la première page de l'histoire moderne des ballons captifs employés à la guerre, et elle est trop intéressante pour en priver nos lecteurs.

La *Revue aéronautique*, dans son numéro d'avril 1888, a donné un récit complet du journal des aérostiers français au Tonkin. Ce récit, emprunté par la *Revue aéronautique*, à la *Revue du génie*, a été complété par le premier de ces recueils, grâce à des renseignements particuliers. C'est donc à la *Revue aéronautique* que nous emprunterons ce récit.

« L'héroïque défense que les Pavillons-Noirs opposèrent à Sontay, aux troupes pourtant si énergiquement conduites par l'amiral Courbet, démontra que ce n'étaient plus des bandes indisciplinées de partisans mal armés que nous avions devant nous, mais bien des combattants résolus avec lesquels il fallait compter (1). Aussi l'envoi de trois généraux avec de sérieux renforts fut-il décidé. On adjoignit à ces troupes une section d'aérostiers et l'établissement de Chalais reçut l'ordre de préparer le matériel nécessaire.

*Constitution de la section d'aérostiers*. — Les renseignements que l'on possédait sur l'état des routes firent conclure qu'il était impossible d'emmener au Tonkin le matériel roulant réglementaire usité en France. Dans ces conditions, l'emploi d'un ballon cubant près de 600 mètres, destiné à être transporté par des hommes, était impossible, on dut donc recourir à un ballon d'un modèle plus petit. Il fallut, de plus, confectionner des caisses ou cantines, pouvant être facilement transportées par deux ou quatre coolies, et y arrimer tout le matériel. Ces travaux furent poussés à Chalais avec une extrême rapidité et, en moins de quinze jours, tout fut prêt.

Le gaz hydrogène devait être produit par un procédé nouveau qui venait d'être expérimenté à Chalais.

Quelques craintes s'élevaient au sujet du transport, dans les régions tropicales, d'un ballon verni. On craignait notamment que le vernis ne s'altérât pendant la traversée de la mer Rouge. Aussi le ballon ne fut-il pas placé dans les cales, où la température est souvent excessive et où il aurait été difficile de le visiter ; on le déposa sur le pont, dans un coin du rouffe de la timonerie, et il ne souffrit aucunement pendant la traversée. On avait eu, il est vrai, le soin de le huiler avant de l'empaqueter et d'interposer entre chaque pli de minces feuilles de papier imbibées d'huile.

*Opérations au Tonkin*. — *Marche sur Bac-Ninh*. — A peine débarquée et installée à Hanoï, la section d'aérostiers reçut l'ordre de se préparer à marcher avec les colonnes qu'on allait diriger sur Bac-Ninh. Le départ était primitivement fixé au 7 mars 1884, et le gonflement du ballon eut lieu le 3, quelques ascensions devant être, au préalable, exécutées à Hanoï.

Les premières ascensions étonnèrent profondément la population de la capitale. Tous les indigènes sortirent de leurs cases en poussant des cris d'admiration. Toutefois, comme il arrive d'ordinaire chez ces peuples enfants, ce bel enthousiasme dura peu, et sans chercher autrement à approfondir ce mystère, ils crurent avoir tout expliqué en disant : « Ah ! c'est encore une invention de ces Français ! »

Le départ de Hanoï de la brigade Brière de l'Isle, avec laquelle devaient marcher les aérostiers, fut retardé d'un jour, et, dans la journée du 7, on fit un gonflement partiel pour remédier aux pertes dues aux ascensions. Le 8, au matin, la colonne traverse le fleuve Rouge, la route suivie est un simple sentier souvent occupé par d'immenses banians. Chaque fois qu'un semblable obstacle se présente, il faut le tourner en descendant dans les

---

(1) La section d'aérostiers comprenait : 2 officiers : M. le capitaine Aron et M. le lieutenant Jullien, 5 sous-officiers, 8 caporaux et 28 sapeurs. Les cadres étaient assez fortement constitués pour pouvoir admettre des auxiliaires venus d'autres armes. (Note de la *Revue aéronautique*).

rizières inondées à cette époque de l'année. Les étapes sont donc de ce chef très fatigantes pour les aérostiers, obligés, en outre, d'exercer parfois des efforts considérables sur les cordes pour résister au vent. Cependant, leur vitesse de progression reste sensiblement égale à celle des autres troupes et la marche de la colonne n'en est pas retardée.

Le 11, au soir, la concentration des deux brigades est opérée vers le marché de Chi, sur le canal des Rapides (la 2e brigade, de Négrier, s'était formée à Haï-Dzuong et avait été dirigée sur le même point). Une reconnaissance de la position de Trug-Son, objectif de la 1re brigade, est effectuée dans l'après-midi; elle prend fin à la nuit tombante. Le vent était un peu fort, néanmoins la hauteur moyenne de la nacelle fut d'environ 150 mètres. Le lendemain, vers une heure, la première brigade était déployée face aux hauteurs de Srung-Son qu'elle devait enlever.

Le temps était très calme, le câble absolument vertical et déroulé en entier, l'observateur planait à 250 mètres au-dessus de nos troupes. L'action est engagée par une canonnade des batteries d'avant-garde contre une ligne de pavillons plantés en terre; l'observateur donne, à la voix, des renseignements sur les points de chute de nos projectiles; l'action s'étend bientôt sur toute la ligne, les commandants des bataillons chargés d'enlever une position, qui un village, qui une hauteur ou un bouquet de bois, viennent au-dessous du ballon demander à la voix des indications à l'observateur. Les réponses sont toujours à peu près identiques : « L'objectif n'est plus guère occupé que par la valeur d'une compagnie; l'armée chinoise bat rapidement en retraite. » Les chefs d'unité vont alors donner leurs ordres en conséquence, le moral général se ressent d'une façon très sensible de ces nouvelles toutes rassurantes. Deux officiers à cheval portent au chef d'état-major des billets lancés par l'observateur et pourvus de banderolles de toile lestées destinées à les faire retrouver plus rapidement.

Vers 6 heures, toutes les positions ennemies sont occupées.

Pendant ce combat, la 3e brigade avait poussé très rapidement les Chinois à droite et, allongeant le tir de ses pièces, les avait empêchés de rentrer dans Bac-Ninh, où elle pénétrait elle-même dans la soirée. La place était donc tombée du premier coup dans nos mains, et un assaut — comme cela avait eu lieu pour la prise de Son-Tay — opération toujours délicate et dans la préparation de laquelle le ballon eût été, comme moyen de reconnaissance, un auxiliaire précieux, avait été inutile.

Le lendemain, la 1re brigade et les aérostiers faisaient leur entrée dans la ville vers 4 heures du soir. Le 16, ordre de dégonfler le ballon était donné.

Ainsi cet aérostat, gonflé le 3 mars, exécutait quelques ascensions le 4, voyait ses pertes de gaz réparées par un gonflement partiel le 7, suivait l'armée dans toutes ses étapes du 8 au 11 mars, figurait sur le champ de bataille du 12, entrait à Bac-Ninh le 13, et, le 16, eût encore été en mesure d'enlever un observateur après 13 jours de service.

Pendant ces marches, un sous-officier laissé à Hanoï avait conduit par eau jusqu'à Dap-Cau (port de Bac-Ninh) un deuxième ballon verni à Hanoï même. La première couche de vernis de ce ballon avait été appliquée le 25 février; il devait en recevoir quatre couches. Le séchage se faisait très mal, bien que le ballon fût suspendu pour cette opération dans un grand hall de bambous, construit à la hâte pour cet usage. A cette époque de l'année, le temps est, en effet, très humide et il tombe presque chaque matin une petite pluie, le crachin, très fine et très pénétrante. Aussi, suffit-il de bien peu de temps (24 heures environ), pendant le trajet par eau de Hanoï à Dap-Cau pour échauffer le vernis du ballon plié pour le transport et rendre l'aérostat à peu près impropre à tout service.

*Opérations contre Hong-Hoa.* — Les aérostiers marcheront cette fois avec la 2e brigade. La 1re brigade part un jour avant; elle doit dessiner à gauche un mouvement enveloppant. Le départ est fixé au 6 avril, le gonflement a lieu le 4. La route est meilleure, la colonne, débarrassée de tous les impedimenta (trains des corps qui marchent à la queue), avance avec plus de rapidité.

Le 8 avril, le temps est très mauvais et le vent violent. Des nuages bas courent avec vitesse; l'étape n'est heureusement que de quelques kilomètres, cette journée devant être consacrée au repos à Sontay. Les aérostiers entrent les premiers dans la ville; pour aller se mettre à l'abri derrière les remparts. Le ballon, toutefois, a un peu souffert, il est absolument indispensable de fermer la manche par les forts vents, précaution négligée ce jour-là. Un gonflement partiel est nécessaire et a lieu pendant la nuit (Pour parer à toute éventualité, on avait fait venir par eau jusqu'à Sontay les appareils de gonflement et un petit approvisionnement de réactifs).

La colonne quittait Sontay le lendemain matin et suivait la route qui longe le fleuve. Cette route, constituée par la digue de la rive droite du fleuve Rouge, est large et d'un parcours facile; toutefois, de gros arbres ou des villages obligent toujours les aérostiers à descendre dans les rizières inondées.

*Ascension de reconnaissance.* — Le lendemain, la 2e brigade restait en station à Vu-Chu; le temps était beau, et vers 9 heures du matin, le général de Négrier faisait une ascension de reconnaissance. Hong-Hoa, objectif de nos troupes, était situé à une dizaine de kilomètres environ; le général reconnut admirablement la position, dont il prit un croquis détaillé. Les pièces d'artillerie transportées par eau, en vue du bombardement, arrivent dans la soirée, elles sont aussitôt débarquées, et la marche en avant reprend dès le lendemain matin.

Le ballon est assailli ce jour-là par un coup de vent très violent; les aérostiers ont heureusement le temps de se jeter dans un champ de maïs coupé par un ravin dans lequel ils se tapissent en ramenant le ballon jusqu'au sol; l'aérostat résiste, et la marche est reprise dès que l'ouragan aussi bref, d'ailleurs, qu'il avait été intense, a disparu.

Le bombardement commence vers 11 heures du matin; les Chinois évacuent la ville et traversent le fleuve Rouge sur un pont-radeau de bambous jeté un peu en aval de la citadelle. La 2ᵉ brigade assiste l'arme au pied à ce défilé qui dure toute la soirée; l'arrière-garde chinoise incendie la ville avant de l'abandonner.

Le ballon a servi aux ascensions de 2 heures à 5 heures; il signale les routes que suit l'ennemi en fuite. Les troupes bivouaquent sur place. La rivière Noire est traversée le lendemain matin; les 6 kilomètres qui la séparent de Hong-Hoa sont franchis non sans difficultés; le vent souffle avec impétuosité. Fort heureusement, le terrain permet de faire presque toute l'étape aux cordes équatoriales. Le but est atteint et le ballon dégonflé aux portes de Hong-Hoa.

Huit heures après, la section d'aérostiers était de retour à Hanoï, au moment où la signature du traité de Tien-Tsin venait de terminer la campagne, et elle y recevait avis de son prochain départ pour la France. — M. le lieutenant Jullien était mis à la disposition du résident général à Hué, pour organiser la concession qui venait de nous être faite dans la citadelle de cette capitale, et M. le capitaine Aron se disposait à rentrer en France avec le reste du personnel.

On sait comment la malheureuse affaire de Bac-Lé remit tout en question. Les aérostiers employés comme troupes du génie étaient joints à la colonne envoyée sur Kep pour recueillir les débris de celle du colonel Dugenne; elle restait à Phu-Lang-Thuong pour organiser ce poste. M. le capitaine Aron, atteint par la dyssenterie, y tombait malade et se voyait contraint de rentrer en France. M. le lieutenant Jullien, ayant terminé ses travaux à Hué, rentrait au Tonkin pour y prendre le commandant des aérostiers.

*Opérations contre Lang-Son.* — Le 12 février, à son retour de l'expédition terminée par la victoire de Niu-Bop, à laquelle elle avait pris part comme section du génie, la section d'aérostiers était informée qu'elle aurait à reprendre son rôle au cours des opérations à diriger contre Lang-Son. Il fallait se hâter de remettre le matériel en état; le ballon *la Vigie*, qui avait servi dans les marches sur Bac-Ninh et Hong-Hoa, avait passé les six mois d'été, abandonné à lui-même par la force des choses, et n'avait jamais pu être gonflé à l'air par suite de l'absence de Hanoï des aérostiers. Le hangar de bambous construit au début avait été enlevé par un typhon le 8 mai de l'année précédente, ainsi que le ballon-gazomètre qu'il abritait. Aussi le déploiement de l'aérostat demanda-t-il beaucoup de soins et de patience. Le gazomètre ayant disparu de la façon qu'on vient de dire, les aérostiers songèrent à utiliser, pour le remplacer, le ballon qu'on avait verni à Hanoï en février 1884 et qui alors avait été jugé perdu; mais le déploiement de cet aérostat fut reconnu impossible, tant il était collé; l'étoffe brûlée se déchirait sur trop de points pour qu'on eût le loisir d'y effectuer les réparations nécessaires.

Les journées du 13 au 19 janvier sont employées à la mise en état du matériel, et le départ de la section d'aérostiers a eu lieu par eau le 19 au soir. Sa destination est Phu-Lang-Thuong, sur le Song-Thuong, où elle arrive le 23 janvier. Le 25, le gonflement a lieu. On remarque que le salin, qui a passé toute la saison des pluies dans les tonneaux qui l'ont amené de France et qui sont restés dans des magasins improvisés et très humides, a perdu de ses qualités; la consommation par mètre cube en est plus grande.

Le 29 janvier, la section d'aérostiers se porte sur Kep. Le 30, elle accompagne la reconnaissance, forte d'environ un millier d'hommes, que le général de Négrier conduit en personne. Des ascensions nombreuses ont lieu sur le mamelon qui domine Cau-Son. Les troupes qui ont effectué cette reconnaissance reviennent coucher à Kep.

Le 1ᵉʳ février, la section d'aérostiers quittait Kep pour revenir à Phu-Lang-Thuong où elle dégonflait son ballon six jours après le dernier gonflement.

Là s'arrêtent les opérations exécutées par les aérostiers, en tant qu'aérostiers, dans cette campagne du Tonkin (ils furent employés pendant les mois de février et mars à ouvrir une route carrossable de Chu à Lang-Son). Ils participèrent donc à toutes les grosses opérations exécutées à cette époque, suivirent nos colonnes dans toutes leurs marches et purent, dans toutes ces circonstances, mettre à la disposition du général en chef un merveilleux instrument de reconnaissance. »

On voit avec quel succès notre aérostation militaire a fait ses débuts au Tonkin, dans cette région lointaine de l'Extrême-Orient, où flotte l'étendard de la France.

FIN DU SUPPLÉMENT AUX AÉROSTATS.

# TABLE DES MATIÈRES

## MACHINE A VAPEUR.

**CHAPITRE PREMIER**

Les anciennes chaudières à bouilleurs, leurs inconvénients. — Les nouvelles chaudières multitubulaires. — La chaudière inexplosible Belleville. — La chaudière Collet. — La chaudière de Næyer. — La chaudière Babcock et Wilcox.................... 3

**CHAPITRE II**

Résumé des avantages généraux des chaudières multitubulaires, et comparaison avec les autres systèmes de chaudières actuellement en usage........................ 27

**CHAPITRE III**

Les nouvelles machines motrices à vapeur (machines fixes). — La machine Weyher et Richemond. — Le tiroir Farcot. — La machine Corliss. — Les machines Wheelock, Cail, Farcot. — La machine Corliss, du Creusot.................................. 29

**CHAPITRE IV**

Les machines à vapeur à soupapes, ou machines Sulzer. — Comparaison entre les machines à quatre distributeurs de vapeur. 51

**CHAPITRE V**

Les machines Compound. — Description de la machine de Woolf, qui a servi de point de départ aux machines Compound......... 54

**CHAPITRE VI**

Les machines Compound. — Machine horizontale à réservoir intermédiaire de MM. Weyher et Richemond............. 62

**CHAPITRE VII**

Machine Compound de MM. Chaligny et Guyot-Sionnest. — Machine de M. J. Boulot...... 68

**CHAPITRE VIII**

La machine Compound de l'usine du Creusot. 72

**CHAPITRE IX**

Les nouvelles machines à vapeur à grande vitesse. — Machine Lecouteux et Garnier. — Machine Weyher et Richemond. — Machines Brotherood, Westinghouse, Lecoge et Rochart............................ 80

**CHAPITRE X**

Appareils accessoires des machines à vapeur. — Accessoires des chaudières. — Indicateur de niveau d'eau. — Sifflet d'alarme. — Appareils d'alimentation. — Injecteurs. — Pompes d'alimentation. — Manomètres. — Soupapes de sûreté. — Établissement des conduites de vapeur. — Tuyaux. — Robinet-valves. — Détendeur de vapeur. — Purgeurs automatiques. — Compensateurs de dilatation. — Accessoires des machines. — Graisseurs de vapeur. — Indicateurs de pression. — Régulateurs de vitesse. — Frein de Prony. — Établissement du rendement d'une machine.................... 95

**CHAPITRE XI**

Un mot sur les machines oscillantes et les machines rotatives. — Insuccès et abandon des machines à vapeur surchauffée et des machines à air chaud.................. 108

## BATEAUX A VAPEUR.

### CHAPITRE PREMIER

Substitution de l'hélice, comme agent propulseur, aux roues à aubes. — Avantages de cette substitution. — Exceptions et réserves. .... 112

### CHAPITRE II

Les nouvelles machines à vapeur marines. — Les anciennes machines de bateaux à roues et à hélice, leurs défauts. — Abandon de l'admission directe de la vapeur dans les cylindres. — Application à la marine des systèmes de machines à vapeur de Woolf et du système Compound. — Les nouvelles machines marines à triple et à quadruple expansion............................. 115

### CHAPITRE III

La machine à vapeur marine au point de vue de sa construction. — Les pistons. — L'arbre des pistons. — Les cylindres et les tiroirs. — Le condenseur à surface. — La pompe du condenseur. — L'hélice et la *ligne d'arbres*. — Le palier de butée........ 150

### CHAPITRE IV

Transformation des chaudières de navires. — L'ancienne chaudière à carneaux. — Adoption de la chaudière tubulaire, à retour de flamme. — Description de la chaudière marine actuellement en usage. — Son installation à bord des navires. — Essai de l'emploi, à bord des navires, des chaudières inexplosibles ou multitubulaires......... 156

### CHAPITRE V

Les accessoires des machines à vapeur marines................................. 162

### CHAPITRE VI

Transformations opérées dans les constructions navales. — Constitution d'une coque de navire. — Abandon du bois. — Emploi du fer et de l'acier. — Système composite. — Doublage en cuivre. — Dispositions adoptées sur les nouveaux navires........ 164

### CHAPITRE VII

Les accessoires de la coque des navires, ou l'armement. — Le gréement, ou mâture. — Les gouvernails. — Les appareils de levage.
— Boussoles. — Pompes et ventilateurs. — L'éclairage électrique à bord des navires, appareils servant à le produire........... 168

### CHAPITRE VIII

Les paquebots modernes. — Compagnies françaises et étrangères construisant des paquebots. — La Compagnie transatlantique; ses derniers paquebots : la *Normandie*, la *Champagne*, la *Bourgogne*, la *Bretagne* et la *Gascogne*. — Les *Messageries maritimes*. — Service de l'Extrême-Orient et de la Méditerranée. — Les chargeurs réunis. — La *Société des transports maritimes*. — Les compagnies maritimes étrangères. — Les paquebots de la Compagnie *Cunard*, de l'*Inman* et de l'*Anchor-Line*. — La Compagnie de navigation italienne. — Les compagnies allemandes...................... 183

### CHAPITRE IX

Les paquebots de la Manche et de la mer d'Irlande................................. 212

### CHAPITRE X

Les navires de transport. — Navires de transport commercial de Marseille à l'Indo-Chine............................... 216

### CHAPITRE XI

Les bateaux de fleuve et de rivière. — Les bateaux de la Seine. — *Hirondelles*, *Express* et *Omnibus*. — Les *Mouches* du port de Marseille. — Les remorqueurs à vapeur et les porteurs de marchandises. — Le touage à vapeur............................... 219

### CHAPITRE XII

La navigation par la vapeur sur les fleuves et rivières en Amérique. — Les *Steam-Packet*. — Les *Bacs à vapeur* en Amérique et en Angleterre................................ 223

### CHAPITRE XIII

Les bateaux de plaisance à vapeur. — Historique de la navigation de plaisance. — Classification des différents types de yachts à vapeur. — Construction des yachts à vapeur. — Description de quelques-uns des plus remarquables.................. 229

# TABLE DES MATIÈRES.

## LA LOCOMOTIVE ET LES CHEMINS DE FER.

### CHAPITRE PREMIER

Perfectionnements généraux apportés aux locomotives à grande vitesse............... 252

### CHAPITRE II

Les locomotives à grande vitesse des six grandes Compagnies françaises.............. 254

### CHAPITRE III

Les machines à marchandises.............. 262

### CHAPITRE IV

Application aux machines locomotives du système Compound. — Machine locomotive Compound de M. Mallet, pour le chemin de fer de Bayonne. — Machine locomotive Compound de M. Webb pour le chemin de fer de London and North Western. — Machine locomotive Compound construite en 1881 par la Compagnie du chemin de fer du Nord. — Résultat des expériences faites par les ingénieurs de la Compagnie du Nord, sur le service de cette machine... 264

### CHAPITRE V

Les moyens de sécurité sur les chemins de fer. — La marche à contre-vapeur. — Les freins continus et automatiques. — Le frein électrique. — Le frein à vide. — Le frein à air comprimé.......................... 271

### CHAPITRE VI

Les freins continus. — Le frein électrique. — Le frein à vide et le frein à air comprimé.. 273

### CHAPITRE VII

La concentration et l'enclenchement des leviers d'aiguillage et de signaux. — Les postes-vigies centraux................... 284

### CHAPITRE VIII

Le « block system ». — Les électro-sémaphores.................. ............... 295

### CHAPITRE IX

Protection des lignes à une seule voie par les sémaphores et les cloches allemandes..... 308

### CHAPITRE X

Les trains rapides........................ 313

## LOCOMOBILES.

### CHAPITRE PREMIER

Les nouvelles locomobiles agricoles. — Les locomobiles Compound. — Les locomobiles avec chauffage à la paille................ 317

### CHAPITRE II

Les locomobiles d'ateliers, ou moteurs à toute fin. — Les machines à vapeur demi-fixes, Compound et non Compound. — Les locomobiles à grande vitesse pour l'éclairage électrique........................... 323

### CHAPITRE III

Les locomobiles employées aux travaux de construction et de terrassement. — Les grues à vapeur. — Les excavateurs. — Les pompes à incendie. — Les compresseurs du macadam........................ 333

### CHAPITRE IV

Les voitures à vapeur, ou machines routières. — Les fardiers militaires. — Les voitures à vapeur agricoles....................... 358

### CHAPITRE V

Les machines routières appliquées à l'agriculture................................. 366

# PARATONNERRE.

### CHAPITRE PREMIER

Les nouvelles instructions de l'Académie des sciences de Paris publiées en 1867 et en 1875. — Recherches de la Commission municipale de Paris sur la zone de protection d'un paratonnerre............................ 372

### CHAPITRE II

Comment on construit aujourd'hui les paratonnerres. — Forme de la tige. — Forme de la pointe. — Métal à choisir pour les pointes. — Le conducteur, manière de l'installer et de le relier à la pointe et au puits. — Le compensateur de dilatation. — La pointe octogonale de M. Buchin, de Bordeaux.............................. 374

### CHAPITRE III

Le système Melsens pour la construction des paratonnerres. — La vie et les travaux de Melsens .............................. 382

### CHAPITRE IV

Le paratonnerre Grenet................ 384

# PILE DE VOLTA.

### CHAPITRE PREMIER

Définitions et principes généraux.— Pôles. — Conducteurs. — Circuits. — Résistance des circuits. — Polarisation. — Diverses espèces de piles. — Électrodes. — Intensité du courant. — Montage des piles en surface ou en quantité, en tension ou en série. — Pile à couronne de tasses. — Piles de Volta, de Cruikshanks, de Wollaston, de Munck et de Faraday........................... 387

### CHAPITRE II

Les piles dépolarisantes. — La pile de Bunsen, rappel du principe de sa construction. — Piles dépolarisables à acide chromique.... 389

### CHAPITRE III

Les piles à oxydes métalliques dépolarisants. — Piles de la Rive, Léclanché, Binder, Gaiffe, Clamond, Reynier, Daniell, Lalande et Chaperon ........................ 396

### CHAPITRE IV

Piles à chlorures, iodures, bromures, sulfures dépolarisants. — Piles Marié Davy, Warren de la Rue, Niaudet, Gaiffe, Laurie, Doat, Regnault, Blanc................. 401

### CHAPITRE V

Les piles au sulfate de cuivre dépolarisant. — Piles de Daniell, de Bréguet, de Vérité, de Muirhead, de Carré, de Minotto, de W. Thomson, de Siemens et Halske, de Trouvé, de Callaud, de Meidinger, de Gaiffe, de Kohlfürst, de Reynier................ 403

### CHAPITRE VI

Piles à sulfates dépolarisants autres que le sulfate de cuivre. — Piles Marié-Davy, Gaiffe, Rhumkorff, Somzée, Becquerel.......... 410

### CHAPITRE VII

La pile à gaz. — Travaux de Grove et de Becquerel. — Disposition nouvelle donnée à la pile à gaz par M. Albin Figuier........... 411

### CHAPITRE VIII

Les piles thermo-électriques. — Piles de Seebeck, d'OErsted et Fourier, de Pouillet, Nobili, Mathiessen, Marcus, Wheatstone, Ladd, Farmer, Bunsen, Becquerel, Noé, Mure, Clamond............................ 415

### CHAPITRE IX

Les piles secondaires. — Les accumulateurs, transformateurs. — Accumulateurs Planté. 418

### CHAPITRE X

Diverses formes données à la pile accumulatrice. — Les accumulateurs de M. Faure, de MM. Sellon et Volekmar, de MM. Houston et Thomson, de M. Schulze, de M. d'Arsonval, de MM. de Meritens, Kabath, Tourvieille et Barrier, Parod, Dandigny et Reynier...... 422

### CHAPITRE XI

Conclusion. — Rôle actuel de la pile voltaïque. 426

# TABLE DES MATIÈRES.

## L'ÉLECTRO-MAGNÉTISME ET MACHINES A COURANT D'INDUCTION.

### CHAPITRE PREMIER

Les machines dynamo-électriques. — Généralités. — Définitions. — L'anneau de Gramme. — Classification des machines dynamo-électriques. — Principe de la machine auto-excitatrice.................. 428

### CHAPITRE II

Machines dynamo-électriques à courant continu. — Machine de Gramme. — Machine Gramme à grand débit. — Machines Gramme-Bréguet, machines Siemens, Siemens à barres, Brush, Edison, Burgin, Schuckert, Victoria, Gérard, Weston, Elmore, Mather. 432

### CHAPITRE III

Machines dynamo-électriques à courants alternatifs. — Machines Gramme, Siemens, de Méritens, Loutin, Ferrati et Thompson, Gordon.................................. 444

### CHAPITRE IV

Machines magnéto-électriques Gramme, Siemens, de Méritens. — Différents systèmes de distribution de l'électricité........... 448

## MOTEUR ÉLECTRIQUE.

### CHAPITRE I

Les petits moteurs électriques. — Le moteur électrique Deprez. — Le moteur électrique Trouvé. — Le moteur Griscom. — Le moteur électrique de Méritens. — Le moteur électrique Ayrton et Perry................ 454

### CHAPITRE II

Le transport de la force à distance par la réversibilité des machines dynamo-électriques. 457

## GALVANOPLASTIE ET DÉPOTS ÉLECTRO-CHIMIQUES.

### CHAPITRE PREMIER

La galvanoplastie actuelle. — Emploi des machines dynamo-électriques pour les opérations galvanoplastiques. — Système actuel de mesure des forces électriques. — Les unités usuelles : le volt, l'ampère, le ohm, etc................................. 464

### CHAPITRE II

L'électrolyse. — Équivalents électro-chimiques. — Graduation des instruments de mesure. — Application aux compteurs d'électricité.................................. 466

### CHAPITRE III

Sources d'électricité employées en galvanoplastie. — Les piles hydro-électriques. — Les piles thermo-électriques. — Les machines magnéto et dynamo-électriques. — Les accumulateurs......................... 468

### CHAPITRE IV

Progrès réalisés en galvanoplastie. — Travaux de M. Bourbouze. — Les reproductions artistiques de M. Junker. — Moulage à cire perdue. — Les nouveaux bains de M. Thiercelin. — Métallisation des pièces anatomiques, des charbons pour piles, etc......... 470

### CHAPITRE V

Le nickelage. — Propriétés physiques et chimiques du nickel. — Bains de nickelage : formules de MM. Gaiffe et Roseleur. — Bains de décapage. — Méthode de Gaiffe pour la préparation des pièces. — Opérations du nickelage. — Extraction du nickel des vieux bains. — Nickelage du zinc. — Tour à polir. 475

### CHAPITRE VI

Électro-métallurgie. — Affinage des métaux. — Affinage du cuivre. — Principales usines électro-métallurgiques. — Affinage du plomb. — Traitement des minerais par l'électricité. — Cuivrage. — Dorure......... 481

### CHAPITRE VII

Autres applications de l'électrolyse. — Fabrication des matières colorantes. — Les couleurs d'aniline. — Rectification des alcools mauvais goût par le procédé Naudin. — Emploi de l'ozone..................... 487

## TÉLÉGRAPHE AÉRIEN.

(TÉLÉGRAPHIE OPTIQUE ET TÉLÉGRAPHIE PNEUMATIQUE)

### CHAPITRE PREMIER

La télégraphie optique. — Origine de cette invention. — Leseurre crée, en 1856, la télégraphie optique. — Télégraphes lumineux essayés pendant le siège de Paris. — Appareils de MM. Lissajous, Cornu et Maurant. — La télégraphie optique adoptée en France après la guerre de 1870-1871. — Le télégraphe optique du colonel Mangin. — Le télégraphe solaire anglais. — Avantages comparés du télégraphe optique français et du télégraphe solaire anglais.......... 490

### CHAPITRE II

La télégraphie optique anglaise............ 502

### CHAPITRE III

Emploi de la télégraphie optique dans les armées des différentes nations............. 507

### CHAPITRE IV
LA TÉLÉGRAPHIE PNEUMATIQUE

Histoire de la télégraphie pneumatique. — Installation des tubes pneumatiques. — Chariots. — Appareils et machines pour condenser et raréfier l'air. — Utilisation de l'air comprimé. — Marche des trains. — Le système pneumatique à l'étranger..... 510

### CHAPITRE V

La poste pneumatique à l'étranger.......... 520

## TÉLÉGRAPHE ÉLECTRIQUE.

### CHAPITRE PREMIER

Système de transmission automatique au moyen de dépêches préparées à l'avance. — Appareils de Wheatstone. — Procédés récents de MM. Foote, Bandal et Anderson.. 524

### CHAPITRE II

Transmission simultanée de deux dépêches. Les systèmes duplex et diplex. — Le système quadruplex..................... 528

### CHAPITRE III

La transmission multiple. — L'appareil Meyer................................ 530

### CHAPITRE IV

Le télégraphe Baudot, à transmission multiple................................... 531

### CHAPITRE V

La sténo-télégraphie. — Appareils de MM. Estienne et Cassagne................ 539

### CHAPITRE VI

Les lignes de télégraphie souterraine........ 544

### CHAPITRE VII

Les accessoires de la télégraphie. — Piles voltaïques en usage aujourd'hui pour la télégraphie. — Dispositions adoptées pour les fils conducteurs et les poteaux.......... 548

### CHAPITRE VIII

Les nouvelles applications du télégraphe électrique. — Emploi général de l'électricité pour le service des chemins de fer. — Applications du télégraphe électrique à la météorologie, particulièrement à l'annonce des tempêtes. — Les crues des fleuves annoncées par le télégraphe. — Le télégraphe et les pêcheries. — Les sémaphores électriques. — Les stations flottantes avec fils télégraphiques. — Le réseau télégraphique des villes, pour l'annonce des incendies. — Emploi du télégraphe électrique par les armées en campagne..................... 556

### CHAPITRE IX

Un peu de statistique, à propos de télégraphie électrique aérienne et souterraine......... 564

### CHAPITRE X

Le téléphone. — Son origine. — Recherches de M. Graham Bell. — Travaux antérieurs de Page, Bourseul, etc. — Le phonautographe de Léon Scott. — Téléphones de Philippe Reis et de M. Elisha Gray. — Téléphone parlant de M. Graham Bell. — Expériences faites entre Boston et Malden.

Procès entre Graham Bell et Elisha Gray, au sujet de l'invention du téléphone. — Droit de priorité accordé à M. Graham Bell. — Le téléphone magnétique de M. Graham Bell. — Perfectionnements du téléphone par E. Gray, Gower, Siemens, Ader, d'Arsonval, Colson, etc...................... 366

### CHAPITRE XI

Les téléphones à pile. — Leurs avantages. — Téléphone à charbon et à pile de M. Edison. — Emploi de la bobine d'induction pour transformer le courant électrique en courant induit, accroître la puissance de la transmission, et franchir de plus longues distances. — Perfectionnements apportés au téléphone à charbon par MM. Pollard et Garnier, Ader, Boudet de Paris, Blake et Hopkins............................ 575

### CHAPITRE XII

Découverte du microphone par M. Hughes. — Son application comme transmetteur téléphonique. — Microphone transmetteur de MM. Hughes, Crossley et Ader. — Description du téléphone à transmission microphonique. — Le téléphone Ader-Bell en usage en France.................... 577

### CHAPITRE XIII

Installation et onctionnement des postes téléphoniques dans les villes. — Les postes centraux. — Développement rapide de la correspondance téléphonique en Amérique et en Europe....................... 582

### CHAPITRE XIV

La téléphone à grande distance. — Influence des fils télégraphiques voisins sur les transmissions téléphoniques. — Perturbations causées par les courants d'induction — Moyens employés par la Société générale des téléphones pour supprimer les effets d'induction. — Systèmes de MM. Brasseur, Hughes, Herz, Van Rysselberghe. — Création de la correspondance téléphonique entre les villes. — Le service téléphonique de Paris à Bruxelles et de Paris à Marseille. — La téléphonie inter-urbaine à l'étranger............................ 588

### CHAPITRE XV

Les applications du téléphone aux usages domestiques, aux opérations militaires, à la marine, à l'industrie, à la science, etc..... 592

## TÉLÉGRAPHIE SOUS-MARINE ET CABLE ATLANTIQUE.

### CHAPITRE PREMIER

Progrès de la télégraphie sous-marine. — Fabrication moderne des câbles. — La gutta-percha et le caoutchouc. — Isolants et armatures des câbles. — Divers modèles de câbles. — Pose, sondages et atterrissement. — Appareils récepteurs des signaux. L'ancien galvanomètre à miroir. — Le nouvel appareil récepteur ou le siphon enregistreur. — Les relais de la télégraphie sous-marine........................ 604

### CHAPITRE II

Développement et état actuel du réseau télégraphique sous-marin entre les nations des deux mondes....................... 614

## AÉROSTATS.

### CHAPITRE PREMIER

Les ballons pendant le siège de Paris. — Construction des premiers ballons à la gare d'Orléans et à la gare du Nord. — Les ballons-poste........................ 619

### CHAPITRE II

La poste aux pigeons. — Historique. — Emploi des pigeons messagers pendant le siège de Paris, en 1870-1871. — Adoption de ce mode de correspondance chez toutes les nations militaires, après 1871............ 638

### CHAPITRE III

Tentative de retour des ballons dans la capitale investie...................... 649

### CHAPITRE IV

Dupuy de Lôme construit un aérostat dirigeable. — Description de l'appareil directeur et de l'aérostat de Dupuy de Lôme..... 652

### CHAPITRE V

Application du moteur électrique à la construction des ballons dirigeables. — L'aérostat électrique de MM. Gaston et Albert Tissandier................. 657

### CHAPITRE VI

Le ballon dirigeable des capitaines Renard et Krebs. — Expérience du 9 août 1884. — Résultats constatés. — Expérience du 2 septembre. — Le ballon dirigeable de MM. Tissandier frères, expérimenté de nouveau, le 29 septembre 1884. — Nouvelles expériences des capitaines Renard et Krebs, le 9 novembre 1884. — Documents divers. — Conclusion................. 664

### CHAPITRE VII

Les appareils aériens plus lourds que l'air. — L'*hélicoptère*. — Les *aéroplanes*. — État de la question................. 682

### CHAPITRE VIII

Les drames aériens................. 686

### CHAPITRE IX

Les applications des aérostats à l'art de la guerre. — L'aéronautique militaire en France et à l'étranger. — L'école aérostatique de Meudon-Chalais. — L'organisation d'un parc aéronautique militaire......... 713

### CHAPITRE X

Production de l'hydrogène en grand, au parc de Meudon-Chalais, avec les appareils du commandant Renard. — L'appareil Tissandier. — L'appareil Lachambre. — L'appareil Yon. — Transport des ballons militaires. — La voiture-treuil de l'école de Meudon-Chalais. — La voiture-treuil de M. Lachambre et de M. Yon. — La compression du gaz hydrogène et son transport en campagne, dans des tubes d'acier, procédé imaginé par les aérostiers militaires anglais................. 715

### CHAPITRE XI

Emploi des ballons captifs pour d'autres opérations militaires. — Emploi des ballons libres. — La marine et les ballons........ 726

### CHAPITRE XII

Les aérostats militaires au Tonkin.......... 730

FIN DE LA TABLE DES MATIÈRES DU PREMIER VOLUME.